JN493588

BENDING MOMENTS, SLOPES, AND DEFLECTIONS OF BEAMS UNDER VARIOUS LOADING CONDITIONS

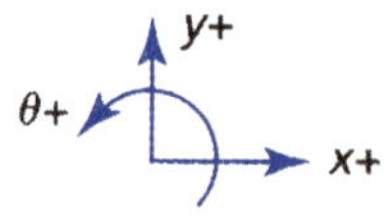

Beam, Loading, and Bending Moment Diagram	Equations for Slope and Deflection
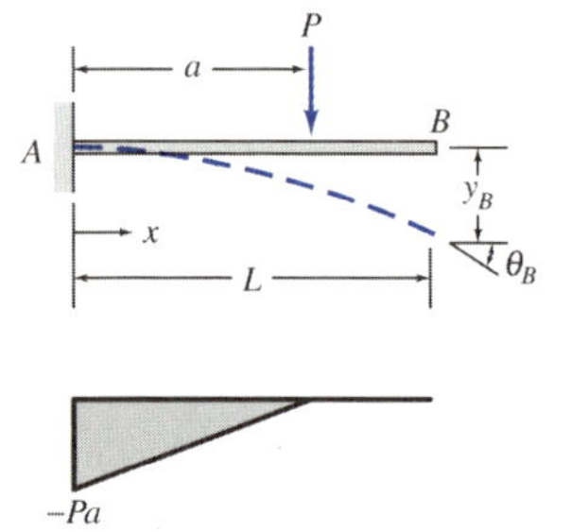	$0 \le x \le a:$ $\theta = \frac{P}{2EI}(x^2 - 2ax)$ $y = \frac{P}{6EI}(x^3 - 3ax^2)$ $a \le x \le L:$ $\theta = -\frac{Pa^2}{2EI}$ $y = \frac{Pa^2}{6EI}(a - 3x)$ $\theta_B = -\frac{Pa^2}{2EI}; \quad y_B = -\frac{Pa^2}{6EI}(3L - a)$
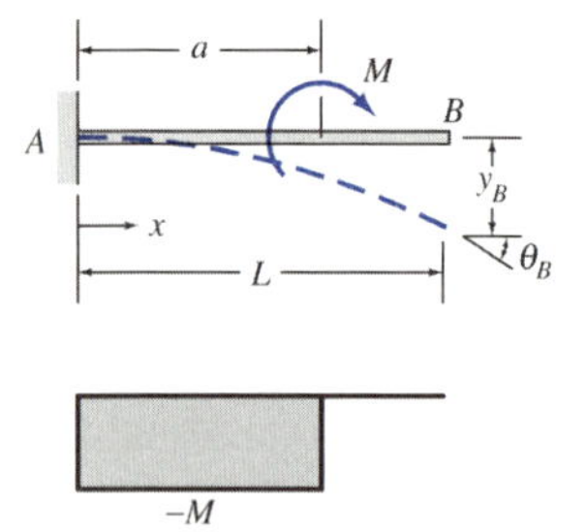	$0 \le x \le a:$ $\theta = -\frac{Mx}{EI}$ $y = -\frac{Mx^2}{2EI}$ $a \le x \le L:$ $\theta = -\frac{Ma}{EI}$ $y = \frac{Ma}{2EI}(a - 2x)$ $\theta_B = -\frac{Ma}{EI}; \quad y_B = -\frac{Ma}{2EI}(2L - a)$
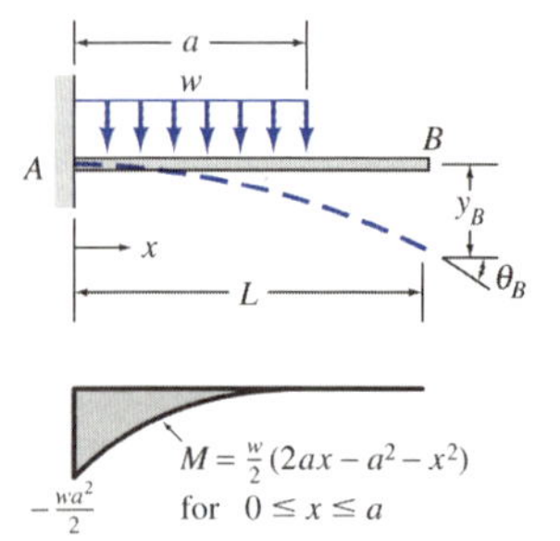	$0 \le x \le a:$ $\theta = \frac{w}{6EI}(3ax^2 - 3a^2x - x^3)$ $y = \frac{w}{24EI}(4ax^3 - 6a^2x^2 - x^4)$ $a \le x \le L:$ $\theta = -\frac{wa^3}{6EI}$ $y = \frac{wa^3}{24EI}(a - 4x)$ $\theta_B = -\frac{wa^3}{6EI}; \quad y_B = -\frac{wa^3}{24EI}(4L - a)$
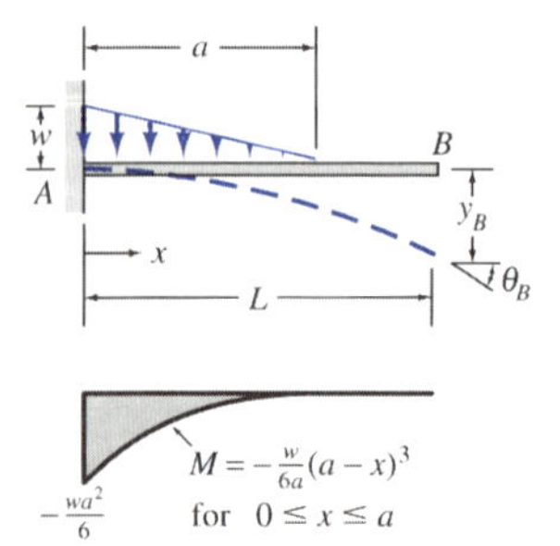	$0 \le x \le a:$ $\theta = \frac{w}{24EIa}(x^4 - 4ax^3 + 6a^2x^2 - 4a^3x)$ $y = \frac{w}{120EIa}(x^5 - 5ax^4 + 10a^2x^3 - 10a^3x^2)$ $a \le x \le L:$ $\theta = -\frac{wa^3}{24EI}$ $y = \frac{wa^3}{120EI}(-5x + a)$ $\theta_B = -\frac{wa^3}{24EI}; \quad y_B = -\frac{wa^3}{120EI}(5L - a)$

<table>
<tr><th>Beam, Loading, and Bending Moment Diagram</th><th>Equations for Slope and Deflection</th></tr>
<tr><td>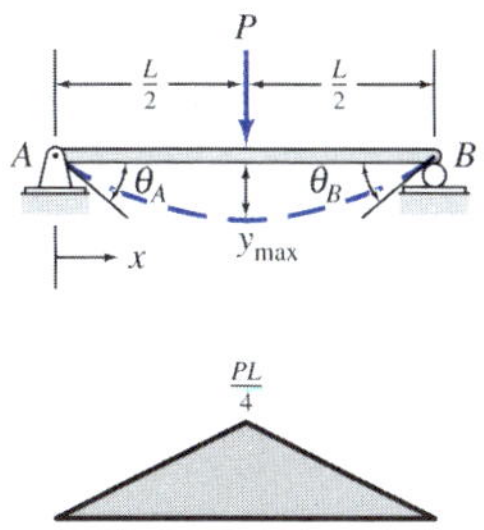
</td><td>$0 \le x \le \frac{L}{2}$:
$\theta = \frac{P}{16EI}(4x^2 - L^2)$
$y = \frac{P}{48EI}(4x^3 - 3L^2x)$
$\theta_A = -\frac{PL^2}{16EI};\ \ \theta_B = \frac{PL^2}{16EI}$
$y_{\max} = -\frac{PL^3}{48EI}$</td></tr>
<tr><td>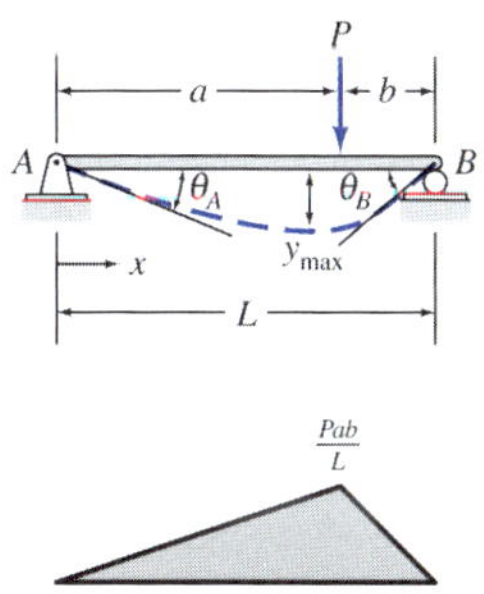
</td><td>$0 \le x \le a$:
$\theta = \frac{Pb}{6EIL}(3x^2 + b^2 - L^2)$
$y = \frac{Pb}{6EIL}(x^3 + b^2x - L^2x)$

$a \le x \le L$:
$\theta = \frac{Pa}{6EIL}[L^2 - a^2 - 3(L - x)^2]$
$y = \frac{Pa(L-x)}{6EIL}(x^2 + a^2 - 2Lx)$
$\theta_A = -\frac{Pb}{6EIL}(L^2 - b^2)$
$\theta_B = \frac{Pa}{6EIL}(L^2 - a^2)$

For $a \ge b$:
$y_{\max} = -\frac{Pb}{9\sqrt{3}EIL}(L^2 - b^2)^{3/2}$
at $x = \left(\frac{L^2 - b^2}{3}\right)^{1/2}$</td></tr>
<tr><td>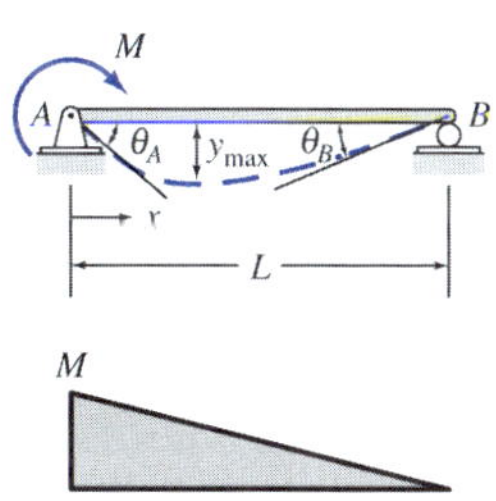
</td><td>$\theta = -\frac{M}{6EIL}(3x^2 - 6Lx + 2L^2)$
$y = -\frac{M}{6EIL}(x^3 - 3Lx^2 + 2L^2x)$
$\theta_A = -\frac{ML}{3EI};\ \ \theta_B = \frac{ML}{6EI}$
$y_{\max} = -\frac{ML^2}{9\sqrt{3}EI}$
at $x = L\left(1 - \frac{1}{\sqrt{3}}\right)$</td></tr>
</table>

<table>
<tr><th>Beam, Loading, and Bending Moment Diagram</th><th>Equations for Slope and Deflection</th></tr>
<tr><td>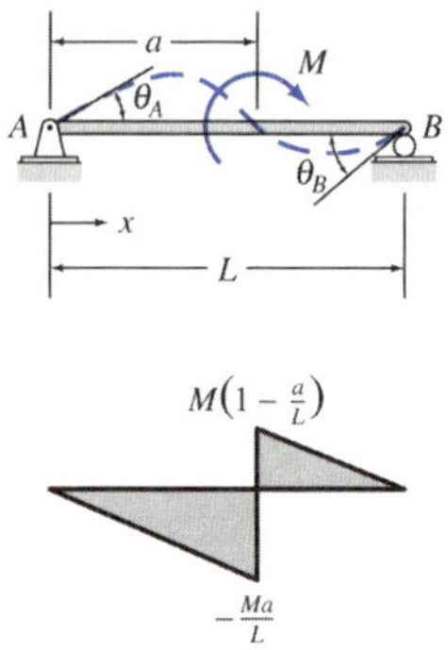</td><td>

$0 \le x \le a:$

$$\theta = \frac{M}{6EIL}(-3x^2 + 6aL - 3a^2 - 2L^2)$$
$$y = \frac{M}{6EIL}(-x^3 + 6aLx - 3a^2x - 2L^2x)$$
$$\theta_A = \frac{M}{6EIL}(6aL - 3a^2 - 2L^2)$$
$$\theta_B = \frac{M}{6EIL}(L^2 - 3a^2)$$

</td></tr>
<tr><td>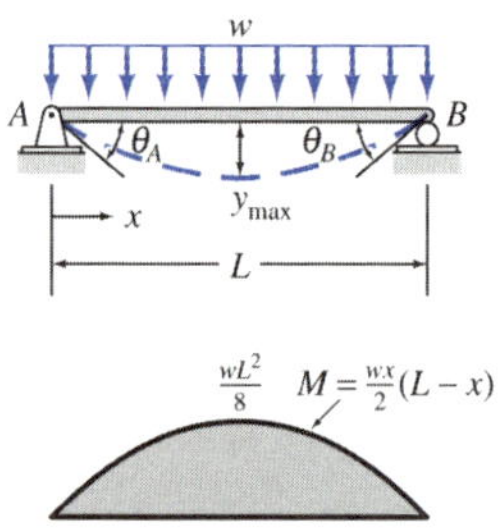</td><td>

$$\theta = -\frac{w}{24EI}(4x^3 - 6Lx^2 + L^3)$$
$$y = -\frac{w}{24EI}(x^4 - 2Lx^3 + L^3x)$$
$$\theta_A = -\frac{wL^3}{24EI}$$
$$\theta_B = \frac{wL^3}{24EI}$$
$$y_{\max} = -\frac{5wL^4}{384EI} \quad \text{at } x = \frac{L}{2}$$

</td></tr>
<tr><td>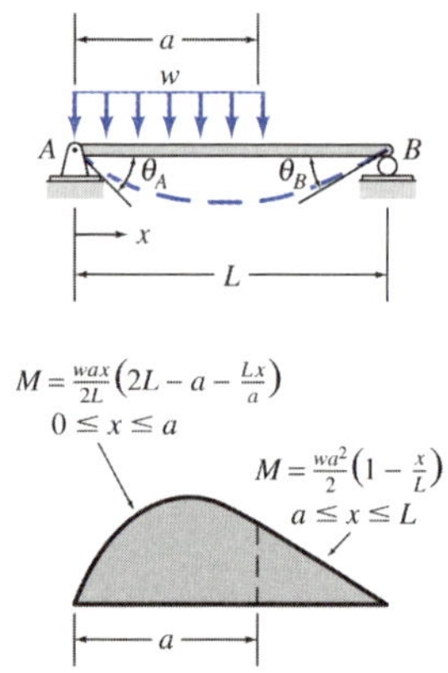</td><td>

$0 \le x \le a:$

$$\theta = -\frac{w}{24EIL}[4Lx^3 - 6a(2L - a)x^2 + a^2(2L - a)^2]$$
$$y = -\frac{w}{24EIL}[Lx^4 - 2a(2L - a)x^3 + a^2(2L - a)^2x]$$

$a \le x \le L:$

$$\theta = -\frac{wa^2}{24EIL}(6x^2 - 12Lx + a^2 + 4L^2)$$
$$y = -\frac{wa^2}{24EIL}(L - x)(-2x^2 + 4Lx - a^2)$$
$$\theta_A = -\frac{wa^2}{24EIL}(2L - a)^2$$
$$\theta_B = \frac{wa^2}{24EIL}(2L^2 - a^2)$$

</td></tr>
<tr><td>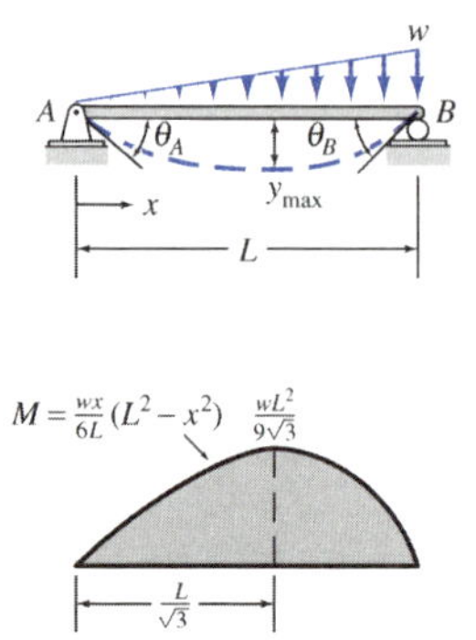</td><td>

$$\theta = -\frac{w}{360EIL}(15x^4 - 30L^2x^2 + 7L^4)$$
$$y = -\frac{w}{360EIL}(3x^5 - 10L^2x^3 + 7L^4x)$$
$$\theta_A = -\frac{7wL^3}{360EI}$$
$$\theta_B = \frac{wL^3}{45EI}$$
$$y_{\max} = -0.00652\frac{wL^4}{EI} \quad \text{at } x = 0.5193L$$

</td></tr>
</table>

STRUCTURAL ANALYSIS

구조해석

CENGAGE

***Structural Analysis*, SI Edition, 2nd Edition**

Aslam Kassimali

© 2021 Cengage Learning Korea Ltd.

Original edition © 2020 Cengage Engineering, a part of Cengage Learning.
Structural Analysis, SI Edition, 6th Edition by Aslam Kassimali
ISBN: 9781337630948

This edition is translated by license from Cengage Engineering, a part of Cengage Learning, for sale in Korea only.

ALL RIGHTS RESERVED. No part of this work covered by the copyright herein may be reproduced, transmitted, stored or used in any form or by any means graphic, electronic, or mechanical, including but not limited to photocopying, recording, scanning, digitalizing, taping, Web distribution, information networks, or information storage and retrieval systems, without the prior written permission of the publisher.

For permission to use material from this text or product, email to
asia.infokorea@cengage.com

ISBN-13: 978-89-425-9313-2

Cengage Learning Korea Ltd.
14F YTN Newsquare 76 Sangamsan-ro
Mapo-gu Seoul 03926 Korea
Tel: (82) 2 330 7000
Fax: (82) 2 330 7001

Cengage Learning is a leading provider of customized learning solutions with office locations around the globe, including Singapore, the United Kingdom, Australia, Mexico, Brazil, and Japan.
Locate your local office at: **www.cengage.com**

Cengage Learning products are represented in Canada by Nelson Education, Ltd.

To learn more about Cengage Learning Solutions,
visit **www.cengageasia.com**

Printed in Korea
Print Number: 01 Print Year: 2021

구조해석

ASLAM KASSIMALI

이정윤 · 이종한 · 양인환 · 황의승
김승훈 · 하동호 · 추진교 · 심창수 공역

STRUCTURAL ANALYSIS

Sixth Edition
SI Edition

CENGAGE   도서출판 동화기술

Andover • Melbourne • Mexico City • Stamford, CT • Toronto • Hong Kong • New Delhi • Seoul • Singapore • Tokyo

목 차 Contents

머리말

Preface

이 책의 목적은 구조해석의 기본 원리를 이해할 수 있도록 하는 것이다. 이 책에서는 구조해석에 대한 고전적인 설명과 함께 정정 및 부정정보, 트러스, 강접 골조에 대하여 설명하고 구조물의 매트릭스 구조해석을 소개한다.

이 책은 3부로 구성되었다. **제1부**에서는 구조공학의 일반적인 내용을 다루며, 2장에서는 토목공학 교과 과정에서 소홀하게 다루고 있지만 중요한 내용인 하중에 대한 설명을 포함하고 있다. **제2부**는 3장에서 10장까지이며 정정보, 정정트러스, 정정골조에 대한 해석을 포함하고 있다. 6장과 7장에서 처짐에 대하여 설명하고 8장과 9장에서 영향선에 대하여 설명하여, 처짐에 의한 영향선이 나중 장에 포함될 수 있도록 하였다. 또한 제2부의 제10장에서는 대칭 구조물에 대한 해석을 설명하였다. **제3부**는 11장에서 17장까지이며 부정정구조물의 해석에 대하여 설명하고 있다. 이 책은 강사가 강의 목적에 맞게 주제에 따라서 더 중점을 둘 수 있도록 유연하게 구성하였다.

각 장은 각 장의 목적을 소개하는 서론에서 시작하여 마지막에는 각 장의 주요 특징을 요약하여 정리하는 부분으로 구성되었다. 이 책의 중요한 특징은 독자가 이론을 이용하여 문제 풀이에 쉽게 접근할 수 있도록 단계적인 해석과정을 포함하고 있다는 것이다. 또한 많은 예제를 통하여 기본 개념을 활용할 수 있도록 하였다.

평면골조 구조물을 해석하기 위한 컴퓨터 프로그램은 출판사의 웹사이트 "https://login.cengage.com"와 "https://www.cengage.com/engineering/kassimali/software"을 활용할 수 있다. 대화식 소프트웨어를 이용하여 다양한 종류의 구조물과 하중을 시뮬레이션 하여 하중과 구조 변수 사이의 원인과 영향 관계를 구함으로써 구조물의 거동에 대한 독자의 이해를 향상시킬 수 있도록 하였다. 소프트웨어를 통하여 구조물의 처짐 형상을 볼 수 있으며, 이를 통하여 독자가 다양한 종류의 하중이 유발하는 구조응답을 이해할 수 있도록 하였다. 또한 여기에는 지점침하, 온도변화, 조립오차가 해석에 미치는 영향이 포함되어 있다. 강사는 600개 이상의 연습문제에 대한 모범답안이 수록된 매뉴얼을 이용할 수 있다.

6판의 변경 내용

이 교재가 처음부터 기본을 두고 있는 개념에 대한 상세한 설명을 통하여 구조해석을 가장 효율적으로 가르치는 것을 바탕으로, 6판에서는 다음과 같은 내용이 개선/수정 되었다.

- 5판에 수록된 예제의 20퍼센트 이상이 새로운 예제로 교체되었다.
- 하중은 ASCE/SEI 7-16 기준과 AASHTO-LRFD 기준의 최신 내용으로 수정되었다.
- 영향선의 적용과 관련된 장에서는 AASHTO-LRFD 기준의 현행 HL-93 트럭하중에 대한 내용으로 수정되었다.
- 책 전체의 명확성을 높이고 개념을 확실히 하기 위하여 많은 내용이 변경되었다. 3장, 5장, 10장, 13장, 15장, 16장 및 부록 C의 예제가 개선되었고, 고전적인 해석법과 매트릭스 해석법에 의한 평면골조 비교 해석을 17장에서 심도 있게 논의하였다.
- 몇 개의 사진이 새로운 사진으로 대체되었고, 페이지 레이아웃을 새롭게 디자인하여 명확성을 높였다.
- 마지막으로 최신 버전의 Microsoft Windows와 호환될 수 있도록 컴퓨터 소프트웨어가 업그레이드되었고 다시 컴파일되었다.

6판의 보조 자료

모든 장의 끝부분에 수록된 문제에 대한 해답은 강사 해답 매뉴얼에 제공되었으며, 웹사이트에 등록된 강사에게는 이러한 매뉴얼이 인쇄본이나 디지털 양식으로 제공된다. 책의 모든 그림을 포함한 이미지는 https://login.cengage.com에서 이용할 수 있다. 평면골조 구조물에 대한 컴퓨터 해석 프로그램은 https://login.cengage.com 또는 https://www.cengage.com/engineering/kassimali/software을 통해 이 교재를 사용하는 학생들과 강사에게 제공된다.

감사의 글

저자는 이 교재 저작 전반에 있어 끊임없는 지지와 격려를 해준 Cengage Learning의 Timothy Anderson과 Hilda Gowans에게 감사드리며, 제작 단계에서 도움을 준 Rose Kernan에게 감사드린다. 이전 출판본을 사용한 동료와 학생들의 개선 의견과 제안에 감사드린다. 그들의 모든 제안을 신중하게 검토하여 가능한 한 최대로 반영할 수 있도록 하였다. 다양한 편집본의 원고에 대하여 신중하게 검토하고 건설적인 제안을 해준 다음 감수위원에게 감사드린다.

Ayo Abatan
Virginia Polytechnic Institute and State University
Riyad S. Aboutaha
Syracuse University
Gordon B. Batson
Clarkson University
George E. Blandford
University of Kentucky
Osama Abudayyeh
Western Michigan University
Thomas T. Baber
University of Virginia
Eugene B. Loverich
Northern Arizona University
Lee L. Lowery, Jr.
Texas A&M University

Ramon F. Borges
Penn State/Altoona College
Kenneth E. Buttry
University of Wisconsin
Steve C. S. Cai
Louisiana State University
William F. Carroll
University of Central Florida
Malcolm A. Cutchins
Auburn University
Jack H. Emanuel
University of Missouri-Rolla
Fouad Fanous
Iowa State University
Leon Feign
Fairfield University
Robert Fleischman
University of Notre Dame
Ahmed Ibrahim
University of Idaho
Robert I. Johnson
Colorado State University
Changhong Ke
SUNY, Binghamton
George Kostyrko
California State University
E. W. Larson
California State University/Northridge
Yue Li
Michigan Technological University
Roberto Lopez-Anido
University of Maine
Eric M. Lui
Syracuse University
L. D. Lutes
Texas A&M University
David Mazurek
US Coast Guard Academy
Ghyslaine McClure
McGill University
Ahmad Namini
University of Miami
Farhad Reza
Minnesota State University, Mankato
Dominik Schillinger
University of Minnesota
Arturo E. Schultz
North Carolina State University
Jason Stewart
Arkansas State University
Elaina J. Sutley
University of Kansas
Kassim Tarhini
Valparaiso University
Robert Taylor
Northeastern University
Jale Tezcan
Southern Illinois University
C. C. Tung
North Carolina State University
Nicholas Willems
University of Kansas
John Zachar
Milwaukee School of Engineering
Mannocherh Zoghi
University of Dayton

끝으로, 이 교재를 준비할 때 끊임없는 격려와 도움을 준 아내 Maureen과 사랑과 이해와 인내를 보여준 아들 Jamil과 Nadim에게 감사의 마음을 전한다.

Aslam Kassimali

SI단위 출판에 대하여

이 교재의 전체 내용은 국제 단위시스템(*Le Système International d'Unités* 또는 SI)이 적용되었다.

Le Système International d'Unités

미국계량시스템(The United State Customary System(USCS) of units)은 FPS(footpound-second)단위(영국 또는 제국 단위라고도 함)를 사용하고 있다. SI단위는 MKS(meter-kilogram-second)시스템의 단위이다. 그러나 특히 교과서에서는 CGS(centimeter-gram-second)단위가 SI단위로 인정되는 경우가 많다.

교재에서 SI단위 사용

이 책에서는 MKS와 CGS단위를 모두 사용하였다. 이 책의 미국판에서 사용된 USCS 단위 또는 FPS단위를 본문과 문제에서 모두 SI단위로 변경하였다. 그러나 핸드북, 정부 표준, 제품 설명서에서 사용되는 모든 데이터를 SI단위로 변경하는 것은 매우 어렵고 출처에 대한 지적 재산권을 침해하므로 그림, 표, 예제, 참고문헌의 일부 데이터는 FPS단위를 그대로 사용하였다.

원본 데이터를 이용하여 문제를 풀어야 할 경우에는 계산하기 전에 먼저 원본 데이터의 FPS단위를 SI단위로 변경해야 한다. SI단위로 표준화된 값과 제조업체의 데이터를 사용하려면 독자가 해당 국가/지역의 정부 기관이나 당국에 문의할 필요가 있을 수 있다.

저자 소개

저자 Aslam Kassimali는 파키스탄 Karachi에서 태어났다. 그는 1969년 University of Karachi (N.E.D. College)에서 토목공학 학사학위(B.E.)를 받았다. 1971년 미국 아이오와 주 Iowa State University in Ames에서 토목공학 석사학위(M.E.)를 받았다. 미국 University of Missouri at Columbia에서 학업과 연구를 수행한 후, 1974년과 1976년에 각각 토목공학 이학 석사학위(M.S.)와 박사학위(Ph.D.)를 받았다.

1973년 1월부터 7월까지 Lutz, Daily and Brain, Consulting Engineers, Shawnee Mission, Kansas(미국)의 구조설계기술자, 1978년부터 1980년까지 Sargent & Lundy Engineers in Chicago, Illinois(미국)에서 구조공학 전문가 및 분석가로 근무했다. 1980년 Southern Illinois University Carbondale(미국)의 조교수로 부임하였으며 1993년 교수가 되었다. Kassimali 박사는 Southern Illinois University-Carbondale에서 이룬 탁월한 교육업적에 대한 공로로 20번 이상 수상하였으며, 2004년 Distinguished Teacher로 선정되었다. 현재 Southern Illinois University in Carbondale, Illinois(미국)의 토목환경공학과의 교수 겸 Distinguished Teacher로 재직 중이다. Kassimali 박사는 구조역학과 재료역학에 대한 4권의 책의 저자 또는 공저자이며, 비선형 구조해석에 대한 많은 논문을 발표하였다.

Kassimali 박사는 미국토목학회(ASCE)의 종신회원이며 충격과 진동 효과, 특수 구조물, 해석론 분야와 관련하여 ASCE 구조분과위원회에서 활동하고 있다.

디지털 자료

이 교재는 Cengage의 디지털 학습프로그램인 MindTap으로도 제공된다. MindTap버전을 구입한 학생은 책의 MindTap Reader에 접속할 수 있으며 데스크톱, 노트북 또는 iPad를 통해 온라인으로 숙제와 평가를 할 수 있다.

MindTap에서 강사는 다음과 같은 일이 가능하다.

- 학습 과정을 강사 개인에 맞게 조정하여 학습 내용 재정렬, 단락 감추기, 교과서 내용에 원본 자료 추가
- 학습 관리 시스템에 온라인 교육 과정 및 수강자 연결
- 메모와 하이라이트로 텍스트에 주석을 달수 있고, MindTap Reader로부터 내용을 공유. 학생들이 집중할 수 있도록 맞춤형 플래시 카드 생성
- 빠르고 쉽게 학생과 직접 연결
- Progress 웹을 이용하여 학생의 학습 진행 상황과 이해력 추적
- 상호협력과 연습을 통한 학생 참여 증진

덧붙여 학생들은 ReadSpeaker를 통해 교재를 들을 수 있으며, 쉽게 참조할 수 있도록 메모를 작성하고 내용에 강조 표시를 할 수 있다. 또한 자료에 대한 이해 정도를 점검할 수 있다.

Cengage 모바일 앱

Cengage 모바일 앱은 iOS와 Android 스마트 폰에서 편리하게 사용할 수 있다. 앱을 이용하여 학생들은 언제 어디서나 교과서 전체를 접속할 수 있다. 연중무휴로 교육 과정을 접속할 수 있으며, 앱에서 메모하거나 중요 부분을 하이라이트 할 수 있으며 텍스트 리더를 사용할 수 있다

Cognero

Cognero가 제공하는 Cengage Learning Testing은 강사가 활용할 수 있는 모든 기능을 갖춘 온라인 평가 시스템이다. 강사는 테스트 생성기를 사용하여 게시자의 질문 에 대한 답변, 편집, 새로운 질문, 학습 목표에 맞는 태그 질문, 문장 인쇄, 학습 관리 시스템을 통안 온라인 전송이 가능하다.

역자 머리말

건축과 토목구조물을 구조해석하기 위하여 필요한 가장 기본 과목중의 하나는 구조역학이다. 지금까지 구조역학 또는 이와 관련된 내용을 다루는 다수의 교재가 국내외에서 출판되었다. 구조역학이 다루어야 할 기본적인 내용의 관점에서 본다면 Kassimali 교수의 구조역학도 기존의 교재와 큰 차이가 없다고 말할 수 있다. 그러나 Kassimali 교수의 구조역학은 다음과 같은 특징을 갖고 있어 처음 구조해석을 공부하는 초급 기술자에게 매우 유용한 책이라고 할 수 있다. 이 책은 3부의 내용으로 구분되어 있으며 각 부분은 다음과 같은 내용을 다루고 있다. **제1부**에서는 구조해석의 전체 과정에 대한 설명을 시작으로 구조물의 종류, 구조해석을 위한 기본 가정, 하중의 흐름, 지점과 반력의 종류 등과 같이 구조해석을 수행하기 위하여 필요한 기본 내용을 상세하게 설명하여 초급 기술자의 구조해석에 대한 이해를 돕고 있다. **제2부**에서는 트러스, 보, 골조의 정정구조물에 대한 해석과 처짐, 영향선 등과 같이 세부 해석 분야를 다양한 예제를 이용하여 설명하여 기본적인 구조해석을 수행할 수 있도록 하고 있다. **제3부**에서는 고난위도에 속하는 부정정구조물을 구조기술자가 해석할 수 있도록 하고 있으며, 이를 발전시켜 매트릭스 해석법을 이용하여 전산해법을 활용할 수 있도록 하고 있다.

이 책에서는 원서의 내용을 최대한 유지하면서 독자들이 이해하기 쉽도록 의역에 중점을 두었다. 따라서 원서와 다소 상이한 문구가 있을 수 있지만 전체적인 문맥에서는 원서와 차이가 나지 않도록 노력하였다. 또한 이 책에 사용되는 용어는 대한토목학회와 한국콘크리트학회의 용어집 기준을 따르고자 노력하였다. 그러나 이미 우리 기술자들에게 익숙한 외래 용어에 대해서는 외래 용어를 그대로 사용하여 독자들이 어색함을 느끼지 않도록 하였다.

여러 전문가가 분담해서 번역을 하다 보니 용어, 띄어쓰기, 문체 등에서 통일성이 부족한 부분이 있어 대표 역자가 전체 내용을 모두 검토하여 가능하면 이러한 문제를 최소화할 수 있도록 노력하였다. 그러나 이러한 검토에도 불구하고 여전히 오타, 오역, 용어와 띄어쓰기의 혼용이 있을 수 있으며 발견하지 못한 부분에 대해서는 지속적으로 개선할 예정이다.

이 책이 건축분야와 토목분야의 구조역학을 공부하는 기술자에게 조금이나마 도움이 되기를 바라며 번역에 수고한 모든 역자와 도서출판 동화기술 편집진 여러분에게 깊은 감사를 드린다.

대표 역자 이 정윤

1부. 구조해석과 하중의 일반사항

Marina City District, Chicago
Hisham Ibrahin/Photographer's Choice RF/Getty Images

01 구조해석의 일반사항

구조해석(structural analysis)**이란 구조물에 직접 작용하는 하중이나 간접적으로 작용하는 외부 영향(예를 들면, 지점 이동이나 온도 변화)에 의한 구조물의 성능**(performance)**을 예측하는 것이다.** 구조물을 설계할 때 고려해야 할 주요 항목은 (1) 응력(stress)이나 축력, 전단력, 휨모멘트와 같은 부재력, (2) 처짐, (3) 지점반력과 같은 성능 특성이다. 따라서 구조해석은 주어진 하중 조건에 의하여 유발되는 성능 특성에 대한 값을 결정하는 것과 관련이 있다. 이 책의 목적은 정적평형(static equilibrium)을 이루는 구조물의 해석 방법을 제시하는 것이다.

이 장에서는 구조해석의 일반 사항을 소개하고자 한다. 초반부에서는 구조해석 분야에서 중요한 업적을 이룬 인물을 중심으로 역사적 배경을 간략하게 설명한다. 그 이후에 구조공학 프로젝트에서 구조해석의 역할이 무엇인지 논의한다. 그리고 가장 일반적인 다섯 가지 구조인 인장구조, 압축구조, 트러스, 전단구조, 휨구조에 대하여 설명한다. 끝으로 해석을 위하여 실제 구조물을 단순화시키는 방법의 개발 과정을 살펴본다.

1.1 역사적 배경

역사가 시작된 이래 구조공학은 인간 활동에 필수적인 부분이었다. 그러나 17세기 중반에서야 구조공학자가 수학 및 과학과 연계된 역학 지식을 구조물 설계에 적용하기 시작하였다. 초기에 건설된 구조물은 시행착오나 과거의 경험을 바탕으로 설계되었다. 고대 이집트의 피라미드(B.C. 약 3000년), 그리스의 신전(B.C. 500년~B.C. 200년), 로마의 콜로세움과 송수로(送水路)(B.C. 200년~A.D. 200년), 고딕 성당(A.D. 1000년~1500년)과 같은 거대한 구조물이 지금까지 남아 있다는 사실로부터 이러한 구조물을 건설한 건설자의 우수성을 알 수 있다(그림 1.1).

Galileo Galilei (1564~1642)는 구조역학의 창시자로 알려져 있다. Galileo는 1638년에 출판된 "Two New Sciences"란 책에서 캔틸레버 보(cantilever beam)를 비롯한 몇몇 단순구조물의 파괴 현상을 분석하였다. 비록 Galileo는 근사적으로 보의 상노를 예측하였지만, 그의 연구는 구조이론 발전의 기초가 되었으며, 구조물의 설계에 크게 영향을 미치는 역학의 해석 원리와 재료 강도와 관련된 구조공학이란 새로운 분야를 개척하였다.

Galileo의 선구자적 업적에 뒤이어서 구조역학은 17세기 후반에서 18세기에 이르는 동안에 비약적으로 발전하였다. 이 시대에 주목할 만한 연구자로는 힘과 재료 변형의 선형적 관계(후크의 법칙)를 개발한 Robert Hooke (1635~1703), 운동의 법칙과 미적분학을 발전시킨 Isaac Newton (1642~1727), 가상일의 원리를 체계화한 John Bernoulli (1667~1748), 기둥의 좌굴 이론을 발전시킨 Leonhard Euler (1707~1783), 탄성보의 휨이론을 제안한 C. A. de Coulomb (1736~1806)를 들 수 있다.

그림 1.1 13세기에 완성된 파리의 Notre Dame 성당
Ritu Manoj Jethani / Shutterstock.com

1826년에 L. M. Navier (1785~1836)는 구조물의 탄성 거동에 대한 논문을 발표하였으며 이 논문은 재료 강도의 근대적 이론에 관한 최초의 논문으로 평가받고 있다. 19세기 말에서 20세기 전반부에 걸쳐서 구조역학은 매우 빠른 속도로 발전하였다. 이 책에서 언급되는 구조역학의 고전적 이론의 대부분은 이 시기에 개발되었다. 이 시대에 활동한 주요 연구자로 연속보를 해석하기 위하여 3연모멘트법을 체계화한 B. P. Clapeyron (1799~1864), 변형일치법과 상반작용의 원리를 개발한 J. C. Maxwell (1831~1879), 공액보법을 제안하여 처짐을 계산하고 모어의 응력원과 변형률원을 개발한 Otto Mohr (1835~1918), 최소일의 원리를 체계화한 Alberto Castigliano (1847~1884), 모멘트면적법을 발전시킨 C. E. Greene (1842~1903), 영향선의 작성 원리를 제안한 H. Muller-Breslau (1851~1925), 강성행렬법의 기본이 되는 처짐각법을 제안한 G. A. Maney (1888~1947), 1924년에 모멘트분배법을 제안한 Hardy Cross (1885~1859)를 들 수 있다. 구조공학자는 모멘트분배법을 활용하여 단순 반복계산으로 고차 부정정구조를 해석할 수 있게 되었다. 1930년경부터 1970년경까지 구조공학자에게 널리 사용된 모멘트분배법은 부정정골조의 거동을 이해하는데 큰 도움이 되었다. 이 당시에 모멘트분배법이 없었다면 다층 빌딩을 포함한 많은 구조물을 건설하기 어려웠을 것이다.

1950년대부터 컴퓨터를 활용한 구조해석법이 획기적으로 발전하였다. 며칠 또는 몇 주에 걸쳐서 해석할 수 있었던 거대한 연립방정식 문제를 컴퓨터를 이용하여 단 몇 초에 해결할 수 있게 되었다. J. H. Argyris, R. W. Clough, S. Kelsey, R. K. Livesley, H. C. Martin, M. T. Turner, E. L. Wilson, O. C. Zienkiewicz 등은 현재 사용되고 있는 컴퓨터를 이용한 구조해석 풀이법 개발에 큰 기여를 하였다.

1.2 구조공학 프로젝트에서 구조해석의 역할

구조공학이란 의도된 목적에 맞게 구조물이 사용될 수 있도록 안전하고 경제적으로 구조물을 계획하고 설계하며 건설하는 과학 및 예술과 관련된 학문이다. 구조해석은 구조공학 프로젝트에서 반드시 필요한 분야로 구조물의 거동을 예측하는 분야이다. 그림 1.2의 순서도는 구조공학 프로젝트의 전형적인 해석 과정을 보여주고 있다. 순서도에서 알 수 있듯이 구조해석은 반복 작업을 통하여 이루어지고 있으며, 다음과 같은 단계로 구성되어 있다.

1. **계획 단계** 계획 단계에서는 구조물에 요구되는 기능을 정하고, 구조물의 배치와 치수를 결정한다. 또한 모멘트저항골조 또는 트러스와 같은 구조형식과 구조용 강재 또는 철근콘크리트와 같은 재료의 종류를 결정한다. 또한 구조물의 미적인 요소나 환경적 영향 등과 같은 비구조적 요소(nonstructural factor)에 대해서도 고려한다. 기능적 요구조건에 부합하는 구조 시스템을 도출하고, 가장 경제적인 계획안을 도출한다. 이 단계는 프로젝트 전체 과정에서 가장 중요한 단계이며, 구조물의 거동에 대한 이해와 실제 시공에 대한 경험과 지식이 요구된다.

2. **예비 구조설계** 예비 구조설계 단계에서는 계획 단계에서 결정한 구조시스템을 구성하는 여러 부재의 크기를 근사해석, 과거의 경험, 기준의 요구 조건을 바탕으로 계산한다. 이렇게 선정된 부재의 크기는 다음 단계에서 구조물의 중량을 계산하는데 사용된다.
3. **하중 계산** 구조물에 작용할 것으로 예측되는 모든 하중을 계산한다.
4. **구조해석** 구조해석 단계에서는 앞 단계에서 계산한 하중을 이용하여 구조해석을 수행하여 부재의 응력, 단면력, 여러 위치에서의 처짐을 계산한다.
5. **안전성과 사용성 검토** 해석 결과가 구조물 설계기준에서 요구하는 안전성과 사용성을 만족하는지 검토한다. 만약 해석 결과가 기준의 요구조건을 만족하고 있다면 설계 도면을 작성하고, 시공 상세를 준비한 후에 시공 단계로 넘어간다.
6. **구조설계 수정** 만약 해석 결과가 설계기준의 요구조건을 만족하고 있지 않다면 부재 크기를 조절한 후에 안전성과 사용성에 대한 요구조건이 만족될 때까지 3단계에서 5단계의 과정을 반복한다.

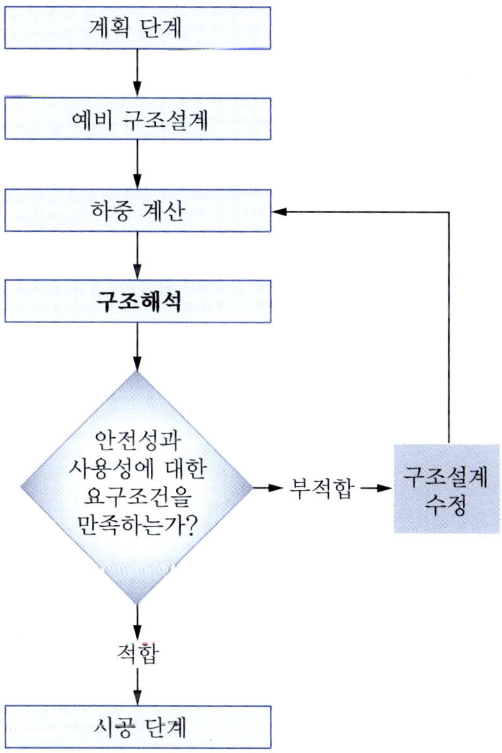

그림 1.2 일반적인 구조공학 프로젝트 과정

이 책의 2장에서 구조물에 작용하는 하중의 종류에 대하여 설명하겠지만, 이 책에서 주로 다루는 내용은 구조해석 분야이다.

1.3 구조의 분류

앞에서 설명한 것과 같이 공학 프로젝트를 수행할 때 구조공학자가 결정해야 하는 가장 중요한 사항은 하중을 지지하거나 전달할 수 있는 구조물의 종류를 결정하는 것이다. 구조물의 구조 형식은 주 설계하중에 의하여 발생하는 부재의 응력에 따라서 다섯 가지 종류로 구분할 수 있다. 건물이나 교량의 기능에 따라서 두 개 이상의 기본 구조 형식이 모여서 하나의 구조 형태를 이루기도 한다.

인장구조

인장구조를 구성하고 있는 부재에는 외부 하중에 의하여 순수 인장(pure tension)이 발생한다. 인장응력은 부재의 전 단면에 균등하게 분포하기 때문에 재료를 가장 효율적으로 사용할 수 있다. 쉽게 구부러지는 강재 케이블로 된 인장구조는 교량과 장스팬 지붕을 지지하기 위하여 널리 사용되고 있다. 이러한 케이블은 쉽게 구부러지기 때문에 케이블에는 휨강성(bending stiffness)이 거의 없고 단지 인장력만 발생하게 된다. 따라서 케이블의 형상은 인장력만으로 하중을 저항할 수 있게 변형한다. 즉, 케이블의 형상은 작용하는 하중이 변화하면 함께 변화한다. 일례로 그림 1.3에서 보는 것과 같이 단일 케이블이 두 종류의 하중에 의하여 형상이 다르게 변화함을 알 수 있다.

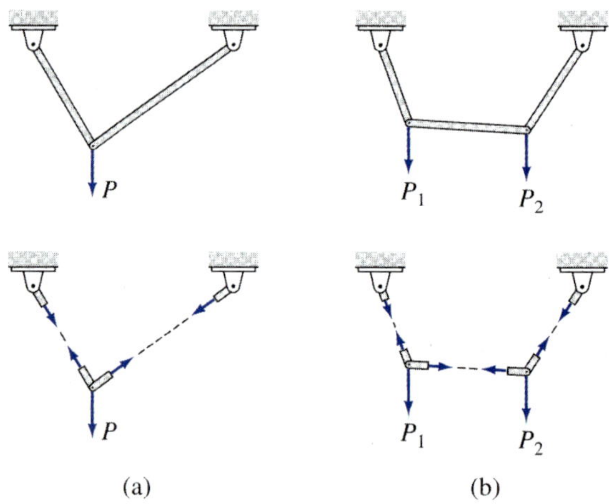

그림 1.3

그림 1.4는 흔히 볼 수 있는 케이블 구조의 한 종류인 **현수교**(suspension bridge)이다. 현수교의 차도(roadway)는 수직행거에 의하여 두 개의 주 케이블(main cable)에 매달려 있다. 주 케이블은 한 쌍의 탑을 통과하여 양쪽 끝이 단단한 암반이나 콘크리트 기초에 양쪽 끝이 정착되어 있다. 현수교나 케이블구조의 수평강성(lateral stiffness)은 작기 때문에 바람에 의해 쉽게 진동한다(그림 1.5 참조). 따라서 가새(brace)나 강성보강시스템을 설치하여 이러한 진동을 감소시키기도 한다. 케이블구조 외에도 발코니나 탱크를 지지하기 위하여 행거로 사용되는 수직 봉재(vertical rod)나 텐트 또는 장경간 돔에 사용되는 막구조도 인장구조이다(그림 1.6).

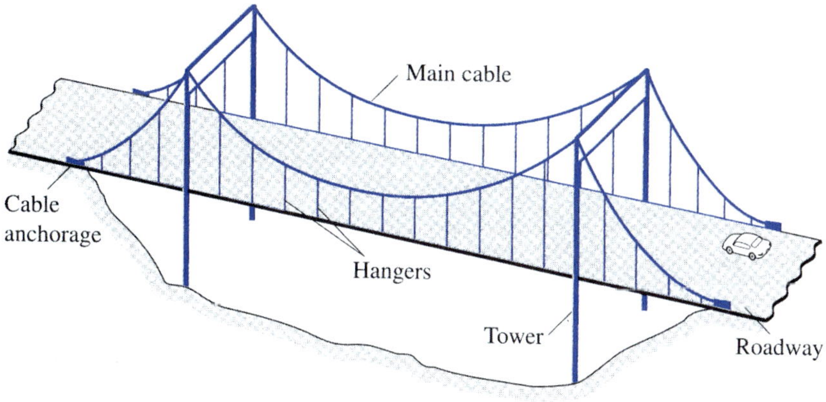

그림 1.4 현수교 주 케이블, 케이블 앵커, 행거, 주탑, 차도

그림 1.5 1940년 Tacoma Narrows Bridge의 붕괴되기 직전의 진동하는 모습
Smithsonian Institution Photo No. 72-787. Division of Work & Industry, National Museum of American History, Smithsonian Institution

그림 1.6 경기장 내부의 공기 압력에 의해 인장력을 받고 있는 Tokyo 돔의 섬유(막) 지붕
Gavin Hellier/Alamy Stock Photo

압축구조

그림 1.7 스페인 Segovia 지역의 (로마)수로교의 기둥과 아치(1세기 또는 2세기) Bluedog423

압축구조란 외부 하중을 받을 때 주로 압축응력이 발생하는 구조물이다. 압축구조에 속하는 두 가지 대표적 예로 **기둥**과 **아치**를 들 수 있다(그림 1.7). 기둥은 그림 1.8과 같이 축방향 압축하중을 받는 직선 부재이다. 직선 부재 중에서 축하중과 함께 수평하중이나 모멘트를 받는 부재를 **보-기둥**이라 한다.

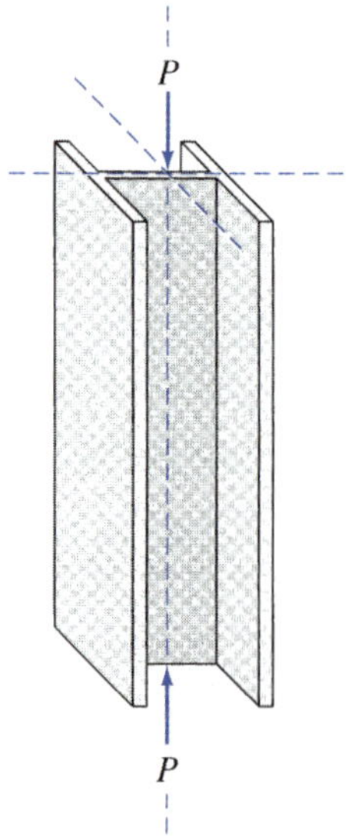

그림 1.8 기둥

아치는 그림 1.9와 같이 케이블을 거꾸로 한 형상의 곡선구조이다. 아치는 교량이나 장스팬 지붕을 지지하는데 널리 사용된다. 외력을 받는 아치에는 주로 압축응력만이 발생하므로 설계하중 중에서 압축만을 받도록 설계한다. 그러나 아치에는 강성이 있어 케이블처럼 형상이 바뀌지 않아 2차적인 휨이나 전단응력이 발생할 수 있다. 따라서 설계 시에 이를 반영하여 설계해야 한다.

압축구조는 좌굴(buckling)이나 불안정(instability)에 의해 파괴되기 쉬우므로 설계 시에 이를 반영하여 설계해야 한다. 또한 필요할 경우에는 적절한 가새를 설치하여 이러한 파괴를 방지해야 한다.

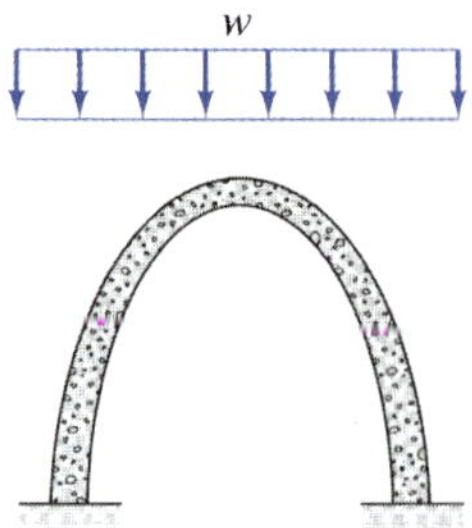

그림 1.9 아치

트러스

트러스는 양 단이 힌지(hinge)로 연결된 직선부재이며 안정된 형상을 이루고 있는 구조이다(그림 1.10). 하중이 트러스의 절점(joint)에만 작용할 경우에 트러스를 이루는 부재는 부재축방향으로만 늘어나거나 줄어든다. 결과적으로 이상적인 트러스 부재는 항상 균등한 인장력이나 압축력을 받는다. 실제로 제작되는 트러스 부재는 볼트나 용접을 사용한 가셋플레이트(gusset plate)에 의해 연결된다. 이러한 강절점(rigid joint)에 하중이 작용하면 트러스 부재에 다소의 휨이 발생할 수 있지만, 대부분의 경우에 이러한 2차 휨응력은 매우 작기 때문에 절점을 힌지로 가정하여 설계하여도 무방하다.

트러스는 자중이 가볍고 강도가 높기 때문에 널리 사용되는 구조 형식 중의 하나이며, 건물의 지붕에서부터 우주정거장과 운동경기장까지 다양하게 사용되고 있다.

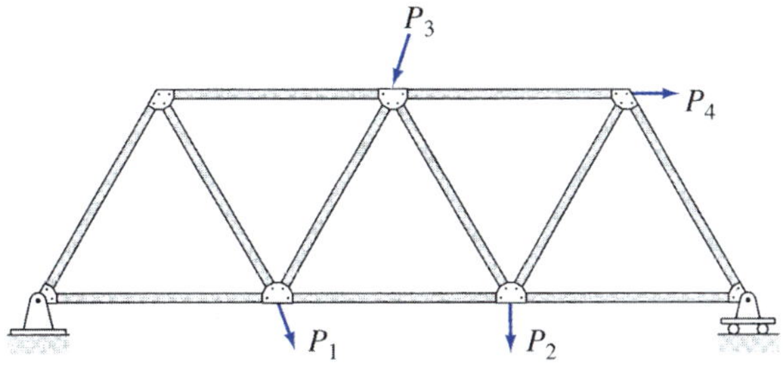

그림 1.10 평면트러스

전단구조

철근콘크리트 **전단벽**(그림 1.11)과 같은 **전단구조**는 풍하중과 지진력을 받는 다층건물의 수평변위를 감소시키기 위하여 사용된다(그림 1.12). 외부 하중에 의하여 전단구조에는 주로 면내 전단(in-plane shear)이 발생하며, 휨응력은 상대적으로 작게 발생한다.

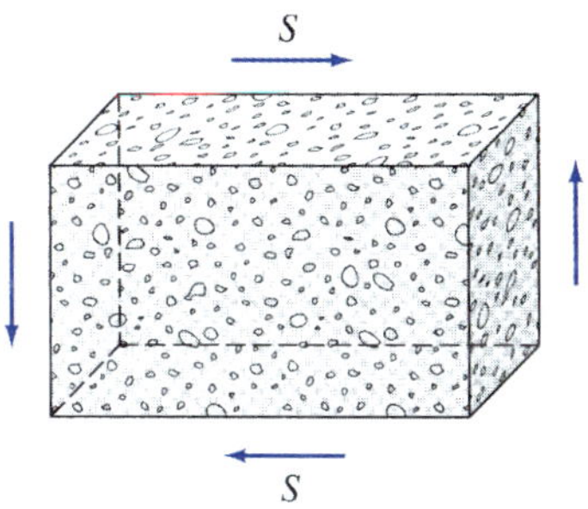

그림 1.11 전단벽

그림 1.12 바람과 지진에 의하여 발생하는 수평하중을 저항하기 위하여 건물의 측면에 설치된 전단벽
NISEE, University of California, Berkeley

휨구조

휨구조란 외부 하중을 받을 때 주로 휨응력이 발생하는 구조이다. 구조물에 따라서 휨모멘트의 방향이 바뀌면서 전단응력이 크게 발생할 수 있으며 이 경우에는 이를 반영하여 설계해야 한다.

널리 사용되는 **보, 강접골조, 슬래브, 플레이트** 등과 같은 구조물이 휨구조에 포함된다. **보는 하중이 부재축과 직각되게 작용하는 직선 부재이다**(그림 1.13). 정역학과 재료역학에서 공부한 것과 같이 외력을 받아 구부러진 보의 경우 중립축에서 오목하게 가장 멀리 구부러진 쪽에 가장 큰 압축응력이 발생하며, 중립축에서 볼록하게 가장 멀리 구부러진 쪽에 가장 큰 인장응력이 발생한다. 또한 휨(연직)응력은 최대 압축응력과 최대 인장응력 사이에서 선형적으로 변화한다. 예를 들어, 그림 1.13의 수평 보에 하중이 아래쪽 수직방향으로 작용할 때 보의 위쪽 면에서 최대 압축응력이 발생하고, 보의 아래쪽 면에 최대 인장응력이 발생하며 보 단면 안에서 휨응력은 선형적으로 변화한다. 따라서 보의 단면을 효율적으로 활용하기 위해서는 보의 단면 형상을 그림 1.13과 같이 위쪽과 아래쪽 플랜지가 넓은 I형으로 하는 것이 효과적이다. I형 단면은 가장 효과적으로 휨모멘트를 저항하는 단면 형상이다.

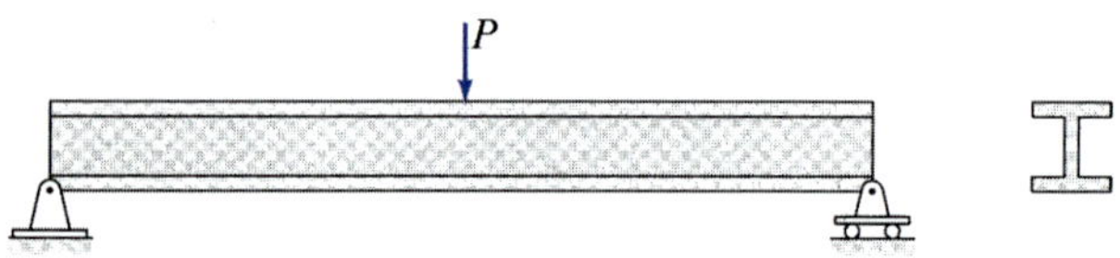

그림 1.13 보

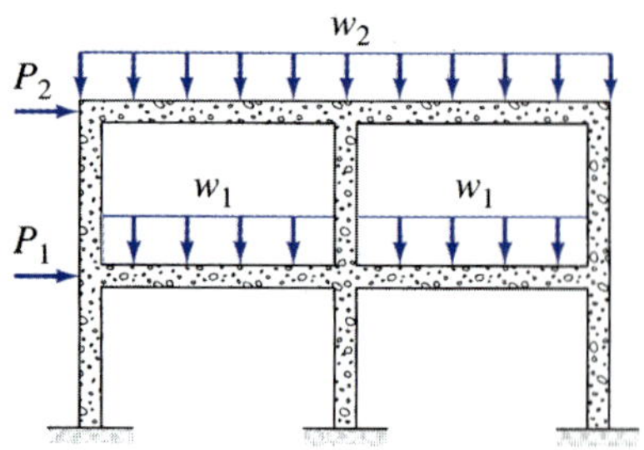

그림 1.14 강접골조

강접골조는 강절점(모멘트저항절점) 또는 활절점에 직선 부재가 연결되어 안정된 형태를 이루는 구조이다. 하중이 절점에만 작용하는 트러스와 달리 골조에는 절점뿐만 아니라 부재에도 하중이 직접 작용한다(그림 1.14). 강접골조 부재는 일반적으로 휨모멘트, 전단력, 축압축력 또는 축인장력을 받는다. 그러나 직사각형 골조의 수평 부재나 보에는 축력이 작게 작용하기 때문에 휨응력이나 전단응력만을 고려하여 설계한다.

골조는 트러스와 함께 가장 널리 사용되는 구조 양식의 하나이다. 구조용 철골조나 철근콘크리트 골조는 다층건물(그림 1.15), 교량, 그리고 산업용 플랜트에 널리 사용되고 있다. 또한 항공기, 선박, 우주비행선, 기타 항공 및 기계 시설물에도 골조가 사용된다.

흥미롭게도 **골조구조**라는 용어는 트러스를 포함한 직선부재로 이루어진 구조를 포괄적으로 지칭하는 용어로 흔히 사용되고 있다. 이러한 맥락에서 이 책에서는 평면골조구조에 대한 해석을 주로 다루고자 한다.

그림 1.15 골조 건물의 부재
Racheal Grazias/Shutterstock.com

1.4 해석 모델

해석 모델이란 해석을 위하여 실제 구조물을 단순화하여 표현하거나 이상화시키는 것을 의미한다. 해석 모델을 만드는 목적은 복잡한 구조물의 해석을 단순화시키는데 있다. 해석 모델에서는 구조공학자에게 필요한 구조물의 거동 특성을 가능하면 실용적으로 정확하게 제시해야 하지만, 구조물의 실제 특성에 큰 영향을 주지 않는 부재나 접합부 등에 대한 상세 항목까지 나타낼 필요는 없다. 해석 모델을 설정하는 것은 해석 과정 단계 중에서 가장 중요한 단계이다. 왜냐하면 충분한 경험과 구조물의 거동에 대한 정확한 이해와 함께 설계실무에 대한 지식이 있어야 해석 모델을 설정할 수 있기 때문이다. 설정된 모델이 실제 구조물을 명확하게 표현할 때, 이러한 모델 해석에서 예측된 구조물의 응답(response)도 신뢰할 수 있다.

해석 모델을 설정하기 위해서는 일반적으로 다음 사항들을 고려해야 한다.

평면구조와 공간구조

하중과 구조물을 구성하는 모든 부재가 하나의 평면 위에 놓여 있다면 이러한 구조물을 "**평면구조**"라 한다. 평면구조 또는 2차원구조에 대한 해석은 공간구조 또는 3차원구조에 대한 해석보다 상당히 단순하다. 다행스럽게도 실제 존재하는 많은 3차원구조를 몇 개의 평면구조로 분리하여 해석할 수 있다.

예를 들어 그림 1.16(a)의 교량 골조시스템을 생각해보자. 수직하중을 지지하는 이 시스템의 주 부재는 실선으로 표시되었으며, 수평방향으로 작용하는 풍하중을 저항하고 안정성을 확보하기 위하여 부가적으로 설치된 가새 부재는 점선으로 표시되어 있다. 교량의 데크(deck)는 **스트링거**(stringer)라 부르는 보에 지지되어 있으며, 스트링거는 바닥판 **보**(floor beam)에 의해 지지되고 있다. 바닥판 보의 양 단부는 2개의 길이방향 트러스 하단부 패널에 절점으로 연결되어 있다. 따라서 차량, 스트링거와 바닥판 보에 작용하는 하중은 바닥판 보를 통하여 트러스의 절점에 전달되며, 트러스에 작용하는 하중은 기초에 전달된다. 이 때 하중이 각각의 트러스의 면내 방향에 작용하므로 트러스를 평면구조로 간주하고 해석할 수 있다.

또 다른 예로써 그림 1.17(a)의 다층건물의 골조시스템을 생각해보자. 각 층의 바닥판 슬래브는 바닥판 보에 의해 지지되고 있으며, 슬래브의 하중과 바닥판 보의 자중은 거더에 전달되고 있다. 각 골조에 작용하는 하중은 면내 방향으로 작용하므로 이러한 골조를 평면구조로 간주하고 해석할 수 있다. 이렇게 각 골조에 전달된 하중은 거더에서 기둥으로 전달되며, 최종적으로는 기초로 전달된다.

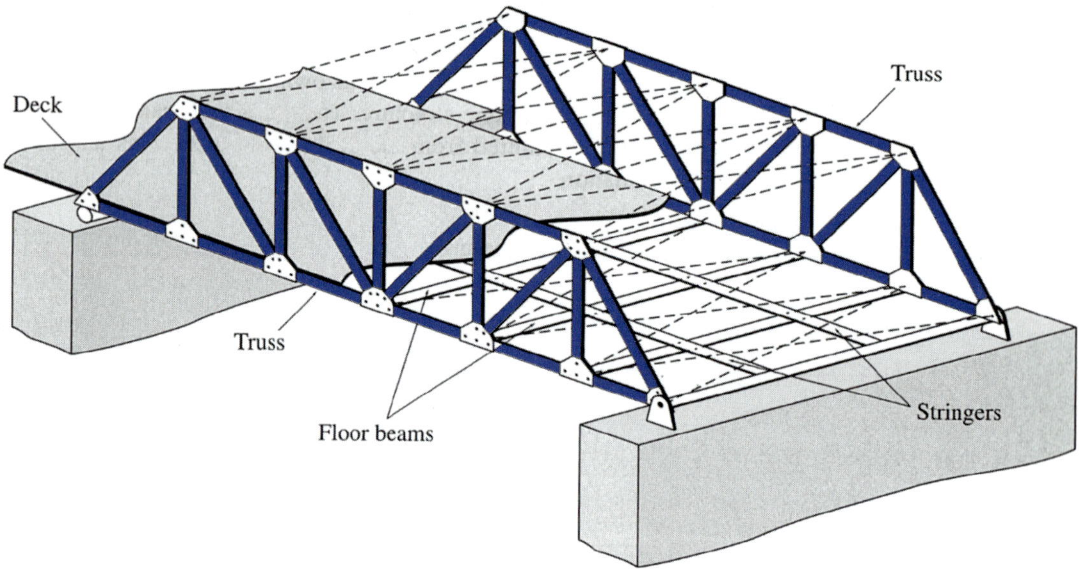

(a)

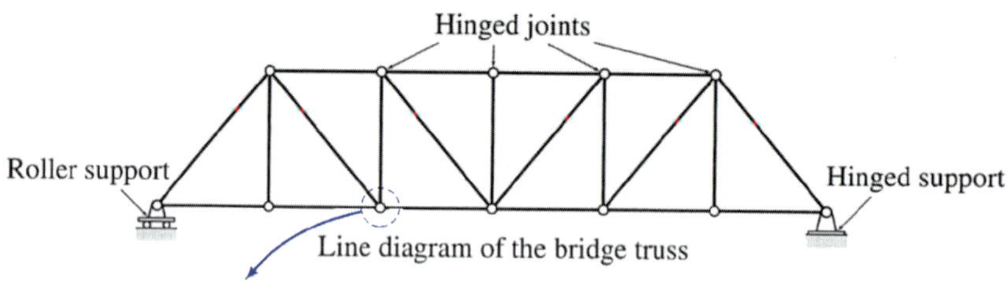

(b)

(c)

그림 1.16 교량의 골조

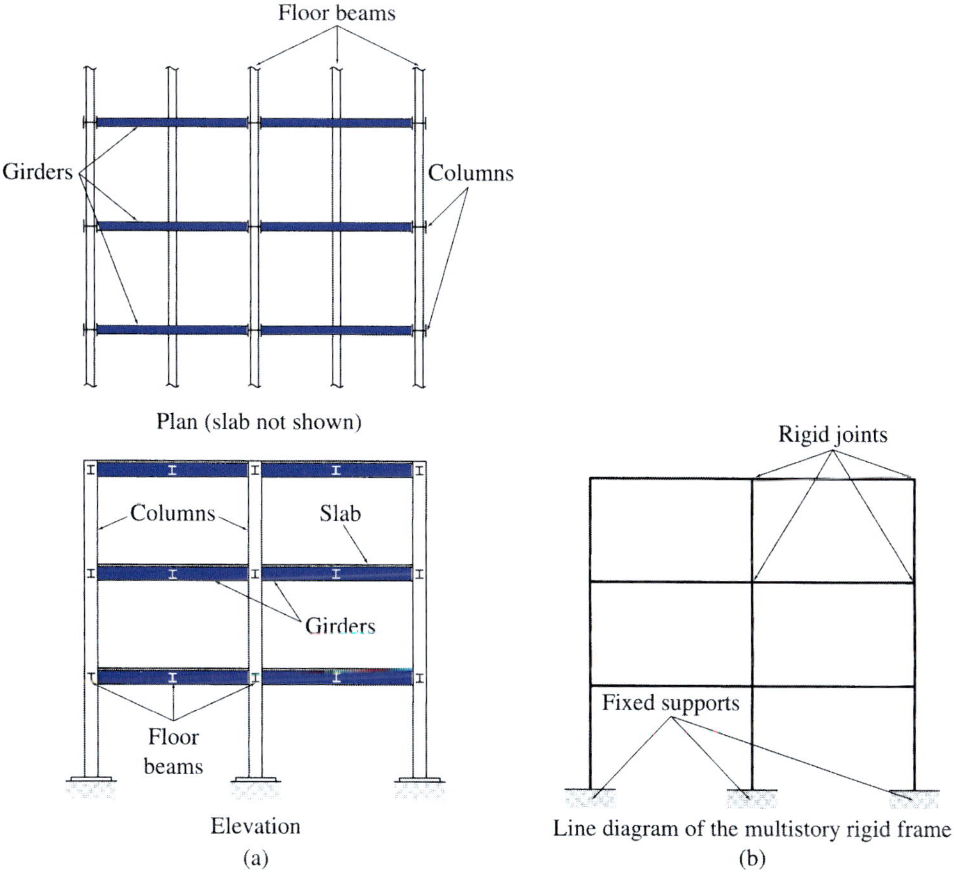

그림 1.17 다층건물 골조

대부분의 3차원구조를 몇 개의 평면구조로 분리하여 해석할 수 있지만, 래티스 돔(latticed dome), 우주공간 구조물, 송전탑과 같은 구조물은 구조물의 형상, 부재 배치 또는 작용하는 하중의 특성 때문에 평면구조로 해석할 수 없다. 이러한 구조물을 **공간구조**라 하며 3차원에서 힘을 받는 3차원구조로 해석해야 한다.

선 다이어그램

2차원구조 또는 3차원구조에 대한 해석 모델에는 **선 다이어그램**(line diagram)이 사용된다. 선 다이어그램에서는 구조물을 구성하는 각각의 부재를 부재의 도심축을 따라서 그려진 선으로 표시한다. 부재 치수와 접합부의 크기는 다이어그램에 표시하지 않는다. 그림 1.16(a)의 교량 트러스와 그림 1.17(a)의 강접골조에 대한 선 다이어그램을 각각 그림 1.16(b)와 그림 1.17(b)에 표시하였다. 이 책에서는 필요시에 부재를 명확하게 표현하기 위하여 이중선(⟸⟹)으로 부재를 표시하기도 하였다. 이 때 이중선 사이의 간격이 부재 단면의 깊이를 나타내는 것은 아니다.

접합

구조물을 구성하는 부재와 부재를 연결하는 방법을 살펴보면 크게 (1) **강접합**(rigid connection)과 (2) **연성 또는 힌지접합**(hinged connection)의 두 가지 방법이 있다. 세 번째 접합 방법으로 철골구조설계기준에서 인정하고 있는 **반강접합**(semirigid connection)이 있지만 이 방법은 실제로 흔하게 사용되는 방법이 아니므로 이 책에서는 다루지 않는다.

강접합 또는 강절점은 절점에 연결된 각 부재 단부에서 발생하는 상대적 변위(변형)와 회전을 억제하는 접합이다. 즉 강절점에 연결된 모든 부재의 단부는 같은 크기만큼 변형하고 회전한다. 다시 말하면 강절점으로 연결된 부재와 부재 사이의 각도는 하중을 받아 구조물이 변형한 후에도 동일한 각도를 유지한다. 따라서 이 절점에 연결된 부재와 부재는 모멘트와 함께 힘을 전달할 수 있다. 그림 1.17(b)와 같은 선 다이어그램에서 강절점은 부재와 부재가 교차하는 곳에서 점으로 표시된다.

힌지접합 또는 힌지절점은 절점에 연결된 각 부재 단부에서 발생하는 상대적 변위(변형)만을 억제한다. 즉 힌지절점으로 연결된 모든 부재의 단부는 같은 크기만큼 변형하지만 회전하는 양은 다르다. 따라서 이 절점에 연결된 부재와 부재는 힘을 전달시킬 수 있지만 모멘트는 전달시킬 수 없다. 그림 1.16(b)와 같은 선 다이어그램에서 힌지절점은 부재와 부재가 교차하는 곳에서 작은 원으로 표시된다.

해석에서는 부재와 부재의 접합을 완전 강접합이나 완전한 연성거동을 하며 마찰이 없는 힌지접합으로 이상화하여 사용하지만, 실제로는 그림 1.16(c)와 같이 이러한 완전 강접합이나 완전 연성접합은 거의 존재하지 않는다. 설계에서는 실제 사용되는 볼트접합이나 용접접합이 이상적인 거동을 하는 것으로 간주하고 부재를 해석한다. 예를 들어 그림 1.16(c)와 같은 트러스에서 접합부에 연결된 부재와 부재의 도심이 한 점에서 일치하여 절점에는 편심으로 인한 휨이 발생하지 않는 것으로 간주하여 설계한다. 이렇게 접합과 지점(다음 단락에서 설명)을 이상화하여 해석해도 만족할 만한 결과를 도출할 수 있다.

지점

평면구조의 지점(support)은 완전하게 고정되어 이동과 회전이 허용되지 않는 고정단(fixed support), 이동은 할 수 없지만 회전은 가능한 회전단(hinge support), 한 방향으로 이동만이 허용되는 이동단(roller support) 또는 링크지점(link support)으로 이상화된다. 지점에 대해서는 이 책의 3장에서 상세하게 설명한다. 그림 1.16(b)의 선 다이어그램에 이동단과 회전단이 표시되어 있고, 그림 1.17(b)에 고정단이 표시되어 있다.

요약

이 장에서는 구조해석 및 구조공학에서 구조해석이 수행하는 역할을 살펴보았다. 구조해석이란 규정된 하중을 받고 있는 구조물의 거동을 예측하는 것이다. **구조공학**이란 오랜 기간 인류가 노력하여 발전시킨 분야이며, Galileo에 의해 최초로 구조이론이 정립된 것으로 알려져 있다. Galileo의 선구적인 업적에 뒤이어 많은 연구자가 뛰어난 성과를 이루었으며, 컴퓨터의 사용은 구조해석에 혁명적인 변화를 불러 일으켰다.

구조공학이란 안전하고 경제적인 구조물을 계획하고 설계하며 건설하는 과학이다. 구조해석은 이러한 과정을 수행함에 있어서 반드시 필요한 부분이다.

구조물은 인장구조(예, 케이블과 행거), 압축구조(예, 기둥과 아치), 트러스, 전단구조(예, 전단벽), 휨구조(예, 보와 강접골조)의 다섯 기지 형태로 구분할 수 있다.

해석 모델이란 해석을 목적으로 실제 구조물을 단순하게 나타내는 것이다. 해석 모델을 만드는 과정은 (1) 구조물을 평면구조로 모델화할 수 있는지에 대한 결정 (2) 구조물을 선 다이어그램으로 작성 (3) 접합부와 지점의 이상화 등이 있다.

Earthquake-Damaged Building
Ints Vikmanis/Shutterstock.com

02 구조물에 작용하는 하중

구조공학의 목표는 구조물이 사용기간 동안에 본래의 사용 목적에 맞게 유지될 수 있도록 구조물에 작용할 수 있는 모든 하중에 저항하게 구조물을 설계하는 것이다. 따라서 구조공학자는 사용기간 동안 구조물에 작용할 수 있는 모든 하중을 고려하여 설계해야 한다. 구조물에 흔히 작용하는 하중은 그들의 특성과 원인에 따라 다음과 같이 세 가지로 구분할 수 있다. (1) **고정하중**(dead load, 또는 사하중)은 구조시스템 자체의 무게와 구조물에 영구적으로 고정되어 있는 재료의 무게, (2) **적재하중**(live load, 또는 활하중)은 이동가능하거나 구조물의 사용 중에 이동할 수 있는 하중, (3) **환경하중**(environmental load)은 바람, 눈, 지진 등과 같은 환경적인 영향에 의해 발생하는 하중을 말한다.

구조공학자는 설계하중의 크기를 산정해야 하며, 몇 개의 하중이 동시에 구조물에 작용할 수 있는 가능성에 대해서도 고려해야 한다. 결국 최종적으로 구조물은 사용기간 중에 작용할 수 있는 가장 불리한 하중조합에 대해서 저항할 수 있도록 설계되어야 한다.

최소설계하중과 하중조합은 일반적으로 건물기준(building code)에 명시되어 있다. 건물, 교량, 기타 구조물에 대한 설계기준으로는 *ASCE Standard Minimum Design Loads for Buildings and Other Structures* (ASCE/SEI 7-16) [2], *AASHTO LRFD Bridge Design Specifications* [1], *Manual for Railway Engineering* [27], *International Building Code* [16]를 들 수 있다(역주, 우리나라 설계기준으로는 국토교통부에서 고시하고 있는 건축구조기준, 도로교설계기준 등이 있다. 국가건설기준센터 www.kcsc.re.kr을 참고하라).

대부분의 지역설계기준의 하중조건은 국가설계기준의 하중조건과 동일하지만, 지역에 따라서 지진, 토네이도, 태풍, 폭설 등과 같이 그 지역의 특성을 고려한 하중조건을 추가할 수 있다. 지역설계기준은 공공복지와 안전을 위하여 규정된 법규이므로 구조공학자는 구조물이 건설되는 지역의 설계기준을 충분히 숙지하고 있어야 한다.

설계기준에 명시된 하중은 과거의 경험과 연구에 기반을 두고 있으며, 다양한 종류의 구조물 설계에 적용될 수 있는 **최소 규정**이다. 따라서 구조공학자는 설계기준에 명시된 것 외의 다른 하중이 구조물에 작용하는지를 검토해야 하며, 그러한 경우에는 추가하중에 저항할 수 있도록 구조물을 설계해야 한다. 설계 시에 구조공학자는 구조물의 안전에 대하여 최종적으로 책임이 있다는 것을 명심해야 한다.

이 장의 목적은 구조설계 시에 흔히 접하는 하중의 종류를 설명하고, 하중을 계산하기 위한 기본 개념을 소개하는 것이다. 특정 하중에 대하여 논하기 전에 2장의 초반부에서는 구조물에 작용하는 하중이 지반으로 전달되는 과정을 건물과 교량의 간략한 구조시스템을 이용하여 설명하고, 하중의 전달경로와 분담면적에 대해서도 기술한다. 그 다음으로 고정하중과 건물과 교량에 작용하는 적재하중, 적재하중의 동적효과와 충격에 대하여 설명한다. 이어서 풍하중, 적설하중, 지진하중을 포함한 환경하중을 다룬다. 그 후에 수압과 토압, 온도효과에 대하여 간략하게 설명하고, 설계에서 사용되는 하중조합에 대하여 설명한다.

이 책에서 다루는 내용은 *ASCE 7 Standard*로 부르고 있는 *ASCE Standard Minimum Design Loads for Buildings and Other Structures* (ASCE/SEI 7-16)에 근거하고 있다. *ASCE 7 Standard*는 가장 널리 사용되는 기준 중의 하나이다. 이 책의 목적은 구조물에 작용하는 하중의 일반적인 내용을 독자가 이해하는 것이므로 다수의 하중 상세에 대한 설명은 제외하였다. 구조물을 실제로 설계할 때는 지역건물기준에 명시된 모든 항목이나 *ASCE 7 Standard*를 따라야 한다.

2.1 하중 전달을 위한 구조시스템

건물, 교량, 기타 구조물에는 2개 또는 그 이상의 기본 구조부재 (1.3절에서 설명, 보, 기둥, 슬래브, 트러스 등)로 구성된 구조시스템이 있으며, 이 구조시스템이 구조물에 작용하는 하중을 구조물의 기초를 거쳐 지반으로 전달한다. 이러한 구조시스템을 **골조시스템** 또는 **골조**라 부르며, 골조시스템을 구성하는 각 요소를 **구조부재**라고 한다.

그림 2.1(a)는 단층 건물의 하중전달 시스템의 한 예를 보여주고 있다. 이 시스템은 철근콘크리트 지붕슬래브, 슬래브를 지지하고 있는 4개의 강재보, 강재보를 지지하는 2개의 거더(girder)로 구성되어 있다. **거더**는 4개의 기둥에 의해 지지되며 기둥은 지면의 기초에 연결되어 있다. 모든 접합은 볼트접합(즉 전단 또는 힌지접합)되었다고 가정한다. 따라서 접합부는 힘만 전달하고 모멘트는 전달할 수 없다. 바람과 지진이 유발하는 수평하중을 저항하기 위하여 대각가새가 설치되어 있다. 수평하중이 구조물의 어느 방향에서도 작용할 수 있으므로 대각가새나

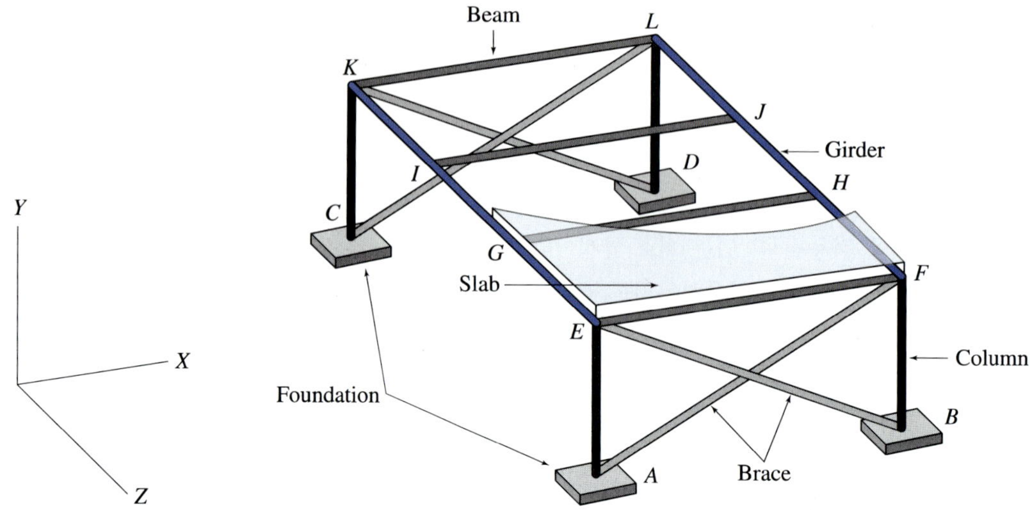

그림 2.1 (a) 단층 건물의 구조시스템

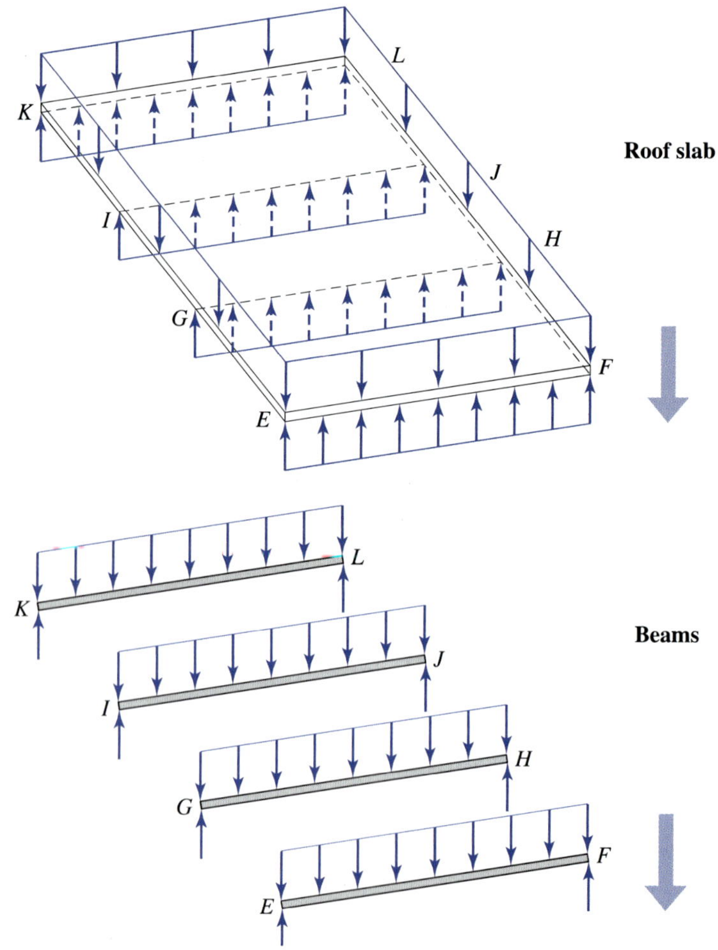

그림 2.1 (b) 수직(중력)하중경로

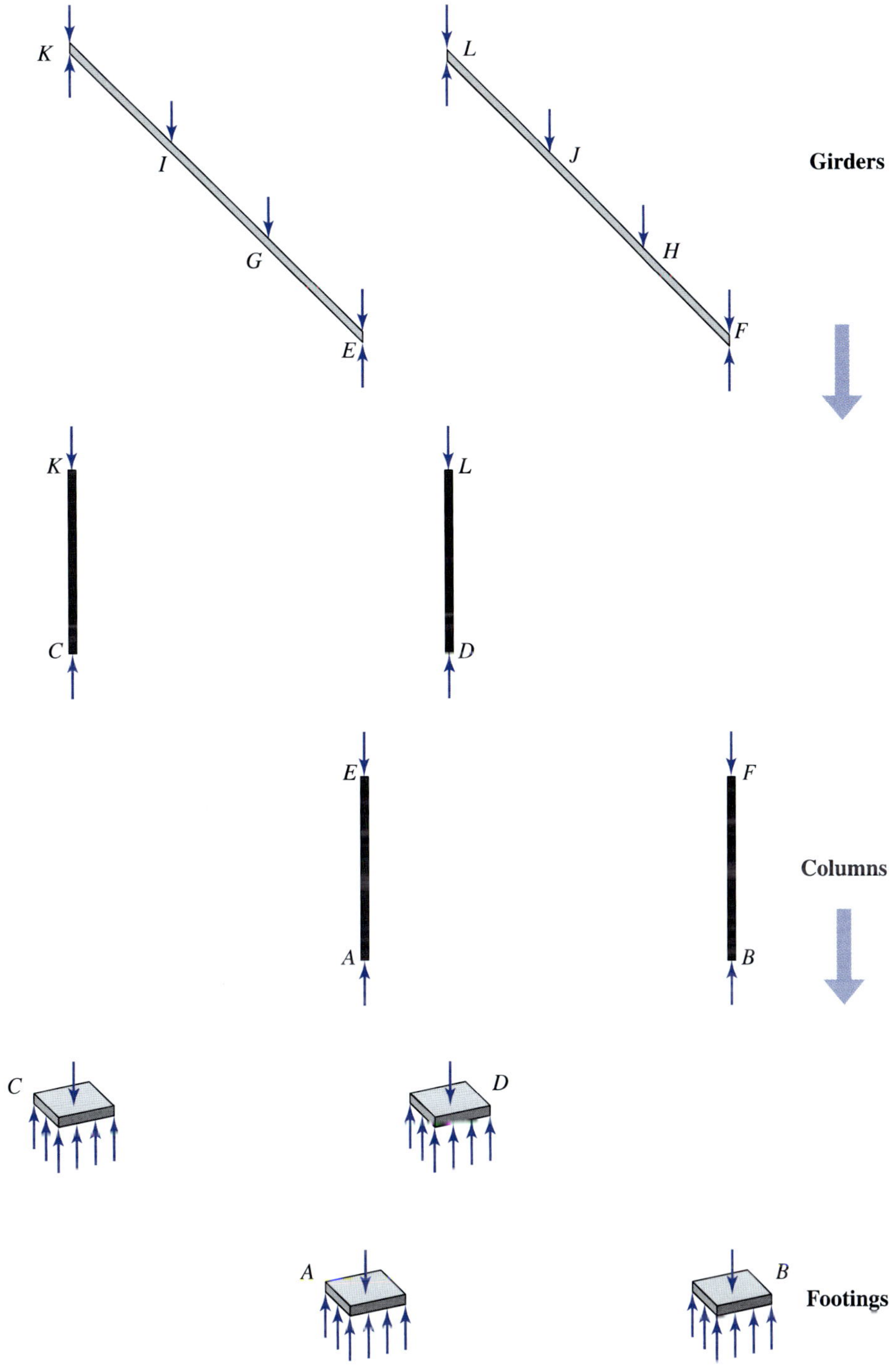

그림 2.1 (b) 계속

전단벽과 같이 수평하중을 전달하는 부재는 구조물의 4면에 설치되어야 한다. 건축적 특성으로 설치되는 외부 벽돌, 칸막이, 비내력벽, 문, 창문 등은 하중계산 시에 부재의 자중 계산에는 포함되지만 하중저항 구조시스템에는 포함되지 않는다.

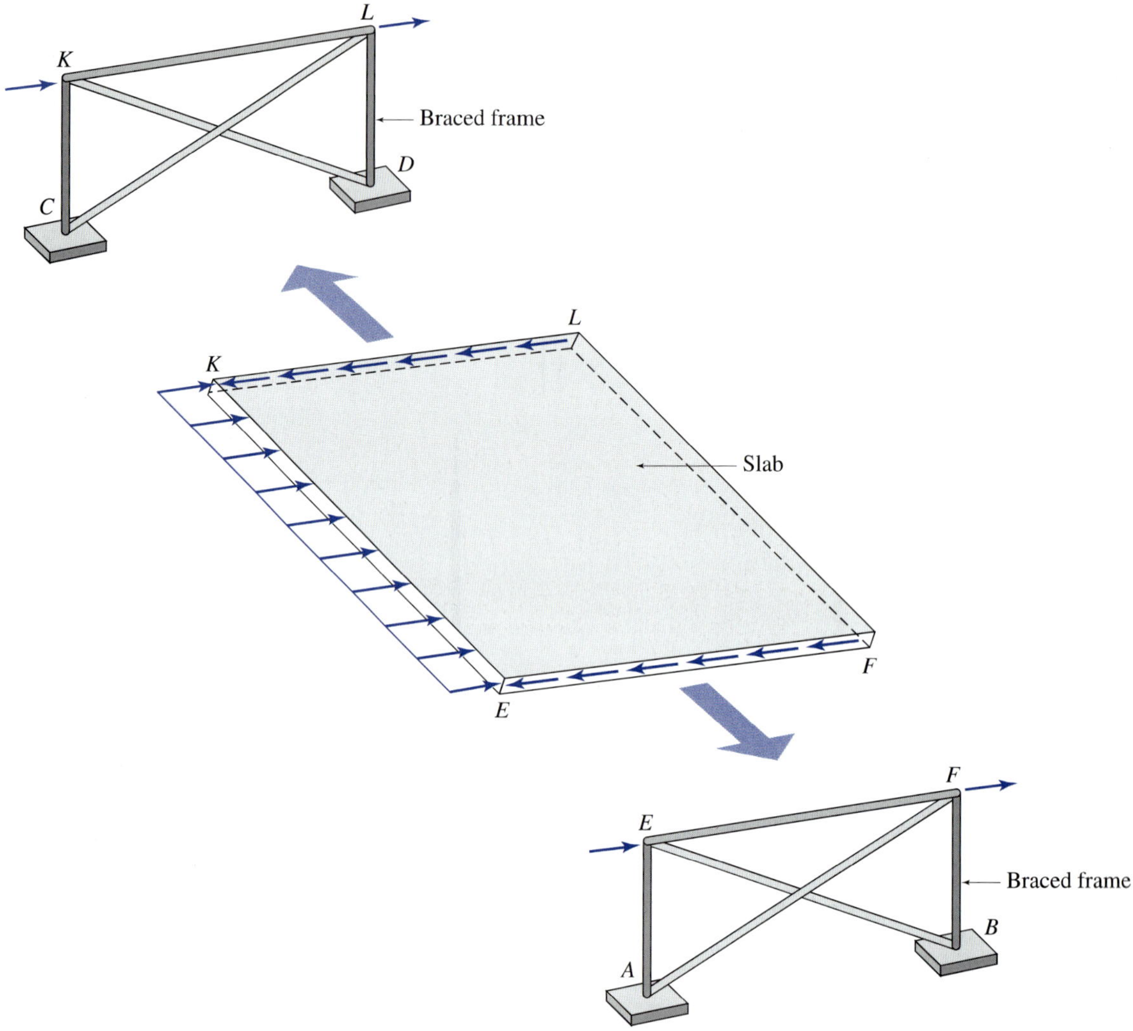

그림 2.1 (c) 수평(횡)하중경로

대부분의 건물과 교량의 구조시스템은 수직하중과 수평하중에 저항하도록 설계된다. 비록 모두 중력에 의해 발생하는 것은 아니지만 거주자, 자중, 눈 또는 비에 의해 발생하는 수직하중을 **중력하중**(gravity load)이라 하며, 바람이나 지진에 의하여 발생하는 수평하중(horizontal load)을 **횡하중**(lateral load)이라고 한다. **하중경로**(load path)란 건물이나 교량에 작용하는 하중이 구조시스템을 구성하는 다양한 부재를 통해 지면으로 전달되는 과정을 의미한다.

그림 2.1(a)의 단층건물의 수직(중력)하중경로는 그림 2.1(b)와 같다. 눈 등에 의해 지붕의 슬래브에 발생하는 수직방향 분포하중(단위 면적에 작용하는 힘)은 선형 분포하중(단위 길이에 작용하는 힘)으로 바뀌어 보 EF, GH, IJ, KL에 전달된다. 거더(EK와 FL)가 보를 지지하고 있기 때문에 보에서 발생하는 지점반력은 역방향으로 거더에 집중하중으로 전달된다. 즉, 지붕에서 작용하는 하중이 거더의 점 $E \sim L$에 집중하중으로 전달된다. 유사하게 거더의 지점반력은 기둥 AE, BF, CK, DL에 축압축력으로 전달된다. 다음으로 기둥의 하중은 기초(A

$\sim D$)로 전달되고 최종적으로 하중은 지면에 분배된다. 여기서 대각가새는 중력하중을 전달하지 않는다는 점에 주의해야 한다.

그림 2.1(c)는 단층건물의 수평(횡)하중경로를 나타내고 있다. 바람이나 지진에 의해 지붕슬래브에 발생하는 수평하중은 면내방향 횡력으로 슬래브에서 2개의 수직방향 골조 $AEFB$와 $CKLD$에 전달된 후에 기초에 전해진다. 그림 2.1(c)의 수직방향 골조는 힌지접합으로 연결된 1개의 보, 2개의 기둥, 2개의 경사가새로 구성되어 있다. **가새골조**는 기본적으로 수평하중을 받는 평면트러스와 같이 거동하며, 지붕에서부터 기초로 하중을 전달한다.

그림 2.2 바람과 지진에 의해 발생된 수평하중을 전달하기 위하여 설치된 가새가 있는 다층건물
Courtesy of Walterio A. López

그림 2.3 바람과 지진에 의해 발생된 수평하중을 저항하기 위하여 설치된 조적조 승강기와 계단통로가 있는 철골 골조 건물
Copyright © American Institute of Steel Construction. Reprinted with permission. All rights reserved.

건물에 따라서 전단벽, 승강기통, 강접합으로 연결된 모멘트저항골조가 특별히 설치되어 가새골조 대신에 횡하중을 전달하기도 한다(그림 2.2와 2.3). 구조시스템의 종류와 무관하게 하중 전달의 기본 개념은 동일하다. 즉 구조물에 작용하는 하중은 지면에 완전하게 전달될 때까지 부재에서 부재로 연속적으로 전달된다.

바닥시스템과 분담면적

앞에서 설명한 단층건물의 경우처럼 다층건물의 바닥과 지붕 슬래브, 교량의 바닥 슬래브는 직사각형 모양의 격자를 이루는 보와 거더에 의해 지지되며, 이를 **바닥시스템**(floor system)이라 한다. 그림 2.4는 일반적인 바닥시스템의 상면도(top view)와 **골조 도면**이다. 관례적으로 도면의 X와 Z 방향의 기둥 선에 각각 문자와 숫자를 표시한다. 부재가 교차하는 곳에 작은 간격(빈칸)이 있을 경우에 이는 부재가 힌지접합이나 전단접합(비모멘트 저항)되었음을 의미한다. 도면에 표시되지 않는 슬래브는 보에 의해 지지되고 있으며, 슬래브에 작용하는 하중은 보를 통해 거더로, 그 다음은 기둥으로 전달된다.

구조공학자는 구조설계를 하기 위하여 슬래브에 작용하는 전체 분포하중 중에서 어느 정도가 바닥시스템을 이루는 각각의 부재(예를 들면, 보, 거더, 또는 기둥)에 전달되는지 계산해야 한다. 슬래브에 작용하는 분포하중 중에서 특정 부재에 전달되는 바닥 면적을 **"분담면적**(tributary area)"이라 한다.

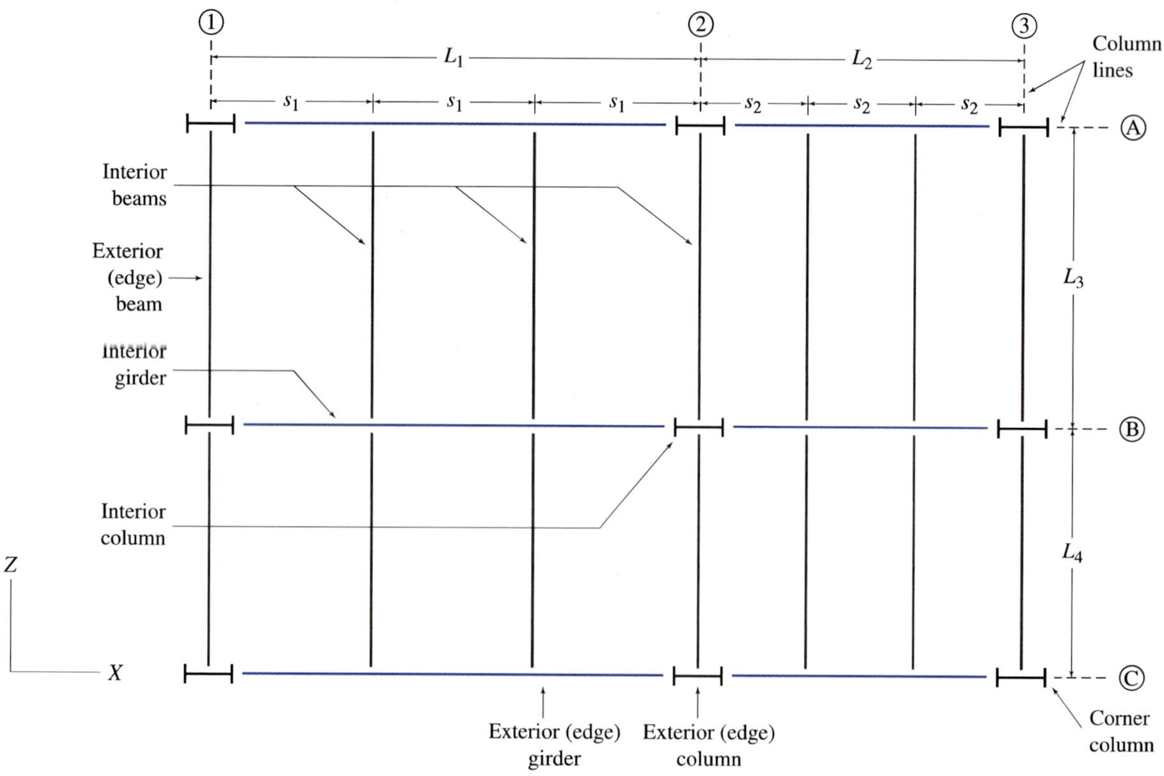

그림 2.4 (a) 전형적인 바닥 골조 도면

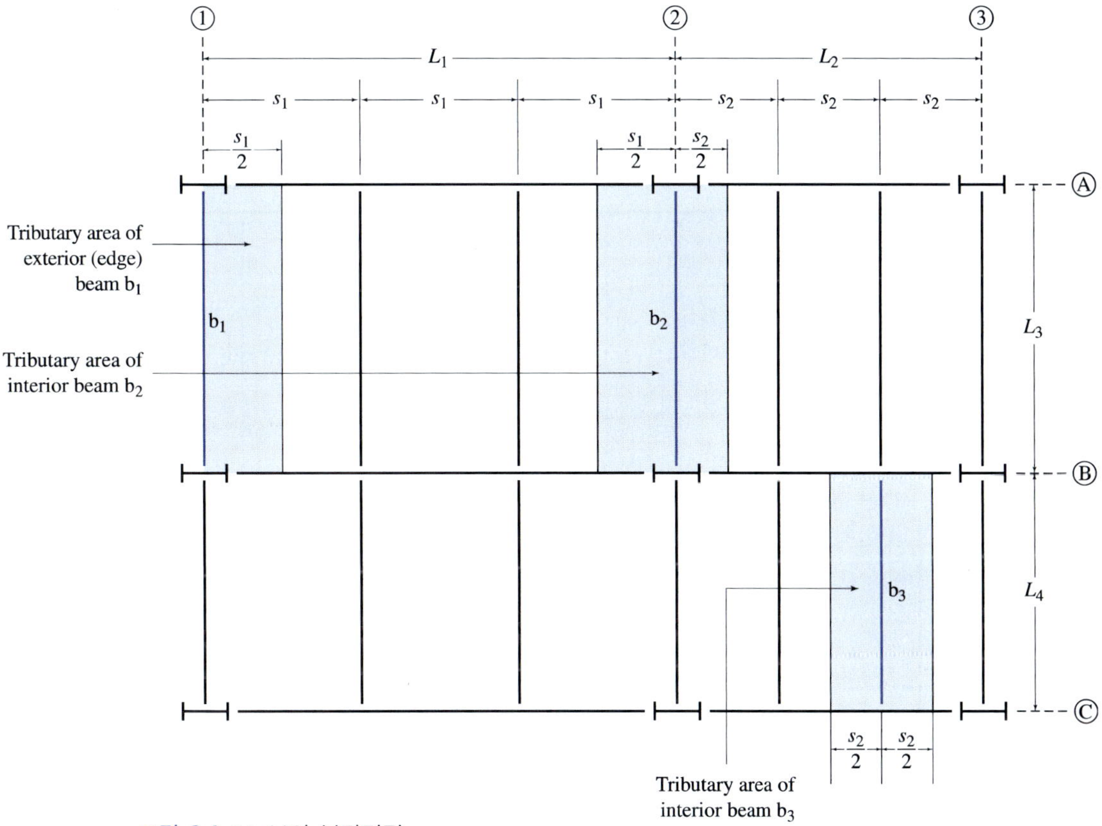

그림 2.4 (b) 보의 분담면적

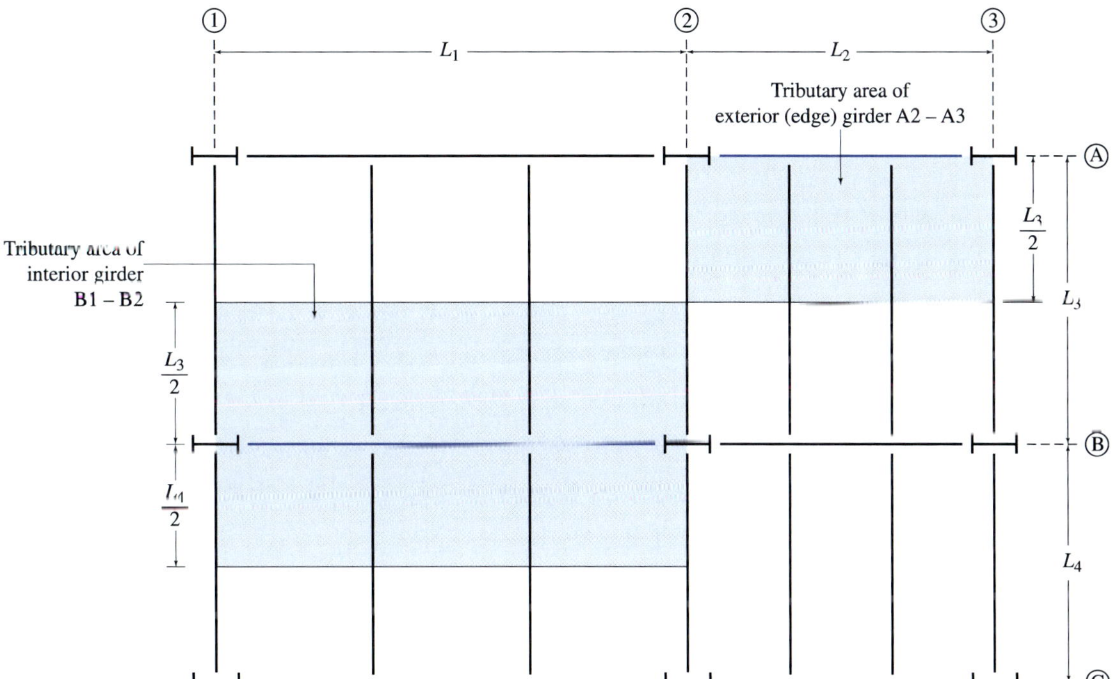

그림 2.4 (c) 거더의 분담면적

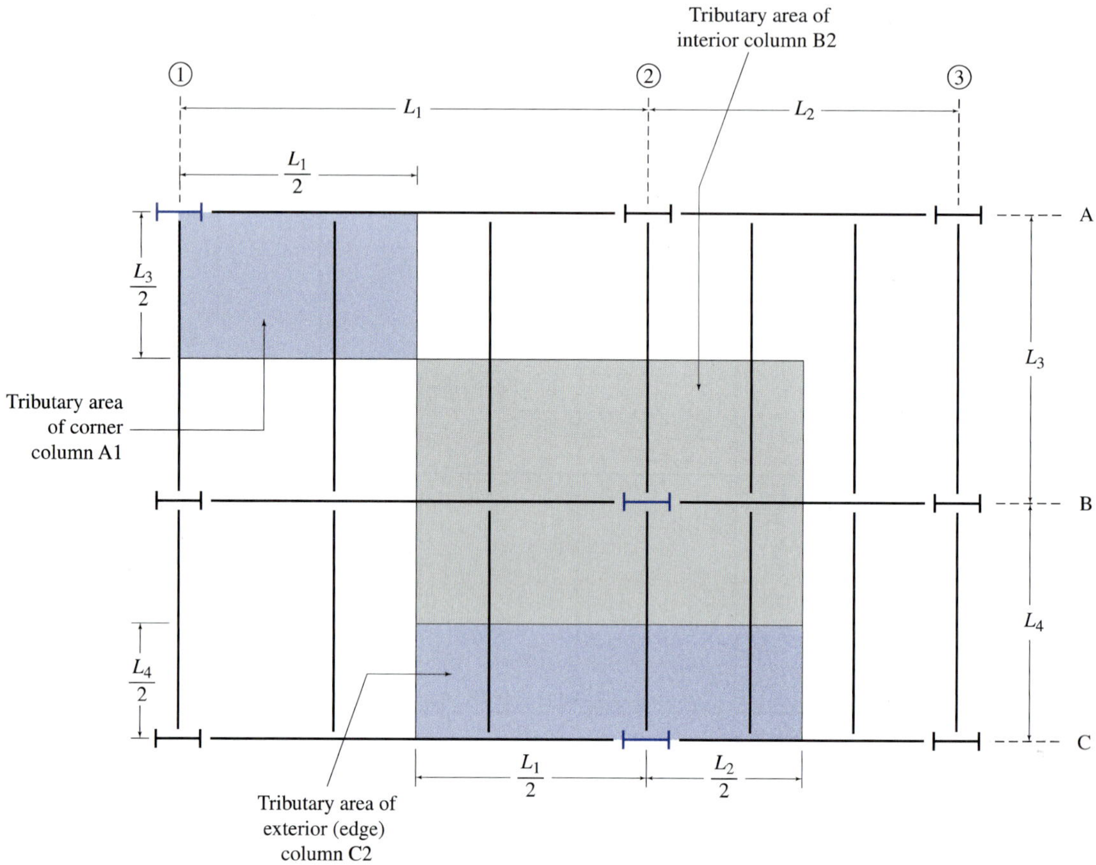

그림 2.4 (d) 기둥의 분담면적

건물과 교량의 슬래브는 1방향슬래브로 설계되는 경우가 많다. 1방향슬래브는 2면에서 지지되어 폭이 넓은 보(wide beam)와 같이 한 방향으로만 휘어진다고 가정하여 해석한다. 1방향슬래브로 이루어진 바닥시스템에서 슬래브를 지지하는 보의 분담면적은 보의 경간을 길이로 하고 좌우 인접한 보까지의 거리의 절반을 폭으로 하는 직사각형 면적이다(그림 2.4(b)). 유사하게 거더와 기둥의 분담면적을 각각 그림 2.4(c), (d)와 같이 산정할 수 있다. 1방향슬래브로 구성된 바닥시스템의 부재에 작용하는 하중의 계산과정을 예제 2.1에 설명하였다.

간격에 대한 길이의 비가 1.5보다 작은 보(즉, $L/S < 1.5$, 그림 2.4(a))로 이루어진 바닥시스템의 슬래브는 4면에서 지지된다고 보고 2방향슬래브로 설계한다. 2방향슬래브는 판과 같이 직교하는 두 방향으로 휘어지며 하중이 가장자리에 있는 4개의 보에 전달된다. 그림 2.5(a)와 (b)는 각각 정사각형과 직사각형 2방향슬래브를 지지하는 가장자리 보의 분담면적을 나타내고 있다. 또한 여기에는 슬래브의 표면에 가해지는 등분포하중 w (단위 면적당 작용하는 하중)에 의해 발생하는 가장자리 보의 하중이 표시되어 있다.

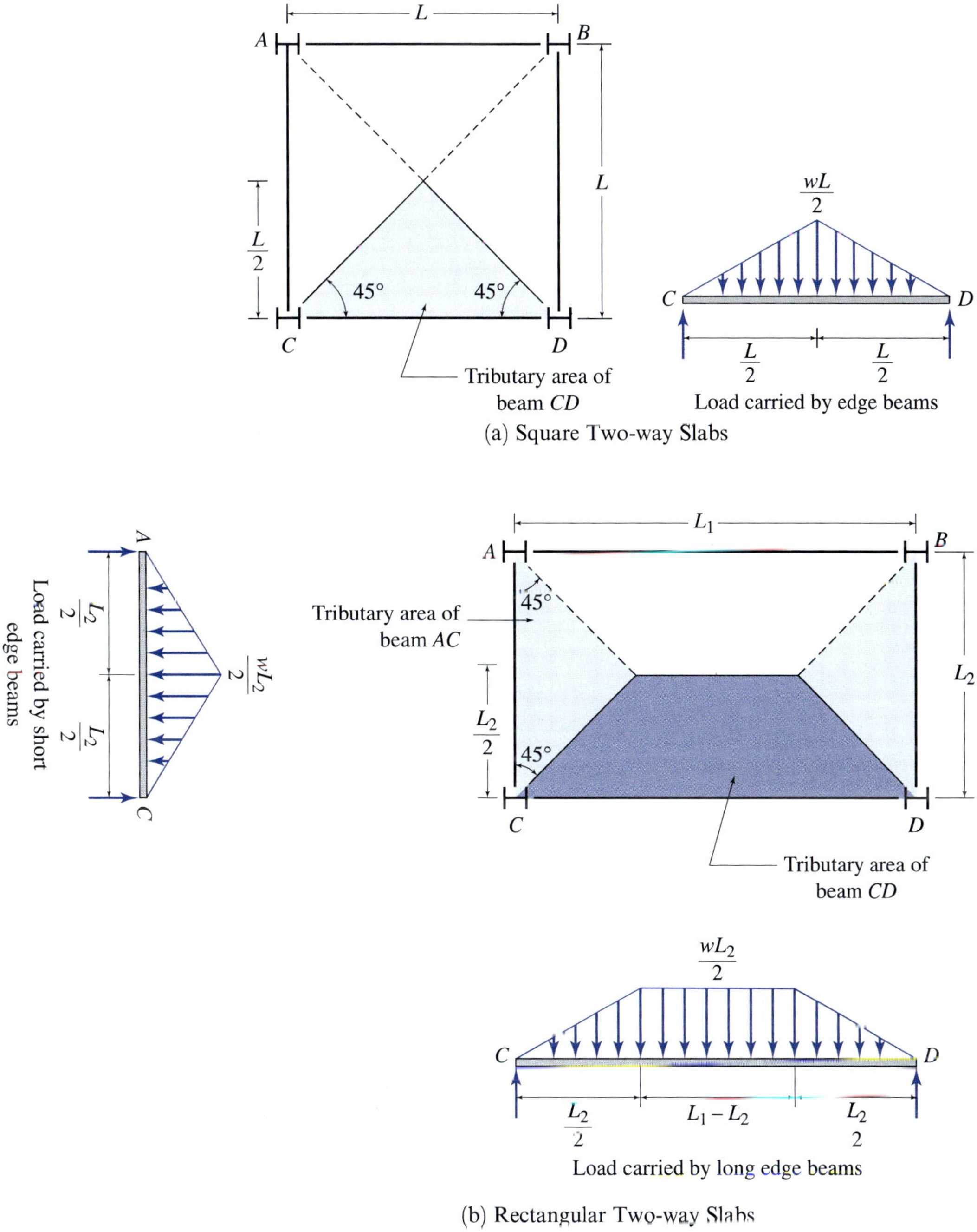

그림 2.5 (a) 정사각형 2방향슬래브 (b) 직사각형 2방향슬래브

2.1 Example

그림 2.6(a)는 바닥면에 3.5 kPa의 등분포하중을 받는 건물의 바닥이다. 바닥시스템의 모든 부재에 작용하는 하중을 계산하라.

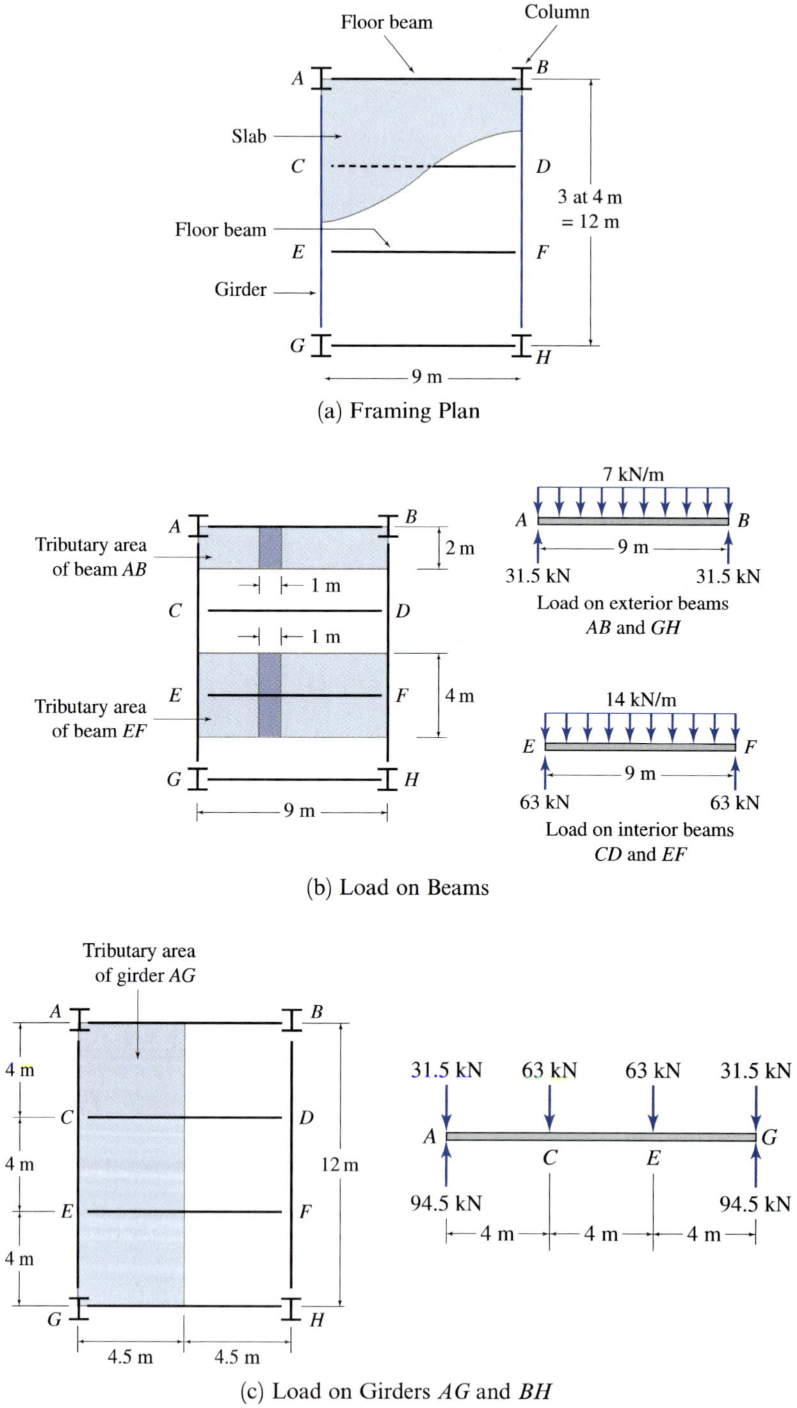

그림 2.6 (a) 골조 도면 (b) 보의 하중 (c) 거더 AG와 BH의 하중

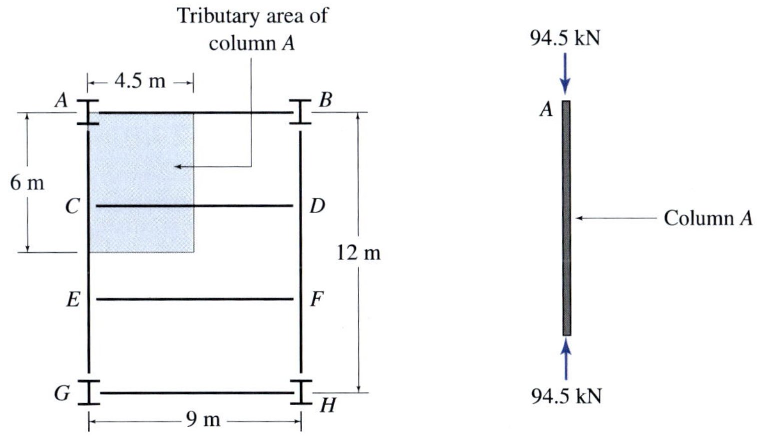

(d) Compressive Axial Load on Columns *A B G*, and *H*

그림 2.6 (d) 기둥 *A*, *B*, *G*, *H*에 작용하는 압축하중

풀이.

보. 외부 보 *AB*와 내부 보 *EF*의 분담면적은 그림 2.6(b)와 같다. 바깥쪽 보 *AB*의 경우에 1 m의 보가 슬래브의 길쭉한 한 부분에 가해진 하중을 지지하고 있다(= 2 m × 1 m) = 2 m^2. 따라서 보 *AB*의 길이 1 m에 전달되는 하중은 :

$$(3.5\ \mathrm{kN/m^2})(2\ \mathrm{m})(1\ \mathrm{m}) = 7\ \mathrm{kN}$$

따라서 7 kN/m 하중이 그림 2.6(b)와 같이 보의 길이방향으로 균등하게 분포하게 된다. 그림 2.6(b)는 거더에 가해지는 보 양단의 지점반력을 나타낸다. 하중이 보에 대칭으로 작용하기 때문에 반력은 보에 작용하는 전체 하중의 절반값이다.

$$R_A = R_B = \frac{1}{2}(7\ \mathrm{kN/m})(9\ \mathrm{m}) = 31.5\ \mathrm{kN}$$

내부 보 *EF*에 작용하는 하중도 비슷한 방법으로 계산한다. 그림 2.6(b)에서 보 *EF*의 길이 1 m에 전달되는 하중은

$$(3.5\ \mathrm{kN/m^2})(4\ \mathrm{m})(1\ \mathrm{m}) = 14\ \mathrm{kN}$$

따라서 14 kN/m의 등분포하중이 보의 길이방향으로 균등하게 작용하게 된다. 내부 보의 지점반력은

$$R_E = R_F = \frac{1}{2}(14\ \mathrm{kN/m})(9\ \mathrm{m}) = 63\ \mathrm{kN}$$

골조와 하중이 대칭이기 때문에 보 *CD*와 *GH*에는 각각 보 *EF*와 *AB*에 작용하는 하중과 동일한 하중이 작용한다.

거더. 보의 지점반력은 보와 접한 거더 면에 역방향으로 작용하며, 이 때 하중은 집중하중이다. 그림 2.6(c)에서 거더는 점 *A*와 *G*에서 외부 보(*AB*, *GH*)와 접해 있으므로 외부 보의 반력(31.5 kN)이 점 *A*와 *G*에 작용한다. 유사하게 내부 보(*CD*와 *EF*)의 반력은 거더의 점 *C*와 *E*에 작용한다. 거더에 작용하는 4개의 집중하중의 합은 바닥판 하중(3.5 kN/m^2)에 분담면적(4.5 m × 12 m)을 곱한 값과 동일하다(그림 2.6(c)).

$$31.5\text{ kN}+63\text{ kN}+63\text{ kN}+31.5\text{ kN}=(3.5\text{ kN/m}^2)(4.5\text{ m})(12\text{ m})=189\text{ kN}$$

그림 2.6(c)와 같이 거더 양 단부의 반력은

$$R_A=R_G=\frac{1}{2}[2(31.5)+2(63)]=94.5\text{ kN}$$

골조와 하중이 대칭이기 때문에 거더 BH에 작용하는 하중은 거더 AG의 하중과 같다.

기둥. 그림 2.6(d)와 같이 거더 AG의 반력 R_A(= 94.5 kN)가 역방향으로 기둥 A에 축하중으로 작용한다. 또한 기둥에 작용하는 축하중은 바닥판 하중(3.5 kN/m^2)에 분담면적(4.5 m × 6 m)을 곱하여 계산할 수도 있다(그림 2.6(d)).

$$(3.5\text{ kN/m}^2)(4.5\text{ m})(6\text{ m})=94.5\text{ kN}$$

골조와 하중이 대칭이기 때문에 나머지 세 기둥이 받는 하중은 기둥 A에 작용하는 하중과 동일한 하중이 작용한다.

최종적으로 네 기둥이 받는 축하중의 총 합은 바닥판 하중에 바닥판 표면의 분담면적을 곱한 값과 동일해야 한다.

$$4(94.5\text{ kN})=(3.5\text{ kN/m}^2)(9\text{ m})(12\text{ m})=378\text{ kN}$$

2.2 고정하중

고정하중이란 같은 크기의 하중이 동일한 위치에서 영구적으로 구조물에 작용하는 중력하중이다. 고정하중으로는 구조시스템 및 모든 재료의 자중과 구조시스템에 영구적으로 설치되는 시설물의 무게를 들 수 있다. 예를 들어 건물의 고정하중으로는 골조, 가새, 바닥, 지붕, 천장, 벽, 계단, 냉난방설비, 배관, 전기설비 등의 무게가 해당된다.

구조설계 전에 미리 구조물의 무게를 알 수 없기 때문에 과거의 경험을 바탕으로 무게를 가정하고 설계를 시작한다. 그 후에 가정한 값을 이용하여 구조해석과 부재의 크기를 산정한다. 구조물의 실제 무게는 부재 크기가 정해진 후에 재료의 단위중량을 이용하여 계산한다. 이렇게 산정된 구조물의 무게와 처음에 가정한 무게를 비교하여 큰 차이가 발생하면 처음에 가정한 값을 변경한 후에 다시 해석을 수행한다. 널리 사용되는 몇 가지 건설재료의 단위중량이 표 2.1에 표시되어 있다. 냉난방설비와 같이 구조물에 영구적으로 설치되는 시설물의 무게는 제작사로부터 제공받는다.

표 2.1 건설재료의 단위중량

재료	단위중량(kN/m^3)
알루미늄	25.9
벽돌	18.8
철근콘크리트	23.6
구조용 강재	77.0
목재	6.3

2.2
Example

그림 2.7(a)와 같은 건물의 바닥시스템은 125 mm 두께의 철근콘크리트 슬래브와 이를 지지하는 4개의 철골 바닥보, 그리고 이 보를 지지하는 2개의 철골 거더로 이루어져 있다. 바닥보와 거더의 단면적은 각각 9,500 mm^2와 33,700 mm^2이다. 보(CG와 DH)와 거더(AD)에 작용하는 고정하중을 계산하라.

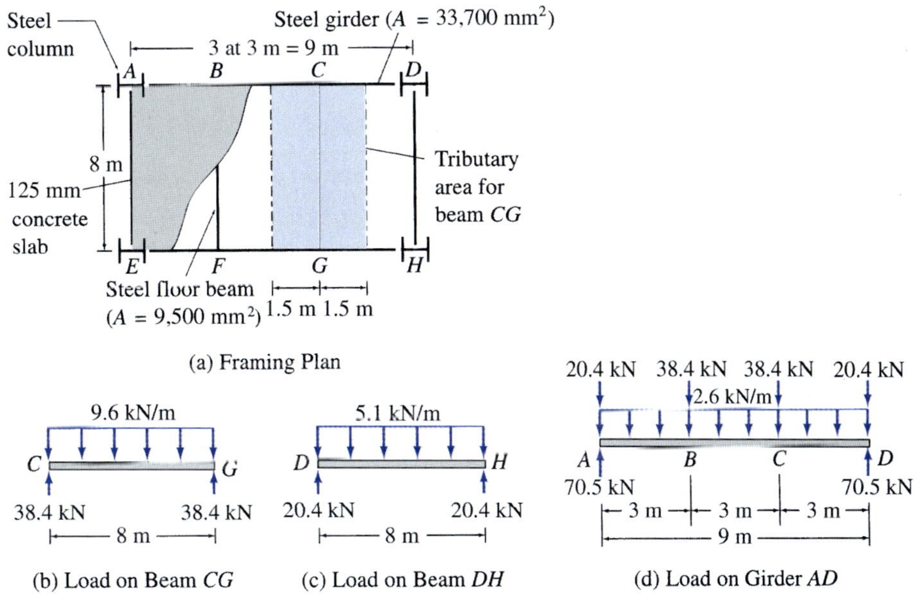

그림 2.7 (a) 골조 평면도 (b) 보 CG에 작용하는 하중 (c) 보 DH에 작용하는 하중 (d) 거더 AD에 작용하는 하중

풀이.

보 CG. 그림 2.7(a)와 같이 보 CG의 분담면적의 폭은 3 m (즉, 작은 보 CG와 BF 사이 거리의 절반 + 작은 보 CG와 DH 사이 거리의 절반)이며, 길이는 8 m이다. 표 2.1의 철근콘크리트와 구조용 강재의 중량을 사용하여 보 CG의 길이 1 m에 작용하는 고정하중을 계산하면 다음과 같다.

$$\text{콘크리트 슬래브 :}\quad (23.6\ \text{kN/m}^3)(3\ \text{m})(1\ \text{m})\left(\frac{125}{1{,}000}\ \text{m}\right) = 8.9\ \text{kN}$$

$$\text{철골 보 :}\quad (77\ \text{kN/m}^3)\left(\frac{9{,}500}{1{,}000{,}000}\ \text{m}^2\right)(1\ \text{m}) = 0.7\ \text{kN}$$

$$\text{합} \quad = 9.6\ \text{kN}$$

그림 2.7(b)에 표시된 것과 같이 총 하중 9.6 kN/m는 보에 일정하게 분포되어 있다. 보의 양쪽 단부의 반력은 이 보를 지지하는 거더로 전달된다. 보에 하중이 대칭적으로 작용하므로 반력은 다음과 같이 계산할 수 있다.

$$R_C = R_G = 0.5(9.6\ \text{kN/m})(8\ \text{m}) = 38.4\ \text{kN}$$

여기서 보의 단부 반력은 거더 AD와 EH의 점 C와 G에서 아래쪽 방향으로 전달되고 있음에 주의해야 한다.

보 DH. 보 DH의 분담면적의 폭은 1.5 m이며, 길이는 8 m이다. 이 보의 길이방향으로 단위 m당 작용하는 고정하중을 계산하면 다음과 같다.

콘크리트 슬래브 :	$(23.6\ \mathrm{kN/m^3})(1.5\ \mathrm{m})(1\ \mathrm{m})\left(\dfrac{125}{1{,}000}\ \mathrm{m}\right)$	= 4.4 kN
철골 보 :	보 CG와 동일	= 0.7 kN
	합	= 5.1 kN

그림 2.7(c)와 같이 단부 반력을 계산하면 다음과 같다.

$$R_D = R_H = 0.5(5.1\ \mathrm{kN/m})(8\ \mathrm{m}) = 20.4\ \mathrm{kN}$$

거더 AD. 골조시스템과 하중이 대칭이기 때문에 보 BF와 AE에 작용하는 하중은 각각 보 CG와 DH의 하중과 동일하다. 거더 AD에는 거더 자체의 자중이 등분포하중으로 작용한다. 이 값을 계산하면 다음과 같다.

$$(77\ \mathrm{kN/m^3})\left(\frac{33{,}700}{1{,}000{,}000}\ \mathrm{m^2}\right)(1\ \mathrm{m}) = 2.6\ \mathrm{kN}$$

그림 2.7(d)와 같이 보에서 전달되는 집중하중이 거더 A, B, C, D점에 작용한다.

2.3 적재하중

적재하중은 크기 또는 위치가 구조물의 사용기간 중에 변하는 하중이다. 적재하중은 고정하중을 제외하고 적설하중 또는 풍하중과 같은 환경하중을 포함하여 구조물에 작용하는 모든 하중을 나타내는 말로 사용되기도 한다. 그러나 환경하중의 발생 가능성은 구조물을 사용하면서 발생하는 하중과 다르기 때문에 현행 설계기준에서는 구조물의 사용 중에 발생하는 하중에 대해서만 적재하중이라 하고 있다. 이 책에서도 적재하중을 이런 의미로 사용한다.

설계 적재하중의 크기는 건물의 설계기준에 명시되어 있다. 적재하중의 작용 위치가 변할 수 있으므로 구조물의 부재설계에서는 부재에서 최대 응력이 발생하는 위치의 적재하중에 대하여 설계해야 한다. 동일한 하중이 작용하여도 하중의 작용 위치에 따라서 구조물에 발생하는 최대 응력이 다를 수 있다. 예를 들어, 트럭이 트러스 교량을 통과할 때 트럭이 통과하는 위치에 따라서 부재에 발생하는 응력은 달라진다. 트럭이 x위치를 통과할 때 A부재에 최대 응력이 발생하였다 할지라도 B부재에는 트럭이 y위치를 통과할 때 최대 응력이 발생할 수 있다. 단면력 또는 처짐과 같이 구조물에서 발생하는 반응 특성이 최대 또는 최소가 되는 적재하중의 위치를 정하는 과정은 다음 장에서 다룬다.

건물의 적재하중

건물의 적재하중은 일정하게 분포되는 표면하중이며 $\mathrm{kN/m^2}$로 나타낸다. 건물에 일반적으로 작용하는 최소 바닥 적재하중은 표 2.2와 같다. 다양한 종류의 건물에 작용하는 적재하중, 지붕하중, 집중하중, 적재하중 감소에 관한 포괄적인 내용은 *ASCE 7 Standard*를 참조하기 바란다.

표 2.2 건물의 최소 바닥 적재하중

용도	적재하중(kN/m^2)
병원 환자실, 주거영역, 아파트, 호텔 객실, 학교 교실	1.92
도서관 열람실, 병원 수술실, 병원 실험실	2.87
댄스 홀, 무도장, 식당, 체육관	4.79
경량 공장, 경량 창고, 도매상	6.00
중량 공장, 중량 창고	11.97

출처: ASCE/SEI 7-16, *Minimum Design Loads and Associated Criteria for Buildings and Other Structures*

교량의 활하중

그림 2.8의 도로교 위에 달리는 차량에 의해 발생하는 활하중은 *AASHTO LRFD Specification*으로 불리는 American Association of State Highway and Transportation Officials의 *AASHTO LRFD Bridge Design Specification* [1]에 명시되어 있다(*LRFD*는 교량의 *Load and Resistance Factor Design*의 약자이다).

*AASHTO LRFD Specification*에서는 차량의 설계 활하중으로 1993년에 고속도로 활하중으로 지정된 **HL-93**으로 하고 있다. HL-93은 차량의 종류와 교량 위의 교통 상황을 반영하여 **트럭하중**(design truck), **탠덤하중**(design tandem), **차선하중**(design lane)의 세 종류의 설계하중을 조합한 하중이다.

HL-93트럭하중은 단축 세미트레일러(semitrailer)를 끄는 2개의 차축을 가진 트랙터트럭(역주, 화물 트레일러를 끄는 트럭)하중을 의미한다. 트럭과 화물의 총 무게는 325 kN이다. HS-93트럭하중의 차축 하중과 차륜 간격이 그림 2.9(a)에 표시되어 있다. 트럭트랙터의 뒤축과 세미트레일러 차축의 간격은 4.3 m에서 9 m까지 다양하며, 최대 응력을 유발하는 간격이 설계에 사용되어야 한다.

그림 2.8 도로교의 활하중
DuKai photographer/Moment/Getty Images

HL-93탠덤하중은 220 kN 무게의 2개의 차축을 가진 차량하중을 의미한다. HL-93탠덤하중의 차축 하중과 차륜 간격이 그림 2.9(b)에 표시되어 있으며, 트럭하중과 탠덤하중의 바퀴 간격이 그림 2.9(c)에 표시되어 있다. 이러한 하중들은 트럭이나 기타 차량의 실제 무게를 나타내는 것이 아니라 중량의 차량이 교량을 지날 때 교량이 받는 하중의 영향을 기반으로 정해진 값들이다.

앞에서 언급한 집중하중으로 작용하는 두 종류의 교량하중 외에도 HL-93에는 9.3 kN/m의 등분포하중으로 작용하는 차선하중(lane loading)을 규정하고 있다(그림 2.9(d)). 차선하중은 중간 무게 차량이 교량 위에 연속으로 늘어섰을 때의 하중을 의미한다. HL-93에서는 다음의 두 하중조합이 교량에 미치는 영향에 대해서도 분석하도록 하고 있다. 즉, (1) 그림 2.9(a)와 (d)의 트럭하중과 차선하중이 동시에 작용하는 경우, (2) 그림 2.9(b)와 (d)의 탠덤하중과 차선하중이 동시에 작용하는 경우이다. 각각의 하중조합 중에서 하중은 설계하는 부재에 최대 응력을 발생시키는 곳에 위치해야 한다. 고려할 수 있는 모든 상황에서 부재에 가장 큰 응력을 발생시키는 하중조합에 대하여 설계해야 한다. 다차선, 연속 경간에 작용하는 하중, 하중의 감소 등에 대한 내용은 *AASHTO LRFD Specification*에 명시되어 있다.

철도교의 활하중은 American Railway Engineering and Maintenance of way Association(AREMA)의 *Manual for Railway Engineering*에 명시되어 있다[27]. *Cooper E loading*이라고 알려진 철도교의 활하중은 열차 2개 하중에 해당하는 2쌍의 9개의 집중하중과 화물칸의 무게로 이루어진 균등하중이다. 9개의 집중하중은 각자 일정한 거리를 두고 떨어져 있다. 철도교의 활하중의 하나인 E80하중이 그림 2.10에 표시되어 있다. 만일 열차나 화물차의 무게가 표시된 것보다 더 무겁거나 더 가벼우면 집중하중 사이의 거리를 동일하게 유지한 상태에서 하중의

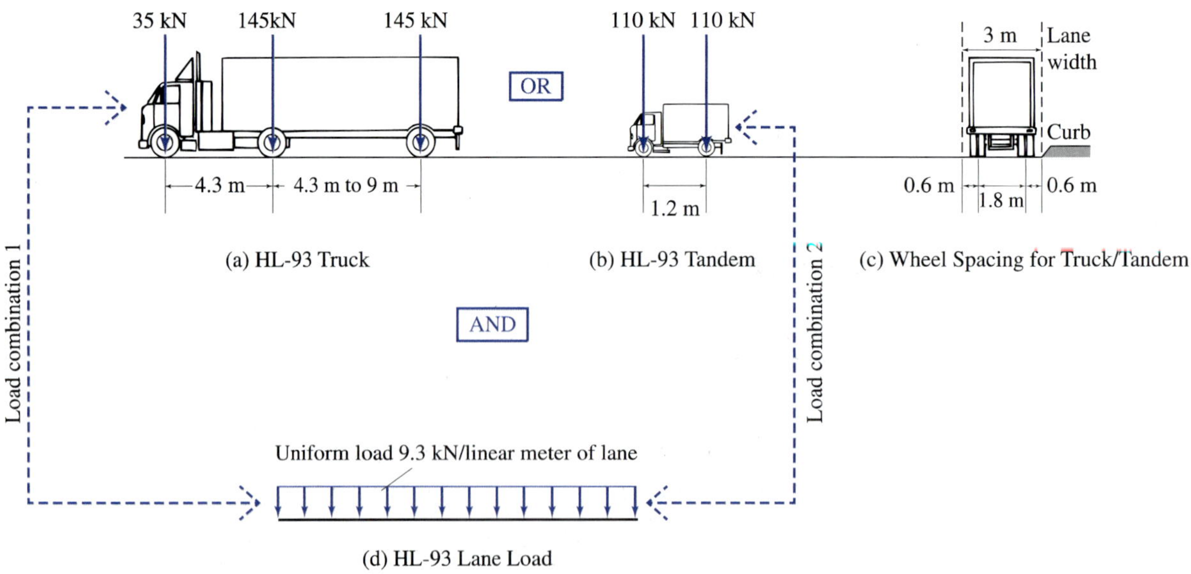

그림 2.9 도로교의 활하중(HL-93) (a) 표준트럭하중 (b) H20-44와 H20-44 차선 하중

출처 : *Standard Specifications for Highway Bridges*. Copyright 2002. American Association of State Highway and Transportation Officials, Washington, D.C.

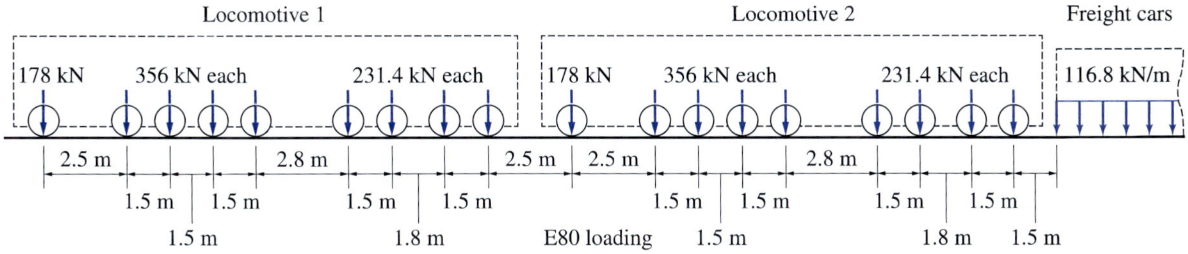

그림 2.10 철도교의 활하중

크기를 비례적으로 증가시키거나 감소시켜 설계할 수 있다. 예를 들어 E40하중의 경우에 E80 하중을 단순하게 2로 나누어 계산한다. 도로교 설계와 같이, 철도교의 경우에도 부재에 가장 불리한 응력을 발생시킬 수 있는 활하중에 대하여 설계해야 한다.

충격하중

적재하중은 서서히 작용할 때보다 같은 크기의 하중이 빠르게 작용할 때 구조물에 더 큰 응력이 발생한다. 이와 같이 구조물의 응력을 증가시키는 동적효과를 충격(impact)이라 한다. 충격에 의하여 구조물의 응력이 증가할 경우에는 동적효과를 유발시킬 수 있는 적재하중에 충격비 또는 충격계수를 곱하여 하중을 증가시킨다. 과거의 경험이나 실험결과에 기반을 두는 충격비와 충격계수는 건물 설계기준에 명시되어 있다. 예를 들어 *ASCE 7 Standard*에서는 충격효과를 고려하여 건물에 설치된 왕복동작기계와 동력 설비의 무게를 50%까지 증가시키고 있다.

*AASHTO LRFD Specification*에서는 도로교의 트럭하중과 탠덤하중에 33%의 충격계수를 사용한다. 철도교 설계에서도 경험에 근거한 충격계수가 사용된다[27].

2.4 환경하중에 대한 건물 유형

구조물의 사용기간 중에 작용하는 환경하중에 대한 예측은 원래부터 불확실하기 때문에 바람, 눈, 지진과 같은 설계 환경하중이 구조물의 붕괴에 미치는 영향을 고려하여 구조물을 설계해야 한다. 일반적으로 구조물의 설계하중이 커질수록, 구조물의 잠재적 붕괴가능성은 더 커진다.

*ASCE 7 Standard*에서는 구조물을 사용하는 동안에 구조물이 파괴되거나 손상되어 사람의 생명, 건강, 복지가 위험에 처하는 정도에 따라서 건물을 **4개의 위험범주**로 구분하고 있다. 위험범주에 따른 건물의 구분은 표 2.3과 같다. 이 표는 다음 절의 구조물에 작용하는 환경하중을 계산할 때 사용된다.

표 2.3 환경하중에 대한 건물

위험범주	용도	충격계수	
		적설하중(I_s)	지진하중(I_e)
I	붕괴 시에 인명피해가 적을 것으로 예상되는 건물, 예를 들어, 농업용 건물, 소형 창고 등	0.8	1.00
II	범주 I, III, IV를 제외한 모든 건물. 대부분의 주거용, 상업용, 산업용 건물(단, 다른 범주에 속한 건물은 제외)	1.0	1.00
III	붕괴 시에 상당한 인명피해나 경제적인 충격 또는 일상생활에서 대규모 혼란을 유발할 수 있는 건물, 예를 들어, 극장, 강의실, 집회실, 초등학교, 소형 병원, 교도소, 발전소, 상수 및 하수처리시설, 통신소, 유독물과 폭발물 저장 건물 등	1.1	1.25
IV	필수 시설물, 예를 들어 병원, 소방서, 경찰서, 국가방위시설, 긴급피난시설, 방송국, 발전소, 긴급대피시설, 극독물 저장 건물 등	1.2	1.50

출처: ASCE/SEI 7−16, *Minimum Design Loads and Associated Criteria for Buildings and Other Structures*

2.5 풍하중

풍하중은 구조물 주위의 바람의 흐름에 의해 발생한다. 구조물에 작용하는 풍하중의 크기는 구조물이 건설된 위치, 주변건물과 같은 지형적 장해물, 구조물의 형태나 진동 특성에 따라서 달라진다. 설계기준에 따라서 풍하중을 계산하는 상세사항은 다르지만, 대부분 풍속 V와 바람의 방향과 수직인 면에 작용하는 동적 풍압 q의 관계에 근거하며, Bernoulli의 원리를 적용하여 다음과 같이 계산한다.

$$q = \frac{1}{2}\rho V^2 \tag{2.1}$$

여기서, ρ는 공기의 질량비중이다. 표준공기압(온도 15℃인 해수면 높이)에서 공기의 단위중량을 12.02 N/m^{3}로 하고, 풍속 V를 초속(m/s)으로 할 경우에 동적풍압 q를 식 (2.2)에서 계산할 수 있다. 여기서 동적압력 q의 단위는 N/m^{2}이다.

$$q = 0.5\left(\frac{12.02}{9.81}\right)V^2 = 0.613\,V^2 \tag{2.2}$$

구조물의 설계하중을 계산할 때 사용되는 풍속 V는 구조물이 건설된 지리적 위치에 따라서 달라지므로 그 지역의 기상자료에서 구해야 한다. *ASCE 7 Standard*는 미국의 지역별 풍속에 대한 등고선 형태의 지도를 제공하고 있다. 이 지도는 575개의 기상센터에서 수집된 자료를 기본으로 작성되었으며 3초 가스트(gust)속도 (단위 m/s)를 나타낸다. 여기서 3초 가스트속도란 장애물이 없는 지역에서 지면으로부터 10 m 높이에서의 풍속이다. 그림 2.11은 주거, 산업 및 상업 건물이 속한 위험범주 II의 구조물에 대한 기본 풍속 지도이다. 이 풍속은 50년 동안 발생할 가능성이 약 7%인 경우이다. 유사하게 *ASCE 7 Standard*는 위험지역 I, III, IV에 속하는 구조물의 풍속에 대한 지도를 제공하고 있다. *ASCE 7 Standard*[1)]는 다양하게 변하는 풍속과 주변 건물이 미치는 영향을 평가하기 위하여 식 (2.2)를 다음과 같이 변경하여 속도압을 계산한다.

$$q_z = 0.613\,K_z\,K_{zt}\,K_d\,K_e\,V^2 \tag{2.3}$$

여기서, q_z는 높이 z에서의 속도압이며 단위는 N/m^2, V는 기본 풍속으로 단위는 m/s(그림 2.11 참조), K_z는 **풍속고도분포계수**, K_{zt}는 **지형계수**, K_d는 **풍방향계수**, K_e는 **지면고도계수**이다.

풍속고도분포계수, K_z는 식 (2.4)에서 계산한다.

$$K_z = \begin{cases} 2.01\,(z/z_g)^{2/\alpha} & 4.6\,\text{m} \le z \le z_g \text{의 경우} \\ 2.01\left[\dfrac{4.6\text{ m}}{z_g}\right]^{2/\alpha} & z < 4.6\text{ m 의 경우} \end{cases} \tag{2.4}$$

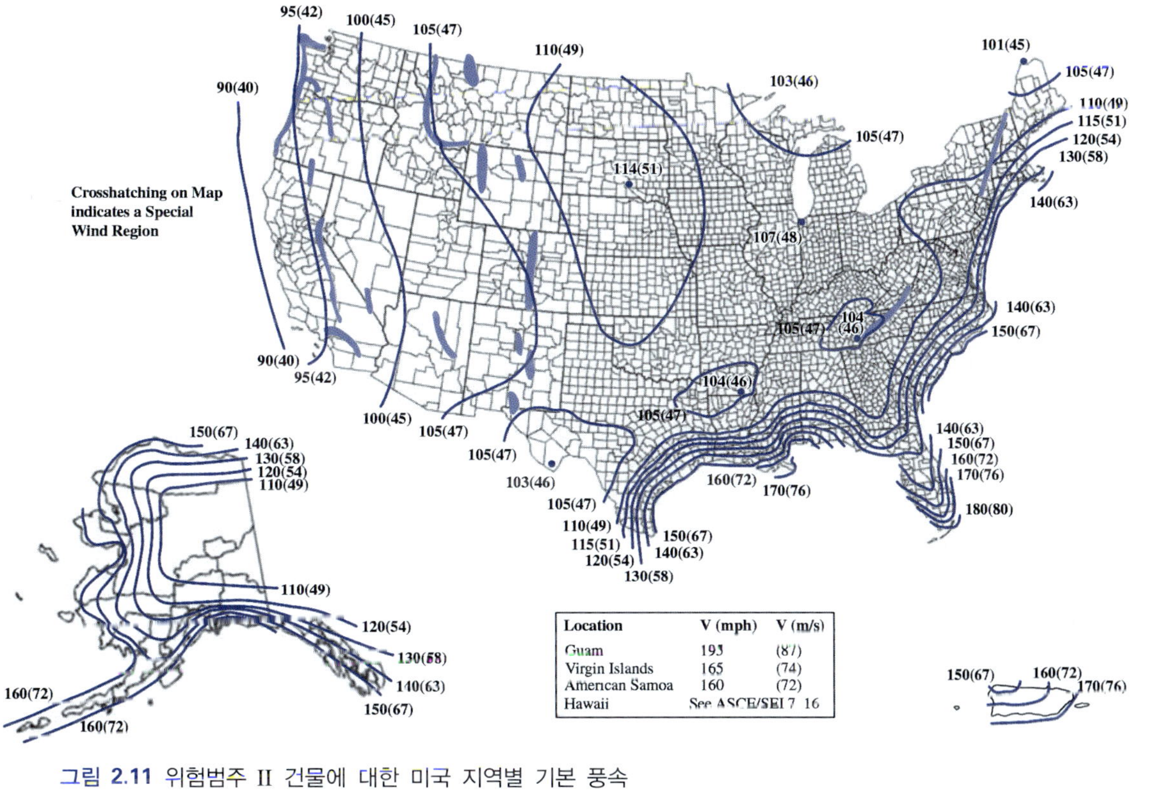

그림 2.11 위험범주 II 건물에 대한 미국 지역별 기본 풍속

출처: ASCE/SEI 7-16, *Minimum Design Loads and Associated Design Criteria for Buildings and Other Structures*

주 1. 이 값들은 노풍도 3에서 지면으로부터 33 ft(10 m) 떨어진 위치의 3초 가스트 풍속이며 단위는 mile/hour (m/s)이다.
2. 등고선 형태의 선들 사이의 값은 직선보간으로 계산한다.
3. 가장 바깥쪽에 있는 선 밖에 있는 섬이나 해안지역의 풍속은 해안지역의 맨 바깥쪽 선의 풍속을 사용한다.
4. 산악지역, 협곡, 곶, 특수지역 등은 지역특성을 고려한다.
5. 여기의 풍속은 재현주기 50년에 발생할 가능성이 약 7%인 경우이다(연간초과확률 = 0.00143, MPI = 700년).

1) 4개의 위험범주에 대한 미국 각 지역별 풍속은 Applied Technology Council의 웹사이트 https://hazards.atcouncil.org에서도 구할 수 있다.

표 2.4 건물의 풍하중에 대한 노풍도 유형

노풍도 유형에 따른 지역 구분	상수		
	유형	z_g(m)	α
단독주택 규모의 주택이 밀집된 도시 또는 교외 지역. 이 지형은 풍상류쪽 방향으로 적어도 792 m 또는 건물높이의 20배 중의 큰 값 이상으로 퍼져 있어야 한다.	B	365.76	7.0
노풍도 B나 D에 적용되지 않는 모든 건물	C	274.32	9.5
평평하고 주변에 장애물이 없는 지역과 수면. 이 지형은 풍상류쪽 방향으로 적어도 1,524 m 또는 건물높이의 20배 중의 큰 값 이상으로 퍼져 있어야 한다.	D	213.36	11.5

여기서, z = 지면으로부터의 높이(단위: m), z_g = 기준경도풍높이(단위: m), α = 풍속의 고도분포지수이다. 상수 z_g와 α는 구조물 주변의 지형적 장애물에 따라서 달라진다. *ASCE 7 Standard*은 건물 주위의 지형을 표 2.4와 같이 3가지 유형으로 간략하게 구분한 후, 각각의 유형에 대하여 다른 상수값을 적용한다. 건물 주위의 지형에 대한 보다 상세한 내용은 *ASCE 7 Standard*에서 찾아 볼 수 있다. 지형계수 K_{zt}는 고립된 언덕이나 가파른 절벽과 같이 지형이 급격하게 변화하여 풍속이 증가하는 것을 반영하는 계수이다. 언덕의 꼭대기나 그 근처에 위치한 구조물은 *ASCE 7 Standard*에 따라서 K_{zt}값을 결정해야 하며, 그 외의 구조물의 K_{zt} 값은 1을 사용한다. 풍방향계수 K_d는 구조물의 가장 불리한 방향으로 최대 크기의 바람이 불어올 가능성은 확률적으로 낮다는 것을 반영하는 계수이다. K_d 값은 *ASCE 7 Standard*에 따라 계산해야 하며, 풍하중만을 받는 구조물의 $K_d = 0.85$이다.

기본 동적풍압에 대한 식 (2.2)는 해수면의 공기밀도($p = 12.02$ N/m^3)에 근거한 식이므로, *ASCE 7 Standard*에서는 해수면보다 높은 지역의 낮은 공기밀도에 대해서는 식 (2.3)의 지면고도계수 K_e를 조정하여 반영하도록 하고 있다. 해수면과의 고도의 차이 z_e에 대하여 감소계수 K_e는 식 (2.5)에서 계산한다.

$$K_e = e^{(-0.000119 z_e)} \qquad z_e > 0\text{인 경우} \tag{2.5}$$

해수면보다 낮은 지역의 $K_e = 1$이다. *ASCE 7 Standard*에서는 설계자의 의도에 따라서 안전측에 속하는 값인 $K_e = 1$을 사용하는 것을 허용하고 있다.

구조물의 주골조에 작용하는 외부풍압은 식 (2.6)을 이용하여 계산한다.

$$\begin{aligned} p_z &= q_z G C_p \quad \text{풍상벽(windward wall)에 대하여} \\ p_h &= q_h G C_p \quad \text{풍하벽(leeward wall), 측벽, 지붕에 대하여} \end{aligned} \tag{2.6}$$

여기서, h = 지면에서 지붕까지의 평균높이, q_h = 지면에서 높이 h위치의 속도압(식 (2.3)에서 $z = h$로 하여 계산), p_z = 지면에서 높이 h위치의 설계풍압, p_h = 지붕 평균높이 h에서 설계풍압, G = 가스트영향계수, C_p = 외압계수

가스트영향계수 G는 난기류가 구조물에 미치는 영향을 반영하는 계수이다. 고유진동수가 1

Hz 이상인 강체구조물의 경우에 $G=0.85$이다. 강성이 작아 유연한 구조물의 경우에 *ASCE 7 Standard*에 명시된 식을 이용하여 G값을 계산해야 한다.

외압계수 C_p는 풍동실험이나 실물크기 실험에서 정해지며, 다양한 구조물의 C_p값이 *ASCE 7 Standard*에 명시되어 있다. 그림 2.12는 구조물의 주골조를 설계하는데 사용되는 계수이다. 그림에서 외압계수는 구조물의 풍상벽의 높이에 따라 달라지지만, 풍하벽이나 측벽에서는 일정하다. 정압(positive pressure)은 바람이 구조물의 표면을 미는 방향으로 작용하는 압력을 의미하며, 흡입력이라 불리는 부압(negative pressure)은 바람이 구조물 표면을 잡아당기는 방향으로 작용하는 압력을 의미한다.

외부풍압이 결정되면 내부풍압과 합하여 설계풍압을 계산한다. 설계풍압을 계산한 후에 풍압에 부재의 분담면적을 곱하여 부재에 작용하는 설계하중을 계산할 수 있다.

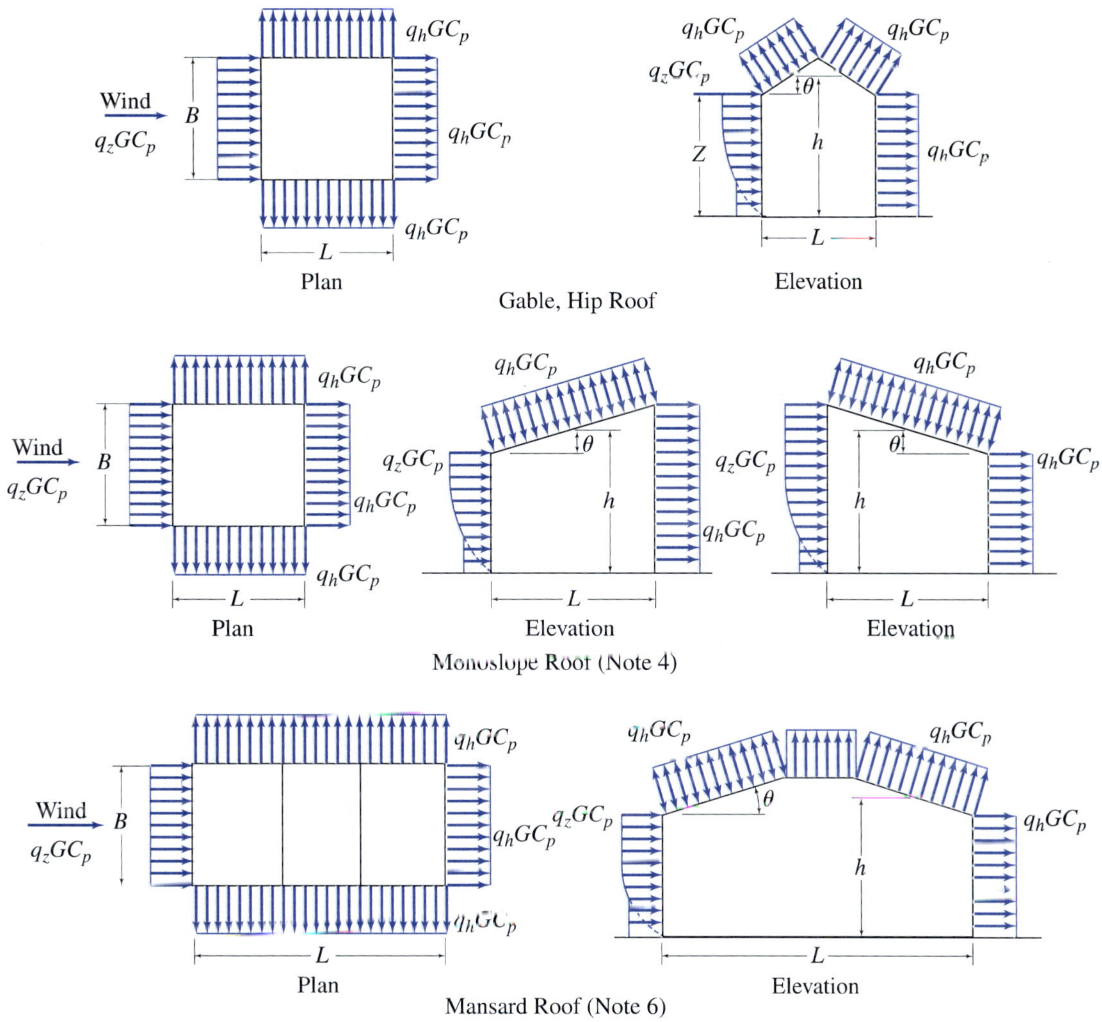

그림 2.12 밀폐형 또는 부분 밀폐형 건물 풍력저항시스템의 외압계수, C_p

출처 : ASCE/SEI 7-16, *Minimum Design Loads and Associated Criteria for Buildings and Other Structures*

벽면 외압계수, C_p			
벽면	L/B	C_p	적용 속도압
풍상벽	모든 값	0.8	q_z
풍하벽	0~1	−0.5	q_h
	2	−0.3	
	≥4	−0.2	
측벽	모든 값	−0.7	q_h

<table>
<tr><th colspan="13">q_h를 적용하기 위한 지붕면의 외압계수, C_p</th></tr>
<tr><th rowspan="3">풍향</th><th colspan="9">풍상면</th><th colspan="3">풍하면</th></tr>
<tr><th colspan="9">경사각, θ(도)</th><th colspan="3">경사각, θ(도)</th></tr>
<tr><th>h/L</th><th>10</th><th>15</th><th>20</th><th>25</th><th>30</th><th>35</th><th>45</th><th>≥60#</th><th>10</th><th>15</th><th>≥20</th></tr>
<tr><td rowspan="3">θ≥10°인 용마루의 직각방향</td><td>≤0.25</td><td>−0.7
−0.18</td><td>−0.5
0.0*</td><td>−0.3
0.2</td><td>−0.2
0.3</td><td>−0.2
0.3</td><td>0.0*
0.4</td><td>0.4</td><td>0.01θ</td><td>−0.3</td><td>−0.5</td><td>−0.6</td></tr>
<tr><td>0.5</td><td>−0.9
−0.18</td><td>−0.7
−0.18</td><td>−0.4
0.0*</td><td>−0.3
0.2</td><td>−0.2
0.2</td><td>−0.2
0.3</td><td>0.0*
0.4</td><td>0.01θ</td><td>−0.5</td><td>−0.5</td><td>−0.6</td></tr>
<tr><td>≥1.0</td><td>−1.3**
−0.18</td><td>−1.0
−0.18</td><td>−0.7
−0.18</td><td>−0.5
0.0*</td><td>−0.3
0.2</td><td>−0.2
0.2</td><td>0.0*
0.3</td><td>0.01θ</td><td>−0.7</td><td>−0.6</td><td>−0.6</td></tr>
<tr><td rowspan="9">θ<10°인 용마루의 직각방향과 모든 각도 θ의 용마루 방향</td><td rowspan="5">≤0.5</td><td colspan="3">풍상면 단부에서 수평거리</td><td colspan="2">C_p</td><td colspan="6" rowspan="5">* 값은 직선보간을 위한 값이다.

** 값은 면적에 따라 선형적으로 감소할 수 있으며 다음과 같이 적용가능하다.</td></tr>
<tr><td colspan="3">0 ~ h/2</td><td colspan="2">−0.9, −0.18</td></tr>
<tr><td colspan="3">h/2 ~ h</td><td colspan="2">−0.9, −0.18</td></tr>
<tr><td colspan="3">h ~ 2h</td><td colspan="2">−0.5, −0.18</td></tr>
<tr><td colspan="3">>2h</td><td colspan="2">−0.3, −0.18</td></tr>
<tr><td rowspan="4">≥1.0</td><td colspan="3" rowspan="2">0 ~ h/2</td><td colspan="2" rowspan="2">−1.3**, −0.18</td><td colspan="3">면적(m^2)</td><td colspan="3">감소계수</td></tr>
<tr><td colspan="3">≤9.3</td><td colspan="3">1.0</td></tr>
<tr><td colspan="3" rowspan="2">> h/2</td><td colspan="2" rowspan="2">−0.7, −0.18</td><td colspan="3">23.2</td><td colspan="3">0.9</td></tr>
<tr><td colspan="3">≥92.9</td><td colspan="3">0.8</td></tr>
</table>

주:

1. 양과 음의 부호는 각각 벽면을 밀거나 잡아당기는 풍압을 의미한다.
2. 표에 표시되지 않은 L/B, h/L, θ값은 선형보간으로 계산할 수 있다. 선형보간은 동일한 부호를 갖는 값에 대해서만 적용할 수 있고, 동일한 부호가 아닌 경우에는 "0"으로 가정하여 선형보간한다.
3. 2개의 C_p값이 있을 경우에 풍상벽 지붕경사각은 정압 또는 부압을 받을 수 있으며, 지붕 구조는 양쪽 조건에 맞게 설계된다. 이 경우에 h/L에 대한 보간은 동일 부호를 갖는 C_p에 대하여 적용한다.
4. 단일경사지붕의 경우에는 지붕 전체면이 풍상면이거나 풍하면이 된다.
5. 부호:
   - B : 풍향에 대하여 수직하게 측정한 건물의 수평치수, 단위는 m
   - L : 풍향에 대하여 평행하게 측정한 건물의 수평치수, 단위는 m
   - h : 평균지붕높이, 단위는 m, 단 $\theta \le 10°$인 경우에는 처마높이가 사용됨.
   - z : 지면으로부터의 높이, 단위는 m
   - G : 가스트영향계수
   - q_z, q_h : 해당 높이에서의 풍속압, 단위는 N/m^2
   - θ : 수평면을 기준으로 한 지붕면의 각도, 단위는 도
6. 맨사드(mansard)지붕의 경우에 최상부 수평면과 풍하경사면은 표에서 풍하면으로 간주된다.
7. 모멘트저항골조로 된 지붕의 주풍력저항시스템을 제외하고는 총 수평전단력은 지붕면에 작용하는 풍하중을 무시하고 계산한 값보다 작지 않아야 한다.

지붕경사도가 80°보다 큰 경우에 $C_p = 0.8$

그림 2.12 계속

2.3
Example

그림 2.13(a)와 같이 필수시설이 아닌(nonessential) 상업용 건물의 강체 박공(牓栱, gable)골조지붕에 작용하는 외부풍압을 계산하라. 이 구조물은 지형노출 유형이 B인 Boston, Massachusetts에 위치하고 있다. 풍향은 그림과 같이 지붕골조면에 수직하게 작용한다.

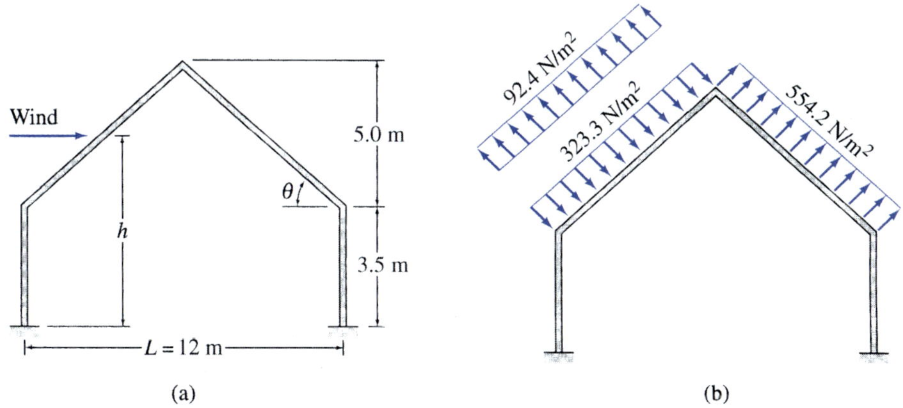

그림 2.13

풀이

지붕 경사각과 평균지붕높이. 그림 2.13(a)에서 다음을 계산한다.

$$\tan\theta = \frac{5.0}{6.0} = 0.83 \quad \text{또는} \quad \theta = 39.8°$$

$$h = 3.5 + \frac{5}{2} = 6 \text{ m}$$

$$\frac{h}{L} = \frac{6}{12} = 0.50$$

$z = h = 6$ m에서 속도압. 그림 2.11에서 보스턴 지역의 기본 풍속을 구한다.

$$V = 58 \text{ m/s}$$

표 2.4에서 노출 유형 B에 대하여 다음과 같은 상수값을 구한다.

$$z_g = 365.8 \text{ m} \quad \text{그리고} \quad \alpha = 7.0$$

식 (2.4)를 이용하여 속도압노출계수를 계산한다.

$$K_z = 2.01\left(\frac{h}{z_g}\right)^{2/\alpha} = 2.01\left(\frac{6}{365.8}\right)^{2/7} = 0.62$$

식 (2.3)에 $K_{zt} = 1$, $K_d = 0.85$, $K_e = 1$을 대입하여 높이 h에서의 속도압을 계산한다.

$$\begin{aligned} q_h &= 0.613\, K_h K_{zt} K_d K_e V^2 \\ &= 0.613(0.62)(1)(0.85)(1)(58)^2 = 1{,}086.7 \text{ N/m}^2 \end{aligned}$$

지붕의 외부풍압. 강체 구조물의 가스트영향요소는 다음과 같다.

$$G = 0.85$$

$\theta \approx 40°$와 $h/L = 0.5$인 경우 외부압계수는 그림 2.12와 같다.

$$\text{풍상면}: \ C_p = 0.35 \text{ 와 } -0.1$$
$$\text{풍하면}: \ C_p = -0.6$$

끝으로 식 (2.6)에 q_h, G, C_p의 값을 대입하여 풍상면의 풍압을 다음과 같이 계산한다.

$$p_h = q_h G C_p = (1{,}086.7)(0.85)(0.35) = 323.3 \text{ N/m}^2$$

그리고

$$p_h = q_h G C_p = (1{,}086.7)(0.85)(-0.1) = -92.4 \text{ N/m}^2$$

풍하면의 풍압을 다음과 같이 계산한다.

$$p_h = q_h G C_p = (1{,}086.7)(0.85)(-0.6) = -554.2 \text{ N/m}^2$$

위에서 구한 풍압이 그림 2.13(b)와 같이 골조의 지붕에 작용하게 된다. 풍상면에 작용하는 두 가지의 풍압(정압과 부압)은 독립된 하중조건으로 간주되며, 설계 시에는 이 두 가지 조건에 고려하여 설계해야 한다.

2.6 적설하중

미국과 세계 여러 지역에서는 구조물을 설계할 때 적설하중을 반영하여 설계해야 한다. 구조물에 작용하는 설계적설하중은 건물이 위치한 지역의 지상적설하중(ground snow load)을 기본으로 하며, 이 값은 건물설계기준이나 그 지역의 기상자료에서 구할 수 있다. *ASCE 7 Standard*에서는 그림 2.11과 유사하게 미국의 지역별 지상적설하중에 대한 등고선형 지도를 제공하고 있다. 이 지도는 204개의 기상센터와 9000개 이상의 위치에서 측정한 데이터를 기본으로 작성되었으며 1년에 2%의 초과 확률을 갖는 적설하중(kN/m^2)에 대한 정보를 제공한다.

지상적설하중을 산정한 후에 구조물 지붕의 설계적설하중을 구조물의 바람에 대한 노출정도, 온도 특성, 기하학적 특성, 기능적 특성 등에 대한 영향을 고려하여 계산한다. 대부분의 경우에 지붕적설하중은 지상적설하중보다 작다. *ASCE 7 Standard*에서는 평지붕의 설계적설하중을 식 (2.7)에 의해 계산한다.

$$p_f = 0.7\, C_e\, C_t\, I_s\, p_g \tag{2.7}$$

여기서, p_f = 평지붕의 설계적설하중, 단위 kN/m^2, p_g = 지상적설하중, 단위 kN/m^2, C_e = **노출계수**, C_t = **온도계수**, I_s = 중요도계수

식 (2.7)에서 계수 0.7은 기본노출계수를 의미하며 바람에 의해 지붕 위에 쌓인 눈의 일부가 날아가는 영향을 나타낸다. 노출계수 C_e에는 구조물을 둘러싼 특별한 지형이나 지붕의 노출정도에 따라서 달라지는 바람의 지역적 효과가 포함되어 있다. *ASCE 7 Standard*에서는 노출계수 C_e값을 심한 바람에 노출된 지역의 건물에 대하여 0.7로부터 바람에 거의 노출되지 않은 지역의 건물에 대하여 1.2까지 보고 있다.

온도계수 C_t는 온도가 낮은 구조물의 지붕이 온도가 높은 구조물의 지붕보다 더 많은 눈이 쌓이는 효과를 고려한 계수이다. 온도가 높은 구조물의 온도계수 C_t는 1.0이고, 온도가 낮은 구조물의 온도계수 C_t는 1.2이다. 식 (2.7)의 중요도계수 I_s는 구조물이 파괴되어 발생할 수 있는 인명손상과 재산 피해와 관련된 계수이다. 지붕적설하중 산정 시에 사용하는 중요도계수 I_s의 값은 표 2.3과 같다.

경사지붕에 대한 설계적설하중은 평지붕 적설하중에 경사계수 C_s를 곱하여 다음과 같이 계산한다.

$$p_s = C_s p_f \tag{2.8}$$

여기서, p_s는 지붕면의 수평방향에 작용하는 설계적설하중이며, 경사계수 C_s는 식 (2.9)와 (2.10)에 의해 계산된다.

온도가 높은 지붕의 경우($C_t \le 1.0$)

$$\begin{cases} C_s = 1 & 0 \le \theta < 30° \\ C_s = 1 - \dfrac{\theta - 30°}{40°} & 30° < \theta < 70° \\ C_s = 0 & \theta > 70° \end{cases} \tag{2.9}$$

온도가 낮은 지붕의 경우($C_t = 1.2$)

$$\begin{cases} C_s = 1 & 0 \le \theta < 45° \\ C_s = 1 - \dfrac{\theta - 45°}{25°} & 45° \le \theta < 70° \\ C_s = 0 & \theta > 70° \end{cases} \tag{2.10}$$

식 (2.9)와 (2.10)에서, θ는 지붕이 수평면에 대하여 이루는 경사이며 단위는 "도"이다. 경사계수는 많은 눈이 내릴 경우에 경사지지 않은 지붕에 비하여 경사진 지붕에 쌓인 눈이 더 쉽게 미끄러지며, 온도가 낮은 지붕에 비하여 온도가 높은 지붕에 쌓인 눈이 더 쉽게 녹아 미끄러지는 영향을 고려한 계수이다.

*ASCE 7 Standard*에서는 적설하중을 고려해야 하는 낮은 경사지붕 구조물의 최소적설하중을 명시하고 있다. 구조물의 $P_g < 0.96\ \mathrm{kN/m^2}$이면 P_f는 $P_g I_s$ 이상이 되어야 하며, 구조물의 $P_g > 0.96\ \mathrm{kN/m^2}$이면 P_f는 $0.96 I_s\ \mathrm{kN/m^2}$ 이상이 되어야 한다. $\theta \le 15°$인 편지붕(monoslope roof), 모임지붕(hip roof), 박공지붕(gable roof)에 P_f의 최소값이 적용된다.

구조물에 따라서 지붕의 한 부분에만 적설하중이 작용하는 경우에 지붕 전체에 적설하중이 작용하는 경우보다 더 큰 응력이 발생할 수 있다. *ASCE 7 Standard*에서는 이러한 경우를 대비하여 설계 시에 불균형 적설하중을 고려할 것을 권장하고 있으며, 다양한 형태의 지붕에 적용되는 불균형 적설하중 분포의 상세 규정이 *ASCE 7 Standard*에 명시되어 있다. 예를 들어 지붕각도가 $2.38° \le \theta \le 30.2°$이며 처마에서 용마름까지의 수평거리가 $W \le 6.1\ \mathrm{m}$인 박공

지붕 구조물에 대하여 *ASCE 7 Standard*에서는 지붕의 풍상면에는 적설하중이 없고, 풍하면에 $P_g I_s$의 불균형 적설하중이 작용하여, 이 하중에 저항하도록 설계할 것을 명시하고 있다.

2.4 Example

그림 2.14(a)의 아파트 건물 박공지붕의 설계적설하중을 계산하라. 이 건물은 지상적설하중이 1.2 kN/m²인 Chicago, Illinois에 위치해 있다. 건물 근처에 있는 나무들의 영향으로 노출계수 C_e는 1로 가정한다.

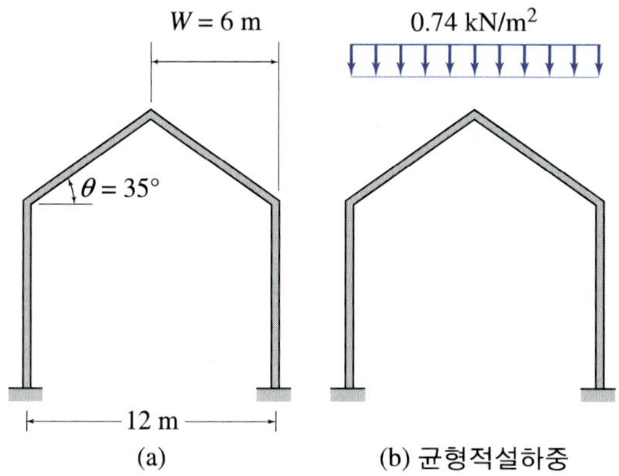

그림 2.14

풀이

평지붕 적설하중.

$$p_g = 1.2\ \text{kN/m}^2$$
$$C_e = 1$$
$$C_t = 1\ \text{(난방구조)}$$
$$I_s = 1\ \text{(표 2.3의 필수 시설이 아닌 건물, 유형 II)}$$

식 (2.7)에서 평지붕 적설하중을 다음과 같이 계산한다.

$$p_f = 0.7 C_e C_t I_s p_g = 0.7(1)(1)(1)(1.2) = 0.84\ \text{kN/m}^2$$

지붕의 경사각이 15°보다 큰 $\theta = 35°$이므로 p_f의 최소값을 고려할 필요는 없다.

경사지붕 적설하중. 식 (2.9)에서 경사계수를 계산한다.

$$C_s = 1 - \frac{\theta - 30°}{40°} = 1 - \frac{35° - 30°}{40°} = 0.88$$

식 (2.8)에서 경사지붕 적설하중을 계산한다.

$$p_s = C_s p_f = 0.88(0.84) = 0.74\ \text{kN/m}^2$$

하중은 균형 설계적설하중이며, 그림 2.14(b)와 같이 구조물 지붕 전체에 작용하고 있다. 지붕의 경사는 30.2°보다 큰 $\theta = 35°$이므로 불균형 적설하중을 고려할 필요는 없다.

2.7 지진하중

지진이란 임의의 지표면에서 갑자기 발생하는 파동이다. 지진이 발생하면 지표면이 수평과 수직 방향으로 움직인다. 수직방향으로 발생하는 지반운동은 일반적으로 크지 않고 구조물에 큰 영향을 미치지 못한다. 반면 지반운동의 수평성분은 구조물에 피해를 유발할 수 있으므로 지진이 빈번하게 발생하는 지역에 건설되는 구조물에 대한 설계에서는 이를 고려하여 설계해야 한다.

지진이 발생할 때 구조물의 기초는 지면과 함께 움직이지만, 지반 상부 구조물은 질량의 관성 때문에 지반운동에 저항하며 수평방향으로 진동한다(그림 2.15). 이러한 진동은 구조물에 수평전단력을 유발한다. 지진에 의해 발생하는 구조물의 응력을 정확하게 계산하기 위해서는 구조물의 질량과 강성 특성을 고려한 동적해석을 수행해야 한다. 그러나 대부분의 설계기준에서는 중·저층 직사각형 건물에 대해 등가정적하중(equivalent static force)을 이용하여 보다 용이하게 내진설계 할 수 있도록 하고 있다. 설계기준에서는 경험적인 지식을 바탕으로 지진의 동적효과를 구조물의 횡방향(수평방향) 하중, 즉 등가정적하중으로 근사화하며, 정적해석에 의해 구조물의 응력을 계산한다.

*ASCE 7 Standard*에서는 건물의 내진설계에 등가정적하중 해석법을 허용하고 있으며, 건물에 작용하는 밑면전단력(전체 수평지진하중)을 식 (2.11)로 계산한다.

$$V = C_S W \tag{2.11}$$

여기서, V = 밑면전단력, W = 건물의 유효지진중량으로 전체 고정하중과 적재하중의 일부를 포함, C_S = 지진응답계수이며 식 (2.12)에 의해 계산한다.

$$C_S = \frac{S_{DS}}{R/I_e} \tag{2.12}$$

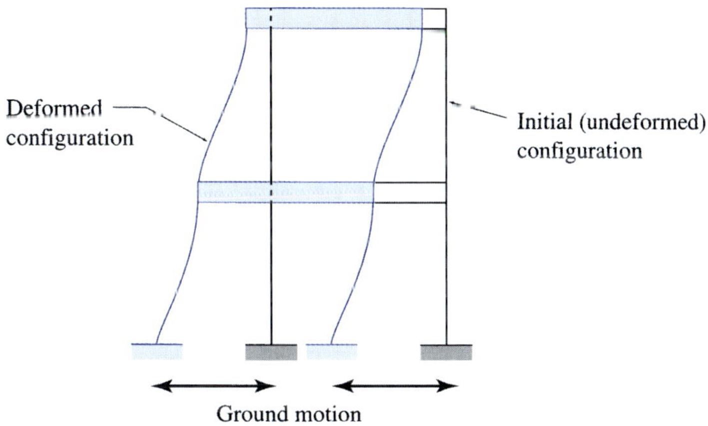

그림 2.15 구조물에 대한 지진 영향

여기서, S_{DS} = 단주기 설계스펙트럼가속도, R = 반응수정계수, I_e = 중요도계수, 건물의 위험범주를 기반으로 한 지진에 대한 중요도계수이다. *ASCE 7 Standard*에서는 설계에 사용되는 C_S 값의 상한값과 하한값을 규정하고 있다.

설계밑면전단력 계산에 사용되는 설계스펙트럼가속도(S_{DS})는 구조물이 위치한 지리학적 조건에 따라 달라지며, *ASCE 7 Standard*의 지진재해도를 사용하여 구할 수 있다. 반응수정계수(R)는 구조물의 에너지소산능력을 고려한 값으로 1에서 8까지 변화한다. 예를 들어 철근이 없는 조적벽의 R값은 1.5이지만 모멘트저항골조의 R값은 8이다. 지진하중을 계산하기 위하여 사용되는 중요도계수 I_e값은 표 2.3과 같다.

이와 같이 계산된 밑면전단력 V는 *ASCE 7 Standard*의 식을 사용하여 건물의 층별 지진력으로 분배된다. 등가정적해석법에 대한 추가 상세내용과 내진설계의 제한값에 대해서는 *ASCE 7 Standard*을 참조하기 바란다.

2.8 수압과 토압

댐이나 탱크와 같이 물을 가두어 두어야 하는 구조물이나 물에 부분적으로 또는 완전히 침수하는 해안 구조물은 수압에 저항할 수 있도록 설계해야 한다. 수압은 침수된 구조물의 표면에 수직으로 작용하며, 수압의 크기는 그림 2.16과 같이 침수 높이에 따라서 선형적으로 변화한다. 따라서 수면에서 아래쪽으로 h 만큼 떨어진 위치의 수압은 식 (2.13)에 의해 계산할 수 있다.

$$p = \gamma h \tag{2.13}$$

여기서, γ = 액체의 단위중량

지하실벽, 지하실 바닥, 옹벽과 같은 지중구조물은 토압에 저항할 수 있도록 설계해야 한다. 식 (2.13)의 γ를 흙의 단위중량으로 변경하여 수직토압을 계산한다. 수평토압은 흙의 종류에 따라서 달라지며 수직토압에 비해 상당히 작다. 지하수위 아래에 위치한 구조물에 대해서는 수압과 부력에 의해 감소된 흙의 무게가 토압에 미치는 영향을 함께 고려해야 한다.

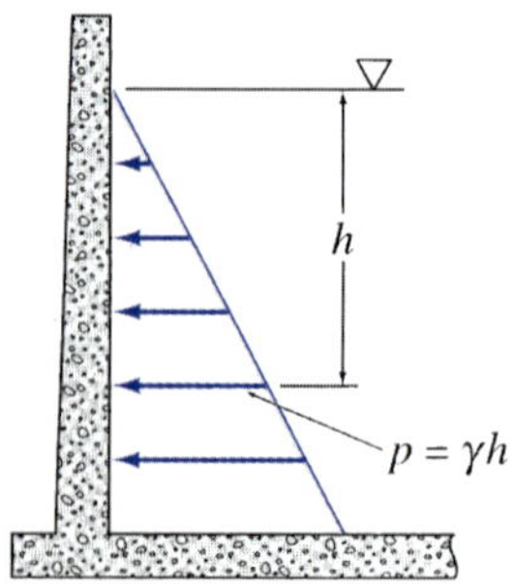

그림 2.16 수압

2.9 온도와 기타 영향

부정정구조는 온도변화, 재료 수축, 제작 오차, 지점침하 등에 의해 응력이 발생할 수 있다. 건물설계기준에는 이러한 영향이 명시되어 있지 않지만, 이들은 구조물에 상당한 응력을 발생시킬 수 있으므로 설계 시에 고려되어야 한다. 이러한 영향으로 인해 구조물에 발생하는 하중을 계산하는 방법에 대해서는 이 책의 3부에서 소개할 것이다.

2.10 하중 조합

앞에서 설명한 것과 같은 방법으로 구조물의 설계 하중을 계산한 후에 구조공학자는 이들 하중이 같은 시간에 동시에 발생할 수 있는 상황에 대하여 생각해야 한다. 예를 들어, 지진과 최대 풍하중이 동시에 발생할 가능성은 매우 낮다. 과거의 경험과 확률해석을 바탕으로 *ASCE 7 Standard*에서는 건물의 강도가 다음의 조합된 계수하중 미만이 되지 않도록 하고 있다.

$$1.4D \tag{2.14a}$$

$$1.2D + 1.6L + 0.5(L_r \text{ 또는 } S \text{ 또는 } R) \tag{2.14b}$$

$$1.2D + 1.6(L_r \text{ 또는 } S \text{ 또는 } R) + (L \text{ 또는 } 0.5W) \tag{2.14c}$$

$$1.2D + W + L + 0.5(L_r \text{ 또는 } S \text{ 또는 } R) \tag{2.14d}$$

$$1.2D + E + L + 0.2S \tag{2.14e}$$

$$0.9D + W \tag{2.14f}$$

$$0.9D + E \tag{2.14g}$$

여기서, $D=$ 고정하중, $E=$ 지진하중, $L=$ 적재하중, $L_r=$ 지붕적재하중, $R=$ 강우하중, $S=$ 적설하중, $W=$ 풍하중

모든 하중조합 중에서 가장 불리한 조건에 대하여 충분한 강도를 발휘할 수 있도록 구조물을 설계하는 것이 중요하다.

지금까지 언급한 강도나 안전에 대한 요구조건과 함께 구조물은 구조물의 사용 목적과 관련된 사용성에 대한 요구조건을 만족해야 한다. 예를 들어, 안전상에는 전혀 문제가 없는 고층건물이라 할지라도, 바람에 의하여 지나치게 처지거나 진동이 발생하면 이 건물의 사용성은 떨어진다고 할 수 있다. 설계기준에는 구조물에 대한 처짐, 진동, 균열, 부식, 피로와 같은 사용성에 대한 요구조건이 명시되어 있으며 이에 대하여 설계가 이루어져야 한다.

요약

이 장에서는 구조물에 작용하는 하중과 하중을 전달하는 구조시스템에 대하여 설명하였다. 하중은 다음과 같이 세 가지로 구분할 수 있다 (1) 고정하중, (2) 적재하중, (3) 환경하중.

고정하중이란 같은 크기의 하중이 동일한 위치에서 영구적으로 구조물에 작용하는 하중이다. 적재하중은 크기 또는 위치가 구조물의 사용기간 중에 변하는 하중이다. 적재하중의 작용위치가 변할 수 있으므로 구조물의 부재설계에서는 부재에서 최대 응력이 발생하는 위치의 적재하중에 대하여 설계해야 한다. 적재하중이 빠른 속도로 작용하는 구조물에 대해서는 하중의 동적효과와 충격효과를 고려하여 설계해야 한다.

구조물의 주골조에 작용하는 외부풍압은 식 (2.6)을 이용하여 계산한다.

$$p_z = q_z G C_p \quad \text{풍상벽(windward wall)에 대하여} \tag{2.6}$$
$$p_h = q_h G C_p \quad \text{풍하벽(leeward wall), 측벽, 지붕에 대하여}$$

여기서, h = 지붕 평균높이, G = 가스트영향계수, C_p = 외압계수, q_z = 높이 z = 속도압이며 단위는 N/m^{2}이다.

$$q_z = 0.613\, K_z K_{zt} K_d K_e V^2 \tag{2.3}$$

여기서, K_z = 풍속고도분포계수, K_{zt} = 지형계수, K_d = 풍방향계수, K_e = 지면고도계수, V = 기본 풍속이며 단위는 m/s이다. 평지붕의 설계적설하중은 식 (2.7)에 의해 계산한다.

$$p_f = 0.7\, C_e C_t I_s p_g \tag{2.7}$$

여기서, p_g = 지상적설하중이며 단위는 kN/m^2, C_e = 노출계수, C_t = 온도계수이다. 경사지붕에 대한 설계적설하중은 식 (2.8)에 의해 계산한다.

$$p_s = C_s p_f \tag{2.8}$$

여기서, C_s = 경사계수이다. 건물에 작용하는 밑면전단력은 식 (2.11)로 계산한다.

$$V = C_S W \tag{2.11}$$

여기서, C_S = 지진응답계수, W = 건물의 유효지진중량이다.

수면에서 아래쪽으로 h만큼 떨어진 위치의 수압은 식 (2.13)에 의해 계산한다.

$$p = \gamma h \tag{2.13}$$

여기서, γ = 액체의 단위중량이다.

부정정구조를 설계하기 위해서는 온도변화, 재료 수축, 제작 오차, 지점침하 등에 의한 영향을 고려하여 설계해야 한다. 또한 구조물을 설계할 때는 가장 불리한 하중조합에 저항할 수 있도록 설계해야 한다.

연습문제

2.1 그림 P2.1의 1층 창고 지붕면에 0.96 kPa의 등분포하중이 작용하고 있다. 골조의 바닥보 *BE*와 거더 *AC*에 작용하는 하중을 계산하라.

2.2 문제 2.1과 동일한 건물의 기둥 *C*에 작용하는 축하중을 계산하라(그림 P2.1 참조).

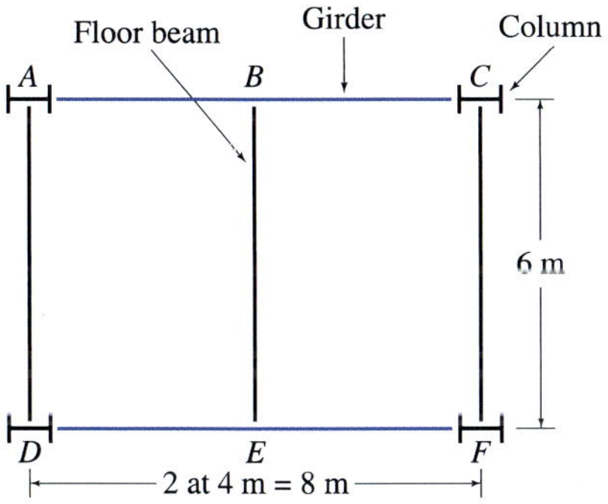

그림 P2.1, P2.2

2.3 그림 P2.3의 아파트 바닥면에 2.2 kPa의 등분포하중이 작용하고 있다. 골조의 바닥보 *AF*, *BG*, *CH*와 거더 *AC*와 *FH*에 작용하는 하중을 계산하라.

2.4 문제 2.3과 동일한 건물의 기둥 *A*, *F*, *H*에 작용하는 축하중을 계산하라(그림 P2.3 참조).

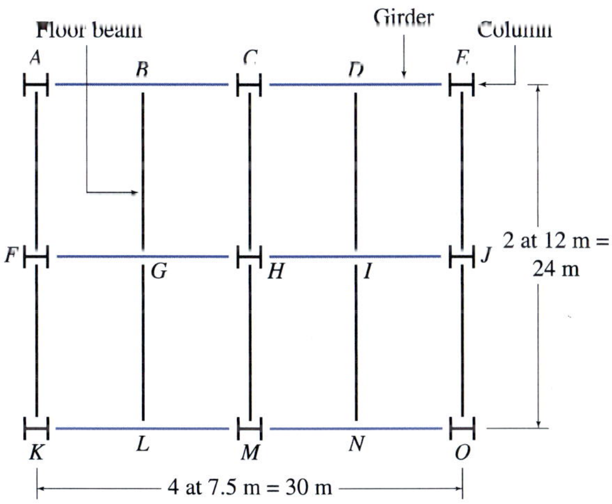

그림 P2.3, P2.4

2.5 그림 P2.5는 아파트의 바닥 구조를 나타낸다. 바닥면은 100 mm 두께의 철근콘크리트이며, 바닥면을 두 개의 철골보가 지지하고 있으며 그 아래에 두 개의 철골 거더가 설치되어 있다. 바닥 철골보의 단면적은 11,800 mm^{2}이며, 철골 거더의 단면적은 21,100 mm^{2}이다. 보 *CD*와 거더 *AE*에 작용하는 고정하중을 계산하라.

2.6 높이 2.1 m, 길이 7.5 m, 두께 150 mm의 벽돌벽이 보 *CD* 위에 있을 경우 문제 2.5를 계산하라(그림 P2.5 참조).

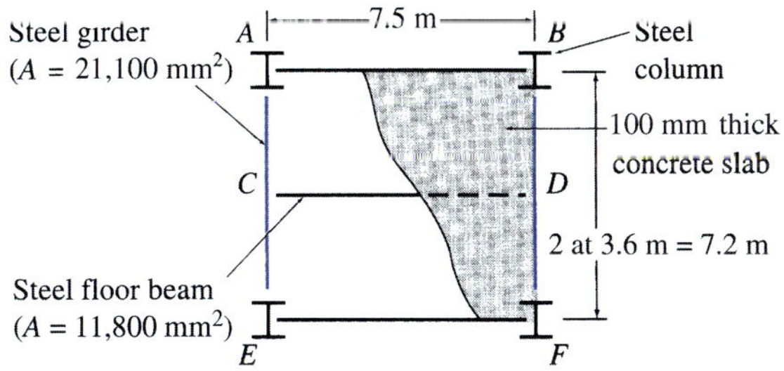

그림 P2.5, P2.6, P2.9

2.7 그림 P2.7은 체육관의 바닥 구조를 나타낸다. 바닥면은 130 mm 두께의 콘크리트이며, 바닥면을 네 개의 철골보($A = 9{,}100\,\text{mm}^2$)가 지지하고 있다. 철골보 아래에 두 개의 철골 거더($A = 25{,}600\,\text{mm}^2$)가 설치되어 있다. 보 *BF*와 거더 *AD*에 작용하는 고정하중을 계산하라.

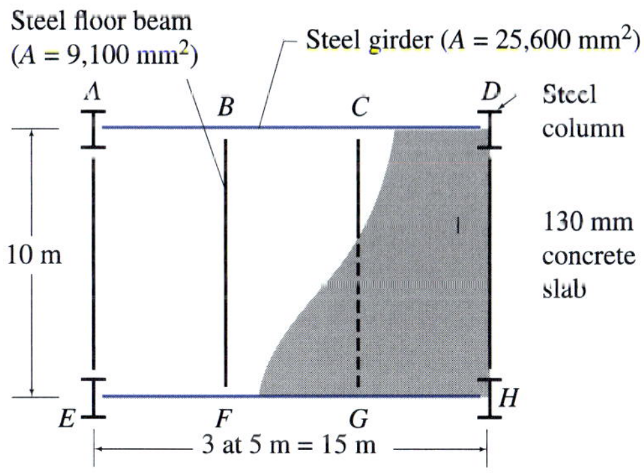

그림 P2.7, P2.10

2.8 사무실 지붕은 100 mm 두께의 철근콘크리트이며, 지붕면을 네 개의 철골보($A = 10{,}450\,\text{mm}^2$)가 지지하고 있으며 그 아래에 두 개의 철골 거더($A = 27{,}700\,\text{mm}^2$)가 설치되어 있다. 이 거더를 그림 P2.8 같이 네 개의 기둥이 지지하고 있을 때 거더 AG에 작용하는 고정하중을 계산하라.

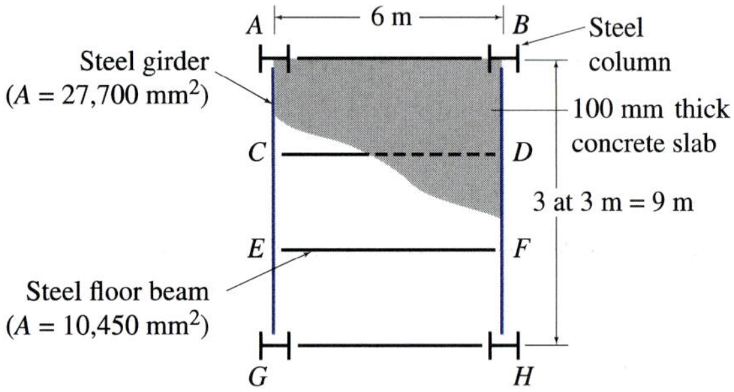

그림 P2.8, P2.11

2.9 예제 2.5에서 설명한 아파트의 보 CD와 거더 AE에 작용하는 적재하중을 계산하라(그림 P2.5 참조).

2.10 예제 2.7에서 설명한 체육관의 바닥 구조의 보 BF와 거더 AD에 작용하는 적재하중을 계산하라(그림 P2.7 참조).

2.11 예제 2.8에서 설명한 사무실 지붕에 1.0 kN/m^{2}의 적재하중이 작용하고 있다. 보 EF, 거더 AG, 기둥 A에 작용하는 적재하중을 계산하라(그림 P2.8 참조).

2.12 그림 P2.12의 아파트 강체골조의 지붕에 작용하는 외부풍압을 계산하라. 이 구조물은 California, Los Angeles에 위치하며 노풍도는 B이다. 풍향은 그림에 표시된 것과 같다. ($K_d = 0.85$, $K_e = 1$)

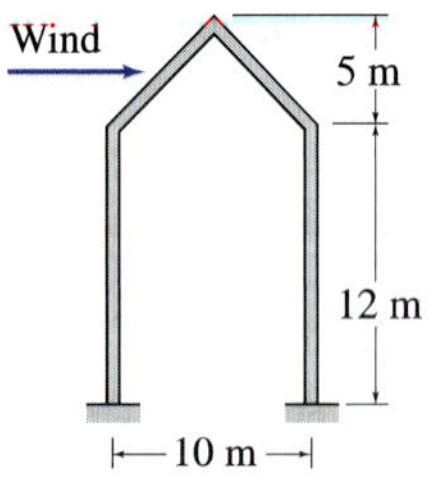

그림 P2.12

2.13 그림 P2.13의 학교 건물 강체골조의 지붕에 작용하는 외부풍압을 계산하라. 이 구조물은 Illinois, Chicago에 위치하며 노풍도는 B이다. 이 건물은 위험범주 III에 속하며, 기본 풍속은 51 m/s이다. 풍향은 그림에 표시된 것과 같다. ($K_d = 0.85$, $K_e = 1$)

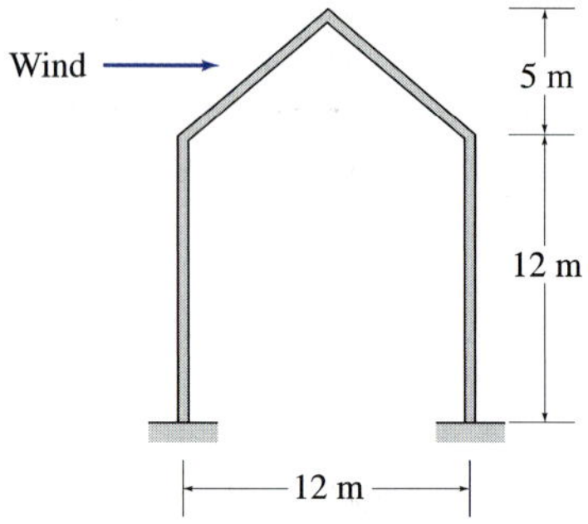

그림 P2.13, P2.17

2.14 그림 P2.14의 필수시설인 재난통제센터 건물의 강체골조 지붕에 작용하는 외부풍압을 계산하라. 이 구조물은 Missouri, Kansas City에 위치하며 노풍도는 C이다. 이 건물은 위험범주 IV에 속하며, 기본 풍속은 54 m/s이다. 풍향은 그림에 표시된 것과 같다. ($K_d = 0.85$, $K_e = 1$)

2.15 문제 2.14에서 건물의 풍상벽과 풍하벽에 작용하는 외부풍압을 계산하라(그림 P2.14 참조).

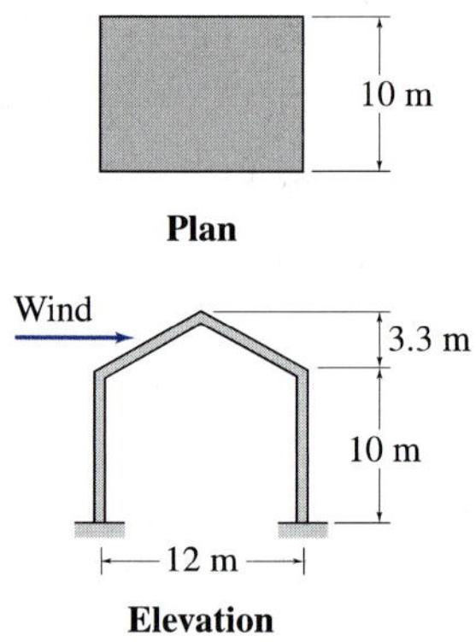

그림 P2.14, P2.15, P2.16

2.16 문제 2.14에서 설명한 재난통제센터 건물의 지붕에 작용하는 균형 설계적설하중을 계산하라. Kansas City의 지상적설하중은 0.96 kN/m^{2}이다. 건물 주변에 나무가 있기 때문에 노출계수 $C_e = 1$로 가정한다(그림 P2.14 참조).

2.17 문제 2.13에서 설명한 학교 건물의 지붕에 작용하는 균형 설계적설하중을 계산하라. Chicago의 지상적설하중은 1.2 kN/m^{2}이다. 노출계수 $C_e = 1$로 가정하라(그림 P2.13 참조).

2부. 정정구조의 해석

Bridge Construction on an Expressway
Donovan Reese/Photodisc/Getty Images

03 평형과 지점반력

이 장의 목표는 힘을 받는 구조물의 평형(equilibrium)에 대한 기본 개념을 살펴보고, 동일 평면 위에 하중이 작용하는 평면구조(plane structure, 2차원구조)의 지점반력을 계산하는 것이다.

이를 위하여 평형의 개념을 이해하고 구조물의 평형방정식을 유도한다. 다음으로 외력과 내력을 구분할 줄 알고, 평면구조의 운동을 억제하기 위하여 사용되는 지점의 종류에 대하여 공부한다. 구조물은 외적 정정구조, 부정정구조, 불안정구조로 구분할 수 있으며, 평면구조를 이러한 세 가지 구조로 어떻게 구분하는 지에 대하여 살펴본다. 또한 평면 정정구조의 지점반력을 계산하는 과정을 공부한다. 마지막으로 중첩의 원리가 무엇인지 이해하고 단순지지구조물의 반력 계산에 비례의 원리가 어떻게 적용되는지 살펴본다.

3.1 구조물의 평형

만일 구조물이 처음부터 정지해 있고, 힘과 모멘트를 받을 경우에도 정지상태를 유지한다면 이 구조물은 평형 상태에 있다고 할 수 있다. 구조물이 평형을 이루고 있다면 그 구조물을 구성하는 모든 부재와 부분들도 평형을 이룬다.

구조물이 평형 상태가 되기 위해서는 지점반력을 포함하여 구조물에 작용하는 모든 힘과 모멘트가 서로 균형을 이루어야 하며, 합력이나 모멘트의 합이 작용하지 않아야 한다("0"이 되어야 한다). 정역학(역주, statics, 저자 A. Kassimali의 책)에서 설명한 것과 같이 3차원에서 힘과 모멘트가 작용하는 공간(3차원)구조(그림 3.1)의 합력과 모멘트의 합은 "0"이 되며, 데카르트 좌표계(Cartesian(xyz) coordinate system)에 의해 이를 나타내면 식 (3.1)과 같다.

$$\sum F_x = 0 \qquad \sum F_y = 0 \qquad \sum F_z = 0 \tag{3.1}$$
$$\sum M_x = 0 \qquad \sum M_y = 0 \qquad \sum M_z = 0$$

식 (3.1)의 여섯 개의 식을 **공간구조의 평형방정식**이라 하며, 이는 구조물이 평형을 이루기 위한 필요충분조건이다. 식 (3.1)의 처음 3개의 식은 구조물의 합력이 "0"이 되기 위한 식이며, 나중 3개의 식은 구조물의 모멘트의 합이 "0"이 되기 위한 식이다.

그림 3.2와 같이 동일한 평면 위에 힘과 모멘트가 작용하는 xy좌표면(2차원)의 평면구조가 평형이 되기 위한 필요충분조건은 식 (3.2)와 같다.

$$\sum F_x = 0 \qquad \sum F_y = 0 \qquad \sum M_z = 0 \tag{3.2}$$

식 (3.2)의 세 식을 **평면구조의 평형방정식**이라 한다. 식 (3.2)의 처음 두 식은 모든 힘의 x 방향 분력과 y 방향 분력의 합이 "0"이 되기 위한 식으로, 이는 구조물에 작용하는 합력이 "0"임을 의미한다. 식 (3.2)의 세 번째 식은 구조물에 작용하는 힘에 의하여 발생하는 모멘트와 우력(couple)의 합이 "0"이 되기 위한 식으로, 이는 구조물에 작용하는 모멘트의 합력이 "0"임을 의미한다. 구조물이 평형이 되기 위해서는 이들 모든 평형방정식을 동시에 만족시켜야 한다.

만일 항공기와 같이 처음부터 이동하는 구조물이 힘을 받아 평형을 이루고 있다면 이는 이 구조물이 일정한 속도로 이동하고 있음을 의미한다. 왜냐하면 평형을 이루는 힘들은 구조물을 가속시킬 수 없기 때문이다. 그러나 일반적으로 평형이란 구조물이 정지된 상태를 의미하므로, 이 책에서도 정지된 상태의 구조물에 대해서만 다루기로 한다.

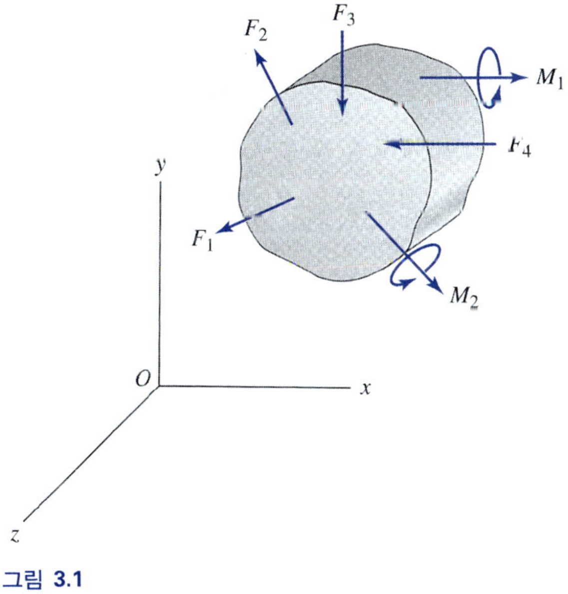

그림 3.1

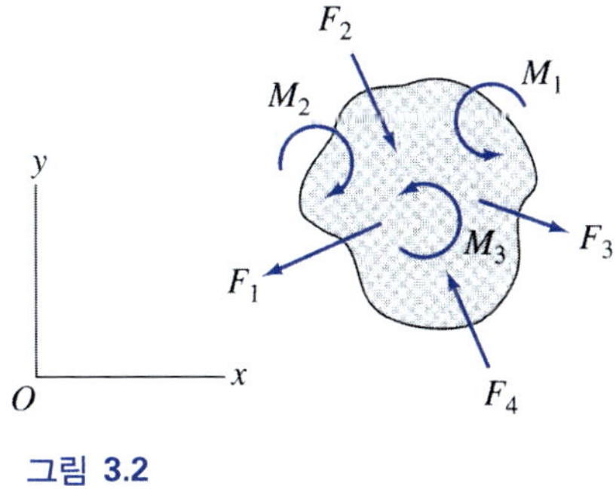

그림 3.2

평면구조 평형방정식의 다른 형태

식 (3.2)의 평형방정식이 대부분의 평면구조를 해석할 때 가장 편리하게 사용되지만, 몇몇 구조물의 경우에는 식 (3.3), 식 (3.4)와 같은 평형방정식 중의 하나가 더 편리하게 사용될 수 있다.

$$\sum F_q = 0 \qquad \sum M_A = 0 \qquad \sum M_B = 0 \tag{3.3}$$

여기서, A와 B는 구조물의 평면 위의 두 점을 의미하며, A와 B를 연결하는 직선은 축 q와 수직이 되어서는 안 된다.

$$\sum M_A = 0 \qquad \sum M_B = 0 \qquad \sum M_C = 0 \tag{3.4}$$

여기서, A, B, C는 구조물의 평면 위의 세 점을 의미하며, 이들 세 점은 동일한 직선상에 위치하지 않아야 한다.

공점력계

공점력계(concurrent force systems)란 모든 힘의 작용선이 동일점에서 만나는 경우이다. 구조물이 공점력계에서 평형을 이룰 때, 모멘트에 대한 평형방정식은 자동적으로 만족되므로 힘에 대한 평형방정식만 고려하면 된다. 따라서 3차원 공점력계에 있는 공간구조에 대한 평형방정식은 식 (3.5)와 같다.

$$\sum F_x = 0 \qquad \sum F_y = 0 \qquad \sum F_z = 0 \tag{3.5}$$

유사하게 평면 공점력계에 있는 평면구조에 대한 평형방정식은 식 (3.6)과 같다.

$$\sum F_x = 0 \qquad \sum F_y = 0 \tag{3.6}$$

2방향 힘을 받는 구조물과 3방향 힘을 받는 구조물

이 책에서 다루는 몇몇 구조물이나 구조 부재는 2방향이나 3방향의 힘에 대하여 평형을 이루기도 한다. 이러한 구조물이나 부재는 정역학에서 설명된 다음 두 가지를 고려하여 해석할 수 있다.

1. 2방향 힘에 대하여 평형을 이루는 구조물의 경우, 작용하는 힘들은 크기가 같고, 방향은 정 반대이며, 작용선은 동일하다.
2. 3방향 힘에 대하여 평형을 이루는 구조물의 경우, 작용하는 힘들의 작용선은 동일점에서 만나거나 평행하다.

3.2 외력과 내력

구조물에 작용하는 힘과 모멘트는 외력(external force)과 내력(internal force)으로 구분할 수 있다.

외력

외력이란 다른 물체에서 구조물에 가해지는 힘을 뜻한다. 해석에서는 편의상 이러한 힘들을 가력(applied force)과 반력(reaction force)으로 구분하여 사용한다. 가력은 일반적으로 적재하중이나 풍하중과 같은 하중을 의미하며, 구조물의 운동을 유발한다. 이러한 힘들은 해석에서 주어지는 값(known values)들이다. 반력은 구조물의 지점에서 발생하는 힘이며, 구조물의 운동을 억제하고 평형 상태를 유지시키려는 특성이 있다. 반력은 주어지지 않는 값(unknown values)이며, 해석에서 계산해야 한다. 구조물이 평형 상태가 되거나 운동상태가 되는 것은 구조물에 작용하는 외력에 의하여 결정된다.

내력

내력이란 구조물을 구성하는 부재나 구조물의 일부 구간에 구조물의 나머지 부분이 유발하는 힘이나 모멘트다. 내력은 구조물 내부에서 발생하며, 구조물의 다양한 부분에 존재한다. 구조물의 나머지 부분이 뉴턴의 제3법칙에 의하여 부재나 구조물의 일부에 동일한 크기에 방향이 반대인 힘을 가하므로 내력의 크기는 동일하지만 방향이 반대가 되는 한 쌍의 힘이 된다. 내력은 서로 상쇄되기 때문에 전체 구조물의 평형방정식에는 표시되지 않는다. 해석에서 내력은 미지수이므로 구조물을 구성하는 각 부재나 일부 구간에 대한 평형방정식을 이용하여 계산한다.

3.3 평면구조의 지점 종류

지점(support)은 구조물을 지면이나 기타 물체에 접촉시켜 하중에 의하여 유발되는 구조물이 운동을 억제시키는 역할을 한다. 하중은 구조물의 운동을 유발하지만 지점은 반대 방향으로 힘이나 반력을 발생시켜 구조물의 운동을 억제시키며, 하중에 의한 영향을 없애 구조물이 평형 상태를 유지하도록 한다. 지점반력의 종류는 지점의 종류나 지점이 억제시키는 운동의 종류에 따라서 달라진다. 특정 방향으로 구조물이 움직이지 못하도록 지점이 설치될 경우, 그 방향으로 구조물에 반력이 발생한다. 유사하게 특정 축으로 구조물이 회전하지 못하도록 지점이 설치될 경우에 그 축으로 구조물에 반력 모멘트가 발생한다.

그림 3.3에는 평면구조에 일반적으로 사용되는 지점의 종류가 표시되어 있다. 구조물에 발생하는 반력의 수(1, 2, 3개)에 따라서 이들 지점은 세 개의 유형으로 구분된다. 또한 그림에는 지점에서 발생하는 반력의 종류와 여러 지점이 유발하는 미지수의 개수가 표시되어 있다. 그림 3.4에서 그림 3.6은 이동단(roller support, 또는 롤러지점), 로커단(rocker support, 또는 로커지점), 그리고 회전단(hinge support, 또는 힌지지점)을 보여주고 있다.

유형	지점 종류	표시 방법	반력	미지수의 개수
I	이동단(Roller)	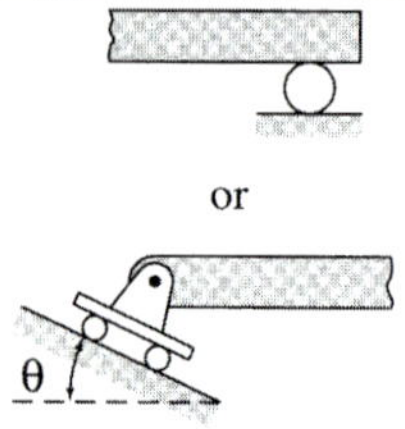	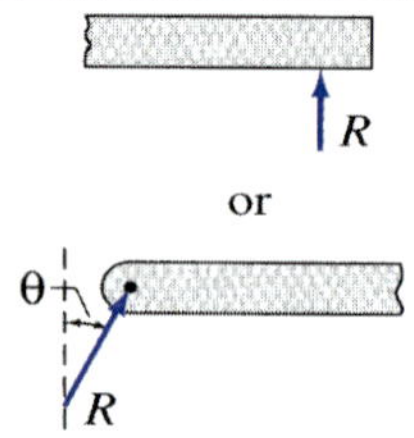	**1** 반력 R은 지점 표면에 수직으로 작용하며, 구조물을 향한 방향이나 구조물과 멀어지는 방향으로 작용한다. 반력 R의 크기가 미지수이다.
	로커단(Rocker)	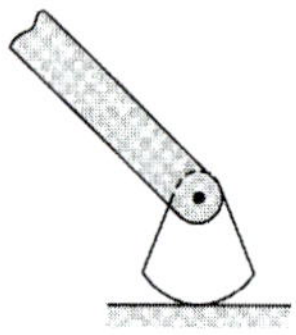	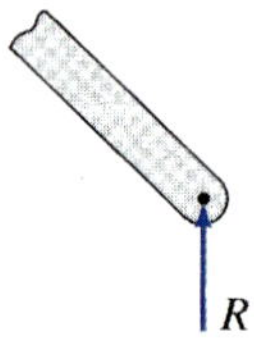	
	링크단(Link)	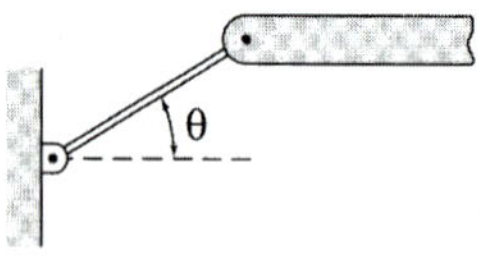	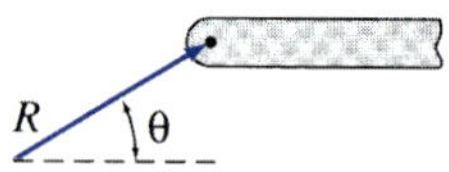	**1** 반력 R은 링크 방향으로 작용하며, 구조물을 향한 방향이나 구조물과 멀어지는 방향으로 작용한다. 반력 R의 크기가 미지수이다.
II	회전단(Hinge)	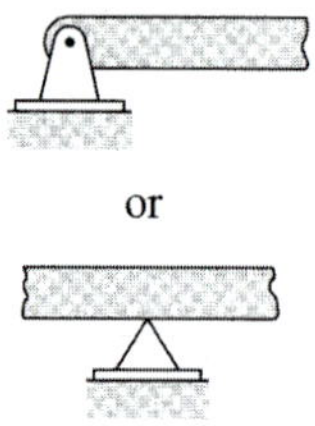	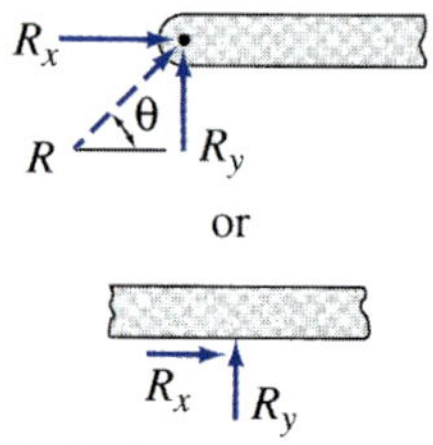	**2** 반력 R은 임의의 방향으로 작용할 수 있다. 반력 R을 수평분력 R_x와 수직분력 R_y로 분해하는 것이 계산상 편리하다. 반력 R_x와 R_y의 크기가 미지수이다.
III	고정단(Fixed)	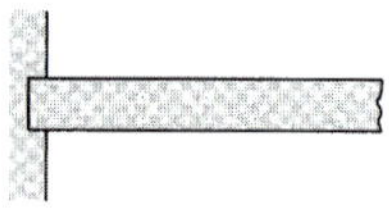	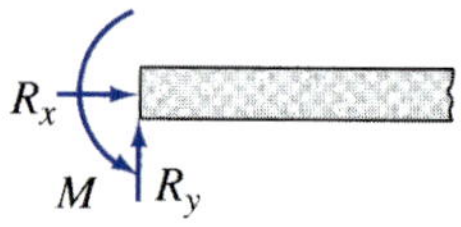	**3** 두 개의 힘에 대한 반력 R_x와 R_y, 한 개의 모멘트 반력 M이 작용한다. 반력 R_x, R_y, M의 크기가 미지수이다.

그림 3.3 평면구조의 지점 종류

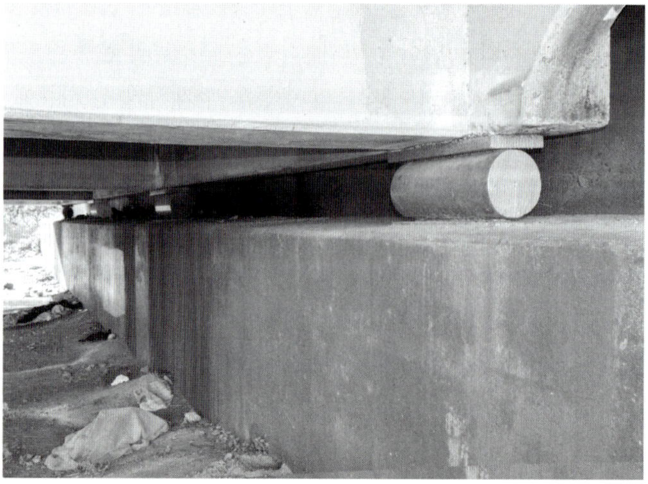

그림 3.4 이동단(Roller support, 또는 롤러지점) Patrick Feller

그림 3.5 로커단
(Rocker support, 또는 로커지점)
Patrick Feller, https://www.flickr.com/photos/nakmsm/10577359024/

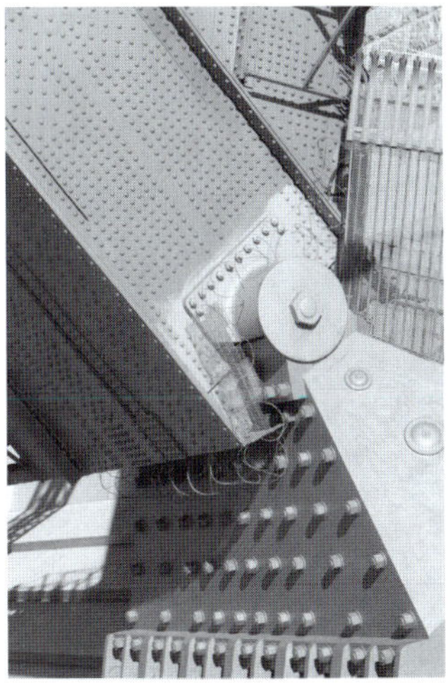

그림 3.6 회전단
(Hinged support 또는 힌지지점)
Frank Kletschkus/Alamy Stock Photo

3.4 정정, 부정정, 불안정

내적 안정

지점에서 구조물이 분리되었을 때 원래의 형태와 강체(rigid body)를 그대로 유지한다면 이러한 구조물을 내적으로 안정하거나 견고(rigid)하다고 한다. 역으로 구조물이 지점에서 분리되었을 때 작은 영향에 대해서도 형태를 유지하지 못하거나 큰 변위가 발생한다면 이러한 구조물을 내적으로 불안전하거나 견고하지 못하다고 한다. 그림 3.7은 내적 안정구조(internally stable structure)의 몇 가지 예를 보여주고 있다. 그림에서 각각의 구조물은 강체를 이루며, 하중이 작용하여도 원래의 형태를 유지할 수 있다. 그림 3.8은 내적 불안정구조(internally unstable structure)의 몇 가지 예를 보여주고 있다. 그림에서 모든 구조물은 힌지 B점에서 두 개의 강체 AB와 BC로 구성되어 있으며, B점에서 한 쪽 강체를 중심으로 다른 쪽 강체가 회전함을 알 수 있다.

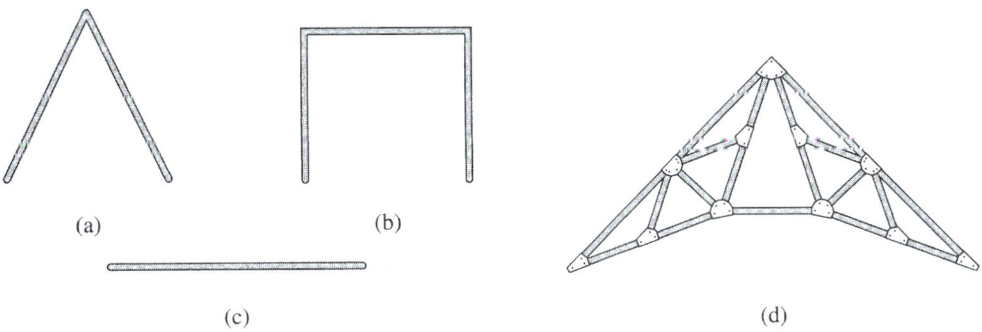

그림 3.7 내적 안정구조의 예

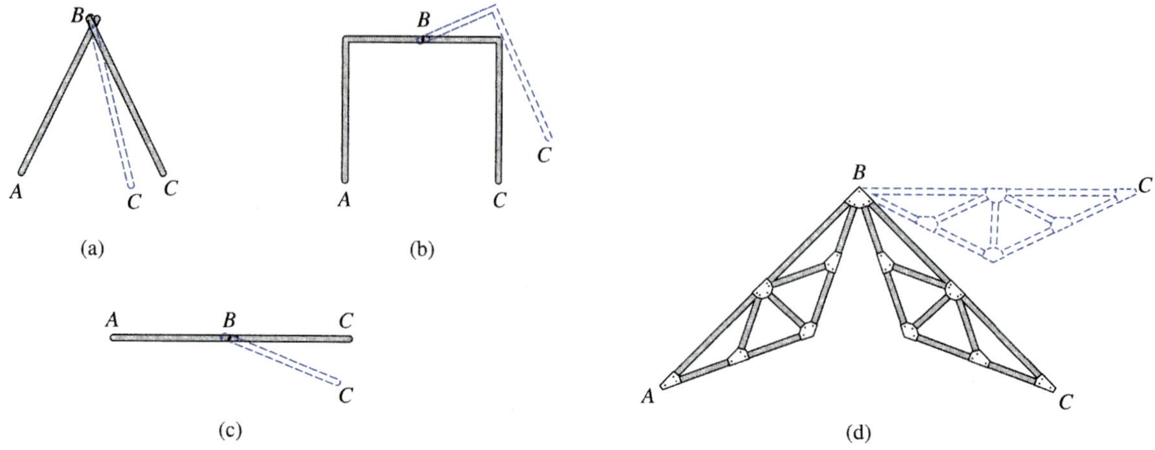

그림 3.8 내적 불안정구조의 예

모든 구조물은 하중을 받으면 변형한다. 그러나 사용 상태에서 구조물에 발생하는 변형은 매우 작아 구조물의 평형에 영향을 주지 못한다. 따라서 이러한 작은 변형은 해석에서 무시된다. 이 책에서 다루는 **강체구조물**(rigid structure)이란 형태가 거의 변하지 않는 구조물을 의미하며, 비강체구조물(nonrigid structure)이란 지점에서 구조물이 분리되었을 때 형태가 쉽게 변하거나 자중에 의하여 쉽게 붕괴할 수 있는 구조물을 의미한다.

내적 안정구조의 정정구조 판정

평형방정식만을 이용하여 내적 안정구조의 모든 지점반력을 계산할 수 있을 때 이러한 구조물을 외적 정정(statically determinate externally)**구조라 한다.** 내적 안정 평면구조는 평면 강체로 볼 수 있기 때문에 동일한 평면 위의 하중들에 대하여 평형 상태를 이루기 위해서는 식 (3.2), (3.3) 또는 (3.4)의 세 개의 평형방정식을 만족시킬 수 있도록 적어도 세 개의 반력에 의해 지지되어야 한다. 또한 평형방정식이 세 개이기 때문에 네 개 이상의 반력(미지수)을 계산할 수 없다. 따라서 외적 정정평면구조(이하, 외적 정정구조, 역주)는 정확하게 세 개의 반력에 의해 지지되어야 한다. 그림 3.9는 외적 정정구조의 몇 가지 예를 보여주고 있다. 이들 구조물은 세 개의 반력에 의해 지지되고 있으며, 이들 반력은 평형방정식으로 구할 수 있다.

만일 어느 구조물이 네 개 이상의 반력에 의해 지지된다면, 평형방정식만을 이용하여 네 개 이상의 반력을 계산할 수 없게 된다. 이러한 구조물을 **외적 부정정**(statically indeterminate externally)**구조**라 한다. 평형을 이루기 위하여 필요한 것을 초과하는 반력을 외적 잉여력(external redundant)이라 하며 외적 잉여력의 수를 **외적 부정정차수**(degree of external indeterminacy)라 한다. 따라서 만일 어느 구조물의 반력의 수 r이 3을 초과한다면($r > 3$), 이 구조물의 외적 부정정차수는 식 (3.7)과 같이 계산할 수 있다.

$$i_e = r - 3 \tag{3.7}$$

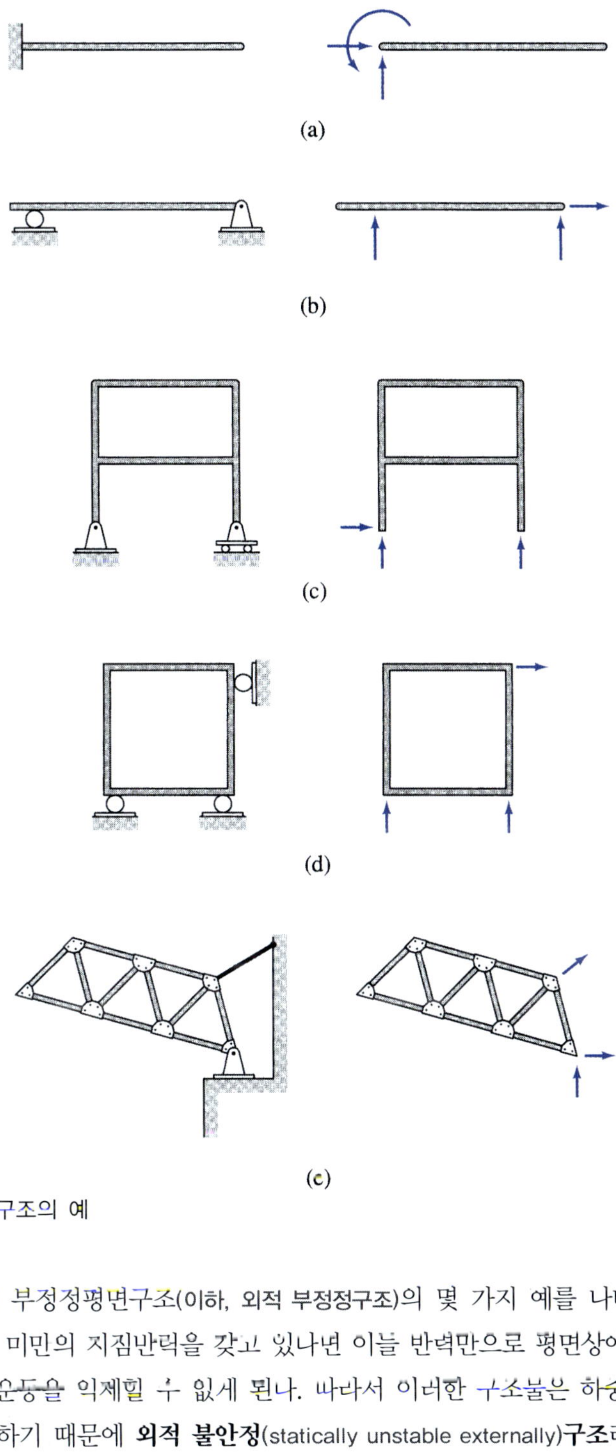

그림 3.9 외적 정정구조의 예

그림 3.10은 외적 부정정평면구조(이하, 외적 부정정구조)의 몇 가지 예를 나타내고 있다.

구조물이 세 개 미만의 지점반력을 갖고 있다면 이들 반력만으로 평면상에서 구조물이 발생할 수 있는 모든 운동을 억제할 수 없게 된다. 따라서 이러한 구조물은 하중들에 대하여 평형상태를 이루지 못하기 때문에 **외적 불안정**(statically unstable externally)**구조**라 한다. 그림 3.11은 외적 불안정구조의 몇 가지 예를 보여주고 있다. 그림에서 트러스가 단지 두 개의 롤러에 의해 지지되고 있음을 알 수 있다. 트러스에 작용하는 두 개의 반력이 트러스에 발생하는 회전과 수직방향의 이동을 억제할 수 있지만, 수평방향으로 발생하는 이동을 억제할 수 없으므로 이 트러스는 완전히 구속되었다(fully constrained)고 할 수 없는 불안정구조이다.

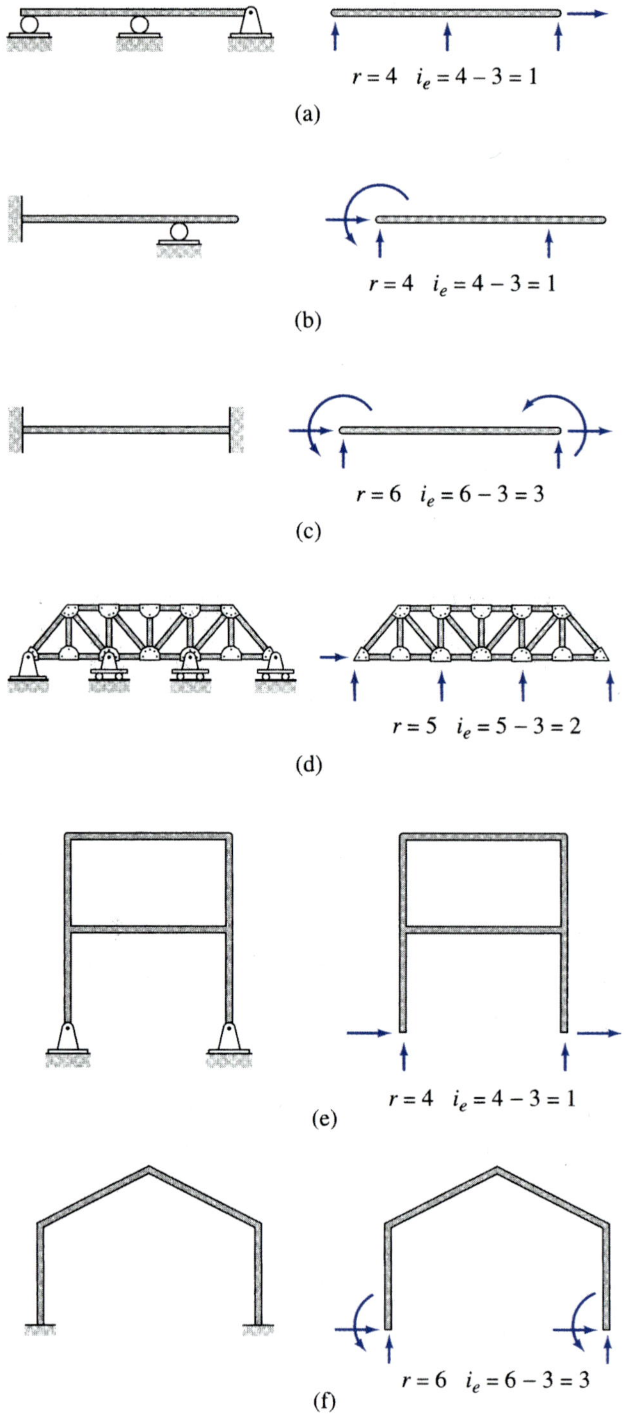

그림 3.10 외적 부정정구조의 예

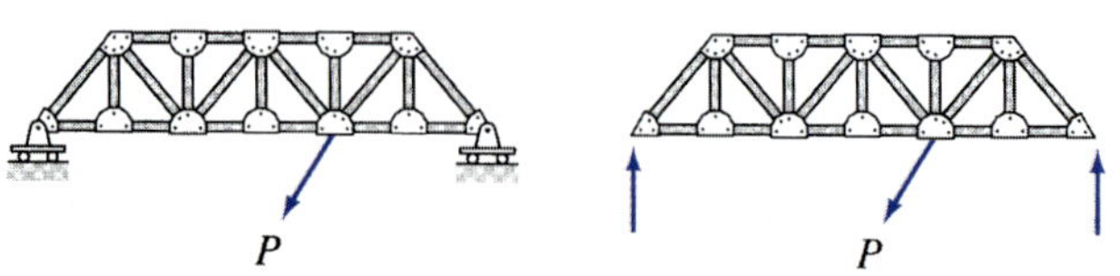

그림 3.11 외적 불안정구조의 예

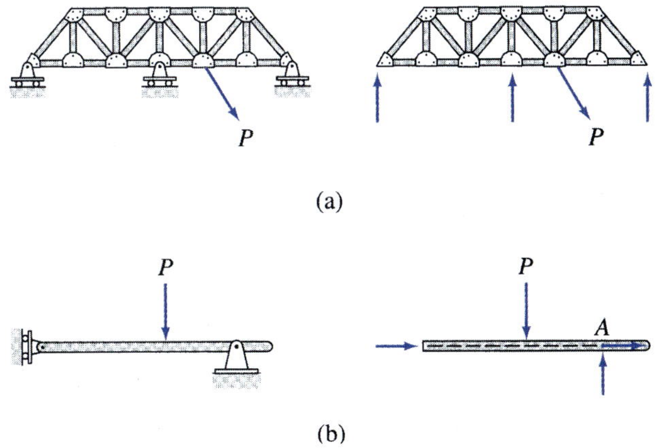

그림 3.12 평면구조의 외적 기하학적 불안정을 유발하는 반력 배열

내적 평면구조의 불안정, 정정, 부정정의 조건은 다음과 같다.

$$\begin{array}{ll} r < 3 & \text{외적 불안정구조} \\ r = 3 & \text{외적 정정구조} \\ r > 3 & \text{외적 부정정구조} \end{array} \tag{3.8}$$

여기서, $r =$ 반력의 수

식 (3.8)의 첫 번째 조건 $r < 3$은 구조물이 불안정구조가 되기 위한 필요충분조건이라 할 수 있다. 그러나 두 번째와 세 번째 조건인 $r = 3$과 $r > 3$은 각각 구조물이 정정구조와 부정정구조가 되기 위한 필요조건은 되지만 충분조건이라고 할 수 없다. 즉, 구조물이 $r \geq 3$ 이상의 충분한 반력수를 갖고 있다고 할지라도 지점의 배치가 부적절할 경우에 그 구조물은 불안정구조가 될 수 있다. 이러한 구조물을 **기하학적 외적 불안정**(geometrically unstable externally)**구조**라 한다. 그림 3.12는 평면구조인 두 개의 기하학적 외적 불안정구조를 나타내고 있다. 그림 3.12(a)의 트러스는 세 개의 평행한 반력에 의해 지지되고 있다. 이 트러스는 $r = 3$의 충분한 반력수를 갖고 있지만 반력이 모두 구조물의 수직방향으로 작용하기 때문에 구조물의 수평방향 이동을 저지할 수 없다. 따라서 이 트러스는 기하학적 불안정구조이다. 기하학적으로 불안정한 상태를 보이는 또 다른 구조물이 그림 3.12(b)의 경우이다. 이 보는 평행하지 않는 세 개의 반력에 의해 지지되고 있지만, 세 반력의 작용선이 점 A에 교차하여 A점을 중심으로 발생하는 회전을 억제할 수 없다. 즉 보에 작용하는 하중이 유발하는 모멘트에 대한 평형방정식 $\sum M_A = 0$을 만족시키지 못한다. 따라서 이 보는 기하학적으로 불안정하다.

결론적으로 내적 평면안정구조가 임의의 하중에 대하여 평형을 유지할 수 있도록 외적 기하학적 안정상태가 되기 위해서는 적어도 세 개의 반력에 의해 지지되어야 하며, 이들 반력은 서로 평행하거나 작용선이 한 점에서 교차하지 않아야 한다.

내적 불안정구조의 정정구조 판정 - 조건식

그림 3.13(a)는 내부 힌지 B점을 중심으로 두 개의 강체 부재 AB와 BC로 이루어진 내적 불안정구조(internally unstable structure)를 보여준다. 구조물은 A점의 이동단과 C점의 회전단에 의해 지지되고 있으며, 지점에는 평행하지 않고 작용선이 교차하지 않는 세 개의 반력이 발생하고 있다. 구조물의 반력들은 내적으로 안정하거나 강체구조물을 구속해야 하지만 그렇지 않다는 것을 알 수 있다. A점에서 발생하는 수평방향의 이동을 억제할 수 있도록 A점의 이동단을 회전단으로 바꿀 경우에 이 구조물은 외적으로 안정된 구조물이 된다. 따라서 그림 3.13(a)의 구조물을 완전히 구속하기 위해서는 그림 3.13(b)와 같이 최소한 네 개의 반력이 필요하다는 것을 알 수 있다.

세 개의 평형방정식만으로는 그림 3.13(b) 구조물의 지점반력 네 개를 계산할 수 없다. 그러나 B점의 내부 힌지를 이용하면 추가 방정식을 하나 더 만들 수 있으며, 세 개의 평형방정식과 추가 방정식을 이용하여 네 개의 미지 반력을 계산할 수 있다. 내부 힌지는 모멘트를 전달할 수 없기 때문에 힌지에 연결된 구조물의 양쪽 부분에서 발생하는 모멘트는 힌지에서 "0"이 되므로 이를 이용하여 추가 방정식을 만들 수 있다. 따라서 내부 힌지에 의해 구조물의 두 부분이 연결될 때 힌지를 기준점으로 구조물의 각 부분에 작용하는 하중과 반력에 의하여 발생하는 모멘트의 합은 힌지에서 "0"이 된다. 그림 3.13(b)에 표시된 구조물의 경우에 AB와 BC 부재에 작용하는 하중과 반력이 유발하는 모멘트의 합은 B점에서 "0"이 되어야 한다. 즉, $\sum M_B^{AB}=0$이고 $\sum M_B^{BC}=0$이다. 이러한 식을 **조건식** 또는 **구성방정식**이라 한다. 또한 중요한 것은 이 두 식은 서로 독립된 식이 아니라는 것이다. 예를 들어 두 방정식 중의 하나인

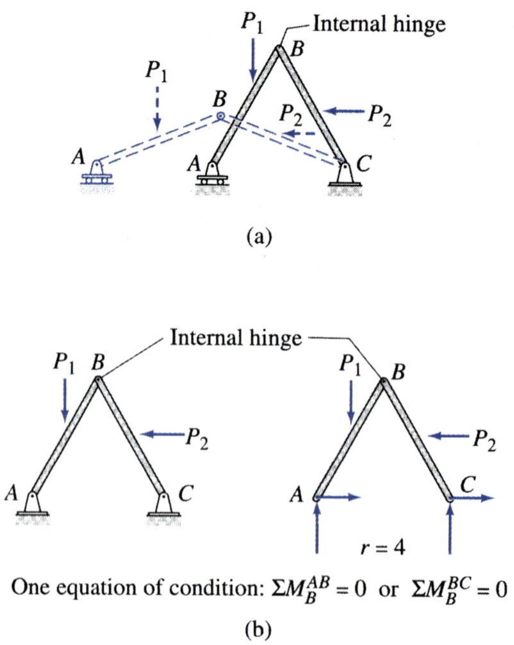

그림 3.13

$\sum M_B^{AB}=0$과 구조물 전체에 대한 모멘트 평형방정식 $\sum M=0$이 만족할 경우에 $\sum M_B^{BC}=0$은 자동적으로 만족하게 된다. 따라서 구조물을 구성하는 두 개의 부재 또는 부분들을 연결하는 내부 힌지가 있을 경우에 추가적으로 독립된 방정식 한 개를 더 사용할 수 있다. 세 개 이상의 부재를 연결하는 힌지 절점에 대한 해석은 다음 장에서 다룬다. 그림 3.13(b)의 네 개의 미지 반력은 세 개의 평형방정식과 $\sum M_B^{AB}=0$ 또는 $\sum M_B^{BC}=0$ 중에서 한 가지 추가 방정식을 사용하여 계산할 수 있기 때문에 이러한 구조물은 외적 정정구조로 간주할 수 있다.

그림 3.14와 같은 전단연결재는 두 개의 보를 길게 연장하기 위하여 사용된다. 그림의 접합부는 부재와 부재 사이의 전단력만을 전달하고 휨모멘트는 전달하지 않기 때문에 해석에서는 이 접합부를 내부 힌지로 간주한다.

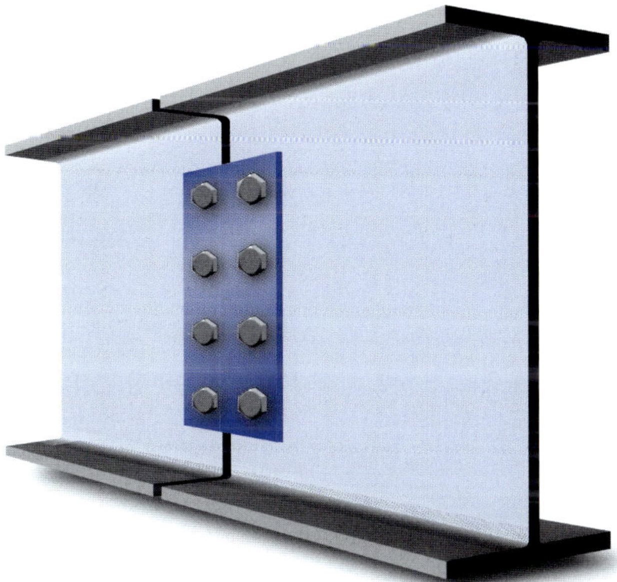

그림 3.14 전단연결재

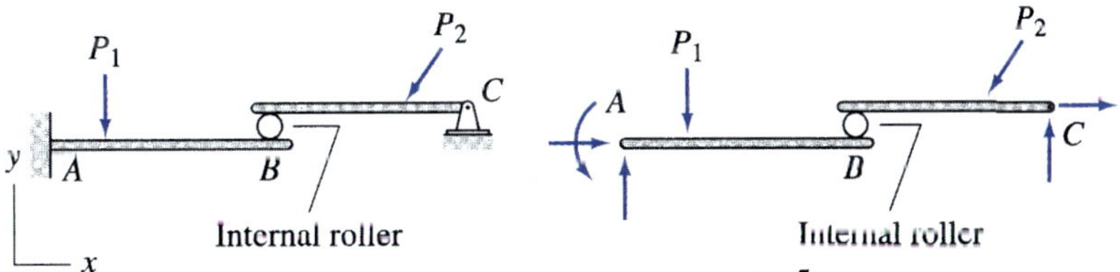

Two equations of condition: $\Sigma F_x^{AB}=0$ or $\Sigma F_x^{BC}=0$

$\Sigma M_B^{AB}=0$ or $\Sigma M_B^{BC}=0$

그림 3.15

부재와 부재가 연결될 때 연결된 부재 단부가 임의의 방향으로 상대적으로 회전하고 이동할 수 있다. 해석에서는 이러한 접합부를 내적 롤러절점(internal roller joint)으로 간주한다. 그림 3.15에서 두 개의 부재 AB와 BC는 B점에서 내부 롤러로 연결되어 있다. 이 구조물은 내적으로 불안정하며, 평면 하중 시스템에서 발생할 수 있는 모든 이동을 억제하기 위해서는 최소한 다섯 개의 외적 지점반력이 필요하다. 내부 롤러는 모멘트나 지지면과 평행한 방향으로 힘을 전달할 수 없기 때문에 다음과 같이 두 개의 조건식을 사용할 수 있다.

$$\sum F_x^{AB} = 0 \quad \text{또는} \quad \sum F_x^{BC} = 0$$

그리고

$$\sum M_B^{AB} = 0 \quad \text{또는} \quad \sum M_B^{BC} = 0$$

이들 두 조건식과 세 개의 평형방정식을 이용하여 다섯 개의 미지 반력을 계산할 수 있다. 따라서 그림 3.15에 표시된 구조물은 외적 정정구조이다.

만일 r개의 반력에 의해 지지되는 내적 불안정구조에 조건식 e_c(내부 힌지의 경우 한 개의 조건식, 내부 롤러의 경우 두 개의 조건식)가 있다면 식 (3.9)와 같이 구조물을 구분할 수 있다.

$$\begin{aligned} r &< 3 + e_c \quad \text{외적 불안정구조} \\ r &= 3 + e_c \quad \text{외적 정정구조} \\ r &> 3 + e_c \quad \text{외적 부정정구조} \end{aligned} \tag{3.9}$$

외적 부정정구조의 경우에 외적 부정정차수는 식 (3.10)과 같다.

$$i_e = r - (3 + e_c) \tag{3.10}$$

다른 해법 내적 불안정구조의 불안정, 정정, 부정정 상태를 판별하기 위한 또 다른 방법은 다음과 같다.

1. 전체 지점반력의 개수(r)를 계산한다.
2. 내부 힌지와 내부 롤러에 의하여 전달되는 내력의 총 수(f_i)를 계산한다. 내부 힌지는 두 개의 힘을 전달할 수 있고, 내부 롤러는 한 개의 힘을 전달할 수 있다.
3. 전체 미지수, $r + f_i$를 계산한다.
4. 구조물에 포함된 강체 부재 또는 구간의 개수(n_r)를 계산한다.
5. 구조물의 강체 부재 또는 구간에 작용하는 하중, 반력, 내력에 대하여 평형 상태를 유지해야 하므로 각 부재는 세 개의 평형방정식($\sum F_x = 0$, $\sum F_y = 0$, $\sum M = 0$)을 만족해야 한다. 따라서 전체 구조물에 대하여 이용할 수 있는 식의 수는 $3n_r$이다.

6. 구조물이 불안정, 정정, 부정정 상태인지를 결정하는 데 있어 전체 미지수, $r+f_i$와 전체 식의 개수를 비교하여 판단한다. 만약,

$$r+f_i < 3n_r \quad \text{외적 불안정구조}$$
$$r+f_i = 3n_r \quad \text{외적 정정구조} \qquad (3.11)$$
$$r+f_i > 3n_r \quad \text{외적 부정정구조}$$

외적 부정정구조의 경우에 외적 부정정차수는 식 (3.12)와 같다.

$$i_e = (r+f_i) - 3n_r \qquad (3.12)$$

그림 3.13(b)의 구조물에 이 방법을 적용해 보면 $r=4$, $f_i=2$, $n_r=2$이다. 미지수의 총수는 $(r+f_i=6)$이며 전체 식의 수는 $(3n_r = 6)$으로 동일하기 때문에 이 구조물은 외적 정정구조이다. 비슷한 방법으로 그림 3.15의 구조물의 $r=5$, $f_i=1$, $n_r=2$로 $r+f_i=3n_r$이기 때문에 역시 외적 정정구조이다.

식 (3.9)와 (3.11)에 제시된 정정구조, 부정정구조를 구별하는 방법은 필요조건이지만 충분조건은 아니다. 왜냐하면 여기에는 기하학적 불안정이 포함되어 있지 않기 때문이다. 내적 불안정구조의 기하학적 불안정을 피하기 위해서는 앞에서 살펴본 내적 안정구조와 같이 평행하거나 작용선이 한 점에서 교차하지 않는 반력에 의하여 지지되어야 한다. 그림 3.16은 내적 불안정구조에서 발생할 수 있는 기하학적 불안정 상태의 한 예이다. 이 구조물의 B, C, D점에 내부 힌지가 있으므로 $r=6$이며 $e_c=3$(즉 $r=3+e_c$)이다. 식 (3.9)에 의하면 이 보의 반력의 수는 충분하므로 정정구조가 되어야 한다. 그러나 그림에서 알 수 있는 것과 같이 일부 구간 BCD에 작용하는 수직하중 P를 지지할 수 없기 때문에 이 구조는 불안정구조이다 부재 BC와 CD가 외력을 저항하기 위해서는 작은 회전이 발생해야 한다. 이와 같이 일직선으로 세 개 이상의 내부 힌지가 포함된 구조물의 기하학적 불안정성을 해결하기 위해서는 외부에서 그 구간을 지지하여야 한다.

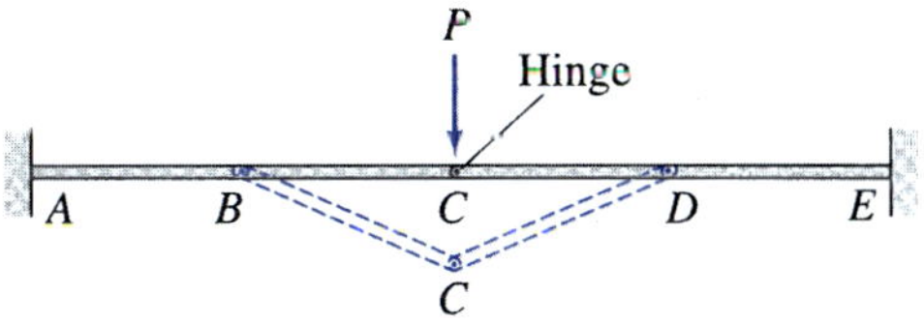

그림 3.16

3.1
Example

그림 3.17의 구조물의 상태를 외적 불안정구조, 외적 정정구조, 외적 부정정구조로 구분하라. 만약 이 구조물이 외적 부정정구조라면 부정정차수를 계산하라.

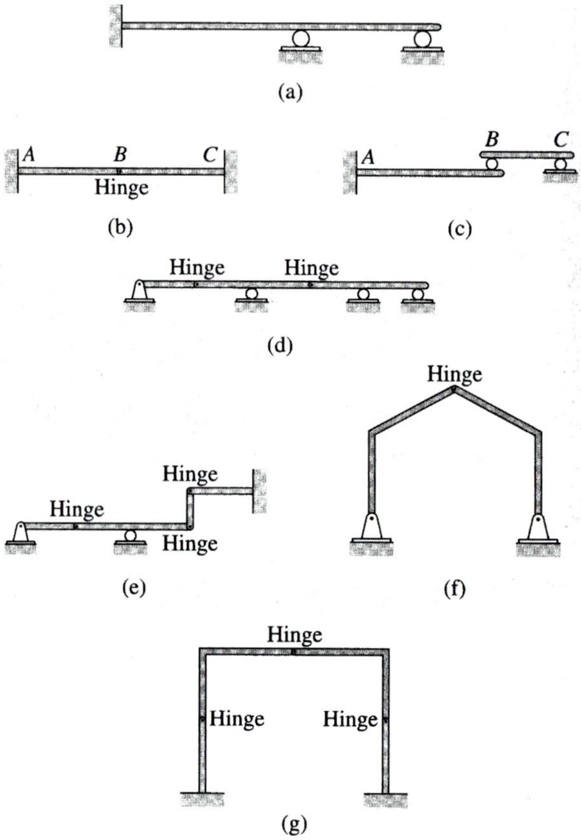

그림 3.17

풀이

(a) $r=5>3$이므로 내적 안정구조이다. 그러므로 외적 부정정차수는 다음과 같다.

$$i_e=r-3=5-3=2$$

(b) 내적 불안정구조이다. 두 개의 강체 부재 AB와 BC가 내부 힌지 B점에서 연결되어 있다. 보의 $r=6$이며 $e_c=1$이다. $r>3+e_c$이므로 외적 부정정구조이며 부정정차수는

$$i_e=r-(3+e_c)=6-(3+1)=2$$

다른 해법. $f_i=2$, $n_r=2$, $r+f_i=6+2=8$, $3n_r=3(2)=6$이다. $r+f_i>3n_r$이므로 외적 부정정구조이며

$$i_e=(r+f_i)-3n_r=8-6=2$$

(c) $r=4$이며 $e_c=2$인 내적 불안정구조이다. $r<3+e_c$이므로 외적 불안정구조이다. 그림에서 부재 BC의 수평방향 이동이 억제되지 않았음을 알 수 있다.

다른 해법. $f_i=1$, $n_r=2$, $r+f_i=4+1=5$, $3n_r=6$이다. $r+f_i<3n_r$이므로 외적 정정구조이다.

(d) $r = 5$이며 $e_c = 2$인 내적 불안정구조이다. $r = 3 + e_c$이므로 외적 정정구조이다.

다른 해법. $f_i = 4$, $n_r = 3$, $r + f_i = 5 + 4 = 9$, $3n_r = 3(3) = 9$이다. $r + f_i = 3n_r$이므로 외적 정정구조이다.

(e) $r = 6$이며 $e_c = 3$인 내적 불안정구조이다. $r = 3 + e_c$이므로 외적 정정구조이다.

다른 해법. $f_i = 6$, $n_r = 4$, $r + f_i = 6 + 6 = 12$, $3n_r = 3(4) = 12$이다. $r + f_i = 3n_r$이므로 외적 정정구조이다.

(f) $r = 4$이며 $e_c = 1$인 내적 불안정구조이다. $r = 3 + e_c$이므로 외적 정정구조이다.

다른 해법. $f_i = 2$, $n_r = 2$, $r + f_i = 4 + 2 = 6$, $3n_r = 3(2) = 6$이다. $r + f_i = 3n_r$이므로 외적 정정구조이다.

(g) $r = 6$이며 $e_c = 3$인 내적 불안정구조이다. $r = 3 + e_c$이므로 외적 정정구조이다.

다른 해법. $f_i = 6$, $n_r = 4$, $r + f_i = 6 + 6 = 12$, $3n_r = 3(4) = 12$이다. $r + f_i = 3n_r$이므로 외적 정정구조이다.

3.5 반력 계산

동일 평면 위에서 하중을 받는 평면 정정구조의 반력을 다음과 같은 과정으로 계산할 수 있다.

1. 구조물의 자유물체도(free-body diagram, FBD)를 작성하라.
   - **a.** 해석하고자 하는 구조물을 지점과 연결된 모든 다른 물체로부터 분리시킨다.
   - **b.** 자유물체도 위에 주어진 힘과 모멘트를 방향과 부호에 맞게 화살표로 표시하고 크기를 표시한다.
   - **c.** 해석에 사용되는 xy좌표를 서로 수직하게 표시한다. x축과 y축은 각각 수평방향(오른쪽이 양의 값)과 수직방향(위쪽이 양의 값)으로 보는 것이 편리하다. 그러나 만약 구조물이나 작용하는 대부분의 하중이 경사져 있다면 경사진 방향을 x축(또는 y축)으로 하는 것이 계산에 편리할 수 있다.
   - **d.** 지점에서 떼어낸 구조물의 각 점에 미지의 지점반력을 표시한다. 반력은 지점의 종류에 따라 달라지며 그림 3.3과 같다. 반력은 가력방향에 화살표가 향하도록 하여 직선 화살표로 자유물체도에 표시한다. 모멘트는 곡선 화살표로 표시한다. 반력의 가력방향을 알지 못할 경우에는 임의로 화살표 방향을 가정할 수 있다. 이 경우에 반력의 가력방향은 x축과 y축의 양의 방향으로 가정하고, 모멘트의 방향은 반시계방향으로 가정하는 것이 편리하다. 평형방정식과 조건식(필요시)에 의해 반력의 크기를 계산한 후에 반력의 정확한 가력방향을 알 수 있다. 계산된 반력의 값이 양의 값이라면 처음 가정한

반력의 방향이 옳음을 의미하며, 음의 값이라면 가정한 반력의 방향이 반대 방향이라는 것을 의미한다. 반력의 크기는 아직 알 수 없기 때문에 자유물체도 위에 적절한 문자로 표시한다.

e. 구조물의 치수와 모든 알려진 힘과 미지의 힘을 표시하여 자유물체도를 완성한다.

2. 정정구조인지 검토한다. 3.4절에서 설명한 과정에 따라 해석 구조물이 외적 정정구조인지 판단한다. 만약 그 구조물이 불안정 또는 기하학적 불안정구조이거나 부정정구조라면 해석을 끝낸다.
3. 전체 구조물의 평형방정식과 조건식(필요시)을 이용하여 미지의 반력을 계산한다. 연립방정식을 이용하여 계산하지 않고, 각 방정식이 한 개의 미지수만을 포함하도록 평형방정식과 조건식을 정리한다. 내적 불안정구조인 경우에는 하나의 방정식에 한 개의 미지수가 포함되도록 하는 것이 불가능할 수 있다. 이 경우에는 연립방정식을 이용하여 반력을 계산한다. 내적 불안정구조의 경우에 구조물을 강체부분으로 분리하여 각 부분의 반력을 평형방정식으로 계산할 경우 연립방정식을 풀지 않고도 편리하게 해석할 수 있다. 이 때 분리된 구조물의 각각의 부분에 대한 자유물체도를 작성해야 하며, 자유물체도에는 외력, 지점반력, 접합부의 내력도 표시해야 한다. 구조물의 접합부 내력은 뉴턴의 제3법칙에 의하여 크기는 같지만 작용 방향은 반대가 된다.
4. 전체 구조물에 적용하지 않는 별개의 평형방정식을 이용하여 계산을 검토한다. 이 평형방정식은 가능하면 해석에서 계산한 모든 반력을 포함하는 것이 좋다. 이를 위해서 반력들의 작용선 위에 놓여 있지 않은 점에 대한 모멘트 평형방정식을 사용할 수 있다. 해석이 정확하다면 검토에 사용된 평형방정식도 만족되어야 한다.

3.2 Example

그림 3.18(a)의 보의 지점반력을 계산하라.

풀이

자유물체도. 자유물체도는 그림 3.18(b)와 같다. A점의 이동단에서 발생하는 반력 R_A의 작용 방향은 경사진 지지면과 수직방향이다.

정정. 내적 안정구조이며 서로 평행하거나 동일점에 모이지 않는 세 개의 반력, R_A, B_x, B_y에 의해 지지되고 있다. 따라서 이 보는 정정구조이다.

지점반력. 세 개의 반력 중에서 B_x와 B_y는 B점에 모여 있기 때문에 B점에 대한 모멘트는 "0"이다. 따라서 B점을 기준으로 모든 힘이 유발하는 모멘트의 합에 대한 평형방정식 $\sum M_B = 0$에는 한 개의 미지수 R_A만이 포함되어 있다.

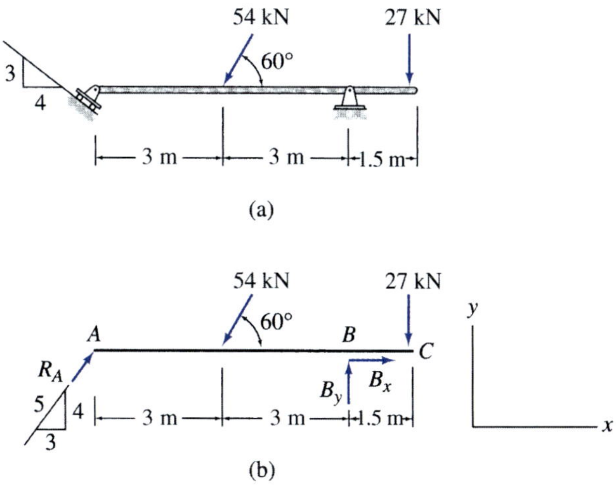

그림 3.18

$$+\circlearrowleft \sum M_B = 0 \qquad -\frac{4}{5}R_A(6\text{ m}) + (54\text{kN})\sin 60°(3\text{ m}) - (27\text{ kN})(1.5\text{ m}) = 0$$

$$R_A = 20.8\text{ kN}$$

계산된 R_A는 양의 값이므로 처음에 가정한 반력의 작용 방향과 동일하다. 그러므로

$$R_A = 20.8\text{ kN} \nearrow$$

힘에 대한 평형방정식을 이용하여 B_x를 계산한다.

$$+\rightarrow \sum F_x = 0 \qquad \frac{3}{5}(20.8\text{ kN}) - (54\text{ kN})\cos 60° + B_x = 0$$

$$B_x = 14.5\text{ kN}$$

$$B_x = 14.5\text{ kN} \rightarrow$$

미지수 B_y를 세 번째 평형방정식을 이용하여 계산한다.

$$+\uparrow \sum F_y = 0 \qquad \frac{4}{5}(20.8\text{ kN}) - (54\text{ kN})\sin 60° + B_y - (27\text{ kN}) = 0$$

$$B_y = 57.1\text{ kN}$$

$$B_y = 57.1\text{ kN} \uparrow$$

지금까지의 계산 방법은 연립방정식을 사용하지 않고 한 개의 미지수만을 갖는 평형방정식을 이용하여 풀이한 것이다.

계산 검토. 마지막으로 그림 3.18(b)와 같이 별도의 평형방정식을 사용하여 계산을 검토한다.

$$+\circlearrowleft \sum M_C = -\frac{4}{5}(20.8\text{ kN})(7.5\text{ m}) + (54\text{ kN})\sin 60°(4.5\text{ m}) - (57.1\text{ kN})(1.5\text{ m})$$

$$= -0.006\text{ kN}\cdot\text{m} \approx 0$$

3.3 Example

그림 3.19(a)의 보의 지점반력을 계산하라.

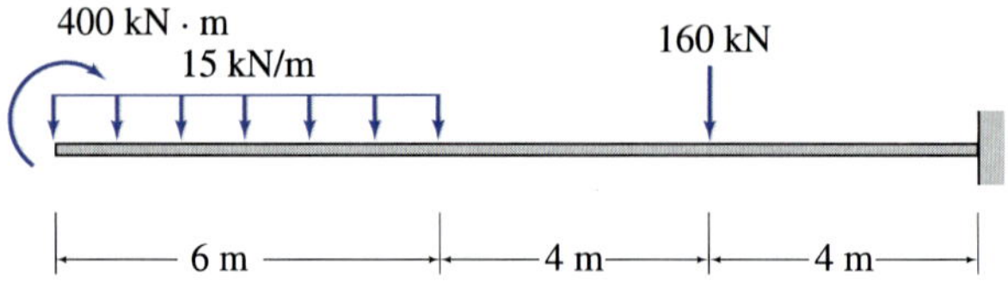

(a)

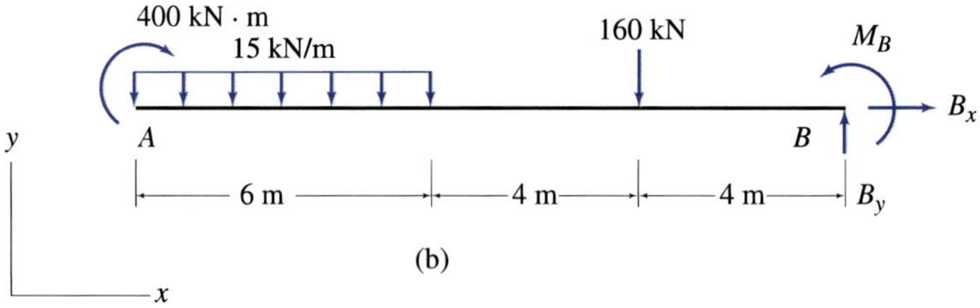

(b)

그림 3.19

풀이

자유물체도. 자유물체도는 그림 3.19(b)와 같다.

정정. $r=3$인 내적 안정구조이다. 따라서 정정구조이다.

지점반력. 세 개의 평형방정식을 사용하여 다음을 계산한다.

$$+\rightarrow \sum F_x = 0 \qquad\qquad B_x = 0$$

$$+\uparrow \sum F_y = 0 \qquad -15(6) - 160 + B_y = 0 \qquad B_y = 250 \text{ kN}$$

$$B_y = 250 \text{ kN} \uparrow$$

$$+\circlearrowleft \sum M_B = 0 \qquad -400 + 15(6)(3+8) + 160(4) + M_B = 0 \qquad M_B = -1230 \text{ kN} \cdot \text{m}$$

$$M_B = 1230 \text{ kN} \cdot \text{m} \circlearrowright$$

계산 검토.

$$+\circlearrowleft \sum M_A = -400 - 15(6)(3) - 160(10) + 250(14) - 1230 = 0$$

3.4 Example

그림 3.20(a)의 골조의 지점반력을 계산하라.

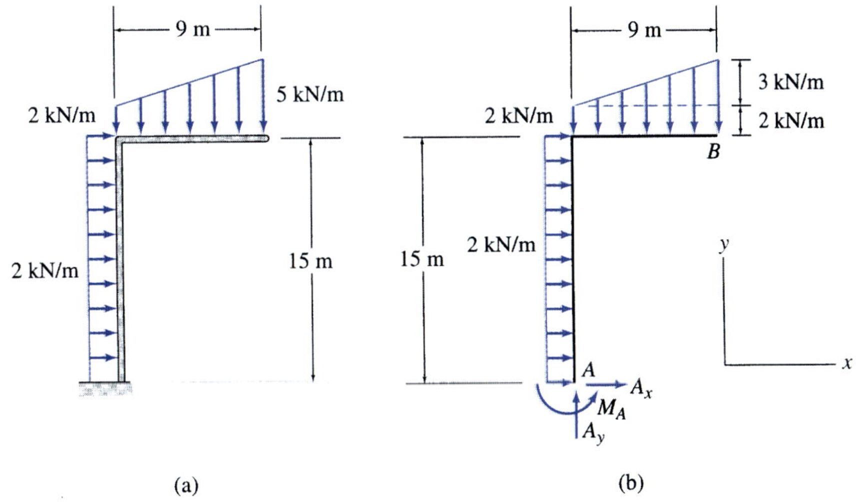

그림 3.20

풀이

자유물체도. 골조의 자유물체도는 그림 3.20(b)와 같다. 경사지게 분포된 하중은 등분포하중과 삼각형 분포하중으로 분리하여 면적과 도심을 계산하기 쉽게 변경하였다.

정정. $r=3$인 내적 안정구조이다. 따라서 정정구조이다.

지점반력. 세 개의 평형방정식을 사용하여 다음을 계산한다.

$$+\rightarrow \sum F_x = 0 \qquad A_x + 2(15) = 0 \qquad A_x = -30 \text{ kN}$$

$$A_x = 30 \text{ kN} \leftarrow$$

$$+\uparrow \sum F_y = 0 \qquad A_y - 2(9) - \frac{1}{2}(3)(9) = 0 \qquad A_y = 31.5 \text{ kN}$$

$$A_y = 31.5 \text{ kN} \uparrow$$

$$+\circlearrowleft \sum M_A = 0 \qquad M_A - [2(15)]\left(\frac{15}{2}\right) - [2(9)]\left(\frac{9}{2}\right) - \left[\frac{1}{2}(3)(9)\right]\frac{2}{3}(9) = 0$$

$$M_A = 387 \text{ kN} \cdot \text{m}$$

$$M_A = 387 \text{ kN} \cdot \text{m} \circlearrowleft$$

계산 검토.

$$+\circlearrowleft \sum M_B = -30(15) - 31.5(9) + 387 + [2(15)]\left(\frac{15}{2}\right) + [2(9)]\left(\frac{9}{2}\right) + \left[\frac{1}{2}(3)(9)\right]\left(\frac{9}{3}\right) = 0$$

3.5
Example

그림 3.21(a)의 골조의 지점반력을 계산하라.

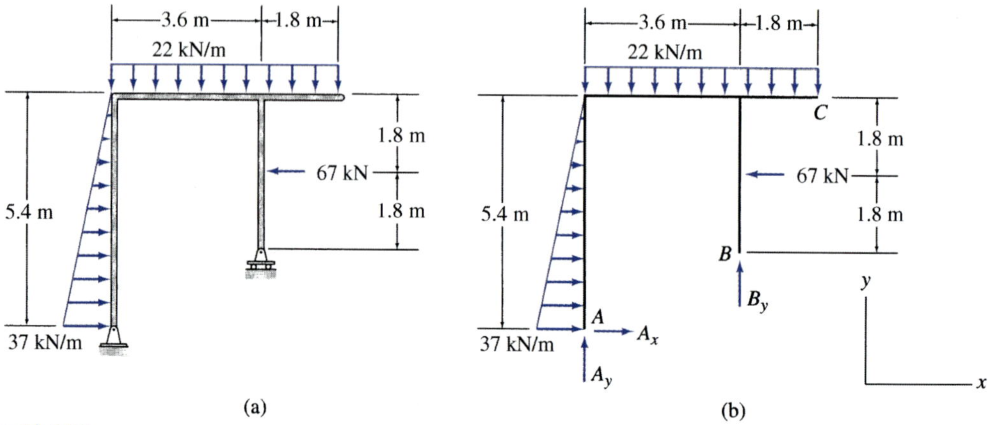

그림 3.21

풀이

자유물체도. 자유물체도는 그림 3.21(b)와 같다.

정정. $r=3$인 내적 안정구조이다. 따라서 이 골조는 정정구조이다.

지점반력.

$$+\rightarrow \sum F_x = 0 \qquad A_x + \frac{1}{2}(37)(5.4) - 67 = 0 \qquad A_x = -32.9 \text{ kN}$$

$$A_x = 32.9 \text{ kN} \leftarrow$$

$$+\circlearrowleft \sum M_A = 0 \qquad -\left[\frac{1}{2}(37)(5.4)\right]\left(\frac{5.4}{3}\right) - [22(5.4)](2.7) + 67(3.6) + B_y(3.6) = 0$$

$$B_y = 72.05 \text{ kN}\cdot\text{m}$$

$$B_y = 72.05 \text{ kN}\cdot\text{m} \uparrow$$

$$+\uparrow \sum F_y = 0 \qquad A_y - 22(5.4) + 72.05 = 0 \qquad A_y = 46.75 \text{ kN}$$

$$A_y = 46.75 \text{ kN} \uparrow$$

계산 검토.

$$+\circlearrowleft \sum M_C = -32.9(5.4) - 46.75(5.4) + \left[\frac{1}{2}(37)(5.4)\right]\frac{2}{3}(5.4) + 22(5.4)\left(\frac{5.4}{2}\right) - 67(1.8) - 72.05(1.8) = 0$$

3.6
Example

그림 3.22(a)의 골조의 지점반력을 계산하라.

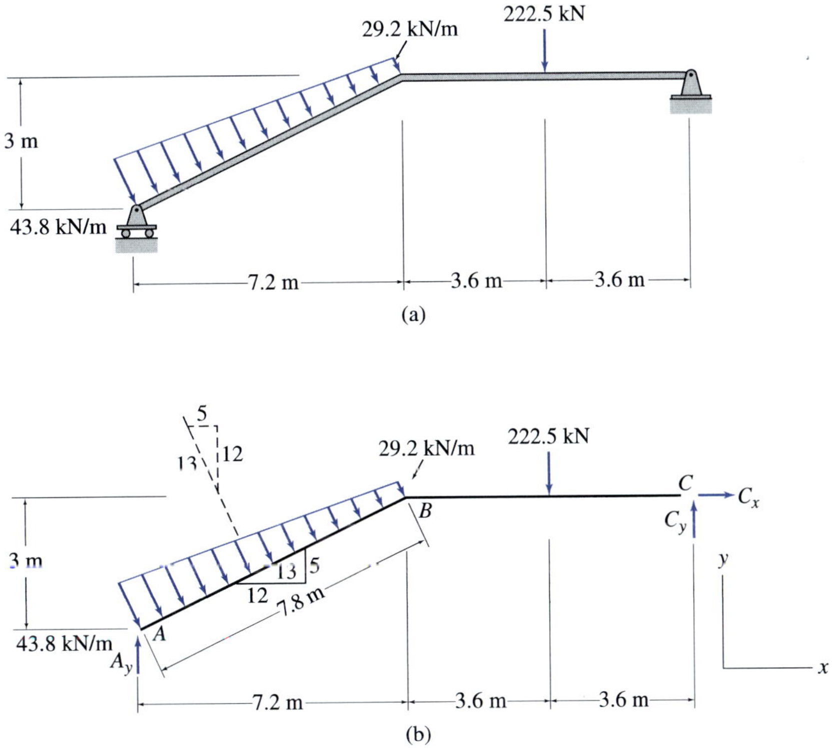

그림 3.22

풀이

자유물체도. 자유물체도는 그림 3.22(b)와 같다.

정정. $r = 3$인 내적 안정구조이다. 따라서 이 골조는 정정구조이다.

지점반력.

$$+ \rightarrow \sum F_x = 0 \qquad \left(\frac{29.2 + 43.8}{2}\right)(7.8)\left(\frac{5}{13}\right) + C_x = 0 \qquad C_x = -109.5 \text{ kN}$$

$$C_x = 109.5 \text{ kN} \leftarrow$$

$$+ \circlearrowleft \sum M_A = 0$$

$$-29.2(7.8)(3.9) - \frac{1}{2}(14.6)(7.8)\left(\frac{7.8}{3}\right) - 222.5(7.2 + 3.6) + 109.5(3) + C_y(14.4) = 0$$

$$C_y = 216.03 \text{ kN}$$

$$C_y = 216.03 \text{ kN} \uparrow$$

$$+ \uparrow \sum F_y = 0 \qquad A_y - \left(\frac{29.2 + 43.8}{2}\right)(7.8)\left(\frac{12}{13}\right) - 222.5 + 216.03 = 0$$

$$A_y = 269.27 \text{ kN}$$

$$A_y = 269.27 \text{ kN} \uparrow$$

계산 검토.

$$+\circlearrowleft \sum M_B = -269.27(7.2) + 29.2(7.8)(3.9) + \frac{1}{2}(14.6)(7.8)\left(\frac{2}{3}\right)(7.8) - 222.5(3.6) + 216.03(7.2)$$

$$= +0.024 \text{ kN} \cdot \text{m} \approx 0$$

3.7 Example

그림 3.23(a)의 보의 지점반력을 계산하라.

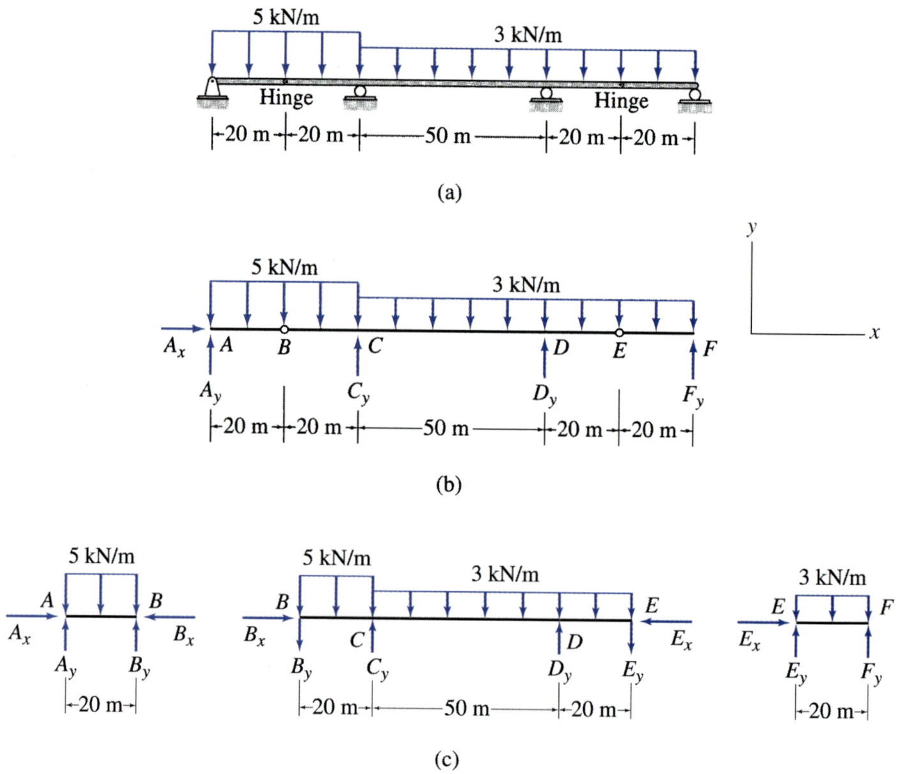

그림 3.23

풀이

자유물체도. 자유물체도는 그림 3.23(b)와 같다.

정정. $r = 3$인 내적 불안정구조이다. 세 개의 강체 부재, *AB*, *BE*, *EF*가 *B*와 *E*점에서 두 개의 내부 힌지로 연결되어 있다. $r = 5$이며 $e_c = 2$인 내적 불안정구조이다. $r = 3 + e_c$이기 때문에 정정구조이다.

지점반력.

$$+\rightarrow \sum F_x = 0 \qquad\qquad A_x = 0$$

AB 부분에 작용하는 모든 힘이 *B*점에 미치는 모멘트의 합에 대한 조건식 $\sum M_B^{AB} = 0$을 사용한다.

$$+\circlearrowleft \sum M_B^{AB}=0 \qquad -A_y(20)+[5(20)](10)=0 \qquad A_y=50\text{ kN}$$

$$A_y=50\text{ kN}\uparrow$$

유사하게 조건식 $\sum M_E^{EF}=0$을 이용하여 반력 F_y를 다음과 같이 계산한다.

$$+\circlearrowleft \sum M_E^{EF}=0 \qquad -[3(20)](10)+F_y(20)=0 \qquad F_y=30\text{ kN}$$

$$F_y=30\text{ kN}\uparrow$$

남아있는 두 개의 평형방정식을 이용하여 C_y와 D_y를 계산한다.

$$+\circlearrowleft \sum M_D=0 \qquad -50(90)+[5(40)](70)-C_y(50)+[3(90)](5)+30(40)=0$$

$$C_y=241\text{ kN}$$

$$C_y=241\text{ kN}\uparrow$$

모멘트 평형방정식은 전체 구조물에 작용하는 모든 힘이 유발하는 모멘트에 대한 방정식이지만, 조건식의 모멘트 평형방정식은 내부 힌지를 중심으로 구조물의 한쪽 부분에 작용하는 힘이 유발하는 모멘트에 대한 방정식이다. 평형방정식을 사용하여 D_y를 계산한다.

$$+\uparrow \sum F_y=0 \qquad 50-5(40)+241-3(90)+D_y+30=0$$

$$D_y=149\text{ kN}$$

$$D_y=149\text{ kN}\uparrow$$

다른 해법. 보의 반력을 세 개의 강체 부분, *AB*, *BE*, *EF*의 각각의 세 개의 평형방정식을 이용하여 계산할 수도 있다. 그림 3.25(c)는 세 부분에 대한 자유물체도를 보여주고 있다. 자유물체도에는 하중, 반력, 내부 힌지에 작용하는 내력이 표시되어 있다. 부분 *AB*와 *BE*를 연결하는 *B*점과 부분 *BE*와 *EF*를 연결하는 *E*점에 표시된 내력은 뉴턴의 제3법칙에 의하여 힘의 크기가 같고 작용 방향은 반대가 된다.

내력을 포함하여 전체 미지수는 아홉 개이다. 세 부분에 세 개씩의 평형방정식이 있으므로 전체 평형방정식의 수도 아홉 개이다($r+f_i=3n_r=9$). 따라서 아홉 개의 미지수(반력과 내력)는 아홉 개의 평형방정식을 이용하여 계산할 수 있으므로 이 보는 정정구조이다.

AB 부분에 대한 세 개의 평형방정식을 이용하여 다음을 계산한다.

$$+\circlearrowleft \sum M_B^{AB}=0 \qquad -[5(20)](10)+B_y(20)=0 \qquad B_y=50\text{ kN}$$

$$+\uparrow \sum F_y^{AB}=0 \qquad A_y-5(20)+50=0 \qquad A_y=50\text{ kN}$$

$$+\rightarrow \sum F_x^{AB}=0 \qquad A_x-B_x=0 \tag{1}$$

EF 부분에 대한 평형방정식을 이용하여 다음을 계산한다.

$$+\rightarrow \sum F_x^{EF}=0 \qquad E_x=0$$

$$+\circlearrowleft \sum M_F^{EF}=0 \qquad -E_y(20)+[3(20)](10)=0 \qquad E_y=30\text{ kN}$$

$$+\uparrow \sum F_y^{EF}=0 \qquad 30-3(20)+F_y=0 \qquad F_y=30\text{ kN}$$

BE 부분에 대한 평형방정식을 이용하여 다음을 계산한다.

$$+\rightarrow\sum F_x^{BE}=0 \qquad B_x=0$$

식 (1)을 이용하여 다음을 계산한다.

$$A_x=0$$

$$+\circlearrowleft\sum M_C^{BE}=0 \qquad 50(20)+[5(20)](10)-[3(70)](35)+D_y(50)-30(70)=0$$

$$D_y=149\text{ kN}$$

$$+\uparrow\sum F_y^{BE}=0 \qquad -50-5(20)+C_y-3(70)+149-30=0$$

$$C_y=241\text{ kN}$$

3.8 Example

그림 3.24(a)의 3개의 힌지로 이루어진 아치의 지점반력을 계산하라.

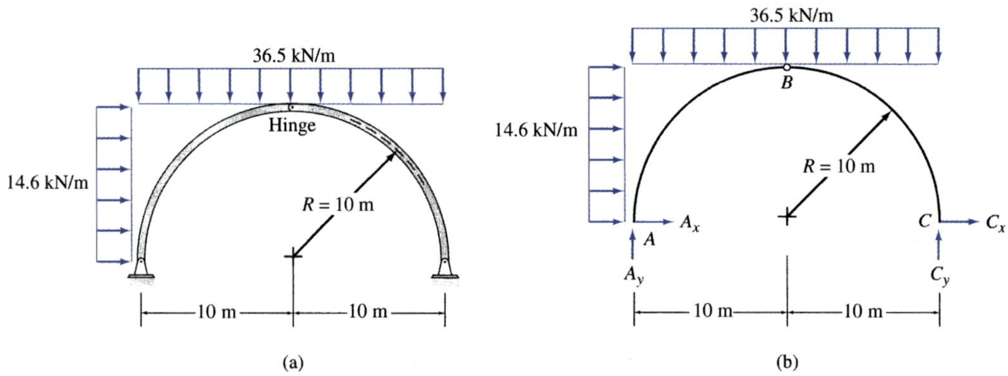

그림 3.24

풀이

자유물체도. 자유물체도는 그림 3.24(b)와 같다.

정정. 내적 불안정구조이다. 두 부분, AB와 BC가 B점에서 내부 힌지로 연결되어 있다. $r=4$이며 $e_c=1$ 이다. $r=3+e_c$이기 때문에 정정구조이다.

지점반력.

$$+\circlearrowleft\sum M_C=0 \qquad -A_y(20)-[14.6(10)](5)+[36.5(20)](10)=0$$

$$A_y=328.5\text{ kN}$$

$$A_y=328.5\text{ kN}\uparrow$$

$$+\circlearrowleft\sum M_B^{AB}=0 \qquad A_x(10)-328.5(10)+[14.6(10)](5)+[36.5(10)](5)=0$$

$$A_x=73\text{ kN}$$

$$A_x=73\text{ kN}\rightarrow$$

$$+\rightarrow \sum F_x = 0 \qquad 73 + 14.6(10) + C_x = 0 \qquad C_x = -219 \text{ kN}$$
$$C_x = 219 \text{ kN} \leftarrow$$

$$+\uparrow \sum F_y = 0 \qquad 328.5 - 36.5(20) + C_y = 0 \qquad C_y = 401.5 \text{ kN}$$
$$C_y = 401.5 \text{ kN} \uparrow$$

계산 검토. 전체 구조물에 대한 평형방정식 $\sum M_B = 0$을 사용하여 계산을 검토한다.

$$+\circlearrowleft \sum M_B = 73(10) - 328.5(10) + [14.6(10)](5) + [36.5(20)](0)$$
$$-219(10) + 401.5(10) = 0$$

3.9 Example

그림 3.25(a)의 보의 지점반력을 계산하라.

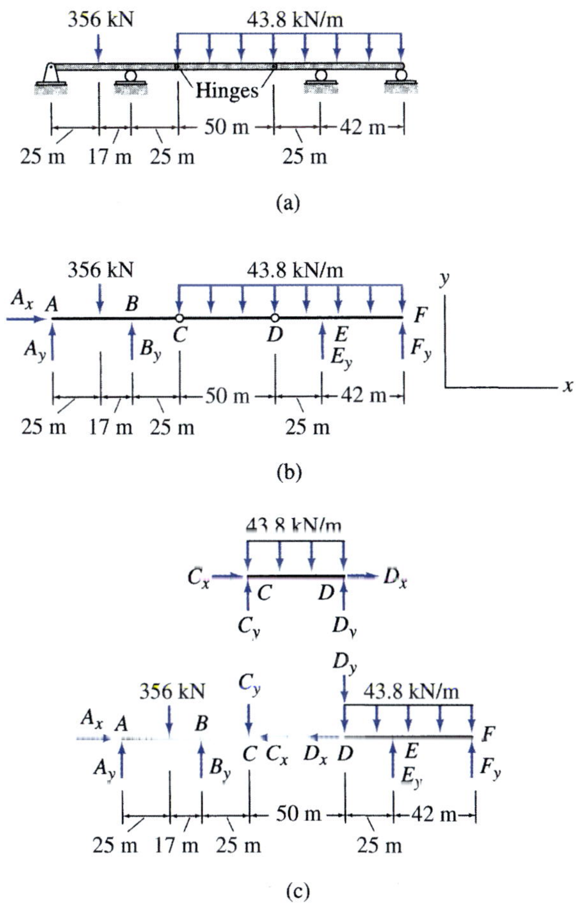

그림 3.25

풀이

자유물체도. 전체 구조물에 대한 자유물체도는 그림 3.25(b)와 같다.

정정. $r=5$이며 $e_c=2$인 내적 불안정구조이다. $r=3+e_c$이기 때문에 정정구조이다.

지점반력. 그림 3.25(b)의 전체 보에 대한 자유물체도를 사용하여 반력을 다음과 같이 계산할 수 있다.

$$+\rightarrow \sum F_x=0 \qquad A_x=0$$

$$+\circlearrowleft \sum M_C^{AC}=0 \qquad -A_y(67)+356(42)-B_y(25)=0$$

$$67A_y+25B_y=14{,}952 \tag{1}$$

미지수 A_y와 B_y가 있는 두 번째 조건식을 사용한다.

$$+\circlearrowleft \sum M_D^{AD}=0 \qquad -A_y(117)+356(92)-B_y(75)+[(43.8)(50)](25)=0$$

$$117A_y+75B_y=87{,}502 \tag{2}$$

식 (1)과 식 (2)에 대한 연립방정식을 풀어 다음을 계산한다.

$$A_y=-507.69\text{ kN} \qquad \text{그리고} \qquad B_y=1958.69\text{ kN}$$

$$A_y=\ 507.69\text{ kN}\downarrow$$

$$B_y=1958.69\text{ kN}\uparrow$$

미지수 E_y와 F_y는 나머지 두 개의 평형방정식을 이용하여 다음과 같이 계산한다.

$$+\circlearrowleft \sum M_F=0$$

$$507.69(184)+356(159)-1958.69(142)+[43.8(117)](58.5)-E_y(42)=0$$

$$E_y=4087.47\text{ kN}$$

$$E_y=4087.47\text{ kN}\uparrow$$

$$+\uparrow \sum F_y=0 \qquad -507.69-356+1958.69-43.8(117)+4087.47+F_y=0$$

$$F_y=-57.87\text{ kN}$$

$$F_y=57.87\text{ kN}\downarrow$$

다른 해법. 보의 반력을 세 개의 강체 부분, *AC*, *CD*, *DF*의 각각의 세 개의 평형방정식을 이용하여 계산할 수도 있다. 이 들 세 부분에 대한 자유물체도가 그림 3.25(c)에 표시되어 있다. 자유물체도에는 하중, 반력, *C*점과 *D*점의 내부 힌지를 통하여 작용하는 내력이 표시되어 있다.
CD 부분에 대한 세 개의 평형방정식을 이용하여 다음을 계산한다.

$$+\circlearrowleft \sum M_C^{CD}=0 \qquad -[43.8(50)](25)+D_y(50)=0 \qquad D_y=1{,}095\text{ kN}$$

$$+\uparrow \sum F_y^{CD}=0 \qquad C_y-43.8(50)+1{,}095=0 \qquad C_y=1{,}095\text{ kN}$$

$$+\rightarrow \sum F_x^{CD}=0 \qquad C_x+D_x=0 \tag{3}$$

DF 부분에 대한 평형방정식을 이용하여 다음을 계산한다.

$$+\rightarrow \sum F_x^{DF}=0 \qquad -D_x=0 \quad \text{또는} \quad D_x=0$$

식 (3)에서 $C_x = 0$.

$$+\circlearrowleft \sum M_F^{DF} = 0 \qquad 1{,}095(67) + [43.8(67)](33.5) - E_y(42) = 0$$

$$E_y = 4087.47 \text{ kN}$$

$$+\uparrow \sum F_y^{DF} = 0 \qquad -1{,}095 - 43.8(67) + 4087.47 + F_y = 0 \qquad F_y = -57.87 \text{ kN}$$

AC 부분에 대한 평형방정식을 이용하여 다음을 계산한다.

$$+\rightarrow \sum F_x^{AC} = 0 \qquad A_x - 0 = 0 \qquad A_x = 0$$

$$+\circlearrowleft \sum M_A^{AC} = 0 \qquad -356(25) + B_y(42) - 1{,}095(67) = 0 \qquad B_y = 1958.69 \text{ kN}$$

$$+\uparrow \sum F_y^{AC} = 0 \qquad A_y - 356 + 1958.69 - 1{,}095 = 0 \qquad A_y = -507.69 \text{ kN}$$

3.10 Example

그림 3.26(a)의 골조의 지점반력을 계산하라.

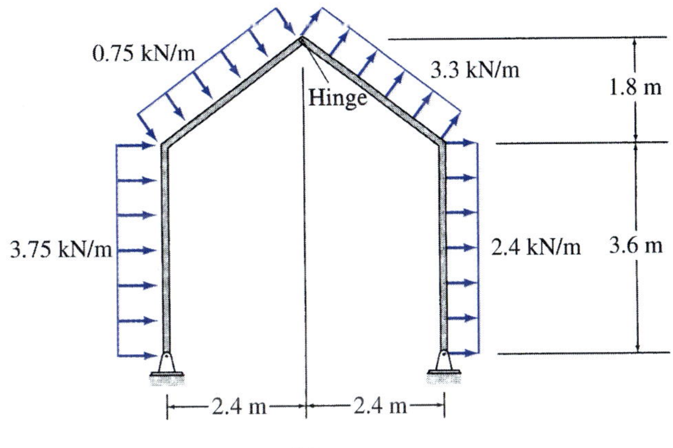

(a)

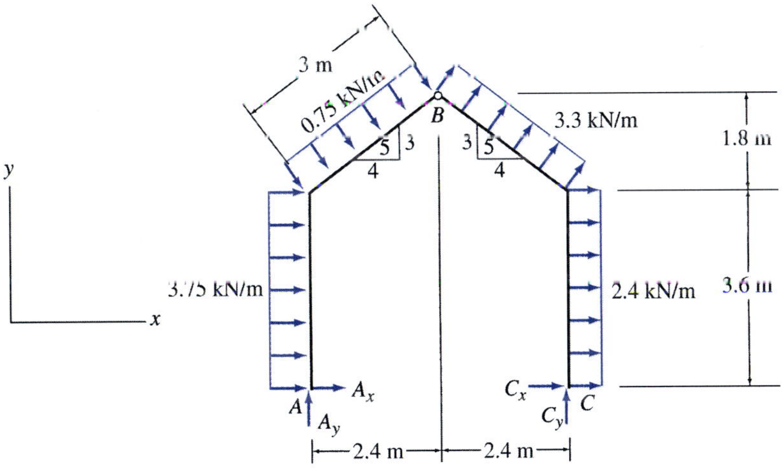

(b)

그림 3.26

풀이

자유물체도. 자유물체도는 그림 3.26(b)와 같다.

정정. $r=4$이며 $e_c=1$인 내적 불안정구조이다. $r=3+e_c$이기 때문에 정정구조이다.

지점반력.

$$+\circlearrowleft \sum M_C=0$$

$$-A_y(4.8)-[3.75(3.6)](1.8)-\left[\frac{3}{5}(0.75)(3)\right](3.6+0.9)+\left[\frac{4}{5}(0.75)(3)\right](2.4+1.2)$$

$$-\left[\frac{3}{5}(3.3)(3)\right](3.6+0.9)-\left[\frac{4}{5}(3.3)(3)\right](1.2)-[2.4(3.6)](1.8)=0$$

$$A_y=-15.77\text{ kN}$$

$$A_y=15.77\text{ kN}\downarrow$$

$$+\circlearrowleft \sum M_B^{AB}=0 \qquad A_x(5.4)+15.77(2.4)+[3.75(3.6)](1.8+1.8)+[0.75(3)](1.5)=0$$

$$A_x=-16.63\text{ kN}$$

$$A_x=16.63\text{ kN}\leftarrow$$

$$+\rightarrow \sum F_x=0 \qquad -16.63+3.75(3.6)+\frac{3}{5}(0.75)(3)+\frac{3}{5}(3.3)(3)+2.4(3.6)+C_x=0$$

$$C_x=-12.8\text{ kN}$$

$$C_x=12.8\text{ kN}\leftarrow$$

$$+\uparrow \sum F_y=0 \qquad -15.77-\frac{4}{5}(0.75)(3)+\frac{4}{5}(3.3)(3)+C_y=0$$

$$C_y=9.65\text{ kN}$$

$$C_y=9.65\text{ kN}\uparrow$$

계산 검토.

$$+\circlearrowleft \sum M_B=(-16.63-12.8)(5.4)+(15.77+9.65)(2.4)+[(3.75+2.4)(3.6)](3.6)$$
$$+[(0.75+3.3)(3)](1.5)$$
$$\approx 0$$

3.11 Example

그림 3.27(a)의 골조의 지점반력을 계산하라.

풀이

자유물체도. 자유물체도는 그림 3.27(b)와 같다.

정정. $r=4$이며 $e_c=1$인 내적 불안정구조이다. $r=3+e_c$이기 때문에 정정구조이다.

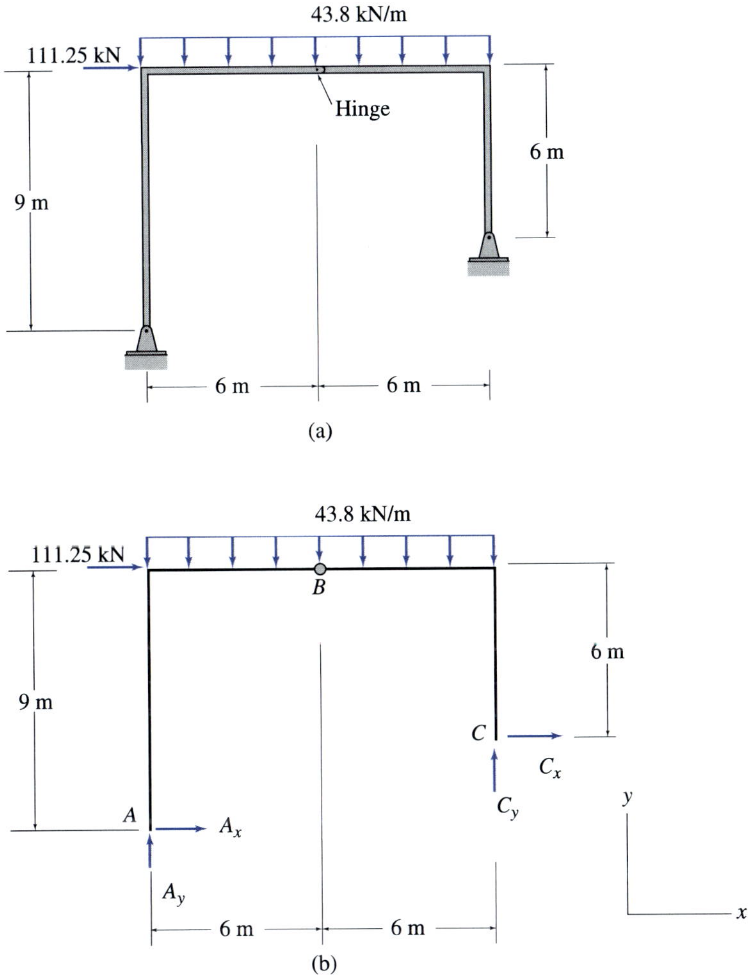

그림 3.27

지점반력.

$$+\circlearrowleft \sum M_C = 0 \qquad A_x(3) - A_y(12) - 111.25(6) + 43.8(12)(6) = 0$$

$$A_x - 4A_y = -828.7 \qquad (1)$$

$$+\circlearrowleft \sum M_B^{AB} = 0 \qquad A_x(9) - A_y(6) + 43.8(6)(3) = 0$$

$$3A_x - 2A_y = -262.8 \qquad (2)$$

식 (1)과 (2)의 연립방정식을 풀면 $A_x = 60.62$ kN 이며 $A_y = 222.33$ kN이다.

$$A_x = 60.62 \text{ kN} \rightarrow$$

$$A_y = 222.33 \text{ kN} \uparrow$$

$$+\rightarrow \sum F_x = 0 \qquad 60.62 + 111.25 + C_x = 0 \qquad C_x = -171.87 \text{ kN}$$

$$C_x = 171.87 \text{ kN} \leftarrow$$

$$+\uparrow \sum F_y = 0 \qquad 222.33 - 43.8(12) + C_y = 0 \qquad C_y = 303.27\text{ kN}$$

$$C_y = 303.27\text{ kN} \uparrow$$

계산 검토.

$$+\circlearrowleft \sum M_B = 60.62(9) - 222.33(6) - 171.87(6) + 303.27(6) = 0$$

3.6 중첩의 원리

중첩의 원리(principle of superposition)를 간단하게 설명하면 "**선형탄성구조물**(linear elastic structure)**에 동시에 가해지는 몇 가지 하중에 대한 영향은 각각의 하중을 분리하여 하나씩 하중이 가해질 때의 영향을 모두 합한 것과 같다**"는 것이다. 예를 들어 그림 3.28과 같은 보에 두 개의 하중이 동시에 작용할 때 발생하는 전체 반력은 각각의 하중을 분리하여 별개로 작용하여 발생하는 반력을 합한 것과 같다.

중첩의 원리는 여러 종류의 하중이 동시에 작용하는 구조물에 대한 해석을 단순화시킬 수 있어 구조해석에 널리 사용된다. 중첩의 원리는 다음 두 가지 조건을 만족시키는 구조물에 유효하다. (1) 구조물의 변형이 매우 작아 변형되기 전의 구조물의 평형방정식을 사용할 수 있다.

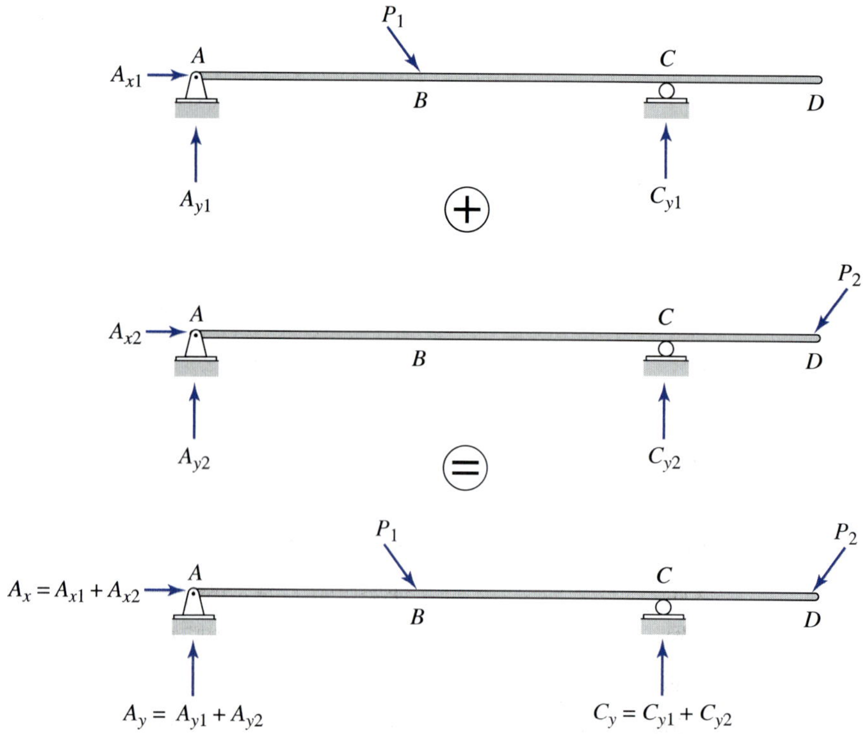

그림 3.28 중첩의 원리

(2) 구조물의 구성 재료는 선형탄성재료로 이루어져 있어, 재료의 응력 - 변형률 관계가 후크의 법칙(Hooke' s law)을 따라야 한다. 이러한 두 가지 조건을 만족하는 구조물은 하중이 가해질 때 선형적으로 거동하기 때문에 **선형탄성구조물**이라 한다. 공학 구조물은 일반적으로 사용하중 상태에서 거동하도록 설계되기 때문에 변형이 작고 재료의 응력 - 변형률 곡선은 초기 선형 부분 안에 있다. 따라서 사용하중을 받는 구조물은 선형탄성구조물로 분류하여, 해석에서 중첩의 원리를 사용할 수 있다. 중첩의 원리는 이 책에서도 활용된다.

3.7 비례의 원리를 이용한 단순지지구조물의 반력

그림 3.29와 같이 중앙점에서 수직 집중하중 P를 받고 있는 단순보를 생각해 보자. 모멘트 평형방정식 $\sum M_B = 0$과 $\sum M_A = 0$을 사용하여 지점 A와 B의 수직반력을 다음과 같이 나타낼 수 있다.

$$A_y = P\left(\frac{b}{S}\right), \quad B_y = P\left(\frac{a}{S}\right) \tag{3.13}$$

여기서, a = 지점 A에서 하중 P까지의 거리(우측을 양의 방향으로 가정), b = 지점 B에서 하중 P까지의 거리(좌측을 양의 방향으로 가정, S = 지점 A와 B 사이의 거리(그림 3.29)).

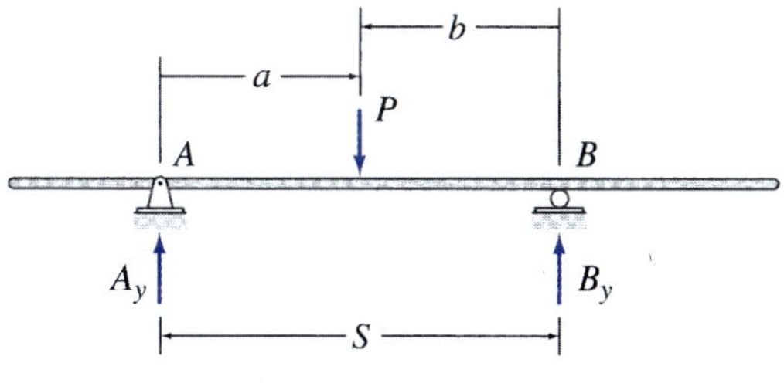

그림 3.29

식 (3.13)의 첫 번째 식에서 점 A의 수직반력은 하중 P에 지점 B에서 하중까지의 거리와 지점 A와 B사의 거리에 대한 비를 곱한 것과 같다. 유사하게 식 (3.13)의 두 번째 식에서 점 B의 수직반력은 하중 P에 지점 A에서 하중까지의 거리와 지점 A와 B사의 거리에 대한 비를 곱한 것과 같다. 비례의 원리와 중첩의 원리를 함께 사용하여 집중하중이 연속하여 작용하는 단순지지구조물의 반력을 쉽게 계산할 수 있다. 예제 3.12는 비례의 원리를 사용한 경우이다.

3.12 Example

그림 3.30(a)의 트러스의 지점반력을 계산하라.

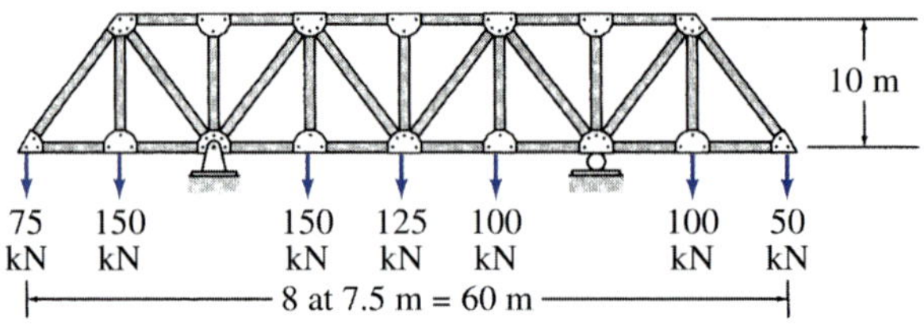

(a)

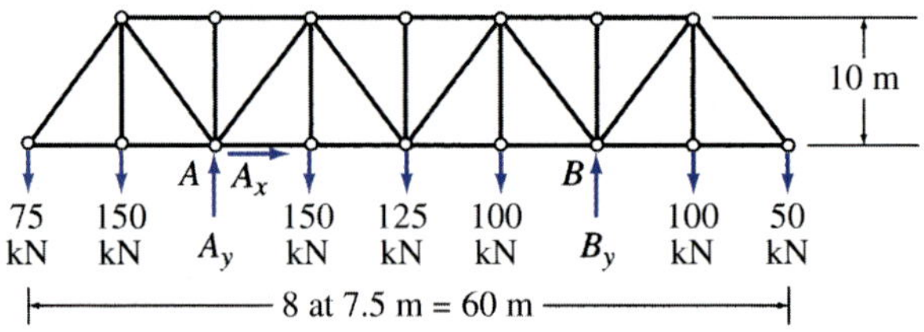

(b)

그림 3.30

풀이

자유물체도. 자유물체도는 그림 3.30(b)와 같다.

정정. $r=3$인 내적 안정구조이며 정정구조이다.

지점반력.

$$+\rightarrow \sum F_x = 0$$

$$A_x = 0$$

$$A_y = 75\left(\frac{6}{4}\right) + 150\left(\frac{5}{4} + \frac{3}{4}\right) + 125\left(\frac{2}{4}\right) + 100\left(\frac{1}{4} - \frac{1}{4}\right) + 50\left(-\frac{2}{4}\right) = 450 \text{ kN}$$

$$A_y = 450 \text{ kN} \uparrow$$

$$B_y = 75\left(-\frac{2}{4}\right) + 150\left(-\frac{1}{4} + \frac{1}{4}\right) + 125\left(\frac{2}{4}\right) + 100\left(\frac{3}{4} + \frac{5}{4}\right) + 50\left(\frac{6}{4}\right) = 300 \text{ kN}$$

$$B_y = 300 \text{ kN} \uparrow$$

계산 검토.

$$+\uparrow \sum F_y = -75 - 2(150) - 125 - 2(100) - 50 + 450 + 300 = 0$$

요약

정지 상태에 있는 구조물에 힘과 모멘트가 작용할 때 여전히 정지 상태를 유지한다면 이 구조물은 평형 상태에 있다고 볼 수 있다. 공간구조의 평형방정식은 다음과 같다.

$$\sum F_x = 0 \qquad \sum F_y = 0 \qquad \sum F_z = 0 \qquad (3.1)$$
$$\sum M_x = 0 \qquad \sum M_y = 0 \qquad \sum M_z = 0$$

평면구조의 평형방정식은 다음과 같다.

$$\sum F_x = 0 \qquad \sum F_y = 0 \qquad \sum M_z = 0 \qquad (3.2)$$

평면구조에 대한 다른 형태의 평형방정식은 식 (3.3)과 (3.4)와 같다.

평면구조에 사용되는 지점의 종류가 그림 3.3에 요약되어 있다. 구조물을 지점에서 분리했을 때 형태를 그대로 유지하고 계속 강체로 남아 있을 경우에 이 구조물을 내적 안정구조 또는 강체라고 한다. 구조물의 모든 지점반력을 평형방정식과 조건식으로 계산할 수 있을 때, 이 구조물을 외적 정정구조라 한다. 지점반력 r에 의해 지지되는 내적 평면안정구조는 식 (3.8)에 의해 구분할 수 있다.

$$\begin{aligned} r &< 3 \quad \text{외적 불안정구조} \\ r &= 3 \quad \text{외적 정정구조} \\ r &> 3 \quad \text{외적 부정정구조} \end{aligned} \qquad (3.8)$$

이 구조물의 외적 부정정차수는 식 (3.7)로 계산한다.

$$i_e = r - 3 \qquad (3.7)$$

r개의 외적 반력에 의해 지지되고 조건식 e_c가 있는 내적 불안정구조는 식 (3.9)에 의해 구분할 수 있다.

$$\begin{aligned} r &< 3 + e_c \quad \text{외적 불안정구조} \\ r &= 3 + e_c \quad \text{외적 정정구조} \\ r &> 3 + e_c \quad \text{외적 부정정구조} \end{aligned} \qquad (3.9)$$

이 구조물의 외적 부정정차수는 식 (3.10)과 같다.

$$i_e = r - (3 + e_c) \qquad (3.10)$$

평면구조가 기하학적으로 안정되기 위해서는 평행하거나 작용점이 일치하지 않는 반력에 의해 지지되어야 한다. 평면구조의 지점반력을 계산하기 위한 과정이 3.5절에서 설명되었다.

중첩의 원리란 선형탄성구조물에 동시에 가해지는 여러 하중에 대한 영향은 각각의 하중을 분리하여 하나씩 하중이 가해질 때의 영향을 모두 합한 것과 같다는 것이다. 단순지지구조물의 반력을 비례의 원리를 이용하여 계산하는 과정을 3.7절에서 설명하였다.

연습문제

3.1～3.4 다음 구조물을 외적 불안정구조, 외적 정정구조, 부정정구조로 구분하라. 만약 이 구조물이 외적 부정정구조라면 외적 부정정차수를 계산하라.

(a)

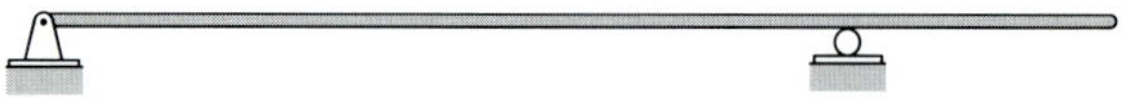

(b)

(c)

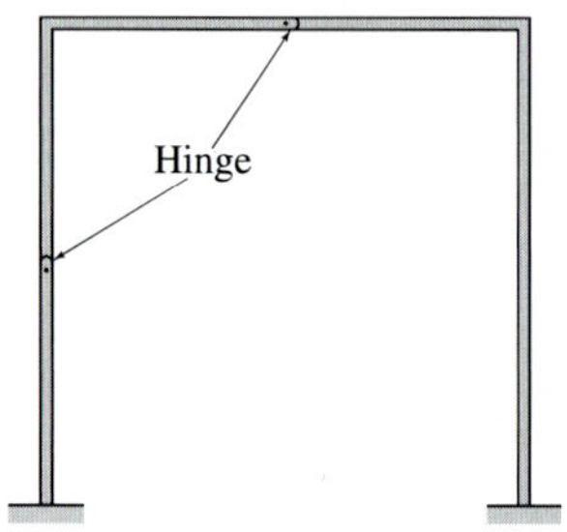

(d)

그림 P3.1

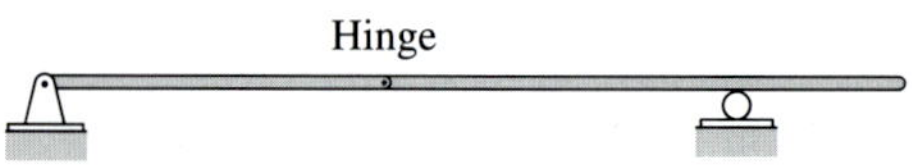

(a)

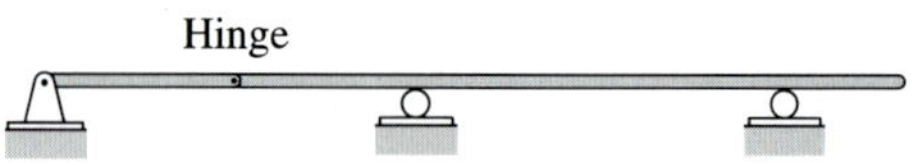

(b)

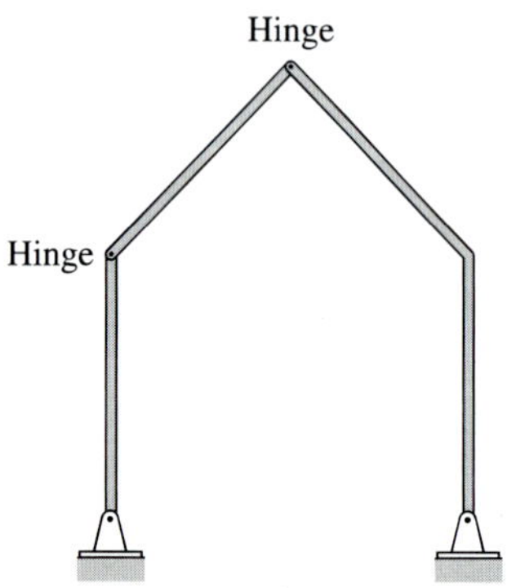

(c)

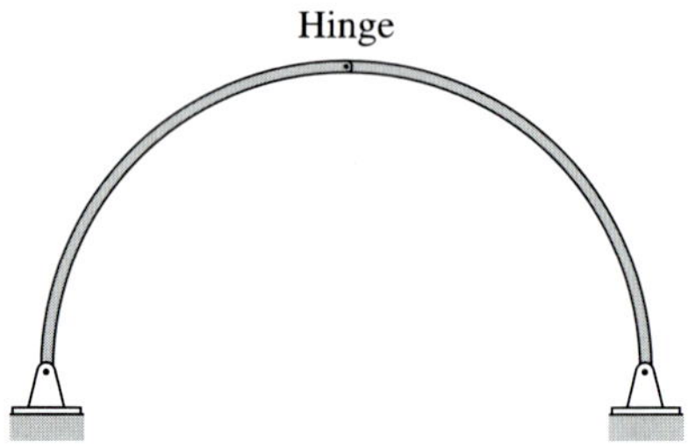

(d)

그림 P3.2

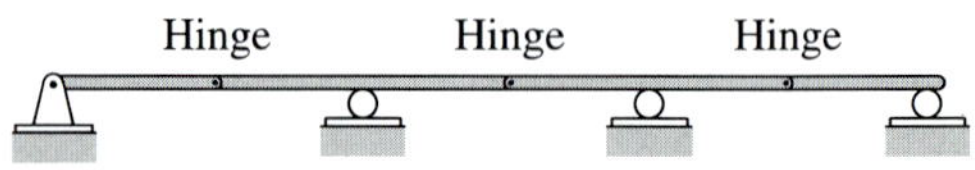

(a)

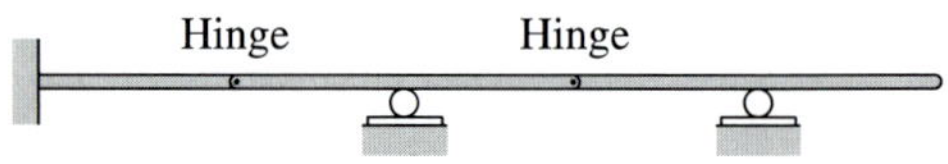

(b)

(c)

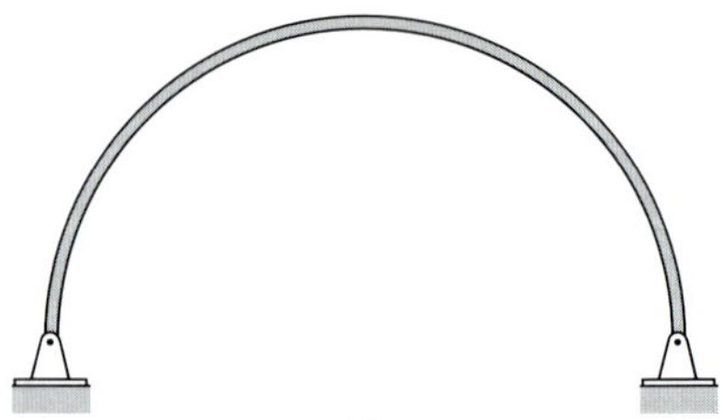

(d)

그림 P3.3

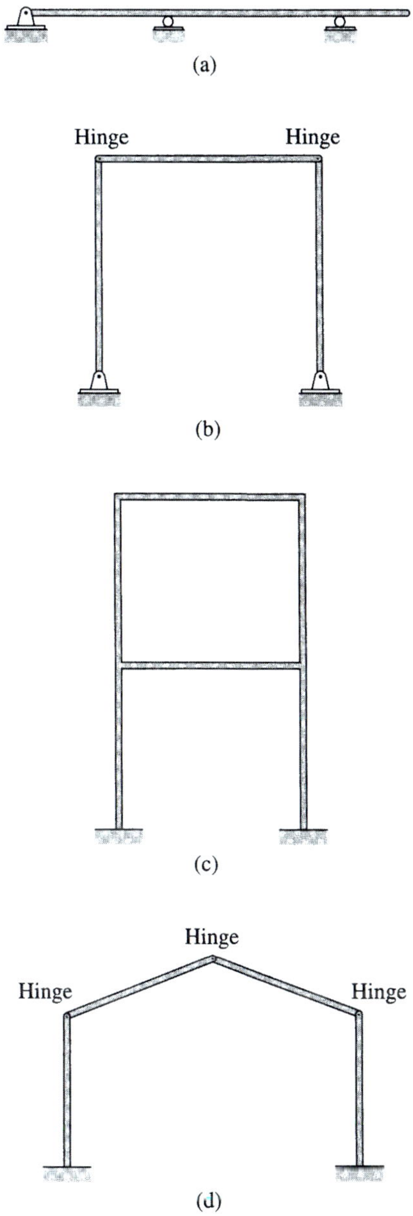

그림 P3.4

3.5～3.13 다음 보의 지점반력을 계산하라.

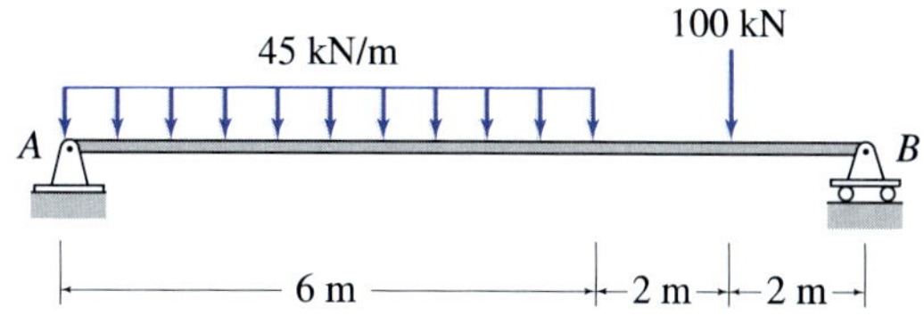

그림 P3.5

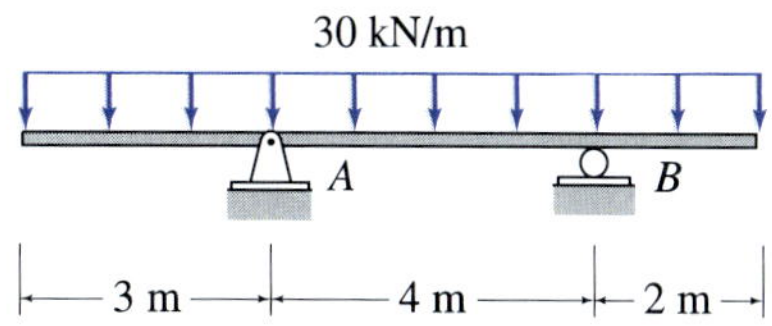

그림 P3.6

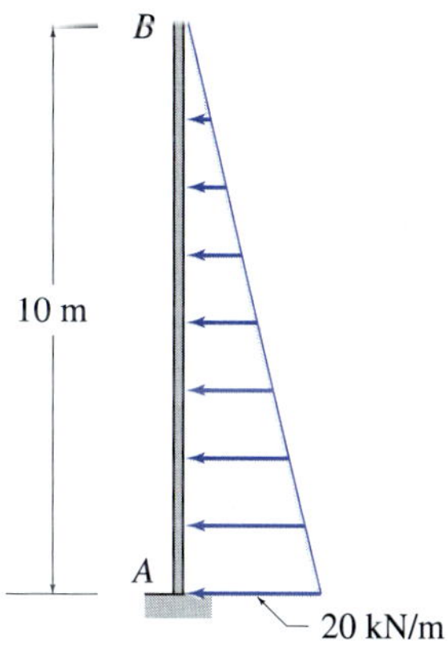

그림 P3.7

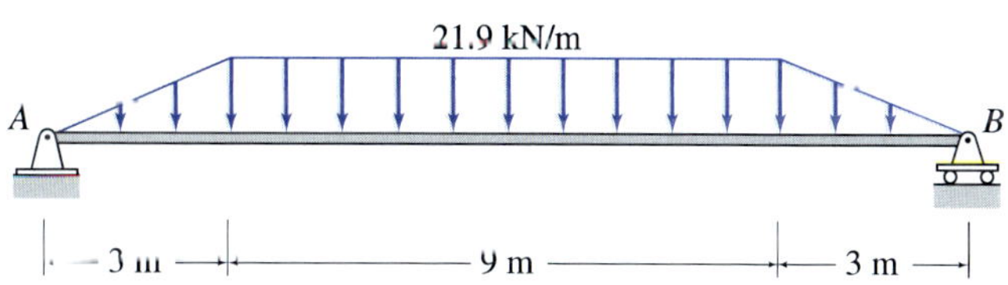

그림 P3.8

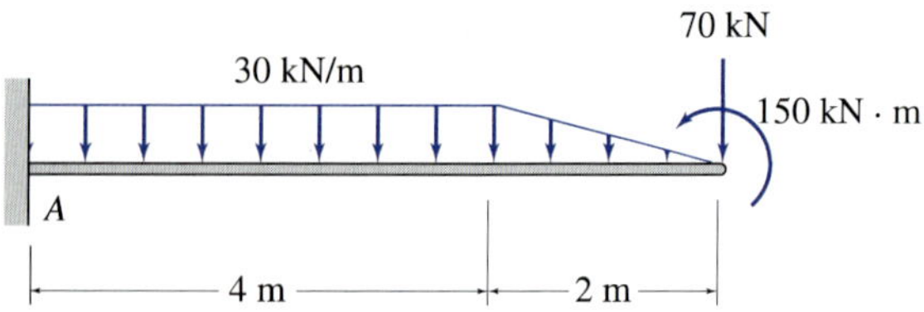

그림 P3.9

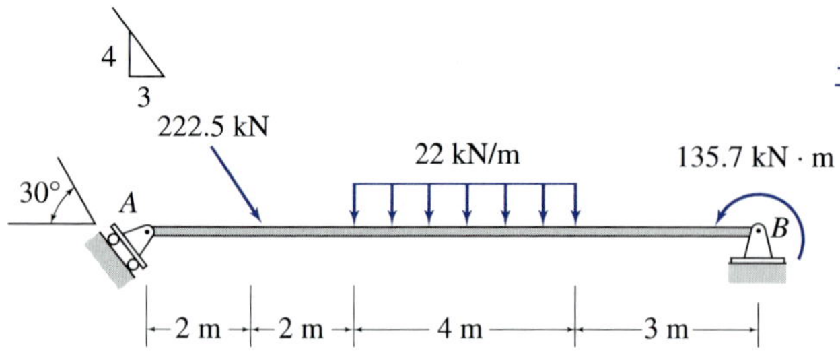

그림 P3.10

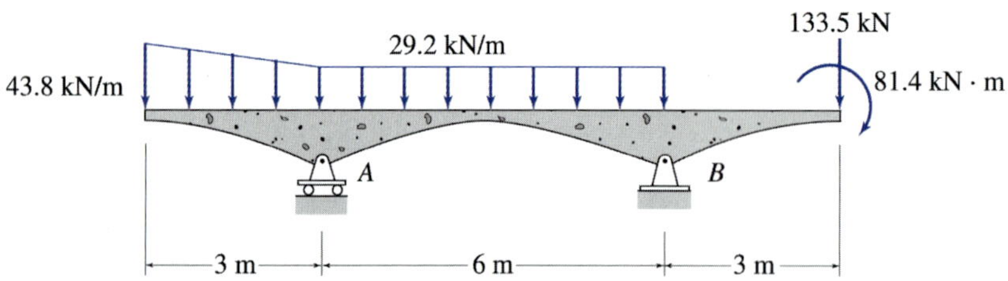

그림 P3.11

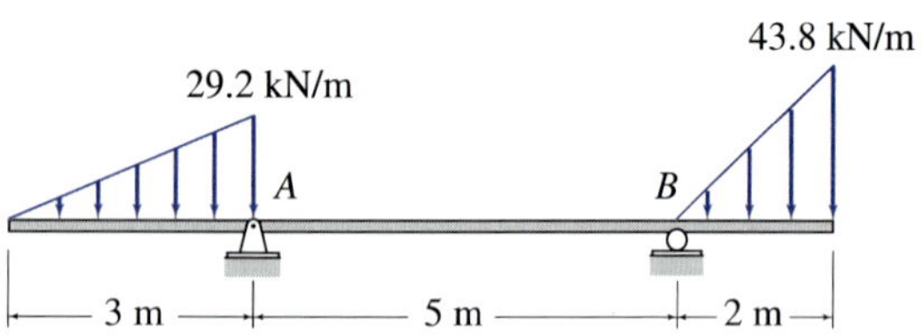

그림 P3.12

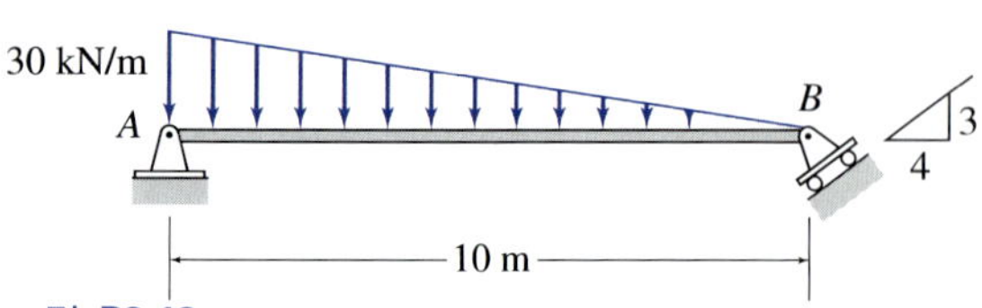

그림 P3.13

3.14 보 교량에 일정한 속력으로 이동하는 차량의 하중을 그림 P3.14와 같이 집중하중으로 모델화하였다. 지점의 수직반력을 차량의 위치 x로 나타내고, 수직반력의 변화를 위치 x에 대한 함수로 하여 그래프를 작성하라.

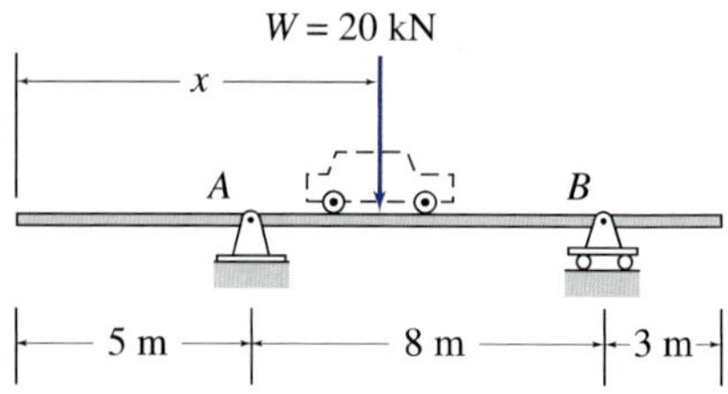

그림 P3.14

3.15 보 교량에 일정한 속력으로 이동하는 5 m 길이의 트롤리(trolley)의 하중을 그림 P3.15와 같이 등분포 이동하중으로 모델화하였다. 지점의 수직반력을 트롤리의 위치 x로 나타내고, 수직반력의 변화를 위치 x에 대한 함수로 하여 그래프를 작성하라.

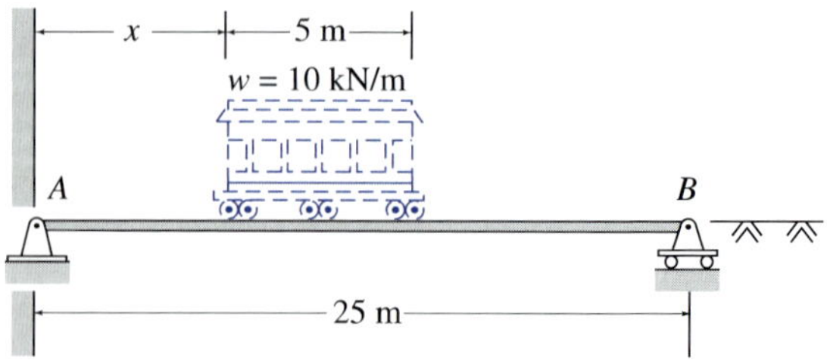

그림 P3.15

3.16~3.42 다음 구조물의 지점반력을 계산하라.

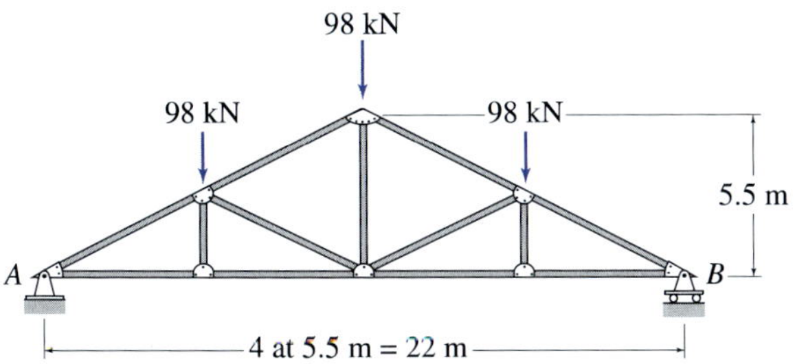

그림 P3.16

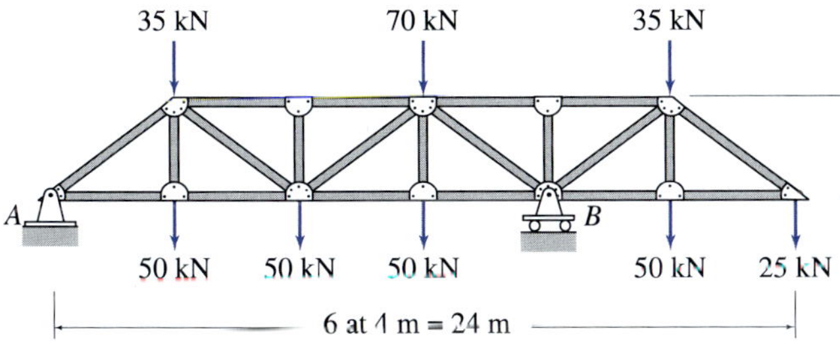

그림 P3.17

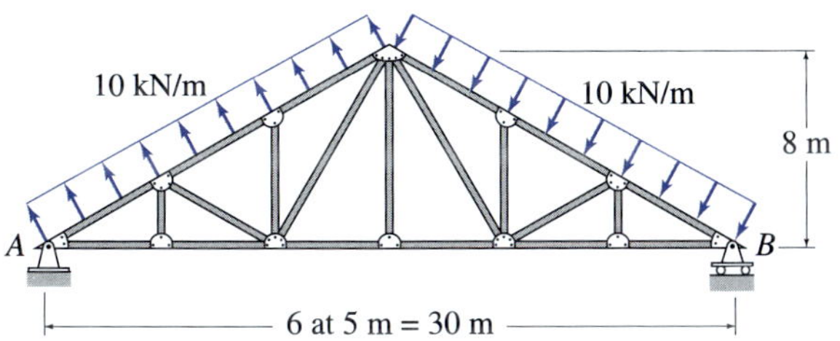

그림 P3.18

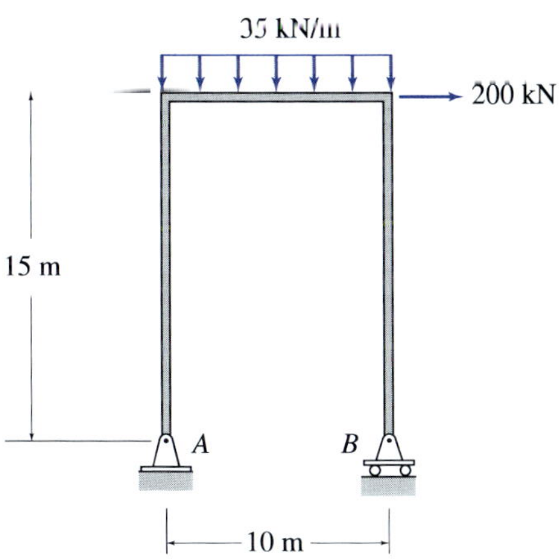

그림 P3.19

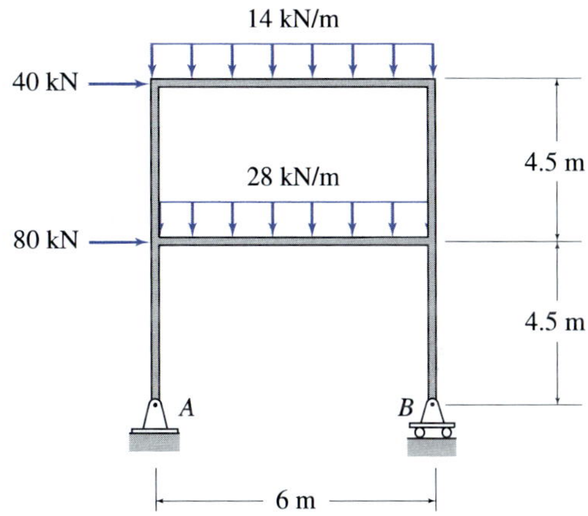

그림 P3.20

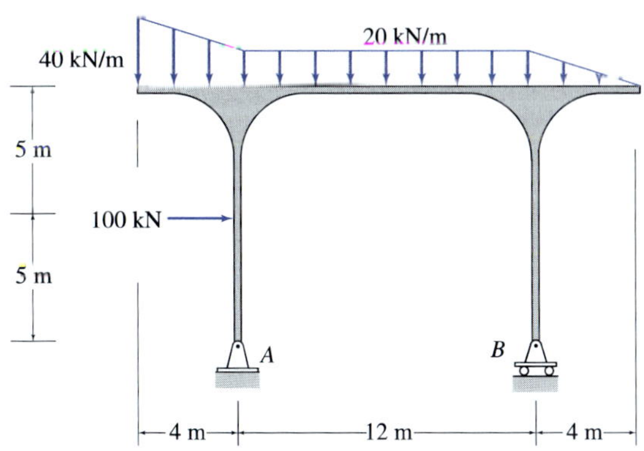

그림 P3.21

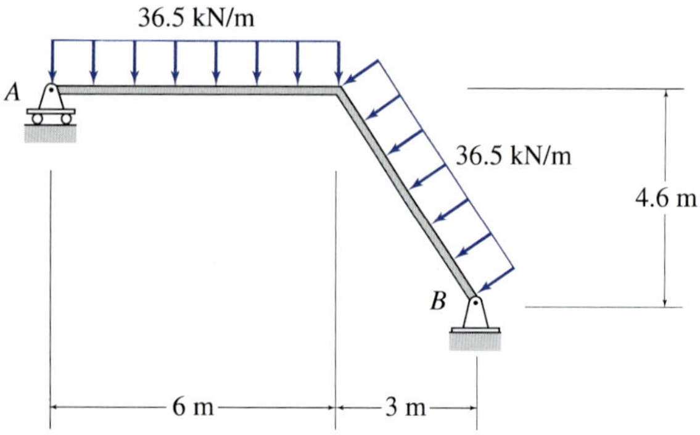

그림 P3.22

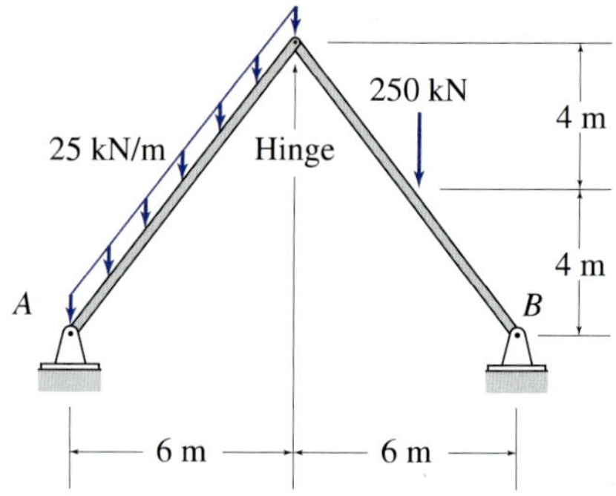

그림 P3.26

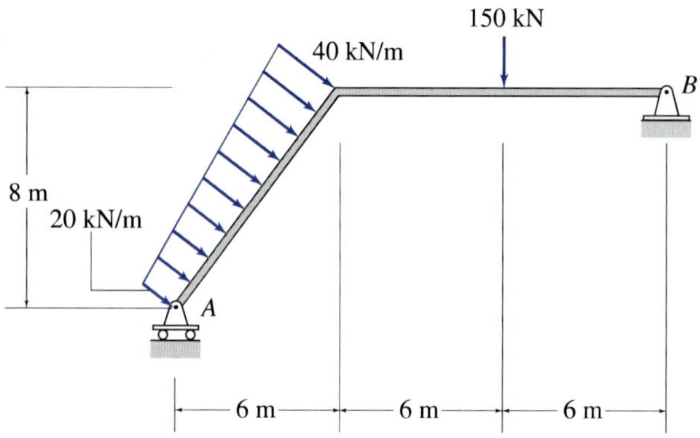

그림 P3.23

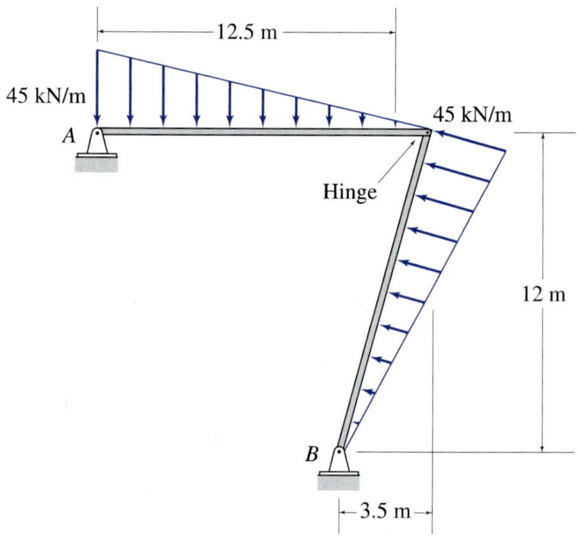

그림 P3.27

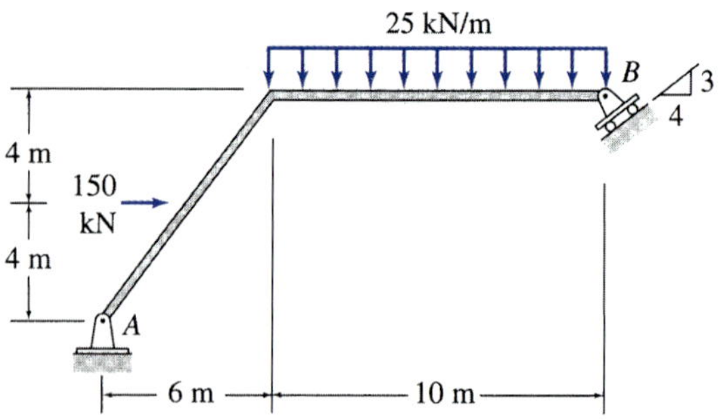

그림 P3.24

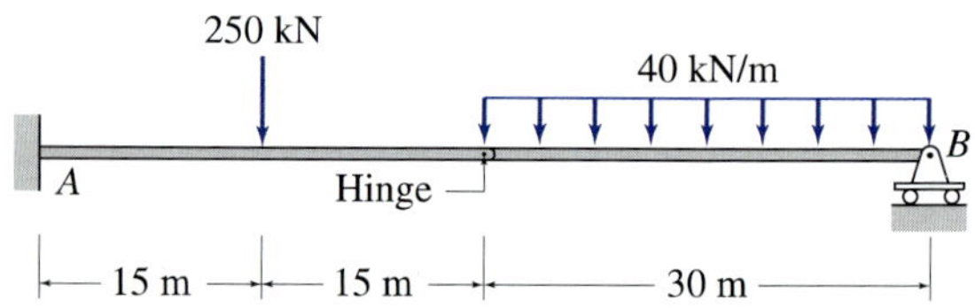

그림 P3.28

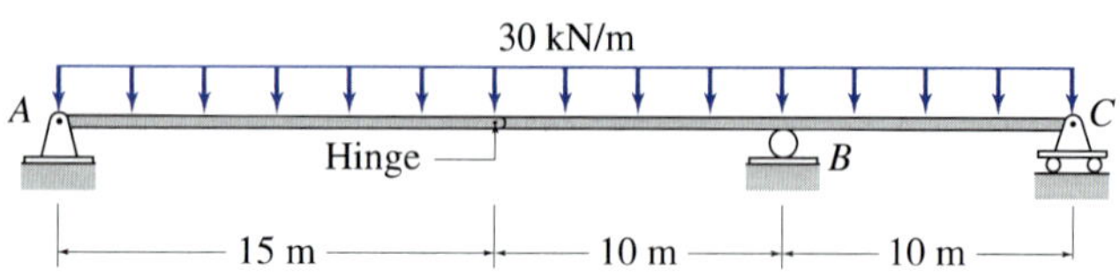

그림 P3.25

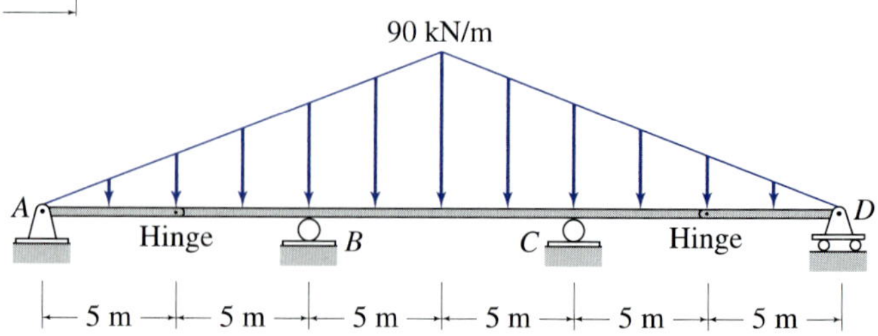

그림 P3.29

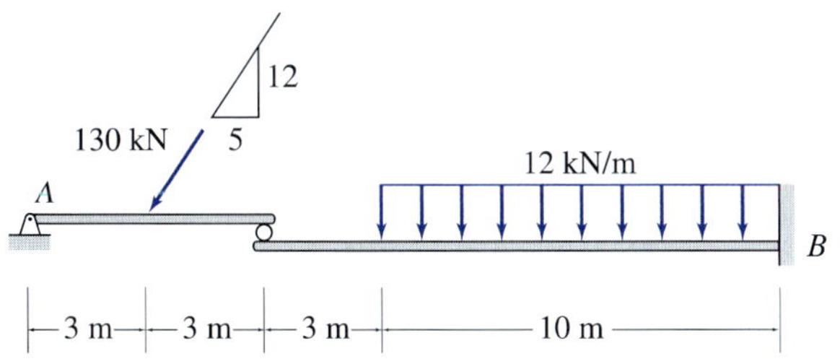

그림 P3.30

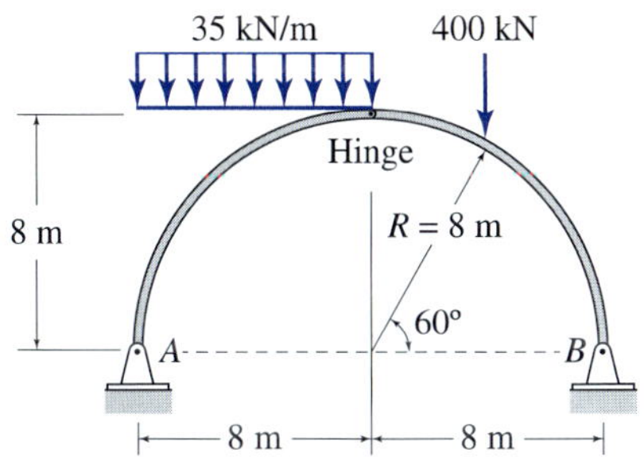

그림 P3.31

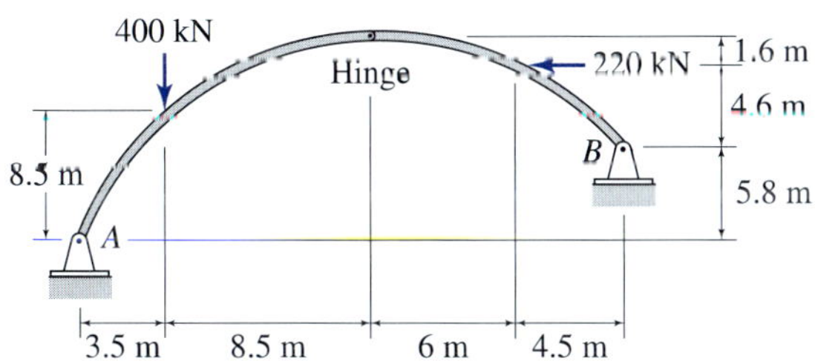

그림 P3.32

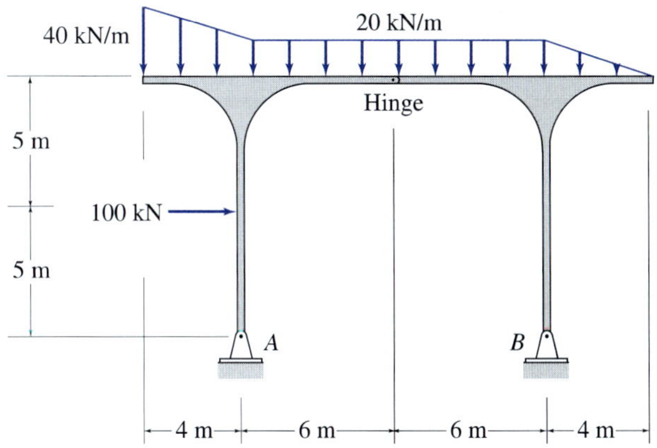

그림 P3.33

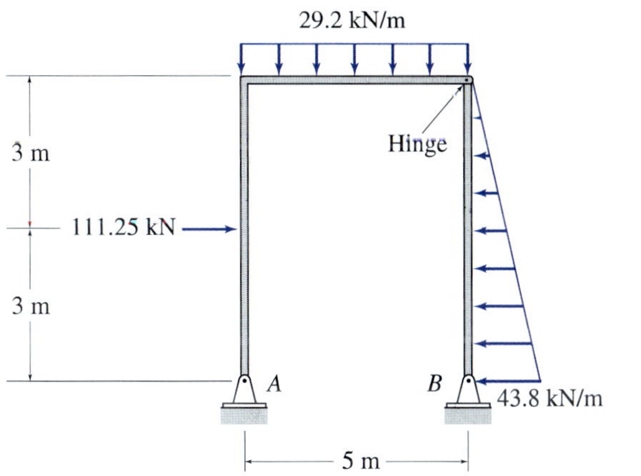

그림 P3.34

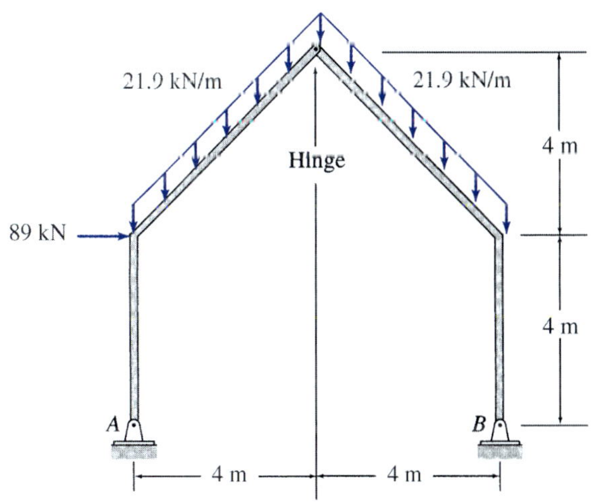

그림 P3.35

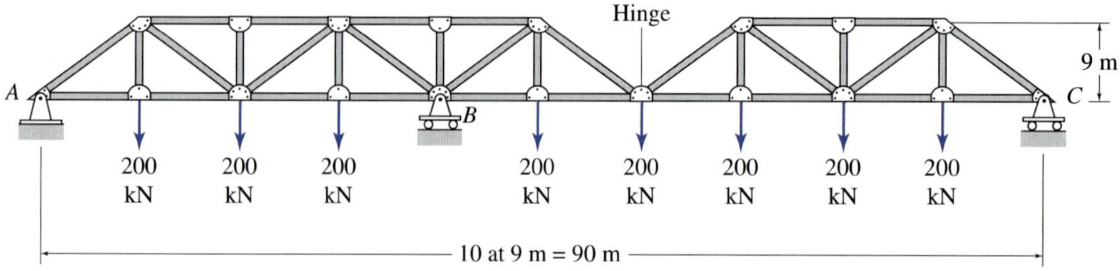

그림 P3.36

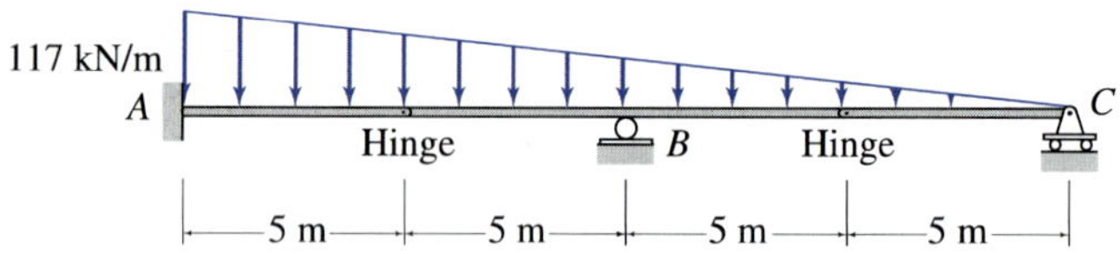

그림 P3.37

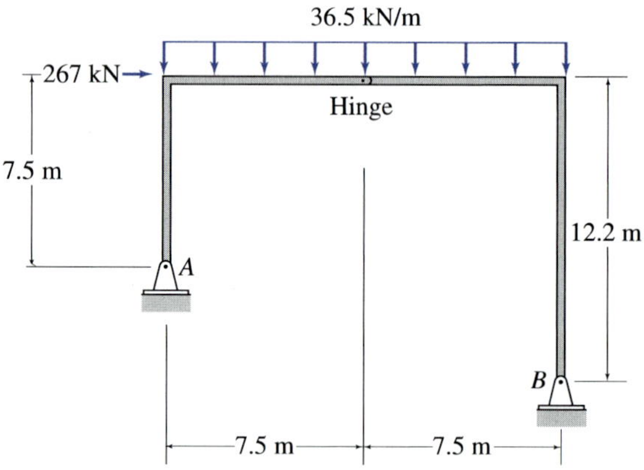

그림 P3.40

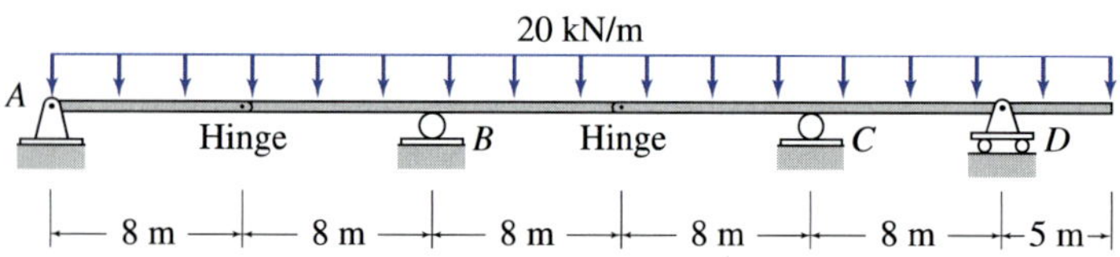

그림 P3.38

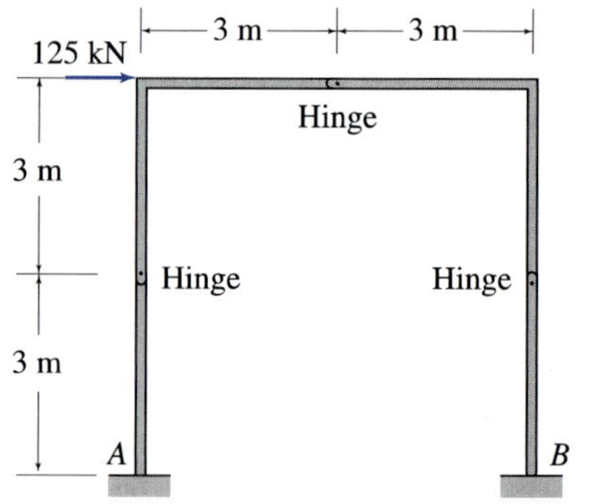

그림 P3.41

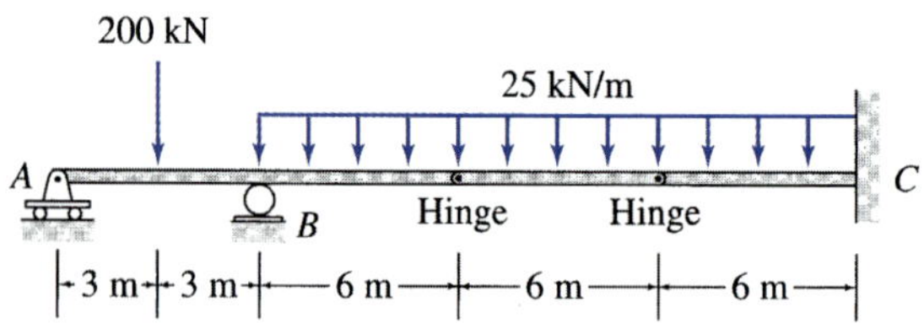

그림 P3.39

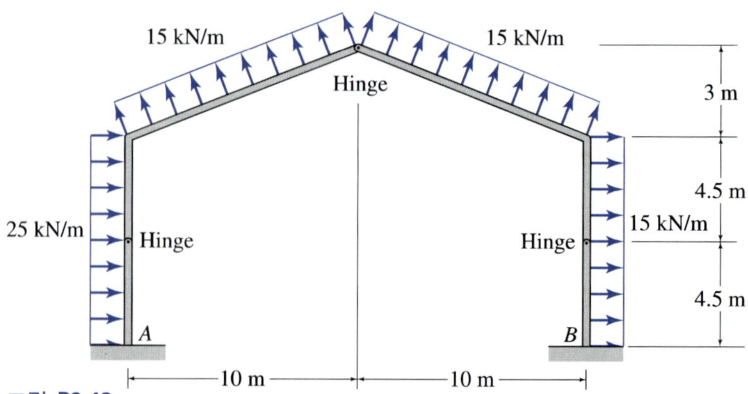

그림 P3.42

Truss Bridges
Terry Poche/Shutterstock.com

04 평면트러스와 입체트러스

트러스는 유연한 절점에 직선 부재들이 연결되어 강체로 거동하는 구조물이다. 트러스는 무게가 가볍고 강도가 높기 때문에 교량의 지지구조와 건물의 지붕(그림 4.1)에서부터 우주 정거장의 지지구조(그림 4.2)에 이르기까지 널리 사용되고 있다. 오늘날에 사용되고 있는 트러스는 구조용 강재, 알루미늄 형강, 목재 지주 등을 가셋플레이트에 볼트로 연결하거나 용접으로 접합시켜 제작된다.

1.4절에서 논의한 바와 같이, 트러스의 모든 부재에 작용하는 하중이 단일 평면에 있을 경우 이러한 트러스를 **평면트러스**라 한다.

평면트러스는 일반적으로 교량의 바닥판과 건물의 지붕을 지지하는데 사용된다. 트러스 교량의 구성 체계는 1.4절에서 논의된 바와 같다(그림 1.16(a) 참조). 그림 4.3은 평면트러스로 지지된 지붕의 구성 체계를 보여주고 있다. 여기서 2개 이상의 트러스를 **퍼린**(purlins)이라는 보 절점에 연결하여 3차원 구조를 형성하고 있음을 알 수 있다. 지붕은 퍼린에 연결되어 있고, 퍼린은 지붕하중(지붕의 무게와 눈, 바람 등에 의한 하중)과 퍼린의 자중을 절점을 통해 트러스로 전달한다. 이 하중이 각 트러스 평면에 작용하므로, 이들 트러스를 평면트러스로 간주할 수 있다. 그림 4.4와 그림 4.5는 교량과 지붕 트러스의 일반적인 형상을 보여주고 있다. 그림의 트러스 명칭은 대부분 최초 설계자의 이름으로 명명된다.

트러스는 대부분 평면트러스로 해석할 수 있지만 송전탑이나 격자형 돔(그림 4.6)과 같은 구조물은 구조물의 형태, 부재 배치, 작용 하중 등 때문에 평면트러스로 다루지 못한다. 이러한 트러스를 **입체트러스**라 하며, 3차원 힘 시스템(three-dimensional force system)으로 해석한다.

그림 4.1 Plum 고등학교의 체육관 지붕 트러스
http://www.cambergroup.com/g87.htm

그림 4.2 국제 우주정거장의 트러스 구조물
Courtesy of National Aeronautics and Space Administration 98_05164

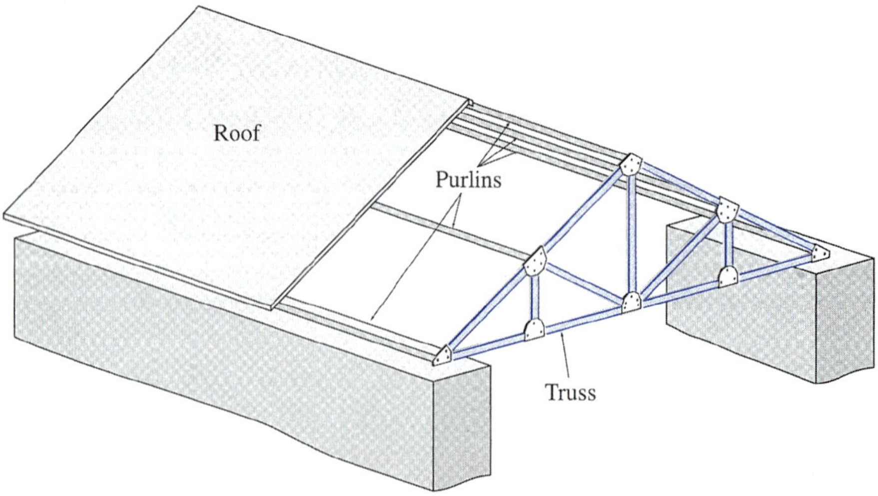

그림 4.3 지붕 트러스의 구성

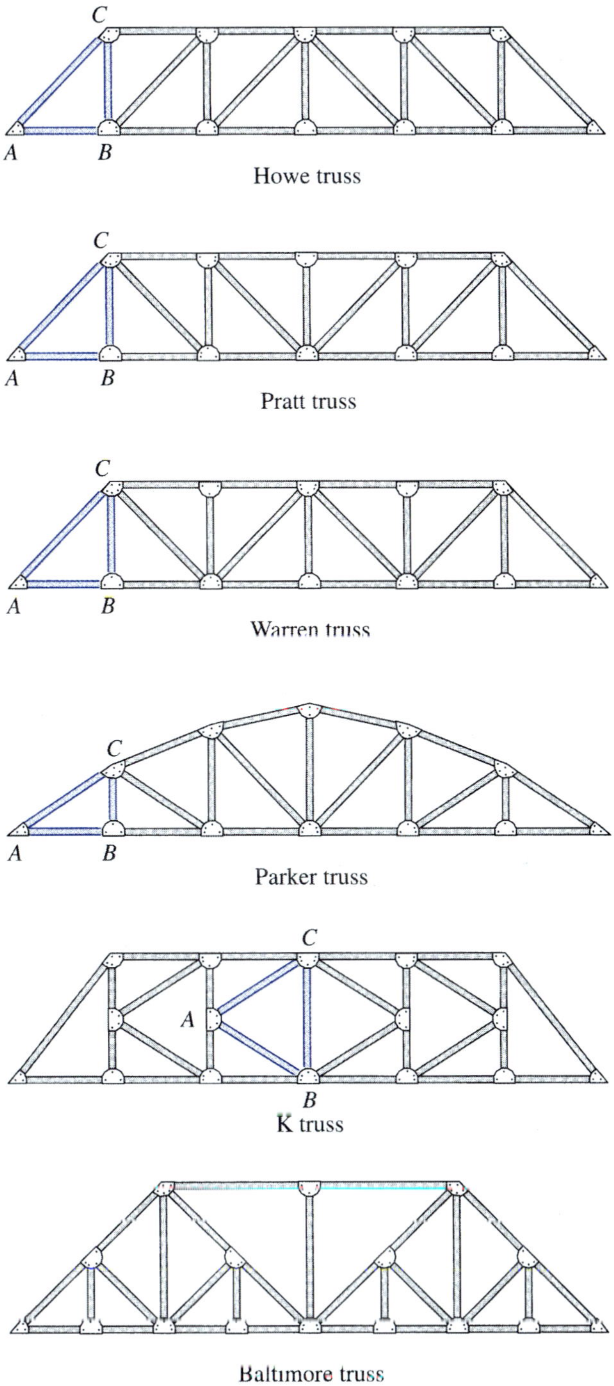
C
A
B
Howe truss
C
A
B
Pratt truss
C
A
B
Warren truss
C
A
B
Parker truss
C
A
B
K truss
Baltimore truss

그림 4.4 교량 트러스

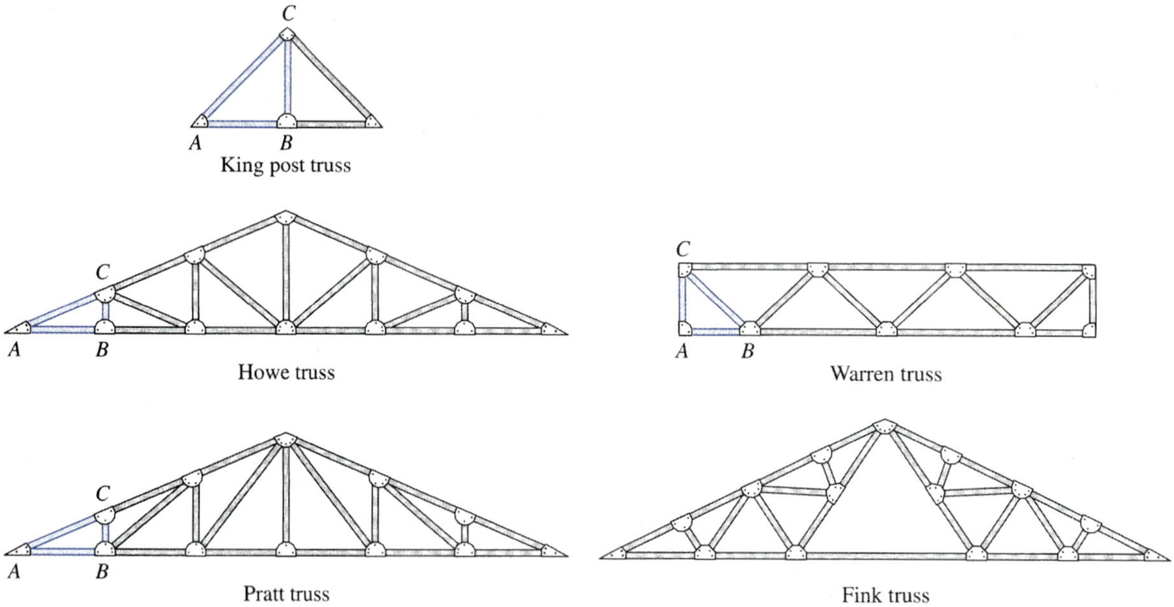

그림 4.5 지붕 트러스

그림 4.6 격자 돔 Courtesy Missouri Botanical Garden

이 장의 목적은 정정 평면트러스와 입체트러스의 부재력을 해석하는 것이다. 이 장에서는 해석을 위한 기본 가정들을 논의하고 내적 안정 평면트러스를 구성하기 위해 요구되는 부재 수와 배치를 살펴본다. 이어서 **단순트러스와 합성트러스**의 정의 및 평면트러스의 조건방정식을 공부한다. 다음으로 평면트러스를 정정구조, 부정정구조, 불안정구조로 분류하고, 절점법과 단면법을 이용하여 단순 평면트러스의 해석 과정을 살펴본다. 또한, 합성 평면트러스에 대한 해석법과 복합트러스에 대해서도 간략하게 살펴본다. 끝으로 입체트러스에 대한 해석법을 소개한다.

4.1 트러스 해석의 가정

트러스 해석은 일반적으로 다음과 같은 단순화 가정에 기반을 두고 있다.

1. 평면트러스를 구성하는 모든 부재는 마찰이 없는 힌지에 단부에서만 연결되고, 입체트러스는 마찰이 없는 볼-소켓에 연결된다.
2. 모든 하중과 반력은 오직 절점에만 작용한다.
3. 각 부재의 도심축은 인접한 절점의 중심선과 일치한다.

이와 같이 가정하는 이유는 트러스를 구성하는 부재들이 축력만을 받게 하여 이상적인 트러스로 만들기 위해서이다. 이상적인 트러스의 각 부재는 양단이 마찰이 없는 힌지에 연결되고(가정 1), 부재의 중간에는 하중이 작용하지 않아(가정 2), 그림 4.7(a)와 같이 부재 양단에는 오직 2개의 힘만이 작용하게 된다. 부재가 평형 상태를 유지하므로 두 힘(F_A 및 F_B)의 합력과 모멘트는 "0"이 되어 3개의 평형방정식을 만족시켜야 한다. 그림 4.7(a)로부터 두 힘의 합력이 "0"이 되기 위해서는 ($\sum F_x = 0$과 $\sum F_y = 0$), 두 힘의 크기는 같고 방향은 반대가 되어야 함을 알 수 있다. 또한, 모멘트의 합이 "0"이 되기 위해서는($\sum M = 0$), 두 힘의 작용선이 같아야 한다. 각 트러스 부재의 도심축은 인접한 절점의 중심선과 일치하므로(가정 3), 부재에는 어떠한 휨모멘트와 전단력도 작용하지 않으며, 축방향 인장력(그림 4.7(b) 참조)과 압축력(그림 4.7(c) 참조)만이 작용한다. 이상적인 트러스 해석을 통해 얻어지는 부재의 축력을 **1차력**(primary forces)이라 부른다.

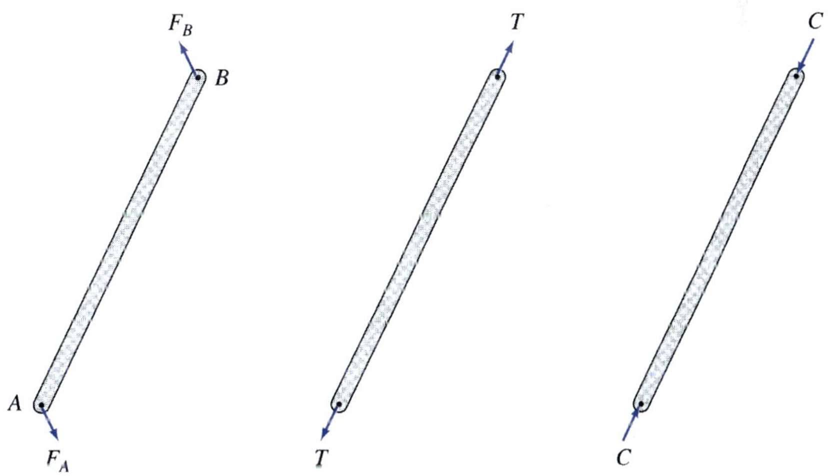

(a) (b) Axial Tension (c) Axial Compression

그림 4.7

그림 4.8 가셋플레이트 연결 Michael Goff

실제 트러스에서 이러한 이상적인 상태를 완벽하게 실현하기는 어렵다. 앞에서 설명한 것과 같이 실제 트러스에서는 부재가 가셋플레이트에 용접이나 볼트로 연결된다(그림 4.8 참조). 경우에 따라서는 트러스 부재의 일부가 절점을 지나 연속되기도 한다. 또한, 외부하중은 바닥의 보나 퍼린 등을 통해 트러스 절점에 전달되지만, 부재 자중은 부재 길이를 따라 분포된다. 이와 같이 이상적인 트러스 가정과 다른 조건들에 의해서 발생하는 휨모멘트, 전단력, 축력 등을 **2차력**(secondary forces)이라 한다. 2차력은 완전히 제거할 수는 없지만, 부재를 세장(細長)하게 하고 한 절점에 연결된 부재의 도심축을 한 점에서 만나도록 부재이음을 설계하면, 상당히 줄일 수 있다(그림 1.16 참조). 트러스의 2차력이 1차력에 비해 매우 작을 경우에 설계 시에 2차력을 고려하지 않는다. 그러나 2차력의 크기가 무시할 수 없는 경우는 이 책의 다른 장들에 소개하는 강접합 골조 구조로 해석해야 한다.

4.2 평면트러스 부재의 배치 – 내적 안정

3.4절에서 논의한 바와 같이, 평면트러스를 지점에서 분리하였을 때 부재의 수와 기하학적 배치 형상이 변하지 않고 강체를 유지한다면 이러한 트러스를 내적 안정이라 한다. **내적**이라는 용어는 그 안정성이 트러스 구조물에 포함된 부재의 수와 배치에 기인함을 의미한다. 한편 **외적**이라는 용어는 외부 지점 수가 부족하거나 지점 배치가 부적절하여 트러스가 불안정하게 됨을 의미한다.

기본 트러스요소

가장 단순한 내적 안정 (또는 강체) 평면트러스의 형태는 그림 4.9(a)와 같이 3개의 부재가 양단에서 힌지로 연결된 삼각형 형태이다. 이러한 삼각형 트러스를 **기본 트러스요소**라 한다. 삼각형 트러스는 하중이 가해져도 모양이 변하지 않는 강체 거동을 하므로 내적 안정구조라 할 수 있다. 그러나 그림 4.9(b)와 같이 4개의 부재가 양단에서 힌지로 연결된 사각형 트러스는 동일 평면상에서 하중이 작용할 때 형상이 변화되어 붕괴되므로 내적 불안정구조가 된다.

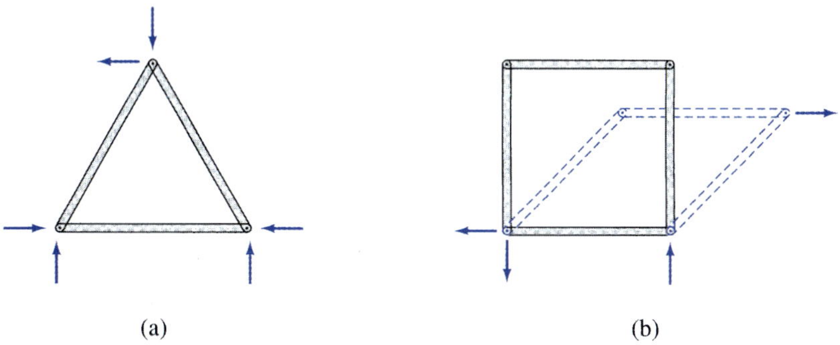

그림 4.9

단순트러스

그림 4.10(a)의 기본 트러스요소 ABC는 새로운 부재 BD와 CD의 한쪽 단부를 기존 절점 B와 C에 각각 연결하고, 나머지 단부를 서로 연결하여 새로운 절점 D를 형성시키는 방법으로 확장시킬 수 있다(그림 4.10(b) 참조). 새로운 절점 D가 기존 절점 B와 C를 통과하는 직선상에 있지 않으면, 새롭게 확장된 트러스는 내적 안정구조이다. 이러한 절차를 동일하게 반복하여 원하는 만큼 트러스를 확장시킬 수 있으며(그림 4.10(c) 참조), 이렇게 형성된 트러스를 **단순트러스**라 한다. 그림 4.4와 4.5에 표시된 트러스 중 Baltimore트러스(그림 4.4)와 Fink트러스(그림 4.5)를 제외하고는 모두 단순트러스이다. 단순트러스에 표시된 ABC가 기본 트러스요소이다.

단순트러스에서는 3개의 부재와 3개의 절점으로 구성되어 있는 기본트러스에 1개의 추가 절점에 2개의 부재를 연결하여 확장시킬 수 있다. 따라서 단순트러스의 전체 부재 수 m은 다음과 같이 계산할 수 있다.

$$m = 3 + 2(j - 3) = 2j - 3 \tag{4.1}$$

여기서, j =절점의 총 개수(지점에 연결된 절점 포함).

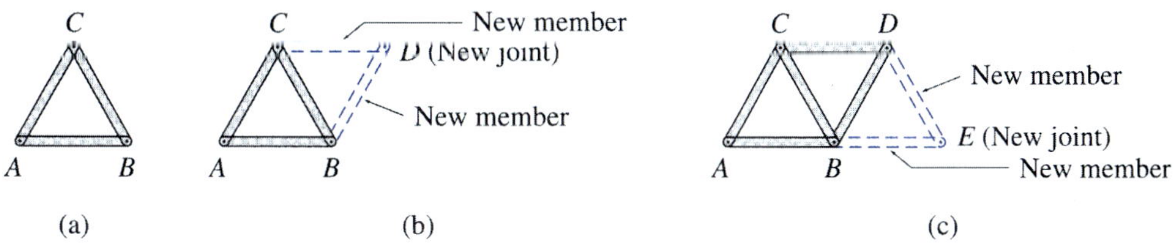

그림 4.10 단순트러스

합성트러스

합성트러스는 2개 이상의 단순트러스를 연결하여 하나의 강체를 형성하는 트러스이다. 각각의 단순트러스들은 상대적인 변위가 발생하지 않도록 평행하거나 한 점에서 만나지 않으며 최소 3개의 힘을 전달할 수 있는 접합부에 연결되어야 한다. 그림 4.11은 합성트러스 접합부에 대한 예를 보여준다. 그림 4.11(a)는 평행하거나 한 점에서 만나지 않는 3개의 부재 BD, CD, BF에 의해 2개의 단순트러스 ABC와 DEF를 연결한 경우이다. 그림 4.11(b)는 2개의 단순트러스 ABC와 DEF를 공유 절점 C와 부재 BD를 이용하여 연결한 경우이다. 합성트러스가 내적 안정을 이루기 위해서는 공유 절점 C와 절점 B, D가 일직선상에 놓여서는 안 된다. 내적 안정인 합성트러스의 총 부재 수 m과 총 절점 수 j의 관계는 단순트러스와 동일하다. 식 (4.1)을 그림 4.11의 합성트러스에 적용시켜 이 사실을 쉽게 증명할 수 있다.

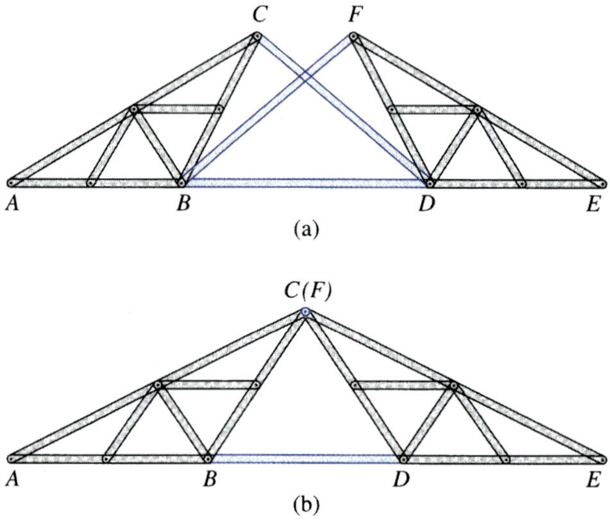

그림 4.11 합성트러스

내적 안정성

식 (4.1)은 절점수가 j인 평면트러스가 내적으로 안정되기 위하여 요구되는 부재의 최소수이다. 부재 수와 절점 수가 각각 m, j인 평면트러스의 경우,

$$m < 2j-3 \quad \text{내적 불안정 트러스}$$
$$m \geq 2j-3 \quad \text{내적 안정 트러스} \tag{4.2}$$

식 (4.2)는 평면트러스가 내적 안정이 되기 위한 **필수조건이지만, 충분조건은 아니다.** 트러스는 $m \geq 2j-3$ 조건을 만족시키는 충분한 부재로 구성되어야 할 뿐만 아니라, 트러스 전체가 강체로 거동할 수 있도록 부재들이 적절하게 배치되어야 한다. 다시 한 번 강조하자면 단순트러스와 합성트러스는 각 절점이 2개 이상의 평행하지 않은 부재에 의하여 각 트러스의 나머지 부분이 연결되어야 하며, 접합부는 적어도 3개의 평행하거나 한 점에서 만나지 않는 힘들을 전달할 수 있어야 한다.

4.1 Example

그림 4.12의 평면트러스를 내적 안정 또는 불안정으로 분류하여라.

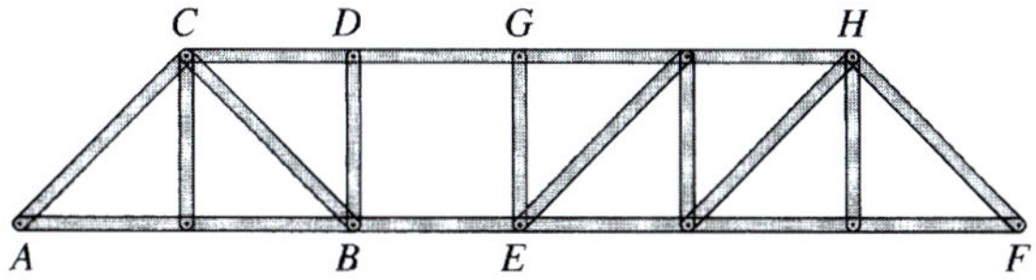

$m = 20 \quad j = 12 \quad m < 2j - 3$

(a) Internally Unstable

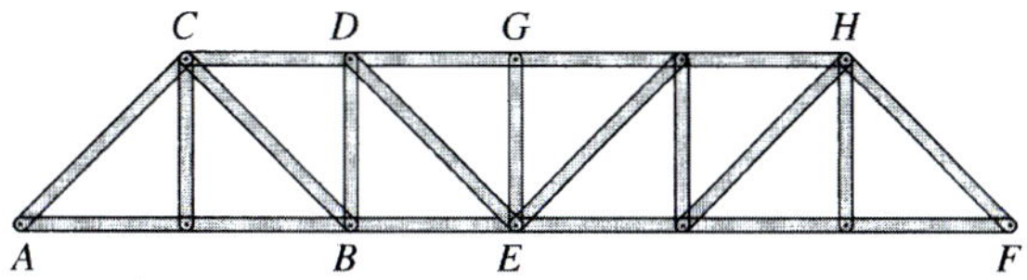

$m = 21 \quad j = 12 \quad m = 2j - 3$

(b) Internally Stable

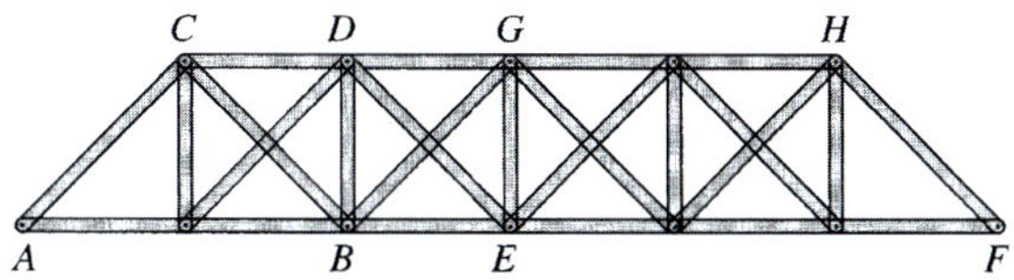

$m = 25 \quad j = 12 \quad m > 2j - 3$

(c) Internally Stable

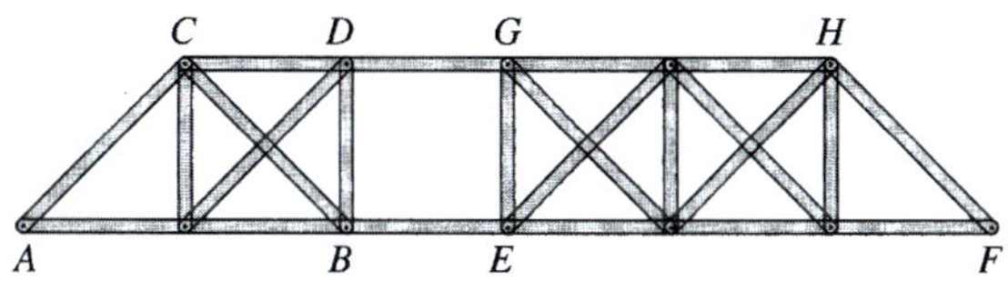

$m = 23 \quad j = 12 \quad m > 2j - 3$

(d) Internally Unstable

그림 4.12

풀이

(a) 그림 4.12(a)의 트러스는 20개의 부재와 12개의 절점으로 이루어져 있다. 즉 $m = 20$이고 $2j - 3 = 2(12) - 3 = 21$이다. m이 $2j - 3$보다 작기 때문에 이 트러스는 강체를 형성하기 위해 필요한 부재 수가 부족하며 내적 불안정이다. *BE*와 *DG*의 2개의 평행한 부재가 2개의 강체 트러스 *ABCD*와 *EFGH*를 연결하고 있음을 알 수 있다. 이들 2개의 수평 부재는 두 개 강체 트러스의 수직 방향으로 발생하는 상대적인 움직임을 억제하지 못한다.

(b) 그림 4.12(b)의 트러스는 그림 4.12(a)와 같지만 대각선 부재 *DE*가 *ABCD*와 *EFGH* 사이의 상대 변위를 구속하므로 전체 트러스는 하나의 강체로 거동한다. 절점수는 12개로 변함이 없으나 부재 *DE*가 추가되어 부재 수가 21로 증가하여 $m = 2j - 3$을 만족하므로 이 트러스는 내적 안정이다.

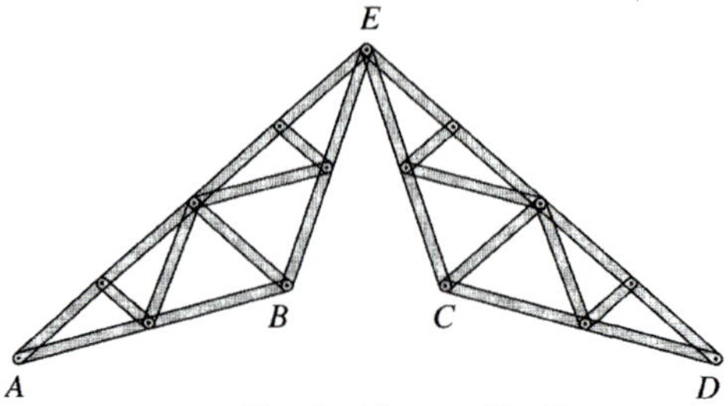

$m = 26 \quad j = 15 \quad m < 2j - 3$

(e) Internally Unstable

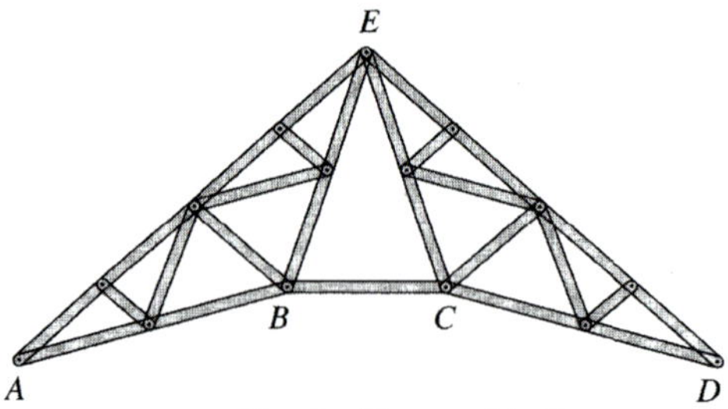

$m = 27 \quad j = 15 \quad m = 2j - 3$

(f) Internally Stable

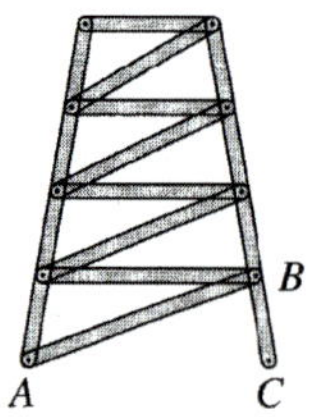

$m = 16 \quad j = 10 \quad m < 2j - 3$

(g) Internally Unstable

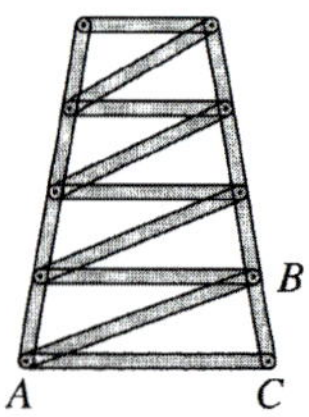

$m = 17 \quad j = 10 \quad m = 2j - 3$

(h) Internally Stable

그림 4.12 계속

(c) 그림 4.12(b)의 트러스에 4개의 대각선 부재를 추가하였다. m은 25로 증가하였지만, j는 12로 일정하므로 $m > 2j - 3$이며, 내적 안정이다. 또한, $m - (2j - 3) = 4$이므로 내적 안정구조가 되기 위해 필요한 부재 수보다 4개가 많다.

(d) 그림 4.12(c)의 트러스에서 2개의 대각선 부재 *BG*와 *DE*를 제거한 것이다. m은 23으로 감소되고 j는 12로 변화가 없다. $m - (2j - 3) = 2$가 되어 내적 안정성을 만족시키기 위해 필요한 최소한의 부재 수보다 2개가 더 많다. 하지만, 트러스를 구성하는 2개 강체부분 *ABCD*와 *EFGH*가 하나의 강체로 거동하지 못하기 때문에 내적 불안정이다.

(e) $m = 26$이고 $j = 15$이므로 $m < 2j - 3$가 되어 그림 4.12(e)의 지붕트러스는 내적 불안정이다. 또한 *ABE* 부분과 *CDE* 부분이 서로 자유롭게 회전할 수 있어 불안정한 구조이다. 조건식 $m - (2j - 3) = -1$이 되어 이 트러스가 내적 안정이 되기 위해 필요한 최소의 부재 수보다 1개가 부족하다.

(f) 그림 4.12(e)의 트러스에 부재 BC가 추가되어 ABE 부분과 CDE 부분의 상대적인 움직임을 구속하여 내적으로 안정한 구조이다. m이 27개로 증가하고 $j=15$이므로 $m=2j-3$ 조건식을 만족한다.

(g) 그림 4.12(g)는 16개의 부재와 10개의 절점으로 구성되어 있다. $m < 2j-3$이므로 이 트러스는 내적 불안정이며, 부재 BC가 구조물에 대하여 자유롭게 회전할 수 있다. 평면트러스의 절점을 완전히 구속하기 위해서는 2개 이상의 부재가 필요하지만 절점 C는 단 1개의 부재에만 연결되어 있다.

(h) 그림 4.12(h)의 트러스에 부재 AC가 추가되어 내적 안정구조이다. $m=17$, $j=10$이므로 조건식 $m=2j-3$이 만족된다.

4.3 평면트러스의 조건방정식

3.4절에서 설명한 것과 같이 내적 불안정한 구조물의 강체 부분을 접합부로 연결하여 3개의 평형방정식 외에 조건방정식을 추가로 사용할 수 있으며 구조물의 불안정성을 완전히 구속할 수 있는 지점반력을 계산할 수 있다.

2개의 내적으로 불안정한 강체 트러스를 연결하여 1개의 단순트러스를 형성하는데 사용되는 3가지의 연결 유형을 그림 4.13에 나타내었다. 그림 4.13(a)에 2개의 강체 트러스 AB와 BC가 내부 힌지 B에 의해 연결되어 있다. 내부 힌지는 모멘트를 전달할 수 없기 때문에 다음과 같은 조건방정식을 사용할 수 있다.

$$\sum M_B^{AB} = 0 \quad \text{또는} \quad \sum M_B^{BC} = 0$$

그림 4.13(b)에 또 다른 연결 형태로 2개의 강체 트러스 AB와 CD가 2개의 평행한 부재로 연결되어 있다. 수평으로 평행한 부재가 수직 방향으로 힘을 전달할 수 없기 때문에 다음과 같은 조건방정식을 사용할 수 있다.

$$\sum F_y^{AB} = 0 \quad \text{또는} \quad \sum F_y^{CD} = 0$$

세 번째 연결 유형은 그림 4.13(c)과 같이 2개의 강체 트러스 AB와 CD를 단일 연결재 BC로 연결하는 것이다. 이러한 연결에서는 수직 방향으로 힘과 모멘트가 전달되지 않기 때문에 다음과 같은 2개의 조건방정식을 사용할 수 있다.

$$\sum F_x^{AB} = 0 \quad \text{또는} \quad \sum F_x^{CD} = 0$$

그리고

$$\sum M_B^{AB} = 0 \quad \text{또는} \quad \sum M_C^{CD} = 0$$

앞 절에서 설명한 것과 같이 이러한 조건방정식을 3개의 평형방정식과 함께 사용하여 외적 정정 평면트러스의 반력을 계산할 수 있다. 그림 4.13의 3개의 트러스가 모두 외적 정정구조임을 증명하기 바란다.

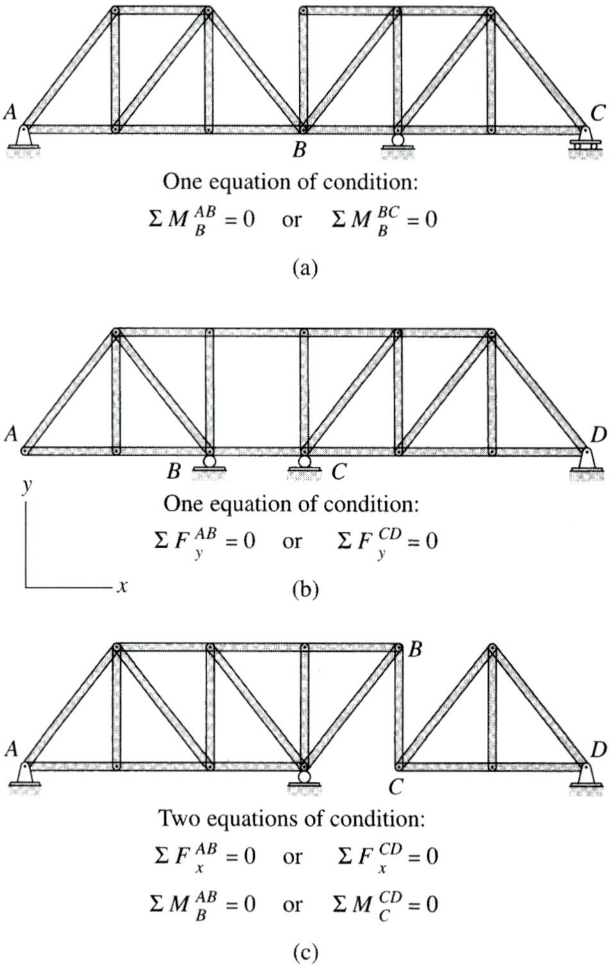

그림 4.13 평면트러스의 조건방정식

4.4 평면트러스의 정정, 부정정, 불안정

평형방정식을 사용하여 트러스의 모든 부재력과 반력을 계산할 수 있는 트러스를 정정구조라 한다. 외부 지점반력과 내부 부재력을 모두 포함하는 정정의 개념으로 3장은 외부 반력만을 고려하는 **외적 정정**의 개념이다. 즉, 3장에서는 외부 반력만을 계산하였지만, 4장에서는 부재력과 지점반력을 모두 계산해야 한다.

다음에 설명되는 2가지 해석 방법은 정정트러스 해석에만 사용할 수 있으므로, 해석하기 전에 트러스의 정정 여부를 먼저 판단할 수 있어야 한다.

그림 4.14(a)의 평면트러스는 외력 P_1, P_2, P_3를 받고 있다. 그림 4.14(b)는 5개의 부재와 4개의 절점으로 구성된 자유물체도이다. 각 부재는 동일 직선상에 도심축이 있고 크기가 같고 방향이 반대인 2개의 축력이 양단부에 작용하고 있다. 그림 4.14(b)에서 모든 부재에는 인장력이 작용한다고 가정하였다. 뉴턴의 제3법칙에 따라 트러스의 각 절점에는 크기가 같고 방향이 반대인 힘이 작용한다. 이 트러스를 해석하기 위해서는 5개의 부재력 F_{AB}, F_{AC}, F_{BC}, F_{BD}, F_{CD}와 3개의 지점반력 A_x, A_y, B_y를 계산해야 하므로 총 미지수는 8개이다.

트러스 전체는 평형 상태에 있기 때문에 각 절점도 평형 상태에 있다. 그림 4.14(b)에서 각 절점에서 모든 내력과 외력은 동일 평면에 있어야 하며, 2개의 평형방정식 $\sum F_x = 0$과 $\sum F_y = 0$을 만족해야 한다. 트러스에는 총 4개의 절점이 있으므로 사용할 수 있는 평형방정식의 수는 2(4) = 8이다. 8개의 평형방정식으로 8개의 미지수를 계산할 수 있으므로 그림 4.14(a)의 평면트러스는 정정구조이다.

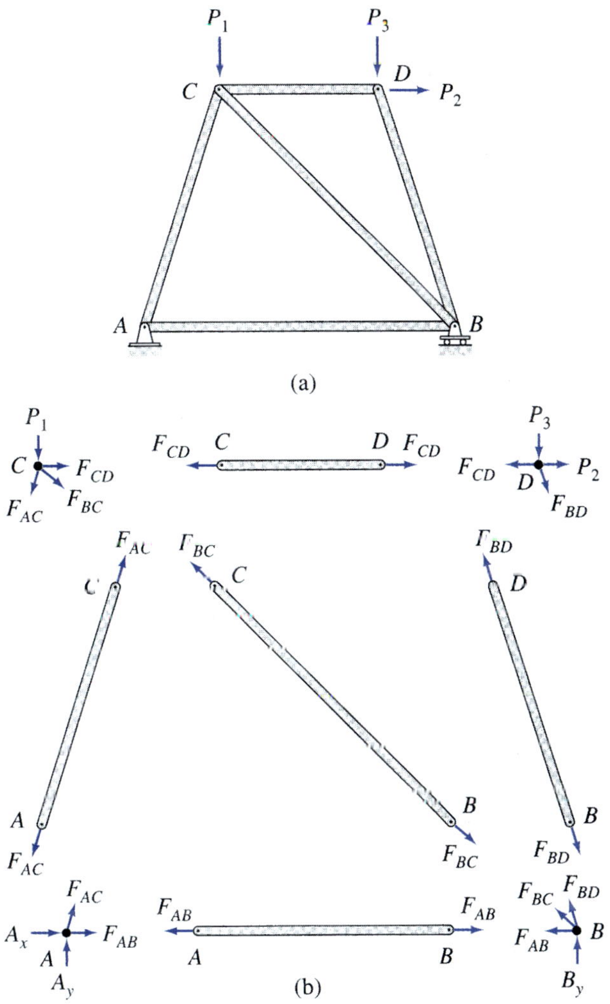

그림 4.14

트러스 전체를 하나의 강체로 보고 3개의 평형방정식을 이용하여 3개의 반력(A_x, A_y, B_y)을 계산할 수 있다. 그러나 이러한 평형방정식(내적으로 불안정한 트러스의 경우에는 조건 방정식을 포함하여)은 절점 평형방정식과 **독립되지 않기 때문에** 추가적인 정보를 포함하지 않는다.

이러한 원리를 이용하여 부재의 수 m, 절점의 수 j, 반력의 수 r인 평면트러스의 정정, 부정정, 불안정의 기준을 정할 수 있다. 트러스를 해석하기 위해서는 m개의 부재력과 r개의 반력에 대한 미지수를 계산해야 한다. 즉, 총 $m+r$개의 미지수를 계산해야 한다. 각 절점에서 2개의 평형방정식($\sum F_x = 0$와 $\sum F_y = 0$)을 사용할 수 있으므로 총 평형방정식은 $2j$개다. 만약 미지수의 수와 평형방정식의 수가 같으면, 즉, $m+r=2j$이면, 모든 미지수를 평형방정식에서 계산할 수 있으므로 이러한 트러스는 정정이다.

미지수의 수($m+r$)가 평형방정식($2j$)보다 많으면 평형방정식만으로 미지수를 계산할 수 없으므로 이러한 트러스를 **부정정구조**라 한다. 부정정트러스는 구조물이 안정성을 이루기 위하여 필요한 최소한의 부재나 반력 수를 초과하여 갖고 있는 트러스이다. 초과되는 부재나 반력을 잉여력이라 하며 잉여력의 수를 **부정정차수** i라고 한다. 부정정차수는 다음과 같이 계산할 수 있다.

$$i = (m+r) - 2j \tag{4.3}$$

만약 미지수의 수($m+r$)가 절점의 평형방정식 수($2j$)보다 작다면 이러한 트러스를 **불안정구조**라 한다. 불안정트러스는 내적 안정성을 위하여 필요한 최소 부재 수보다 적은 부재를 갖고 있는 경우, 반력 수가 충분하지 않은 경우, 두 경우가 복합적으로 발생한 트러스이다.

평면트러스의 불안정, 정정, 부정정 조건은 다음과 같이 요약할 수 있다.

$$\begin{aligned} m+r &< 2j \quad \text{불안정트러스} \\ m+r &= 2j \quad \text{정정트러스} \\ m+r &> 2j \quad \text{부정정트러스} \end{aligned} \tag{4.4}$$

트러스의 정적 불안정을 검토하기 위한 식 (4.4)의 첫 번째 조건에서 $m < 2j - r$이면 트러스가 정정으로 불안정하므로 필요충분조건이 된다. 그러나 정정구조($m = 2j - r$)와 부정정구조($m > 2j - r$)를 판단하는 식 (4.4)의 두 번째와 세 번째 조건은 필요조건이지만 충분조건은 아니다. 이것은 이 두 개의 조건들은 트러스가 안정성을 유지하기 위해 필요한 **부재 수와 반력 수**에 대한 정보만을 제공하고, 부재나 지점의 **배치 형상**에 대해서는 어떠한 정보도 제공하고 있지 못하고 있기 때문이다. 어떤 트러스는 충분한 부재 수와 반력 수를 가지고 있으면서도 배치 형상이 부적절하여 불안정하게 될 수도 있다.

여기서 중요한 것은 식 (4.3)과 (4.4)의 정정 및 부정정구조에 대한 조건이 유효하기 위해서는 트러스가 내적으로 안정되어야 하며, 지점에 연결된 상태에서 하중이 동일 평면상에서 작용해야 한다는 것이다. 내적으로 안정한 트러스는 최소한 3개의 반력에 의해 지지되어야 하며, 모든 반력이 평행하거나 한 점에서 만나지 않아야 한다. 내적으로 불안정한 트러스는 3개 평형방정식과 조건방정식을 더한 만큼, 즉, $(3+e_c)$와 동일한 만큼의 반력에 의해 지지되어야 하며, 모든 반력은 평행하거나 한 점에서 만나지 않아야 한다. 또한, 절점과 부재를 포함한 트러스의 모든 부분은 트러스를 구성하는 다른 부분이나 지점에 의해서 트러스 면내 방향으로 작용하는 이동을 억제할 수 있어야 한다. 트러스가 충분한 부재 수를 가지고 있지만 적절하게 배치되지 않았다면 이를 **임계형상**(critical form)에 있다고 한다. 일부 트러스는 도면만을 보고서 이 트러스의 부재가 적절하게 배치되어 있는지 명확하게 판단할 수 없다. 이러한 트러스는 해석하는 과정에서 그 불안전성이 나타난다. 왜냐하면 불안정한 트러스를 해석해 보면 항상 일관성이 없거나, 불명확하거나, 정확하지 않은 결과가 나타나기 때문이다.

4.2 Example

그림 4.15의 평면트러스를 불안정, 정정, 부정정구조로 분류하라. 부정정트러스에 대해서는 부정정차수를 구하라.

풀이

(a) 그림 4.15(a)의 트러스는 17개의 부재와 10개의 절점으로 구성되어 있으며 3개의 반력에 의해 지지되어 있다. 따라서 $m+r=2j$이다. 3개의 반력이 평행하거나 한 점에서 만나지 않고 부재가 적절히 배치되어 있으므로 이 트러스는 정정이다.

(b) 이 트러스는 $m=17$, $j=10$, $r=2$로 $m+r<2j$이므로 불안정하다.

(c) 이 트러스는 $m=21$, $j=10$, $r=3$으로 $m+r>2j$이므로 부정정구조이고, 부정정차수는 $i=(m+r)-2j=4$ 이다. 그림에서 부재의 수는 트러스의 안정을 위하여 필요한 부재의 수보다 4개가 더 많음을 알 수 있다.

(d) 이 트러스는 $m=16$, $j=10$, $r=3$으로 $m+r<2j$이므로 불안정하다.

(e) 이 트러스는 2개의 강체 AB와 BC가 내부 힌지 B에 의해 연결되어 있다. $m=26$, $j=15$, $r=4$이므로 $m+r=2j$이다. 4개의 반력은 평행하거나 한 점에서 만나지 않고 부재가 적절히 배치되어 있으므로, 이 트러스는 정정이다.

(f) 이 트러스는 $m=10$, $j=7$, $r=3$으로 $m+r<2j$이므로 불안정하다.

(g) 그림 4.15(f)의 트러스에서 부재 BC가 추가되어 ABE 부분과 CDE 부분의 상대적인 움직임을 구속하고 있다. 따라서 j와 r은 각각 7, 3으로 변화가 없지만, m이 11로 증가하여 조건식 $m+r=2j$을 만족하므로, 이 트러스는 정정이다.

(h) 그림 4.15(f)의 트러스에서 지점 D의 롤러 조건을 힌지 조건으로 변경하여 안정구조로 만든 것이다. 따라서 m과 j는 각각 10, 7로 변화가 없지만, r이 4로 증가하여 조건식 $m+r=2j$을 만족하므로 이 트러스는 정정이다.

(i) 이 트러스는 $m=16$, $j=10$, $r=4$로 $m+r=2j$이므로 정정이다.

(j) 이 트러스는 $m=13$, $j=8$, $r=3$으로 $m+r=2j$이다. 그러나 2개의 강체 부분 $ABCD$와 $EFGH$가 3개의 서로 평행한 부재 BF, CE, DH에 연결되어 있어 수직 방향의 상대 움직임을 구속할 수 없기 때문에 불안정하다.

(k) 이 트러스는 $m=19$, $j=12$, $r=5$로 $m+r=2j$이므로 정정이다.

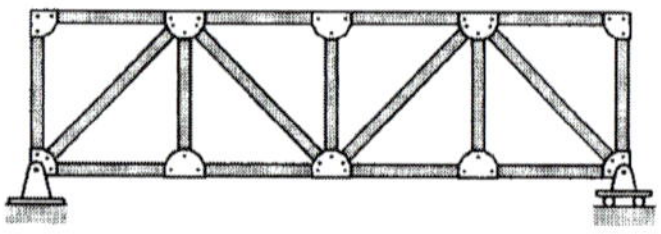

$m = 17 \quad j = 10 \quad r = 3$

$m + r = 2j$

(a) Statically Determinate

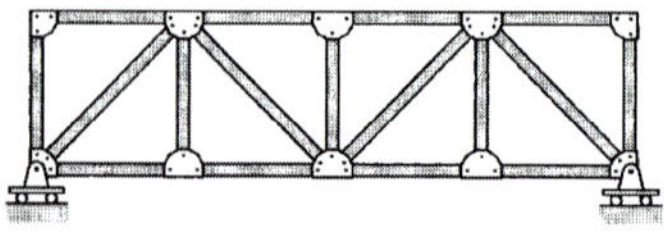

$m = 17 \quad j = 10 \quad r = 2$

$m + r < 2j$

(b) Unstable

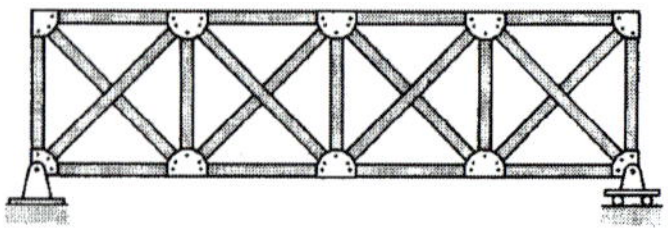

$m = 21 \quad j = 10 \quad r = 3$

$m + r > 2j$

(c) Statically Indeterminate ($i = 4$)

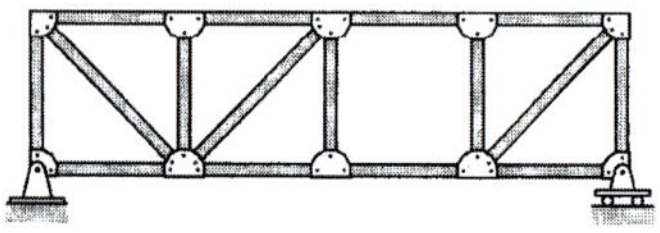

$m = 16 \quad j = 10 \quad r = 3$

$m + r < 2j$

(d) Unstable

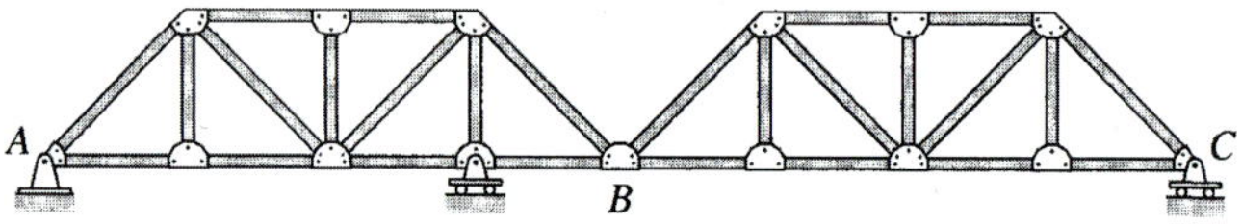

$m = 26 \quad j = 15 \quad r = 4$

$m + r = 2j$

(e) Statically Determinate

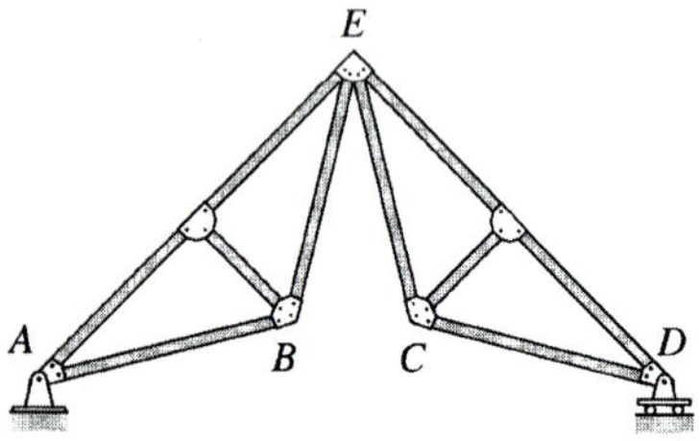

$m = 10 \quad j = 7 \quad r = 3$

$m + r < 2j$

(f) Unstable

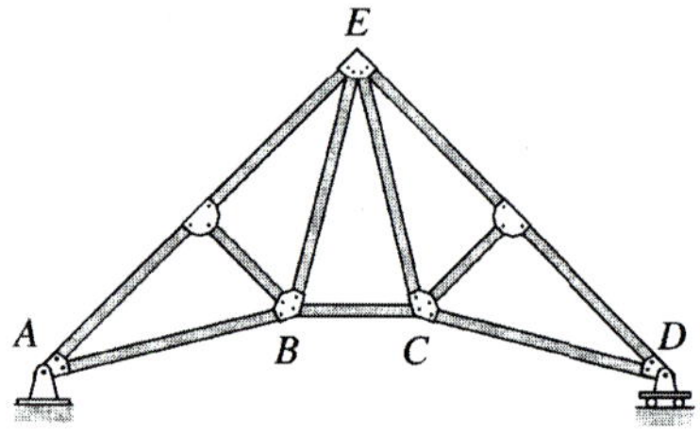

$m = 11 \quad j = 7 \quad r = 3$

$m + r = 2j$

(g) Statically Determinate

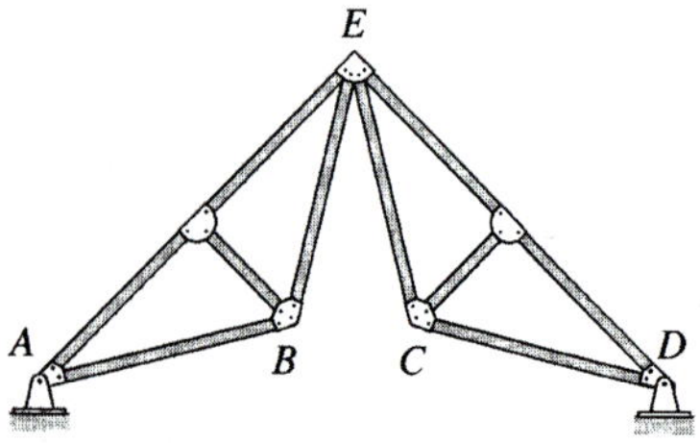

$m = 10 \quad j = 7 \quad r = 4$

$m + r = 2j$

(h) Statically Determinate

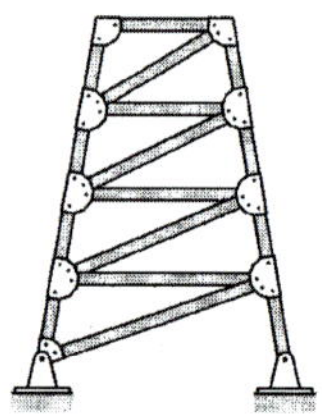

$m = 16 \quad j = 10 \quad r = 4$

$m + r = 2j$

(i) Statically Determinate

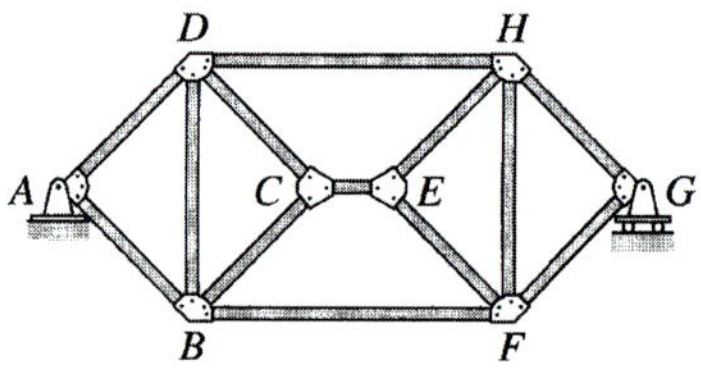

$m = 13 \quad j = 8 \quad r = 3$

$m + r = 2j$

(j) Unstable

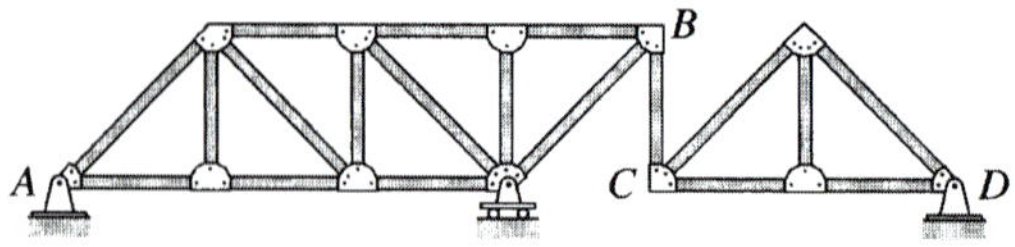

$m = 19 \quad j = 12 \quad r = 5$

$m + r = 2j$

(k) Statically Determinate

그림 4.15

4.5 절점법에 의한 평면트러스 해석

절점법에 의한 정정트러스 해석은 각 절점에서의 평형을 고려하여 부재에 작용하는 축력을 계산하는 방법이다. 트러스 전체가 평형 상태에 있기 때문에 각 절점도 평형 상태에 있어야 한다. 트러스의 절점에서 부재력, 외력, 반력은 2개의 평형방정식 $\sum F_x = 0$와 $\sum F_y = 0$을 만족시켜야 하며, 동일한 평면상에 있어야 한다(그림 4.14 참조). 2개의 평형방정식은 트러스의 모든 절점에서 만족되어야 한다. 하나의 절점에 2개의 평형방정식만이 있으므로 2개 이상의 미지의 힘을 계산할 수 없다.

절점법은 동일 선상으로 작용하지 않는 2개 이하의 미지의 힘을 갖고 있는 절점에 대하여 2개의 평형방정식을 이용하여 미지의 힘을 계산하는 방법이다. 절점법에서는 구하고자 하는 모든 부재력을 계산할 때까지 이러한 과정(2개의 미지의 힘을 갖고 있는 절점의 부재력을 순차적으로 계산하는 과정)을 반복한다. 앞 절에서 설명한 것과 같이 모든 미지의 부재력과 지점반력을 절점의 평형방정식으로부터 계산할 수 있다. 그러나 많은 트러스의 경우에 지점반력을 미리 알 수 없는 경우에 2개 이하의 미지수가 있는 절점을 찾는 것이 어려운 경우가 있다. 이러한 트러스에 대해서는 절점법을 이용하여 부재력을 계산하기 전에 트러스 전체에 대한 평형방정식이나 지점의 조건방정식을 이용하여 반력을 먼저 계산하고, 그 이후에 부재력을 계산해야 한다.

그림 4.16(a)의 5개의 부재, 4개의 절점, 3개의 반력으로 이루어진 트러스를 이용하여 절점법에 의한 해석방법을 설명하고자 한다. 이 트러스는 $m+r=2j$이므로 정정구조이다. 모든 부재와 절점의 자유물체도를 그림 4.16(b)에 표시하였다. 처음에는 부재력을 알 수 없기 때문에 부재 축력의 방향(인장 또는 압축)을 임의로 가정하였다. 그림 4.16(b)에서 부재 AB, BC, AD는 인장력을 받고 있다고 가정하였고, 부재 BD와 CD는 압축력을 받고 있다고 가정하였다. 절점의 자유물체도에는 뉴턴의 작용 - 반작용 법칙에 따라서 절점에 연결된 부재의 단부에 작용하는 힘의 크기는 같고 방향은 반대로 하였다. 절점 C의 자유물체도에서 **인장력 F_{BC}는 절점을 잡아당기고 있으며, 압축력 F_{CD}는 절점을 밀어내고 있음을 알 수 있다.** 이러한 인장력과 압축력을 그림 4.16(b)의 모든 절점의 자유물체도에서 확인할 수 있다. 트러스를 해석할 때에 일반적으로 부재의 자유물체도가 생략되고 절점의 자유물체도만 표시되는 경우가 많다. 이 경우에 **인장력은 절점을 잡아당기는 방향, 압축력은 절점을 밀어내는 방향으로 화살표가 표시되는 것에 주의해야 한다.**

절점법을 이용한 트러스 해석에서는 동일 직선상에 놓여 있지 않은 2개 이하의 미지의 힘이 작용하는 절점을 선택한 후에, 이 절점에 대해서 해석을 시작한다. 그림 4.16(b)의 절점의 자유물체도를 살펴보면, 어떠한 절점도 2개 이하의 미지수를 갖고 있지 않다. 따라서 이 경우에는 우선 그림 4.16(c)의 트러스 전체에 대해 3개의 평형방정식을 이용하여 다음과 같이 반력을 계산해야 한다.

$$+\rightarrow \sum F_x = 0 \qquad A_x - 120 = 0 \qquad A_x = 120\ \text{kN} \rightarrow$$

$$+\circlearrowleft \sum M_c = 0 \qquad -A_y(10.5)+120(6)+180(4.5)=0 \qquad A_y = 145.7\text{ kN} \uparrow$$

$$+\uparrow \sum F_y = 0 \qquad 145.7-180+C_y=0 \qquad C_y = 34.3\text{ kN} \uparrow$$

반력을 모두 계산한 후에 2개의 미지력 F_{AB}과 F_{AD}가 작용되는 절점 A, 또는 2개의 미지력 F_{BC}과 F_{CD}가 작용되는 절점 C에 대해 절점법을 적용할 수 있다. 여기서는 절점 A부터 시작하도록 한다. 절점 A에 대한 자유물체도를 그림 4.16(d)에 나타내었다. 절점의 평형방정식을 적용할 때 기울어진 부재에 대해서는 경사각의 sin과 cos을 이용하는 것보다 기울기를 이용하는 것이 더 편리하다. 경사부재의 기울기는 부재 길이의 수평 투영에 대한 수직 투영의 비율이다. 예를 들어, 그림 4.16(a)에서 트러스 부재 CD의 수평 길이는 4.5 m, 수직 길이는 6 m이다. 따라서 이 부재의 기울기는 6 : 4.5 또는 4 : 3이다. 동일한 방법으로 부재 AD의 기울기가 1 : 1임을 알 수 있다. 이렇게 트러스의 치수에서 계산된 경사부재의 기울기를 그림 4.16(a)와 같이 작은 직각삼각형으로 표시하였다.

그림 4.16(d)의 절점 A의 자유물체도에서 2개의 평형방정식을 이용하여 미지의 힘 F_{AB}와 F_{AD}를 계산한다.

$$+\uparrow \sum F_y = 0 \qquad 145.7+\frac{1}{\sqrt{2}}F_{AD}=0 \qquad F_{AD} = -206.1\text{ kN} = 206.1\text{ kN (C)}$$

$$+\rightarrow \sum F_x = 0 \qquad 120-\frac{1}{\sqrt{2}}(206.1)+F_{AB}=0 \qquad F_{AB} = +25.7\text{ kN} = 25.7\text{ kN (T)}$$

여기서 주목할 점은 각각의 평형방정식에 하나의 미지수만이 포함되었다는 것이다. F_{AD}의 음의 부호는 처음에 가정한 방향과 반대 방향으로 힘이 작용하여 부재가 압축을 받고 있다는 것을 의미하며, F_{AB}의 양의 부호는 처음에 가정한 것과 같은 방향으로 힘이 작용하여 부재가 인장력을 받고 있음을 의미한다.

다음으로 절점 B의 자유물체도를 그리고(그림 4.16(e) 참조) 다음과 같이 F_{BC}와 F_{BD}를 계산한다.

$$+\rightarrow \sum F_x = 0 \qquad -25.7+F_{BC}=0 \qquad F_{BC} = +25.7\text{ kN} \quad \text{또는}$$

$$F_{BC} = 25.7\text{ kN (T)}$$

$$+\uparrow \sum F_y = 0 \qquad -F_{BD}=0 \qquad F_{BD}=0$$

절점 C의 자유물체도에서 평형방정식 $\sum F_x = 0$을 적용하면(그림 4.16(f) 참조) 다음과 같다.

$$+\rightarrow \sum F_x = 0 \qquad -25.7+\frac{3}{5}F_{CD}=0 \qquad F_{CD} = +42.8\text{ kN} \quad \text{또는}$$

$$F_{CD} = 42.8\text{ kN (C)}$$

이제 모든 부재력이 계산되었으므로 절점 C에서 $\sum F_y = 0$, 절점 D에서 $\sum F_x = 0$, $\sum F_y = 0$을 이용하여 지금까지 계산한 결과를 검토할 수 있다. 절점 C에서 검토하면 다음과 같다.

$$+\uparrow \sum F_y = 34.3 - \frac{4}{5}(42.8) = 0$$

절점 D에서 검토하면 다음과 같다(그림 4.16(g) 참조).

$$+\rightarrow \sum F_x = -120 + \frac{1}{\sqrt{2}}(206.1) - \frac{3}{5}(42.8) = 0$$

$$+\uparrow \sum F_y = \frac{1}{\sqrt{2}}(206.1) - 180 + \frac{4}{5}(42.8) = 0$$

이 예제에서는 각 절점에 대하여 자유물체도를 작성하고 2개의 평형방정식을 이용하여 트러스를 해석하였다. 만약 자유물체도를 작성하거나 평형방정식을 이용하지 않고 단순히 트러스를 관찰함으로써 일부(가능하다면 모든) 부재력을 구할 수 있다면 트러스의 해석이 매우 간편해질 것이다. 이러한 접근 방법은 2개의 미지력 중 적어도 하나의 힘이 수평 또는 수직 방향으로 작용하는 경우에 편리하게 적용할 수 있다. 절점에 작용하는 미지의 힘이 모두 기울어진 경우에는 절점에서 자유물체도를 그리고 연립 평형방정식을 풀어서 미지수를 구하는 것이 일반적이다. 이러한 과정을 설명하기 위해서 그림 4.16(a)의 트러스를 예로 들도록 하자. 전체 트러스의 자유물체도와 미리 계산된 반력을 그림 4.16(c)에 표시하였다. 그림의 절점 A를 살펴보면 평형조건($\sum F_y = 0$)을 만족시키기 위해서 F_{AD}의 수직 성분은 145.7 kN이며, 이 힘은 절점의 아랫방향으로 작용하여야 함을 알 수 있다. 그림 4.16(c)의 자유물체도에서 부재 AD가 압축상태에 있다는 것은 인접한 절점 A와 D에서 힘의 화살표 방향이 절점을 밀어내는 방향으로 있어야 한다는 것으로부터 알 수 있다. F_{AD}의 수직 성분의 크기는 145.7 kN이고 부재 AD의 기울기는 1 : 1이므로 F_{AD}의 수평 성분의 크기도 145.7 kN이다. 따라서 F_{AD}의 크기는 $\sqrt{(145.7)^2 + (145.7)^2} = 206.1$ kN 이다. 부재력 F_{AD}의 성분과 크기를 그림 4.16(c)의 부재 AD에 그려진 직각삼각형의 변에 표시하였다. F_{AD}의 수평 성분을 알고 있으므로, 절점 A에서 평형방정식 $\sum F_x = 0$ (왼쪽으로 작용하는 145.7 kN의 F_{AD} 수평 성분과 오른쪽으로 작용하는 120 kN의 수평반력과 균형)을 만족시키기 위해서 부재력 $AB(F_{AB})$는 25.7 kN만큼 절점에서 오른쪽 방향으로 작용하여야 한다(그림 4.16(c) 참조). F_{AB}의 크기를 부재 AB에 표시하고 절점 A와 B에서 절점을 잡아당기는 방향으로 화살표를 표시함으로써 부재 AB는 인장력을 받고 있음을 알 수 있다.

다음으로 절점 B에 작용하는 힘들을 알아보자. 그림 4.16(c)에서 절점 B에서 $\sum F_y = 0$ 을 만족시키기 위해서 BC의 부재력은 "0"이 된다. 수평 방향의 $\sum F_x = 0$ 평형조건을 만족하기 위해서 BC의 부재력은 25.7 kN이 되며, 절점 B에서 오른쪽으로 잡아당기는 인장력이다. 절점 C의 평형조건을 고려하면 $\sum F_y = 0$ 을 만족시키기 위해서 F_{CD}의 수직 성분은 34.3 kN이 되며, 절점을 밀어내는 아랫방향으로 작용한다. 따라서 부재 CD에는 압축력이 작용하게 된다. F_{CD}의 수직 성분은 34.3 kN이고 부재 CD의 기울기가 4 : 3이므로 F_{CD}의 수평 성분은 (3/4)(34.3 kN) = 25.7 kN이다. 그러므로 F_{CD}는 $\sqrt{(25.7)^2 + (34.3)^2} = 42.8$ kN이다. 모든 부재력을 계산한 후에 절점 C에서의 평형방정식 $\sum F_x = 0$와 절점 D에서의 평형방정식 $\sum F_y = 0$, $\sum F_x = 0$을 이용하여 계산 결과를 검토할 수 있다. 그림 4.16(c)에 계산된 모든 부재의 수평, 수직 성분이 표시되어 평형방정식이 모두 만족되고 있음을 쉽게 확인할 수 있다. 여기서 중요한 점은 그림 4.16(c)에 표시된 화살표는 부재의 단부에 작용하는 것이 아니라 각 절점에 작용하고 있다는 것이다.

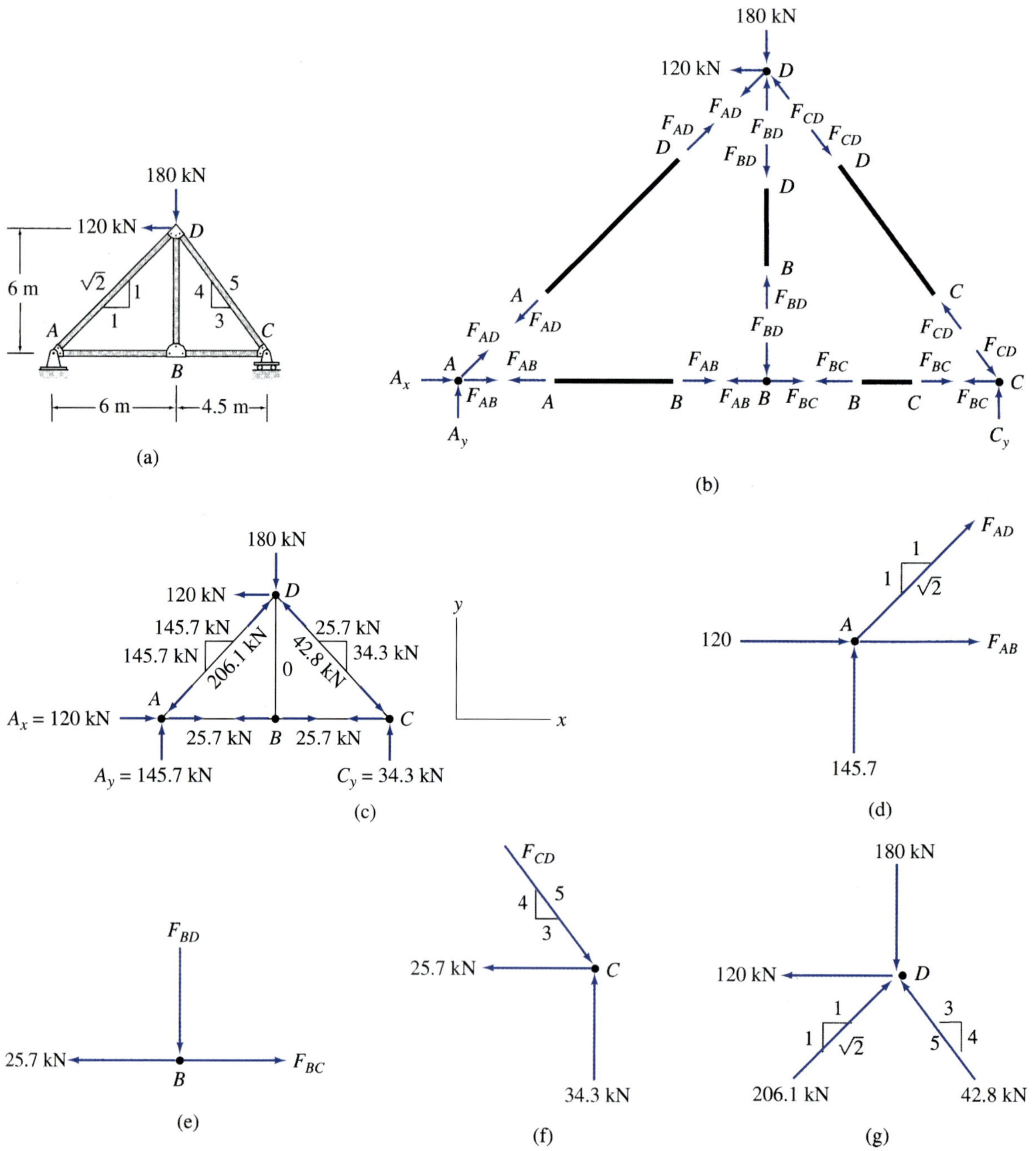

그림 4.16

힘을 받지 않는 부재의 판별

트러스는 일반적으로 다양한 하중 조건을 지지하도록 설계되기 때문에 특정한 하중 조건에서 힘을 받지 않는 부재가 있을 수 있다. 힘을 받지 않는 부재는 압축부재의 좌굴이나 세장한 인장부재의 진동을 막기 위해 가새의 역할을 하도록 추가되기도 한다. 힘을 받지 않는 부재를 미리 판별해낼 수 있다면 트러스 해석을 간편하게 수행할 수 있다. 힘을 받지 않는 부재가 발생할 수 있는 2가지 부재 배치 형상은 다음과 같다.

1. 동일 직선상에 있지 않은 2개의 부재가 하나의 절점에 연결되어 있고, 이 절점에 어떠한 외력이나 반력도 작용하지 않으면, 이러한 두 부재는 힘을 받지 않는다.
2. 한 절점에 동일 직선상에 있는 2개의 부재와 동일 직선에 있지 않는 1개의 부재가 연결되어 있고, 이 절점에 어떠한 외력이나 반력도 작용하지 않으면, 동일 직선상에 있지 않는 부재는 힘을 받지 않는다.

그림 4.17(a)는 첫 번째 유형으로 절점 A에 동일 직선상에 있지 않은 2개의 부재 AB와 AC가 연결되어 있으며 어떠한 외력이나 반력도 작용하지 않고 있다. 평형방정식 $\sum F_y = 0$을 만족시키기 위해서는 F_{AB}의 y성분이 "0"이어야 하므로, F_{AB}는 "0"이 된다. F_{AB}의 x성분도 "0"이기 때문에 두 번째 평형방정식 $\sum F_x = 0$을 만족시키기 위해서 F_{AC}도 "0"이 되어야 한다.

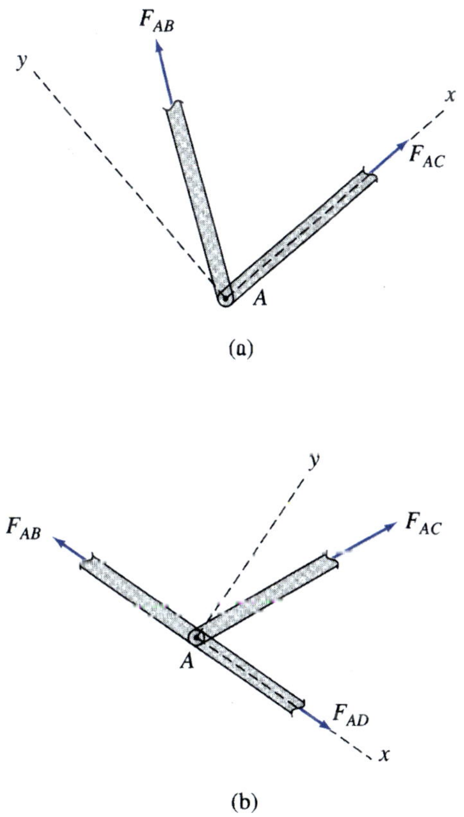

그림 4.17

그림 4.17(b)는 두 번째 유형으로 부재 AB, AC, AD가 절점 A에 연결되어 있으며, 3개의 부재 중 2개의 부재 AB와 AD는 동일 직선상에 놓여 있다. 그림에서 알 수 있듯이 힘 F_{AC}의 y성분과 평형을 이루는 어떠한 외력이나 반력이 절점 A에 작용하지 않으므로 평형방정식 $\sum F_y = 0$을 만족시키기 위해서 $F_{AC} = 0$이 되어야 한다.

4.3 Example

그림 4.18의 불균형 적설하중을 받고 있는 핀크(Fink) 지붕트러스의 힘을 받지 않은 부재를 모두 찾아라.

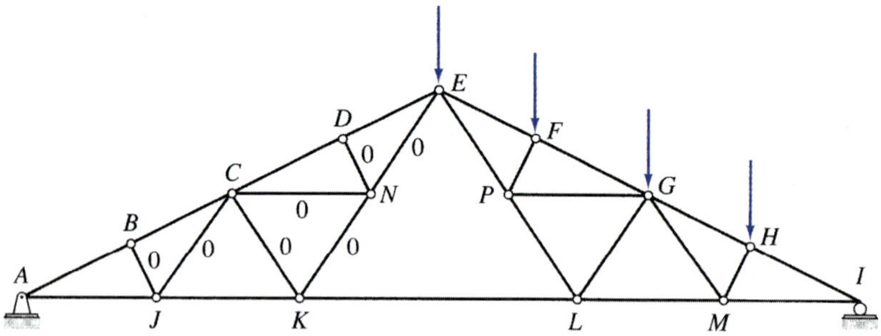

그림 4.18

풀이

그림에서 절점 B에 3개의 부재 AB, BC, BJ가 연결되어 있고, AB와 BC 부재는 동일 직선상에 있지 않음을 알 수 있다. 절점 B에 외부 하중이 작용하지 않으므로 BJ 부재는 힘을 받지 않은 부재이다. 이와 같은 논리에서 절점 D에 연결된 부재 DN도 힘을 받지 않는 부재이다. 절점 J에는 4개의 부재 AJ, BJ, CJ, JK가 연결되어 있으며 외부 하중이 작용하지 않고 있다. BJ 부재는 힘을 받지 않은 부재이고, 부재 AJ와 JK는 동일 직선상에 놓여 있다. 따라서 부재 CJ는 힘을 받지 않은 부재이다. 유사하게 절점 N에서 부재 CN, 절점 C에서 부재 CK, 절점 K에서 부재 KN는 힘을 받지 않은 부재이다. 마지막으로 4개의 부재 CN, DN, EN, KN이 연결된 절점 N을 살펴보면, 3개의 부재 CN, DN, KN이 힘을 받지 않은 부재이므로 나머지 부재 EN의 부재력도 "0"이 되어야 한다.

해석 순서

다음과 같은 단계적 방법에 의해 정정 단순 평면트러스를 절점법으로 해석할 수 있다.

1. 앞 장에서 설명한 것과 같이 트러스의 정정여부를 확인한다. 트러스가 정정구조이며 안정하다면 2단계로 진행하고, 그렇지 않으면 여기서 해석을 종료한다. (부정정트러스 해석은 이 책의 3부에서 다룬다.)
2. 힘을 받지 않는 부재를 판별한다.
3. 경사진 부재는 기울기를 계산한다. (힘을 받지 않는 부재는 제외)
4. 전체 트러스의 자유물체도를 작성한다. 모든 외력과 반력을 표시하고 힘을 받지 않는 부재의 부재력은 "0"으로 표시한다.

5. 자유물체도에서 부재가 동일한 직선상에 있지 않으며 최대 2개의 미지력이 작용하는 절점을 선택한다. 이러한 조건을 만족하는 절점이 선택되면 다음 단계로 이동한다. 그렇지 않으면 트러스 전체의 자유물체도에 대한 3개의 평형방정식과 조건방정식(만일 있다면)을 이용하여 반력을 계산한 후, 최대 2개의 미지력이 작용하는 절점을 선택하여 다음 단계로 이동한다.

6. **a.** 선택한 절점에 대한 자유물체도를 작성하고 인장력은 절점에서 잡아당기는 방향으로, 압축력은 절점을 밀어내는 방향으로 화살표를 표시한다. 미지의 부재력은 인장력으로 가정하는 것이 편리하다.

   b. 2개의 평형방정식 $\sum F_x = 0$과 $\sum F_y = 0$을 적용하여 미지의 부재력을 계산한다. 계산값이 양수이면 부재가 가정한 방향과 동일하게 인장력을 받는 것이며, 음수이며 압축력을 받는 것이다. 선택한 절점에 작용하는 미지의 힘 중에서 적어도 하나 이상이 수평 또는 수직 방향이면, 절점에 대한 평형방정식을 사용하지 않고 트러스의 자유물체도를 관찰하여 2개의 평형조건을 만족시키는 미지의 힘을 결정할 수 있다.

7. 모든 부재력과 반력을 계산했으면 다음 단계로 넘어가고, 그렇지 않으면 2개 이하의 미지의 힘을 받는 다른 절점을 선택하여 6단계로 되돌아간다.

8. 5단계에서 트러스 전체의 평형방정식과 조건방정식을 사용하여 반력을 계산했으면 계산에 사용되지 않은 절점을 선택하여 계산 결과를 검토한다. 만약 절점에서의 평형방정식을 이용하여 반력을 구한 경우라면 트러스 전체에 대한 평형방정식을 사용하여 계산 결과를 검토한다. 정확하게 계산되었다면 이러한 다른 평형방정식이 만족되어야 한다.

4.4 Example

절점법에 사용하여 그림 4.19(a)의 와렌(Warren)트러스의 모든 부재력을 계산하라.

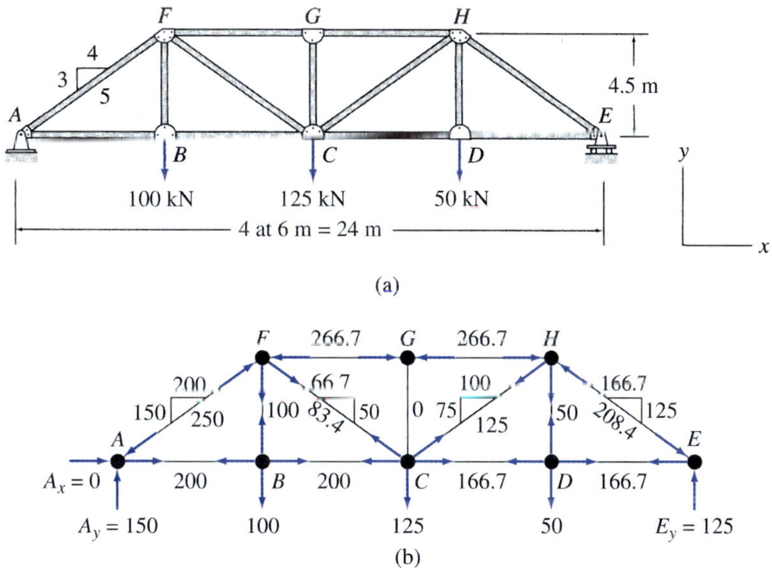

그림 4.19

풀이

정정구조 판정. 이 트러스는 13개의 부재와 8개의 절점을 가지고 있으며, 3개의 지점반력에 의해 지지되고 있다. $m+r=2j$를 만족하고 트러스의 부재가 적절히 배치되어 있기 때문에 정정구조이다.

힘을 받지 않는 부재. 그림 4.19(a)에서 절점 G에는 3개의 부재 CG, FG, GH가 연결되어 있으며, FG와 GH는 동일 직선상에 있고 CG는 그렇지 않다. 절점 G에는 외부 하중이 가해지지 않으므로 부재 CG는 힘을 받지 않는 부재이다.

$$F_{CG}=0$$

그림 4.19(a)에서 모든 경사부재의 기울기는 3 : 4이다. 트러스 전체에 대한 자유물체도는 그림 4.19(b)와 같다. 동일 직선상에 있지 않고, 2개 이하의 미지의 힘을 갖는 절점을 찾을 수 없기 때문에 지점반력을 먼저 계산하였다. (절점 G에 작용하는 미지의 힘은 F_{FG}와 F_{GH} 2개이지만, 이 힘들이 동일 직선상에 있지 않기 때문에 절점의 평형방정식 $\sum F_x=0$으로부터 구할 수 없다.)

지점반력. 비례의 원리를 사용하여 다음과 같이 계산한다.

$$A_y = 100\left(\frac{3}{4}\right)+125\left(\frac{1}{2}\right)+50\left(\frac{1}{4}\right) = 150$$

$$\sum F_y=0 \quad E_y=(100+125+50)-150=125\ \text{kN}$$

$$\sum F_x=0 \quad A_x=0$$

절점 A. 그림 4.19(b)의 절점 A에서 수직 방향의 평형조건을 만족시키기 위해서 F_{AF}의 수직 성분은 150 kN으로 절점을 아래로 밀어내는 방향으로 작용해야 한다. 부재 AF의 기울기는 3 : 4이므로 F_{AF}의 수평 성분 크기는 (4/3)(150 kN) = 200 kN이다. 따라서 AF의 부재력은 압축이고 $F_{AF}=\sqrt{(200)^2+(150)^2}=250$ kN이다.

$$F_{AF}=250\ \text{kN (C)}$$

F_{AF}의 수평 성분을 알면 $\sum F_x=0$을 만족시키기 위해 F_{AB}가 200 kN으로 절점을 오른쪽으로 당겨야 한다. 그러므로 부재 AB는 200 kN의 힘으로 인장력을 받는다.

$$F_{AB}=200\ \text{kN (T)}$$

절점 B. 절점 B에서 $\sum F_x=0$을 적용하면 다음과 같다.

$$F_{BC}=200\ \text{kN (T)}$$

$\sum F_y=0$로부터 다음을 계산할 수 있다.

$$F_{BF}=100\ \text{kN (T)}$$

절점 F. 절점 F는 F_{CF}와 F_{FG}의 2개의 미지수를 포함하고 있으므로 다음과 같이 평형방정식을 적용할 수 있다. 그림 4.19(b)에서 $\sum F_y=0$을 만족시키기 위해서 F_{CF}의 수직 성분이 $150-100=50$ kN의 크기로 절점 F를 아래로 당겨야 한다. 부재 CF의 기울기 3 : 4를 이용하여 계산하면 수평 성분의 크기는 (4/3)(50 kN) = 66.7 kN이고, F_{CF}는 83.4 kN이다.

$$F_{CF} = 83.4\ \text{kN (T)}$$

절점 F에 대한 수평 방향 평형조건을 고려해 보면 그림 4.19(b)와 같이 F_{FG}는 $200+66.7=266.7$ kN으로 절점을 좌측으로 밀어내는 방향으로 작용해야 한다.

$$F_{FG} = 266.7\ \text{kN (C)}$$

절점 *G*. 수평 방향의 평형방식을 $\sum F_x = 0$을 이용하여 F_{GH}를 계산할 수 있다.

$$F_{GH} = 266.7\ \text{kN (C)}$$

절점 G에 대한 2번째 평형방정식 $\sum F_y = 0$은 부재 CG가 힘을 받지 않는 부재임을 확인할 때 이미 사용되었다.

절점 *C*. 수직 방향의 평형방정식 $\sum F_y = 0$을 적용해 보면 부재 CH는 인장 상태에 있어야 하고 힘의 수직 성분 크기는 $125-50=75$ kN이라는 사실을 알 수 있다(그림 4.19(b) 참조). 따라서 부재 F_{CH}와 F_{CH}의 수평 성분은 각각 100 kN, 125 kN이다.

$$F_{CH} = 125\ \text{kN (T)}$$

수평 방향의 평형조건 $\sum F_x = 0$을 고려할 때 부재 CD는 $200+66.7-100 = 166.7$ kN 크기의 인장력을 받아야 한다.

$$F_{CD} = 166.7\ \text{kN (T)}$$

절점 *D*. $\sum F_x = 0$을 적용하여 F_{DE}를 계산한다.

$$F_{DE} = 166.7\ \text{kN (T)}$$

$\sum F_y = 0$로부터 다음을 계산한다.

$$F_{DH} = 50\ \text{kN (T)}$$

절점 *E*. 절점 E에 작용하는 모든 힘의 수직 성분이 $\sum F_y = 0$을 만족시키기 위해서는 F_{EH}의 수직 성분이 125 kN으로 절점 E을 아랫방향으로 밀어내도록 작용해야 한다. 따라서 F_{EH}의 수평 성분은 $(4/3)\times125 = 166.7$ kN이다. 따라서 F_{EH}는 208.4 kN의 압축력이다.

$$F_{EH} = 208.4\ \text{kN (C)}$$

계산 검토. 아직 적용되지 않은 평형방정식을 이용하여 계산을 검토한다(그림 4.19(b) 참조). 절점 E에서 다음을 계산한다.

$$+\rightarrow \sum F_x = -166.7+166.7=0$$

절점 H에서 다음을 계산한다.

$$+\rightarrow \sum F_x = 266.7-100-166.7=0$$

$$+\uparrow \sum F_y = -75-50+125=0$$

4.5 Example

절점법을 사용하여 그림 4.20(a) 트러스의 모든 부재력을 계산하라.

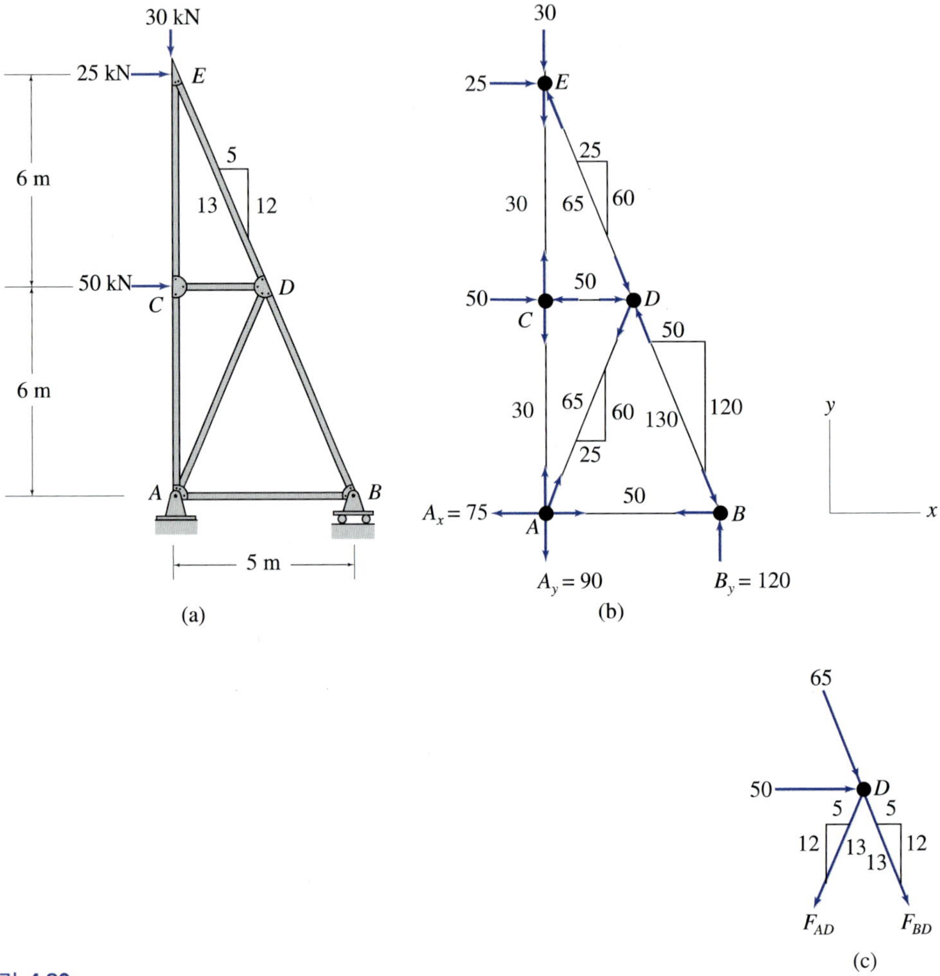

그림 4.20

풀이

정정구조 판정. 이 트러스는 7개의 부재와 5개의 절점을 가지고 있으며, 3개의 반력에 의해 지지되고 있다. $m+r=2j$를 만족하고 트러스의 부재가 적절히 배치되어 있기 때문에 정정구조이다. 그림 4.20(a)에서 모든 경사부재의 기울기가 12 : 5임을 알 수 있다. 절점 E에 동일 직선상에 있지 않는 2개의 미지의 힘 F_{CE}와 F_{DE}가 있으므로, 반력을 먼저 계산하지 않고 절점법을 이용하여 절점 E에서 계산을 바로 시작할 수 있다.

절점 E. 그림 4.20(b)의 절점 E에서 수평 방향의 평형조건 $\sum F_x = 0$을 만족시키기 위해서 F_{DE}의 수평 성분은 25 kN으로 좌측으로 작용해야 한다. 부재 DE의 기울기는 12 : 5이므로 F_{DE}의 수직 성분은 (12/5) (25) = 60 kN이다. 따라서 부재 DE의 부재력은 압축이며 F_{DE}의 크기는 다음과 같다.

$$F_{DE} = \sqrt{(25)^2 + (60)^2} = 65 \text{ kN}$$
$$F_{DE} = 65 \text{ kN (C)}$$

F_{DE}의 수직 성분을 알고 $\sum F_y = 0$을 적용하면, F_{CE}는 $60-30=30$ kN으로 절점 E를 아랫방향으로 당겨야 한다.

$$F_{CE} = 30 \text{ kN (T)}$$

절점 *C*. 절점 C에서 $\sum F_x = 0$을 적용하면 다음과 같다.

$$F_{CD} = 50 \text{ kN (C)}$$

$\sum F_y = 0$로부터 다음을 계산할 수 있다.

$$F_{AC} = 30 \text{ kN (T)}$$

절점 *D*. 절점 D에 작용하는 F_{AD}와 F_{BD}는 모두 경사 방향이므로 그림 4.20(c)와 같이 절점의 자유물체도를 그린 후에 평형방정식을 사용하여 미지수를 계산한다.

$$+\rightarrow \sum F_x = 0 \qquad 50 + \frac{5}{13}(65) - \frac{5}{13}F_{AD} + \frac{5}{13}F_{BD} = 0$$
$$+\uparrow \sum F_y = 0 \qquad -\frac{12}{13}(65) - \frac{12}{13}F_{AD} - \frac{12}{13}F_{BD} = 0$$

방정식을 연립하여 계산하면 다음과 같다.

$$F_{AD} = 65 \text{ kN} \quad \text{그리고} \quad F_{BD} = -130 \text{ kN}$$
$$F_{AD} = 65 \text{ kN (T)}$$
$$F_{BD} = 130 \text{ kN (C)}$$

절점 *B*. (그림 4.20(b) 참조) 절점 B의 수평 방향의 평형을 고려하면 다음과 같다.

$$F_{AB} = 50 \text{ kN (T)}$$

모든 부재력을 계산한 후에 절점 B에서의 평형방정식 $\sum F_y = 0$을 사용하여 지점반력 B_y를 계산한다.

$$B_y = 120 \text{ kN} \uparrow$$

절점 *A*. $\sum F_x = 0$을 적용하면 다음과 같다.

$$A_x = 75 \text{ kN} \leftarrow$$

$\sum F_y = 0$로부터 다음을 계산한다.

$$A_y = 90 \text{ kN} \downarrow$$

계산 검토. 트러스 전체의 평형을 고려해서 계산을 검토한다. 그림 4.20(b)의 트러스 전체의 자유물체도에서 3개의 평형방정식을 사용하면 다음과 같다.

$$+\rightarrow \sum F_x = 25 + 50 - 75 = 0$$
$$+\uparrow \sum F_y = -30 - 90 + 120 = 0$$
$$+\circlearrowleft \sum M_B = 30(5) - 25(12) - 50(6) + 90(5) = 0$$

4.6 Example

그림 4.21(a)의 3개의 힌지로 구성된 아치 트러스의 모든 부재력을 절점법으로 계산하라.

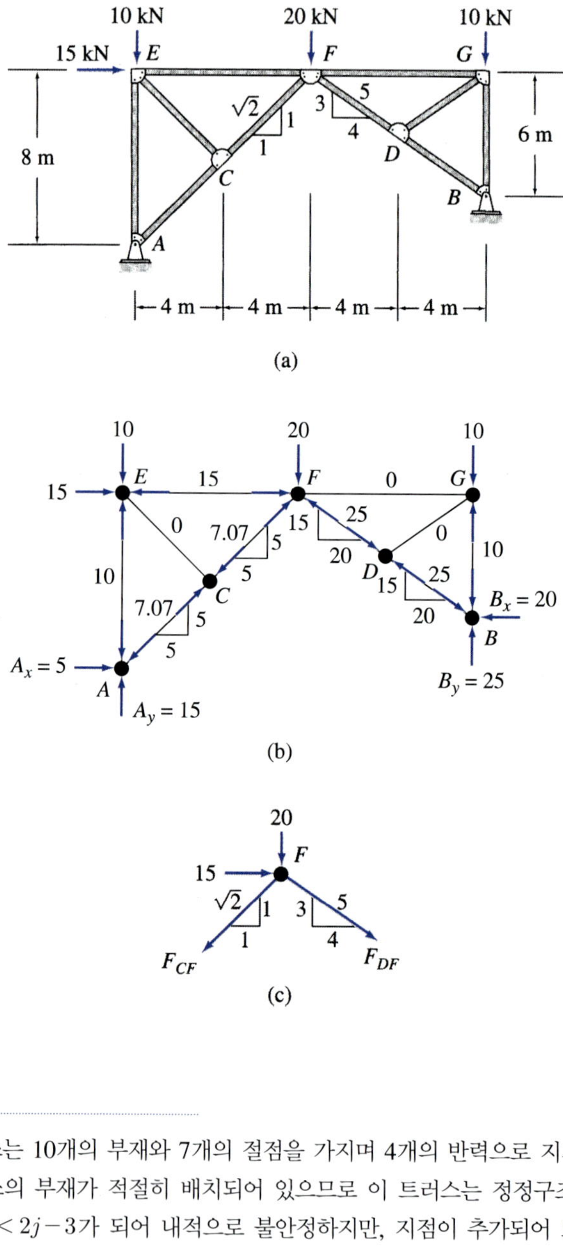

그림 4.21

풀이

정정 판정. 이 트러스는 10개의 부재와 7개의 절점을 가지며 4개의 반력으로 지지되고 있다. $m+r=2j$이고 반력과 트러스의 부재가 적절히 배치되어 있으므로 이 트러스는 정정구조이다. 트러스의 부재 수와 절점 수에서 $m<2j-3$가 되어 내적으로 불안정하지만, 지점이 추가되어 트러스의 형태를 유지하므로 강체로 취급할 수 있다.

힘을 받지 않는 부재. 그림 4.21(a)의 절점 C에서 3개의 부재 AC, CE, CF가 연결되어 있고 부재 AC와 CF는 동일 직선상에 있다. 절점 C에는 외부 하중이 가해지지 않으므로 동일 직선상에 있지 않는 부재 CE는 힘을 받지 않는 부재이다.

$$F_{CE}=0$$

유사하게 절점 D에 이를 적용하면 부재 DG도 힘을 받지 않는 부재임을 알 수 있다.

$$F_{DG} = 0$$

힘을 받지 않는 부재를 제외하고 경사부재의 기울기를 그림 4.21(a)에 나타내었다. 그림 4.21(b)는 전체 트러스의 자유물체도이다. 절점 E와 G에는 2개의 미지수만 있으므로, 절점법으로 해석을 시작할 수 있다.

절점 E. 그림 4.21(b)의 절점 E에서 수평 방향의 평형방정식 $\sum F_x = 0$을 적용해 보면 부재 EF에는 15 kN의 압축력이 작용해야 한다.

$$F_{EF} = 15 \text{ kN (C)}$$

이와 비슷하게 $\sum F_y = 0$을 적용하면 다음과 같다.

$$F_{AE} = 10 \text{ kN (C)}$$

절점 G. 절점 G의 수평 방향의 평형조건 $\sum F_x = 0$을 고려해 보면 부재 FG의 부재력은 "0"이다.

$$F_{FG} = 0$$

이와 비슷하게 $\sum F_y = 0$을 적용하면 다음과 같다.

$$F_{DG} = 10 \text{ kN (C)}$$

절점 F. 절점 F에 작용하는 미지의 힘 F_{CF}와 F_{DF}는 모두 경사 방향이므로 이 절점에 대한 자유물체도를 그린 후, 연립방정식을 풀어 미지의 힘을 계산할 수 있다(그림 4.21(c) 참조).

$$+\rightarrow \sum F_x = 0 \qquad 15 - \frac{1}{\sqrt{2}}F_{CF} + \frac{4}{5}F_{DF} = 0$$

$$+\uparrow \sum F_y = 0 \qquad -20 - \frac{1}{\sqrt{2}}F_{CF} - \frac{3}{5}F_{DF} = 0$$

위의 연립방정식을 풀면 다음과 같다.

$$F_{DF} = -25 \text{ kN} \quad \text{그리고} \quad F_{CF} = -7.07 \text{ kN}$$

$$F_{DF} = 25 \text{ kN (C)}$$

$$F_{CF} = 7.07 \text{ kN (C)}$$

절점 C. (그림 4.21(b) 참조) 절점 C가 평형 상태에 있으려면 "0"이 아닌 2개의 힘이 크기는 같고 방향이 반대이어야 한다.

$$F_{AC} = 7.07 \text{ kN (C)}$$

절점 D. 절점 C와 유사하게 F_{BD}를 계산해 보면 다음과 같다.

$$F_{BD} = 25 \text{ kN (C)}$$

절점 A. 모든 부재력을 계산한 후에 절점 A에 대한 2개의 평형방정식을 적용하여 지점반력 A_x와 A_y를 계산한다. 먼저 $\sum F_x = 0$를 적용하여 A_x를 구한다.

$$A_x = 5 \text{ kN} \rightarrow$$

$\sum F_y = 0$을 적용하면 $A_y = 10 + 5 = 15$ kN로 동일하다.

$$A_y = 15\text{ kN} \uparrow$$

절점 B. $\sum F_x = 0$을 적용하면 다음과 같다.

$$B_x = 20\text{ kN} \leftarrow$$

$\sum F_y = 0$로부터 $B_y = 15 + 10 = 25$ kN.

$$B_y = 25\text{ kN} \uparrow$$

전체 트러스에 대한 평형 검토. 전체 트러스에 대한 평형 상태를 고려하여 계산 결과값을 검토한다. 그림 4.21(b)의 트러스 전체에 대한 3개의 평형방정식을 적용하면 다음과 같다.

$$+\rightarrow \sum F_x = 5 + 15 - 20 = 0$$
$$+\uparrow \sum F_y = 15 - 10 - 20 - 10 + 25 = 0$$
$$+\circlearrowleft \sum M_B = 5(2) - 15(16) - 15(6) + 10(16) + 20(8) = 0$$

4.6 단면법에 의한 평면트러스 해석

앞 절에서 소개한 절점법은 트러스의 모든 부재력을 구해야 할 때 효과적이다. 그러나 절점법을 사용하여 트러스의 특정 부재에 대한 부재력을 구하고자 할 경우에 그 부재에 도달하기 전에 여러 다른 부재력을 먼저 계산해야 하기 때문에 절점법은 비효율적이다. **단면법**은 절점법과 같이 불필요한 부재력을 먼저 계산하지 않고 트러스의 특정 부재력을 직접 계산할 수 있는 방법이다.

단면법에서는 구하고자 하는 특정 부재를 통과하는 가상의 단면으로 트러스를 2개의 부분으로 나눈다. 나누어진 2개의 트러스 중 어느 한 부분에 대해서 힘의 평형조건을 적용하여 원하는 부재력을 계산한다. 나누어진 트러스는 외력, 반력, 부재력에 의해 평형 상태에 있는 강체로 취급한다. 나누어진 2개의 부분 중 어느 한 부분에 대한 3개의 평형방정식을 이용하여 미지의 부재력을 계산할 수 있다. 사용할 수 있는 평형방정식의 개수가 오직 3개뿐이므로 3개 이상의 미지수를 갖는 경우에 대해서는 단면법을 사용할 수 없다. 따라서 일반적으로 **미지의 힘을 갖는 부재가 3개 이상이 되지 않도록 단면을 선택하는 것이 좋다.** 경우에 따라서는 3개 이상의 부재력을 갖는 단면을 사용하여 1개 또는 2개 이상의 미지의 힘을 구할 수도 있지만, 이러한 방법은 오직 특별한 유형의 트러스에 대해서만 적용이 가능하다(예제 4.9 참조).

해석 순서

다음과 같은 단계에 의해 단면법을 이용하여 정정 단순 평면트러스의 부재력을 계산할 수 있다.

1. 가능한 한 많은 부재력을 포함하는 가상의 단면을 선정하여 트러스를 2개의 부분으로 나눈다. 단, 미지의 힘을 포함하는 부재의 개수가 3개를 넘어서는 안 된다.
2. 2개의 부분으로 나누어진 트러스 중 어느 쪽을 사용하여도 부재력을 계산할 수 있지만, 가능하면 계산량을 최소화할 수 있는 부분을 선택한다. 반력을 계산하지 않기 위해서 나

누어진 2개의 트러스 중에서 반력을 포함하고 있지 않은 부분을 선택하여 다음 단계로 넘어간다. 만약 2개의 트러스 부분 모두 외부 지점에 연결되어 있으면, 트러스 전체의 자유물체도에 대한 평형방정식과 조건방정식(만일 있다면)에 의해 반력을 먼저 계산한다. 그 후에 가장 적은 외력과 반력을 포함하고 있는 트러스 부분을 선택한다.

3. 선택된 트러스 부분에 대해서 자유물체도를 그린 후 모든 외력, 반력, 가상단면의 부재에 작용하는 부재력을 표시한다. 미지의 부재력은 일반적으로 **인장력**으로 가정하기 때문에 자유물체도에 절점을 **잡아당기는** 방향으로 화살표를 표시한다.
4. 3개의 평형방정식을 사용하여 미지의 힘을 계산한다. 연립 평형방정식을 계산하는 번거로움을 피하기 위해서는 1개의 방정식에 오직 1개의 미지수만이 포함되도록 평형방정식을 구성하는 것이 좋다. 이를 위해서 일반적으로 적용되는 2개의 힘의 방정식과 1개의 모멘트 방정식$\left(\sum F_x = 0,\ \sum F_y = 0,\ \sum M = 0\right)$을 사용하지 않고 3.1절에서 설명한 평형방정식$\left(\sum F_q = 0,\ \sum M_A = 0,\ \sum M_B = 0 \text{ 또는 } \sum M_A = 0,\ \sum M_B = 0,\ \sum M_C = 0\right)$을 선택적으로 사용할 수도 있다.
5. 부재력을 계산할 때 이용하지 않은 평형방정식을 사용하여 계산 결과를 검토한다. 평형방정식에는 단면법에 의해 계산된 3개의 미지의 힘이 모두 포함될 수 있도록 하는 것이 바람직하다. 계산이 올바르게 수행되었다면, 이 평형방정식이 만족되어야 한다.

4.7 Example

단면법으로 그림 4.22(a)의 트러스에 대하여 부재 *CD*, *DG*, *GH*에 작용하는 부재력을 계산하라.

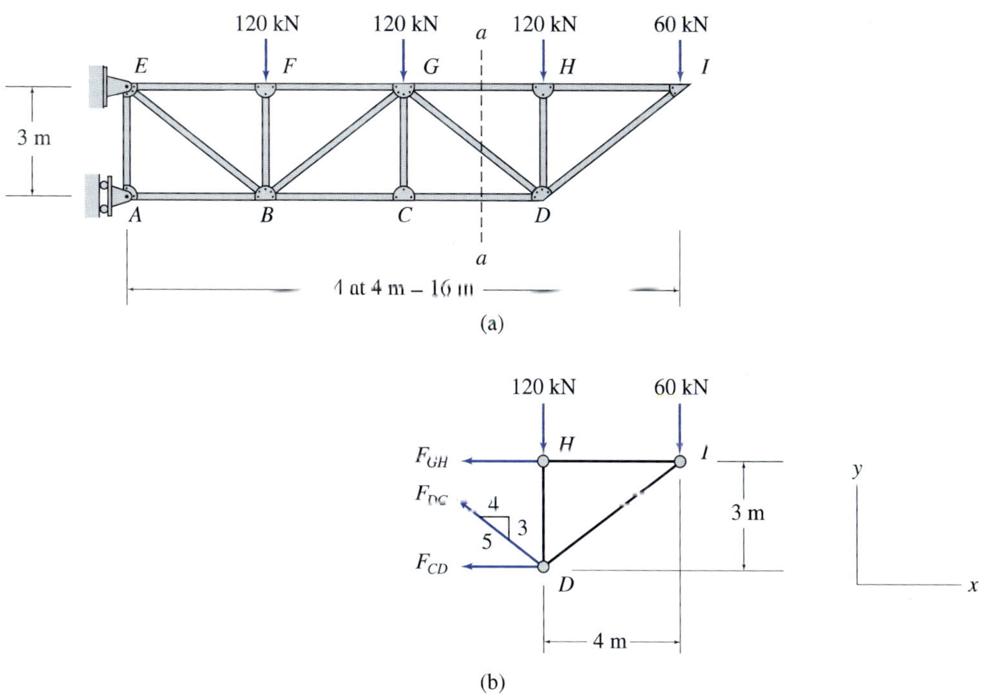

그림 4.22

풀이

단면 aa. 그림 4.22(a)와 같이 단면 aa에서 부재 CD, DG, GH를 절단하여 전체 트러스를 $ACGE$와 DHI의 2개 부분으로 나눈다. 지점반력을 계산하지 않도록 DHI의 우측 부분을 사용하여 부재력을 계산한다.

부재력. 나누어진 트러스 DHI 부분에 대한 자유물체도를 그림 4.22(b)에 표시하였다. 3개의 미지의 힘 F_{CD}, F_{DG}, F_{GH}를 인장력으로 가정하여 해당 절점을 잡아당기는 방향으로 화살표를 표시한다. F_{DG}의 기울기가 자유물체도에 표시되었다. 계산하기 원하는 부재력을 다음과 같이 평형방정식을 사용하여 계산한다(그림 4.22(b) 참조).

$$+\circlearrowleft \sum M_D = 0 \qquad -60(4) + F_{GH}(3) = 0 \qquad F_{GH} = 80\text{ kN (T)}$$

$$+\uparrow \sum F_y = 0 \qquad -120 - 60 + \frac{3}{5}F_{DG} = 0 \qquad F_{DG} = 300\text{ kN (T)}$$

$$+\rightarrow \sum F_x = 0 \qquad -80 - \frac{4}{5}(300) - F_{CD} = 0 \qquad F_{CD} = -320\text{ kN}$$

F_{CD}의 음의 부호는 가정된 힘의 방향이 반대라는 것을 의미하므로 F_{CD}는 실제로 압축력이 된다.

$$F_{CD} = 320\text{ kN (C)}$$

계산 검토. (그림 4.22(b) 참조)

$$+\circlearrowleft \sum M_I = 120(4) - (-320)(3) - \frac{4}{5}(300)(3) - \frac{3}{5}(300)(4) = 0$$

4.8 Example

단면법으로 그림 4.23(a)의 트러스에 대하여 부재 CJ와 IJ에 작용하는 부재력을 계산하라.

풀이

단면 aa. 그림 4.23(a)와 같이 단면 aa에서 부재 IJ, CJ, CD를 절단하여 전체 트러스를 ACI와 DGJ의 2개 부분으로 나눈다. 여기서는 좌측 ACI 부분을 사용하여 부재력을 계산하고자 한다.

반력. 부재력을 계산하기 전에 지점 A에서의 반력을 계산해야 한다. 트러스 전체에 대한 평형관계를 고려하면(그림 4.23(b) 참조), $A_x = 0$, $A_y = 100\text{ kN}\uparrow$, $G_y = 100\text{ kN}\uparrow$ 이다.

부재력. 나누어진 트러스 ACI 부분에 대한 자유물체도를 그림 4.23(c)에 나타내었다. F_{IJ}와 F_{CJ}의 기울기가 그림 4.23(a)의 트러스의 치수로부터 계산되어 자유물체도에 표시되었다. 평형방정식을 이용하여 미지의 힘을 다음과 같이 계산할 수 있다. F_{CJ}와 F_{CD}는 모두 절점 C를 통과하므로 C점에서의 모멘트 합을 구하면 F_{IJ}만의 방정식을 얻을 수 있다.

$$+\circlearrowleft \sum M_C = 0 \qquad -100(8) + 40(4) - \frac{4}{\sqrt{17}}F_{IJ}(5) = 0 \qquad F_{IJ} = -132\text{ kN}$$

F_{IJ}의 음의 부호는 가정된 힘의 방향이 반대라는 것을 의미하며 F_{IJ}는 실제로는 압축력이 된다.

$$F_{IJ} = 132\text{ kN (C)}$$

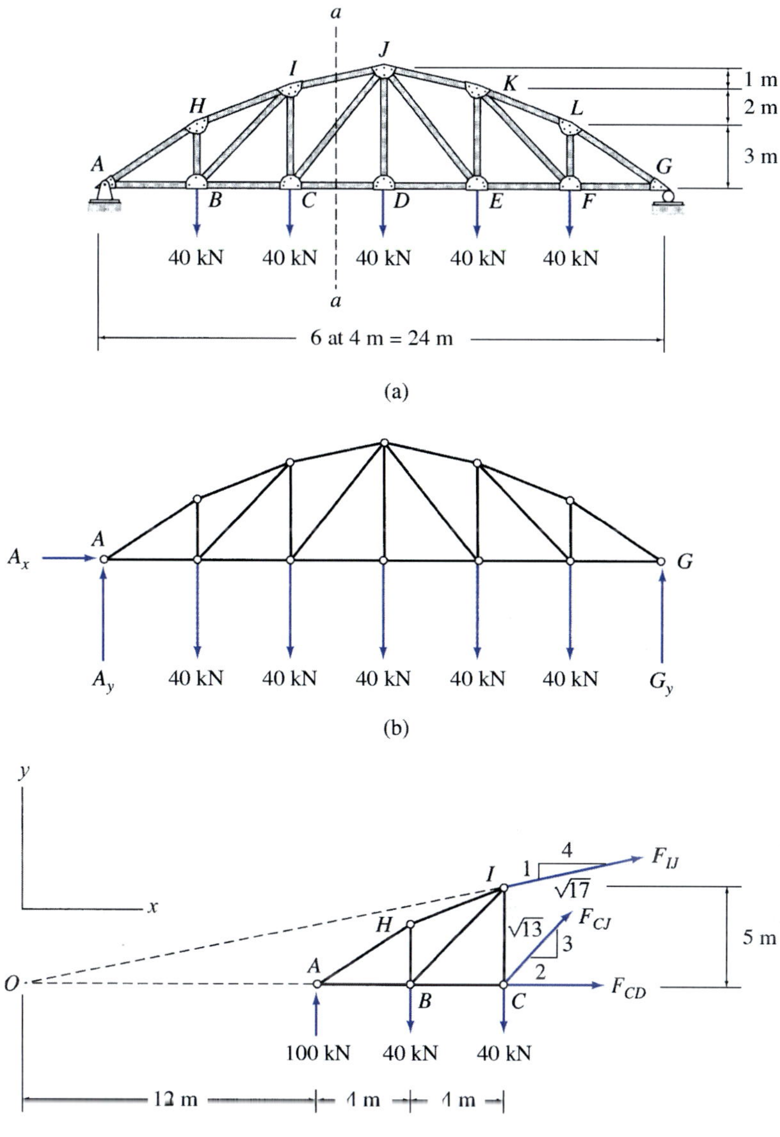

그림 4.23

힘 F_{IJ}와 F_{CD}의 작용선이 교차하는 O점에 대한 모멘트 합을 계산하여 F_{CJ}를 구할 수 있다. 부재 IJ의 기울기가 1 : 4이므로 OC의 거리는 $OC = 4(IC) = 4(5) = 20$ m이다(그림 4.23(c) 참조). O점에 대한 모멘트 평형방정식을 적용하면 다음과 같다.

$$+\circlearrowleft \sum M_O = 0 \qquad 100(12) - 40(16) - 40(20) + \frac{3}{\sqrt{13}} F_{CJ}(20) = 0 \qquad F_{CJ} = 14.42 \text{ kN (T)}$$

계산 검토. 계산된 F_{IJ}와 F_{CJ}의 부재력을 포함하는 또 다른 평형방정식을 이용하여 계산을 검토한다.

$$+\uparrow \sum F_y = 100 - 40 - 40 - \frac{1}{\sqrt{17}}(132) + \frac{3}{\sqrt{13}}(14.42) = 0$$

4.9
Example

단면법을 이용하여 그림 4.24(a)의 K 트러스에 대하여 부재 *FJ*, *HJ*, *HQ*에 작용하는 부재력을 계산하라.

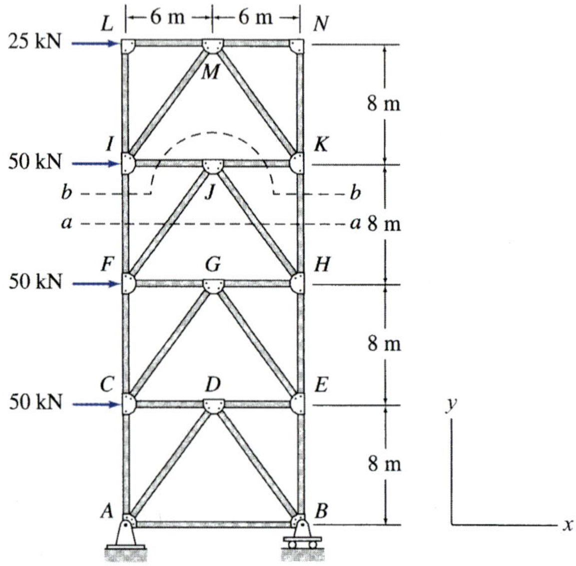

(a)

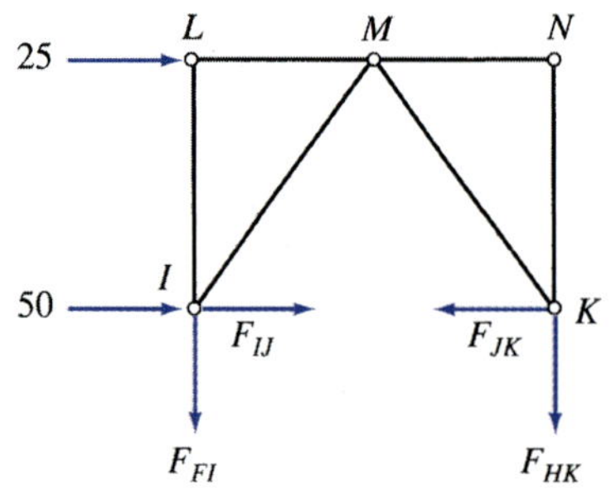

(b) Section *bb*

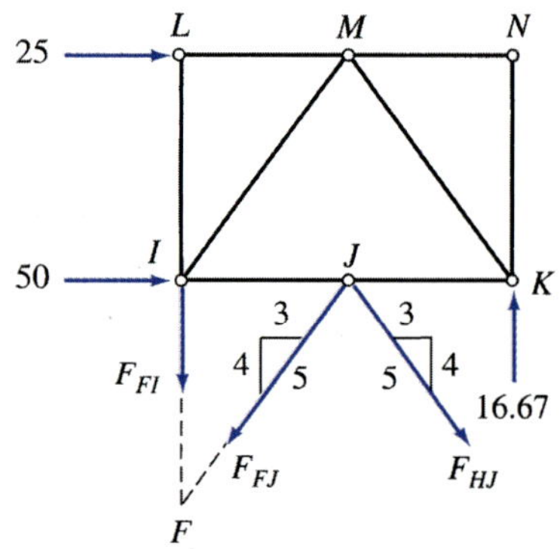

(c) Section *aa*

그림 4.24

풀이

그림 4.24(a)와 같이 3개의 부재 *FJ*, *HJ*, *HK*를 지나는 수평 단면 *aa*는 부재 *FJ*도 절단하게 되어 미지수의 개수가 4개가 되기 때문에 3개의 평형방정식으로 미지수를 계산할 수 없다. 따라서 K 형태로 부재가 배열된 트러스에 대해서는 그림 4.24(a)와 같이 트러스를 가상의 단면 *bb*로 먼저 나누어야 한다. 지점반력을 계산하지 않기 위해서 단면 *bb* 상단 부분 *IKNL*를 사용하여 해석한다. 이 부분에 대한 자유물체도를 그림 4.24(b)에 나타내었다. 단면 *bb*가 4개의 부재 *FI*, *IJ*, *JK*, *HK*를 절단하여 4개의 미지수가 있지만, 부재 *FI*와 *HK*에 작용하는 힘에 대해서는 *K*와 *I*점의 모멘트 합을 이용하여 계산할 수 있다. 왜냐하면 4개의 미지의 힘 중에서 3개가 *K*점 또는 *I*점을 통과하기 때문이다. 따라서 먼저 단면 *bb*를 이용하여 F_{HK}를 구하고, 단면 *aa*를 이용해서 F_{FJ}와 F_{HJ}를 계산해야 한다.

단면 *bb*. 그림 4.24(b)로부터 다음을 계산한다.

$$+\circlearrowleft \sum M_I = 0 \qquad -25(8) - F_{HK}(12) = 0 \qquad F_{HK} = -16.67\ \text{kN}$$
$$F_{HK} = 16.67\ \text{kN (C)}$$

단면 *aa*. 단면 aa에 의해 나누어진 *IKNL* 부분에 대한 자유물체도를 그림 4.24(c)에 표시하였다. F_{HJ}를 구하기 위해 F_{FI}와 F_{FJ}의 작용선이 만나는 F점을 중심으로 모멘트의 합을 계산한다.

$$+\circlearrowleft \sum M_F = 0 \qquad -25(16) - 50(8) + 16.67(12) - \frac{3}{5}F_{HJ}(8) - \frac{4}{5}F_{HJ}(6) = 0$$
$$F_{HJ} = -62.5\ \text{kN}$$
$$F_{HJ} = 62.5\ \text{kN (C)}$$

수평 방향의 평형방정식을 적용하면 다음과 같다.

$$+\rightarrow \sum F_x = 0 \qquad 25 + 50 - \frac{3}{5}F_{FJ} - \frac{3}{5}(62.5) = 0 \qquad F_{FJ} = 62.5\ \text{kN (T)}$$

계산 검토. 계산된 3개의 부재력을 포함하고 있는 또 다른 평형방정식을 이용하여 계산 결과를 검토한다. 그림 4.24(c)을 이용하면 다음과 같다.

$$+\circlearrowleft \sum M_I = -25(8) - \frac{4}{5}(62.5)(6) + \frac{4}{5}(62.5)(6) + 16.67(12) = 0$$

4.7 합성트러스 해석

합성트러스를 해석할 때 절점법과 단면법을 개별적으로 사용할 수도 있지만, 이 두 가지의 방법을 조합하여 사용하면 해석을 신속하게 수행할 수 있다. 몇몇 합성트러스에서는 절점법을 이용하여 해석할 때 미지의 힘이 2개 이하인 절점을 찾을 수 없는 경우가 있다. 이러한 경우에는 단면법을 사용하여 부재력을 먼저 계산한 후에 미지의 힘이 2개 이하인 절점을 찾아 절점법을 계속 적용할 수 있다. 다음 예제에서 이러한 방법을 설명하겠다.

4.10 Example

그림 4.25(a)의 합성트러스의 모든 부재력을 계산하라.

풀이

정정 판정. 이 트러스에는 11개의 부재와 7개의 절점이 있으며 3개의 반력으로 지지되고 있다. $m+r=2j$이고 트러스의 부재가 적절히 배치되어 있으므로 정정구조이다. 트러스의 치수로부터 경사부재의 기울기를 계산할 수 있으며, 이를 그림 4.25(a)에 표시하였다.

반력. 트러스 전체의 자유물체도(그림 4.25(b) 참조)에 대하여 3개의 평형방정식을 사용하면 다음과 같이 지점 A와 B에서의 반력을 계산할 수 있다.

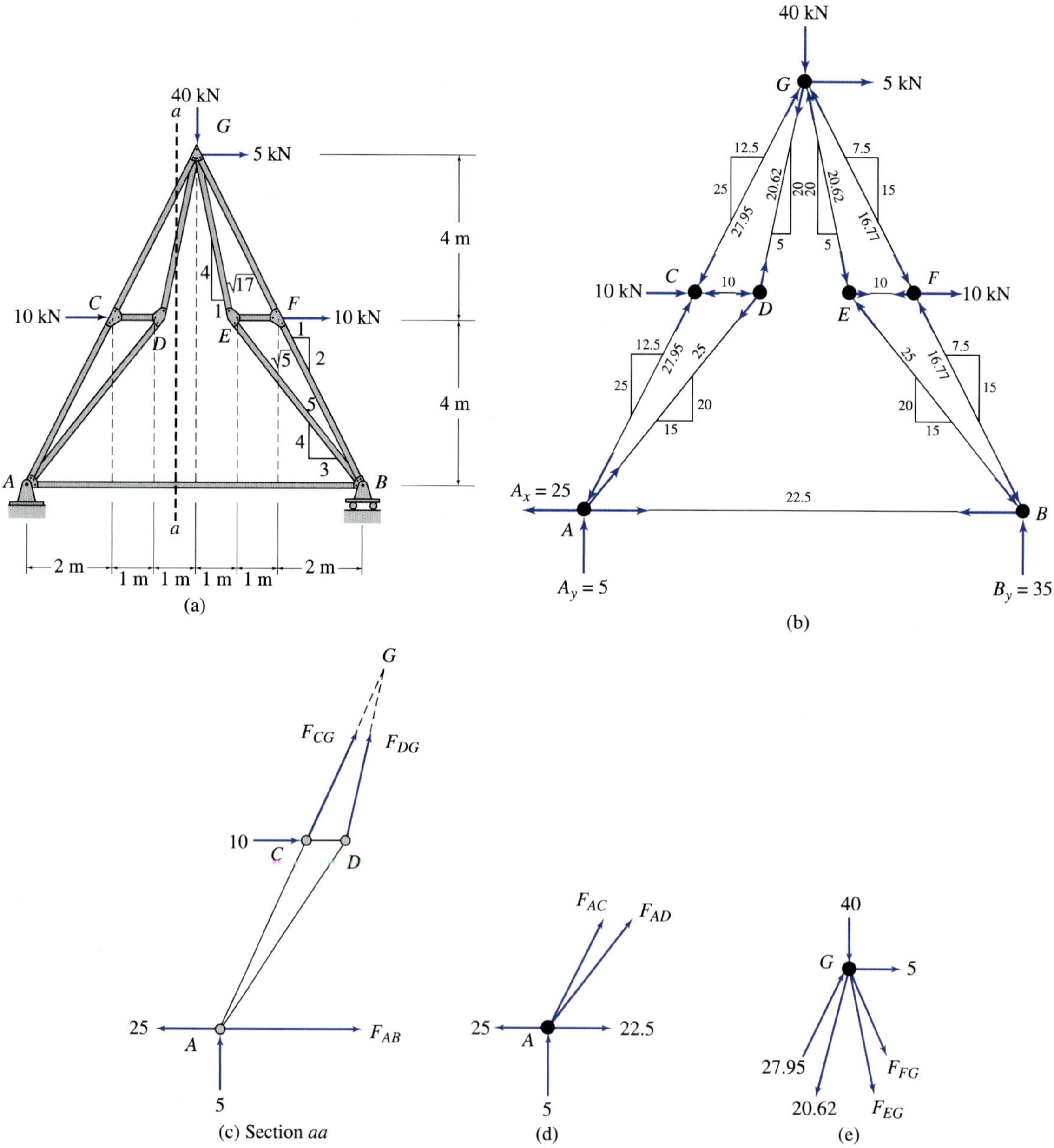

그림 4.25

$$A_x = 25\ \text{kN} \leftarrow \qquad A_y = 15\ \text{kN} \uparrow \qquad B_y = 35\ \text{kN} \uparrow$$

단면 aa. 2개 이하의 미지의 힘을 갖는 절점에서는 절점법을 사용할 수 없으므로, 그림 4.25(a)와 같이 단면 aa를 사용하여 F_{AB}를 계산한다. 단면 aa의 좌측 트러스에 대한 자유물체도를 그림 4.25(c)에 표시하였다. F_{CG}와 F_{DG} 부재력이 교차하는 절점 G에 관한 모멘트 평형방정식으로부터 F_{AB}를 계산한다.

$$+\circlearrowleft \sum M_G = 0 \qquad -25(8) - 5(4) + 10(4) + F_{AB}(8) = 0 \qquad F_{AB} = 22.5\ \text{kN (T)}$$

F_{AB}가 구해지면 절점 A와 B의 미지수는 2개가 되므로 절점법을 이용할 수 있다.

절점 A. 절점 A의 자유물체도를 그림 4.25(d)에 나타내었다.

$$+\rightarrow \sum F_x = 0 \qquad -25 + 22.5 + \frac{1}{\sqrt{5}} F_{AC} + \frac{3}{5} F_{AD} = 0$$

$$+\uparrow \sum F_y = 0 \qquad 5 + \frac{2}{\sqrt{5}} F_{AC} + \frac{4}{5} F_{AD} = 0$$

위의 연립방정식을 풀면 다음과 같다.

$$F_{AC} = -27.95\ \text{kN} \quad \text{그리고} \quad F_{AD} = 25\ \text{kN}$$

$$F_{AC} = 27.95\ \text{kN (C)}$$

$$F_{AD} = 25\ \text{kN (T)}$$

절점 C와 D. 그림 4.25(b)의 절점 C와 D에 2개의 평형방정식을 적용하면 다음과 같다.

$$F_{CG} = 27.95\ \text{kN (C)}$$

$$F_{CD} = 10\ \text{kN (C)}$$

$$F_{DG} = 20.62\ \text{kN (T)}$$

절점 G. 절점 G에 대해 평형조건을 고려하면 다음과 같다(그림 4.25(e) 참조).

$$+\rightarrow \sum F_x = 0 \qquad 5 + \frac{1}{\sqrt{5}}(27.95) - \frac{1}{\sqrt{17}}(20.62) + \frac{1}{\sqrt{17}} F_{EG} + \frac{1}{\sqrt{5}} F_{FG} = 0$$

$$+\uparrow \sum F_y = 0 \qquad -40 + \frac{2}{\sqrt{5}}(27.95) - \frac{4}{\sqrt{17}}(20.62) - \frac{4}{\sqrt{17}} F_{EG} - \frac{2}{\sqrt{5}} F_{FG} = 0$$

위의 연립방정식을 풀면 다음과 같다.

$$F_{EG} = -20.62\ \text{kN} \quad \text{그리고} \quad F_{FG} = -16.77\ \text{kN}$$

$$F_{EG} = 20.62\ \text{kN (C)}$$

$$F_{FG} = 16.77\ \text{kN (C)}$$

절점 E와 F. 절점 E와 F에서 평형방정식을 고려하면 다음과 같다(그림 4.25(b) 참조).

$$F_{BE} = 25\ \text{kN (C)}$$

$$F_{EF} = 10\ \text{kN (T)}$$

$$F_{BF} = 16.77\ \text{kN (C)}$$

4.11 Example

그림 4.26(a)의 핀크(Fink)트러스의 모든 부재력을 계산하라.

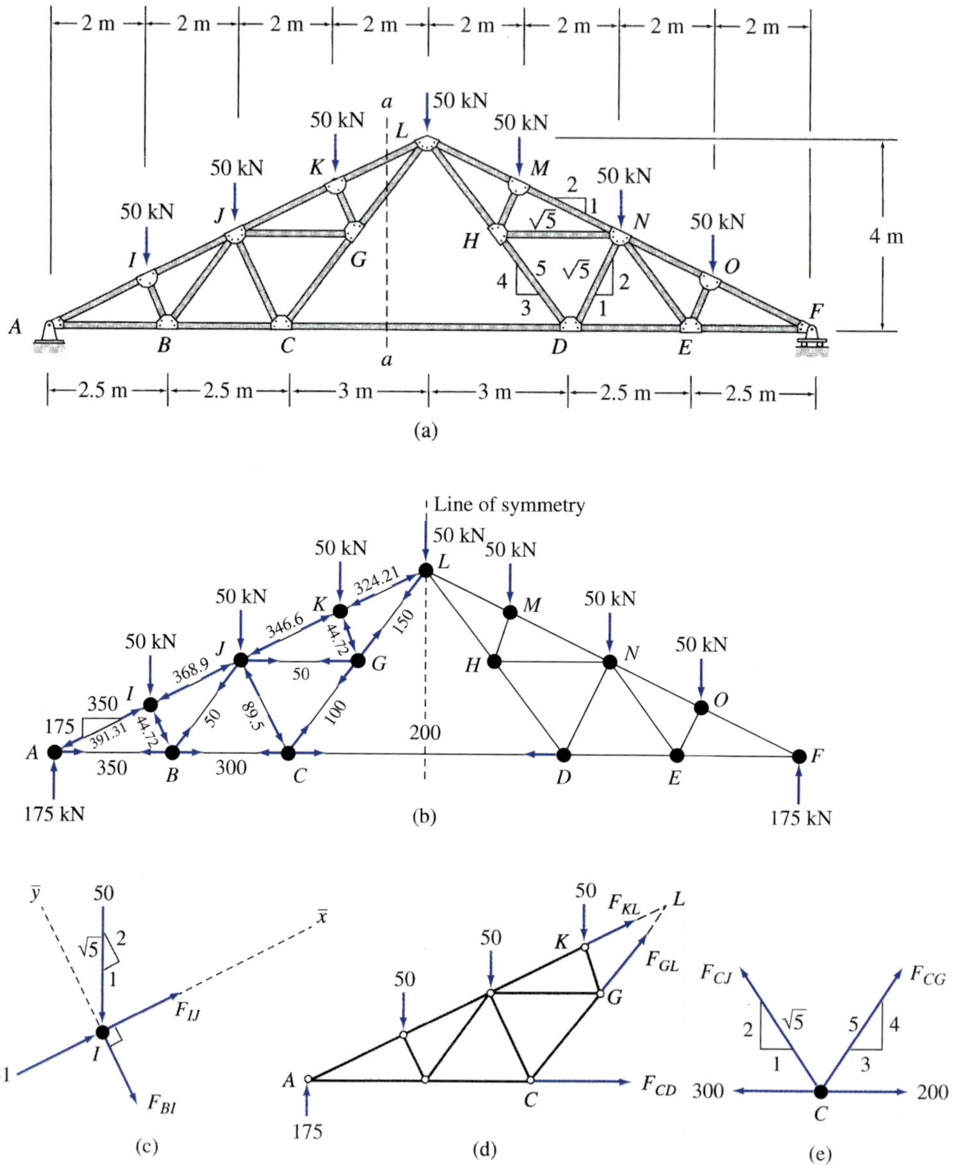

그림 4.26

풀이

그림 4.26(a)의 핀크트러스는 2개의 단순트러스인 ACL, DFL을 절점 L과 부재 CD에서 연결한 합성트러스이다.

정정 판정. 이 트러스에는 27개의 부재와 15개의 절점이 있으며, 3개의 반력으로 지지되어 있다. $m+r=2j$이고 반력과 트러스의 부재가 적절히 배치되어 있으므로 정정구조이다.

반력. 트러스 전체의 자유물체도(그림 4.26(b) 참조)에 대하여 3개의 평형방정식을 적용하여 지점 A와 F에서의 반력을 계산할 수 있다.

$$A_x = 0 \quad A_y = 175 \text{ kN} \uparrow \quad F_y = 175 \text{ kN} \uparrow$$

절점 *A*. 절점 A의 미지의 힘은 F_{AB}와 F_{AI} 2개이므로 절점법으로 해석을 시작한다. 이 절점에 작용하는 힘들의 평형 관계를 이용하여 다음과 같이 미지의 힘을 계산할 수 있다(그림 4.26(b) 참조).

$$F_{AI} = 391.31 \text{ kN (C)}$$
$$F_{AB} = 350 \text{ kN (T)}$$

절점 *I*. 절점 I의 자유물체도는 그림 4.26(c)와 같다. 부재 BI는 동일 직선상에 있는 부재 AI와 IJ에 수직이므로, 이들 부재의 방향을 $\bar{x}$축으로 하여 부재력을 쉽게 계산할 수 있다.

$$+\nwarrow \sum F_{\bar{y}} = 0 \qquad -\frac{2}{\sqrt{5}}(50) - F_{BI} = 0 \qquad F_{BI} = -44.72 \text{ kN}$$
$$F_{BI} = 44.72 \text{ kN (C)}$$
$$+\nearrow \sum F_{\bar{x}} = 0 \qquad 391.31 - \frac{1}{\sqrt{5}}(50) + F_{IJ} = 0 \qquad F_{IJ} = -368.9 \text{ kN}$$
$$F_{IJ} = 368.9 \text{ kN (C)}$$

절점 *B*. 절점 B에서의 평형 관계를 이용하여 다음과 같이 계산할 수 있다(그림 4.26(b) 참조).

$$+\uparrow \sum F_y = 0 \qquad -\frac{2}{\sqrt{5}}(44.72) + \frac{4}{5}F_{BJ} = 0 \qquad F_{BJ} = 50 \text{ kN (T)}$$
$$+\rightarrow \sum F_x = 0 \qquad -350 + \frac{1}{\sqrt{5}}(44.72) + \frac{3}{5}(50) + F_{BC} = 0$$
$$F_{BC} = 300 \text{ kN (T)}$$

단면 *aa*. 절점 C와 J는 각각 3개의 미지수(절점 C는 F_{CD}, F_{CG}, F_{CJ}, 절점 J는 F_{CJ}, F_{GJ}, F_{JK})를 가지므로, 그림 4.26(a)와 같이 단면 aa 를 절단하여 F_{CD}를 계산한다. 절점 F에서 계산을 먼저 시작할 경우에도 절점 D와 N에서 비슷하게 부재력을 계산할 수 있다. 단면 aa 의 좌측 트러스의 자유물체도를 그림 4.26(d)에 나타내었다. F_{GL}과 F_{KL}의 작용선이 교차하는 L점에 대한 모멘트 평형방정식으로 F_{CD}를 계산한다.

$$+\circlearrowleft \sum M_L = 0 \qquad -175(8) + 50(6) + 50(4) + 50(2) + F_{CD}(4) = 0$$
$$F_{CD} = 200 \text{ kN (T)}$$

절점 *C*. F_{CD}를 계산했으므로 절점 C에는 2개의 미지수 F_{CG}와 F_{CJ}만 남게 된다. 이들 부재력은 그림 4.26(e)와 같이 절점 C의 자유물체도에 대한 2개의 평형방정식을 사용하여 계산할 수 있다.

$$+\uparrow \sum F_y = 0 \qquad \frac{2}{\sqrt{5}}F_{CJ} + \frac{4}{5}F_{CG} = 0$$
$$+\rightarrow \sum F_x = 0 \qquad -300 + 200 - \frac{1}{\sqrt{5}}F_{CJ} + \frac{3}{5}F_{CG} = 0$$

위의 연립방정식을 풀면 다음과 같다.

$$F_{CJ} = -89.5 \text{ kN} \quad \text{그리고} \quad F_{CG} = 100 \text{ kN}$$

$$F_{CJ} = 89.5 \text{ kN (C)}$$
$$F_{CG} = 100 \text{ kN (T)}$$

절점 *J*, *K*, *G*. 유사한 방법으로 절점 *J*, *K*, *G*에서의 평형조건을 순차적으로 적용하면 다음과 같이 계산된다.

$$F_{JK} = 346.6 \text{ kN (C)}$$
$$F_{GJ} = 50 \text{ kN (T)}$$
$$F_{KL} = 324.21 \text{ kN (C)}$$
$$F_{GK} = 44.72 \text{ kN (C)}$$
$$F_{GL} = 150 \text{ kN (T)}$$

대칭성. 트러스의 기하적인 형태와 작용 하중이 트러스의 중앙선을 중심으로 좌우 대칭이므로 부재력도 이 중앙선을 중심으로 대칭이 된다(그림 4.26(b) 참조). 따라서 트러스의 한 쪽 절반에 대해서만 부재력을 계산하면 나머지 부분은 대칭의 원리를 이용하여 계산할 수 있다. 그림 4.26(b)에 좌측 트러스의 부재력이 표시되었다. 우측 트러스의 부재력은 대칭을 고려하여 구할 수 있다. 예를 들어, 부재 *MN*의 부재력은 부재 *JK*의 부재력과 동일하다. 독자들은 우측 트러스의 몇몇 부재의 부재력을 계산하여 대칭성을 확인할 수 있을 것이다.

4.8 복합트러스

단순트러스나 합성트러스로 분류할 수 없는 트러스를 **복합트러스**라 한다. 그림 4.27은 복합트러스의 두 가지 예를 보여준다. 해석적인 관점에서 단순트러스, 복합트러스, 합성트러스의 주된 차이점은 절점법과 단면법을 복합트러스 해석 시에 사용할 수 없다는 것이다. 그림 4.27의 복합트러스는 모두 정정이지만 2개 이하의 미지수를 갖고 있는 절점을 찾을 수 없기 때문에 절점법을 사용하여 해석할 수 없다. 또한 모든 절단면에는 3개 이상의 미지의 힘이 있으므로 단면법을 사용할 수 없다. 이러한 유형의 트러스의 부재력을 계산하기 위해서는 각 절점에 있는 미지의 부재력에 대한 2개의 평형방정식을 모든 절점에 대하여 작성한 후에 $2j$개의 연립방정식을 풀어서 계산할 수 있다. 오늘날에는 일반적으로 컴퓨터를 이용하여 17장에서 소개하는 매트릭스 구조해석법으로 복합트러스를 해석한다.

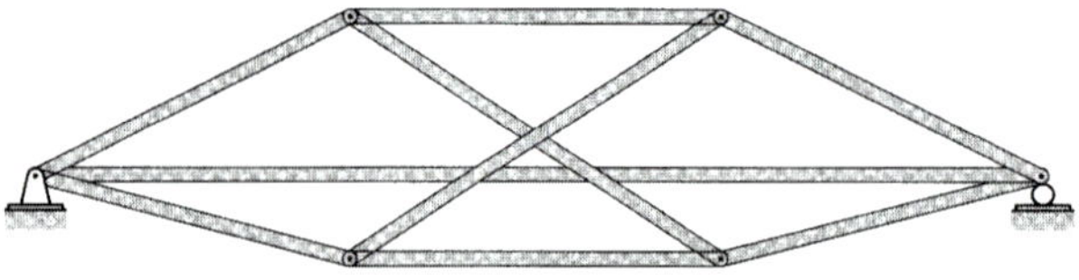

$m = 9 \quad j = 6 \quad r = 3$
$m + r = 2j$
(a)

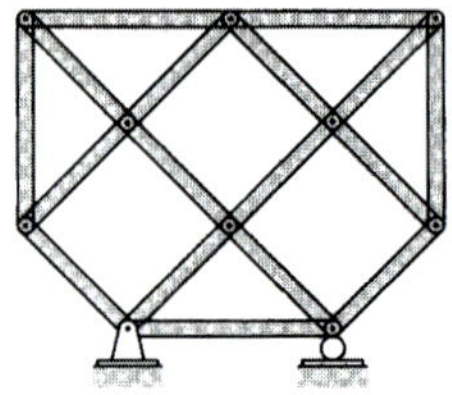

$m = 17 \quad j = 10 \quad r = 3$
$m + r = 2j$
(b)

그림 4.27 복합트러스

4.9 입체트러스

입체트러스는 형상, 부재의 배치, 작용 하중 때문에 평면트러스로 분해해서 해석할 수 없으며, 3차원 힘 좌표계에 있는 3차원 입체구조로 간주하고 해석하여야 한다. 4.1절에서 설명한 것과 같이 해석을 단순화하기 위해서 입체트러스의 모든 부재는 마찰이 없는 볼-소켓 절점에 연결되어 있고, 모든 외력과 반력은 오직 절점에만 작용하며, 각 부재의 도심축은 인접한 절점의 중심선과 일치한다고 가정한다. 이러한 가정에 의하여 입체트러스 부재들을 오직 축력만 받는 부재로 가정할 수 있다.

내적 안정구조이고(또는 강체인) 가장 단순한 형태의 입체트러스는 그림 4.28(a)와 같이 6개의 부재가 4개의 볼-소켓 절점에 의하여 양단이 연결된 **4면체**이다. 이러한 4면체 트러스가 **기본 입체트러스 요소**이다. 4면체의 기본 입체트러스 요소는 각 절점에서 3차원 하중을 받을 때도 그 형태가 변화되지 않고 3차원 강체 거동을 하기 때문에 내적 안정구조이다. 그림 4.28(a)의 기본 트러스 $ABCD$에 3개의 새로운 부재 BE, CE, DE를 기존의 절점 B, C, D에 각각 연결하고, 새로운 절점 E를 형성함으로써 트러스를 확장시킬 수 있다(그림 4.28(b) 참조). 새롭게 연결된 절점 E가 기존의 절점 B, C, D가 지나는 평면에 존재하지 않는다면, 확장된 트러스는 내적 안정구조라 할 수 있다. 그림 4.28(c)와 같이 이러한 과정을 반복하여 원하는 만큼 트러스를 확대할 수 있다. 이와 같은 과정으로 만들어지는 트러스를 **단순 입체트러스**라 한다.

단순 입체트러스는 6개의 부재와 4개의 절점을 갖는 기본 4면체 구조로 3개의 부재와 1개의 절점을 추가하여 확장할 수 있으며, 확장된 단순 입체트러스의 전체 부재 수 m은 다음과 같이 구할 수 있다.

$$m = 6 + 3(j-4) = 3j-6 \tag{4.5}$$

여기서, j =지점에 연결된 절점을 포함한 총 절점 개수.

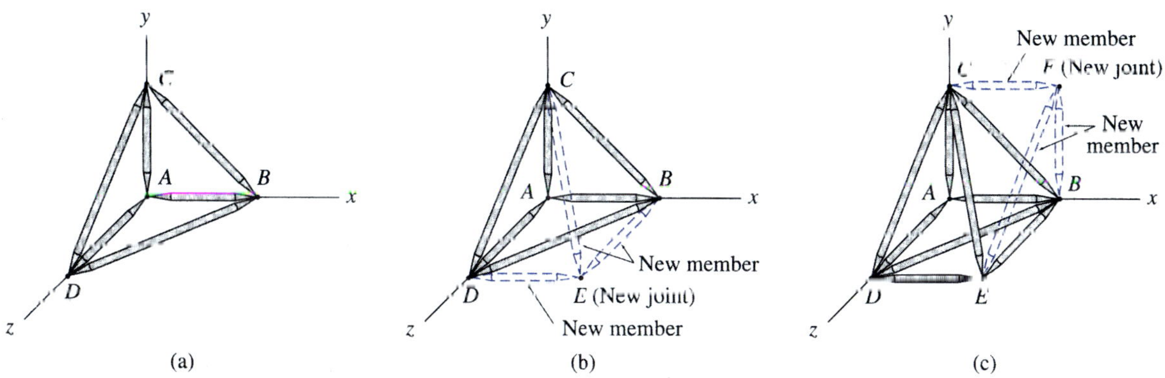

그림 4.28 단순 입체트러스

구분	지점유형	도식 방법	반력	미지수의 개수
I	볼	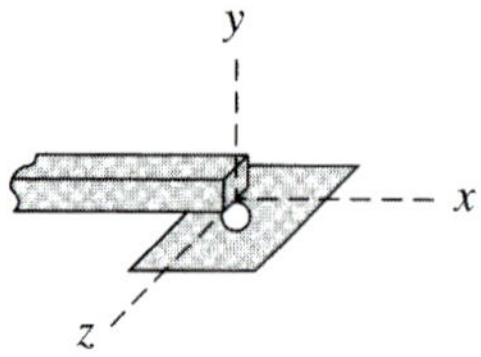	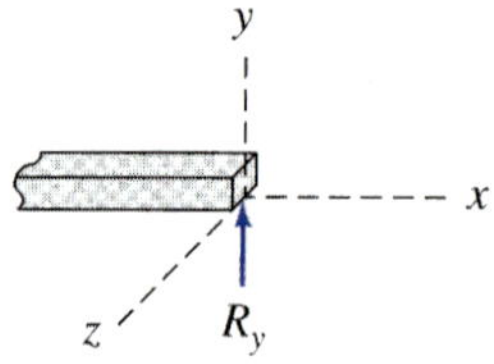	**1** 반력 R_y는 지지평면에 수직으로 작용하며, 구조체를 향하는 방향 또는 그 반대 방향으로 작용할 수 있다. R_y이 미지수이다.
	링크	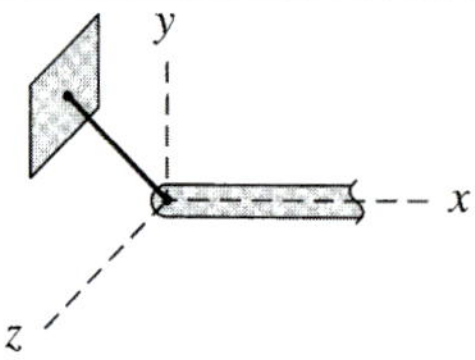	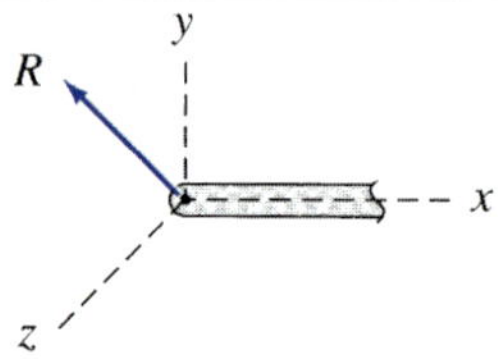	**1** 반력 R은 링크의 방향으로 작용하며, 구조체를 향하는 방향 또는 그 반대 방향으로 작용할 수 있다. R이 미지수이다.
II	롤러	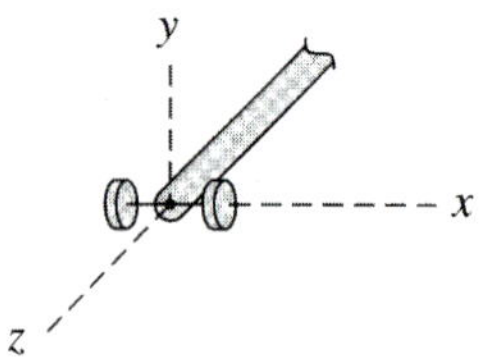	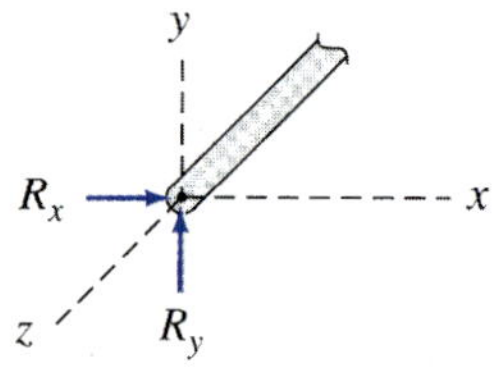	**2** 2개의 반력 성분 R_x 및 R_y는 롤러가 자유롭게 움직일 수 있는 방향에 수직인 평면에서 작용한다. 2개의 미지수는 R_x와 R_y이다.
III	볼 - 소켓	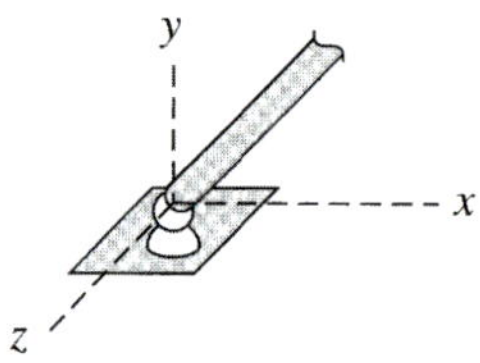	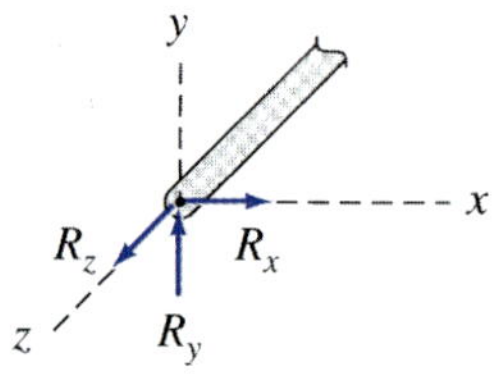	**3** 반력 R은 어느 방향으로나 향할 수 있으며 그 힘의 직각 성분인 R_x, R_y, R_z로 표시된다. 3개의 미지수는 R_x, R_y, R_z이다.

그림 4.29 입체트러스의 지점 유형

반력

입체트러스에 일반적으로 사용되는 지점의 형태를 그림 4.29에 나타내었다. 지점의 반력 수와 방향은 이 지점이 구속하고 있는 트러스의 움직임의 수와 방향에 따라서 달라진다.

3.1절에서 설명한 것과 같이 내적으로 안정한 입체구조물이 3차원 힘 체계에서 평형을 이루기 위해서는 6개의 평형방정식(식 3.1)을 만족시켜야 하므로 최소한 6개의 반력에 의해 지지되어야 한다.

$$\sum F_x = 0 \qquad \sum F_y = 0 \qquad \sum F_z = 0$$

$$\sum M_x = 0 \qquad \sum M_y = 0 \qquad \sum M_z = 0$$

해석에서 사용할 수 있는 평형방정식이 6개이므로 6개 이상의 반력을 구할 수는 없다. 따라서 외적 정정이며 내적으로 안정된 입체트러스는 6개의 반력에 의해 지지되어야 한다. 만일 입체구조가 6개 이상의 반력에 의해 지지된다면, 모든 반력을 6개의 평형방정식만으로 계산할 수 없다. 이러한 구조를 외적 부정정구조라 한다. 반대로 입체구조가 6개 미만의 반력에 의해 지지된다면, 3차원에서 발생할 수 있는 구조물의 모든 움직임을 구속할 수 없으므로 이러한 구조를 외적 불안정구조라 한다.

$$
\begin{aligned}
r &< 6 \quad \text{외적 불안정 입체구조} \\
r &= 6 \quad \text{외적 정정 입체구조} \\
r &> 6 \quad \text{외적 부정정 입체구조}
\end{aligned}
\tag{4.6}
$$

여기서, r =반력의 개수

4장에서 논의한 평면트러스구조와 마찬가지로 정정과 부정정에 대한 조건식 (4.6)은 필요조건이지만 충분조건은 아니다. 입체구조가 외부 기하학적으로 안정하기 위해서는 3축 방향으로의 움직임과 각 축에 대한 회전운동을 구속할 수 있도록 반력이 적절하게 배치되어야 한다. 예를 들어, 입체구조의 모든 반력의 작용선이 평행하거나 하나의 축에서 교차한다면 이 구조는 기하학적으로 불안정하다.

정정, 부정정, 불안정

입체트러스가 m개의 부재와 r개의 외부 반력에 의해 지지되고 있다면, 해석에 필요한 미지수의 총 수는 $m+r$개다. 트러스가 평형 상태에 있기 때문에 각 절점도 평형 상태에 있어야 한다. 각 절점에서 내력과 외력은 한 점에서 만나야 하며 3개의 평형방정식 $\sum F_x = 0$, $\sum F_y = 0$, $\sum F_z = 0$을 만족해야 한다. 따라서 트러스의 총 절점 수가 j개일 때, 사용할 수 있는 평형방정식의 총 수는 $3j$개이다. 만약 $m+r=3j$이면 $3j$개의 평형방정식을 이용하여 모든 미지수를 구할 수 있으므로 이 트러스는 정정구조이다.

사용 가능한 평형방정식보다 더 많은 미지수를 포함하고 있는 입체트러스는 부정정구조이고, 평형방정식보다 미지수가 적은 경우는 불안정구조이다. 따라서 입체트러스의 정정, 부정정, 불안정에 대한 조건은 다음과 같이 요약할 수 있다.

$$
\begin{aligned}
m+r &< 3j \quad \text{불안정 입체트러스} \\
m+r &= 3j \quad \text{정정 입체트러스} \\
m+r &> 3j \quad \text{부정정 입체트러스}
\end{aligned}
\tag{4.7}
$$

식 (4.7)의 정정과 부정정 조건이 유효하기 위해서는 3차원 하중 체계에 있는 트러스가 지점에 연결된 상태에서 안정적이며 단일 강체로 거동해야 한다.

부재력의 해석

4.5절과 4.6절에서 설명한 평면트러스의 2가지 해석방법을 입체트러스 해석에 적용시킬 수 있다. 입체트러스의 각 절점에서 3개의 평형방정식($\sum F_x = 0$, $\sum F_y = 0$, $\sum F_z = 0$)이 만족되어야 한다는 점을 제외하면 평면트러스의 절점법 해석과 본질적으로 동일하다. 3개의 평형방정식을 이용하여 3개를 초과하는 미지의 힘을 계산할 수 없기 때문에 최대 3개의 힘(동일 평면에 있지 않아야 함)을 받는 절점을 선택하여 해석을 시작해야 한다. 선택된 절점에 작용하

는 3개의 미지수는 3개의 평형방정식을 이용하여 구할 수 있다. 같은 방법으로 모든 부재력을 계산할 때까지 3개 이하의 미지의 힘을 갖고 있는 다른 절점에 대한 해석을 반복한다.

입체트러스에서 경사부재의 방향은 시각적으로 알기 어렵기 때문에 일반적으로 부재 길이의 x, y, z방향에 대한 투영길이를 이용하여 부재력의 각 분력을 표시하는 것이 편리하다. 그림 4.30의 입체트러스 부재 AB를 살펴보자. 부재의 길이 L_{AB}와 x, y, z축 방향의 투영길이를 각각 x_{AB}, y_{AB}, z_{AB}라 하면 부재의 길이 L_{AB}를 다음과 같이 계산할 수 있다.

$$L_{AB}=\sqrt{(x_{AB})^2+(y_{AB})^2+(z_{AB})^2}$$

부재력 F_{AB}가 부재 방향으로 작용하기 때문에 x, y, z축 방향의 힘의 성분 F_{xAB}, F_{yAB}, F_{zAB}을 다음과 같이 계산할 수 있다.

$$F_{xAB}=F_{AB}\left(\frac{x_{AB}}{L_{AB}}\right)$$

$$F_{yAB}=F_{AB}\left(\frac{y_{AB}}{L_{AB}}\right)$$

$$F_{zAB}=F_{AB}\left(\frac{z_{AB}}{L_{AB}}\right)$$

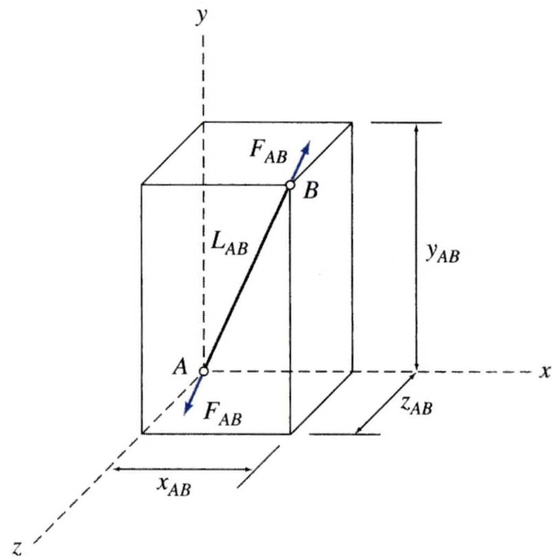

그림 4.30

따라서 부재력 F_{AB}는 다음과 같다.

$$F_{AB}=\sqrt{(F_{xAB})^2+(F_{yAB})^2+(F_{zAB})^2}$$

입체트러스를 해석할 때 미리 힘을 받지 않는 부재를 판별해내면 해석을 훨씬 신속하게 수행할 수 있다. 다음과 같은 2가지 상태일 때 부재는 힘을 받지 않게 된다.

1. 절점에 연결된 부재 중 하나를 제외한 모든 부재가 단일 평면에 있고 외력이나 반력이 절점에 작용하지 않은 경우, 동일 평면상에 있지 않은 부재는 힘을 받지 않는 부재이다.
2. 절점에 연결된 4개의 부재 중 2개의 부재가 힘을 받지 않으며 외력이나 반력이 절점에 작용하지 않은 경우, 나머지 2개 부재가 동일 직선상에 있지 않으면 이 2개의 부재는 힘을 받지 않는 부재이다.

그림 4.31(a)는 첫 번째 유형에 해당하는 경우로 4개의 부재 AB, AC, AD, AE가 절점 A에 연결되어 있으며 부재 AB, AC, AD는 xz평면에 있고 부재 AE는 xz평면에 있지 않다. 절점 A에 외력이나 반력이 작용하지 않기 때문에 평형방정식 $\sum F_y=0$을 만족시키려면 F_{AE}의 y 성분이 "0"이 되어야 한다. 따라서 $F_{AE}=0$이다.

두 번째 유형에 해당하는 경우는 그림 4.31(b)와 같다. 절점 A에 4개의 부재 AB, AC, AD, AE가 연결되어 있지만 부재 AD와 AE는 힘을 받지 않는 부재이며, 외력이나 반력도 절점 A에 작용하지 않고 있다. 부재 AB의 방향을 x축 방향으로 하였을 때, y, z축 방향의 평형방정식을 만족시키려면 $F_{AC}=0$이어야 한다. F_{AC}의 x성분이 "0"이므로 $F_{AB}=0$이어야 x축 방향의 평형조건을 만족시킬 수 있다.

평면트러스의 경우처럼 입체트러스에서도 특정 부재의 부재력을 계산하기 위하여 **단면법**을 사용할 수 있다. 단면법에서는 부재력을 구하고자 하는 부재의 단면을 절단하여 트러스를 2개 부분으로 나눈다. 나누어진 2개의 부분 중 어느 한 부분에 6개의 평형방정식(식 3.1)을 적용하여 원하는 부재력을 계산한다. 6개의 평형방정식으로부터 6개를 초과하는 미지력을 계산할 수 없기 때문에 단면을 선택할 때는 미지의 부재력의 수가 6개를 초과하지 않도록 주의해야 한다.

입체트러스를 해석하기 위해서는 많은 계산량이 요구되기 때문에 오늘날에는 주로 컴퓨터를 이용한다. 그러나 구조해석의 기본개념을 이해하기 위해서는 단순한 입체트러스를 직접 손으로 풀어보는 것이 중요하다.

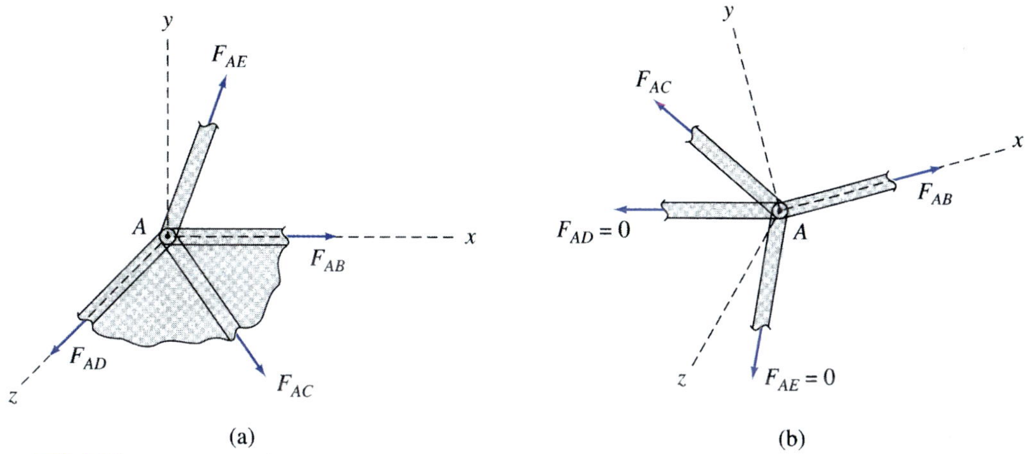

그림 4.31

4.12 Example

그림 4.32(a)의 입체트러스에서 모든 반력과 부재력을 계산하라.

풀이

정정구조 판정. 이 트러스는 9개의 부재와 5개의 절점을 갖고 있으며 6개의 반력에 의해 지지되고 있다. $m+r=3j$이고 반력과 부재의 배치가 적절하기 때문에 정정구조이다.

부재의 투영길이. 그림 4.32(a)로부터 트러스 부재 길이와 x, y, z 방향의 투영길이를 계산하여 표 4.1에 정리하였다.

표 4.1

부재	투영길이 x (m)	y (m)	z (m)	길이 (m)
AB	4	0	0	4.0
BC	0	0	2	2.0
CD	4	0	0	4.0
AD	0	0	2	2.0
AC	4	0	2	4.47
AE	2	4	1	4.58
BE	2	4	1	4.58
CE	2	4	1	4.58
DE	2	4	1	4.58

힘을 받지 않는 부재. 그림 4.32(a)와 같이 절점 *D*에 3개의 부재 *AD, CD, DE*가 연결되어 있고 *AD*와 *CD*는 xz 평면에 있다. 이 절점에는 외부 하중이나 반력이 작용하고 있지 않기 때문에 부재 *DE*는 힘을 받지 않는 부재이다.

$$F_{DE}=0$$

부재 *DE*가 힘을 받지 않는 부재이므로 동일 직선상에 있지 않는 나머지의 두 부재 *AD*와 *CD*도 힘을 받지 않는 부재이다.

$$F_{AD}=0$$
$$F_{CD}=0$$

반력. 그림 4.32(a) 참조.

$$+\swarrow \sum F_z=0 \qquad B_z+60=0 \qquad B_z=-60\text{ kN}$$
$$B_z=60\text{ kN} \nearrow$$

$$+\circlearrowleft \sum M_y=0 \qquad B_x(2)+60(4)-60(2)=0 \qquad B_x=-60\text{ kN}$$
$$B_x=60\text{ kN} \leftarrow$$

$$+\rightarrow \sum F_x=0 \qquad -60+C_x=0 \qquad C_x=60\text{ kN} \rightarrow$$

$$+\circlearrowleft \sum M_x=0 \qquad -A_y(2)-B_y(2)+100(1)+60(4)=0$$
$$A_y+B_y=170 \tag{1}$$

$$+\uparrow \sum F_y=0 \qquad A_y+B_y+C_y-100=0 \tag{2}$$

식 (1)을 식 (2)에 대입하면 다음과 같다.

$$C_y=-70\text{ kN}$$
$$C_y=70\text{ kN} \downarrow$$

$$+\circlearrowleft \sum M_z=0 \qquad B_y(4)-70(4)-100(2)=0 \qquad B_y=120\text{ kN} \uparrow$$

$B_y=120\text{ kN}$을 식 (1)에 대입하면 다음과 같다.

$$A_y=50\text{ kN} \uparrow$$

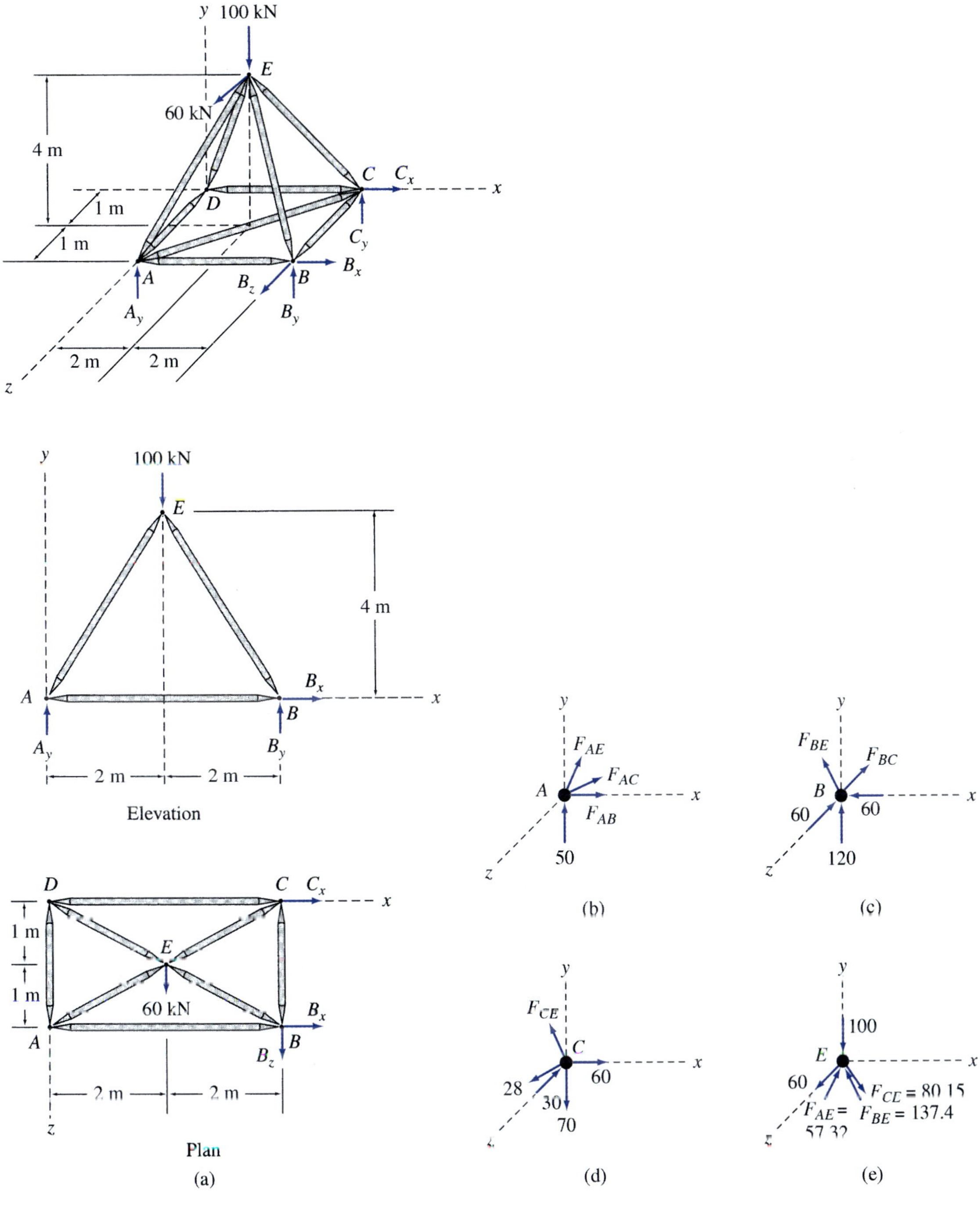
y
100 kN
E
60 kN
4 m
C
C_x
x
D
1 m
1 m
C_y
A
B
B_x
B_z
A_y
B_y
2 m
2 m
z
Elevation
Plan
60 kN
F_{AE}
F_{AC}
F_{AB}
50
F_{BE}
F_{BC}
60
60
120
F_{CE}
28
30
70
100
F_{CE} = 80.15
F_{AE} = 57.32
F_{BE} = 137.4
(a)
(b)
(c)
(d)
(e)

그림 4.32

절점 A. 그림 4.32(b) 참조

$$+\uparrow\sum F_y=0 \qquad 50+\left(\frac{y_{AE}}{L_{AE}}\right)F_{AE}=0$$

여기서 좌변의 두 번째 항은 F_{AE}의 y성분을 나타낸다. 표 4.1에서 부재 AE의 y와 L의 값을 위 식에 대입하면 다음과 같다.

$$50+\left(\frac{4}{4.58}\right)F_{AE}=0 \qquad F_{AE}=-57.25\text{ kN}$$

$$F_{AE}=57.25\text{ kN (C)}$$

이와 유사하게 나머지 평형방정식을 적용한다.

$$+\swarrow\sum F_z=0 \qquad -\left(\frac{2}{4.47}\right)F_{AC}+\left(\frac{1}{4.58}\right)(57.25)=0 \qquad F_{AC}=28.0\text{ kN (T)}$$

$$+\rightarrow\sum F_x=0 \qquad F_{AB}+\left(\frac{4}{4.47}\right)(28)-\left(\frac{2}{4.58}\right)(57.25)=0 \qquad F_{AB}=0$$

절점 B. 그림 4.32(c) 참조

$$+\rightarrow\sum F_x=0 \qquad -\left(\frac{2}{4.58}\right)F_{BE}-60=0 \qquad F_{BE}=-137.4\text{ kN}$$

$$F_{BE}=137.4\text{ kN (C)}$$

$$+\swarrow\sum F_z=0 \qquad -60-F_{BC}+\left(\frac{1}{4.58}\right)(137.4)=0 \qquad F_{BC}=-30\text{ kN}$$

$$F_{BC}=30\text{ kN (C)}$$

절점 B에서 모든 부재력을 계산했으므로 나머지 평형방정식을 이용해서 지금까지 계산한 결과를 검토한다.

$$+\uparrow\sum F_y=120-\left(\frac{4}{4.58}\right)(137.4)=0$$

절점 C. 그림 4.32(d) 참조

$$+\uparrow\sum F_y=0 \qquad -70+\left(\frac{4}{4.58}\right)F_{CE}=0 \qquad F_{CE}=80.15\text{ kN (T)}$$

계산 검토. 절점 C에서 다음을 계산한다(그림 4.32(d) 참조).

$$+\rightarrow\sum F_x=60-\left(\frac{2}{4.58}\right)(80.15)-\left(\frac{4}{4.47}\right)(28)=0$$

$$+\swarrow\sum F_z=-30+\left(\frac{2}{4.47}\right)(28)+\left(\frac{1}{4.58}\right)(80.15)=0$$

절점 E에서 다음을 계산한다(그림 4.32(e) 참조).

$$+\rightarrow\sum F_x=\left(\frac{2}{4.58}\right)(57.32-137.4+80.15)=0$$

$$+\uparrow\sum F_y=-100+\left(\frac{4}{4.58}\right)(57.32+137.4-80.15)=0$$

$$+\swarrow\sum F_z=60-\left(\frac{1}{4.58}\right)(57.32+137.4+80.15)=0$$

요약

트러스는 양단이 유연한 연결부에 연결된 직선 부재들로 이루어진 구조물로 강체 거동한다. 트러스 해석은 다음과 같은 3가지 단순화 가정에 기반을 두고 있다.

1. 평면트러스는 부재의 양단이 마찰이 없는 힌지에 연결되어 있고, 입체트러스는 마찰이 없는 볼-소켓 절점에 연결되어 있다.
2. 모든 외력과 반력은 오직 절점에만 작용한다.
3. 각 부재의 도심축은 인접한 절점의 중심축과 일치한다. 이러한 가정들에 의해 트러스의 모든 부재를 오직 축력만을 받는 구조로 취급할 수 있다.

트러스가 지점에서 분리되었을 때 그 형태가 변하지 않고 강체거동을 유지할 수 있도록 부재 수와 배치가 이루어졌다면 이 트러스를 내적으로 안정한 것으로 간주한다. 평면트러스에 대한 조건방정식을 4.3절에서 설명하였다.

트러스의 모든 부재력과 반력을 평형방정식을 이용하여 계산할 수 있다면 이러한 트러스를 정정구조라 한다. 평면트러스가 부재 m개, 절점 j개, 반력 r개를 갖고 있을 때 트러스를 다음과 같이 판별한다.

$$\begin{aligned} m+r &< 2j \quad \text{불안정트러스} \\ m+r &= 2j \quad \text{정정트러스} \\ m+r &> 2j \quad \text{부정정트러스} \end{aligned} \tag{4.4}$$

부정정차수는 다음과 같이 계산할 수 있다.

$$i=(m+r)-2j \tag{4.3}$$

정정과 부정정 조건은 앞서 기술한 바와 같이 필요조건이지만 충분조건은 아니다. 이 조건이 유효하기 위해서는 지점에 연결된 트러스가 안정되게 거동해야 하며, 동일한 평면에서 하중을 받을 때 강체로 거동해야 한다.

정정 평면트러스를 해석하기 위해서 절점법을 사용할 수 있다. 절점법은 2개 이하의 미지의 부재력을 갖고 있는 절점을 선택한 후에 2개의 평형방정식을 이용하여 미지의 부재력을 계산하는 방법이다. 계산하고자 하는 부재력을 모두 구할 때까지 이러한 과정을 반복한다. 트러스의 모든 부재력을 계산해야 할 때 이 방법이 가장 효과적이다.

단면법은 트러스의 특정 부재력만을 계산할 때 편리하게 사용될 수 있다. 단면법은 계산하기를 원하는 부재의 단면을 절단하여 트러스를 2개의 부분으로 나누고, 이 중 한 부분에 대해서 3개의 평형방정식을 이용하여 부재력을 계산하는 방법이다.

합성트러스에 대한 해석은 절점법과 단면법을 조합하여 신속하게 수행할 수 있다. 입체트러스의 부재력과 반력을 계산하는 과정 또한 제시하였다.

연습문제

4.1~4.5 그림과 같은 평면트러스를 불안정, 정정, 부정정구조로 분류하고, 부정정구조인 경우는 부정정차수를 계산하라.

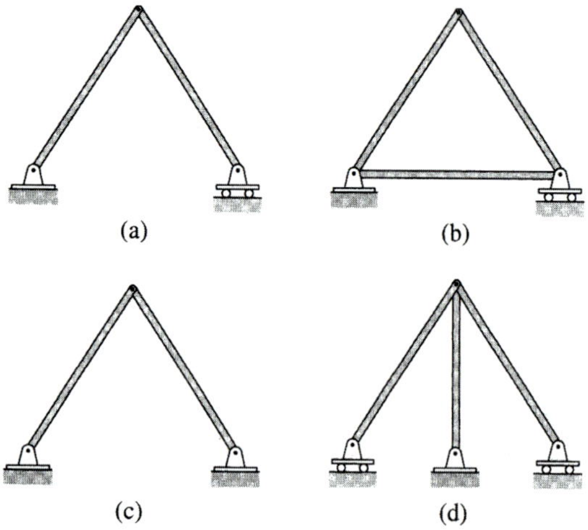

그림 P4.1

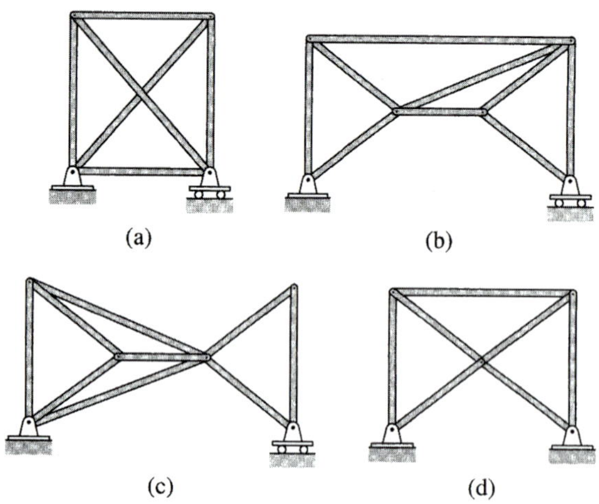

그림 P4.2

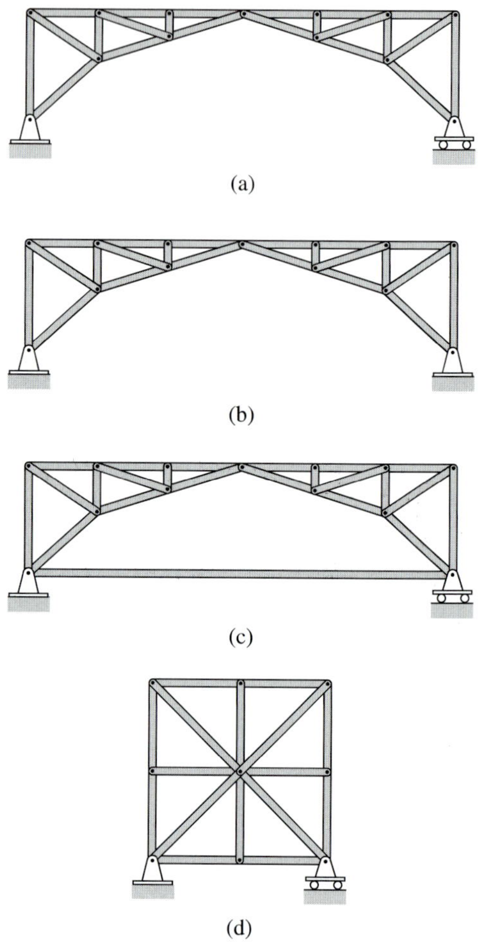

그림 P4.3

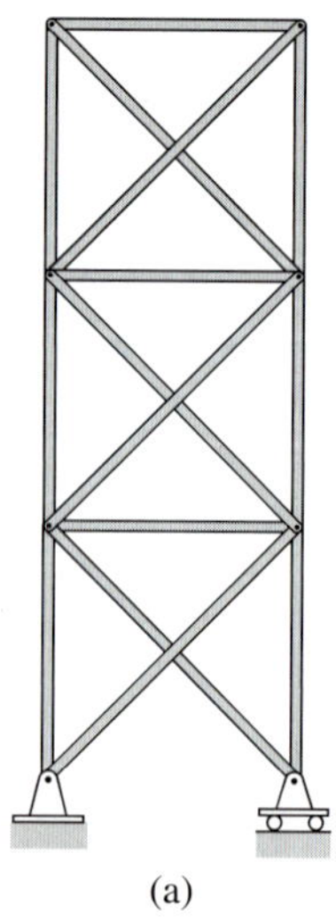

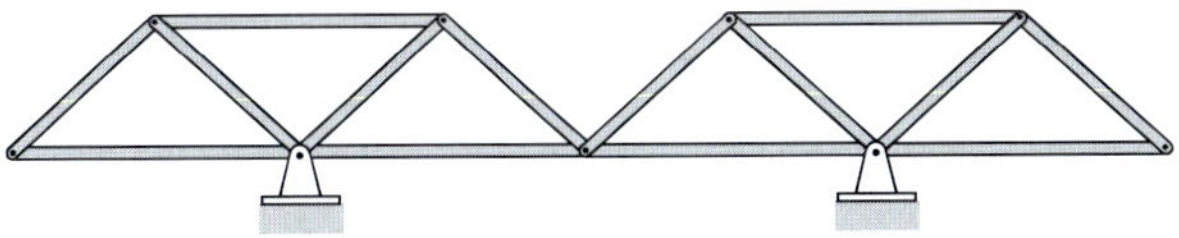

(b)

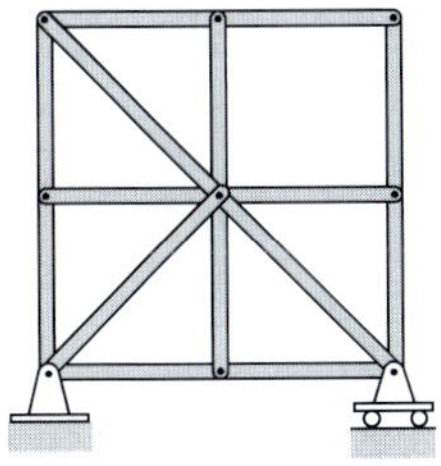

(c)

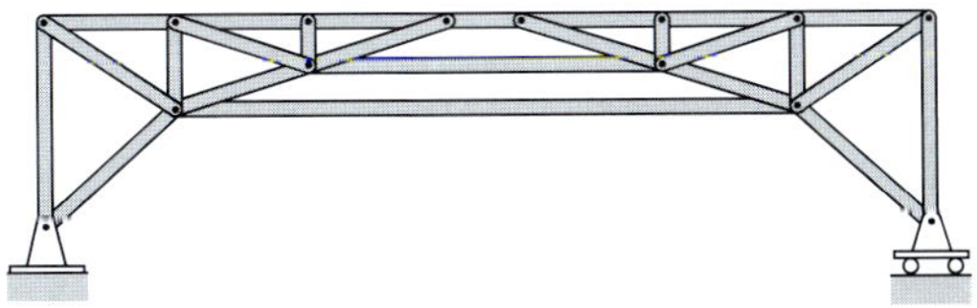

(d)

그림 P4.4

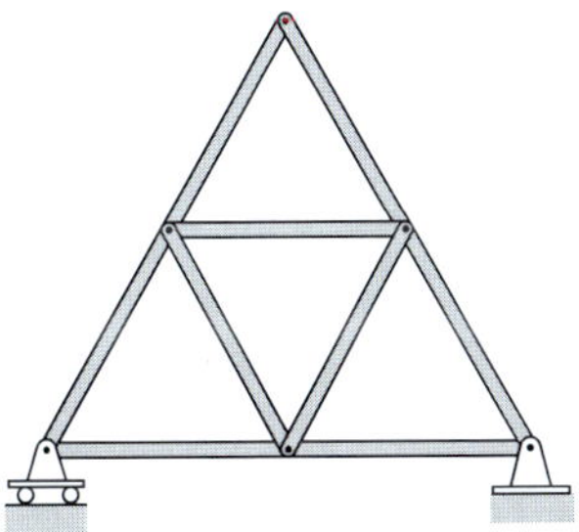

(a)

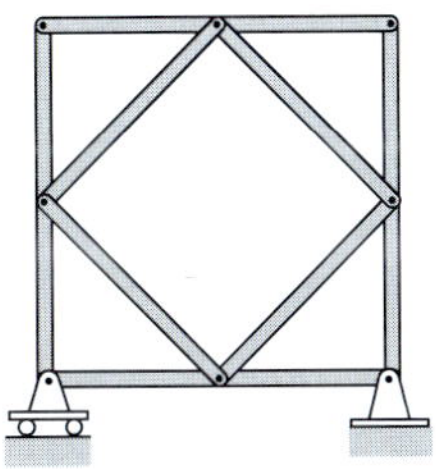

(b)

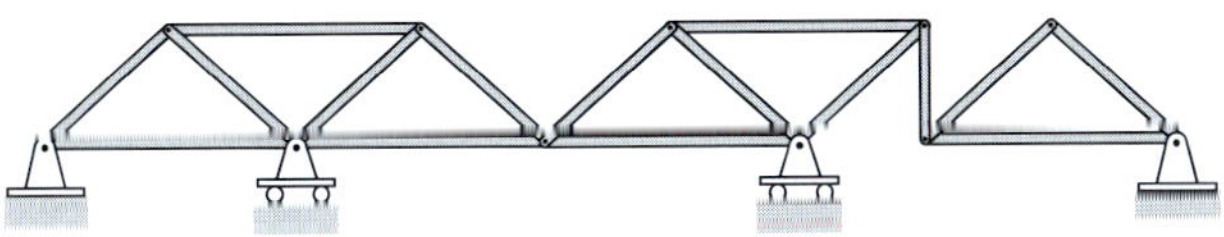

(c)

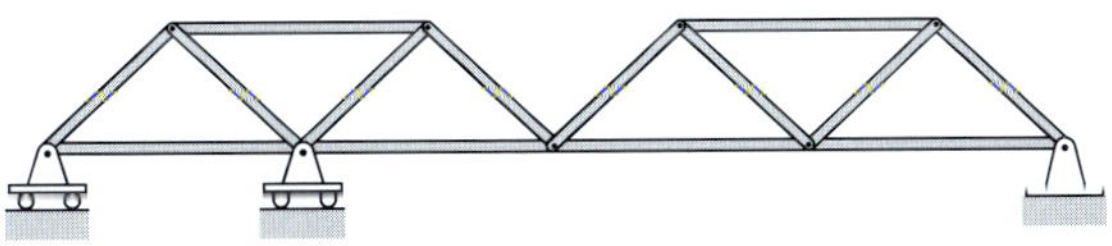

(d)

그림 P4.5

4.6∼4.28 절점법을 이용하여 트러스의 모든 부재력을 계산하라.

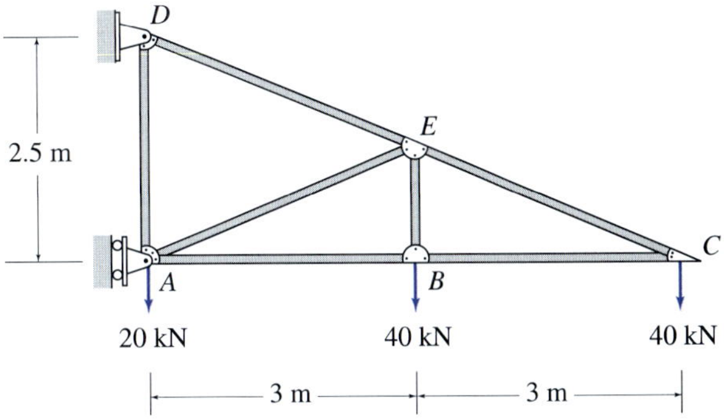

그림 P4.6

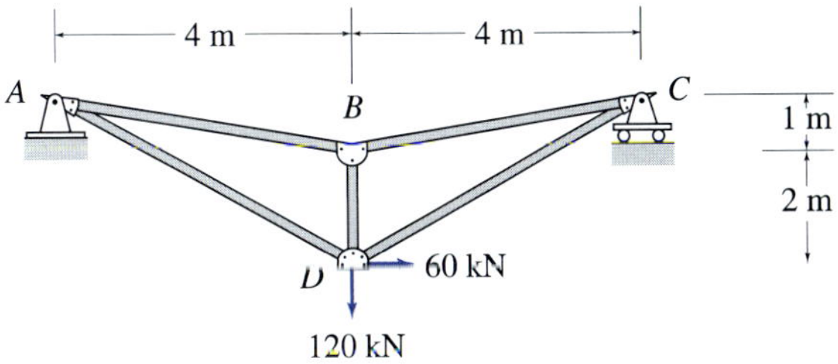

그림 P4.7

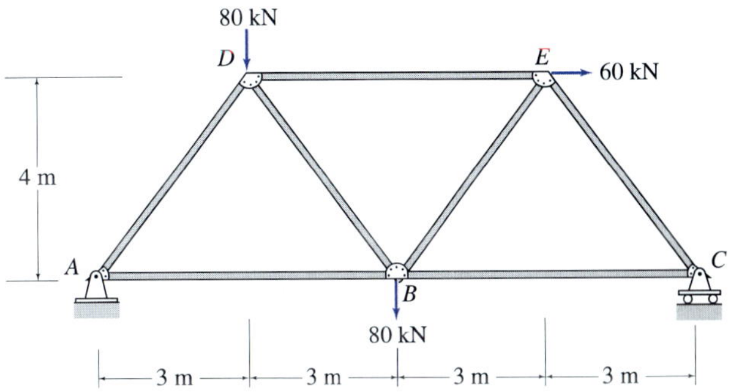

그림 P4.8

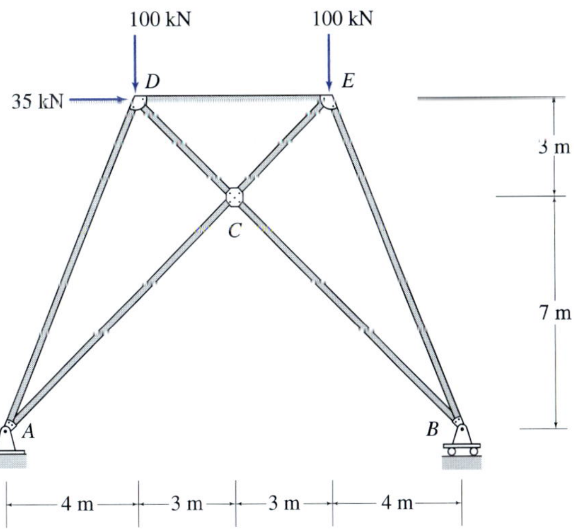

그림 P4.9

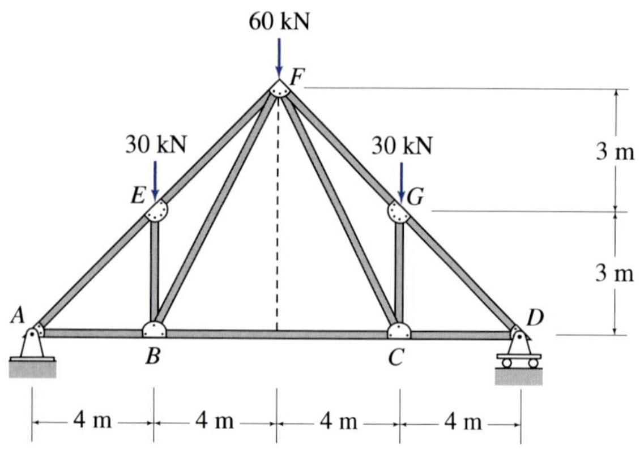

그림 P4.10

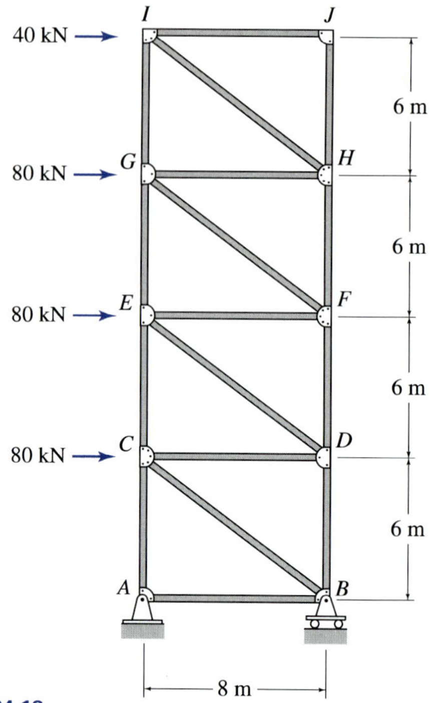

그림 P4.12

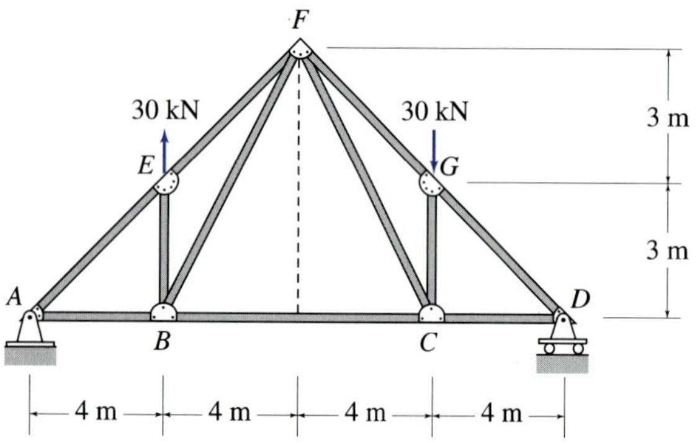

그림 P4.11

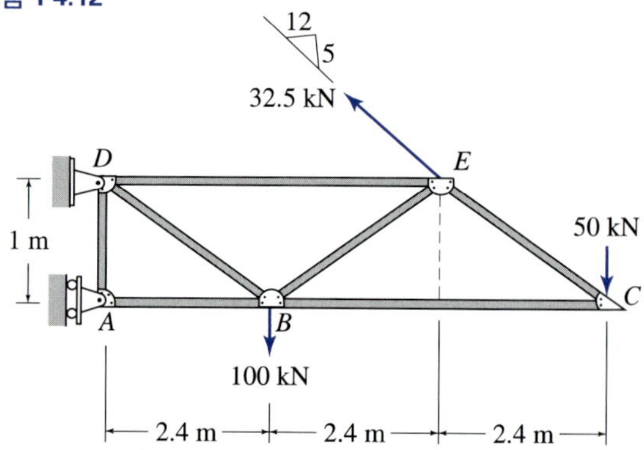

그림 P4.13

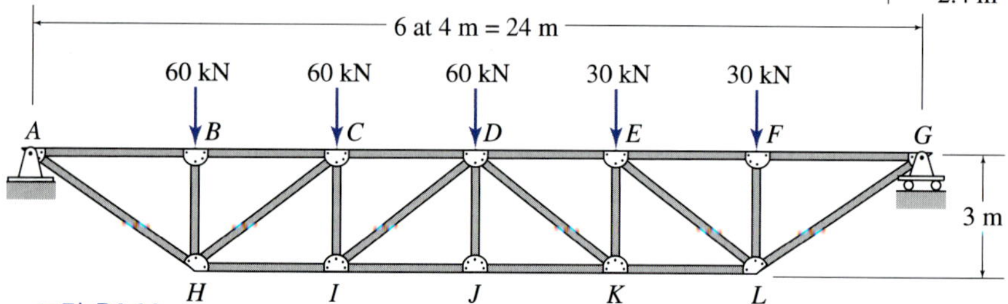

그림 P4.14

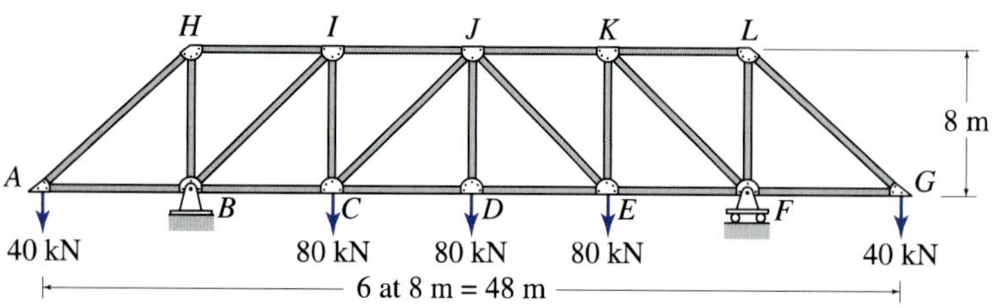

그림 P4.15

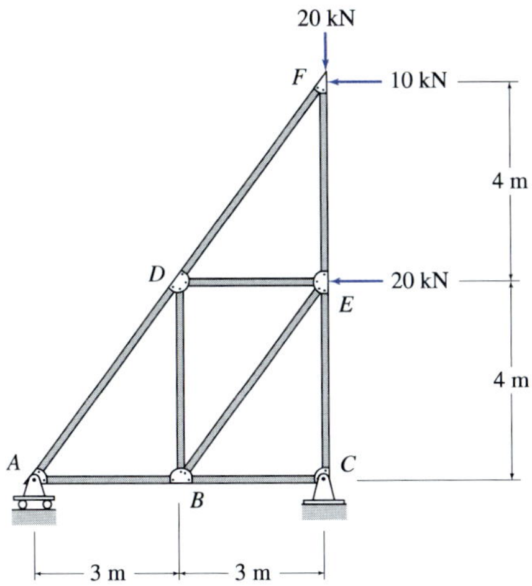

그림 P4.16

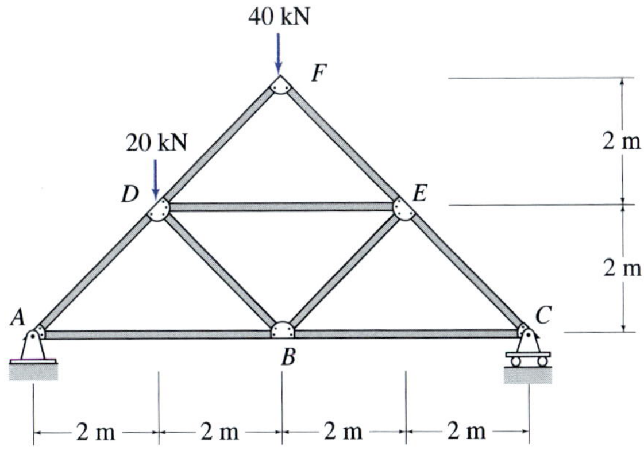

그림 P4.20

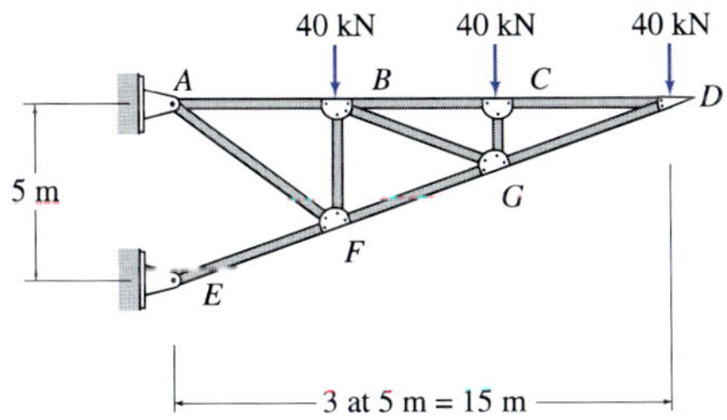

그림 P4.17

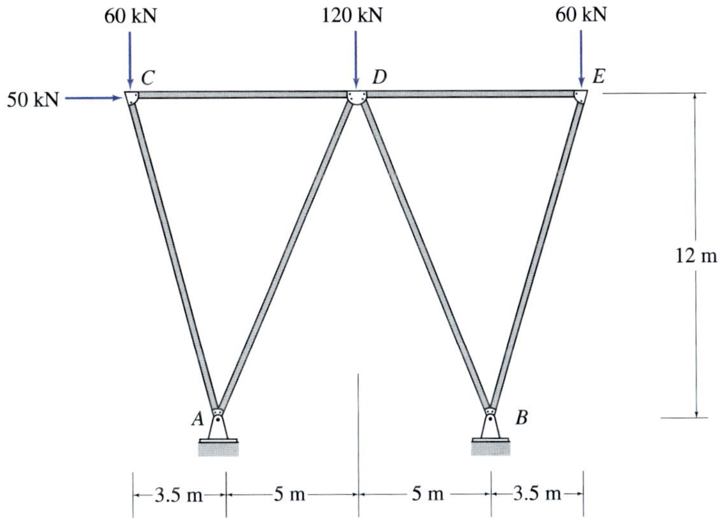

그림 P4.21

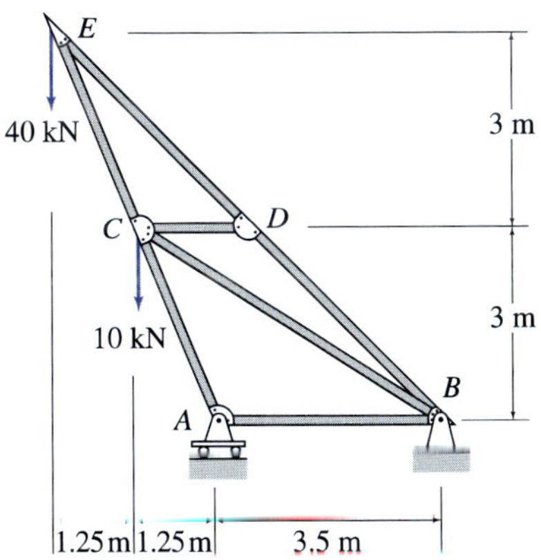

그림 P4.18

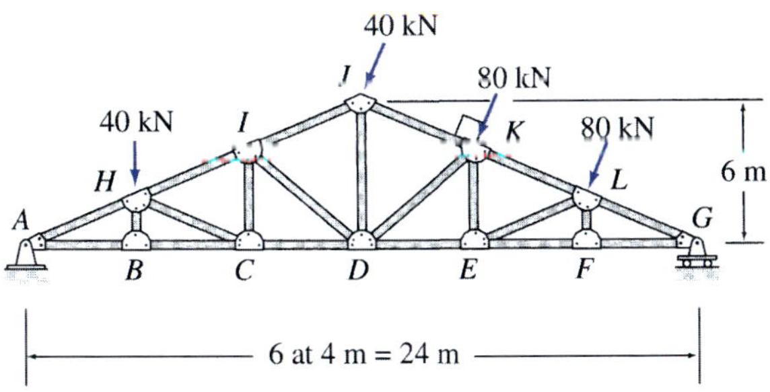

그림 P4.19

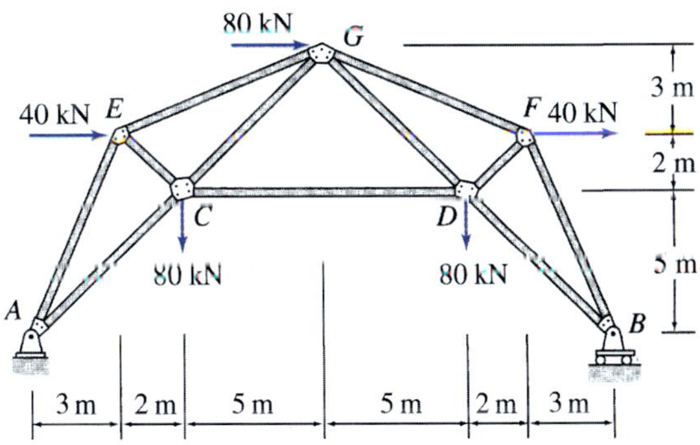

그림 P4.22

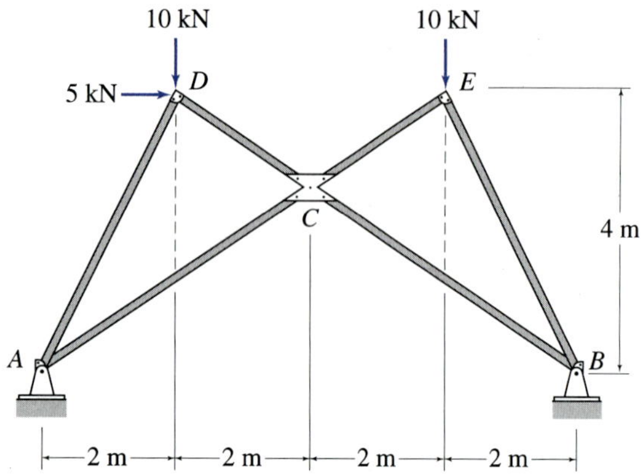

그림 P4.23

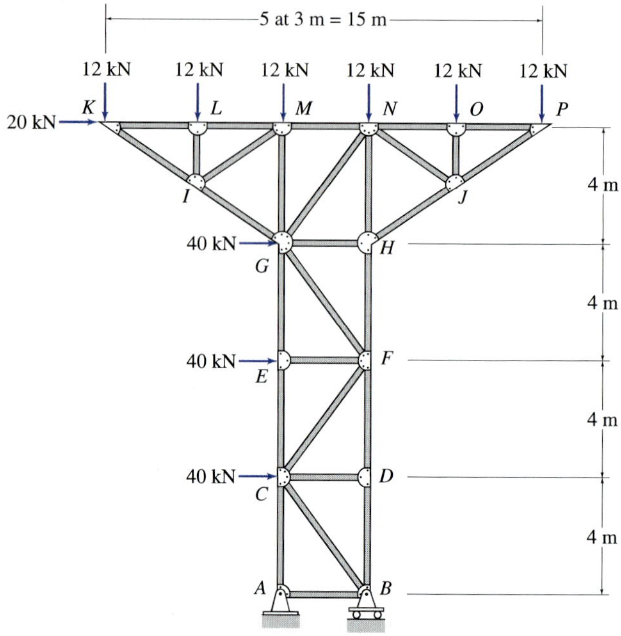

그림 P4.25

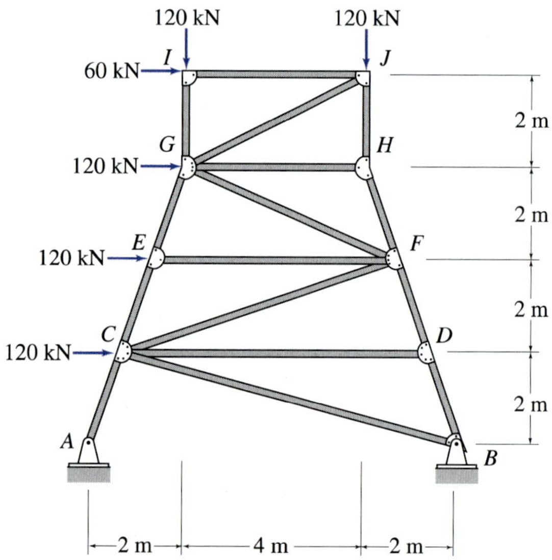

그림 P4.24

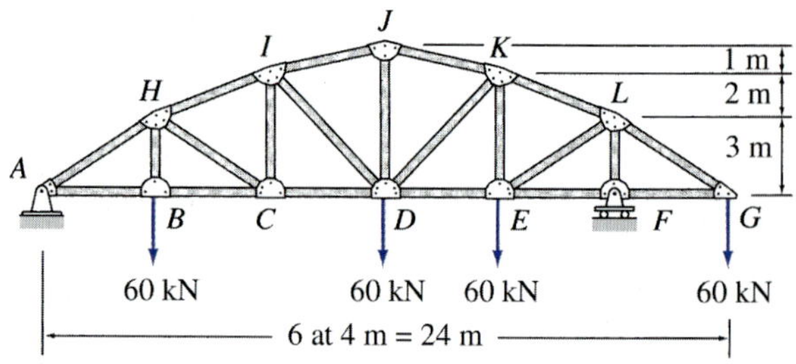

그림 P4.26

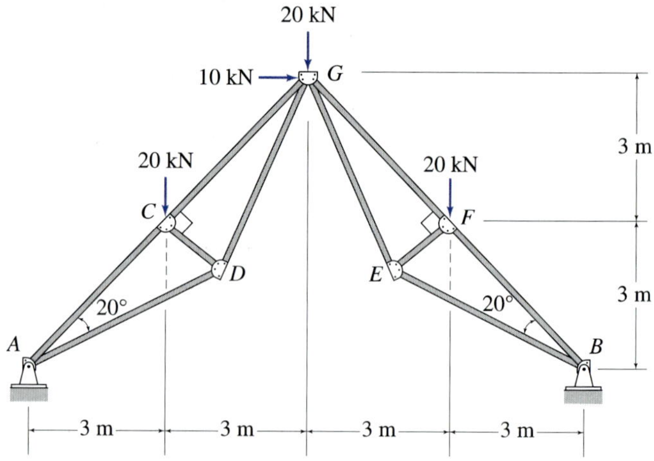

그림 P4.27

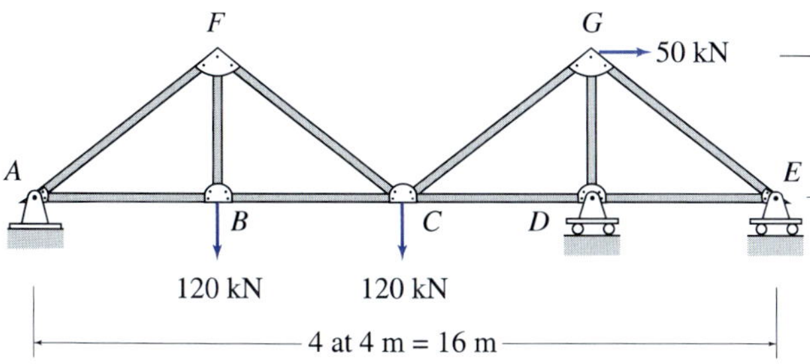

그림 P4.28

4.29 그림 P4.29에서 바닥판을 지지하고 있는 트러스의 모든 부재력을 계산하라. 바닥판은 트러스 절점에 연결되어 있는 바닥보에 의해 지지되고 있다. 따라서 바닥판의 등분포하중은 바닥보에 의해 트러스의 상부 절점에 집중하중으로 작용한다.

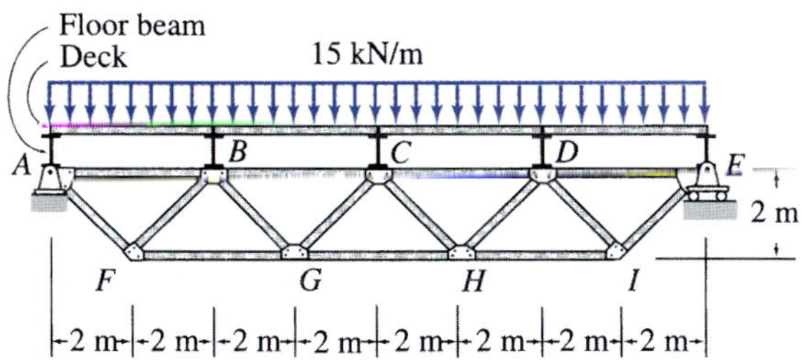

그림 P4.29

4.30~4.31 지붕트러스의 모든 부재력을 계산하라. 지붕은 트러스의 상현재 절점에 연결되어 있는 퍼린(purlin)에 의해 단순지지되었다. 따라서 지붕의 등분포하중은 퍼린에 의해 트러스의 절점들에 집중하중으로 작용한다.

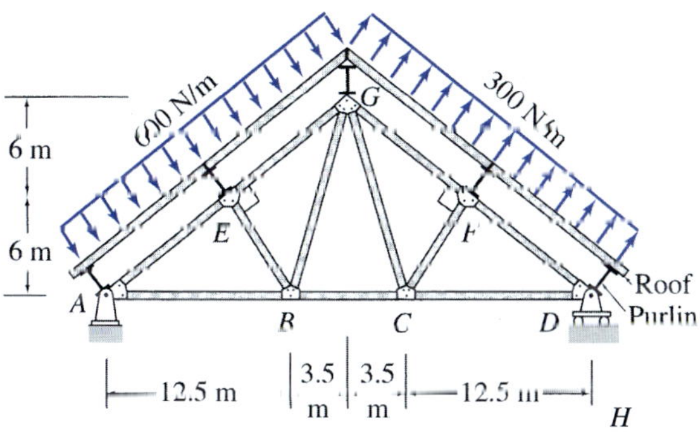

그림 P4.30

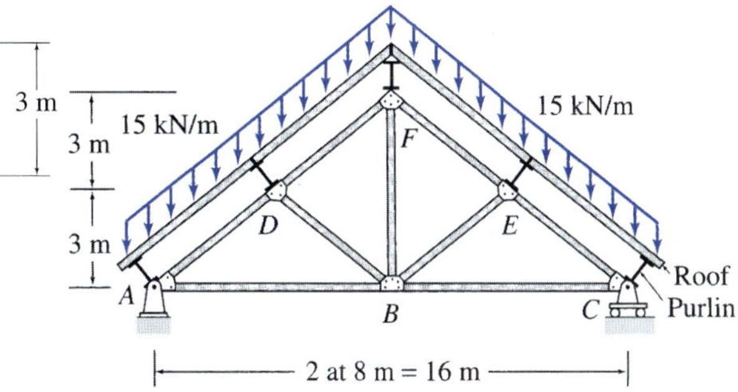

그림 P4.31

4.32 높이 $h = 1$ m인 트러스의 상현재 GH와 하현재 BC의 부재력을 계산하라. 만약 트러스의 높이가 2 m로 2배가 되면 부재력은 어떻게 변화되겠는가?

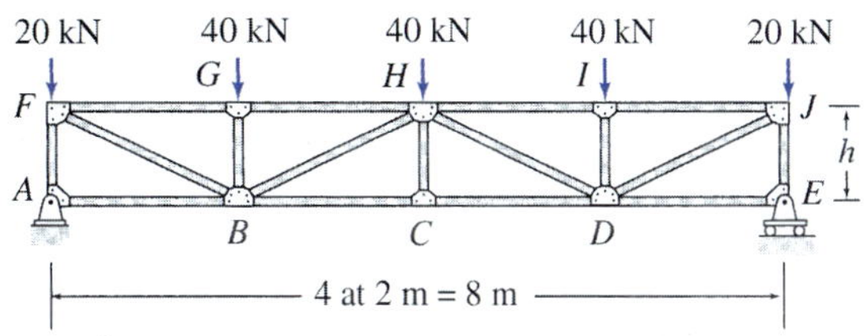

그림 P4.32

4.33~4.45 단면법을 이용하여 "×"로 표시된 트러스 부재에 대한 부재력을 계산하라.

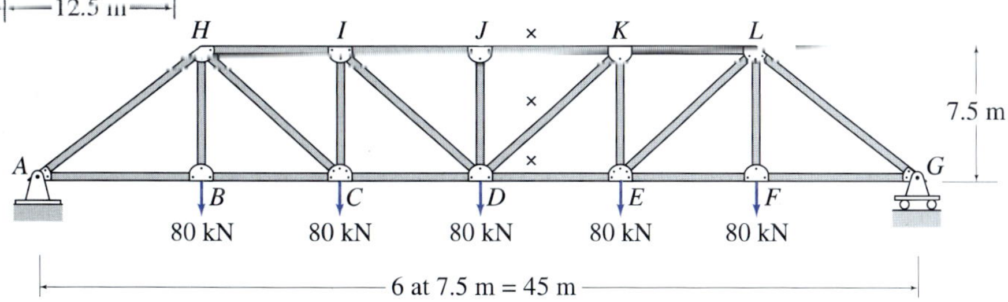

그림 P4.33

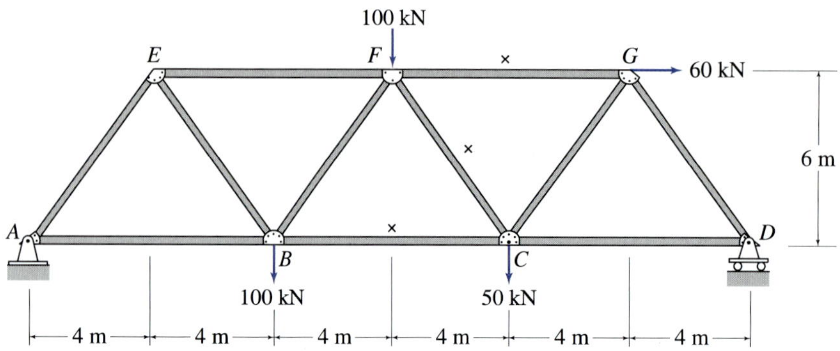

그림 P4.34

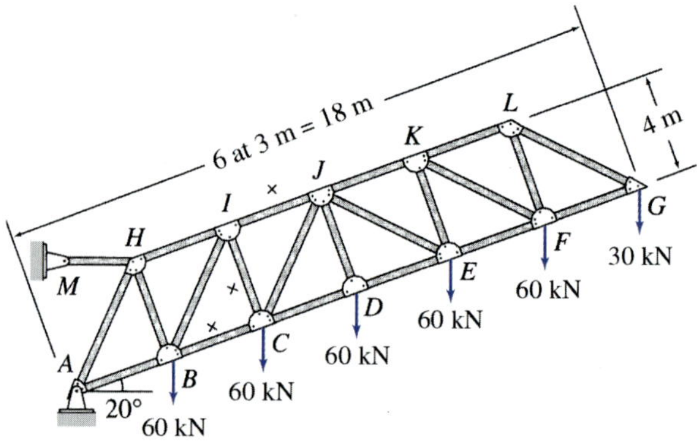

그림 P4.36

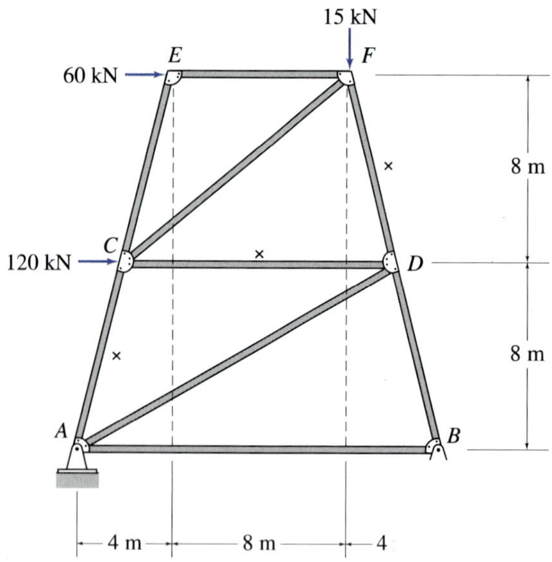

그림 P4.35

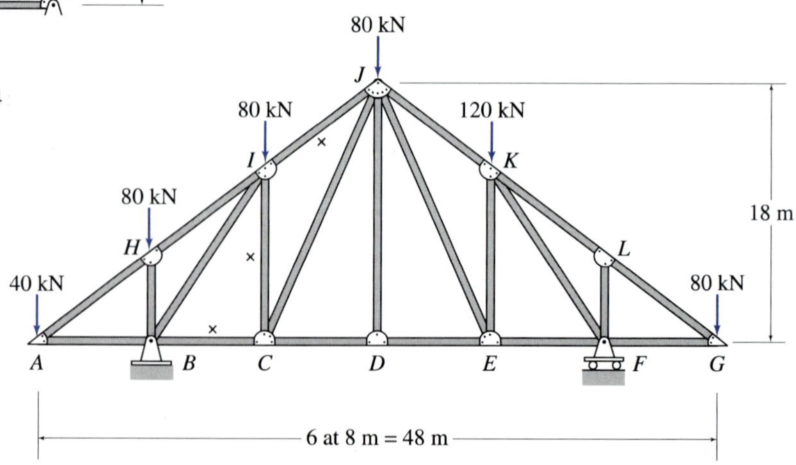

그림 P4.37

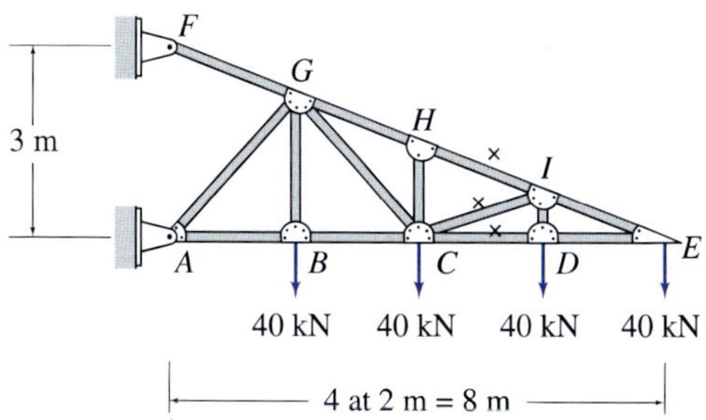

그림 P4.38

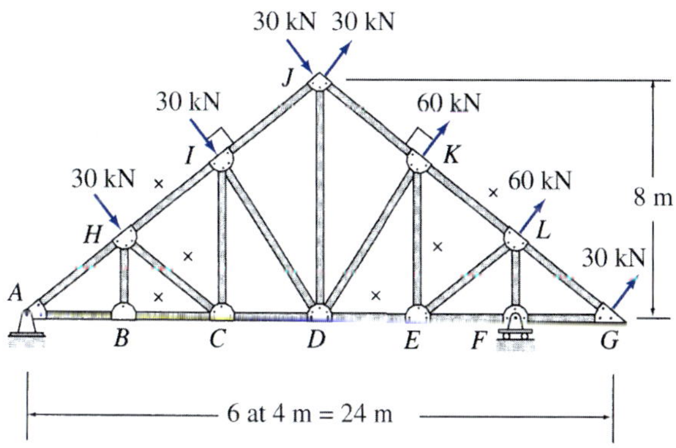

그림 P4.39

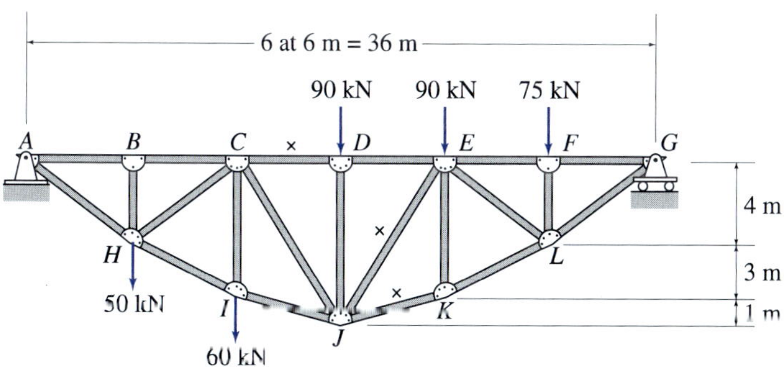

그림 P4.40

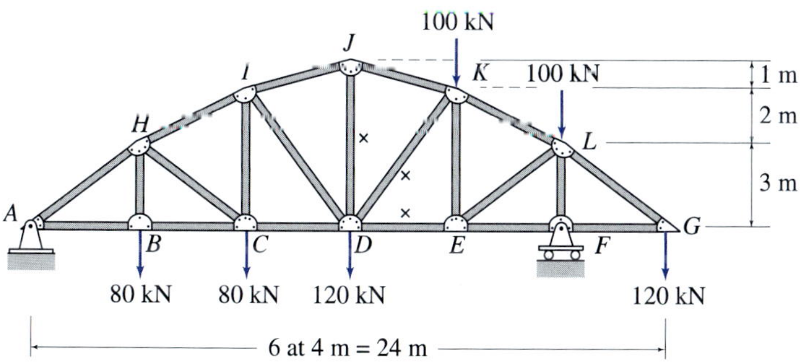

그림 P4.41

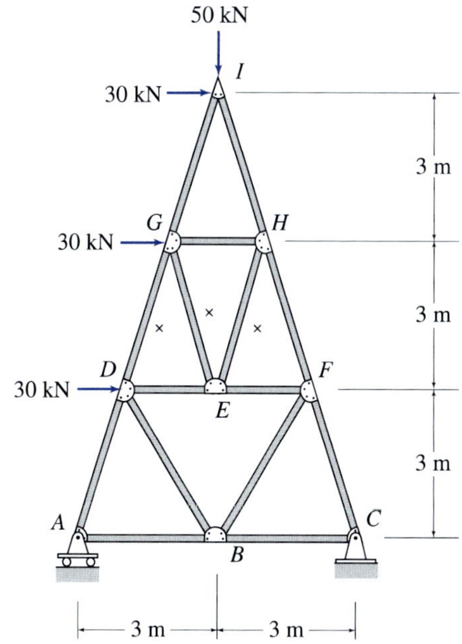

그림 P4.42

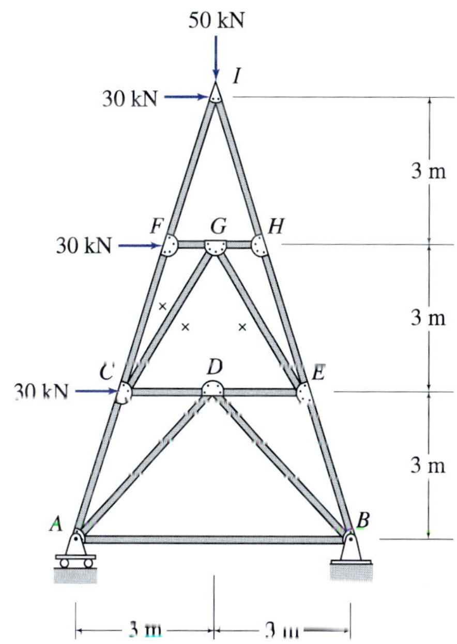

그림 P4.43

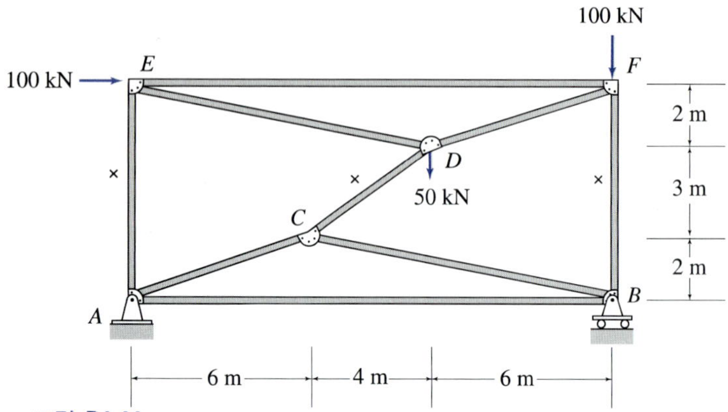

그림 P4.44

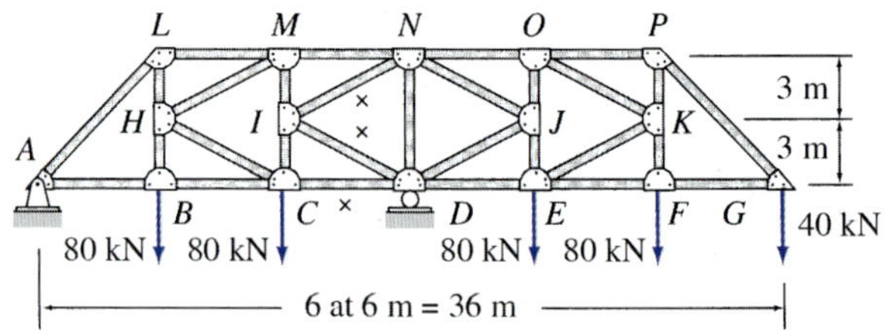

그림 P4.45

4.46~4.50 그림과 같은 트러스에 대하여 모든 부재력을 계산하라.

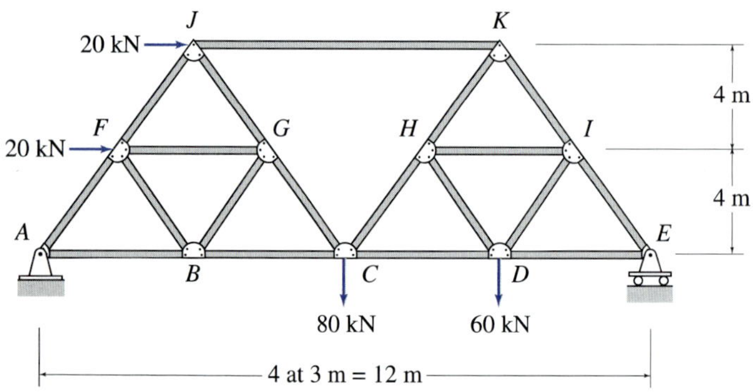

그림 P4.46

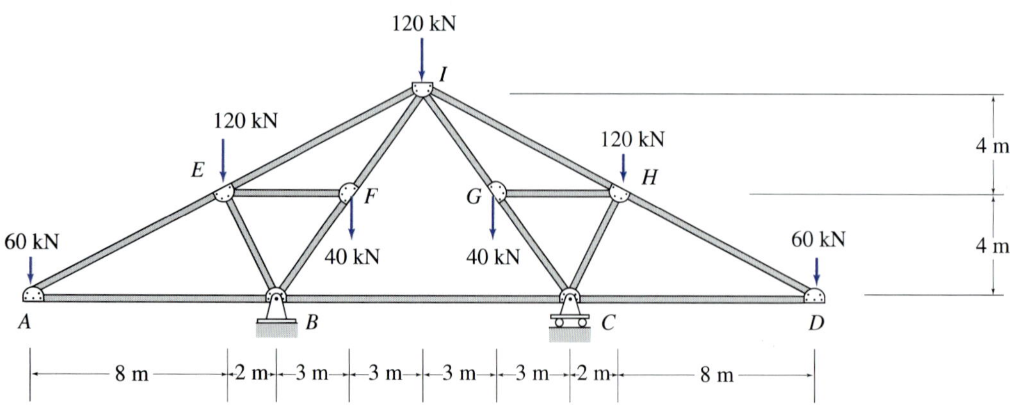

그림 P4.47

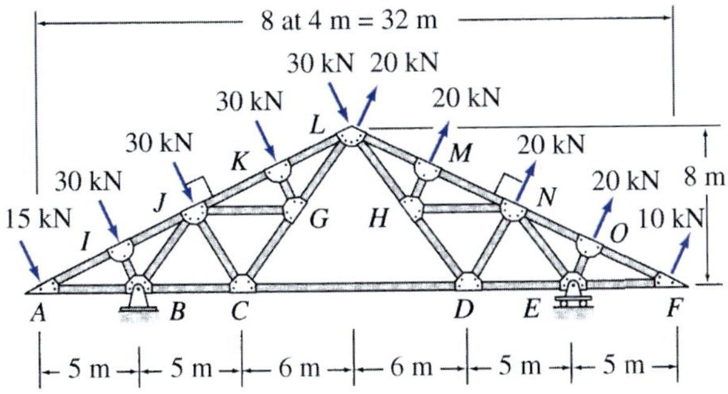

그림 P4.48

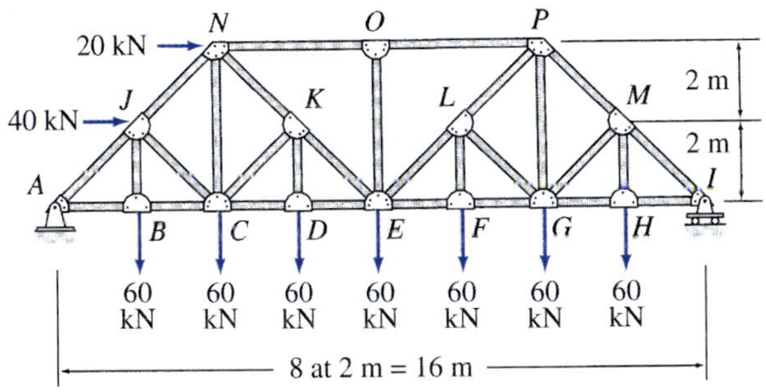

그림 P4.49

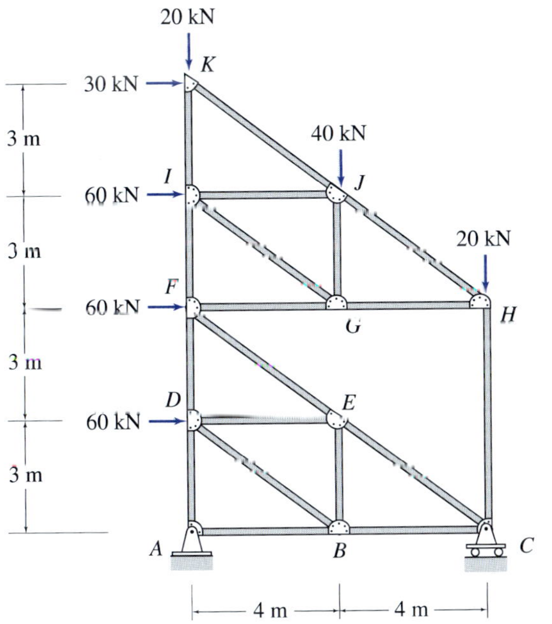

그림 P4.50

4.51~4.55 그림과 같은 입체트러스에 대하여 모든 부재력을 계산하라.

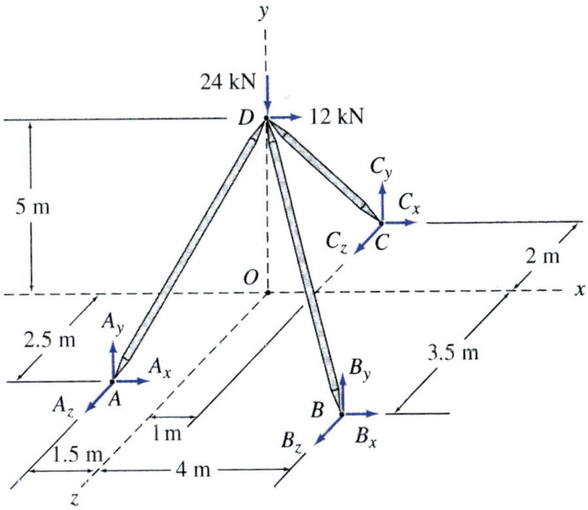

그림 P4.51

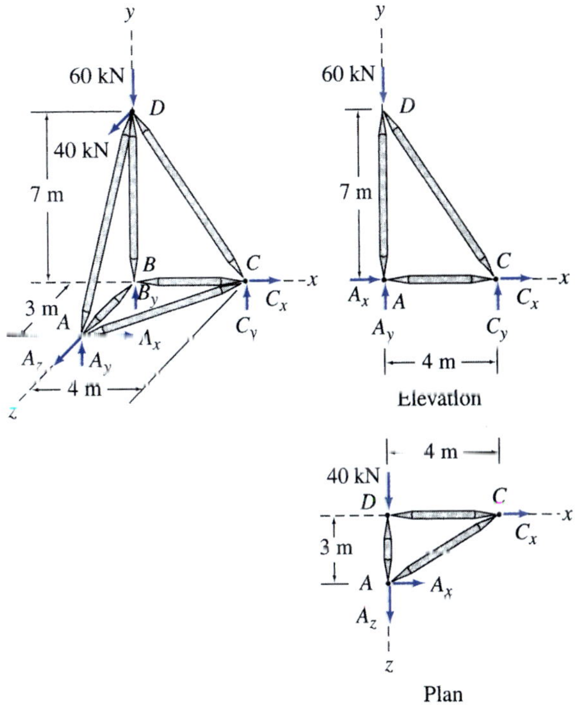

그림 P4.52

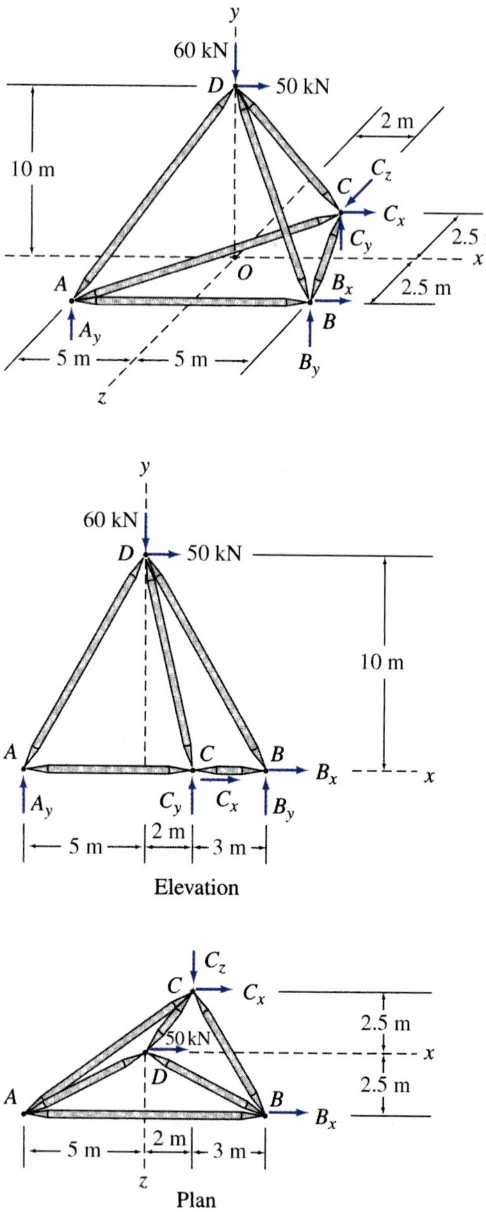

그림 P4.53

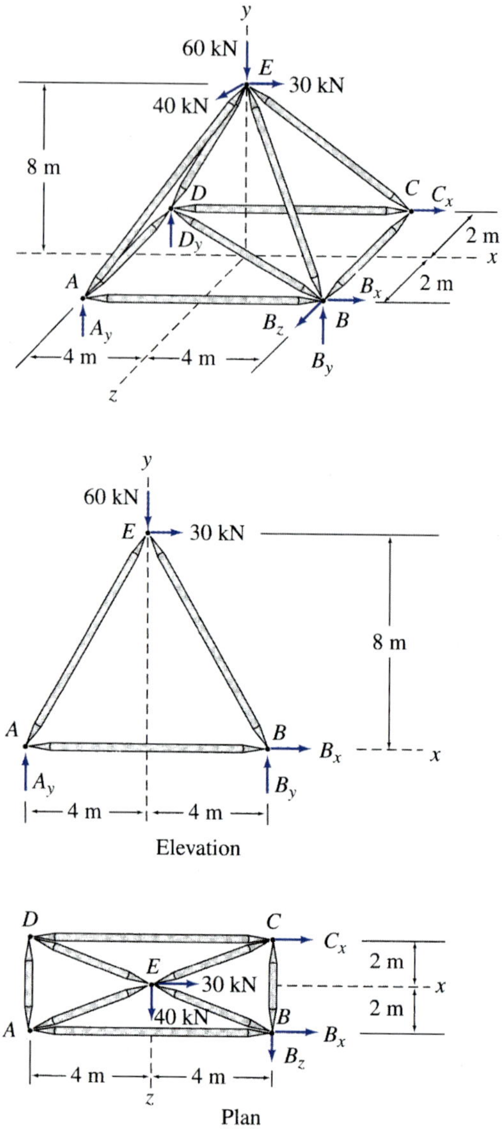

그림 P4.54

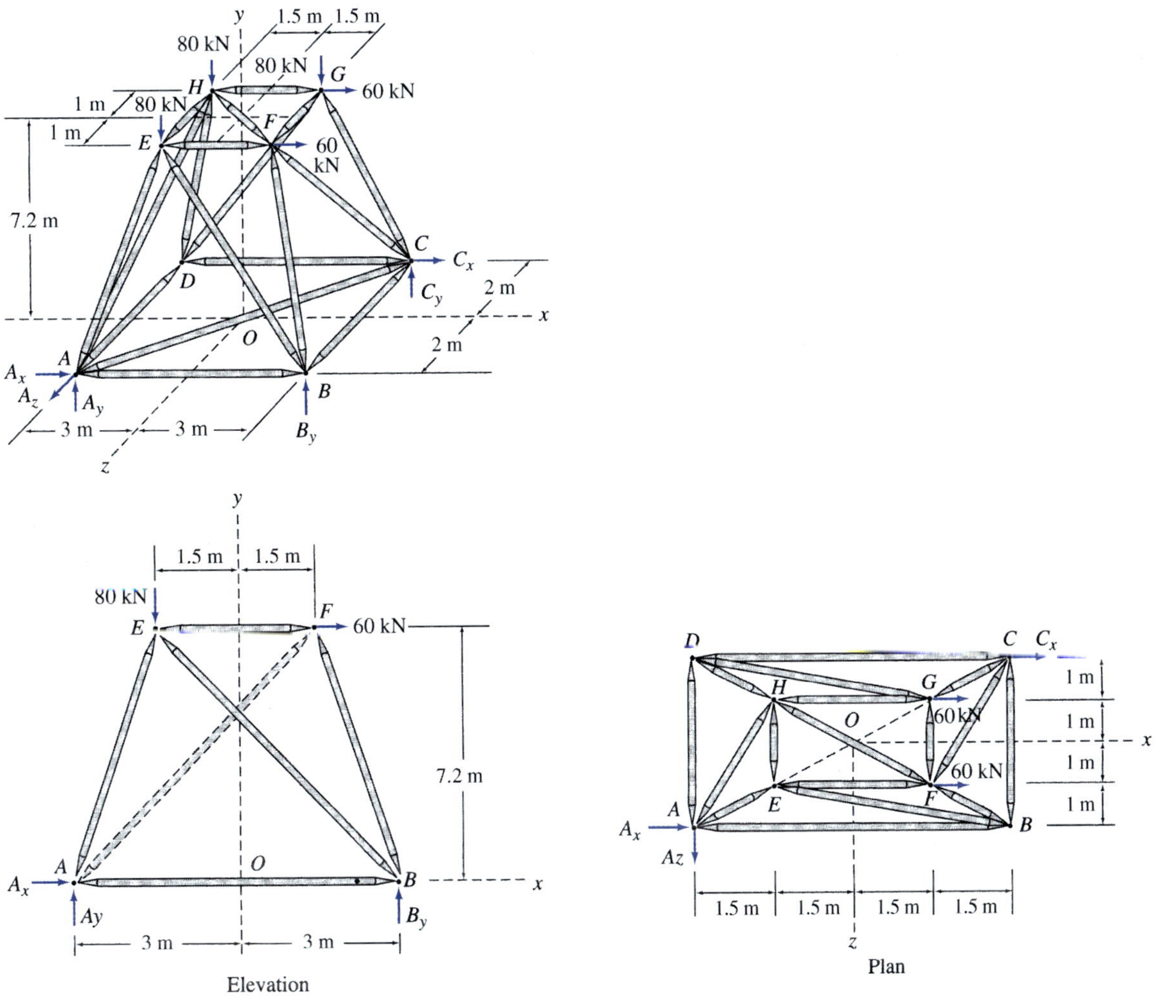

y
1.5 m
1.5 m
80 kN
80 kN
G
60 kN
H
1 m
80 kN
1 m
E
F
60
kN
7.2 m
C
C_x
D
C_y
2 m
x
O
2 m
A
A_x
A_z
A_y
B
3 m
3 m
B_y
z
y
1.5 m
1.5 m
80 kN
F
60 kN
E
7.2 m
A
O
B
x
A_x
Ay
B_y
3 m
3 m
Elevation
D
C
C_x
H
G
1 m
60 kN
1 m
O
x
1 m
60 kN
1 m
A
E
F
B
A_x
Az
1.5 m
1.5 m
1.5 m
1.5 m
z
Plan

그림 P4.55

05

보와 골조 : 전단력과 휨모멘트

Steel Girders
Lester Lefkowitz/Stone/Getty Images

앞 장에서 다루었던 트러스 부재가 오직 축력만을 받는 것과는 다르게 강체 골조의 부재나 보는 외부하중에 의해 축력뿐만 아니라 전단력과 휨모멘트를 받게 된다. 이러한 구조물을 설계하기 위해서는 내력과 모멘트와 같은 부재력을 구해야 한다. 5장의 목적은 동일 평면상에 작용하는 외력과 모멘트가 보와 평면골조 내부에 유발하는 내력과 모멘트를 해석하는 방법을 제시하는 것이다.

5장에서는 보와 평면골조 부재의 단면에 작용하는 3가지 유형의 부재력–축력, 전단력, 휨모멘트–을 정의한 후에 단면법을 이용하여 전단력 다이어그램과 휨모멘트 다이어그램을 작성하는 방법을 설명한다. 또한 보의 처짐 형상을 살펴보고 하중, 전단력, 휨모멘트가 어떠한 관계를 갖고 있는지 살펴보며, 이러한 관계를 이용하여 전단력 다이어그램과 휨모멘트 다이어그램을 작성하는 방법을 알아본다. 마지막으로 평면골조를 정정, 부정정, 불안정구조로 분류하고 정정 평면골조에 대해 해석한다.

5.1 축력, 전단력, 휨모멘트

3.2절에서 정의한 바와 같이 내력이란 구조체의 어떠한 부분에 작용하는 힘과 모멘트를 의미한다. 예를 들어 그림 5.1(a)의 단순지지 보를 살펴보자. 그림 5.1(b)는 보 전체에 대한 자유물체도이며 외력과 지점 A와 B의 반력 A_x, A_y, B_y를 보여주고 있다. 3장에서 논의한 것과 같

이 지점반력은 보 전체에 대한 자유물체도에 평형방정식을 적용하여 계산할 수 있다. 보의 C점 단면에 작용하는 내력을 구하기 위해서는 가상의 단면 cc가 C점을 통과하도록 하여 보를 AC와 CB의 2개 부분으로 나누어야 한다(그림 5.1(c)와 5.1(d) 참조). AC 부분의 자유물체도(그림 5.1(c))에는 AC 부분에만 작용하는 외력과 반력뿐만 아니라 C에 작용하는 내력 Q, S, M도 나타내야 한다. 왜냐하면 이러한 내력이 작용하지 않는다면 AC부분은 평형 상태를 유지할 수 없기 때문이다. 또한 동일한 평면에서 외력과 반력이 평형 상태를 유지하려면 가상의 단면에 3개의 내력(2개의 수직 및 수평성분, 1개의 모멘트)이 존재해야 한다. 그림 5.1(c)와 같이 2개의 내력이 보의 도심축 방향과 이에 수직되는 방향으로 작용한다. 보의 도심축 방향 내력 Q를 **축력**이라 하고, 도심축에 직각인 방향 내력 S를 **전단력**이라고 한다. 또한 내부 모멘트 M을 **휨모멘트**라고 한다. **재료역학**에서는 이러한 내력 Q, S, M이 보의 단면에 작용하는 부재력을 의미한다.

그림 5.1(d)는 보의 CD 부분에 대한 자유물체도이다. C점에는 제거된 AC 부분에 의해 동일한 내력 Q, S, M이 작용한다. 이들 내력들은 뉴턴의 제3법칙에 따라 크기는 같고 방향은 반대이다. 내력의 크기와 방향은 보의 2개 부분 중 어느 한 부분(AC 또는 CB)에 대하여 3개의 평형방정식 $\sum F_x = 0$, $\sum F_y - 0$, $\sum M = 0$를 적용하여 구할 수 있다.

그림 5.1(c)와 5.1(d)에서 보의 일부분에서 평형방정식 $\sum F_x = 0$를 만족시키려면 내부 축력 Q가 그 부분에 작용하는 모든 x방향의 외력과 크기는 같고 방향은 반대이어야 함을 알 수 있다. 보 전체는 평형 상태에 있기 때문에(보 전체에 대한 $\sum F_x = 0$이므로) 보의 2개 부분에 별개로 $\sum F_x = 0$을 적용하여도 동일한 크기의 축력 Q를 계산할 수 있다. 따라서 다음과 같이 설명할 수 있다.

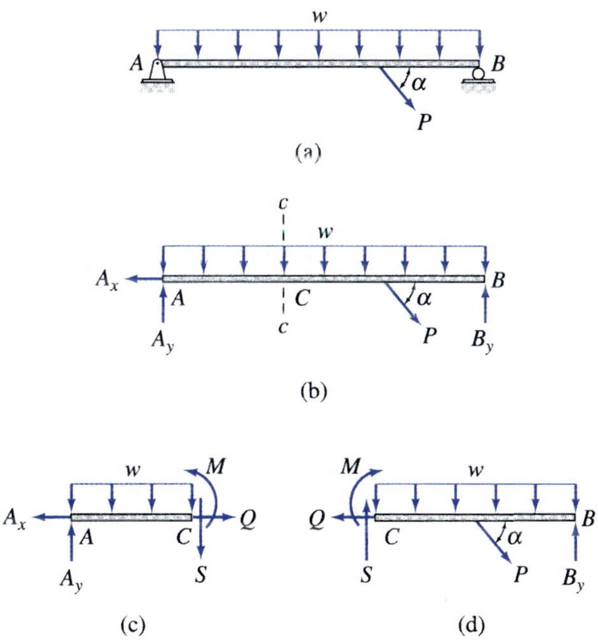

그림 5.1

> 보의 임의의 단면에서의 내부 축력 Q는 해당 단면을 포함한 보의 어느 부분에서도 작용하는 모든 외력과 지점반력의 **축방향 성분의 합과** 크기가 같고 방향이 반대이다.

이와 비슷하게 전단력과 휨모멘트를 다음과 같이 정의할 수 있다.

> 보의 임의의 단면에서의 전단력 S는 해당 단면을 포함한 보의 어느 부분에서도 작용하는 모든 외력과 지점반력의 **도심축 직각방향 성분의 합과** 크기가 같고 방향이 반대이다.
> 보의 임의의 단면에서의 휨모멘트 M은 해당 단면을 포함한 보의 어느 부분에서도 작용하는 모든 외력과 지점반력의 **단면의 도심축에 대한 모멘트의 합과** 크기가 같고 방향이 반대이다.

부호 규약

축력, 전단력, 휨모멘트에 일반적으로 사용되는 부호 규약을 그림 5.2에 나타내었다. **보의 부호 규약**에서 중요한 사항은 2개로 나누어진 단면의 어느 부분을 사용하여도 동일한 결과(양수 또는 음수)가 된다는 것이다. 각 단면에 작용하는 내력의 양의 방향을 그림 5.2(a)에 나타내었다.

그러나 그림 5.2(b)~5.2(d)와 같이 보 또는 골조 부재에 작용하는 외력과 반력의 관점에서 부호 규약을 표현하는 것이 편리하다. 그림 5.2(b)와 같이 **내부 축력 Q는 부재에 작용하는 외력이 부재를 당기는 인장력을 발생시킬 때 양의 부호로 간주한다.**

전단력 S는 그림 5.2(c)와 같이 **외력이 단면 좌측 부분을 단면의 우측 부분을 기준으로 위쪽으로 밀어 올릴 때 양의 부호로 간주하다.** 즉, 단면의 좌측 부분은 위로 밀어 올리고 단면의 우측 부분은 아래로 밀어 내리는 외력이 양의 전단력이다. 전단력에 대한 부호 규약을 이해하는 또 하나의 방법으로 단면에 대해 시계방향 모멘트를 생성시키는 힘이 해당 단면에서 양의 전단력이 되고, 그 반대의 경우가 음의 전단력이 된다.

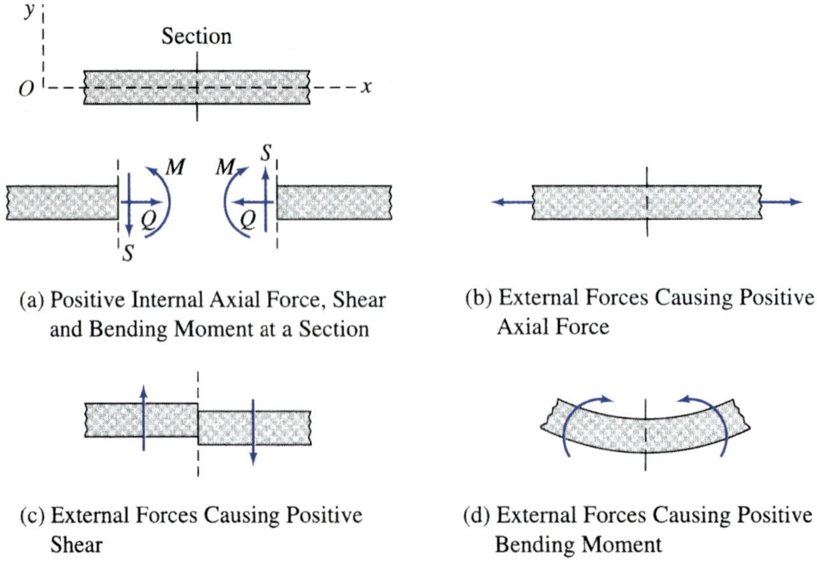

(a) Positive Internal Axial Force, Shear and Bending Moment at a Section

(b) External Forces Causing Positive Axial Force

(c) External Forces Causing Positive Shear

(d) External Forces Causing Positive Bending Moment

그림 5.2 보의 부호 규약

양의 휨모멘트는 그림 5.2(d)와 같다. **보에 작용하는 외력과 모멘트가 보를 아래로 오목하게 구부릴 때의 휨모멘트 M을 양의 값으로 간주한다. 양의 모멘트는 단면의 상부에 압축력을 발생시키고, 단면 하부에 인장력을 발생시킨다.** 보의 좌측 부분을 이용하여 휨모멘트를 계산할 때, 시계방향 모멘트와 시계방향 모멘트를 발생시키는 힘이 양의 휨모멘트를 발생시킨다. 보의 우측부분을 이용하여 휨모멘트를 계산할 때는 반시계방향 모멘트와 반시계방향 모멘트를 발생시키는 힘이 양의 휨모멘트이다.

지금까지는 보 또는 골재 부재의 방향을 수평으로 가정하고 설명하였지만, 그림 5.2(a)와 같이 xy 좌표계를 이용하면 경사 부재와 수직 부재에 대해서도 동일한 부호 규약을 사용할 수 있다. 좌표계의 x축을 부재의 도심축 방향과 일치하게 하고 오른손법칙에 부합하도록 y축의 양의 방향은 선택하면 z축은 항상 책 표면의 앞을 향하게 된다. 경사 부재나 수직 부재에 대해서는 양의 y방향을 위쪽 방향으로 하고 부재의 원점 근처 부분을 단면의 좌측으로 간주하면 동일한 부호 규약을 사용할 수 있다.

해석 순서

보의 특정 위치에 작용하는 내력을 계산하는 절차는 다음과 같다.

1. 보 전체의 자유물체도에 대한 평형방정식과 사용 가능한 지점의 조건방정식을 적용하여 반력을 계산한다(캔틸레버 보의 경우에는 자유단 부분을 먼저 해석하면 이 단계를 생략할 수 있다. 예제 5.2 참조).
2. 내력을 계산하고자 하는 지점을 통과하도록 부재의 도심축에 수직인 단면을 2개의 부분으로 나눈다.
3. 절단된 2개의 부분 중 어느 부분을 사용하여도 내력을 계산할 수 있지만, 계산량을 최소화하기 위해서 반력이 없는 부분이나 외력과 내력의 수가 최소가 되는 부분을 선택한다.
4. 선택된 부분에 작용하는 모든 외력과 지점반력의 부재축에 평행한 성분을 합하면 단면의 축력이 된다. 앞서 기술한 부호 규약에 따라 단면의 좌측 부분에서 축력을 계산하는 경우에는 좌측으로 작용하는 외력이 양의 방향이고 우측으로 작용하는 외력이 음의 방향이다(그림 5.2(b) 참조). 반대로 보 단면의 우측 부분에서 축력을 계산하는 경우에는 우측으로 향하는 외력이 양의 축력이고 좌측으로 향하는 외력은 음의 축력이다.
5. 선택된 부분에 작용하는 모든 외력과 지점반력의 부재축과 직각 방향인 성분을 합하면 단면의 전단력이 된다. 단면의 좌측 부분에서 전단력을 계산하는 경우에는 위로 작용하는 외력이 양의 방향이고 아래로 작용하는 외력이 음의 방향이다(그림 5.2(c) 참조). 반대로 보 단면의 우측 부분에서 전단력을 계산하는 경우에는 아래로 향하는 외력이 양의 전단력이고 위로 향하는 외력은 음의 전단력이다.
6. 선택된 부분에 작용하는 모든 외부 모멘트와 외력에 의한 모멘트를 합하면 단면의 휨모멘트가 된다. 단면의 좌측 부분에서 모멘트를 계산하는 경우에는 시계방향 모멘트가 양의 방향이고 반시계방향 모멘트가 음의 방향이다(그림 5.2(d) 참조). 보 단면의 우측 부분에서 모멘트를 계산하는 경우에는 이와 반대로 반시계방향이 양의 모멘트이고 시계방향이

음의 모멘트이다.

7. 계산한 결과에 대한 검토는 4∼6단계에서 사용하지 않은 보의 나머지 부분을 이용해서 내력의 일부나 전체를 계산한다. 해석이 올바르게 수행되었다면 좌측과 우측부분에 대한 계산 결과가 일치하여야 한다.

5.1 Example

그림 5.3(a) 보의 B 점에서의 축력, 전단력, 휨모멘트를 계산하라.

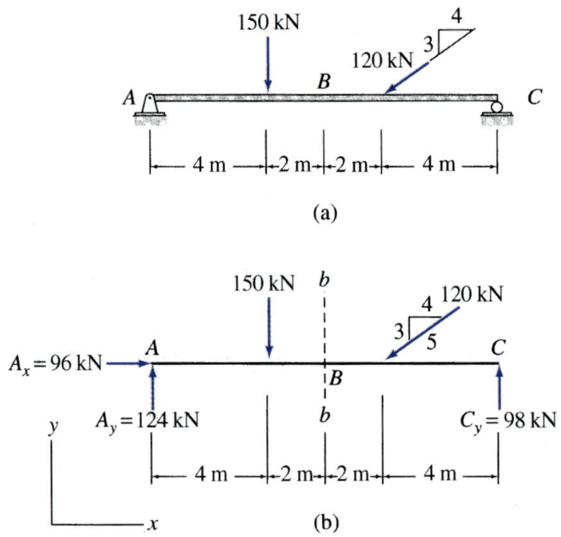

그림 5.3

풀이

반력. 보 전체의 자유물체도에 대해 평형방정식을 고려하면 다음과 같다(그림 5.3(b)).

$$+\rightarrow \sum F_x = 0 \qquad A_x - \left(\frac{4}{5}\right)(120) = 0 \qquad A_x = 96 \text{ kN} \rightarrow$$

$$+\circlearrowleft \sum M_c = 0 \qquad -A_y(12) + 150(8) + \frac{3}{5}(120)(4) = 0 \qquad A_y = 124 \text{ kN} \uparrow$$

$$+\uparrow \sum F_y = 0 \qquad 124 - 150 - \left(\frac{3}{5}\right)(120) + C_y = 0 \qquad C_y = 98 \text{ kN} \uparrow$$

단면 bb. 단면 bb는 B 점을 통과하여 보를 AB와 BC의 2개 부분으로 나눈다(그림 5.3(b) 참조). 단면의 좌측에 있는 AB 부분을 사용하여 내력을 계산한다.

축력. 좌측으로 향하는 외력을 양으로 하면 다음과 같다.

$$Q = -96 \text{ kN}$$

전단력. 위로 향하는 외력을 양으로 하면 다음과 같다.

$$S = 124 - 150 = -26$$
$$S = -26 \text{ kN}$$

휨모멘트. B점에 대하여 외력에 의한 시계방향 모멘트를 양으로 하면 다음과 같다.

$$M = 124(6) - 150(2) = 444$$
$$M = 444\ \text{kN} \cdot \text{m}$$

계산 검토. 계산을 검토하기 위해서 단면의 우측에 있는 BC 부분을 사용하여 내력을 계산한다. BC 부분에서 우측으로 향하는 외력의 수평 성분을 양으로 하면 다음과 같다.

$$Q = -\frac{4}{5}(120) = -96\ \text{kN}$$

아래로 향하는 외력을 양으로 하면 다음과 같다.

$$S = -98 + \frac{3}{5}(120) = -26\ \text{kN}$$

최종적으로 B점에 대한 외력의 반시계방향 모멘트를 양으로 하면 다음과 같다.

$$M = 98(6) - \frac{3}{5}(120)(2) = 444\ \text{kN}$$

5.2 Example

그림 5.4 보의 B점에서의 전단력과 휨모멘트를 계산하라.

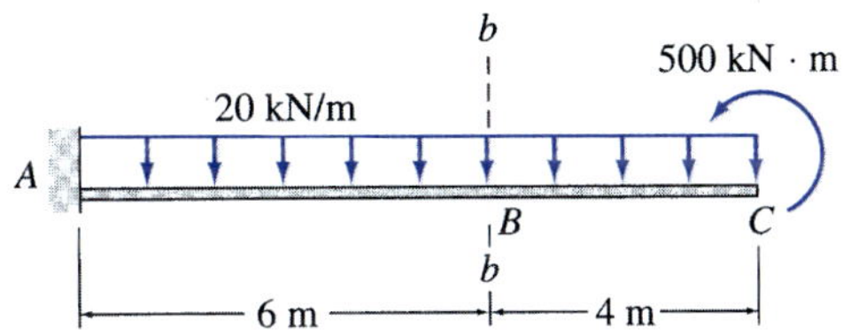

그림 5.4

풀이

단면 bb. (그림 5.4 참조) 반력을 계산하지 않고 부재력을 계산하기 위하여 지점이 없는 단면 bb의 우측 부분 DC 부분을 선택한다.

전단력. 아래로 향하는 외력을 양으로 하면 다음과 같다.

$$S = +20(4) = +80\ \text{kN}$$
$$S = 80\ \text{kN}$$

모멘트 500 kN · m는 전단력에 아무런 영향을 미치지 않는다

휨모멘트. 반시계방향 모멘트를 양으로 하면 다음과 같다.

$$M = 500 - 20(4)(2) = 340\ \text{kN} \cdot \text{m}$$
$$M = 340\ \text{kN} \cdot \text{m}$$

지점 A의 반력을 계산한 후에 AB 부분에 대한 힘과 모멘트의 합을 이용하여 계산 결과를 검토할 수 있다.

5.2 전단력 다이어그램과 휨모멘트 다이어그램

전단력 다이어그램(shear force diagram, SFD, 전단력도)과 휨모멘트 다이어그램(bending moment diagram, BMD, 휨모멘트도)은 부재의 길이 방향을 따라서 전단력과 휨모멘트가 어떻게 변화하는지를 나타내는 분포도이다. 이러한 분포도는 앞 장에서 설명한 단면법을 이용하여 작성할 수 있다. 부재의 한쪽 끝에서 다른 쪽 끝까지(일반적으로 왼쪽에서 오른쪽으로 진행) 단면을 통과시키면서 하중이 변화하는 지점에서의 전단력과 휨모멘트를 원점에서 단면까지의 거리에 대한 함수로 표현한다. 이러한 방정식에서 계산된 전단력과 모멘트를 y값으로 하고, 부재의 한쪽 끝을 원점으로 하는 x축 위에 전단력 다이어그램과 휨모멘트 다이어그램을 작성한다. 다음 예제들을 통해 이 과정을 설명하고자 한다.

5.3 Example

그림 5.5(a) 보에 대하여 전단력 다이어그램과 휨모멘트 다이어그램을 작성하라.

풀이

반력. 그림 5.5(b) 참조.

$$+\rightarrow \sum F_x = 0 \qquad\qquad A_x = 0$$

$$+\circlearrowleft \sum M_D = 0 \qquad -A_y(9) + 265(6) + 245 + 30(6)(0) = 0 \qquad A_y = 203.89 \text{ kN} \uparrow$$

$$+\uparrow \sum F_y = 0 \qquad 203.89 - 265 - 30(6) + D_y = 0 \qquad D_y = 241.11 \text{ kN} \uparrow$$

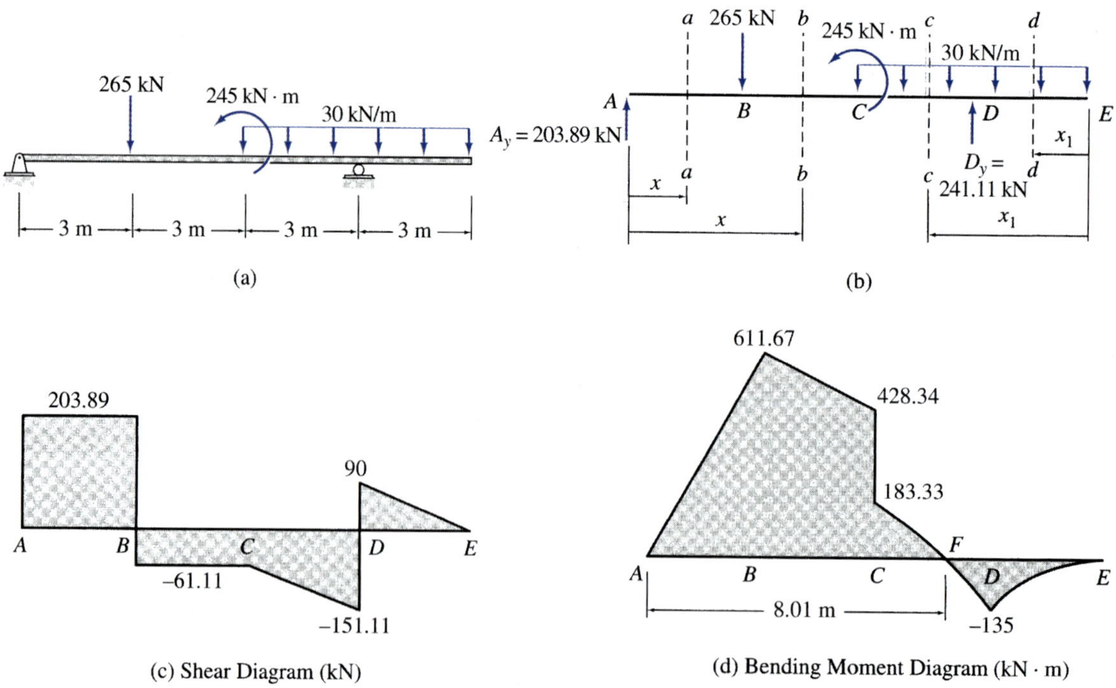

그림 5.5

전단력 다이어그램. 보의 AB 부분에서의 전단력에 대한 방정식을 구하기 위해 그림 5.5(b)와 같이 지점 A에서부터 x만큼 떨어진 거리의 단면 aa를 절단한다. 이 단면의 좌측 부분에 대한 자유물체도에서 다음을 계산하라.

$$S = 203.89 \text{ kN} \qquad \text{for } 0 < x < 3 \text{ m}$$

방정식에서 알 수 있듯이 A점의 바로 우측에서부터 B점의 바로 좌측까지의 전단력은 203.89 kN로 일정하다. A점에서 전단력은 0에서 203.89 kN으로 갑자기 증가하므로 전단력 다이어그램(그림 5.5(c))의 A점은 0에서 203.89까지 수직선으로 그려진다. 그 후에 A점에서 B점까지 수평선으로 연결하여 전단력이 일정함을 나타낸다.

다음으로 단면 bb(그림 5.5(b))를 이용하여 BC 부분에서의 전단력 방정식을 구한다.

$$S = 203.89 - 265 = -61.11 \text{ kN} \qquad \text{for } 3 \text{ m} < x \le 6 \text{ m}$$

전단력은 B점의 좌측에서 203.89 kN이지만 B점의 바로 우측에서 −61.11 kN로 갑자기 변화한다. 전단력 다이어그램(그림 5.5(c))에서는 이렇게 변화하는 전단력을 +203.89에서 −61.11까지의 수직선으로 표시하였다. 그 후에 B점에서 C점까지 수평선으로 연결하여 전단력이 일정하게 유지됨을 나타낸다.

보의 우측 절반에서 전단력 방정식을 구하기 위해서는 그림 5.5(b)와 같이 보의 우측 끝 E점에서 왼쪽으로 향하는 새로운 좌표 x_1을 사용하는 것이 편리하다. ED 부분과 DC 부분의 전단력 방정식은 단면 dd와 cc의 우측 부분의 자유물체도에서 계산한다.

$$S = 30x_1 \qquad \text{for } 0 \le x_1 < 3 \text{ m}$$

그리고

$$S = 30x_1 - 241.11 \qquad \text{for } 3 \text{ m} < x_1 \le 6 \text{ m}$$

위 방정식에서 전단력이 E점에서 D점의 바로 우측까지 0에서 +90 kN까지 선형적으로 증가함을 알 수 있다. 그리고 D점 바로 좌측에서 전단력이 −151.11 kN으로 갑자기 감소한 다음에 C점의 −61.11 kN까지 선형적으로 증가한다. 이러한 내용이 그림 5.5(c)의 전단력 다이어그램에 모두 포함되어 있다.

휨모멘트 다이어그램. 전단력을 계산하기 위해 사용되었던 동일한 단면과 좌표축을 사용하여 보의 네 부분에서의 휨모멘트 방정식을 구한다.

AB 부분

$$M = 203.89x \qquad \text{for } 0 \le x \le 3 \text{ m}$$

BC 부분

$$M = 203.89x - 265(x-3) = -61.11x + 795 \qquad \text{for } 3 \text{ m} \le x < 6 \text{ m}$$

ED 부분

$$M = -30x_1\left(\frac{x_1}{2}\right) = -15x_1^2 \qquad \text{for } 0 \le x_1 \le 3 \text{ m}$$

DC 부분

$$M = -15x_1^2 + 241.11(x_1 - 3) = -15x_1^2 + 241.11x_1 - 723.33 \qquad \text{for } 3 \text{ m} \le x_1 < 6 \text{ m}$$

첫 번째 두 방정식에서 보의 좌측 절반에 대해서는 휨모멘트가 A점에서 B점까지 0에서 611.67 kN·m까지 선형적으로 증가하며, 그 후에 C점까지 428.34 kN·m로 선형적으로 감소함을 알 수 있다(그림 5.5(d) 참조). 보의 우측 절반에 대한 마지막 두 방정식은 x_1에 대한 2차식이다. 이 방정식에서 휨모멘트는 E점에서 D점까지 0에서 −135 kN·m까지 감소하고, 다시 C점의 바로 우측까지 183.33 kN

· m로 증가함을 알 수 있다. C점에서 휨모멘트는 갑자기 428.34 − 183.33 = 245 kN만큼 감소하였다. 이는 이 지점에 반시계방향으로 같은 크기의 외부 모멘트가 작용하였기 때문이다.

휨모멘트가 0인 점을 변곡점(point of inflection)이라 한다. 변곡점 F(그림 5.5(d))의 위치를 계산하기 위해서 DC 부분의 휨모멘트 방정식을 $M=0$으로 하여 계산하면 다음과 같다.

$$M = -15x_1^2 + 241.11x_1 - 723.33 = 0$$

식에서 $x_1 = 3.99$ m이다. 그림 5.6(d)와 같이 F는 지점 E로부터 3.99 m의 거리, 또는 지점 A에서 12 − 3.99 = 8.01 m 거리에 있다.

5.4 Example

그림 5.6(a) 보에 대하여 전단력 다이어그램과 휨모멘트 다이어그램을 작성하라.

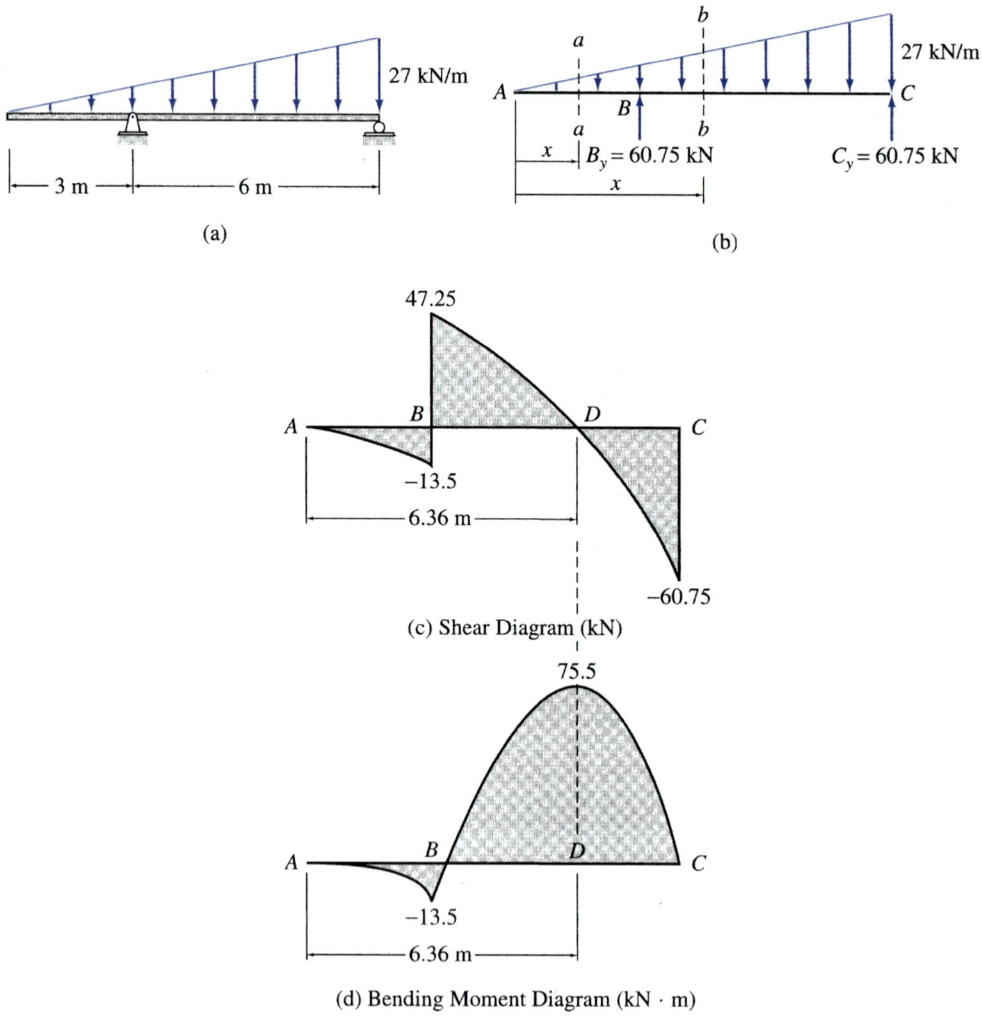

그림 5.6

풀이

반력. 그림 5.6(b) 참조.

$$+\rightarrow\sum F_x = 0 \qquad\qquad B_x = 0$$

$$+\circlearrowleft\sum M_C = 0 \qquad \left(\frac{1}{2}\right)(9)(27)\left(\frac{9}{3}\right) - B_y(6) = 0 \qquad B_y = 60.75\text{ kN}\uparrow$$

$$+\uparrow\sum F_y = 0 \qquad -\frac{1}{2}(6)(27) + 60.75 + C_y = 0 \qquad C_y = 60.75\text{ kN}\uparrow$$

전단력 다이어그램. 보의 AB와 BC 부분에 대한 전단력 방정식을 구하기 위해 그림 5.6(b)와 같이 단면 aa와 bb를 정한다. 이들 단면의 좌측에 있는 자유물체도에서 A점에서 x만큼 떨어진 지점에서의 하중 $w(x)$는 $w(x) = \left(\frac{27}{9}\right)(x) = 3x$ kN/m이다. 따라서 AB와 BC 부분에 대한 전단력 방정식은 다음과 같다.

$$S = -\left(\frac{1}{2}\right)(x)(3x) = -\frac{3x^2}{2} \qquad \text{for} \quad 0 \le x < 3\text{ m}$$

$$S = -\left(\frac{3x^2}{2}\right) + 60.75 \qquad \text{for} \quad 3\text{ m} < x < 9\text{ m}$$

이 방정식에서 계산된 S의 값을 그림 5.6(c)에 나타내었다. 전단력이 "0"이 되는 D점은 다음 방정식으로부터 구할 수 있다.

$$S = -\left(\frac{3x^2}{2}\right) + 60.75 = 0$$

위의 식에서 $x = 6.36$ m이다.

휨모멘트 다이어그램. 전단력을 계산하기 위해 사용되었던 동일한 단면을 사용하여 AB와 BC 부분의 휨모멘트에 대한 방정식을 구할 수 있다.

$$M = -\left(\frac{1}{2}\right)(x)(3x)\left(\frac{x}{3}\right) = -\frac{x^3}{2} \qquad \text{for} \quad 0 \le x \le 3\text{ m}$$

$$M = -\left(\frac{x^3}{2}\right) + 60.75\,(x-3) \qquad \text{for} \quad 3\text{ m} \le x \le 9\text{ m}$$

이 방정식에서 계산된 M의 값을 그림 5.6(d)에 나타내었다. 휨모멘트가 최대가 되는 지점을 찾기 위해 BC 부분의 휨모멘트 방정식을 x에 대하여 미분하면 다음과 같다($dM/dx = 0$).

$$\frac{dM}{dx} = -\left(\frac{3x^2}{2}\right) + 60.75 = 0$$

위의 식에서 $x = 6.36$ m이다. 이를 통하여 최대 휨모멘트는 전단력이 "0"이 되는 지점에서 발생한다는 것을 알 수 있다. 또한 BC 부분에서 dM/dx와 S에 대한 식이 동일하다는 것을 알 수 있다. 즉, 어느 한 지점에서의 휨모멘트 다이어그램의 기울기는 그 지점에서의 전단력과 동일하다. 이 관계는 대부분의 부재에 모두 적용할 수 있으며 다음 절에서 자세히 다루기로 한다.

마지막으로 최대 휨모멘트의 크기는 BC 부분의 모멘트 방정식에 $x = 6.36$ m을 대입하여 계산할 수 있다.

$$M_{\max} = -\left[\frac{(6.36)^3}{2}\right] + 60.75\,(6.36-3) = 75.5\text{ kN}\cdot\text{m}$$

5.3 처짐 형상

구조물의 처짐 형상(탄성곡선)이란 하중을 받아 변형된 구조물의 중립면(neutral surface)을 다소 과장되게 개략적으로 나타낸 것이다. 구조물의 처짐 형상은 구조물의 거동을 파악하고 처짐을 계산하는데 도움이 된다. 처짐을 정량적으로 계산하는 방법에 대해서는 다음 장에서 설명할 것이다.

5.1절에서 채택한 부호 규약에 따르면 양의 휨모멘트는 보를 아래쪽으로 (또는 음의 y방향으로) 오목하게 휘게 하고, 음의 휨모멘트는 보를 위쪽으로 (또는 양의 y방향으로) 오목하게 휘게 한다. 따라서 보의 부재축의 임의의 지점에서의 곡률(curvature)에 대한 부호(양 또는 음)는 휨모멘트 다이어그램으로부터 구할 수 있다. 곡률의 부호와 지점의 구속 형태 등을 고려하면 보의 처짐 형상(탄성곡선)을 쉽게 그릴 수 있다(그림 5.7 참조).

예제 5.3의 보 해석을 예로 들어보자. 그림 5.7(a)와 5.7(b)는 보와 휨모멘트 다이어그램을 다시 그린 것이다. 보의 처짐 형상은 그림 5.7(c)와 같다. 보의 AF 부분에서 휨모멘트가 양수이므로 이 부분에서는 보가 아래쪽으로 오목하게 된다. 반대로 FE 부분에서는 휨모멘트가 음수이므로 보가 위쪽으로 오목하게 된다. 지점의 조건을 고려할 때 A와 D지점에서는 처짐이 “0”이지만, 기울기(처짐각)는 “0”이 아니다.

한 가지 주의해야 할 점은 처짐 형상은 곡률 부호에만 의존하여 개략적으로 그려진 것이므로 부재축 방향에 따라서 변하는 보의 처짐값을 수치적으로 알 수는 없다(지점에서의 처짐값을 제외하고). 예를 들어 보의 처짐을 수치적으로 계산해 보면 단부 E점의 처짐은 그림 5.7(c)에서 가정한 것과 같이 아래 방향으로 처지지 않고 위쪽 방향을 향할 수도 있다.

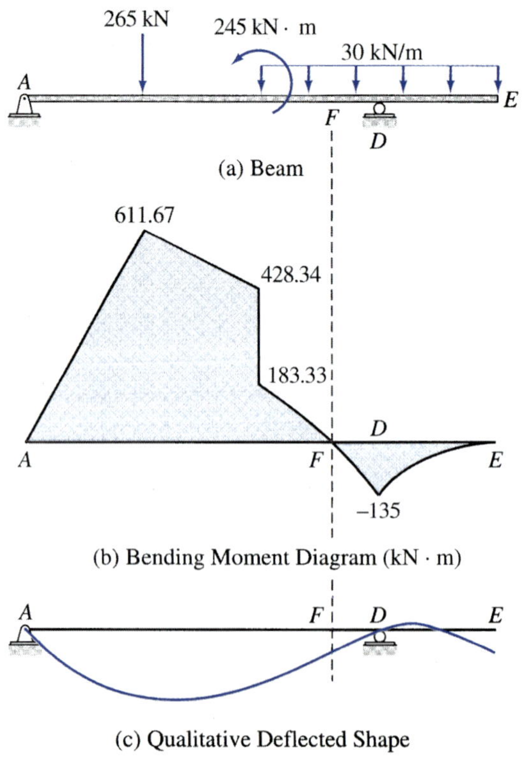

그림 5.7

5.4 하중, 전단력, 휨모멘트의 관계

하중, 전단력, 휨모멘트 사이에 존재하는 기본적인 미분 관계를 이용하면 전단력 다이어그램과 휨모멘트 다이어그램을 손쉽게 그릴 수 있다.

이들의 관계를 파악하기 위해서 그림 5.8(a)와 같이 임의의 하중을 받는 보를 생각해 보자. 그림에 표시된 모든 외부 하중은 양의 방향으로 작용하고 있다고 가정한다. 그림에서 위쪽으로(양의 y방향으로) 작용하는 분포하중, 집중하중, 시계방향으로 작용하는 외부 모멘트를 양의 값으로 하였다. 다음으로 원점 O에서 거리 x와 $x+dx$에서 가상의 단면을 설정하고 그 사이의 아주 작은 길이(미소길이) dx에 대해 평형조건을 적용하였다(그림 5.8(b) 참조). 그림 5.8(b)는 아주 작은 단면(미소단면)에 대한 자유물체도를 나타낸다. S와 M은 원점 O에서 거리 x만큼 떨어진 좌측 단면의 전단력과 휨모멘트이며, dS와 dM은 아주 작은 거리(미소거리) dx만큼 떨어진 지점의 전단력과 휨모멘트의 변화량이다.

dx가 매우 짧은 길이이므로 이 요소에 작용하는 분포하중 w의 크기는 $w(x)$의 값을 갖는 균일한 값으로 간주할 수 있다. 이 요소가 평형 상태에 있기 위해서는 요소에 작용하는 힘과 모멘트가 2개의 평형방정식($\sum F_y = 0$, $\sum M = 0$)을 만족해야 한다. 요소에 작용하는 수평하중이 없으므로 3번째 평형방정식 $\sum F_x = 0$을 자동적으로 만족한다. $\sum F_y = 0$에 대한 평형방정식을 적용하면 다음과 같다.

$$+\uparrow \sum F_y = 0$$

$$S + w\,dx - (S + dS) = 0 \tag{5.1}$$

$$dS = w\,dx$$

위 식을 dx로 나누면 식 (5.1)은 다음과 같다.

$$\frac{dS}{dx} = w \tag{5.2}$$

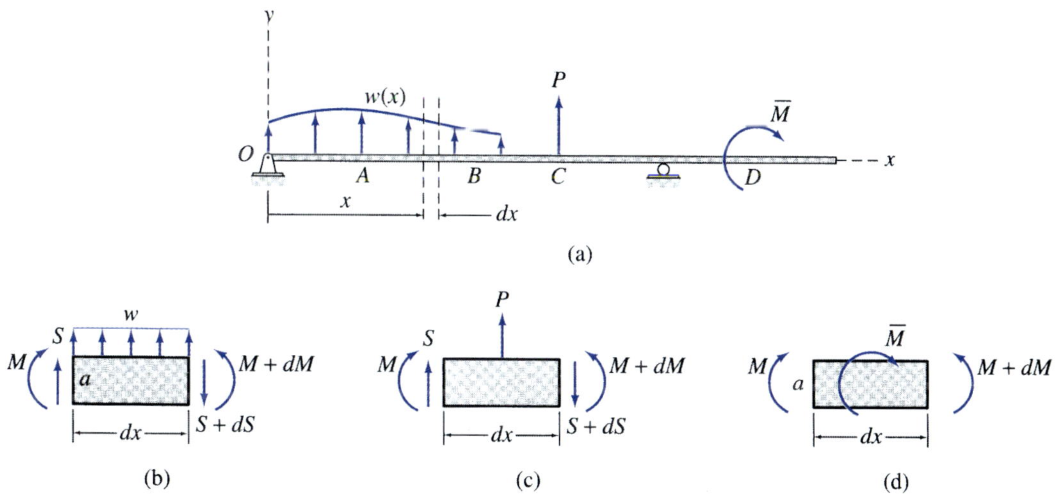

그림 5.8

여기서, dS/dx는 전단력 다이어그램의 기울기를 나타낸다. 따라서 식 (5.2)는 다음과 같이 해석할 수 있다.

$$\text{어느 지점에서의 전단력 다이어그램의 기울기} = \text{그 점에서의 분포하중의 크기} \tag{5.3}$$

부재축 방향의 A와 B점 사이의 전단력 변화는 식 (5.1)을 A에서 B까지 적분하여 계산할 수 있다(그림 5.8(a) 참조).

$$\int_A^B dS = S_B - S_A = \int_A^B w dx \tag{5.4}$$

여기서, $(S_B - S_A)$는 A와 B 사이의 전단력의 변화량을 나타내며, $\int_A^B w dx$는 A와 B 사이 분포하중도의 면적을 나타낸다. 따라서 식 (5.4)는 다음과 같이 표현할 수 있다.

$$A\text{와 } B \text{ 사이의 전단력의 변화량} = A\text{와 } B \text{ 사이의 분포하중도의 면적} \tag{5.5}$$

그림 5.8(b)의 보 요소의 자유물체도에 대한 모멘트 평형방정식을 적용하면 다음과 같다.

$$+\circlearrowleft \sum M_a = 0 \qquad -M + w(dx)(dx/2) - (S + dS)dx + (M + dM) = 0$$

위 식에서 2차 미분을 포함하고 있는 항을 무시하면 다음과 같다.

$$dM = S dx \tag{5.6}$$

식 (5.6)은 다음과 표현할 수 있다.

$$\frac{dM}{dx} = S \tag{5.7}$$

여기서, dM/dx는 휨모멘트 다이어그램의 기울기를 나타낸다. 따라서 식 (5.7)은 다음과 같이 표현할 수 있다.

$$\text{어느 지점에서 휨모멘트 다이어그램의 기울기} = \text{그 점에서의 전단력} \tag{5.8}$$

A와 B 사이의 휨모멘트의 변화량을 구하기 위해 식 (5.6)을 적분하면 다음과 같다(그림 5.8(a) 참조).

$$\int_A^B dM = M_B - M_A = \int_A^B S dx \tag{5.9}$$

여기서, $(M_B - M_A)$는 A와 B 사이의 휨모멘트의 변화량을 나타내며, $\int_A^B S dx$는 A와 B 사이의 전단력 다이어그램의 면적을 나타낸다. 따라서 식 (5.9)는 다음과 같이 표현할 수 있다.

$$A\text{와 } B \text{ 사이의 휨모멘트의 변화량} = A\text{와 } B \text{ 사이의 전단력 다이어그램의 면적} \tag{5.10}$$

집중하중

지금까지 유도된 하중과 전단력에 대한 관계(식 (5.1)~(5.5))는 집중하중이 작용된 점에서는 적용할 수 없다. 예제 5.3에서 살펴보았듯이 집중하중이 작용하는 점에서는 집중하중의 크기만큼 전단력이 변화한다. 이 관계는 그림 5.8(a)의 보에서 집중하중 P가 작용하는 작용점 C의 바로 좌측과 우측에 대한 가상의 단면을 절단하고 이곳에서 길이가 아주 짧은 요소의 평형을 이용하여 증명할 수 있다. 그림 5.8(c)는 이 요소에 대한 자유물체도이다. 이 요소에 대한 평형 방정식 $\sum F_y = 0$을 적용하면 다음과 같다.

$$+\uparrow \sum F_y = 0$$

$$S + P - (S + dS) = 0 \tag{5.11}$$

$$dS = P$$

이는 다음과 같이 표현할 수 있다.

$$\text{집중하중이 작용하는 지점에서의 전단력의 변화} = \text{집중하중의 크기} \tag{5.12}$$

이전에 유도되었던 전단력과 휨모멘트에 대한 관계(식 (5.6)~(5.10))는 집중하중이 작용하는 지점에 대해서도 적용할 수 있다. 다만, 집중하중이 작용하는 지점에서는 전단력 다이어그램이 급격하게 변하기 때문에 휨모멘트 다이어그램의 기울기도 급격하게 변화한다.

외부 모멘트

외부 모멘트가 작용하는 지점에서 하중과 전단력의 관계(식 (5.1)~(5.5), (5.11) 및 (5.12))는 그대로 적용할 수 있지만 전단력과 휨모멘트의 관계(식 (5.6)~(5.10))는 그대로 적용할 수 없다. 예제 5.3과 같이 외부 모멘트가 작용하는 지점에서 휨모멘트는 외부 모멘트의 크기만큼 변화한다. 이 관계는 그림 5.8(a)의 보에서 외부 모멘트 M이 작용하는 작용점 D의 바로 좌측과 우측에 대한 가상의 단면을 절단하고 이곳에서 길이가 아주 짧은 요소의 평형을 이용하여 증명할 수 있다. 그림 5.8(d)는 이 작은 요소에 대한 자유물체도이다. 이 요소에 대한 모멘트 평형 방정식을 적용하면 다음과 같다.

$$+\circlearrowleft \sum M_a = 0$$

$$-M - \overline{M} + (M + dM) = 0 \tag{5.13}$$

$$dM = \overline{M}$$

이는 다음과 같이 표현할 수 있다.

$$\text{외부 모멘트가 작용하는 지점에서의 휨모멘트의 변화} = \text{외부 모멘트의 크기} \tag{5.14}$$

해석 순서

다음은 지금까지 설명한 하중, 전단력, 휨모멘트의 관계를 이용하여 보의 전단력 다이어그램과 휨모멘트 다이어그램을 작성하는 순서이다.

1. 지점반력을 계산한다.
2. 다음과 같은 방법으로 전단력 다이어그램을 작성한다.
   - **a.** 보의 좌측 단부에서의 전단력을 계산한다. 이 점에 집중하중이 작용하고 있지 않으면 이 점의 전단력은 "0"이다. 단계 2(b)로 이동한다. 집중하중이 작용할 경우에 전단력 다이어그램의 세로 좌표가 "0"에서 집중하중 크기만큼 변화한다. 위로 향하는 힘은 전단력을 증가시키고, 아래로 향하는 힘은 전단력을 감소시킨다.
   - **b.** 이전 단계에서 전단력을 계산한 점에서 보의 우측 방향으로 이동하면서 새롭게 전단력 다이어그램의 크기를 계산할 위치를 선정한다. 일반적으로 보의 단부, 집중하중이 작용하는 지점, 분포하중의 크기가 변하는 지점에서 전단력을 계산한다.
   - **c.** 단계 2(b)에서 선택한 지점에서 전단력의 크기를 계산한다. 집중하중이 작용하는 경우에는 그 작용점의 바로 좌측에서 전단력의 크기를 계산한다. 이전 위치(집중하중이 작용하는 경우 그 작용점의 바로 우측)에서 계산한 전단력 값에 이전 위치와 현재 위치 사이의 분포하중 도형의 아래 면적을 더하여 현재 위치에서의 전단력을 계산할 수 있다. 분포하중 도형 면적을 계산하는 공식에 대해서는 부록 A를 참조하기 바란다.
   - **d.** 임의의 지점에서의 전단력 다이어그램 기울기는 그 점에서의 분포하중의 크기와 같다는 식 (5.3)을 적용하여 이전 점과 현재 점 사이에서의 전단력 다이어그램 형태를 결정한다.
   - **e.** 현 지점에 집중하중이 작용하지 않는다면 단계 2(f)로 이동한다. 그렇지 않을 경우에는 현 지점의 바로 좌측 전단력 크기에 집중하중 크기를 더하여 현 지점의 바로 우측 전단력의 크기를 계산한다. 결과적으로 이 점에서의 전단력 다이어그램은 집중하중의 크기만큼 갑작스럽게 변화하게 된다.
   - **f.** 현 지점이 보의 우측 단부가 아니면 단계 2(b)로 이동한다. 그렇지 않을 경우에는 전단력 다이어그램의 작성을 완료한다. 만약 해석이 올바르게 수행되었다면 보의 우측 단부의 바로 오른쪽에서의 전단력은 "0"이 되어야 한다(반올림 오차는 제외).
3. 다음과 같은 방법으로 휨모멘트 다이어그램을 작성한다.
   - **a.** 보의 좌측 단부에서의 휨모멘트를 계산한다. 이 점에 외부 모멘트가 작용하고 있지 않으면 이 점의 휨모멘트는 "0"이다. 단계 3(b)로 이동한다. 집중하중이 작용할 경우에 휨모멘트 다이어그램의 세로 좌표가 "0"에서 외부 모멘트 크기만큼 변화한다. 시계방향 모멘트는 휨모멘트를 증가시키고, 반시계방향 모멘트는 휨모멘트를 감소시킨다.
   - **b.** 이전 단계에서 휨모멘트를 계산한 점에서 보의 우측 방향으로 이동하면서 새롭게 휨모멘트의 크기를 계산할 위치를 선정한다. 일반적으로 단계 2에서 전단력을 계산한 위치, 외부 모멘트가 작용하는 지점, 휨모멘트가 최대, 최소가 되는 지점에서 휨모멘트를

계산한다. 외부 모멘트가 작용하는 지점뿐만 아니라 전단력이 "0"이 되는 지점에서도 휨모멘트가 최대, 최소가 될 수 있다. 전단력이 "0"인 점에서 전단력이 양에서 음으로 변하면 휨모멘트 기울기도 양에서 음으로 변하므로 이 점에서 휨모멘트가 최대가 된다. 반대로 전단력이 "0"인 점에서 전단력이 음에서 양으로 변하면 휨모멘트 기울기도 음에서 양으로 변하므로 모멘트가 최소가 된다. 집중하중이나 분포하중과 같이 일반적인 하중을 받는 경우에는 전단력 다이어그램의 전단력이 "0"이 되는 위치를 알 수 있다. 그러나 선형 분포하중이 작용하는 몇몇의 경우와 비선형 분포하중이 작용하는 경우에는 예제 5.4와 같이 전단력 방정식을 풀어 전단력이 "0"인 점을 구해야 한다.

c. 단계 3(b)에서 선택한 지점에서 휨모멘트의 크기를 계산한다. 외부 모멘트가 작용하는 경우에는 그 작용점의 바로 좌측에서 휨모멘트의 크기를 계산한다. 이전 위치(외부 모멘트가 작용하는 경우 그 작용점의 바로 우측)에서 계산한 휨모멘트 값에 이전 위치와 현재 위치 사이의 전단력 다이어그램의 면적을 더하여 현재 위치에서의 휨모멘트를 계산할 수 있다.

d. 임의의 지점에서의 휨모멘트 다이어그램 기울기는 그 점에서의 전단력의 크기와 같다는 식 (5.8)을 적용하여 이전 점과 현재 점 사이에서의 휨모멘트 다이어그램 형태를 결정한다.

c. 현 지점에 외부 모멘트가 작용하지 않는다면 단계 3(f)로 이동한다. 그렇지 않을 경우에는 현 지점의 바로 좌측 휨모멘트에 외부 모멘트 크기를 더하여 현 지점의 바로 우측 모멘트의 크기를 계산한다. 결과적으로 이 점에서의 휨모멘트 다이어그램은 외부 모멘트 크기만큼 갑작스럽게 변화하게 된다.

f. 현 지점이 보의 우측 단부가 아니면 단계 3(b)로 이동한다. 그렇지 않을 경우에는 휨모멘트 다이어그램의 작성을 완료한다. 만약 해석이 올바르게 수행되었다면 보의 우측 단부의 바로 오른쪽에서의 휨모멘트는 "0"이 되어야 한다(반올림 오차는 제외).

이와 같은 과정으로 보의 좌측 단부에서 우측 단부로 이동하며 전단력 다이어그램과 휨모멘트 다이어그램을 작성한다. 만일 보의 우측 단부에서 좌측 단부로 이동하며 전단력 다이어그램과 휨모멘트 다이어그램을 작성하고 싶다면 모든 절차는 동일하지만 아래쪽으로 향하는 힘이 전단력을 증가시키고, 반시계방향의 모멘트가 휨모멘트를 증가시키는 것에 주의해야 한다.

5.5 Example

그림 5.9(a)의 보에 대해 전단력 다이어그램과 휨모멘트 다이어그램을 작성하고 처진 형상을 그려라.

풀이

반력. 그림 5.9(b) 참조

$$+\rightarrow \sum F_x = 0 \qquad A_x = 0$$

비례의 원리를 이용하여 다음을 계산한다.

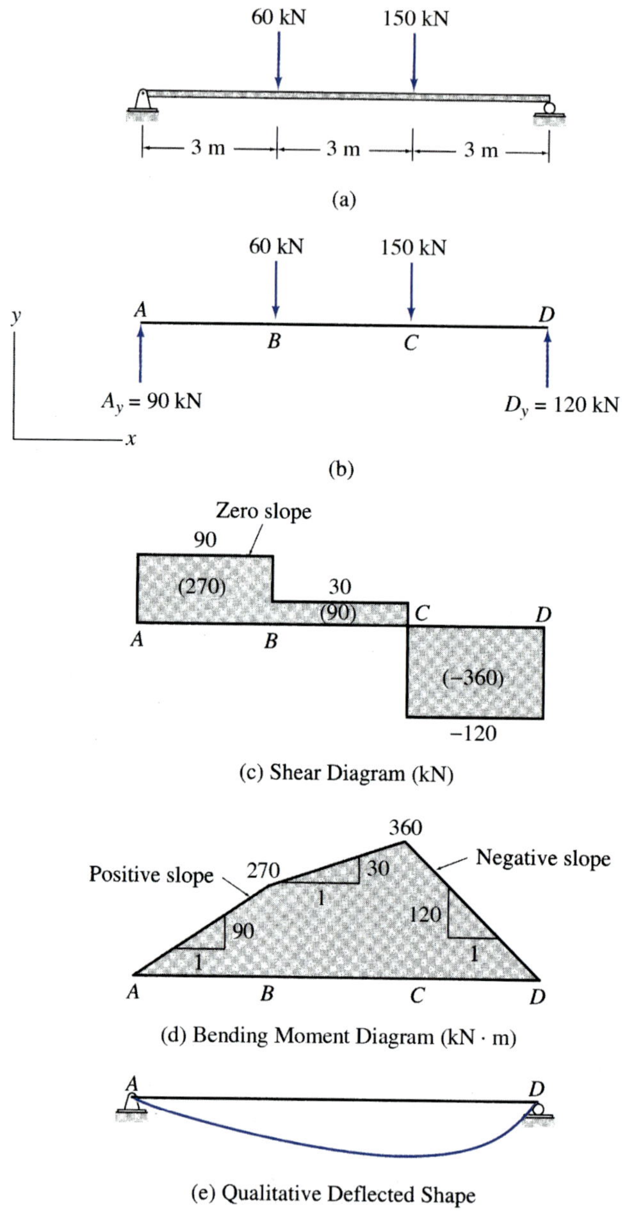

그림 5.9

$$A_y = 60\left(\frac{6}{9}\right) + 150\left(\frac{3}{9}\right) = 90 \text{ kN} \qquad A_y = 90 \text{ kN} \uparrow$$

$$+\uparrow \sum F_y = 0 \qquad 90 - 60 - 150 + D_y = 0 \qquad D_y = 120 \text{ kN} \uparrow$$

전단력 다이어그램.

A 점. *A*점에서 90 kN의 양의(위쪽 방향의) 집중력이 작용하므로 이 점에서 전단력은 0에서 +90 kN까지 급격히 증가한다.

B 점. *B* 점의 좌측에서의 전단력을 다음과 같이 계산한다.

$$S_{B,L} = S_{A,R} + A\text{점의 바로 우측에서 } B\text{점의 바로 좌측까지의 하중분포도의 면적}$$

여기서, 아래첨자 "*L*"과 "*R*"은 각각 "왼쪽"과 "오른쪽"을 나타낸다. 이 부분에서 보에 가해지는 하중이 없으므로 다음을 계산할 수 있다.

$$S_{B,L} = 90 + 0 = 90\ \text{kN}$$

*B*점에서 60 kN의 음의(아래 방향의) 집중하중이 작용하므로 *B*점의 우측 전단력은 다음과 같다.

$$S_{B,R} = 90 - 60 = 30\ \text{kN}$$

C점. $S_{C,L} = S_{B,R} + B$점의 바로 우측에서 *C*점의 바로 좌측까지의 하중분포도의 면적

$$S_{C,L} = 30 + 0 = 30\ \text{kN}$$

$$S_{C,R} = 30 - 150 = -120\ \text{kN}$$

D점.

$$S_{D,L} = -120 + 0 = -120\ \text{kN}$$

$$S_{D,R} = -120 + 120 = 0$$

*A*점, *B*점, *C*점, *D*점에서 계산된 전단력의 값을 이용하여 그림 5.9(c)와 같이 전단력 다이어그램을 작성하였다. 전단력 값들 사이의 전단력 다이어그램 형상은 "어느 점에서의 전단력 다이어그램의 기울기는 그 점의 하중의 크기와 동일하다"는 식 (5.3)을 적용하여 작성할 수 있다. *A*점, *B*점, *C*점, *D*점 사이에는 하중이 작용하지 않기 때문에 전단력 다이어그램의 기울기는 "0"이 된다. 따라서 전단력 다이어그램은 연속으로 이어지는 수평선으로 이루어졌다. 보의 우측 끝단인 *D*점에서 전단력 다이어그램이 닫힌 형태(0으로 돌아감)가 되므로 해석이 올바르게 수행되었음을 알 수 있다.

휨모멘트 다이어그램의 작성을 쉽게 하기 위해서 전단력 다이어그램의 각 구간의 면적을 전단력 다이어그램(그림 5.9(c))의 괄호 안에 표시하였다.

휨모멘트 다이어그램.

A점. *A*점에는 모멘트가 작용되지 않으므로 $M_A = 0$이다.

B점. $M_B = M_A + A$와 *B*점 사이의 전단력 다이어그램의 면적

$$M_B = 0 + 270 = 270\ \text{kN}\cdot\text{m}$$

C점.

$$M_C = 270 + 90 = 360\ \text{kN}\cdot\text{m}$$

D점.

$$M_D = 360 - 360 = 0$$

*A*점, *B*점, *C*점, *D*점에서 계산된 휨모멘트의 값을 이용하여 그림 5.9(d)와 같이 휨모멘트 다이어그램을 작성하였다. 휨모멘트 값들 사이의 휨모멘트 다이어그램 형상은 "어느 점에서의 휨모멘트 다이어그램의 기울기는 그 점의 전단력의 크기와 동일하다"는 식 (5.8)을 적용하여 작성할 수 있다. *A*점, *B*점, *C*점, *D*점 사이에는 전단력이 일정하므로 휨모멘트 다이어그램의 기울기는 일정해야 한다. 따라서 휨모멘트 다이어그램은 이 점들을 직선으로 연결하여 이루어졌다. *AB* 구간에서 전단력은 +90 kN이므로 휨모멘트 다이어그램의 기울기는 90 : 1이고 양수이며 오른쪽 위쪽으로 기울어진다. *BC* 구간에서는 전단력이 +30 kN로 감소하므로 휨모멘트 다이어그램의 기울기도 30 : 1로 감소하지만 양의 값을 유지한다. *CD* 구간에서 전단력은 −120 kN이므로 그림 5.9(d)와 같이 휨모멘트 다이어그램의 기울기는 음의 값이 되어 우측 아래방향으로 내려간다. 휨모멘트가 최대가 되는 점은 전단력이 양수에서 음수

로 변하는 C점이다.

처짐 형상. 보의 처짐 형상을 그림 5.9(e)에 나타내었다. 휨모멘트가 전 구간에 걸쳐 양의 값이므로 보가 아래로 오목하게 휘었다는 것을 알 수 있다.

5.6 Example

그림 5.10(a)의 보에 대하여 전단력 다이어그램과 휨모멘트 다이어그램을 작성하고 처짐 형상을 그려라.

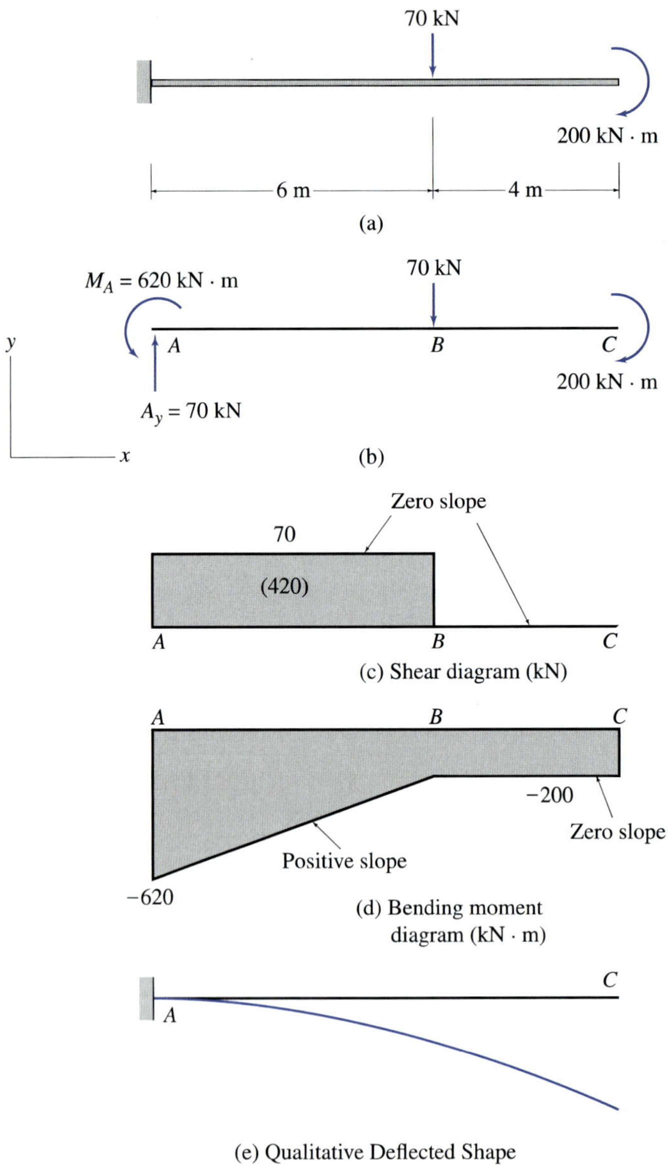

그림 5.10

풀이

반력. 그림 5.10(b) 참조

$$+\rightarrow\sum F_x = 0 \qquad\qquad A_x = 0$$
$$+\uparrow\sum F_y = 0 \qquad A_y - 70 = 0 \qquad A_y = 70\text{ kN}\uparrow$$
$$+\circlearrowleft\sum M_A = 0 \qquad M_A - 70(6) - 200 = 0 \qquad M_A = 620\text{ kN}\cdot\text{m}\circlearrowleft$$

전단력 다이어그램.

A 점. $S_{A,R} = 70\text{ kN}$

B 점. $S_{B,L} = 70 + 0 = 70\text{ kN}$

$S_{B,R} = 70 - 70 = 0$

C 점. $S_{C,L} = 0 + 0 = 0$

$S_{C,R} = 0 + 0 = 0$

*A*점, *B*점, *C*점에서 계산된 전단력의 값을 이용하여 그림 5.10(c)와 같이 전단력 다이어그램을 작성하였다. 이 점들 사이에는 하중이 작용하지 않기 때문에 전단력 다이어그램의 기울기는 "0"이 된다. 휨모멘트 다이어그램의 작성을 쉽게 하기 위해서 전단력 다이어그램의 각 구간의 면적을 전단력 다이어그램(그림 5.10(c))의 괄호 안에 표시하였다.

휨모멘트 다이어그램.

A 점. *A*점에서 620 kN · m 모멘트가 음의 방향(반시계방향)으로 작용하므로 휨모멘트 다이어그램이 0에서 −620 kN · m로 급격하게 감소한다.

$M_{A,R} = -620\text{ kN}\cdot\text{m}$

B 점. $M_B = -620 + 420 = -200\text{ kN}\cdot\text{m}$

C 점. $M_{C,L} = -200 + 0 = -200\text{ kN}\cdot\text{m}$

$M_{C,R} = -200 + 200 = 0$

휨모멘트 다이어그램을 그림 5.10(d)에 나타내었다. "어느 점에서의 휨모멘트 다이어그램 기울기는 그 점에서의 전단력의 크기와 동일하다"는 사실에 근거하여 휨모멘트 다이어그램을 작성하였다. *AB* 구간과 *BC* 구간에서 전단력이 일정하므로 휨모멘트 다이어그램의 기울기는 일정해야 한다. 따라서 이 점들을 직선으로 연결하여 휨모멘트 다이어그램을 작성하였다. *AB* 구간에서 전단력이 양수이므로 이 부분의 휨모멘트 다이어그램 기울기도 양수이다. 그림 5.10(d)와 같이 *BC* 구간에서 전단력이 "0"이므로 휨모멘트 다이어그램의 기울기도 "0"이 된다.

처짐 형상. 보의 처짐 형상을 그림 5.10(e)에 나타내었다. 휨모멘트가 전 구간에 걸쳐 음의 값이므로 보가 위로 오목하게 휘게 된다.

5.7 Example

그림 5.11(a)의 보에 대하여 전단력 다이어그램과 휨모멘트 다이어그램을 작성하고 처짐 형상을 그려라.

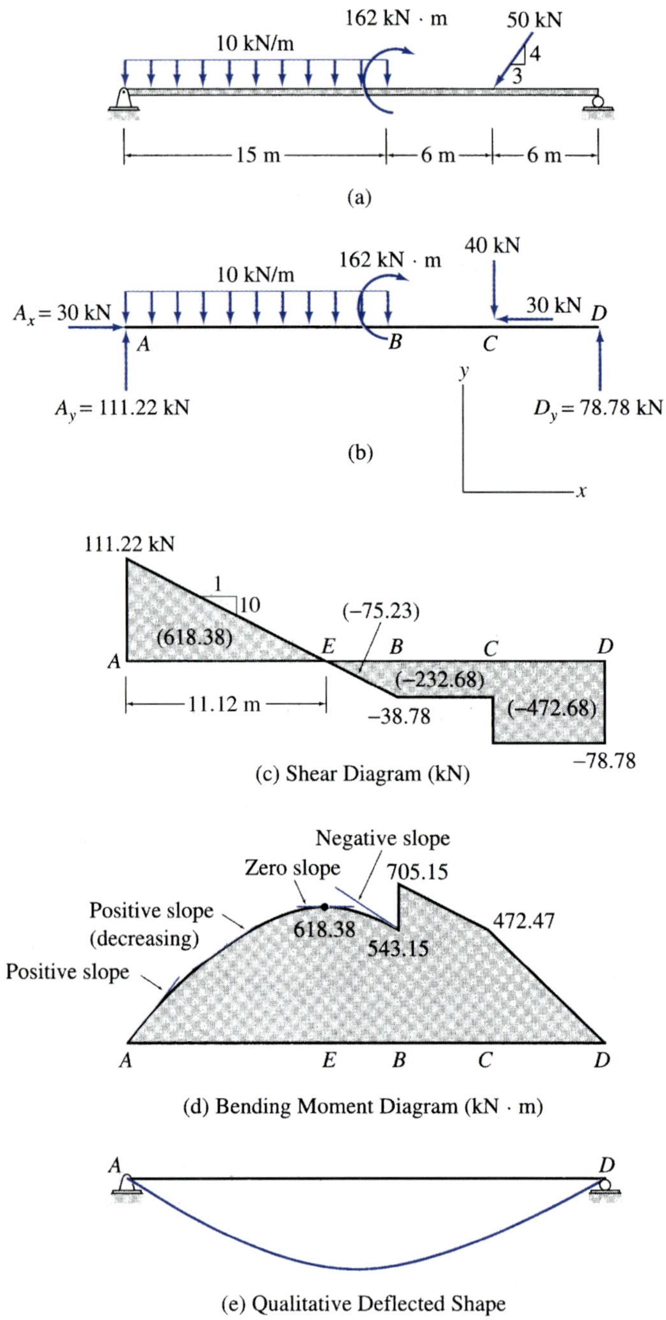

그림 5.11

풀이

반력. 그림 5.11(b) 참조

$$+\rightarrow \sum F_x = 0 \qquad A_x - 30 = 0 \qquad\qquad A_x = 30 \text{ kN} \rightarrow$$

$$+\circlearrowleft \sum M_D = 0 \quad -A_y(27) + 10(15)(19.5) - 162 + 40(6) = 0 \qquad A_y = 111.22 \text{ kN} \uparrow$$

$$+\uparrow \sum F_y = 0 \qquad 111.22 - 10(15) - 40 + D_y = 0 \qquad D_y = 78.78 \text{ kN} \uparrow$$

전단력 다이어그램.

A 점. $S_{A,R} = 111.22 \text{ kN}$

B 점. $S_B = 111.22 - 10(15) = -38.78 \text{ kN}$

C 점. $S_{C,L} = -38.78 + 0 = -38.78 \text{ kN}$

$S_{C,R} = -38.78 - 40 = -78.78 \text{ kN}$

D 점. $S_{D,L} = -78.78 + 0 = -78.78 \text{ kN}$

$S_{D,R} = -78.78 + 78.78 = 0$

전단력 다이어그램을 그림 5.11(c)에 나타내었다. *AB* 구간에서 10 kN/m의 등분포하중이 아래 방향(음의 방향)으로 작용하고 있다. *AB* 구간에서 하중의 크기가 일정하고 음의 값이므로 이 구간에서의 전단력 다이어그램은 음의 기울기를 갖는 직선이 된다. *BC*와 *CD* 구간에는 분포하중이 작용하지 않으므로 전단력 다이어그램의 기울기가 “0”으로 수평선으로 이루어진다.
전단력이 “0”이 되는 *AB* 구간의 *E*점 위치는 그 구간의 양 끝점 전단력(*A*점의 111.22 kN 또는 *B*점의 38.78 kN)을 그 구간에 작용하는 등분포하중의 크기(10 kN/m)로 나눔으로써 계산할 수 있다. (식 (5.3)에서와 같이 전단력 다이어그램의 기울기는 등분포하중의 크기와 같다.) 즉, 다음과 같이 계산할 수 있다.

$$AE = \frac{111.22}{10} = 11.12 \text{ m} \qquad (\text{또는 } BE = \frac{38.78}{10} = 3.88 \text{ m})$$

휨모멘트 다이어그램의 작성을 쉽게 하기 위해서 전단력 다이어그램의 각 구간의 면적을 전단력 다이어그램(그림 5.11(c))의 괄호 안에 표시하였다.

휨모멘트 다이어그램.

A 점. $M_A = 0$

E 점. $M_E = 0 + 618.38 = 618.38 \text{ kN} \cdot \text{m}$

B 점. $M_{B,L} = 618.38 - 75.23 = 543.15 \text{ kN} \cdot \text{m}$

$M_{B,R} = 543.15 + 162 = 705.15 \text{ kN} \cdot \text{m}$

C 점. $M_C = 705.15 - 232.68 = 472.47 \text{ kN} \cdot \text{m}$

D 점. $M_D = 472.47 - 472.68 = -0.21 \approx 0$

휨모멘트 다이어그램은 그림 5.11(d)와 같다. 휨모멘트 다이어그램의 형상은 “어느 지점에서 휨모멘트 다이어그램의 기울기는 그 점에서의 전단력과 동일하다”는 조건을 이용해서 구한 것이다. *A*점의 우측의 전단력은 양의 값이므로 이 점에서의 휨모멘트 다이어그램의 기울기도 양수이다. *A*점에서 우측에서 전단력은 양의 값을 유지하지만 점차 선형으로 감소하여 *E*점에서 “0”이 된다. 따라서 휨모멘트 다이어그램의 기울기도 우측에서 양의 값을 유지하지만 기울기가 점차 줄어들어 *E*점에서 “0”이 된다. *AE* 구간의 전단력 다이어그램은 선형이지만 이 구간의 휨모멘트 다이어그램은 2차 곡선인 포물선이다. 왜냐하면 휨모멘트 다이어그램은 전단력 다이어그램을 적분한 것과 같기 때문이다(식 (5.11)). 따라서 휨모멘트 다이어그램은 전단력 다이어그램보다 항상 한 차수가 높다.

그림 5.11(d)에서 전단력이 양에서 음으로 변하는 E점에서 휨모멘트가 최대가 되는 것을 알 수 있다. E점의 우측에서 전단력은 음의 값이며 E점과 B점 사이에서 선형으로 감소한다. 따라서 휨모멘트 다이어그램의 기울기는 E점의 우측에서 음수가 되고 B점의 바로 좌측까지 기울기가 계속 감소한다. 즉, 경사도가 점점 심해진다. B점에 양의(시계방향의) 모멘트가 작용하므로 휨모멘트의 크기도 모멘트의 크기만큼 갑자기 증가하게 된다. 휨모멘트는 B점의 우측에서 최대가 된다. 그러나 이 점에서 전단력 다이어그램이 급격하게 변화하거나 불연속이 생기지는 않는다. 마지막으로 BC와 CD 구간에서 전단력이 일정하고 음의 값이므로 휨모멘트 다이어그램도 음의 기울기를 갖는 직선이 된다.

처짐 형상. 그림. 5.11(e) 참조

5.8 Example

그림 5.12(a)의 보에 대하여 전단력 다이어그램과 휨모멘트 다이어그램을 작성하고 처짐 형상을 그려라.

풀이

반력. 그림 5.12(b) 참조

$$+\rightarrow\sum F_x=0 \qquad B_x=0$$

$$+\circlearrowleft \sum M_C=0 \qquad \frac{1}{2}(45)(6)(12)-B_y(10)+45(10)(5)-\frac{1}{2}(45)(3)(1)=0$$

$$B_y=380.25\text{ kN} \qquad\qquad B_y=380.25\text{ kN}\uparrow$$

$$+\uparrow\sum F_y=0 \qquad -\frac{1}{2}(45)(6)+380.25-45(10)-\frac{1}{2}(45)(1)+C_y=0$$

$$C_y=272.25\text{ kN} \qquad\qquad C_y=272.25\text{ kN}\uparrow$$

전단력 다이어그램.

***A* 점.** $S_A=0$

***B* 점.** $S_{B,L}=0-\frac{1}{2}(45)(6)=-135\text{ kN}$

$S_{B,R}=-135+380.25=245.25\text{ kN}$

***C* 점.** $S_{C,L}=245.25-45(10)=-204.75\text{ kN}$

$S_{C,R}=-204.75+272.25=67.5\text{ kN}$

***D* 점.** $S_D=67.5-\frac{1}{2}(45)(3)=0$

전단력 다이어그램을 그림 5.12(c)에 작성하였다. 계산한 전단력 값들 사이의 전단력 다이어그램의 형상은 "어느 한 점에서 전단력 다이어그램의 기울기는 그 점에서의 하중크기와 같다"는 조건에서 작성하였다. 예를 들어 A점에서 분포하중의 크기가 "0"이므로 A점에서의 전단력 다이어그램의 기울기는 "0"이다. A점과 B점 사이에서 분포하중의 크기는 음의 값이며 A점에서 "0"으로 시작해서 B점에서 −45 kN/m가 될 때까지 선형적으로 감소하였다. 따라서 이 구간의 전단력 다이어그램의 기울기는 음수이며 A점에서 B점의 좌측에 이르기까지 기울기가 점차 감소한다. 유사한 방법으로 나머지의 전단력

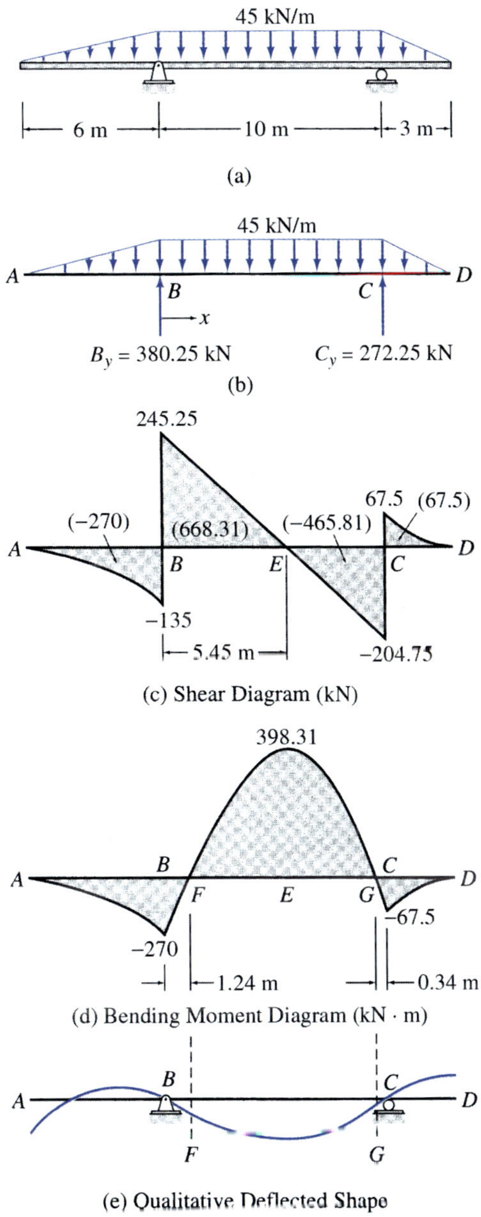

그림 5.12

다이어그램을 작성할 수 있다.

선단력이 "0"이 되는 E점의 위치를 계산할 수 있다. $BE = 245.25/45 = 5.45$ m.

휨모멘트 다이어그램의 작성을 쉽게 하기 위해서 전단력 다이어그램의 각 구간의 면적을 전단력 다이어그램의 괄호 안에 표시하였다(그림 5.12(c) 참조). 포물선으로 이루어진 삼각형 형상의 AB, CD 구간의 면적은 부록 A의 공식을 사용하여 계산할 수 있다.

휨모멘트 다이어그램.

A 점. $M_A = 0$

B 점. $M_B = 0 - 270 = -270\ \text{kN}\cdot\text{m}$

E 점. $M_E = -270 + 668.31 = 398.31\ \text{kN}\cdot\text{m}$

C 점. $M_C = 398.31 - 465.81 = -67.5\ \text{kN}\cdot\text{m}$

D 점. $M_D = -67.5 + 67.5 = 0$

휨모멘트 다이어그램의 형상은 "어느 점에서의 휨모멘트 다이어그램의 기울기는 그 점에서의 전단력과 동일하다"는 조건에서 구할 수 있다. 작성된 휨모멘트 다이어그램을 그림 5.12(d)에 나타내었다.

그림에서 음의 최대 휨모멘트는 *B* 점에 있으며 양의 최대 휨모멘트이며 보 전체에서 가장 큰 모멘트는 *E* 점에 있음을 알 수 있다.

변곡점 *F*와 *G* 점의 위치는 *BC* 구간 휨모멘트 방정식이 "0"이 되는 지점으로 *B* 점으로부터 거리 x인 지점이다(그림 5.12(b) 참조).

$$M = -\frac{1}{2}(45)(6)(2+x) + 380.25x - 45(x)\left(\frac{x}{2}\right) = 0$$

$$-22.5x^2 + 245.25x - 270 = 0$$

식에서 $x = 1.24$ m이며 *B* 점에서 $x = 9.66$ m이다.

처짐 형상. *FG* 구간에서 휨모멘트는 양의 값이므로 보가 아래로 오목하다. 반대로 *AF*와 *GD* 구간에서 휨모멘트가 음의 값이므로 보가 위로 오목하게 휘어진다(그림 5.12(e)).

5.9 Example

그림 5.13(a)의 보에 대하여 전단력 다이어그램과 휨모멘트 다이어그램을 작성하고 처짐 형상을 그려라.

풀이

반력. 그림 5.13(b) 참조

$+\circlearrowleft \sum M_B^{BD} = 0 \qquad -20(10)(5) + C_y(10) - 100(15) = 0 \qquad C_y = 250\ \text{kN}\ \uparrow$

$+\uparrow \sum F_y = 0 \qquad A_y - 20(10) + 250 - 100 = 0 \qquad A_y = 50\ \text{kN}\ \uparrow$

$+\circlearrowleft \sum M_A = 0 \qquad M_A - 20(10)(15) + 250(20) - 100(25) = 0 \qquad M_A = 500\ \text{kN}\cdot\text{m}\ \circlearrowright$

전단력 다이어그램.

A 점. $S_{A,R} = 50\ \text{kN}$

B 점. $S_B = 50 + 0 = 50\ \text{kN}$

C 점. $S_{C,L} = 50 - 20(10) = -150\ \text{kN}$

$S_{C,R} = -150 + 250 = 100\ \text{kN}$

D 점. $S_{D,L} = 100 + 0 = 100\ \text{kN}$

$S_{D,R} = 100 - 100 = 0$

전단력 다이어그램을 그림 5.13(c)에 나타내었다.

휨모멘트 다이어그램.

A **점.** $M_{A,R}=-500\ \text{kN}\cdot\text{m}$

B **점.** $M_B=-500+500=0$

E **점.** $M_E=0+62.5=62.5\ \text{kN}\cdot\text{m}$

C **점.** $M_C=62.5-562.5=-500\ \text{kN}\cdot\text{m}$

D **점.** $M_D=-500+500=0$

휨모멘트 다이어그램을 그림 5.13(d)에 나타내었다. 변곡점 F는 지점 C에서 좌측으로 x_1의 함수로 표현된 BC 구간의 휨모멘트 방정식을 "0"으로 하여 계산할 수 있다(그림 5.13(b) 참조).

$$M=-100(5+x_1)+250x_1-20(x_1)\left(\frac{x_1}{2}\right)=0$$

$$-10x_1^2+150x_1-500=0$$

여기서, $x_1=5$ m이고 지점 C에서 $x_1=10$ m이다. $x_1=10$ m는 휨모멘트가 "0"인 내부 힌지 B의 위치를 나타낸다. 따라서 변곡점 F는 그림 5.13(d)와 같이 C점의 좌측 방향으로 5 m 거리에 위치한다.

처짐 형상. 보의 처짐 형상을 그림 5.13(e)에 나타내었다. 고정단 A에서는 보의 처짐과 처짐각이 모두 "0"이지만 이동단 C에서는 처짐만 "0"이고 처짐각은 "0"이 아니다. 내부 힌지 B는 회전을 구속하지 않으므로 B점에서 처짐각은 불연속이 된다.

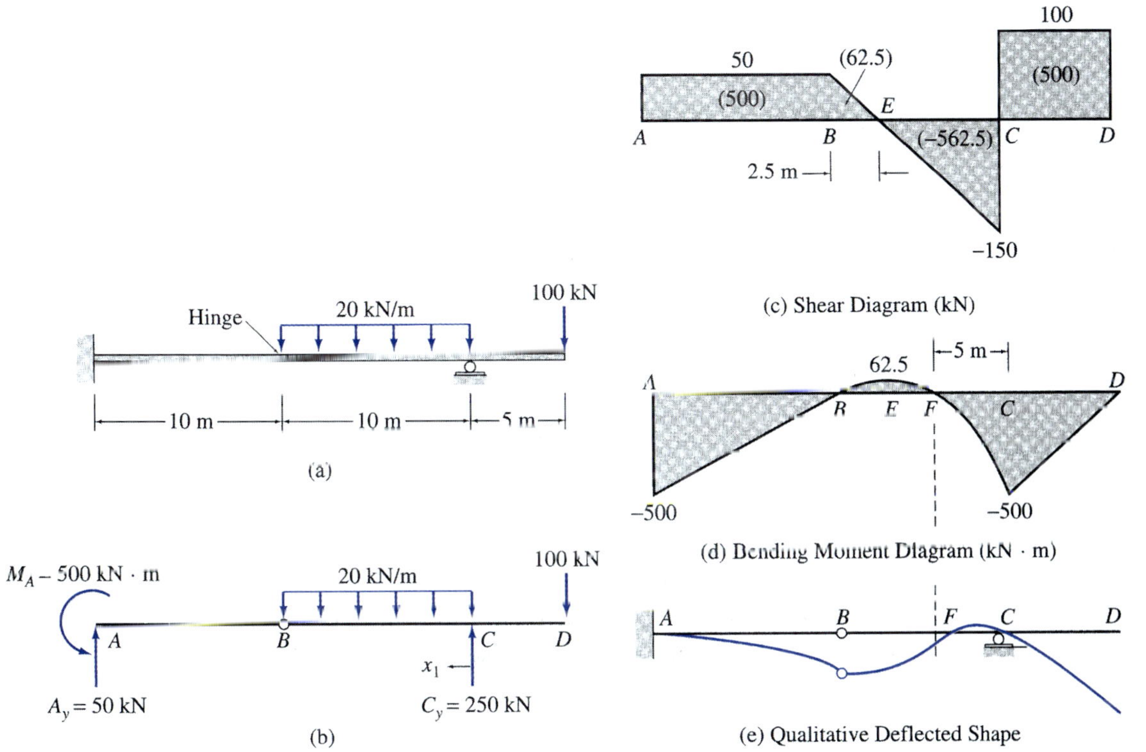

그림 5.13

5.10 Example

그림 5.14(a)의 보에 대하여 전단력 다이어그램과 휨모멘트 다이어그램을 작성하고 처짐 형상을 그려라.

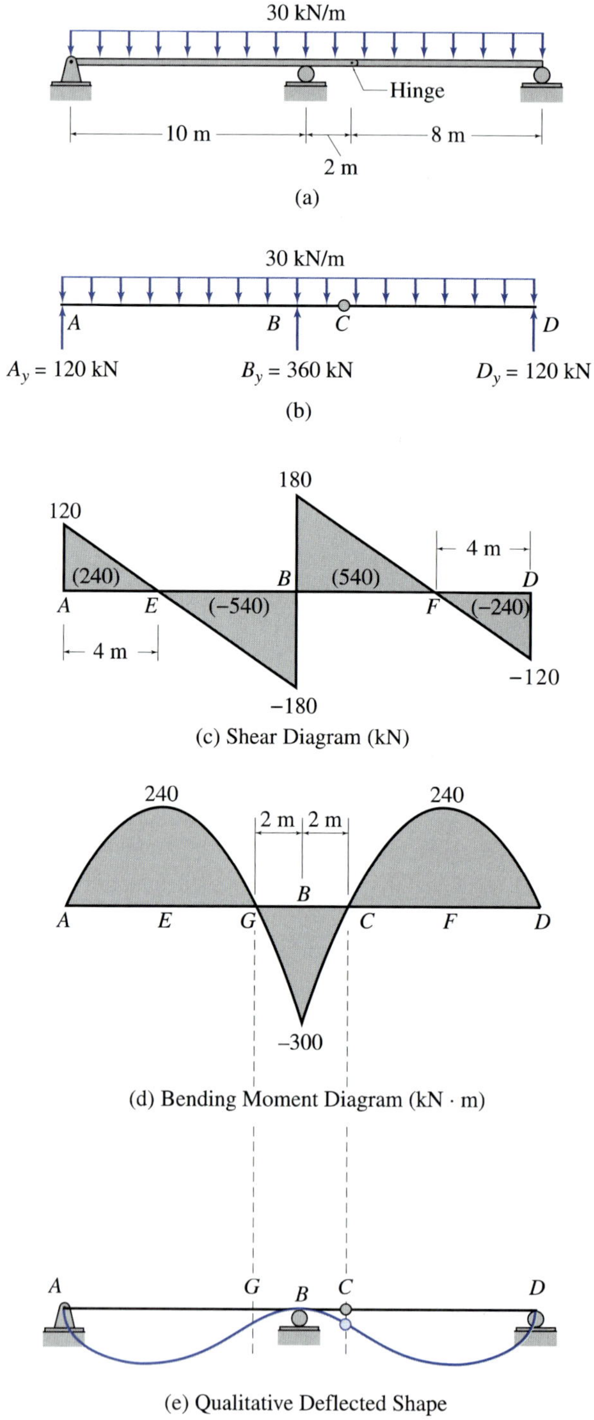

그림 5.14

풀이

반력. 그림 5.14(b) 참조

$$+\circlearrowleft \sum M_C^{CD}=0 \quad D_y(8)-30(8)(4)=0 \quad D_y=120\text{ kN}\uparrow$$

$$+\circlearrowleft \sum M_A=0 \quad 120(20)+B_y(10)-30(20)(10)=0 \quad B_y=360\text{ kN}\uparrow$$

$$+\uparrow \sum F_y=0 \quad A_y-30(20)+360+120=0 \quad A_y=120\text{ kN}\uparrow$$

전단력 다이어그램.

A 점. $S_{A,R}=120\text{ kN}$

B 점. $S_{B,L}=120-30(10)=-180\text{ kN}$

$S_{B,R}=-180+360=180\text{ kN}$

D 점. $S_{D,L}=180-30(10)=-120\text{ kN}$

$S_{D,R}=-120+120=0$

전단력 다이어그램을 그림 5.14(c)에 나타내었다.

휨모멘트 다이어그램.

A 점. $M_A=0$

E 점. $M_E=0+240=240\text{ kN}\cdot\text{m}$

B 점. $M_B=240-540=-300\text{ kN}\cdot\text{m}$

F 점. $M_F=-300+540=240\text{ kN}\cdot\text{m}$

D 점. $M_D=240-240=0$

휨모멘트 다이어그램을 그림 5.14(d)에 나타내었다.

처짐 형상. 그림 5.14(e) 참조.

5.11 Example

그림 5.15의 부정정보에 대하여 전단력 다이어그램과 휨모멘트 다이어그램을 작성하고 처짐 형상을 그려라. 지점반력은 부정정보 해석방법(본 교재의 3부)을 이용하여 미리 구하였다(그림 5.15(a)).

풀이

지점반력이 결정되면 보가 정적으로 정정인지 부정정인지에 관계없이 전단력 다이어그램과 휨모멘트 다이어그램을 작성하는 절차는 동일하다. 그림 5.15(b)와 (c)는 부정정보에 대한 전단력 다이어그램과 휨모멘트 다이어그램이며 보의 처짐 형상은 그림 5.15(d)와 같다.

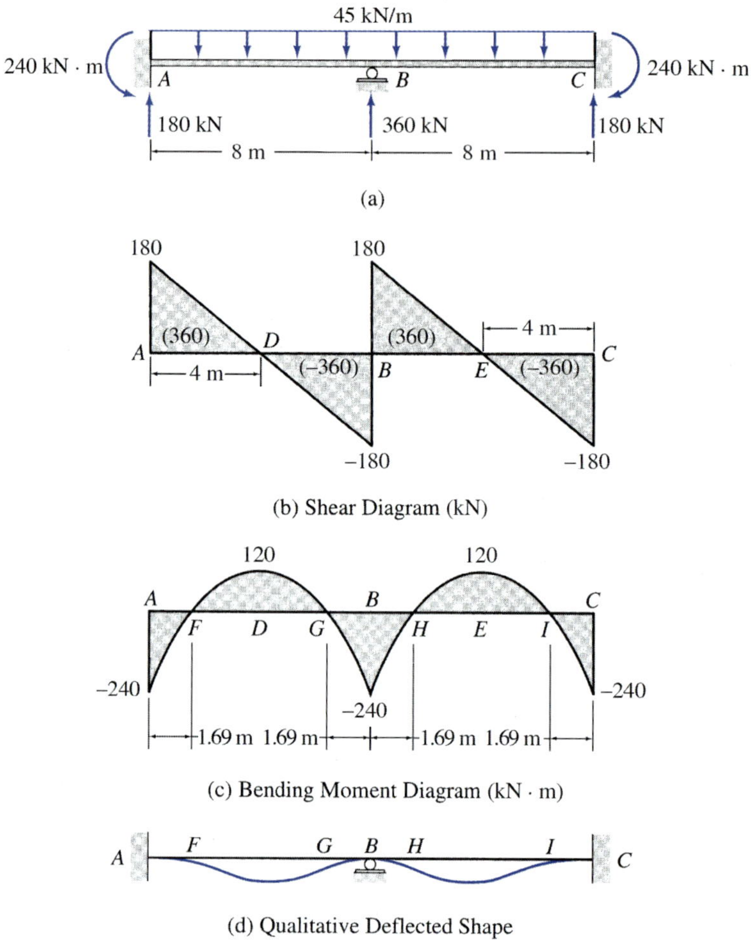

그림 5.15

5.5 평면골조의 정정, 부정정, 불안정

1.3절에서 정의한 것과 같이 일반적으로 골조라고 부르는 강체 골조는 직선 부재들이 강접합(모멘트 저항 접합)이나 힌지접합으로 연결되어 안정된 형태를 이루는 것을 말한다. 골조를 구성하는 부재들은 힌지접합으로 연결될 수도 있지만 일반적으로 강접합으로 연결된다(그림 5.16 참조). 강접합으로 연결된 부재는 상대적인 이동과 회전이 구속되어 연결된 부재 간에 수직과 수평 방향으로 2개의 힘과 1개의 모멘트를 전달할 수 있다. 외부 하중이 작용할 때 골조의 부재들은 일반적으로 휨모멘트, 전단력, 축방향의 인장력과 압축력을 받는다.

골조의 외적 및 내적 정정 여부를 결정하는 방법은 트러스에 대하여 정정 여부를 결정하는 방법과 유사하다. **평형방정식과 조건방정식을 사용하여 모든 반력과 골조의 모든 부재에 작용하는 휨모멘트, 전단력, 축력들을 계산할 수 있다면 이 골조는 정정구조이다.**

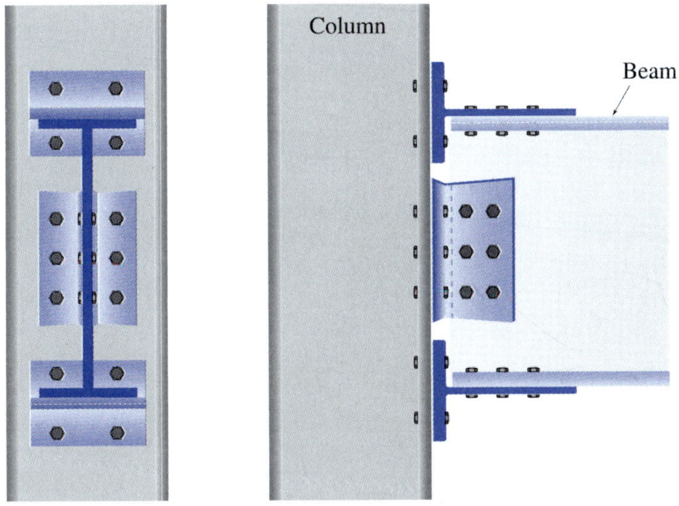

(a) 모멘트 저항 접합(강접합). 보의 상부와 하부 플랜지 및 웨브가 기둥에 연결되어 기둥에 대한 보의 회전을 구속한다. 이러한 접합은 힘과 모멘트를 전달할 수 있다.

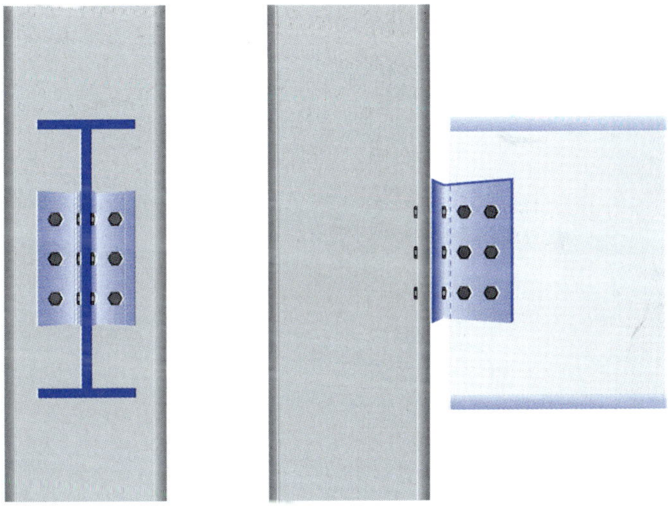

(b) 전단 접합(유연한 접합). 보의 웨브만이 기둥에 연결되어 기둥을 중심으로 보의 단부가 회전할 수 있다. 이러한 접합은 힘은 전달할 수 있지만 모멘트는 전달할 수 없으며 해석에서는 보의 단부를 힌지로 표시한다.

그림 5.16 건물 골조의 보 - 기둥 연결에 사용되는 볼트 접합 형태

다음 절에 소개될 해석방법은 정정골조에만 적용이 가능하므로 해석을 시작하기 전에 골조가 정정인지 판단할 수 있어야 한다.

그림 5.17(a)에 임의의 하중을 받고 있는 평면골조가 있다. 그림 5.17(b)는 3개의 부재와 4개의 절점으로 분리된 골조의 자유물체도이다. 각 부재는 외력과 함께 단부에 2개의 내력과 1개의 모멘트를 받고 있다. **단부 부재력**인 내력과 모멘트의 방향은 해석하기 이전에는 알 수 없으므로 임의로 가정한다. 접합부에 대한 자유물체도에서는 뉴턴의 제3법칙에 따라 접합부에 연결된 단부 부재력과 크기는 같고 방향이 반대인 힘을 표시한다. 골조 해석에서는 18개의

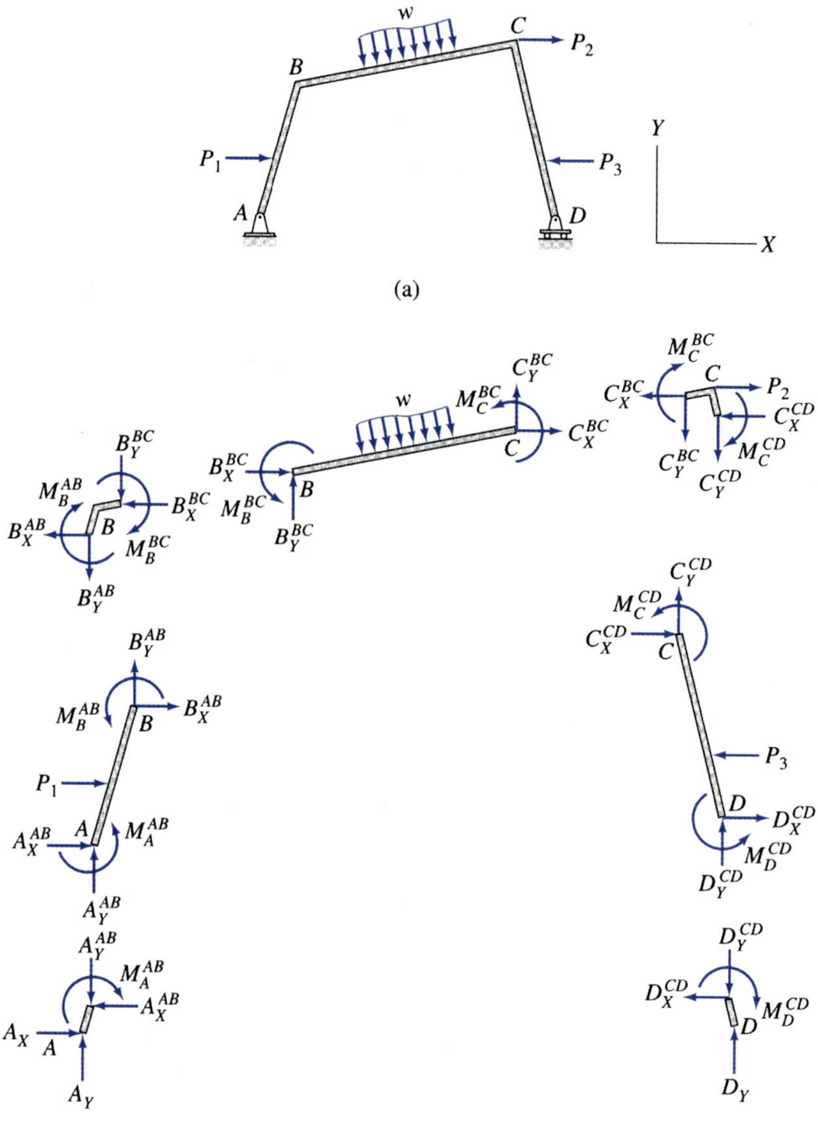

그림 5.17

단부 부재력(부재당 6개)과 3개의 지점반력 A_X, A_Y, D_Y를 결정해야 한다. 따라서 총 미지수의 개수는 21개이다.

골조 전체가 평형 상태에 있으므로 모든 부재와 접합부도 평형 상태에 있어야 한다. 그림 5.17(b)에서 알 수 있듯이 각 부재와 절점에는 3개의 평형방정식 $\sum F_X = 0$, $\sum F_Y = 0$, $\sum M = 0$을 만족하는 동일 평면상의 힘과 모멘트가 작용하고 있다. 골조는 3개의 부재와 지점에 연결된 2개의 절점을 포함한 4개의 접합부로 구성되어 있으므로 사용 가능한 총 평형방정식 개수는 3(3)+3(4)=21이다. 따라서 21개의 평형방정식을 이용하여 21개의 미지수를 계산할 수 있다. 이렇게 계산한 단부 부재력을 이용해서 부재의 임의의 점에서의 축력, 전단력, 휨모멘트를 계산할 수 있다. 그러므로 그림 5.17(a)의 골조는 정정구조이다.

골조 전체에 대한 3개의 평형방정식을 풀어 3개의 미지의 반력(A_X, A_Y, D_Y)을 계산할 수 있다. 그러나 이 평형방정식은 부재와 접합부에 대한 평형방정식과 독립적이지 않기 때문에 지점반력을 계산하는 것 이외의 추가적인 정보를 제공하지 못한다.

지금까지 논의한 내용을 바탕으로 m개의 부재와 j개의 접합부를 갖고 있으며, r개의 지점반력에 의해 지지되고 있는 평면골조를 정정, 부정정, 불안정으로 판단할 수 있는 기준을 세울 수 있다. 해석을 위해 $6m$개의 부재력과 r개의 반력, 총 $6m+r$개의 미지수를 계산해야 한다. m개의 부재와 j개의 접합부에 대하여 각각 3개의 평형방정식을 적용할 수 있으므로 사용 가능한 총 평형방정식의 수는 $3(m+j)$개이다. 만약 골조 내부에 힌지와 롤러가 있다면 이들 내부 조건에 대한 방정식을 추가하여 평형방정식과 함께 미지수를 계산할 수 있다. 따라서 e_c개의 조건방정식이 있다면 평형방정식과 조건방정식을 합하여 총 $3(m+j)+e_c$개의 방정식을 이용할 수 있다. 골조에서 미지수의 개수가 방정식의 개수와 같으면 다음과 같은 식이 성립된다.

$$6m+r=3(m+j)+e_c$$

또는

$$3m+r-3j+e_c$$

모든 미지수를 평형방정식과 조건방정식에 의해 계산할 수 있으므로 이 골조는 정정구조가 된다. 골재에 있는 미지수의 개수가 사용 가능한 방정식의 개수보다 많은 경우, 즉 $3m+r>3j+e_c$의 경우에는 방정식에 의해 모든 미지수를 계산할 수 없으므로 이 골조는 부정정구조가 된다. 부정정골조는 구조물의 안정을 위하여 필요한 최소한의 부재나 지점반력보다 더 많은 수의 부재나 반력을 가지고 있다. 이와 같이 남는 부재력과 반력을 **잉여력**이라고 하며 잉여력의 개수를 부정정차수 i라고 한다. 부정정차수 i는 다음과 같이 계산할 수 있다.

$$i=(3m+r)-(3j+e_c) \tag{5.15}$$

골조에 있는 미지수의 개수가 사용 가능한 방정식의 개수보다 적으면, 즉 $3m+r<3j+e_c$이면 이 골조는 불안정구조가 된다. 평면골조의 불안정, 정정, 부정정에 대한 조건식을 다음과 같이 요약할 수 있다.

$$\begin{aligned} 3m+r &< 3j+e_c \quad \text{불인징골조} \\ 3m+r &= 3j+e_c \quad \text{정징골조} \\ 3m+r &> 3j+e_c \quad \text{부징징골조} \end{aligned} \tag{5.16}$$

식 (5.16)을 적용할 때 지점에 연결된 골조의 단부나 골조의 자유단도 접합부로 간주해야 한다. 식 (5.16)의 정정과 부정정에 대한 판별 조건은 필요조건이지만 충분조건은 아니다. 식 (5.16)의 정정과 부정정에 대한 조건이 만족되기 위해서는 부재의 배치, 지점반력, 내부 힌지와 롤러가 적절하게 구성되어 골조가 동일 평면에서 하중을 받을 때 기하학적으로 안정을 유지해야 한다.

(a) Beam-to-column Shear Connections

(b) Beam-to-Beam Shear Connection

그림 5.18 해석에서는 부재 단부의 전단 접합부를 내부 힌지로 간주함
(Copyright @ American Institute of Steel Construction. Reprinted with permission. All rights reserved)

조건방정식의 개수를 결정하는 절차는 3장에서 논의된 것과 동일하다. 부재에 내부 힌지나 단부에 내부 힌지가 있을 경우에는 1개의 조건방정식(그림 5.18 참조)을 추가로 사용할 수 있으며, 내부 롤러가 있을 경우에는 2개의 조건방정식을 추가로 사용할 수 있다. 힌지 접합부 1개에 여러 부재가 연결되었을 경우에 그 접합부에서의 조건방정식의 개수는 접합부에 연결된 부재의 개수에서 1을 뺀 것과 같다. 예를 들어 그림 5.19의 골조에 있는 힌지 접합부 H를 살

펴보자. 힌지는 모멘트를 전달할 수 없기 때문에 이 절점에 연결되어 있는 3개의 부재 EH, GH, HI의 단부 H에서의 모멘트는 "0"이다. 따라서 $M_H^{EH}=0$, $M_H^{GH}=0$, $M_H^{HI}=0$이다. 그러나 3개의 방정식 중 2개의 방정식과 접합부 H에 대한 모멘트 평형방정식이 만족될 경우에 나머지 방정식도 자동으로 만족되므로 3개의 조건방정식은 서로 독립적이지 않다. 따라서 힌지 접합부(H)에는 2개의 독립된 조건방정식이 존재한다. 이와 비슷하게 내부 롤러 접합부에 있는 조건방정식의 개수는 **2 × (롤러 접합부에 만나는 부재의 개수−1)**임을 알 수 있다.

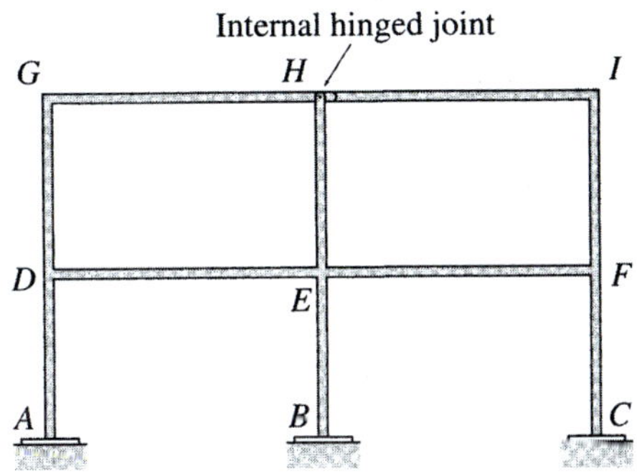

Any two of the following may be considered as equations of condition:

$M_H^{EH}=0, \quad M_H^{GH}=0, \quad M_H^{HI}=0$

그림 5.19

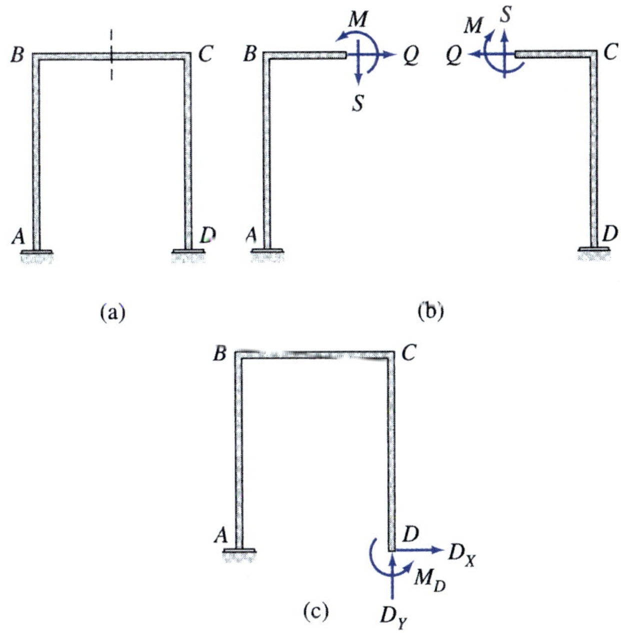

그림 5.20

다른 방법

골조의 부정정차수를 계산하는 또 다른 방법은 골조의 부재를 가상의 단면으로 절단하여 골조를 충분한 개수로 나누거나 지점들을 제거하여 정정구조가 되도록 하는 것이다. 이와 같이 제거한 내부와 외부 구속의 총 개수가 부정정차수가 된다. 그림 5.20(a)의 골조를 예로 들어보자. 그림 5.20(b)와 같이 골조의 거더 BC를 가상의 단면으로 절단하여 3개의 내부 구속력(축력 Q, 전단력 S, 휨모멘트 M)을 제거하면 정정구조가 된다. 이렇게 하여 생긴 2개의 캔틸레버 구조는 모두 정정구조이며 기하학적으로 안정된 구조이다. 그림 5.20(a)와 같이 원래 부정정이었던 구조물에서 3개의 구속력(Q, S, M)을 제거하여 그림 5.20(b)와 같이 정정구조가 되었으므로 이 골조는 3차 부정정구조이다. 부정정구조를 정정구조로 만들기 위해 구속력을 제거하는 방법은 여러 가지가 있다. 예를 들어 그림 5.20(a)의 골조에서 지점 D를 제거하면 그림 5.20(c)와 같이 정정구조가 될 수 있다. 이 과정에서 3개의 외부 반력(D_X, D_Y, M_D)이 제거되었으므로 이 골조의 부정정차수는 이전에 계산한 것과 같이 3차가 된다.

식 (5.15)를 사용하지 않고 다음과 같은 방법을 사용하여 다층골조건물의 부정정차수를 쉽게 계산할 수도 있다. 그림 5.21(a)는 이와 같은 방법을 적용한 골조의 한 예를 보여주고 있다. 그림 5.21(b)와 같이 골조의 모든 거더를 가상의 단면으로 절단하여 정정구조로 만들 수 있다. 거더의 절단된 각 점에서 3개의 구속력을 제거한 것이므로, 구조물을 정정구조로 만들기 위해서 제거해야 하는 총 구속력의 개수는 골조에 있는 모든 거더 개수의 3배가 된다. 따라서 고정단 지점을 갖고 있는 다층골조건물의 부정정차수는 이 골조 내부에 힌지나 롤러가 포함되어 있지 않을 경우에 거더 개수의 3배가 된다.

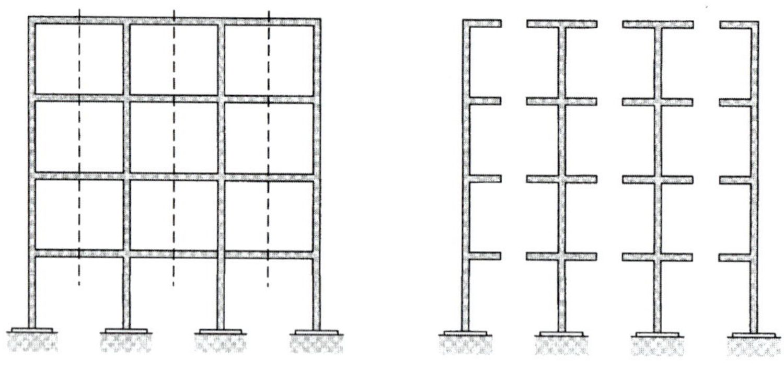

$i = 3(\text{number of girders}) = 3(12) = 36$

그림 5.21 (a) (b)

5.12 Example 그림 5.22의 각 평면골조가 부정정구조임을 증명하고 부정정차수를 계산하라.

풀이

그림 5.22(a)~(f) 참조

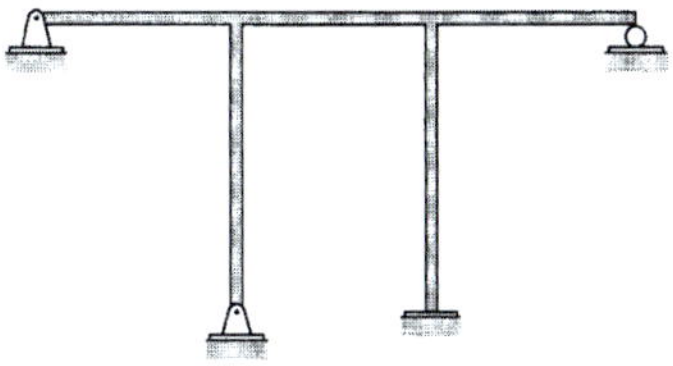

$m = 5 \quad j = 6 \quad r = 8 \quad e_c = 0$
$3m + r > 3j + e_c$
(a) Statically Indeterminate ($i = 5$)

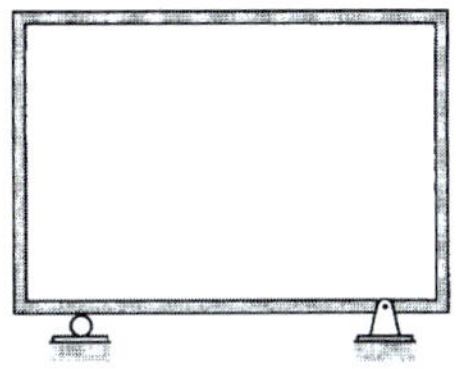

$m = 4 \quad j = 4 \quad r = 3 \quad e_c = 0$
$3m + r > 3j + e_c$
(b) Statically Indeterminate ($i = 3$)

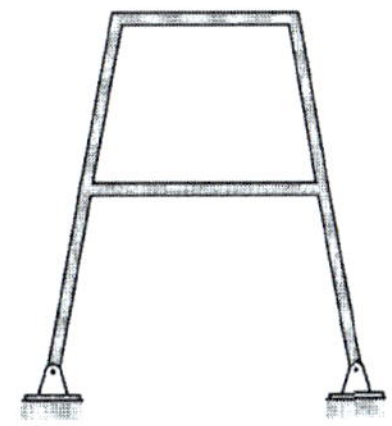

$m = 6 \quad j = 6 \quad r = 4 \quad e_c = 0$
$3m + r > 3j + e_c$
(c) Statically Indeterminate ($i = 4$)

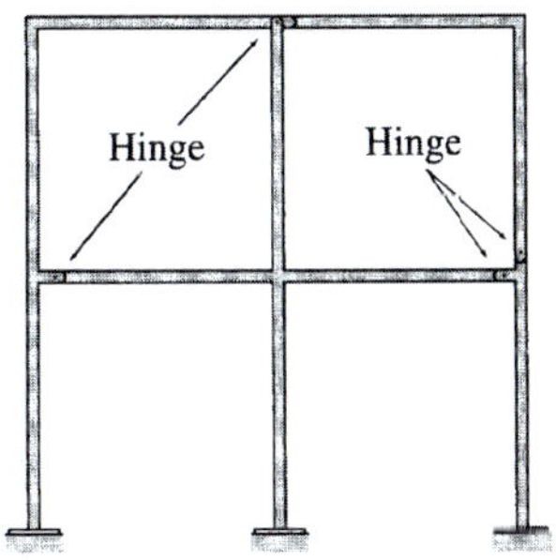

$m = 10 \quad j = 9 \quad r = 9 \quad e_c = 5$
$3m + r > 3j + e_c$
(d) Statically Indeterminate ($i = 7$)

$i = 3$ (number of girders) = 3(4) = 12
(e)

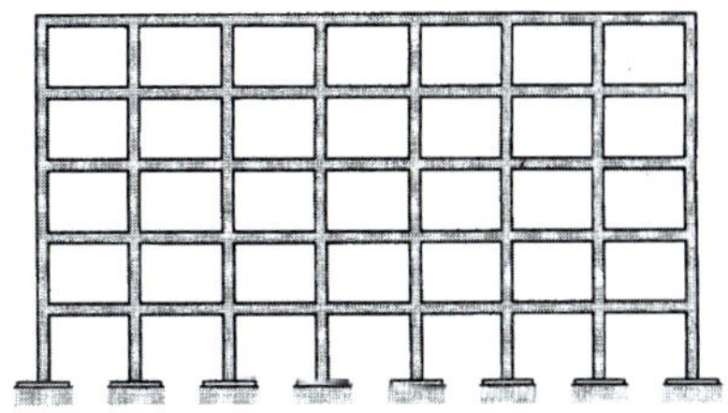

$i = 3$ (number of girders) = 3(35) = 105
(f)

그림 5.22

5.6 평면골조의 해석

다음과 같은 순서로 정정 평면골조의 단부 부재력, 전단력, 휨모멘트, 축력을 구할 수 있다.

1. **정정구조인지 검토한다.** 앞 절에서 설명한 순서로 골조가 정정구조인지 판단한다. 만약 정정구조이고 안정한 구조이면 2단계로 넘어가고 그렇지 않다면 이 단계에서 해석을 종료한다(부정정골조에 대한 해석은 이 책의 3부에서 다루도록 한다).
2. **지점반력을 계산한다.** 골조 전체에 대한 자유물체도를 그리고 평형방정식과 조건방정식을 이용하여 지점반력을 계산한다. 이 때 조건방정식에는 내력이 포함되지 않아야 한다. 몇몇 내적 불안정골조의 경우에는 외력만으로 조건방정식을 표현할 수 없는 경우가 있다. 이런 경우에는 모든 반력을 계산할 수 없지만, 일반적으로 사용 가능한 다른 방정식을 이용하여 반력의 일부를 계산할 수 있다.
3. **부재력을 계산한다.** 일반적으로 오른쪽 수평 방향이 양인 X축과 위쪽 방향이 양인 Y축으로 된 XY 좌표계(전체좌표계)를 이용하여 골조의 부재 단부에 작용하는 미지의 힘의 방향을 지정하는 것이 편리하다. 모든 부재와 절점에 대한 자유물체도를 그린다. 자유물체도에는 외력과 지점반력뿐만 아니라 부재와 절점에 작용하는 모든 내력을 표시한다. 강

절점은 2개의 힘과 1개의 모멘트를 전달할 수 있으며, 활절점(힌지절점)은 2개의 힘, 이동절점(롤러절점)은 1개의 힘을 전달할 수 있다. 만약 부재의 단부에 힌지가 있다면 그 점에서의 내부 모멘트는 "0"이 된다. 접합부에 작용하는 모든 힘은 접합부에 연결된 부재의 끝에 작용하는 것이 아니라 접합부의 자유물체도에 작용하는 것으로 표시해야 한다. 단부 부재력의 방향은 아직 정해지지 않았기 때문에 임의로 가정할 수 있지만 일반적으로 부재력은 X축과 Y축의 양의 방향으로 가정하고, 모멘트는 반시계방향으로 가정하는 것이 편리하다. 절점 자유물체도에 작용하는 내력과 모멘트는 뉴턴의 제3법칙에 따라 인접한 부재의 단부에 작용하는 부재력의 방향과 반대 방향이 되어야 한다. 다음과 같이 부재력을 계산한다.

a. 3개 이하인 미지수를 갖고 있는 접합부나 부재를 선택한다.

b. 단계 3(a)에서 선택한 접합부나 부재의 자유물체도에 대한 3개의 평형방정식 ($\sum F_X = 0$, $\sum F_Y = 0$, $\sum M = 0$)을 이용하여 미지의 힘과 모멘트를 계산한다.

c. 모든 미지의 힘과 모멘트, 반력이 계산되면 3(d)단계로 이동하고 그렇지 않으면 3(a)단계로 되돌아간다.

d. 단계 2에서 구조물 전체에 대한 평형방정식과 조건방정식을 이용하여 지점반력을 계산했기 때문에 아직까지 사용하지 않은 방정식이 남아 있어야 한다. 또한 남은 방정식의 개수는 2단계에서 계산된 반력의 수와 동일해야 한다. 남은 방정식을 이용해서 지금까지 계산한 결과를 검토한다. 계산이 올바르게 수행되었다면 남아 있는 방정식들도 만족되어야 한다.

일부 골조에서는 방정식의 개수와 동일하거나 적은 수의 미지수를 갖고 있는 부재나 접합부를 찾을 수 없어 해석을 수행하지 못하는 경우가 있다. 이러한 경우에는 2개 이상의 자유물체도에 대한 평형방정식을 세우고, 이들에 대한 연립방정식을 풀어 미지의 힘과 모멘트를 계산할 수 있다.

4. **골조의 각 부재에 대하여 다음과 같이 전단력 다이어그램**(shear force diagram, SFD), **휨모멘트 다이어그램**(bending moment diagram, BMD), **축력 다이어그램**(axial force diagram, AFD)**을 작성한다.**

a. 부재의 한쪽 끝을 원점으로 하고, x축이 부재의 도심축과 일치하도록 하여 부재의 xy 좌표계(국부좌표계)를 설정한다. z축이 책 지면의 앞으로 향하는 오른손법칙을 적용하여 y축의 양의 방향을 설정한다.

b. 부재에 작용하는 모든 외력, 반력, 단부 부재력을 x, y방향 성분(즉, 부재의 도심축과 평행하거나 수직하는 성분)으로 분해한다. 각 부재 단부에 작용하는 힘들의 x성분과 y성분을 각각 더하여 부재 단부에 작용하는 축력과 전단력을 계산한다.

c. 5.4절에 설명한 절차를 이용하여 부재의 전단력과 휨모멘트 다이어그램을 작성한다. 이와 같은 절차는 수평 부재에 대한 것이지만, xy 좌표계의 원점이 부재의 좌측 단부(x축이 오른쪽으로 향함)에 있도록 하고 y의 양의 방향이 위쪽 방향이 되도록 하면 수평이 아닌 부재에도 이와 같은 절차에 의해 해석할 수 있다.

d. 부재 길이에 따라서 변화하는 축력의 크기를 나타내는 축력 다이어그램을 작성한다. 이러한 부재력 분포도는 단면법을 사용하여 작성할 수 있다. xy 좌표계의 원점에 놓인 부재의 단부에서 시작하여 양의 x방향으로 이동하면서 부재에 작용하는 힘이 변화하는 지점마다 단면을 절단하여 축력을 x의 함수로 나타낸다. 5.1절에서 채택된 부호 규약에 의하면 음의 x방향으로 작용하는 (단면에서 인장을 발생시키는) 외력을 양의 값으로 간주한다. 이 방정식에서 계산한 축력의 값을 x축에 대한 값으로 하여 축력 다이어그램을 작성한다.

5. **골조의 처짐 형상을 그린다.** 4단계에서 작성한 휨모멘트 다이어그램을 이용하여 골조의 각 부재에 대해 처짐 형상을 그린다. 각 부재의 처짐 형상을 접합부에 연결하여 골조 전체에 대한 처짐 형상을 그릴 수 있다. 강접합에 연결된 부재는 원래의 각도를 유지해야 하며 지점의 조건도 만족하여야 한다. 축방향 변형과 전단 변형은 일반적으로 휨 변형에 비해 무시할 수 있을 정도로 작기 때문에 골조의 처짐 형상을 그릴 때는 이들 값들은 무시한다.

4(c)단계에서 설명한 절차에 따라 작성된 휨모멘트 다이어그램에서는 항상 압축력을 받는 부재의 위치에 모멘트를 표시한다. 예를 들어 수직 부재의 각 지점에서 좌측편이 압축력을 받는다면 그 지점의 모멘트 값은 좌측편에 표시되어야 한다. 모멘트가 표시되는 부재의 측면은 모멘트의 방향을 나타내므로 휨모멘트 다이어그램에 양(+)과 음(−)의 기호를 표시할 필요는 없다. 철근콘크리트 골조를 설계할 때에는 부재가 인장력을 받는 부분에 휨모멘트 다이어그램을 작성하면 편리하다. 왜냐하면 이러한 작성법이 인장력에 약한 콘크리트를 보강하기 위해 사용하는 철근의 배치 위치를 쉽게 알 수 있게 하기 때문이다. 압축측 휨모멘트 다이어그램을 180° 회전시켜 인장측 휨모멘트 다이어그램을 작성할 수 있다. 이 책에서는 압축측 휨모멘트 다이어그램만을 이용하여 부재 및 골조의 휨모멘트 다이어그램을 작성한다.

5.13 Example

그림 5.23(a)의 골조에 대하여 전단력 다이어그램, 휨모멘트 다이어그램, 축력 다이어그램을 작성하고 처짐 형상을 그려라.

풀이

정정 판정. $m=3,\ j=4,\ r=3,\ e_c=0$이다. $3m+r=3j+e_c$을 만족하고 기하학적으로 안정되므로 이 골조는 정정이다.

반력. 골조 전체에 대한 평형조건을 고려하면(그림 5.23(b)), $\sum F_X=0$에서 우측으로 작용하고 있는 90 kN의 수평하중과 평형을 이루기 위하여 A_X가 90 kN으로 좌측으로 작용해야 한다.

$$A_X=-90\text{ kN} \qquad A_X=90\text{ kN} \leftarrow$$

남은 2개의 반력은 2개의 평형방정식을 이용하여 다음과 같이 계산할 수 있다.

$$+\circlearrowleft \sum M_A=0 \qquad -90(7)-30(9)(4.5)+D_Y(9)=0 \qquad D_Y=205\text{ kN} \uparrow$$

$$+\uparrow \sum F_Y=0 \qquad A_Y-30(9)+205=0 \qquad A_Y=65\text{ kN} \uparrow$$

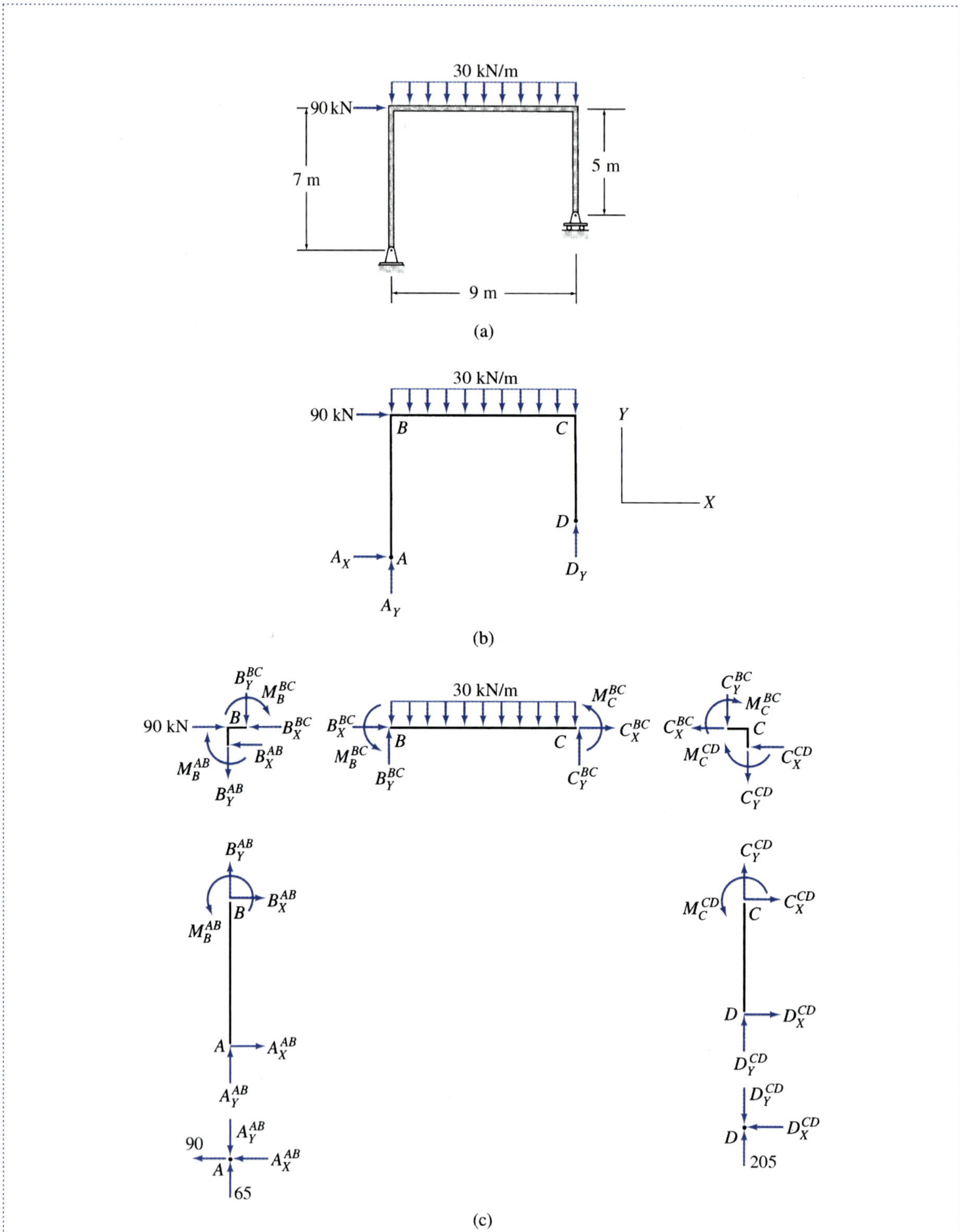

그림 5.23

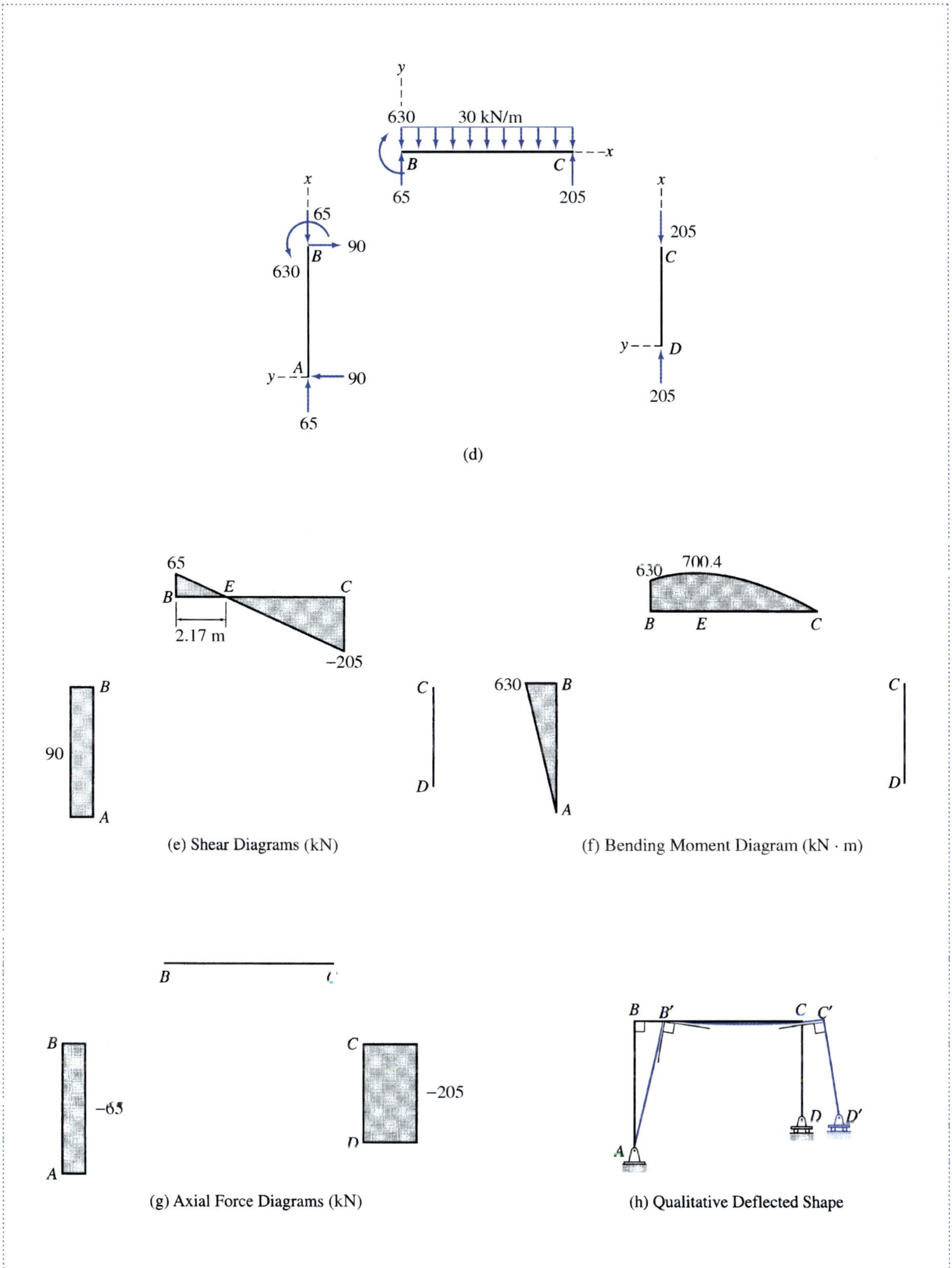

(d)

(e) Shear Diagrams (kN)

(f) Bending Moment Diagram (kN · m)

(g) Axial Force Diagrams (kN)

(h) Qualitative Deflected Shape

그림 5.23 계속

단부 부재력. 골조의 모든 부재와 절점에 대한 자유물체도를 그림 5.23(c)에 나타내었다. 3개의 미지수를 갖고 있는 절점 A 또는 절점 D에서부터 계산을 시작한다.

A 점. 자유물체도에서 알 수 있듯이 $\sum F_X = 0$을 만족시키기 위해서는 좌측으로 작용하는 90 kN의 수평반력과 크기는 갖고 방향이 반대인 A_X^{AB}가 다음과 같이 존재해야 한다.

$$A_X^{AB} = -90 \text{ kN}$$

유사한 방법으로 $\sum F_Y = 0$로부터 다음을 계산한다.

$$A_Y^{AB} = 65 \text{ kN}$$

부재 AB. A_X^{AB}와 A_Y^{AB}를 구했으므로 부재 AB의 남은 3개의 미지수, B_X^{AB}, B_Y^{AB}, M_B^{AB}는 $\sum F_X = 0$, $\sum F_Y = 0$, $\sum M_A = 0$에서 계산할 수 있다.

$$B_X^{AB} = 90 \text{ kN} \qquad B_Y^{AB} = -65 \text{ kN} \qquad M_B^{AB} = 630 \text{ kN} \cdot \text{m}$$

B 점. 다음으로 B점에 대해 평형방정식을 적용하면 다음을 계산할 수 있다.

$$B_X^{BC} = 0 \qquad B_Y^{BC} = 65 \text{ kN} \qquad M_B^{BC} = -630 \text{ kN} \cdot \text{m}$$

부재 BC. 부재 BC에 대해 평형방정식을 적용하여 다음을 계산한다.

$$+\rightarrow \sum F_X = 0 \qquad\qquad C_X^{BC} = 0$$

$$+\uparrow \sum F_Y = 0 \qquad 65 - 30(9) + C_Y^{BC} = 0 \qquad C_Y^{BC} = 205 \text{ kN}$$

$$+\circlearrowleft \sum M_B = 0 \qquad -630 - 30(9)(4.5) + 205(9) + M_C^{BC} = 0 \qquad M_C^{BC} = 0$$

C 점. 3개의 평형방정식을 적용하여 다음을 계산한다.

$$C_X^{CD} = 0 \qquad C_Y^{CD} = -205 \text{ kN} \qquad M_C^{CD} = 0$$

부재 CD. $\sum F_X = 0$와 $\sum F_Y = 0$을 순차적으로 적용하여 다음을 계산한다.

$$D_X^{CD} = 0 \qquad D_Y^{CD} = 205 \text{ kN}$$

모든 미지의 힘과 모멘트가 구해졌으므로 부재 CD에 대한 3번째 평형방정식을 이용하여 계산을 검토한다.

$$+\circlearrowleft \sum M_D = 0$$

D 점. (계산 검토)

$$+\rightarrow \sum F_X = 0$$

$$+\uparrow \sum F_Y = 0 \qquad 205 - 205 = 0$$

전단력 다이어그램. 그림 5.23(d)는 골조를 구성하고 있는 세 부재에 대해 적용할 xy 좌표계이며, 그림 5.23(e)는 5.4절의 절차를 이용하여 작성된 부재의 전단력 다이어그램이다.

휨모멘트 다이어그램. 골조를 구성하고 있는 세 부재에 대한 휨모멘트 다이어그램을 그림 5.23(f)에 나타내었다.

축력 다이어그램. 그림 5.23(d)의 부재 AB에 대한 자유물체도에서 부재 전체에 65 kN의 압축력이 일정하게 작용하고 있음을 알 수 있다. 그러므로 이 부재의 축력 다이어그램은 그림 5.23(g)와 같이 −65 kN 값의 부재의 x축과 평행한 직선이 된다. 유사하게 그림 5.23(d)에서 부재 BC와 CD의 축력도 각각 0과 −205 kN으로 일정함을 알 수 있다. 이렇게 작성한 축력 다이어그램을 그림 5.23(g)에 나타내었다.

처짐 형상. 골조의 각 부재에 대한 휨모멘트 다이어그램(그림 5.23(f))에서 부재 AB와 BC는 각각 오른쪽으로 오목하고 아래쪽으로 오목함을 알 수 있다. 부재 CD에는 휨모멘트가 존재하지 않으므로 휘지 않고 직선인 상태로 유지된다. 그림 5.23(h)는 절점에 연결된 각 부재의 처짐 형상을 연결하여 나타낸 골조의 처짐 형상이다. 이 그림에서 알 수 있듯이 지점 A에서의 처짐은 "0"이다. B점에서는 우측 수평 방향 하중으로 인해 절점 B가 B'로 이동한다. 부재의 축 방향 변형을 무시하고 휨 변형이 작다고 가정하였기 때문에 절점 B는 수평 방향으로만 이동하고 절점 C는 절점 B와 같은 양만큼 이동한다. 즉, $BB' = CC'$이다. 부재의 곡률은 휨모멘트 다이어그램과 상관관계를 유지해야 하고, 강절점 B와 C에서는 연결된 부재 사이의 각도가 하중을 받기 전의 각도인 90°를 유지해야 한다.

5.14 Example

그림 5.24(a)의 골조에 대하여 전단력 다이어그램, 휨모멘트 다이어그램, 축력 다이어그램을 작성하고 처짐 형상을 그려라.

풀이

정정 판정. $m=2,\ j=3,\ r=3,\ e_c=0$이다. $3m+r=3j+e_c$이고 기하학적으로 안정하므로 이 골조는 정정이다.

반력. 그림 5.24(b) 참조

$$+\rightarrow \sum F_X = 0 \qquad -A_X + 100 = 0 \qquad A_X = 100\text{ kN} \leftarrow$$

$$+\uparrow \sum F_Y = 0 \qquad A_Y - 25(5) = 0 \qquad A_Y = 125\text{ kN} \uparrow$$

$$+\circlearrowleft \sum M_A = 0 \qquad M_A - 100(3) - 25(5)(2.5) = 0 \qquad M_A = 612.5\text{ kN}\cdot\text{m} \circlearrowleft$$

단부 부재력. 그림 5.24(c) 참조

A 점. 평형방정식 $\sum F_X = 0,\ \sum F_Y = 0,\ \sum M_A = 0$을 적용하여 다음을 계산한다.

$$A_X^{AB} = -100\text{ kN} \qquad A_Y^{AB} = 125\text{ kN} \qquad M_A^{AB} = 612.5\text{ kN}\cdot\text{m}$$

부재 AB. 부재 AB의 평형방정식을 고려하면 다음과 같다.

$$+\rightarrow \sum F_X = 0 \qquad -100 + 100 + B_X^{AB} = 0 \qquad B_X^{AB} = 0$$

$$+\uparrow \sum F_Y = 0 \qquad 125 + B_Y^{AB} = 0 \qquad B_Y^{AB} = -125\text{ kN}$$

$$+\circlearrowleft \sum M_B = 0 \qquad 612.5 - 100(3) + M_B^{AB} = 0 \qquad M_B^{AB} = \ 312.5\text{ kN}\cdot\text{m}$$

B 점. 3개의 평형방정식을 적용하여 다음을 계산한다.

$$B_X^{BC} = 0 \qquad B_Y^{BC} = 125\text{ kN} \qquad M_B^{BC} = 312.5\text{ kN}\cdot\text{m}$$

부재 BC. (계산 검토)

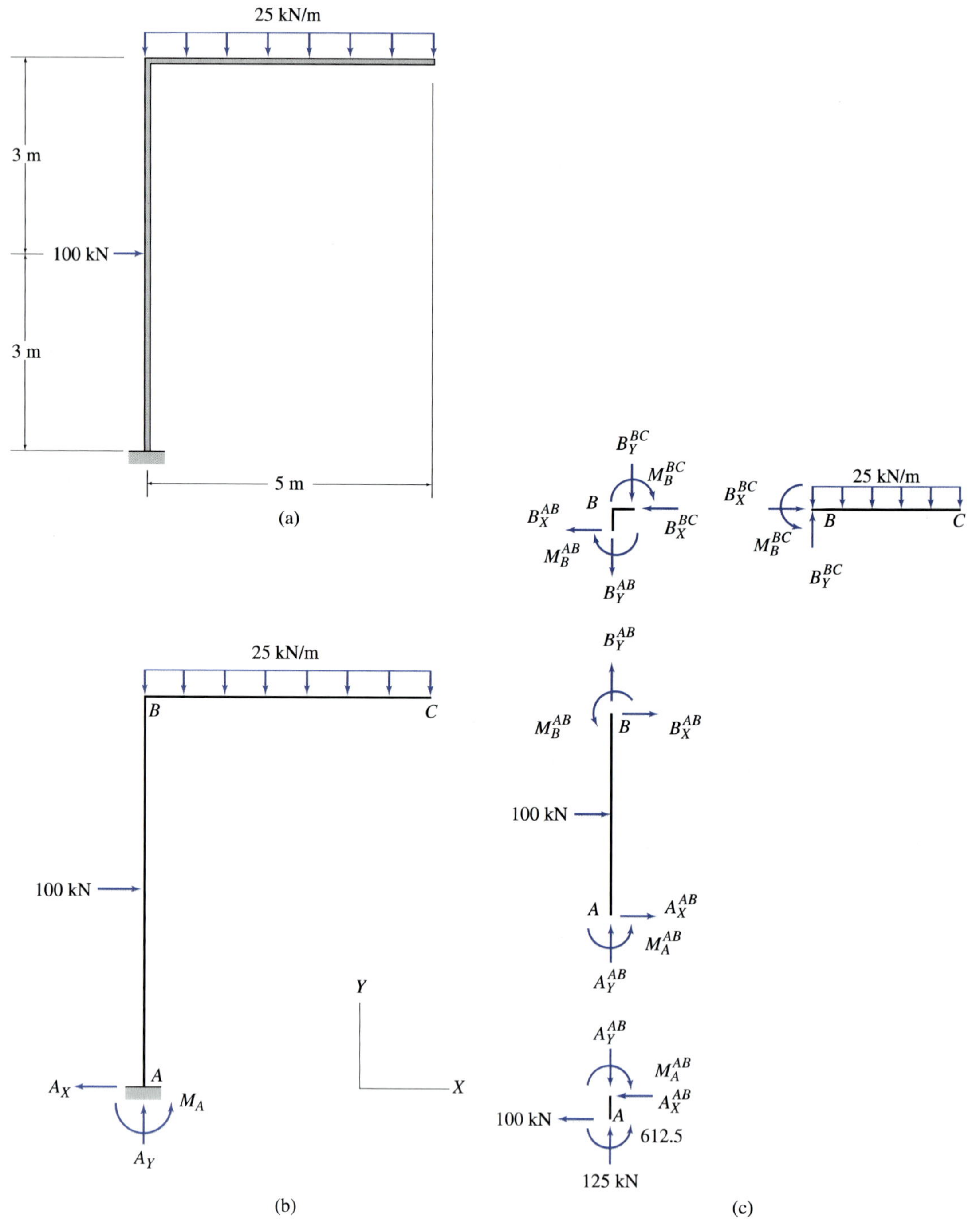
25 kN/m
3 m
100 kN
3 m
5 m
(a)
25 kN/m
B
C
100 kN
A_X
A
M_A
A_Y
(b)
Y
X
B_Y^{BC}
M_B^{BC}
B
B_X^{AB}
B_X^{BC}
M_B^{AB}
B_Y^{AB}
B_X^{BC}
25 kN/m
B
C
M_B^{BC}
B_Y^{BC}
B_Y^{AB}
M_B^{AB}
B
B_X^{AB}
100 kN
A
A_X^{AB}
M_A^{AB}
A_Y^{AB}
A_Y^{AB}
M_A^{AB}
A_X^{AB}
100 kN
A
612.5
125 kN
(c)

그림 5.24

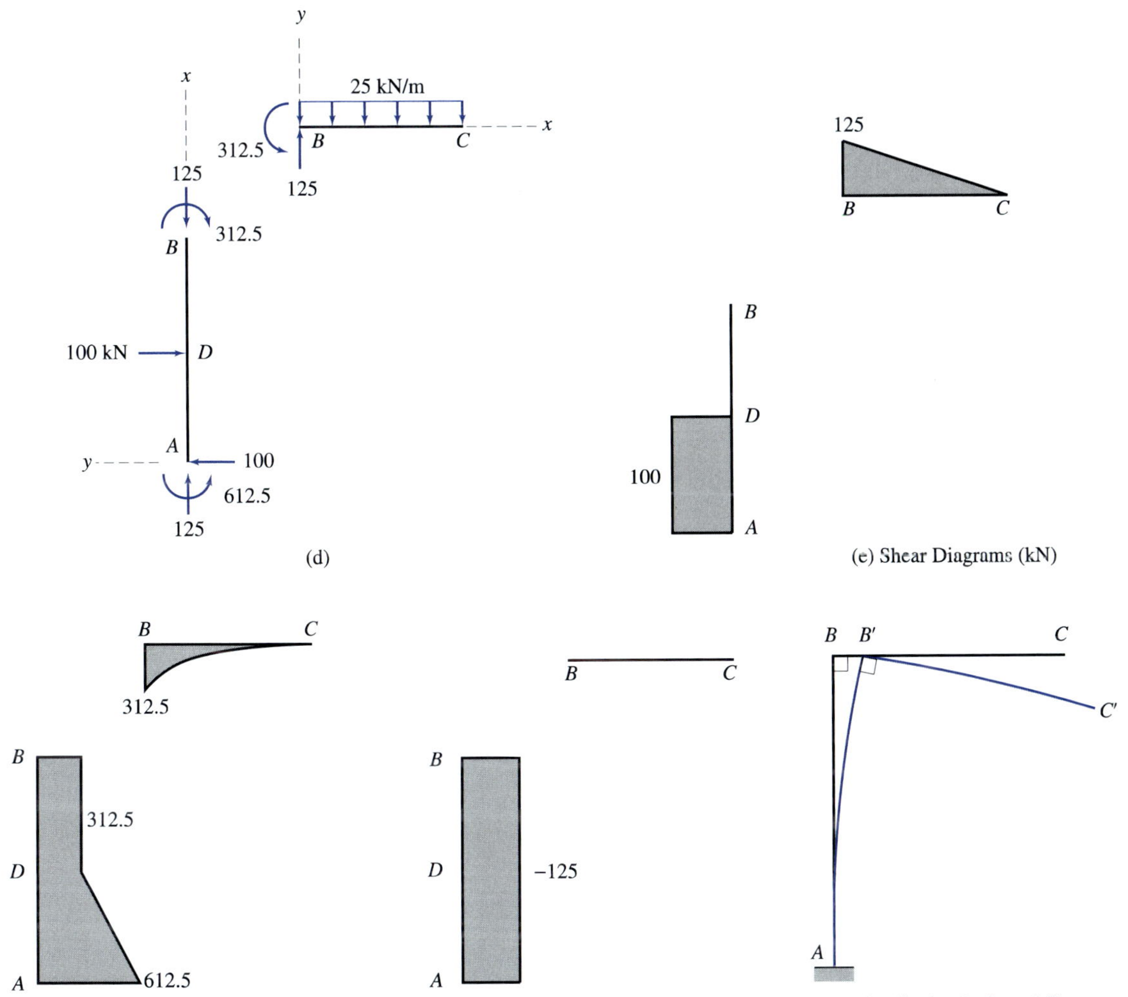

(d) (e) Shear Diagrams (kN) (f) Bending Moment Diagrams (kN · m) (g) Axial Force Diagrams (kN) (h) Qualitative Deflected Shape

그림 5.24 계속

$$+\rightarrow \sum F_X = 0$$

$$+\uparrow \sum F_Y = 0 \qquad 125 - 25(5) = 0$$

$$+\circlearrowleft \sum M_B = 0 \qquad 312.5 - 25(5)(2.5) = 0$$

단부 부재력을 그림 5.24(d)에 나타내었다.

전단력 다이어그램. 그림 5.24(e) 참조.

휨모멘트 다이어그램. 그림 5.24(f) 참조.

축력 다이어그램. 그림 5.24(g) 참조.

처짐 형상. 그림 5.24(h) 참조.

5.15 Example

그림 5.25(a)의 게이블(gable)골조가 적설하중을 받고 있다. 전단력 다이어그램, 휨모멘트 다이어그램, 축력 다이어그램을 작성하고 처짐 형상을 그려라.

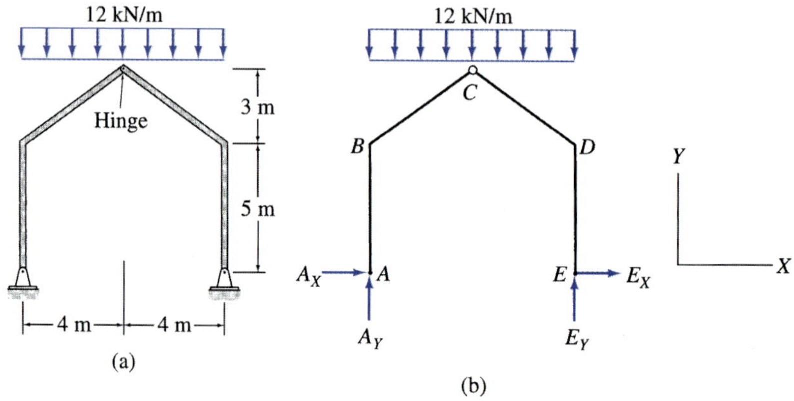

그림 5.25

풀이

정정 판정. $m=4,\ j=5,\ r=4,\ e_c=1$이다. $3m+r=3j+e_c$이고 기하학적으로 안정하므로 이 골조는 정정이다.

반력. 그림 5.25(b) 참조.

$$+\circlearrowleft\sum M_E=0 \qquad -A_Y(8)+12(8)(4)=0 \qquad A_Y=48\text{ kN}\uparrow$$
$$+\uparrow\sum F_Y=0 \qquad 48-12(8)+E_Y=0 \qquad E_Y=48\text{ kN}\uparrow$$
$$+\circlearrowleft\sum M_C^{AC}=0 \qquad A_X(8)-48(4)+12(4)(2)=0 \qquad A_X=12\text{ kN}\rightarrow$$
$$+\rightarrow\sum F_X=0 \qquad 12+E_X=0 \quad E_X=-12\text{ kN} \qquad E_X=12\text{ kN}\leftarrow$$

단부 부재력. 그림 5.25(c) 참조

A 점. $\sum F_X=0$와 $\sum F_Y=0$ 평형방정식을 적용하여 다음을 계산한다.

$$A_X^{AB}=12\text{ kN} \qquad A_Y^{AB}=48\text{ kN}$$

부재 AB. AB 부재의 평형방정식을 고려하여 다음을 계산한다.

$$B_X^{AB}=-12\text{ kN} \qquad B_Y^{AB}=-48\text{ kN} \qquad M_B^{AB}=-60\text{ kN}\cdot\text{m}$$

B 점. 3개의 평형방정식을 적용하여 다음을 계산한다.

$$B_X^{BC}=12\text{ kN} \qquad B_Y^{BC}=48\text{ kN} \qquad M_B^{BC}=60\text{ kN}\cdot\text{m}$$

부재 BC.

$$+\rightarrow\sum F_X=0 \qquad C_X^{BC}=-12\text{ kN}$$
$$+\uparrow\sum F_Y=0 \qquad 48-12(4)+C_Y^{BC}=0 \qquad C_Y^{BC}=0$$

$$+\circlearrowleft \sum M_B = 0 \qquad 60 - 12(4)(2) + 12(3) = 0$$

***C* 점.** *C* 점의 평형방정식을 적용하여 다음을 계산한다.

$$C_X^{CD} = 12\text{ kN} \qquad C_Y^{CD} = 0$$

부재 *CD*.

$$+\rightarrow \sum F_X = 0 \qquad\qquad D_X^{CD} = -12\text{ kN}$$
$$+\uparrow \sum F_Y = 0 \qquad -12(4) + D_Y^{CD} = 0 \qquad D_Y^{CD} = 48\text{ kN}$$
$$+\circlearrowleft \sum M_D = 0 \qquad -12(3) + 12(4)(2) + M_D^{CD} = 0 \qquad M_D^{CD} = -60\text{ kN}\cdot\text{m}$$

***D* 점.** 3개의 평형방정식을 적용하여 다음을 계산한다.

$$D_X^{DE} = 12\text{ kN} \qquad D_Y^{DE} = -48\text{ kN} \qquad M_D^{DE} = 60\text{ kN}\cdot\text{m}$$

부재 *DE*.

$$+\rightarrow \sum F_X = 0 \qquad\qquad E_X^{DE} = -12\text{ kN}$$
$$+\uparrow \sum F_Y = 0 \qquad\qquad E_Y^{DE} = 48\text{ kN}$$
$$+\circlearrowleft \sum M_E = 0 \qquad 60 - 12(5) = 0$$

***E* 점.**

$$+\rightarrow \sum F_X = 0 \qquad -12 + 12 = 0$$
$$+\uparrow \sum F_Y = 0 \qquad 48 - 48 = 0$$

경사 부재 *BC*와 *CD*에 가해지는 분포하중. 12 kN/m의 적설하중은 수평축에 대한 분포하중이므로, 이를 부재 *BC*와 *CD*에 평행한 성분과 직각 성분으로 분해한다. 그림 5.25(d)와 같이 부재 *BC*를 예로 들자. 이 부재에 작용하는 총 수직 하중은 (12 kN/m)(4 m) = 48 kN이다. 이 수직 하중을 부재의 길이로 나누면 경사 부재의 길이를 따라 작용하는 수직 분포하중의 크기 48/5 = 9.6 kN/m를 구할 수 있다. 그림 5.25(d)와 같이 이 수직 분포하중의 부재에 평행한 성분과 직각 성분은 각각 (3/5)(9.6) = 5.76 kN/m, (4/5)(9.6) = 7.68 kN/m이다. 부재 *CD*에 대한 분포하중도 이와 비슷하게 계산할 수 있으며 이를 그림 5.25(e)에 나타내었다.

전단력 다이어그램과 휨모멘트 다이어그램 그림 5.25(f)와 (g) 참조.

축력 다이어그램. 골조의 각 부재에 대한 축력 방정식은 다음과 같다.

부재 *AB*	$Q = -48$
부재 *BC*	$Q = -38.4 + 5.76x$
부재 *CD*	$Q = -9.6 - 5.76x$
부재 *DE*	$Q = -48$

축력 다이어그램을 그림 5.25(h)에 나타내었다.

처짐 형상. 그림 5.25(i) 참조

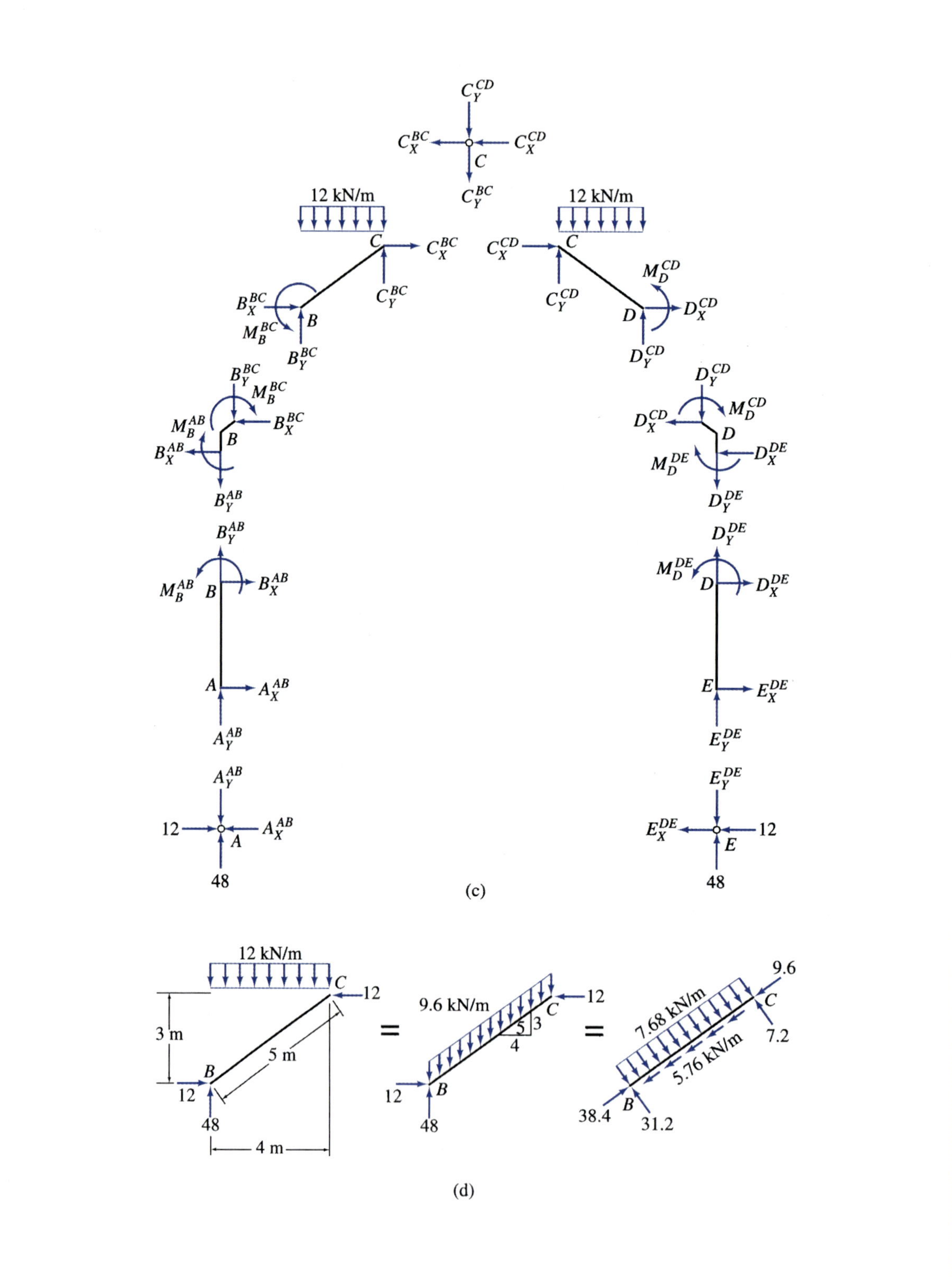

12 kN/m
12 kN/m
(c)
12 kN/m
3 m
5 m
4 m
12
48
9.6 kN/m
7.68 kN/m
5.76 kN/m
9.6
7.2
38.4
31.2
(d)

그림 5.25 계속

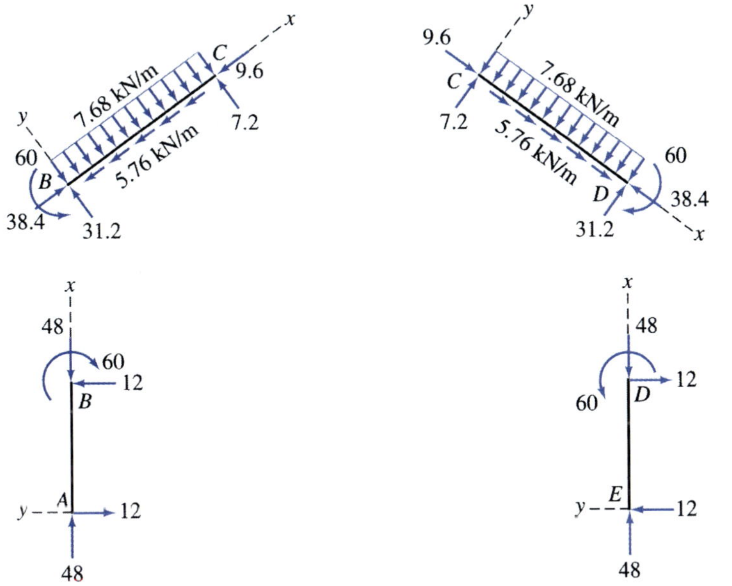

(e)

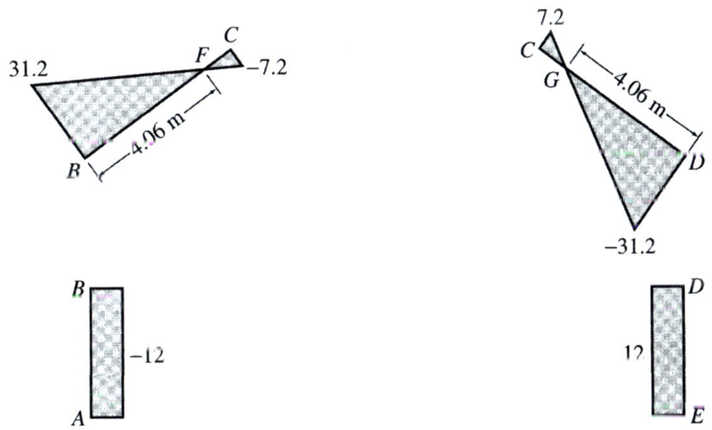

(f) Shear Diagrams (kN)

그림 5.25 계속

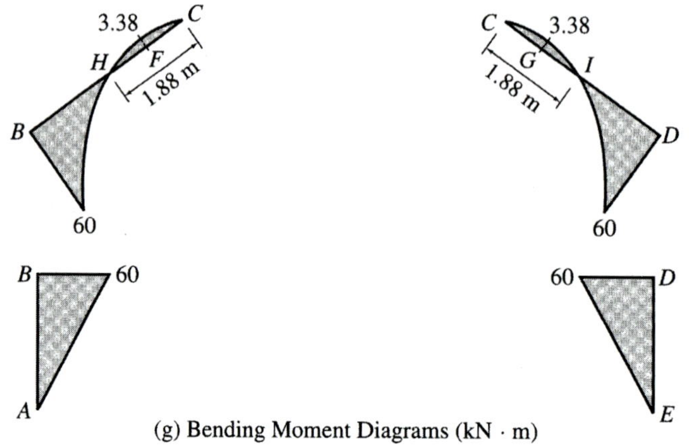

(g) Bending Moment Diagrams (kN · m)

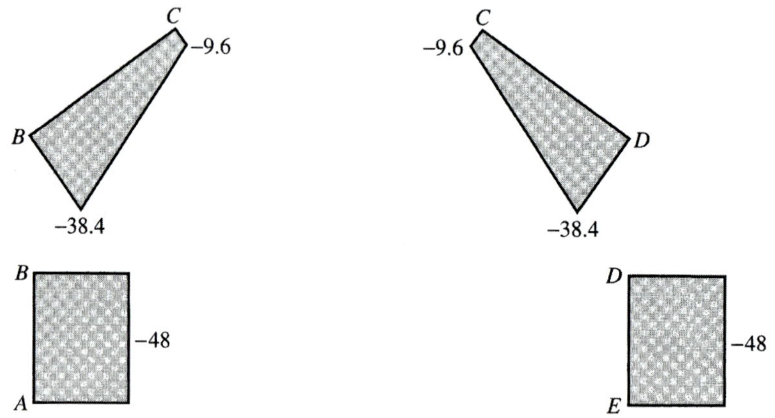

(h) Axial Force Diagrams (kN)

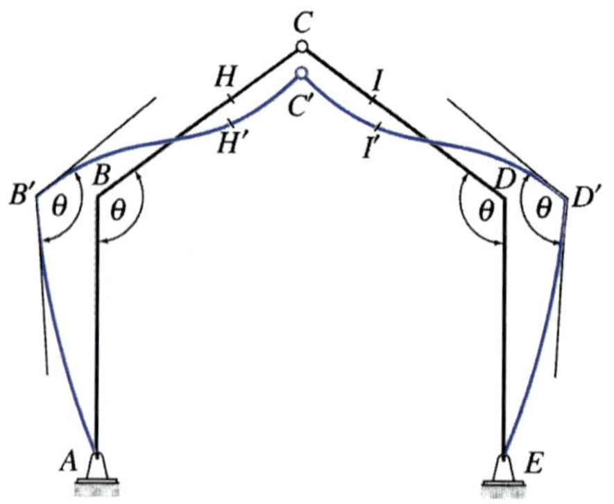

(i) Qualitative Deflected Shape

그림 5.25 계속

요약

이 장에서는 부재의 임의의 단면에 발생하는 내부 축력은 모든 외력과 지점반력의 부재축방향에 평행한 성분의 합과 크기는 같고 방향이 반대라는 사실을 설명하였다. 부재에 인장력을 발생시키는 축력을 양의 축력으로 하였다. 부재의 임의의 단면에 발생하는 전단력은 모든 외력과 지점반력의 부재축방향에 수직한 성분의 합과 크기는 같고 방향은 반대이다. 외력이 단면의 좌측 부재를 우측 부재를 기준으로 위쪽으로 밀어 올릴 때 이러한 전단력을 양의 전단력으로 하였다. 부재의 임의의 단면에 발생하는 휨모멘트는 모든 외력과 지점반력이 그 단면에 유발하는 모멘트의 합과 크기는 같고 방향은 반대이다. 외력과 외부 모멘트가 부재를 위로 오목하게 휘게 하고 단면의 상단에는 압축력을 단면의 하단에는 인장력을 발생시킬 때 이러한 휨모멘트를 양의 휨모멘트로 하였다.

전단력 다이어그램, 휨모멘트 다이어그램, 축력 다이어그램은 부재 길이에 따라 이들 값이 어떻게 변화하는지를 보여주는 그림이다. 이러한 내력 분포도는 부재력을 부재 한 쪽 끝에서 떨어진 거리에 대한 함수로 표현한 방정식을 이용하여 작성할 수 있다. 전단력 다이어그램과 휨모멘트 다이어그램은 하중, 전단력, 휨모멘트 사이의 다음 관계를 이용하여 손쉽게 작성할 수 있다.

어느 지점에서의 전단력 다이어그램의 기울기 = 그 점에서의 분포하중의 크기 (5.3)

A와 B 사이의 전단력의 변화량 = A와 B 사이의 분포하중도의 면적 (5.5)

집중하중이 작용하는 지점에서의 전단력의 변화 = 집중하중의 크기 (5.12)

어느 지점에서 휨모멘트 다이어그램의 기울기 = 그 점에서의 전단력 (5.8)

A와 B 사이의 휨모멘트의 변화량 = A와 B 사이의 전단력 다이어그램의 면적 (5.10)

외부 모멘트가 작용하는 지점에서의 휨모멘트의 변화 = 외부 모멘트의 크기 (5.14)

평형방정식과 지점의 조건방정식을 이용하여 골조의 지점반력뿐만 아니라 부재의 전단력, 휨모멘트, 축력을 계산할 수 있는 골조를 정정구조라 한다. 평면골조가 m개의 부재와 j개의 절점으로 구성되어 있고 r개의 반력에 의해 지지되며 e_c개의 조건방정식이 있을 때, 다음의 관계식이 성립한다.

$$\begin{aligned} 3m+r &< 3j+e_c \quad \text{불안정골조} \\ 3m+r &= 3j+e_c \quad \text{정정골조} \\ 3m+r &> 3j+e_c \quad \text{부정정골조} \end{aligned} \tag{5.16}$$

부정정차수는 다음 식으로 계산할 수 있다.

$$i = (3m+r) - (3j+e_c) \tag{5.15}$$

5.6절에서 정정 평면골조의 단부 부재력, 축력, 전단력, 휨모멘트를 구하는 절차를 설명하였다.

연습문제

5.1～5.11 그림과 같은 구조물에서 A 점과 B 점에서의 축력, 전단력, 휨모멘트를 구하라.

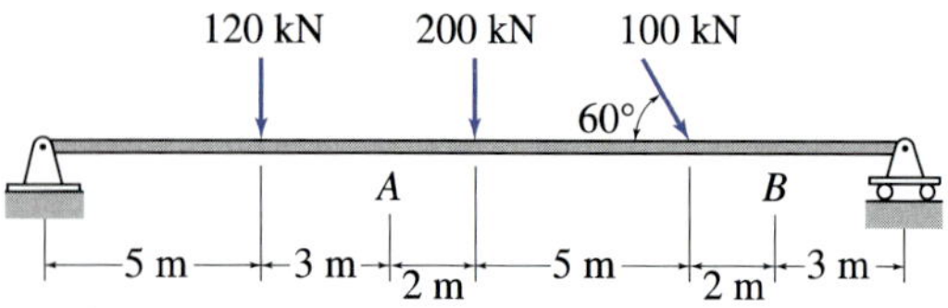

그림 P5.1

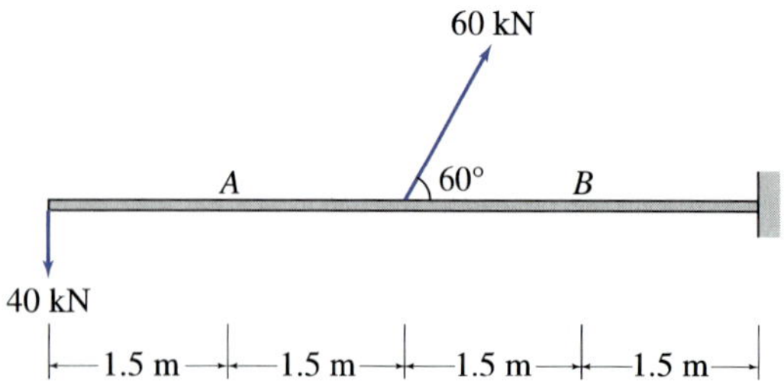

그림 P5.2

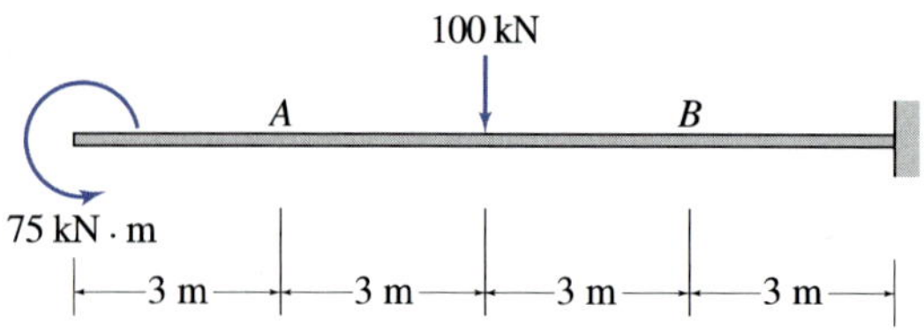

그림 P5.3

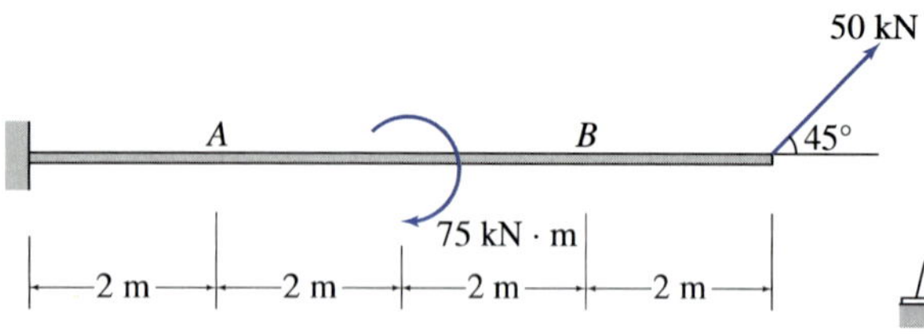

그림 P5.4

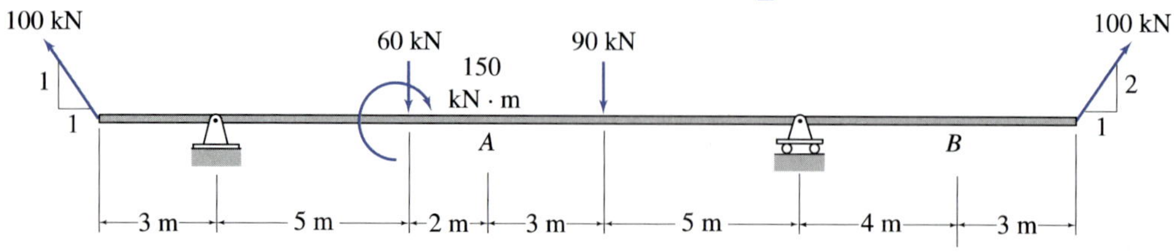

그림 P5.5

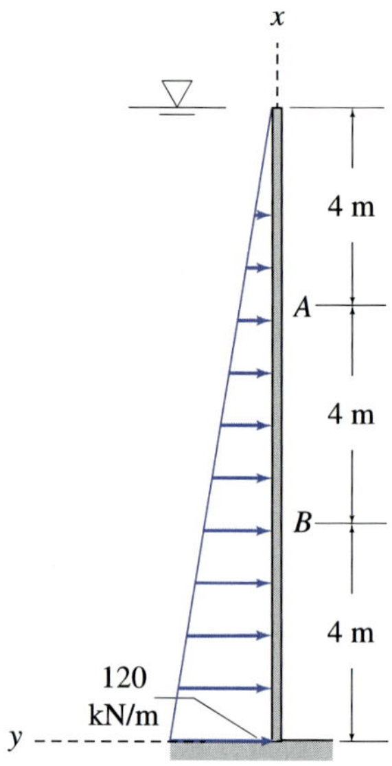

그림 P5.6

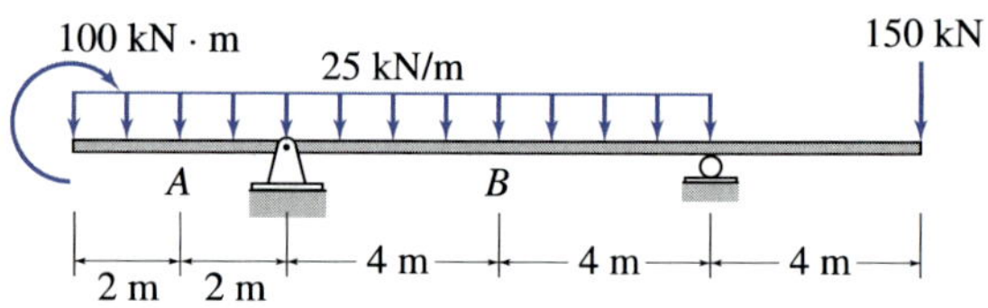

그림 P5.7

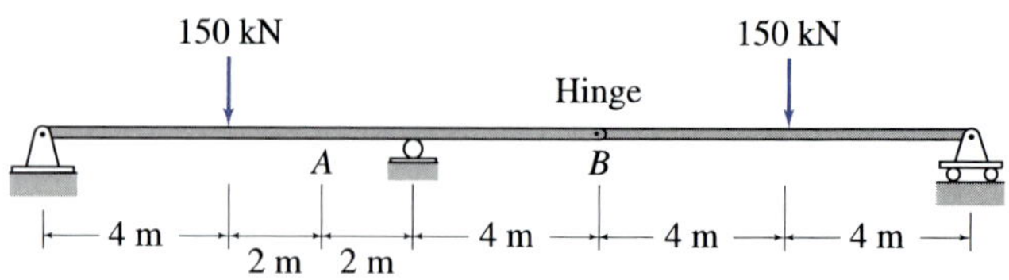

그림 P5.8

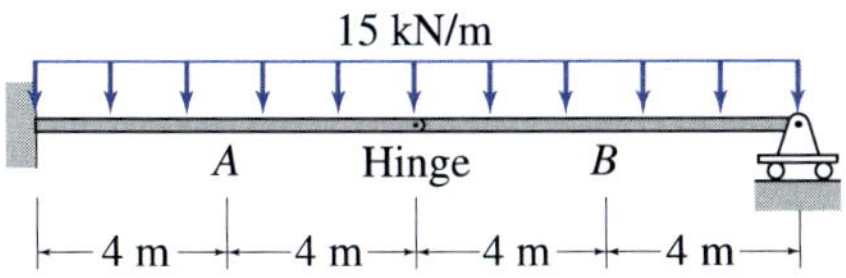

그림 P5.9

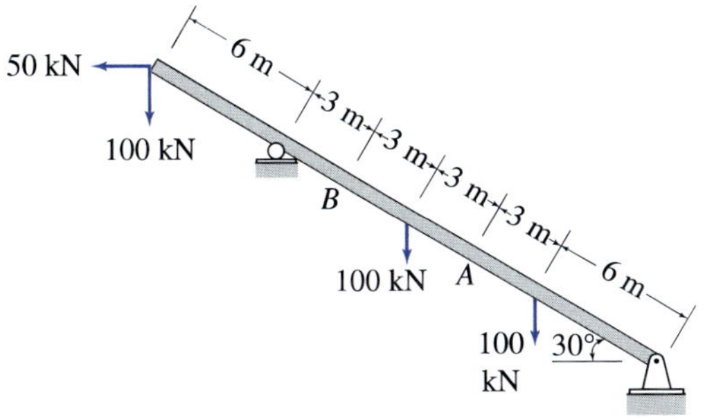

그림 P5.10

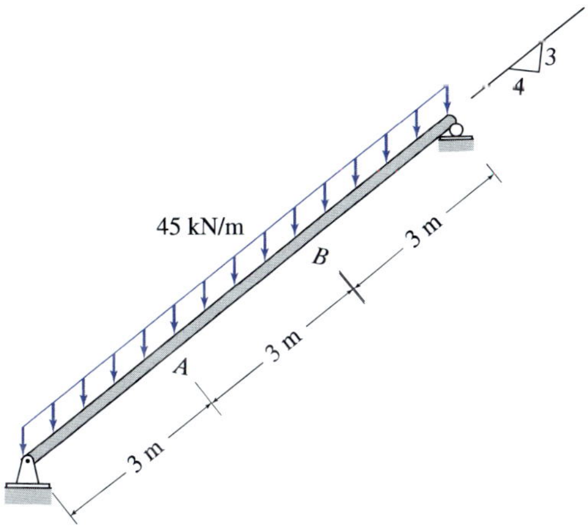

그림 P5.11

5.12~5.20 그림의 보에 대하여 전단력과 휨모멘트의 방정식을 구하라. 이 결과를 이용하여 전단력 다이어그램과 휨모멘트 다이어그램을 작성하라.

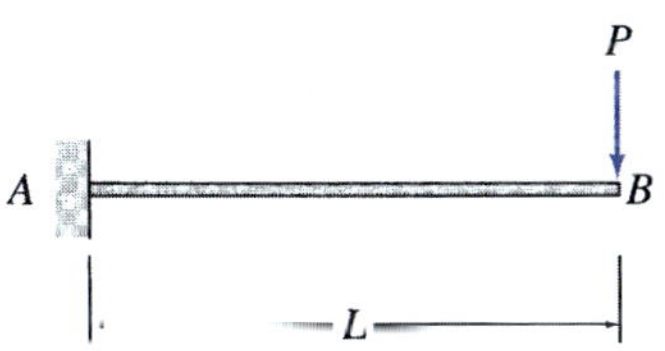

그림 P5.12

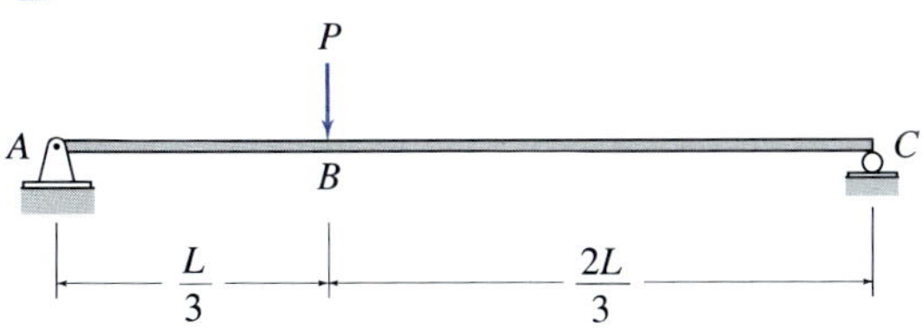

그림 P5.13

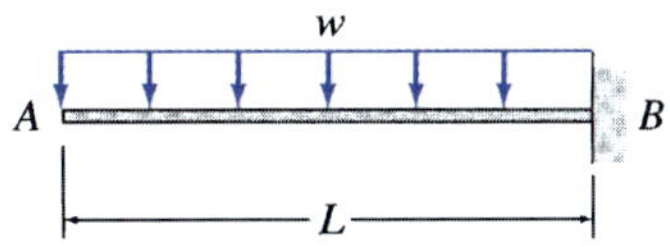

그림 P5.14

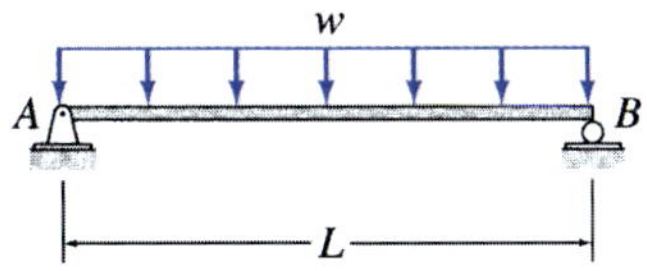

그림 P5.15

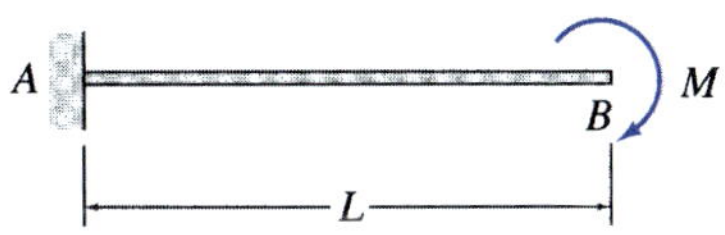

그림 P5.16

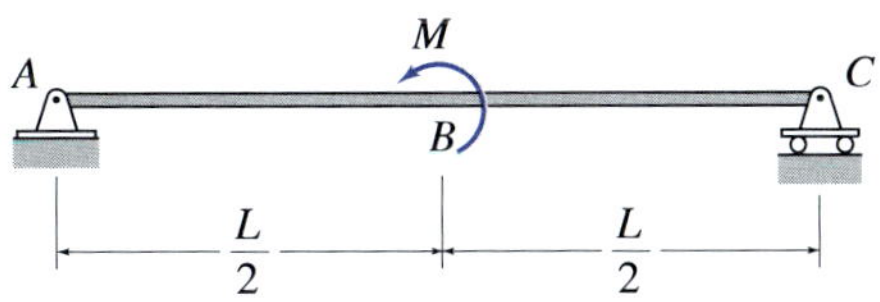

그림 P5.17

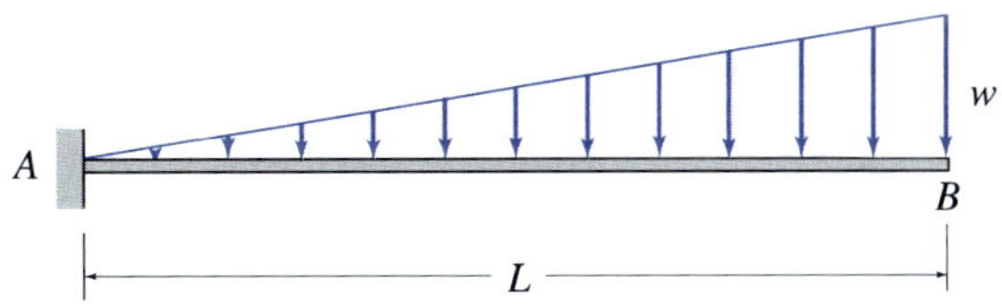

그림 P5.18

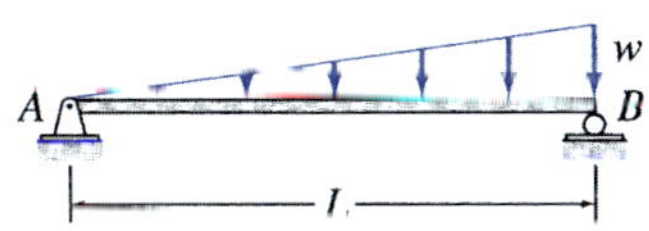

그림 P5.19

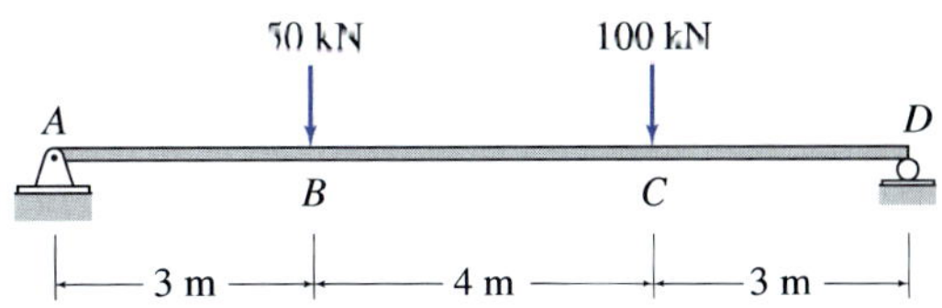

그림 P5.20

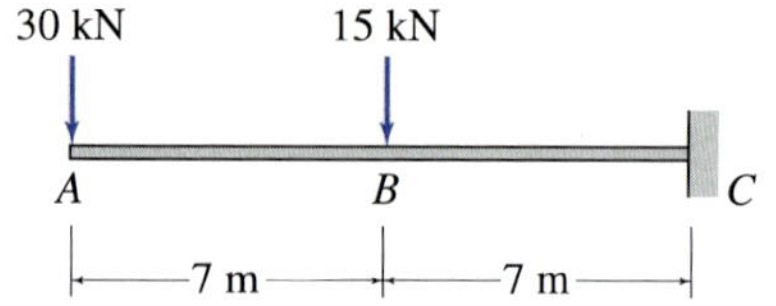

그림 P5.21

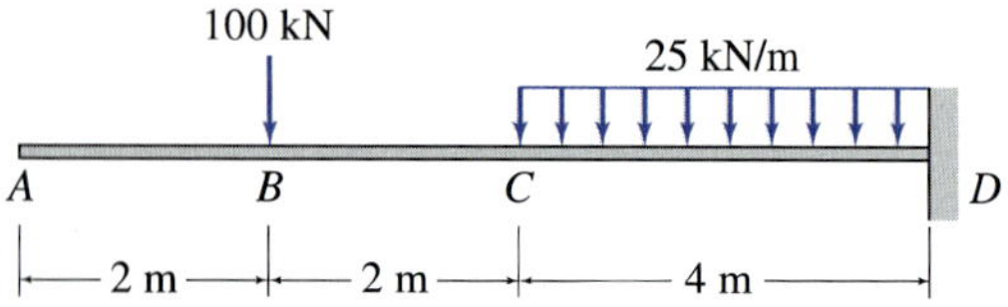

그림 P5.22

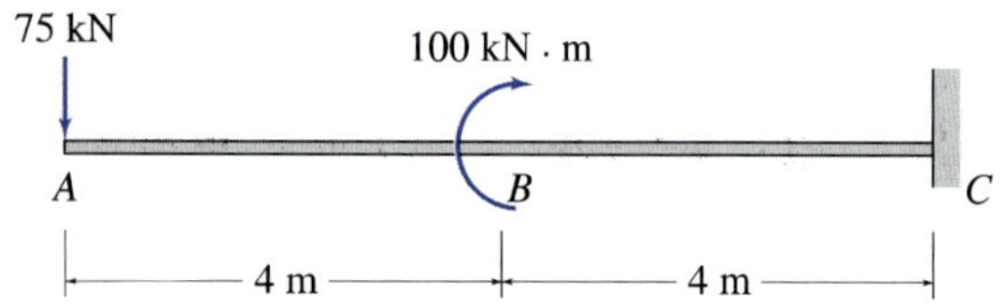

그림 P5.23

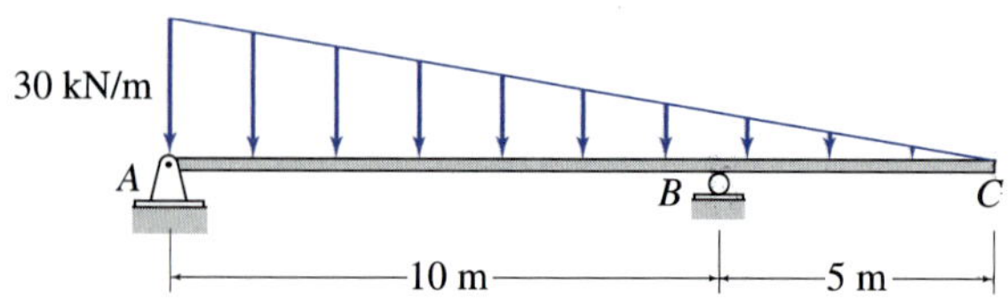

그림 P5.24

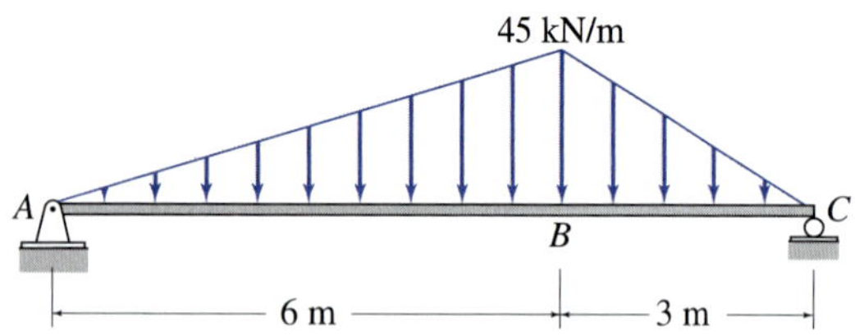

그림 P5.25

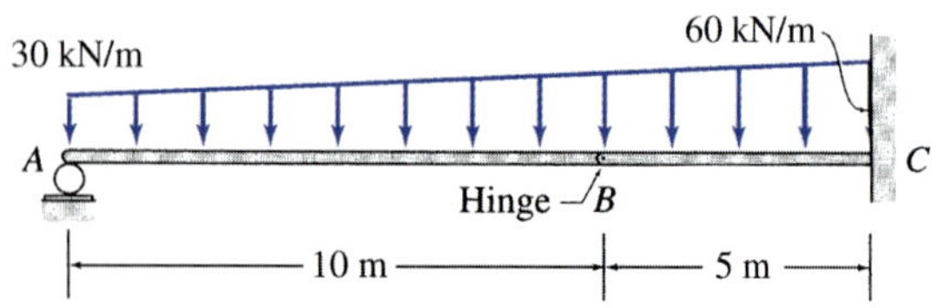

그림 P5.26

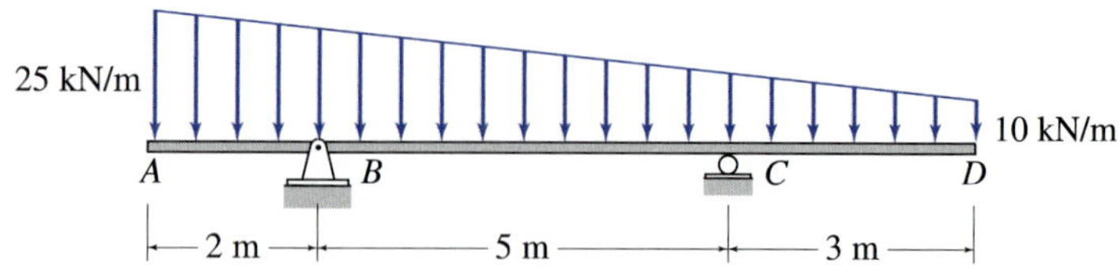

그림 P5.27

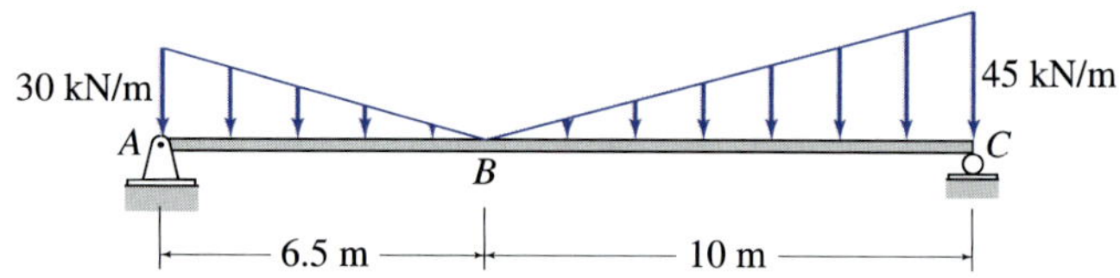

그림 P5.28

5.29~5.51 그림의 보에 대하여 전단력 다이어그램과 휨모멘트 다이어그램을 작성하고 처짐 형상을 그려라.

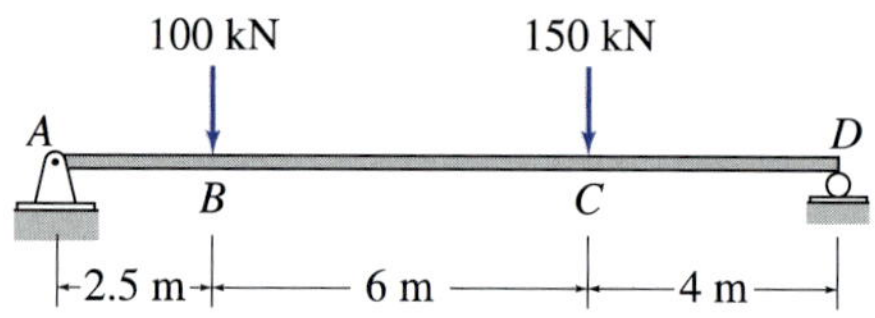

그림 P5.29

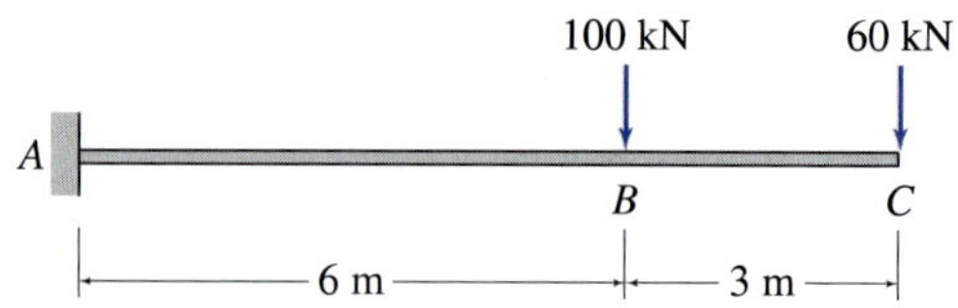

그림 P5.30

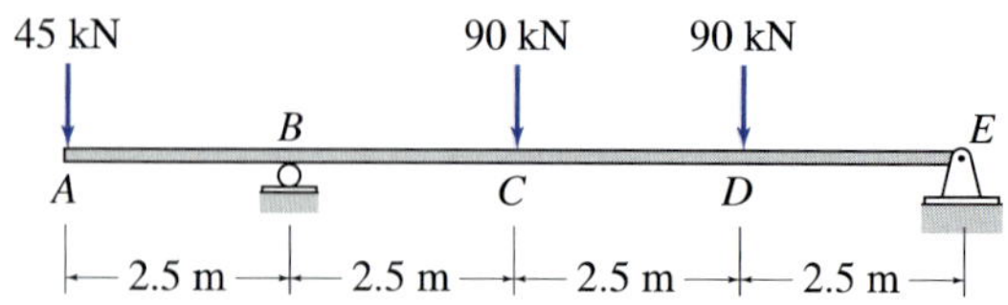

그림 P5.31

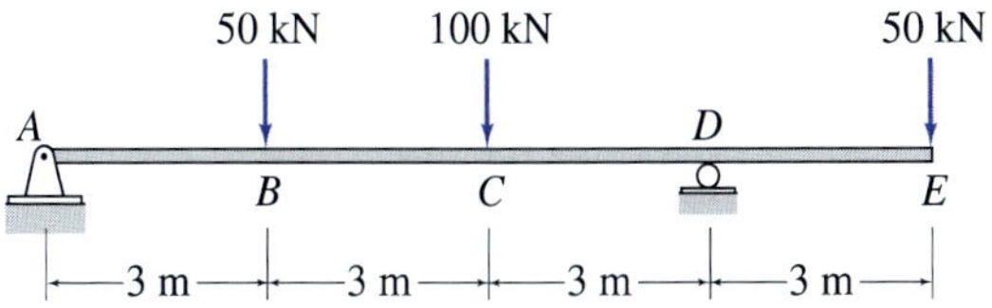

그림 P5.32

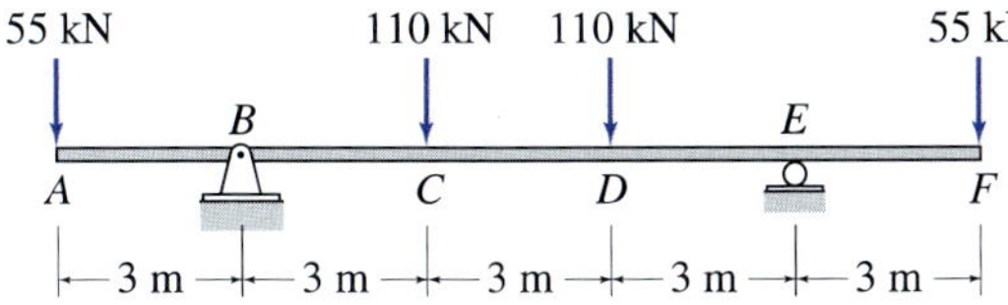

그림 P5.33

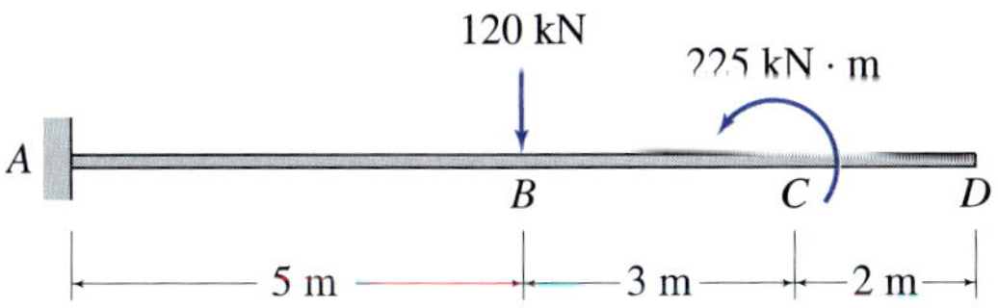

그림 P5.34

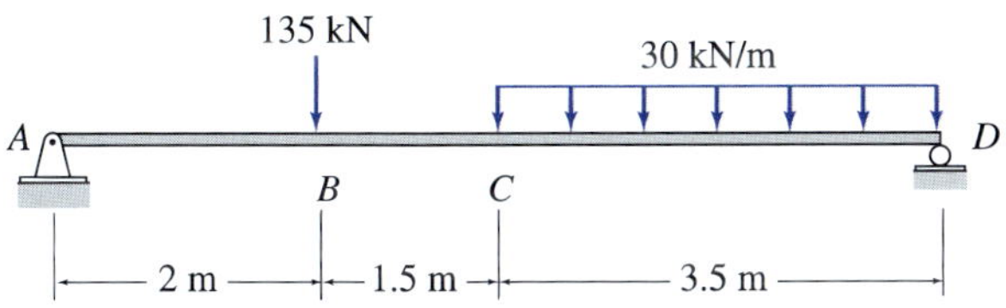

그림 P5.35

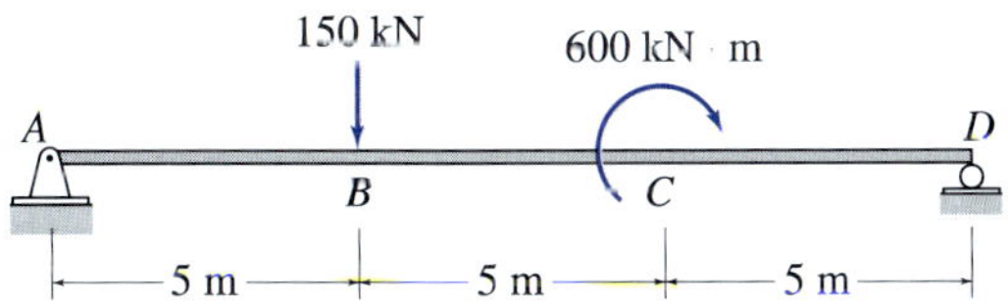

그림 P5.36

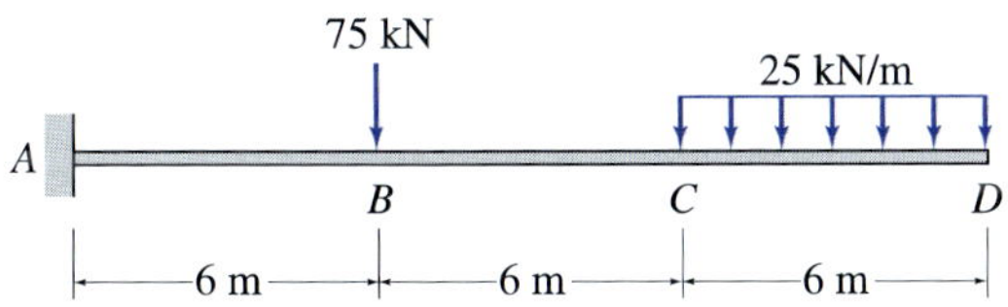

그림 P5.37

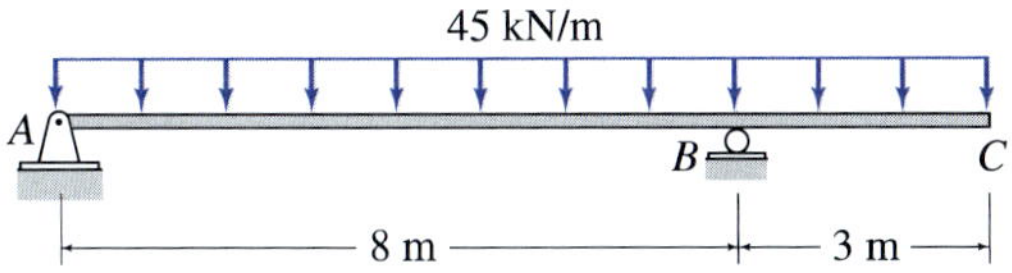

그림 P5.38

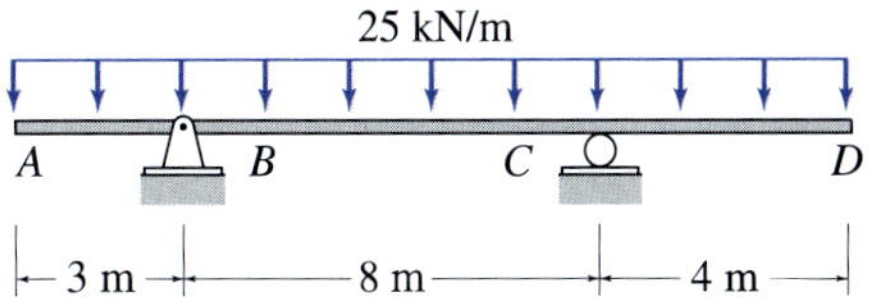

그림 P5.39

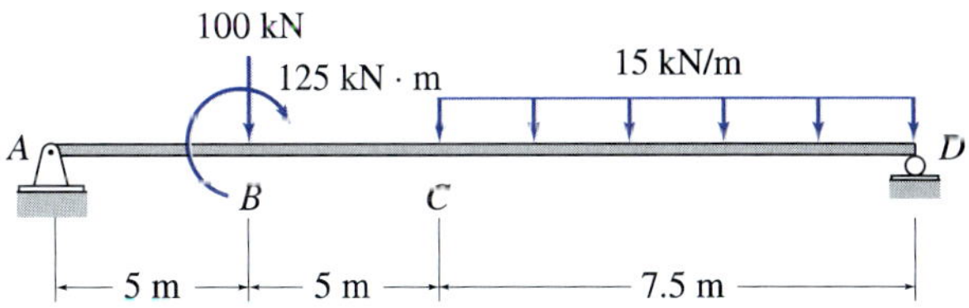

그림 P5.40

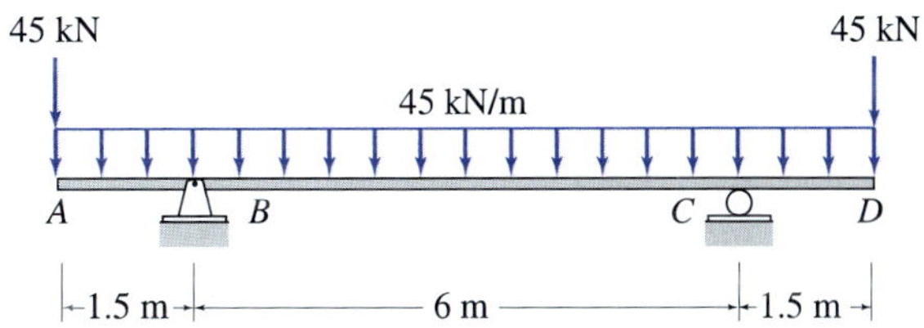

그림 P5.41

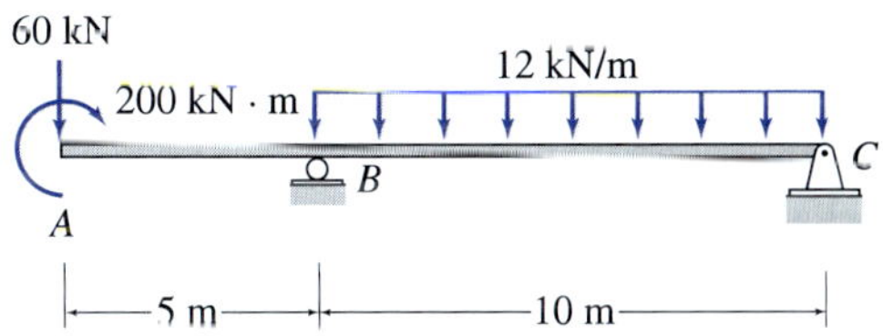

그림 P5.42

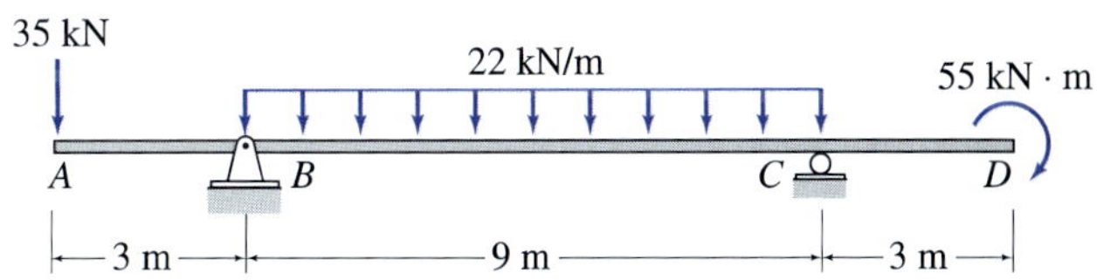

그림 P5.43

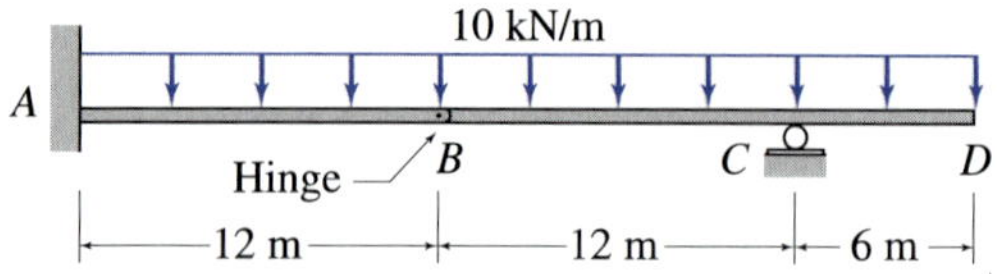

그림 P5.44

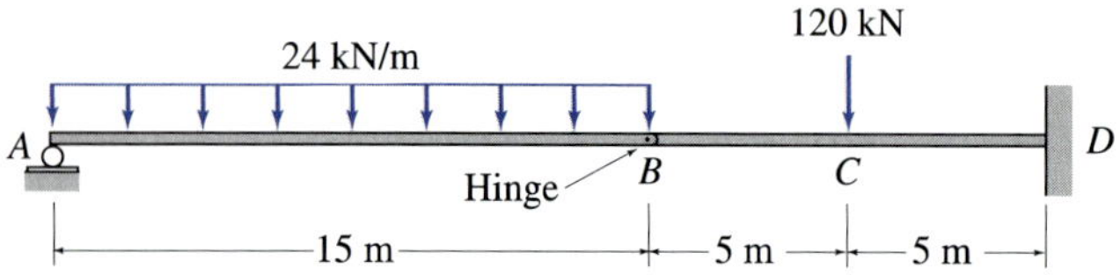

그림 P5.45

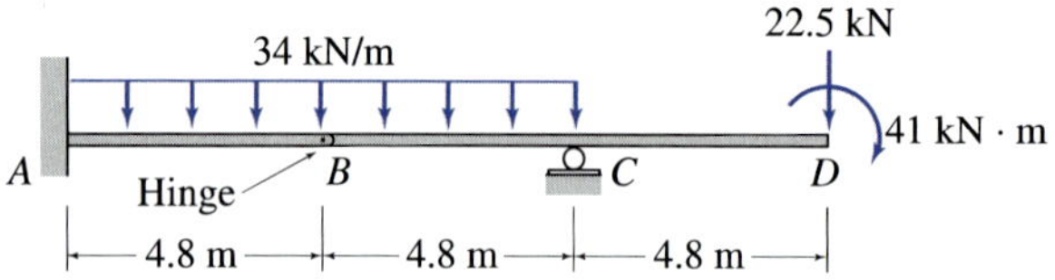

그림 P5.46

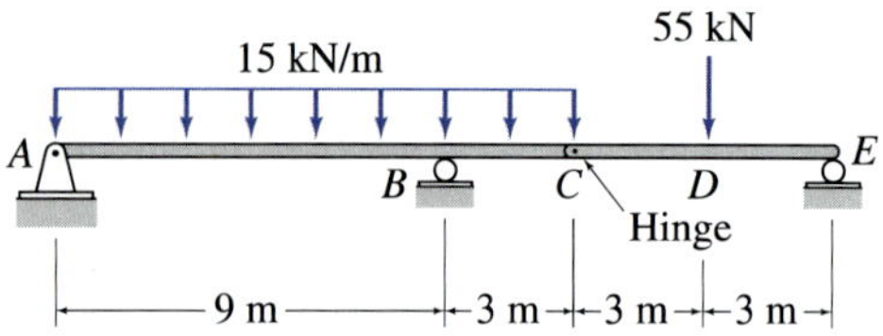

그림 P5.47

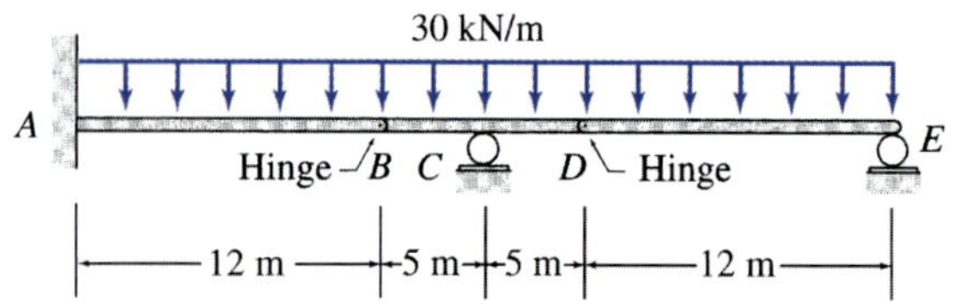

그림 P5.48

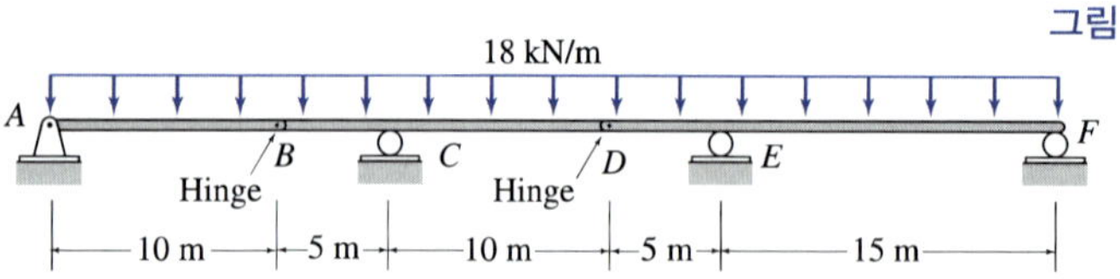

그림 P5.49

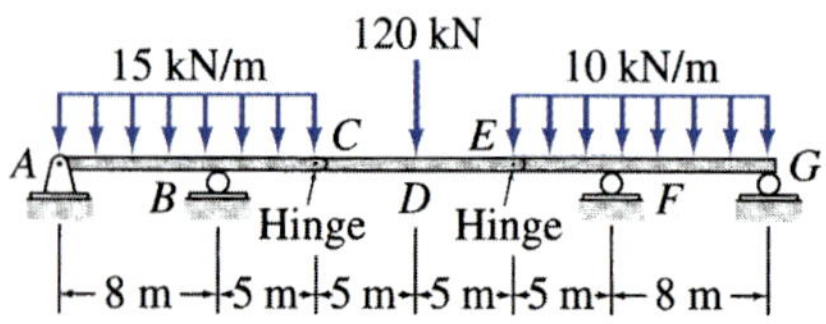

그림 P5.50

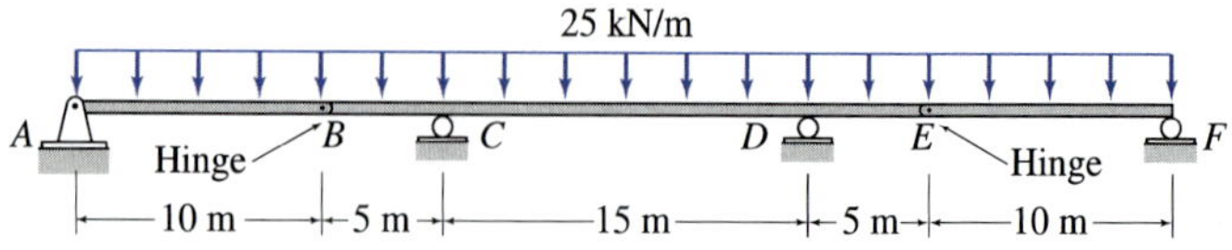

그림 P5.51

5.52 그림과 같이 22 kN/m의 기둥하중과 6 kN/m의 지면 반력을 받고 있는 철근콘크리트 기초의 전단력 다이어그램과 휨모멘트 다이어그램을 작성하라.

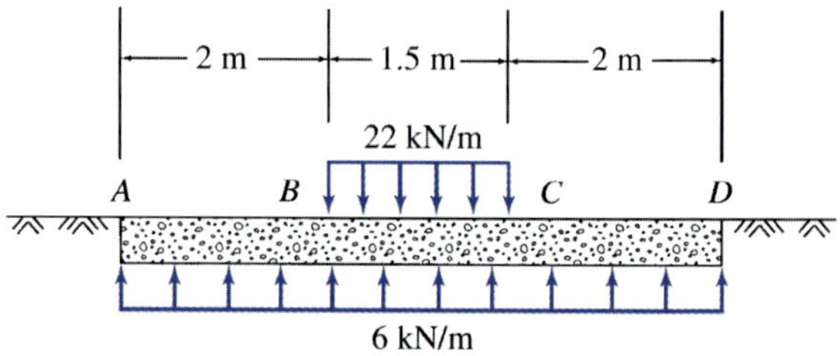

그림 P5.52

5.53~5.54 그림의 보에 대하여 (a) 양의 최대 휨모멘트와 음의 최대 휨모멘트의 크기가 동일하도록 a의 거리를 구하고 (b) 이때의 보의 전단력 다이어그램과 휨모멘트 다이어그램을 작성하라.

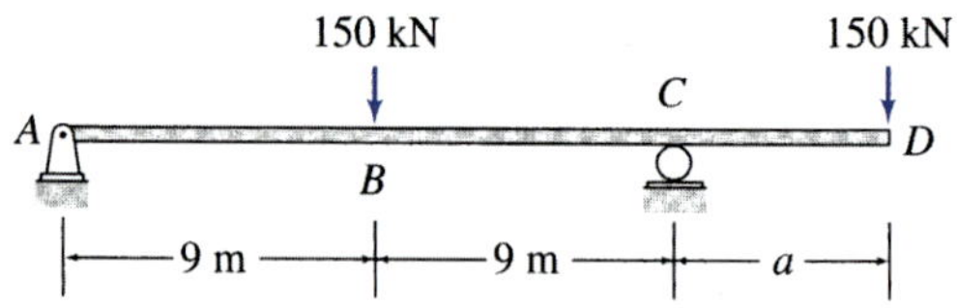

그림 P5.53

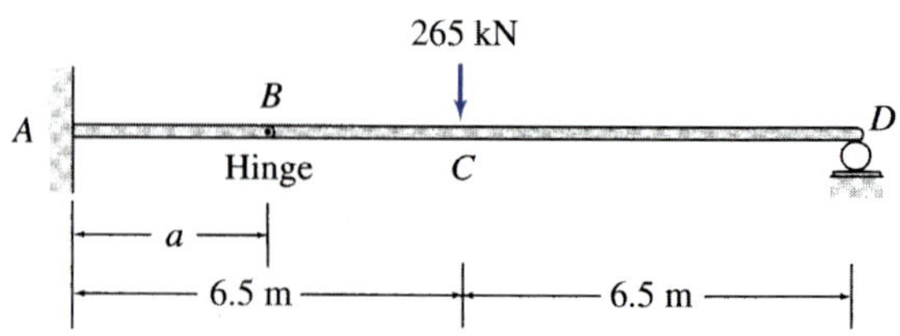

그림 P5.54

5.55~5.56 그림의 평면골조에 대하여 불안정, 정정, 부정정구조를 판정하고 부정정구조인 경우에는 부정정차수를 계산하라.

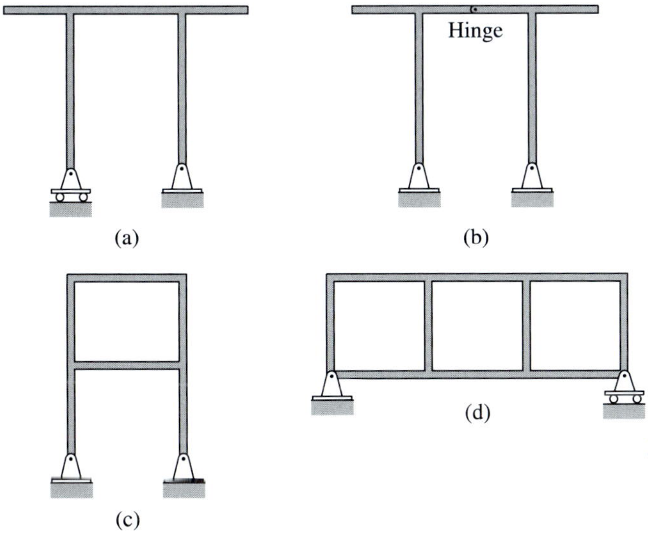

그림 P5.55

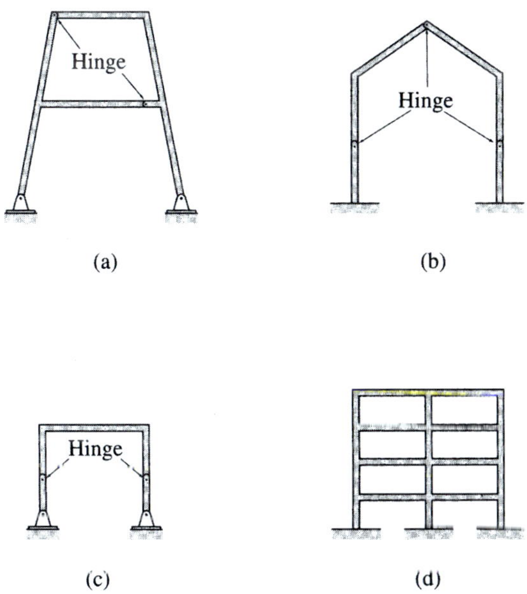

그림 P5.56

5.57~5.71 그림의 골조에 대하여 전단력 다이어그램, 휨모멘트 다이어그램, 축력 다이어그램을 작성하고 처짐 형상을 그려라.

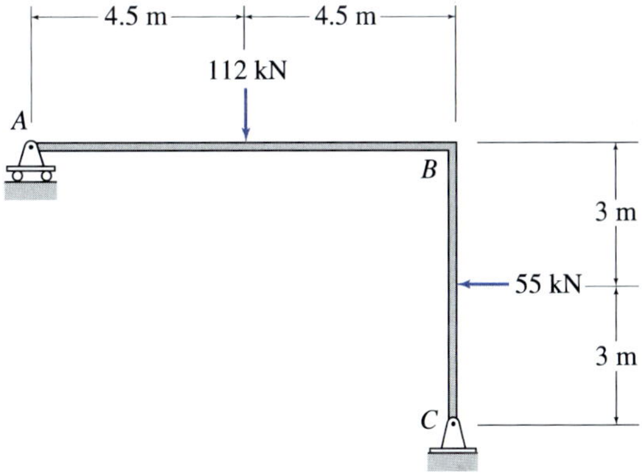

그림 P5.57

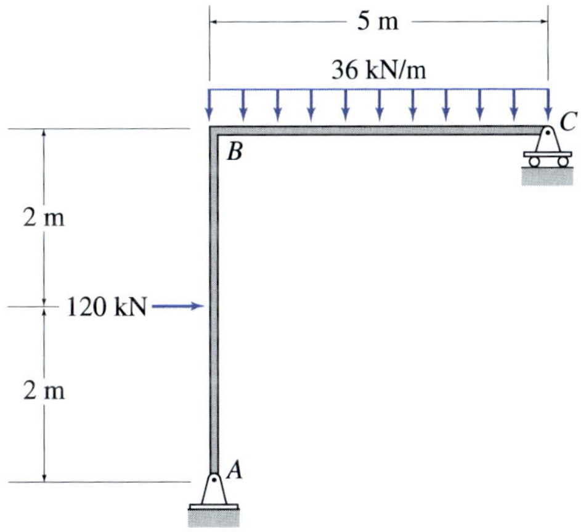

그림 P5.58

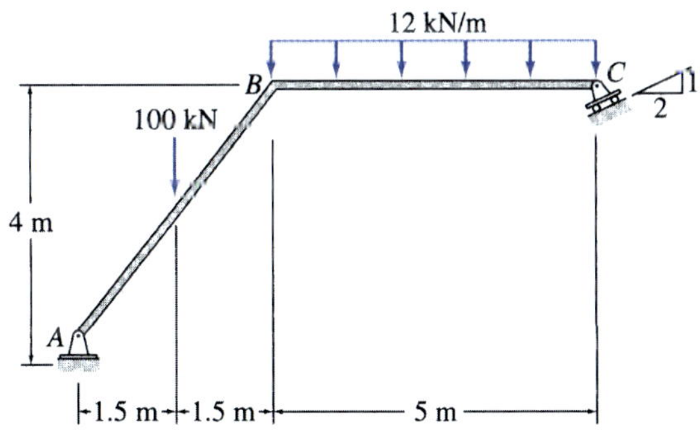

그림 P5.59

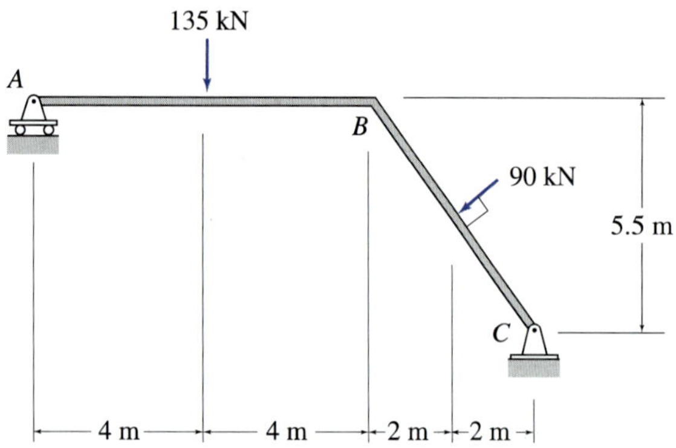

그림 P5.60

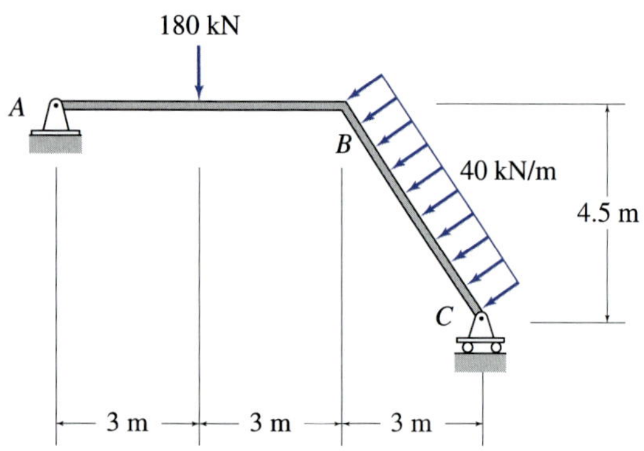

그림 P5.61

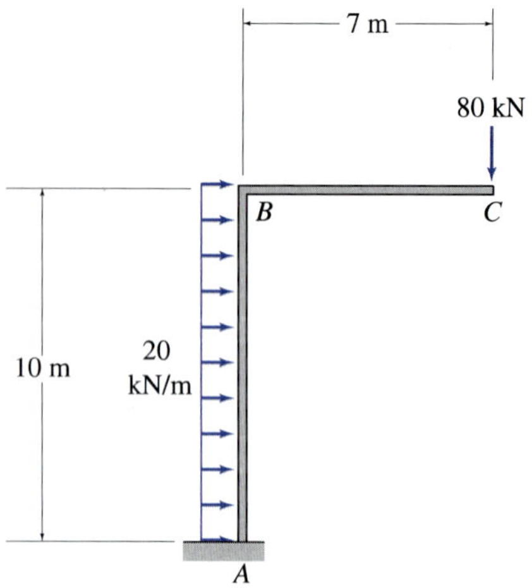

그림 P5.62

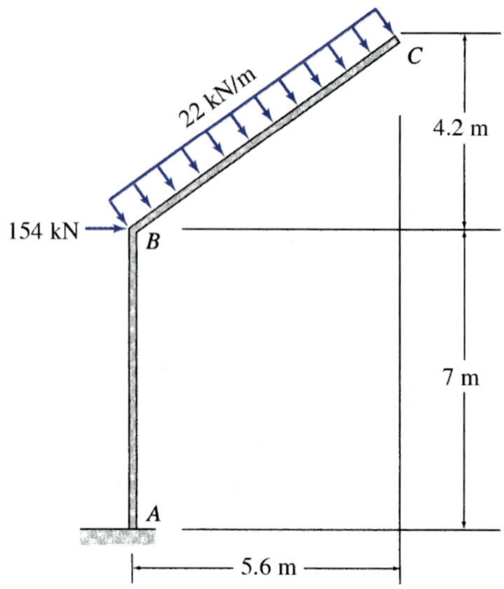

그림 P5.63

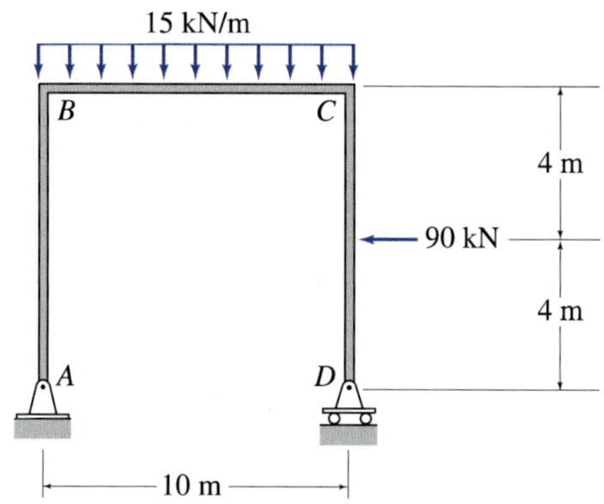

그림 P5.64

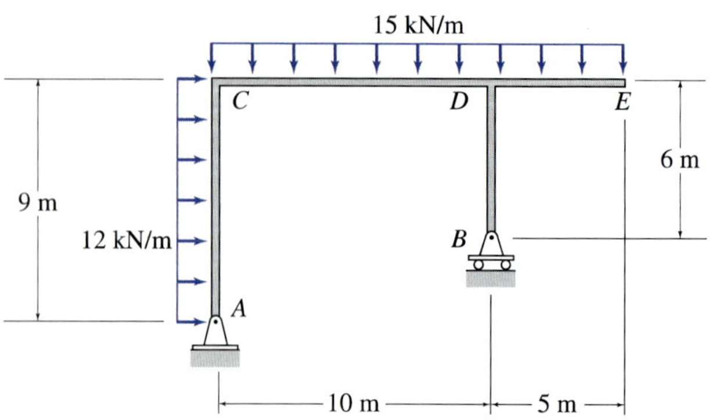

그림 P5.65

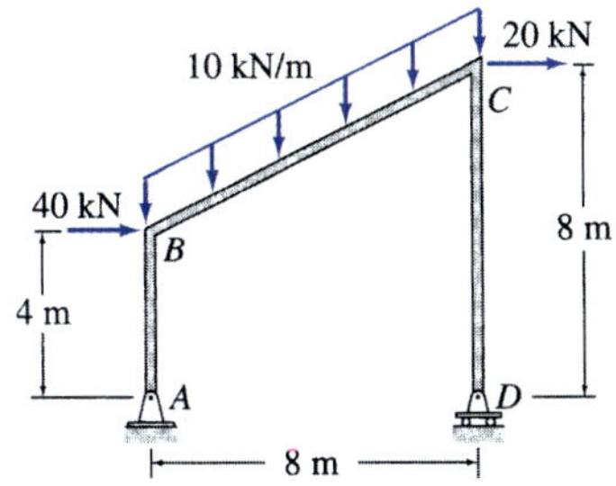

그림 P5.66

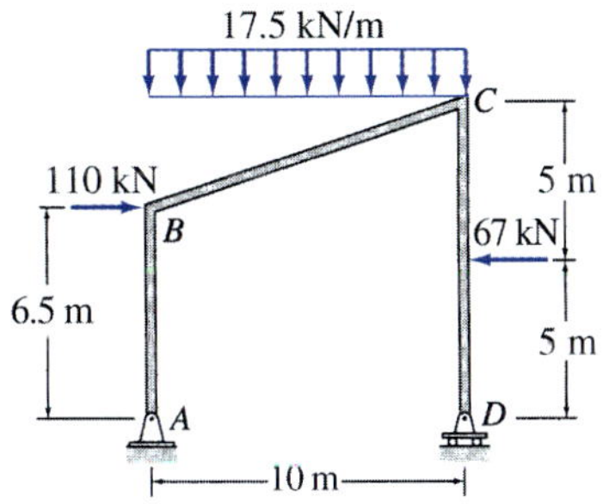

그림 P5.67

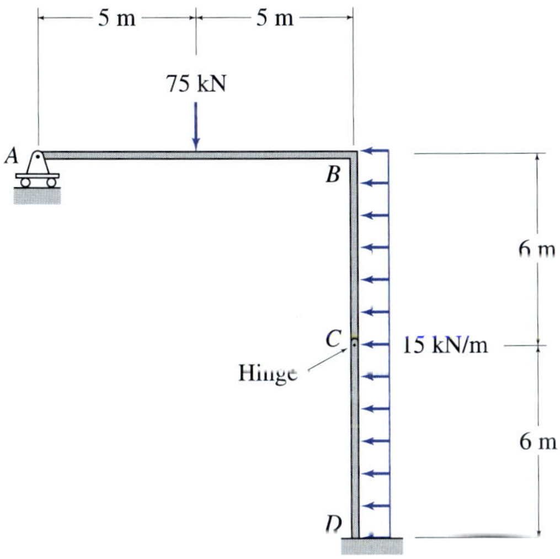

그림 P5.68

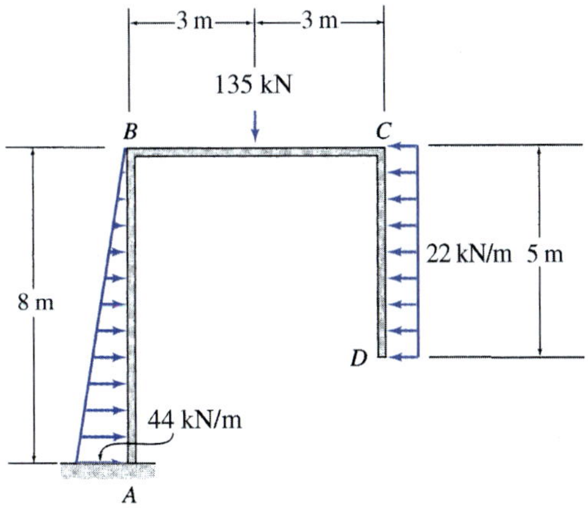

그림 P5.69

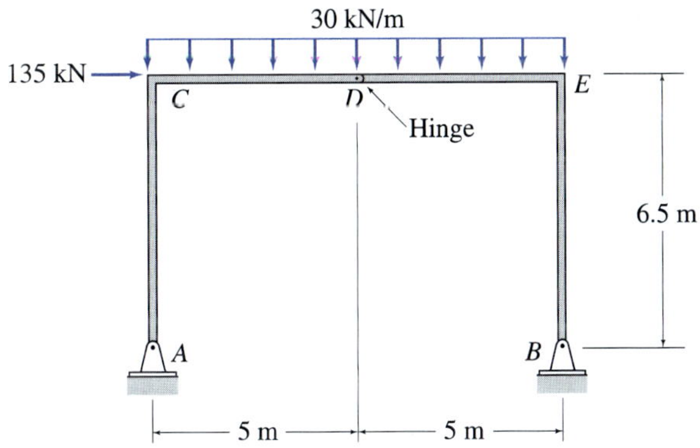

그림 P5.70

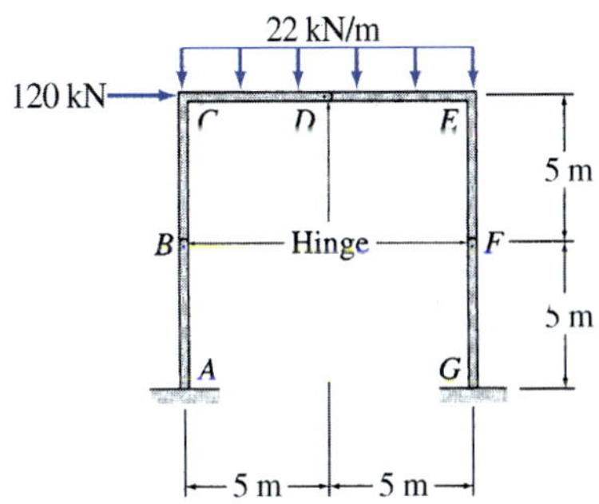

그림 P5.71

06

보의 처짐 : 기하학적 방법

The John Hancock Building in Chicago with cross-bracing on its exterior to reduce horizontal movement due to strong winds
Joe Mercier/Shutterstock.com

다른 물체와 마찬가지로 구조물도 힘을 받으면 변형되거나 형상이 변한다. 온도변화와 지점침하도 구조물의 변형을 유발하는 흔한 요인 중의 하나이다. 변형을 유발하는 요인을 제거했을 때 변형이 없어지고 구조물이 원래의 형상으로 돌아올 때 이러한 변형을 **탄성변형**(elastic deformation)이라 한다. 반대로 요인을 제거한 후에도 변형이 남아 있을 경우에 이러한 변형을 구조물의 영구변형, **비탄성변형**(inelastic deformation), 또는 **소성변형**(plastic deformation)이라 한다. 6장에서는 **선형탄성변형**(linear elastic deformation)을 다루기로 한다. 선형탄성변형은 하중의 크기에 따라서 선형적으로 변한다. 예를 들어 선형탄성변형하는 구조물은 구조물에 가해지는 하중이 두 배가 되면 변형도 두 배가 된다. 3.6절에서 논의한 것과 같이 하중을 받아 선형적으로 거동하기 위해서는 구조물이 선형탄성 재료로 이루어지고 변형도 작아야 한다. 이러한 구조물에 대해서는 중첩의 원리를 적용할 수 있다.

구조물에 발생하는 과도한 처짐은 구조물의 원래 용도에 불리한 영향을 미치므로 바람직하지 않다. 예를 들어, 초고층 빌딩에 발생하는 응력이 허용응력 이내일 경우에 안전상에는 문제가 없지만, 바람에 의해 과도한 처짐이 발생하여 벽체 또는 창문에 균열이 발생하면 빌딩의 사용성은 감소한다. 구조물은 일반 사용하중 상태에서 설계기준에 제시된 허용 처짐량을 초과하지 않도록 설계된다. 앞에서 설명한 것과 같이 처짐 계산은 구조해석의 중요한 부분을 차지한다. 이 책의 3부에서 설명하는 부정정구조물의 반력과 부재력을 계산하기 위해서도 처짐 계산이 필요하다.

처짐을 계산하는 방법은 일반적으로 (1) 기하학적 방법(geometric methods)과 (2) 일 - 에너지법(work-energy methods)의 두 가지 방법으로 구분된다. 기하학적 방법은 구조물의 처짐 형상에 대한 기하학적 특성에 기반을 두고 있으며, 일 - 에너지법은 일과 에너지의 기본 원리에 기반을 두고 있다.

이 장에서는 정정보의 처짐각(slope)과 처짐을 계산하기 위해 일반적으로 사용되는 기하학적 방법에 대하여 설명하고, 다음 장에서 일 - 에너지법에 대하여 설명할 것이다. 먼저 보 처짐에 대한 미분방정식을 유도한 후에 처짐을 계산하기 위하여 필요한 직접(이중)적분과 중첩법을 유도할 것이다. 이를 위해서는 재료역학에 대한 선행학습을 통해 이러한 방법에 익숙해질 필요가 있다. 그 후에 보의 처짐과 처짐각을 계산하기 위해 모멘트 면적법(moment-area method)과 분할 휨모멘트 다이어그램 작성법을 설명하고 마지막으로 공액보법(conjugate-beam method)에 대해 설명한다.

6.1 보 처짐 계산을 위한 미분방정식

그림 6.1(a)와 같이 보의 단면중심선에 수직으로 임의의 하중이 작용하고 있는 직선의 탄성보가 있다. 변형이 발생한 보의 중립면을 **처짐곡선**(elastic curve, 또는 탄성곡선)이라 한다. 처짐곡선에 대한 미분방정식을 유도하기 위해 보의 미소요소 dx를 분리하고, 변형이 발생한 상태의 요소를 그림 6.1(b)에 나타내었다. 그림에서 휨을 받기 이전에 보의 중립면에 수직인 평면상태의 단면은 휨을 받은 이후에도 평면상태를 유지하고 중립면에 수직이라고 가정한다. 휨모멘트 M에 대한 부호 규약은 5장의 내용과 동일하다. 즉, 양의 휨모멘트는 중립면 위쪽에 압축을 유발하며(양의 y방향), 인장 변형률과 인장응력을 양수로 한다. 처짐곡선의 처짐각 $\theta = dy/dx$는 매우 작기 때문에 θ^2을 무시한다. 또한 각도가 작기 때문에 $\sin\theta \approx \theta$이고 $\cos\theta \approx 1$이다. $d\theta$는 미소길이 dx에 걸친 처짐각 변화량이다. 그림 6.1(b)와 같이 중립면에서 y만큼 떨어져 있는 임의 선분 ab의 변형은 다음과 같다.

$$d\Delta = a'b' - ab = -2y\left(\frac{d\theta}{2}\right) = -y\,d\theta$$

따라서 선분 ab의 변형률은 다음과 같다.

$$\varepsilon = \frac{d\Delta}{dx} = \frac{d\Delta}{ds} = -\frac{y\,d\theta}{R\,d\theta} = -\frac{y}{R} \tag{6.1}$$

여기서, R은 곡률반경이다. 선형 응력 - 변형률 관계식 $\varepsilon = \sigma/E$에 대입하면 다음과 같다.

$$\sigma = -\frac{Ey}{R} \tag{6.2}$$

여기서, σ는 선분 ab의 응력이고, E는 탄성계수이다. 그림 6.1(c)와 같이 식 (6.2)의 응력은

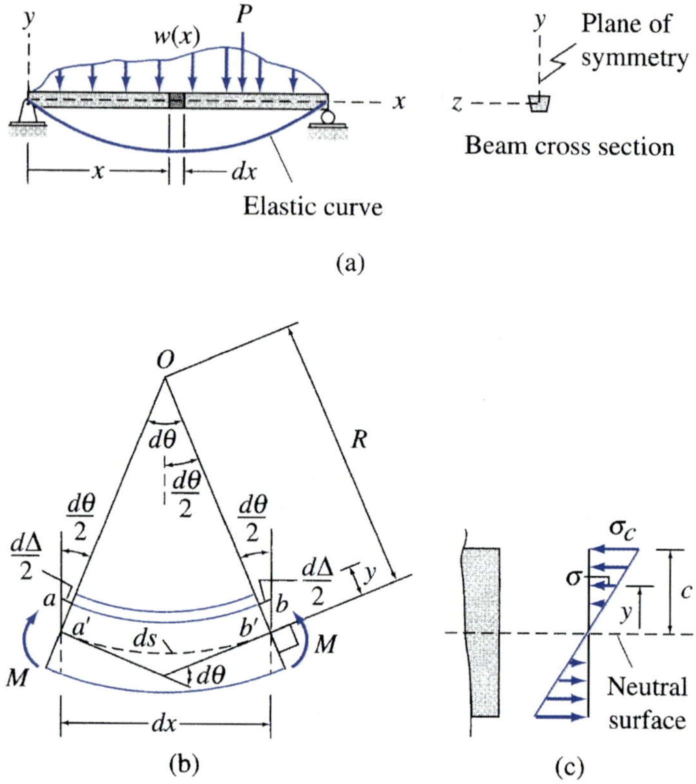

그림 6.1

중립면으로부터의 거리 y에 선형적으로 비례하여 변한다. 중립면으로부터 거리가 c인 단면 최상단의 응력을 σ라 하면(그림 6.1(c)) 중립면에서 거리가 y인 곳의 응력 σ는 다음과 같이 나타낼 수 있다.

$$\sigma = \frac{y}{c}\sigma_c \tag{6.3}$$

휨모멘트 M은 보의 단면에 작용하는 모든 힘이 중립축에 유발하는 모멘트의 합과 같으므로 다음과 같이 나타낼 수 있다.

$$M = \int_A - \sigma\, y\, dA \tag{6.4}$$

식 (6.3)을 식 (6.4)에 대입하면, 다음과 같다.

$$M = -\frac{\sigma_c}{c}\int_A y^2\, dA = -\frac{\sigma_c}{c}I$$

또는

$$\sigma_c = -\frac{Mc}{I}$$

식 (6.3)을 이용하여 다음 관계식을 얻는다.

$$\sigma = -\frac{My}{I} \tag{6.5}$$

여기서, I는 보 단면의 단면2차모멘트이다.

다음으로 식 (6.2)와 식 (6.5)를 조합하여 모멘트-곡률 관계를 구할 수 있다.

$$\frac{1}{R} = \frac{M}{EI} \tag{6.6}$$

여기서, EI는 보의 **휨강성**(flexural rigidity)이다. 식 (6.6)을 직교 좌표 개념으로 나타내면 다음과 같다.

$$\frac{1}{R} = \frac{d^2y/dx^2}{[1+(dy/dx)^2]^{3/2}} \tag{6.7}$$

여기서, y는 수직처짐이다. 앞서 언급한 바와 같이 처짐각이 매우 작기 때문에 $(dy/dx)^2$은 무시할 수 있다. 따라서 식 (6.7)을 다음과 같이 간략화 할 수 있다.

$$\frac{1}{R} \approx \frac{d^2y}{dx^2} \tag{6.8}$$

식 (6.8)을 식 (6.6)에 대입하여 보의 처짐을 계산하기 위한 미분방정식을 다음과 같이 구할 수 있다.

$$\frac{d^2y}{dx^2} = \frac{M}{EI} \tag{6.9}$$

이 식을 베르누이-오일러(Bernoulli–Euler) 보 방정식이라고 한다. $\theta = dy/dx$이므로 식 (6.9)는 다음과 같다.

$$\frac{d\theta}{dx} = \frac{M}{EI} \tag{6.10}$$

6.2 직접적분법

직접적분법에서는 보의 축에서 임의의 거리에 위치한 x점에서 M/EI(휨모멘트(M)를 휨강성(EI)으로 나눈 값)을 구한 후에 이를 적분하여 처짐곡선의 처짐각과 처짐에 대한 식을 구한다. 적분상수는 경계조건을 이용하여 계산한다. 직접적분법에서는 보 전체길이에 대하여 M/EI을 x만의 함수로 나타낼 수 있으므로 보의 처짐각과 처짐을 계산하는데 매우 편리한 방법이다. 그러나 M/EI의 함수가 연속이 아닐 때 이 방법은 복잡해질 수 있다. 즉 부재에 작용하는 하중이나 휨강성(EI)이 변할 때 함수의 불연속성이 발생하여 2개의 적분상수가 추가되어 계산이 복잡해진다. 추가된 적분상수를 계산하기 위해서는 처짐곡선의 연속조건을 사용해야 하며 이러한 과정은 매우 번거롭다. 그러나 이러한 문제는 재료역학에 소개된 **특이함수**(singularity function)를 이용하여 해결하거나 단순화할 수 있다.

6.1 Example

직접적분법을 이용하여 그림 6.2(a)와 같은 보의 처짐각과 처짐에 대한 방정식을 구하라. 또한 양단부에서의 처짐각과 중앙부에서의 처짐을 계산하라. 여기서, EI는 일정하다.

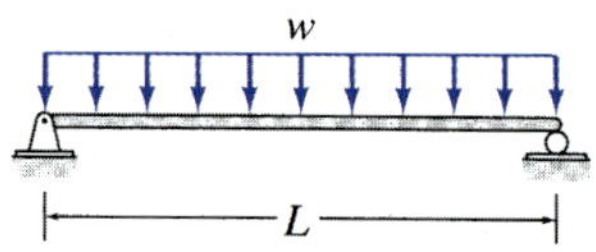

(a)

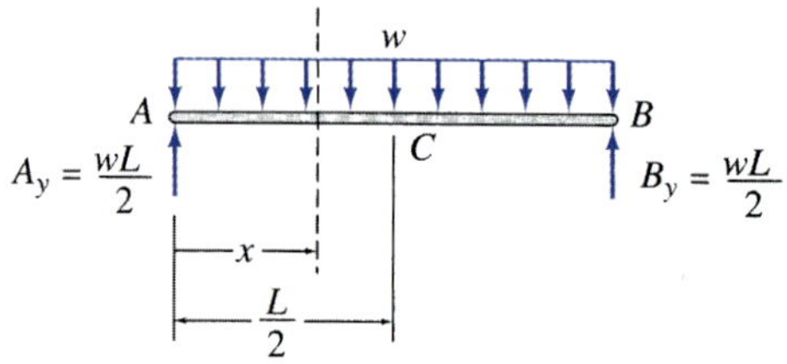

(b)

그림 6.2

풀이

반력. 그림 6.2(b) 참조

$$+\rightarrow \sum F_x = 0 \qquad\qquad A_x = 0$$

$$+\circlearrowleft \sum M_B = 0 \qquad -A_y(L) + w(L)\left(\frac{L}{2}\right) = 0 \qquad A_y = \frac{wL}{2}\uparrow$$

$$+\uparrow \sum F_y = 0 \qquad \left(\frac{wL}{2}\right) - (wL) + B_y = 0 \qquad B_y = \frac{wL}{2}\uparrow$$

휨모멘트 식. 보의 휨모멘트 식을 계산하기 위해 그림 6.2(b)처럼 지점 A에서 거리가 x인 점을 절단하고 이 단면의 좌측 자유물체도에서 다음을 구할 수 있다.

$$M = \frac{wL}{2}(x) - (wx)\left(\frac{x}{2}\right) = \frac{w}{2}(Lx - x^2)$$

M/EI 식. 보의 휨강성 EI는 일정하므로 M/EI의 식은 다음과 같다.

$$\frac{d^2y}{dx^2} = \frac{M}{EI} = \frac{w}{2EI}(Lx - x^2)$$

처짐각과 처짐식. 보의 처짐곡선의 처짐각에 대한 식은 M/EI 식을 적분하여 계산한다.

$$\theta = \frac{dy}{dx} = \frac{w}{2EI}\left(\frac{Lx^2}{2} - \frac{x^3}{3}\right) + C_1$$

위의 식을 적분하여 처짐에 대한 식을 구한다.

$$y = \frac{w}{2EI}\left(\frac{Lx^3}{6} - \frac{x^4}{12}\right) + C_1 x + C_2$$

적분상수 C_1과 C_2를 다음과 같은 경계조건을 이용하여 계산한다.

지점 A, $\quad x = 0, \quad y = 0$

지점 B, $\quad x = L, \quad y = 0$

첫 번째 경계조건인 $x = 0$일 때 $y = 0$을 이용하여 $C_2 = 0$을 구한다. 두 번째 경계조건 $x = L$일 때 $y = 0$을 이용하면 다음과 같다.

$$0 = \frac{w}{2EI}\left(\frac{L^4}{6} - \frac{L^4}{12}\right) + C_1 L$$

위 식에서

$$C_1 = -\frac{wL^3}{24EI}$$

따라서 보의 처짐각 및 처짐에 대한 식은 다음과 같다.

$$\theta = \frac{w}{2EI}\left(\frac{Lx^2}{2} - \frac{x^3}{3} - \frac{L^3}{12}\right) \qquad (1)$$

$$y = \frac{wx}{12EI}\left(Lx^2 - \frac{x^3}{2} - \frac{L^3}{2}\right) \qquad (2)$$

지점 A와 B에서의 처짐각. 식 (1)에 $x = 0$과 L을 각각 대입하면,

$$\theta_A = -\frac{wL^3}{24EI} \quad \text{또는} \quad \theta_A = \frac{wL^3}{24EI}$$

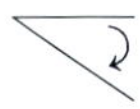

$$\theta_B = \frac{wL^3}{24EI} \quad \text{또는} \quad \theta_B = \frac{wL^3}{24EI}$$

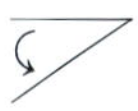

보의 중앙 단면에서의 처짐. 식 (2)에 $x = L/2$를 대입하여 계산한다.

$$y_c = \frac{5wL^4}{384EI} \quad \text{또는} \quad y_c = \frac{5wL^4}{384EI} \downarrow$$

6.2 Example

직접적분법을 이용하여 그림 6.3(a)와 같은 캔틸레버 보의 B점에서의 처짐각과 처짐을 계산하라.

풀이

휨모멘트 식. 그림 6.3(b)와 같이 지점 A로부터 거리가 x인 곳을 절단하고, 이 단면의 우측에 대한 자유물체에서 휨모멘트 식을 계산한다.

$$M = -67\,(6.5 - x)$$

***EI/M* 식.**

$$\frac{d^2y}{dx^2} = \frac{M}{EI} = -\frac{67}{EI}(6.5 - x)$$

처짐각과 처짐식. M/EI 식을 적분하여 처짐각에 대한 식을 다음과 같이 구한다.

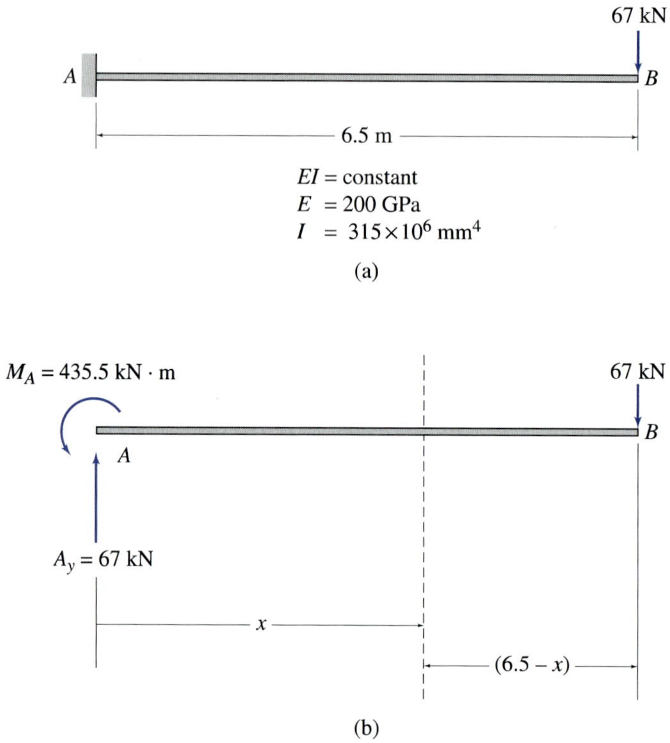

그림 6.3

$$\theta = \frac{dy}{dx} = -\frac{67}{EI}\left(6.5x - \frac{x^2}{2}\right) + C_1$$

위의 식을 한 번 더 적분하여 다음과 같이 처짐에 대한 식을 구한다.

$$y = -\frac{67}{EI}\left(3.25x^2 - \frac{x^3}{6}\right) + C_1x + C_2$$

경계조건 $x=0$일 때 $\theta=0$, $x=0$일 때 $y=0$을 이용하여 적분상수 C_1과 C_2를 계산한다. 처짐각(θ) 식에 첫 번째 경계조건($x=0$일 때 $y=0$)을 대입하면 $C_2=0$이다. 따라서 보의 처짐각과 처짐에 대한 식은 다음과 같다.

$$\theta = -\frac{67}{EI}\left(6.5x - \frac{x^2}{2}\right)$$

$$y = -\frac{67}{EI}\left(3.25x^2 - \frac{x^3}{6}\right)$$

지점 B에서의 처짐각과 처짐. $x=6.5$ m, $E=200\times10^6$ kN/m^2 및 $I=315\times10^{-6}$ m^{4}을 처짐각과 처짐에 대한 식에 대입하여 계산한다.

$$\theta_B = -0.0224 \text{ rad} \quad \text{또는} \quad \theta_B = 0.0224 \text{ rad}$$

$$y_B = -0.0974 \text{ m} = -97.4 \text{ mm} \quad \text{또는} \quad y_B = 97.4 \text{ mm} \downarrow$$

6.3 중첩법

여러 하중이 보에 작용할 때 각각의 하중이 보에 유발하는 처짐각 또는 처짐을 중첩하여 조합된 전체 하중에 의해 발생하는 처짐각과 처짐을 계산하면 편리하다. 각 하중에 의한 처짐각과 처짐은 앞에서 설명한 직접적분법이나 다음 절에서 설명하는 방법 중의 하나를 이용하여 계산할 수 있다. 또한 많은 구조공학 핸드북에는 다양한 하중과 지점을 갖고 있는 보의 처짐에 대한 식이 수록되어 있으므로 이를 활용할 수도 있다. 이 책의 앞표지에도 다양한 하중과 지점조건을 갖는 보의 처짐각과 처짐에 대한 식이 표시되어 있다.

6.4 모멘트 면적법

보의 처짐각과 처짐을 계산할 수 있는 모멘트 면적법(moment-area method)은 1873년 Charles E. Green에 의해 제안되었다. 이 방법은 두 개의 **모멘트 면적 이론**(moment-area theorem)을 기본으로 하고 있다. 이는 보의 처짐곡선의 기하학적 형상과 M/EI 다이어그램을 연계시키는 방법으로 M/EI 다이어그램은 휨모멘트 다이어그램의 세로축의 값을 휨강성 EI로 나누어 작성한다. 또한 이 방법에서는 M/EI 다이어그램의 면적과 면적에 대한 모멘트의 관점에서 처짐에 대한 미분방정식(식 (6.9))의 해를 적분에 대한 도해법을 활용하여 계산한다. 따라서 이 방법은 앞에서 설명한 직접적분법에 비해 하중이 불연속하거나 EI가 변화하는 보에 쉽게 적용할 수 있다.

그림 6.4와 같이 임의의 하중을 받고 있는 보를 이용해 모멘트 면적 정리를 유도해 보자. 그림에 보의 처짐곡선과 M/EI 다이어그램을 나타내었다. 보의 미소요소 dx에 대하여 식 (6.10)의 $d\theta$는 미소길이 dx의 처짐곡선에서의 처짐각의 변화를 나타낸다.

$$d\theta = \frac{M}{EI}\,dx \tag{6.11}$$

식 (6.11)에서 $(M/EI)\,dx$는 그림 6.4의 M/EI 다이어그램 면적이다. 보의 임의의 A점과 B점 사이의 처짐각의 변화량을 식 (6.11)의 A점에서 B점까지를 적분하여 계산할 수 있다.

$$\int_A^B d\theta = \int_A^B \frac{M}{EI}\,dx$$

또는

$$\theta_{BA} = \theta_B - \theta_A = \int_A^B \frac{M}{EI}dx \tag{6.12}$$

여기서, θ_A와 θ_B는 변형되지 않은 보의 부재축선(수평축)을 기준으로 측정한 A점과 B점에서의 처짐곡선의 처짐각이다. θ_{BA}는 처짐곡선에서 A점과 B점의 접선 사이의 각도이다.

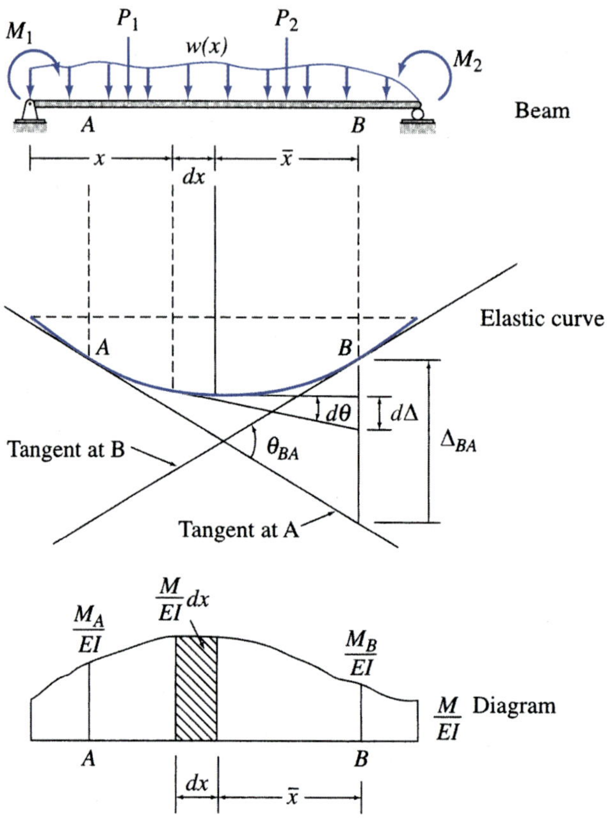

그림 6.4

$\int_A^B (M/EI)\,dx$ 는 A점과 B점 사이의 M/EI 다이어그램 면적이다.

식 (6.12)는 제1 모멘트면적정리로 다음과 같이 설명할 수 있다.

임의의 두 점 사이에서 처짐곡선이 연속일 때, 처짐곡선의 두 점에 대한 접선 사이의 처짐각의 변화량은 두 점 사이의 M/EI 다이어그램 면적과 같다.

앞에서 설명한 것과 같이 이 정리는 내부 힌지에 의하여 유발될 수 있는 불연속이 없는 처짐곡선에서만 적용할 수 있다. 제1 모멘트면적정리를 이용하여 계산한 두 점 사이의 M/EI의 면적이 "양"일 때 왼쪽 점의 접선으로부터 오른쪽 점의 접선까지의 각도가 반시계방향이 되며, 이때의 처짐각의 변화량은 "양"이 된다. 마찬가지로 왼쪽 점의 접선으로부터 오른쪽 점의 접선까지의 각도가 시계방향이면 처짐각의 변화량은 "음"이 된다.

그림 6.4의 $d\Delta$는 B점에서 보가 변형하기 전의 부재축에 수직한 선 위에 있는 미소요소 dx 양끝단의 접선 사이의 거리이다.

$$d\Delta = \bar{x}(d\theta) \tag{6.13}$$

여기서, $\bar{x}$는 B점에서 요소 dx까지의 거리이다. 식 (6.11)을 식 (6.13)에 대입하면 다음과 같다.

$$d\Delta = \left(\frac{M}{EI}\right)\bar{x}\ dx \tag{6.14}$$

식 (6.14)의 우변은 B점에 대한 길이 dx인 미소면적의 모멘트이다. 보의 A점과 B점 사이에 대하여 식 (6.14)를 적분하면 다음과 같다.

$$\int_A^B d\Delta = \int_A^B \frac{M}{EI}\bar{x}\ dx$$

또는

$$\Delta_{BA} = \int_A^B \frac{M}{EI}\bar{x}\ dx \tag{6.15}$$

여기서, Δ_{BA}는 A점 접선에서 B점까지의 **접선편차**(tangential deviation)이며, 이는 A점 접선에서 보의 변형 전 축선의 수직방향으로 나타내는 B점의 처짐이다. 또한 $\int_A^B (M/EI)\bar{x}\ dx$는 B점에 대한 A점과 B점 사이의 M/EI 다이어그램 면적의 모멘트이다.

식 (6.15)는 제2 **모멘트면적정리**로 다음과 같이 설명할 수 있다.

임의의 두 점 사이에서 처짐곡선이 연속일 때, 처짐곡선의 한 점의 접선에서 또 다른 점까지 보의 변형 전 축선 수직방향으로 그은 접선편차는 접선편차를 계산하고자 하는 점에 대한 두 점 사이의 M/EI 다이어그램 면적의 모멘트와 같다.

식 (6.15)의 Δ에 사용된 아래첨자의 순서는 중요하다. 첫 번째 첨자는 처짐 변화량을 계산하는 위치하고, 이 점에서 모멘트를 계산한다. 두 번째 첨자는 처짐곡선 위의 접선을 그은 위치이다. 또한 식 (6.15)에서 거리 $\bar{x}$는 항상 양수이므로 Δ_{BA}의 부호는 A점과 B점 사이의 M/EI 다이어그램 면적의 부호와 같다. 만약 A점과 B점 사이의 M/EI 다이어그램 면적이 양수이면 Δ는 양수이며 B점은 A점에서 접선곡선의 접선 위에 있다. 또한 이와 반대인 경우도 있다.

해석 순서

모멘트 면적법을 이용하여 보의 처짐각과 처짐을 계산하기 위해서는 보의 휨모멘트 다이어그램을 사용하여 보의 처짐 형상을 그려야 한다. 5.3절에서 정모멘트(positive bending moment)는 보를 위로 오목하게(아래로 볼록하게) 휘게 하는 모멘트로, 부모멘트(negative bending moment)는 보를 아래로 오목하게(위로 볼록하게) 휘게 하는 모멘트로 약속하였다. 고정단에서는 보의 처짐과 처짐각이 “0”이므로 처짐곡선의 접선은 보의 변형 전 방향과 동일하다. 반면에, 회전단이나 이동단에서는 처짐은 “0”이지만, 처짐각은 “0”이 아니다. M/EI 다이어그램의 면적과 면적의 모멘트를 쉽게 구하기 위해 널리 사용되는 도형의 도심과 면적 계산식을 부록 A에 수록하였다.

규정화된 부호 규약을 사용하지 않고 모멘트 면적법을 사용하여 문제를 해결하기 위해서 직관적인 방법을 적용하는 것이 효율적이다. 즉, 여러 점에서의 처짐과 처짐각은 구조물의 처짐 형상이나 처짐곡선이 생기는 방향을 “양”으로 가정한다. M/EI의 면적이 계산하고자 하는 값을 증가시키면 “양”으로 하고, 그 반대의 경우는 “음”으로 한다. 계산한 처짐과 처짐각의 값이 “양”이며 처음에 처짐곡선에서 가정한 처짐과 처짐각의 부호 또는 방향이 맞는다는 것을 의미한다. 계산한 값이 “음”이면 실제의 처짐과 처짐각의 부호 또는 방향이 가정한 경우와 반대라는 것을 의미한다.

모멘트 면적법을 이용하여 변형 전의 보의 축에 대한 처짐이나 처짐각을 직접적으로 구하는 것이 아니며, 처짐곡선 위 한 점에서의 접선에 대한 또 다른 한 점의 상대적인 처짐과 처짐각을 구하는 것이다. 따라서 보의 임의점에서의 처짐과 처짐각을 계산하기 위해서는 미리 처짐곡선 위의 한 점의 접선 기울기를 알고 있거나 지점조건을 이용하여 처짐곡선 위의 접선 기울기를 계산할 수 있는 한 점을 먼저 계산해야 한다. 일단 이 **기준 접선**(reference tangent)이 결정되면 보의 한 점에서의 처짐과 처짐각을 모멘트 면적이론을 이용하여 계산할 수 있다. 캔틸레버 보의 경우에 고정단의 처짐과 처짐각이 “0”이므로 고정단의 접선을 기준접선으로 사용할 수 있다. 처짐각이 “0”인 접선이 없는 보의 경우에는 지점의 한 점을 기준접선으로 이용하는 것이 편리하다. 이러한 기준접선의 기울기는 기준지점과 인접한 지점에서의 처짐이 “0”이라는 조건을 이용하여 계산할 수 있다.

일반적으로 구조물의 처짐과 처짐각은 매우 작으므로 계산의 편의를 위해 EI를 이용하여 답을 구한 후에 최종단계에서 E와 I값을 대입하여 처짐과 처짐각을 계산한다. 보의 길이에 따라서 단면2차모멘트가 다를 경우에는 **기준 단면2차모멘트**(reference moment of inertia)를 정한 후에 이를 이용하여 보의 나머지 부분의 I값을 표시하는 것이 편리하다.

6.3 Example

그림 6.5(a)와 같은 캔틸레버 보의 B점과 C점의 처짐과 처짐각을 모멘트 면적법을 이용하여 계산하라.

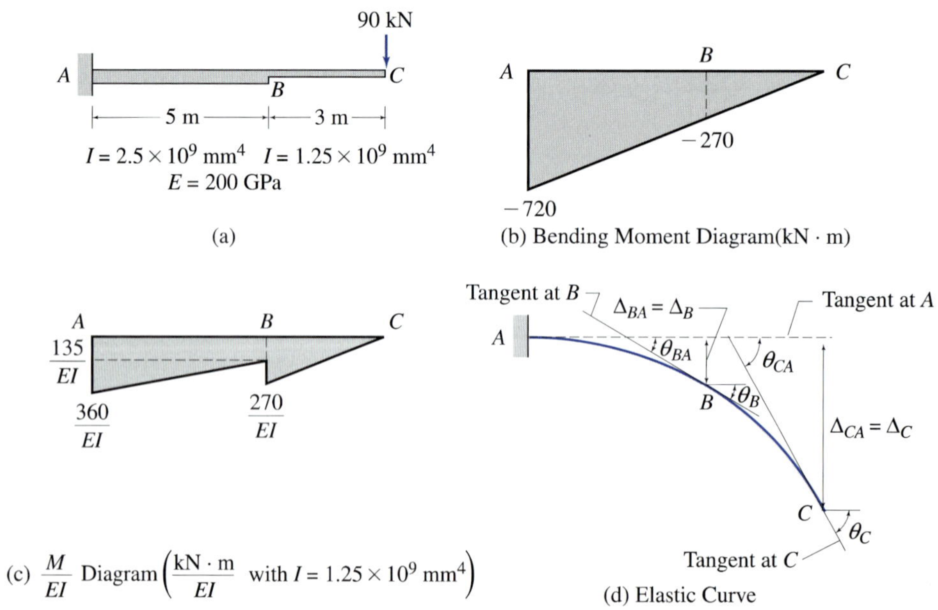

그림 6.5

풀이

휨모멘트 다이어그램. 그림 6.5(b)는 보의 휨모멘트 다이어그램을 나타낸다.

M/EI 다이어그램. 그림 6.5(a)과 같이, 보의 AB와 BC에서의 I값은 각각 $2.5\times10^9\ \mathrm{mm}^4$과 $1.25\times10^9\ \mathrm{mm}^4$이다. 기준 $I=I_{BC}=1.25\times10^9\ \mathrm{mm}^4$을 사용하면 다음과 같다.

$$I_{AB}=2.5\times10^9\ \mathrm{mm}^4=2(1.25\times10^9\ \mathrm{mm}^4)=2I$$

EI를 이용해서 M/EI 다이어그램을 구하기 위해 그림 6.5(c)와 같이 AB구간의 휨모멘트 다이어그램을 I로 나누어야 한다.

처짐곡선. 보의 처짐곡선을 그림 6.5(d)에 나타내었다. M/EI 다이어그램은 음수이므로 보는 아래로 오목하게 휜다. A점은 고정단이므로 A점의 처짐각은 0이다($\theta_A=0$). 즉 A점에서의 처짐곡선의 처짐각은 그림과 같이 수평을 유지한다.

B에서의 처짐각. A점에서의 처짐각을 알고 있으므로 A점과 B점 사이의 처짐각 변화 θ_{BA}를 계산하여 B점의 처짐각을 계산할 수 있다(그림 6.5(d)의 A점과 B점에서의 처짐곡선 위 접선사이의 각도). 제1 모멘트면적정리에 의해 θ_{BA} =A점과 B점 사이의 M/EI 다이어그램의 면적이다. 그림 6.5(c)와 같이 M/EI 다이어그램을 삼각형 또는 사각형으로 분할하여 이 면적을 쉽게 계산할 수 있다. 따라서

$$\theta_{BA}=\frac{1}{EI}\left[(135)(5)+\frac{1}{2}(225)(5)\right]=\frac{1{,}237.5\ \mathrm{kN\cdot m^2}}{EI}$$

그림 6.5(d)에서 A점에서의 접선은 평행하므로(보의 변형 전 상태의 축방향), B점에서의 처짐각(θ_B)은 A점과 B점 사이의 접선 사이의 각도 θ_{BA}와 같다. 즉,

$$\theta_B=\theta_{BA}=\frac{1{,}237.5\ \mathrm{kN\cdot m^2}}{EI}$$

$E=200\times10^6\ \mathrm{kN/m^2}$과 $I=1.25\times10^{-3}\ \mathrm{m}^4$를 대입하면 다음과 같다.

$$\theta_B=\frac{1{,}237.5}{(200\times10^6)(1.25\times10^{-3})}\ \mathrm{rad}=0.0049\ \mathrm{rad}$$

$$\theta_B=0.0049\ \mathrm{rad}$$

B에서의 처짐. 그림 6.5(d)로부터 보의 변형 전 상태의 축에 대해 B점의 처짐은 A점의 접선으로부터 B점에 대한 접선의 변화량과 같다.

$$\Delta_B=\Delta_{BA}$$

제2 모멘트면적정리에 의해,

$$\Delta_{BA}=B\text{점을 기준으로 하는 }A\text{점과 }B\text{점 사이의 }M/EI\text{ 다이어그램 면적의 모멘트}$$
$$=\frac{1}{EI}\left[(135)(5)(2.5)+\frac{1}{2}(225)(5)\left(\frac{10}{3}\right)\right]=\frac{3{,}562.5\ \mathrm{kN\cdot m^3}}{EI}$$

따라서 $\Delta_B=\Delta_{BA}=\dfrac{3{,}562.5\ \mathrm{kN\cdot m^3}}{EI}=\dfrac{3{,}562.5}{(200\times10^6)(1.25\times10^{-3})}=0.01425\ \mathrm{m}$

$$\Delta_B=14.25\ \mathrm{mm}\downarrow$$

***C* 점의 처짐각.** 그림 6.5(d)로부터 다음을 구할 수 있다.

$$\theta_C = \theta_{CA}$$

여기서, θ_{CA} = *A*점과 *C*점 사이의 *M*/*EI* 다이어그램의 면적

$$= \frac{1}{EI}\left[(135)(5) + \frac{1}{2}(225)(5) + \frac{1}{2}(270)(3)\right] = \frac{1{,}642.5\ \text{kN}\cdot\text{m}^2}{EI}$$

따라서 $\theta_C = \theta_{CA} = \dfrac{1{,}642.5\ \text{kN}\cdot\text{m}^2}{EI} = \dfrac{1{,}642.5}{(200\times10^6)(1.25\times10^{-3})} = 0.0066\ \text{rad}$

$\theta_C = 0.0066\ \text{rad}$

***C* 점의 처짐.** 그림 6.5(d)로부터 다음을 구할 수 있다.

$$\Delta_C = \Delta_{CA}$$

여기서, Δ_{CA} = *C*를 기준으로 하는 *A*점과 *C*점 사이의 *M*/*EI* 다이어그램 면적의 모멘트

$$= \frac{1}{EI}\left[(135)(5)(2.5+3) + \frac{1}{2}(225)(5)\left(\frac{10}{3}+3\right) + \frac{1}{2}(270)(3)(2)\right]$$

$$= \frac{8{,}085\ \text{kN}\cdot\text{m}^3}{EI}$$

따라서 $\Delta_C = \Delta_{CA} = \dfrac{8{,}085\ \text{kN}\cdot\text{m}^3}{EI} = \dfrac{8{,}085}{(200\times10^6)(1.25\times10^{-3})} = 0.032\ \text{m}$

$\Delta_C = 32\ \text{mm}\downarrow$

6.4 Example

모멘트 면적법을 이용하여 그림 6.6(a)와 같은 보의 *A*점과 *D*점에서의 처짐각과 *B*점과 *C*점에서의 처짐을 계산하라.

풀이

***M*/*EI* 다이어그램.** 보의 전체 길이에서 *EI*는 일정하므로 *M*/*EI* 다이어그램의 형상은 휨모멘트 다이어그램의 형상과 같다. *M*/*EI* 다이어그램을 그림 6.6(b)에 나타내었다.

처짐곡선. 보의 처짐곡선을 그림 6.6(c)에 나타내었다.

***A*지점의 처짐각.** 보의 어떠한 점에서도 처짐곡선의 처짐각을 알 수 없다. 따라서 *A*지점의 처짐각 θ_A를 기준 접선으로 사용하고, *A*지점과 *D*지점에서의 처짐이 "0"인 조건을 이용하여 *A*지점의 처짐각 θ_A를 계산한다. 그림 6.6(c)로부터 다음을 구한다.

$$\theta_A = \frac{\Delta_{DA}}{L}$$

여기서, θ_A는 매우 작으므로 $\tan\theta_A \approx \theta_A$로 가정한다. 접선의 변화량 Δ_{DA}를 계산하기 위해 제2 모멘트면적정리를 적용한다.

Δ_{DA} = *D*점에 대한 *A*점과 *D*점 사이의 *M*/*EI* 다이어그램 면적모멘트

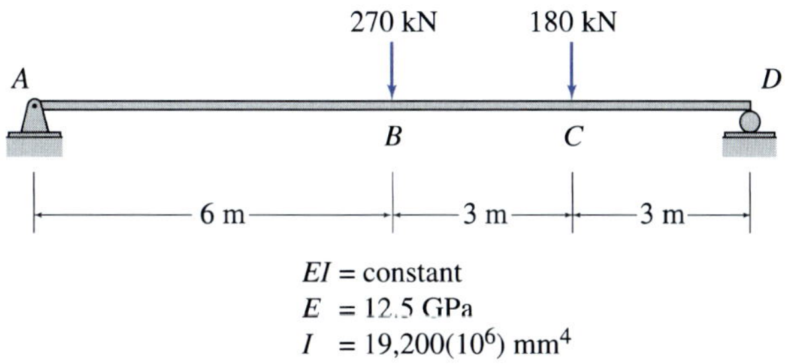

(a)

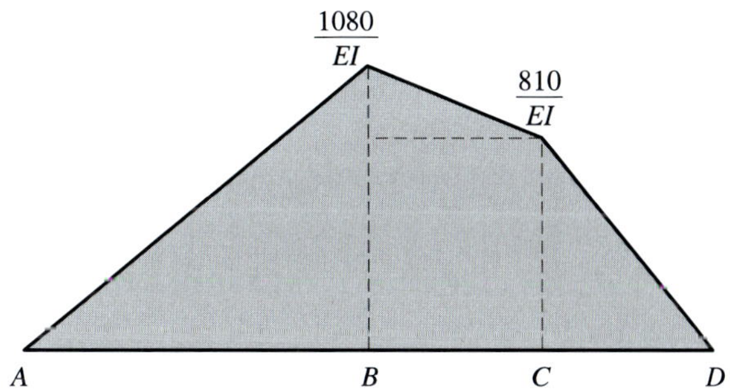

(b) $\frac{M}{EI}$ Diagram $\left(\frac{\text{kN}\cdot\text{m}}{EI}\right)$

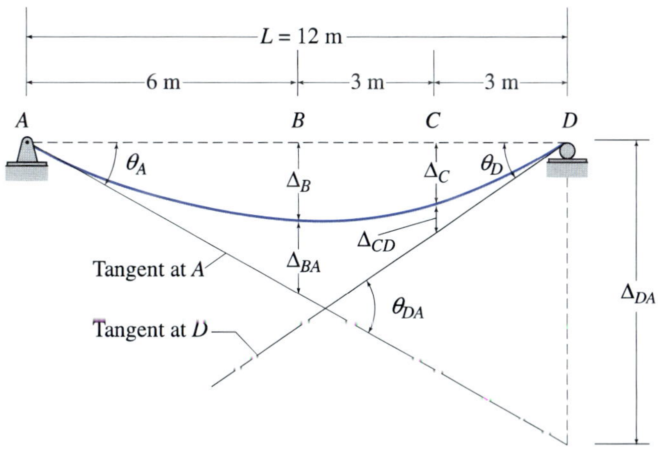

(c) Elastic Curve

그림 6.6

$$\Delta_{DA} = \frac{1}{EI}\left[\frac{1}{2}(1{,}080)(6)\left(\frac{6}{3}+6\right)+\frac{1}{2}(270)(3)\left(\frac{6}{3}+3\right)+810(3)(4.5)+\frac{1}{2}(810)(3)\left(\frac{6}{3}\right)\right]$$

$$= \frac{41{,}310\ \text{kN}\cdot\text{m}^3}{EI}$$

그러므로 A점의 처짐각은 다음과 같다.

$$\theta_A = \frac{\Delta_{DA}}{L} = \frac{41{,}310/EI}{12} = \frac{3{,}442.5\ \text{kN}\cdot\text{m}^2}{EI}$$

E와 I값을 대입하면 다음과 같다.

$$\theta_A = \frac{3{,}442.5}{(12.5\times10^6)(1.92\times10^{-2})} = 0.014\ \text{rad}$$

$$\theta_A = 0.014\ \text{rad}$$

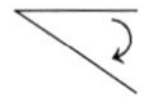

D점의 처짐각. 그림 6.6(c)로부터 다음을 계산한다.

$$\theta_D = \theta_{DA} - \theta_A$$

여기서, 제1 모멘트면적정리를 적용한다.

$$\begin{aligned}\theta_{DA} &= A\text{점과 } D\text{점 사이의 } M/EI \text{ 다이어그램의 면적}\\ &= \frac{1}{EI}\left[\frac{1}{2}(1{,}080)(6) + \frac{1}{2}(270)(3) + 810(3) + \frac{1}{2}(810)(3)\right]\\ &= \frac{7{,}290\ \text{kN}\cdot\text{m}^2}{EI}\end{aligned}$$

그러므로

$$\theta_D = \frac{7{,}290}{EI} - \frac{3{,}442.5}{EI} = \frac{3{,}847.5\ \text{kN}\cdot\text{m}^2}{EI}$$

$$\theta_D = \frac{3{,}847.5}{(12.5\times10^6)(1.92\times10^{-2})} = 0.016\ \text{rad}$$

$$\theta_D = 0.016\ \text{rad}$$

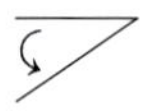

B점의 처짐. 그림 6.6(c)의 처짐곡선의 AB 부분을 이용한다. θ_A는 매우 작으므로 $\tan\theta_A \approx \theta_A$로 가정한다. 따라서 다음을 구할 수 있다.

$$\theta_A = \frac{\Delta_B + \Delta_{BA}}{6}$$

이로부터, $\Delta_B = 6\theta_A - \Delta_{BA}$

여기서, $\Delta_{BA} = B$점에 대한 A점과 B점 사이의 M/EI 다이어그램 면적 모멘트

$$= \frac{1}{EI}\left[\frac{1}{2}(1{,}080)(6)\left(\frac{6}{3}\right)\right] = \frac{6{,}480\ \text{kN}\cdot\text{m}^3}{EI}$$

그러므로

$$\Delta_B = 6\left(\frac{3{,}442.5}{EI}\right) - \frac{6{,}480}{EI} = \frac{14{,}175\ \text{kN}\cdot\text{m}^3}{EI}$$

$$\Delta_B = \frac{14{,}175}{(12.5\times10^6)(1.92\times10^{-2})} = 0.059\ \text{m}$$

$$\Delta_B = 59\ \text{mm}\downarrow$$

C점의 처짐. 그림 6.6(c)의 처짐곡선의 CD 부분을 이용하면 θ_D는 매우 작으므로 $\tan\theta_D \approx \theta_D$이다.

$$\theta_D = \frac{\Delta_C + \Delta_{CD}}{3}$$

즉, $$\Delta_C = 3\theta_D - \Delta_{CD}$$

여기서, $$\Delta_{CD} = \frac{1}{EI}\left[\frac{1}{2}(810)(3)\left(\frac{3}{3}\right)\right] = \frac{1{,}215\ \mathrm{kN\cdot m^3}}{EI}$$

그러므로

$$\Delta_C = 3\left(\frac{3{,}847.5}{EI}\right) - \frac{1{,}215}{EI} = \frac{10{,}327.5\ \mathrm{kN\cdot m^3}}{EI}$$

$$\Delta_C = \frac{10{,}327.5}{(12.5\times10^6)(1.92\times10^{-2})} = 0.043\ \mathrm{m}$$

$$\Delta_C = 43\ \mathrm{mm}\ \downarrow$$

6.5 Example

모멘트 면적법을 이용하여 그림 6.7(a)와 같은 보의 최대 처짐을 계산하라.

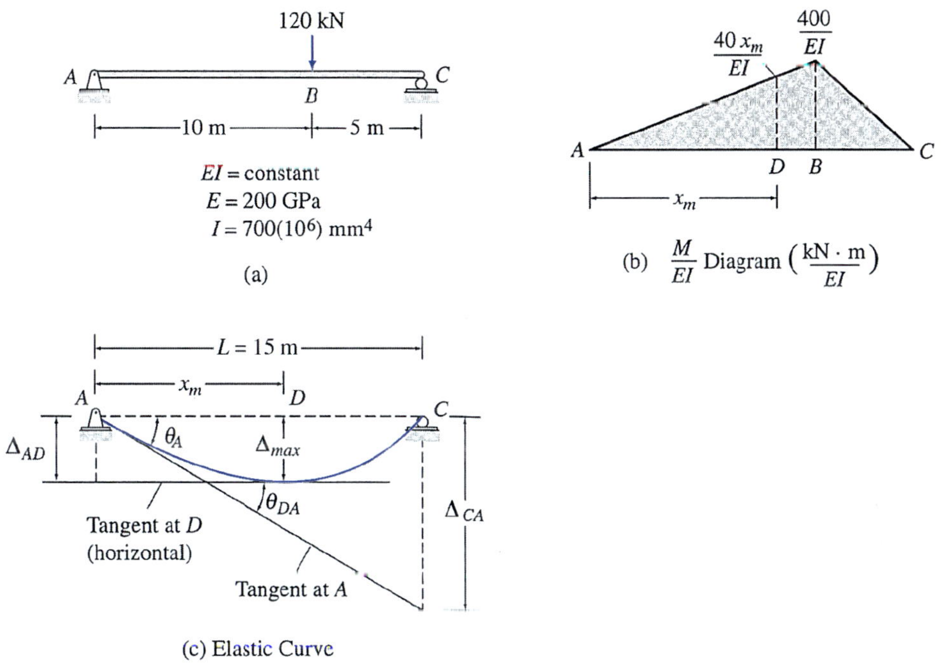

그림 6.7

풀이

M/EI. M/EI 다이어그램은 그림 6.7(b)에 나타내었다.

처짐곡선. 보의 처짐곡선을 그림 6.7(c)에 나타내었다.

A 점의 처짐각. 보의 처짐곡선의 처짐각을 알 수 없으므로, A점과 C점의 처짐이 "0"인 조건을 이용하여 A지점의 처짐각 θ_A를 먼저 계산하고, 이를 기준 접선으로 사용한다.

$$\theta_A = \frac{\Delta_{CA}}{15}$$

제2 모멘트면적정리를 이용하여 접선의 변화량 Δ_{CA}를 계산한다.

$$\begin{aligned}\Delta_{CA} &= C\text{점에 대한 } A\text{점과 } C\text{점 사이의 } M/EI \text{ 다이어그램의 면적모멘트}\\ &= \frac{1}{EI}\left[\frac{1}{2}(400)(10)\left(\frac{10}{3}+5\right)+\frac{1}{2}(400)(5)\left(\frac{10}{3}\right)\right]\\ &= \frac{20{,}000\ \text{kN}\cdot\text{m}^3}{EI}\end{aligned}$$

그러므로 A점의 처짐각은 다음과 같다.

$$\theta_A = \frac{20{,}000/EI}{15} = \frac{1{,}333.33\ \text{kN}\cdot\text{m}^2}{EI}$$

최대 처짐의 위치. 최대 처짐이 그림 6.7(c)의 A지점에서 x_m 만큼 떨어진 D점에서 발생한다면 D점의 처짐각은 0이 된다.

$$\theta_{DA} = \theta_A = \frac{1{,}333.33\ \text{kN}\cdot\text{m}^2}{EI}$$

이는 A점과 D점 사이의 M/EI 다이어그램 면적이 $1{,}333.33/EI$인 것을 의미한다. 이 조건을 이용하여 D점의 위치를 계산한다.

$$\theta_{DA} = A\text{점과 } D\text{점 사이의 } \frac{M}{EI} \text{ 다이어그램의 면적} = \frac{1{,}333.33}{EI}$$

즉,
$$\frac{1}{2}\left(\frac{40x_m}{EI}\right)x_m = \frac{1{,}333.33}{EI}$$

따라서
$$x_m = 8.16\ \text{m}$$

최대 처짐. 그림 6.7(c)로부터 다음을 구한다.

$$\Delta_{\max} = \Delta_{AD}$$

여기서,
$$\begin{aligned}\Delta_{AD} &= A\text{점에 대한 } A\text{점과 } D\text{점 사이의 } M/EI \text{ 다이어그램 면적 모멘트}\\ &= \frac{1}{2}\frac{(40)(8.16)}{EI}(8.16)\left(\frac{2}{3}\right)(8.16)\\ &= \frac{7{,}244.51\ \text{kN}\cdot\text{m}^3}{EI}\end{aligned}$$

그러므로
$$\Delta_{\max} = \frac{7{,}244.51\ \text{kN}\cdot\text{m}^3}{EI}$$

$E = 200\ \text{GPa} = 200(10^6)\ \text{kN/m}^2$과 $I = 700(10^6)\ \text{mm}^4 = 700(10^{-6})\ \text{m}^4$을 대입하면 다음과 같다.

$$\Delta_{\max} = \frac{7{,}244.51}{200(10^6)(700)(10^{-6})} = 0.0517\ \text{m}$$

$$\Delta_{\max} = 51.7\ \text{mm}\downarrow$$

6.6
Example

모멘트 면적법을 이용하여 그림 6.8(a)와 같은 보의 A점의 처짐각과 C점의 처짐을 계산하라.

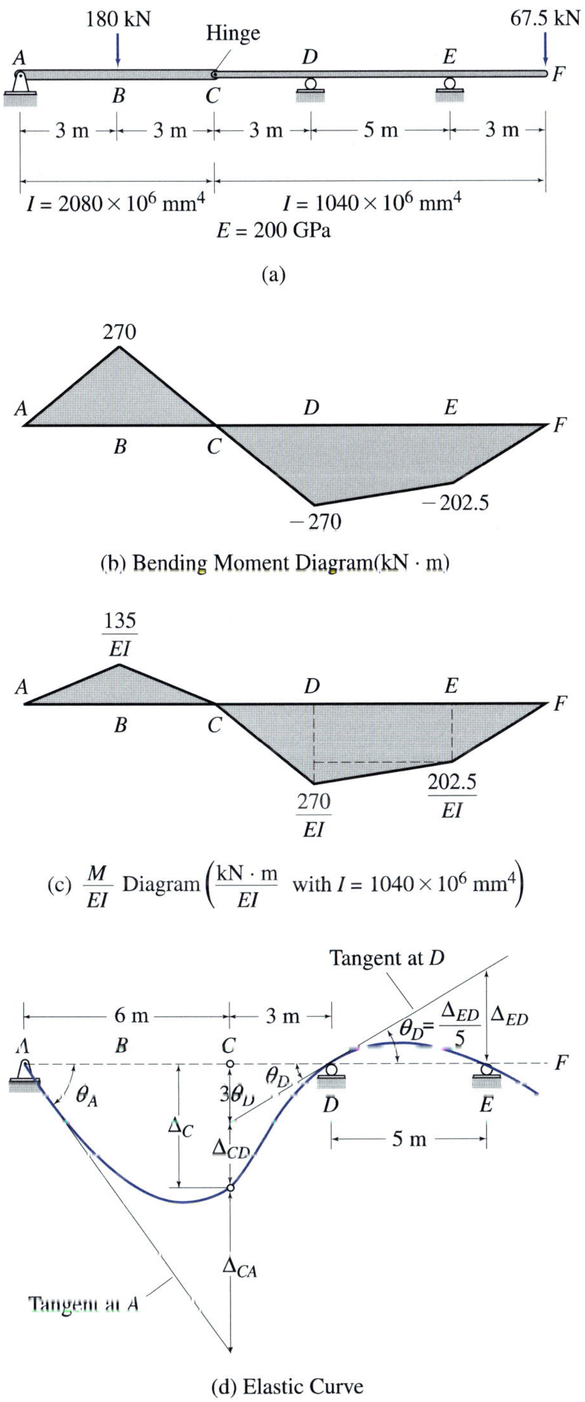

그림 6.8

풀이

***M/EI* 다이어그램.** 휨모멘트 다이어그램을 그림 6.8(b)에 나타내었다. $I = 1040 \times 10^6\ \mathrm{mm}^4$을 단면2차모멘트의 기준값으로 하여 M/EI 다이어그램을 그림 6.8(c)에 작성하였다.

처짐곡선. 보의 처짐곡선을 6.8(d)에 표시하였다. 처짐곡선은 내부 힌지 C에서 불연속이다. 그러므로 내부 힌지를 기준으로 AC 부분과 CF 부분에 분리하여 모멘트 면적이론을 적용하여야 한다.

***D*점의 처짐각.** D점을 기준 접선으로 사용한다. 그림 6.8(d)에서 D점의 처짐각이 다음과 같음을 알 수 있다.

$$\theta_D = \frac{\Delta_{ED}}{5}$$

여기서, 제2 모멘트면적정리를 적용한다.

$$\Delta_{ED} = \frac{1}{EI}\left[202.5(5)(2.5) + \frac{1}{2}(67.5)(5)\left(\frac{10}{3}\right)\right] = \frac{3{,}093.75\ \mathrm{kN \cdot m^3}}{EI}$$

그러므로 $\theta_D = \dfrac{3{,}093.75}{5(EI)} = \dfrac{618.75\ \mathrm{kN \cdot m^2}}{EI}$

***C*점의 처짐.** 그림 6.8(d)로부터 다음을 구한다.

$$\Delta_C = 3\theta_D + \Delta_{CD}$$

여기서, $\Delta_{CD} = \dfrac{1}{2}\left(\dfrac{270}{EI}\right)(3)(2) = \dfrac{810\ \mathrm{kN \cdot m^3}}{EI}$

그러므로 $\Delta_C = 3\left(\dfrac{618.75}{EI}\right) + \dfrac{810}{EI} = \dfrac{2{,}666.25\ \mathrm{kN \cdot m^3}}{EI}$

E와 I값을 대입하면 다음과 같다.

$$\Delta_C = \frac{2{,}666.25}{(200 \times 10^6)(1040 \times 10^{-6})} = 12.8\ \mathrm{mm}$$

$$\Delta_C = 12.8\ \mathrm{mm} \downarrow$$

***A* 점의 처짐각.** 그림 6.8(d)에서 처짐곡선의 AC 부분을 이용하여 다음을 구한다.

$$\theta_A = \frac{\Delta_C + \Delta_{CA}}{6}$$

여기서, $\Delta_{CA} = \dfrac{1}{2}\left(\dfrac{135}{EI}\right)(6)(3) = \dfrac{1{,}215\ \mathrm{kN \cdot m^3}}{EI}$

그러므로

$$\theta_A = \frac{1}{6}\left(\frac{2{,}666.25}{EI} + \frac{1{,}215}{EI}\right) = \frac{646.875\ \mathrm{kN \cdot m^2}}{EI}$$

$$\theta_A = \frac{646.875}{(200 \times 10^6)(1040 \times 10^{-6})} = 0.003\ \mathrm{rad}$$

$$\theta_A = 0.003\ \mathrm{rad}$$

6.5 분할 휨모멘트 다이어그램

앞 절에서 설명한 것과 같이 모멘트 면적법을 사용하기 위해서는 M/EI 다이어그램의 여러 부분의 면적과 면적의 모멘트를 계산해야 한다. 또한 다음 절에서 설명할 보의 처짐을 계산하기 위해 사용되는 공액보법(conjugate beam method)에서도 이러한 계산이 필요하다. 보에 분포하중과 집중하중과 같이 여러 하중이 작용할 때 모든 하중에 대한 M/EI 다이어그램을 한 번에 작성하는 것은 어렵다. 이러한 어려움은 휨모멘트 다이어그램을 분할해서 작성함으로 피할 수 있다. 즉, 작용하는 하중에 대하여 각각의 휨모멘트 다이어그램을 작성하고, 작성한 휨모멘트 다이어그램의 값을 EI로 나누어 M/EI 다이어그램을 작성한다. 이렇게 작성된 M/EI 다이어그램의 형상은 단순하기 때문에 이들의 면적과 면적의 모멘트를 쉽게 구할 수 있다. 각 하중에 대한 휨모멘트 다이어그램의 면적과 면적의 모멘트를 더하여(중첩하여) 최종적으로 전체 M/EI 다이어그램의 면적과 면적의 모멘트를 계산할 수 있다.

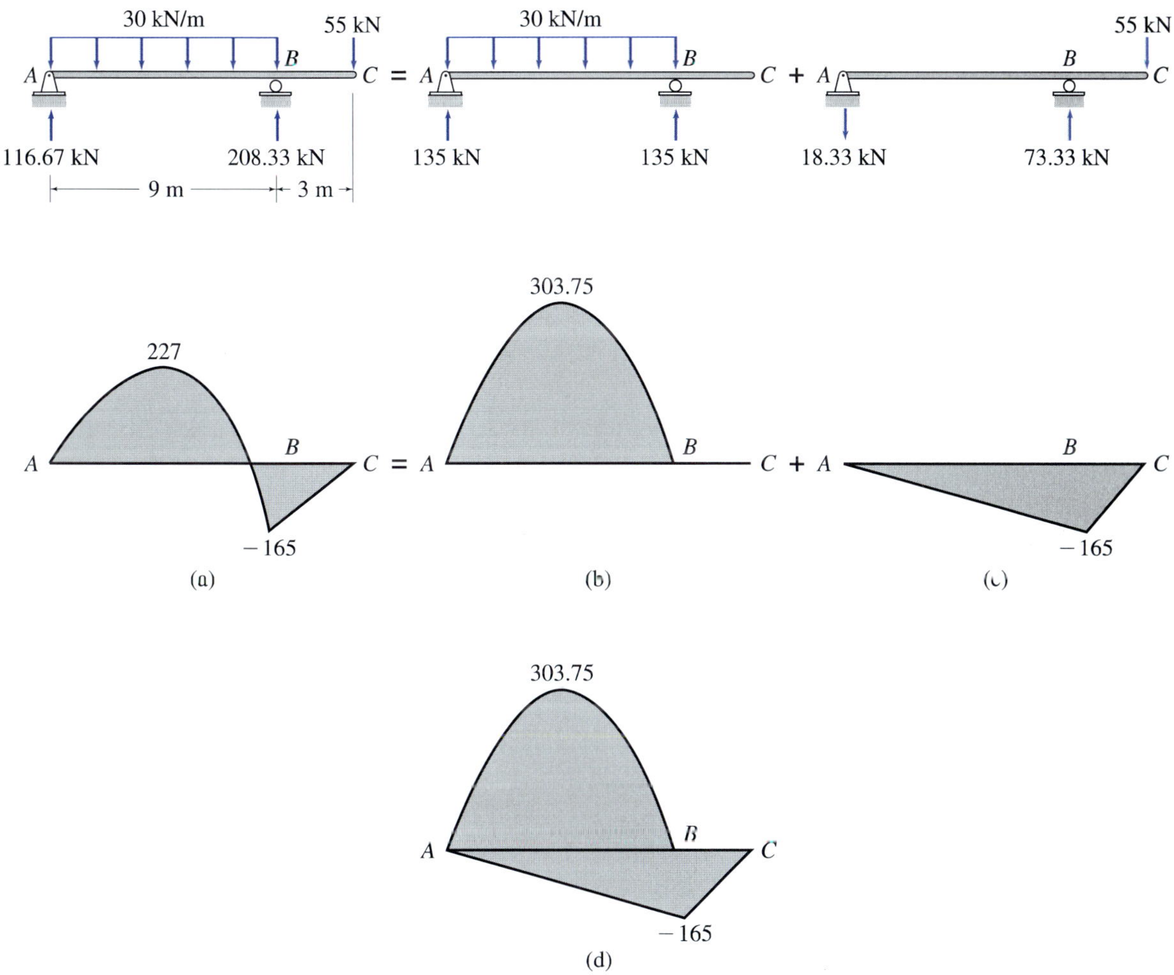

그림 6.9

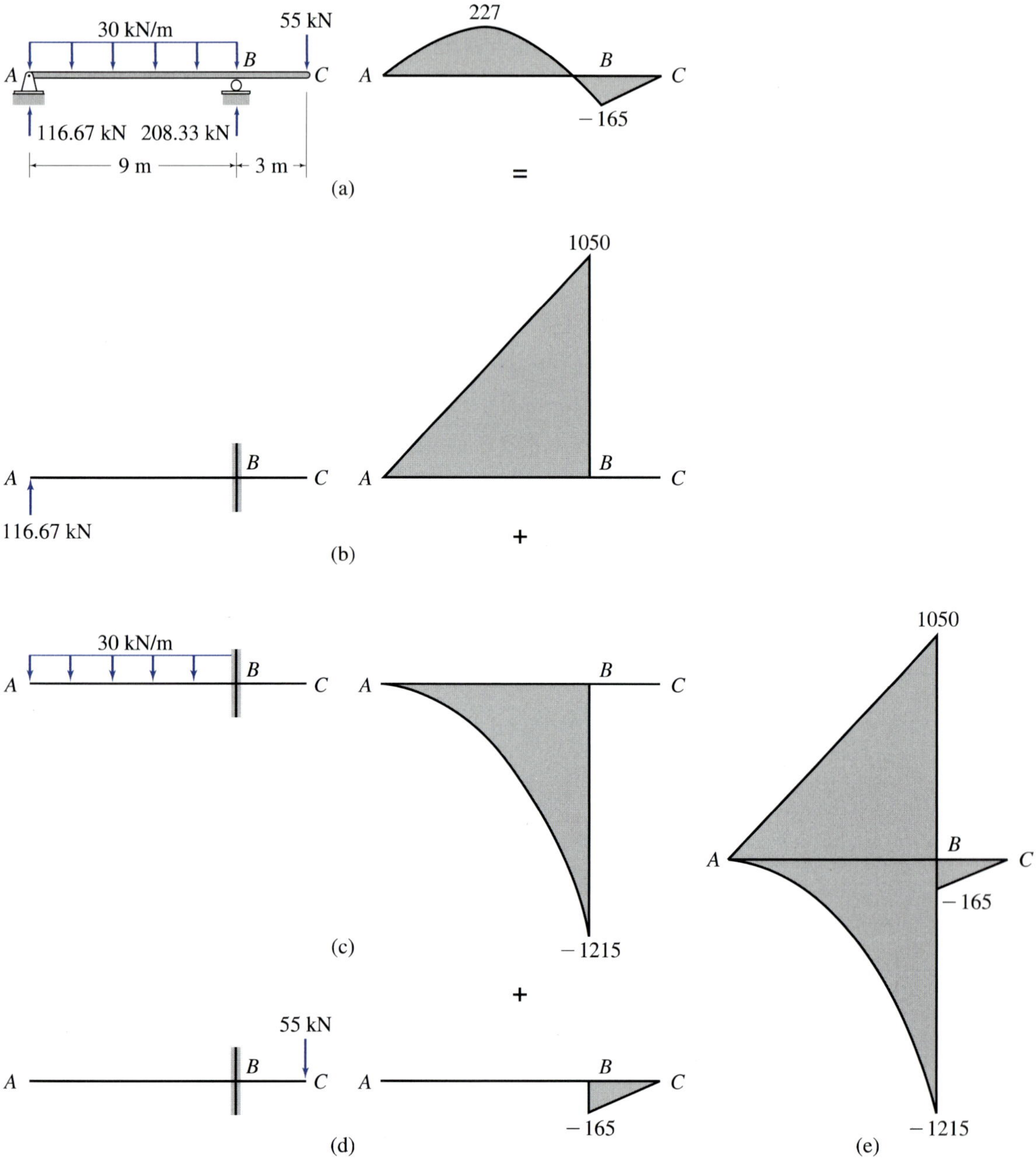

그림 6.10

분할 휨모멘트 다이어그램(bending moment diagram by parts)을 작성하기 위해 일반적으로 두 가지 방법이 사용된다. 첫 번째 방법은 보에 작용하는 각 하중을 분리하여 휨모멘트 다이어그램을 작성하는 것이다. 예를 들어 그림 6.9와 같이 등분포하중과 집중하중이 작용하는 보를 생각해 보자. 분할 휨모멘트 다이어그램을 작성하기 위해 그림 6.9(b)와 (c)처럼 각 두 종류의 하중에 대한 휨모멘트 다이어그램을 작성한 후에, 그림 6.9(d)처럼 분할 휨모멘트 다이어그램을 함께 표시한다. 모멘트 면적법과 공액보법을 사용할 때 비록 그림 6.9(a)의 최종 다이어그램은 필요 없지만, 필요하다면 그림 6.9(b)와 (c)를 중첩하여 최종 다이어그램을 작성할 수 있다.

분할 휨모멘트를 계산하기 위한 또 다른 방법은 보가 고정되어 있다고 가정되는 한 점(일반적으로 지점 또는 보의 끝단)을 정한 후에 가상의 캔틸레버 보에 각각의 하중과 지점반력이 유발하는 휨모멘트 다이어그램을 별도로 작성하는 방법이다. 이러한 방법을 **캔틸레버 분할 휨모멘트 다이어그램**(bending moment diagram by cantilever parts) 작성법이라 한다. 이 방법을 이해하기 위해 그림 6.9의 보를 다시 생각해 하자. 그림 6.9의 보를 그림 6.10(a)에 다시 나타내었으며 여기에는 외력과 평형방정식을 이용하여 계산한 지점반력을 함께 표시하였다. B지점을 기준으로 하는 캔틸레버에 대한 휨모멘트 다이어그램을 작성하기 위해 보의 B점이 고정단인 캔틸레버로 가정한다. 그림 6.10(b)~(d)에는 가상의 캔틸레버 보에 대한 휨모멘트 다이어그램이 표시되어 있다. 각각의 분할 휨모멘트 다이어그램을 합쳐서 그림 6.10(e)와 같이 표시할 수 있다. 필요하면 그림 6.10(b)~(d)의 세 개의 휨모멘트 다이어그램을 중첩하여 그림 6.10(a)와 같이 최종 휨모멘트 다이어그램을 작성할 수 있다.

6.7 Example

모멘트 면적법을 이용하여 그림 6.11(a)와 같은 보의 C점의 처짐을 계산하라.

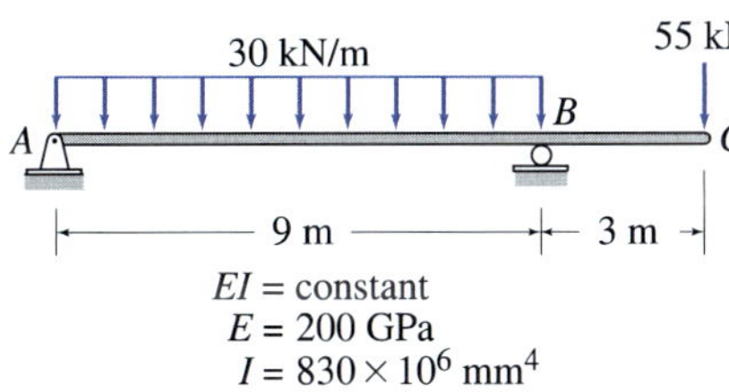

(a)

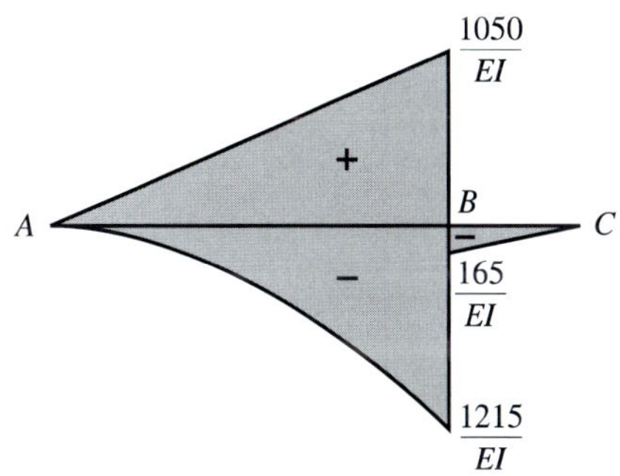

(b) $\frac{M}{EI}$ Diagram $\left(\frac{\text{kN}\cdot\text{m}}{EI}\right)$

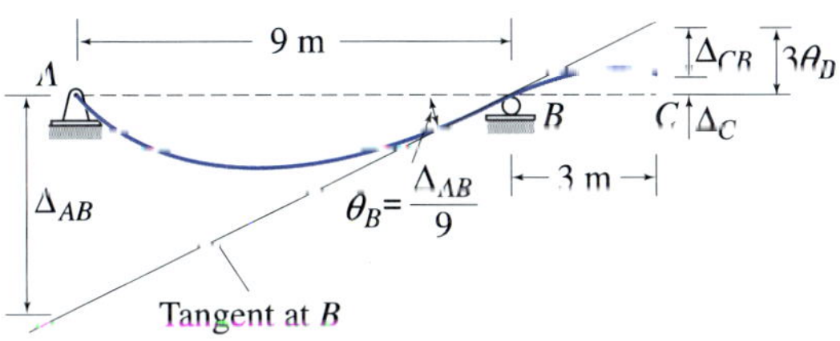

(c) Elastic Curve

그림 6.11

풀이

***M*/*EI* 다이어그램.** 이 보의 B지점을 기준으로 하는 분할 캔틸레버 휨모멘트 다이어그램을 그림 6.10에 표시하였다. 휨모멘트 다이어그램을 EI로 나누어 그림 6.11(b)와 같은 M/EI 다이어그램을 구한다.

처짐곡선. 그림 6.11(c)를 참조하라.

B점의 처짐각. B점의 접선을 기준접선으로 하여 그림 6.11(c)로부터 다음을 계산할 수 있다.

$$\theta_B = \frac{\Delta_{AB}}{9}$$

그림 6.11(b)의 M/EI 다이어그램과 부록 A의 기하형상 특성을 이용하여 다음을 계산한다.

$$\Delta_{AB} = \frac{1}{EI}\left[\frac{1}{2}(1050)(9)(6) - \frac{1}{3}(1215)(9)\left(\frac{3}{4}\right)(9)\right] = \frac{3{,}746.25 \text{ kN} \cdot \text{m}^3}{EI}$$

그러므로 $\theta_B = \dfrac{3{,}746.25}{9EI} = \dfrac{416.25 \text{ kN} \cdot \text{m}^2}{EI}$

C점의 처짐. 그림 6.11(c)로부터 다음을 계산한다.

$$\Delta_C = 3\theta_B - \Delta_{CB}$$

여기서, $\Delta_{CB} = \dfrac{1}{2}\left(\dfrac{165}{EI}\right)(3)\left(\dfrac{6}{3}\right) = \dfrac{495 \text{ kN} \cdot \text{m}^3}{EI}$

그러므로 $\Delta_C = 3\left(\dfrac{416.25}{EI}\right) - \dfrac{495}{EI} = \dfrac{753.75 \text{ kN} \cdot \text{m}^3}{EI}$

E와 I값을 대입하여 다음을 계산한다.

$$\Delta_C = \frac{753.75}{(200 \times 10^6)(830 \times 10^{-6})} = 0.00454 \text{ m}$$

$$\Delta_C = 4.54 \text{ mm} \uparrow$$

6.6 공액보법

공액보법(conjugate beam method)은 1868년 Otto Mohr에 의해 개발되었으며 모멘트 면적법보다 보의 처짐과 처짐각을 계산하는데 유용한 방법이다. 비록 두 방법에서 수행하는 계산에 대한 노력은 비슷할지라도 공액보법은 부호 규약이 체계적이고 구조물의 처짐곡선을 그릴 필요가 없기 때문에 많은 공학자들이 사용하고 있다.

표 6.1

하중, 전단과 휨모멘트 사이의 관계식	M/EI, 처짐각과 처짐 사이의 관계식
$\dfrac{dS}{dx} = w$	$\dfrac{d\theta}{dx} = \dfrac{M}{EI}$
$\dfrac{dM}{dx} = S$ or $\dfrac{d^2M}{dx^2} = w$	$\dfrac{dy}{dx} = \theta$ or $\dfrac{d^2y}{dx^2} = \dfrac{M}{EI}$

공액보법은 하중, 전단력 및 휨모멘트 사이의 관계와 M/EI, 처짐각 및 처짐 사이의 관계의 유사성에 기반을 두고 있다. 이 두 종류의 상호 관계식은 5.4절과 6.1절에서 유도되었으며 비교를 위해 표 6.1에 다시 나타내었다. 표와 같이, M/EI, 처짐각과 처짐 사이의 관계식은 하중, 전단과 휨모멘트 사이의 관계식과 동일한 형태이다. 그러므로 하중을 이용하여 전단력과 휨모멘트를 계산하는 과정과 동일하게 M/EI를 이용하여 처짐각과 처짐을 계산할 수 있다. 만약 실제 보의 M/EI 다이어그램을 가상의 유사 보에 작용하는 하중으로 간주하면 가상 보의 임의점에서의 전단력과 휨모멘트는 실제 보의 대응점에서의 처짐각과 처짐과 같다. 이때의 가상 보(fictitious beam)를 **공액보**(conjugate beam)라 하며 이는 다음과 같이 정의된다.

실제 보에 대응되는 공액보는 실제 보와 같은 길이를 갖는 가상의 보이다. 공액보는 외적으로 지지되어 있고 내적으로 연결되어 있어서 실제 보의 M/EI를 공액보에 하중으로 작용하게 하면 공액보 임의점에서의 전단력과 휨모멘트는 실제 보의 대응하는 점에서의 처짐각 및 처짐과 같다.

위와 같이 공액보법에서는 공액보의 전단력과 휨모멘트를 계산하여 실제 보의 처짐각과 처짐을 계산한다.

공액보의 지점

공액보의 외부지점과 내부 연결점은 공액보와 대응하는 실제 보와의 유사 관계식으로부터 결정된다. 즉, 공액보의 임의점에서의 전단력과 휨모멘트는 실제 보의 대응점에서의 처짐각 및

실제 보		공액보	
지점 종류	처짐각 및 처짐	전단 및 휨모멘트	지점 종류
단순 지점 	$\theta \neq 0$ $\Delta = 0$	$S \neq 0$ $M = 0$	단순 지점 
고정단 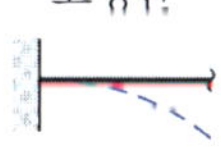	$\theta = 0$ $\Delta = 0$	$S = 0$ $M = 0$	자유단 
자유단 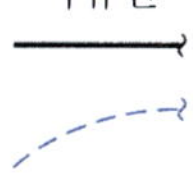	$\theta \neq 0$ $\Delta \neq 0$	$S \neq 0$ $M \neq 0$	고정단 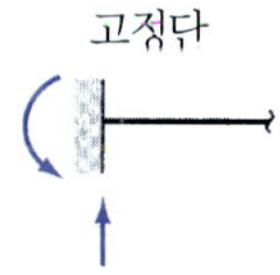
단순 내부 지점 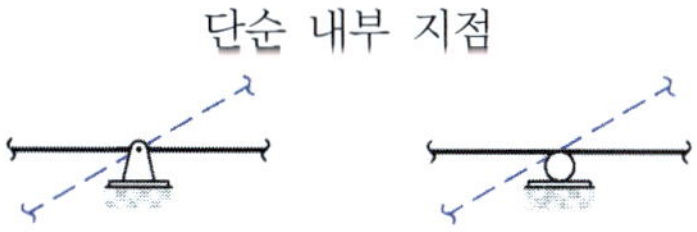	$\theta \neq 0$이고 연속 $\Delta = 0$	$S \neq 0$이고 연속 $M = 0$	내부 힌지 
내부 힌지 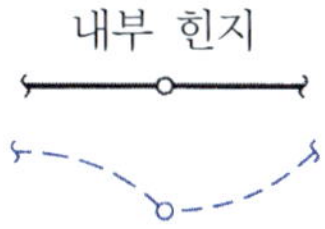	$\theta \neq 0$이고 불연속 $\Delta \neq 0$	$S \neq 0$이고 불연속 $M \neq 0$	내부 지점 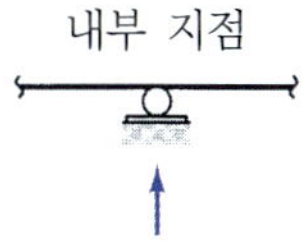

그림 6.12 공액보의 지점

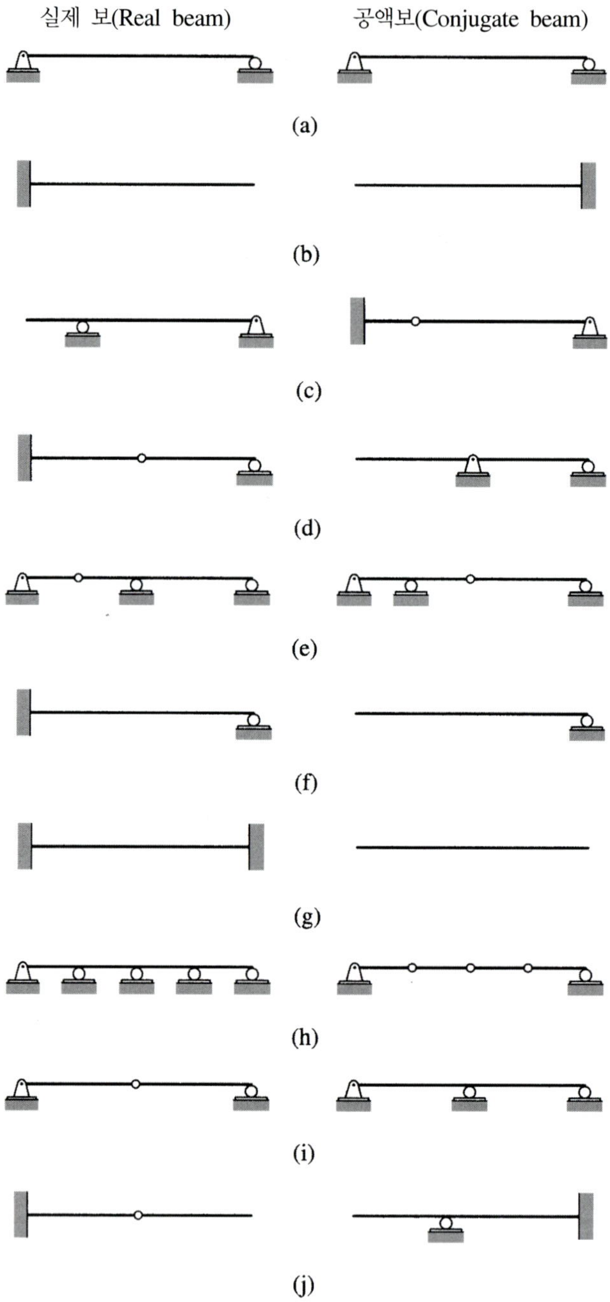

그림 6.13

처짐과 일치한다. 실제 보의 여러 가지 지점에 대응하는 공액보의 지점을 그림 6.12에 나타내었다. 그림과 같이 실제 보 끝단의 회전단 또는 이동단은 공액보에서도 그대로 유지된다. 이는 실제 보에서 이러한 지점에 처짐각은 발생하나 처짐이 발생하지 않으므로 대응하는 공액보의 지점에서도 전단력은 존재하지만 휨모멘트가 없어 이러한 조건을 충족시키기 때문이다. 실제 보의 고정단에서는 처짐각과 처짐이 발생하지 없으므로 대응하는 공액보의 지점에서는 전단과 휨모멘트가 "0"이 되어야 한다. 따라서 그림 6.12에서처럼 실제 보의 고정단은 공액보에서는 자유단이 되어야 한다. 역으로 실제 보의 자유단에서는 처짐과 처짐각이 발생하므로 실제 보의 자유단은 공액보에서는 고정단이 되며, 이때 공액보의 고정단에서는 전단력과 휨모멘트가 발생한다. 실제 보의 내부 지점에는 처짐이 발생하지 않고 처짐각은 연속되게 발생한다. 즉, 내부 지점을 중심으로 양 쪽에서 발생하는 처짐각은 차이가 없이 동일하다. 따라서 이러한 실제보의 내부 지점에 대응하는 공액보의 지점은 휨모멘트가 "0"이고 전단력이 연속이 되는 내부 힌지가 된다. 마지막으로 실제 보의 내부 힌지에서는 처짐이 발생하고 불연속적인 처짐각도 발생한다. 따라서 대응하는 공액보의 지점에서는 휨모멘트가 발생하고 전단력이 불연속적으로 변해야 한다. 내부 지점이 이러한 조건을 충족시키므로 그림 6.12처럼 실제 보의 내부 힌지는 공액보에서는 내부 지점이 된다.

일반적으로 사용되는 실제 보의 공액보를 그림 6.13에 나타내었다. 그림 6.13(a)~(e)와 같이 정정의 실제 보에 대응하는 공액보는 항상 정정구조물이다. 반면에 그림 6.13(f)~(h)와 같이 부정정보의 공액보는 불안정구조가 된다. 그러나 불안정구조인 공액보에는 스스로 균형을 이루는 부정정보의 M/EI가 하중으로 작용하므로, 불안정구조인 공액보는 평행을 이룬다. 그림 6.13의 마지막 두 가지 예는 정직 불안정구조인 실제 보가 부정정구조의 공액보가 되는 것을 나타내고 있다.

부호 규약

M/EI 다이어그램의 값이 하중이 되어 공액보에 작용할 때 M/EI 다이어그램의 양의 축(위쪽)이 공액보에 위쪽(양의 y방향)으로 작용한다면 공액보에서 발생하는 양의 전단력은 실제 보에서 변형 전의 축을 기준으로 양의 처짐각(반시계방향)을 발생시키는 것이다. 또한 공액보에 발생하는 양의 휨모멘트는 실제 보의 변형 전의 축을 기준으로 양의 처짐(위쪽, 양의 y방향)을 발생시킨다.

해석 순서

공액보법을 이용하여 보의 처짐과 처짐각을 계산하는 방법은 다음과 같다.

1. 하중을 받는 실제 보의 M/EI 다이어그램을 그린다. 보가 여러 형태의 하중(예를 들면, 집중하중과 분포하중)을 받으면 앞 절에서 설명한 분할 M/EI 다이어그램을 그려서 해석을 수행할 수 있다.
2. 실제 보에 대응하는 공액보를 정한다. 공액보에 발생하는 전단력과 휨모멘트가 실제 보의 처짐각과 처짐에 일치하도록 공액보의 외부지점과 내부 연결점을 결정한다. 실제 보의 여러 종류 지점에 대응하는 공액보 지점을 그림 6.12에 나타내었다.
3. M/EI 다이어그램(1단계)의 값을 하중으로 공액보에 가한다. 양의 방향의 M/EI의 값은 공액보의 위쪽으로 작용하는 하중이 되며, 음의 방향의 M/EI의 값은 공액보의 아래쪽으로 작용하는 하중이 된다.

4. 평행조건과 경계조건을 이용하여 공액보의 지점반력을 계산한다.
5. 실제 보의 어느 지점에서 처짐각을 계산하고자 할 때에는 공액보의 대응하는 점에서의 전단력을 계산해야 한다. 실제 보의 어느 지점에서 처짐을 계산하고자 할 때에는 공액보의 대응하는 점에서의 휨모멘트를 계산해야 한다. 공액보의 전단력과 휨모멘트는 그림 5.2에 나타낸 부호 규약에 따라 양수 또는 음수로 구별한다.
6. 변형 전의 축을 기준으로 실제 보의 어느 한 점의 처짐각은 공액보의 대응하는 점의 전단력과 같다. 공액보에서 발생하는 양의 전단력은 실제 보의 양의 처짐각(반시계방향)이 되며, 공액보에서 발생하는 음의 전단력은 실제 보의 음의 처짐각(시계방향)이 된다.
7. 변형 전의 축을 기준으로 실제 보의 어느 한 점의 처짐은 공액보의 대응하는 점의 휨모멘트와 같다. 공액보에서 발생하는 양의 휨모멘트는 실제 보의 양의 처짐(위쪽 방향 처짐)을 나타내며, 공액보에서 발생하는 음의 휨모멘트는 실제 보의 음의 처짐(아래쪽 방향 처짐)을 나타낸다.

6.8 Example

공액보법을 이용하여 그림 6.14(a)와 같은 캔틸레버 보의 B점과 C점에서의 처짐과 처짐각을 계산하라.

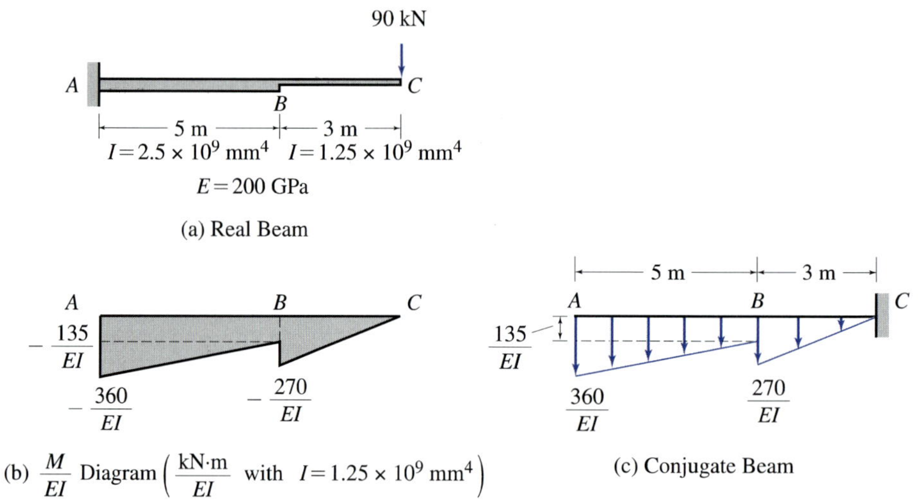

그림 6.14

풀이

***M/EI* 다이어그램.** 이 보에 대해서는 모멘트 면적법을 이용하여 예제 6.3에서 해석하였다. I의 기준값 $= 1.25 \times 10^9\ \mathrm{mm}^4$을 사용하여 작성한 M/EI 다이어그램을 그림 6.14(b)에 나타내었다.

공액보. 그림 6.14(c)는 실제 보의 M/EI의 값을 하중으로 재하한 공액보를 나타낸다. 실제 보의 고정단인 A점은 공액보에서 자유단이 된다. 반면에 실제 보의 자유단은 공액보에서 고정단이 된다. M/EI 다이어그램의 값이 음수이므로 공액보에는 아래쪽 방향으로 하중이 가해진다.

***B* 점의 처짐각.** 실제 보 B점의 처짐각은 공액보의 B점의 전단력과 같다. 공액보 B점을 기준으로 왼

쪽의 자유물체에 대해서 그림 5.2의 부호 규약에 따라 공액보 B점의 전단력을 계산하면 다음과 같다.

$$+\uparrow S_B = \frac{1}{EI}\left[-135(5) - \frac{1}{2}(225)(5)\right] = -\frac{1{,}237.5\ \text{kN}\cdot\text{m}^2}{EI}$$

따라서 실제 보 B점의 처짐각은 다음과 같다.

$$\theta_B = -\frac{1{,}237.5\ \text{kN}\cdot\text{m}^2}{EI}$$

E와 I의 값을 대입하면 다음과 같다.

$$\theta_B = -\frac{1{,}237.5}{(200\times 10^6)(1.25\times 10^{-3})} = -0.0049\ \text{rad}$$

$$\theta_B = 0.0049\ \text{rad}$$

B점의 처짐. 실제 보 B점의 처짐은 공액보 B점의 휨모멘트와 같다. 공액보 B점을 기준으로 왼쪽의 자유물체에 대해 그림 5.2의 부호 규약에 따라 공액보 B점의 휨모멘트를 계산하면 다음과 같다.

$$+\circlearrowleft M_B = \frac{1}{EI}\left[-135(5)(2.5) - \frac{1}{2}(225)(5)\left(\frac{10}{3}\right)\right] = -\frac{3{,}562.5\ \text{kN}\cdot\text{m}^3}{EI}$$

따라서 실제 보 B점의 처짐은 다음과 같다.

$$\Delta_B = \frac{3{,}562.5\ \text{kN}\cdot\text{m}^3}{EI} = -\frac{3{,}562.5}{(200\times 10^6)(1.25\times 10^{-3})} = -0.01425\ \text{m}$$

$$\Delta_B = 14.25\ \text{mm}\ \downarrow$$

C점의 처짐각. 공액보 C점 왼쪽의 자유물체에 대해서 C점의 전단력을 계산한다.

$$+\uparrow S_C = \frac{1}{EI}\left[-135(5) - \frac{1}{2}(225)(5) - \frac{1}{2}(270)(3)\right] = -\frac{1{,}642.5\text{kN}\cdot\text{m}^2}{EI}$$

따라서 실제 보 C점의 처짐각은 다음과 같다.

$$\theta_C = -\frac{1{,}642.5\ \text{kN}\cdot\text{m}^2}{EI} = -\frac{1{,}642.5}{(200\times 10^6)(1.25\times 10^{-3})} = -0.0066\ \text{rad}$$

$$\theta_C = 0.0066\ \text{rad}$$

C점의 처짐. 공액보 C점 왼쪽의 자유물체도를 이용하여 다음을 계산할 수 있다.

$$+\circlearrowleft M_C = \frac{1}{EI}\left[-135(5)(2.5+3) - \frac{1}{2}(225)(5)\left(\frac{10}{3}+3\right) - \frac{1}{2}(270)(3)(2)\right]$$

$$= -\frac{8{,}085\ \text{kN}\cdot\text{m}^3}{EI}$$

그러므로 실제 보의 C점의 처짐은 다음과 같다.

$$\Delta_C = \frac{8{,}085\ \text{kN}\cdot\text{m}^3}{EI} = -\frac{8{,}085}{(200\times 10^6)(1.25\times 10^{-3})} = -0.032\ \text{m}$$

$$\Delta_C = 32\ \text{mm}\ \downarrow$$

6.9 Example

공액보법을 이용하여 그림 6.15(a)와 같은 보의 B점에서의 처짐각과 처짐을 계산하라.

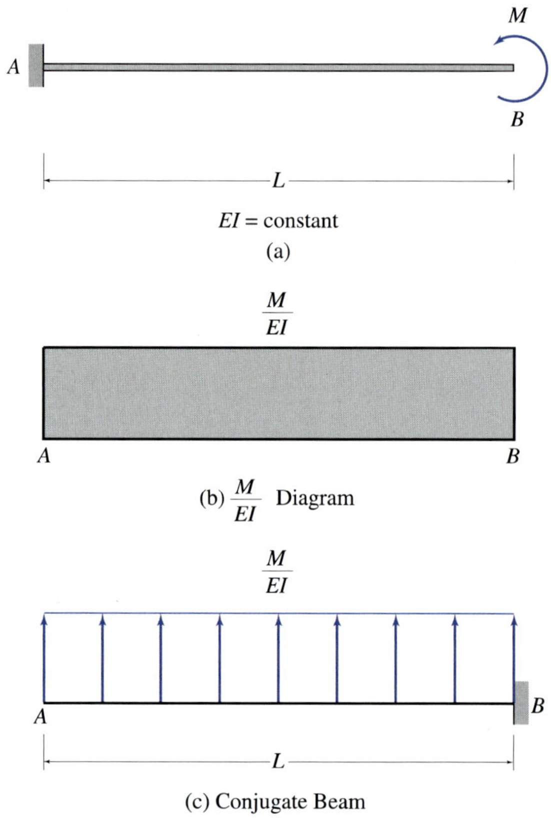

그림 6.15

풀이

***M/EI* 다이어그램.** 그림 6.15(b)를 참조하라.

공액보. 실제 보의 M/EI의 값이 하중으로 작용하고 있는 공액보를 그림 6.15(c)에 나타내었다.

***B*점의 처짐각.** B점 왼쪽의 공액보의 자유물체에 대해 B점의 전단력을 결정한다.

$$+\uparrow S_B = \frac{M}{EI}(L) = \frac{ML}{EI}$$

그러므로 실제 보의 B점의 처짐각은 다음과 같다.

$$\theta_B = \frac{ML}{EI}$$

$$\theta_B = \frac{ML}{EI}$$

***B*점의 처짐.** B점 왼쪽의 공액보 자유물체도를 이용하여 B점의 휨모멘트를 계산한다.

$$+\circlearrowleft M_B = \frac{M}{EI}(L)\left(\frac{L}{2}\right) = \frac{ML^2}{2EI}$$

그러므로 실제 보의 B점 처짐은 다음과 같다.

$$\Delta_B = \frac{ML^2}{2EI}$$

$$\Delta_B = \frac{ML^2}{2EI} \uparrow$$

6.10
Example

공액보법을 이용하여 그림 6.16(a)와 같은 보의 A점과 D점의 처짐각과 B점과 C점의 처짐을 계산하라.

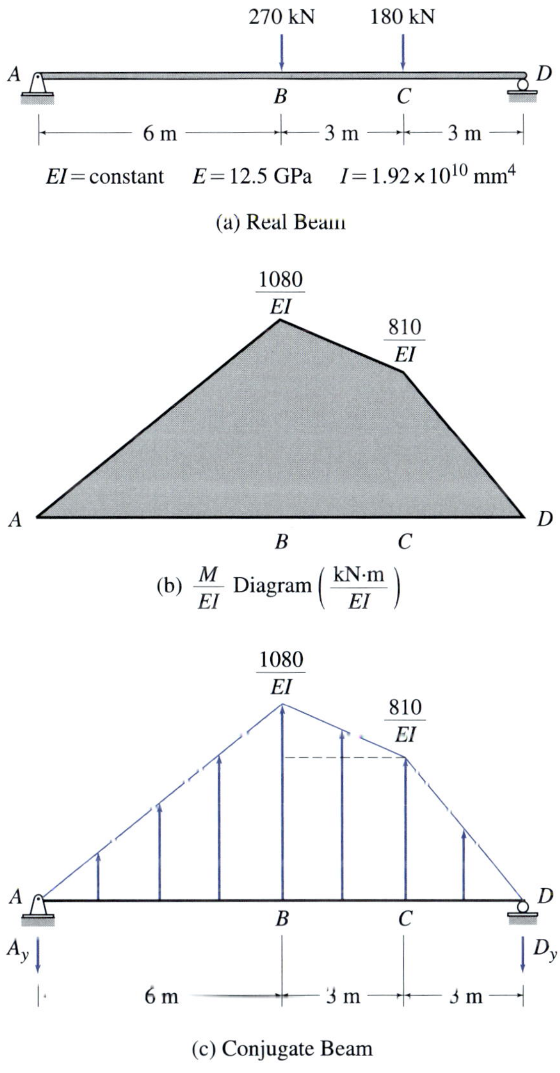

그림 6.16

풀이

M/EI 다이어그램. 이 보에 대해서는 예제 6.4에서 모멘트 면적법을 이용하여 해석하였다. 보의 M/EI 다이어그램을 그림 6.16(b)에 나타내었다.

공액보. 그림 6.16(c)는 실제 보의 M/EI의 값이 하중으로 작용하는 공액보를 나타낸다. 실제 보의 지점인 A점과 D점은 공액보에서 그대로 유지된다. M/EI의 값이 양수이므로 공액보에서 위쪽방향으로 하중이 작용한다.

공액보의 반력. 공액보 전체의 자유물체에 대한 평행조건을 이용하여 다음을 계산한다.

$$+\circlearrowleft \sum M_D = 0 \qquad A_y(12) - \frac{1}{EI}\left[\frac{1}{2}(1080)(6)\left(\frac{6}{3}+6\right) + 810(3)(4.5)\right.$$

$$\left. + \frac{1}{2}(270)(3)\left(\frac{6}{3}+3\right) + \frac{1}{2}(810)(3)\left(\frac{6}{3}\right)\right] = 0 \qquad A_y = \frac{3{,}442.5\ \text{kN}\cdot\text{m}^2}{EI}$$

$$+\uparrow \sum F_y = 0 \qquad \frac{1}{EI}\left[-3{,}442.5 + \frac{1}{2}(1080)(6) + 810(3) + \frac{1}{2}(270)(3)\right.$$

$$\left. + \frac{1}{2}(810)(3)\right] - D_y = 0 \qquad D_y = \frac{3{,}847.5\ \text{kN}\cdot\text{m}^2}{EI}$$

A점의 처짐각. 실제 보의 A점의 처짐각은 공액보에서 A점 바로 오른쪽에서의 전단력과 같다.

$$+\uparrow S_{A,R} = -A_y = -\frac{3{,}442.5\ \text{kN}\cdot\text{m}^2}{EI}$$

그러므로 실제 보의 A점의 처짐각은 다음과 같다.

$$\theta_A = -\frac{3{,}442.5\ \text{kN}\cdot\text{m}^2}{EI} = -\frac{3{,}442.5}{(12.5\times10^6)(1.92\times10^{-2})} = -0.014\ \text{rad}$$

$$\theta_A = 0.014\ \text{rad}$$ 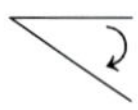

D점의 처짐각. 실제 보의 D점의 처짐각은 공액보의 D점 바로 왼쪽에서의 전단력과 같다.

$$+\downarrow S_{D,L} = +D_y = \frac{3{,}847.5\ \text{kN}\cdot\text{m}^2}{EI}$$

그러므로 실제 보의 D점의 처짐각은 다음과 같다.

$$\theta_D = \frac{3{,}847.5\ \text{kN}\cdot\text{m}^2}{EI} = \frac{3{,}847.5}{(12.5\times10^6)(1.92\times10^{-2})} = 0.016\ \text{rad}$$

$$\theta_D = 0.016\ \text{rad}$$ 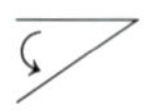

B점의 처짐. 실제 보 B점의 처짐은 공액보 B점의 휨모멘트와 같다. B점 왼쪽의 공액보의 자유물체도를 이용하여 다음을 계산한다.

$$+\circlearrowright M_B = \frac{1}{EI}\left[-3{,}442.5(6) + \frac{1}{2}(1080)(6)\left(\frac{6}{3}\right)\right] = -\frac{14{,}175\ \text{kN}\cdot\text{m}^3}{EI}$$

그러므로 실제 보의 B점의 처짐은 다음과 같다.

$$\Delta_B = -\frac{14{,}175\ \text{kN}\cdot\text{m}^3}{EI} = -\frac{14{,}175}{(12.5\times10^6)(1.92\times10^{-2})} = -0.059\ \text{m}$$

$$\Delta_B = 59 \text{ mm} \downarrow$$

***C*점의 처짐.** 실제 보 C점의 처짐은 공액보의 C점의 휨모멘트와 같다. C점 오른쪽의 공액보의 자유물체도를 이용하여 다음을 계산한다.

$$+\circlearrowleft M_C = \frac{1}{EI}\left[-3{,}847.5(3) + \frac{1}{2}(810)(3)\left(\frac{3}{3}\right)\right] = -\frac{10{,}327.5 \text{ kN} \cdot \text{m}^3}{EI}$$

그러므로 실제 보의 C점의 처짐은 다음과 같다.

$$\Delta_C = -\frac{10{,}327.5 \text{ kN} \cdot \text{m}^3}{EI} = -\frac{10{,}327.5}{(12.5 \times 10^6)(1.92 \times 10^{-2})} = -0.043 \text{ m}$$

$$\Delta_C = 43 \text{ mm} \downarrow$$

6.11 Example

공액보법을 이용하여 그림 6.17(a)와 같은 보의 최대 처짐을 계산하라.

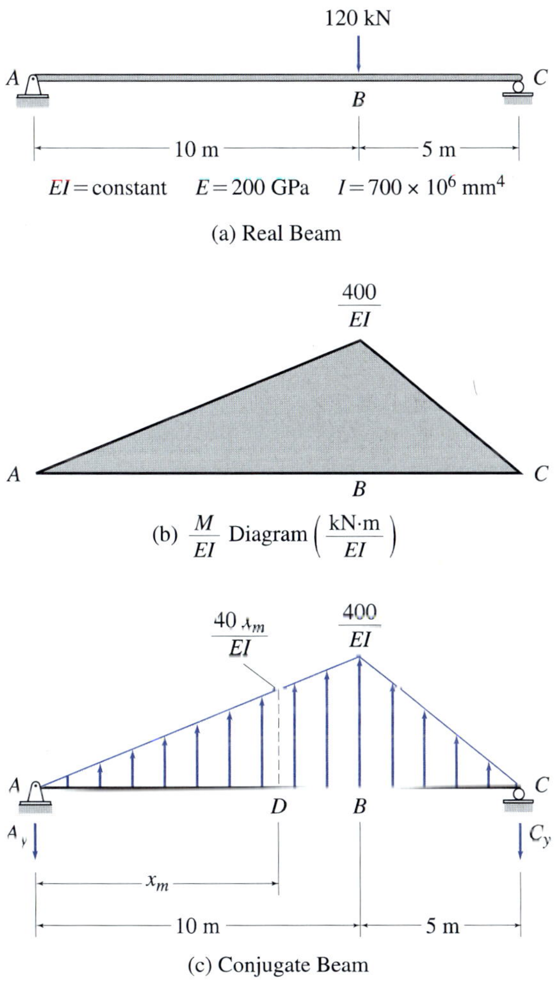

그림 6.17

풀이

M/EI 다이어그램. 모멘트 면적법을 이용하여 예제 6.5에서 이 보를 해석하였다. M/EI 다이어그램을 그림 6.17(b)에 나타내었다.

공액보. 실제 보의 M/EI의 값이 하중으로 작용하는 단순공액보를 그림 6.17(c)에 나타내었다.

공액보의 A 지점반력. 공액보 전체의 자유물체도에 $\sum M_C = 0$인 모멘트 평행조건을 적용하여 다음을 계산한다.

$$+\circlearrowleft \sum M_C = 0 \qquad A_y(15) - \frac{1}{EI}\left[\frac{1}{2}(400)(10)\left(\frac{10}{3}+5\right) + \frac{1}{2}(400)(5)\left(\frac{10}{3}\right)\right] = 0$$

$$A_y = \frac{1{,}333.33\ \text{kN}\cdot\text{m}^2}{EI}$$

공액보에서의 최대 휨모멘트 위치. 공액보의 최대 휨모멘트(실제 보의 최대 처짐)가 왼쪽의 A지점(그림 6.17(c))에서 x_m만큼 떨어진 D점에서 발생하면, D점에서 공액보의 전단력은 0이 되어야 한다. D점 왼쪽에서의 공액보의 자유물체도를 이용하여 다음을 계산한다.

$$+\uparrow S_D = \frac{1}{EI}\left[-1{,}333.33 + \frac{1}{2}(40x_m)(x_m)\right] = 0$$

이로부터,

$$x_m = 8.16\ \text{m}$$

실제 보의 최대 처짐. 실제 보의 최대 처짐은 공액보의 최대 휨모멘트와 같으며, $x_m = 8.16\ \text{m}$ 떨어져 있는 D점 왼쪽에서의 공액보의 자유물체도를 이용하여 계산할 수 있다.

$$+\circlearrowright M_{\max} = M_D = \frac{1}{EI}\left[-1{,}333.33(8.16) + \frac{1}{2}(40)(8.16)^2\left(\frac{8.16}{3}\right)\right] = -\frac{7{,}244.51\ \text{kN}\cdot\text{m}^3}{EI}$$

따라서 실제 보의 최대 처짐은 다음과 같다.

$$\Delta_{\max} = -\frac{7{,}244.51\ \text{kN}\cdot\text{m}^3}{EI} = -\frac{7{,}244.51}{(200)(700)} = -0.0517\ \text{m} = -51.7\ \text{mm}$$

$$\Delta_{\max} = 51.7\ \text{mm}\ \downarrow$$

6.12 Example

공액보법을 이용하여 그림 6.18(a)와 같은 보의 A점의 처짐각과 C점의 처짐을 계산하라.

풀이

M/EI 다이어그램. 모멘트 면적법을 이용하여 이 보를 예제 6.6에서 해석하였다. $I = 1040 \times 10^6\ \text{mm}^4$를 사용하여 작성한 M/EI 다이어그램을 그림 6.18(b)에 나타내었다.

공액보. 그림 6.18(c)는 실제 보의 M/EI이 값이 하중으로 작용하는 공액보이다. 실제 보의 단순 내부지점 D점과 E점은 공액보에서 내부 힌지가 되고, 실제 보의 내부 힌지 C점은 공액보에서 내부지점이 된다. M/EI 다이어그램의 양의 값은 공액보에 위쪽 방향의 하중으로 작용하고, M/EI 다이어그램의 음의 값은 공액보에 아래쪽 방향의 하중으로 작용한다.

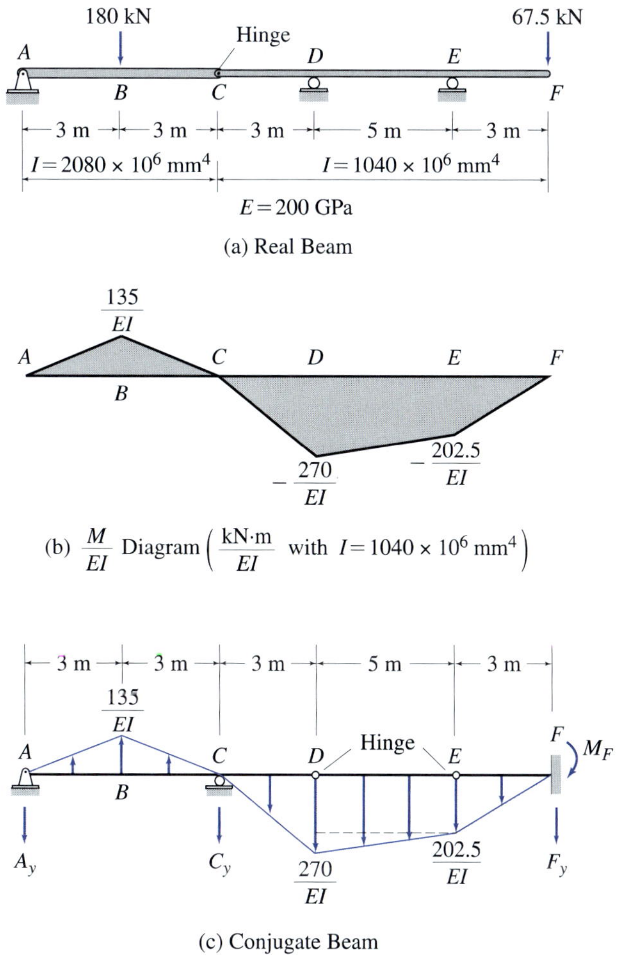

그림 6.18

공액보의 A 지점반력. 다음의 조건을 이용하여 공액보의 반력 A_y를 계산한다.

$$+\circlearrowleft \sum M_D^{AD} = 0 \quad A_y(9) - \frac{1}{2}\left(\frac{135}{EI}\right)(6)(6) + C_y(3) + \frac{1}{2}\left(\frac{270}{EI}\right)(3)\left(\frac{3}{3}\right) = 0$$

$$C_y = -3A_y + \frac{675}{EI} \tag{1}$$

$$+\circlearrowleft \sum M_E^{AE} = 0 \quad A_y(14) - \frac{1}{2}\left(\frac{135}{EI}\right)(6)(11) + C_y(8) + \frac{1}{2}\left(\frac{270}{EI}\right)(3)\left(\frac{3}{3}+5\right)$$

$$+\frac{202.5}{EI}(5)(2.5) + \frac{1}{2}\left(\frac{67.5}{EI}\right)(5)\left(\frac{10}{3}\right) = 0$$

$$14A_y + 8C_y = -\frac{1068.75}{EI} \tag{2}$$

식 (1)을 식 (2)에 대입하여 A_y를 구한다.

$$A_y = \frac{646.875 \text{ kN} \cdot \text{m}^2}{EI}$$

A 점의 처짐각. 실제 보의 A점의 처짐각은 공액보의 A점 바로 오른쪽에서의 전단력과 같다.

$$+\uparrow S_{A,R} = -A_y = -\frac{646.875\ \text{kN}\cdot\text{m}^2}{EI}$$

그러므로 실제 보의 A점의 처짐각은 다음과 같다.

$$\theta_A = -\frac{646.875}{EI} = -\frac{646.875}{(200\times10^6)(1040\times10^{-6})} = -0.003\ \text{rad}$$

$$\theta_A = 0.003\ \text{rad}$$

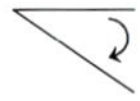

C점의 처짐. 실제 보의 C점의 처짐은 공액보의 C점의 휨모멘트와 같다. 공액보의 C점 왼쪽의 자유물체도를 이용하여 다음을 계산한다.

$$+\circlearrowleft M_C = \frac{1}{EI}\left[-646.875(6) + \frac{1}{2}(135)(6)(3)\right] = -\frac{2{,}666.25\ \text{kN}\cdot\text{m}^3}{EI}$$

그러므로 실제 보의 C점의 처짐은 다음과 같다.

$$\Delta_C = -\frac{2{,}666.25\ \text{kN}\cdot\text{m}^3}{EI} = -\frac{2{,}666.25}{(200\times10^6)(1040\times10^{-6})} = -0.0128\ \text{m}$$

$$\Delta_C = 12.8\ \text{mm}\ \downarrow$$

6.13 Example

그림 6.19(a)와 같은 보의 C점의 처짐을 공액보법을 이용하여 계산하라.

풀이

M/EI 다이어그램. 이 보에 대하여 모멘트 면적법을 이용하여 예제 6.7에서 해석하였다. B점을 기준으로 한 캔틸레버 부분 M/EI 다이어그램을 그림 6.19(b)에 나타내었다.

공액보. 그림 6.19(c)를 참조하라.

공액보의 A 지점의 반력.

$$+\circlearrowleft \sum M_B^{AB} = 0 \quad A_y(9) + \frac{1}{EI}\left[\frac{1}{3}(1215)(9)\left(\frac{9}{4}\right) - \frac{1}{2}(1050)(9)\left(\frac{9}{3}\right)\right] = 0$$

$$A_y = \frac{663.75\ \text{kN}\cdot\text{m}^2}{EI}$$

C점의 처짐. 실제 보의 C점의 처짐은 공액보의 C점의 휨모멘트와 같다. C점 왼쪽의 공액보의 자유물체도를 이용하여 다음을 계산한다.

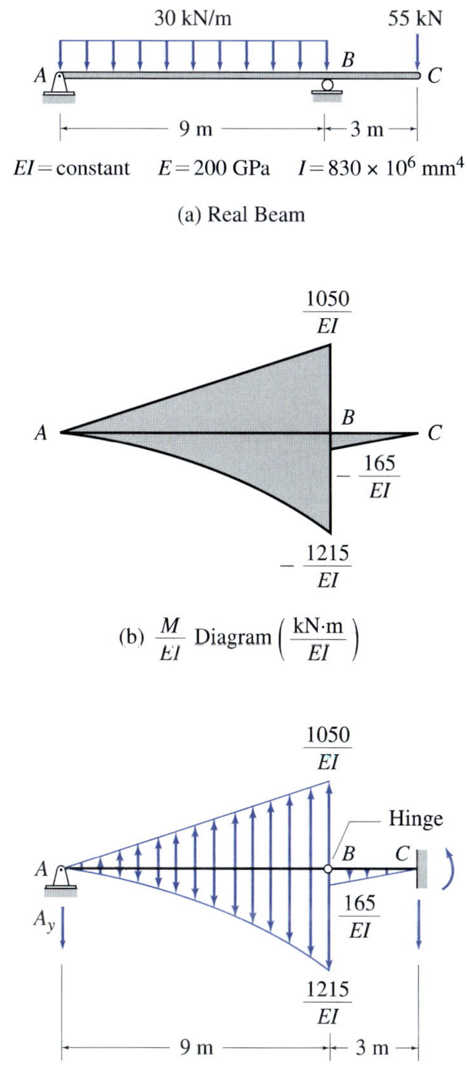

(c) Conjugate Beam

그림 6.19

$$+\circlearrowright M_C = \frac{1}{EI}\left[-663.75(12) - \frac{1}{3}(1215)(9)\left(\frac{9}{4}+3\right) + \frac{1}{2}(1050)(9)(6) - \frac{1}{2}(165)(3)\left(\frac{6}{3}\right)\right]$$

$$= \frac{753.75\ \text{kN}\cdot\text{m}^3}{EI}$$

그러므로 실제 보의 C점 처짐은 다음과 같다.

$$\Delta_C = \frac{753.75\ \text{kN}\cdot\text{m}^3}{EI} = \frac{753.75}{(200\times10^6)(830\times10^{-6})} = 0.00454\ \text{m}$$

$$\Delta_C = 4.54\ \text{mm}\ \uparrow$$

요약

이장에서는 정정보의 처짐과 처짐각을 계산하기 위하여 기하학적 방법들에 대하여 설명하였다. 보의 처짐에 대한 미분방정식은 다음과 같다.

$$\frac{d^2y}{dx^2} = \frac{M}{EI} \tag{6.9}$$

직접적분법의 경우에 x에 대한 보의 M/EI식을 구한 후에 식을 적분하여 처짐곡선의 처짐각과 처짐식을 구한다. 처짐곡선의 경계조건과 연속조건을 이용하여 적분상수를 계산한다. 보에 여러 가지 하중이 작용할 때 보에 작용하는 각각의 하중에 대한 처짐과 처짐각을 합하여 여러 조합하중에 의한 처짐과 처짐각을 계산한다.

모멘트 면적법은 다음과 같은 두 가지 이론에 근거한다.

제1 모멘트면적정리 $$\theta_{BA} = \int_A^B \frac{M}{EI}\,dx \tag{6.12}$$

제2 모멘트면적정리 $$\Delta_{BA} = \int_A^B \frac{M}{EI}\,\bar{x}\,dx \tag{6.13}$$

분할 휨모멘트 다이어그램을 작성하는 두 가지 방법을 6.5절에 소개하였다.

공액보는 대응하는 실제 보와 같은 길이를 갖는 가상의 보이며, 외적으로 지지되어 있고 내적으로 연결되어 있다. 실제 보의 M/EI의 값이 하중으로 작용하는 가상 보의 임의의 점의 전단력과 휨모멘트는 실제 보의 각 대응점에서의 처짐각 및 처짐과 같다. 공액보법에서는 공액보의 전단력과 휨모멘트를 계산한 후에 이를 이용하여 실제 보의 처짐각과 처짐을 계산한다.

연습문제

6.1∼6.6 직접적분법을 이용하여 다음과 같은 보의 처짐각과 처짐식을 계산하라. 단, EI=일정하다.

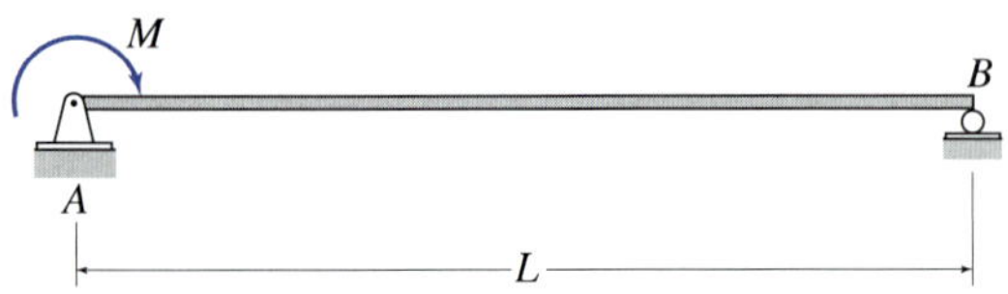

그림 P6.1

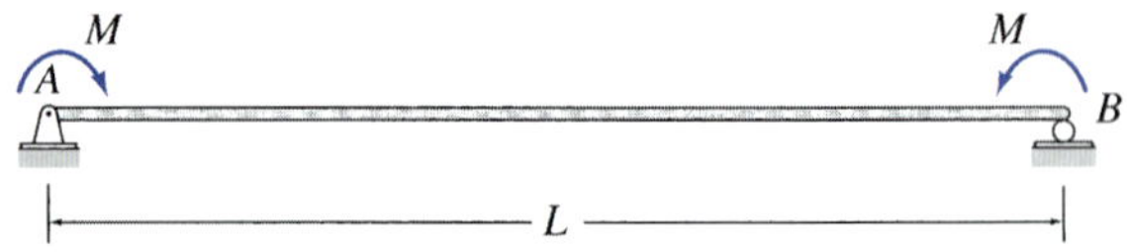

그림 P6.2

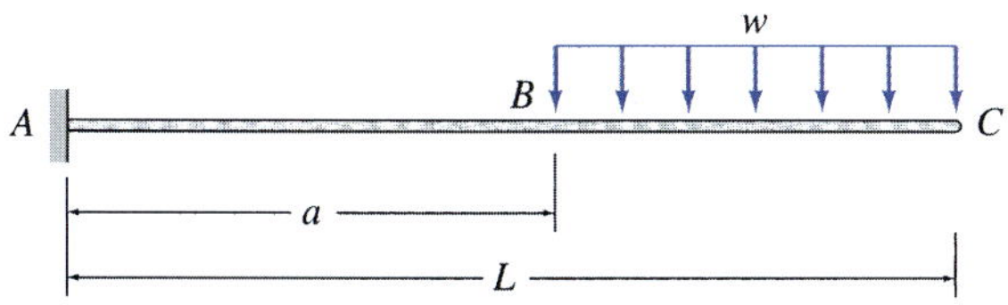

그림 P6.3

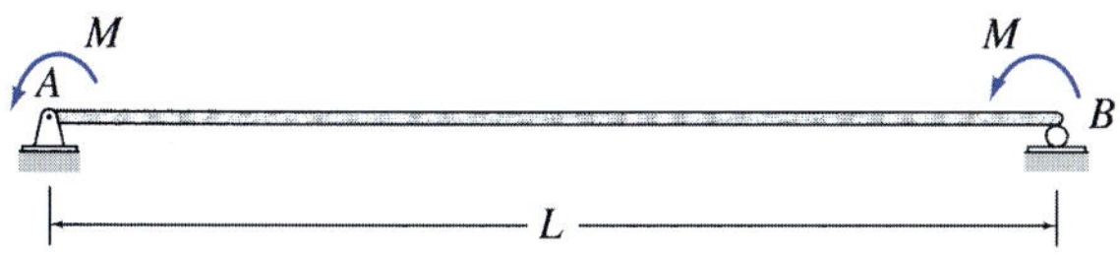

그림 P6.4

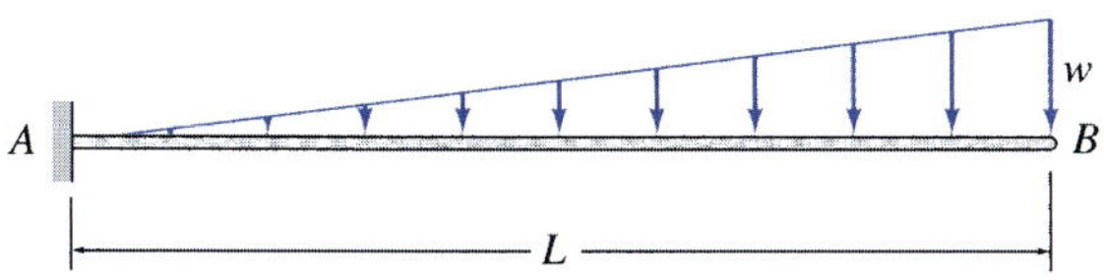

그림 P6.5

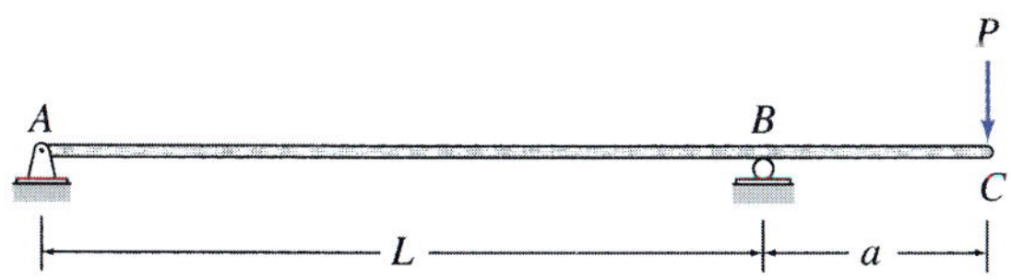

그림 P6.6

6.7 및 6.8 직접적분법을 이용하여 다음과 같은 보의 B점에서의 처짐각과 처짐을 계산하라.

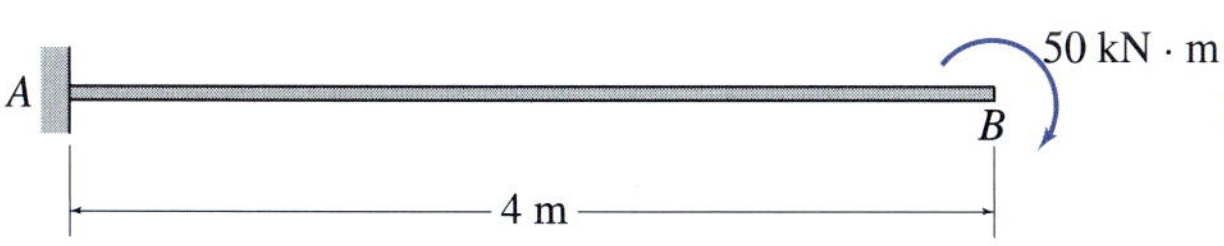

EI = constant
E = 70 GPa
I = 164 (10^6) mm^4

그림 P6.7

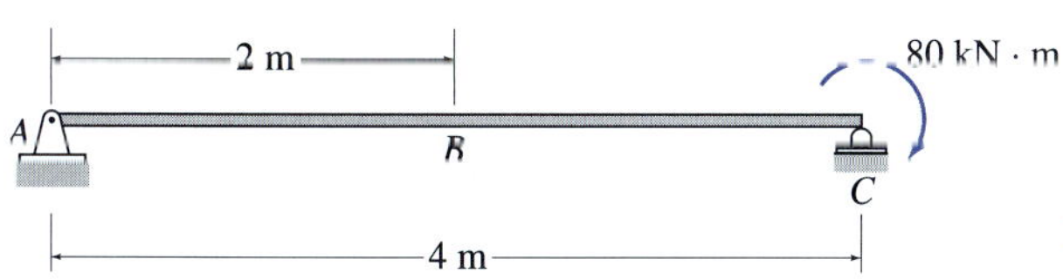

EI = constant
E = 70 GPa
I = 335 × 10^6 mm^4

그림 P6.8

6.9~6.12 모멘트 면적법을 이용하여 다음과 같은 보의 B점에서의 처짐각과 처짐을 계산하라.

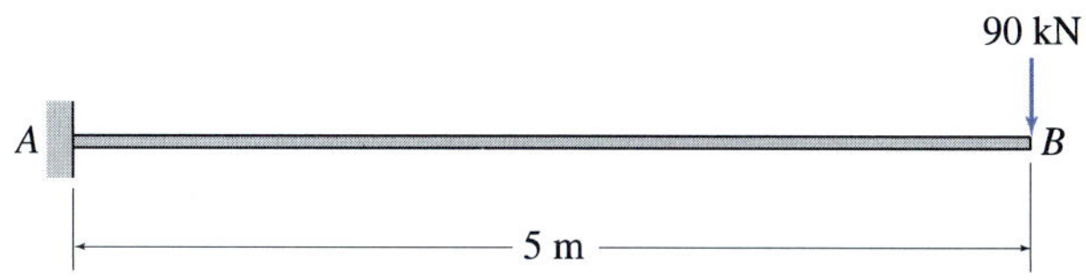

EI = constant
E = 200 GPa
I = 800 (10^6) mm^4

그림 P6.9, P6.35

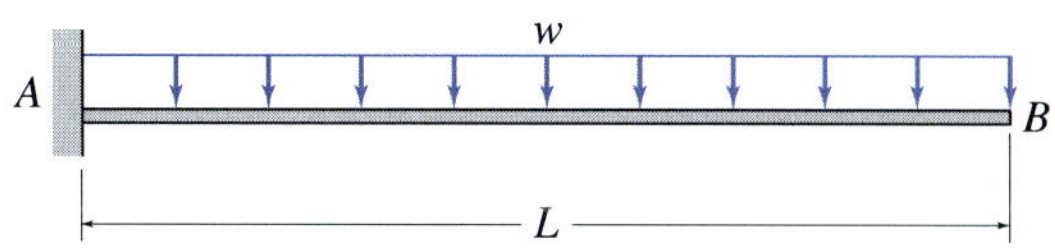

EI = constant

그림 P6.10, P6.36

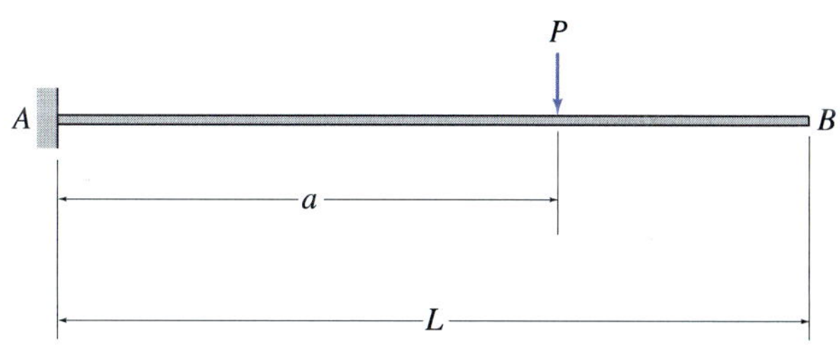

EI = constant

그림 P6.11, P6.37

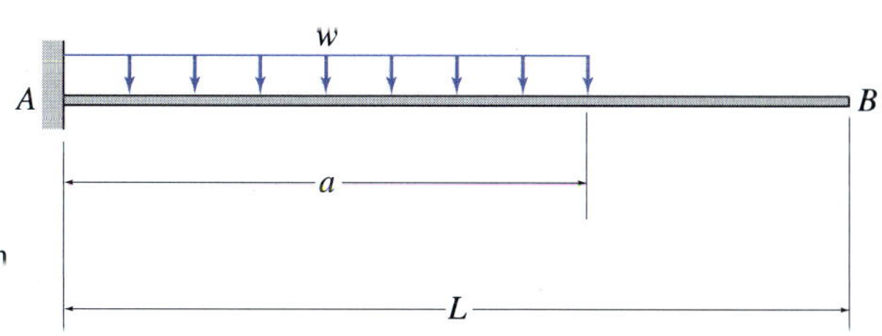

EI = constant

그림 P6.12, P6.38

6.13 모멘트 면적법을 이용하여 다음과 같은 보의 A 점에서의 처짐각과 처짐을 계산하라.

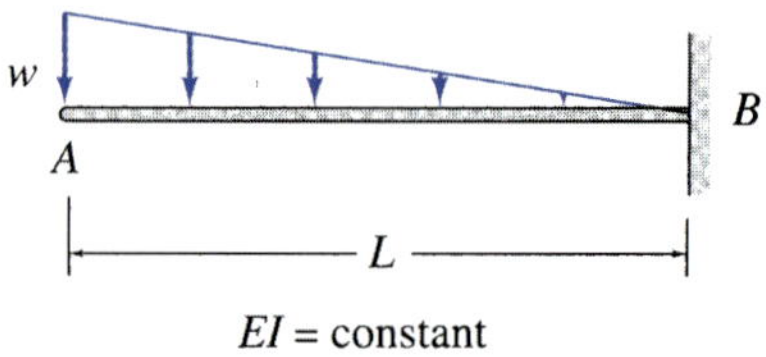

그림 P6.13, P6.39

6.14~6.17 모멘트 면적법을 이용하여 다음과 같은 보의 B 점과 C 점에서의 처짐각과 처짐을 계산하라.

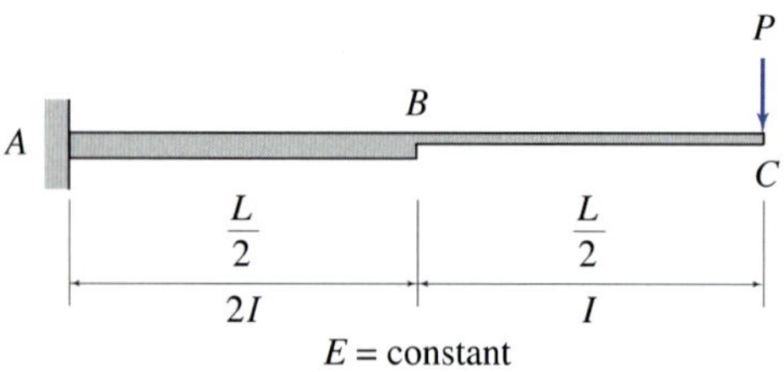

그림 P6.14, P6.40

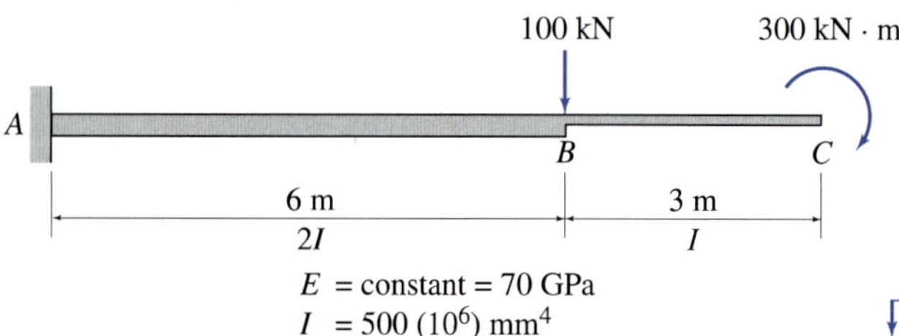

그림 P6.15, P6.41

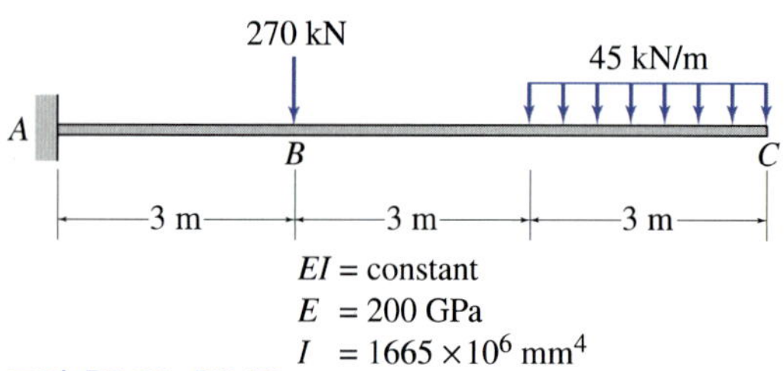

그림 P6.16, P6.42

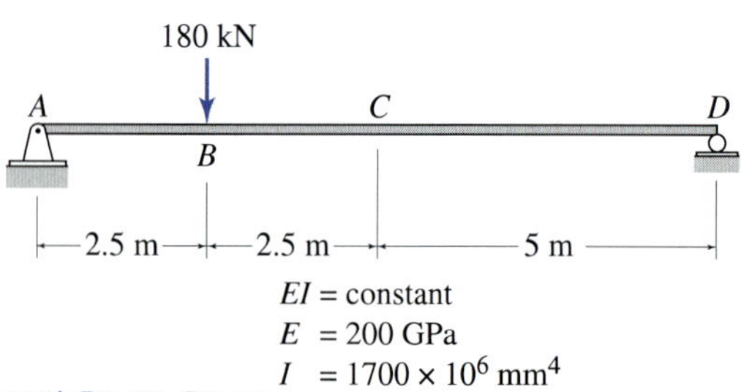

그림 P6.17, P6.43

6.18~6.22 모멘트 면적법을 이용하여 다음과 같은 보의 최대 처짐이 보 길이의 1/360을 초과하지 않도록 (즉, $\Delta_{max} \leq L/360$) I의 최소값을 계산하라.

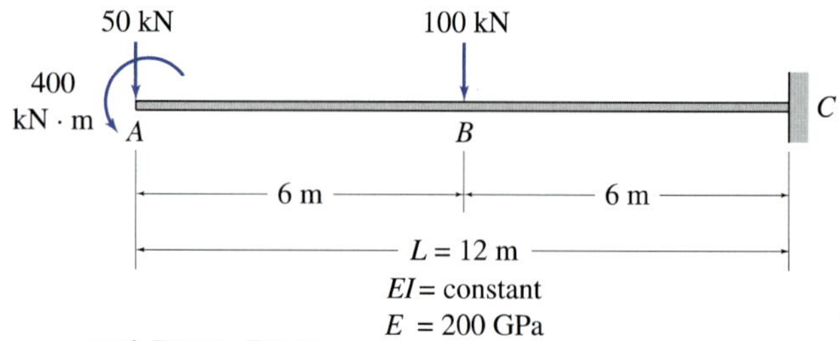

그림 P6.18, P6.44

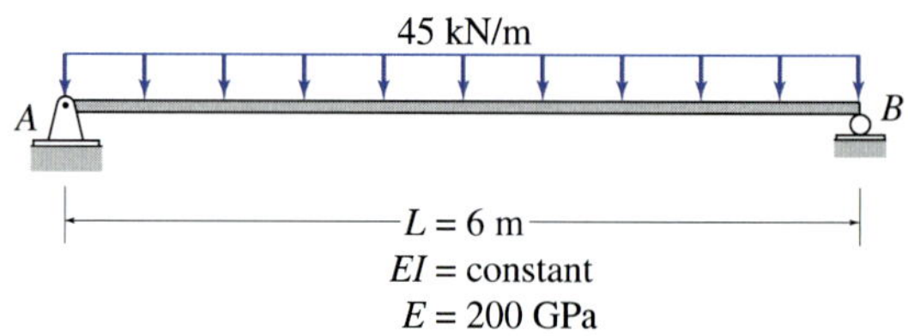

그림 P6.19, P6.45

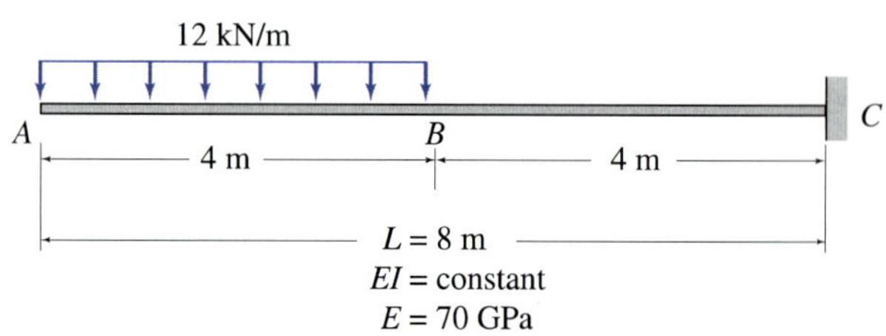

그림 P6.20, P6.46

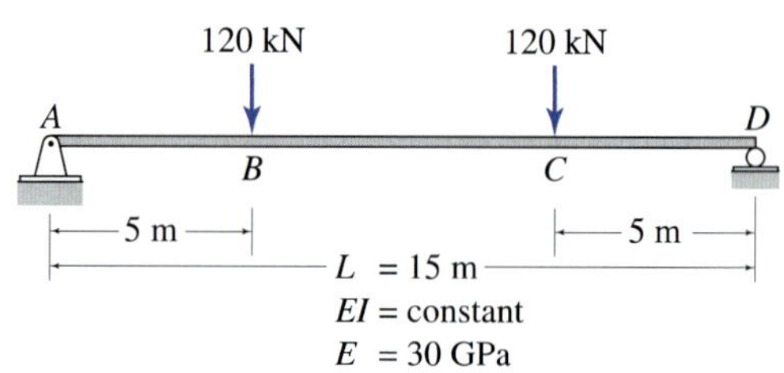

그림 P6.21, P6.47

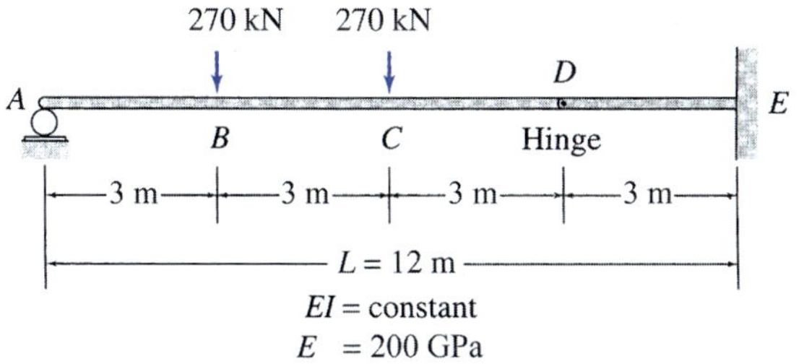

그림 P6.22, P6.48

6.23～6.30 모멘트 면적법을 이용하여 다음과 같은 보의 최대 처짐을 계산하라.

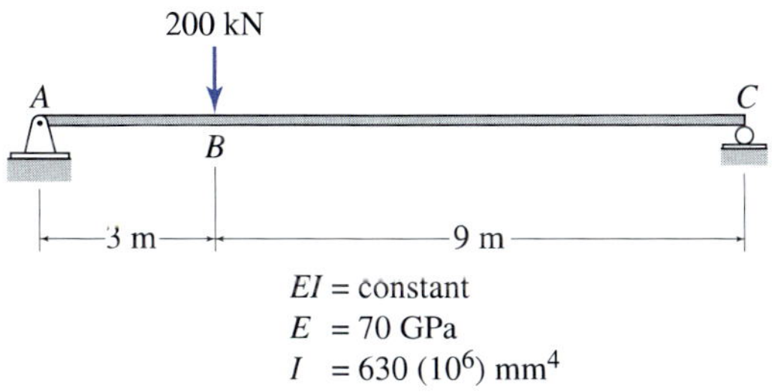

그림 P6.23, P6.49

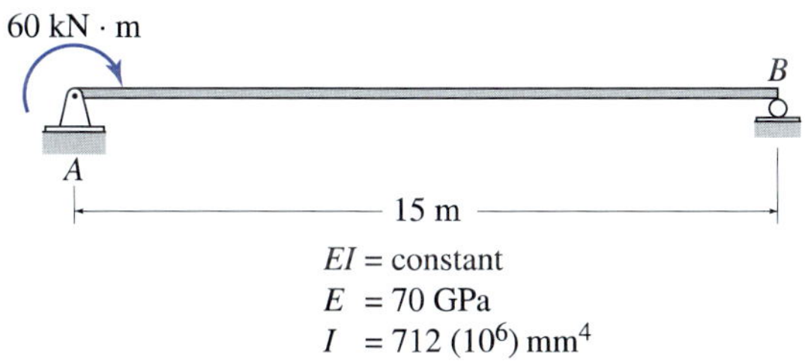

그림 P6.24, P6.50

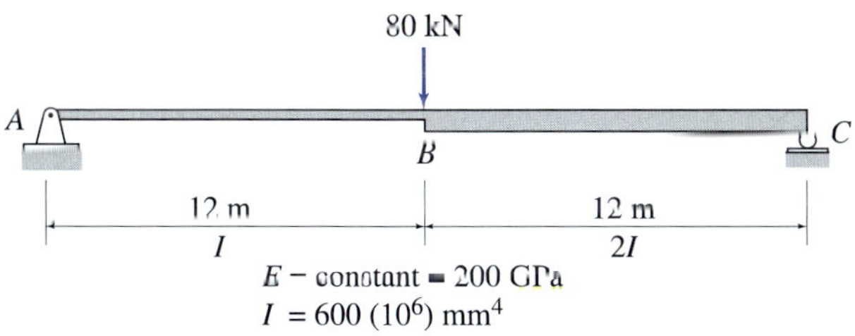

그림 P6.25, P6.51

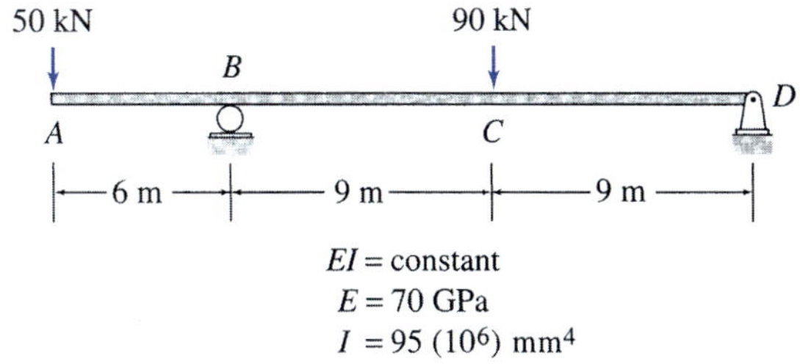

그림 P6.26, P6.52

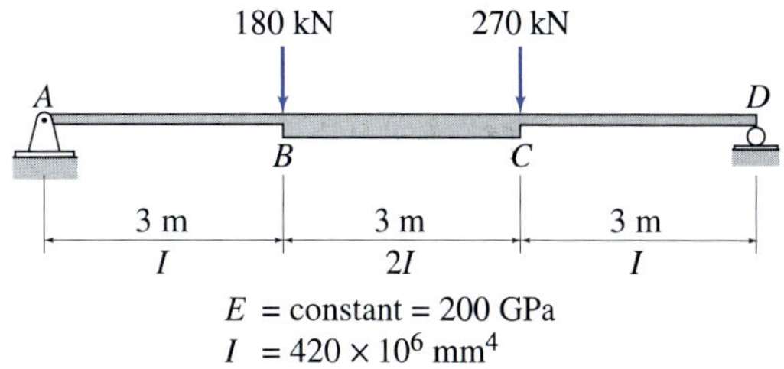

그림 P6.27, P6.53

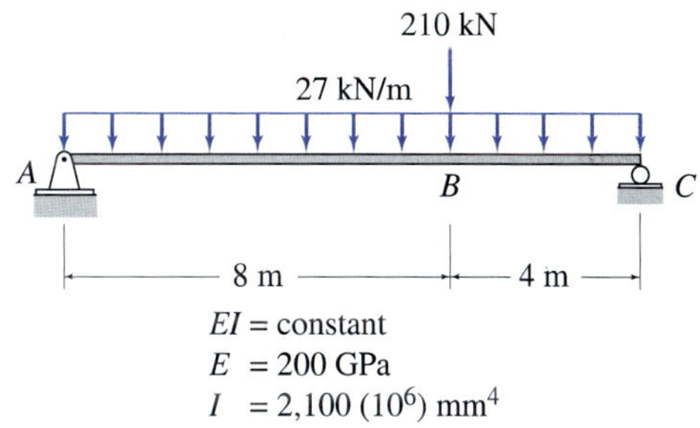

그림 P6.28, P6.54

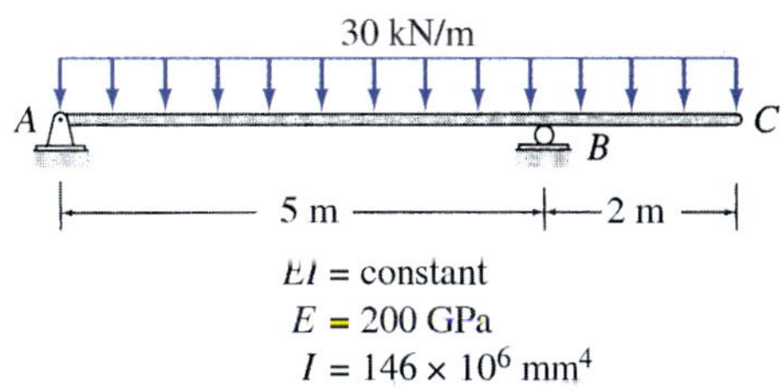

그림 P6.29, P6.55

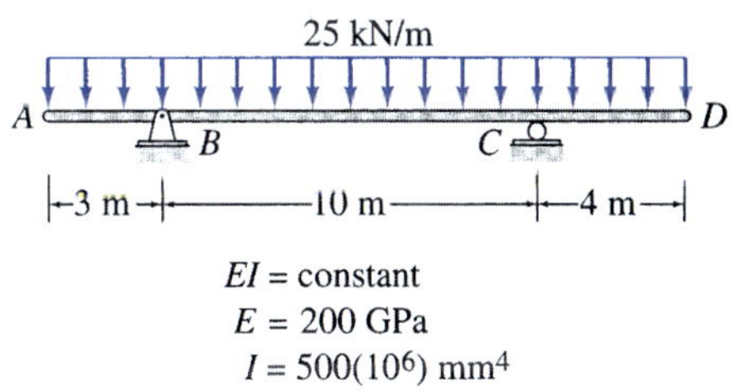

그림 P6.30, P6.56

6.31 및 6.32 모멘트 면적법을 이용하여 다음과 같은 보의 D점에서의 처짐각과 처짐을 계산하라.

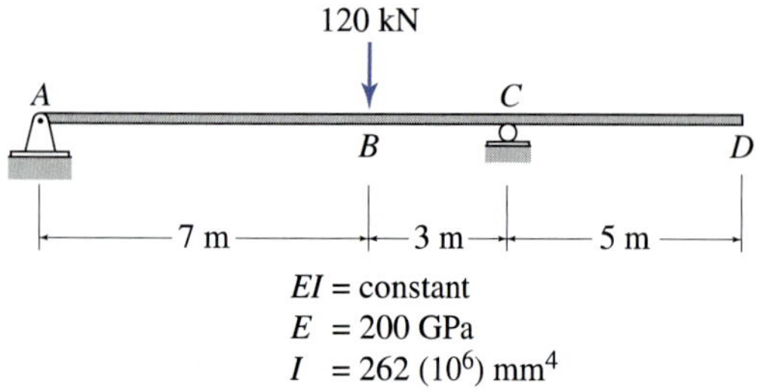

그림 P6.31, P6.57

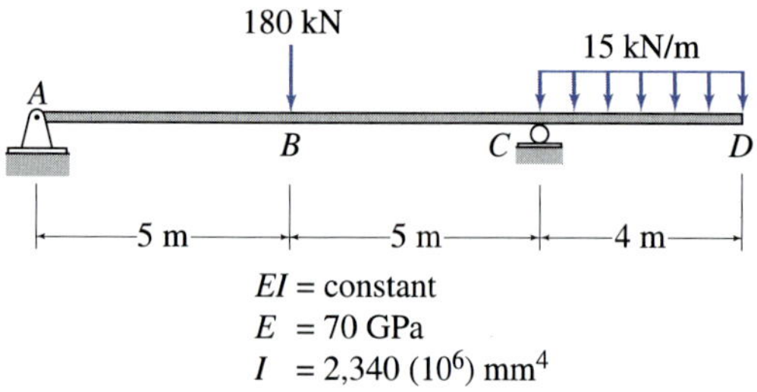

그림 P6.32, P6.58

6.33 및 6.34 모멘트 면적법을 이용하여 B점과 D점에서의 처짐각과 처짐을 계산하라.

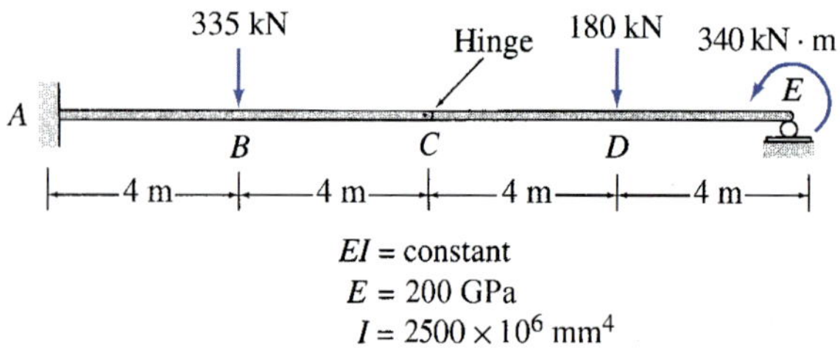

그림 P6.33, P6.59

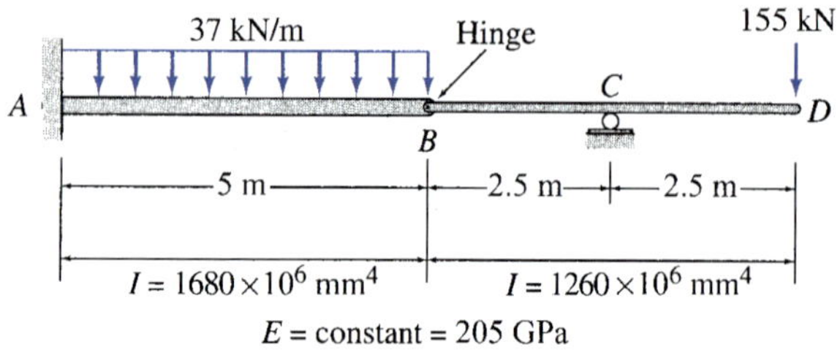

그림 P6.34, P6.60

6.35~6.38 공액보법을 이용하여 그림 P6.9~P6.12에 나타낸 보의 B점의 처짐각과 처짐을 계산하라.

6.39 공액보법을 이용하여 그림 P6.13과 P6.14에 나타낸 보의 A점에서의 처짐각과 처짐을 계산하라.

6.40~6.43 공액보법을 이용하여 그림 P6.14~P6.17에 나타낸 보의 B점과 C점에서의 처짐각과 처짐을 계산하라.

6.44~6.48 공액보법을 이용하여 그림 P6.18~P6.22에 나타낸 보의 최대 처짐이 보 길이의 1/360을 초과하지 않도록 (즉, $\Delta_{max} \leq L/360$) I의 최소값을 계산하라.

6.49~6.56 공액보법을 이용하여 그림 P6.23~P6.30에 나타낸 보의 최대 처짐을 계산하라.

6.57 및 6.58 공액보법을 이용하여 그림 P6.31과 P6.32에 나타낸 보의 D점의 처짐각과 처짐을 계산하라.

6.59 및 6.60 공액보법을 이용하여 그림 P6.33과 P6.34에 나타낸 보의 B점과 D점에서의 처짐각과 처짐을 계산하라.

Interstate 35W Bridge Collapse in Minnesota(2007)
AP Photo/Pioneer Press, Brandi Jade Thomas

07 트러스, 보, 골조의 처짐 : 일 - 에너지법

이 장에서는 일과 에너지에 대한 기본 원리를 이용하여 정정구조물의 처짐을 해석하는 방법에 대해 설명하고자 한다. 일 - 에너지법은 트러스, 보, 골조와 같은 다양한 종류의 구조물에 적용할 수 있어 6장에서 살펴본 기하학적 방법보다 더 보편적으로 사용할 수 있는 방법이다. 기하학적 방법의 단점은 구조물의 한 점에서 오직 하나의 처짐 또는 처짐각만을 계산할 수 있다는 것이다.

이 장에서는 구조물이 변형하는 동안 발생하는 힘과 모멘트에 의한 일의 기본 개념을 살펴본 후에 가상일의 원리에 대해 설명하고자 한다. 이 원리는 트러스, 보, 골조의 처짐을 계산하기 위한 가상일법을 유도하는데 사용된다. 다음으로 트러스, 보, 골조의 변형에너지에 대한 식을 유도하고 처짐을 계산하기 위한 카스틸리아노의 제2정리(Castigliano's second theorem)에 대해 설명한다. 마지막으로 베티의 법칙(Betti's law)과 맥스웰의 상반처짐법칙(Maxwell's law of reciprocal deflections)에 대해 설명한다.

7.1 일

구조물에 작용하는 힘에 의한 일은 힘과 힘의 작용방향으로 발생한 변위의 곱으로 간단하게 정의할 수 있다. 힘과 변위의 방향이 같을 때의 일을 양수로 하고, 힘과 변위의 방향이 반대일

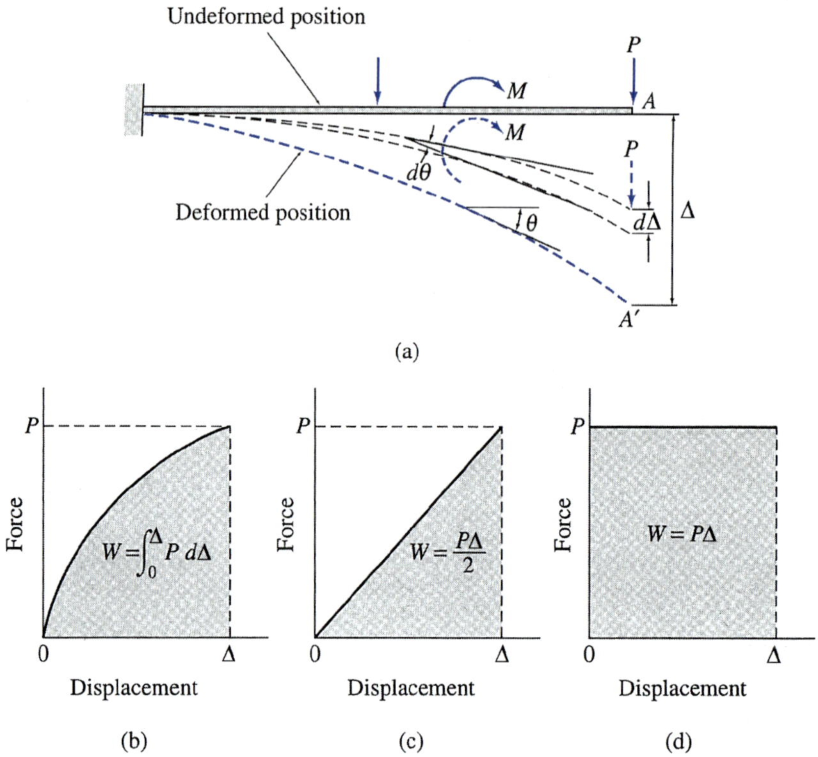

그림 7.1

때의 일을 음수로 한다.

그림 7.1(a)와 같이 P를 포함하는 여러 하중에 의해 구조물이 변형하는 동안 힘 P에 의해 발생하는 일을 생각해보자. 힘 P의 크기는 구조물의 변형 전 A점으로부터 변형 후 A'점에 이르기 까지 변위가 발생하는 동안 변할 수 있다. 힘의 작용점에서 미소변위 $d\Delta$ (그림 7.1(a) 참조)가 발생할 때 P가 한 일 dW는 다음과 같다.

$$dW = P\,(d\Delta)$$

전체 변위 Δ에 대해 힘 P가 한 전체 일 W는 dW의 식을 적분하여 계산한다.

$$W = \int_0^\Delta P\, d\Delta \tag{7.1}$$

식 (7.1)의 일은 그림 7.1(b)의 하중-변위 관계 곡선의 면적과 같다. 그림 7.1(c)와 같이 선형 탄성구조물의 경우에 일에 대한 식은 변위가 증가함에 따라서 하중이 "0"부터 최댓값까지 선형적으로 변하는 경우이다. 이 경우의 일은 하중-변위 관계곡선의 삼각형 면적이 되므로 다음과 같이 계산한다.

$$W = \frac{1}{2} P\Delta \tag{7.2}$$

그림 7.1(d)는 특별한 경우로 힘은 일정하게 P를 유지하지만 독립적인 다른 하중 작용에 의해 유발된 변위 Δ가 일정하게 발생하는 경우이다. 이 경우에 힘 P에 의한 일은 하중-변위 관계의 사각형 면적과 같으며 다음과 같이 계산한다.

$$W = P\Delta \tag{7.3}$$

식 (7.2)와 식 (7.3)의 일에 대한 두 식을 구분하는 것은 중요하다. 힘이 변위와 함께 선형으로 변할 경우에 일에 대한 식 (7.2)는 계수 1/2을 포함하지만, 힘이 일정한 경우에 일에 대한 식 (7.3)은 계수를 포함하지 않는다. 이 두 가지 일에 대한 식은 구조물의 처짐을 계산하기 위한 서로 다른 방법에 사용된다.

모멘트에 의한 일(work of couples)의 식은 힘에 의한 일(work of forces)의 식과 비슷하다. 구조물에 작용하는 모멘트에 의한 일은 모멘트와 모멘트가 회전하는 회전각의 곱이다. 매우 작은 회전각 $d\theta$에 대하여모멘트 M이 유발하는 일 dW는 다음과 같다.

$$dW = M(d\theta)$$

그러므로 전체 회전각 θ에 대하여 변동 모멘트 M이 유발하는 전체 일 W는 다음과 같다.

$$W = \int_0^\theta M\,d\theta \tag{7.4}$$

작용하는 모멘트가 “0”부터 최댓값까지 선형의 회전각을 발생시킬 때의 일은 다음과 같다.

$$W = \frac{1}{2}M\theta \tag{7.5}$$

회전각 θ가 발생하는 동안 M이 일정하다면 일은 다음과 같다.

$$W = M\theta \tag{7.6}$$

7.2 가상일의 원리

1717년에 존 베르누이(John Bernoulli)에 의해 제안된 **가상일의 원리**(principle of virtual work)는 구조역학의 다양한 문제를 해결하기 위하여 사용되는 유용한 해석법이다. 이 절에서는 이와 관련된 두 가지 원리, **강체를 위한 가상변위의 원리**(principle of virtual displacements for rigid bodies)와 **변형체를 위한 가상힘의 원리**(principle of virtual forces for deformable bodies)에 대하여 설명하고자 한다. **가상힘의 원리는** 구조물의 처짐을 계산하기 위하여 가장 널리 사용되는 방법 중의 하나인 **가상일법**(method of virtual work)을 유도하는데 사용되며, 이에 대해서는 다음 절에서 설명한다.

강체에 대한 가상변위의 원리

강체(rigid body)에 대한 가상변위의 원리는 다음과 같이 설명할 수 있다.

> 힘을 받고 있는 강체가 평형 상태에 있으며 강체에 아주 작은 가상변위가 발생한다면 외력에 의한 가상일은 "0"이다.

여기서, 가상(virtual)이라는 용어는 실제가 아닌 상상을 의미한다. 그림 7.2(a)와 같은 보를 생각해 보자. 그림 7.2(b)에 보의 자유물체도를 나타내었으며 그림에 표시된 P_x와 P_y는 각각 외부하중 P의 x 방향과 y 방향 성분이다.

그림 7.2(c)와 같이 보가 초기의 평형 위치 ABC에서 또 다른 위치 $A'B'C'$로 이동하며, 아주 작은 가상의 강체 변위가 발생하였다고 가정해 보자. 보의 전체 가상의 강체 변위는 x와 y 방향의 변위 Δ_{vx}와 Δ_{vy}, A점에 대한 회전 변위 θ_v로 구분된다. 여기서, 아래첨자 v는 가상변위를 의미한다. 보의 위치가 ABC에서 $A'B'C'$로 이동하며 가상변위가 발생할 때 보에 작용하는 힘은 일을 하며 이때의 일을 **가상일**(virtual work)이라 한다.

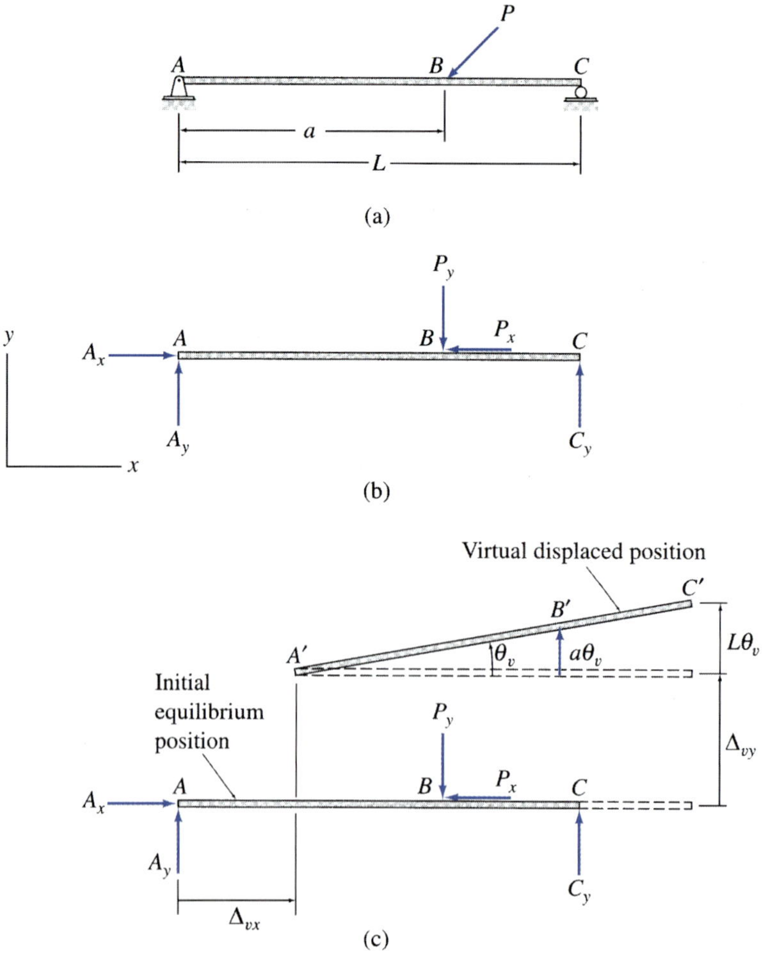

그림 7.2

보에 작용하는 외력에 의한 전체 가상일 W_{ve}는 각각 x와 y 방향으로 이동하는 동안 발생한 가상일 W_{vx}와 W_{vy}, 회전하는 동안 발생한 가상일 W_{vr}의 합이다.

$$W_{ve} = W_{vx} + W_{vy} + W_{vr} \tag{7.7}$$

보가 Δ_{vx}와 Δ_{vy}만큼 가상으로 이동하는 동안에 발생하는 힘에 의한 가상일은 다음과 같다.

$$W_{vx} = A_x\Delta_{vx} - P_x\Delta_{vx} = (A_x - P_x)\Delta_{vx} = (\sum F_x)\Delta_{vx} \tag{7.8}$$

그리고

$$W_{vy} = A_y\Delta_{vy} - P_y\Delta_{vy} + C_y\Delta_{vy} = (A_y - P_y + C_y)\Delta_{vy} = (\sum F_y)\Delta_{vy} \tag{7.9}$$

그림 7.2(c)와 같이 아주 작은 회전변위 θ가 발생하는 동안 힘에 의한 가상일은 다음과 같다.

$$W_{vr} = -P_y(a\,\theta_v) + C_y(L\,\theta_v) = (-aP_y + LC_y)\,\theta_v = (\sum M_A)\,\theta_v \tag{7.10}$$

식 (7.8)~(7.10)을 식 (7.7)에 대입하여 전체 가상일을 다음과 같이 계산한다.

$$W_{ve} = (\sum F_x)\Delta_{vx} + (\sum F_y)\Delta_{vy} + (\sum M_A)\,\theta_v \tag{7.11}$$

보는 평형 상태에 있으므로, $\sum F_x = 0$, $\sum F_y = 0$, $\sum M_A = 0$이며 식 (7.11)은 다음과 같다.

$$W_{ve} = 0 \tag{7.12}$$

이 식은 강체에 대한 가상변위의 원리를 나타낸다.

변형체에 대한 가상힘의 원리

변형체(deformable body)에 대한 가상힘의 원리는 다음과 같이 설명할 수 있다.

> **변형체가 가상의 힘(또는 모멘트)을 받은 상태에서 힘의 평형 상태를 이루고, 지점과 연속 조건을 가진 변형체에 아주 작은 실제 변형이 발생할 때, 실제의 외적 변위(또는 처짐각)에 작용하는 가상의 외력(virtual external forces)에 의한 가상의 외적 일(virtual external work)은 실제의 내적 변위를 작용하는 가상의 내력(virtual internal forces)에 의한 가상의 내적 일(virtual internal work)과 같다.**

위의 설명에서 **가상**(virtual)이란 용어는 힘이 실제가 아니고 실제 변형을 유발하는 힘과는 관련이 없다는 것을 의미한다.

이 원리를 증명하기 위해서 그림 7.3(a)과 같은 두 개의 트러스 부재를 생각해 보자. 그림과 같이 트러스는 가상의 외력 P_v를 받을 때 평형 상태에 있다. 트러스 C점의 자유물체도를

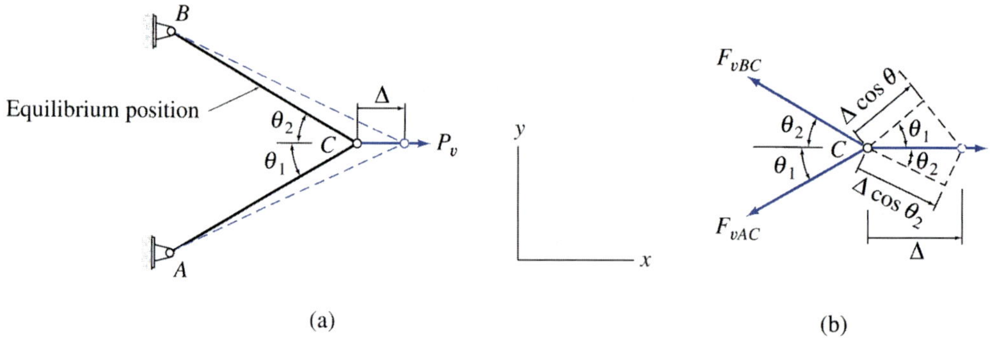

그림 7.3

그림 7.3(b)에 나타내었다. C절점은 힘의 평형 상태에 있으므로 C점에 작용하는 가상의 외력과 내력은 다음 2개의 평형조건을 충족시켜야 한다.

$$\sum F_x = 0 \qquad P_v - F_{vAC}\cos\theta_1 - F_{vBC}\cos\theta_2 = 0 \tag{7.13}$$
$$\sum F_y = 0 \qquad -F_{vAC}\sin\theta_1 + F_{vBC}\sin\theta_2 = 0$$

여기서, F_{vAC}와 F_{vBC}는 각각 AC부재와 BC부재에 발생한 가상의 내력이며, θ_1과 θ_2는 각각 수평축에 발생한 두 부재의 경사각이다(그림 7.3(a)).

그림 7.3(a)와 같이 트러스 C절점에 평형 상태에서 오른쪽으로 아주 작은 실제 변위 Δ가 발생했다고 가정해 보자. 이 때 트러스의 지점에는 변형이 없다. 즉 A절점과 B절점의 지점에는 변위가 발생하지 않는다. A절점과 B절점에서의 가상힘은 일을 유발하지 않으므로 트러스 전체의 가상일(W_v)은 C절점에 작용하는 가상일에 의한 일의 합과 같다. 즉,

$$W_v = P_v\Delta - F_{vAC}(\Delta\cos\theta_1) - F_{vBC}(\Delta\cos\theta_2)$$

또는

$$W_v = (P_v - F_{vAC}\cos\theta_1 - F_{vBC}\cos\theta_2)\Delta \tag{7.14}$$

식 (7.13)을 이용하면 식 (7.14)의 오른쪽 항의 괄호부분은 "0"이다. 따라서 전체 가상일 $W_v = 0$이다. 그러므로 식 (7.14)를 다음과 같이 나타낼 수 있다.

$$P_v\Delta = F_{vAC}(\Delta\cos\theta_1) + F_{vBC}(\Delta\cos\theta_2) \tag{7.15}$$

여기서, 좌변은 실제의 외적 변위 Δ에 작용하는 가상 외력 P_v에 의한 가상의 외적 일(W_{ve})을 의미한다. 또한 $\Delta\cos\theta_1$과 $\Delta\cos\theta_2$는 각각 AC부재와 BC부재의 실제의 내적 변위(늘어난 길이)이므로 식 (7.15)의 우변은 실제의 내적 변위에 작용하는 가상의 내력에 의한 가상의 내적 일(W_{vi})을 의미한다. 즉,

$$W_{ve} = W_{vi} \tag{7.16}$$

식 (7.16)은 변형체에 대한 가상힘의 원리를 나타낸다.

여기서 설명한 가상힘의 원리는 실제 변형을 유발하는 원인과 상관없이 적용된다. 즉, 가상힘의 원리를 적용하여 하중에 의한 변형, 온도 변화 및 그 밖의 하중 효과를 구할 수 있다. 그러나 가상일이 발생하는 동안 가상힘의 크기와 방향이 일정하도록 변형이 매우 작아야 한다. 또한, 비록 이 책에서는 가상일의 원리를 탄성구조물에 대해서만 적용하고 있지만, 이 원리는 구조물의 탄성유무에 상관없이 적용할 수 있다.

가상일법은 식 (7.16)의 변형체에 대한 가상힘의 원리에 근거하며 다음과 같이 다시 표현할 수 있다.

$$\text{가상의 외적 일} = \text{가상의 내적 일} \tag{7.17}$$

더욱 구체적으로 표현하면 다음과 같다.

$$\overbrace{\sum \begin{pmatrix}\text{가상의 외력} \times \\ \text{실제 외적 변위}\end{pmatrix} = \sum \begin{pmatrix}\text{가상의 내력} \times \\ \text{실제 내적 변위}\end{pmatrix}}^{\text{가상시스템}}_{\text{실제시스템}} \tag{7.18}$$

여기서, **힘**과 **변위**는 일반적인 의미이며 각각 모멘트와 회전을 포함하고 있다. 가상힘은 실제 변형을 일으키는 힘과는 무관하며 실제 변형이 발생하는 동안에 그 값이 일정하므로, 식 (7.18)의 가상의 외적 일과 가상의 내적 일은 계수 "1/2"를 포함하지 않는다.

식 (7.18)과 같이 가상일법에는 두 개의 다른 시스템이 사용된다. 즉, 계산하고자 하는 변형을 유발하는 가상 하중시스템과 실제 하중시스템이다. 구조물의 임의점에서 발생하는 처짐(처짐각)을 계산하기 위하여 식 (7.18)에서 계산하고자 하는 처짐(또는 회전)이 유일한 미지수가 되도록 가상 외력시스템을 선정할 수 있다. 트러스, 보, 골조의 처짐을 계산하기 위해 사용되는 가상일법의 구체적인 식에 대해서는 다음 절에서 설명하고자 한다.

7.3 가상일법에 의한 트러스의 처짐

트러스의 처짐을 계산하기 위하여 가상일법에 대한 식을 그림 7.4(a)와 같은 임의의 정정트러스 구조물을 이용하여 유도해 보고자 한다. 여기서는 이력 P_1과 P_2에 의해 발생하는 트러스 B절점에서의 수직 처짐 Δ를 계산할 것이다. 이 트러스는 정정구조이므로 트러스 부재의 축력을 4장에서 설명한 절점법을 이용하여 계산할 수 있다. 트러스의 임의의 부재 j (즉, 그림 7.4(a)의 CD부재)에 작용하는 축력을 F라 하면 이 부재의 축방향 변형은 재료역학의 이론을 이용하여 다음과 같이 계산할 수 있다.

$$\delta = \frac{FL}{AE} \tag{7.19}$$

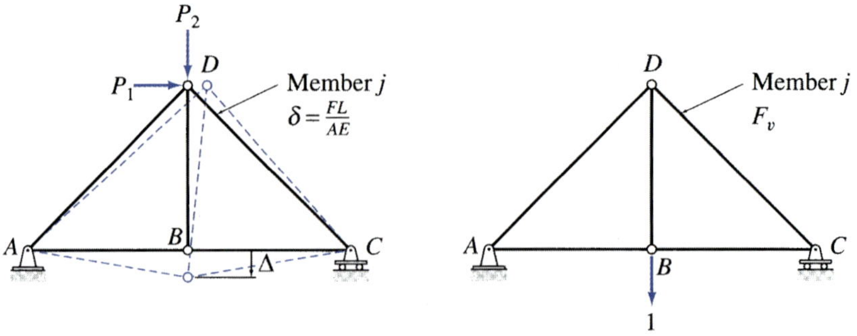

(a) Real System (b) Virtual System

그림 7.4

여기서, L, A, E는 각각 j부재의 길이, 단면적, 탄성계수이다.

트러스 B절점에서의 수직 처짐 Δ를 계산하기 위해 그림 7.4(b)와 같이 B절점에 계산하고자 하는 처짐의 방향으로 단위하중으로 이루어진 가상의 시스템을 작용시킨다. 그림 7.4(b)의 단위하중의 작용방향(하향)을 그림 7.4(a)의 계산하고자 하는 처짐의 방향과 같게 한다. 가상단위하중에 의해 발생하는 트러스 부재의 힘을 절점법을 이용하여 계산할 수 있다. 이 때 j부재에 작용하는 가상힘을 F_v로 표시하였다. 다음으로 가상단위하중이 작용하는 트러스 구조물(그림 7.4(b))이 실제 하중의 변형(그림 7.4(a))에 영향을 받는다. 실제 처짐 Δ을 유발하는 가상단위하중에 의해 발생하는 가상의 외적 일은 다음과 같다.

$$W_{ve} = 1\,(\Delta) \tag{7.20}$$

가상의 내적 일을 구하기 위해 j부재(그림 7.4의 CD부재)를 생각해 보자. 실제의 축 변형 δ에 대응하여 작용하는 가상 축력 F_v에 의해 j부재에서의 가상의 내적 일은 $F_v\delta$이다. 그러므로 모든 트러스 부재에서의 전체 가상의 외적 일은 다음과 같다.

$$W_{vi} = \sum F_v\,(\delta) \tag{7.21}$$

변형체에 대한 가상힘의 원리에 의해 식 (7.20)의 가상의 외적 일과 식 (7.21)의 가상의 내적 일은 같으므로 트러스의 처짐에 대해 다음과 같은 가상일법의 식을 구할 수 있다.

$$1\,(\Delta) = \sum F_v\,(\delta) \tag{7.22}$$

변형은 외력에 의해 발생하기 때문에 식 (7.19)를 식 (7.22)에 대입하여 다음을 구할 수 있다.

$$1\,(\Delta) = \sum F_v\left(\frac{FL}{AE}\right) \tag{7.23}$$

식 (7.23)에서 처짐만이 유일한 미지수이므로 이 식을 풀어 처짐을 계산할 수 있다.

온도변화와 시공오차

부재의 축변형 δ를 알고 있거나 직접 계산할 수 있을 경우에는 식 (7.22)의 가상일법에 이용하여 온도변화, 시공오차, 그 밖의 다른 영향에 의해 발생하는 트러스 처짐을 계산할 수 있다.

온도변화(ΔT)에 의해 발생하는 길이가 L인 트러스 j부재의 축변형은 다음과 같다.

$$\delta = \alpha\,(\Delta T)\,L \tag{7.24}$$

여기서, α는 j부재의 열팽창계수이다. 식 (7.24)를 식 (7.22)에 대입하여 다음 식을 구할 수 있다.

$$1\,(\Delta) = \sum F_v\,\alpha\,(\Delta T)\,L \tag{7.25}$$

위 식은 트러스에서 온도변화에 의해 발생하는 처짐을 계산하기 위해 사용된다.

식 (7.22)의 δ 대신에 시공오차에 의한 부재길이 변화를 대입하여 시공오차에 의한 트러스 처짐을 계산할 수 있다.

해석 순서

다음과 같은 과정을 통해 가상일법을 이용하여 트러스의 처짐을 계산할 수 있다.

1. **실제시스템(real system)** 만약 계산하고자 하는 트러스의 처짐이 외력에 의해 유발된다면 트러스의 모든 부재의 (실제)축력(F)을 절점법 또는 단면법을 이용하여 계산한다. 이 절의 끝부분에 주어진 예제에서 부재의 인장력을 "양"으로 하고 압축력을 "음"으로 하였다. 마찬가지로 온도가 증가하거나 시공오차에 의해 부재 길이가 증가하면 "양"으로 하고 반대의 경우는 "음"으로 하였다.
2. **가상시스템(virtual system)** 트러스에 작용하는 모든 실제 하중을 제거한 후에 처짐을 계산하고자 하는 절점에 처짐 발생 예상 방향으로 단위하중을 작용시킨다. 절점법 또는 단면법을 이용하여 트러스의 모든 부재의 가상축력(F_v)을 계산한다. 가상힘에 대한 부호 규약은 1단계의 실제하중에 대하여 사용한 부호 규약과 같아야 한다. 즉, 실제 인장력, 온도 증가 또는 시공오차에 의해 부재 길이가 증가할 경우에 1단계에서 "양"으로 하였다면, 가상 인장력도 "양"으로 해야 한다. 반대의 경우에도 마찬가지의 부호 규약에 따른다.
3. 트러스의 처짐이 외력에 의해 발생되었다면 식 (7.23)을 적용, 처짐이 온도변화에 의해 발생하였다면 식 (7.25)를 적용, 처짐이 시공오차에 의해 발생하였다면 식 (7.22)를 적용하여 계산한다. 다음 예제와 같이 1단계와 2단계에서 계산한 실제시스템과 가상시스템의 값을 표로 나타내어 가상일에 대한 방정식을 효율적으로 활용한다. 계산 결과가 "양"이면 처짐이 단위하중과 같은 방향으로 발생함을 나타내며, "음"이면 처짐이 단위하중과 반대 방향으로 발생함을 나타낸다.

7.1 Example

가상일법을 이용하여 그림 7.5(a)와 같은 트러스의 C절점에서의 수평처짐을 계산하라.

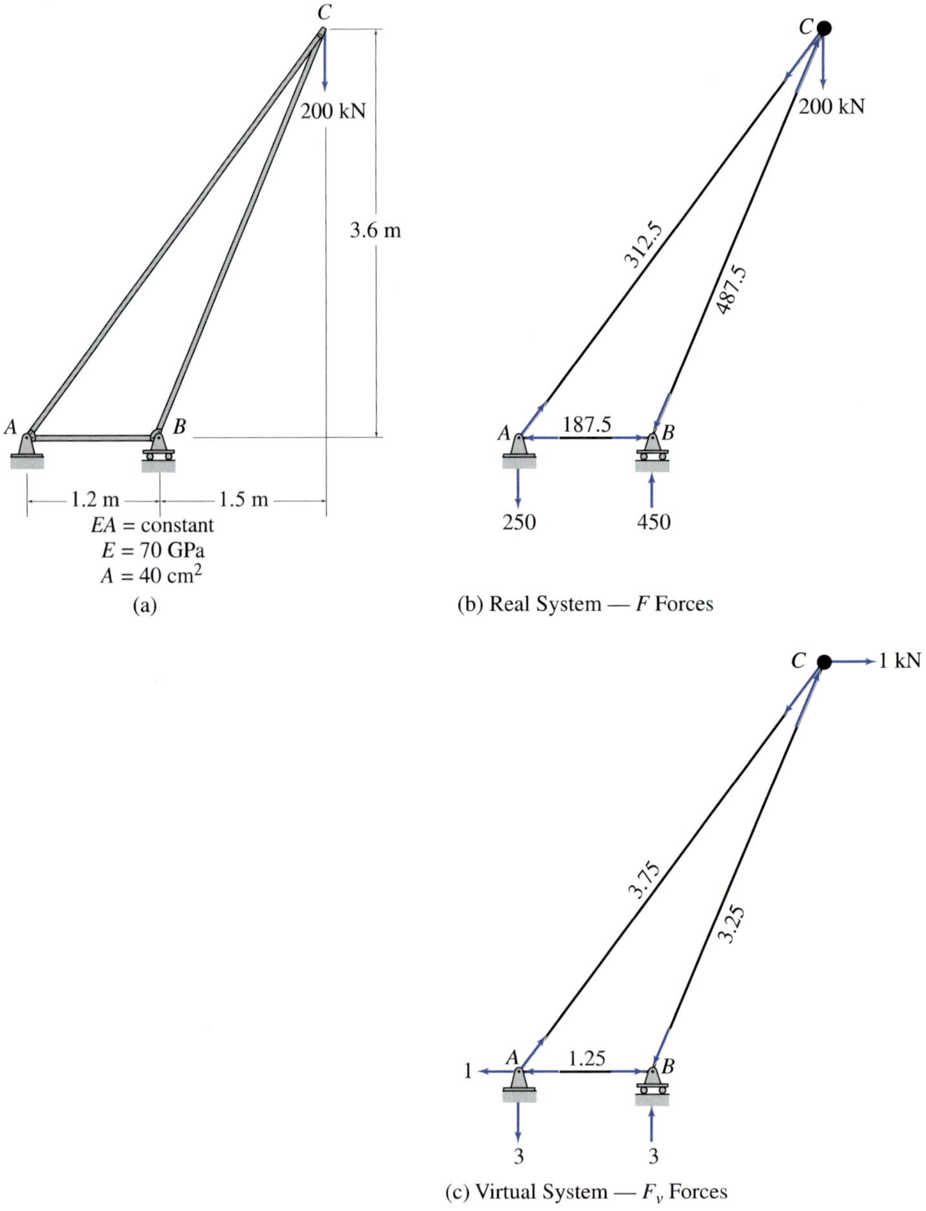

그림 7.5

풀이

실제시스템. 실제시스템이 그림 7.5(b)와 같은 하중으로 구성되었다. 절점법에 의해 계산한 실제하중(F)에 의한 부재 축력을 그림 7.5(b)에 나타내었다.

가상시스템. 가상시스템이 그림 7.5(c)와 같은 C절점에 수평방향으로 가해진 단위하중(1 kN)으로 구성된다. 1 kN의 가상하중에 의해 발생하는 부재 축력(F_v)을 절점법을 이용하여 계산하여 이를 그림

7.5(c)에 나타내었다.

C 절점에서의 수평처짐 Δ_C. 처짐을 계산하기 위하여 실제 부재력과 가상 부재력을 부재길이(L)와 함께 표 7.1에 나타내었다. 모든 부재의 단면적 A와 탄성계수 E는 동일하므로 표에 표시하지 않았다. 실제시스템과 가상시스템에 동일한 부호 규약을 적용하였다. 즉, 표의 세 번째와 네 번째 열에서 인장력은 양수이고 압축력은 음수이다. 각 부재에 대해 $F_v(FL)$ 의 값을 계산하고 이를 표의 다섯 번째 열에 표시하였다.

다섯 번째 열의 합인 $\sum F_v(FL)$ 을 계산하고 이 값을 다섯 번째 열의 맨 밑에 표시하였다. 트러스의 모든 부재에서 발생한 전체 가상의 내적 일은 다음과 같다.

$$W_{vi} = \frac{1}{EA}\sum F_v(FL)$$

계산하고자 하는 C점에서 수평처짐 Δ_C에 작용하는 1 kN 하중에 의한 가상의 외적 일은 다음과 같다.

$$W_{ve} = (1\text{ kN})\,\Delta_C$$

마지막으로 표 7.1에 표시한 것과 같이 가상의 외적 일과 가상의 내적 일을 같게 하여 Δ_C를 계산한다.

표 7.1

부재	L (m)	F(kN)	F_v (kN)	$F_v(FL)$ (kN$^2\cdot$m)
AB	1.2	−187.5	−1.25	281.25
AC	4.5	312.5	3.75	5,273.44
BC	3.9	−487.5	−3.25	6,179.06
				$\sum F_v(FL)=11{,}733.75$

$$1\,(\Delta_C) = \frac{1}{EA}\sum F_v(FL)$$

$$(1\text{ kN})\,\Delta_C = \frac{11{,}733.75}{70\,(10^6)\,4000\,(10^{-6})}\text{ kN}\cdot\text{m}$$

$$\Delta_C = 0.042\text{ m}$$

$$\Delta_C = 42\text{ mm} \rightarrow$$

7.2 Example

가상일법을 이용하여 그림 7.6(a)와 같은 트러스의 G절점에서의 수평처짐을 계산하라.

풀이

실제시스템. 실제시스템이 그림 7.6(b)와 같은 하중으로 구성되었다. 절점법을 이용하여 계산한 실제하중에 의한 부재 축력(F)을 그림 7.6(b)에 표시하였다.

가상시스템. 가상시스템은 그림 7.6(c)와 같이 G절점의 수평방향으로 가해진 단위하중(1 kN)으로 구성되었다. 1 kN 가상하중에 의한 부재 축력(F_v)을 그림 7.6(c)에 표시하였다.

G 절점에서의 수평처짐 Δ_C. 처짐을 계산하기 위해 실제시스템과 가상시스템의 부재력을 부재길이(L) 및 단면적(A)과 함께 표 7.2에 표시하였다. 모든 부재의 탄성계수(E)는 동일하므로 표에 표시하지 않았다. 실제시스템과 가상시스템에 동일한 부호 규약을 적용하였다. 즉 표의 4열과 5열에서 인장력은 양수이고 압축력은 음수이다. 각 부재에 대한 $F_v(FL/A)$을 계산하여 그 값을 표의 6열에 표시하였다. 6열의 모든 값의 합인 $\sum F_v(FL/A)$를 계산하여 6열의 맨 아랫줄에 표시하였다. 마지막으로 표 7.2와 같이 식 (7.23)의 가상일의 식을 사용하여 처짐 Δ_G를 계산하였다. Δ_G가 양수인 것은 G점의 처짐이 단위하중이 작용하는 오른쪽 방향으로 발생하는 것을 의미한다.

표 7.2

부재	L (m)	A (m^2)	F (kN)	F_v (kN)	$F_v(FL)$ (kN$^2\cdot$m)
AB	4	0.003	300	1	400,000
CD	4	0.002	0	0	0
EG	4	0.002	−100	0	0
AC	3	0.003	300	1.5	450,000
CE	3	0.003	0	0	0
BD	3	0.003	−75	−0.75	56,250
DG	3	0.003	−75	−0.75	56,250
BC	5	0.002	−375	−1.25	1,171,875
CG	5	0.002	125	1.25	390,625
					$\sum F_v\left(\frac{FL}{A}\right)=2{,}525{,}000$

$$1\,(\Delta_G) = \frac{1}{E}\sum F_v\left(\frac{FL}{A}\right)$$

$$(1\text{ kN})\,\Delta_G = \frac{2{,}525{,}000}{200\,(10^6)}\text{ kN}\cdot\text{m}$$

$$\Delta_G = 0.0126\text{ m}$$

$$\Delta_G = 12.6\text{ mm} \rightarrow$$

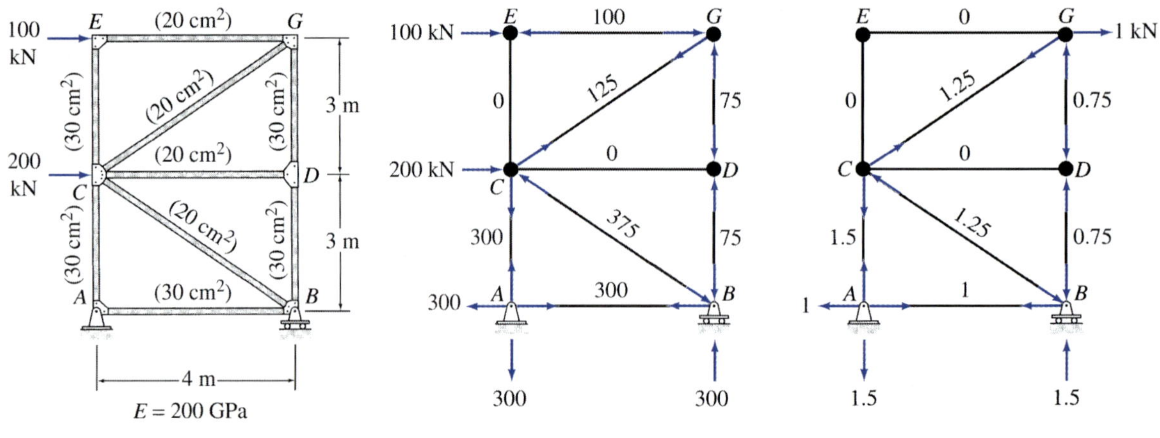

(a) (b) Real System — F Forces (c) Virtual System — F_v Forces

그림 7.6

7.3
Example

가상일법을 이용하여 그림 7.7(a)와 같은 트러스의 B 절점의 수평처짐과 수직처짐을 계산하라.

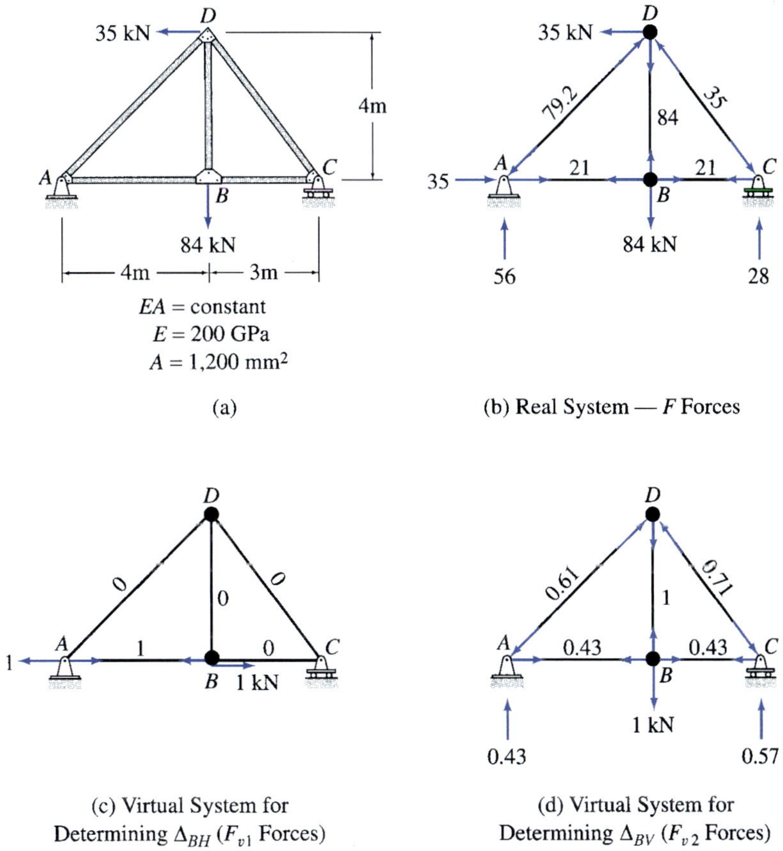

그림 7.7

풀이

실제시스템. 실제시스템과 부재력(F)을 그림 7.7(b)에 표시하였다.

B 점에서의 수평처짐, Δ_{BH}. B 절점의 수평처짐을 계산하기 위한 가상시스템은 그림 7.7(c)와 같이 B 절점의 수평방향으로 가해진 1 kN의 하중으로 구성된다. 이 가상하중에 의해 발생하는 부재 축력(F_{v1})을 그림에 표시하였다. Δ_{BH}를 계산하기 위해 실제시스템(F)과 가상시스템(F_{v1})에 의한 부재 축력 및 식 (7.23)에 의한 가상일을 표 7.3에 표시하였다.

B 점에서의 수직처짐, Δ_{BV}. B 절점의 수직처짐을 계산하기 위한 가상시스템은 그림 7.7(d)와 같이 B 절점의 수직방향으로 가해진 1 kN의 하중으로 구성된다. 이 가상하중에 의한 부재 축력(F_{v2})을 그림에 표시하였다. 부재력을 표 7.3의 6열에 나타내었고 가상일의 식(식 (7.23))을 이용하여 Δ_{BV}를 계산하였다.

표 7.3

부재	L (m)	F (kN)	F_{v1} (kN)	$F_{v1}(FL)$ (kN^2 · m)	F_{v2} (kN)	$F_{v2}(FL)$ (kN^2 · m)
AB	4	21	1	84	0.43	36.12
BC	3	21	0	0	0.43	27.09
AD	5.66	−79.2	0	0	−0.61	273.45
BD	4	84	0	0	1	336.00
CD	5	−35	0	0	−0.71	124.25
		$\sum F_v(FL)$		84		796.91

$$1\,(\Delta_{BH}) = \frac{1}{EA}\sum F_{v1}\,(FL)$$

$$(1\text{ kN})\,\Delta_{BH} = \frac{84}{200\,(10^6)\,(0.0012)}\ \text{kN}\cdot\text{m}$$

$$\Delta_{BH} = 0.00035\ \text{m}$$

$$\Delta_{BH} = 0.35\ \text{mm} \rightarrow$$

$$1\,(\Delta_{BV}) = \frac{1}{EA}\sum F_{v2}\,(FL)$$

$$(1\text{ kN})\,\Delta_{BV} = \frac{796.91}{200\,(10^6)\,(0.0012)}\ \text{kN}\cdot\text{m}$$

$$\Delta_{BV} = 0.00332\ \text{m}$$

$$\Delta_{BV} = 3.32\ \text{mm} \downarrow$$

7.4 Example

그림 7.8(a)와 같은 트러스의 AB와 BC부재는 8℃의 온도가 감소하고, AF, FG, GH, EH 부재는 30℃ 온도가 증가했을 때 이들 부재의 온도 증감으로 인해 발생하는 C절점의 수직처짐을 가상일법을 사용하여 계산하라.

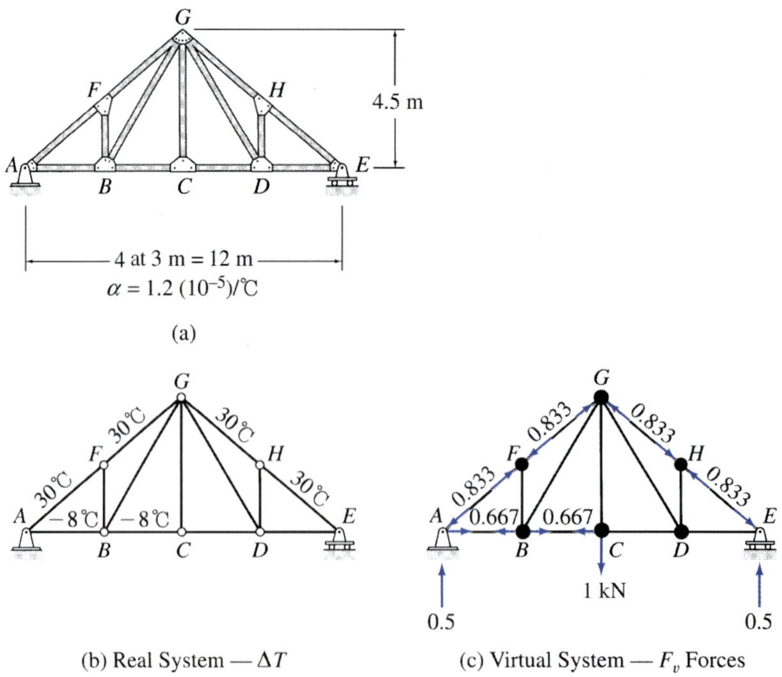

그림 7.8

풀이

실제시스템. 실제시스템은 그림 7.8(b)와 같이 온도변화(ΔT)로 구성된다.

가상시스템. 가상시스템은 그림 7.8(c)의 C절점의 수직방향으로 작용하는 1 kN의 하중으로 구성된다. 온도변화가 발생한 부재에 대해서만 가상축력(F_v)를 계산하면 된다. 왜냐하면 나머지 트러스 부재의 온도변화가 "0"이기 때문에 이들 부재의 변형은 "0"이고 가상의 내적 일은 "0"이기 때문이다.

C절점의 수직처짐, Δ_C. 온도변화(ΔT), 가상 부재력(F_v), 부재길이(L)를 표 7.4에 표시하였다. 모든 부재의 열팽창계수(α)는 동일하므로 표에 표시하지 않았다. 표와 같이 식 (7.25)의 가상일식을 이용하여 처짐 Δ_C를 계산한다. Δ_C의 값이 음수라는 것은 C절점에 가해진 단위하중의 방향과 반대 방향인 위쪽 방향으로 처짐이 발생하였다는 것을 의미한다.

표 7.4

부재	L(m)	ΔT(℃)	F_v(kN)	$F_v(\Delta T)L$(kN·℃·m)
AB	3	−8	0.667	−16.0
BC	3	−8	0.667	−16.0
AF	3.75	30	−0.833	−93.7
FG	3.75	30	−0.833	−93.7
GH	3.75	30	−0.833	−93.7
EH	3.75	30	−0.833	−93.7
				$\sum F_v(\Delta T)L = -406.8$

$$1(\Delta_C) = \alpha \sum F_v(\Delta T)L$$

$$(1\text{ kN})\,\Delta_C = 1.2(10^{-5})(-406.8)$$

$$\Delta_C = -0.00488\text{ m}$$

$$\Delta_C = 4.88\text{ mm} \uparrow$$

7.5 Example

그림 7.9(a)와 같은 트러스 구조물의 CF부재는 설계시에 계획했던 것보다 15 mm 길고 EF부재는 10 mm 짧을 때, 이들 부재의 길이의 차이로 인해 발생하는 D절점의 수직처짐을 가상일법을 사용하여 계산하라.

풀이

실제시스템. 실제시스템은 그림 7.9(b)의 트러스 CF부재와 EF부재의 길이변화(δ)로 이루어진다.

가상시스템. 가상시스템은 그림 7.9(c)와 같이 D절점에서 수직방향으로 작용하는 1 kN의 하중으로 구성된다. 단면법을 이용하여 CF부재와 EF부재의 가상력(F_v)을 계산한다.

D절점의 수직처짐, Δ_D. 표 7.5와 같이 식 (7.22)의 가상일식을 이용하여 처짐을 계산한다.

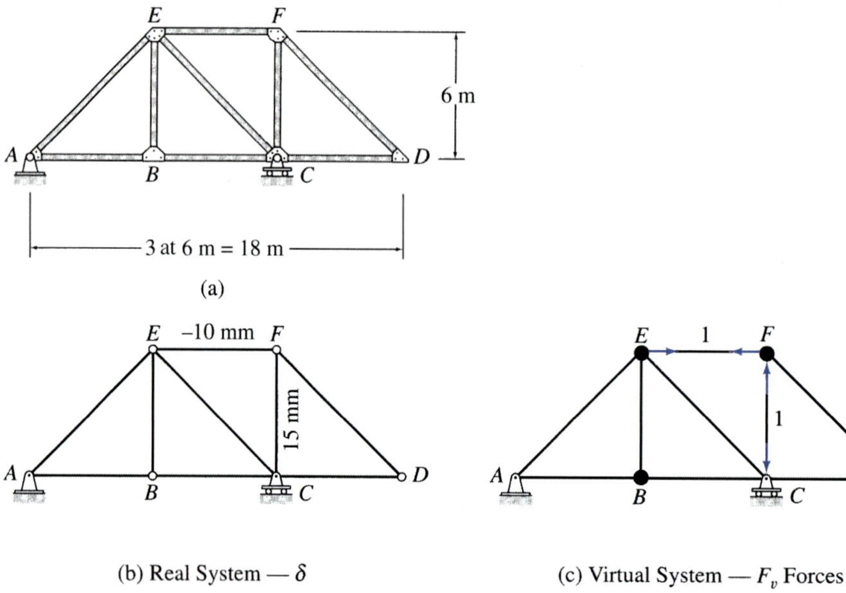

그림 7.9

표 7.5

부재	δ (mm)	F_v (kN)	$F_v(\delta)$ (kN · mm)
CF	15	−1	−15
EF	−10	1	−10
			$\sum F_v(\delta) = -25$

$$1(\Delta_D) = \sum F_v(\delta) \qquad (1\ \text{kN})\ \Delta_D = -25\ \text{kN} \cdot \text{mm}$$

$$\Delta_D = -25\ \text{mm} \qquad \Delta_D = 25\ \text{mm}\ \uparrow$$

7.4 가상일법에 의한 보의 처짐

그림 7.10(a)의 임의의 하중을 받는 보를 이용하여 가상일법에 의한 보의 처짐식을 설명하고자 한다. 보의 B점에 처짐 Δ가 발생하였다고 가정하자. 처짐을 계산하기 위해 계산하고자 하는 처짐방향으로 그림 7.10(b)와 같은 가상시스템에 단위하중이 작용한다. 실제하중에 의해 발생한 변형방향으로 그림 7.10(b)와 같이 가상단위하중이 작용했을 경우에 발생하는 가상의 외적 일은 $W_{ve} = 1(\Delta)$이다.

가상의 내적 일을 구하기기 위해 그림 7.10(a), (b)와 같이 지점 A로부터 x m 떨어진 보의 매우 작은 요소 dx를 살펴보자. 가상하중을 받는 보(그림 7.10(b))는 실제하중에 의해 발생하는 변형(그림 7.10(a))에 영향을 받기 때문에 요소 dx에 작용하는 가상의 내적 휨모멘트 M_v는 그림 7.10(c)의 실제회전 $d\theta$을 유발하는 가상의 내적 일을 한다. 따라서 요소 dx에 발생하는 가상의 내적 일은 다음과 같다.

$$dW_{vi} = M_v\,(d\theta) \tag{7.26}$$

가상휨모멘트 M_v는 실제회전 $d\theta$가 발생하는 동안 일정하므로 식 (7.26)에 계수 “1/2”은 없다. 아주 작은 변위 dx에 발생하는 처짐각 변화량 $d\theta$는 다음과 같다.

$$d\theta = \frac{M}{EI}\,dx \tag{7.27}$$

여기서, M= 회전 $d\theta$를 유발하는 실제하중에 의한 휨모멘트이다. 식 (7.27)을 식 (7.26)에 대입하여 다음을 구한다.

$$dW_{vi} = M_v\left(\frac{M}{EI}\right)dx \tag{7.28}$$

보의 길이 L에 대하여 식 (7.28)을 적분하여 보 전체의 가상의 내적 일을 계산한다.

$$W_{vi} = \int_0^L \frac{M_v\,M}{EI}\,dx \tag{7.29}$$

가상의 외적 일 $W_{ve} = 1(\Delta)$은 식 (7.29)의 가상의 내적 일과 동일하므로 가상일법에 의한 보의 처짐식을 다음과 같이 구한다.

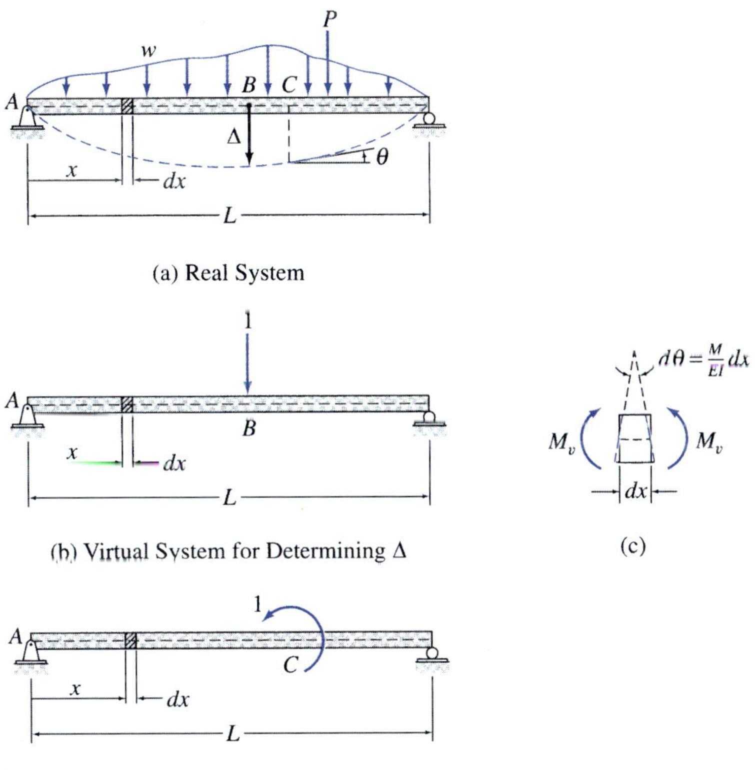

(a) Real System

(b) Virtual System for Determining Δ

(c)

(d) Virtual System for Determining θ

그림 7.10

$$1(\Delta) = \int_0^L \frac{M_v M}{EI} dx \tag{7.30}$$

그림 7.10(a)와 같은 보의 C점에서의 처짐각 θ를 계산하기 위해서는 그림 7.10(d)와 같이 C점에 작용하는 단위 휨모멘트로 구성된 가상시스템을 사용한다. 가상단위 휨모멘트가 작용하는 보는 실제하중에 의한 처짐에 영향을 받으므로, 보에 실제 처짐각 θ가 발생할 때의 가상 단위 휨모멘트에 의해 발생하는 가상의 외적 일은 $W_{ve} = 1(\theta)$이다. $W_{ve} = W_{vi}$로 놓으면 가상일법에 의한 보 처짐각 계산식은 다음과 같다.

$$1(\theta) = \int_0^L \frac{M_v M}{EI} dx \tag{7.31}$$

가상의 내적 일에 대한 식 (7.29)의 유도에서 실제 전단 변형을 통해 작용하는 가상의 전단력에 의한 내적 일은 무시되었다. 따라서 식 (7.30)과 (7.31)의 가상일식에는 전단변형이 고려되지 않았다. 그러나 깊은보(deep beam)를 제외한 대부분의 보에서 모멘트 변형에 비해 전단변형은 매우 작기 때문에 전단 변형에 의한 영향을 무시할 수 있다.

해석 순서

다음과 같은 순서에 의해 가상일법을 이용하여 보의 처짐과 처짐각을 계산한다.

1. **실제시스템** 실제하중이 작용하는 보에 대한 그림을 그린다.
2. **가상시스템** 실제하중이 없는 보의 그림을 그린다. 임의의 점에서의 처짐을 계산하고자 할 경우에 예상 처짐방향으로 그 점에 단위하중을 작용시킨다. 처짐각을 계산하고자 할 경우에는 그 점에 단위 휨모멘트를 작용시킨다.
3. 실제시스템과 가상시스템에서 보의 길이에 따라 휨강성 EI을 조사하고 EI가 달라지면 보를 각 구간으로 나눈다. 이때 각 구간에서 EI, 실제하중, 가상하중은 연속이어야 한다.
4. 보의 각 구간에 대해서 x좌표의 함수로 각 구간에서의 실제하중에 의한 휨모멘트(M)의 변화를 나타내는 식을 세운다. x좌표의 원점은 보의 어느 위치에서나 가능하며 M에 대한 식의 항의 개수가 최소가 되도록 선정한다. 그림 5.2에서 설명한 보의 부호 규약에 따라 양 또는 음의 휨모멘트를 고려하는 것이 편리하다.
5. 보의 각 구간에 대해 4단계에서 사용한 동일한 x좌표를 이용하여 가상하중 또는 가상 휨모멘트에 의해 발생하는 휨모멘트(M_v)를 계산하고 실제 휨모멘트 M에 대한 식을 세운다. 가상 휨모멘트(M_v)에 대한 부호 규약은 4단계에서 사용한 실제 휨모멘트의 부호 규약과 동일해야 한다.
6. 식 (7.30) 또는 식 (7.31)의 적절한 가상일식을 사용하여 보의 처짐 또는 처짐각을 계산한다. 보를 여러 구간으로 나누었으면 보의 모든 구간에 대한 적분 결과를 합하여 식 (7.30)과 식 (7.31) 우변의 적분값을 계산한다.

표 7.6 다이어그램의 적분 $\int_0^L M_v M\,dx$

M_v / M	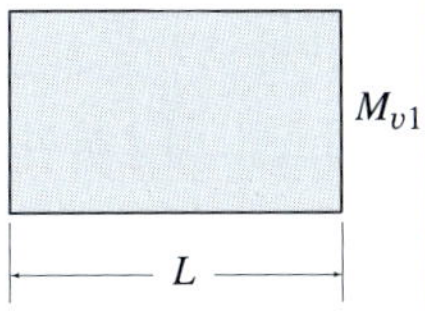	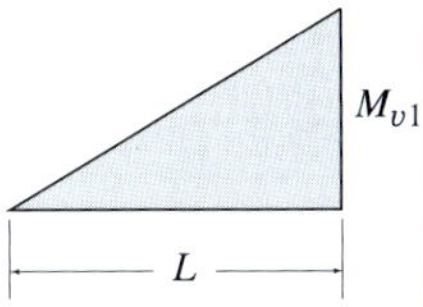	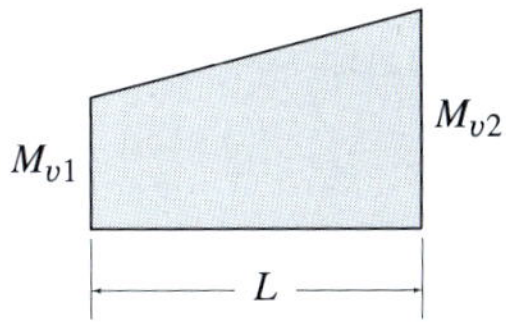	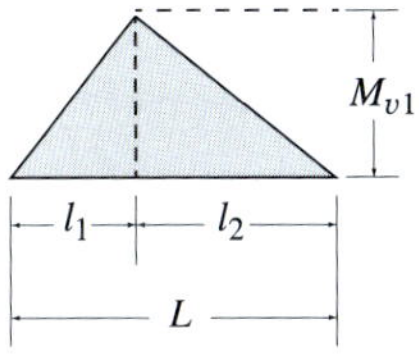
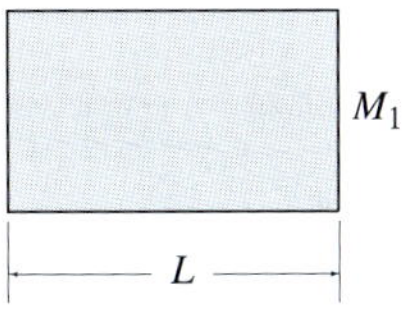	$M_{v1} M_1 L$	$\frac{1}{2} M_{v1} M_1 L$	$\frac{1}{2}(M_{v1}+M_{v2})M_1 L$	$\frac{1}{2} M_{v1} M_1 L$
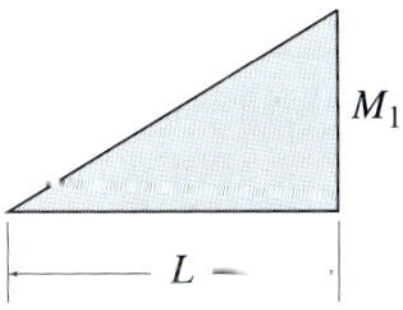	$\frac{1}{2} M_{v1} M_1 L$	$\frac{1}{3} M_{v1} M_1 L$	$\frac{1}{6}(M_{v1}+2M_{v2})M_1 L$	$\frac{1}{6} M_{v1} M_1 (L+l_1)$
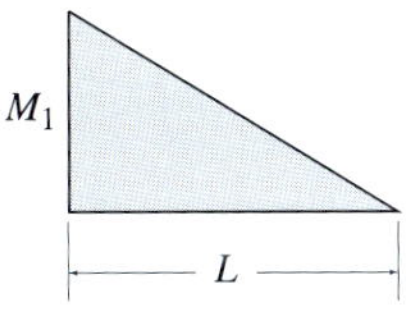	$\frac{1}{2} M_{v1} M_1 L$	$\frac{1}{6} M_{v1} M_1 L$	$\frac{1}{6}(2M_{v1}+M_{v2})M_1 L$	$\frac{1}{6} M_{v1} M_1 (L+l_2)$
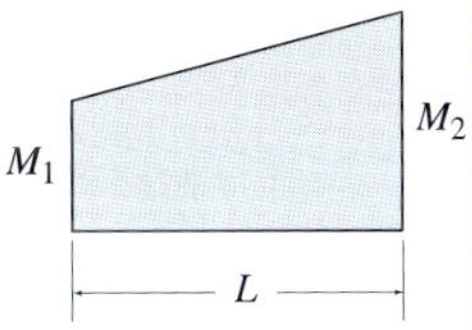	$\frac{1}{2} M_{v1}(M_1+M_2) L$	$\frac{1}{6} M_{v1}(M_1+2M_2) L$	$\frac{1}{6}[M_{v1}(2M_1+M_2)$ $+M_{v2}(M_1+2M_2)]L$	$\frac{1}{6} M_{v1}[M_1(L+l_2)$ $+M_2(L+l_1)]$
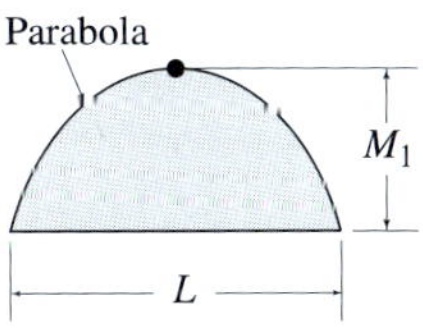	$\frac{2}{3} M_{v1} M_1 L$	$\frac{1}{3} M_{v1} M_1 L$	$\frac{1}{3}(M_{v1}+M_{v2})M_1 L$	$\frac{1}{3} M_{v1} M_1 \left(L+\frac{l_1 l_2}{L}\right)$
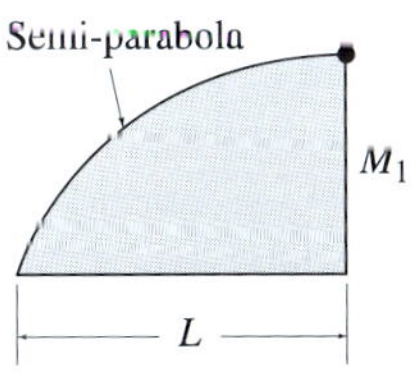	$\frac{2}{3} M_{v1} M_1 L$	$\frac{5}{12} M_{v1} M_1 L$	$\frac{1}{12}(3M_{v1}+5M_{v2})M_1 L$	$\frac{1}{12} M_{v1} M_1 \left(3L+3l_1-\frac{l_1^2}{L}\right)$
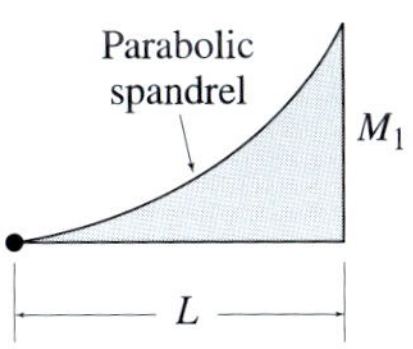	$\frac{1}{3} M_{v1} M_1 L$	$\frac{1}{4} M_{v1} M_1 L$	$\frac{1}{12}(M_{v1}+3M_{v2})M_1 L$	$\frac{1}{12} M_{v1} M_1 \left(L+l_1+\frac{l_1^2}{L}\right)$

가상일 적분식의 기하학적 계산

구조물의 각 구간마다 $(M_v M/EI)$에 대한 식을 수치적으로 적분하여 가상일식(식 (7.30)과 식 (7.31))의 적분을 구할 수 있다. 그러나 보의 전 구간의 EI가 일정하고 하중이 단순할 경우에 그래프를 이용하여 쉽게 적분을 구할 수 있다. 그래프를 이용하여 (a) 실제하중과 가상하중에 의한 구조물의 휨모멘트, (b) 표에 표시된 각 구간의 M과 M_v의 형상을 비교하여 적분표에서 각 구간에 대한 가상일 적분식 $\int_0^L M_v M\,dx$을 계산할 수 있다. 단순한 기하학적 형상을 갖고 있는 경우에 대한 M과 M_v의 적분계산식을 표 7.6에 나타내었다. 예제 7.10과 예제 7.14에서 그래프를 이용하여 각각 보와 골조를 해석하는 순서를 설명하였다.

7.6 Example

가상일법을 이용하여 그림 7.11(a)와 같은 보의 A점에서의 처짐각과 처짐을 계산하라.

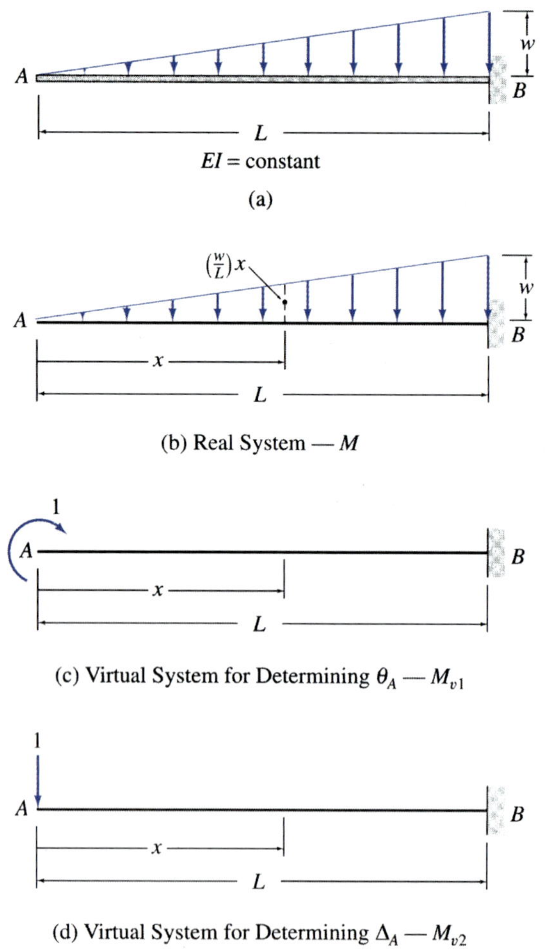

그림 7.11

풀이

실제시스템. 그림 7.11(b)를 참조하라.

A 점의 처짐각, θ_A. 가상시스템은 그림 7.11(c)와 같이 A점에 가해진 단위 휨모멘트로 구성된다. 그림 7.11(a)부터 7.11(c)와 같이 보의 전체 길이에서 실제하중과 가상하중의 불연속성 및 EI의 불연속성은 없다. 그러므로 보를 여러 구간으로 나눌 필요가 없다. 실제하중에 의한 휨모멘트 M에 관한 식을 계산하기 위해 그림 7.11(b)와 같이 보의 A점을 x의 원점으로 한다. 5.2절에서 설명한 단면법을 사용하여 M의 식을 구한다.

$$0 < x < L \qquad M = -\frac{1}{2}(x)\left(\frac{wx}{L}\right)\left(\frac{x}{3}\right) = -\frac{wx^3}{6L}$$

비슷한 방법으로 x좌표에 대하여 가상단위모멘트에 의한 휨모멘트 식을 계산한다.

$$0 < x < L \qquad M_{v1} = 1$$

식 (7.31)의 가상일식을 사용하여 처짐각 θ_A를 계산한다.

$$1(\theta_A) = \int_0^L \frac{M_{v1}M}{EI}\,dx = \int_0^L 1\left(-\frac{wx^3}{6LEI}\right)dx$$

$$\theta_A = -\frac{w}{6EIL}\left[\frac{x^4}{4}\right]_0^L = -\frac{wL^3}{24EI}$$

θ_A의 값이 음수이므로 A절점이 단위모멘트와 반대방향인 반시계방향으로 회전한다.

$$\theta_A = \frac{wL^3}{24EI}$$ 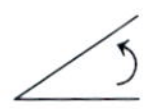

A 점의 처짐, Δ_A. 가상시스템은 그림 7.11(d)와 같이 A점에 가해지는 단위하중으로 구성된다. θ_A를 계산할 때와 동일한 x좌표를 이용하면 M의 수식 또한 동일하므로 가상단위하중(그림 7.11(d))에 의한 휨모멘트 M_{v2}의 식은 다음과 같다.

$$0 < x < L \qquad M_{v2} = -1(x) = -x$$

시 (7.30)의 가상일식을 사용하여 처짐 Δ_A를 계산한다.

$$1(\Delta_A) = \int_0^L \frac{M_{v2}M}{EI}\,dx = \int_0^L (-x)\left(-\frac{wx^3}{6LEI}\right)dx$$

$$\Delta_A = \frac{w}{6EIL}\left[\frac{x^5}{5}\right]_0^L = \frac{wL^4}{30EI}$$

Δ_A의 값이 양수이므로 A절전에서 단위하중의 방향과 동일하게 아래쪽으로 처짐이 발생한다.

$$\Delta_A = \frac{wL^4}{30EI}\ \downarrow$$

7.7 Example

가상일법을 이용하여 그림 7.12(a)와 같은 보의 B점에서의 처짐각을 계산하라.

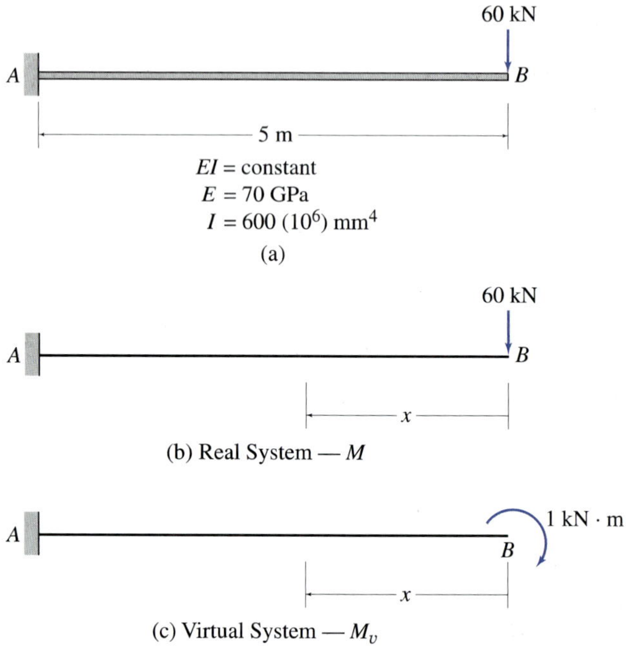

그림 7.12

풀이

실제시스템과 가상시스템을 그림 7.12(b)와 (c)에 각각 나타내었다. 그림과 같이 휨모멘트 식을 구하기 위해 x 좌표의 원점을 보의 끝단 B점으로 선정하였다. 그림 7.12(b)에서 x 좌표에 의한 M에 관한 식은 다음과 같다.

$$0 < x < 5\text{ m} \qquad M = -60x$$

비슷한 방법으로 그림 7.12(c)로부터 M_v에 대한 식을 구한다.

$$0 < x < 5\text{ m} \qquad M_v = -1$$

식 (7.31)의 가상일식을 사용하며 B점의 처짐각을 다음과 같이 계산한다.

$$1(\theta_B) = \int_0^L \frac{M_v M}{EI}\,dx$$

$$1(\theta_B) = \frac{1}{EI}\int_0^5 -1\,(-60x)\,dx$$

$$(1\text{ kN}\cdot\text{m})\,\theta_B = \frac{750\text{ kN}^2\cdot\text{m}^3}{EI}$$

따라서

$$\theta_B = \frac{750\text{ kN}\cdot\text{m}^2}{EI} = \frac{750}{70(10^6)\,600(10^{-6})} = 0.0179\text{ rad}$$

θ_B의 값이 양수이므로 B점은 단위모멘트와 같은 방향인 시계방향으로 회전한다.

$$\theta_B = 0.0179\text{ rad}$$ 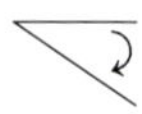

7.8 Example

가상일법을 이용하여 그림 7.13(a)와 같은 보의 D점에서의 처짐을 계산하라.

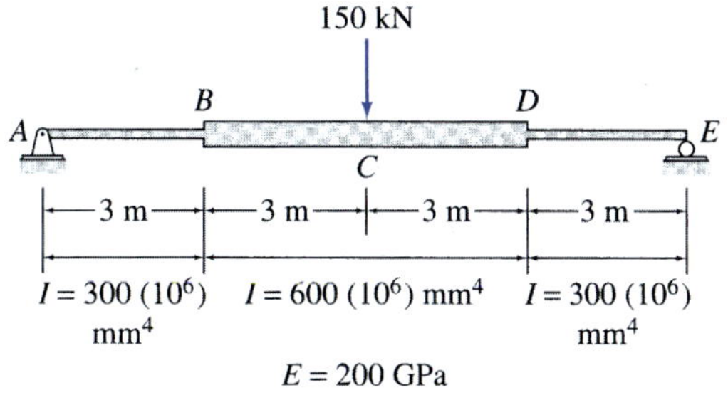

(a)

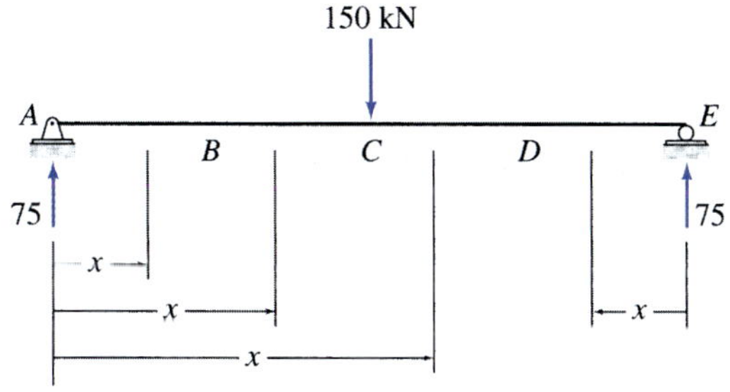

(b) Real System — M

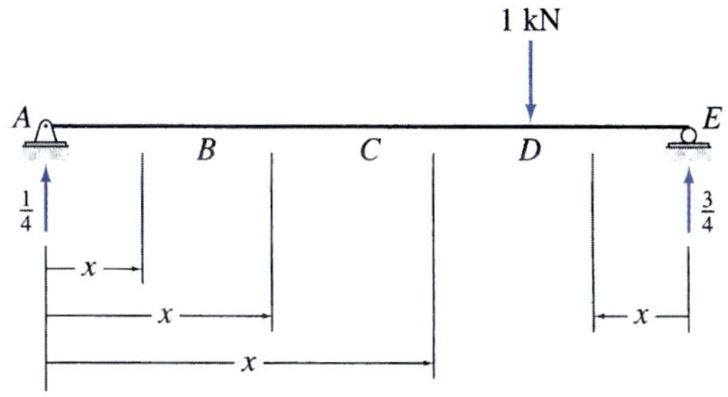

(c) Virtual System — M_v

그림 7.13

풀이

실제시스템과 가상시스템을 각각 그림 7.13(b)와 (c)에 나타내었다. 보의 휨강성 EI는 B점과 D점에서 급격하게 변한다. 그림 7.13(b)와 (c)에서 실제하중과 가상하중은 각각 C점과 D점에서 불연속인 것을 알 수 있다. 결과적으로 (M_vM/EI)는 B, C, D점에서 불연속이다. 따라서 보를 AB, BC, CD, DE의 4개의 구간으로 나눈다. 각 구간에서 (M_vM/EI)는 연속이므로 이 구간을 적분할 수 있다.

휨모멘트에 대한 식을 계산하기 위해 x좌표를 그림 7.13(b)와 (c)에 나타내었다. 각 구간에서 실제 휨모멘트(M)에 대한 식과 가상 휨모멘트(M_v)에 대한 식의 x좌표는 동일해야 한다. 단면법을 이용하여 계산한 보의 4개 구간에서의 M과 M_v에 대한 식을 표 7.7에 나타내었다. 식 (7.30)의 가상일식을 이용하여 D점의 처짐을 계산한다.

$$1(\Delta_D) = \int_0^L \frac{M_v M}{EI} dx$$

$$1(\Delta_D) = \frac{1}{EI}\left[\int_0^3 \left(\frac{x}{4}\right)(75x)\,dx + \frac{1}{2}\int_3^6 \left(\frac{x}{4}\right)(75x)\,dx + \frac{1}{2}\int_6^9 \left(\frac{x}{4}\right)(-75x+900)\,dx + \int_0^3 \left(\frac{3}{4}x\right)(75x)\,dx\right]$$

$$(1\text{ kN})\,\Delta_D = \frac{2{,}193.75\text{ kN}^2 \cdot \text{m}^3}{EI}$$

따라서 $$\Delta_D = \frac{2{,}193.75\text{ kN}\cdot\text{m}^3}{EI} = \frac{2{,}193.75}{200(300)} = 0.0366\text{ m} = 36.6\text{ mm}$$

$$\Delta_D = 36.6\text{ mm} \downarrow$$

표 7.7

구간	x 좌표		EI		
	시작점	범위 (m)	(I=300×10^6 mm^4)	M (kN · m)	M_v (kN · m)
AB	A	0~3	EI	$75x$	$x/4$
BC	A	3~6	$2EI$	$75x$	$x/4$
CD	A	6~9	$2EI$	$75x-150(x-6)$	$x/4$
ED	E	0~3	EI	$75x$	$3x/4$

7.9 Example

가상일법을 이용하여 그림 7.14(a)와 같은 보의 C점에서의 처짐을 계산하라.

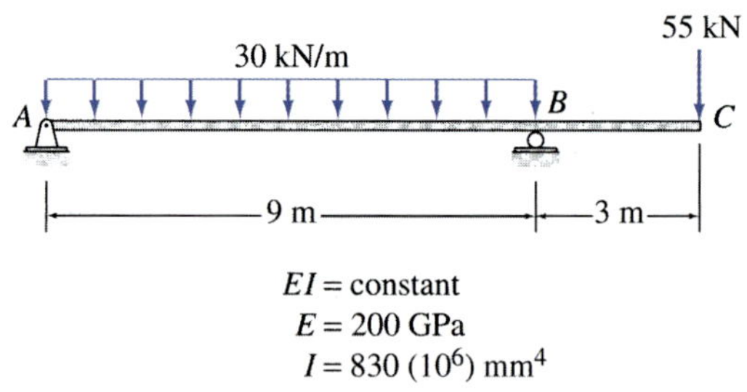

(a)

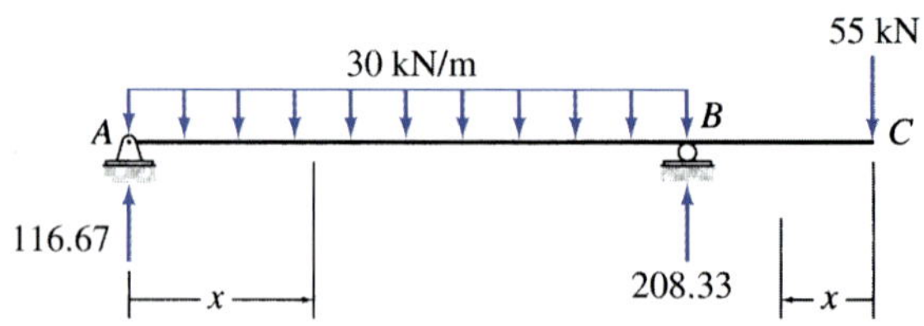

(b) Real System — M

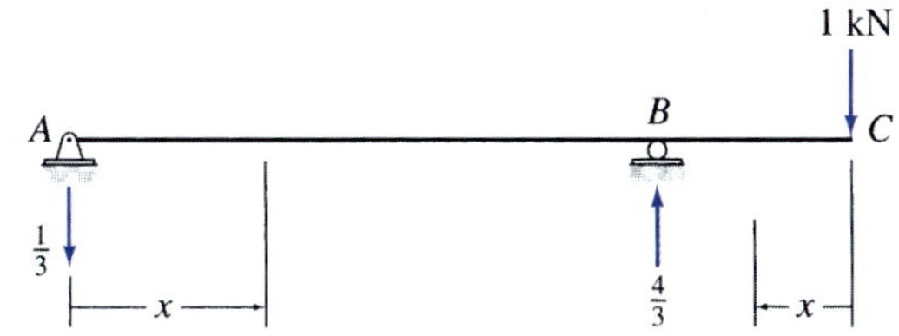

(c) Virtual System — M_v

그림 7.14

풀이

예제 6.7과 6.13에서 모멘트면적법과 공액보법을 이용하여 이 보를 해석하였다.

구조물의 실제시스템과 가상시스템을 각각 그림 7.14(b)와 (c)에 나타내었다. 실제하중과 가상하중은 B점에서 불연속이므로 보를 AB와 BC의 두 개의 구간으로 나눈다. 휨모멘트를 계산하기 위해 x좌표를 그림 7.14(b)와 (c)에 표시하였다. 두 구간에서의 M과 M_v 식을 표 7.8에 나타내었다. 식 (7.30)의 가상일식을 이용하여 C점의 처짐을 다음과 같이 계산한다.

표 7.8

구간	x 좌표		M (kN · m)	M_v (kN · m)
	시작점	범위 (m)		
AB	A	0~9	$116.67x - 15x^2$	$-x/3$
CB	C	0~3	$-55x$	$-x$

$$1(\Delta_C) = \int_0^L \frac{M_v M}{EI} dx$$

$$1(\Delta_C) = \frac{1}{EI}\left[\int_0^9 \left(-\frac{x}{3}\right)(116.67x - 15x^2)\,dx + \int_0^3 (-x)(-55x)\,dx\right]$$

$$(1\text{ kN})\ \Delta_C = -\frac{753.75\text{ kN}^2 \cdot \text{m}^3}{EI}$$

그러므로,

$$\Delta_C = -\frac{753.75\text{ kN}\cdot\text{m}^3}{EI} = -\frac{753.75}{200(10^6)830(10^{-6})} = -0.00454\text{ m}$$

$$\Delta_C = 4.54\text{ mm}\uparrow$$

7.10 Example

가상일법을 이용하여 그림 7.15(a)와 같은 보의 B점에서의 처짐을 계산하라. 표 7.6의 그래프를 이용하여 가상일의 적분을 계산하라.

풀이

실제시스템, 가상시스템, 각 시스템의 휨모멘트 다이어그램(M과 M_v)을 각각 그림 7.15(b)와 (c)에 나타내었다. 보의 휨강성 EI는 일정하므로 보를 여러 구간으로 나눌 필요는 없다. B점의 처짐을 계산하기 위한 가상일식은 다음과 같다.

$$1(\Delta_B) = \frac{1}{EI}\int_0^L M_v M\,dx \tag{1}$$

그래프를 이용하여 $\int_0^L M_v M dx$ 에 대한 적분값을 구하기 위해 그림 7.15(b)에 표시된 M의 형상과 표 7.6의 왼쪽 열에 나타낸 도형의 형상을 비교한다. 다음으로 그림 7.15(c)의 M_v 의 형상과 표의 맨 윗줄의 도형 형상을 비교하면 M_v 의 형상은 5열의 형상과 비슷하다. 따라서 $\int_0^L M_v M dx$ 의 적분값을 구하기 위한 식은 표 7.6의 6행과 5열이 만나는 위치에 있으며, 이는 다음과 같다.

$$\int_0^L M_v M dx = \frac{1}{3} M_{v1} M_1 \left(L + \frac{l_1 l_2}{L} \right)$$

$M_{v1} = 2.25\ \mathrm{kN \cdot m}$, $M_1 = 630\ \mathrm{kN \cdot m}$, $L = 12\ \mathrm{m}$, $l_1 = 3\ \mathrm{m}$, $l_2 = 9\ \mathrm{m}$를 위 식에 대입하여 적분한다.

$$\int_0^{12} M_v M dx = \frac{1}{3}(2.25)(630)\left(12 + \frac{3(9)}{12}\right) = 6{,}733.13\ \mathrm{kN^2 \cdot m^3}$$

식 (1)의 가상일식을 이용하여 B점의 처짐을 계산한다.

$$(1\ \mathrm{kN})\ \Delta_B = \frac{1}{EI}\int_0^{12} M_v M dx = \frac{6{,}733.13\ \mathrm{kN^2 \cdot m^3}}{EI}$$

따라서 $$\Delta_B = \frac{6{,}733.13\ \mathrm{kN \cdot m^3}}{EI} = \frac{6{,}733.13}{70(1{,}800)} = 0.0534\ \mathrm{m} = 53.4\ \mathrm{mm}$$

$$\Delta_B = 53.4\ \mathrm{mm}\ \downarrow$$

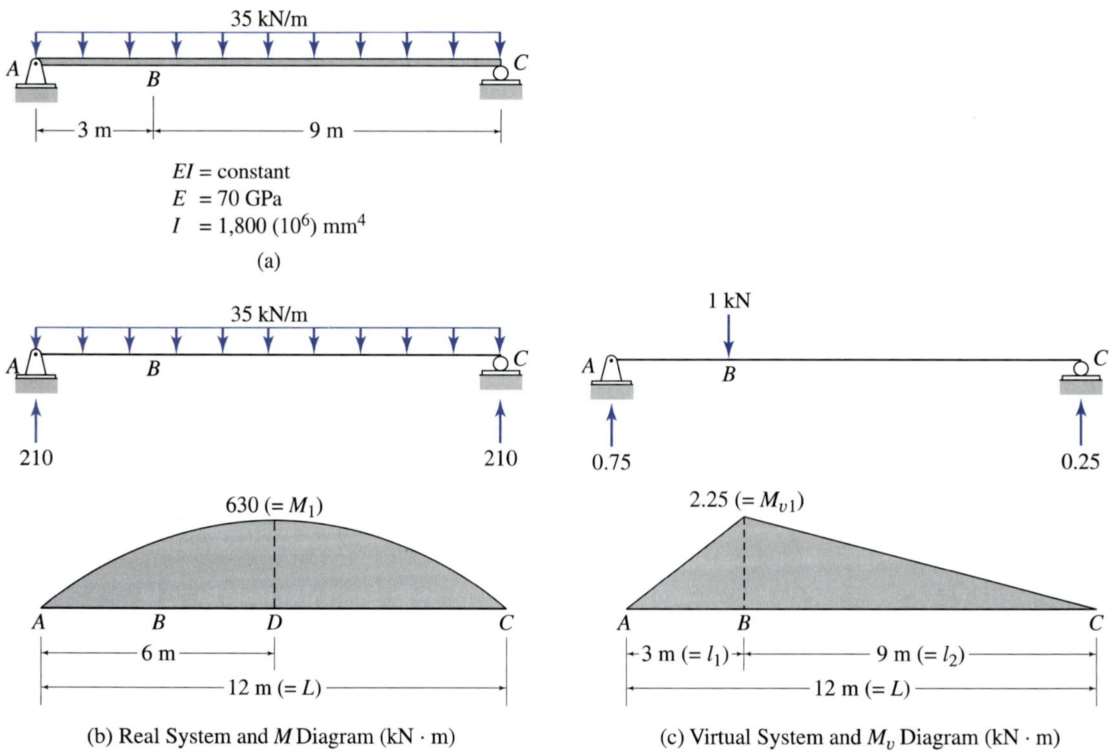

(b) Real System and M Diagram (kN · m)

(c) Virtual System and M_v Diagram (kN · m)

그림 7.15

7.5 가상일법에 의한 골조의 처짐

골조의 처짐과 처짐각을 계산하기 위한 가상일법의 적용은 보의 경우와 유사하다. 골조의 한 점에서의 처짐 Δ 또는 처짐각 θ을 계산하기 위해 그 점에 가상의 단위하중 또는 단위휨모멘트를 작용시킨다. 가상시스템이 실제하중에 의한 골조 변형에 영향을 받을 때, 단위하중 또는 단위휨모멘트에 의해 수행된 가상 외적 일은 $W_{ve}=1(\Delta)$, 또는 $W_{ve}=1(\theta)$ 이다. 골조의 일부분에는 휨변형 이외에도 축변형이 발생할 수 있으므로 골조에 발생한 전체 가상 내적 일은 휨변형에 의한 가상 내적 일과 축변형에 의한 가상 내적 일의 합과 같다. 앞 절에서 논의한 것과 같이 실제하중, 가상하중, 휨강성 EI가 골조의 각 구간에서 연속일 때 그 구간에서의 휨에 의한 가상 내적 일은 구간 전체 길이에 대하여 M_vM/EI을 적분하여 계산한다. 각 구간의 가상 내적 일을 합하여 골조 전체의 휨에 의한 가상 내적 일을 계산한다. 즉,

$$W_{vib}=\sum\int\frac{M_v\,M}{EI}dx \tag{7.32}$$

비슷한 방법으로 실제하중에 의한 축력 F, 가상하중에 의한 축력 F_v, 강성 AE가 골조의 각 구간의 길이 L에 걸쳐 일정하다면 7.3절에서 설명한 것과 같이 축변형에 의한 구간의 가상 내적 일은 $F_v(FL/AE)$와 같다. 따라서 골조 전체의 축변형에 의한 가상 내적 일은 다음과 같다.

$$W_{via}=\sum F_v\left(\frac{FL}{AE}\right) \tag{7.33}$$

식 (7.32)와 식 (7.33)을 합하여 휨변형과 축변형에 의한 골조 전체의 가상 내적 일을 계산한다.

$$W_{vi}=\sum F_v\left(\frac{FL}{AE}\right)+\sum\int\frac{M_v\,M}{EI}dx \tag{7.34}$$

가상 외적 일과 가상 내적 일이 같기 때문에 다음과 같은 골조의 처짐과 처짐각에 대한 가상일식을 얻는다.

$$1(\Delta)=\sum F_v\left(\frac{FL}{AE}\right)+\sum\int\frac{M_v\,M}{EI}dx \tag{7.35}$$

그리고

$$1(\theta)=\sum F_v\left(\frac{FL}{AE}\right)+\sum\int\frac{M_v\,M}{EI}dx \tag{7.36}$$

일반적으로 사용되는 공학 재료를 이용한 골조 부재의 축변형은 휨변형에 비해 매우 작기

때문에 축변형은 해석에서 무시된다. 식 (7.35)과 (7.36) 우변의 첫 항을 무시하여 골조의 휨변형 효과만을 고려한 가상일식을 다음과 같이 구할 수 있다.

$$1(\Delta) = \sum \int \frac{M_v\, M}{EI} dx \tag{7.37}$$

그리고

$$1(\theta) = \sum \int \frac{M_v\, M}{EI} dx \tag{7.38}$$

해석 순서

다음 순서로 가상일법을 이용하여 골조의 처짐과 처짐각을 계산한다.

1. **실제시스템** 5.6절의 방법을 이용하여 실제하중에 의한 골조부재 단부에서의 내력을 계산한다.
2. **가상시스템** 골조의 처짐을 계산하기 위해서는 예상 처짐 방향으로 그 점에 단위하중을 작용시킨다. 골조의 처짐각을 계산하기 위해서는 예상 처짐각 방향으로 그 점에 휨모멘트를 작용시킨다. 가상하중에 의한 부재의 단부에서의 부재력을 계산한다.
3. 필요시에 각 구간마다 실제하중, 가상하중, EI가 연속이 되도록 골조의 부재를 여러 구간으로 나눈다.
4. 골조의 각 구간마다 x 좌표를 설정하고, 구간 전체 길이에 대한 실제하중에 의한 휨모멘트(M)의 변동식을 계산한다.
5. 골조의 모든 구간에서 실제하중에 의한 휨모멘트 M의 계산식에 구하기 위하여 4단계에서 사용한 동일한 x 좌표를 사용하여 가상하중 또는 가상휨모멘트에 의한 휨모멘트(M_v)식을 구한다. 어떠한 부호 규약도 M과 M_v에 대한 계산에 사용할 수 있지만, 한 구간에서의 M과 M_v의 부호 규약은 같아야 한다.
6. 축변형의 영향을 해석에 포함할 경우에는 7단계로 이동한다. 그렇지 않으면 식 (7.37) 또는 식 (7.38) 중에서 적절한 가상일식을 이용하여 골조의 처짐 또는 처짐각을 계산한다. 이 단계에서 해석을 끝낸다.
7. 필요시에 각 구간마다 실제 축하중, 가상 축하중, AE가 일정하도록 부재를 나눈다. 이 구간은 휨에 대한 가상 내적 일을 계산하기 위해 3단계에서 구분한 부재의 구간과 같을 필요는 없다. 그러나 구간마다 실제축력 F와 가상축력 F_v에 대해 동일한 부호 규약을 사용해야 한다.
8. 식 (7.35) 또는 식 (7.36) 중 적절한 가상일식을 이용하여 골조의 처짐 또는 처짐각을 계산한다.

7.11
Example

가상일법을 이용하여 그림 7.16(a)와 같은 골조의 C점의 처짐각을 계산하라.

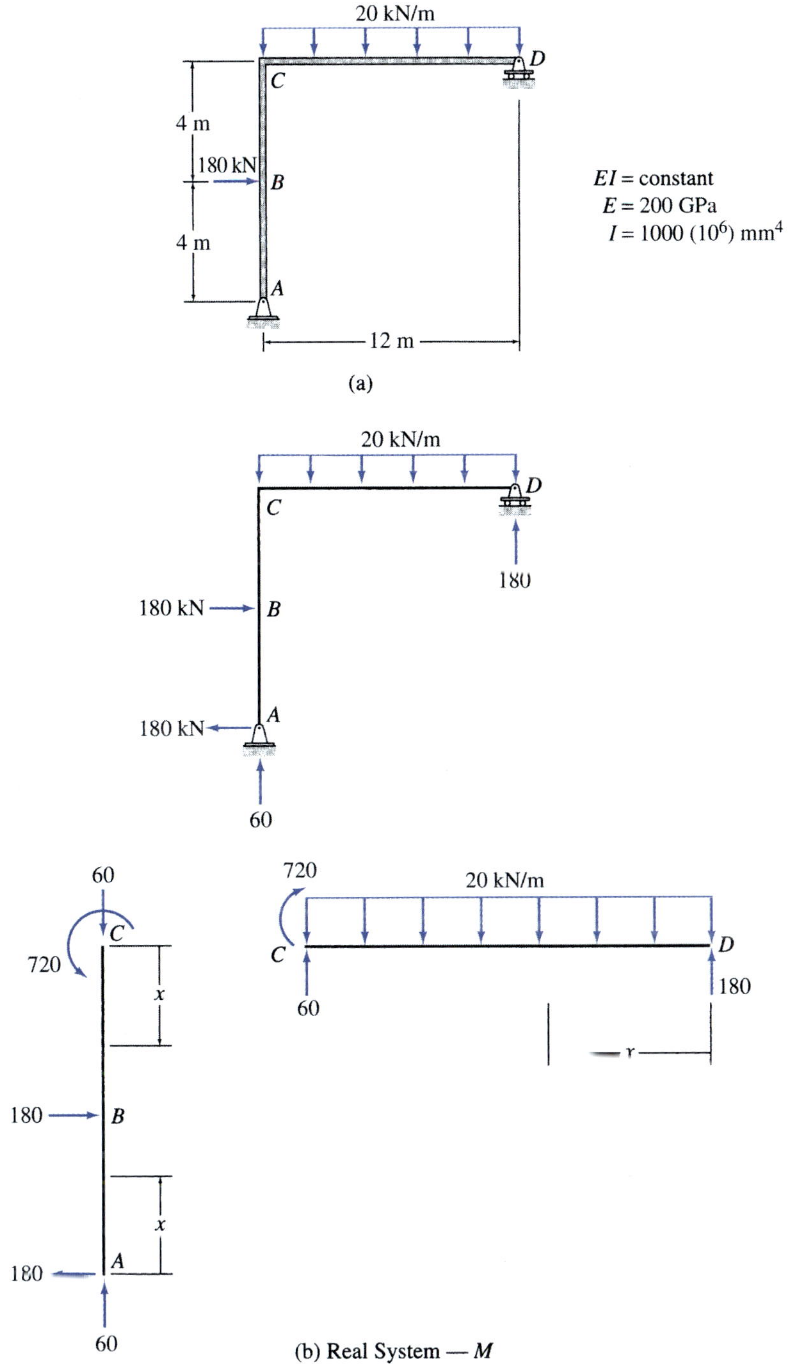

(b) Real System — M

그림 7.16

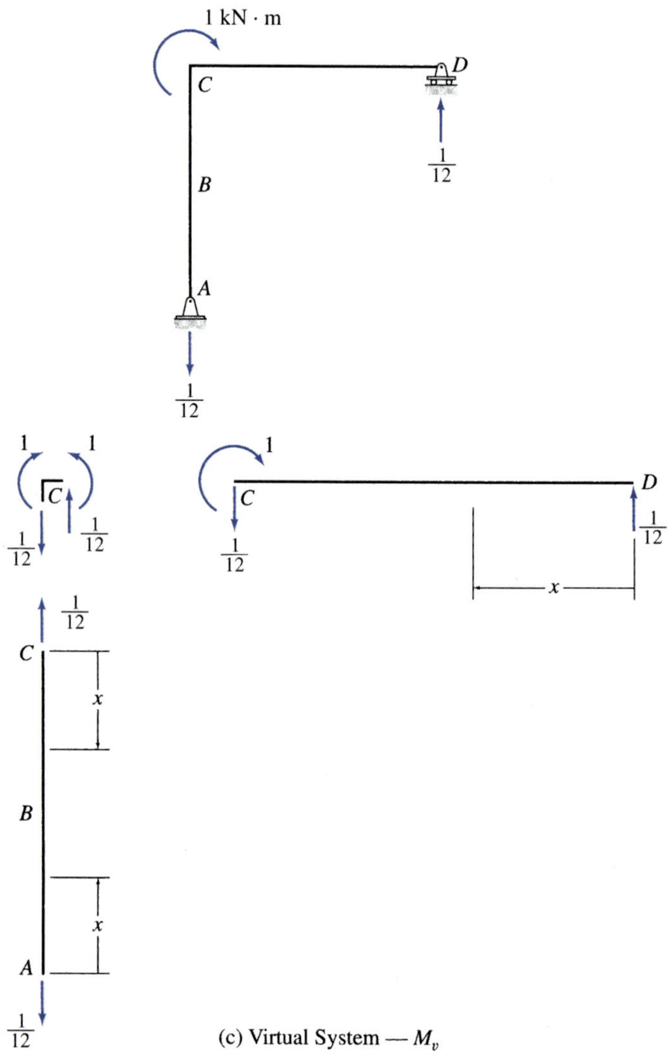

(c) Virtual System — M_v

그림 7.16 계속

풀이

실제시스템과 가상시스템을 각각 그림 7.16(b)와 (c)에 나타내었다. 또한, *AB*, *BC*, *CD* 의 세 구간의 휨모멘트 식을 구하기 위해 x 좌표를 이들 그림에 표시하였다. 세 구간에서의 M 과 M_v 의 식을 표 7.9에 나타내었다. 식 (7.38)의 가상일식을 이용하여 골조의 C 점에서의 처짐각을 계산한다.

$$1(\theta_C) = \sum \int \frac{M_v\, M}{EI}\, dx = \frac{1}{EI}\int_0^{12}\left(\frac{x}{12}\right)\left(180x - 20\frac{x^2}{2}\right) dx$$

$$(1\ \mathrm{kN\cdot m})\,\theta_C = \frac{4{,}320\ \mathrm{kN^2\cdot m^3}}{EI}$$

따라서

$$\theta_C = \frac{4{,}320\ \mathrm{kN\cdot m^2}}{EI} = \frac{4{,}320}{200(10^6)\,1000(10^{-6})} = 0.0216\ \mathrm{rad}$$

$$\theta_C = 0.0216\ \mathrm{rad}$$

표 7.9

구간	x 좌표		M (kN · m)	M_v (kN · m)
	시작점	범위 (m)		
AB	A	0~4	$180x$	0
CB	C	0~4	720	0
DC	D	0~12	$180x-20\,x^2/2$	$x/12$

7.12 Example

가상일법을 이용하여 그림 7.17(a)와 같은 골조의 C점에서의 수직처짐을 계산하라.

풀이

실제시스템과 가상시스템을 각각 그림 7.17(b)와 (c)에 나타내었다. 또한, AB, BC의 두 구간의 휨모멘트 식을 구하기 위해 x 좌표를 이들 그림에 표시하였다. 두 가간의 M과 M_v 식을 표 7.10에 나타내었다. 식 (7.37)의 가상일시을 이용하여 골조의 C점에서의 수직처짐을 계산한다.

$$1(\Delta_C) = \sum \int \frac{M_v\, M}{EI}\, dx$$

$$1(\Delta_C) = \frac{1}{EI}\left[\frac{1}{2}\int_0^5 (-4)(76x-530)\, dx + \int_0^5 \left(-\frac{4}{5}x\right)(-6x^2)\, dx\right]$$

$$(1\text{ kN})\ \Delta_C = \frac{4{,}150\text{ kN}^2\cdot\text{m}^3}{EI}$$

따라서

$$\Delta_C = \frac{4{,}150\text{ kN}\cdot\text{m}^3}{EI} = \frac{4{,}150}{70(554)} = 0.107\text{ m} = 107\text{ mm}$$

$$\Delta_C = 107\text{ mm}\ \downarrow$$

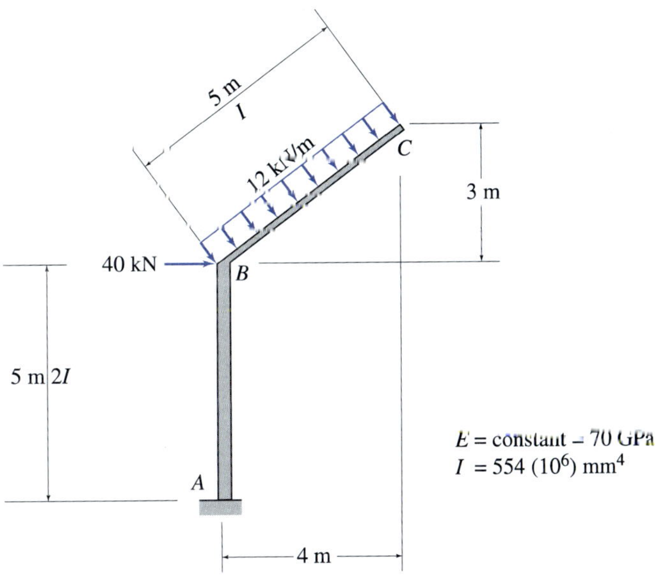

(a)

그림 7.17

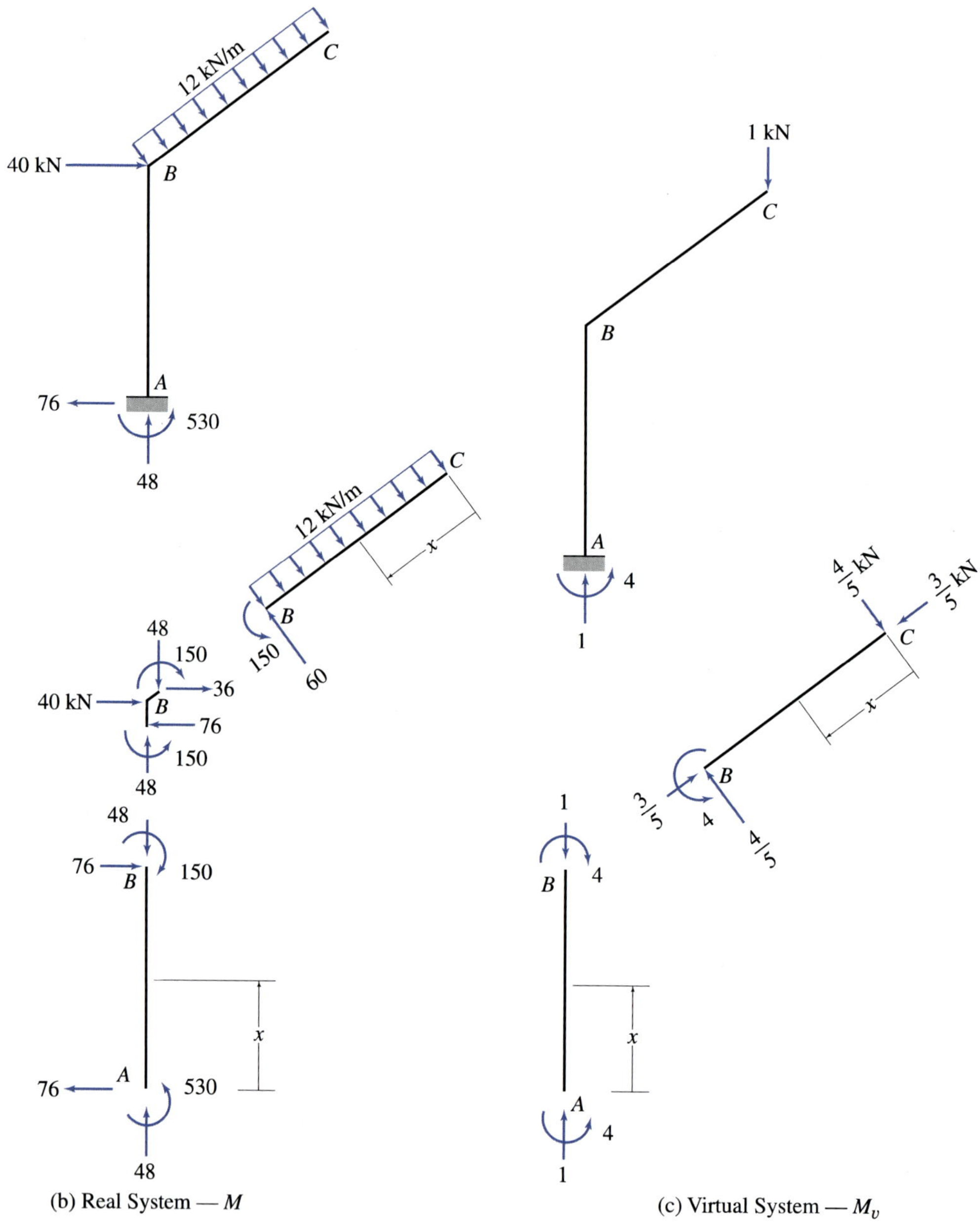

(b) Real System — M

(c) Virtual System — M_v

그림 7.17 계속

표 7.10

구간	x 좌표		EI		
	시작점	범위 (m)	(I=554×10^6 mm^4)	M (kN · m)	M_v (kN · m)
AB	A	0~5	$2EI$	$76x-530$	-4
CB	C	0~5	EI	$-12\,x^2/2$	$-4x/5$

7.13
Example

가상일법을 이용하여 그림 7.18(a)와 같은 골조의 C점에서의 수평처짐을 축변형에 의한 영향을 포함하여 계산하라.

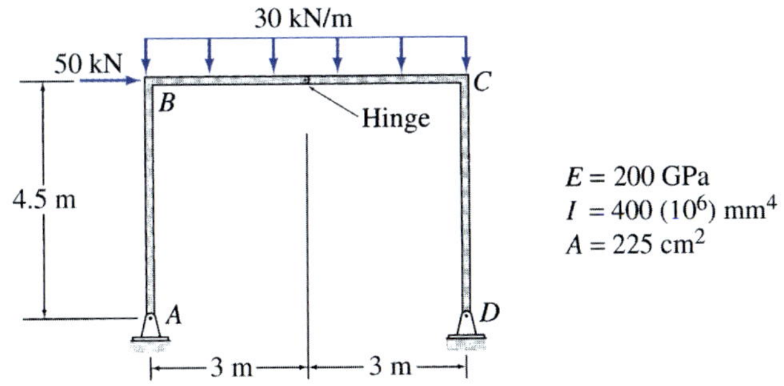

(a)

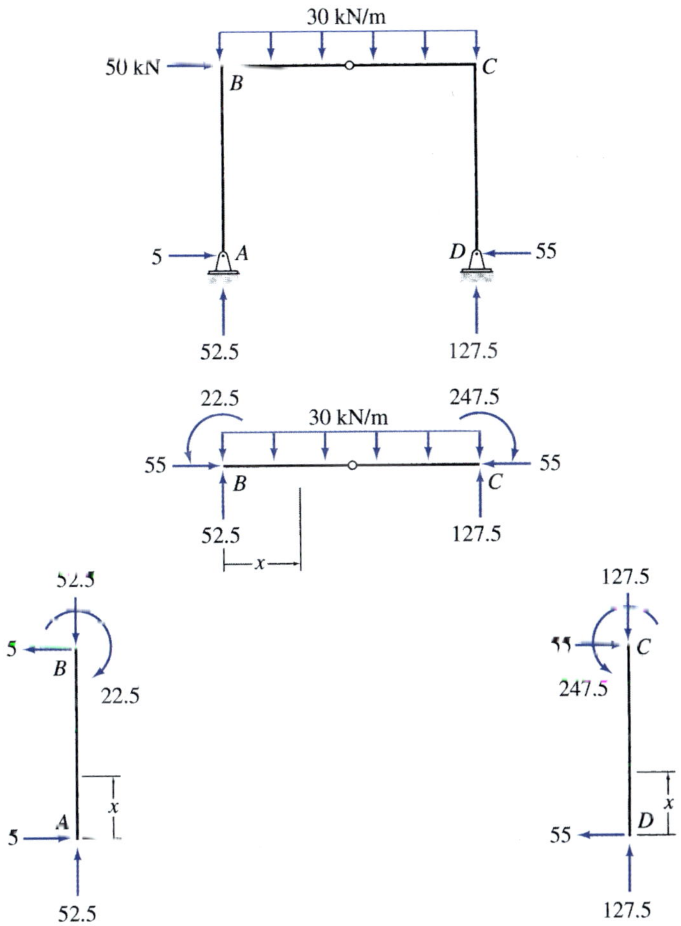

(b) Real System — M, F

그림 7.18

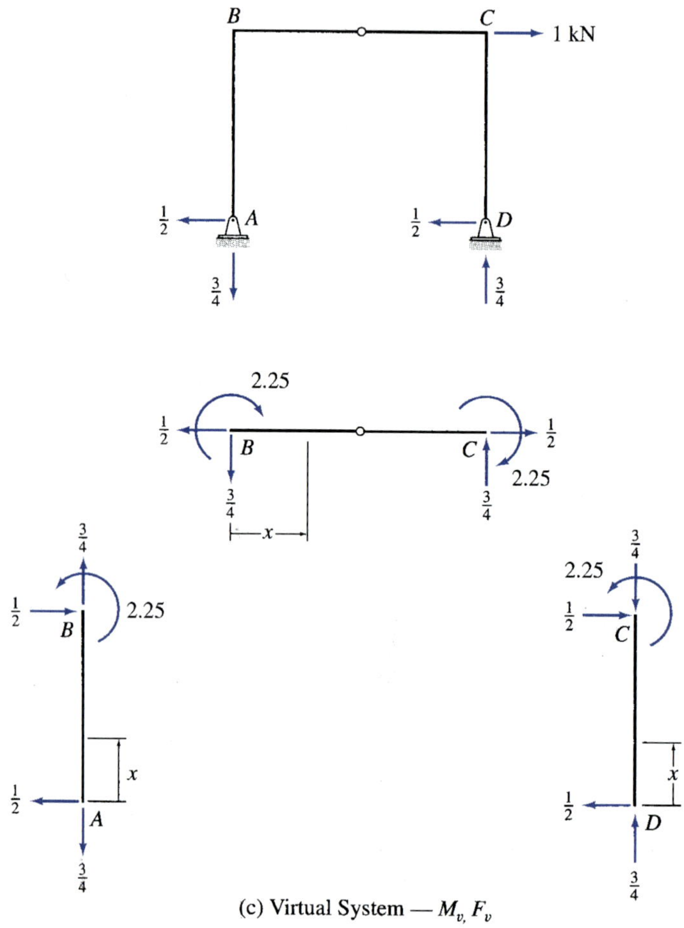

그림 7.18 계속

풀이

실제시스템과 가상시스템을 각각 그림 7.18(b)와 (c)에 나타내었다. 또한 골조의 AB, BC, CD의 세 부재의 휨모멘트 식을 계산하기 위해 x 좌표를 그림에 같이 표시하였다. 세 부재의 M과 M_v 계산식과 축력 F와 F_v 계산식을 표 7.11에 함께 나타내었다. 식 (7.35)의 가상일식을 이용하여 골조의 C점에서의 수평처짐을 계산한다.

$$1(\Delta_C) = \sum F_v\left(\frac{FL}{AE}\right) + \sum\int \frac{M_v M}{EI}\,dx$$

$$1(\Delta_C) = \frac{1}{AE}\left[\frac{3}{4}(-52.5)(4.5) + \frac{1}{2}(-55)(6) - \frac{3}{4}(-127.5)(4.5)\right]$$

$$+\frac{1}{EI}\left[\int_0^{4.5}\frac{x}{2}(-5x)\,dx + \int_0^{6}\left(2.25-\frac{3}{4}x\right)(-22.5+52.5x-15x^2)dx + \int_0^{4.5}\frac{x}{2}(55x)\,dx\right]$$

$$(1\text{ kN})\Delta_C = \frac{88.125\text{ kN}^2\cdot\text{m}}{AE} + \frac{1265.62\text{ kN}^2\cdot\text{m}^3}{EI}$$

따라서

$$\Delta_C = \frac{88.125 \text{ kN} \cdot \text{m}}{AE} + \frac{1265.62 \text{ kN} \cdot \text{m}^3}{EI}$$
$$= \frac{88.125}{225(10^{-4})200(10^6)} + \frac{1265.62}{200(10^6)400(10^{-6})}$$
$$= 0.00001958 + 0.01582$$
$$= 0.01584 \text{ m}$$
$$\Delta_C = 15.84 \text{ mm} \rightarrow$$

축변형량은 휨변형량에 비해 무시할 수 있을 만큼 매우 작다.

표 7.11

구간	x좌표		M(kN · m)	F(kN)	M_v (kN · m)	F_v (kN)
	시작점	범위(m)				
AB	A	0~4.5	$-5x$	−52.5	$x/2$	3/4
BC	B	0~6	$-22.5+52.5x-15x^2$	−55	$2.25-3x/4$	1/2
DC	D	0~4.5	$55x$	−127.5	$x/2$	−3/4

7.14 Example

가상일법을 이용하여 그림 7.19(a)와 같은 골조의 A점에서의 수직처짐을 계산하라. 단, 가상일의 적분식은 표 7.6의 기하학적 방법을 이용하라.

풀이

실제시스템과 가상시스템을 이들의 휨모멘트 다이어그램(M과 M_v)과 함께 그림 7.19(b)와 (c)에 각각 나타내었다. 휨강성 EI는 일정하므로 식 (7.37)의 가상일식은 다음과 같다.

$$1(\Delta_A) = \frac{1}{EI}\sum\int_0^L M_v\, M\, dx \tag{1}$$

기하학적 방법으로 $\int_0^L M_v\, M\, dx$를 계산하기 위해 AB부재의 M과 M_v 도형 형상과 표 7.6의 도형 형상을 비교하면, 표에서 8행과 7열 위치에서의 수식을 얻는다.

$$\int_0^L M_v\, M\, dx = \frac{1}{4}M_{v1}\, M_1\, L$$

$M_{v1} = 5$ kN · m, $M_1 = 87.5$ kN · m, $L = 5$ m를 식에 대입하여 AB부재의 가상일의 적분값을 구한다.

$$\int_0^5 M_v\, M\, dx = \frac{1}{4}(5)(87.5)(5) = 546.9 \text{ kN}^2 \cdot \text{m}^3$$

비슷한 방법으로 BC부재의 적분식을 표 7.6의 2행과 2열로부터 얻는다. 즉,

$$\int_0^L M_v\, M\, dx = M_{v1}\, M_1\, L$$

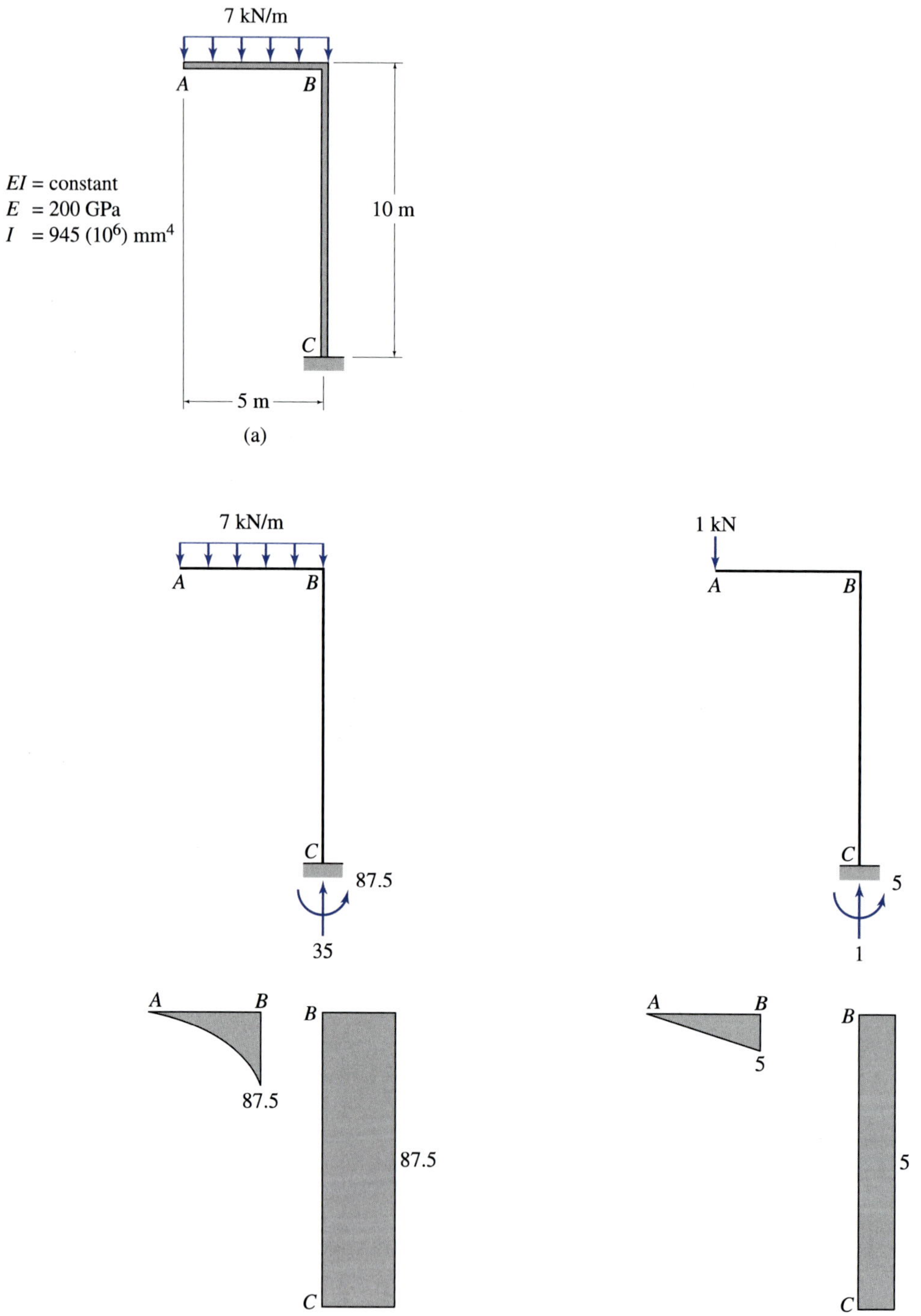

(b) Real System and M Diagrams (kN · m)

(c) Virtual System and M_v Diagrams (kN · m)

그림 7.19

$M_{v1} = 5\,\text{kN}\cdot\text{m}$, $M_1 = 87.5\,\text{kN}\cdot\text{m}$, $L = 10\,\text{m}$를 식에 대입하여 BC부재의 적분값을 구한다.

$$\int_0^{10} M_v\, M\, dx = (5)(87.5)(10) = 4{,}375\,\text{kN}^2\cdot\text{m}^3$$

위의 두 부재의 적분 계산결과를 식 (1)의 가상일식에 대입하여 A절점에서의 처짐을 계산한다.

$$(1\,\text{kN})\Delta_A = \frac{1}{EI}(546.9 + 4{,}375) = \frac{4{,}921.9\,\text{kN}^2\cdot\text{m}^3}{EI}$$

따라서

$$\Delta_A = \frac{4{,}921.9\,\text{kN}\cdot\text{m}^3}{EI} = \frac{4{,}921.9}{200(945)} = 0.026\,\text{m} = 26\,\text{mm}$$

$$\Delta_A = 26\,\text{mm}\downarrow$$

7.6 에너지 보존과 변형에너지

구조물의 처짐을 계산하기 위해 사용되는 다음 방법을 설명하기에 앞서서 에너지 보존과 변형에너지의 개념을 이해할 필요가 있다.

구조물에서 **에너지**는 **일을 하기 위한 능력**으로 단순히 정의할 수 있다. **변형에너지**(strain energy)는 **구조물의 변형에 의한 에너지이**다. 일과 구조물의 변형에너지의 관계는 **에너지 보존의 원리**(principle of conservation of energy) 에 기본을 두며 다음과 같이 표현할 수 있다.

평형 상태인 탄성구조물에 정적으로(서서히) 가해진 외력에 의한 일은 내력에 의한 일 또는 구조물에 저장된 변형에너지와 같다.

이 원리를 다음과 같은 식으로 나타낼 수 있다.

$$W_e = W_i \tag{7.39}$$

또는

$$W_e = U \tag{7.40}$$

이 식들에서 W_e와 W_i는 각각 외력에 의한 일과 내력에 의한 일을 나타내고, U는 구조물의 변형에너지를 나타낸다. 구조물의 변형에너지에 대한 정확한 식은 구조물의 부재에 발생하는 내력의 종류에 따른다. 트러스, 보, 골조의 변형에너지에 대한 식을 다음과 같이 상세히 유도해 보자.

트러스의 변형에너지

그림 7.20과 같은 트러스를 생각해 보자. 트러스는 하중 P를 받고 있으며 P는 "0"에서 최댓값까지 서서히 증가하여 그림과 같은 변형을 유발하였다. 트러스를 선형 탄성구조물로 간주하고 있으므로 7.1절(그림 7.1(c))에서 설명한 것과 같이 P의 재하점에서 트러스의 처짐 Δ가 하중과 더불어 선형으로 증가하면서 P에 의해 발생하는 외적 일은 다음과 같다.

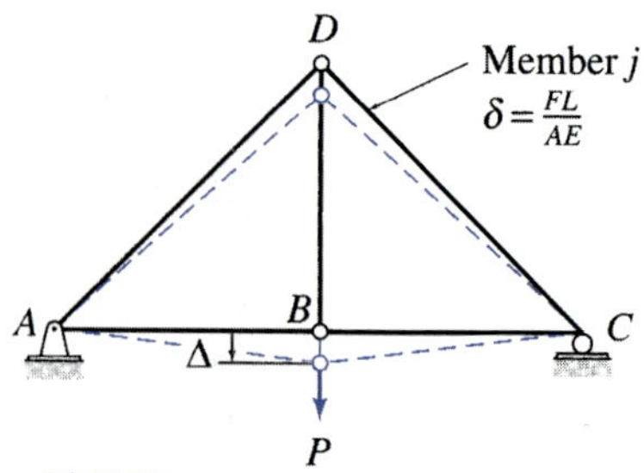

그림 7.20

$$W_e = \frac{1}{2} P \Delta$$

내적 일 또는 트러스의 변형에너지에 대한 식을 유도하기 위해 트러스의 임의의 부재 j 부재(그림 7.20의 CD 부재)를 생각해 보자. 외력 P에 의한 이 부재의 축력이 F라면 7.3절에서 설명한 것과 같이 이 부재의 축변형 $\delta = (FL)/(AE)$이다. 따라서 j 부재의 내적 일 또는 j 부재에 저장된 변형에너지 U_j는 다음과 같다.

$$U_j = \frac{1}{2} F\delta = \frac{F^2 L}{2AE}$$

트러스 전체의 변형에너지는 각 부재의 변형에너지의 합이며 다음 식과 같다.

$$U = \sum \frac{F^2 L}{2AE} \tag{7.41}$$

트러스 각 부재의 축력 F와 F에 의한 축변형 δ 사이에는 $\delta = (FL)/(AE)$의 선형관계가 있으므로 변형에너지 식에 1/2이 포함된다.

보의 변형에너지

보의 변형에너지 식을 표현하기 위해 그림 7.21(a)과 같은 보를 생각해 보자. 보에 작용하는 외력 P가 "0"에서 최댓값까지 서서히 증가할 때 보의 아주 작은 요소 dx에 작용하는 내적 휨모멘트 M(그림 7.21(a)와 (b))은 "0"에서 최댓값까지 서서히 증가하고 dx 요소의 단면은 $d\theta$만큼 회전한다. 그러므로 dx 요소의 내적 일 또는 요소에 저장되는 변형에너지는 다음과 같다.

$$dU = \frac{1}{2} M (d\theta) \tag{7.42}$$

7.4절의 식 (7.27)과 같이 처짐각 변화 $d\theta$를 휨모멘트 M에 의해 $d\theta = (M/EI)dx$로 표현할 수 있으므로 식 (7.42)를 다음과 같이 나타낼 수 있다.

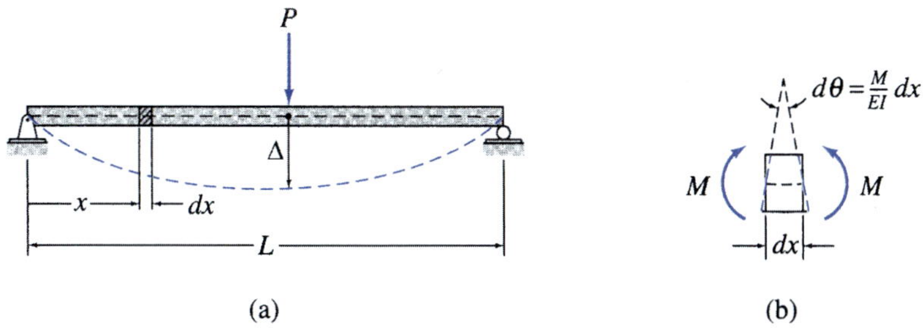

그림 7.21

$$dU = \frac{M^2}{2EI}dx \tag{7.43}$$

보의 전체 길이 L에 대해 식 (7.43)을 적분하여 보 전체의 변형에너지에 대한 식을 구할 수 있다.

$$U = \int_0^L \frac{M^2}{2EI}dx \tag{7.44}$$

M/EI가 보 전체의 길이에 대한 x의 연속함수가 아닌 경우에는 M/EI가 각 구간에서 연속이 되도록 보를 여러 구간으로 나누어야 한다. 이 경우에 식 (7.44) 우변의 적분값은 보의 모든 구간의 적분값을 합하여 계산한다. 식 (7.44)는 보의 휨변형만을 고려한 식이며 대부분의 보에서 휨변형에 비해 전단변형에 의한 영향은 무시할 만큼 작으므로 포함되지 않았다.

골조의 변형에너지

골조는 휨모멘트와 축력을 받으므로 골조의 전체에너지(U)를 축력에 의한 변형에너지(U_a)와 휨에 의한 변형에너지(U_b)의 합으로 계산한다. 즉,

$$U = U_a + U_b \tag{7.45}$$

트러스의 경우와 같이 F/AE가 각 구간의 길이 L에서 일정하도록 골조를 여러 개의 구간으로 나누면 축력 F에 의해 발생하는 각 구간에 저장되는 변형에너지는 $(F^2L)/(2AE)$이다. 그러므로 보 전체의 축력에 의한 변형에너지는 다음과 같다.

$$U_a = \sum \frac{F^2L}{2AE} \tag{7.46}$$

비슷한 방법으로 M/EI각 각 구간마다 일정하도록 골조를 여러 개의 구간으로 나눌 경우에 휨모멘트에 의해 각 구간에 저장되는 변형에너지는 구간의 길이 L에 대한 M/EI량을 적분하여 얻을 수 있다. 보 전체의 휨에 의한 변형에너지는 다음 식과 같이 골조의 모든 구간의 휨에 의한 변형에너지의 합과 같다.

$$U_b = \sum \int \frac{M^2}{2EI} dx \tag{7.47}$$

식 (7.46)과 (7.47)을 식 (7.45)에 대입하여 축력과 휨에 의한 골조의 변형에너지에 대한 식을 구한다.

$$U = \sum \frac{F^2 L}{2AE} + \sum \int \frac{M^2}{2EI} dx \tag{7.48}$$

앞에서 설명한 것과 같이 골조의 축변형은 휨변형에 비해 매우 작기 때문에 일반적으로 해석에서 무시된다. 이 경우에 휨만에 의한 골조의 변형에너지는 다음과 같다.

$$U = \sum \int \frac{M^2}{2EI} dx \tag{7.49}$$

7.7 카스틸리아노의 제2정리

이 절에서는 구조물의 처짐을 계산하기 위해 사용되는 또 다른 에너지법을 살펴보고자 한다. 선형 탄성구조물에만 적용할 수 있는 이 방법은 1873년 Alberto Castigliano에 의해 제안되었으며 **카스틸리아노의 제2정리**(Castigliano's second theorem)로 부른다(구조물의 평형방정식을 세우는데 사용되는 카스틸리아노의 제1정리에 대해서는 이 책에서 소개하지 않는다). 카스틸리아노의 제2정리는 다음과 같이 설명할 수 있다.

선형 탄성구조물의 경우에 작용하는 힘(또는 휨모멘트)에 대한 변형에너지의 편도함수(partial derivative)는 재하 방향의 하중(또는 휨모멘트)에 의한 변위(또는 처짐각)와 같다.

이 정리를 수학적으로 다음과 같이 나타낼 수 있다.

$$\frac{\partial U}{\partial P_i} = \Delta_i \quad \text{또는} \quad \frac{\partial U}{\partial \overline{M}_i} = \theta_i \tag{7.50}$$

여기서, U=변형에너지, Δ_i=하중 P_i 작용점에서 P_i 작용 방향으로 발생하는 처짐, θ_i=휨모멘트 $\overline{M}_i$ 작용점에서 $\overline{M}_i$ 작용방향으로 발생하는 처짐각이다.

이 정리를 증명하기 위해 그림 7.22와 같은 보를 생각해 보자. 보에는 하중 P_1, P_2, P_3가 작용하고 있으며 하중은 "0"에서 최댓값까지 서서히 증가하여 그림과 같은 처짐을 유발한다. 이 하중들에 의해 발생하는 외적 일(W_e)에 의해 보에 저장된 변형에너지(U)는 다음과 같다.

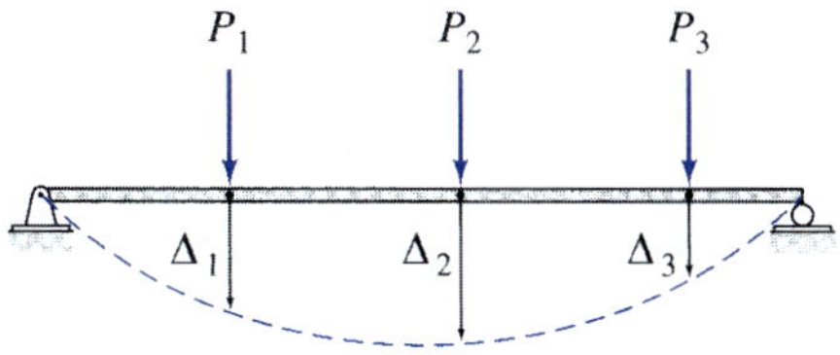

그림 7.22

$$U = W_e = \frac{1}{2}P_1\Delta_1 + \frac{1}{2}P_2\Delta_2 + \frac{1}{2}P_3\Delta_3 \tag{7.51}$$

여기서, Δ_1, Δ_2, Δ_3는 각각 하중 P_1, P_2, P_3 재하점에서의 보의 처짐이다. 식 (7.51)과 같이 변형에너지 U는 외력의 함수이며 다음과 같다.

$$U = f(P_1,\ P_2,\ P_3) \tag{7.52}$$

하중 P_2 재하점에서의 처짐 Δ_2를 계산해 보자. 하중 P_2가 미소량의 dP_2 만큼 증가하면 dP_2에 의한 보의 변형에너지 증가량은 다음과 같다.

$$dU = \frac{\partial U}{\partial P_2} dP_2 \tag{7.53}$$

이때 보에 저장된 전체 변형에너지 U_T는 다음과 같다.

$$U_T = U + dU = U + \frac{\partial U}{\partial P_2} dP_2 \tag{7.54}$$

보가 선형탄성재료로 이루어졌다고 가정하면 보에 저장된 전체 변형에너지는 하중 P_1, $(P_2 + dP_2)$, P_3가 작용하는 순서에 상관없이 같아야 한다.

예를 들어, 하중 P_1, P_2, P_3가 보에 작용되기 전에 dP_2가 먼저 작용된 경우를 생각해 보자. dP_2 하중에 의한 dP_2 재하점에서 발생하는 처짐을 $d\Delta_2$라 하면 보에 저장된 변형에너지는 (1/2)(dP_2)($d\Delta_2$)이다. 다음으로 하중 P_1, P_2, P_3가 보에 작용하여 각각의 하중 재하점에서 처짐 Δ_1, Δ_2, Δ_3가 추가로 발생하였다. 보는 선형탄성으로 거동하므로 하중 P_1, P_2, P_3는 처짐 Δ_1, Δ_2 , Δ_3를 발생시키며 이미 한 다른 하중의 재하 여부와 무관하게 보에 동일한 양의 외적 일을 하게 된다. 하중 dP_2를 먼저 재하하고 그 후에 P_1, P_2, P_3를 재하한 보에 저장된 전체 변형에너지는 다음과 같다.

$$U_T = \frac{1}{2}(dP_2)(d\Delta_2) + dP_2(\Delta_2) + \frac{1}{2}P_1\Delta_1 + \frac{1}{2}P_2\Delta_2 + \frac{1}{2}P_3\Delta_3 \tag{7.55}$$

추가 처짐 Δ_2가 발생하는 동안 dP_2는 일정하게 유지되므로 식 (7.55)의 우변의 $dP_2(\Delta_2)$ 항은 계수 1/2를 포함하지 않는다. (1/2)(dP_2)($d\Delta_2$)항은 2계 차수의 매우 작은 양이므로 무시하면 식 (7.55)는 다음과 같다.

$$U_T = dP_2(\Delta_2) + \frac{1}{2}P_1\Delta_1 + \frac{1}{2}P_2\Delta_2 + \frac{1}{2}P_3\Delta_3 \tag{7.56}$$

식 (7.51)을 식 (7.56)에 대입하면 다음과 같다.

$$U_T = dP_2(\Delta_2) + U \tag{7.57}$$

식 (7.54)와 식 (7.57)은 같으므로 다음 식을 구할 수 있다.

$$U + \frac{\partial U}{\partial P_2}dP_2 = dP_2(\Delta_2) + U$$

즉,

$$\frac{\partial U}{\partial P_2} = \Delta_2$$

이 식이 카스틸리아노 제2정리에 대한 식이다.

트러스에 대한 카스틸리아노 제2정리의 적용

카스틸리아노 제2정리를 이용하여 트러스의 처짐을 계산할 수 있다. 트러스의 변형에너지(U)에 대한 식 (7.41)을 처짐을 계산하기 위한 카스틸리아노 제2정리에 대한 식 (7.50)에 대입하면 다음과 같다.

$$\Delta = \frac{\partial}{\partial P}\sum\frac{F^2L}{2AE} \tag{7.58}$$

편도함수 $\partial F^2/\partial P = 2F(\partial F/\partial P)$이므로, 트러스에 대한 카스틸리아노 제2정리는 다음과 같이 나타낼 수 있다.

$$\Delta = \sum\left(\frac{\partial F}{\partial P}\right)\frac{FL}{AE} \tag{7.59}$$

이 식은 트러스에 대한 가상일식(식 (7.23))과 비슷하다. 이 절 끝부분의 예제에서 설명하는 것과 같이 카스틸리아노 제2정리를 이용하여 처짐을 계산하는 순서는 가상일법을 이용하여 처짐을 계산하는 순서와 유사하다.

보에 대한 카스틸리아노 제2정리의 적용

보의 변형에너지(U)에 대한 식 (7.44)를 카스틸리아노 제2정리에 대한 식 (7.50)에 대입하여 보의 처짐과 처짐각을 계산하기 위한 식을 구할 수 있다.

$$\Delta = \frac{\partial}{\partial P}\int_0^L \frac{M^2}{2EI}dx \quad \text{그리고} \quad \theta = \frac{\partial}{\partial \overline{M}}\int_0^L \frac{M^2}{2EI}dx$$

또는

$$\Delta = \int_0^L \left(\frac{\partial M}{\partial P}\right) \frac{M}{EI}\, dx \tag{7.60}$$

그리고

$$\theta = \int_0^L \left(\frac{\partial M}{\partial \overline{M}}\right) \frac{M}{EI}\, dx \tag{7.61}$$

골조에 대한 카스틸리아노 제2정리의 적용

골조의 축력과 휨에 의한 변형에너지(U)에 대한 식 (7.48)을 카스틸리아노 제2정리의 식 (7.50)에 대입하여 골조의 처짐과 처짐각을 계산 할 수 있는 다음 식을 구할 수 있다.

$$\Delta = \sum \left(\frac{\partial F}{\partial P}\right) \frac{FL}{AE} + \sum \int \left(\frac{\partial M}{\partial P}\right) \frac{M}{EI}\, dx \tag{7.62}$$

그리고

$$\theta = \sum \left(\frac{\partial F}{\partial \overline{M}}\right) \frac{FL}{AE} + \sum \int \left(\frac{\partial M}{\partial \overline{M}}\right) \frac{M}{EI}\, dx \tag{7.63}$$

골조 부재의 축변형의 영향을 해석에서 무시할 경우에 식 (7.62)와 식 (7.63)은 다음과 같다.

$$\Delta = \sum \int \left(\frac{\partial M}{\partial P}\right) \frac{M}{EI}\, dx \tag{7.64}$$

그리고

$$\theta = \sum \int \left(\frac{\partial M}{\partial \overline{M}}\right) \frac{M}{EI}\, dx \tag{7.65}$$

해석 순서

앞에서 설명하였듯이 카스틸리아노 제2정리를 이용하여 구조물의 처짐을 계산하는 순서는 가상일법의 순서와 비슷하다. 구체적인 해석 순서는 다음과 같다.

1. 주어진 구조물의 처짐(또는 처짐각)을 계산하고자 하는 점에 외력(또는 휨모멘트)이 작용할 경우에 외력(또는 휨모멘트)을 변수 P(또는 $\overline{M}$)로 지정하고 2단계로 이동한다. 그렇

지 않을 경우에는 처짐(또는 처짐각)을 계산하고자 하는 점에 예상 처짐(또는 처짐각)방향으로 가상힘 P(또는 휨모멘트 $\overline{M}$)을 작용시킨다.

2. 구조물의 각 부재에서 P(또는 $\overline{M}$)를 변수로 하는 축력 F와 휨모멘트 $M(x)$를 구한다.
3. 2단계에 구한 부재의 축력 F와 휨모멘트 $M(x)$를 변수 P(또는 $\overline{M}$)에 대해 미분하여 $\partial F/\partial P$와 $\partial M/\partial P$(또는 $\partial F/\partial \overline{M}$와 $\partial M/\partial \overline{M}$)를 계산한다.
4. P(또는 $\overline{M}$)의 값을 F와 $M(x)$에 대한 식과 이들의 편도함수에 대입한다. 만약 P(또는 $\overline{M}$)가 가상힘(또는 휨모멘트)이면 그 값은 "0"이 된다.
5. 식 (7.59)부터 식 (7.65)까지의 카스틸리아노 제2정리의 적절한 식을 이용하여 구조물의 처짐(또는 처짐각)을 계산한다. 처짐(또는 처짐각)값이 양수일 경우에는 처짐(또는 회전각)이 P(또는 $\overline{M}$)와 동일한 방향으로 발생한 것을 의미한다. 음수일 경우에는 P(또는 $\overline{M}$)와 반대 방향으로 발생함을 의미한다.

7.15 Example

카스틸리아노 제2정리를 이용하여 그림 7.23(a)와 같은 보의 C점에서의 처짐을 계산하라.

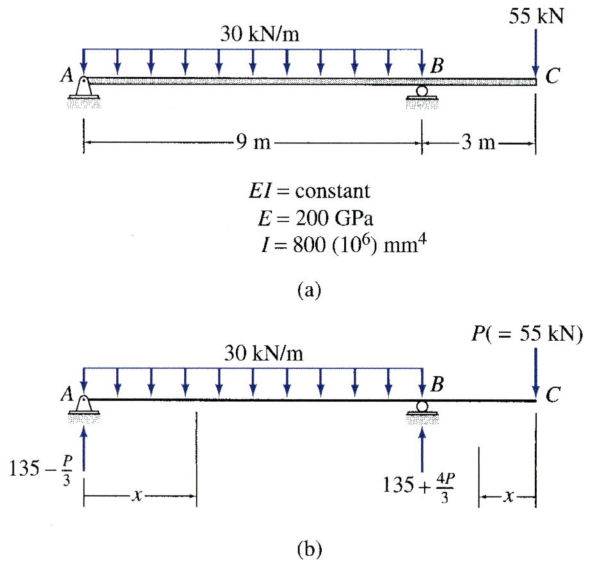

그림 7.23

풀이

이 보에 대해서는 예제 6.7, 6.13, 7.9에서 각각 모멘트면적법, 공액보법, 가상일법을 이용하여 해석하였다.

55 kN의 외력이 C점에 작용하고 있으며 이 점에서의 처짐을 계산해야 하므로, 그림 7.23(b)와 같이 외력을 변수 P로 지정한다. 다음으로 P를 포함한 반력을 계산하여 그림 7.23(b)에 나타내었다. 하중은 B점에서 불연속이므로 보를 AB와 BC의 두 개의 구간으로 나눈다. 보의 두 구간에서의 휨모멘트 식을 구하기 위한 x좌표를 그림 7.23(b)에 표시하였다. 보의 각 구간에서 구한 M(P를 이용하여 표현) 식과 P에 대한 M의 편도함수를 표 7.12에 나타내었다.

표 7.12

구간	x 좌표		M (kN · m)	$\frac{\partial M}{\partial P}$ (kN · m/kN)
	시작점	범위 (m)		
AB	A	0~9	$(135-P/3)x-15x^2$	$-x/3$
CB	C	0~3	$-Px$	$-x$

$P=55$ kN을 M과 $\partial M/\partial P$를 나타내는 식에 대입하고 카스틸리아노 제2정리를 이용한 식 (7.60)을 적용하여 C점의 처짐을 계산한다.

$$\Delta_C = \int_0^L \left(\frac{\partial M}{\partial P}\right)\left(\frac{M}{EI}\right) dx$$

$$\Delta_C = \frac{1}{EI}\left[\int_0^9 \left(-\frac{x}{3}\right)\left(135x - \frac{55x}{3} - 15x^2\right) dx + \int_0^3 (-x)(-55x)\, dx\right]$$

$$= \frac{1}{EI}\left[\int_0^9 \left(-\frac{x}{3}\right)(116.67x - 15x^2)\, dx + \int_0^3 (-x)(-55x)\, dx\right]$$

$$= -\frac{753.75 \text{ kN} \cdot \text{m}^3}{EI} = \frac{753.75}{200(10^6)830(10^{-6})} = -0.00454 \text{ m}$$

Δ_C의 값이 음수이므로 C점의 처짐이 P의 재하 방향과는 반대 방향인 위쪽으로 발생하였다.

$$\Delta_C = 4.54 \text{ mm} \uparrow$$

7.16 Example

카스틸리아노 제2정리를 이용하여 그림 7.24(a)와 같은 보의 B점에서의 처짐을 계산하라.

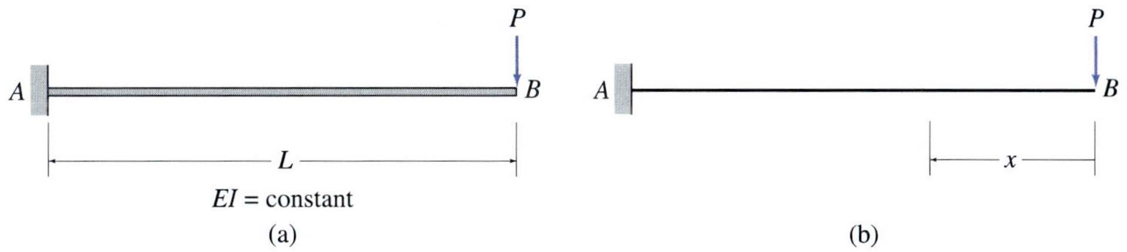

그림 7.24

풀이

그림 7.24(b)와 같은 x좌표를 이용하여 보의 휨모멘트 식을 구한다.

$$M = -Px$$

P에 대한 M의 편도함수는 다음과 같다.

$$\frac{\partial M}{\partial P} = -x$$

카스틸리아노 제2정리를 이용한 식 (7.60)을 이용하여 B점의 처짐을 구한다.

$$\Delta_B = \int_0^L \left(\frac{\partial M}{\partial P}\right)\left(\frac{M}{EI}\right) dx$$

$$\Delta_B = \int_0^L (-x)\left(-\frac{Px}{EI}\right) dx = \frac{P}{EI}\int_0^L x^2\, dx = \frac{PL^3}{3EI}$$

$$\Delta_B = \frac{PL^3}{3EI} \downarrow$$

7.17 Example

카스틸리아노 제2정리를 이용하여 그림 7.25(a)와 같은 골조의 C점에서의 처짐각을 계산하라.

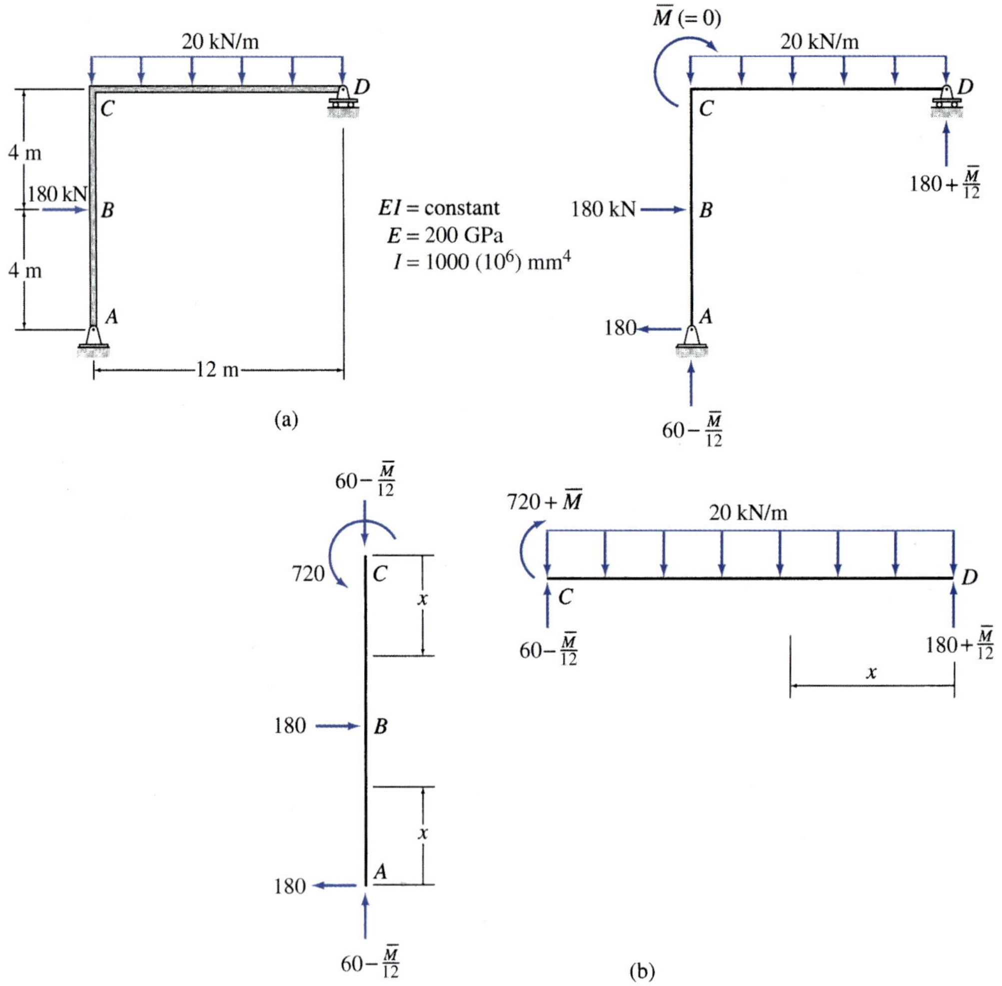

그림 7.25

풀이

이 골조에 대해서는 예제 7.11에서 가상일법을 이용하여 이미 해석하였다.

처짐각을 계산하고자 하는 C점에 휨모멘트가 작용하지 않으므로 그림 7.25(b)와 같이 가상휨모멘트

$\overline{M}(=0)$을 C점에 작용시킨다. 골조의 세 구간에서 휨모멘트를 계산하기 위하여 x좌표를 그림 7.25(b)에 표시하였다. 세 구간에서 구해진 $\overline{M}$을 변수로 하는 M식과 $\partial M/\partial \overline{M}$ 식을 표 7.13에 나타내었다. M과 $\partial M/\partial \overline{M}$를 나타내는 식에 $\overline{M}=0$을 대입하고 카스틸리아노 제2정리에 대한 식 (7.65)를 적용하여 골조 C점에서의 처짐각을 계산한다.

$$\theta_C = \sum \int \left(\frac{\partial M}{\partial \overline{M}}\right) \frac{M}{EI} dx$$

$$= \int_0^{12} \left(\frac{x}{12}\right)\left(180x - 20\frac{x^2}{2}\right) dx$$

$$= \frac{4320 \text{ kN} \cdot \text{m}^2}{EI} = \frac{4320}{200(10^6)1000(10^{-6})} = 0.0216 \text{ rad}$$

$$\theta_C = 0.0216 \text{ rad} \curvearrowright$$

표 7.13

구간	x 좌표 시작점	x 좌표 범위 (m)	M (kN · m)	$\dfrac{\partial M}{\partial \overline{M}}\left(\dfrac{\text{kN} \cdot \text{m}}{\text{kN} \cdot \text{m}}\right)$
AB	A	0~4	$180x$	0
CB	C	0~4	720	0
DC	D	0~12	$\left(180+\dfrac{\overline{M}}{12}\right)x-20\dfrac{x^2}{2}$	$\dfrac{x}{12}$

7.18 Example

카스틸리아노 제2정리를 이용하여 그림 7.26(a)와 같은 트러스의 B점에서의 수평처짐과 수직처짐을 계산하라.

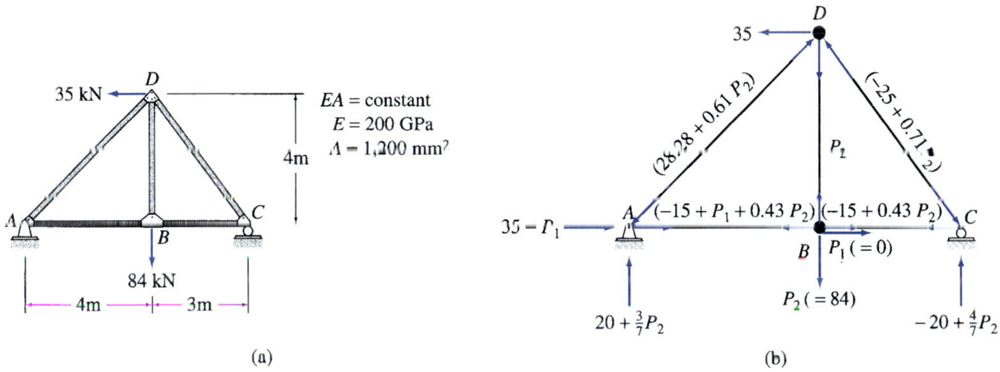

그림 7.26

풀이

이 트러스에 대해서는 예제 7.3에서 가상일법을 이용하여 해석하였다.

표 7.14

부재	L (m)	F (kN)	$\partial F/\partial P_1$ (kN/kN)	$\partial F/\partial P_2$ (kN/kN)	$P_1=0$과 $P_2=84$ kN $(\partial F/\partial P_1)FL$ (kN · m)	$P_1=0$과 $P_2=84$ kN $(\partial F/\partial P_2)FL$ (kN · m)
AB	4	$-15+P_1+0.43P_2$	1	0.43	84.48	36.32
BC	3	$-15+0.43P_2$	0	0.43	0	27.24
AD	5.66	$-28.28-0.61P_2$	0	-0.61	0	274.55
BD	4	P_2	0	1	0	336.00
CD	5	$25-0.71P_2$	0	-0.71	0	122.97
				$\sum\left(\frac{\partial F}{\partial P}\right)FL$	84.48	797.08

$$\Delta_{BH}=\frac{1}{EA}\sum\left(\frac{\partial F}{\partial P_1}\right)FL$$
$$=\frac{84.48}{EA}\ \text{kN}\cdot\text{m}$$
$$=\frac{84.48}{200\,(10^6)\,(0.0012)}=0.00035\ \text{m}$$
$$\Delta_{BH}=0.35\ \text{mm}\ \rightarrow$$

$$\Delta_{BV}=\frac{1}{EA}\sum\left(\frac{\partial F}{\partial P_2}\right)FL$$
$$=\frac{797.08}{EA}\ \text{kN}\cdot\text{m}$$
$$=\frac{797.08}{200\,(10^6)\,(0.0012)}=0.00332\ \text{m}$$
$$\Delta_{BV}=3.32\ \text{mm}\ \downarrow$$

그림 7.26(b)와 같이 B점에서의 수평처짐을 계산하기 위해 가상의 수평하중 $P_1(=0)$을 B점에 작용시키고, B점에서의 수직처짐을 계산하기 위해 84 kN의 수직하중을 변수 P_2로 지정한다. 절점법을 이용하여 P_1과 P_2에 대한 부재 축력을 계산한다. 부재력 F, P_1, P_2에 대한 F의 편도함수를 표 7.14에 나타내었다. 표에서 양수는 인장력을 의미하고 음수는 압축력을 의미한다. $P_1=0$과 $P_2=84$ kN을 F식에 대입하고 카스틸리아노 제2정리에 대한 식 (7.59)를 적용하여 트러스 B점에서의 수평처짐과 수직처짐을 계산한다.

7.8 베티의 법칙과 맥스웰의 상반처짐법칙

맥스웰의 상반처짐법칙(Maxwell's law of reciprocal deflections)은 1864년 James C. Maxwell에 의해 처음 제안되었으며 이 책의 3부에서 다루는 부정정구조물의 해석에서 중요한 역할을 한다. 사실 맥스웰의 법칙은 1872년 E. Betti에 의해 소개된 **베티의 법칙**(Betti's law)의 특별한 경우이다. 베티의 법칙은 다음과 같이 설명할 수 있다.

탄성구조물의 경우, Q시스템에 의해 발생한 변형에 작용하는 P시스템이 한 가상일은 P시스템에 의해 발생한 변형에 작용하는 Q시스템이 한 가상일과 같다.

이 법칙을 증명하기 위해 그림 7.27과 같은 보를 생각해 보다. 그림 7.27(a)와 (b)와 같이 보에는 두 개의 다른 하중시스템 P 시스템과 Q 시스템이 작용한다. P 하중을 받고 있는 보(그림 7.27(a))에 Q 하중시스템에 의해 변형(그림 7.27(b))이 발생하였다고 가정해 보자. 이때 가상 외적 일(W_{ve})은 다음과 같다.

$$W_{ve} = P_1\Delta_{Q1} + P_2\Delta_{Q2} + \cdots + P_n\Delta_{Qn}$$

즉,

$$W_{ve} = \sum_{i=1}^{n} P_i\Delta_{Qi}$$

변형체에 대한 가상힘의 원리 $W_{ve} = W_{vi}$를 적용하고, 보에서 수행된 가상 내적 일 식(식(7.29))을 사용하면 다음과 같은 식을 구할 수 있다.

$$\sum_{i=1}^{n} P_i\Delta_{Qi} = \int_0^L \frac{M_P M_Q}{EI}\,dx \tag{7.66}$$

다음으로 Q 하중을 받고 있는 보(그림 7.27(b))가 P 하중에 의해 변형(그림 7.27(a))이 발생하였다고 가정해 보자. 가상 외적 일과 가상 내적 일이 같으므로 다음 식을 구할 수 있다.

$$\sum_{j=1}^{m} Q_i\Delta_{Pj} = \int_0^L \frac{M_Q M_P}{EI}\,dx \tag{7.67}$$

식 (7.66)과 (7.67)의 우변은 서로 같으므로, 좌변항끼리 같다고 놓으면 다음 식을 구할 수 있다.

$$\sum_{i=1}^{n} P_i\Delta_{Qi} = \sum_{j=1}^{m} Q_j\Delta_{Pj} \tag{7.68}$$

식 (7.68)은 베티의 법칙에 대한 식이다.

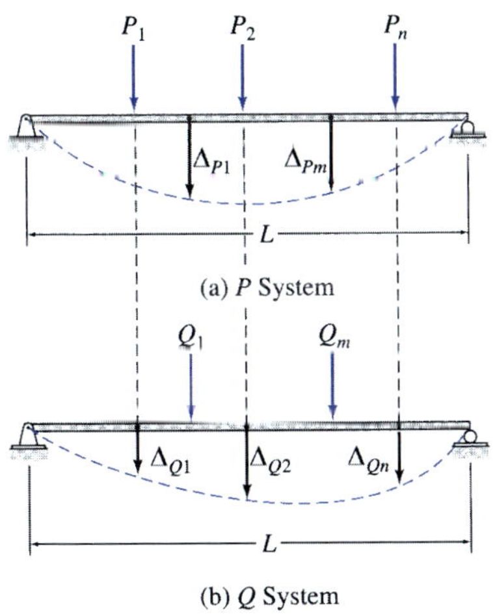

그림 7.27

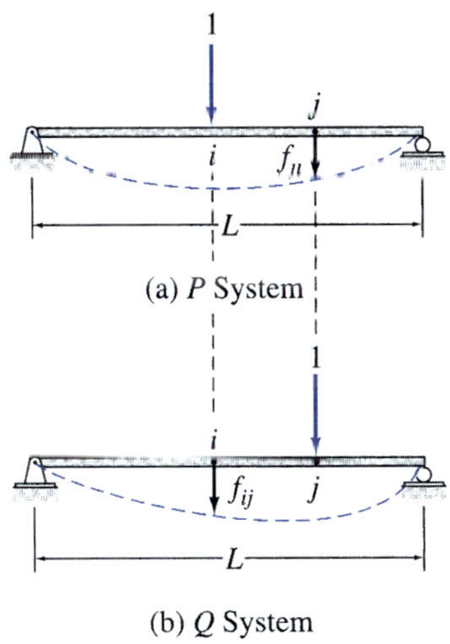

그림 7.28

선형탄성구조물의 경우, j 점에 가한 단위하중에 의해 i 점에 발생한 처짐은 i 점에 가한 단위하중에 의해 j 점에 발생한 처짐과 같다. 이를 맥스웰의 상반처짐법칙이라고 한다.

여기서, 처짐과 하중은 각각 회전과 휨모멘트를 포함하는 일반적인 의미이다. 앞에서 설명한 것과 같이 맥스웰의 법칙은 베티의 법칙의 특별한 경우이다. 맥스웰의 법칙을 증명하기 위해 그림 7.28와 같은 보를 생각해 보자. 보에는 P 시스템과 Q 시스템이 작용하고 있으며, 각 시스템은 그림 7.28(a)와 (b)와 같이 i 점과 j 점에 작용하는 단위하중으로 이루어져 있다. 그림에서 f_{ij} 는 j 점에 작용하는 단위하중에 의해 i 점에 발생한 처짐이며, f_{ji} 는 i 점에 작용하는 단위하중에 의해 j 점에 발생한 처짐이다. 단위하중에 의해 발생하는 이러한 처짐을 **연성계수** (flexibility coefficients)라 한다. 식 (7.68)의 베티의 법칙을 적용하면 다음과 같다.

$$1(f_{ij}) = 1(f_{ji})$$

또는

$$f_{ij} = f_{ji} \tag{7.69}$$

이 식은 맥스웰의 법칙에 대한 식이다.

상반관계는 단위 휨모멘트와 단위하중에 의해 발생한 처짐과 회전사이에서 뿐만 아니라 두 개의 단위 휨모멘트에 의해 발생한 회전사이에서도 성립한다.

요약

하중 P(또는 휨모멘트 M)이 작용하는 위치에서 Δ 만큼의 변위(또는 θ 만큼의 처짐각)가 발생하는 동안 하중 P(또는 휨모멘트 M)에 의해 수행된 일(W)은 다음과 같다.

$$W = \int_0^{\Delta} P\, d\Delta \tag{7.1}$$

또는,

$$W = \int_0^{\theta} M\, d\theta \tag{7.4}$$

힘이 평형 상태를 이루고 있는 강체에 매우 작은 가상의 변위가 발생할 경우에 외력에 의한 가상일은 0이다. 변형체에 대한 가상힘의 원리는 다음과 같다.

$$W_{ve} = W_{vi} \tag{7.16}$$

여기서, W_{ve} = 구조물에서 실제의 외적 변위와 처짐각이 발생하는 동안에 작용하는 가상의 외력과 휨모멘트에 의해 수행된 가상의 외적 일, W_{vi} = 구조물에서 실제의 내적 변위와 처짐각이 발생하는 동안에 가상의 내력과 휨모멘트에 의해 수행된 가상의 내적 일이다.

구조물의 변형을 계산하기 위한 가상일법은 변형체에 대한 가상힘의 원리에 기반을 둔다. 가상일법은 두 개의 분리된 시스템을 이용한다. 즉, (1) 계산하고자 하는 변형을 유발하는 실제의 하중(또는 기타 하중효과)시스템, (2) 계산하고자 하는 처짐(또는 처짐각)이 발생하는 점에 예상 처짐방향으로 작용하는 단위하중(또는 단위휨모멘트)으로 이루어진 가상시스템이다. 트러스, 보, 골조의 처짐을 계산하기 위해 사용되는 가상일법의 식은 다음과 같다.

트러스 $$1(\Delta) = \sum F_v \left(\frac{FL}{AE}\right) \tag{7.23}$$

보 $$1(\Delta) = \int_0^L \frac{M_v M}{EI} dx \tag{7.30}$$

골조 $$1(\Delta) = \sum F_v \left(\frac{FL}{AE}\right) + \sum \int \frac{M_v M}{EI} dx \tag{7.35}$$

에너지 보존원리에 의해 평형 상태에 있는 탄성체에 정적으로 가해진 외력에 의해 수행된 일은 내력에 의해 수행된 일, 즉 구조물에 저장된 변형에너지와 같다. 트러스, 보, 골조의 변형에너지에 대한 식은 다음과 같다.

트러스 $$U = \sum \frac{F^2 L}{2AE} \tag{7.41}$$

보 $$U = \int_0^L \frac{M^2}{2EI} dx \tag{7.44}$$

골조 $$U = \sum \frac{F^2 L}{2AE} + \sum \int \frac{M^2}{2EI} dx \tag{7.48}$$

선형 탄성체에 대한 카스틸리아노 제2정리에 대한 식은 다음과 같다.

$$\frac{\partial U}{\partial P_i} = \Delta_i \quad \text{또는} \quad \frac{\partial U}{\partial M_i} = \theta_i \tag{7.50}$$

처짐을 계산하기 위해 사용되는 카스틸리아노 제2정리에 대한 식은 다음과 같다.

트러스 $$\Delta = \sum \left(\frac{\partial F}{\partial P}\right) \frac{FL}{AE} \tag{7.59}$$

보 $$\Delta = \int_0^L \left(\frac{\partial M}{\partial P}\right) \frac{M}{EI} dx \tag{7.60}$$

골조 $$\Delta = \sum \left(\frac{\partial F}{\partial P}\right) \frac{FL}{AE} + \sum \int \left(\frac{\partial M}{\partial P}\right) \frac{M}{EI} dx \tag{7.62}$$

맥스웰의 상반처짐법칙에 의하면 선형 탄성구조물에서 j 점에 가해진 단위하중에 의해 발생한 i 점의 처짐은 i 점에 가해진 단위하중에 의해 발생한 j 점의 처짐과 같다.

연습문제

7.1~7.5 가상일법을 이용하여 그림 P7.1~P7.5와 같은 트러스의 B 절점에서의 수평처짐과 수직처짐을 계산하라.

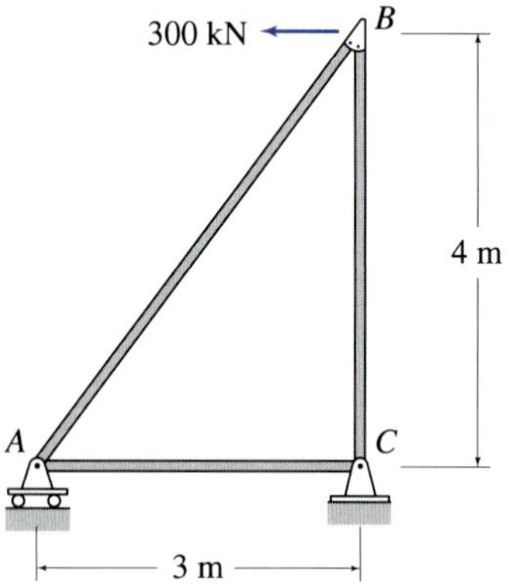

EA = constant
E = 200 GPa
A = 3400 mm^2

그림 P7.1, P7.51

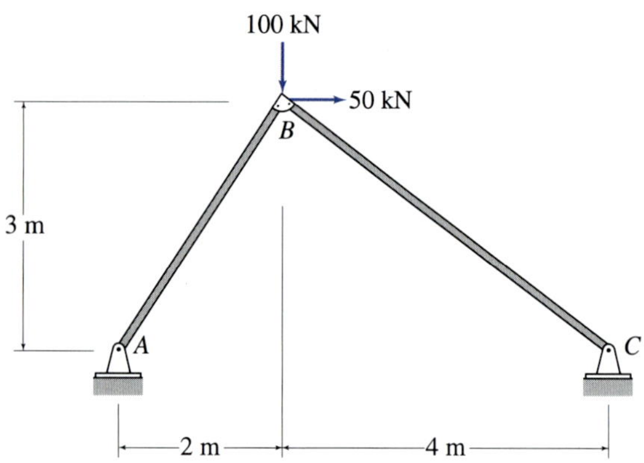

EA = constant
E = 70 GPa
A = 1,000 mm^2

그림 P7.2, P7.52

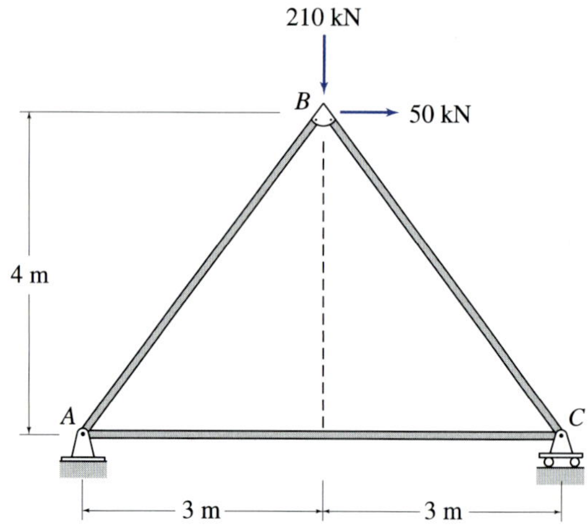

EA = constant
E = 200 GPa
A = 1,100 mm^2

그림 P7.3, P7.53

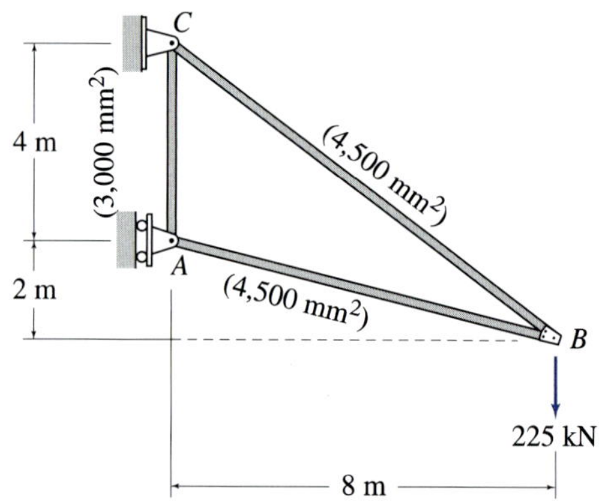

E = 70 GPa

그림 P7.4, P7.54

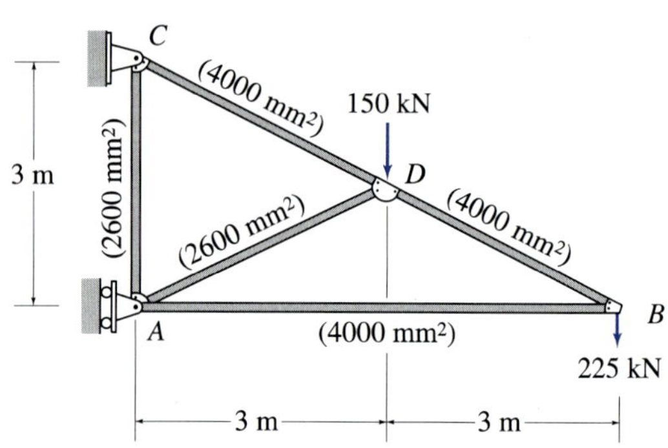

E = 70 GPa

그림 P7.5, P7.55

7.6 및 7.7 가상일법을 이용하여 그림 P7.6과 P7.7과 같은 트러스의 C절점에서의 수직처짐을 계산하라.

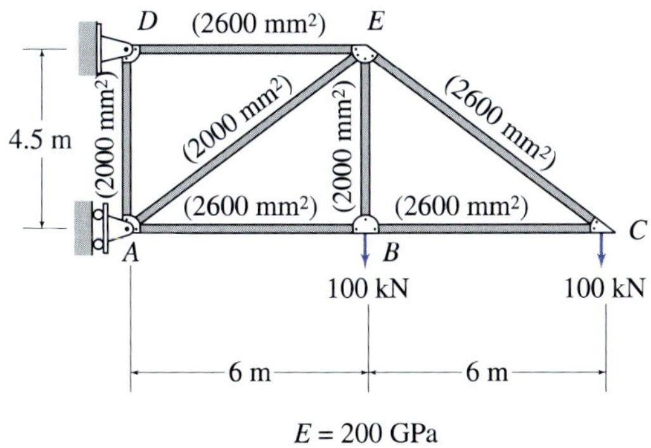

그림 P7.6

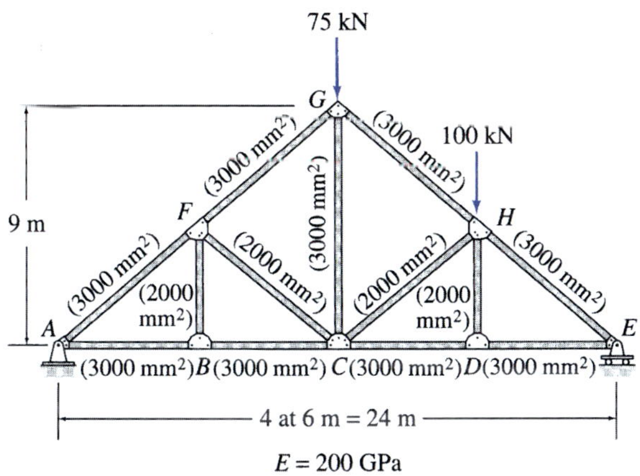

그림 P7.7

7.8 가상일법을 이용하여 그림 P7.8과 같은 트러스의 E절점에서의 수평처짐을 계산하라.

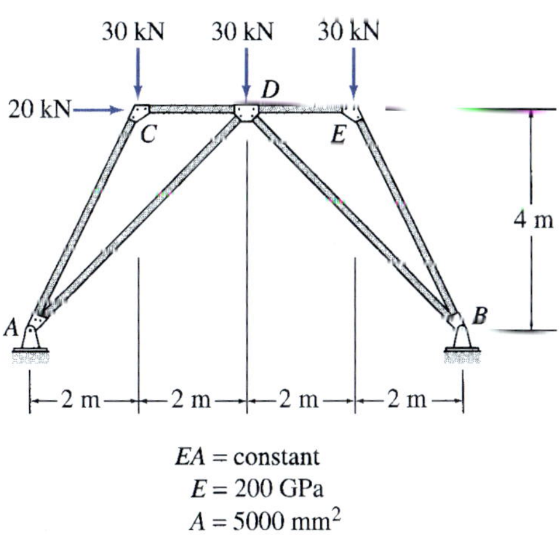

그림 P7.8, P7.56

7.9 가상일법을 이용하여 그림 P7.9와 같은 트러스의 H절점에서의 수평처짐을 계산하라.

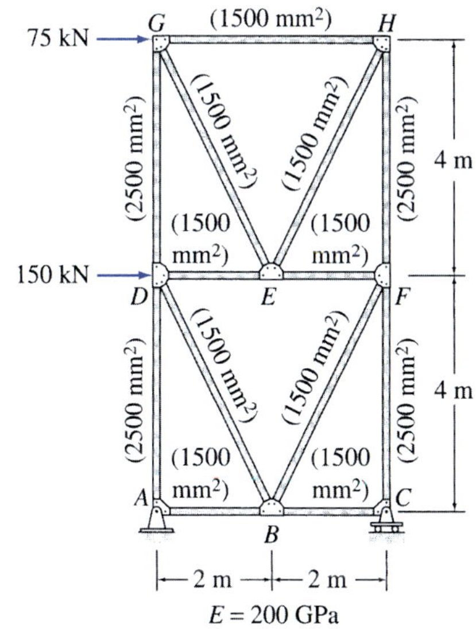

그림 P7.9

7.10~7.12 D절점의 수평처짐이 10 mm를 초과하지 않도록 하기 위한 트러스 부재의 최소 단면적 A를 가상일법을 이용하여 계산하라.

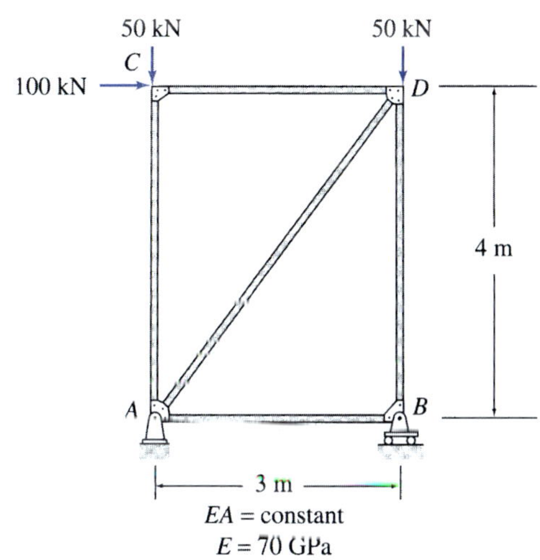

그림 P7.10

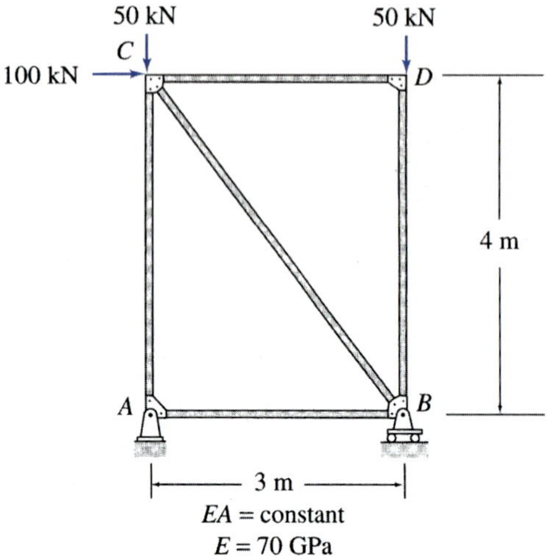

그림 P7.11

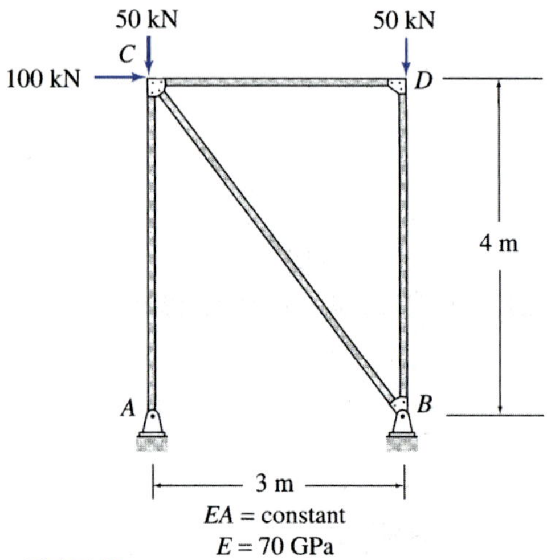

그림 P7.12

7.13~7.15 B 절점의 수직처짐이 10 mm를 초과하지 않도록 하기 위한 트러스 부재의 최소 단면적 A를 가상일법을 이용하여 계산하라.

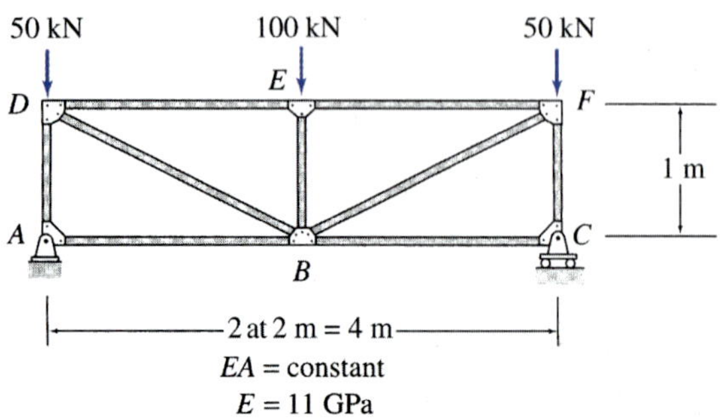

그림 P7.13

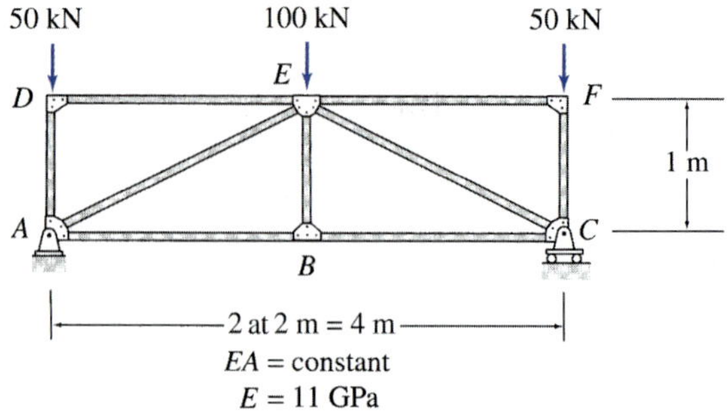

그림 P7.14

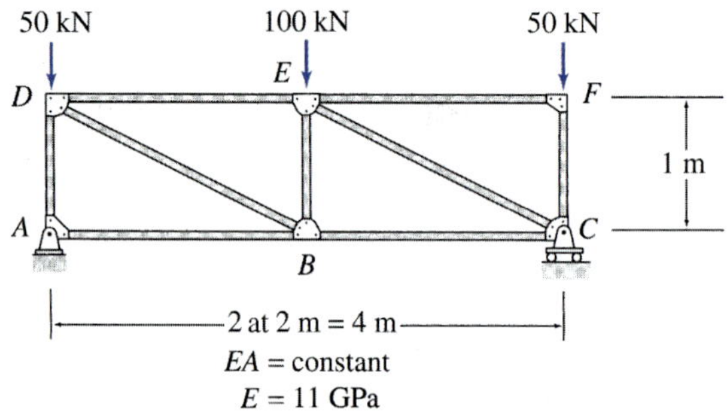

그림 P7.15

7.16 그림 P7.16과 같은 트러스에서 AC와 CE부재의 온도가 50℃증가할 경우에 E절점에서의 수평처짐을 가상일법을 이용하여 계산하라.

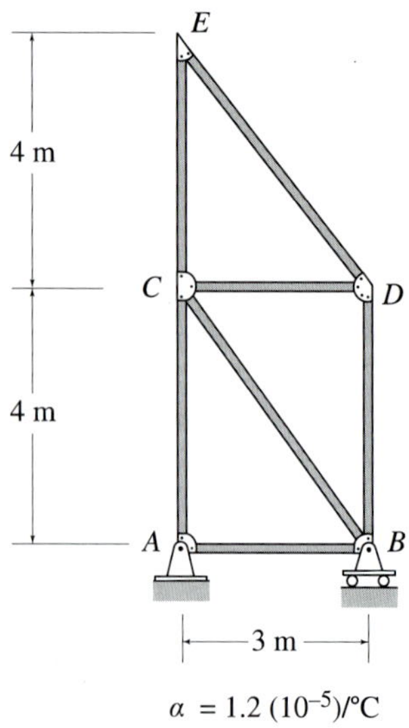

그림 P7.16, P7.18

7.17 그림 P7.17과 같은 트러스에서 *AB*, *BC*, *CD*, *DE* 부재의 온도가 36℃ 증가하며, *FG*와 *GH* 부재의 온도가 10℃ 감소할 경우에 *G* 절점에서의 수직처짐을 가상일법을 이용하여 계산하라.

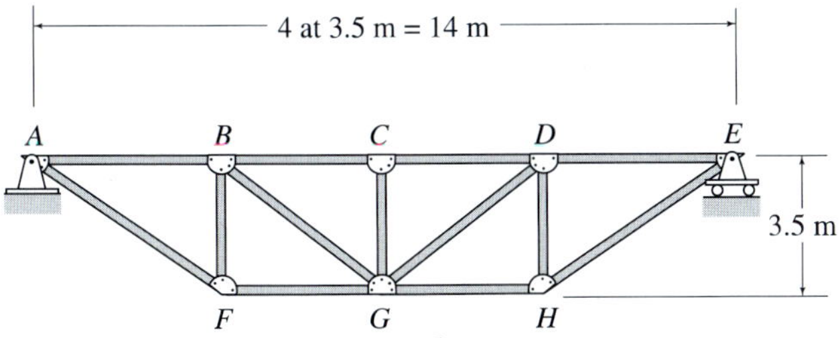

$\alpha = 1.2\,(10^{-5})/°C$

그림 P7.17, P7.19

7.18 그림 P7.16과 같은 트러스에서 *BC* 부재는 계획한 것보다 18 mm만큼 더 길고 *CE* 부재는 15 mm만큼 더 짧을 때 *E* 절점에서의 수평처짐을 가상일법을 이용하여 계산하라.

7.19 그림 P7.17과 같은 트러스에서 *BC*와 *CG* 부재의 길이가 계획한 것보다 15 mm만큼 짧을 때 *G* 절점에서의 수직처짐을 가상일법을 이용하여 계산하라.

7.20 및 7.21 가상일법을 이용하여 보의 *B* 점에서의 처짐각과 처짐을 계산하라.

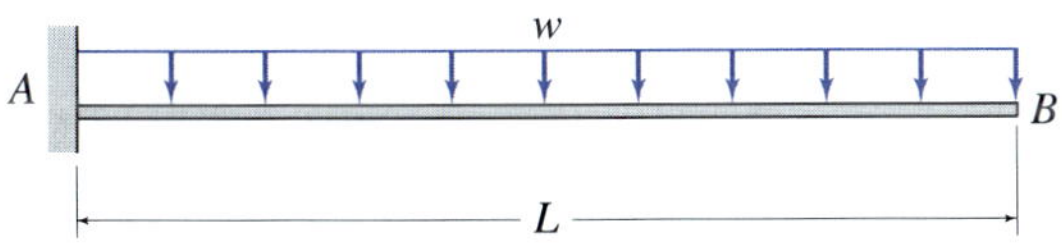

EI = constant

그림 P7.20, P7.22, P7.57

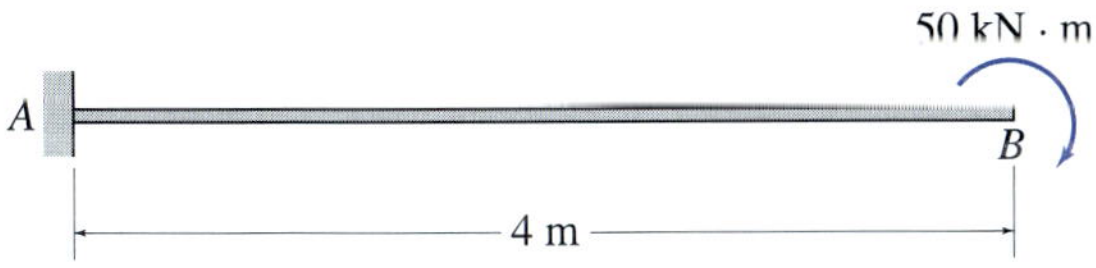

EI = constant
E = 70 GPa
I = 164 (10^6) mm^4

그림 P7.21, P7.23, P7.58

7.22 및 7.23 가상일법을 이용하여 그림 P7.20과 P7.21과 같은 보의 *B* 점에서의 처짐을 계산하라. 가상일의 적분 계산은 표 7.6의 도형을 이용하라.

7.24~7.27 가상일법을 이용하여 보의 *C* 점에서의 처짐을 계산하라.

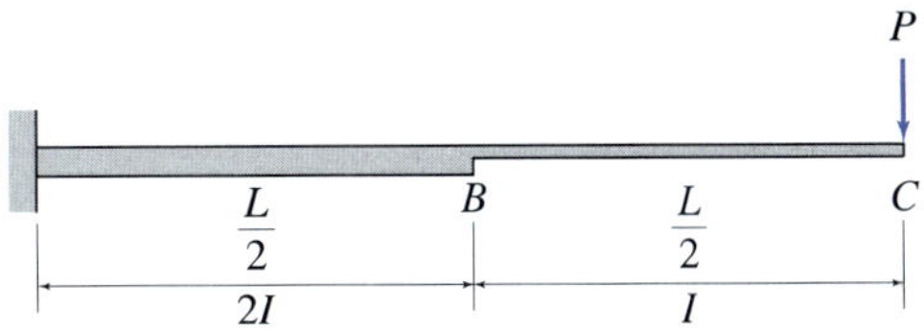

E = constant

그림 P7.24, P7.28, P7.59

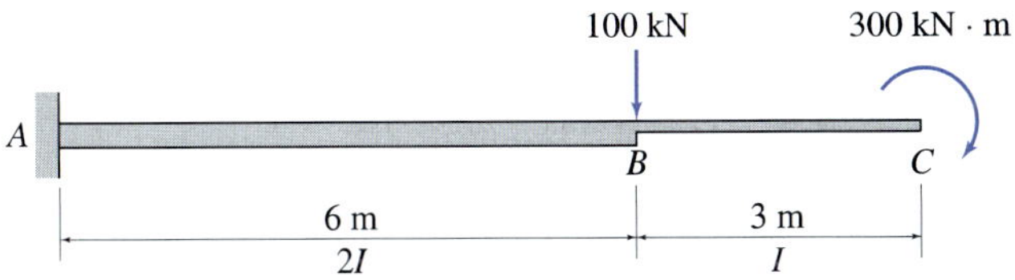

E = constant = 70 GPa
I = 500 (10^6) mm^4

그림 P7.25, P7.29, P7.60

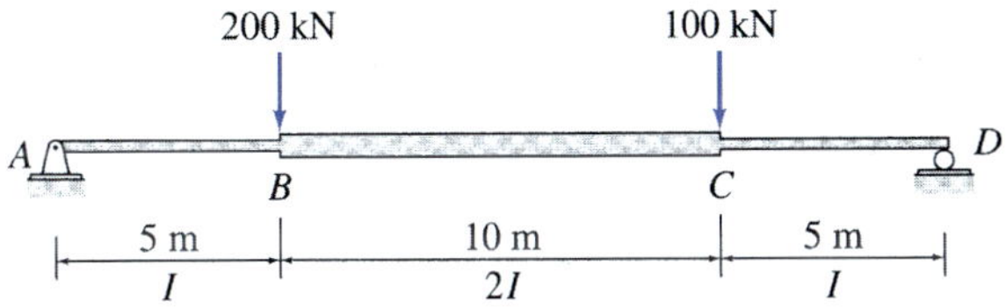

E = constant = 250 GPa
I = 600(10^6) mm^4

그림 P7.26, P7.30, P7.61

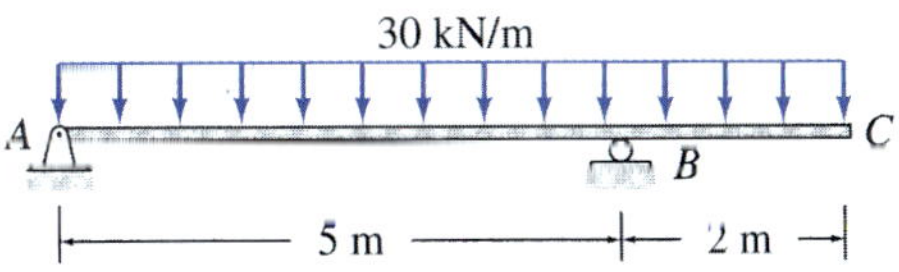

EI = constant
E = 200 GPa
I = 146(10^6) mm^4

그림 P7.27, P7.62

7.28~7.30 가상일법을 이용하여 그림 P7.24~P7.26과 같은 보의 *C* 점에서의 처짐을 계산하라. 가상일의 적분 계산은 표 7.6의 도형을 이용하라.

7.31∼7.33 보의 최대 처짐이 지간길이의 1/360을 초과하지 않기 위한(즉, $\Delta_{max} \le L/360$) 보의 최소 단면2차모멘트 I의 값을 가상일법을 이용하여 계산하라.

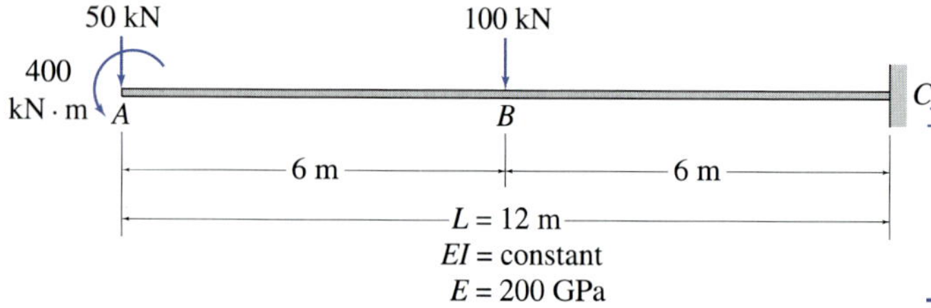

그림 P7.31

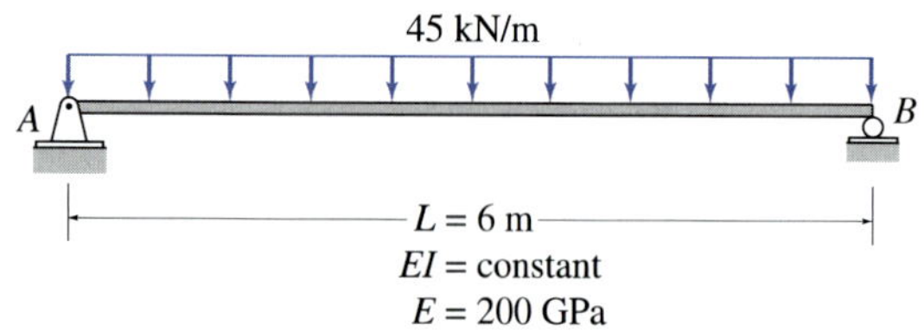

그림 P7.32

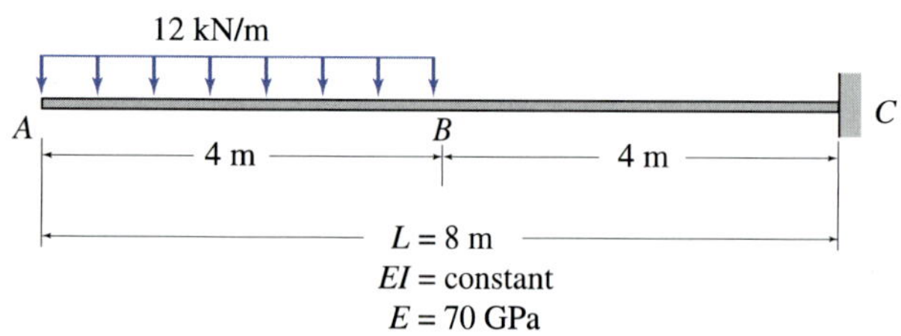

그림 P7.33

7.34 및 7.35 가상일법을 이용하여 보의 D점에서의 처짐각과 처짐을 계산하라.

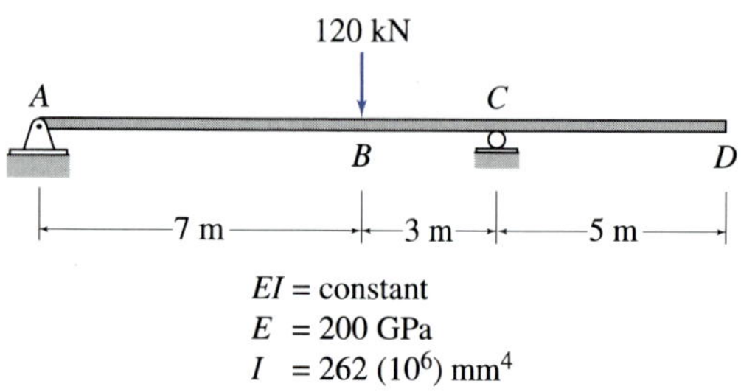

그림 P7.34, P7.63

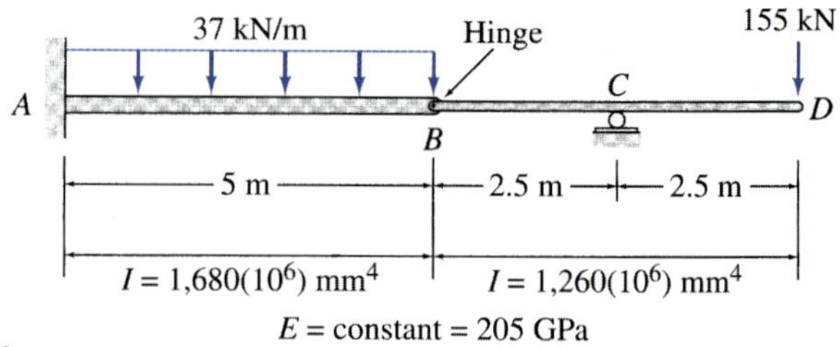

그림 P7.35, P7.64

7.36 및 7.37 가상일법을 이용하여 골조의 C절점의 수직 처짐을 계산하라.

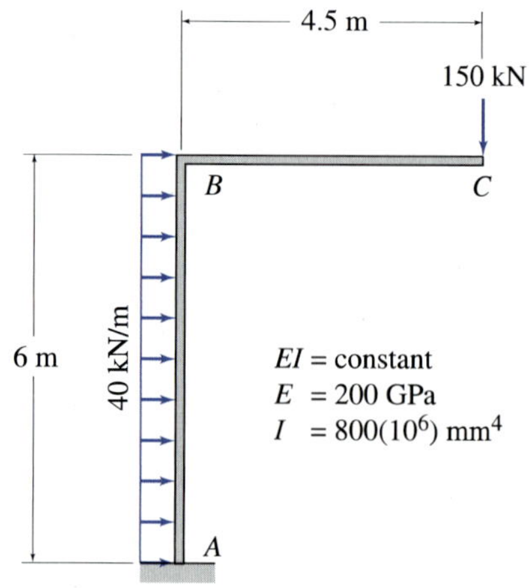

그림 P7.36, P7.65

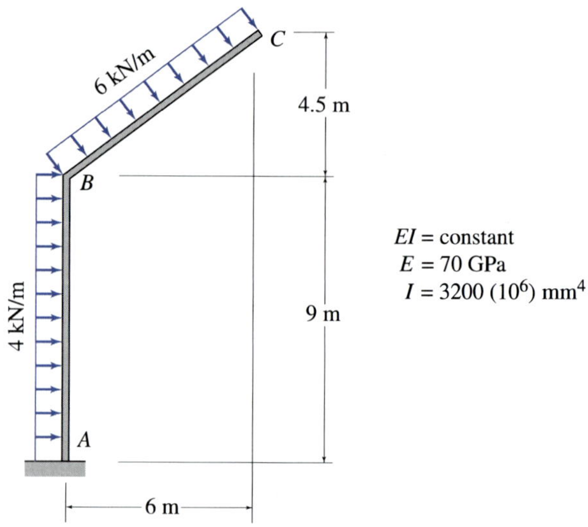

그림 P7.37

7.38 가상일법을 이용하여 골조의 C절점의 수평처짐을 계산하라.

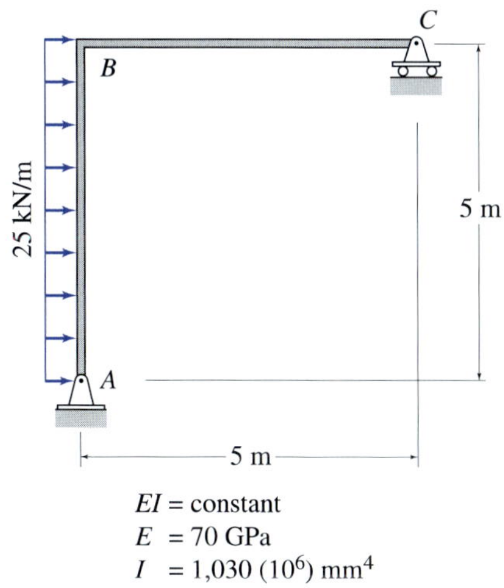

그림 P7.38, P7.66

7.39 가상일법을 이용하여 골조의 D절점의 처짐각을 계산하라.

7.40 가상일법을 이용하여 그림 P7.39와 같은 골조의 E절점의 수평처짐을 계산하라.

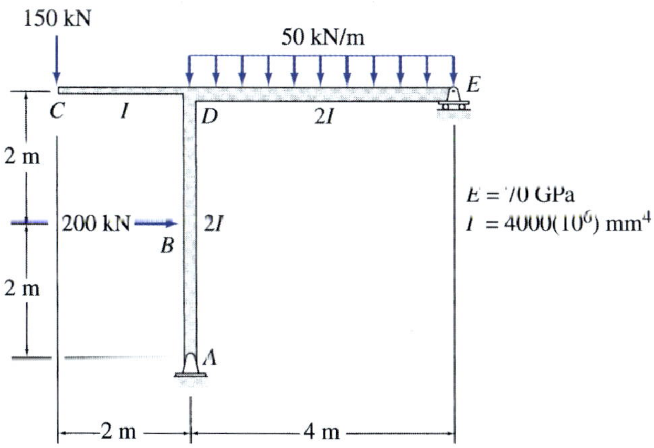

그림 P7.39, P7.40

7.41 가상일법을 이용하여 골조의 B절점의 처짐각을 계산하라.

7.42 가상일법을 이용하여 그림 P7.41과 같은 골조의 B절점의 수직처짐을 계산하라.

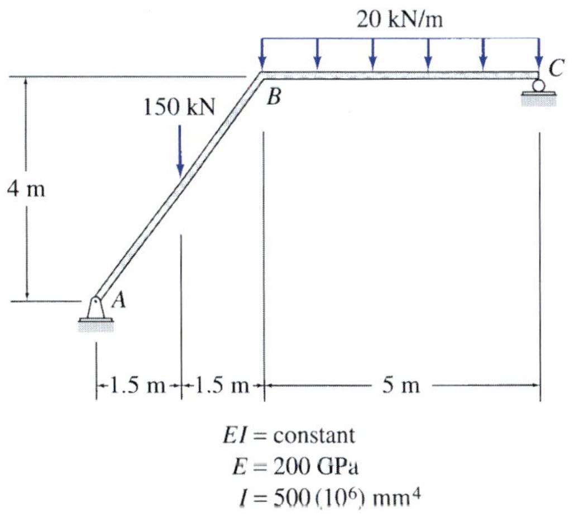

그림 P7.41, P7.42

7.43 가상일법을 이용하여 골조의 D절점의 처짐각을 계산하라.

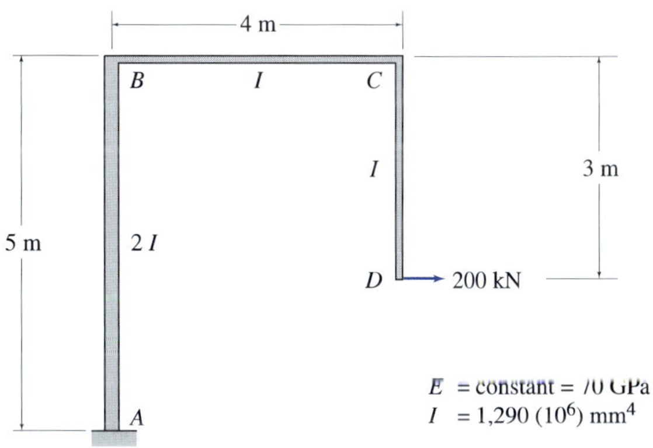

그림 P7.43, P7.44, P7.67

7.44 가상일법을 이용하여 그림 P7.43 골조의 D절점의 처짐각을 계산하라. 가상일의 적분 계산은 표 7.6의 도형을 이용하라.

7.45 및 7.46 가상일법을 이용하여 골조의 C절점의 수평처짐을 계산하라.

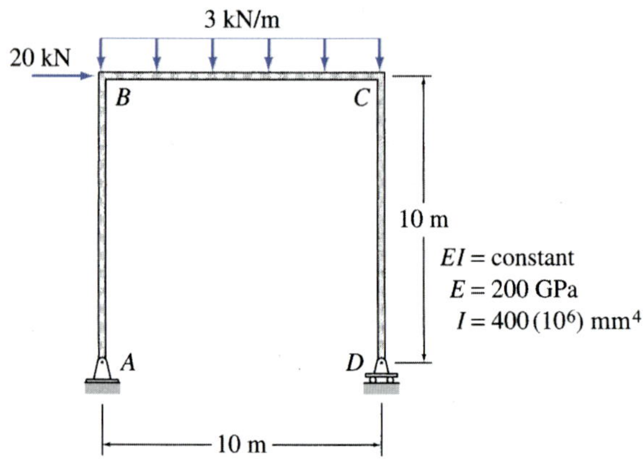

그림 P7.45, P7.68

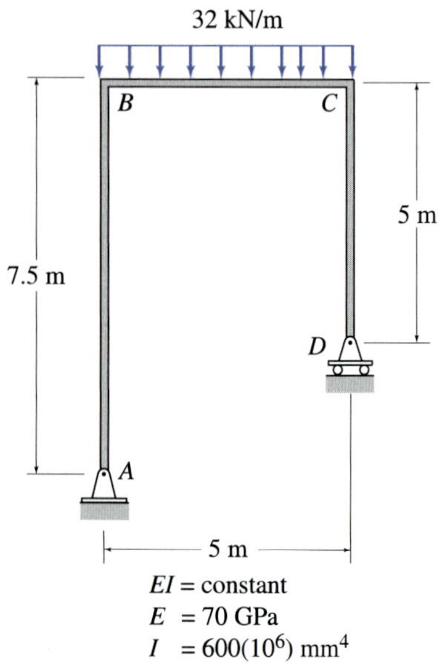

그림 P7.46, P7.69

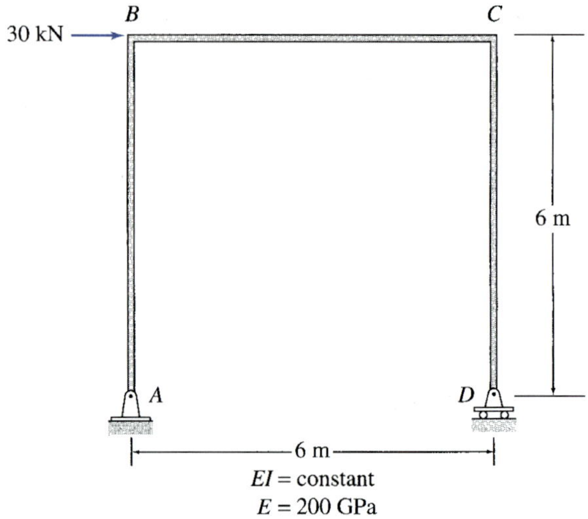

그림 P7.47

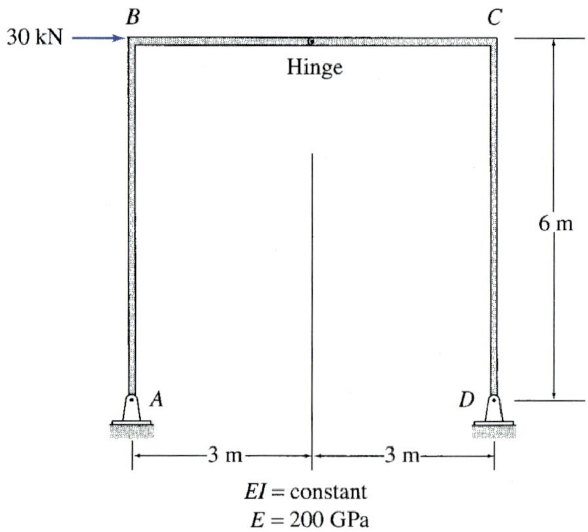

그림 P7.48

7.47 및 7.48 골조의 C절점의 수평처짐이 20 mm를 초과하지 않기 위한 부재의 최소 단면2차모멘트 I 값을 가상일법을 이용하여 계산하라.

7.49 가상일법을 이용하여 골조의 D절점의 처짐각을 계산하라.

7.50 가상일법을 이용하여 그림 P7.49의 E절점의 수직처짐을 계산하라.

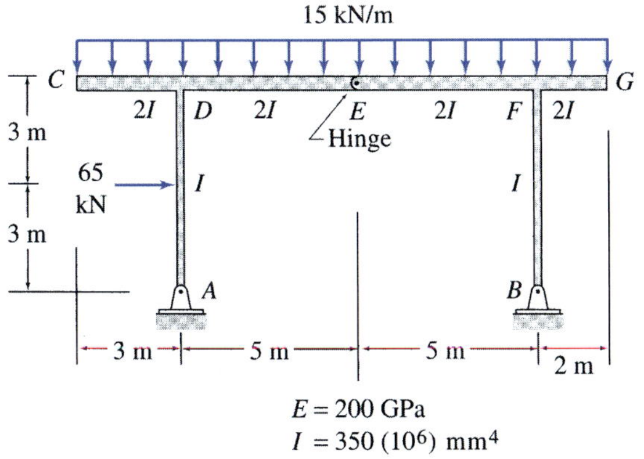

그림 P7.49, P7.50

7.51～7.55 카스틸리아노 제2정리를 이용하여 그림 P7.1～P7.5와 같은 트러스의 B절점의 수평처짐과 수직처짐을 계산하라.

7.56 카스틸리아노 제2정리를 이용하여 그림 P7.8과 같은 트러스의 E절점의 수평처짐을 계산하라.

7.57 및 7.58 카스틸리아노 제2정리를 이용하여 그림 P7.20과 P7.21의 보의 B점에서의 처짐각과 처짐을 계산하라.

7.59～7.62 카스틸리아노 제2정리를 이용하여 그림 P7.24～P7.27과 같은 보의 C점에서의 처짐을 계산하라.

7.63 및 7.64 카스틸리아노 제2정리를 이용하여 그림 P7.34와 P7.35와 같은 보의 D점에서의 처짐각과 처짐을 계산하라.

7.65 카스틸리아노 제2정리를 이용하여 그림 P7.36과 같은 골조의 C절점에서의 수직처짐을 계산하라.

7.66 카스틸리아노 제2정리를 이용하여 그림 P7.38과 같은 골조의 C절점에서의 수평처짐을 계산하라.

7.67 카스틸리아노 제2정리를 이용하여 그림 P7.43과 같은 골조의 D절점에서의 처짐각을 계산하라.

7.68 및 7.69 카스틸리아노 제2정리를 이용하여 그림 P7.45와 P7.46과 같은 골조의 C절점에서의 수평처짐을 계산하라.

08

영향선

A Bridge Subjected to Variable Loads Due to Traffic
Oliver Strewe/Lonely Planet Images/Getty Images

앞의 여러 장에서는 위치가 고정된 하중이 작용하는 구조물의 해석에 대하여 다루었다. 구조물 자체의 무게와 구조물에 영구적으로 부착된 장비나 다른 물체의 무게 등을 포함하는 고정하중은 정적 하중의 대표적인 예라 할 수 있다. 그러나 구조물에는 활하중 또는 환경적 하중과 같이 위치가 변하는 하중이 작용하기도 한다. 이 장에서는 이와 같이 변동 하중을 받는 정정구조물의 해석에 대하여 다루고자 한다.

그림 8.1과 같은 트러스 구조를 생각해보자. 자동차가 교량을 지나가는 동안 트러스 부재들이 받는 힘은 자동차의 위치 x에 따라 변하며, 하중이 작용하는 위치에 따라서 각 트러스 부재에 발생하는 최대 부재력도 달라질 것이다. 예를 들어 부재 AB가 받는 부재력은 자동차가 특정한 위치 $x = x_1$일 때 최대가 되는 반면, 부재 CH는 자동차가 다른 위치 $x = x_2$일 때

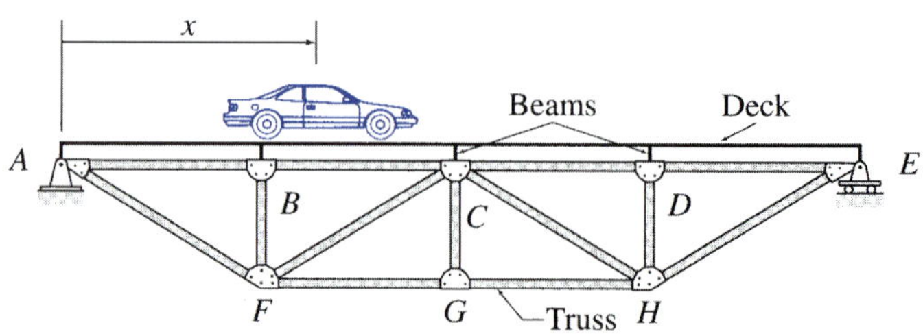

그림 8.1

최대가 된다. 트러스의 각 부재는 자동차가 교량을 지나가는 동안 유발하는 최대 부재력에 대하여 설계되어야 한다. 따라서 트러스에 대한 해석에서는 각 부재에 대하여 최대 부재력을 발생시키는 자동차의 위치를 계산하고, 이 때의 최대 부재력을 계산하여야 한다.

앞에서 설명한 내용으로부터 변동 하중을 받는 구조물의 해석은 다음과 같은 두 단계로 이루어져 있음을 알 수 있다: (1) 반력, 보의 한 단면에서의 전단력 또는 휨모멘트, 트러스의 부재력 등과 같은 구하고자 하는 부재력(응답)이 최대가 되는 하중의 위치를 구하는 단계, (2) 그 부재력의 최댓값을 계산하는 단계.

변동 하중을 받는 구조물의 해석에 사용되는 중요한 개념은 1867년에 E. Winkler가 최초로 소개한 영향선(Influence Line)의 개념이다. **영향선이란 구조물에 수직방향으로 가해지는 단위하중의 위치에 대한 함수로 구조물의 부재력을 나타낸 그래프이다.**

이 장은 처음에 평형방정식을 이용하여 반력, 보와 골조의 전단력 및 휨모멘트의 영향선을 구하는 방법을 소개하고자 한다. 다음으로 **Müller Breslau의 법칙**과 그 활용법 및 바닥틀(floor system)을 지지하는 거더의 단면력에 대한 영향선을 설명하고, 마지막으로 처짐에 대한 영향선을 설명할 것이다. 변동 하중을 받는 구조물의 부재력의 최댓값을 결정하기 위해 영향선을 활용하는 방법은 다음 장에서 다룬다.

8.1 평형방정식에 의한 보와 골조의 영향선

그림 8.2(a)와 같은 단순지지 보를 생각해보자. 이 보에는 좌측 지점 A에서 우측 지점 C로 이동하며 아랫방향으로 작용하는 크기가 1인 집중하중이 있다. 이러한 하중을 단위하중이라 한다. 단위하중의 위치는 좌측 지점 A에서부터의 거리 x로 표시된다. 그림과 같이 지점 A와 C에서의 수직반력에 대한 영향선과 좌측 지점에서 거리 a만큼 떨어진 점 B에서의 전단력과 휨모멘트에 대한 영향선을 그려 보자.

반력에 대한 영향선

보의 수직반력 A_y에 대한 영향선을 구하기 위해 다음과 같은 평형방정식을 적용하여 A_y를 단위하중의 위치 x의 함수로 나타낸다.

$$+\circlearrowleft \sum M_c = 0$$

$$-A_y(L) + 1(L-x) = 0 \qquad A_y = \frac{1(L-x)}{L} = 1 - \frac{x}{L} \tag{8.1}$$

식 (8.1)로부터 A_y는 x의 선형함수이고 $x=0$일 때 $A_y = 1$, $x = L$일 때는 $A_y = 0$임을 알 수 있다.

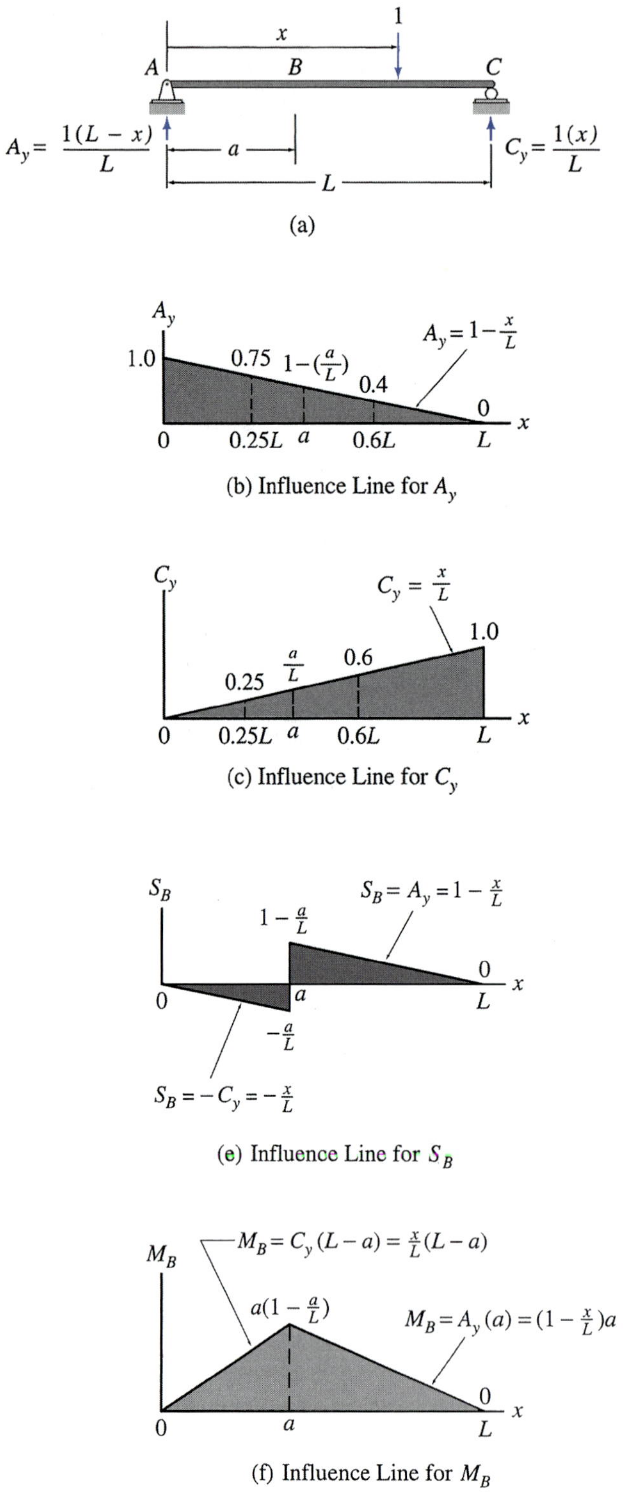

A B C x 1
A_y = 1(L − x)/L
C_y = 1(x)/L
a L
(a)
A_y 1.0 0.75 1−(a/L) 0.4 0
A_y = 1 − x/L
0 0.25L a 0.6L L x
(b) Influence Line for A_y
C_y C_y = x/L 1.0
0.25 a/L 0.6
0 0.25L a 0.6L L x
(c) Influence Line for C_y
S_B 1 − a/L
S_B = A_y = 1 − x/L
0 a 0 L x
−a/L
S_B = −C_y = −x/L
(e) Influence Line for S_B
M_B = C_y(L − a) = x/L(L − a)
M_B a(1 − a/L)
M_B = A_y(a) = (1 − x/L)a
0 a 0 L x
(f) Influence Line for M_B
0 ≤ x < a
S_B = −C_y
M_B = C_y(L − a)
L − a
a < x ≤ L
S_B = A_y
M_B = A_y(a)
(d)

그림 8.2

식 (8.1)은 A_y의 영향선에 대한 식으로, 단위하중의 위치 x를 가로축으로, A_y의 값을 세로축으로 나타내면 그림 8.2(b)와 같은 그림을 그릴 수 있다. 이 그림(그림 8.2(b))은 단위하중의 이동이 반력 A_y의 크기에 어떻게 영향을 미치는지를 나타낸 것이다. 이 영향선 그림으로부터 단위하중이 좌측 지점 A에 위치하면(즉, $x=0$이면), $A_y=1$임을 알 수 있다. 단위하중이 A에서 C로 이동함에 따라 A_y의 크기는 선형적으로 감소하여 단위하중이 우측 지점 C에 위치하면(즉, $x=L$이면) A_y의 크기는 0이 된다. 여기서 중요한 것은 임의의 위치 x에서의 영향선의 세로축의 값은 보에서 단위하중이 x의 위치에 있을 때의 반력 A_y의 크기와 같다는 것이다. 예를 들어, A_y의 영향선으로부터 단위하중이 좌측단 A로부터 $0.25L$만큼 떨어져 있을 때 반력 A_y의 크기는 0.75이다. 마찬가지로 단위하중이 $x=0.6L$에 작용하면 A_y의 크기는 0.4가 될 것이다.

보(그림 8.2(a))의 수직반력 C_y에 대한 영향선도 위에서 설명한 방법과 같이 구할 수 있다. 다음과 같이 평형방정식을 이용하여 x의 함수로 C_y의 식을 나타낼 수 있다.

$$+\circlearrowleft \sum M_A = 0$$

$$-1(x) + C_y(L) = 0 \qquad C_y = \frac{1(x)}{L} = \frac{x}{L} \tag{8.2}$$

식 (8.2)는 C_y에 대한 영향선 식이며 이를 그림으로 나타내면 그림 8.2(c)와 같다. 그림 8.2(b)와 그림 8.2(c)로부터 단위하중이 어느 위치에 있더라도 반력 A_y와 반력 C_y의 영향선 세로축 값의 합은 1이 되며 이는 평형방정식 $\sum F_y = 0$을 만족한다는 것을 알 수 있다.

*B*점의 전단력에 대한 영향선

전단력과 휨모멘트에 대한 영향선도 반력에 대한 영향선을 구하기 위해 사용했던 방법과 유사하게 구할 수 있다. 보의 B점(그림 8.2(d))의 전단력에 대한 영향선을 구하기 위하여 S_B에 대한 식을 구한다. 그림 8.2(d)로부터 단위하중이 점 B의 좌측에 위치할 때, 즉 AB부분 $(0 \le x < a)$에 위치할 때 B점의 전단력은 점 B의 우측에 있는 BC부분의 자유물체도를 이용하여 쉽게 구할 수 있다. 보의 부호 규약(5.1절)에 맞게 BC부분에서 아래 방향으로 작용하는 반력과 외력을 양(+)이라 할 때 점 B의 전단력은 다음과 같다.

$$S_B = -C_y \qquad 0 \le x < a$$

단위하중이 점 B의 오른쪽에 위치할 때, 즉 보의 BC부분$(a < x \le L)$에 위치할 때는 B점의 왼쪽에 있는 AB부분의 자유물체도를 이용하여 더 쉽게 S_B를 결정할 수 있다. AB부분에서 위쪽 방향의 외력과 반력을 양(+)이라고 할 때 B점의 전단력은 다음과 같다.

$$S_B = A_y \qquad a < x \le L$$

그러므로 S_B에 대한 영향선 식은 다음과 같다.

$$S_B = \begin{cases} -C_y & 0 \le x < a \\ A_y & a < x \le L \end{cases} \tag{8.3}$$

식 (8.3)에서 S_B에 대한 영향선 식은 반력 A_y와 C_y의 영향선 식으로 표현되어 있다는 것을 주목하자. 이 식으로부터 A와 B 사이($0 \le x < a$)의 S_B에 대한 영향선은 A와 B 사이의 C_y에 대한 영향선의 세로축값에 -1을 곱하여 구할 수 있다는 것을 알 수 있다. 마찬가지로 B와 C 사이($a < x \le L$)의 S_B에 대한 영향선은 같은 점들 사이의 A_y에 대한 영향선과 같다는 것을 알 수 있다. 그러므로 A_y와 C_y에 대한 영향선으로부터 구한 S_B에 대한 영향선은 그림 8.2(e)와 같다. 일반적으로 전단력과 휨모멘트에 대한 영향선은 단위하중의 위치, x의 함수로 직접 구하는 것보다 반력의 영향선으로부터 구하는 것이 더 편리하며, 이에 대해서는 다음에 다시 설명할 것이다. 필요할 경우에는 x의 함수로 표현된 S_B에 대한 영향선 식은 단순히 식 (8.1)과 (8.2)를 식 (8.3)에 대입하여 구할 수 있다.

$$S_B = \begin{cases} -C_y = -\dfrac{x}{L} & 0 \le x < a \\[2ex] A_y = 1 - \dfrac{x}{L} & a < x \le L \end{cases} \tag{8.4}$$

S_B에 대한 영향선(그림 8.2(e))은 단위하중이 보의 좌측 지점 A에 위치할 때 B의 전단력은 0임을 보여주고 있다. 단위하중이 A에서 B로 이동함에 따라 B의 전단력은 선형적으로 감소하며 단위하중이 B의 바로 왼쪽에 위치할 때 그 값은 $-a/L$이 된다. 단위하중이 B를 통과하면 B의 전단력은 급격하게 증가하여 $1-a/L$이 된다. 이후 단위하중이 C를 향해 이동하면 B의 전단력은 다시 선형적으로 감소하여 단위하중이 우측 지점 C에 위치하면 0이 된다.

B점의 휨모멘트에 대한 영향선

단위하중이 점 B(그림 8.2(d))의 좌측에 있을 때 B의 휨모멘트에 대한 식은 B의 우측에 있는 BC부분의 자유물체도를 이용하여 쉽게 구할 수 있다. 보의 부호 규약(5.1절)에 맞게 BC부분에서 외력과 반력의 반시계방향 모멘트를 양(+)이라 할 때 B의 휨모멘트는 다음과 같다.

$$M_B = C_y(L-a) \qquad 0 \le x \le a$$

단위하중이 점 B의 오른쪽에 위치할 때는 B점의 왼쪽에 있는 AB부분의 자유물체도를 이용한다. AB부분에서 위쪽 방향의 외력과 반력의 시계방향 모멘트를 양(+)이라고 할 때 B의 휨모멘트는 다음과 같다.

$$M_B = A_y(a) \qquad a \le x \le L$$

그러므로 M_B에 대한 영향선 식은 다음과 같다.

$$M_B = \begin{cases} C_y(L-a) & 0 \le x \le a \\ A_y(a) & a \le x \le L \end{cases} \tag{8.5}$$

식 (8.5)로부터 A와 B 사이$(0 \le x \le a)$의 M_B에 대한 영향선은 A와 B 사이의 C_y에 대한 영향선의 세로축값에 $(L-a)$를 곱하여 구할 수 있다는 것을 알 수 있다. 마찬가지로 B와 C 사이$(a \le x \le L)$의 M_B에 대한 영향선은 B와 C 사이의 A_y에 대한 영향선에 a를 곱하여 구할 수 있다. 그러므로 A_y와 C_y에 대한 영향선으로부터 구한 M_B에 대한 영향선은 그림 8.2(f)와 같다. 단위하중의 위치, x의 함수로 표현된 M_B에 대한 영향선 식은 식 (8.1)과 (8.2)를 식 (8.5)에 대입하여 구할 수 있다.

$$M_B = \begin{cases} C_y(L-a) = \dfrac{x}{L}(L-a) & 0 \le x \le a \\ A_y(a) = \left(1 - \dfrac{x}{L}\right)a & a \le x \le L \end{cases} \tag{8.6}$$

M_B에 대한 영향선(그림 8.2(f))의 모양이 점 B에 하나의 집중하중이 작용할 때의 휨모멘트 다이어그램(Bending Moment Diagram)과 유사하지만 휨모멘트에 대한 영향선과 휨모멘트 다이어그램은 완전히 다른 개념이며 이 둘의 차이점을 완벽하게 이해하는 것이 중요하다. 휨모멘트 다이어그램은 부재의 정해진 위치에 하중이 재하될 때 부재의 길이에 따라 **모든 단면**의 휨모멘트가 어떻게 변하는지를 보여주는 것이며, 반면에 휨모멘트의 영향선은 단위하중이 부재의 길이를 따라 이동하면서 **하나의 특정한 단면**에서의 휨모멘트가 어떻게 변하는지를 보여준다.

그림 8.2에서 단순지지 보의 반력, 전단력, 휨모멘트의 영향선은 직선으로 이루어져 있다는 것을 알 수 있다. 다음 절에서 반력, 전단력, 휨모멘트, 트러스 부재의 축력과 같은 정정구조의 모든 힘과 모멘트에 관련된 부재력에 대한 영향선은 직선으로 이루어져 있다는 것을 보일 것이다. 그러나 정정구조의 처짐에 대한 영향선은 곡선으로 이루어져 있으며 이에 대해서는 8.5절에서 설명할 것이다.

해석 순서

평형방정식을 이용하여 보와 골조의 반력, 전단력, 휨모멘트에 대한 영향선을 구하는 순서는 다음과 같이 요약할 수 있다:

1. 아랫방향으로 작용하는 집중 단위하중이 움직이는 원점을 선택한다. 일반적으로 단위하중은 좌측에서 우측으로 이동한다고 가정하는 것이 편리하다. 이때 단위하중의 위치는 구조물의 좌측단에서부터 측정한 좌표 x로 표시한다.

2. 반력의 영향선은 다음 방법으로 구한다:

   a. 구조물의 좌측단으로부터 거리 x만큼 떨어진 곳에 단위하중을 위치시킨 후 평형방정식 또는 평형조건을 적용하여 반력에 대한 영향선 식을 x의 함수로 구한다. 만약 구조

물의 두 개 이상의 강체가 내부 힌지 그리고/또는 롤러로 연결되어 있다면, 단위하중이 한 강체에서 다른 강체로 내부 힌지나 롤러를 통해 이동할 때 반력에 대한 식도 변화할 수 있다. 따라서 이런 구조에 대한 반력에 대한 영향선 식은 단위하중이 각각의 강체에 순차적으로 위치할 때의 각 평형조건을 이용하여 구해야 한다.

b. 단위하중의 모든 위치에 대한 반력의 영향선 식이 구해진 후에 단위하중의 위치 x를 가로축으로 하고 반력의 크기를 세로축으로 하여 영향선을 그림으로 나타낼 수 있다. 영향선의 세로축값이 양(+)이다는 것은 단위하중이 그 점에 작용할 때 양(+)의 방향으로 반력이 발생한다는 것을 의미하며, 이는 처음 영향선의 식을 유도할 때 정한 반력의 방향과 같다. 반대의 경우도 마찬가지다.

c. 구하고자 하는 영향선값이 모두 결정될 때까지 단계 2를 반복한다.

3. 일반적으로 전단력과 휨모멘트에 대한 영향선은 지점반력에 대한 영향선을 이용하는 것이 편리하다. 그러므로 구조물의 어느 점에 대한 전단력이나 휨모멘트에 대한 영향선을 구하기 전에 고려하는 점의 좌측이나 우측에 있는 모든 반력에 대한 영향선을 먼저 구한다. 그렇지 않은 경우에는 반력들에 대한 영향선은 앞 단계에서 기술한 방법으로 작성하고 전단력(또는 휨모멘트)에 대한 영향선은 다음과 같은 방법으로 작성한다:

a. 단위하중을 구조물의 고려하고 있는 점의 **좌측**으로 x에 위치시키고 전단력(또는 휨모멘트)에 대한 식을 구한다. 만일 모든 반력들에 대한 영향선을 알고 있으면 전단력(또는 휨모멘트)에 대한 식을 구하기 위해 고려하는 점의 **우측** 부분을 이용하는 것이 편리하다. 왜냐하면 오직 반력만이 이러한 평형방정식에 포함되어 있기 때문이다. 전단력(또는 휨모멘트)은 5.1절에서 기술한 **보의 부호 규약**에 맞게 양(+)과 음(−)의 방향으로 한다(그림 5.2 참조).

b. 다음으로 단위하중을 고려하고 있는 점의 **우측**에 위치시키고 전단력(또는 휨모멘트)에 대한 식을 구한다. 만일 모든 반력들에 대한 영향선을 알고 있으면 전단력(또는 휨모멘트)에 대한 식을 구하기 위해 고려하는 점의 **좌측** 부분을 이용하는 것이 편리하다. 왜냐하면 오직 반력만이 평형방정식에 포함되어 있기 때문이다.

c. 만약 전단력(또는 휨모멘트)에 대한 식이 반력만 포함하고 있다면, 이 식에 맞게 반력의 영향선의 일부분을 합하여 전단력(또는 휨모멘트)에 대한 영향선을 간단하게 구할 수 있다. 그렇지 않은 경우에는 반력에 대한 영향선 식을 전단력(또는 휨모멘트)에 대한 식에 대입하고 그 결과를 표현하면 오직 x만의 항으로 영향선을 구할 수 있다.

d. 구하고자 하는 모든 전단력과 휨모멘트에 대한 영향선을 구할 때까지 단계 3을 반복한다.

8.1
Example

그림 8.3(a)와 같은 단순지지 보의 지점 A와 C의 수직반력, 점 B의 전단력과 휨모멘트에 대한 영향선을 그려라.

풀이

보의 자유물체도는 그림 8.3(b)와 같다. 이 그림에서 단위하중 1 kN은 보의 좌측단 A에서 측정한 좌표 x에 위치하고 있다. 자유물체도에 표시된 것과 같이 두 개의 반력 A_y와 C_y는 윗방향을 양(+)으로 가정하였다.

A_y에 대한 영향선. 평형조건식을 이용하여 A_y에 대한 영향선 식을 구한다.

$$+\circlearrowleft \sum M_C = 0 \qquad -A_y(5)+1(5-x)=0 \qquad A_y = \frac{1(5-x)}{5} = 1-\frac{x}{5}$$

이 식을 그림으로 표시하면 A_y에 대한 영향선은 그림 8.3(c)와 같다. 영향선의 세로축값은 부재력함수 A_y의 단위를 단위하중의 단위로 나누어, 즉 kN/kN으로 표현하였다.

C_y에 대한 영향선.

$$+\circlearrowleft \sum M_A = 0 \qquad -1(x)+C_y(5)-0 \qquad C_y = \frac{1(x)}{5} - \frac{x}{5}$$

이 식을 그림으로 표시하면 C_y에 대한 영향선은 그림 8.3(d)와 같다.

S_B에 대한 영향선. 단위하중을 B의 좌측에서 x만큼 떨진 위치에 재하하고 B의 우측에 있는 부분의 자유물체도를 이용하여 B의 전단력을 구한다.

$$S_B = -C_y \qquad 0 \le x < 3\text{ m}$$

다음으로 단위하중을 B의 우측, 즉 보의 BC부분에 위치시키고 B의 좌측인 AB부분의 자유물체도를 이용하여 S_B를 구한다.

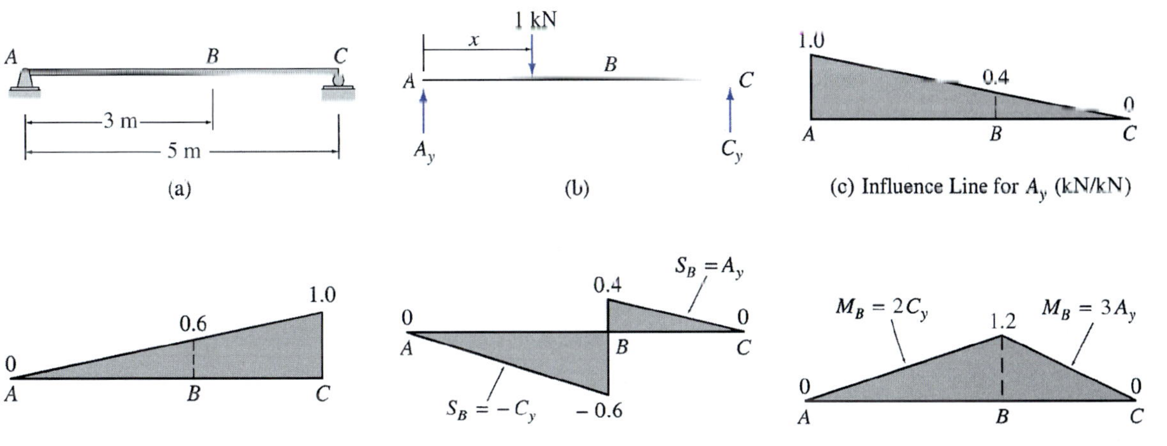

(a) (b) (c) Influence Line for A_y (kN/kN)

(d) Influence Line for C_y (kN/kN) (e) Influence Line for S_B (kN/kN) (f) Influence Line for M_B (kN · m/kN)

그림 8.3

$$S_B = A_y \qquad 3\text{ m} < x \le 5\text{ m}$$

따라서 S_B에 대한 영향선 식은 다음과 같다.

$$S_B = \begin{cases} -C_y = -\dfrac{x}{5} & 0 \le x < 3\text{ m} \\ A_y = 1 - \dfrac{x}{5} & 3\text{ m} < x \le 5\text{ m} \end{cases}$$

S_B에 대한 영향선은 그림 8.3(e)와 같다.

M_B에 대한 영향선. 단위하중을 B의 좌측으로 위치 x에 재하하고 B의 우측에 있는 부분의 자유물체도를 이용하여 B의 휨모멘트를 구한다.

$$M_B = 2C_y \qquad 0 \le x \le 3\text{ m}$$

다음으로 단위하중을 B의 우측에 위치시키고 B의 좌측 부분의 자유물체도를 이용하여 M_B를 구한다.

$$M_B = 3A_y \qquad 3\text{ m} \le x \le 5\text{ m}$$

따라서 M_B에 대한 영향선 식은 다음과 같다.

$$M_B = \begin{cases} 2C_y = \dfrac{2x}{5} & 0 \le x \le 3\text{ m} \\ 3A_y = 3 - \dfrac{3x}{5} & 3\text{ m} \le x \le 5\text{ m} \end{cases}$$

M_B에 대한 영향선은 그림 8.3(f)와 같다.

8.2 Example

그림 8.4(a)와 같은 캔틸레버 보의 지점 A의 수직반력과 모멘트반력, 점 B의 전단력과 휨모멘트에 대한 영향선을 그려라.

풀이

A_y에 대한 영향선.

$$+\uparrow \sum F_y = 0 \qquad A_y - 1 = 0 \qquad A_y = 1$$

A_y에 대한 영향선은 그림 8.4(c)와 같다.

M_A에 대한 영향선.

$$+\circlearrowleft \sum M_A = 0 \qquad -M_A - 1(x) = 0 \qquad M_A = -1(x) = -x$$

이 식을 그림으로 표시하면 M_A에 대한 영향선은 그림 8.4(d)와 같다. 영향선의 모든 세로축값이 음수이며 이는 단위하중의 모든 위치에서 M_A의 방향은 영향선 식을 유도할 때 처음 가정한 방향(그림 8.4(b) 참조)과 다르게 실제로 반시계방향임을 의미한다.

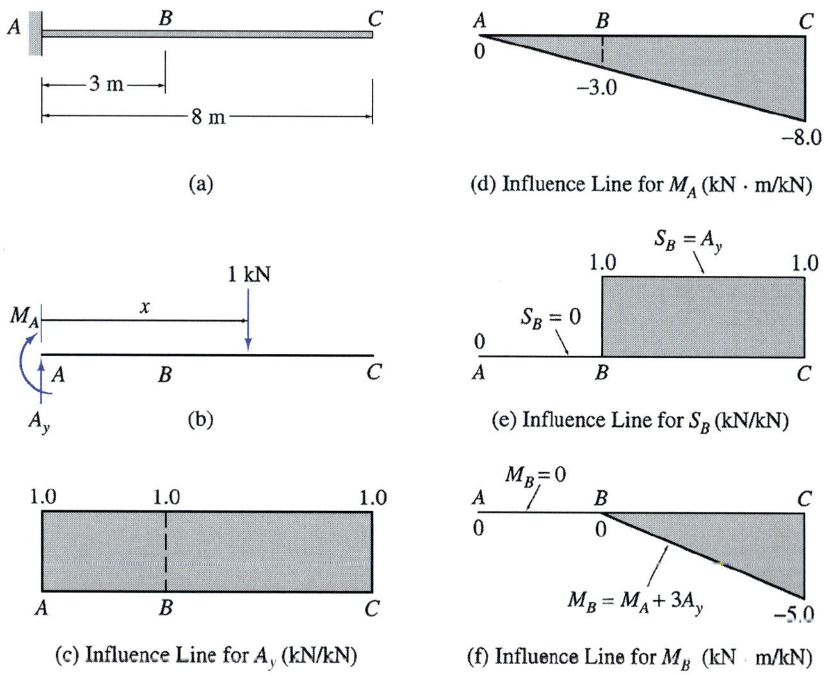

그림 8.4

S_B에 대한 영향선.

$$S_B = \begin{cases} 0 & 0 \le x < 3\text{ m} \\ A_y = 1 & 3\text{ m} < x \le 8\text{ m} \end{cases}$$

S_B에 대한 영향선은 그림 8.4(e)와 같다.

M_B에 대한 영향선.

$$M_B = \begin{cases} 0 & 0 \le x \le 3\text{ m} \\ M_A + 3A_y = -x + 3(1) = -x + 3 & 3\text{ m} \le x \le 8\text{ m} \end{cases}$$

M_B에 대한 영향선은 그림 8.4(f)와 같다.

8.3 Example

그림 8.5(a)와 같은 보에 대하여 지점 A, C, E의 수직반력, 지점 C의 바로 우측의 전단력, 점 B의 휨모멘트에 대한 영향선을 그려라.

풀이

이 보는 두 개의 강체부분, AD와 DE로 구성되어 있다. 반력에 대한 식을 구할 때 연립방정식을 풀지 않기 위해 오직 하나의 미지수만 갖고 있는 평형조건식을 차례로 이용한다.

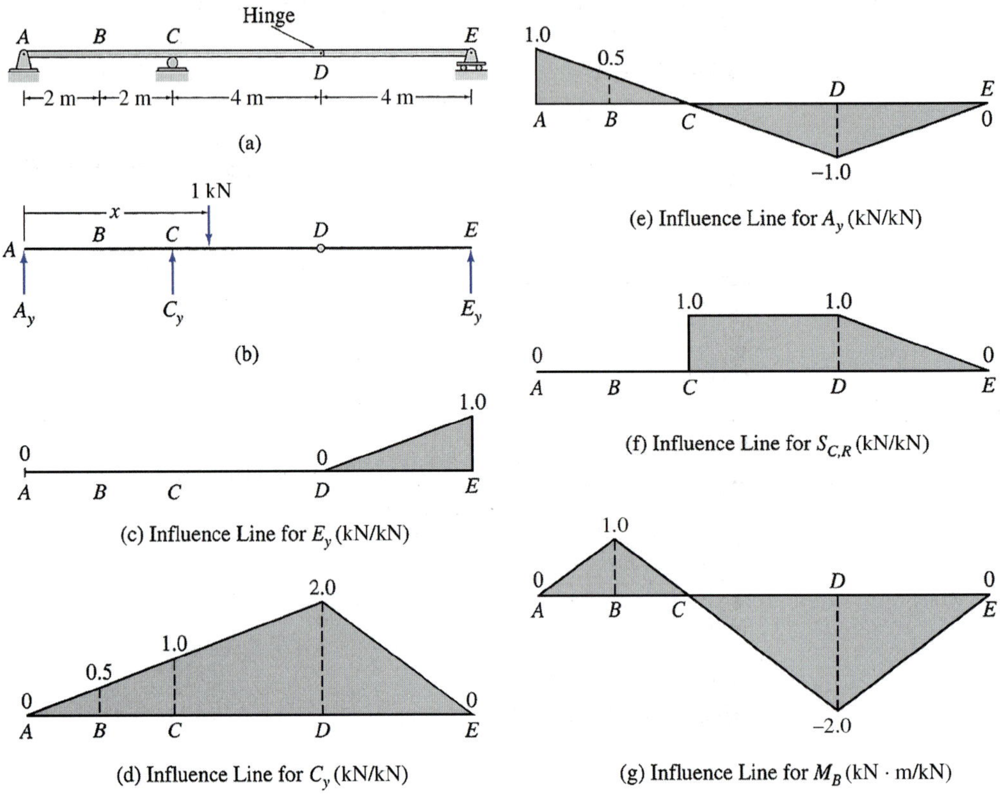

그림 8.5

E_y에 대한 영향선. $\sum M_D^{DE} = 0$의 평형조건식을 이용하여 E_y에 대한 식을 구한다. 먼저 단위하중을 힌지 D의 좌측인 보의 강체부분 AD의 변동 위치 x에 재하한다.

$$+\circlearrowleft \sum M_D^{DE} = 0 \qquad E_y(4) = 0$$

$$E_y = 0 \qquad 0 \le x \le 8\text{ m}$$

다음으로 단위하중을 힌지 D의 우측인 보의 강체부분 DE에 위치시키고 다음을 계산한다.

$$+\circlearrowleft \sum M_D^{DE} = 0 \qquad -1(x-8) + E_y(4) = 0$$

$$E_y = \frac{1(x-8)}{4} = \frac{x}{4} - 2 \qquad 8\text{ m} \le x \le 12\text{ m}$$

따라서 E_y에 대한 영향선 식은 다음과 같다.

$$E_y = \begin{cases} 0 & 0 \le x \le 8\text{ m} \\ \dfrac{x}{4} - 2 & 8\text{ m} \le x \le 12\text{ m} \end{cases}$$

E_y에 대한 영향선은 그림 8.5(c)와 같다.

C_y에 대한 영향선. 평형조건식을 적용하여 다음을 계산한다.

$$+\circlearrowleft \sum M_A = 0 \qquad -1(x) + C_y(4) + E_y(12) = 0 \qquad C_y = \frac{x}{4} - 3E_y$$

$$C_y=\begin{cases}\dfrac{x}{4}-0=\dfrac{x}{4} & 0\le x\le 8\text{ m}\\ \dfrac{x}{4}-3\left(\dfrac{x}{4}-2\right)=6-\dfrac{x}{2} & 8\text{ m}\le x\le 12\text{ m}\end{cases}$$

이 식을 그림으로 표시하면 C_y에 대한 영향선은 그림 8.5(d)와 같다.

A_y에 대한 영향선. 평형조건식을 적용하여 다음을 계산한다.

$$+\uparrow\sum F_y=0 \qquad A_y-1+C_y+E_y=0 \qquad A_y=1-C_y-E_y$$

C_y와 E_y에 대한 식을 대입하면, 다음과 같은 A_y에 대한 영향선 식을 구할 수 있다.

$$A_y=\begin{cases}1-\dfrac{x}{4}-0=1-\dfrac{x}{4} & 0\le x\le 8\text{ m}\\ 1-\left(6-\dfrac{x}{2}\right)-\left(\dfrac{x}{4}-2\right)=\dfrac{x}{4}-3 & 8\text{ m}\le x\le 12\text{ m}\end{cases}$$

A_y에 대한 영향선은 그림 8.5(e)와 같다.

C의 바로 우측의 전단력, $S_{C,R}$에 대한 영향선.

$$S_{C,R}=\begin{cases}-E_y & 0\le x<4\text{ m}\\ 1-E_y & 4\text{ m}<x\le 12\text{ m}\end{cases}$$

E_y에 대한 식을 대입하면, 다음을 구할 수 있다.

$$S_{C,R}=\begin{cases}0 & 0\le x<4\text{ m}\\ 1-0=1 & 4\text{ m}<x\le 8\text{ m}\\ 1-\left(\dfrac{x}{4}-2\right)=3-\dfrac{x}{4} & 8\text{ m}\le x\le 12\text{ m}\end{cases}$$

$S_{C,R}$에 대한 영향선은 그림 8.5(f)와 같다.

M_B에 대한 영향선.

$$M_B=\begin{cases}2A_y-1(2-x) & 0\le x\le 2\text{ m}\\ 2A_y & 2\text{ m}\le x\le 12\text{ m}\end{cases}$$

A_y에 대한 식을 대입하면, 다음을 구할 수 있다.

$$M_B=\begin{cases}2\left(1-\dfrac{x}{4}\right)-1(2-x)=\dfrac{x}{2} & 0\le x\le 2\text{ m}\\ 2\left(1-\dfrac{x}{4}\right)=2-\dfrac{x}{2} & 2\text{ m}\le x\le 8\text{ m}\\ 2\left(\dfrac{x}{4}-3\right)=\dfrac{x}{2}-6 & 8\text{ m}\le x\le 12\text{ m}\end{cases}$$

M_B에 대한 영향선은 그림 8.5(g)와 같다.

8.4
Example

그림 8.6(a)와 같은 골조의 지점 A의 수직반력과 반력모멘트에 대한 영향선을 그려라.

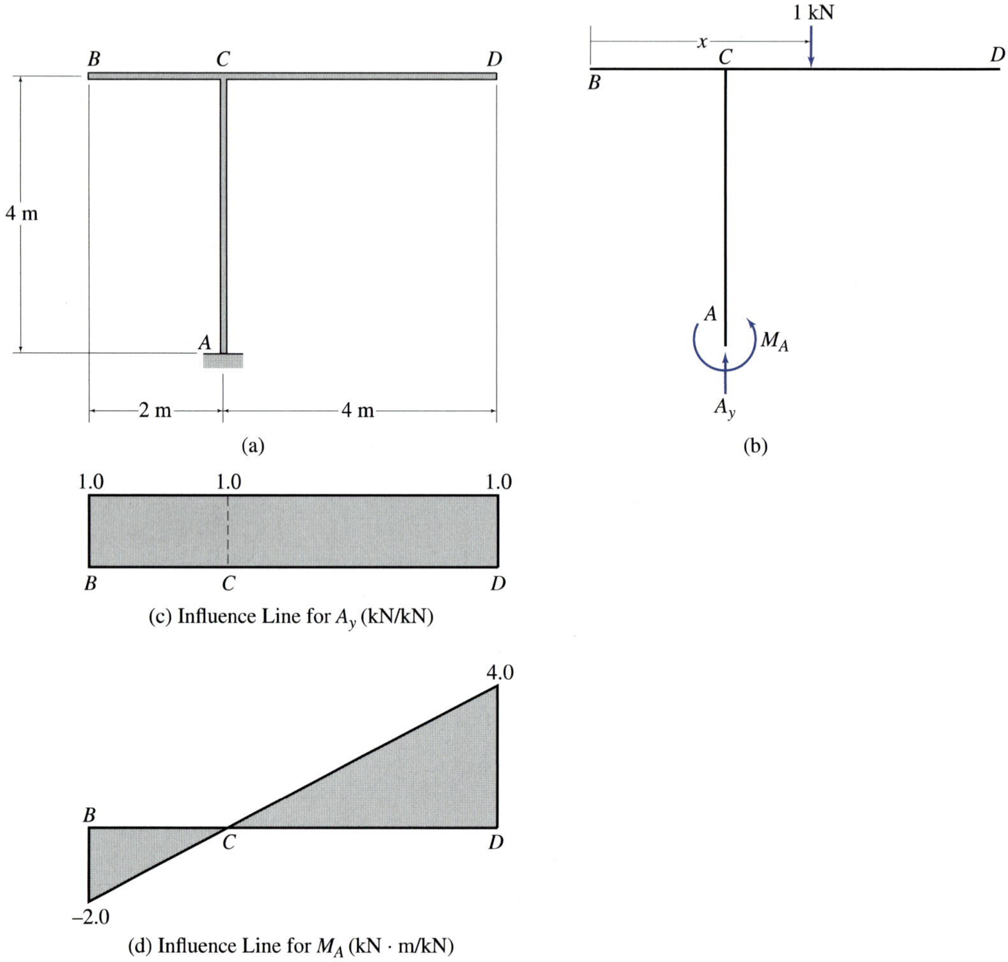

그림 8.6

풀이

A_y에 대한 영향선.

$$+\uparrow \sum F_y = 0 \qquad A_y - 1 = 0 \qquad A_y = 1$$

A_y에 대한 영향선은 그림 8.6(c)와 같다.

M_A에 대한 영향선.

$$+\circlearrowleft \sum M_A = 0 \qquad M_A - 1(x-2) = 0 \qquad M_A = x - 2$$

M_A에 대한 영향선은 그림 8.6(d)와 같다.

8.5 Example

그림 8.7(a)와 같은 3개의 힌지를 갖고 있는 교량의 지점 A와 B의 수평과 수직반력, 힌지 E의 전단력에 대한 영향선을 그려라.

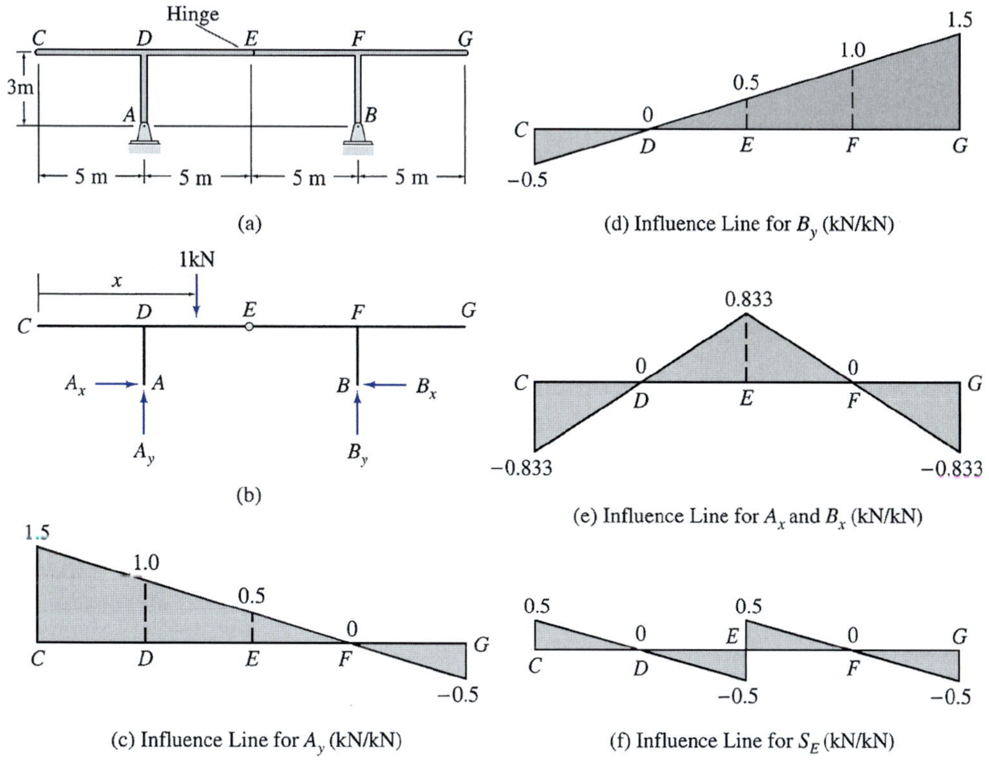

그림 8.7

풀이

A_y에 대한 영향선.

$$+\circlearrowleft \sum M_B = 0 \qquad -A_y(10) + 1(15-x) = 0$$

$$A_y = \frac{1(15-x)}{10} = 1.5 - \frac{x}{10}$$

A_y에 대한 영향신은 그림 8.7(c)와 같나.

B_y에 대한 영향선. 평형조건식을 적용하여 다음을 구한다.

$$+\uparrow \sum F_y = 0 \qquad A_y - 1 + B_y = 0$$

$$B_y = 1 - A_y = 1 - \left(1.5 - \frac{x}{10}\right) = \frac{x}{10} - 0.5$$

B_y에 대한 영향선은 그림 8.7(d)와 같다.

A_x에 대한 영향선. 평형조건식 $\sum M_E^{CE} = 0$을 이용하여 A_x에 대한 식을 구한다. 먼저, 단위하중을

힌지 E의 좌측인 보의 강체부분 CE에 작용시켜 다음을 계산한다.

$$+\circlearrowleft \sum M_E^{CE}=0 \qquad A_x(3)-A_y(5)+1(10-x)=0$$

$$A_x=\frac{5}{3}A_y-\frac{1}{3}(10-x)=\frac{5}{3}\left(1.5-\frac{x}{10}\right)-\frac{1}{3}(10-x)$$

$$=\frac{x-5}{6} \qquad 0\le x\le 10\text{ m}$$

다음으로, 단위하중을 힌지 E의 우측인 보의 강체부분 EG에 작용시켜 다음을 계산한다.

$$+\circlearrowleft \sum M_E^{CE}=0 \qquad A_x(3)-A_y(5)=0$$

$$A_x=\frac{5}{3}A_y=\frac{5}{3}\left(1.5-\frac{x}{10}\right)$$

$$=\frac{15-x}{6} \qquad 10\text{ m}\le x\le 20\text{ m}$$

따라서 A_x에 대한 영향선 식은 다음과 같다.

$$A_x=\begin{cases}\dfrac{x-5}{6} & 0\le x\le 10\text{ m}\\ \dfrac{15-x}{6} & 10\text{ m}\le x\le 20\text{ m}\end{cases}$$

A_x에 대한 영향선은 그림 8.7(e)와 같다.

B_x에 대한 영향선.

$$+\rightarrow \sum F_x=0 \qquad A_x-B_x=0 \qquad B_x=A_x$$

위의 식에서 B_x에 대한 영향선은 A_x에 대한 영향선과 같다는 것을 알 수 있다(그림 8.7(e)).

S_E에 대한 영향선.

$$S_E=\begin{cases}-B_y=-\dfrac{x}{10}+0.5 & 0\le x<10\text{ m}\\ A_y=1.5-\dfrac{x}{10} & 10\text{ m}<x\le 20\text{ m}\end{cases}$$

S_E에 대한 영향선은 그림 8.7(f)와 같다.

8.2 뮐러 – 브레슬로의 원리와 정성적 영향선

1886년에 Heinrich Müller-Breslau에 의해 개발된 방법을 적용하여 힘과 모멘트에 관련된 구조물의 내력에 대한 영향선을 매우 쉽고 빠르게 계산할 수 있다. **뮐러 - 브레슬로(Müller-Breslau)의 원리**는 다음과 같다:

원래 구조물에서 부재력에 해당하는 구속을 제거하고 부재력 방향으로 단위 변위(또는 회

전)를 가하면 오직 부재력과 단위하중만이 외부 일을 하게 되며 힘(또는 모멘트)과 같은 부재력에 대한 영향선은 이 때 발생하는 구조물의 변형이 일어난 형태와 같다.

이 원리는 오직 힘과 모멘트에 관련된 부재력(응답, 즉 반력, 전단력, 휨모멘트 또는 트러스부재의 힘)에만 유효하며 처짐에 대한 영향선에는 적용되지 않는다.

뮐러 - 브레슬로의 원리를 증명하기 위하여, 그림 8.8(a)와 같이 이동하는 단위하중을 받는 단순지지 보를 생각해 보자. 보의 지점 A와 C에서의 수직반력과 점 B에서의 전단력과 휨모멘트에 대한 영향선은 앞 절에서 평형방정식을 이용하여 이미 구하였다(그림 8.2 참조). 뮐러 - 브레슬로의 원리를 이용하여 이 4개의 응답에 대한 영향선을 그려보면 다음과 같다.

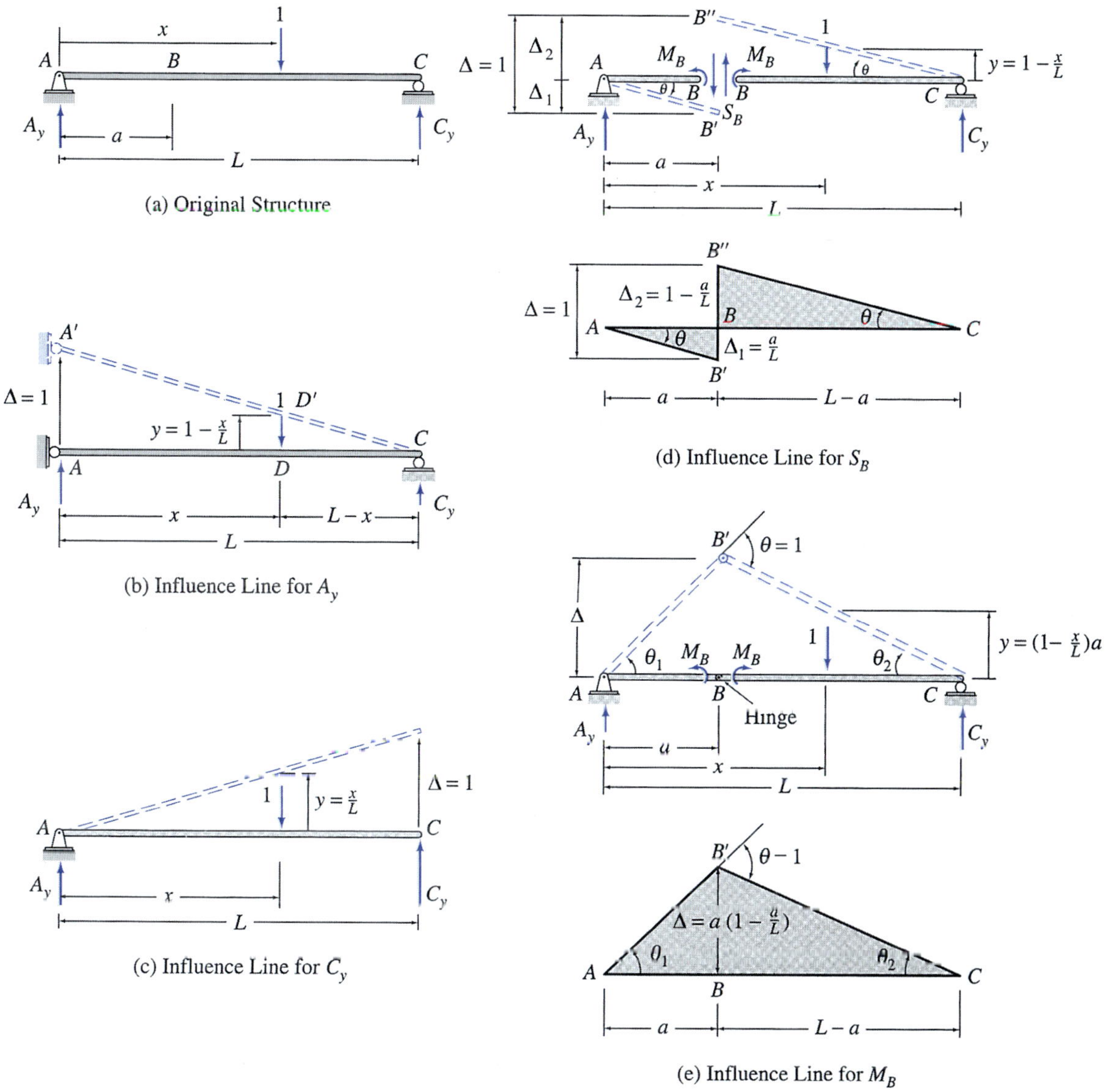

그림 8.8

수직반력 A_y에 대한 영향선을 구하기 위하여 지점 A의 이동단을 그림 8.8(b)와 같이 오직 수평반력만을 발생시킬 수 있는 이동단으로 대체함으로써 A_y에 상응하는 구속을 해제한다. 따라서 보의 A점에서 A_y의 방향으로 자유롭게 움직일 수 있다. 비록 A_y에 상응하는 구속은 해제 되었지만 반력 A_y는 계속 작용하며 단위하중과 반력 A_y, C_y가 작용하는 상태로 수평 위치(그림에서 실선으로 표시된 부분)에서 평형을 유지한다. 다음으로 비구속된 보의 A점에 A_y의 양(+)의 방향으로 가상의 단위 변위 $\Delta = 1$을 적용시켜 그림 8.8(b)의 점선과 같이 보를 이동시킨다. 여기서 가상변위의 방향은 비구속된 보의 지지 조건과 일치하여 점 A는 수평방향으로 이동할 수 없고 점 C는 수직방향으로 이동할 수 없다. 또한 원래 보가 정정구조이기 때문에 하나의 구속을 해제하면 정적으로 불안정한 보가 된다. 따라서 비구속된 보는 가상변위가 일어나도 휘지 않고 계속 직선을 유지한다. 보는 평형 상태를 유지하며 강체의 가상변위의 원리(7.2절)에 의하여 실제 외력이 가상의 외적 변위를 통해 한 가상일은 0이다.

$$W_{ve} = A_y(1) - 1(y) = 0$$

이 식으로부터

$$A_y = y \tag{8.7}$$

여기서, y는 그림 8.8(b)와 같이 단위하중이 작용하는 위치에서의 변위이다. 식 (8.7)은 임의의 위치 x에서의 보의 변위 y는 보의 x 위치에 작용하는 단위하중에 의한 A_y의 크기와 같다는 것을 의미한다. 그러므로 뮐러-브레슬로의 원리에서 기술된 바와 같이 임의의 위치 x에서의 처짐 y는 그 위치에서 A_y의 영향선 세로축값과 같다. 식 (8.7)은 보의 기하학적 변위 형상을 고려하여 x의 함수로 나타낼 수 있다. 그림 8.8(b)에서 삼각형 $A'AC$와 삼각형 $D'DC$는 닮은꼴이므로 다음을 계산할 수 있다.

$$\frac{y}{(L-x)} = \frac{1}{L} \quad \text{또는} \quad y = 1 - \frac{x}{L}$$

이 식을 식 (8.7)에 대입하면 A_y의 영향선에 대한 식을 다음과 같이 x의 함수로 나타낼 수 있다.

$$A_y = 1 - \frac{x}{L}$$

이 식은 평형을 고려하여 구한 식 (8.1)과 같다.

수직반력 C_y에 대한 영향선도 그림 8.8(c)와 같이 유사한 방법으로 구할 수 있다. 이 영향선도 앞에서 평형을 고려하여 구한 식(그림 8.2(c))과 동일하다.

보의 점 B의 전단력 S_B에 대한 영향선을 구하기 위해서 그림 8.8(d)와 같이 B점에서 보를 절단하여 S_B에 상응하는 구속을 해제한다. 이때 비구속된 보에서 AB부분의 점 B와 BC부분의 점 B는 서로 상대적으로 자유스럽게 수직으로 이동한다. 비구속된 보를 평형 상태로 유지시키기 위해 그림과 같이 점 B에 전단력 S_B와 휨모멘트 M_B를 작용시킨다. 이 때 S_B와 M_B는 보의 부호 규약에 맞게 양(+)의 방향으로 작용하는 것으로 가정한다. 다음으로 AB부분의 끝단 B는 하향으로 Δ_1만큼, BC부분의 끝단 B는 상향으로 Δ_2만큼 이동시켜 $\Delta_1 + \Delta_2 = \Delta = 1$이 되도록 함으로써 비구속된 보의 B에 가상의 상대변위, $\Delta = 1$을 S_B의 양의 방향(그림 8.8(d))으로 작용시킨다. 변위가 발생한 위치에서 AB'부분과 $B''C$부분은 서로 평행해야 하므로 Δ_1과 Δ_2의 값은 두 부분 AB와 BC의 회전 θ가 같다는 조건에 의해 구할 수 있다. 따라서 두 개의 모멘트 M_B가 한 일의 합은 0이며 오직 전단력 S_B와 단위하중만이 일을 한다. 가상변위의 원리를 적용하면 다음과 같다.

$$\begin{aligned} W_{ve} &= S_B(\Delta_1) + S_B(\Delta_2) - M_B(\theta) + M_B(\theta) - 1(y) \\ &= S_B(\Delta_1 + \Delta_2) - 1(y) \\ &= S_B(\Delta) - 1(y) \\ &= S_B(1) - 1(y) = 0 \end{aligned}$$

이루부터

$$S_B = y$$

이 식에서 뮐러-브레슬로의 원리에서 기술된 보의 변위 형상(그림 8.8(d))은 S_B의 영향선과 같다는 것을 알 수 있다. Δ_1과 Δ_2의 세로축값은 보의 변위 형상으로부터 구할 수 있다. 그림 8.8(d)에서 삼각형 ABB'와 BCB''는 닮은꼴이므로 다음을 계산할 수 있다.

$$\frac{\Delta_1}{a} = \frac{\Delta_2}{L-a}, \quad \text{또는} \quad \Delta_2 = \left(\frac{L-a}{a}\right)\Delta_1 \tag{8.8}$$

또한,

$$\Delta_1 + \Delta_2 = 1, \quad \text{또는} \quad \Delta_2 = 1 - \Delta_1 \tag{8.9}$$

식 (8.8)과 (8.9)를 일치시켜 Δ_1을 구하면 다음과 같다.

$$\Delta_1 = \frac{a}{L}$$

Δ_1에 대한 식을 식 (8.9)에 대입하면 Δ_2의 값은 다음과 같다.

$$\Delta_2 = 1 - \frac{a}{L}$$

이 세로축 값들은 평형조건을 이용하여 앞에서 계산한 값(그림 8.2(e))과 같다.

점 B의 휨모멘트 M_B에 대한 영향선을 구하기 위해서는 그림 8.8(e)와 같이 B에 힌지를 배치하여 M_B에 상응하는 구속을 해제시켜야 한다. 비구속된 보에서 AB부분과 BC부분은 상대적으로 자유롭게 회전한다. 비구속된 보를 평형 상태로 유지시키기 위해 그림과 같이 점

B에 휨모멘트 M_B를 작용시킨다. M_B는 보의 부호 규약에 맞게 양(+)의 방향으로 작용하는 것으로 가정한다. 다음으로 AB부분에는 반시계방향으로 θ_1만큼, BC부분에는 반시계방향으로 θ_2만큼 회전하도록 B에 가상의 단위회전 $\theta=1$을 작용시킨다(그림 8.8(e)). 이 때 $\theta_1+\theta_2=\theta=1$이다. 가상변위의 원리를 적용하면 다음과 같다.

$$\begin{aligned} W_{ve} &= M_B(\theta_1)+M_B(\theta_2)-1(y) \\ &= M_B(\theta_1+\theta_2)-1(y) \\ &= M_B(\theta)-1(y) \\ &= M_B(1)-1(y)=0 \end{aligned}$$

이로부터

$$M_B=y$$

이 식에서 뮐러 - 브레슬로의 원리에서 기술된 보의 변위 형상(그림 8.8(e))이 M_B의 영향선과 같다는 것을 알 수 있다. Δ의 세로축 값은 보의 변위 형상으로부터 구할 수 있다. 그림 8.8(e)에서

$$\Delta=a\theta_1=(L-a)\theta_2 \tag{8.10}$$

또는,

$$\theta_1=\left(\frac{L-a}{a}\right)\theta_2 \tag{8.11}$$

또한,

$$\theta_1+\theta_2=1, \qquad \text{또는} \qquad \theta_1=1-\theta_2 \tag{8.12}$$

식 (8.11)과 (8.12)를 일치시켜 θ_2을 구하면 다음과 같다.

$$\theta_2=\frac{a}{L}$$

θ_2에 대한 식을 식 (8.10)에 대입하면 다음과 같은 식을 얻는다.

$$\Delta=(L-a)\frac{a}{L}=a\left(1-\frac{a}{L}\right)$$

이 값은 앞에서 평형조건을 이용하여 구한 값(그림 8.2(f))과 같다.

앞 절에서 모든 정정구조물의 힘과 모멘트에 대한 영향선은 직선들의 조합으로 이루어져 있음을 설명했는데 이를 뮐러 - 브레슬로의 원리를 이용하여 설명할 수 있다. 뮐러 - 브레슬로의 원리를 이용하여 영향선을 구할 때 힘이나 모멘트에 상응하는 구속을 해제해야 한다. 정정구조물의 구속을 해제할 경우에 그 구조물은 정적으로 불안정한 구조가 된다. 정적으로 불안정한 구조가 단위 변위(또는 회전)를 받게 되면 부재력이 발생하지 않고 부재가 강체로서 직선을 유지하면서 병진운동 또는 회전운동만 하기 때문에 처짐은 직선의 형상으로 나타난다. 부정정구

조물의 영향선을 구하기 위하여 부정정구조물에 발생하는 힘이나 모멘트 구속을 해제하면 부정정구조물이 정적으로 불안정한 구조가 되지 않기 때문에 영향선은 곡선으로 나타난다.

정성적인 영향선

실무적인 측면에서는 영향선의 수치적인 값보다는 영향선의 대략적인 모양만 필요한 경우가 많다. 수치적인 값없이 대략적인 영향선의 모양만 보여주는 그림을 정성적 영향선이라 한다. 반면에 수치적인 값을 포함하는 영향선은 **정량적인 영향선**이라 한다.

앞에서 설명한 대로 뮐러 - 브레슬로의 원리를 이용하여 정량적인 영향선을 구할 수 있지만 이 원리는 정성적인 영향선을 구하는데 더 잘 이용된다. 이 때 영향선의 수치적인 값이 필요하다면 평형조건을 이용하여 구할 수 있다.

해석 순서

평형조건을 이용하여 보와 골조의 힘과 모멘트에 대한 영향선을 구하는 순서에 대해서는 8.1절에서 설명하였다. 뮐러 - 브레슬로의 원리와 평형조건을 조합한 방법을 기본으로 한 영향선을 나음과 같은 순서로 매우 빠르게 구할 수 있다.

1. 뮐러 - 브레슬로의 원리를 이용하여 대략적인 영향선을 그린다.
   - **a.** 주어진 구조물에서 영향선을 구하고자 하는 부재력에 상응하는 구속을 해제한다.
   - **b.** 해제된 구조물의 영향선을 구하고자 하는 위치에 양의 방향으로 아주 작은 변위(또는 회전)를 일으킨다. 영향선의 대략적인 모양을 얻기 위하여 지점 조건과 구조물의 연속 조건을 맞추어 해제된 구조물의 변형된 모양을 그린다. 여기서 정정구조물의 영향선은 직선으로 이루어져 있음을 주의해야 한다.
2. 평형조건과 영향선의 기하학적 모양을 이용하여 영향선 수치적인 값을 계산한다.
   - **a.** 구속을 해제하지 않은 구조물의 응답함수의 위치에 단위하중을 재하하고 평형방정식과 또는 조건을 적용하여 그 위치에서 영향선의 수치적인 값을 계산한다. 만약 고려하는 응답함수가 전단력이라면 단위하중을 연속된 두 위치, 선난을 구하는 짐의 바로 왼쪽과 바로 오른쪽에 재하하고 이 두 위치에서의 영향선의 값을 구하여야 한다. 만약 응답함수의 위치에서 영향선의 값이 0이라면 단위하중을 최대 또는 최소의 값의 위치에 재하하고 평형을 고려하여 수치적인 값을 계산한다.
   - **b.** 영향선의 기하학적 모양을 이용하여 영향선의 기울기가 변하는 곳의 수치적인 값을 계산한다.

앞에서 설명한 절차의 장점은 어떤 응답의 영향선을 구하기 위하여 다른 응답의 영향선을 먼저 구하지 않고 고려하는 힘이나 모멘트 응답함수에 대한 영향선을 직접적으로 구할 수 있게 해준다는 것이다. 예를 들어 이 절차에 의해 전단력이나 휨모멘트에 대한 영향선을 구하는 것은 반력에 대한 영향선의 사용을 필요로 하지 않는다. 이 절차는 다음 예제들에서 이용된다.

또한 이 절차를 적용하여 예제 8.1부터 8.3까지의 영향선을 검토해 보길 바란다.

8.6 Example

그림 8.9(a)와 같은 보의 지점 B와 D에서의 수직반력과 점 C의 전단력과 휨모멘트에 대한 영향선을 그려라.

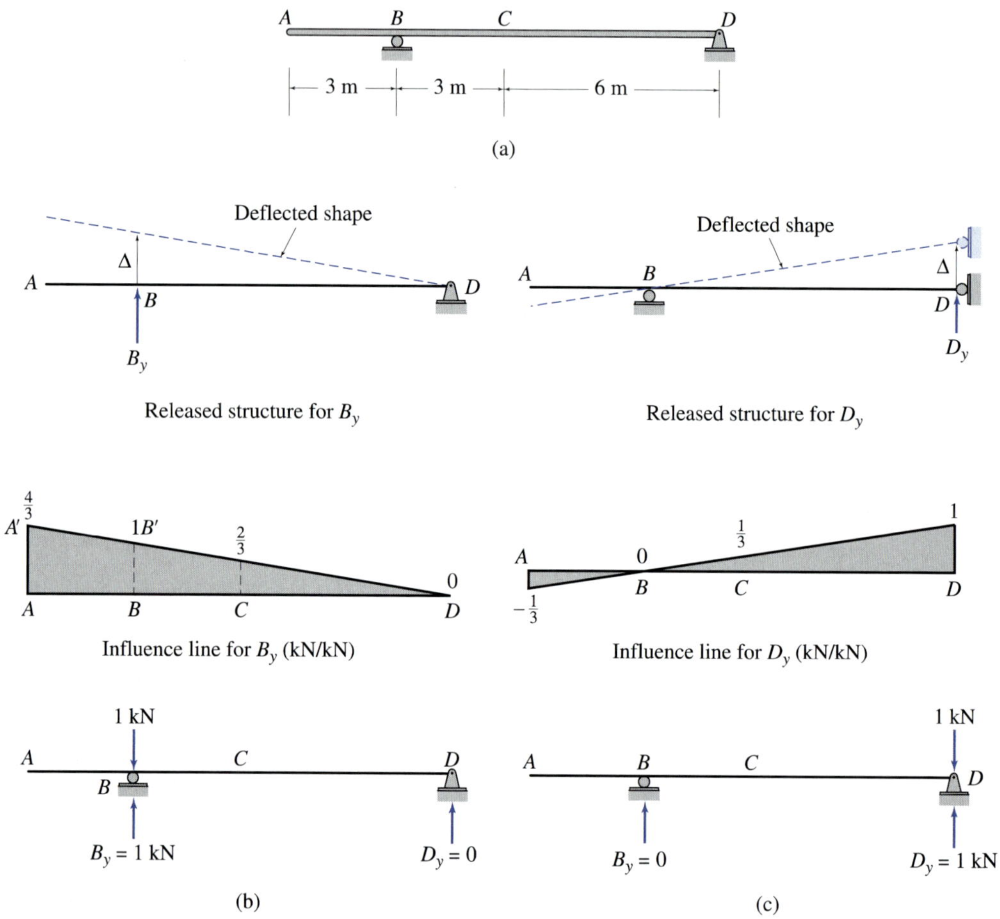

그림 8.9

풀이

B_y에 대한 영향선. B_y에 대한 대략적인 영향선을 구하기 위해 주어진 보(그림 8.9(a))에서 B의 이동단을 제거하여 그림 8.9(b)와 같이 해제된 보를 얻는다. 해제된 보의 점 B에 미소변위, Δ를 B_y의 양의 방향으로 가하여 그림의 점선과 같이 보의 변형된 모양을 얻는다. 이 때 보의 변형된 모양은 해제된 구조물의 지점 조건에 따라 회전단 D점의 수직방향으로 변위가 발생하지 않아야 한다. 영향선의 모양은 그림 8.9(b)와 같이 해제된 구조물의 변형된 모양과 같다.

B점에서 영향선의 수치적인 값을 구하기 위하여 원래 보(그림 8.9(b))의 점 B에 1 kN의 하중을 재하하고 평형조건식을 이용하여 B_y를 구한다.

$$+\circlearrowleft \sum M_D = 0 \qquad 1(9) - B_y(9) = 0 \qquad B_y = 1\text{ kN}$$

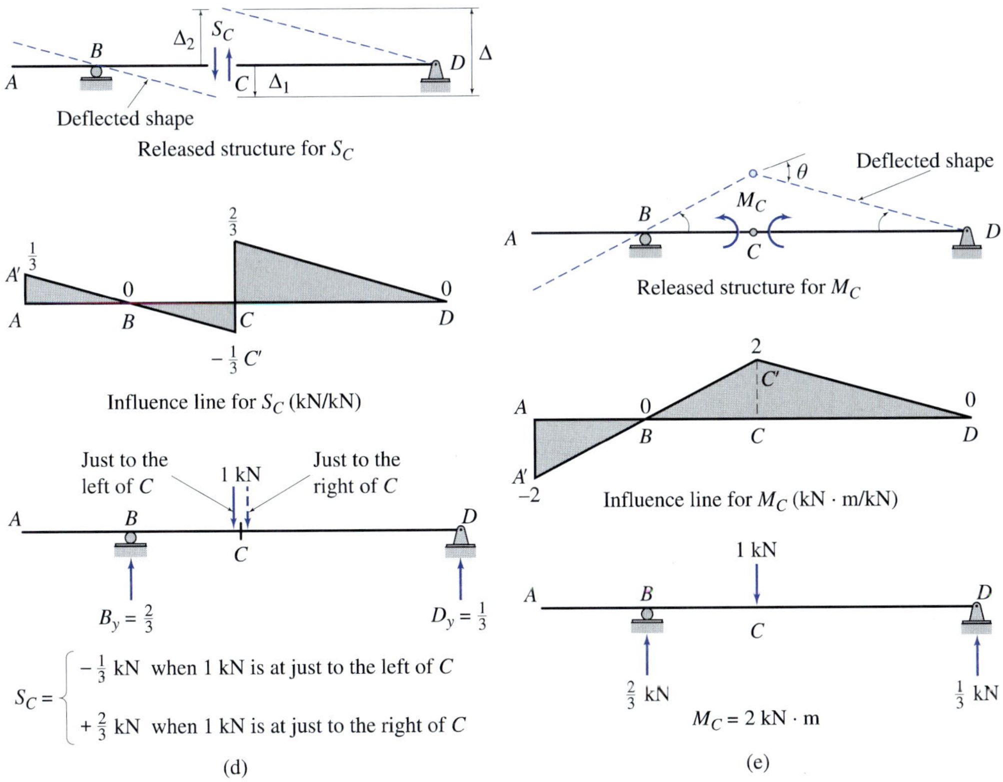

그림 8.9 계속

따라서 B점의 영향선 세로축값은 1 kN/kN이다. A점에서의 세로축값은 영향선(그림 8.9(b))의 기하학적 모양으로부터 구할 수 있다. 삼각형 $AA'D$와 $BB'D$가 닮은꼴이므로 다음을 계산할 수 있다.

$$AA' = \left(\frac{1}{9}\right)(12) = \frac{4}{3}\ \text{kN/kN}$$

B_y에 대한 영향선은 그림 8.9(b)와 같다.

D_y에 대한 영향선. D_y에 대한 영향선은 유사한 방법으로 구해지며 그림 8.9(c)와 같다.

S_C에 대한 영향선 C점의 전단력에 대한 영향선의 대략적인 모양을 결정하기 위하여 주어신 보를 C점에서 절단하여 그림 8.9(d)와 같은 해제된 구조물을 얻는다. 해제된 구조물의 AC부분의 이동단 C점에는 아랫방향으로 Δ_1, CD부분의 C점에는 윗방향으로 Δ_2만큼의 미소 상대변위를 일으킨다. 영향선의 모양은 그림과 같이 해제된 구조물의 변형된 모양과 같다.

C점에서의 영향선 세로축값을 구하기 위해 먼저 1 kN 하중을 그림 8.9(d)와 같이 C점의 바로 좌측과 C점의 바로 우측에 각각 가한다. 반력 B_y와 D_y는 평형조건식을 적용하여 구한다.

$$+\circlearrowleft \sum M_D = 0 \qquad -B_y(9) + 1(6) = 0 \qquad B_y = \frac{2}{3}\ \text{kN}\uparrow$$

$$+\uparrow \sum F_y = 0 \qquad \left(\frac{2}{3}\right) - 1 + D_y = 0 \qquad D_y = \frac{1}{3}\ \text{kN}\uparrow$$

B_y와 D_y의 크기는 이전에 구해진 반력의 영향선으로부터도 구할 수 있다. 그림 8.9(b)와 (c)로부터 B_y와 D_y에 대한 영향선의 C점의 세로축값(C점의 바로 좌측 또는 우측)은 실제로 각각 2/3과 1/3이다. 단위하중이 C점 바로 좌측(그림 8.9(d) 참조)에 있을 때 C점의 전단력은 다음과 같다.

$$S_C = -D_y = -\frac{1}{3}\text{ kN}$$

단위하중이 C점의 바로 우측에 있을 때 C점의 전단력은 다음과 같다.

$$S_C = B_y = \frac{2}{3}\text{ kN}$$

따라서 C점의 영향선 세로축값은 그림과 같이 $-1/3$ kN/kN (C점의 바로 좌측), 2/3 kN/kN (C점의 바로 우측)이다. 영향선(그림 8.9(d))의 A점에서의 세로축값은 영향선의 기하학적 모양으로부터 구할 수 있다. 삼각형 $AA'B$와 BCC'가 닮은꼴이므로 A점의 세로축값은 $AA' = 1/3$ kN/kN이다. S_C에 대한 영향선은 그림 8.9(d)에 나타나 있다.

M_C에 대한 영향선. C점의 휨모멘트에 대한 영향선의 대략적인 모양을 구하기 위해 주어진 보의 C점에 힌지를 삽입하여 그림 8.9(e)와 같은 해제된 구조물을 구한다. 미소 회전 θ를 해제된 구조물의 C점에 M_C의 양의 방향으로 발생시켜 그림 8.9(e)와 같이 AC부분은 반시계방향으로 회전시키고 CD부분은 시계방향으로 회전시킨다. 영향선의 모양은 그림과 같이 해제된 구조물의 변형된 모양과 같다.

C점에서의 영향선의 수치적인 값을 구하기 위해 먼저 1 kN 하중을 그림 8.9(e)와 같이 원래 보의 C점에 재하한다. 평형조건식 $\sum M_D = 0$과 $\sum F_y = 0$을 순서대로 적용하여 반력 $B_y = 2/3$ kN과 $D_y = 1/3$ kN을 얻은 후 C점의 휨모멘트를 구한다.

$$M_C = \left(\frac{2}{3}\right)(3) = 2\text{ kN}\cdot\text{m}$$

따라서 C점의 영향선 세로축값은 2 kN · m/kN이다. 영향선을 완성하기 위해 영향선의 기하학적 모양을 고려하여 A점에서의 세로축값을 구한다. 그림 8.9(e)로부터 삼각형 $AA'B$와 BCC'가 닮은꼴이므로 A의 세로축값은 $AA' = -2$ kN · m/kN이다. M_C에 대한 영향선은 그림 8.9(e)와 같다.

8.7
Example

그림 8.10(a)와 같은 보의 지점 A와 E의 수직반력, 지점 A의 모멘트반력, 점 B의 전단력, 그리고 점 D의 휨모멘트에 대한 영향선을 그려라.

풀이

A_y에 대한 영향선. A_y에 대한 대략적인 영향선을 구하기 위해 수평변위와 회전은 구속하고 수직변위는 구속하지 않도록 A점의 고정지점을 이동단으로 대체함으로써 A_y에 상응하는 구속을 제거한다. 해제된 보의 점 A점에 미소변위 Δ를 가하여 그림 8.10(b)와 같은 변형된 모양을 얻는다. 변형된 모양은 해제된 구조물의 지점조건과 연속조건을 만족시키고 있다. 롤러에 부착된 보의 끝단 A는 회전할 수 없으므로 AC부분은 변위된 모양에서 수평을 유지해야 한다. 또한 점 E는 회전단이므로 수직 방향으로

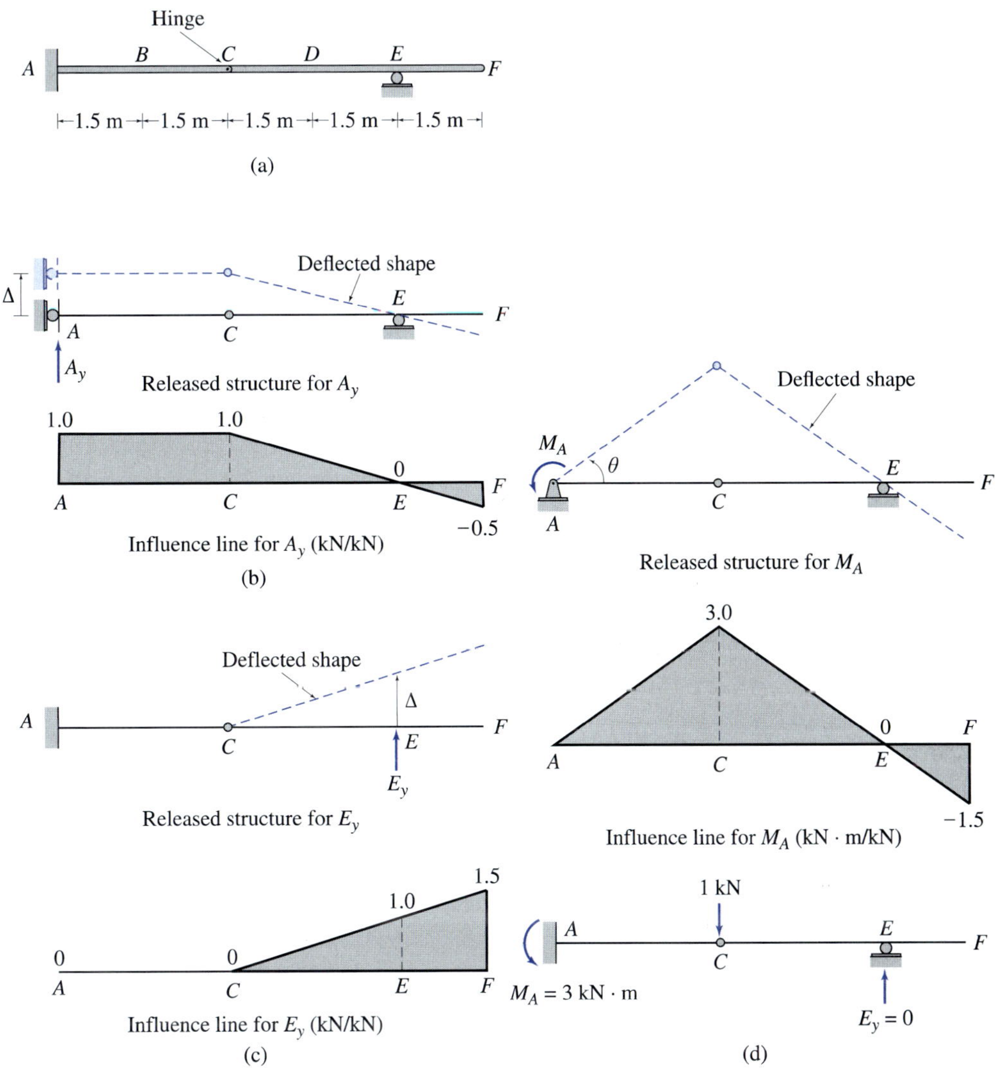

그림 8.10

움직일 수 없다. 그러므로 CF부분은 그림과 같이 E점을 중심으로 회전한다. 두 개의 강체 부분 AC와 CF는 변형된 모양에서 직선으로 남아 있으며 회전을 허용하는 내부 힌지 C점에서 회전한다. 영향선의 모양은 그림 8.10(b)와 같이 해제된 구조물의 변형된 모양과 같다.

1 kN의 하중이 A점에 재하될 때 $A_y = 1$ kN이므로 A의 영향선 세로축값은 1 kN/kN이다. 점 C점과 F점의 세로축값은 영향선의 기하학적 모양으로부터 구할 수 있다. 계산된 A_y에 대한 영향선은 그림 8.10(b)와 같다.

E_y에 대한 영향선. 주어진 구조물에서 E점의 이동단을 제거하고 E점에 미소변위 Δ를 가하여 그림 8.10(c)와 같은 변형된 모양을 구한다. A점은 고정단이므로 해제된 보의 AC부분은 강체로서 병진하거나 회전할 수 없다. 영향선의 모양은 그림과 같이 해제된 구조물의 변형된 모양과 같다.

1 kN의 하중이 E점에 재하될 때 $E_y = 1$ kN이므로 E점의 영향선 세로축값은 1 kN/kN이다. F점의 세로축값은 영향선의 기하학적 모양으로부터 구할 수 있다. 영향선은 그림 8.10(c)와 같다.

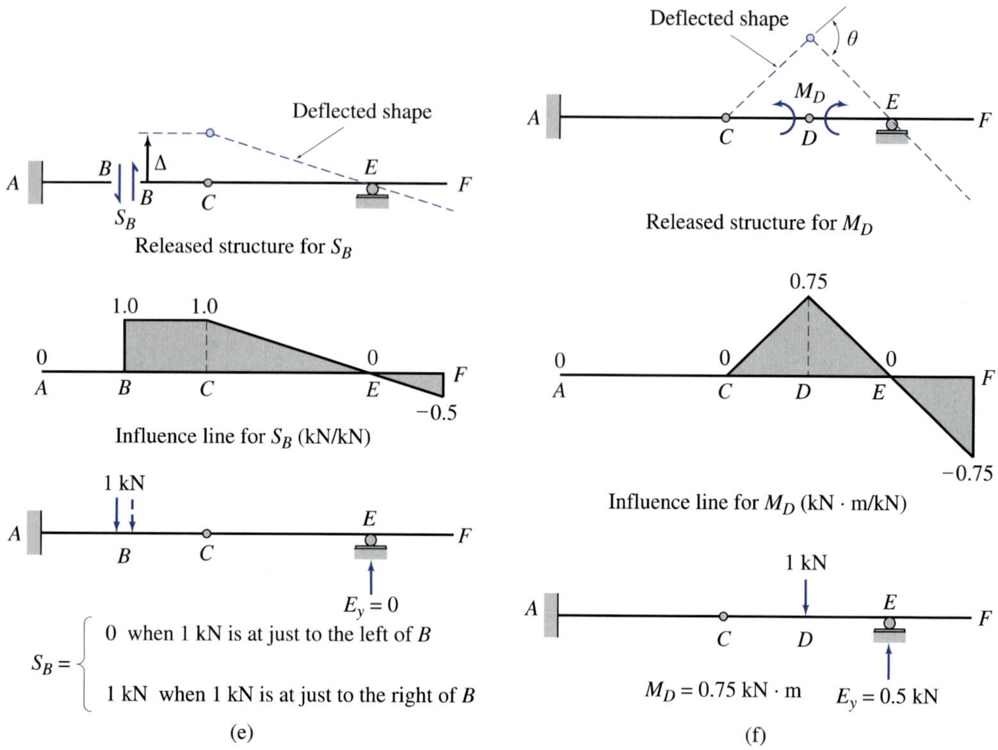

그림 8.10 계속

M_A에 대한 영향선. 반력모멘트 M_A에 상응하는 구속을 제거하기 위하여 그림 8.10(d)와 같이 고정단 A점을 회전단으로 대체한다. 미소 회전 θ를 해제된 구조물의 A점에 M_A의 양의 방향(시계방향)으로 발생시켜 그림과 같은 구조물을 변형한다. 영향선의 모양은 해제된 구조물의 변형된 모양과 같다.

A점에서의 영향선 세로축값은 0이므로 C의 세로축값은 1 kN 하중을 원래 보(그림 8.10(d))의 C에 재하하여 구한다. 평형조건식 $\sum M_C^{CF}=0$을 이용하여 반력 $E_y=0$을 구한 후에 A점의 휨모멘트를 평형조건식으로부터 계산한다.

$$+\circlearrowleft \sum M_A = 0 \qquad M_A - 1(3) = 0 \qquad M_A = 3\text{ kN}\cdot\text{m}$$

따라서 C점의 영향선 세로축값은 3 kN · m/kN이다. F점의 세로축값은 영향선의 기하학적 모양에서 구할 수 있다. 영향선은 그림 8.10(d)와 같다.

S_B에 대한 영향선. B점의 전단력에 상응하는 구속을 제거하기 위해 주어진 보를 B점에서 절단하여 그림 8.10(e)와 같은 해제된 구조물을 구한다. 해제된 구조물에 미소 상대변위 Δ를 발생시켜 그림과 같은 변형된 모양을 구한다. 지점 A점은 고정이므로 AB부분은 병진하거나 회전할 수 없다. 또한 강체부분 AB와 BC는 변형된 모양에서도 서로 평행해야 한다. 영향선의 모양은 그림과 같이 해제된 구조물의 변형된 모양과 같다.

B점의 영향선 세로축의 수치적인 값은 1 kN 하중을 B점의 바로 좌측과 바로 우측(그림 8.10(e))에 순차적으로 재하하고 단위하중이 가해진 두 위치에서 B점의 전단력을 계산하여 구한다. C점과 F점의 세로축값은 영향선의 기하학적 모양으로부터 구할 수 있다. 영향선은 그림 8.10(e)와 같다.

M_D에 대한 영향선. 주어진 보의 D점에 힌지를 삽입하고 D점에 미소 회전 θ를 발생시켜 그림 8.10(f)와 같은 변형된 모양을 얻는다. 영향선의 모양은 그림과 같이 해제된 구조물의 변형된 모양과 같다.

D점에서의 영향선 세로축값은 1 kN 하중을 D점에 재하하고 단위하중이 작용하는 위치에서 (그림 8.10(f)) D점의 휨모멘트를 계산하여 구한다. F점의 세로축값은 영향선의 기하학적 모양으로부터 구할 수 있다. 영향선은 그림 8.10(f)와 같다.

8.8 Example

그림 8.11(a)와 같은 보의 지점 A와 C의 수직반력에 대한 영향선을 그려라.

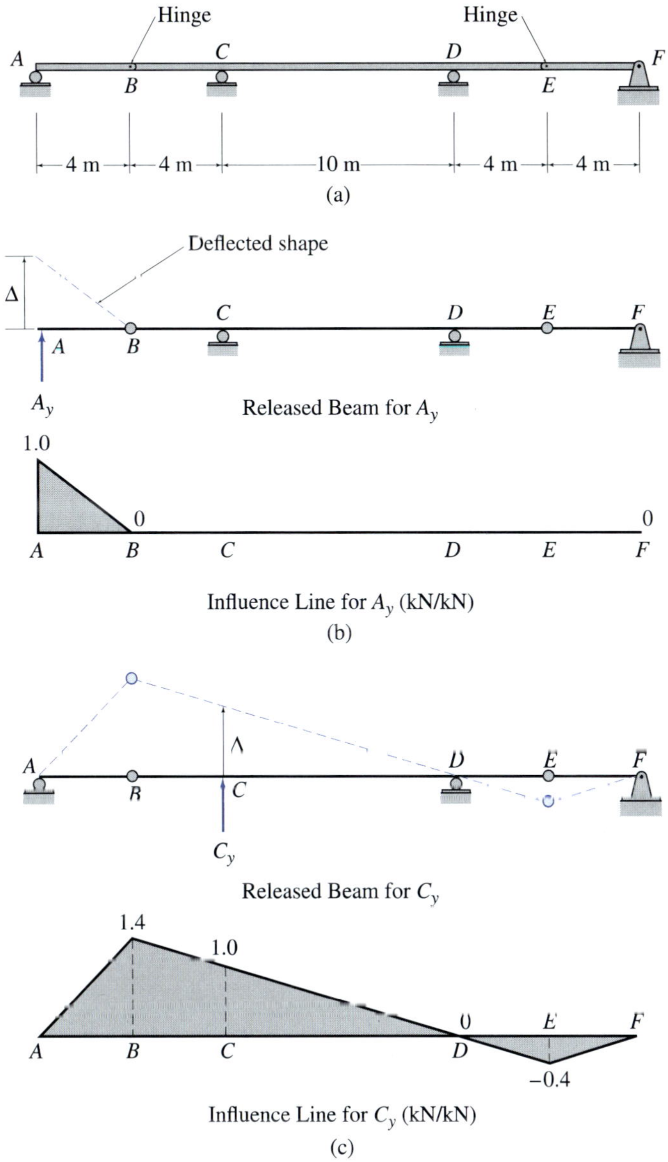

그림 8.11

풀이

A_y에 대한 영향선. A_y에 대한 대략적인 영향선을 구하기 위해 주어진 보에서 이동단 A점을 제거하고 그림 8.11(b)와 같이 해제된 보의 점 A점에 미소변위 Δ를 발생시킨다. 영향선의 모양은 그림과 같이 해제된 구조물의 변형된 모양과 같다. 1 kN의 하중이 A점에 재하될 때 $A_y = 1$ kN이므로 A점의 영향선 세로축값은 1 kN/kN이다. 구한 영향선은 그림 8.11(b)와 같다.

C_y에 대한 영향선. 주어진 보에서 C점의 이동단이 제거되고 그림 8.11(c)의 변형된 모양을 얻기 위해 C점에 미소변위 Δ를 발생시킨다. 변형된 모양은 해제된 구조물의 지점조건을 만족시킨다. 영향선의 모양은 그림과 같이 해제된 구조물의 변형된 모양과 같다. 1 kN의 하중이 C점에 재하될 때 $C_y = 1$ kN이므로 C점의 영향선 세로축값은 1 kN/kN이다. B점과 E점의 세로축값은 영향선의 기하학적 모양으로부터 계산된다. C_y에 대한 영향선은 그림 8.11(c)와 같다.

8.3 바닥 구조를 지지하는 거더의 영향선

앞 절에서는 이동 단위하중이 직접 작용하는 보의 영향선을 다루었다. 대부분의 교량과 건물에는 활하중이 직접 작용하지 않고 바닥 구조(floor framing system)를 통하여 전달되는 구조 부재들이 있다. 교량과 건물에 사용되는 대표적인 시스템은 1.4절(각각 그림 1.16과 1.17)에 기술되어 있다. 교량의 구조시스템의 또 다른 예는 그림 8.12와 같다. 교량의 바닥판은 **세로보**(stringer)라고 불리는 보에 지지되어 있고 다시 세로보는 **바닥보**(floor beam)에 의해, 바닥보는 **거더**에 의해 지지되어 있다. 그러므로 차량의 무게와 같은 활하중은 작용 위치와 종류(집중하중 또는 분포하중)에 무관하게 거더가 지지하는 바닥보의 점들에 작용하는 집중하중으로 거더에 전달된다.

그림 8.13(a)과 같은 단순지지된 거더를 이용하여 교량이나 건물의 바닥 구조를 지지하는 거더의 전단력과 휨모멘트에 대한 영향선을 구하는 순서를 설명하고자 한다. 그림과 같이 바닥보 위에 단순지지된 것으로 가정된 세로보 위를 단위하중이 좌측에서 우측으로 이동하고 있다. 단위하중은 보를 지지하는 점 A에서부터 점 F을 통하여 거더로 전달된다. 점 A부터 점 F는 **패널점**으로 불리며 패널점 사이의 거더 부분(즉, AB 또는 BC)은 **패널**이라고 한다. 그림 8.13(a)에서 세로보는 바닥보 위에, 바닥보는 거더 위에 위치하고 있음을 알 수 있다. 이는 한 구조부재에서 다른 부재로 하중이 전달되는 방법을 명확하게 보여주기 위해 사용되었지만 실제 바닥시스템에서는 그림 8.13(a)와 같이 부재들이 다른 부재 위에서 지지되어 있지는 않다. 대신 세로보와 바닥보가 대개 상면이 서로 일치해 있고 거더의 상면과는 같거나 낮은 위치에 있다(그림 8.12 참조).

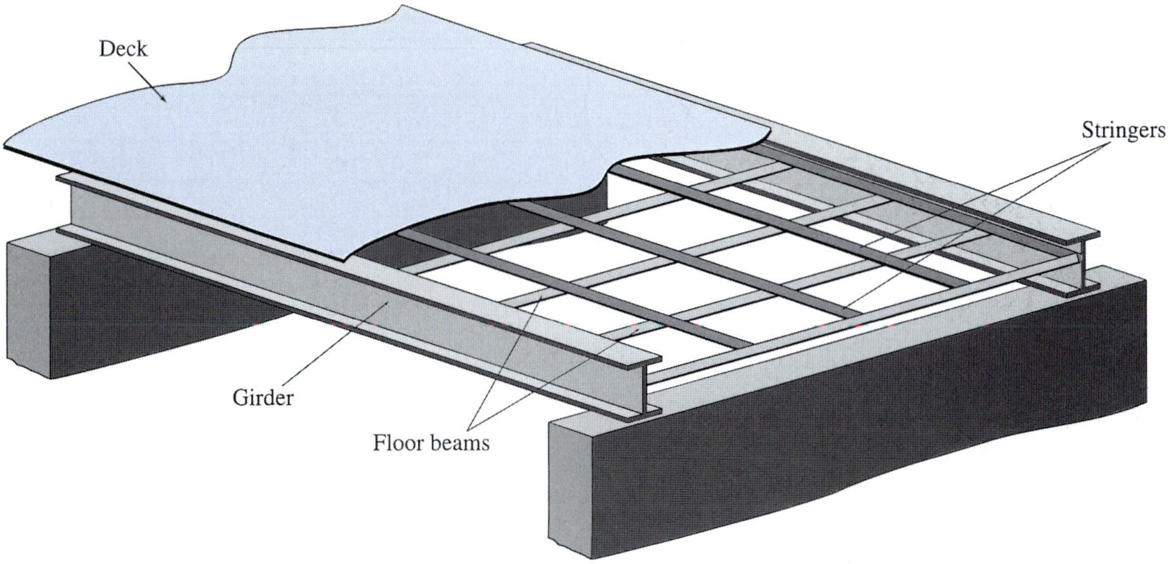
Deck
Stringers
Girder
Floor beams

(a)

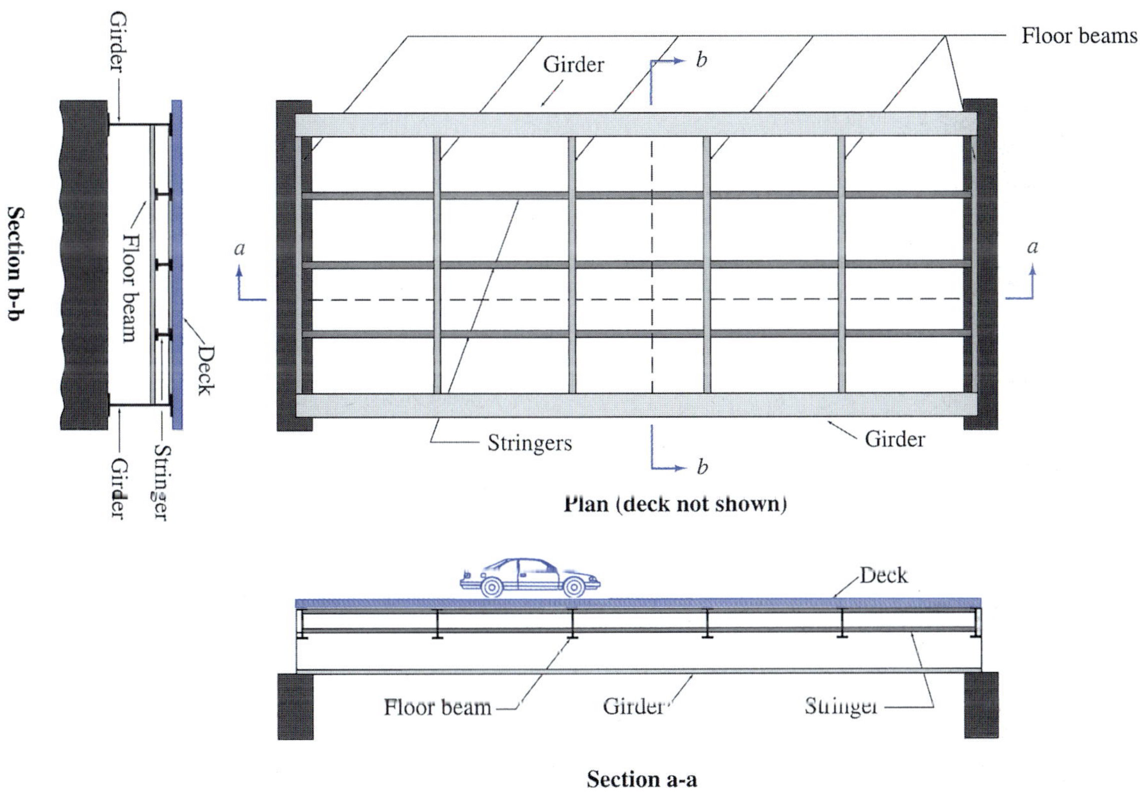
Girder
Floor beam
Deck
Stringer
Girder
Section b-b
Floor beams
Girder
b
a
a
Stringers
Girder
b
Plan (deck not shown)
Deck
Floor beam
Girder
Stringer
Section a-a

(b)

그림 8.12

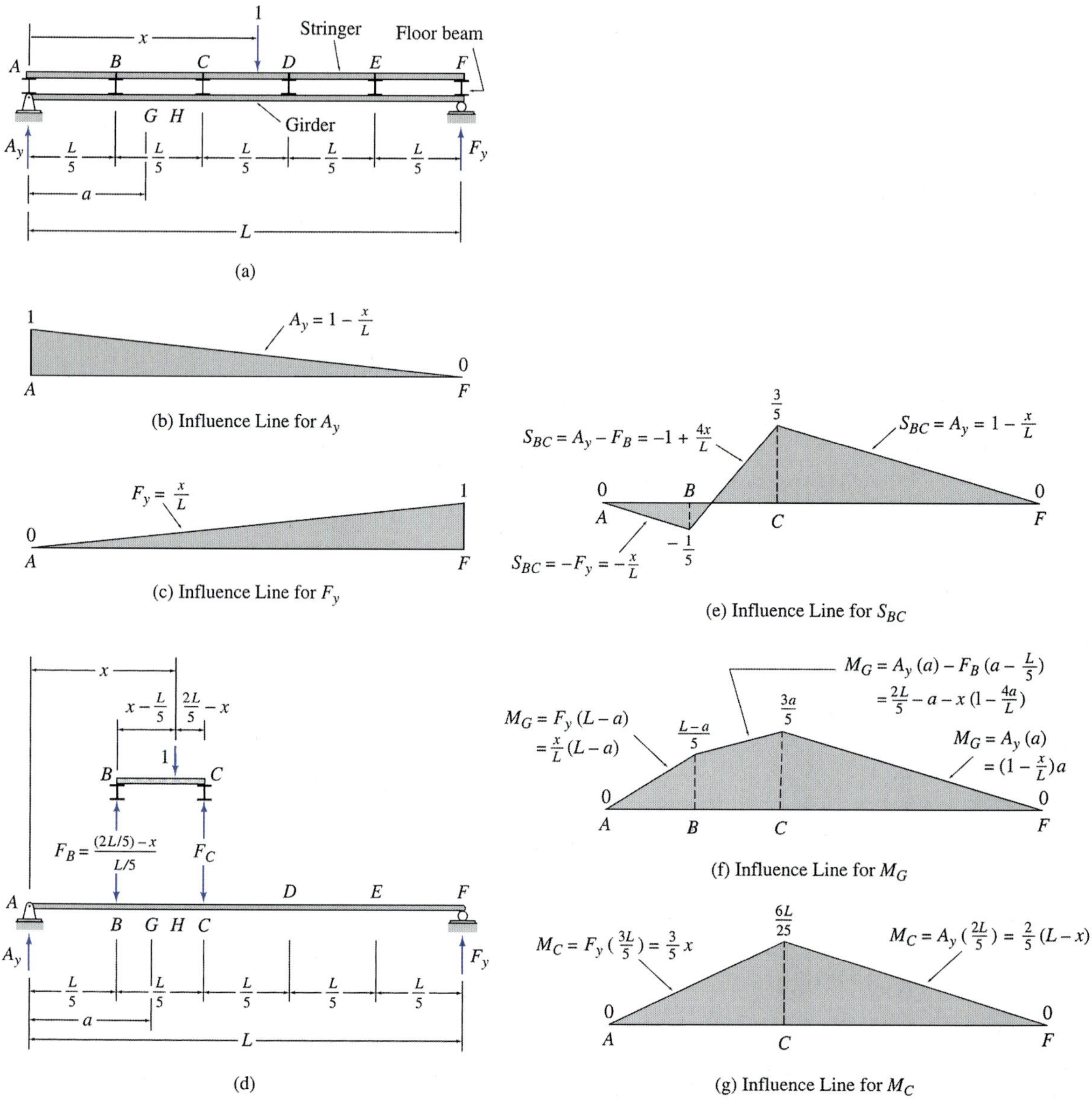

그림 8.13

반력에 대한 영향선

수직반력 A_y와 F_y에 대한 영향선의 식은 평형조건식을 이용하여 구할 수 있다(그림 8.13(a)).

$$+\circlearrowleft \sum M_F = 0 \qquad -A_y(L) + 1(L-x) = 0 \qquad A_y = 1 - \frac{x}{L}$$

$$+\circlearrowleft \sum M_A = 0 \qquad -1(x) + F_y(L) = 0 \qquad F_y = \frac{x}{L}$$

이 식을 그림으로 표현하면 그림 8.13(b), (c)와 같다. 이 영향선들은 단위하중이 직접 작용하는 단순지지 보의 반력에 대한 영향선 식과 같다.

패널 BC의 전단력에 대한 영향선

다음으로 그림 8.13(a)와 같이 패널 BC에 있는 점 G와 점 H의 전단력에 대한 영향선을 구해보자. 단위하중이 패널점 B의 좌측에 위치해 있을 때 패널 BC(즉 점 G와 점 H) 내의 임의의 점에서의 전단력은 다음과 같다.

$$S_{BC} = -F_y = -\frac{x}{L} \qquad 0 \le x \le \frac{L}{5}$$

유사하게 단위하중이 패널점 C의 우측에 위치할 때 패널 BC 내의 임의의 점에서의 전단력은 다음과 같다.

$$S_{BC} = A_y = 1 - \frac{x}{L} \qquad \frac{2L}{5} \le x \le L$$

단위하중이 패널 BC 내에 위치해 있을 때는 그림 8.13(d)와 같이 점 B에서 바닥보가 거더에 작용하는 힘 F_B가 패널 BC의 전단력에 대한 식에 포함되어야 한다.

$$S_{BC} = A_y - F_B = \left(1 - \frac{x}{L}\right) - \left(2 - \frac{5x}{L}\right) = -1 + \frac{4x}{L} \qquad \frac{L}{5} \le x \le \frac{2L}{5}$$

따라서 S_{BC}에 대한 영향선 식은 다음과 같이 표현될 수 있다.

$$S_{BC} = \begin{cases} -F_y = -\dfrac{x}{L} & 0 \le x \le \dfrac{L}{5} \\ A_y - F_B = -1 + \dfrac{4x}{L} & \dfrac{L}{5} \le x \le \dfrac{2L}{5} \\ A_y = 1 - \dfrac{x}{L} & \dfrac{2L}{5} \le x \le L \end{cases} \tag{8.13}$$

전단력에 대한 이 식들은 패널 안 점의 정확한 위치에 따라 달라지지 않는다. 즉, 이 식들은 패널 BC 안의 모든 점에 대해 동일하다. 그 이유는 하중이 패널점에서만 거더에 전달되기 때문이며 따라서 **거더의 임의의 패널에서의 전단력은 그 패널 전 길이에 걸쳐 동일하다.** 그러므로 바닥 구조를 지지하는 거더에 대해서 전단력에 대한 영향선은 대개 거더의 특정한 점이 아니라 패널에 대해 구한다. 식 (8.13)을 그림으로 표시하여 패널 BC의 전단력에 대한 영향선을 그리면 그림 8.13(e)와 같다.

점 G의 휨모멘트에 대한 영향선

패널 BC에 있는 점 G(그림 8.13(a))의 휨모멘트에 대한 영향선도 유사한 방법으로 구할 수 있다. 단위하중이 패널점 B의 좌측에 위치해 있을 때 점 G의 휨모멘트는 다음과 같이 표현될 수 있다:

$$M_G = F_y(L-a) = \frac{x}{L}(L-a) \qquad 0 \le x \le \frac{L}{5}$$

단위하중이 패널점 C의 우측에 위치해 있을 때 점 G의 휨모멘트는 다음과 같다:

$$M_G = A_y(a) = \left(1 - \frac{x}{L}\right)a \qquad \frac{2L}{5} \le x \le L$$

단위하중이 그림 8.13(d)와 같이 패널 BC 내에 위치할 때 B점에서 바닥보가 거더에 작용하는 힘 F_B의 점 G에 대한 모멘트가 G의 휨모멘트 식에 포함되어야 한다:

$$\begin{aligned} M_G &= A_y(a) - F_B\left(a - \frac{L}{5}\right) = \left(1 - \frac{x}{L}\right)a - \left(2 - \frac{5x}{L}\right)\left(a - \frac{L}{5}\right) \\ &= \frac{2L}{5} - a - x\left(1 - \frac{4a}{L}\right) \qquad \frac{L}{5} \le x \le \frac{2L}{5} \end{aligned}$$

따라서 M_G에 대한 영향선 식은 다음과 같다:

$$M_G = \begin{cases} F_y(L-a) = \dfrac{x}{L}(L-a) & 0 \le x \le \dfrac{L}{5} \\ A_y(a) - F_B\left(a - \dfrac{L}{5}\right) = \dfrac{2L}{5} - a - x\left(1 - \dfrac{4a}{L}\right) & \dfrac{L}{5} \le x \le \dfrac{2L}{5} \\ A_y(a) = \left(1 - \dfrac{x}{L}\right)a & \dfrac{2L}{5} \le x \le L \end{cases} \tag{8.14}$$

식 (8.14)에서 패널 내에서 동일한 값을 갖는 전단력과는 달리 휨모멘트는 패널 BC내의 점 G의 정확한 위치에 따라 달라지고 있다는 것을 알 수 있다. 식 (8.14)를 도시하여 M_G에 대한 영향선을 그리면 그림 8.13(f)와 같다. 이 그림으로부터 M_G에 대한 영향선은 앞에서 구한 전단력에 대한 영향선(그림 8.13(e))과 같이 세 개의 직선구간으로 이루어져 있으며 고려하는 응답함수를 포함하는 패널의 끝단에서 불연속적임을 알 수 있다.

패널점 C의 휨모멘트에 대한 영향선

단위하중이 C(그림 8.13(a))의 좌측에 위치해 있을 때, C의 휨모멘트는 다음과 같다.

$$M_C = F_y\left(\frac{3L}{5}\right) = \frac{x}{L}\left(\frac{3L}{5}\right) = \frac{3}{5}x \qquad 0 \le x \le \frac{2L}{5}$$

단위하중이 C의 우측에 위치해 있을 때는 다음과 같다.

$$M_C = A_y\left(\frac{2L}{5}\right) = \left(1 - \frac{x}{L}\right)\frac{2L}{5} = \frac{2}{5}(L - x) \qquad \frac{2L}{5} \le x \le L$$

따라서 M_C에 대한 영향선 식은 다음과 같다:

$$M_C = \begin{cases} F_y\left(\dfrac{3L}{5}\right) = \dfrac{3}{5}x & 0 \le x \le \dfrac{2L}{5} \\ A_y\left(\dfrac{2L}{5}\right) = \dfrac{2}{5}(L - x) & \dfrac{2L}{5} \le x \le L \end{cases} \tag{8.15}$$

이 식을 도시하여 그린 영향선은 그림 8.13(g)와 같다. 이 영향선은 바닥 구조를 지지하지 않는 일반 보의 휨모멘트에 대한 영향선과 같다.

해석 순서

앞의 예와 같이 단순지지된 세로보를 갖는 바닥 구조를 지지하는 거더에 대한 영향선은 직선구간으로 이루어져 있고 패널점에서만 불연속 또는 기울기의 변화가 있다. 패널 안에 위치한 점에 대한 전단력과 휨모멘트에 대한 영향선에서 기울기의 변화는 응답함수(그림 8.13(e), (f))를 포함하는 패널의 끝단에서 발생하지만, 패널점에서의 휨모멘트에 대한 영향선에서는 기울기 변화가 휨모멘트를 구하는 패널점에서 발생한다는 것을 알 수 있다. 따라서 거더에 대한 영향선은 다음과 같이 간편하게 구할 수 있다.

단위하중을 지점들과 기울기 변화가 발생하는 패널점들에 순차적으로 재하하고 평형조건식을 사용하여 이 점들에서의 영향선 세로축값을 구한다. 캔틸레버 거더의 패널점에서의 휨모멘트 영향선의 경우에는 휨모멘트 위치에서 영향선 세로축값은 0이 될 것이다. 이 경우 영향선을 완성하기 위해 0이 아닌 영향선 세로축값(대개 캔틸레버 거더의 자유단에서)이 추가적으로 필요하다.

만약 거더에 내부 힌지가 있다면 그 영향선은 힌지가 있는 패널점에서 불연속이 될 것이다. 내부 힌지가 패널 내에 있으면 불연속은 패널의 끝단에 있는 패널점에서 발생할 것이다. 이러한 점에 단위하중을 재하하고 평형조건 또는 방정식을 적용하여 내부 힌지 때문에 생기는 불연속이 있는 패널점에서 영향선 세로축값을 구한다.

앞에서 계산한 세로축값을 직선으로 연결하고 영향선의 기하학적 모양으로부터 나머지 세로축값들을 구함으로써 영향선을 완성한다.

8.9 Example

그림 8.14(a)에 보인 바닥 구조를 지지하는 거더의 패널 BC의 전단력과 B의 휨모멘트에 대한 영향선을 그려라.

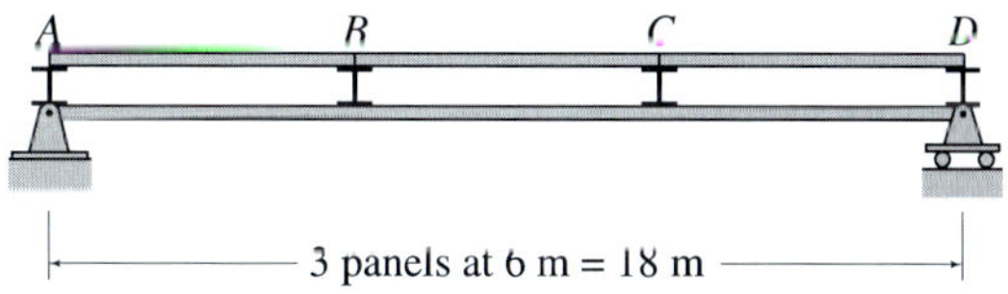

(a)

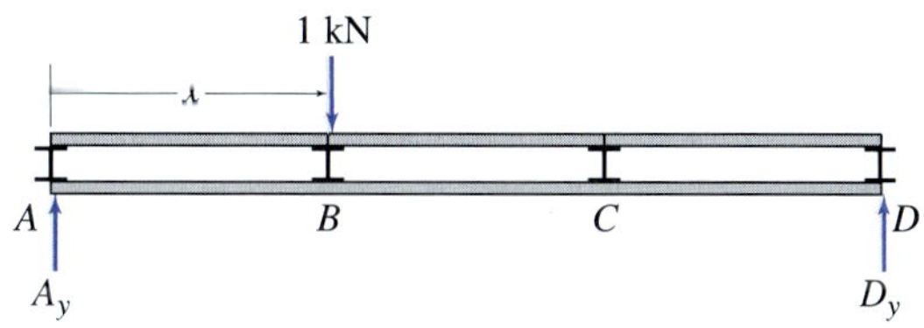

(b)

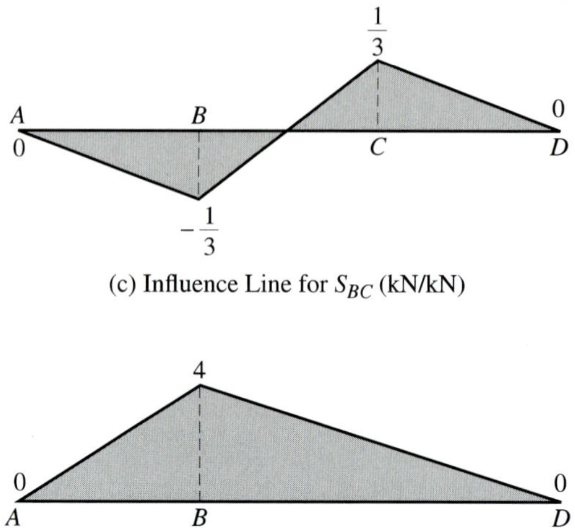

(c) Influence Line for S_{BC} (kN/kN)

(d) Influence Line for M_B (kN · m/kN)

그림 8.14

풀이

S_{BC}에 대한 영향선. 패널 BC의 전단력에 대한 영향선을 구하기 위해 1 kN의 하중을 패널점 A, B, C, D에 순차적으로 재하한다. 단위하중의 각 위치에서 비례법칙에 의해 적절한 지점반력을 먼저 구한 후에 패널 BC의 전단력을 계산한다.

1 kN이 A점에 작용할 때,	$D_y = 0$	$S_{BC} = 0$
1 kN이 B점에 작용할 때,	$D_y = \frac{1}{3}$ kN	$S_{BC} = -\frac{1}{3}$ kN
1 kN이 C점에 작용할 때,	$A_y = \frac{1}{3}$ kN	$S_{BC} = \frac{1}{3}$ kN
1 kN이 D점에 작용할 때,	$A_y = 0$	$S_{BC} = 0$

S_{BC}에 대한 영향선은 그림 8.14(c)와 같이 이 세로축값들을 도시하고 이 점들을 직선으로 연결하여 구한다.

M_B에 대한 영향선. 패널점 B의 휨모멘트에 대한 영향선을 구하기 위하여 1 kN 하중을 패널점 A, B, D에 순차적으로 재하한다. 단위하중의 각 위치에서 다음과 같이 B의 휨모멘트를 구한다:

1 kN이 A점에 작용할 때,	$D_y = 0$	$M_B = 0$
1 kN이 B점에 작용할 때,	$A_y = \frac{2}{3}$ kN	$M_B = \left(\frac{2}{3}\right)6 = 4$ kN · m
1 kN이 D점에 작용할 때,	$A_y = 0$	$M_B = 0$

M_B에 대한 영향선은 그림 8.14(d)와 같다.

8.10
Example

그림 8.15(a)와 같이 바닥 구조를 지지하는 거더의 패널 CD의 전단력과 D의 휨모멘트에 대한 영향선을 그려라.

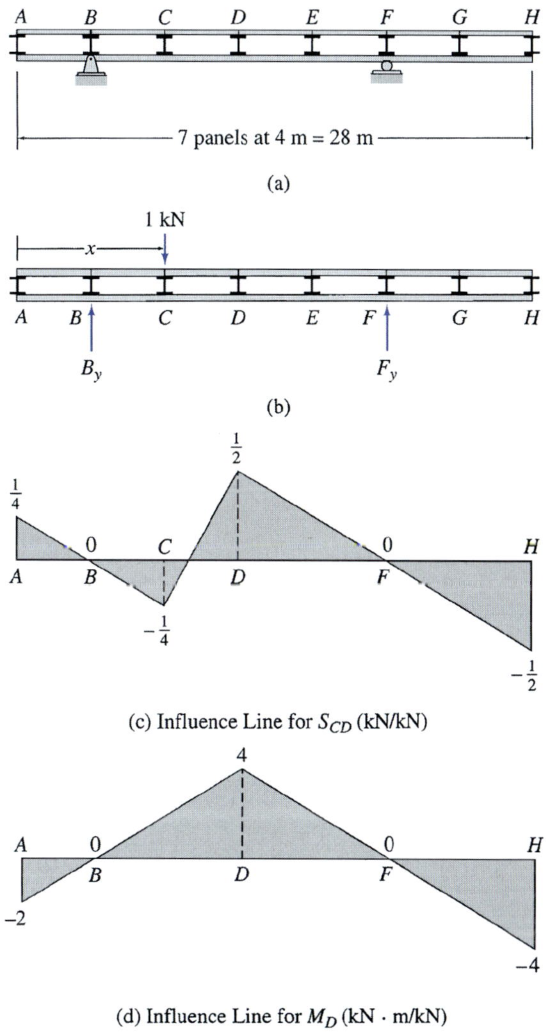

그림 8.15

풀이

S_{CD}에 대한 영향선. 패널 CD의 전단력에 대한 영향선을 구하기 위해 1 kN 하중을 패널점 B, C, D, F에 순차적으로 재하한다. 단위하중이 각 위치에서 비례법칙에 의해 적절한 지점반력을 먼저 구하고 다음에 패널 CD의 전단력을 계산한다.

1 kN이 B점에 작용할 때, $F_y = 0$ $S_{CD} = 0$

1 kN이 C점에 작용할 때, $F_y = \frac{1}{4}$ kN $S_{CD} = -\frac{1}{4}$ kN

1 kN이 D점에 작용할 때, $B_y = \frac{2}{4} = \frac{1}{2}$ kN $S_{CD} = \frac{1}{2}$ kN

1 kN이 F점에 작용할 때, $B_y = 0$ $S_{CD} = 0$

S_{CD}에 대한 영향선은 그림 8.15(c)와 같이 이 세로축값들을 도시하고 이 점들을 직선으로 연결하여 구한다. 그 후에 끝단 A와 H의 세로축값은 영향선의 기하학적 모양으로부터 결정된다.

M_D에 대한 영향선. 패널점 D의 휨모멘트에 대한 영향선을 구하기 위하여 1 kN 하중을 패널점 B, D, F에 순차적으로 재하한다. 단위하중의 각 위치에서 다음과 같이 D의 휨모멘트를 구한다:

1 kN이 B점에 작용할 때,	$F_y = 0$	$M_D = 0$
1 kN이 D점에 작용할 때,	$B_y = \frac{1}{2}$ kN	$M_D = \left(\frac{1}{2}\right)8 = 4$ kN · m
1 kN이 F점에 작용할 때,	$B_y = 0$	$M_D = 0$

M_D에 대한 영향선은 그림 8.15(d)와 같다.

8.11 Example

그림 8.16(a)와 같이 바닥 구조를 지지하는 거더의 지점 A의 반력, 패널 CD의 전단력과 D의 휨모멘트에 대한 영향선을 그려라.

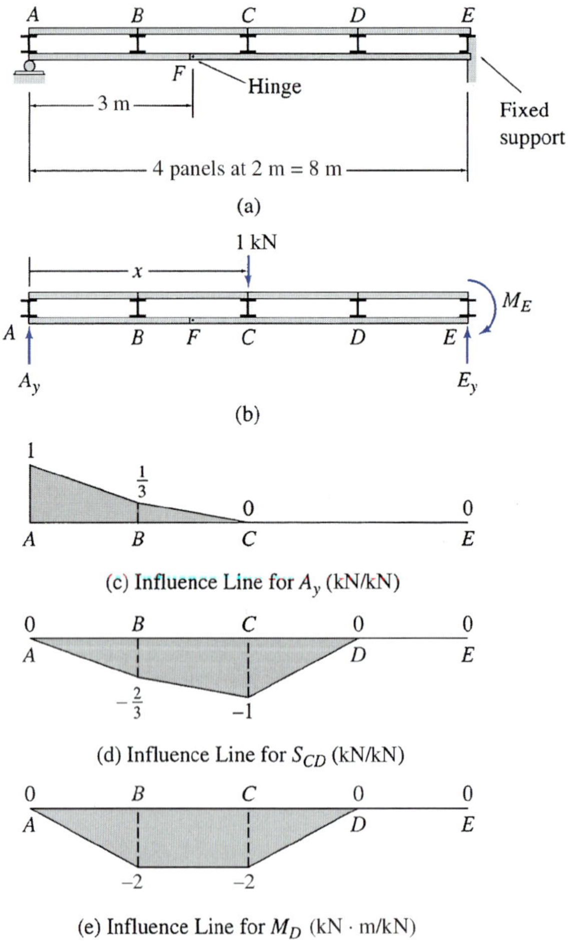

그림 8.16

풀이

A_y에 대한 영향선. 반력 A_y에 대한 영향선을 구하기 위해 1 kN 하중을 패널점 A, B, C에 순차적으로 재하한다. 단위하중의 각 위치에서 평형조건식 $\sum M_F^{AF}=0$을 적용하여 A_y를 구한다.

따라서

1 kN이 A점에 작용할 때, $A_y = 1$ kN

1 kN이 B점에 작용할 때, $+\circlearrowleft \sum M_F^{AF}=0$

$$-A_y(3)+1(1)=0 \qquad A_y=\frac{1}{3}\text{ kN}$$

1 kN이 C점에 작용할 때, $+\circlearrowleft \sum M_F^{AF}=0$

$$-A_y(3)=0$$

$$A_y=0$$

A_y에 대한 영향선은 그림 8.16(c)와 같다.

S_{CD}에 대한 영향선. 다섯 개의 패널점에 1 kN 하중을 순차적으로 재하하고 다음과 같이 영향선 세로축값을 구한다.

1 kN이 A점에 작용할 때, $A_y = 1$ kN $\quad S_{CD}=0$

1 kN이 B점에 작용할 때, $A_y=\frac{1}{3}$ kN $\quad S_{CD}=\left(\frac{1}{3}\right)-1=-\frac{2}{3}$ kN

1 kN이 C점에 작용할 때, $A_y=0 \quad S_{CD}=-1$ kN

1 kN이 D점에 작용할 때, $A_y=0 \quad S_{CD}=0$

1 kN이 E점에 작용할 때, $A_y=0 \quad S_{CD}=0$

S_{CD}에 대한 영향선은 그림 8.16(d)와 같다.

M_D에 대한 영향선. 1 kN 하중을 다섯 개의 패널점에 순차적으로 재하하고 다음과 같이 영향선 세로축값을 구한다:

1 kN이 A점에 작용할 때, $A_y = 1$ kN $\quad M_D=0$

1 kN이 B점에 작용할 때, $A_y=\frac{1}{3}$ kN $\quad M_D=\left(\frac{1}{3}\right)6-1(4)=-2\text{ kN}\cdot\text{m}$

1 kN이 C점에 작용할 때, $A_y=0 \quad M_D=-1(2)=-2\text{ kN}\cdot\text{m}$

1 kN이 D점에 작용할 때, $A_y=0 \quad M_D=0$

1 kN이 E점에 작용할 때, $A_y=0 \quad M_D=0$

M_D에 대한 영향선은 그림 8.16(e)와 같다.

8.4 트러스의 영향선

활하중을 트러스에 전달하는 바닥 구조는 앞 절에서 설명한 거더가 지지하는 바닥 구조와 유사하다. 그림 8.17은 1.4절(그림 1.16)에서 설명한 트러스교의 대표적인 바닥 구조를 보여주고 있다. 교량의 바닥판은 바닥보에 의해 지지되는 세로보 위에 놓여 있으며, 바닥보는 그 끝단이 두 개의 종방향 트러스 하현재의 절점에 연결되어 있다. 따라서 차량의 무게와 같은 임의의 활하중은 바닥판 위의 위치에 무관하고 집중하중이나 분포하중에 상관없이 절점에 작용하는 집중하중으로 트러스에 전달된다. 활하중은 지붕트러스에도 유사한 방법으로 전달된다. 거더가 지지하는 바닥 구조와의 경우와 마찬가지로 트러스 바닥 구조의 세로보는 그 끝단에서 옆의 바닥보에 단순지지된 것으로 가정된다. 따라서 트러스의 영향선 역시 패널점 사이에서는 직선 구간으로 이루어져 있다.

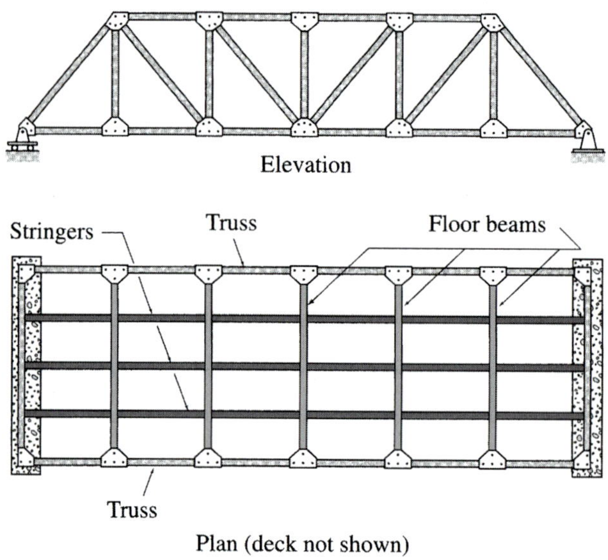

그림 8.17

그림 8.18(a)에 있는 Pratt 교량트러스를 이용하여 트러스의 영향선을 작성하는 예를 설명하고자 한다. 단위하중(1 kN)은 트러스의 하현재 AG에 연결된 바닥틀의 세로보에서 좌측에서 우측으로 이동한다. 단위하중은 바닥보가 트러스에 연결되어 있는 절점(또는 패널점) A부터 G를 통하여 트러스에 전달된다. 지점 A와 E의 수직반력, 트러스 부재 CI, CD, DI, IJ, FL의 축력에 대한 영향선을 구해보자.

반력에 대한 영향선

수직반력 A_y와 E_y에 대한 영향선 식은 평형조건식을 이용하여(그림 8.18(b)) 구할 수 있다.

$$+ \circlearrowleft \sum M_E = 0 \qquad -A_y(12) + 1(12-x) = 0 \qquad A_y = 1 - \frac{x}{12}$$

$$+ \circlearrowleft \sum M_A = 0 \qquad -1(x) + E_y(12) = 0 \qquad E_y = \frac{x}{12}$$

이 식을 그림으로 표시하면 그림 8.18(c), (d)와 같이 영향선을 구할 수 있다. 이 영향선들은 단위하중을 직접적으로 재하한 보의 반력의 영향선과 같다.

수직재 *CI*의 축력에 대한 영향선

부재력 F_{CI}에 대한 식은 그림 8.18(e)와 같이 부재 CD, CI, HI를 통과하는 가상의 단면 aa를 절단한 후에 트러스의 두 부분 중 하나에 대하여 평형조건식 $\sum F_y = 0$을 이용하여 구할 수 있다. 그림 8.18(e)와 같이 1 kN의 하중이 점 C의 좌측인 트러스의 AC부분에 있을 때 F_{CI}는 우측부분 DG의 자유물체의 평형을 고려하여 쉽게 구할 수 있다.

$$+\uparrow \sum F_y = 0 \qquad -F_{CI} + E_y = 0 \qquad F_{CI} = E_y \qquad 0 \le x \le 6\ \text{m}$$

이 식에서 F_{CI} 영향선의 A점과 C 점 사이는 E_y에 대한 영향선의 같은 구간과 동일하다는 것을 알 수 있다. 1 kN의 하중이 절점 D의 우측에 위치할 때는 F_{CI}를 좌측부분 AC의 자유물체를 이용하여 구하는 것이 편리하다.

$$+\uparrow \sum F_y = 0 \qquad A_y + F_{CI} = 0 \qquad F_{CI} = -A_y \qquad 9\ \text{m} \le x \le 18\ \text{m}$$

이 식에서 F_{CI}영향선의 D점과 G점 사이는 A_y의 같은 구간의 영향선에 -1을 곱하여 구할 수 있다는 것을 알 수 있다. 따라서 F_{CI}의 영향선의 A점과 C점 사이와 D점과 G점 사이는 각각 그림 8.18(f)의 식을 이용하여 E_y와 A_y의 영향선으로부터 구할 수 있다. 1 kN의 하중이 C점과 D점 사이에 있을 때는 F_{CI}를 구하기 위해 C에서 바닥보에 의해 트러스로 전달되는 하중의 일부분 $F_C = (9-x)/3$이 평형조건식 $\sum F_y = 0$에 포함되어야 한다:

$$+\uparrow \sum F_y = 0 \qquad A_y - \left(\frac{9-x}{3}\right) + F_{CI} = 0$$

$$F_{CI} = -A_y + \left(\frac{9-x}{3}\right) \qquad 6\ \text{m} \le x \le 9\ \text{m}$$

따라서 F_{CI} 영향선은 그림 8.18(f)와 같이 세 개의 직선구간으로 이루어져 있다. 영향선을 구하는 과정에서 부재력 F_{CI}는 인장으로 가정되었기 때문에(그림 8.18(e)) 영향선(그림 8.18(f))의 양의 값은 1 kN의 하중이 A점과 M점 사이, E점과 G점 사이에 있을 때 부재 CI가 인장력을 받음을 의미한다. 반면에 단위하중이 M점과 E점 사이에 있을 때는 압축력을 받는다.

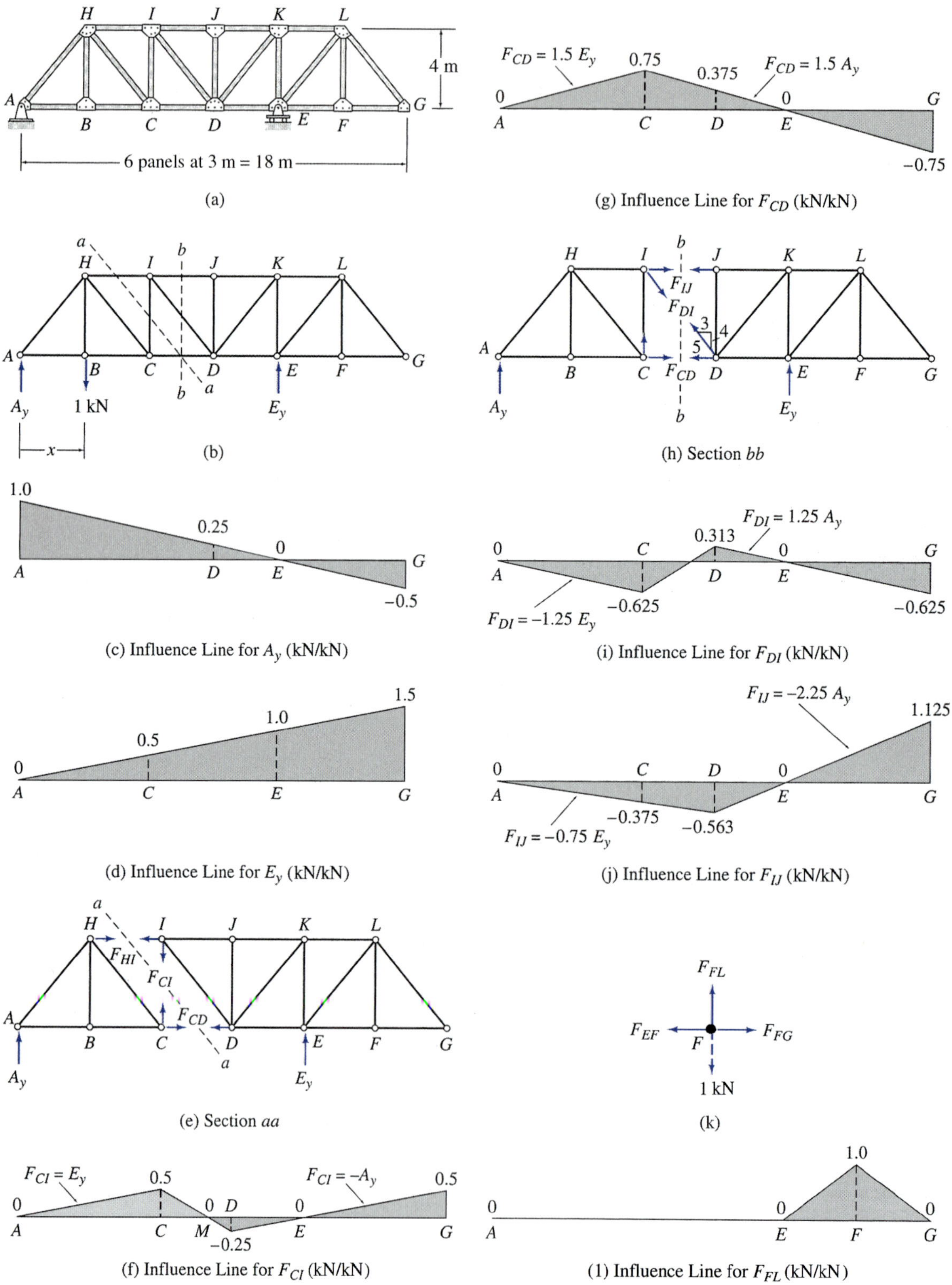

H I J K L
A B C D E F G
4 m
6 panels at 3 m = 18 m
(a)
a b
Ay 1 kN Ey
x
(b)
1.0
0.25
0
A D E G
−0.5
(c) Influence Line for Ay (kN/kN)
0 0.5 1.0 1.5
A C E G
(d) Influence Line for Ey (kN/kN)
FHI FCI FCD
(e) Section aa
FCI = Ey
0.5
0 D
0
FCI = −Ay
0.5
A C M E G
−0.25
(f) Influence Line for FCI (kN/kN)
FCD = 1.5 Ey
0.75
0.375
FCD = 1.5 Ay
0
A C D E G
−0.75
(g) Influence Line for FCD (kN/kN)
FIJ FDI FCD
3 4 5
(h) Section bb
FDI = 1.25 Ay
0.313
0
A C D E G
−0.625
FDI = −1.25 Ey
−0.625
(i) Influence Line for FDI (kN/kN)
FIJ = −2.25 Ay
1.125
0
A C D E G
−0.375
−0.563
FIJ = −0.75 Ey
(j) Influence Line for FIJ (kN/kN)
FFL
FEF F FFG
1 kN
(k)
1.0
0
A E F G
(l) Influence Line for FFL (kN/kN)

그림 8.18

하현재 *CD*의 부재력에 대한 영향선

부재력 F_{CD}에 대한 영향선 식은 F_{CI}를 구할 때 사용한 단면 aa를 이용하되 모멘트에 대한 평형조건식 $\sum M_I = 0$을 적용하여 구할 수 있다. 그림 8.18(e)로부터 1 kN의 하중이 절점 C의 좌측에 있을 때 F_{CD}는 트러스의 우측부분 DG의 자유물체의 평형을 이용하여 쉽게 구할 수 있다.

$$+\circlearrowleft \sum M_I = 0 \qquad -F_{CD}(4) + E_y(6) = 0$$
$$F_{CD} = 1.5E_y \qquad 0 \le x \le 6\text{ m}$$

이 식에서 F_{CD} 영향선의 A점과 C점 사이는 E_y 영향선의 같은 구간에 1.5를 곱하여 구할 수 있다는 것을 알 수 있다. 1 kN의 하중이 C점의 우측에 있을 때는 좌측부분 AC의 자유물체를 이용하여 F_{CD}를 편리하게 구할 수 있다.

$$+\circlearrowleft \sum M_I = 0 \qquad -A_y(6) + F_{CD}(4) = 0$$
$$F_{CD} = 1.5A_y \qquad 6\text{ m} \le x \le 18\text{ m}$$

이 식에서 F_{CD} 영향선이 C점과 G점 사이는 A_y 영향선의 같은 구간에 1.5를 곱하여 구할 수 있다는 것을 알 수 있다. A_y와 E_y 영향선으로부터 구한 F_{CD} 영향선은 그림 8.18(g)와 같다.

다른 방법으로 F_{CD} 영향선을 그림 8.18(h)와 같이 경사진 단면 aa 대신에 부재 CD, DI, IJ를 통과하는 수직단면 bb를 이용하여 구할 수도 있다.

경사재 *DI*의 부재력에 대한 영향선

부재력 F_{DI}에 대한 영향선 식은 단면 bb(그림 8.18(h))를 이용하고 트러스의 두 부분 중 하나에 평형조건식 $\sum F_y = 0$을 적용하여 구할 수 있다. 1 kN의 하중이 절점 C의 좌측에 있을 때 트러스의 우측부분 DG의 자유물체의 평형조건을 이용하여 다음을 계산한다.

$$+\uparrow \sum F_y = 0 \qquad \frac{4}{5}F_{DI} + E_y = 0$$
$$F_{DI} = -1.25E_y \qquad 0 \le x \le 6\text{ m}$$

1 kN의 하중이 절점 D의 우측에 있을 때 평형조건을 이용하여 다음을 계산한다.

$$+\uparrow \sum F_y = 0 \qquad A_y - \frac{4}{5}F_{DI} = 0$$
$$F_{DI} = 1.25A_y \qquad 9\text{ m} \le x \le 18\text{ m}$$

따라서 F_{DI}에 대한 영향선의 A점과 C점 사이, D점과 G점 사이는 각각 E_y와 A_y에 대한 영향선으로부터 구할 수 있으며 그림 8.18(i)와 같다. 그림과 같이 C점과 D점의 세로축값은 직선으로 연결하여 F_{DI}에 대한 영향선을 완성시킬 수 있다.

상현재 *IJ*의 부재력에 대한 영향선

단면 bb(그림 8.18(h))를 이용하고 단위하중을 절점 D의 좌측과 우측에 위치시킴으로써 F_{IJ}에 대한 식을 다음과 같이 구할 수 있다:

$$+\circlearrowleft \sum M_D = 0 \qquad F_{IJ}(4) + E_y(3) = 0$$

$$F_{IJ} = -0.75E_y \qquad 0 \le x \le 9\text{ m}$$

$$+\circlearrowleft \sum M_D = 0 \qquad -A_y(9) - F_{IJ}(4) = 0$$

$$F_{IJ} = -2.25A_y \qquad 9\text{ m} \le x \le 18\text{ m}$$

구해진 F_{IJ}에 대한 영향선은 그림 8.18(j)와 같다.

수직재 *FL*의 부재력에 대한 영향선

F_{FL}에 대한 영향선은 절점 F의 평형조건을 이용하여 구할 수 있다. 이 절점의 자유물체도는 그림 8.18(k)와 같다. 절점 F의 자유물체도에 평형조건식 $\sum F_y = 0$를 적용하여 1 kN의 하중이 절점 A부터 E 사이에 있을 때와 절점 G에 있을 때 $F_{FL} = 0$, 단위하중이 절점 F에 있을 때 $F_{FL} = 1$ kN임을 알 수 있다. 따라서 F점에서 영향선 값은 1이고 반면에 A점부터 E점까지와 G점에서의 값은 0이다. 이 값들을 직선으로 연결하면 F_{FL}에 대한 영향선은 그림 8.18(l)과 같다. 이 영향선으로부터 부재 FL의 부재력은 단위하중이 트러스의 패널 EF와 FG에 있을 때만 0이 아님을 알 수 있다.

해석 순서

트러스의 반력에 대한 영향선은 8.1절과 8.2절에서 설명한 보의 반력을 구하는 절차와 같은 방법으로 구할 수 있다.

트러스 부재의 축력에 대한 영향선을 구하는 순서는 단위하중을 트러스의 각 절점에 순차적으로 재하하고 단위하중의 각 위치에서 절점법이나 단면법을 사용하여 구하고자 하는 부재력의 크기를 결정하는 것이다. 영향선을 구하기 위해 계산된 영향선의 세로축값을 직선으로 연결한다. 일반적으로 이러한 계산 순서는 바로 부재력이 결정되는 두 개의 수평부재의 끝에 연결된 수직부재(예를 들어 그림 8.18(a) 트러스의 부재 BH, DJ, FL)를 제외하고 대부분의 트러스 부재의 영향선을 구하는데 매우 시간이 걸린다.

다음과 같은 또 다른 절차로 트러스 부재의 축력에 대한 영향선을 쉽게 구할 수 있다.

1. 주어진 트러스의 반력에 대한 영향선을 그린다.
2. 단면법이나 절점법을 사용하여 부재력을 구하기 위하여 사용될 평형조건식을 작성한다. 평형조건식에 부재력은 유일한 미지수이어야 한다. 이러한 평형조건식을 찾을 수 없다면 영향선을 구하기 전에 다른 부재력에 대한 영향선을 먼저 구하는 것이 필요하다(예제 8.12와 8.13 참조).
3. 단면법을 사용할 경우에는 단위하중을 단면이 통과하는 패널의 좌측 끝에 재하하고 단면의 우측부분 트러스의 자유물체에 평형조건식을 적용하여 부재력에 대한 식을 구한다. 그 다음에 단위하중을 패널의 우측 끝의 우측에 재하하고 단면의 좌측부분 자유물체에 평형조건식을 적용하여 부재력에 대한 식을 구한다. 부재력에 대한 식을 도시하고 단면 패널의 끝에 있는 세로축값을 직선으로 연결함으로써 영향선을 작성한다.
4. 절점법을 사용할 경우에는 고려 대상이 되는 절점이 재하되는 부재에 위치해 있지 않을 경우에 절점의 자유물체에 대한 평형조건식을 적용하여 부재력에 대한 식을 직접 구할 수 있다. 그렇지 않으면 고려하는 절점에 단위하중을 재하하고 절점의 평형을 고려하여 부재력의 크기를 구한다. 그 다음에 고려하는 절점에 인접한 패널의 바깥쪽의 단위하중의 위치에서 부재력에 대한 식을 구한다. 마지막으로 영향선 각 구간의 세로축값을 직선으로 연결하여 영향선을 완성한다.

만약 영향선을 구하는 과정에서 처음에 부재력이 인장력으로 가정되었다면 양의 영향선 세로축값은 그 점에 작용하는 단위하중이 인장력을 유발한다는 것을 의미하며 반대의 경우도 마찬가지이다.

8.12 Example

그림 8.19(a)와 같은 Parker트러스의 부재 AF, CF, CG의 부재력에 대한 영향선을 그려라.

풀이

반력에 대한 영향선. 전체 트러스의 자유물체에 대한 평형조건식, $\sum M_E = 0$과 $\sum M_A = 0$를 적용하여 반력 A_y와 E_y(그림 8.19(b))에 대한 영향선을 구하여 그림 8.19(c)와 (d)에 나타내었다.

F_{AF}에 대한 영향선. F_{AF}에 대한 식은 그림 8.19(e)의 절점 A의 자유물체에 대한 평형조건식, $\sum F_y = 0$을 적용하여 구할 수 있다. 1 kN 하중이 절점 A에 있을 때 다음을 계산할 수 있다.

$$+\uparrow \sum F_y = 0 \qquad A_y - 1 + \frac{3}{5} F_{AF} = 0$$

$A_y = 1$ kN (그림 8.19(c))이므로,

$$F_{AF} = 0 \qquad \text{for } x = 0$$

1 kN 하중이 절점 B의 우측에 있을 때 다음을 계산할 수 있다.

$$+\uparrow \sum F_y = 0 \qquad A_y + \frac{3}{5} F_{AF} = 0$$

$$F_{AF} = -1.667 A_y \qquad 4\text{ m} \le x \le 16\text{ m}$$

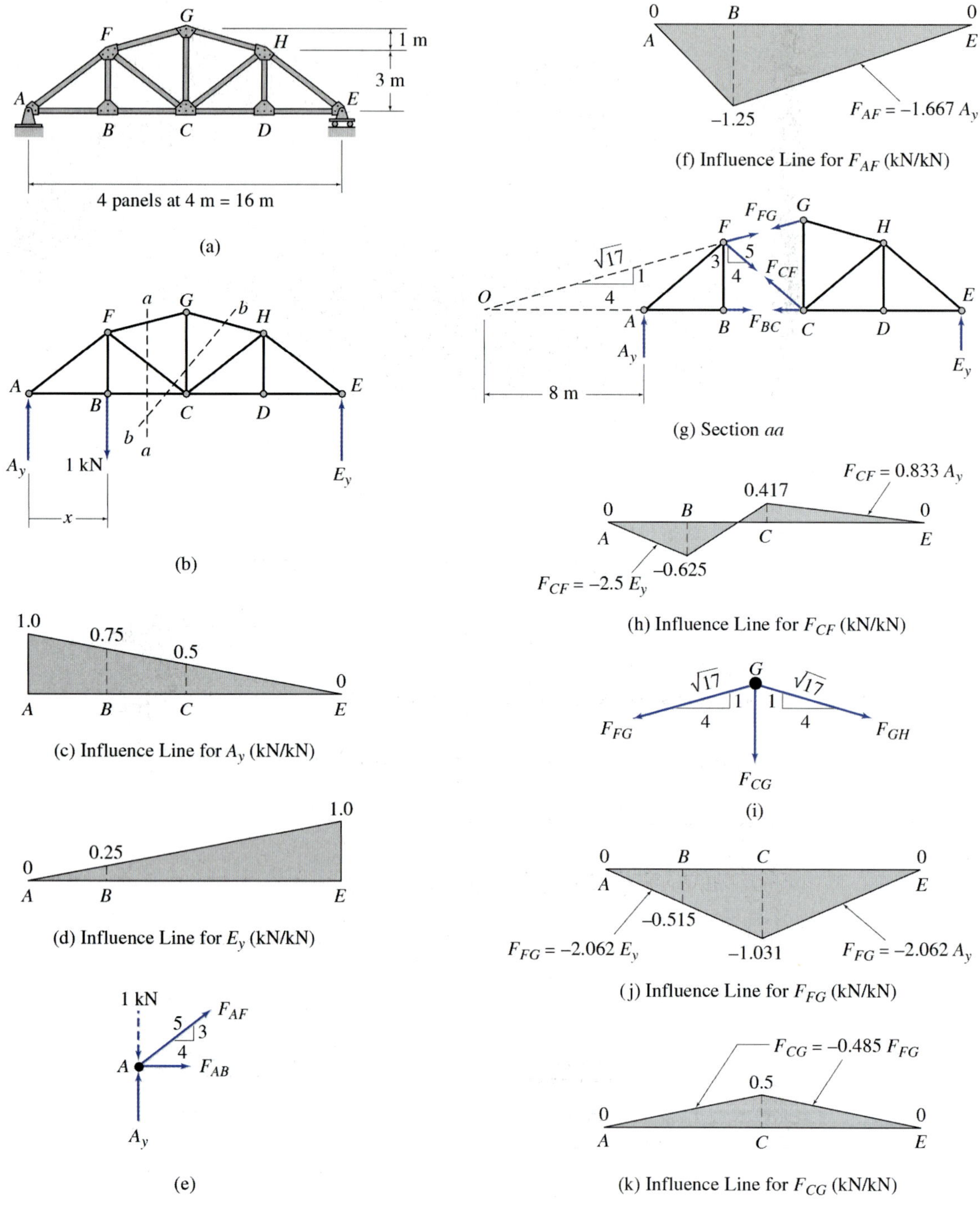
G
F
H
1 m
3 m
A
E
B
C
D
4 panels at 4 m = 16 m
(a)
a
b
A
B
C
D
E
A_y
1 kN
E_y
x
(b)
1.0
0.75
0.5
0
(c) Influence Line for A_y (kN/kN)
0.25
1.0
(d) Influence Line for E_y (kN/kN)
1 kN
F_AF
5
3
4
F_AB
A_y
(e)
-1.25
F_AF = -1.667 A_y
(f) Influence Line for F_AF (kN/kN)
F_FG
F_CF
F_BC
√17
1
4
O
8 m
(g) Section aa
F_CF = 0.833 A_y
0.417
-0.625
F_CF = -2.5 E_y
(h) Influence Line for F_CF (kN/kN)
F_GH
F_CG
(i)
-0.515
-1.031
F_FG = -2.062 E_y
F_FG = -2.062 A_y
(j) Influence Line for F_FG (kN/kN)
F_CG = -0.485 F_FG
0.5
(k) Influence Line for F_CG (kN/kN)

그림 8.19

따라서 B점과 E 점 사이의 F_{AF} 영향선 구간은 그림 8.19(f)와 같이 A_y 영향선의 대응되는 부분에 -1.667을 곱하여 구할 수 있다. A점과 B점의 세로축값을 직선으로 연결하여 영향선을 완성한다.

***F_{CF}*에 대한 영향선.** F_{CF}에 대한 식은 그림 8.19(b)와 같이 부재 BC, CF, FG를 통과하는 단면 aa를 이용하여 구할 수 있다. 트러스 두 부분의 자유물체도는 그림 8.19(g)와 같다. F_{FG}와 F_{BC}의 작용선은 점 O에서 교차하므로 평형조건식 $\sum M_O = 0$은 오직 하나의 미지수, F_{CF}를 포함한다. 부재 FG의 기울기는 1 : 4이므로 거리 $OB = 4(FB) = 4(3) = 12$ m이다. 따라서 그림 8.19(g)와 같이 거리 $OA = OB - AB = 12 - 4 = 8$ m이다. 1 kN 하중이 B점의 좌측에 있을 때 트러스의 우측부분 CE의 자유물체도에 평형조건식 $\sum M_O = 0$을 적용하여 다음을 구할 수 있다.

$$+\circlearrowleft \sum M_O = 0 \qquad \frac{3}{5}F_{CF}(16) + E_y(24) = 0$$

$$F_{CF} = -2.5E_y \qquad 0 \le x \le 4 \text{ m}$$

1 kN 하중이 C점의 우측에 있을 때는 좌측부분 AB의 평형을 이용하여 다음을 구할 수 있다.

$$+\circlearrowleft \sum M_O = 0 \qquad A_y(8) - \frac{4}{5}F_{CF}(3) - \frac{3}{5}F_{CF}(12) = 0$$

$$F_{CF} = 0.833A_y \qquad 8 \text{ m} \le x \le 16 \text{ m}$$

앞의 식에서 A점과 B 점 사이, C점과 E 점 사이의 F_{CF}에 대한 영향선은 각각 E_y와 A_y에 대한 영향선을 이용하여 구성할 수 있다. 그림 8.19(h)와 같이 B점과 C점의 세로축값을 직선으로 연결하여 영향선을 완성한다.

***F_{CG}*에 대한 영향선.** F_{CG}에 대한 영향선은 절점 G의 평형을 이용하여 구할 수 있다. 절점 G의 자유물체도(그림 8.19(i))에 평형조건식을 적용하면 다음과 같다.

$$+\uparrow \sum F_y = 0 \qquad -F_{CG} - \left(\frac{1}{\sqrt{17}}\right)F_{FG} - \left(\frac{1}{\sqrt{17}}\right)F_{GH} = 0$$

$$F_{CG} = -\left(\frac{1}{\sqrt{17}}\right)(F_{FG} + F_{GH}) \tag{1}$$

$$+\rightarrow \sum F_x = 0 \qquad -\left(\frac{4}{\sqrt{17}}\right)F_{FG} + \left(\frac{4}{\sqrt{17}}\right)F_{GH} = 0$$

$$F_{GH} = F_{FG} \tag{2}$$

식 (1)에 식 (2)를 대입하면 다음과 같다.

$$F_{CG} = -\left(\frac{2}{\sqrt{17}}\right)F_{FG} = -0.485F_{FG} \tag{3}$$

단위하중의 어느 위치에서도 성립하는 식 (3)에서 F_{CG}에 대한 영향선은 F_{FG}에 대한 영향선에 -0.485를 곱하여 얻을 수 있음을 알 수 있다. 따라서 단면 aa(그림 8.19(g))를 이용하여 F_{FG}에 대한 영향선을 먼저 구하고 다시 F_{CG}에 대한 영향선을 구하기 위해 식 (3)을 적용한다.

그림 8.19(g)로부터 1 kN 하중이 B점의 좌측에 있을 때 F_{FG}에 대한 식은 트러스의 우측 부분 CE의 자유물체에 평형조건식 $\sum M_C = 0$을 적용하여 구할 수 있다는 것을 알 수 있다. 따라서

$$+\circlearrowleft \sum M_C = 0 \qquad \left(\frac{4}{\sqrt{17}}\right) F_{FG}(4) + E_y(8) = 0$$

$$F_{FG} = -2.062E_y \qquad 0 \le x \le 4\text{ m}$$

1 kN 하중이 C점의 우측에 있을 때는 좌측 부분 AB의 평형을 고려하여 다음을 구할 수 있다.

$$+\circlearrowleft \sum M_C = 0 \qquad -\left(\frac{1}{\sqrt{17}}\right) F_{FG}(4) - \left(\frac{4}{\sqrt{17}}\right) F_{FG}(3) - A_y(8) = 0$$

$$F_{FG} = -2.062A_y \qquad 8\text{ m} \le x \le 16\text{ m}$$

앞의 식을 사용하여 F_{FG}에 대한 영향선을 그림 8.19(j)와 같이 구할 수 있다.

F_{CG}에 대한 영향선은 식 (3)과 같이 F_{FG}에 대한 영향선에 -0.485를 곱하여 구할 수 있다. 구해진 F_{CG}에 대한 영향선은 그림 8.19(k)와 같다.

F_{CG}에 대한 영향선은 그림 8.19(b)의 단면 bb를 이용해서도 구할 수 있다. 부재 BC와 GH의 축의 교차점에 대한 모멘트를 합하여 F_{CG}에 대한 영향선을 이미 영향선이 구해진 F_{CF}와 A_y 또는 E_y의 항으로 결정할 수 있다. 이 방법을 사용하여 그림 8.19(k)의 F_{CG}에 대한 영향선을 검토해 보기 바란다.

8.13 Example

그림 8.20(a)와 같은 K 트러스의 부재 HL의 부재력에 대한 영향선을 그려라.

풀이

반력에 대한 영향선. 그림 8.20(c)와 (d)를 보라.

F_{HL}에 대한 영향선. 그림 8.20(b)로부터 단면 aa와 같이 부재 HL을 통과하는 단면은 세 개 또는 그 이상의 추가적인 부재를 지나며 이로 인해 4개 또는 그 이상의 미지수가 있어 3개의 평형조건식으로 이들을 계산할 수 없다. 따라서 그림 8.20(b)와 같이 곡선 단면 bb를 가정하여 F_{LM}에 대한 영향선을 먼저 구한 후에 단면 aa를 이용하여 F_{HL}에 대한 영향선을 구한다.

단면 bb에서 트러스의 두 부분에 대한 자유물체도는 그림 8.20(e)와 같다. 비록 단면 bb가 4개의 부재 CD, DH, HM, LM을 지나지만 부재 LM의 부재력은 점 D에 대한 모멘트를 합하여 구할 수 있다. 왜냐하면 나머지 세 개의 미지수의 작용선이 D점을 통과하기 때문이다. 1 kN 하중이 C점의 좌측에 있을 때 F_{LM}에 대한 식은 다음과 같이 구할 수 있다.

$$+\circlearrowleft \sum M_D = 0 \qquad F_{LM}(12) + E_y(8) = 0$$

$$F_{LM} = -0.667E_y \qquad 0 \le x \le 16\text{ m} \tag{1}$$

단위하중이 D의 우측에 있을 때는 다음과 같이 구할 수 있다.

$$+\circlearrowleft \sum M_D = 0 \qquad -F_{LM}(12) - A_y(24) = 0$$

$$F_{LM} = -2A_y \qquad 24\text{ m} \le x \le 32\text{ m} \tag{2}$$

구해진 F_{LM}에 대한 영향선은 그림 8.20(f)와 같다.

F_{HL}에 대한 영향선은 단면 aa를 이용하여 구할 수 있다. 단면 aa를 고려한 트러스의 두 부분에 대

한 자유물체도는 그림 8.20(g)와 같다. 1 kN 하중이 절점 C의 좌측에 있을 때, F_{HL}에 대한 식은 평형 조건식 $\sum M_C = 0$을 적용하여 구할 수 있다.

$$+\circlearrowleft \sum M_C = 0 \qquad F_{LM}(12) + \frac{4}{5}F_{HL}(6) + \frac{3}{5}F_{HL}(8) + E_y(16) = 0$$

$$F_{HL} = -1.667E_y - 1.25F_{LM} \qquad 0 \le x \le 16 \text{ m} \tag{3}$$

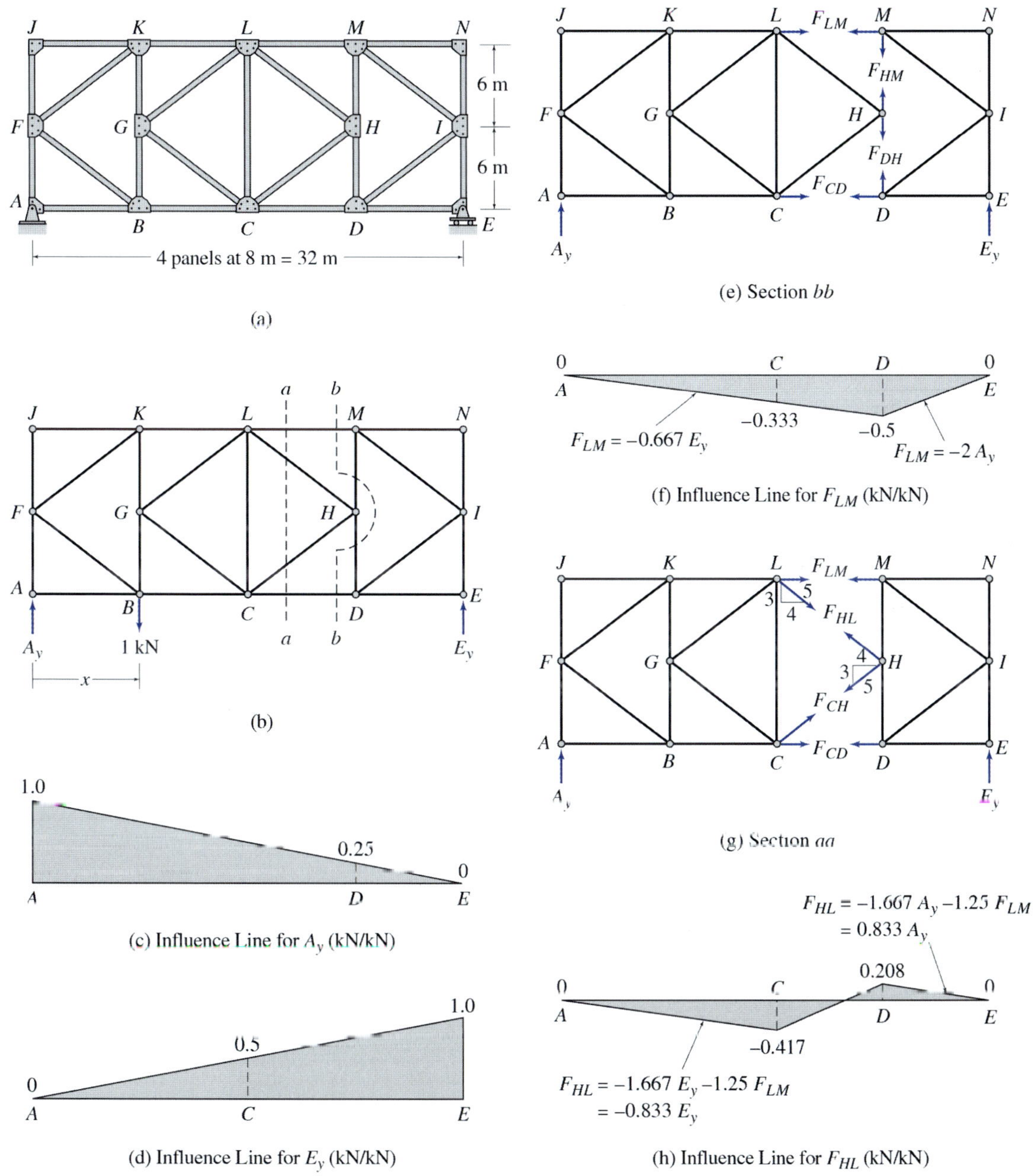

그림 8.20

1 kN 하중이 절점 D의 우측에 있을 때는 다음과 같이 구할 수 있다.

$$+\circlearrowleft \sum M_C = 0 \qquad -A_y(16) - F_{LM}(12) - \frac{4}{5}F_{HL}(12) = 0$$

$$F_{HL} = -1.667A_y - 1.25F_{LM} \qquad 24\text{ m} \le x \le 32\text{ m} \tag{4}$$

반력만의 항으로 F_{HL}에 대한 식을 구하기 위하여 식 (1)과 (2)를 식 (3)과 (4)에 각각 대입하여 다음을 계산한다.

$$F_{HL} = -0.833E_y \qquad 0 \le x \le 16\text{ m} \tag{5}$$

$$F_{HL} = 0.833A_y \qquad 24\text{ m} \le x \le 32\text{ m} \tag{6}$$

이제 F_{HL}에 대한 영향선은 식 (3)과 (4)를 이용하거나 혹은 식 (5)와 (6)을 이용하여 구할 수 있다. 구해진 영향선은 그림 8.20(h)와 같다.

8.5 처짐에 대한 영향선

처짐에 대한 영향선이란 단위하중이 구조물을 따라 이동할 때 발생하는 구조물의 처짐의 변화를 의미한다. 그림 8.21(a)와 같은 단순지지 보의 점 B의 수직 처짐을 생각해보자. 영향선은 B점의 좌측과 우측의 임의의 점에 각각 단위하중을 재하하여 구할 수 있다. 6장과 7장에서 기술한 처짐을 계산하는 방법 중 하나를 이용하여 단위하중의 각 위치에 대한 B점의 수직 처짐에 대한 식을 구하고 영향석을 작성한다.

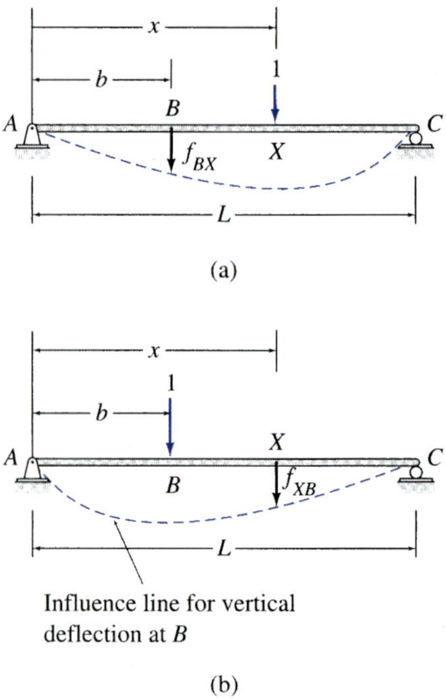

그림 8.21

처짐에 대한 영향선은 **맥스웰의 상반처짐법칙**(Maxwell's law of reciprocal deflections)(7.8절)을 이용하여 효율적으로 구할 수 있다. 그림 8.21(a)에서 f_{BX}를 단위하중이 임의의 점 X에 위치할 때 B점의 수직 처짐이라 하면 f_{BX}는 B점의 수직 처짐에 대한 영향선의 세로축값이다. 그림 8.21(b)와 같이 B점에 단위하중을 재하하고 X점에서의 수직 처짐 f_{XB}를 계산해 보자. 맥스웰의 상반처짐법칙에 의해 다음을 구할 수 있다.

$$f_{XB} = f_{BX}$$

이 식에서 B점의 단위하중에 의한 X점에서의 처짐 f_{XB}는 B점의 수직 처짐에 대한 영향선의 X에서의 세로축값과 같다는 것을 알 수 있다. 점 X는 임의로 선택되었기 때문에 다음과 같은 결론을 내릴 수 있다. **임의의 점에 재하된 단위하중에 의한 구조물의 처짐 형상(탄성곡선)은 단위하중이 재하된 점에서의 처짐에 대한 영향선과 같다.** 그러므로 구조물의 한 점에서의 처짐에 대한 영향선은 단위하중을 처짐을 구하는 점에 재하하고, 6장과 7장에서 설명한 처짐을 계산하는 방법을 사용하여 구조물의 처짐 형상(탄성곡선)을 결정한 후에 처짐 형상을 작성한다. 다음 예제는 이러한 과정을 보여주고 있다.

8.14 Example

그림 8.22(a)와 같은 캔틸레버 보의 단부 B의 수직 처짐에 대한 영향선을 그려라.

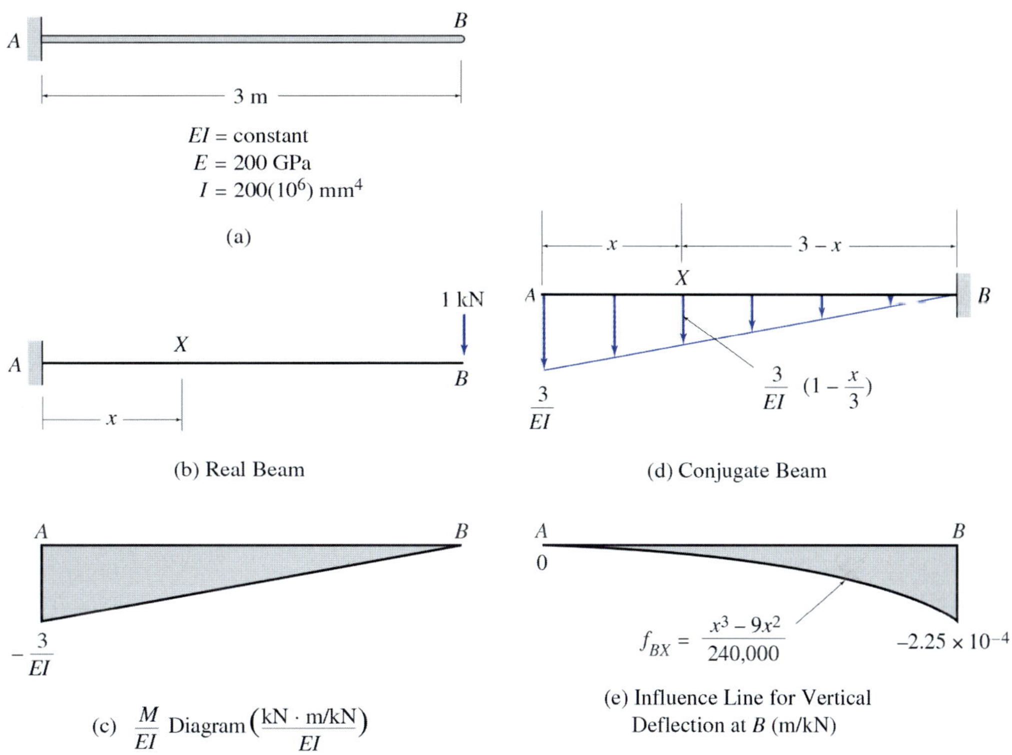

그림 8.22

풀이

B점의 수직 처짐에 대한 영향선을 구하기 위해 그림 8.22(b)와 같이 1 kN 하중을 B점에 가하고 6.6절에 설명한 공액보법(conjugate-beam method)을 사용하여 보의 변형에 대한 식을 구한다. B점에 작용하는 1 kN 하중에 의해 발생하는 실제 보의 M/EI 다이어그램은 그림 8.22(c)와 같으며 실제 보의 M/EI 다이어그램의 하중을 받는 공액보는 그림 8.22(d)와 같다. 실제 보의 A점에서 거리 x만큼 떨어진 임의의 점 X의 처짐은 공액보의 점 X에서의 휨모멘트와 같다. 그림 8.22(d)로부터 공액보의 X점에서의 휨모멘트는 다음과 같다.

$$M_X = \frac{1}{EI}\left\{-3\left(1-\frac{x}{3}\right)x\left(\frac{x}{2}\right)-\left(\frac{1}{2}\right)\left[3-3\left(1-\frac{x}{3}\right)\right]x\left(\frac{2x}{3}\right)\right\}$$

$$= \frac{1}{6EI}(x^3 - 9x^2)$$

따라서 실제 보의 X점의 처짐은 다음과 같다.

$$f_{XB} = \frac{1}{6EI}(x^3 - 9x^2)$$

이 식은 B점에 1 kN 하중을 가했을 때의 보의 변형을 나타내는 식이다. 맥스웰의 상반처짐법칙, $f_{BX} = f_{XB}$를 적용하여 B점의 수직 처짐에 대한 영향선 식을 다음과 같이 구할 수 있다.

$$f_{BX} = \frac{1}{6EI}(x^3 - 9x^2)$$

E와 I 값을 대입한다.

$$f_{BX} = \frac{x^3 - 9x^2}{240{,}000}$$

이 식으로부터 구해진 B점의 수직 처짐에 대한 영향선은 그림 8.22(e)와 같다.

요약

이 장에서 영향선이란 구조물을 따라 이동하는 단위하중의 위치에 따른 구조물의 응답함수를 그래프로 나타낸 것임을 알았다. 정정구조물에서 힘과 모멘트 응답함수에 대한 영향선은 직선 구간으로 이루어져 있다.

반력에 대한 영향선은 구조물의 임의의 위치 x에 단위하중을 가한 후에 평형조건식을 이용하여 x의 함수로 된 반력에 대한 식을 구하고 이를 그래프로 나타내 구할 수 있다. 보의 임의의 점에서의 전단력(또는 휨모멘트)에 대한 영향선을 구하기 위해서는 그 점의 좌측과 우측에 단위하중을 가하고, 단위하중이 가해진 두 위치에서의 전단력(또는 휨모멘트)에 대한 식을 구해 그 식을 그래프로 나타냄으로써 구할 수 있다.

뮐러-브레슬로의 원리란 **원래 구조물에서 부재력에 해당하는 구속을 제거하고 부재력 방향으로 단위 변위(또는 회전)를 가하면 오직 부재력과 단위하중만이 외부 일을 하게 되며 힘(또는 모멘트)과 같은 부재력에 대한 영향선은 이 때 발생하는 구조물의 변형이 일어난 형태와 같다**는 것이다. 이 원리는 주로 영향선의 대략적인 모양과 같이 정성적인 영향선을 구할 때 사용된다. 영향선의 수치적인 값들을 구하고자 할 경우에는 평형조건식을 이용하여 계산할 수 있다. 바닥 구조를 지지하는 거더와 트러스에 대한 영향선을 구하는 순서에 대하여 8.3과 8.4에서 설명하였다.

한 점에 가해진 단위하중에 의한 구조물의 처짐 형상(탄성곡선)은 그 점의 처짐에 대한 영향선을 나타낸다.

연습문제

8.1~8.3 그림 P8.1부터 P8.3의 보에 대하여 지점 A와 C의 수직반력 및 점 B의 휨모멘트에 대한 영향선을 그려라.

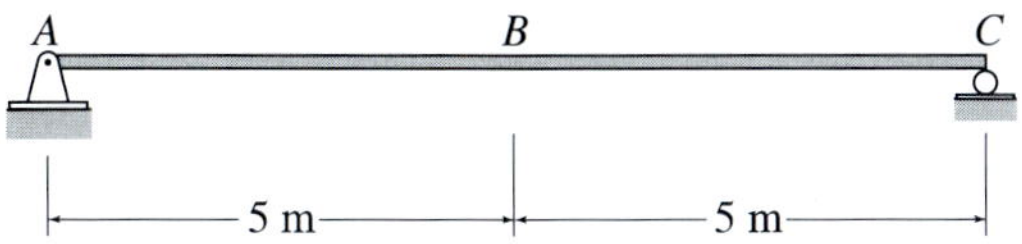

그림 P8.1, P8.59

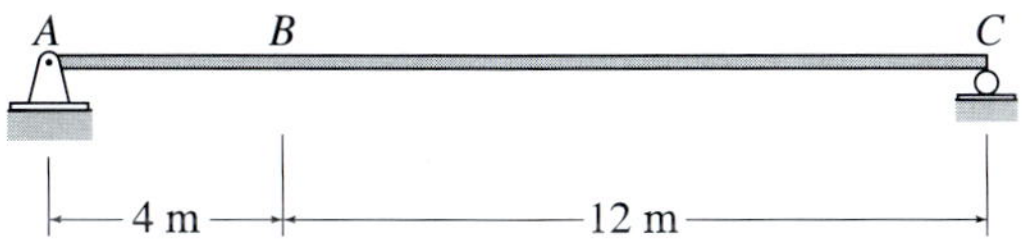

그림 P8.2, P8.60

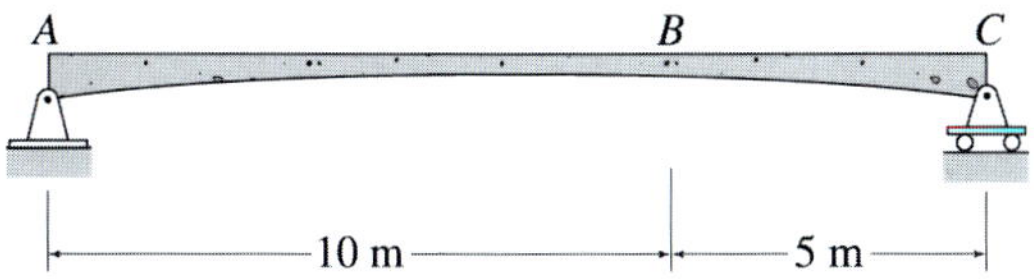

그림 P8.3

8.4 그림 P8.4의 캔틸레버보에 대하여 점 B의 전단력과 휨모멘트에 대한 영향선을 그려라.

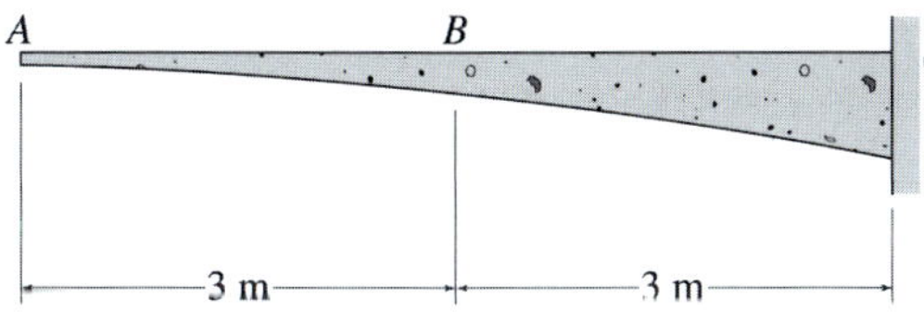

그림 P8.4

8.5 그림 P8.5의 캔틸레버보에 대하여 지점 A의 수직반력과 반력모멘트, 점 B의 전단력과 휨모멘트에 대한 영향선을 그려라.

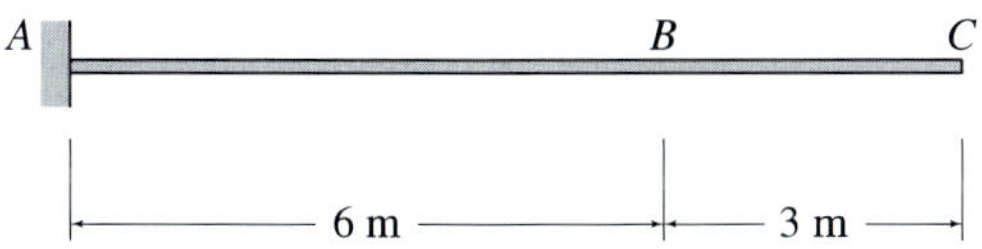

그림 P8.5, P8.58

8.6 그림 P8.6의 보에 대하여 지점 A와 C의 수직반력, 점 B의 전단력과 휨모멘트에 대한 영향선을 그려라.

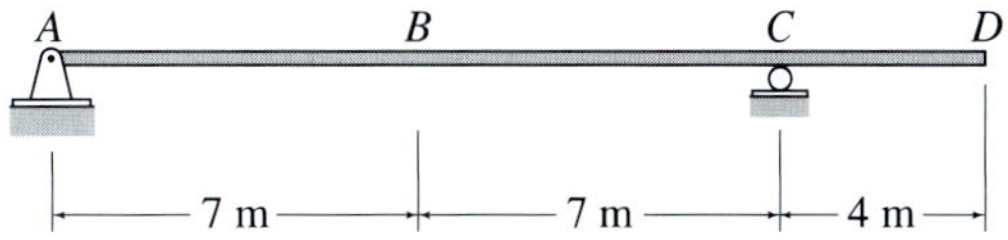

그림 P8.6, P8.61

8.7~8.8 그림 P8.7과 P8.8의 보에 대하여 지점 B와 D의 수직반력, 점 C의 전단력과 휨모멘트에 대한 영향선을 그려라.

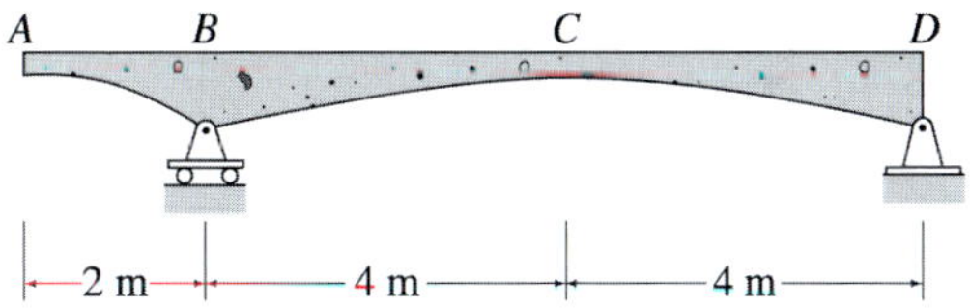

그림 P8.7

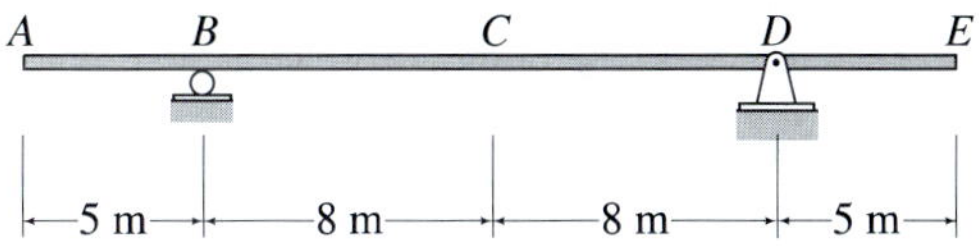

그림 P8.8

8.9 그림 P8.9의 보에 대하여 지점 A와 C의 수직반력, A의 바로 우측의 전단력, 점 B의 휨모멘트에 대한 영향선을 그려라.

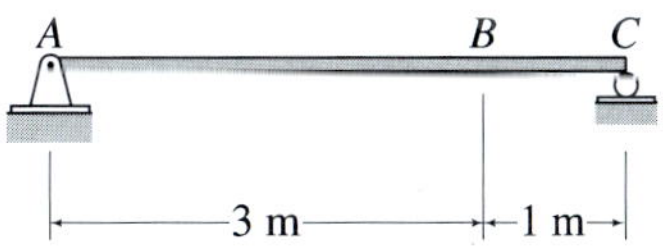

그림 P8.9

8.10 그림 P8.10의 보에 대하여 점 C의 전단력과 휨모멘트, 지점 D의 바로 좌측과 바로 우측의 전단력에 대한 영향선을 그려라.

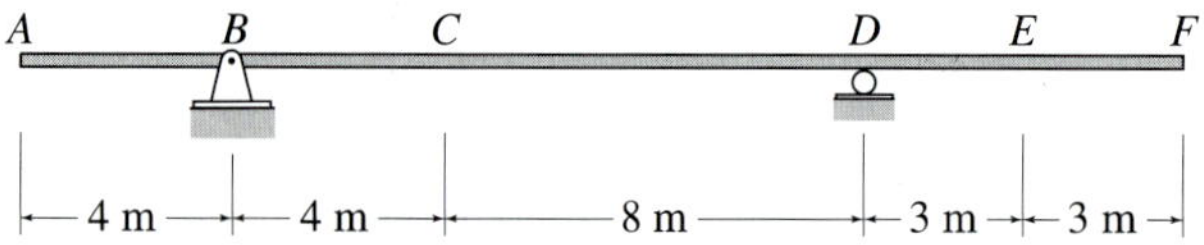

그림 P8.10, P8.11

8.11 그림 P8.10의 보에 대하여 점 E의 전단력과 휨모멘트에 대한 영향선을 그려라.

8.12 그림 P8.12의 보에 대하여 점 B의 전단력과 휨모멘트, 지점 C의 바로 좌측과 바로 우측의 전단력에 대한 영향선을 그려라.

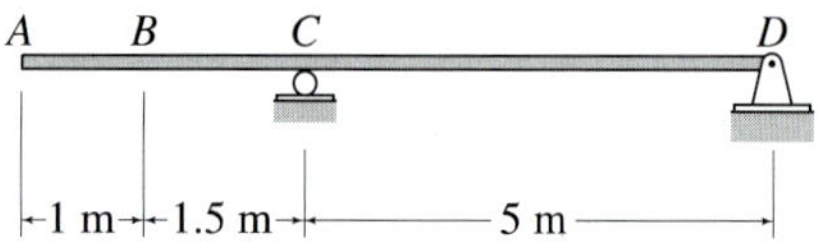

그림 P8.12

8.13 그림 P8.13의 보에 대하여 지점 A와 E의 수직반력, 지점 E의 반력모멘트에 대한 영향선을 그려라.

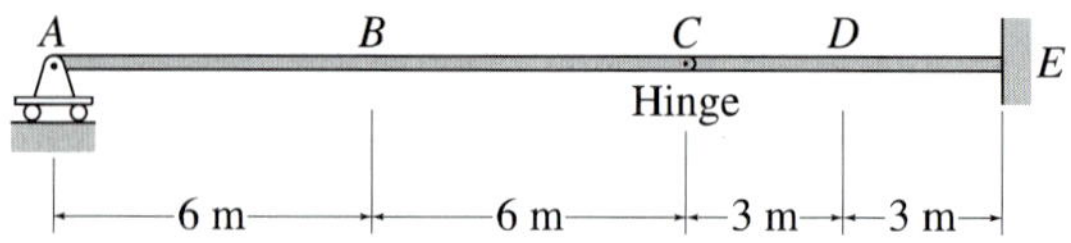

그림 P8.13, P8.14, P8.15

8.14 그림 P8.13의 보에 대하여 점 B의 전단력과 휨모멘트에 대한 영향선을 그려라.

8.15 그림 P8.13의 보에 대하여 점 D의 전단력과 휨모멘트에 대한 영향선을 그려라.

8.16 그림 P8.16의 골조에 대하여 지점 A와 E의 수직반력, 점 D의 전단력과 휨모멘트에 대한 영향선을 그려라.

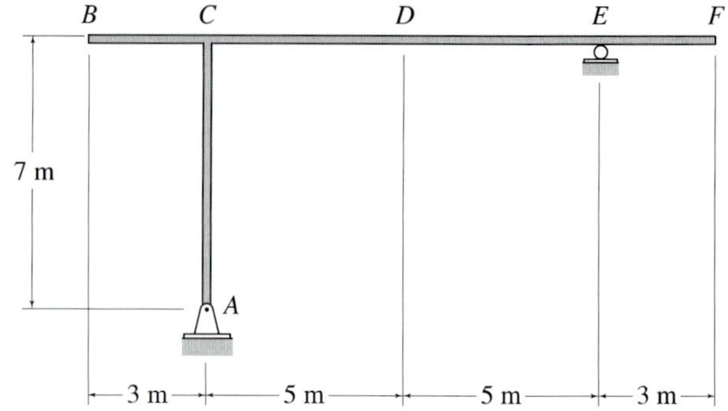

그림 P8.16

8.17 그림 P8.17의 골조에 대하여 지점 A와 B의 수직반력, 점 D의 전단력과 휨모멘트에 대한 영향선을 그려라.

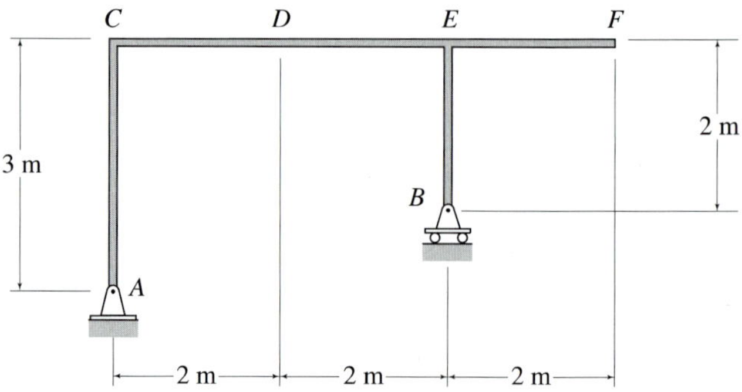

그림 P8.17

8.18 그림 P8.18의 골조에 대하여 지점 A의 수직반력과 반력모멘트, 점 C의 전단력과 휨모멘트에 대한 영향선을 그려라.

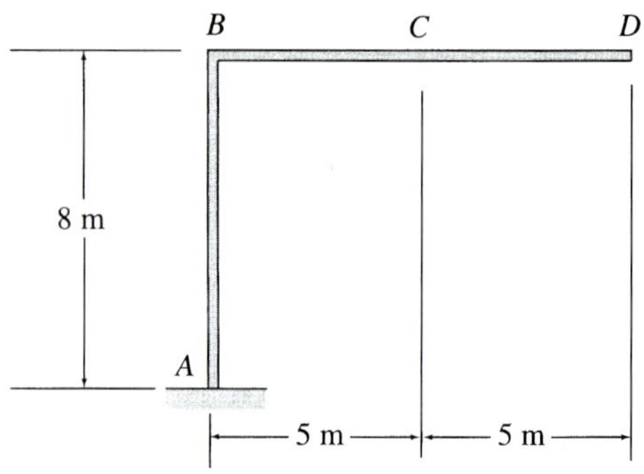

그림 P8.18

8.19 그림 P8.19의 골조에 대하여 지점 A, B와 E의 수직반력, 내부 힌지 D의 전단력에 대한 영향선을 그려라.

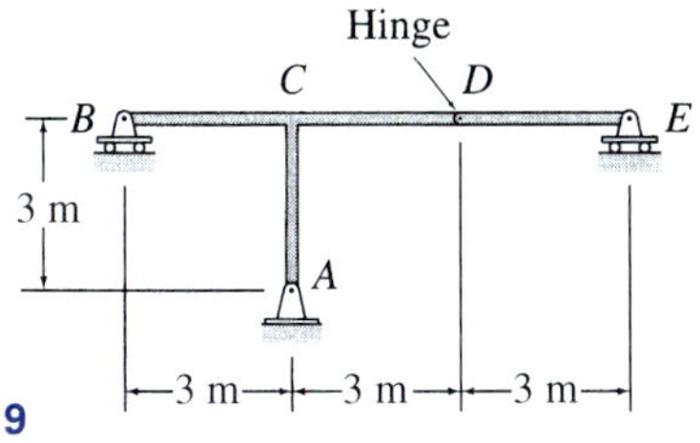

그림 P8.19

8.20 그림 P8.20의 보에 대하여 지점 A, D와 F의 수직반력에 대한 영향선을 그려라.

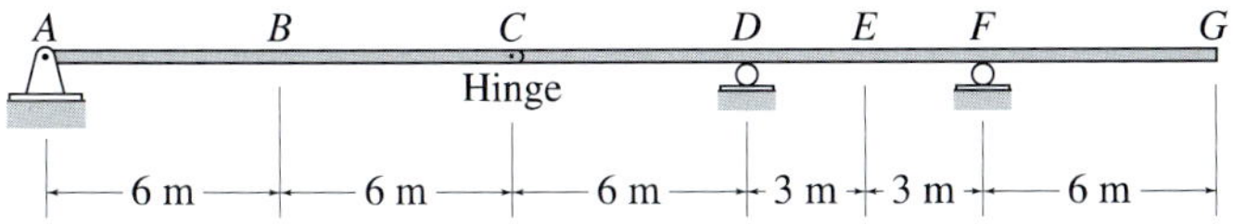

그림 P8.20, P8.21, P8.22

8.21 그림 P8.20의 보에 대하여 점 B의 전단력과 휨모멘트, 내부 힌지 C의 전단력에 대한 영향선을 그려라.

8.22 그림 P8.20의 보에 대하여 점 E의 전단력과 휨모멘트에 대한 영향선을 그려라.

8.23~8.24 그림 P8.23과 P8.24의 보에 대하여 지점 A, C, E와 G의 수직반력에 대한 영향선을 그려라.

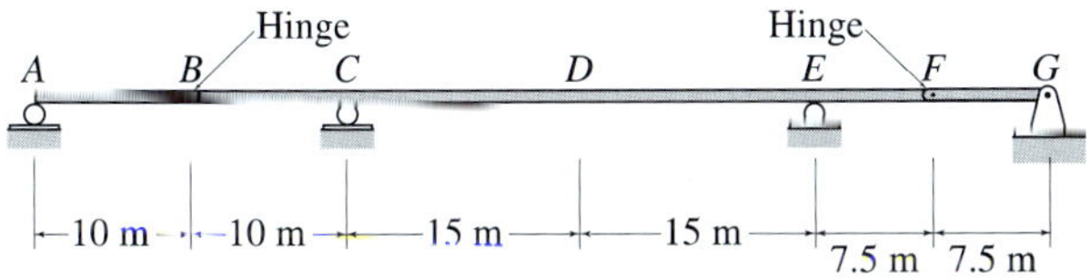

그림 P8.23, P8.25

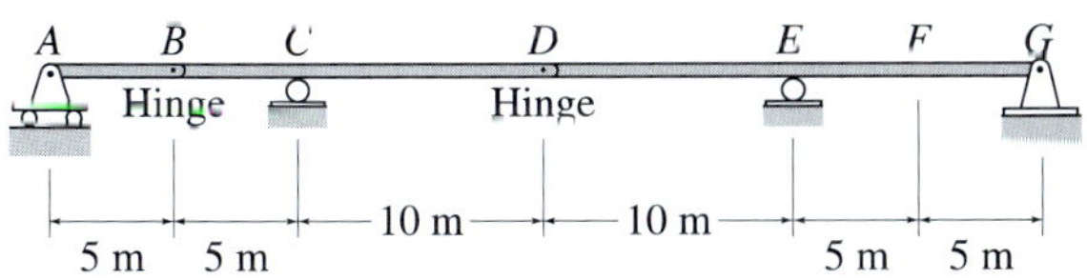

그림 P8.24, P8.26

8.25 그림 P8.23의 보에 대하여 점 D의 전단력과 휨모멘트에 대한 영향선을 그려라.

8.26 그림 P8.24의 보에 대하여 점 F의 전단력과 휨모멘트에 대한 영향선을 그려라.

8.27 그림 P8.27의 보에 대하여 지점 A, D와 F의 수직반력, 지점 A의 반력모멘트에 대한 영향선을 그려라.

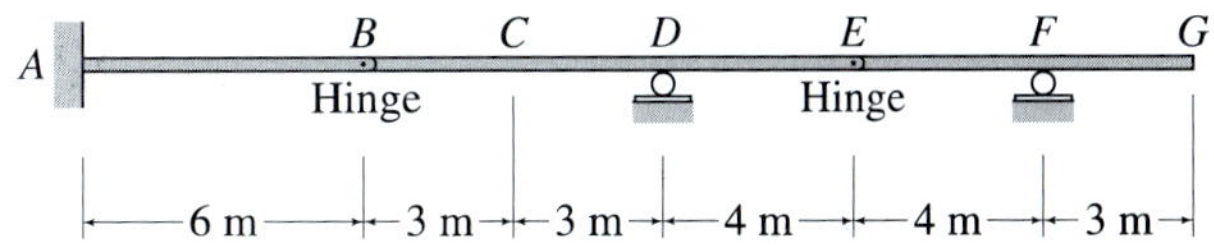

그림 P8.27, P8.28

8.28 그림 P8.27의 보에 대하여 점 C의 전단력과 휨모멘트에 대한 영향선을 그려라.

8.29 그림 P8.29의 보에 대하여 지점 A의 반력모멘트, 지점 A, E와 G의 수직반력에 대한 영향선을 그려라.

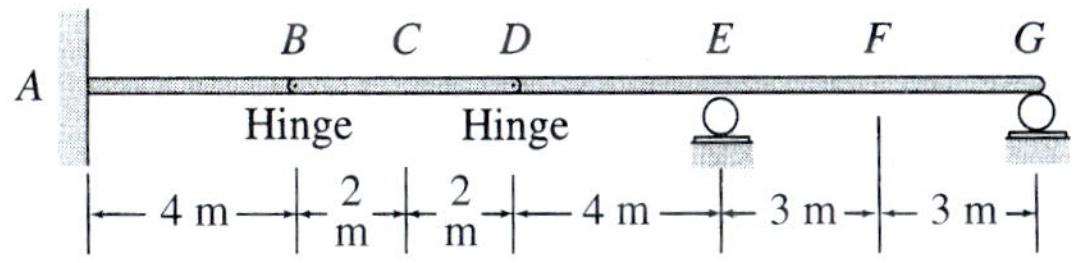

그림 P8.29, P8.30

8.30 그림 P8.29의 보에 대하여 점 C와 F의 전단력과 휨모멘트에 대한 영향선을 그려라.

8.31 그림 P8.31의 보에 대하여 지점 A와 F의 반력모멘트와 수직반력에 대한 영향선을 그려라.

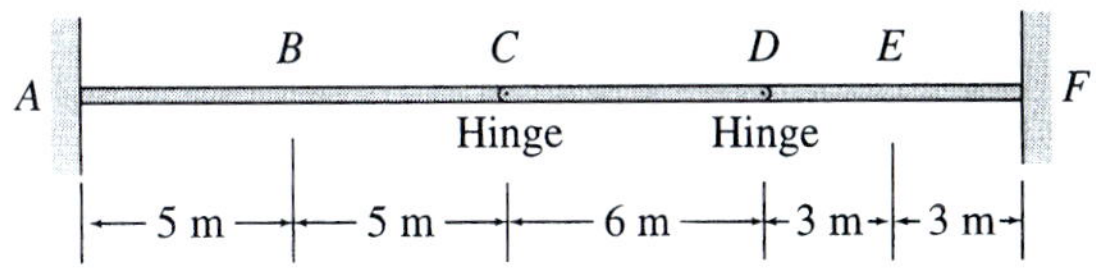

그림 P8.31, P8.32

8.32 그림 P8.31의 보에 대하여 점 B와 E의 전단력과 휨모멘트에 대한 영향선을 그려라.

8.33 그림 P8.33의 보에 대하여 지점 A와 B의 수직반력에 대한 영향선을 그려라.

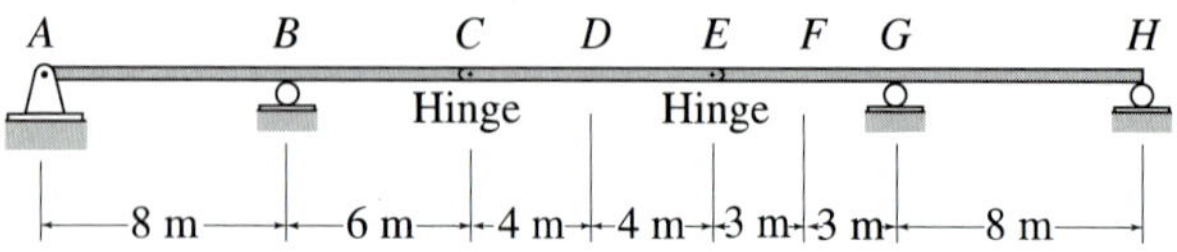

그림 P8.33, P8.34

8.34 그림 P8.33의 보에 대하여 점 D와 F의 전단력과 휨모멘트에 대한 영향선을 그려라.

8.35~8.36 그림 P8.35와 P8.36의 골조에 대하여 지점 A와 B의 수평과 수직반력에 대한 영향선을 그려라.

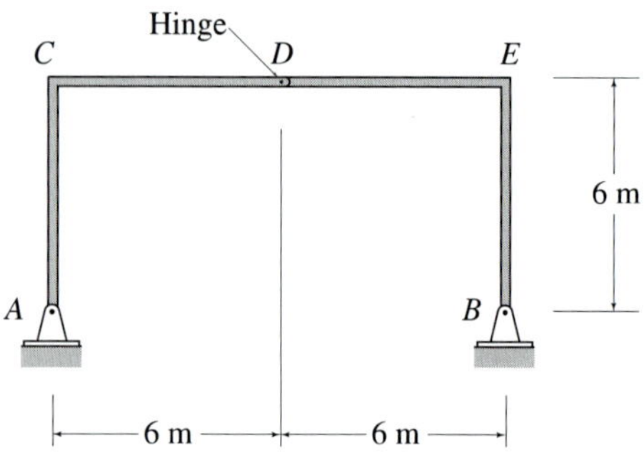

그림 P8.35

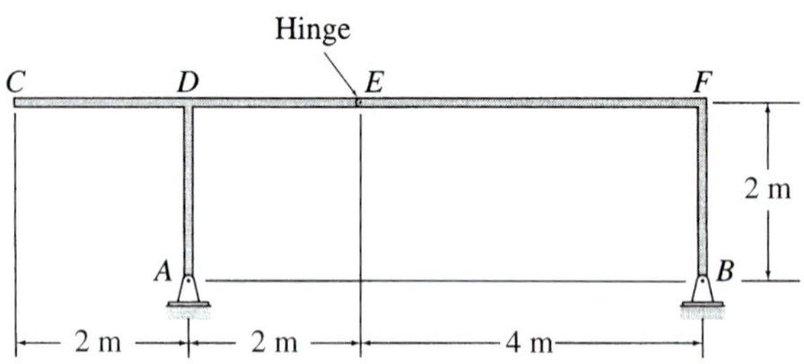

그림 P8.36

8.37 그림 P8.37의 골조에 대하여 지점 A의 반력모멘트, 지점 A와 F의 수직반력, 점 E의 전단력과 휨모멘트에 대한 영향선을 그려라.

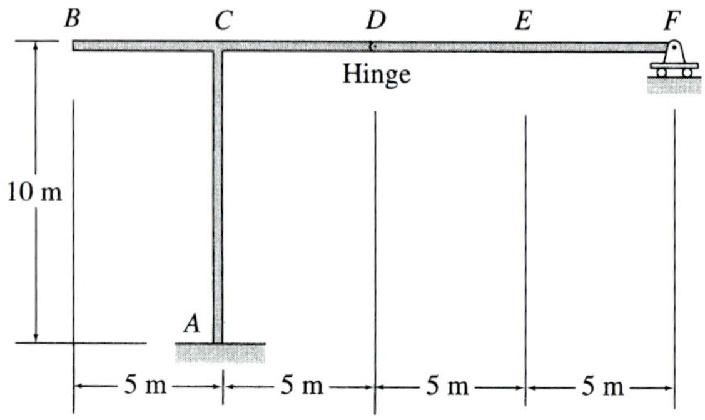

그림 P8.37

8.38 그림 P8.38의 골조에 대하여 지점 A의 반력모멘트, 지점 A와 B의 수직반력, 내부 힌지 C의 전단력에 대한 영향선을 그려라.

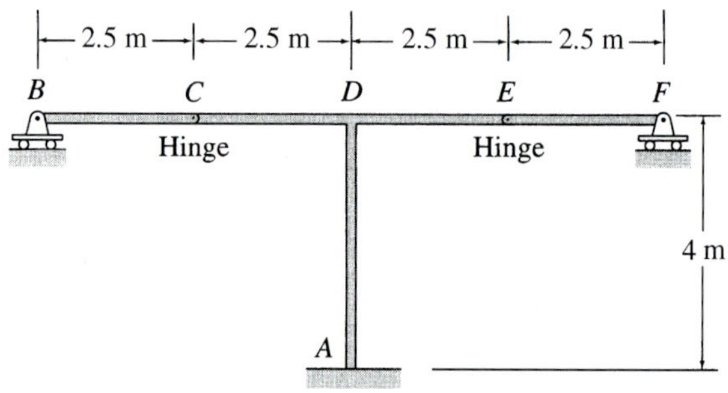

그림 P8.38

8.39 그림 P8.39의 골조에 대하여 지점 A, B, C의 수직반력, 점 E의 전단력과 휨모멘트에 대한 영향선을 그려라.

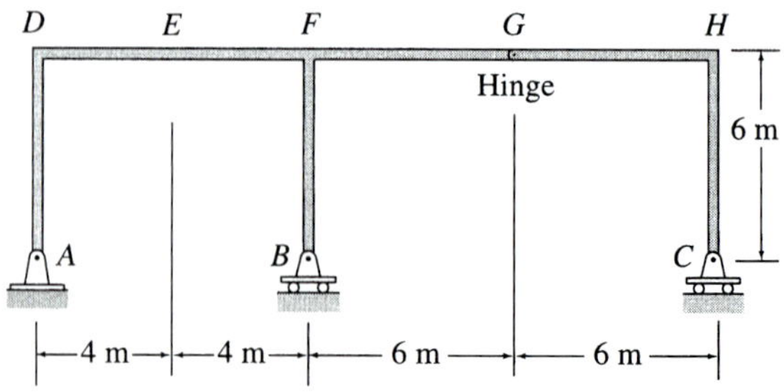

그림 P8.39

8.40 그림 P8.40의 바닥 구조를 지지하는 거더의 패널 *CD*의 전단력과 *D*의 휨모멘트에 대한 영향선을 그려라.

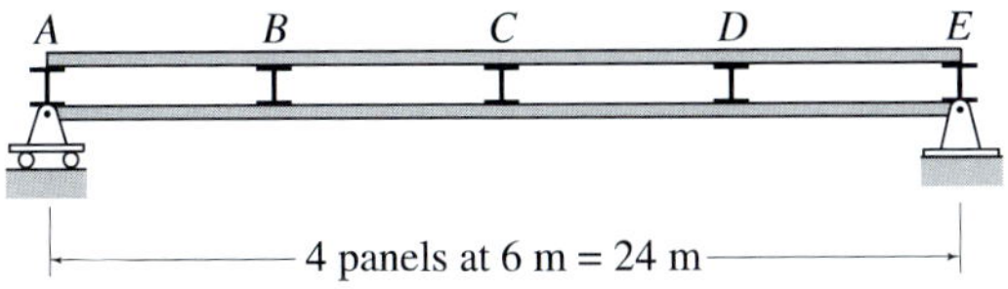

그림 P8.40

8.41 그림 P8.41의 바닥 구조를 지지하는 거더의 패널 *DE*의 전단력과 *E*의 휨모멘트에 대한 영향선을 그려라.

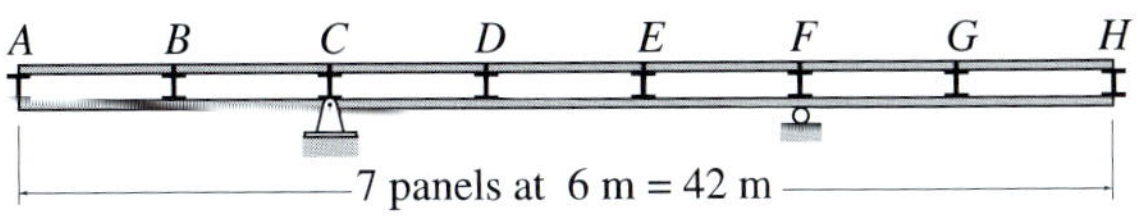

그림 P8.41, P8.42

8.42 그림 P8.41의 바닥 구조를 지지하는 거더의 패널 *BC*의 전단력과 *F*의 휨모멘트에 대한 영향선을 그려라.

8.43 그림 P8.43의 바닥 구조를 지지하는 거더의 패널 *BC*의 전단력과 *C*의 휨모멘트에 대한 영향선을 그려라.

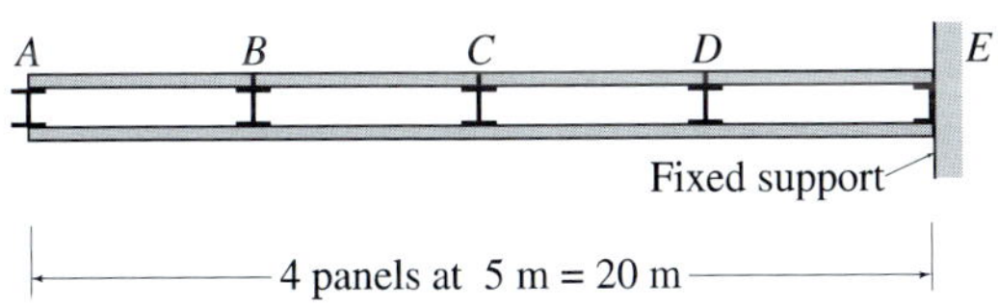

그림 P8.43

8.44 그림 P8.44의 바닥 구조를 지지하는 거더의 패널 *CD*의 전단력과 *D*의 휨모멘트에 대한 영향선을 그려라.

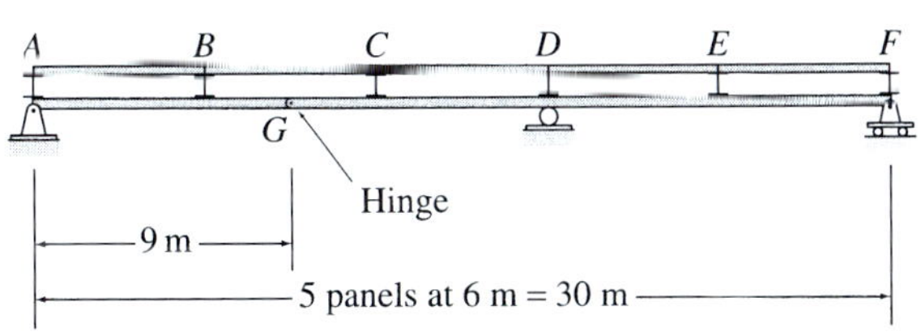

그림 P8.44

8.45~8.52 그림 P8.45~P8.52의 트러스에서 "×"로 표시된 부재의 힘에 대한 영향선을 그려라. 활하중은 트러스의 하현재로 전달된다.

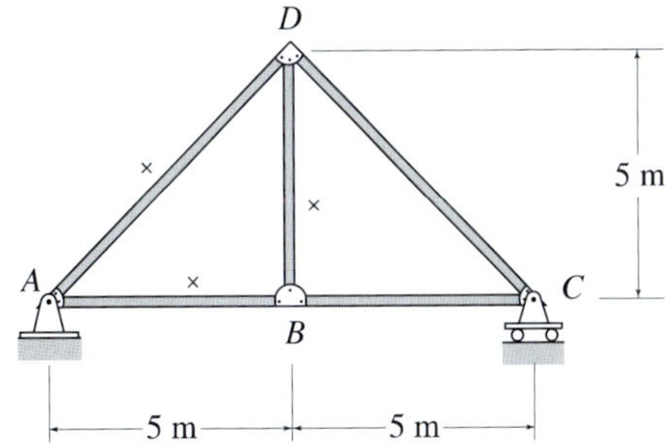

그림 P8.45

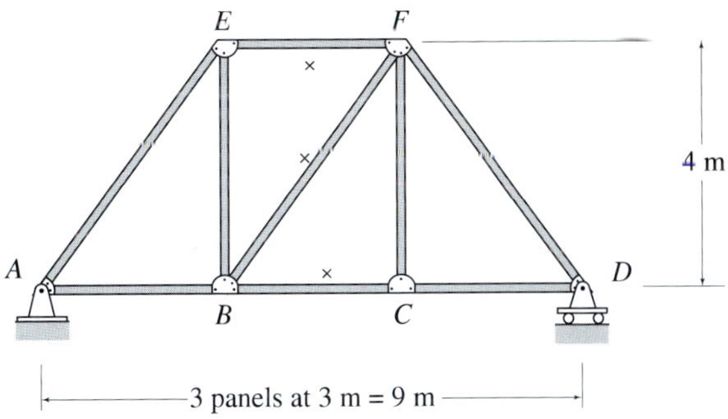

그림 P8.46

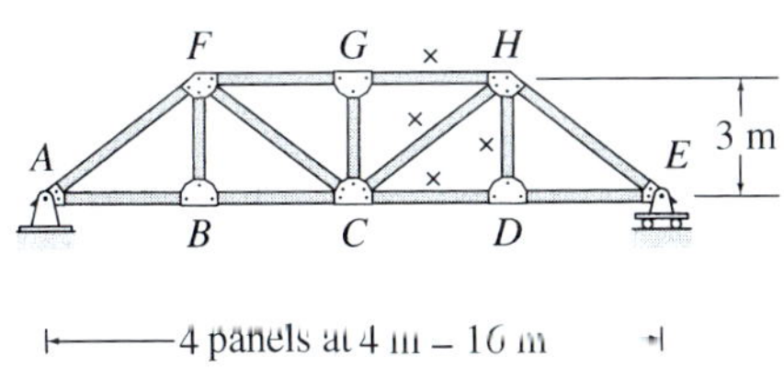

그림 P8.47

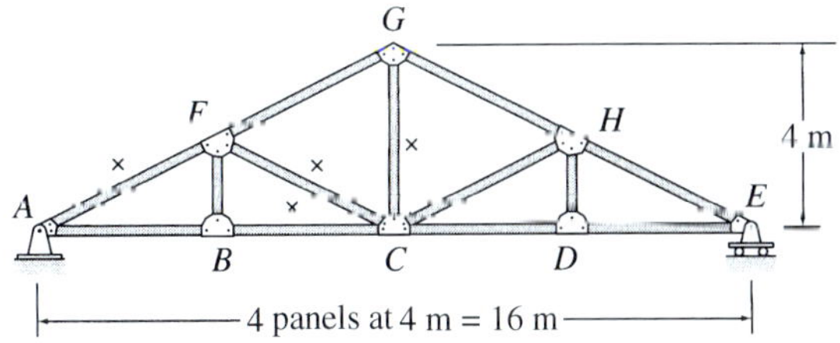

그림 P8.48

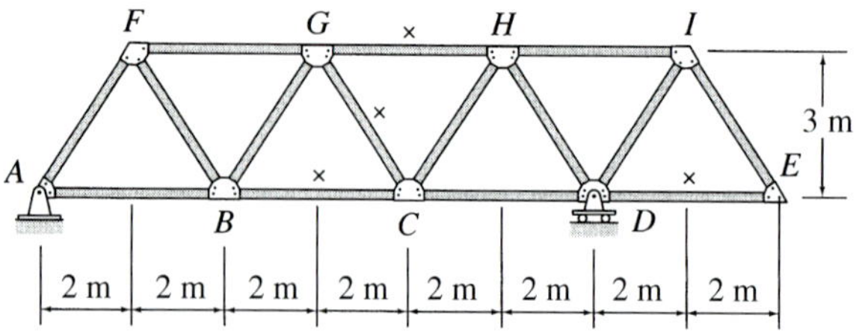

그림 P8.49

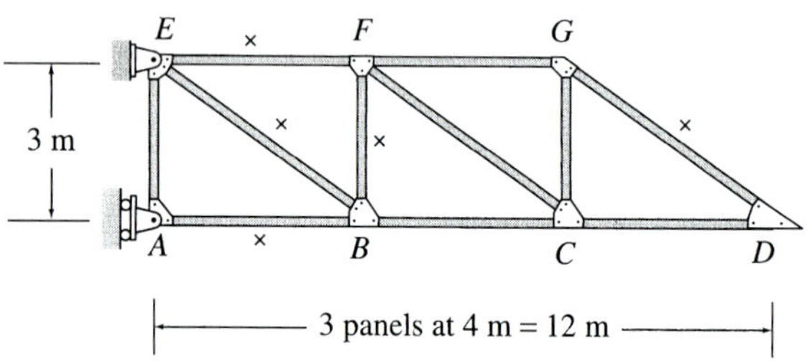

그림 P8.50

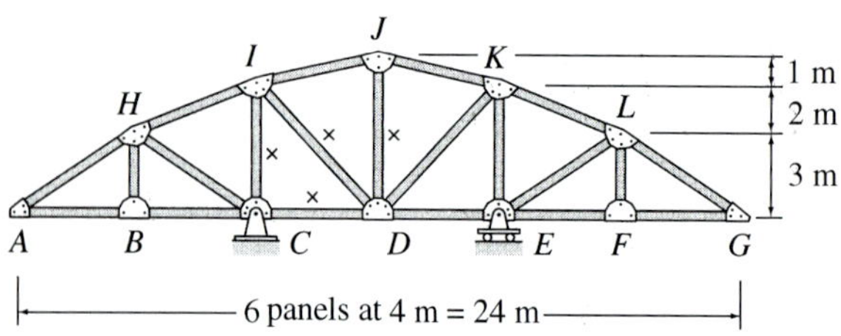

그림 P8.51

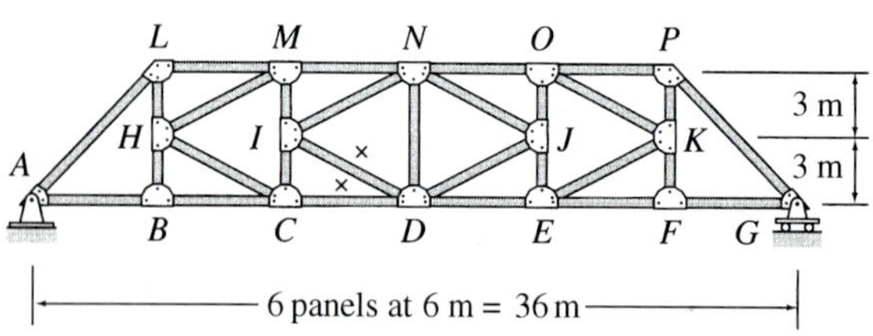

그림 P8.52

8.53~8.57 그림 P8.53~P8.57의 트러스에서 "×"로 표시된 부재의 힘에 대한 영향선을 그려라. 활하중은 트러스의 상현재로 전달된다.

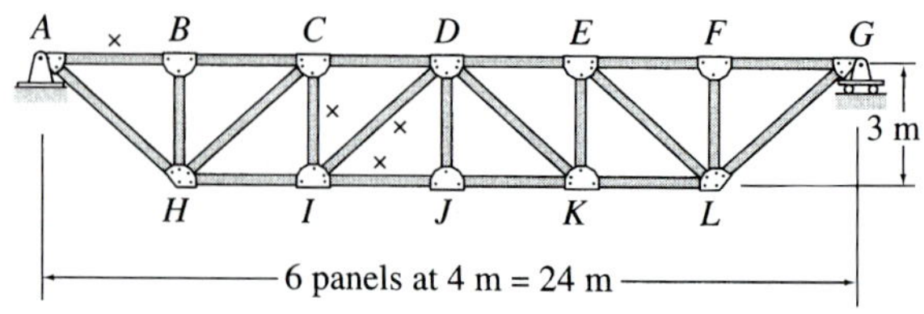

그림 P8.53

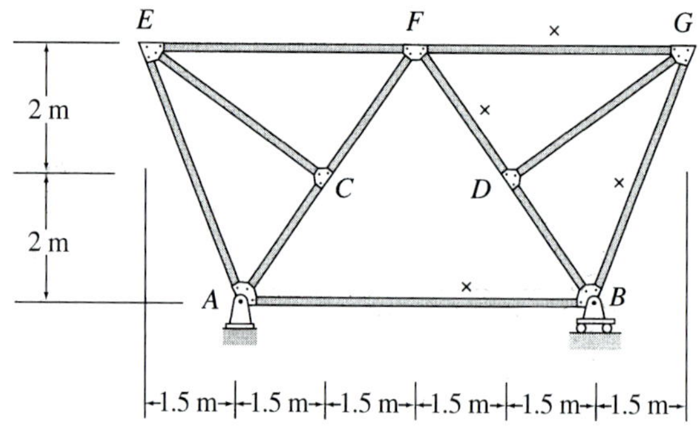

그림 P8.54

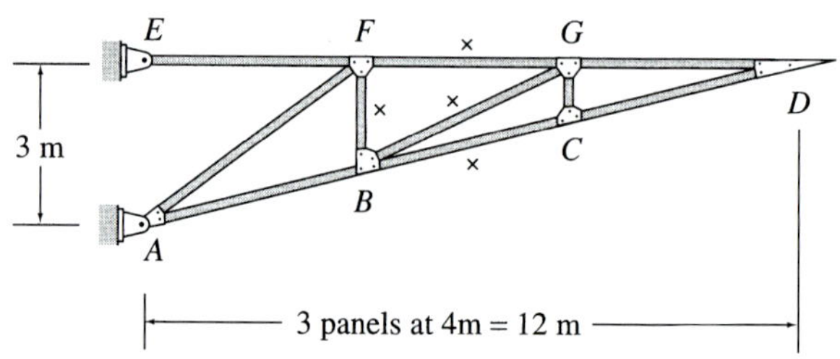

그림 P8.55

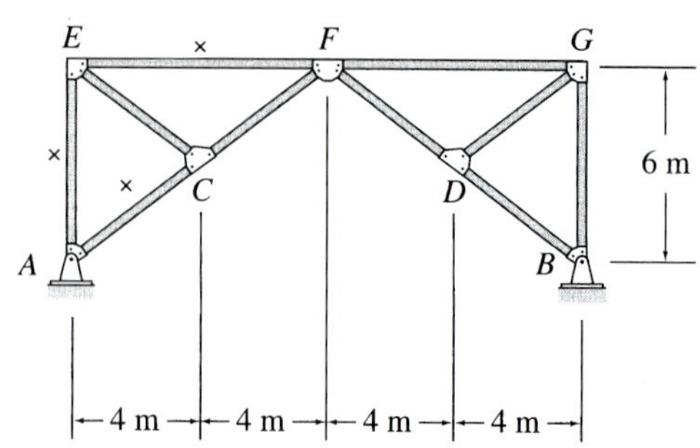

그림 P8.56

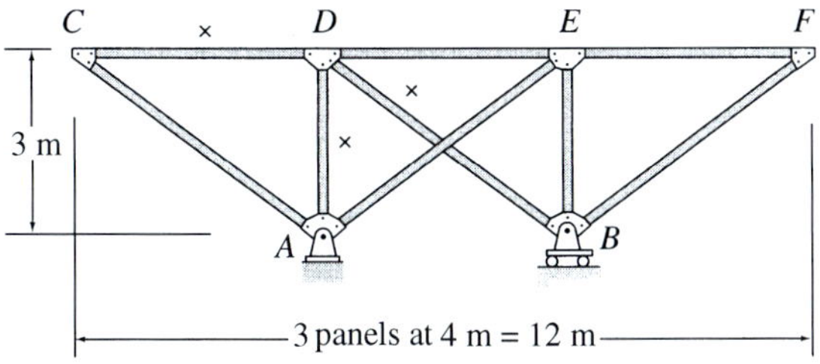

그림 P8.57

8.58 문제 8.5의 캔틸레버보의 점 B의 수직처짐에 대한 영향선을 그려라. EI는 일정하다. 그림 P8.5를 보라.

8.59와 8.60 문제 8.1과 8.2의 단순지지 보에서 점 B의 수직처짐에 대한 영향선을 그려라. EI는 일정하다. 그림 P8.1과 P8.2를 보라.

8.61 문제 8.6의 보에서 점 D의 수직처짐에 대한 영향선을 그려라. EI는 일정하다. 그림 P8.6을 보라.

09

영향선의 활용

A Highway Bridge Subjected to Moving Loads
Caltrans District 4 Photography Department, Photographer John Huseby, Copyright 2005 California Department of Transportation

앞 장에서는 구조물의 여러 가지 응답함수에 대한 영향선을 어떻게 구하는지 알아보았다. 이 장에서는 변동하중에 의해 발생하는 구조물의 특정 위치에서의 응답함수의 최댓값을 영향선을 이용하여 구하고자 한다. 또한 구조물에서 발생할 수 있는 응답함수의 절대 최댓값을 구하는 과정에 대해 설명한다.

9.1 하나의 이동집중하중에 의한 특정 위치에서의 응답

앞 장에서 설명한 것과 같이 영향선의 세로축값은 그 위치에 가해진 하나의 단위 이동집중하중에 의해 발생하는 응답함수의 값을 나타낸다. 그러므로 다음과 같이 설명할 수 있다.

1. 임의의 집중하중에 의한 응답함수의 값은 하중이 가해진 위치에서 응답함수 영향선의 세로축값에 하중의 크기를 곱하여 구할 수 있다.

2. 하나의 이동집중하중에 의해 발생하는 응답함수의 양의 최댓값을 구하기 위해서는 하중을 반드시 응답함수 영향선의 양의 최대 세로축값의 위치에 재하하고, 응답함수의 음의 최댓값을 결정하기 위해서는 영향선의 음의 최대 세로축값의 위치에 하중을 재하해야 한다.

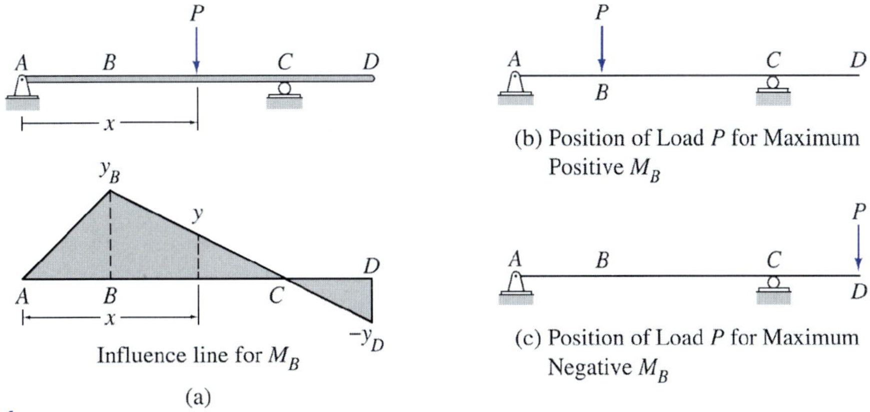

그림 9.1

예를 들어 그림 9.1(a)와 같이 크기 P의 이동집중하중을 받는 보를 생각해 보자. 하중 P가 좌측 지점 A에서 거리 x만큼 떨어진 점에 위치할 때 B점에서의 휨모멘트를 구하고자 한다. 그림 9.1(a)의 M_B에 대한 영향선에서 하중 P의 위치에서의 값이 y라면 이는 P의 위치에 단위하중이 위치할 때 휨모멘트 $M_B = y$임을 의미한다. 중첩의 원리를 이용하면 P 하중이 유발하는 휨모멘트는 단위하중이 유발하는 B점의 휨모멘트보다 P배 더 크다. 따라서 하중 P에 의해 발생하는 B점의 휨모멘트는 $M_B = Py$이다.

다음으로 하중 P에 의해 발생하는 B점의 최대 정모멘트와 최대 부모멘트를 구해 보자. M_B의 영향선(그림 9.1(a))에서 양의 최댓값과 음의 최댓값은 각각 점 B와 D에서 발생함을 알 수 있다. 그러므로 B점의 최대 정모멘트를 구하기 위해서는 그림 9.1(b)와 같이 하중 P를 B점에 위치시키고, 최대 정모멘트 값은 $M_B = Py_B$로 계산한다. 여기서, y_B는 B점에서의 영향선의 값(그림 9.1(a))이다. 마찬가지로 B점의 최대 부모멘트를 구하기 위해서는 그림 9.1(c)와 같이 하중 P를 D점에 위치시키고, 최대 부모멘트의 크기는 $M_B = -Py_D$로 계산한다.

9.1 Example

그림 9.2(a)의 같은 보에서 50 kN 집중 활하중에 의한 지점 C에서의 수직반력의 최댓값을 구하라.

풀이

영향선. 이 보의 지점 C의 수직반력에 대한 영향선은 앞의 예제 8.8에서 구하였으며 그림 9.2(b)와 같다. 이 때 C_y는 위쪽 방향을 양으로 가정하였다.

C의 수직반력의 최댓값. 50 kN 집중 활하중에 의해 발생하는 C_y의 양의 최댓값을 구하기 위해 영향선의 값이 양의 최댓값(1.4 kN/kN)이 되는 B점(그림 9.2(c))에 하중을 가한다. 하중의 크기에 세로축 값을 곱하여 C점 에서의 수직반력의 최댓값을 다음과 같이 구한다.

$$C_y = 50(+1.4) = +70 \text{ kN} = 70 \text{ kN} \uparrow$$

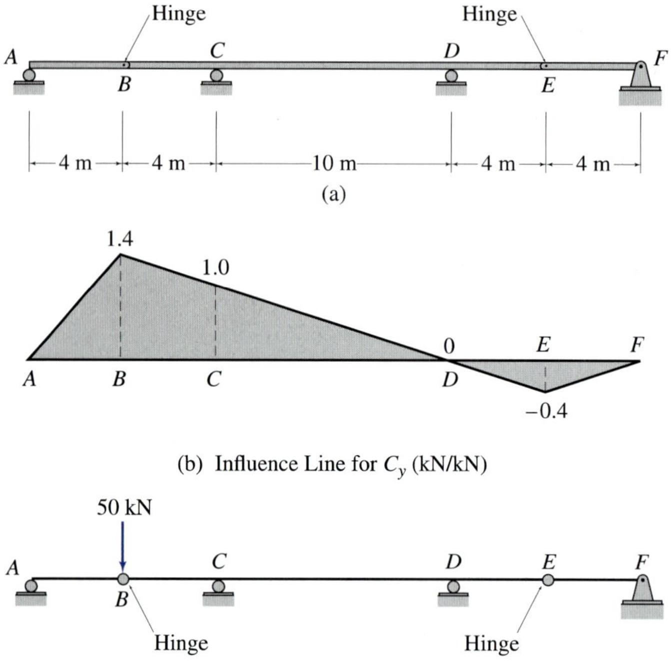

(c) Position of 50 kN Load for Maximum Upward C_y

그림 9.2

9.2 등분포 활하중에 의한 특정 위치에서의 응답

영향선을 이용하여 분포하중을 받는 구조물의 응답함수의 값을 구할 수 있다. 예를 들어 그림 9.3(a)와 같이 크기가 w_ℓ인 등분포 활하중을 받는 보를 생각해 보자. 그림과 같이 하중이 $x = a$에서 $x = b$까지 가해질 때 B점에서 휨모멘트를 구해보자. M_B에 대한 영향선은 그림에 나타나 있다. 그림과 같이 분포하중을 보의 매우 작은 길이 dx에 작용하는 $dP = w_\ell dx$의 집중하중으로 하면 하중 dP에 의한 B점의 휨모멘트는 다음과 같다.

$$dM_B = dP\,y = w_\ell\,dx\,y \tag{9.1}$$

여기서, y는 그림과 같이 dP의 작용점인 x에서의 영향선 값이다. $x = a$에서 $x = b$까지의 분포하중에 의한 B점의 휨모멘트를 구하기 위해서는 식 (9.1)을 이 구간에서 적분해야 한다.

$$M_B = \int_a^b w_\ell\,y\,dx = w_\ell \int_a^b y\,dx \tag{9.2}$$

여기서, $\int_a^b y\,dx$는 하중이 가해진 보의 영향선 구간의 면적이다. 이 면적은 그림 9.3(a)의 M_B의 영향선에서 빗금 친 부분이다.

또한 식 (9.2)는 등분포하중이 영향선 값이 양이 되는 모든 부분에 가해질 때 B점에서 휨모멘트는 양의 최댓값이 된다는 것을 의미하며 반대의 경우도 동일한 개념을 적용할 수 있다. 그림 9.3(a)에서 M_B에 대한 영향선은 A점과 C점 사이에서 양이고, C점과 D점 사이에서 음이라는 것을 알 수 있다. 그러므로 B점에서의 최대 정모멘트를 구하기 위해서는 그림 9.3(b)와 같이 등분포하중 w_ℓ을 A점에서 C점까지 가해야 하며, 그 값은 다음과 같이 계산한다.

$$M_B = w_\ell(A\text{점에서 } C\text{점 사이의 영향선 면적})$$
$$= w_\ell\left(\frac{1}{2}\right)(0.75L)(y_B) = 0.375\, w_\ell\, y_B\, L$$

마찬가지로, B점의 최대 부모멘트를 구하기 위해서는 그림 9.3(c)와 같이 하중을 C점에서 D점까지 가해야 하며, 그 값은 다음과 같이 계산한다.

$$M_B = w_\ell(C\text{점에서 } D\text{점 사이의 영향선 면적})$$
$$= w_\ell\left(\frac{1}{2}\right)(0.25L)(-y_D) = -0.125\, w_\ell\, y_D\, L$$

지금까지의 내용을 나음과 같이 설명할 수 있나.

1. 구조물의 일부에 재하되는 등분포하중에 의한 응답함수의 값은 응답함수 영향선의 대응되는 부분의 순면적에 하중의 크기를 곱하여 얻을 수 있다.
2. 등분포 활하중에 의해 발생하는 응답함수의 양(음)의 최댓값을 구하기 위해서는 응답함수 영향선의 값이 양(음)인 위치에서 하중을 가해야 한다.

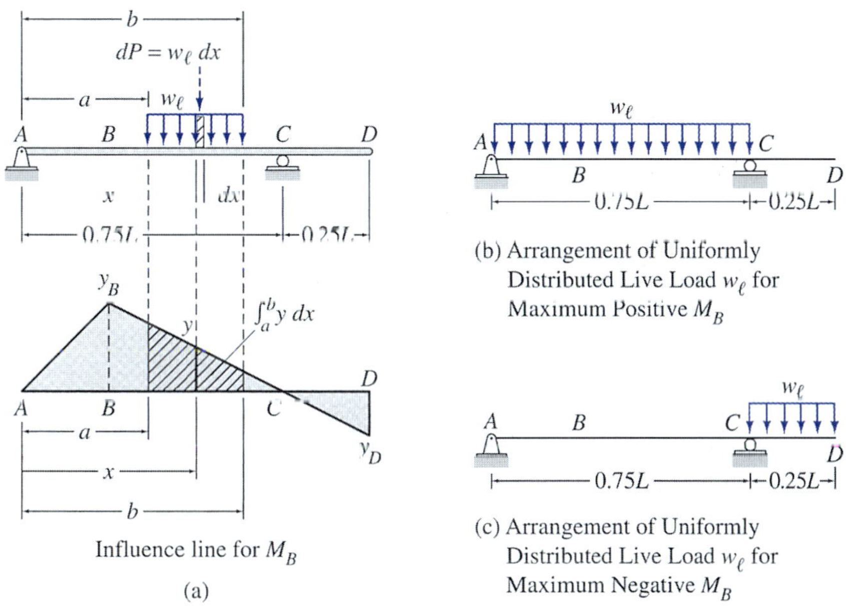

그림 9.3

9.2 Example

그림 9.4(a)와 같은 보에 대하여 15 kN/m의 등분포 활하중에 의한 지점 C의 수직반력의 최댓값을 구하라.

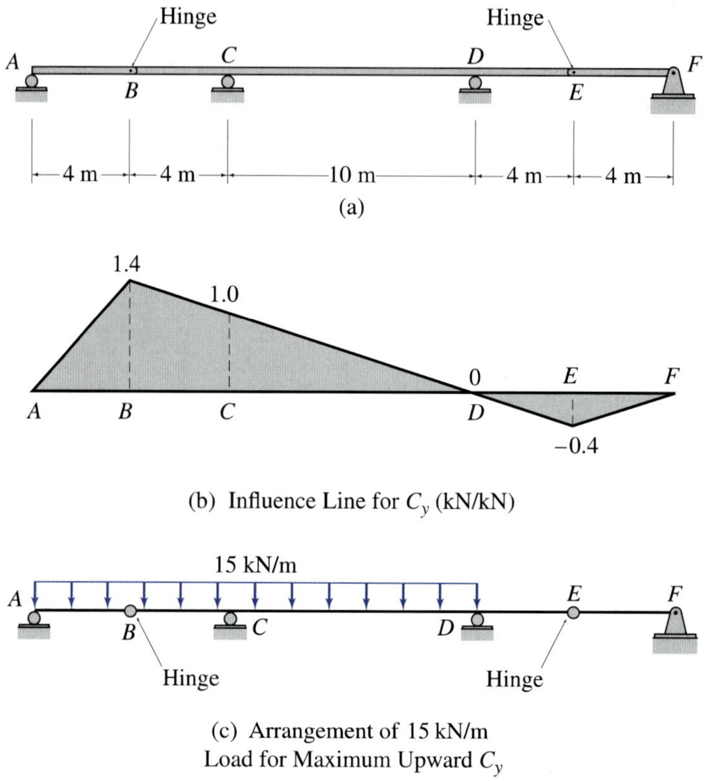

그림 9.4

풀이

영향선. 이 보의 지점 C의 수직반력에 대한 영향선은 앞의 예제 8.8에서 구하였으며 그림 9.4(b)와 같다. 이 영향선을 구할 때 C_y는 위쪽 방향을 양으로 가정하였다.

C의 수직반력의 최댓값. 그림 9.4(b)로부터 C_y에 대한 영향선의 값은 A 점과 D 점 사이에서 양임을 알 수 있다. 그러므로 C_y의 양의 최댓값을 구하기 위해 15 kN/m의 등분포 활하중을 그림 9.4(c)와 같이 보의 AD부분에 가하였다. 하중의 강도에 영향선 AD부분의 면적을 곱하여 C점의 수직반력의 최댓값을 다음과 같이 구할 수 있다.

$$C_y = 15\left[\frac{1}{2}(+1.4)(18)\right] = +189 \text{ kN} = 189 \text{ kN} \uparrow$$

9.3 Example

그림 9.5(a)와 같은 보에 90 kN의 집중 활하중, 40 kN/m의 등분포 활하중, 20 kN/m의 등분포 고정하중이 작용한다. 점 C에서의 양과 음의 최대 전단력과 양과 음의 최대 휨모멘트를 구하라.

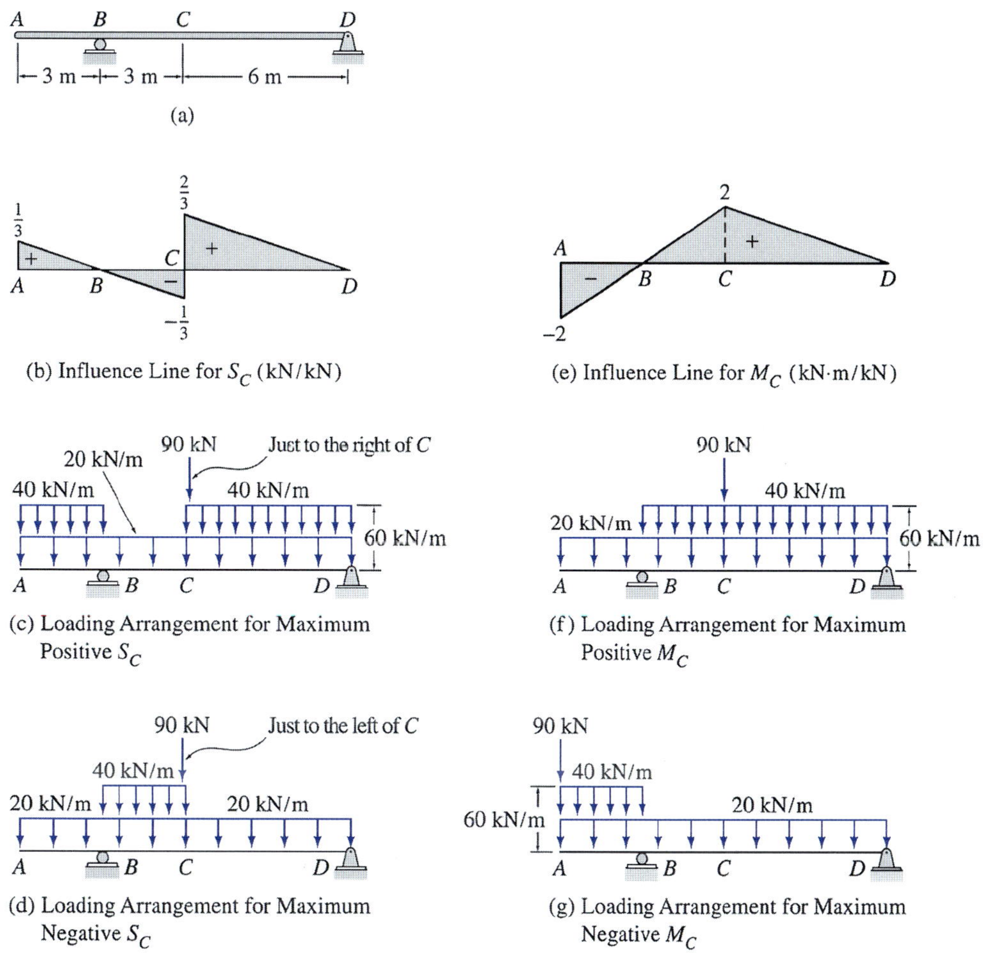

그림 9.5

풀이

영향선. 이 보의 점 C의 전단력과 휨모멘트에 대한 영향선은 앞의 예제 8.6에서 구하였으며 그림 9.5(b)와 (e)와 같다.

C점의 양의 최대 전단력. 90 kN 집중 활하중에 의해 발생하는 C점의 양의 최대 전단력을 구하기 위해 하중을 S_C에 대한 영향선이 양이 최댓값(2/3 kN/kN)인 C점이 바로 우측(그림 9.5(c))에 위치시킨다. 하중의 크기에 세로축값을 곱하여 집중 활하중에 의한 S_C의 양의 최댓값을 다음과 같이 구한다.

$$S_C = 90\left(\frac{2}{3}\right) = 60 \text{ kN}$$

그림 9.5(b)에서 S_C에 대한 영향선의 값은 A점과 B점, 그리고 C점과 D점 사이에서 양임을 알 수 있

다. 따라서 40 kN/m의 등분포 활하중에 의해 발생하는 C점의 양의 최대 전단력을 구하기 위해 하중을 그림 9.5(c)와 같이 보의 AB와 CD 부분에 재하한다. 또한 S_C의 양의 최댓값을 하중에 영향선의 AB와 CD 부분 면적을 곱하여 계산한다.

$$S_C = 40\left[\left(\frac{1}{2}\right)(3)\left(\frac{1}{3}\right) + \left(\frac{1}{2}\right)(6)\left(\frac{2}{3}\right)\right] = 100 \text{ kN}$$

활하중과 달리 고정하중은 항상 구조물의 고정된 위치에서 작용하므로 최대 응답함수를 구하기 위해 그 위치를 바꿀 수 없다. 그러므로 20 kN/m의 등분포 고정하중은 그림 9.5(c)와 같이 보의 전 길이에 걸쳐 작용하며 이때 C점의 전단력은 고정하중에 전체 영향선의 순면적을 곱하여 구한다.

$$S_C = 20\left[\left(\frac{1}{2}\right)(3)\left(\frac{1}{3}\right) + \left(\frac{1}{2}\right)(3)\left(-\frac{1}{3}\right) + \left(\frac{1}{2}\right)(6)\left(\frac{2}{3}\right)\right] = 40 \text{ kN}$$

C점의 전체 양의 최대 전단력은 세 가지 종류의 하중에 의한 S_C의 값을 더하여 구할 수 있다.

$$\text{양의 최대 전단력 } S_C = 60 + 100 + 40 = 200 \text{ kN}$$

C점의 음의 최대 전단력. C점의 음의 최대 전단력을 구하기 위한 하중의 배치는 그림 9.5(d)와 같다. C점의 음의 최대 전단력은 다음과 같다.

$$\begin{aligned}\text{음의 최대 전단력 } S_C &= 90\left(-\frac{1}{3}\right) + 40\left(\frac{1}{2}\right)(3)\left(-\frac{1}{3}\right)\\ &\quad +20\left[\left(\frac{1}{2}\right)(3)\left(\frac{1}{3}\right) + \left(\frac{1}{2}\right)(3)\left(-\frac{1}{3}\right) + \left(\frac{1}{2}\right)(6)\left(\frac{2}{3}\right)\right]\\ &= -10 \text{ kN}\end{aligned}$$

C점의 양의 최대 휨모멘트. C점의 양의 최대 휨모멘트를 구하기 위한 하중의 배치는 그림 9.5(f)와 같다. 90 kN 집중 활하중은 M_C에 대한 영향선(그림 9.5(e))의 양의 최댓값(2/3 kN/kN)의 위치에 재하된다. 40 kN/m의 등분포 활하중은 영향선의 세로축값이 양인 보의 BD 부분에 재하된다. 반면에 20 kN/m의 등분포 고정하중은 보의 전 길이에 걸쳐 재하된다. C점의 양의 최대 휨모멘트는 다음과 같다.

$$\begin{aligned}\text{양의 최대 휨모멘트 } M_C &= 90(2) + 40\left(\frac{1}{2}\right)(9)(2) + 20\left[\left(\frac{1}{2}\right)(3)(-2) + \left(\frac{1}{2}\right)(9)(2)\right]\\ &= 660 \text{ kN} \cdot \text{m}\end{aligned}$$

C점의 음의 최대 휨모멘트. C점의 음의 최대 휨모멘트를 구하기 위한 하중의 배치는 그림 9.5(g)와 같다. C점의 음의 최대 휨모멘트는 다음과 같다.

$$\begin{aligned}\text{음의 최대 휨모멘트 } M_C &= 90(-2) + 40\left(\frac{1}{2}\right)(3)(-2) + 20\left[\left(\frac{1}{2}\right)(3)(-2) + \left(\frac{1}{2}\right)(9)(2)\right]\\ &= -180 \text{ kN} \cdot \text{m}\end{aligned}$$

9.3 연속 이동집중하중에 의한 특정 위치에서의 응답

2.3절에서 설명한 것과 같이 도로교나 철도교에는 하중 사이에 일정한 간격이 있는 여러 개의 이동집중하중으로 이루어진 차량 하중에 의한 활하중이 작용할 수 있다(그림 2.8, 2.9 참조). 영향선은 이러한 이동하중을 받는 구조물을 해석하는데 편리하게 사용된다. 이 절에서는 (1) 연속 집중하중이 주어진 위치에 대한 응답함수의 값, (2) 연속 이동집중하중에 의한 응답함수의 최댓값을 결정하는데 응답함수의 영향선이 어떻게 이용되는지 설명된다.

예를 들어 그림 9.6과 같은 교량의 보를 생각해 보자. 그림과 같이 트럭의 전륜축이 좌측 지점 A로부터 4.8 m 떨어진 점에 위치할 때 HL-93트럭의 축하중에 의한 보의 점 B의 전단력을 구하고자 한다. B점의 전단력에 대한 영향선은 그림과 같다. 35 kN 하중이 작용하는 위치와 세 축하중 사이의 간격을 알고 있으므로 다른 두 하중의 위치도 쉽게 구할 수 있다. 각 축하중에 대응하는 영향선 값은 삼각형의 닮은꼴 정리를 이용하여 영향선에서 구할 수도 있지만, 하중이 작용하는 위치에서의 영향선 기울기에 이 영향선이 수평축과 만나는(즉, 영이 되는) 점에서부터 하중까지의 거리를 곱하여 구하는 것이 더 편리하다. 부호(양 또는 음)는 간단히 구할 수 있다. 예를 들어 35 kN(그림 9.6)에 대응하는 영향선 값은 AB부분의 영향선의 기울기 (1 : 30)에 점 A에서 하중까지의 거리(4.8 m)를 곱하여 구할 수 있다. 따라서 35 kN에 대응하는 S_B의 영향선의 세로축값은 $-(1/30)(4.8) = -0.16$ kN/kN과 같다. 세 축하중에 대응하는 세로축값은 그림 9.6과 같다.

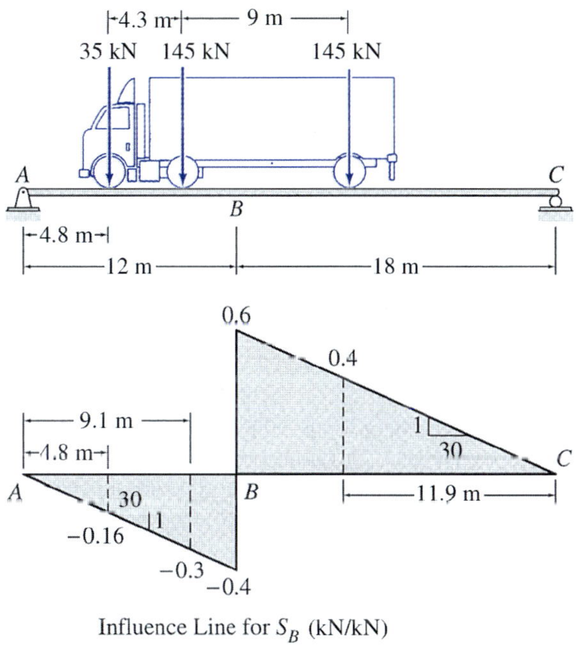

그림 9.6

앞에서 단일 집중하중에 대한 B점의 전단력은 하중의 크기에 하중 위치에서의 영향선 세로축값을 곱하여 구할 수 있다고 하였다. 중첩의 원리를 이용하여 세 개의 집중하중에 의한 B점의 전체 전단력은 각 하중에 의한 B점의 전단력을 합하여, 즉 하중의 크기에 각각의 영향선 세로축값의 곱을 합하여 구할 수 있다.

$$S_B = -35(0.16) - 145(0.3) + 145(0.4) = 8.9 \text{ kN}$$

이러한 과정은 연속 집중하중의 경우에 주어진 위치에 대한 구조물의 임의의 힘이나 모멘트 응답함수의 값을 구하는데 이용될 수 있다.

영향선은 연속 집중하중에 의해 발생하는 구조물의 특정 위치에서의 응답함수의 최댓값을 구하는데도 이용할 수 있다. 그림 9.7(a)의 보에 그림과 같이 연속된 네 개의 집중하중에 의해 발생하는 점 B에서의 양의 최대 전단력을 구해 보자. 연속 하중이 우측에서 좌측으로 이동할 경우, 즉 그림에서 하중이 보의 단부 C에서 점 B 방향으로 이동할 경우에 B점의 전단력은 하중에 의한 영향선 값이 증가하므로 계속해서 증가한다는 것을 알 수 있다. B점의 전단력은 연속 하중의 첫 번째 하중인 32 kN이 B점의 바로 우측인 영향선의 양의 최댓값이 되는 위치에 도달할 때 최댓값에 도달한다. 32 kN의 하중이 B점을 지나면 B점의 전단력은 $-32\,(0.667+0.333) = -32$ kN 만큼 급격하게 감소한다. 연속 하중이 계속해서 좌측으로 이동함에 따라 S_B는 다시 증가하고 연속 하중의 두 번째 하중인 40 kN의 하중이 B점의 바로 우측에 위치할 때 전단력은 또 다른 최댓값에 도달한다. 이후에도 동일한 현상이 발생한다. S_B는 연속 하중 중의 하나가 영향선의 양의 최댓값에 도달할 때마다 상대적인 최댓값에 도달하기 때문에 연속 하중이 전체 보를 따라 이동하는 동안 B점의 (절대)최대 전단력은 연속 하중 중의 하나가 S_B의 영향선의 최댓값 위치에 있을 때 발생한다는 것을 알 수 있다. 어느 하중이 영향선의 최댓값에 위치해야 양의 최대 S_B를 발생시키는지 바로 알 수 없기 때문에 B점의 양의 최대 전단력을 구하기 위해서는 시행착오(trial-and-error) 절차를 사용해야 한다. 그림 9.7(c)와 같이 연속 하중의 첫 번째 하중인 32 kN을 영향선의 양의 최댓값인 B점의 바로 우측에 위치시킨다. BC부분의 영향선 구간의 기울기는 1 : 15 (그림 9.7(b))이므로 이 하중 재하 위치에서 S_B의 값은 다음과 같다.

$$\begin{aligned} S_B &= 32(10)\left(\frac{1}{15}\right) + 40(8)\left(\frac{1}{15}\right) + 60(6.5)\left(\frac{1}{15}\right) + 20(4)\left(\frac{1}{15}\right) \\ &= 74 \text{ kN} \end{aligned}$$

다음으로 그림 9.7(d)와 같이 두 번째 하중 40 kN이 영향선의 최댓값 위치에 있도록 전체 연속 하중을 좌측으로 2 m 이동시킨다. 이 하중 재하 위치에서 S_B의 값은 다음과 같다.

$$\begin{aligned} S_B &= -32(3)\left(\frac{1}{15}\right) + 40(10)\left(\frac{1}{15}\right) + 60(8.5)\left(\frac{1}{15}\right) + 20(6)\left(\frac{1}{15}\right) \\ &= 62.267 \text{ kN} \end{aligned}$$

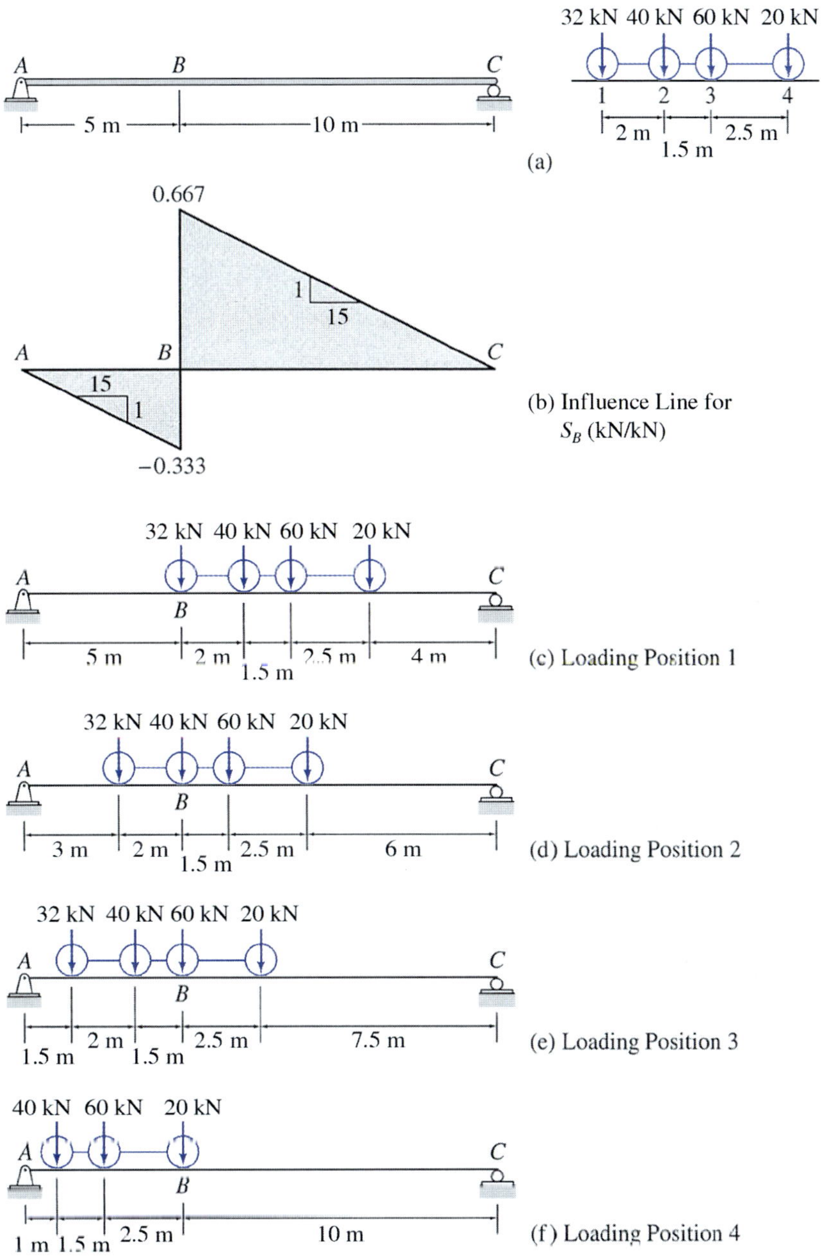

그림 9.7

세 번째 하중 60 kN이 B점의 바로 우측에 있도록(그림 9.7(e)) 전체 연속 하중을 좌측으로 1.5 m 더 이동시킨다. B점의 전단력은 다음과 같다.

$$S_B = -32(1.5)\left(\frac{1}{15}\right) - 40(3.5)\left(\frac{1}{15}\right) + 60(10)\left(\frac{1}{15}\right) + 20(7.5)\left(\frac{1}{15}\right)$$

$$= 37.467 \text{ kN}$$

마지막으로 그림 9.7(f)와 같이 마지막 하중인 20 kN을 B점의 바로 우측에 있도록 하중을 이동시킨다. 이때 32 kN 하중은 보의 지간에서 벗어난다는 것을 알 수 있다. 그러므로 이 하중은 B점의 전단력에 영향을 주지 않는다.

$$S_B = -40(1)\left(\frac{1}{15}\right) - 60(2.5)\left(\frac{1}{15}\right) + 20(10)\left(\frac{1}{15}\right) = 0.667 \text{ kN}$$

네 개의 하중 위치에 대하여 계산된 S_B의 값을 비교하여 B점의 양의 최대 전단력은 첫 번째 하중 위치인 32 kN이 B점의 바로 우측에 있을 때(그림 9.7(c)) 최댓값을 도달한다는 것을 알 수 있다.

$$\text{양의 최대 전단력 } S_B = 74 \text{ kN}$$

해석 순서

구조물의 어느 특정 위치에서 연속 이동집중하중에 의한 힘이나 모멘트 응답함수의 최댓값을 구하기 위한 순서를 다음과 같이 요약할 수 있다:

1. 구하고자 하는 최댓값이 예상되는 응답함수에 대한 영향선을 그린 후에 응답함수의 양의 최댓값(또는 음의 최댓값)을 구할 경우에는 하중을 영향선의 양의 최댓값(또는 음의 최댓값)의 위치에 놓이게 한다. 앞으로 영향선의 이 값을 단순히 **최댓값**이라 한다.
2. 연속 하중이 이동하는 방향(우측에서 좌측 또는 그 반대)을 선택한다. 만약 연속 하중이 우측에서 좌측으로 이동한다면 좌측 끝에 있는 하중이 첫 번째 하중이 된다. 반대로 하중이 좌측에서 우측으로 이동한다면 우측 끝에 있는 하중이 첫 번째 하중이 된다. 첫 번째 하중부터 시작하여 연속하는 모든 하중에 번호(1, 2, 3, …과 같이)를 붙인다. 전체 하중의 위치는 영향선 최댓값의 위치에 있는 하중의 번호로 나타낸다. 예를 들어 연속 하중의 세 번째 하중이 영향선 최댓값의 위치에 있으면 이 하중 위치를 "하중 위치 3"으로 나타낸다(그림 9.7 참조).
3. 첫 번째 하중이 영향선의 최댓값의 위치에 있도록 연속 하중을 이동시키고 나머지 하중들의 위치를 결정한다.
4. 연속 하중들에 대응하는 영향선의 값을 구하고, 하중에 영향선 값을 곱한 값들을 합하여 응답함수의 값을 구한다. 만약 여기서 구한 응답함수의 값이 마지막 재하위치(마지막 하중이 영향선 최댓값의 위치에 있을 때)에 대한 값이라면 단계 6으로 간다. 그렇지 않으면 다음 단계로 간다.
5. 다음 하중이 영향선 최댓값의 위치에 있도록 단계 2에서 정한 방향으로 하중을 이동시키고 단계 4로 간다.
6. 모든 하중 재하 위치에서 구해된 응답함수의 값들을 비교하여 응답함수의 최댓값을 구한다.

만약 모든 (또는 대부분의) 하중들이 연속 하중의 끝부분에 가깝게 배열되어 있으면 더 무거운 하중이 더 가벼운 하중 보다 먼저 영향선 최댓값의 위치에 도달하도록 하중의 이동 방향을 선택함으로써 더 빠르게 해석할 수 있다. 예를 들어 더 무거운 하중이 연속 하중의 좌측에 위치해 있다면 연속 하중을 구조물에서 우측에서 좌측으로 이동시킨다. 반대의 경우도 마찬가지다. 이 경우 영향선 최댓값의 위치에 연속 하중을 계속 위치시켜 모든 하중을 구할 필요는 없다. 대신 응답함수의 값이 감소하기 시작하면 해석을 끝낼 수 있다. 즉, 임의의 하중 위치에서의 응답함수의 값이 그 이전 위치에서의 값보다 작다면 이전 위치에서의 응답함수의 값이 최댓값이 된다. 이것은 더 무거운 하중이 연속 하중의 중간 부분에 있을 경우에도 적용할 수 있지만 일반적인 연속 하중에 대해서는 적용할 수 없다. 일반적으로 하중의 크기, 간격, 영향선 모양에 따라 응답함수의 값은 어느 하중 위치에서 감소한 후에 그 다음 위치에서 다시 증가하여 더 큰 최댓값을 가질 수 있기 때문이다.

9.4 Example

그림 9.8(a)에 연속하는 4개의 이동집중하중에 의한 Warren트러스 BC부재의 최대 부재력을 구하라.

풀이

F_{BC}의 영향선. 그림 9.8(b)를 보라.

BC부재의 최대 부재력. F_{BC}의 최댓값을 구하기 위해 연속 하중을 우측에서 좌측으로 이동시킨다. 각 하중이 F_{BC}에 대한 영향선의 최댓값인 점 B에 위치하도록 순차적으로 이동시킨다(그림 9.8(c)~(f) 참조). 각 하중 위치에 대하여 F_{BC}의 값을 다음과 같이 계산한다.

- 하중 위치 1에 대하여(그림 9.8(c)):

$$F_{BC}=[80(12)+160(10)+40(7)+160(3)]\left(\frac{1}{16}\right)=207.5\ \mathrm{kN(T)}$$

- 하중 위치 2에 대하여(그림 9.8(d)):

$$F_{BC}=80(2)\left(\frac{3}{16}\right)+[160(12)+40(9)+160(5)]\left(\frac{1}{16}\right)=222.5\ \mathrm{kN(T)}$$

- 하중 위치 3에 대하여(그림 9.8(e)):

$$F_{BC}=160(1)\left(\frac{3}{16}\right)+[40(12)+160(8)]\left(\frac{1}{16}\right)=140\ \mathrm{kN(T)}$$

- 하중 위치 4에 대하여(그림 9.8(f)):

$$F_{BC}=160(12)\left(\frac{1}{16}\right)=120\ \mathrm{kN(T)}$$

4가지의 하중 위치에 대한 F_{BC}의 값을 비교해 보면 BC부재의 최대 축력은 $F_{BC}=222.5$ kN임을 알 수 있다. 이 값은 그림 9.8(d)와 같이 연속 하중의 두 번째 하중이 트러스의 절점 B에 위치할 때 발생한다.

$$\text{최대 부재력}\quad F_{BC}=222.5\ \mathrm{kN(T)}$$

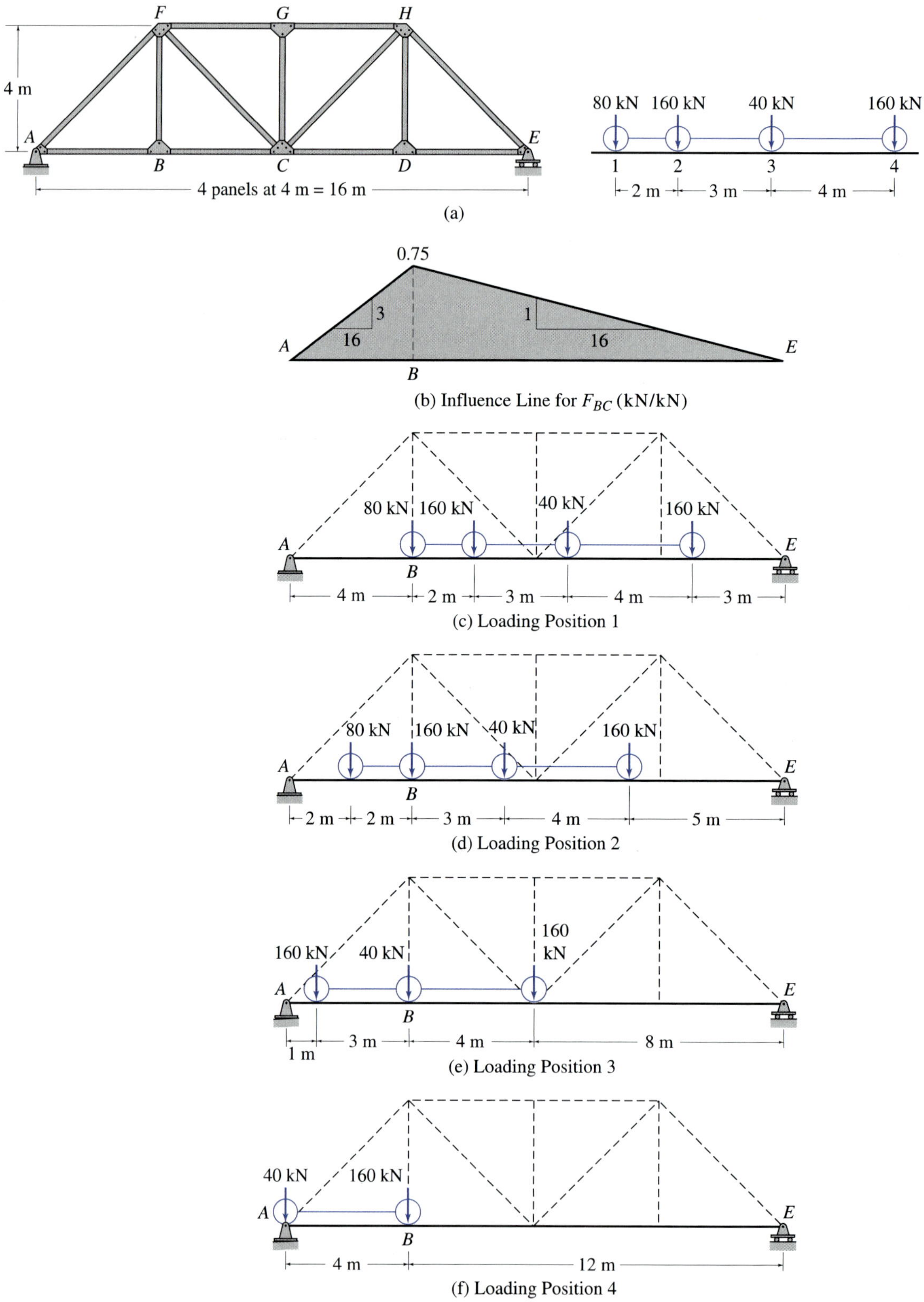
F
G
H
4 m
A
B
C
D
E
4 panels at 4 m = 16 m
80 kN
160 kN
40 kN
160 kN
1
2
3
4
2 m
3 m
4 m
(a)
0.75
3
16
1
16
A
B
E
(b) Influence Line for F_{BC} (kN/kN)
80 kN
160 kN
40 kN
160 kN
A
B
E
4 m
2 m
3 m
4 m
3 m
(c) Loading Position 1
80 kN
160 kN
40 kN
160 kN
A
B
E
2 m
2 m
3 m
4 m
5 m
(d) Loading Position 2
160 kN
40 kN
160 kN
A
B
E
1 m
3 m
4 m
8 m
(e) Loading Position 3
40 kN
160 kN
A
B
E
4 m
12 m
(f) Loading Position 4

그림 9.8

9.4 절대 최대 응답

지금까지 구조물의 **특정 위치**에서 발생하는 최대 응답에 대하여 알아보았다. 이 절에서는 구조물 전체의 임의의 위치에서 발생하는 **절대 최댓값**을 구하는 방법에 대해 설명하고자 한다. 여기서는 단순지지 보에 대해서만 다루지만 이 개념은 다른 형태의 구조물의 절대 최대 응답에 대한 해석에도 적용할 수 있다.

단일 집중하중

그림 9.9(a)와 같은 단순지지 보를 생각해 보자. 좌측 지점 A에서 거리 a만큼 떨어진 임의의 단면 $a'a'$의 전단력과 휨모멘트에 대한 영향선은 각각 그림 9.9(b), (c)와 같다. 이 영향선들은 8.1절(그림 8.2(e)와 (f))에서 구하였다.

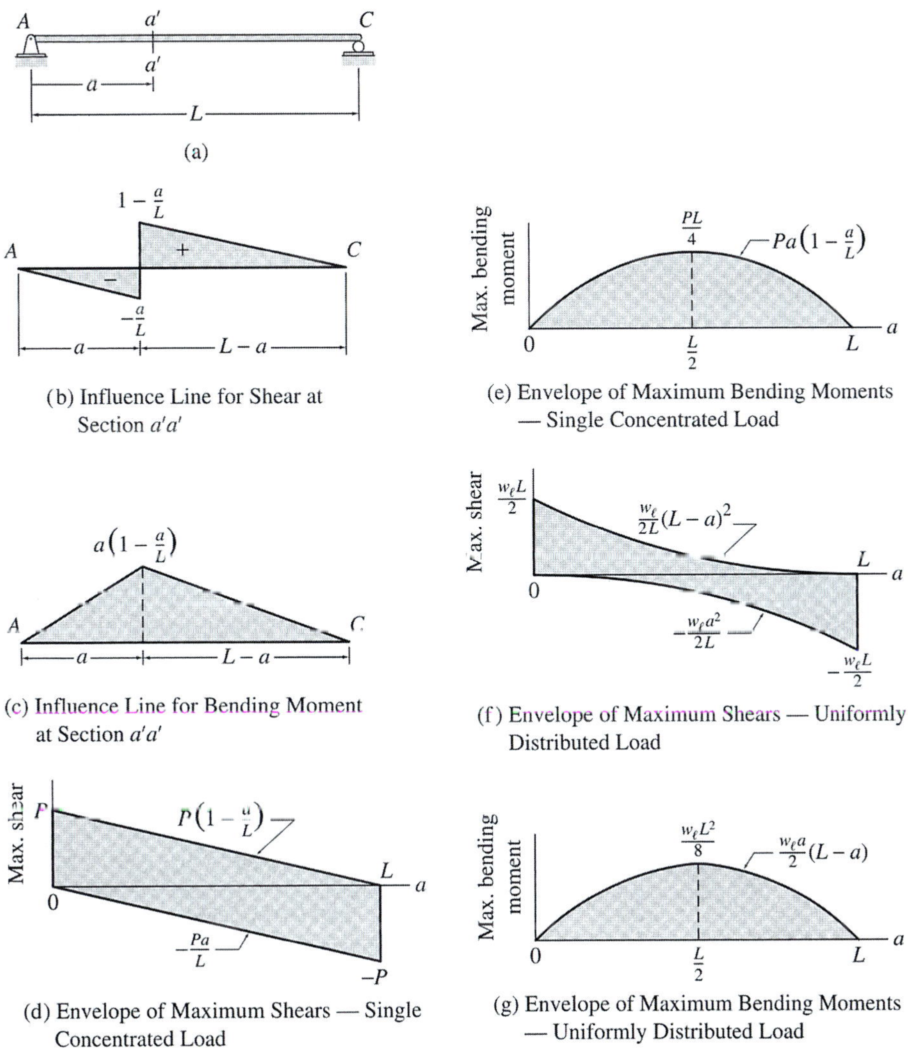

(a)

(b) Influence Line for Shear at Section $a'a'$

(c) Influence Line for Bending Moment at Section $a'a'$

(d) Envelope of Maximum Shears — Single Concentrated Load

(e) Envelope of Maximum Bending Moments — Single Concentrated Load

(f) Envelope of Maximum Shears — Uniformly Distributed Load

(g) Envelope of Maximum Bending Moments — Uniformly Distributed Load

그림 9.9

이 보에서 크기가 P인 단일 이동집중하중에 의해 발생하는 전단력의 절대 최댓값을 구하고자 한다. 9.1절에서 설명한 것과 같이 단면 $a'a'$의 양의 최대 전단력은 하중 P에 단면 $a'a'$의 전단력에 대한 영향선(그림 9.9(b))의 양의 최댓값, $1-(a/L)$을 곱하여 얻어진다. 따라서

$$\text{양의 최대 전단력} = P\left(1-\frac{a}{L}\right) \tag{9.3}$$

유사하게 단면 $a'a'$의 음의 최대 전단력은 다음과 같다.

$$\text{음의 최대 전단력} = -\frac{Pa}{L} \tag{9.4}$$

이 식에서 단일 이동집중하중에 의한 한 단면의 양과 음의 최대 전단력은 보의 좌측 지점 A에서부터의 단면까지의 거리 a에 따라 선형적으로 변한다는 것을 알 수 있다. 가로축을 거리 a로 하고, 세로축을 최대 전단력으로 하여 식 (9.3)과 (9.4)를 나타내면 그림 9.9(d)와 같다. 단면의 위치에 따른 응답함수의 최댓값의 변화를 그린 이 그래프를 **응답함수 최댓값의 포락선**(envelope)이라 한다. 응답함수 최댓값의 포락선은 그 위치와 함께 응답함수의 절대 최댓값을 결정하는데 편리하게 이용된다. 최대 전단력의 포락선(그림 9.9(d))으로부터 단일 이동집중하중 P를 받는 단순지지 보에서 전단력의 절대 최댓값은 지점에서 발생하고 그 크기가 P임을 알 수 있다.

단일 이동집중하중 P에 의한 최대 휨모멘트의 포락선도 유사한 방법으로 구할 수 있다. 단면 $a'a'$에서의 최대 휨모멘트에 대한 식은 그림 9.9(c)의 임의의 단면 $a'a'$에서의 휨모멘트에 대한 영향선을 이용하여 다음과 같이 구할 수 있다.

$$\text{최대 휨모멘트} = Pa\left(1-\frac{a}{L}\right) \tag{9.5}$$

식 (9.5)를 그림으로 그린 최대 휨모멘트의 포락선은 그림 9.9(e)와 같다. 절대 최대 휨모멘트는 보의 중앙에서 발생하며 그 크기는 $PL/4$임을 알 수 있다.

등분포하중

다음으로 그림 9.9(a)의 단순지지 보에 w_ℓ인 등분포 활하중이 작용할 경우에 발생하는 전단력과 휨모멘트의 절대 최댓값을 구해보자. 9.2절에서 설명한 것과 같이 단면 $a'a'$의 양(또는 음)의 최대 전단력은 보의 전단력 영향선(그림 9.9(b))의 세로축값이 양(또는 음)인 부분에 하중을 재하하고 하중에 재하된 부분의 영향선 면적을 곱하여 구할 수 있다.

$$\text{양의 최대 전단력} = \frac{w_\ell}{2L}(L-a)^2 \tag{9.6}$$

$$\text{음의 최대 전단력} = -\frac{w_\ell a^2}{2L} \tag{9.7}$$

식 (9.6)과 (9.7)을 그림으로 나타내어 구한 등분포 활하중에 의한 최대 전단력의 포락선은 그림 9.9(f)와 같다. 이 그림에서 전단력의 절대 최댓값은 지점에서 발생하며 그 크기는 $w_\ell L/2$ 임을 알 수 있다.

단면 $a'a'$의 최대 휨모멘트에 대한 식은 하중 w_ℓ에 휨모멘트 영향선(그림 9.9(c))의 면적을 곱하여 구할 수 있다.

$$\text{최대 휨모멘트} = \frac{w_\ell a}{2}(L-a) \tag{9.8}$$

식 (9.8)을 그림으로 나타내어 계산한 등분포 활하중에 의한 최대 휨모멘트의 포락선은 그림 9.9(g)와 같다. 이 포락선으로부터 휨모멘트의 절대 최댓값은 보의 중앙에서 발생하며 그 크기는 $w_\ell L^2/8$임을 알 수 있다.

연속 집중하중

연속 이동집중하중이나 다른 어떤 활하중을 받는 구조물의 응답함수의 절대 최댓값은 응답함수의 포락선으로부터 구할 수 있다. 이러한 포락선은 9.1절에서 9.3절에서 설명한 절차에 의하여 구조물의 길이에 따라 많은 점에서의 응답함수의 최댓값을 구하여 작성할 수 있다. 이러한 방법은 단순한 구조물에서는 그렇지 않지만 계산량이 매우 많기 때문에 절대 최댓값을 구하기 위해 일반적으로 컴퓨터를 이용한다. 이 절에서는 연속 이동집중하중을 받는 단순지지 보에서 최대 전단력과 휨모멘트의 절댓값을 직접적으로 구하는 방법에 대해 설명하고자 한다.

단일 집중하중이나 등분포하중의 경우와 마찬가지로 연속 이동집중하중을 받는 단순지지 보의 절대 최대 전단력은 항상 지점에서 발생한다. 그림 9.9(b)와 같은 단순지지 보의 임의의 단면 $a'a'$의 전단력에 대한 영향선으로부터 단면의 양의 최대 전단력을 구하기 위해 영향선의 양의 부분에 가능한 많은 하중을 위치시키고 음의 부분에는 가능한 적은 하중을 위치시켜야 한다는 것을 알 수 있다. 또한 단면 $a'a'$가 보의 좌측지점으로 이동함에 따라 영향선의 양의 부분의 길이와 최대 세로축값이 증가하고 음의 부분은 감소하기 때문에 최대 양의 전단력의 값은 계속해서 증가할 것이다. 그러므로 양의 절대 최대 전단력은 단면 $a'a'$가 좌측 지점 A의 바로 우측에 위치할 때 발생할 것이다. 유사하게 절대 음의 최대 전단력은 단순보의 우측 지점 C의 바로 좌측에서 발생함을 알 수 있다. 절대 최대 전단력의 위치를 알면 9.3절에서 설명한 연속 집중하중에 의한 단면의 최대 응답을 계산하는 순서에 의해 절대값을 구할 수 있다. 좌측 지점에서의 전단력에 대한 영향선은 좌측 지점의 반력에 대한 영향선과 같기 때문에 반력의 영향선을 이용하여 쉽게 절대 최대 전단력을 계산할 수 있다.

절대 최대 휨모멘트의 위치를 구하기 위해 그림 9.10과 같이 임의의 연속 이동집중하중 P_1, P_2, P_3를 받고 있는 단순지지 보를 생각해 보자. 하중 P_1, P_2, P_3의 합력은 그림과 같이 P_2에서 거리 x만큼 떨어진 P_R로 표시하였다. 하중이 작용하는 위치와 관계없이 하중점 사이에서의 보의 휨모멘트 다이어그램은 선형적으로 변화하므로 절대 최대 휨모멘트는 하중들 중의

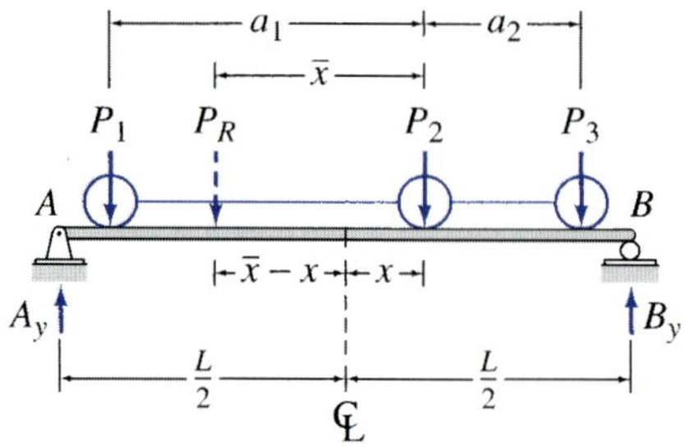

그림 9.10

어느 하나의 위치에서 발생한다. 절대 최대 휨모멘트가 P_2 위치에서 발생하였다면 그림과 같이 보의 중앙에서부터 이 하중까지의 거리 x를 구해야 한다. 평형조건식 $\sum M_B = 0$에서 각 하중 대신에 합력 P_R을 적용하여 수직반력 A_y를 구할 수 있다.

$$+\circlearrowleft \sum M_B = 0 \qquad -A_y(L) + P_R\left(\frac{L}{2} + \bar{x} - x\right) = 0 \qquad A_y = P_R\left(\frac{1}{2} + \frac{\bar{x}}{L} - \frac{x}{L}\right)$$

따라서 하중 P_2 위치에서의 휨모멘트는 다음과 같다.

$$M_2 = A_y\left(\frac{L}{2} + x\right) - P_1 a_1$$

$$= P_R\left(\frac{1}{2} + \frac{\bar{x}}{L} - \frac{x}{L}\right)\left(\frac{L}{2} + x\right) - P_1 a_1$$

$$= P_R\left(\frac{L}{4} + \frac{\bar{x}}{2} + \frac{x\bar{x}}{L} - \frac{x^2}{L}\right) - P_1 a_1$$

M_2가 최대가 되기 위해서는 x로 미분한 값이 다음과 같이 0이 되어야 한다.

$$\frac{dM_2}{dx} = P_R\left(\frac{\bar{x}}{L} - \frac{2x}{L}\right) = 0$$

따라서 거리 x를 다음과 같이 계산할 수 있다.

$$x = \frac{\bar{x}}{2} \tag{9.9}$$

식 (9.9)로부터 연속 **이동집중하중이 작용하는 단순지지 보의 최대 휨모멘트는 보의 중앙점이 그 하중과 보에 작용하는 모든 하중의 합력의 가운데 위치할 때 그 하중의 위치에서 발생한다는 것을 알 수 있다.** 이 조건을 이용하여 보에 작용하는 모든 하중에 대한 최대 모멘트를 계산할 수 있다. 이렇게 계산한 최대 휨모멘트 중 가장 큰 값이 절대 최대 휨모멘트가 된다. 그러나 일반적으로 절대 최대 휨모멘트는 합력과 가장 가까운 하중이 다음으로 인접한 하중보다 같거나 크다는 가정에서 그 하중의 위치에서 발생하기 때문에 보에 작용하는 모든 하중에 대해 조사할 필요는 없다. 그렇지 않으면 합력에 인접한 두 하중에 대해 최대 휨모멘트를 계산하여 그 중에 큰 값이 절대 최대 휨모멘트가 된다.

9.5 Example

그림 9.11(a)와 같이 HL-93트럭의 축하중이 작용하는 단순지지 보의 절대 최대 휨모멘트를 구하라.

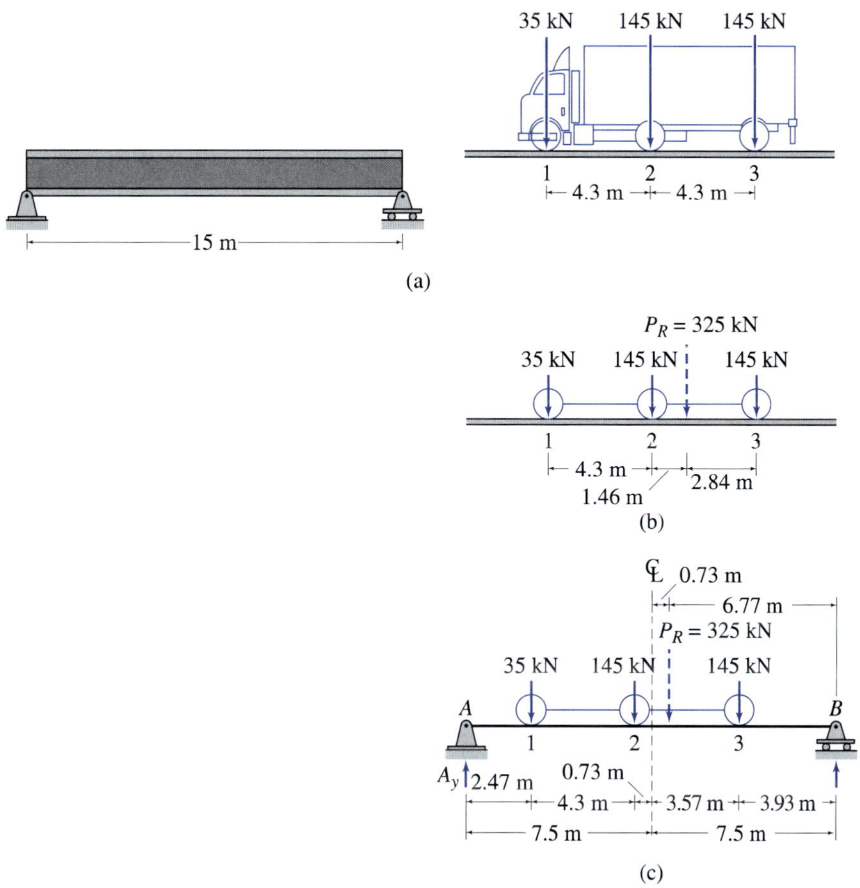

그림 9.11

풀이

연속 하중의 합력. 합력은 연속 하중의 크기를 합하여 다음과 같이 구한다.

$$P_R = \sum P_i = 35 + 145 + 145 = 325 \text{ kN}$$

합력의 위치는 한 점에 대한 합력의 모멘트가 같은 점에 대한 개별 하중의 모멘트의 합과 같다는 사실로부터 구할 수 있다. 따라서 145 kN의 트레일러 - 축하중에 대한 모멘트를 합하여 다음과 같이 계산한다.

$$P_R(\bar{x}) = \sum P_i\, x_i$$

$$325(\bar{x}) = 35(8.6) + 145(4.3)$$

$$\bar{x} = 2.84 \text{ m}$$

절대 최대 휨모멘트. 그림 9.11(b)에서 연속 하중의 두 번째 하중(145 kN의 후륜 하중)이 합력에 가장 가깝게 위치한다. 따라서 절대 최대 휨모멘트는 보의 중앙점이 두 번째 하중과 합력의 가운데 위치할 때 두 번째 하중의 위치에서 발생한다. 합력은 두 번째 하중의 우측으로 1.46 m 떨어진 곳에 위치하므로 그림 9.11(c)와 같이 이 하중을 보의 중앙에서 좌측으로 1.46/2 = 0.73 m 떨어진 곳에 위치시킨다. 다음으로 A의 수직반력을 계산한다.

$$A_y = 325\left(\frac{6.77}{15}\right) = 146.68 \text{ kN}$$

따라서 두 번째 하중의 위치에서 발생하는 절대 최대 휨모멘트는 다음과 같다.

$$\text{절대 최대 휨모멘트} = M_2 = 146.68(2.47 + 4.3) - 35(4.3)$$
$$= 842.52 \text{ kN} \cdot \text{m}$$

요약

이 장에서 단일 집중하중에 의한 응답함수는 하중에 하중 위치에서의 응답함수의 영향선의 세로축값을 곱하여 구할 수 있다는 것을 설명하였다. 단일 이동집중하중에 의한 응답함수의 최대 양(또는 음)의 값을 구하기 위해서는 하중을 응답함수 영향선의 최대 양(또는 음)의 세로축값에 위치시켜야 한다.

구조물의 일부분에 재하되는 등분포하중에 의한 응답함수의 값은 하중에 응답함수 영향선의 순단면적을 곱하여 구할 수 있다. 등분포 활하중에 의해 발생하는 응답함수의 양(또는 음)의 최댓값을 구하기 위해서는 응답함수 영향선의 양(또는 음)의 부분에 하중을 재하시켜야 한다.

연속 이동집중하중에 의한 구조물의 특정 위치에서의 응답함수의 최댓값은 각 하중을 응답함수 영향선의 최댓값의 위치에 순차적으로 재하시키고, 하중과 영향선 세로축값을 곱한 후에 이들을 합하여 각 하중 위치에서의 응답함수의 값을 계산하고, 이렇게 계산된 응답함수의 값들을 비교하여 구할 수 있다.

단순지지 보에서는 (a) 절대 최대 전단력은 지점에서 발생하고, (b) 단일 집중하중이나 등분포 활하중에 의한 절대 최대 휨모멘트는 보의 중앙에서 발생하며, (c) 연속 이동집중하중에 의한 절대 최대 휨모멘트는 보의 중앙점이 한 하중과 합력의 가운데에 위치할 때 합력과 가까운 하중의 위치에서 발생한다.

연습문제

9.1 문제 8.6의 보에 75 kN의 집중 활하중이 작용할 때 점 B의 최대 음의 휨모멘트(부모멘트)를 구하라.

9.2 문제 8.6의 보에 35 kN/m의 등분포 활하중이 작용할 때 지점 A에서의 위쪽 방향으로 발생하는 최대 반력을 구하라.

9.3 문제 8.6의 보에 35 kN/m의 등분포 활하중이 작용할 때 점 B의 음의 전단력 최댓값을 구하라.

9.4 문제 8.7의 보에 100 kN의 집중 활하중, 50 kN/m의 등분포 활하중, 20 kN/m의 등분포 고정하중이 작용할 때 점 C의 양과 음의 전단력 최댓값, 양과 음의 휨모멘트 최댓값을 구하라.

9.5 문제 8.5의 캔틸레버보에 100 kN의 집중 활하중, 30 kN/m의 등분포 활하중, 8 kN/m의 등분포 고정하중이 작용할 때 지점 A의 최대 상향 수직반력과 최대 반시계방향 반력모멘트를 구하라.

9.6 문제 8.10의 보에 150 kN의 집중 활하중, 50 kN/m의 등분포 활하중, 25 kN/m의 등분포 고정하중이 작용할 때 점 C의 양과 음의 전단력 최댓값, 양과 음의 휨모멘트 최댓값을 구하라.

9.7 문제 8.23의 보에 120 kN의 집중 활하중, 42 kN/m의 등분포 활하중, 14 kN/m의 등분포 고정하중이 작용할 때 점 D의 양과 음의 전단력 최댓값, 양과 음의 휨모멘트 최댓값을 구하라.

9.8 문제 8.29의 보에 160 kN의 집중 활하중, 28 kN/m의 등분포 활하중, 14 kN/m의 등분포 고정하중이 작용할 때 점 F의 양과 음의 전단력 최댓값, 양과 음의 휨모멘트 최댓값을 구하라.

9.9 문제 8.47의 트러스에 120 kN의 집중 활하중, 28 kN/m의 등분포 활하중, 14 kN/m의 등분포 고정하중이 작용할 때 부재 GH의 최대 압축력을 구하라.

9.10 문제 8.50의 트러스에 120 kN의 집중 활하중, 40 kN/m의 등분포 활하중, 20 kN/m의 등분포 고정하중이 작용할 때 부재 BE의 최대 인장력과 부재 BF의 최대 압축력을 구하라.

9.11 문제 8.51의 트러스에 160 kN의 집중 활하중, 56 kN/m의 등분포 활하중, 28 kN/m의 등분포 고정하중이 작용할 때 부재 DI의 최대 인장력과 최대 압축력을 구하라.

9.12 문제 8.2의 보에 그림 P9.12와 같이 이동 HL-93트럭의 윤하중이 작용할 때 점 B의 양의 전단력과 휨모멘트 최댓값을 구하라.

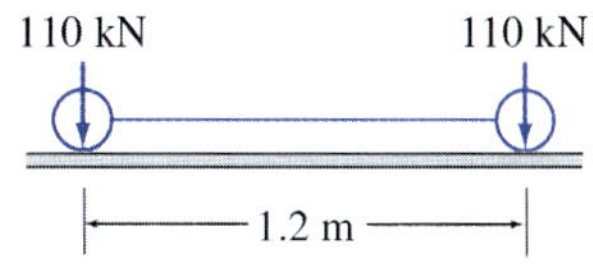

그림 P9.12, P9.20

9.13 문제 8.3의 보에 그림 P9.13과 같이 연속하는 세 개의 이동집중하중이 작용할 때 점 B의 양의 전단력과 휨모멘트 최댓값을 구하라.

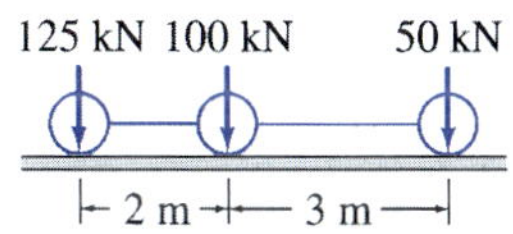

그림 P9.13, P9.17, P9.18, P9.22

9.14 문제 8.1의 보에 그림 P9.14와 같이 연속하는 네 개의 이동집중하중이 작용할 때 점 B의 양의 휨모멘트 최댓값을 구하라.

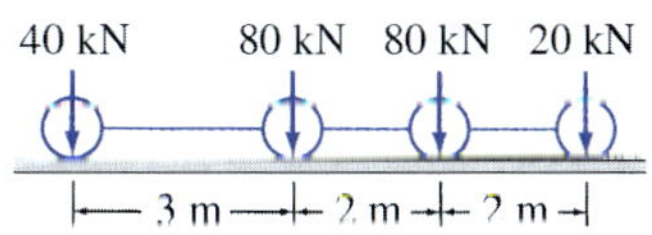

그림 P9.14, P9.16, P9.19, P9.23

9.15 문제 8.23의 보에 그림 P9.15와 같이 이동 HS15-44트럭의 윤하중이 작용할 때 점 D의 양의 휨모멘트 최댓값을 구하라.

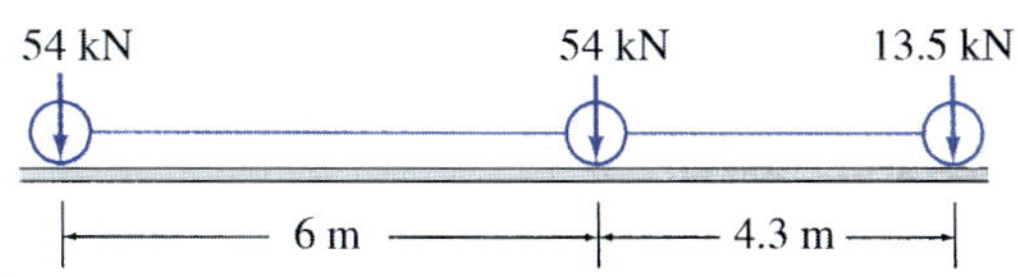

그림 P9.15, P9.21

9.16 문제 8.49의 트러스에 그림 P9.14와 같이 연속하는 네 개의 이동집중하중이 작용할 때 부재 *GH*의 최대 압축력을 구하라.

9.17 문제 8.53의 트러스에 그림 P9.13와 같이 연속되는 세 개의 이동집중하중이 작용할 때 부재 *DI*의 최대 인장력을 구하라.

9.18 그림 P9.13의 연속되는 세 개의 이동집중하중이 작용할 때 15 m 길이의 단순지지 보의 절대 최대전단력을 구하라.

9.19 그림 P9.14와 같이 연속되는 네 개의 이동집중하중이 작용할 때 12 m 길이의 단순지지 보의 절대 최대전단력을 구하라.

9.20 그림 P9.12와 같이 이동하는 HL-93트럭의 윤하중에 의한 8 m 단순지지 보의 절대 최대휨모멘트를 구하라.

9.21 그림 P9.15와 같이 이동하는 HS15-44트럭의 윤하중에 의한 25 m 단순지지 보의 절대 최대휨모멘트를 구하라.

9.22 그림 P9.13과 같이 연속되는 세 개의 이동집중하중에 의한 15 m 단순지지 보의 절대 최대휨모멘트를 구하라.

9.23 그림 P9.14와 같이 연속되는 네 개의 이동집중하중에 의한 12 m 단순지지 보의 절대 최대휨모멘트를 구하라.

Taj Mahal, Built in the 17C in Agra, India
Luciano Mortula/Shutterstock.com

10 대칭 구조물의 해석

많은 구조물들은 미적, 기능적 이유로 대칭적으로 배치된다. 대칭 구조물은 선형 탄성이어서 부재력과 변형과 같은 전체 구조물의 반응은 대칭축에 의해 나누어진 한 부분의 반응으로 구할 수 있다. 따라서 대칭 구조물은 한 부분(일반적으로 절반)만 해석하여 전체에 대한 반응을 구할 수 있다. 이 장에서는 대칭 구조물 해석에서 연산을 하는 수고를 줄이기 위해 대칭 구조물을 어떻게 인식하고 어떻게 이용하는지에 대하여 논의하고자 한다.

먼저 대칭 구조물에 대해 정의한 후 대칭 하중과 역대칭 하중에 대해 설명할 것이다. 또한 일반적인 하중을 대칭과 역대칭 요소로 분해하는 과정을 소개한다. 그 다음으로 대칭 하중과 역대칭 하중에 의한 대칭 구조물의 거동을 살펴보고 마지막으로 대칭 구조물 해석 과정을 소개한다.

이 장에서는 하나의 대칭축을 갖고 있는 구조물만 다루지만 여기에서 소개된 개념들을 이용하여 여러 개의 대칭축을 가진 구조물을 해석할 수 있다.

10.1 대칭 구조물

대칭의 개념

대칭에 대해서는 거울 형상과 같은 **반사**의 개념을 사용하면 이해할 수 있다. 그림 10.1(a)와 같은 xy 평면의 골조에서 y축에 대한 골조의 대칭은 그림 10.1(b)와 같이 y축에 대해 구조물을 180° 회전해서 구할 수 있다. 만약 구조물 D점의 좌표가 x_1, y_1이라면 대칭 구조물의 점은 $-x_1$, y_1이 된다. x축에 대한 구조물의 대칭도 유사한 방법으로 구할 수 있다. 즉 그림 10.1(c)와 같이 x축에 대해 180° 회전하여 x축에 대한 대칭 구조 D점의 좌표는 x_1, $-y_1$이 된다.

이와 같이 임의의 s축에 대한 구조물의 대칭은 s축에 대해 구조물을 180° 회전시켜 얻을 수 있다. 또 다른 방법으로 구조물의 대칭은 s축에 직교인 방향으로 좌표 부호를 바꾼 개별 접합부를 연결함으로써 얻을 수 있다. 이에 대한 이해를 돕기 위하여 그림 10.2(a)와 같은 트러스를 y축을 중심으로 대칭시켜 보자. 그림 10.2(b)에 나타낸 트러스에서 y축에 대한 대칭은 트러스의 5개 접합부의 x좌표 부호를 바꾸고 이를 직선으로 연결하면 된다. 여기서, y축에 접해 있는 접합부 C는 동일한 위치이다.

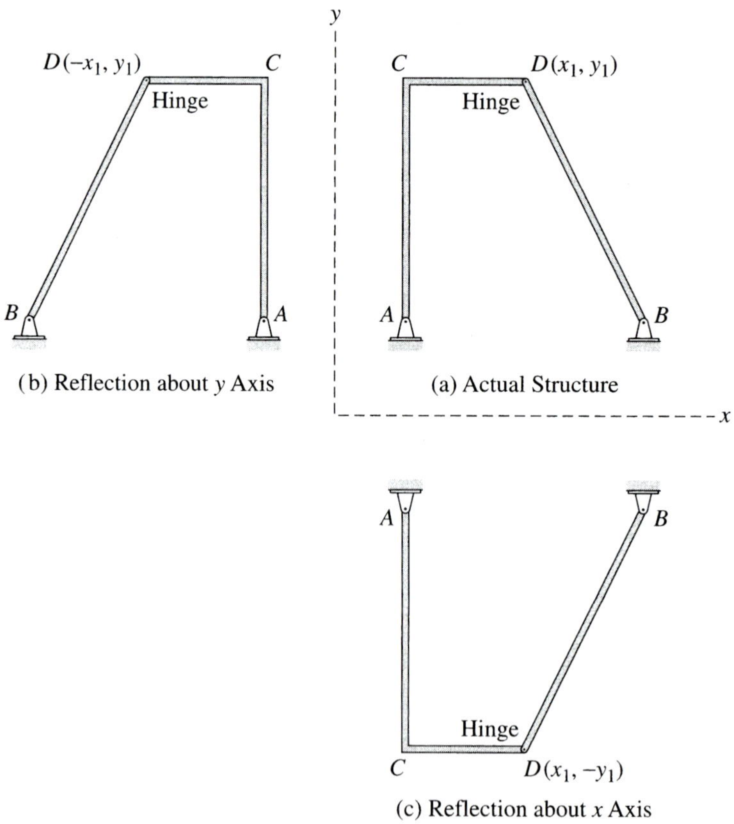

그림 10.1

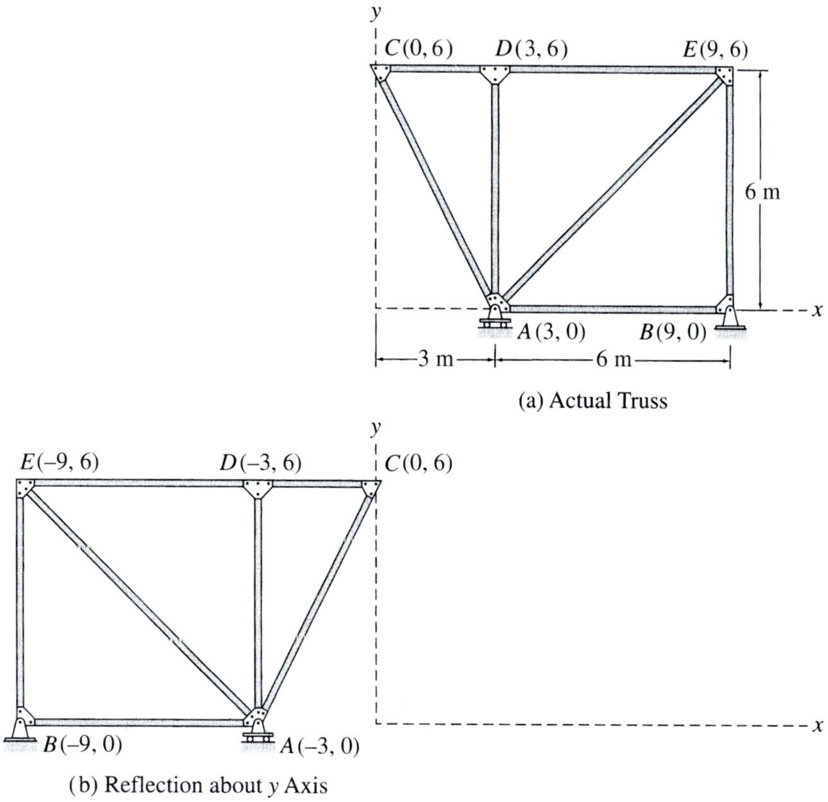

그림 10.2

대칭 구조물

평면구조물의 경우에 만약 어떤 축에 대해 구조물의 대칭이 원래 구조물의 형태, 지지조건, 재료적 특성과 같다면 그 구조물은 이 축에 대해 대칭 구조물이다.

그림 10.3에 대칭 구조물의 몇 가지 예를 나타내었다. 모든 구조물에 대해 대칭축은 s 축이다. 대칭축에 대하여 모든 구조물의 대칭은 형태, 지지조건, 재료적 특성이 원래 구조물과 같다.

정확한 수학적 대칭 개념으로 구조물의 대칭 여부를 결정하는 것은 바람직하지 않다. 대부분의 대칭 구조물들은 대칭축에 대하여 골조의 절반이 다른 절반의 골조와 형태, 지지조건, 재료 특성들이 같다면 대칭 구조물이라 한다. 그림 10.3에서 어떤 구조물의 한 쪽 면이 대칭축에 대해 180° 회전한다면, 구조물이 대칭 여부를 알 수 있고 이 때 구조물은 다른 쪽의 절반과 정확히 겹치게 된다.

일반적으로 구조물은 형태, 지점, 재료 특성들이 대칭축에 대해 대칭이면 대칭 구조물로 간주된다. 그러나 해석을 하기 위하여 구조적인 대칭을 검토할 때에는 해석 결과에 영향을 주는 구조적 특성을 모두 고려해야 한다. 이 경우에는 구조물의 해석 결과에 영향을 주는 모든 구조적 특성들이 대칭이라면 이 구조물을 대칭 구조물로 간주할 수 있다.

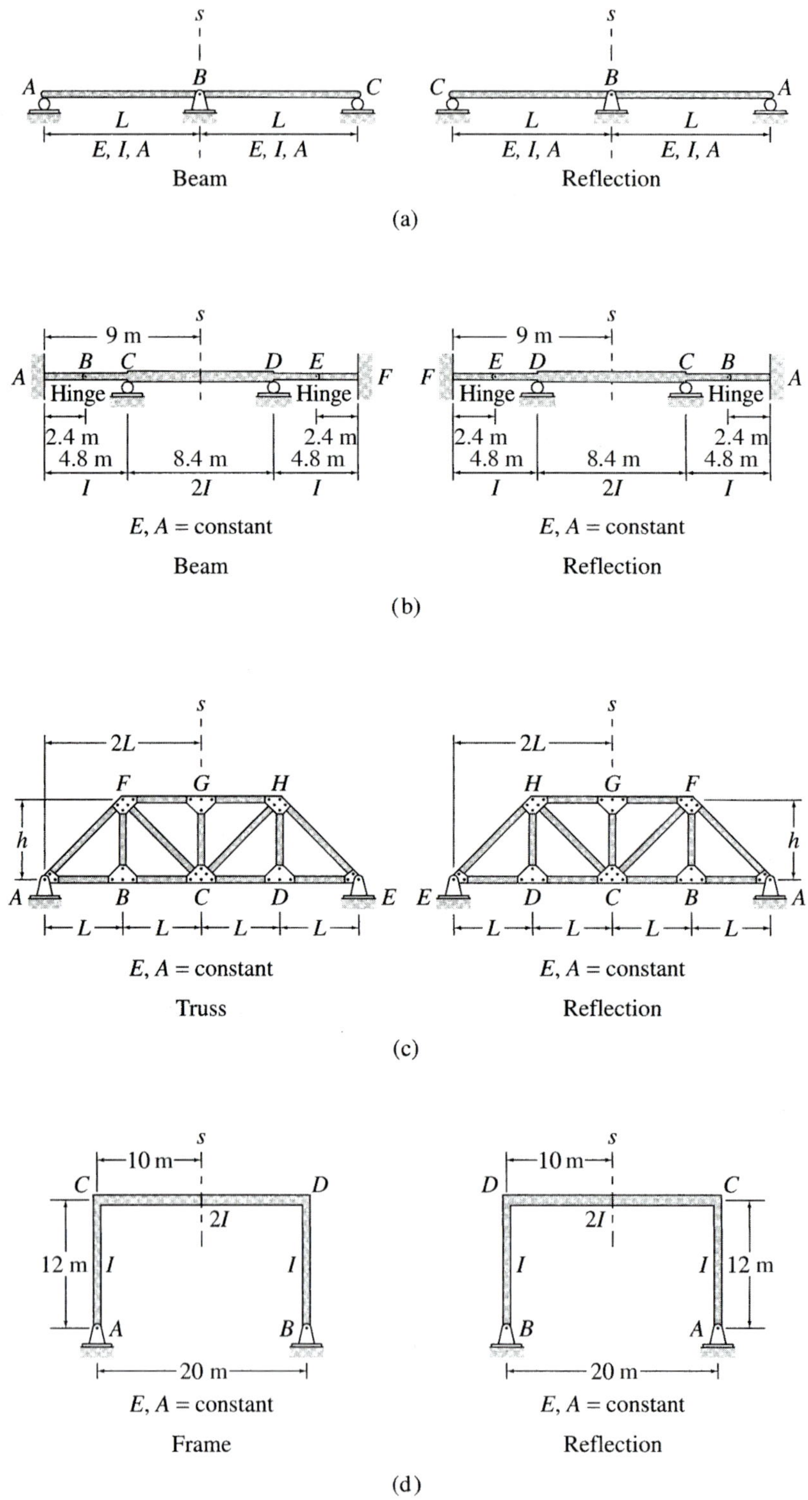

그림 10.3 대칭 구조물의 예

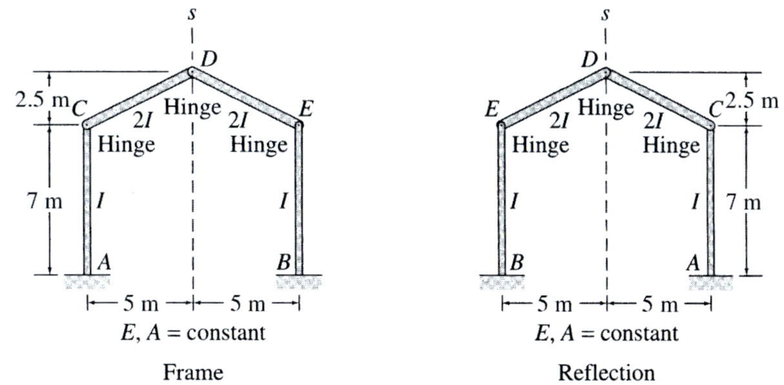

(e)

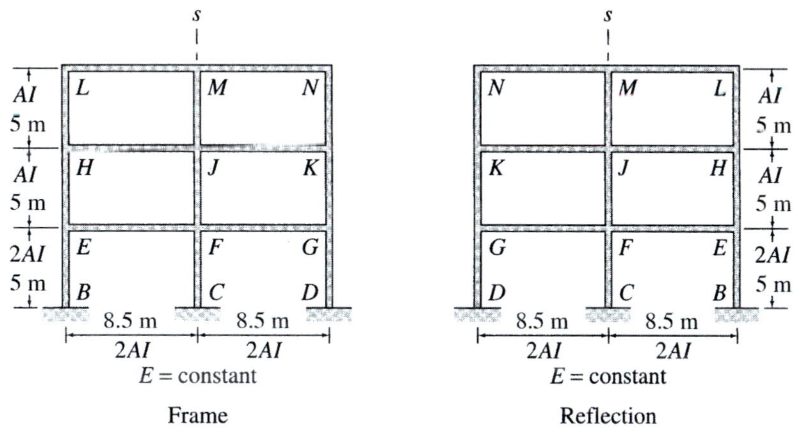

(f)

그림 10.3 계속

그림 10.4의 수직하중을 받는 정정트러스의 경우에 트러스의 형태(예를 들면 트러스의 치수와 트러스 부재의 배열), 재료적 특성, 단면 특성들(E와 A)은 s축에 대해 대칭이지만, A점의 회전단은 수평, 수직반력이 있지만 C점의 이동단은 단지 수직반력만 있으므로 지점들은 대칭이 아니다. 그러나 이 구조물이 수직하중만 받을 경우에는 회전단 A점에서 수평반력은 0 ($A_x = 0$)이므로 이 트러스는 대칭 구조물로 간주할 수 있다. 따라서 부재 축력과 처짐과 같은 트러스의 거동에 어떤 영향도 주지 않는다. 그러나 이 트러스에 수평하중이 작용할 때에는 이 구조물을 대칭 구조물로 간주할 수 없다.

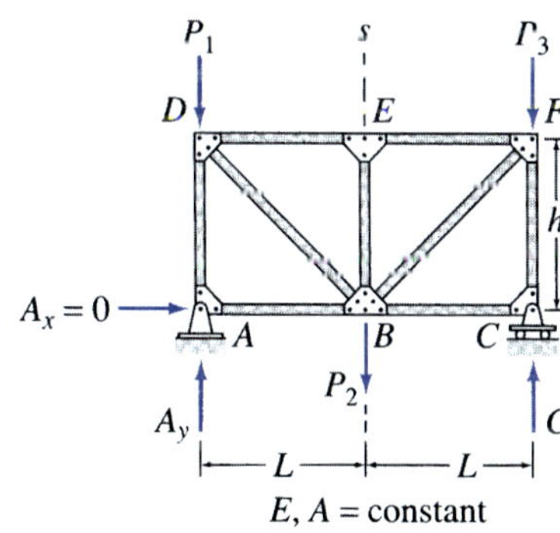

그림 10.4

10.1 Example

그림 10.5(a)와 같은 트러스에 대해 접합부에 작용하는 하중으로 인해 발생하는 부재 축력과 처짐을 구하고자 한다. 이 트러스는 해석 시 대칭 구조물로 간주할 수 있는가?

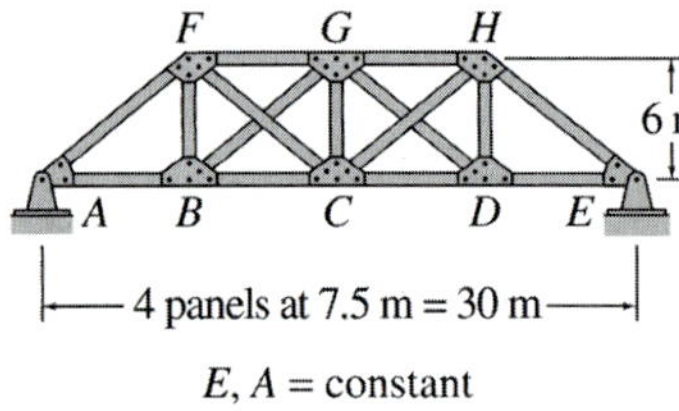

(a)

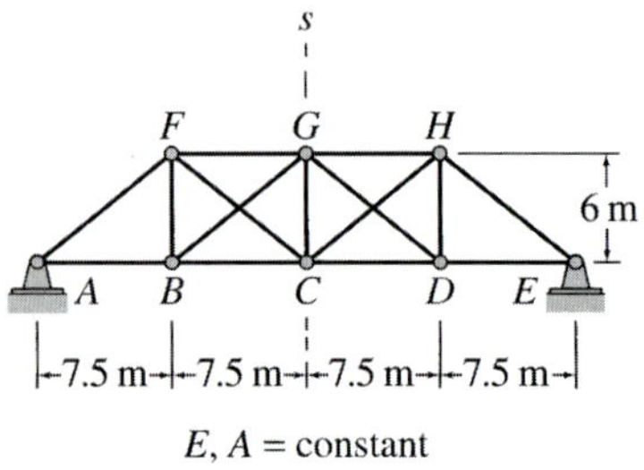

(b)

그림 10.5

풀이

그림 10.5(b)에서 부재 치수, 부재 배열, 재료 특성, 단면 특성(E와 A), 지점들은 모두 CG 부재를 통과하는 수직축, s에 대해 대칭이다. 따라서 트러스는 s축에 대해 대칭 구조물이다.

10.2 Example

그림 10.6(a)의 보에 작용하는 수직하중으로 인한 부재 단부의 부재력과 처짐을 구하고자 한다. 이 보는 해석 시 대칭 구조물로 간주할 수 있는가?

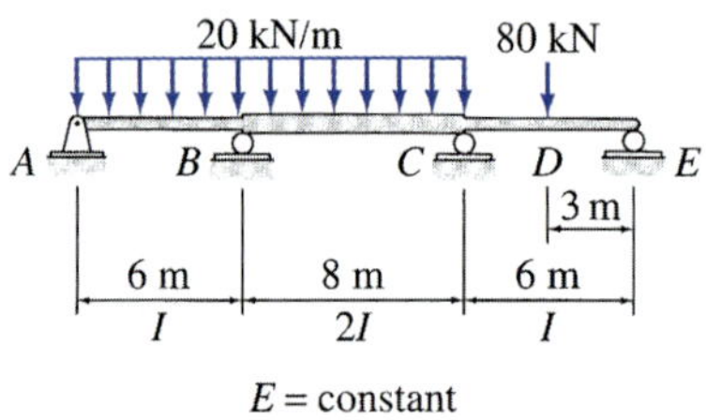

(a)

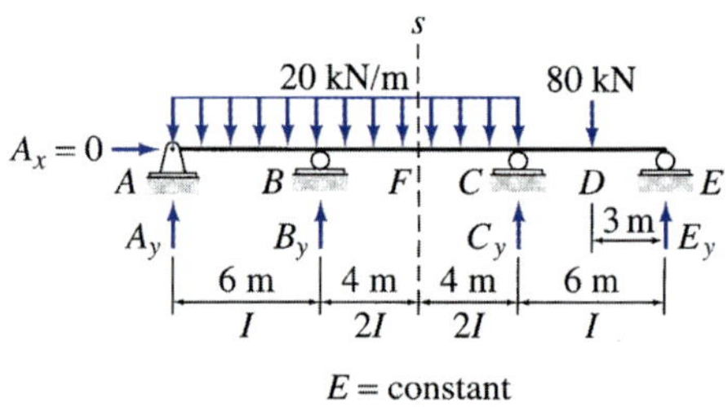

(b)

그림 10.6

풀이

그림 10.6(b)에서 부재 치수와 특성(E와 I)은 보의 중앙 F점을 통과하는 s축에 대해 대칭인 것을 알 수 있다. 그러나 A점의 회전단은 수평, 수직반력이 존재하지만, B점, C점, E점은 단지 수직반력만 존재하므로 지점들은 대칭이 아니다. 그러나 보의 A점에서 수평반력이 0 ($A_x = 0$)이므로 이 보는 수직하중을 받을 때 대칭 구조물이며 부재 단부의 부재력과 처짐에 아무런 영향을 받지 않는다.

10.3 Example

그림 10.7(a)의 골조에 작용하는 하중에 대해서 부재 단부의 부재력과 처짐을 구하고자 한다. 그림의 골조는 대칭 구조물로 간주할 수 있는가?

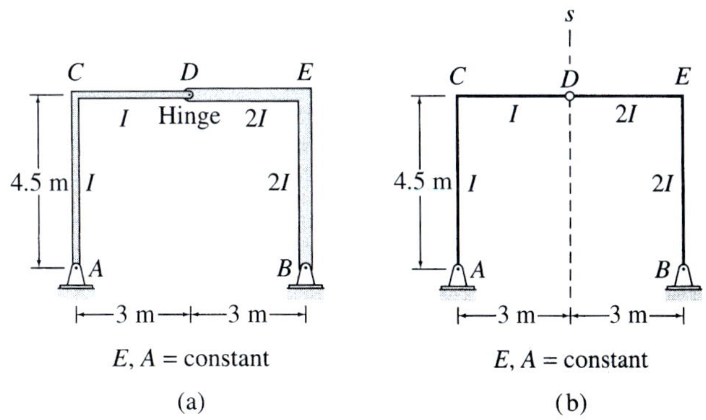

그림 10.7

풀이

그림 10.7(b)와 같이 골조의 형상과 지점들은 내부 힌지 D를 지나는 s축에 대칭이지만 단면2차모멘트(I)는 대칭이 아니다. 이 골조는 정정구조물이므로 부재 단부의 축력들은 재료와 단면특성(E, I, A)에 대해서 독립적이다. 그러므로 이 골조는 부재력을 해석할 때는 대칭 구조물이다. 그러나 휨모멘트에 대한 처짐을 해석할 때는 부재의 단면2차모멘트에 영향을 받기 때문에 대칭 구조물이 아니다.

10.2 대칭과 역대칭 하중요소

앞 절에서 설명한 것과 같이 어떤 축에 대한 부재력 또는 처짐의 대칭은 이 축에 대해 180°로 부재력 또는 처짐을 회전시켜 구할 수 있다. 그림 10.8(a)와 같이 xy평면의 A점에 작용하는 힘과 모멘트, F_x, F_y, M을 생각해보자. y축과 x축에 대한 대칭을 그림 10.8(b)와 (c)에 각각 나타내었다. 이 그림에서와 같이 반시계방향의 모멘트 M을 대칭할 경우에 시계방향이 된다. 이와 반대로 시계방향 모멘트의 대칭은 항상 반시계방향이 된다. A점(그림 10.8(a))의 처짐 Δ_x, Δ_y와 처짐각 θ의 대칭을 이와 유사한 방법으로 얻어질 수 있으며 이를 그림 10.8(b)와 (c)에 나타내었다.

대칭 하중

만약 임의의 축에 대한 어떤 하중의 대칭이 원래의 하중과 같다면 이 축에 대해 이 하중은 대칭 하중이다.

대칭 하중의 몇 가지 예들을 그림 10.9에 나타내었다. 그림과 같이 대칭축에 대해 각 하중의 대칭은 원래의 하중과 같다. 그러나 대칭의 개념으로만 하중의 대칭 여부를 결정하는 것은 바람직하지 않다.

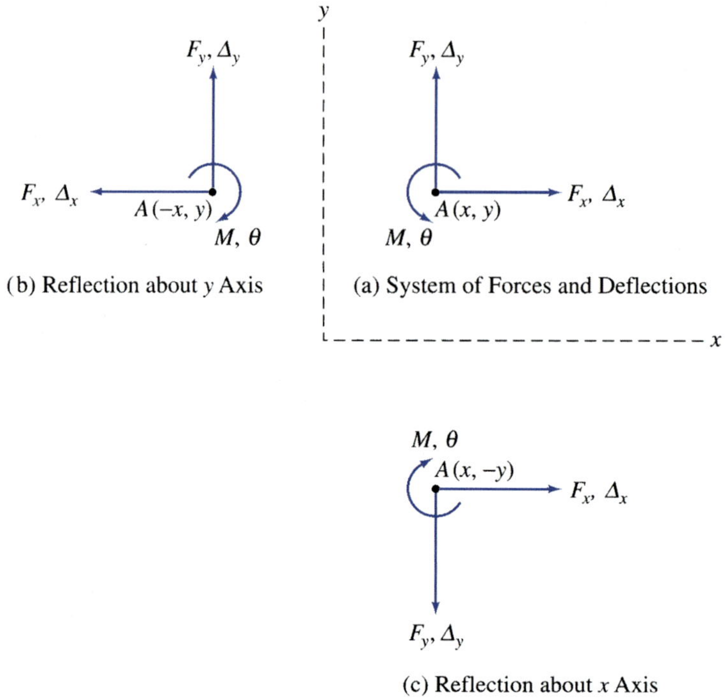

그림 10.8

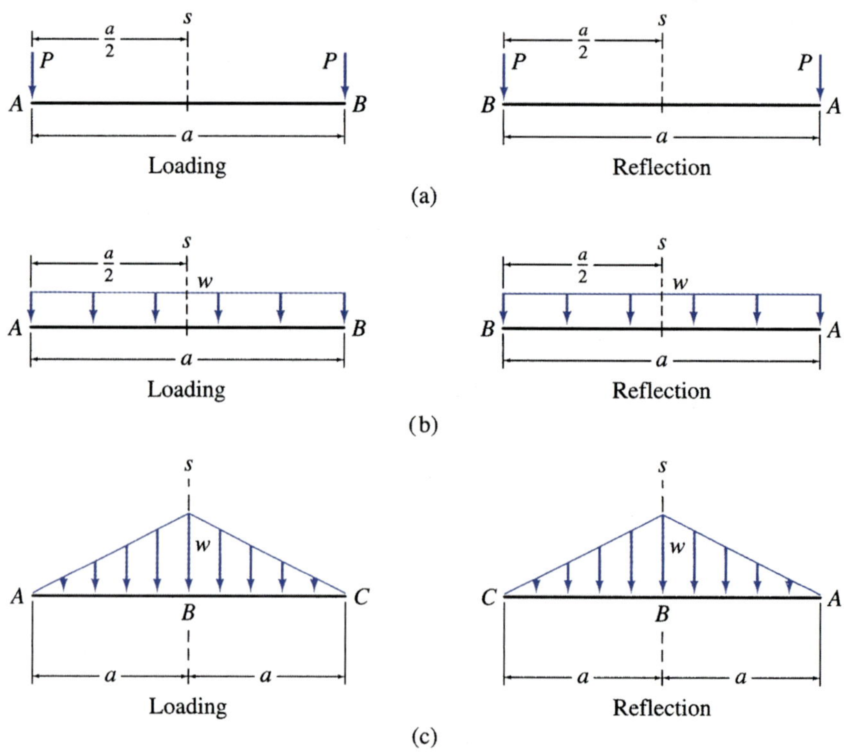

그림 10.9 대칭 하중의 예

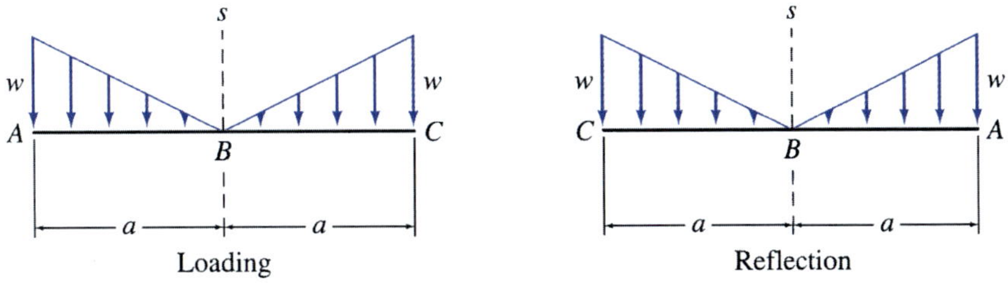

(d)

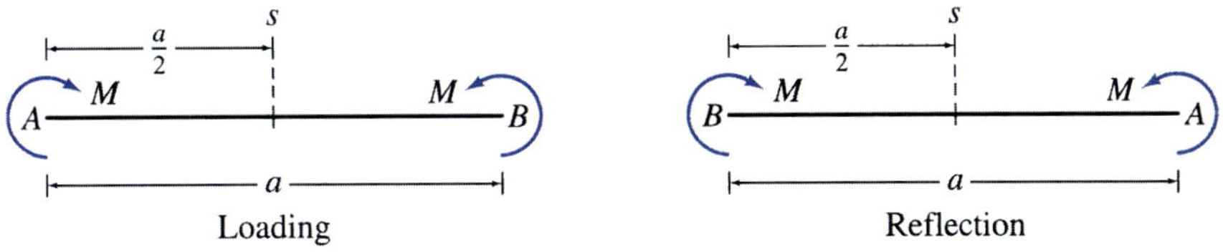

(e)

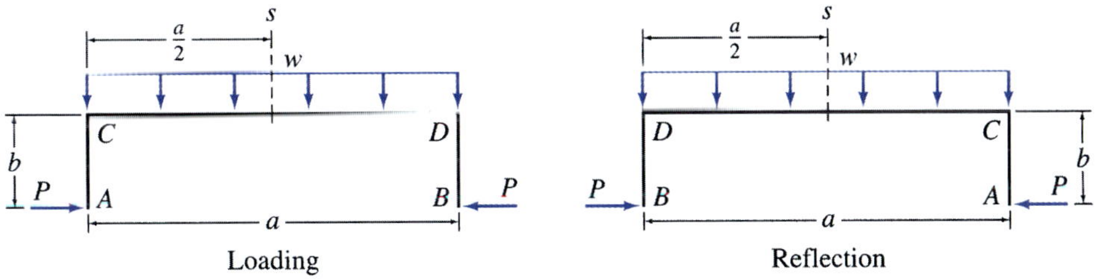

(f)

그림 10.9 계속

역대칭 하중

만약 임의의 축에 대해서 음의 대칭과 같다면 이 축에 대해 이 하중은 역대칭 하중이다.

역대칭 하중의 몇 가지 예들을 그림 10.10에 나타내었다. 각각의 하중조건에서 대칭과 음의 대칭은 그림에 나타내었다. 음의 대칭은 대칭 상태에서 모든 하중과 모멘트의 방향을 반대로 하여 구할 수 있다. s축에 대해서 하중의 음의 대칭과 원래 하중이 같음을 알 수 있다.

일반 하중을 대칭과 역대칭 요소로 분해

일반 하중을 다음과 같은 절차를 적용하면 어떤 임의의 축에 대해 대칭과 역대칭 요소로 분해할 수 있다.

1. 주어진 하중과 모멘트 크기를 2로 나누어 작용 하중의 절반 값을 구한다.
2. 주어진 축에 대해서 작용 하중의 절반 하중에 대한 대칭을 그린다.
3. 작용 하중의 절반 하중과 이에 대한 대칭을 더해서 주어진 하중의 대칭 하중요소를 구한다.
4. 주어진 하중에서 대칭 하중요소를 빼서 주어진 하중의 역대칭 요소를 구한다.

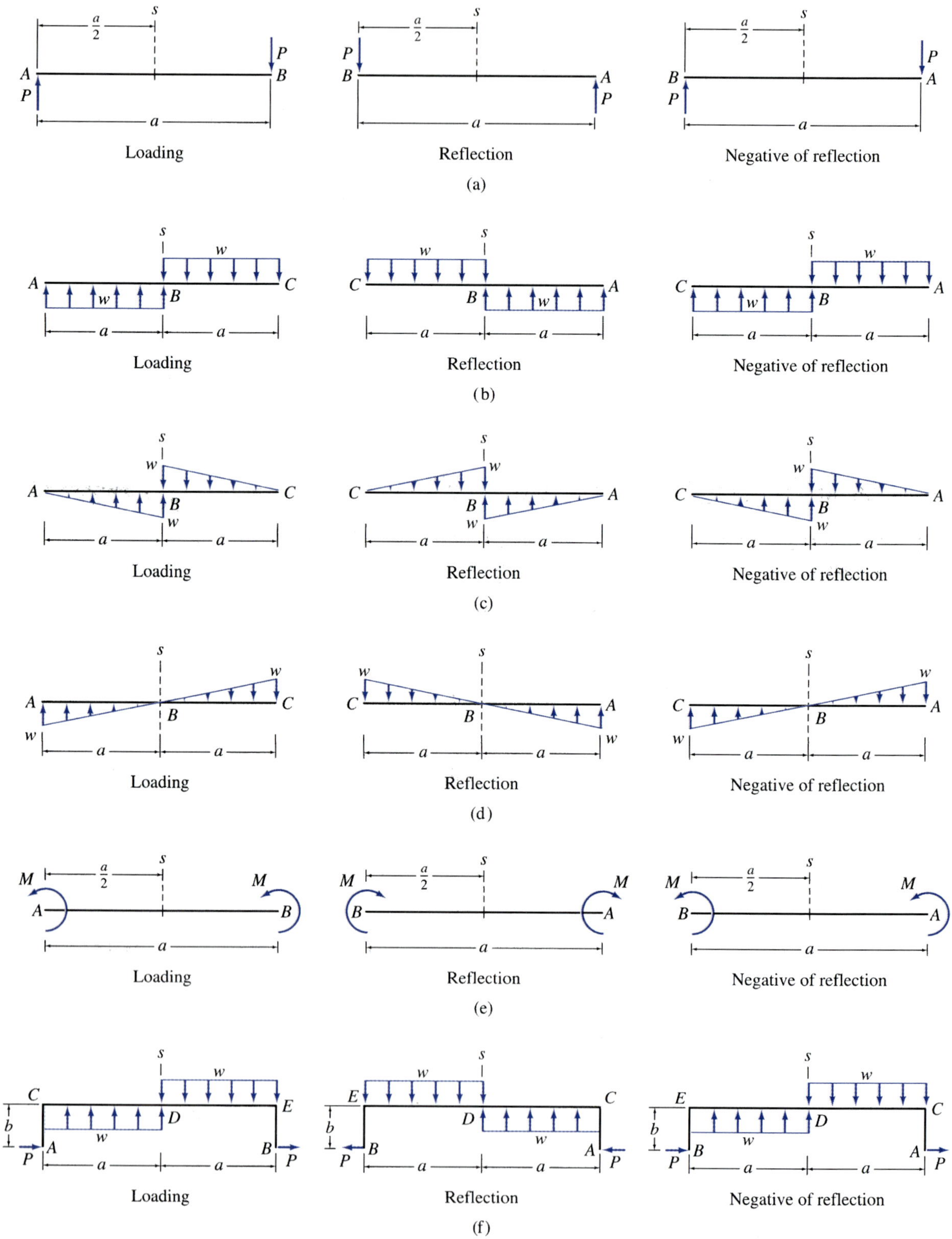

그림 10.10 역대칭 하중의 예

이러한 과정을 설명하기 위해 그림 10.11(a)를 살펴보자. 그림에서 주어진 하중을 s축에 대해 대칭과 역대칭 요소로 분해하고자 할 경우에 먼저 능분포하중과 집중하중을 2로 나누어 절반 하중을 계산해야 한다(그림 10.11(b)). s축을 중심으로 주어진 하중의 절반 하중의 대칭을 그림 10.11(c)에 나타내었다. 주어진 하중의 대칭 요소는 이러한 대칭(그림 10.11(c))에 절반 하중(그림 10.11(b))을 더해서 구한다. 이렇게 구한 대칭 하중요소를 그림 10.11(d)에 나타내었다. 마지막으로 역대칭 요소는 주어진 하중(그림 10.11(a))에서 대칭 하중요소(그림 10.11(d))를 빼서 구한다. 이렇게 구한 역대칭 하중요소를 그림 10.11(e)에 나타내었다. 대칭과 역대칭 요소들의 합은 원래 주어진 하중과 같다.

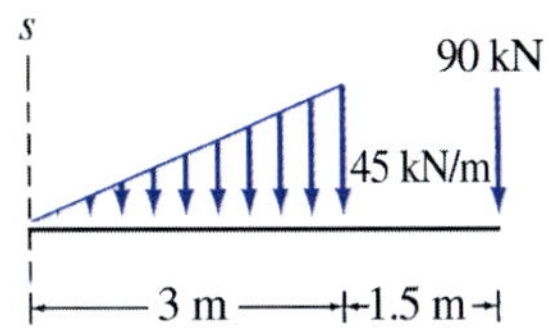

(a) Given Loading

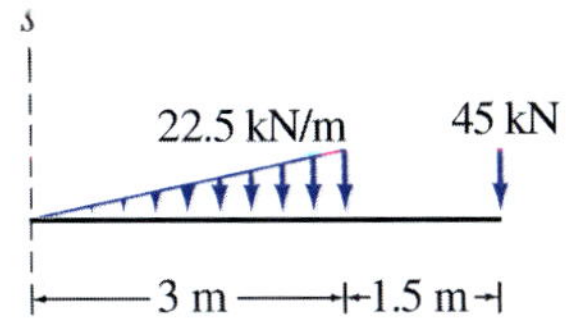

(b) Half Loading

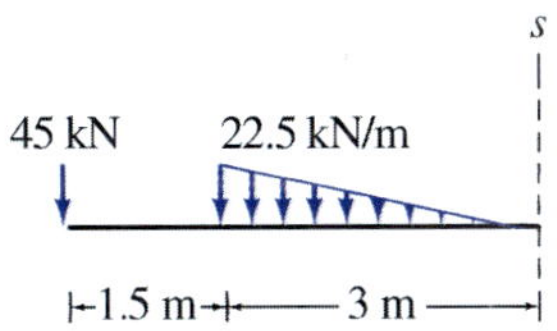

(c) Reflection of Half Loading

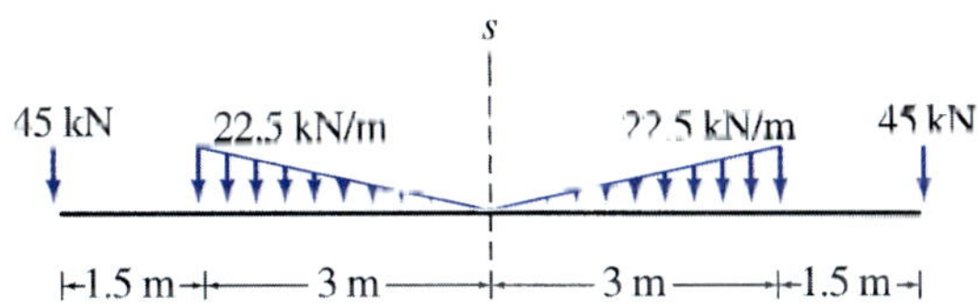

(d) Symmetric Loading Component

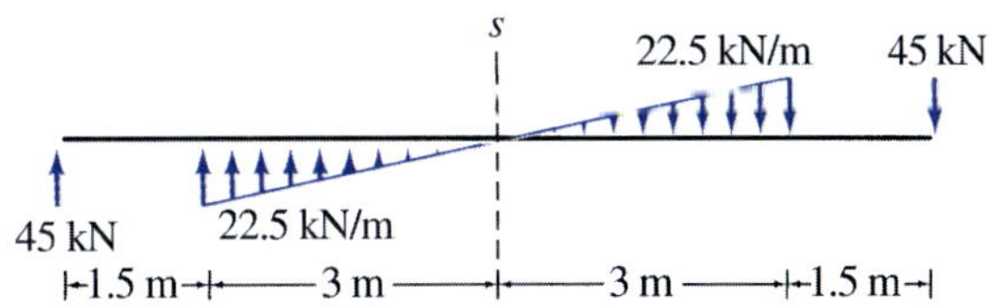

(e) Antisymmetric Loading Component

그림 10.11

10.4 Example

그림 10.12(a)와 같이 플랫 트러스가 하중을 받고 있다. 이 트러스의 대칭축에 대한 하중의 대칭과 역대칭 요소를 구하라.

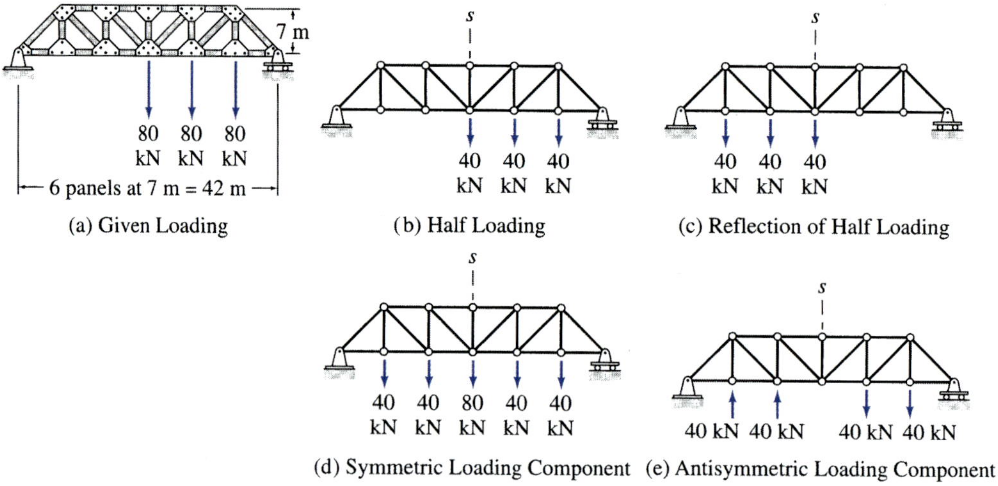

그림 **10.12**

풀이

대칭 하중요소. 트러스의 대칭축(s축)과 절반 하중을 그림 10.12(b)에 나타내었다. s축에 대한 절반 하중의 대칭은 그림 10.12(c)와 같다. 주어진 하중의 대칭 요소는 그림 10.12(d)와 같이 대칭(그림 10.12(c))과 절반 하중(그림 10.12(b))을 더해서 구한다.

역대칭 하중요소. 역대칭 하중요소는 전체 하중(그림 10.12(a))에서 대칭 하중요소(그림 10.12(d))를 빼서 구하며 그림 10.12(e)와 같다. 대칭과 역대칭 요소의 합은 원래 주어진 하중과 같다.

10.5 Example

그림 10.13(a)와 같이 연속보가 하중을 받고 있다. 이 보의 대칭축에 대해 주어진 하중의 대칭과 역대칭 요소를 구하라.

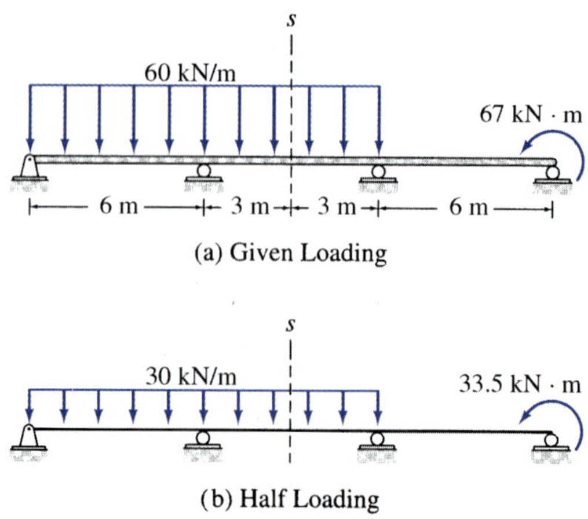

그림 **10.13**

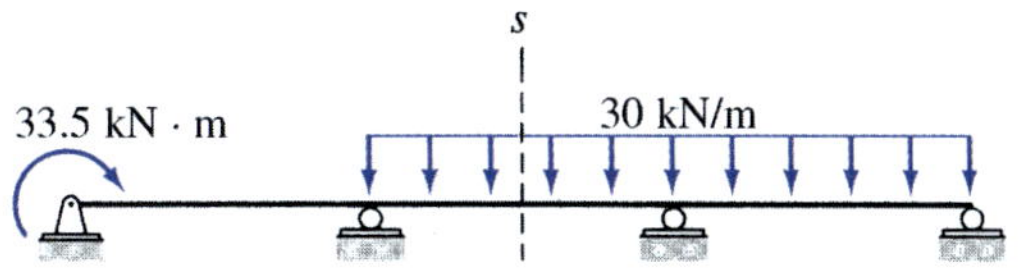

(c) Reflection of Half Loading

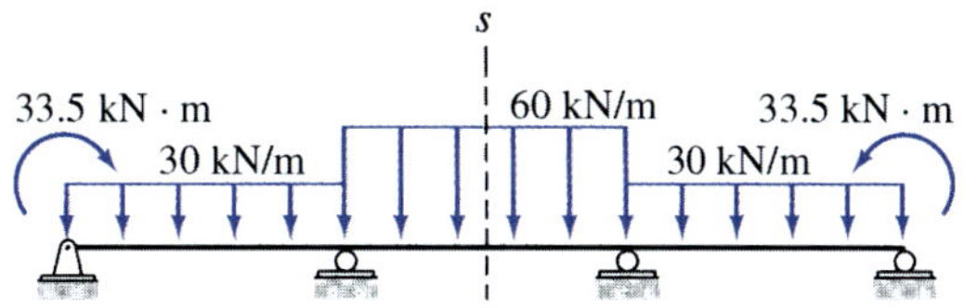

(d) Symmetric Loading Component

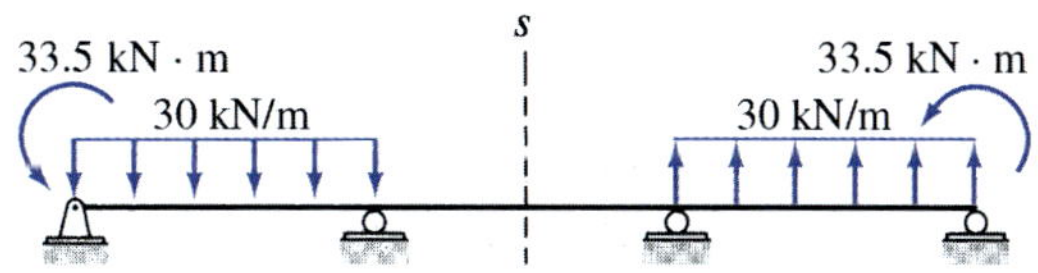

(e) Antisymmetric Loading Component

그림 **10.13** 계속

풀이

대칭 하중요소. 보의 대칭축(s)과 절반 하중을 그림 10.13(b)에 나타내었다. s축에 대한 절반 하중은 그림 10.13(c)와 같다. 주어진 하중의 대칭 요소는 그림 10.13(d)와 같이 대칭(그림 10.13(c))에 절반 하중(그림 10.13(b))을 더해서 구한다.

역대칭 하중요소. 역대칭 요소는 전체 하중(그림 10.13(a))에서 대칭 하중요소(그림 10.13(d))를 빼서 구하며 그림 10.13(e)와 같다.

대칭과 역대칭 요소들의 합은 원래 주어진 하중과 같다.

10.6 Example

4경간 연속보가 그림 10.14(a)와 같은 하중을 받고 있다. 이 보의 대칭축에 대해 하중의 대칭과 역대칭 요소를 구하라.

풀이

대칭 하중요소. 하중의 절반과 그 대칭을 그림 10.14(b)와 (c)에 나타내었다. 주어진 하중의 대칭 요소는 그림 10.14(d)와 같이 대칭에 절반 하중을 더해서 구한다.

역대칭 하중요소. 전체 하중(그림 10.14(a))에서 대칭 하중요소를 빼서 구하며 그림 10.14(e)와 같다.

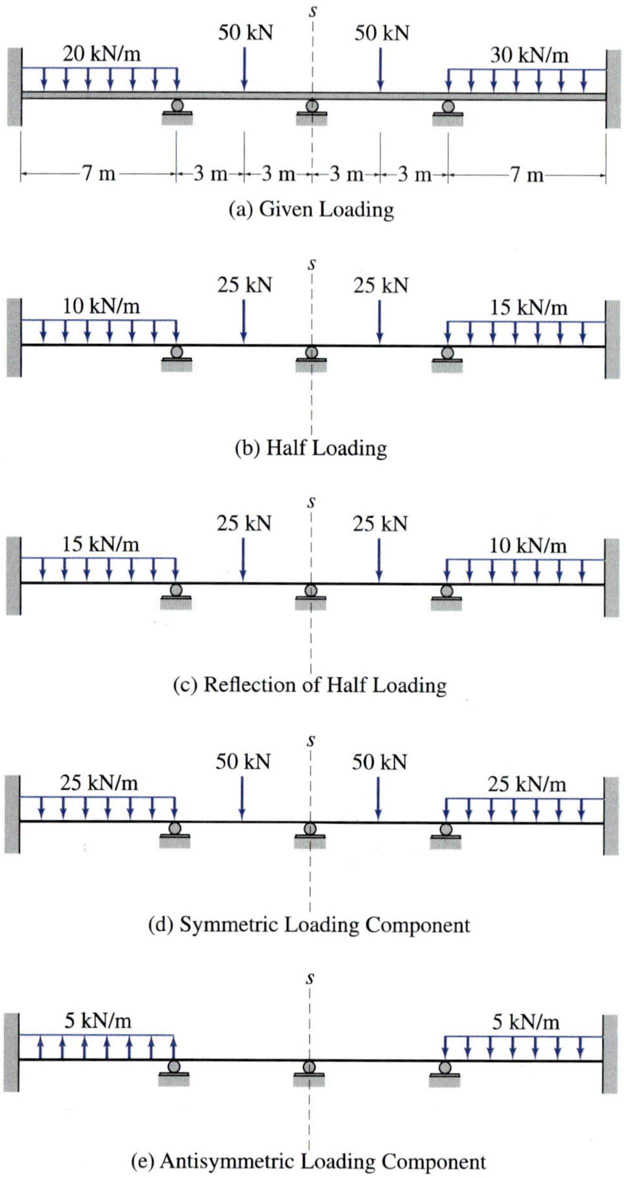

그림 10.14

10.7
Example

박공 골조가 그림 10.15(a)와 같은 하중을 받고 있다. 이 골조의 대칭축에 대해 하중의 대칭과 역대칭 요소를 구하라.

풀이

대칭 하중요소. 하중의 절반과 그 대칭을 그림 10.15(b)와 (c)에 각각 나타내었다. 주어진 하중의 대칭 요소는 그림 10.15(d)와 같이 대칭(그림 10.15(c))에 절반 하중(그림 10.15(b))을 더해서 구한다.

역대칭 하중요소. 전체 하중(그림 10.15(a))에서 대칭 요소를 빼서 그림 10.15(e)와 같은 역대칭 요소를 구한다.

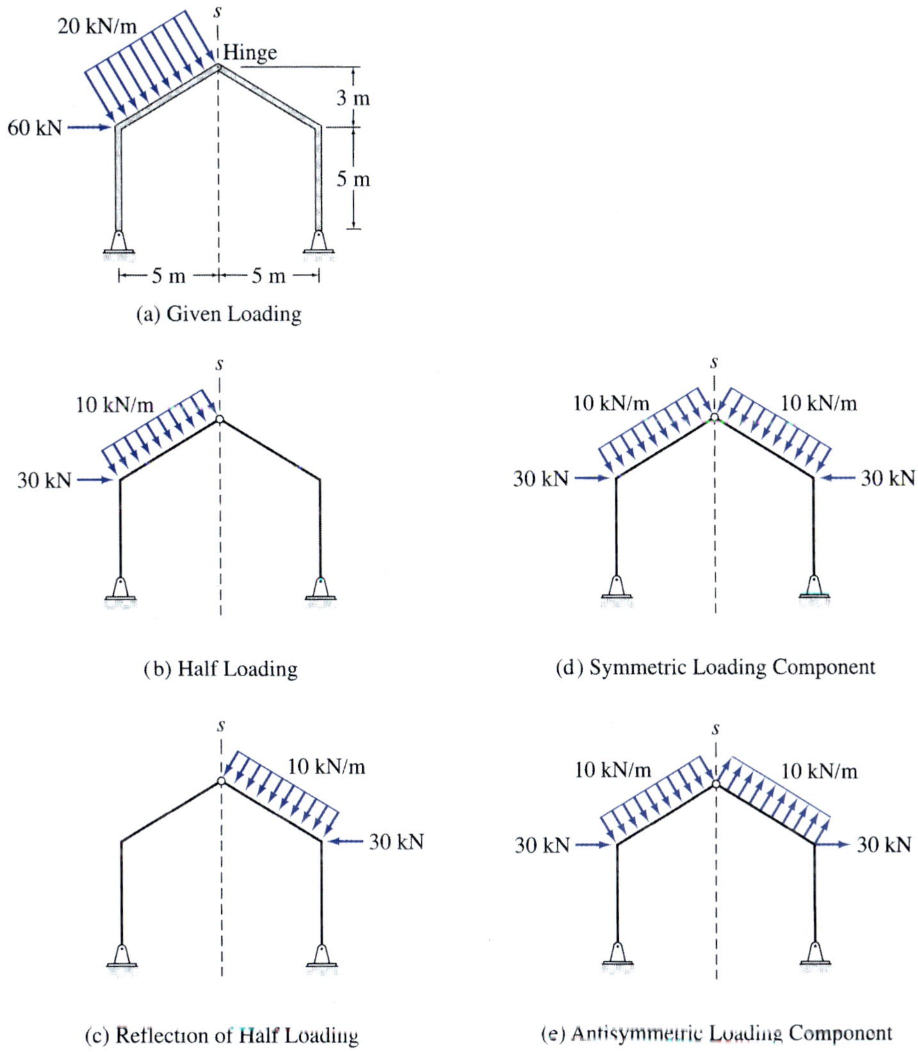

그림 10.15

10.8 Example

2층 골조가 그림 10.16(a)와 같은 하중을 받고 있다. 이 골조의 대칭축에 대해 하중의 대칭과 역대칭 요소를 구하라.

풀이

하중의 절반과 대칭. 그림 10.16(b)와 (c) 참조.

대칭 하중요소. 그림 10.16(d) 참조.

역대칭 하중요소. 그림 10.16(e) 참조.

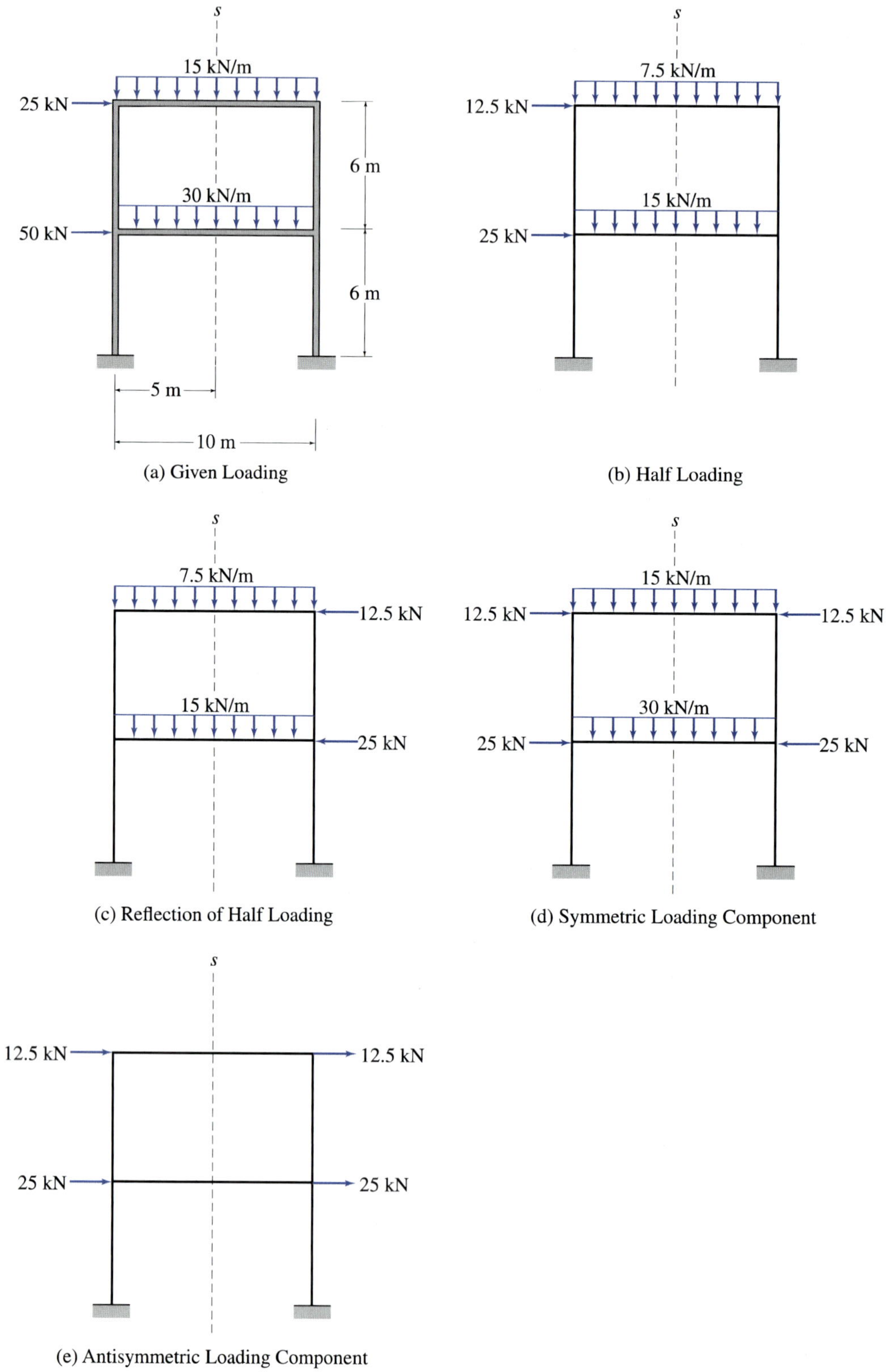
s
15 kN/m
25 kN
30 kN/m
50 kN
6 m
6 m
5 m
10 m
(a) Given Loading
7.5 kN/m
12.5 kN
15 kN/m
25 kN
(b) Half Loading
7.5 kN/m
12.5 kN
15 kN/m
25 kN
(c) Reflection of Half Loading
15 kN/m
12.5 kN
12.5 kN
30 kN/m
25 kN
25 kN
(d) Symmetric Loading Component
12.5 kN
12.5 kN
25 kN
25 kN
(e) Antisymmetric Loading Component

그림 10.16

10.3 대칭 및 역대칭 하중에서의 대칭 구조물의 거동

앞 절에서 일반적인 비대칭 하중을 대칭과 역대칭 요소로 나누는 방법을 소개하였다. 이번 절에서는 대칭과 역대칭 하중에서의 대칭 구조물의 거동 특성에 대하여 소개하고자 한다. 대칭 구조물의 거동에 관한 이해는 다음 절에서 설명하는 대칭 구조물의 해석 절차를 이해하는데 도움이 된다.

대칭 하중을 받는 대칭 구조물

대칭 구조물이 대칭축에 대하여 대칭 하중을 받을 때, 대칭축에 수직으로 회전이 일어나지 않고 또한 처짐도 일어나지 않는다면 구조물의 거동 또한 대칭이다. 그러나 힌지가 있는 점에서는 이것이 성립하지 않는다.

이러한 대칭 구조물의 반응(즉, 하중으로 인해 발생하는 골조 부재의 부재력 또는 처짐 등)은 대칭축에 대해 대칭 경계조건(즉, 기울기가 대칭 또는 0이고, 대칭축에 수직인 처짐은 0이 되어야 한다.)을 가지는 구조물의 절반만 해석하면 된다. 나머지 골조의 반응은 구한 값의 대칭으로 구할 수 있다.

그림 10.17(a)와 같이 s축에 대해 대칭인 골조에 대해서 대칭 하중을 받는 대칭 골조를 예로 들어보자. 그림에 골조의 처짐 형상(탄성곡선)을 나타내었다. 이 그림에서 보는 바와 같이 처짐의 형상은 골조의 대칭축에 따라서 대칭 형태를 나타낸다. D점에서 처짐각과 수평처짐은 0이지만 수직처짐은 0이 아니다. 그림 10.17(b)에 대칭 경계조건(그림 10.17(b)의 ⊢⊞ 기호로 표시됨)을 가진 골조의 좌측 부분을 나타내었다. 이 그림에서 D점은 대칭축에 대해서 처짐각과 수평처짐은 구속되고 수직처짐만 허용된 지점으로 치환할 수 있다. 이 골조의 좌측 부분에 대한 반응이 해석에 의해 결정되면, 우측 부분의 반응은 좌측 부분의 대칭과 같게 된다.

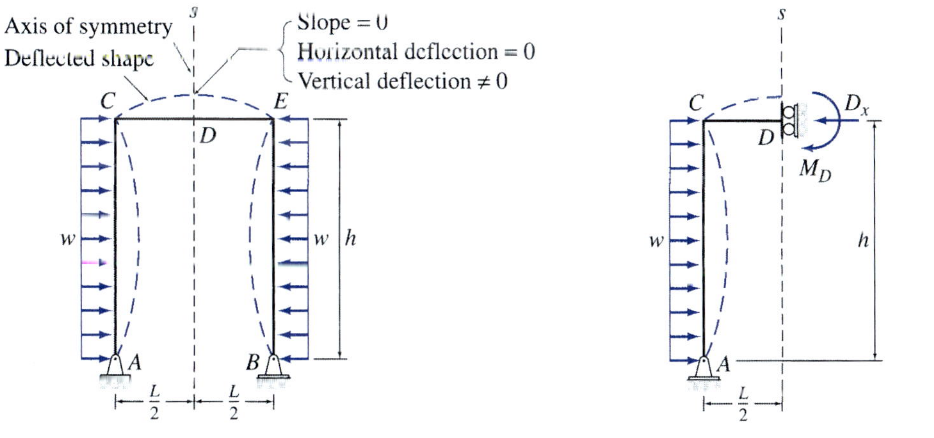

(a) Symmetric Frame Subjected to Symmetric Loading

(b) Half Frame with Symmetric Boundary Conditions

그림 10.17

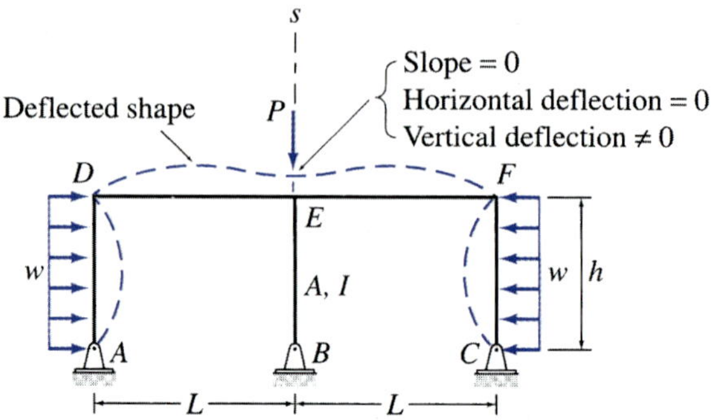

(a) Symmetric Frame Subjected to Symmetric Loading

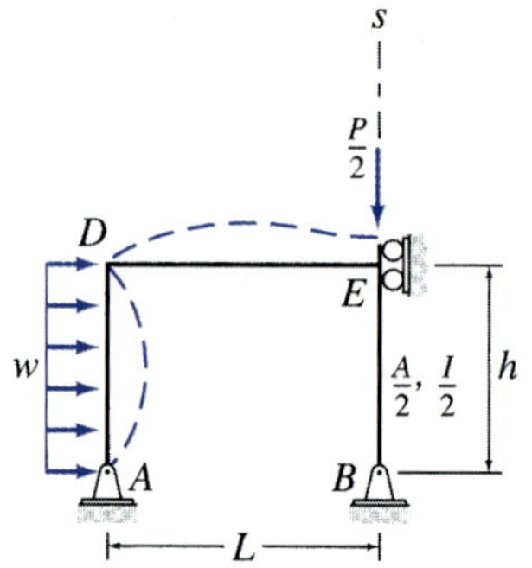

(b) Half Frame with Symmetric Boundary Conditions

그림 10.18

이제 그림 10.18(a)와 같은 대칭 하중을 받는 대칭 골조에 대해 살펴보자. 그림 10.18(b)에 대칭 경계조건을 가진 골조의 좌측 부분을 나타내었다. 이 그림에서 보는 바와 같이 E점에서 처짐각과 수평처짐은 구속되었다. 회전단인 B점은 수평방향의 처짐이 구속되어 있다. 해석에 사용되는 좌측 골조에 대해서 대칭축에 있는 집중하중 P의 크기는 절반으로 줄인다. 이와 마찬가지로 대칭축에 있는 부재 BE의 단면적 A와 단면2차모멘트 I도 절반으로 줄인다. 일반적으로 대칭축을 따라 배치된 부재의 A와 I를 반으로 줄이는 것이 편리하지만, 대칭축을 따라 배치된 부재가 휨 없이 축력의 영향만 받기 때문에 단면2차모멘트가 해석에 미치는 영향이 없음을 알 수 있다. 이 골조의 좌측 부분에 대한 반응이 해석에 의해 결정되면, 우측 부분의 반응은 좌측 부분의 대칭과 같게 된다.

역대칭 하중을 받는 대칭 구조물

대칭 구조물의 대칭축에 대해 역대칭 하중을 받는 경우에 구조물의 반응 또한 구조물의 절점들이 대칭축의 방향으로 편향되지 않는 역대칭이다.

따라서 전체 구조물의 반응을 구하기 위해서 역대칭 경계조건(즉, 대칭축 방향으로 처짐이 0이 되어야 함.)을 가진 골조의 절반만을 해석하면 된다. 다른 절반의 반응은 해석된 구조물의 반응에서 부호를 변경시켜 구할 수 있다.

그림 10.19(a)와 같이 s축에 대해서 대칭인 골조에 역대칭 하중을 받는 골조를 생각해 보면, 처짐 형상은 골조의 대칭축에 대해서 역대칭이며 D점에서 수직처짐은 0이 된다. 그러나 이 점에서의 수평처짐과 처짐각은 0이 아니다. 전체 골조의 반응은 이 골조의 절반을 해석하여 구할 수 있다. 그림 10.19(b)는 대칭축을 중심으로 골조의 좌측 부분을 나타낸 것이다. 역대칭 경계조건은 대칭축에서 수직처짐은 구속하고, D점에서의 수평처짐과 처짐각은 허용되는 이동단으로 치환할 수 있다. 이러한 경계조건을 사용하여 좌측 골조를 해석하면 우측 골조의 반응은 좌측 골조의 반응에서 부호를 변경시킨 값과 같다.

만일 이러한 골조의 대칭축 위에 부재가 있으면 이 부재의 단면적과 단면2차모멘트는 해석을 위해 절반 값으로 줄여야 한다. 대칭축에 위치한 부재는 축력의 영향을 받지 않고 휨의 영향만을 받기 때문에 부재의 축력은 0이 되며, 이러한 부재는 해석 시 절반으로 나눈 골조에서 제외한다. 이 때 대칭축에 작용하는 하중과 모멘트의 값은 절반으로 하여 사용한다.

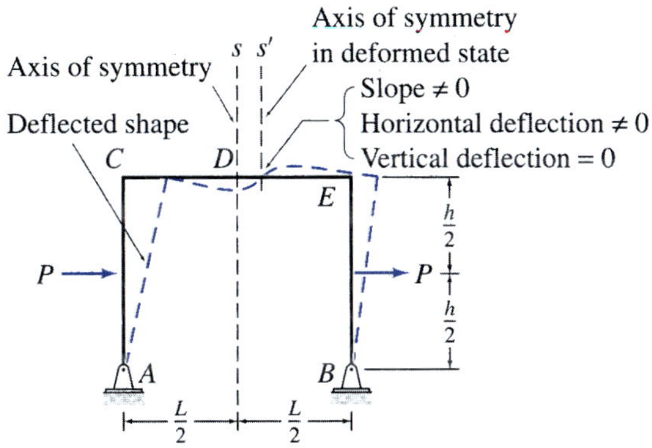

(a) Symmetric Structure Subjected to Antisymmetric Loading

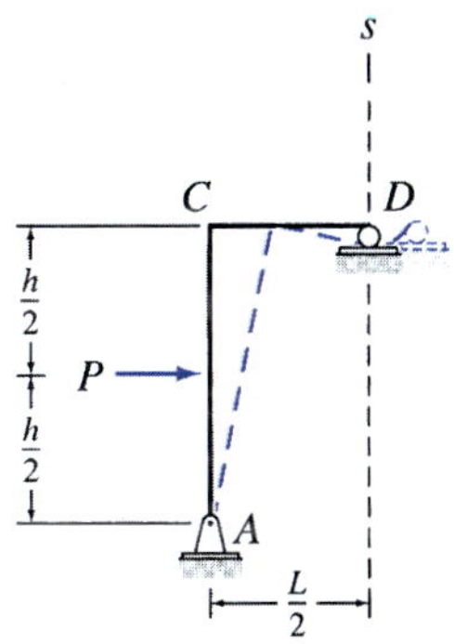

(b) Half Frame with Antisymmetric Boundary Conditions

그림 10.19

일반하중을 받는 대칭 구조물

10.2절에 나타낸 대칭 구조물에 일반하중이 작용하면 구조물의 대칭축에 대해서 대칭 및 역대칭 하중요소로 분할할 수 있다. 대칭과 역대칭 하중요소에 의한 구조의 반응은 앞에서 설명한 바와 같이 각각 대칭과 역대칭 경계조건을 가진 구조물의 절반에 대한 해석으로 구한다. 비대칭의 일반하중을 받는 전체 구조물의 반응은 구조물의 대칭과 역대칭 반응을 중첩하여 구한다.

10.4 대칭 구조물의 해석 순서

대칭 구조물에 대한 해석 순서는 다음과 같다.

1. 10.1절과 같이 주어진 구조물이 대칭인지 검토한다. 만약 구조물이 대칭 구조물이면 2단계로 진행한다. 그렇지 않다면 이 단계에서 해석을 끝낸다.
2. 해석을 위해 대칭축을 중심으로 한쪽 부분의 골조(골조의 절반)를 선택한다. 대칭축에 위치한 부재의 단면적과 단면2차모멘트는 절반으로 줄인다. 단, 대칭축에 위치한 부재 이외의 다른 모든 부재들은 전체 값을 사용하여야 한다.
3. 10.2절에 설명한 방법을 이용해서 구조물의 대칭축에 대해 주어진 하중을 대칭과 역대칭 요소로 분해한다.
4. 다음과 같이 대칭 하중요소에 대한 구조물의 반응을 구한다.
   - **a.** 대칭축에 위치한 부재의 접합부와 단부에서 대칭축에 수직인 처짐각과 처짐을 구속한다. 만약 이 접합부 또는 단부에 힌지가 있다면 처짐만 구속한다.
   - **b.** 대칭축에 위치한 집중하중의 크기는 절반으로 줄이고 선택된 골조의 한쪽 부분에 대칭 하중요소를 적용시킨다.
   - **c.** 반응을 구하기 위해 선택된 구조물의 절반에 대한 해석을 수행한다.
   - **d.** 이 구조물의 반응과 대칭축의 다른 절반 부분의 반응은 같으므로 전체 구조물의 대칭 반응을 구한다.
5. 다음과 같이 역대칭 하중요소에 대한 구조물의 반응을 구한다.
   - **a.** 대칭축에 위치한 부재의 접합부와 단부에서 대칭축 방향으로의 처짐을 구속한다. 트러스의 경우 대칭축에 따라 위치한 부재의 축력은 0이 된다. 선택된 구조물의 절반에서 이러한 부재들은 제거한다.
   - **b.** 대칭축에 위치한 하중과 모멘트의 크기는 절반으로 줄이고 선택된 구조물의 부분에 역대칭 하중요소를 적용시킨다.
   - **c.** 반응을 구하기 위해 선택된 구조물의 절반에 대한 해석을 수행한다.
   - **d.** 이 구조물의 반응에 부호를 변경하면 대칭축의 다른 절반 부분의 반응을 구할 수 있으므로 전체구조물의 역대칭 반응을 구한다.
6. 4단계와 5단계에서 얻어진 대칭 반응과 역대칭 반응을 중첩하여 주어진 하중에 대한 구조물의 전체 반응을 구한다.

이러한 순서는 부정정 대칭 구조물에도 적용할 수 있다. 구조적의 대칭을 이용할 경우에 부정정구조물의 해석 시간을 크게 줄일 수 있다.

10.9 Example

그림 10.20(a)와 같은 와렌(Warren)트러스의 부재력을 구하라.

풀이

이 문제는 예제 4.4에서 트러스의 대칭을 이용하지 않고 해석되었다.

대칭. 이 트러스는 그림 10.20(b)와 같이 부재 CG를 통과하는 수직 s축에 대해 대칭이다. 트러스에는 수직하중만 작용하고 있으므로 A점에서 수평반력은 0이다($A_x = 0$). 대칭축에서 우측($CEHG$) 트러스를 해석에 사용하였다.

대칭과 역대칭 하중요소. 트러스의 대칭축에 대해 주어진 하중의 대칭과 역대칭 요소들을 10.2절에서 설명한 방법을 사용해서 구한다. 하중요소들을 그림 10.20(b), (c)에 나타내었다. 두 요소들의 합은 그림 10.20(a)에 주어진 전체 하중과 같다.

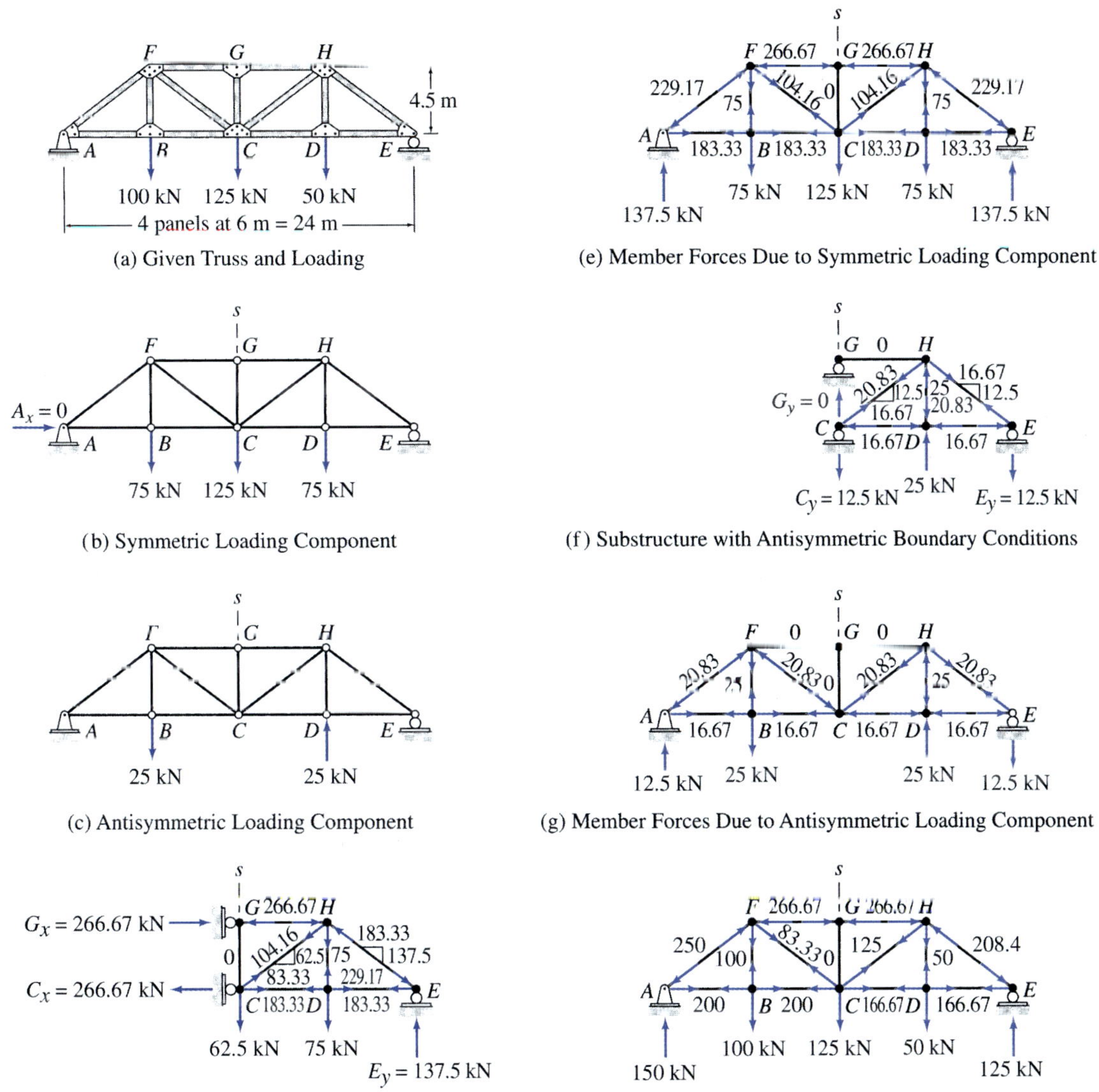

(a) Given Truss and Loading

(b) Symmetric Loading Component

(c) Antisymmetric Loading Component

(d) Substructure with Symmetric Boundary Conditions

(e) Member Forces Due to Symmetric Loading Component

(f) Substructure with Antisymmetric Boundary Conditions

(g) Member Forces Due to Antisymmetric Loading Component

(h) Member Forces Due to Total Loading

그림 10.20

대칭 하중요소로 인한 부재력. 대칭 경계요소를 가진 부구조(트러스의 우측 절반)를 그림 10.20(d)에 나타내었다. 대칭축에 위치한 C점과 G점은 수평방향(s축에 직교)의 이동을 구속하는 이동단으로 치환된다. 대칭 하중요소(그림 10.20(b))에서 대칭축에 위치한 125 kN의 집중하중은 절반으로 줄여 그림 10.20(d)와 같이 부구조에 작용시킨다. 부구조물의 반력은 평형방정식을 이용하여 구한다.

$$+\uparrow \sum F_y = 0 \qquad -62.5 - 75 + E_y = 0 \qquad E_y = 137.5 \text{ kN} \uparrow$$

$$+\circlearrowleft \sum M_C = 0 \qquad -G_x(4.5) - 75(6) + 137.5(12) = 0 \qquad G_x = 226.67 \text{ kN} \rightarrow$$

$$+\rightarrow \sum F_x = 0 \qquad -C_x + 226.67 = 0 \qquad C_x = 226.67 \text{ kN} \leftarrow$$

그림 10.20(d)에 절점법을 이용해서 구한 부재력들을 나타내었다. 좌측 트러스의 축방향력은 우측 트러스 부재력(그림 10.20(d))을 s축에 대하여 180° 회전하여 구할 수 있다(그림 10.20(e)).

역대칭 하중요소로 인한 부재력. 그림 10.20(f)에 역대칭 경계요소들을 가진 부구조를 나타내었다. 대칭축에 위치한 C점과 G점은 수직방향의 처짐을 구속하기 위해 이동단으로 치환하고, 대칭축에 위치한 부재 CG는 그림과 같이 부구조에서 제거한다(부재 CG의 부재력은 역대칭 하중에서 0이 된다). 역대칭 하중요소(그림 10.20(c))를 부구조에 작용시키고, 반력과 부재력은 평형방정식과 절점법(그림 10.20(f))을 이용하여 구한다.

좌측 트러스의 축방향력은 그림 10.20(g)와 같이 우측 트러스 축방향력의 부호를 반대로 하여 구할 수 있다. (즉, 인장력이 압축력으로 변경되고, 그 반대의 경우도 마찬가지이다.)

전체 부재력. 결과적으로 부재의 총 축방향력을 그림 10.20(e)와 (g)와 같이 하중의 대칭 또는 역대칭 요소에 의한 축력을 더하여 구할 수 있다. 전체 부재력은 그림 10.20(h)와 같다.

10.10 Example

그림 10.21(a)에 나타낸 골조의 부재력을 구하라.

풀이

대칭. 이 골조는 그림 10.21(b)와 같이 D점의 힌지를 통과하는 s축에 대하여 대칭 구조물이고, 해석은 대칭축에서 골조의 좌측 부분(ACD)을 이용한다.

대칭 및 역대칭 하중요소. 그림 10.21(b)와 (c) 참조.

대칭 하중요소에 대한 부재력. 대칭 경계요소를 가진 부구조는 그림 10.21(d)와 같다. 부구조의 반력과 부재력은 평형조건으로부터 구할 수 있고, 이 값은 그림 10.21(d), (e)와 같다. s축 우측 부분의 부재력은 그림 10.21(d)에서의 대칭과 같다(그림 10.21(e) 참조).

역대칭 하중요소에 대한 부재력. 역대칭 경계요소를 가진 부구조는 그림 10.21(f)와 같다. 부재력은 계산된 부재력과 모멘트를 대칭축에 대해 음의 대칭으로 구한다(그림 10.21(g)).

전체 부재력. 총 부재력은 위에서 구한 값을 더하여 구한다. 이 값을 그림 10.21(h)에 나타내었다.

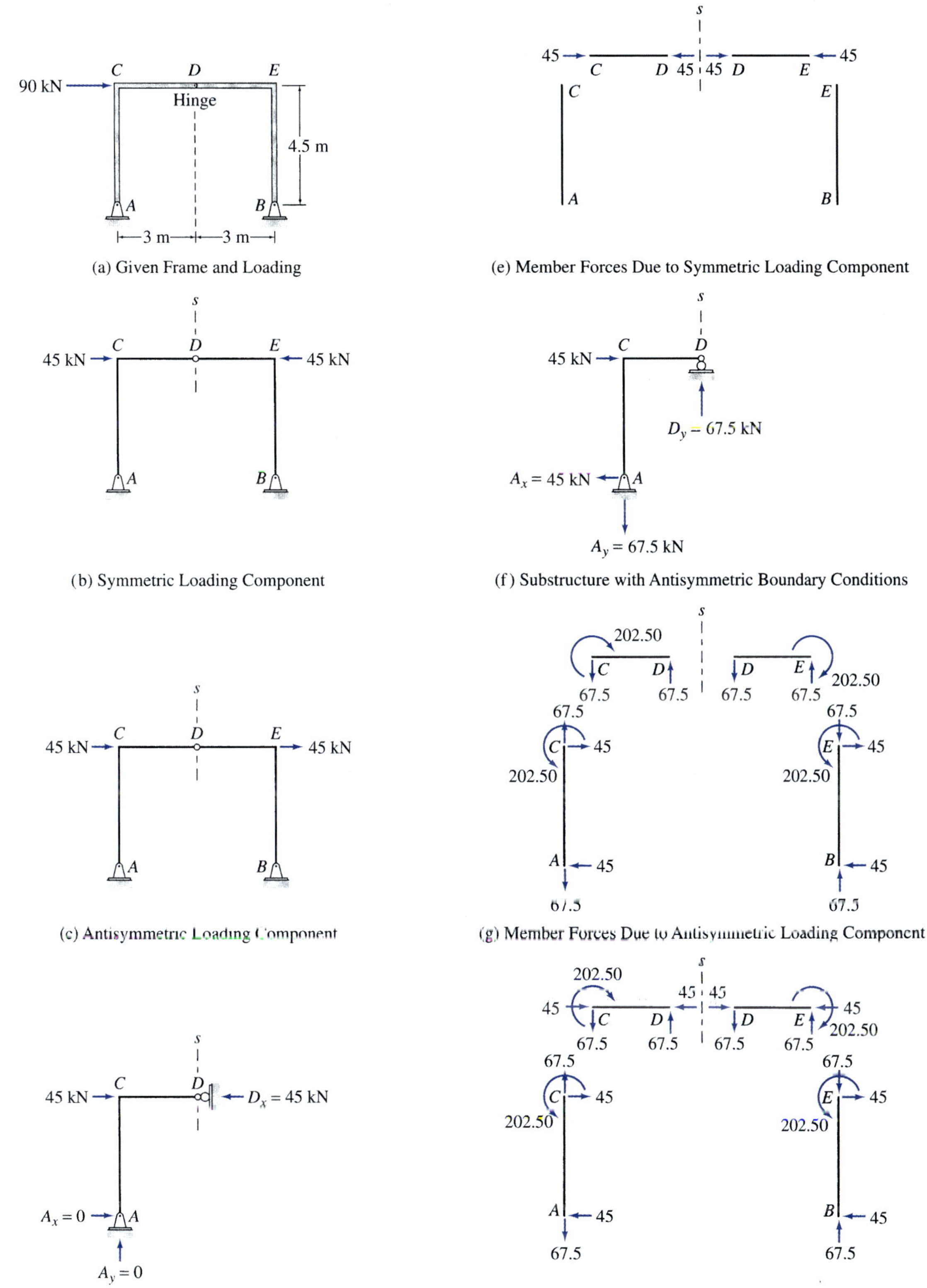

(a) Given Frame and Loading

(b) Symmetric Loading Component

(c) Antisymmetric Loading Component

(d) Substructure with Symmetric Boundary Conditions

(e) Member Forces Due to Symmetric Loading Component

(f) Substructure with Antisymmetric Boundary Conditions

(g) Member Forces Due to Antisymmetric Loading Component

(h) Member Forces Due to Total Loading

그림 10.21

10.11
Example

그림 10.22(a)와 같은 부정정보의 대칭, 역대칭 반응의 해석을 위한 부구조를 구하라.

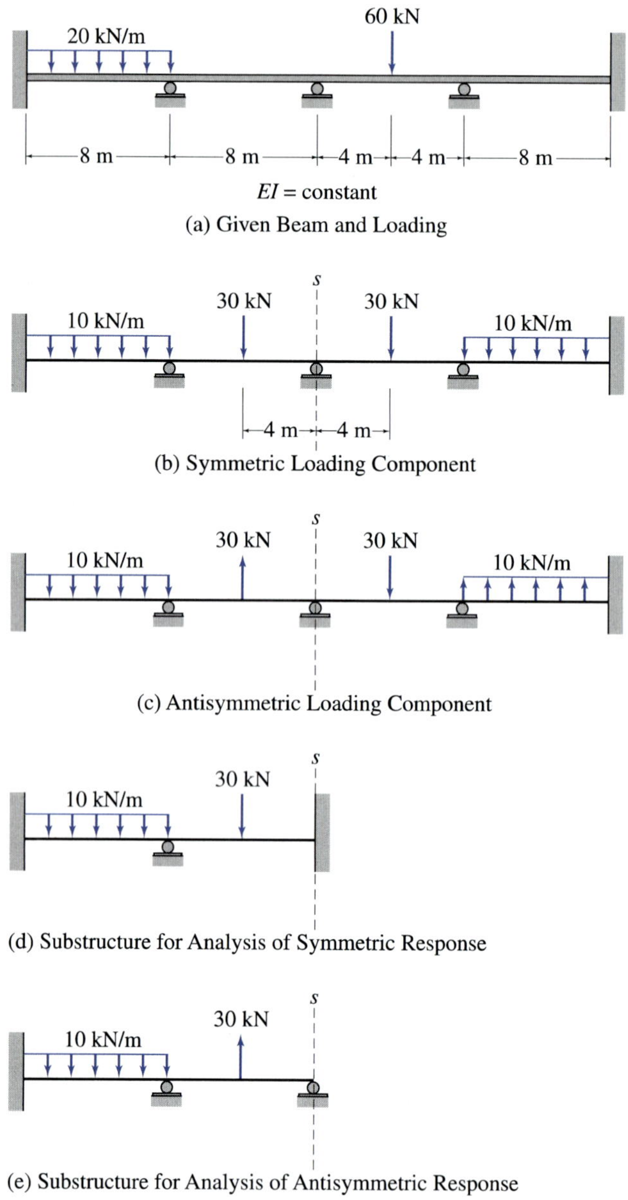

그림 10.22

풀이

대칭. 이 보는 그림 10.22(b)에 나타낸 s축에 대하여 대칭이다. 좌측 부분을 중심으로 보를 해석하였다.

대칭 및 역대칭 하중요소. 그림 10.22(b)와 (c) 참조.

부구조. 대칭 및 역대칭 반응의 해석을 위한 부구조를 각각 그림 10.22(d)와 (e)에 나타내었다.

10.12
Example

그림 10.23(a)에서 부정정구조물의 대칭, 역대칭 반응의 해석을 위한 부구조를 구하라.

풀이

대칭. 그림 10.23(b)의 골조는 s축을 중심으로 대칭 구조물이다. 좌측 부분을 중심으로 골조를 해석하였다.

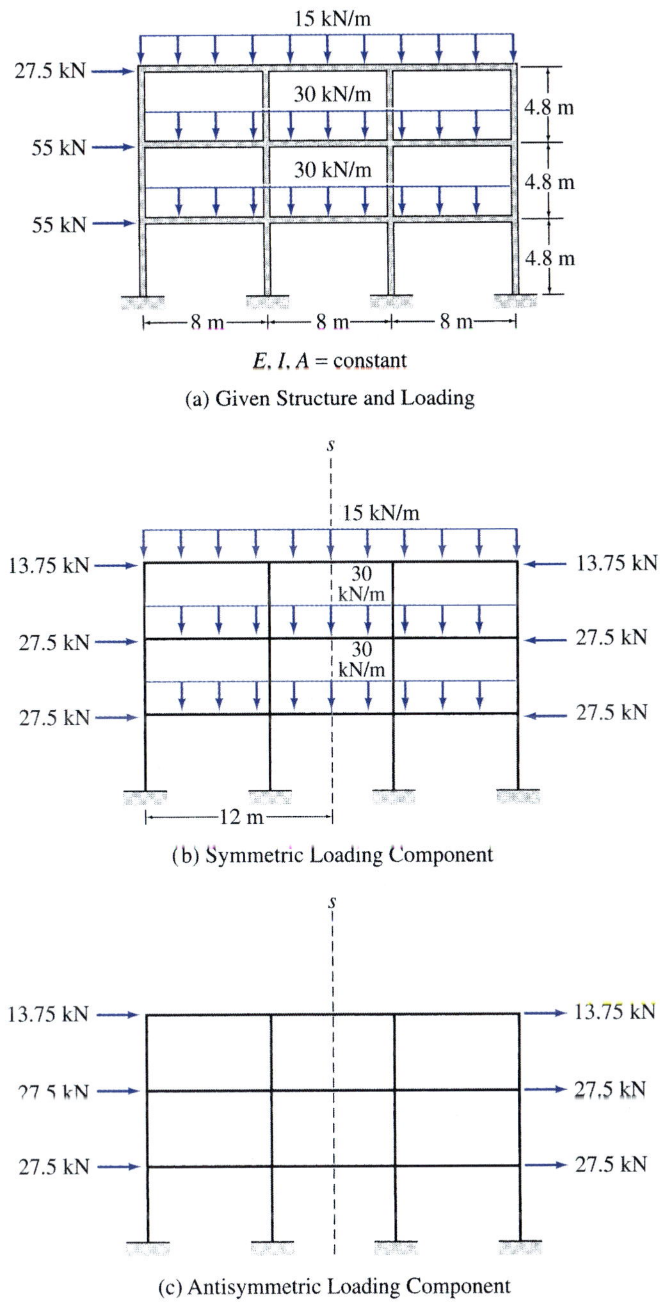

그림 **10.23**

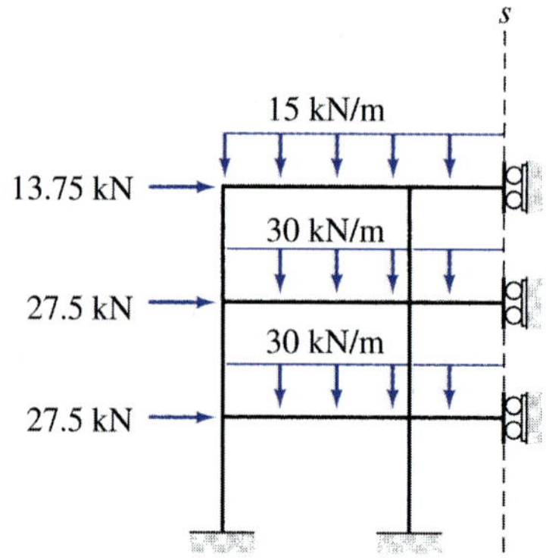

(d) Substructure for Analysis of Symmetric Response

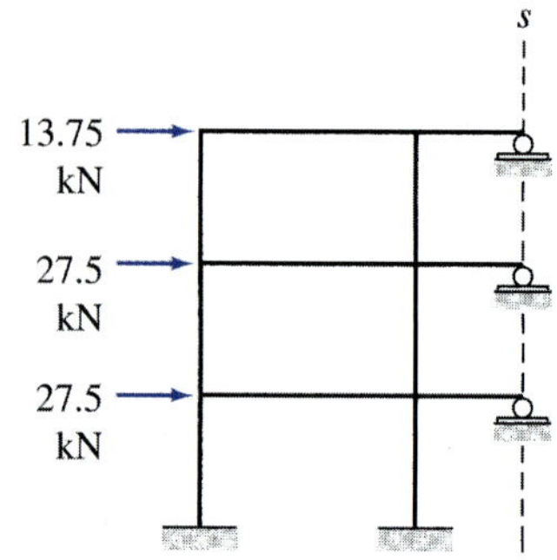

(e) Substructure for Analysis of Antisymmetric Response

그림 10.23 계속

대칭 및 역대칭 하중요소. 그림 10.23(b) 및 (c) 참조

부구조. 대칭과 역대칭 반응의 해석을 위한 부구조를 그림 10.23(d)와 (e)에 각각 나타내었다.

요약

이 장에서 대칭 구조물은 평면구조물에서 어떤 축에 대한 구조물의 대칭이 구조물 원래의 형태, 지지조건, 재료적 특성 등이 같은 구조물이라는 점을 설명하였다.

임의의 축에 대한 어떤 하중의 대칭이 원래의 하중과 같다면 이 축에 대해 이 하중은 대칭하중이다. 또한 어떤 하중이 임의의 축에 대해서 음의 대칭과 같다면 이 축에 대해 이 하중은 역대칭 하중이다. 일반적인 비대칭 하중은 대칭축에 대해서 대칭과 역대칭 하중요소로 분해할 수 있다.

대칭축을 중심으로 하중이 대칭적으로 작용할 경우에 구조물의 반응 또한 대칭이 된다. 그러므로 이러한 구조물은 대칭 경계요소를 가진 한쪽 부분의 해석 결과가 전체에 대해 대칭이므로 이를 이용하여 구조물의 전체 반응을 구할 수 있다.

대칭축을 중심으로 하중이 역대칭적으로 작용할 경우에 구조물의 반응 또한 역대칭이 된다. 그러므로 이러한 구조물은 역대칭 경계요소를 가진 한쪽 부분의 해석 결과가 전체에 대해 음의 대칭이므로 이를 이용하여 구조물의 전체 반응을 구할 수 있다.

일반하중이 작용하는 대칭 구조물의 반응은 일반하중의 대칭과 역대칭 하중요소에 대해 구조물의 반응을 구하고 이를 더해서 전체 골조의 반응을 구할 수 있다.

연습문제

10.1~10.15 구조물의 대칭축을 중심으로 그림 P10.1~P10.15에 나타낸 하중의 대칭과 역대칭 하중요소를 구하라.

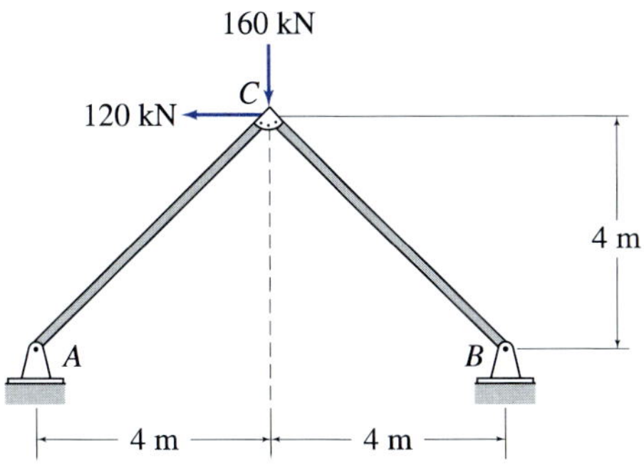

E, *A* = constant

그림 P10.1, P10.16

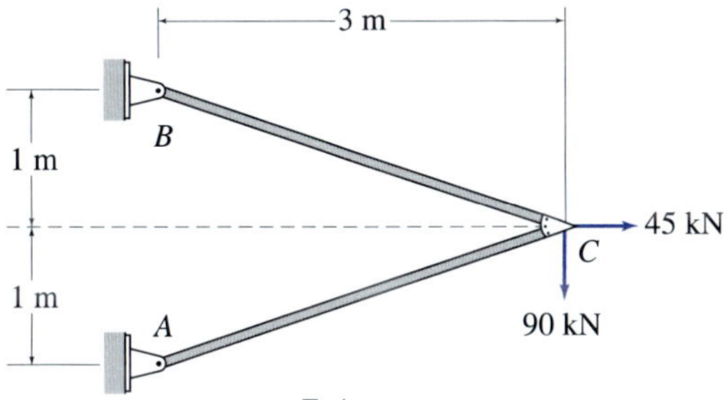

E, *A* = constant

그림 P10.2, P10.17

10.16~10.20 구조물의 대칭을 이용하여 그림 P10.1~P10.5에 나타낸 트러스의 부재력을 구하라.

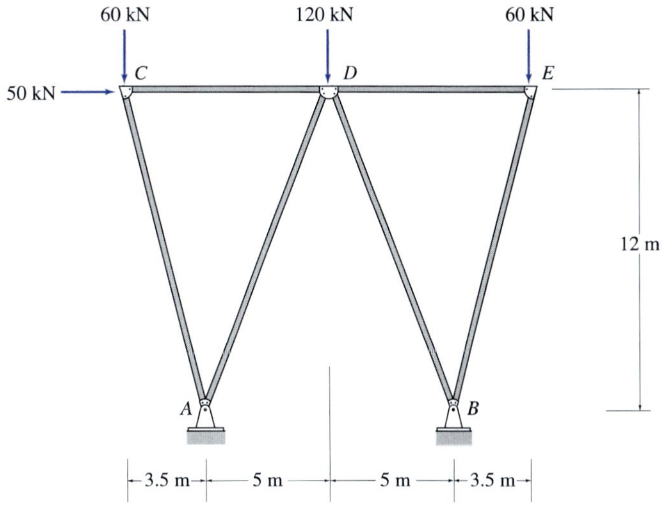

그림 P10.3, P10.18

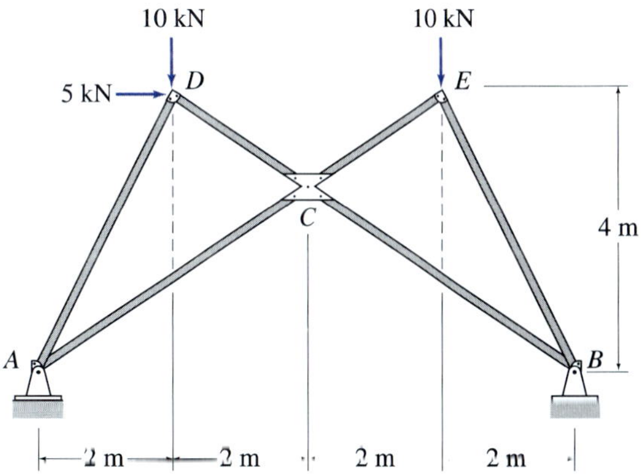

E, *A* = constant

그림 P10.5, P10.20

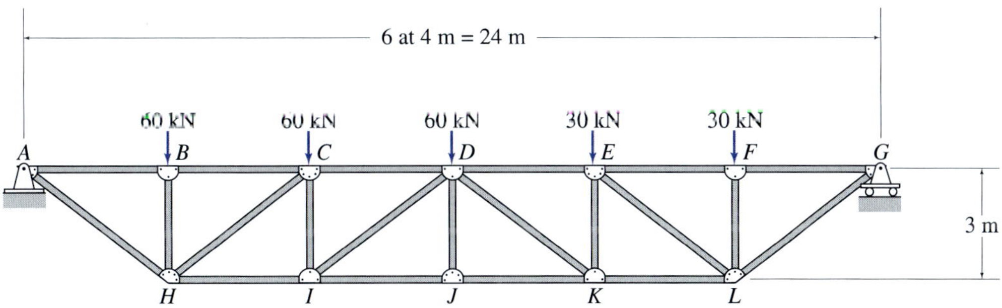

E, *A* = constant

그림 P10.4, P10.19

10.21~10.23 구조물의 대칭을 이용하여 그림 P10.6~P10.8에 나타낸 골조의 단부 부재력을 구하라.

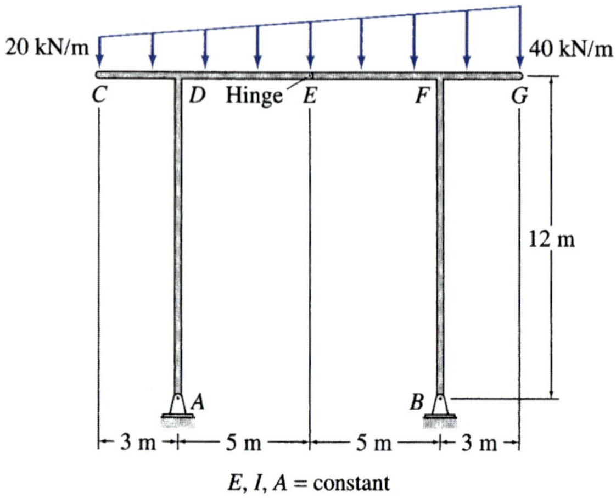

그림 P10.6, P10.21

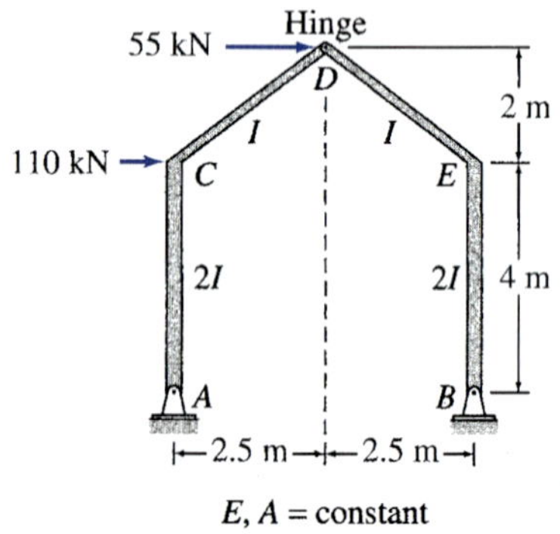

그림 P10.7, P10.22

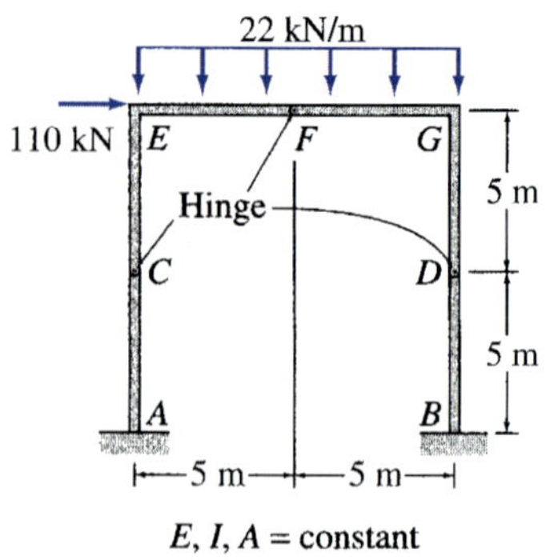

그림 P10.8, P10.23

10.24~10.30 그림 P10.9~P10.15에 나타낸 구조물의 대칭과 역대칭 반응의 해석을 위한 부구조를 구하라.

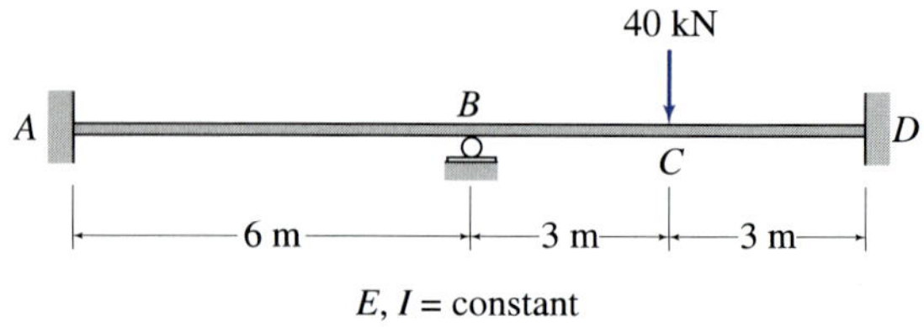

그림 P10.9, P10.24

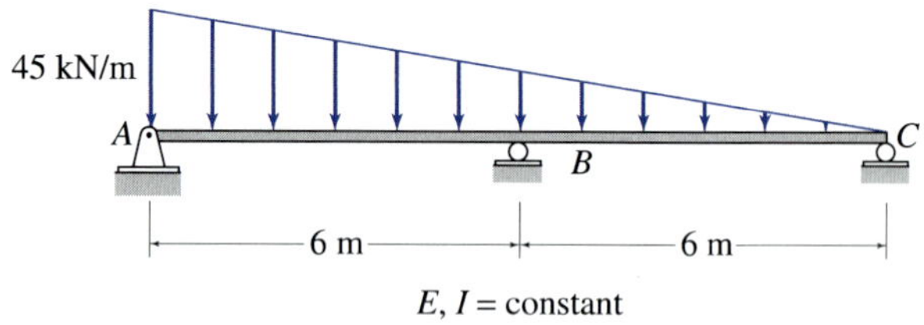

그림 P10.10, P10.25

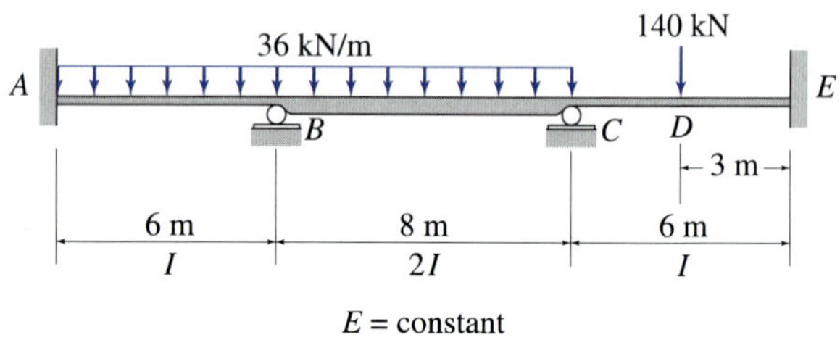

그림 P10.11, P10.26

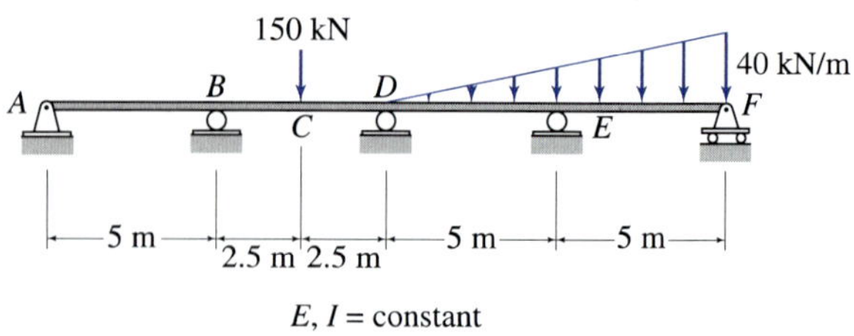

그림 P10.12, P10.27

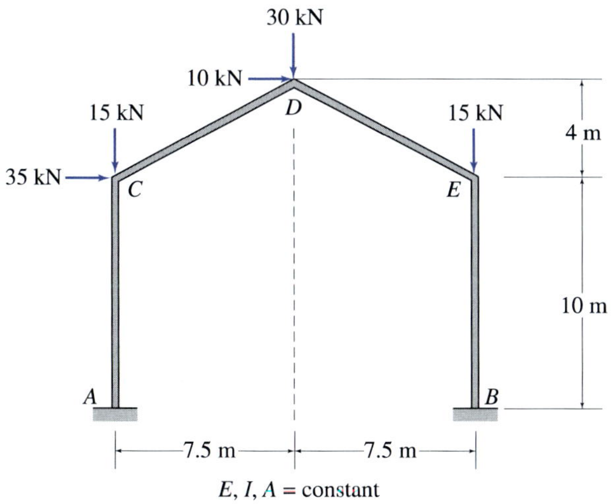

그림 P10.13, P10.28

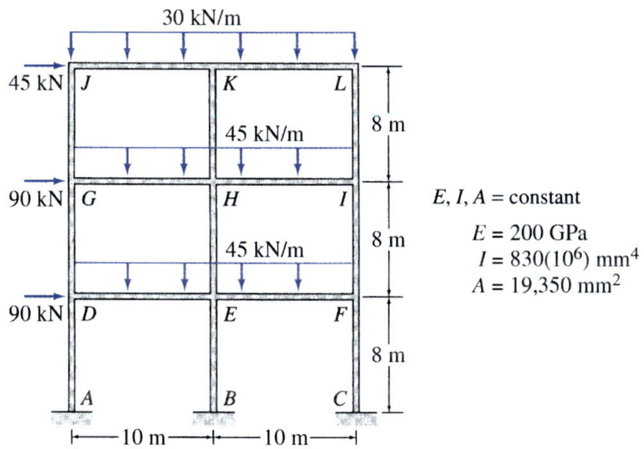

그림 P10.14, P10.29

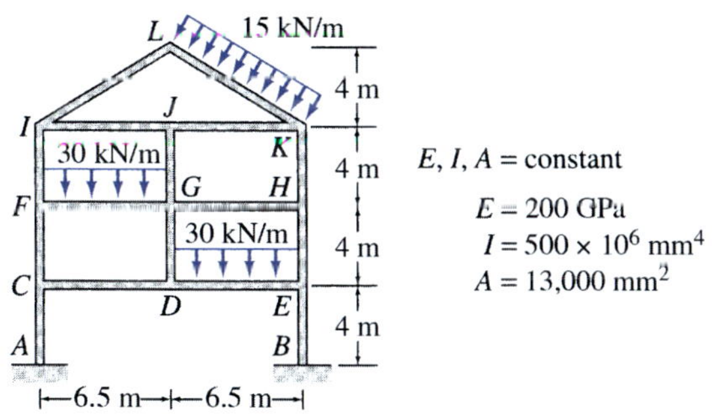

그림 P10.15, P10.30

3부. 부정정구조물의 해석

Sydney Harbour, Australia
Aliciahh/Shutterstock.com

11 부정정구조물의 소개

이 책의 2부에서는 주로 정정구조물의 해석에 관한 내용을 살펴보았고, 3부(11장~17장)에서는 부정정구조물의 해석에 관한 내용을 다룬다.

정정구조물에서의 반력과 내력은 평형방정식(평형조건)으로부터 구할 수 있다. 그러나 부정정구조물은 정적 안정에 필요한 것보다 더 많은 반력이나 부재를 가지고 있으므로, 부정정구조물의 반력과 내력을 구하기 위해서는 구조물의 변형에 기초하는 또 다른 관계식이 필요하다.

또 다른 관계식, 즉 **적합조건식**은 전체 구조물에서 변위의 연속성이 유지되고, 구조물의 여러 부분은 서로 연결되어 있다는 전제 조건에 근거한다. 예를 들어 강접합부에서는 접합되는 모든 부재의 처짐과 회전각은 동일해야 한다. 그러므로 부정정구조물의 해석에는 구조부재의 차원과 위치를 비롯해 구조물의 내력을 결정하는 단면과 재료의 특성(단면적, 단면2차모멘트, 탄성계수 등)이 포함된다. 이를 위하여 먼저 부재의 크기를 가정하여 구조물을 해석하고 여기에서 구한 내력을 반영하여 부재의 크기를 수정한다. 이러한 과정을 반복하여 부정정구조물의 설계를 진행한다. 만약 수정된 부재의 크기가 처음 가정과 비슷하지 않다면 가장 늦게 사용한 부재의 크기를 적용하여 구조물을 다시 해석한다. 해석에서 구한 부재의 크기가 처음 가정에 가까워질 때까지 이러한 반복을 계속한다.

부정정구조물의 설계 과정은 어렵지만 대부분의 구조물은 부정정으로 설계된다. 그 예로 현재 시공되는 철근콘크리트 건물의 대부분은 부정정구조물이다. 이 장에서는 정정구조물과의 비교를 통해 부정정구조물의 중요한 장점과 단점을 살펴보고 부정정구조물 해석의 기본적인 개념을 설명하고자 한다.

11.1 부정정구조물의 장점과 단점

정정구조물과 비교하여 부정정구조물이 갖는 장점은 다음과 같다.

1. **더 작은 응력** 부정정구조물에 발생하는 최대 응력은 일반적으로 정정구조물보다 작다. 그 예로 그림 11.1(a)의 정정보와 그림 11.1(b)의 부정정보를 각각 살펴보자. 그림에서 등분포하중 w에 의한 보의 휨모멘트 다이어그램을 비교해 보면(부정정보의 해석 방법은 다음 장에서 다루기로 한다.) 부정정구조물의 최대 휨모멘트(즉, 최대 휨응력)가 정정보에 비해 매우 작다는 것을 알 수 있다.
2. **더 큰 강성** 부정정구조물은 일반적으로 정정구조물보다 큰 강성(즉, 더 작은 변형)을 가진다. 그림 11.1에서 부정정보의 최대 처짐이 정정보의 1/5 밖에 안 되는 것을 알 수 있다.
3. **부정정차수** 적절히 설계된 부정정구조물에서는 지진, 태풍, 충격(예를 들어 가스 폭발이나 차량 충돌) 등에 의한 초과하중으로 특정 부분이 초과응력을 받거나 붕괴될 때 하중을 재분배하는 여력이 있다. 부정정구조물에는 정적인 안정성을 유지하기 위해 필요한 것보다 더 많은 부재와 지점반력이 있다. 그래서 만약 초과하중을 받는 부분(또는 부재나 지점)이 붕괴된다 하더라도 전체 구조물이 반드시 붕괴되는 것이 아니라 그 하중이 구조물의 인접 부분으로 재분배 되는 것이다. 예를 들어 그림 11.2(a)와 (b)의 정정보와 부정정보를 각각 생각해보자. 교량 아래를 지나던 배가 교각에 부딪쳐 교각 B가 붕괴되었다고 가정하자. 정정보는 정적 안정을 위한 최소한의 반력으로 지지되고 있었으므로 그림 11.2(a)와 같이 지점 B가 없어지면 전체 구조물은 완전히 무너지게 된다. 그러나 부정정

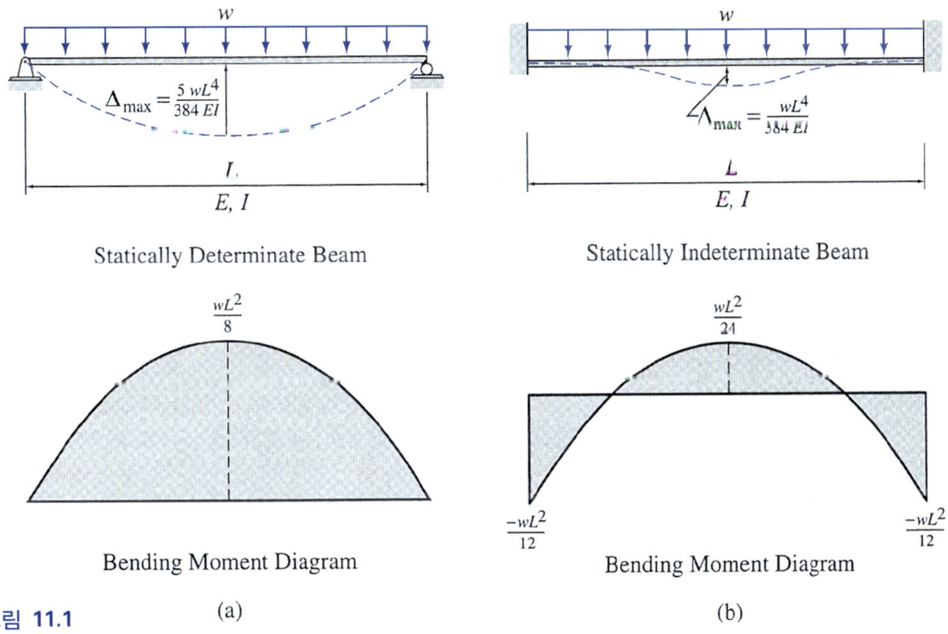

그림 11.1

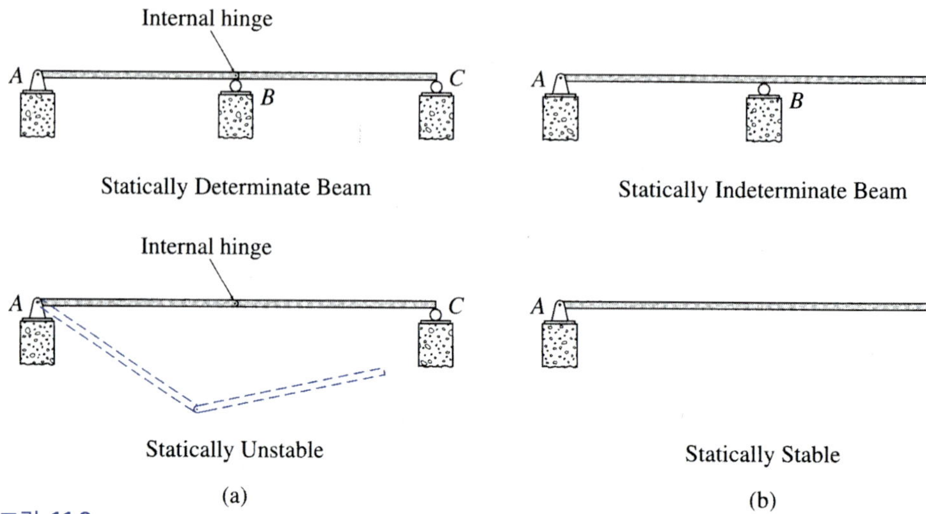

그림 11.2

보(그림 11.2(b))는 여분의 수직반력을 하나 더 가지고 있으므로 지점 B가 붕괴된 후에도 교량은 무너지지 않고 안정을 유지할 수 있다. 즉, 이러한 사고 시에도 고정하중은 지지할 수 있도록 보를 설계한다면, 기둥 B를 재시공하는 동안 적재하중인 차량통행을 차단하고 보수 후에 교량을 다시 사용할 수 있을 것이다.

정정구조물과 비교하여 부정정구조물이 갖는 주요 단점은 다음과 같다.

1. **지점침하에 의한 응력** 지점이 침하되었을 때 정정구조물에서는 어떠한 응력도 발생하지 않지만, 부정정구조물에서는 설계 시 고려해야 할 중요한 응력이 발생하게 된다. 그림 11.3의 정정보와 부정정보를 생각해 보자. 그림 11.3(a)에서 정정보의 지점 B가 아주 작은 침하량 Δ_B만큼 아래로 처질 때, B점에서 내부 힌지로 연결된 AB부재와 BC부재는 구부러짐 없이 강체처럼 움직인다. 즉, 원래 상태인 직선을 유지하여 변화하므로 정정보에서는 어떠한 응력도 발생하지 않는다. 그러나 연속된 부정정보(그림 11.3(b))에서는 지점침하가 발생했을 때, 보 부재가 휘어지면서 휨모멘트가 발생하게 된다.

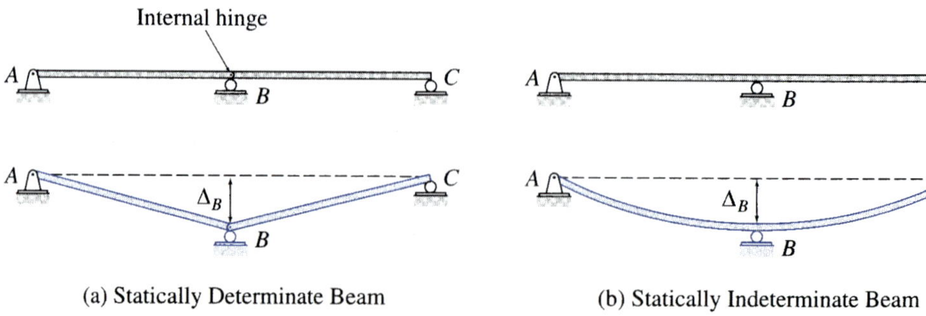

그림 11.3

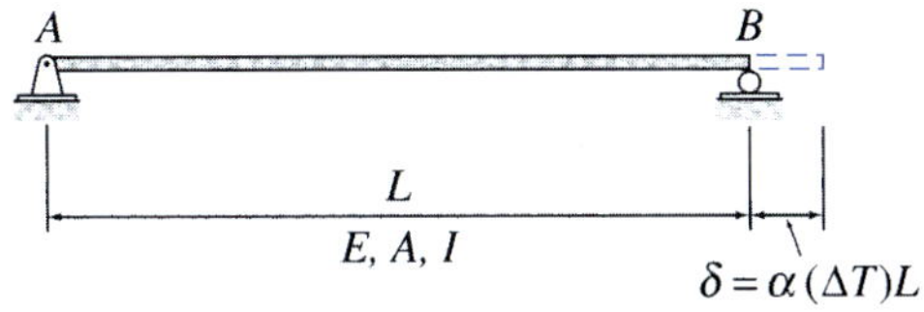

(a) Statically Determinate Beam

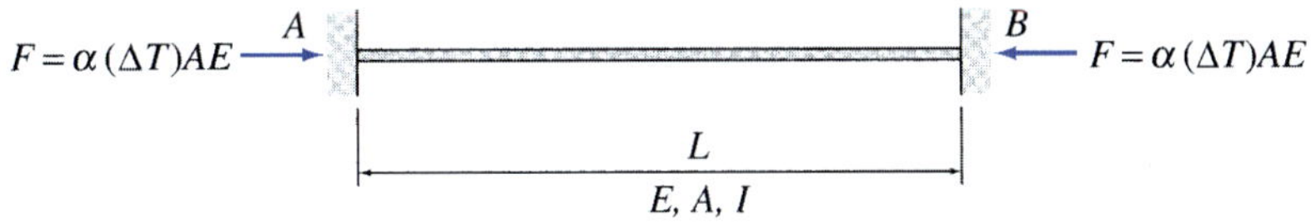

(b) Statically Indeterminate Beam

그림 11.4

2. **온도변화와 조립오차에 의한 응력 정정구조물에서는** 지점침하에서와 같은 영향으로 응력이 발생되지 않지만, 부정정구조물에서는 상당한 응력이 유발될 수 있다. 그림 11.4의 정정보와 부정정보를 생각해 보자. 그림 11.4(a)의 정정보에서는 일정한 온도변화 ΔT가 작용했을 때 $\delta = \alpha(\Delta T)L$ (식 (7.24))에 의한 축변형만큼 늘어나게 되므로 온도변화에 의한 구속응력은 발생하지 않는다. 그러나 그림 11.4(b)의 부정정보에서는 양 지점이 축변형을 구속하는 고정단으로 되어 있으므로 온도변화 ΔT가 작용했을 때, 축방향 압축력 $F = \delta(AE/L) = \alpha(\Delta T)AE$가 발생하게 된다. 또한 조립오차의 영향은 정정구조물과 부정정구조물에서의 온도변화의 영향과 비슷하다.

11.2 부정정구조물의 해석

기본 관계식

정정 또는 부정정에 관계없이 구조물을 완전히 해석하기 위해서는 3가지 형태의 관계식이 사용된다.

- 평형방정식
- 적합조건식
- 부재력 - 변형 관계식

평형방정식은 구조물(또는 부분)에 작용하는 힘에 대한 방정식이며 이는 전체 구조물에서 뿐만 아니라 각 부분에서도 평형을 유지해야 한다는 것이다. 적합조건식은 구조물의 변형(변위)에 대한 관계식으로서, 구조물이 연결되는 각 부분에서는 변형이 서로 일치해야 한다는 것이다. 그리고 부재력 - 변형 관계식은 힘과 구조물의 변위 사이에 필요한 관계식으로서 재료와 부재의 단면 특성(E, I, A)에 관한 식이다.

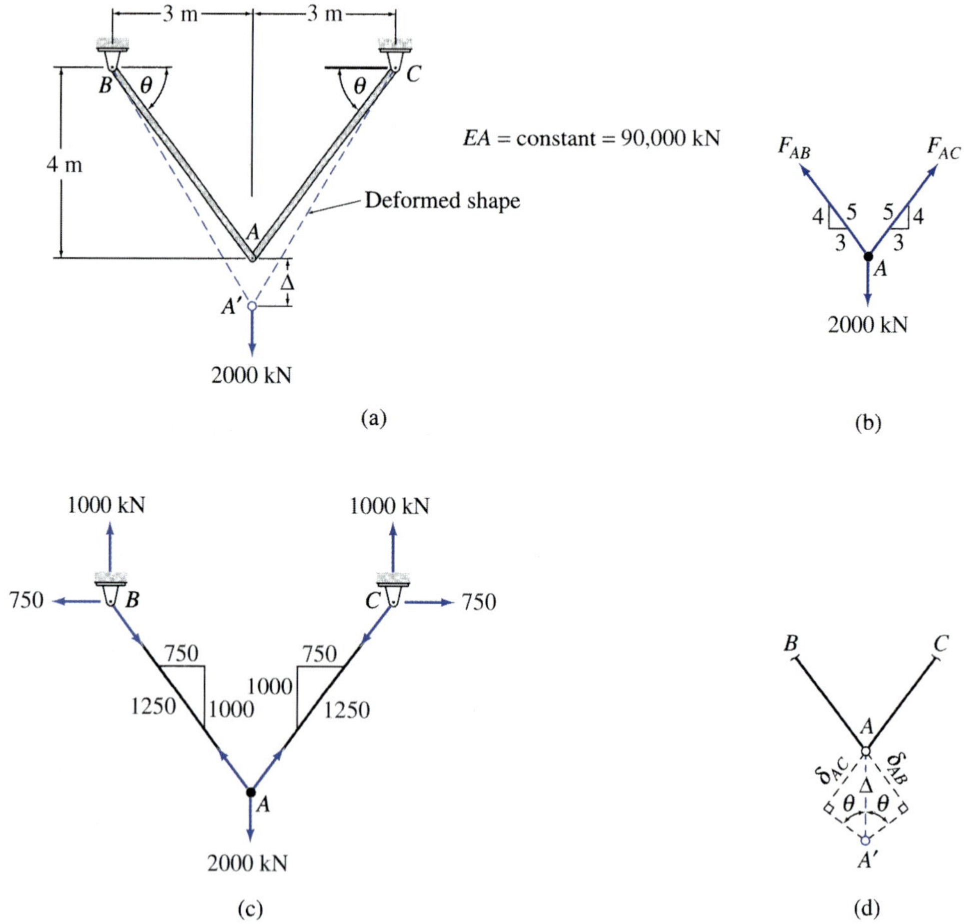

그림 11.5

정정구조물의 해석에서는 구조물의 내력과 반력을 구하기 위해 먼저 평형방정식을 사용하고 그 후 구조물의 변위를 결정하기 위하여 부재력 - 변형 관계식과 적합조건식을 사용한다. 예를 들어 그림 11.5(a)의 정정트러스에 대해 생각해보자. 트러스 부재의 축방향력은 그림 11.5(b)의 활절점인 A점에서의 평형방정식으로 구할 수 있다.

$$+\rightarrow\sum F_x = 0 \qquad -0.6F_{AB} + 0.6F_{AC} = 0 \qquad F_{AB} = F_{AC}$$

$$+\uparrow\sum F_y = 0 \qquad 2(0.8F_{AB}) - 2000 = 0 \qquad F_{AB} = F_{AC} = 1250 \text{ kN (T)} \tag{11.1}$$

같은 방법으로 지점 B와 C에서의 반력도 각 절점의 평형방정식으로 그림 11.5(c)와 같이 구할 수 있다. 트러스의 절점에서의 변위 Δ를 구하기 위해서는 먼저 부재력 - 변형관계식 $\delta = F(L/AE)$을 이용하여 부재의 축변형률을 구한다.

$$\delta_{AB} = \delta_{AC} = 1250\left(\frac{5}{90{,}000}\right) = 0.069 \text{ m} \tag{11.2}$$

다음으로 부재의 축변형은 적합조건식을 이용하여 절점의 변위 Δ와 관계식을 구성한다(그림 11.5(d)).

$$\delta_{AB} = \delta_{AC} = \Delta \sin\theta = 0.8\Delta \tag{11.3}$$

여기에서 변위 Δ는 매우 작다고 가정한다. 식 (11.3)에서 부재 AB와 AC의 단부 A점에서의 수직변위가 절점 A의 수직변위 Δ와 같다는 것을 알 수 있다. 식 (11.2)를 식 (11.3)에 대입함으로써 A점에서의 변위를 다음과 같이 구할 수 있다.

$$\Delta = \frac{0.069}{0.8} = 0.086\ \mathrm{m} = 86\ \mathrm{mm} \tag{11.4}$$

또한 부재력 - 변형 관계식과 적합조건식을 만족시키는 **가상일법**(7장 참조)을 이용하여 변위, Δ를 구할 수도 있다.

부정정구조물

부정정구조물을 해석할 때 평형방정식만으로는 반력과 내력을 구하기에 충분하지 않다. 그러므로 이 값을 구하기 위해서는 구조물의 평형방정식에 적합조건식을 함께 이용해야 한다. 평형방정식이 미지의 힘을 다루는데 반해 적합조건식은 미지의 변위를 다루고 있으므로 부재력 - 변형 관계식은 미지의 변위를 이용하여 미지의 힘을 표현하거나 또는 그 반대의 경우에 사용된다. 최종적으로는 한 종류의 미지수만으로 구성된 방정식으로부터 미지의 힘 또는 변위를 구할 수 있게 된다. 여기서 구한 힘 또는 변위는 나머지 미지의 값을 구하기 위해 기본 관계식에 대입된다.

그 예로 그림 11.6(a)의 부정정트러스를 생각해 보자. 앞에서 다루었던 그림 11.5(a)의 정정트러스에 수직부재를 추가함으로써 부정정트러스가 된다. 그림 11.6(b)는 트러스의 절점에서의 자유물체도이다. 이 절점에서의 평형방정식은 다음과 같다.

$$+\rightarrow \sum F_x = 0 \qquad F_{AB} - F_{AC} \tag{11.5}$$

$$+\uparrow \sum F_y = 0 \qquad 1.6F_{AB} + F_{AD} = 2000 \tag{11.6}$$

2개의 평형방정식만으로는 3개의 미지의 축력을 구하기에 부족하다. 절점 A에 연결된 세 부재의 단부 수직변위가 절점 A에서의 수직변위 Δ와 같아야 한다는 것에 기초하여 적합조건식을 구성할 수 있다. 그림 11.6(c)는 절점 A에서의 변위를 나타낸다. 변위 Δ가 매우 작다고 가정하면 적합조건식은 다음과 같다.

$$\delta_{AB} = \delta_{AC} = \Delta \sin\theta = 0.8\Delta \tag{11.7}$$

$$\delta_{AD} = \Delta \tag{11.8}$$

식 (11.8)을 식 (11.7)에 대입하여 부재의 축변형에 대한 다음과 같은 식을 구할 수 있다.

$$\delta_{AB} = \delta_{AC} = 0.8\delta_{AD} \tag{11.9}$$

이것은 경사부재 AB와 AC의 축변형이 수직부재 AD 축변형의 0.8배와 같다는 것을 의미한다. 한편, 부재력 - 변형 관계를 사용하여 식 (11.9)를 다음과 같이 부재의 축력으로 표현할 수 있다.

$$\delta_{AB} = F_{AB}\left(\frac{L_{AB}}{EA}\right) = F_{AB}\left(\frac{5}{90{,}000}\right) = 5.55(10^{-5})F_{AB} \tag{11.10}$$

$$\delta_{AC} = F_{AC}\left(\frac{L_{AC}}{EA}\right) = F_{AC}\left(\frac{5}{90{,}000}\right) = 5.55(10^{-5})F_{AC} \tag{11.11}$$

$$\delta_{AD} = F_{AD}\left(\frac{L_{AD}}{EA}\right) = F_{AD}\left(\frac{3}{90{,}000}\right) = 3.33(10^{-5})F_{AD} \tag{11.12}$$

식 (11.10)~(11.12)를 식 (11.9)에 대입하여 다음 식을 구할 수 있다.

$$5.55(10^{-5})F_{AB} = 5.55(10^{-5})F_{AC} = 0.8\left[3.33(10^{-5})F_{AD}\right]$$

또는

$$F_{AB} = F_{AC} = 0.48F_{AD} \tag{11.13}$$

평형방정식(식 (11.5), (11.6))과 함께 식 (11.13)을 풀어서 트러스의 세 부재에서의 축력을

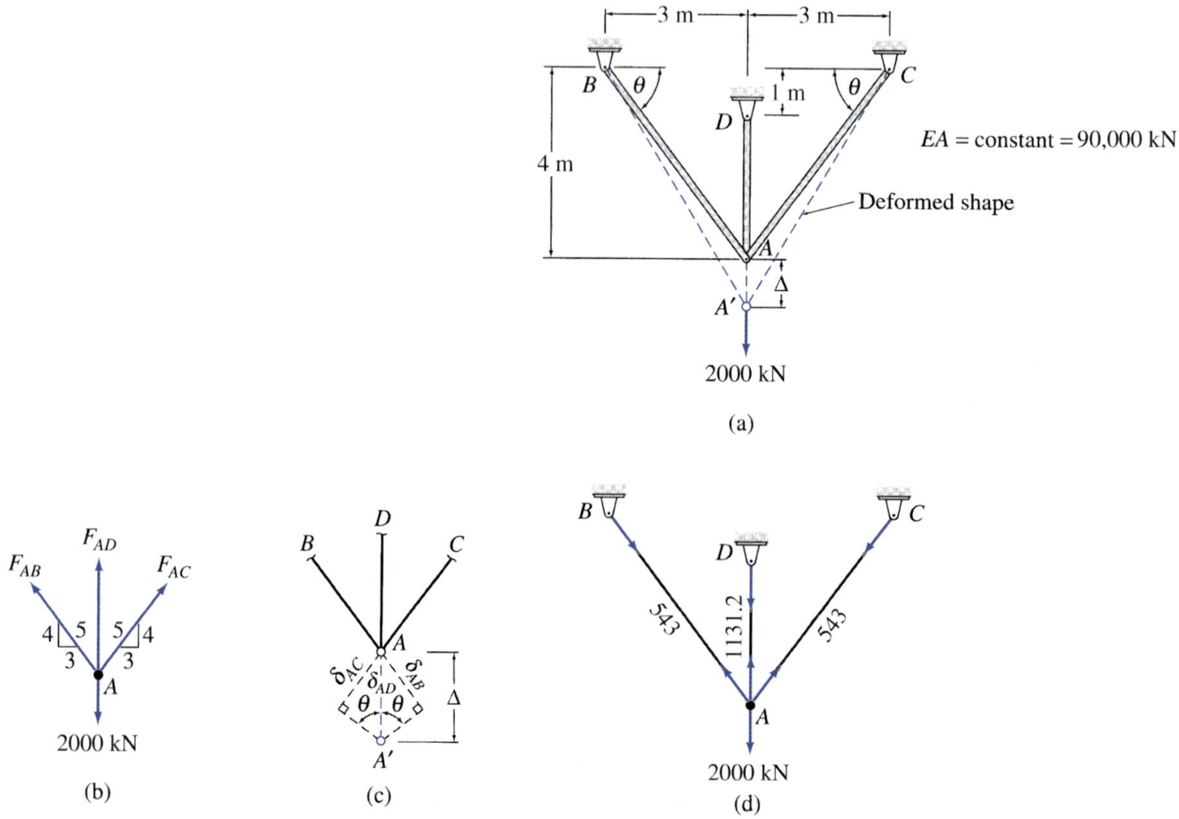

그림 11.6

구하면 다음과 같다(그림 11.6(d)).

$$F_{AB} = F_{AC} = 543 \text{ kN (T)} \quad \text{그리고} \quad F_{AD} = 1131.2 \text{ kN (T)}$$

여기서 구한 부재의 축력을 부재력 - 변형 관계식(식 (11.10)~(11.12))에 대입하여 부재의 축 변형을 구할 수 있다.

$$\delta_{AB} = \delta_{AC} = 0.0301 \text{ m} = 30.1 \text{ mm} \quad \text{그리고} \quad \delta_{AD} = 0.0377 \text{ m} = 37.7 \text{ mm}$$

마지막으로 부재의 축변형값을 적합조건식(식 (11.7)과 (11.8))에 대입하면 절점 A에서의 변위를 다음과 같이 구할 수 있다.

$$\Delta = 0.0377 \text{ m} = 37.7 \text{ mm}$$

해석 방법

1800년대 중반이후 부정정구조물을 해석하기 위해 여러 가지 방법이 개발되었다. 이러한 방법들은 지배 방정식에서의 미지수 종류에 따라(하중 또는 변위), 크게 **응력(연성)법**과 **변위(강성)법**의 두 가지 범주로 분류된다. 13장과 14장에서 소개되는 응력법은 일반적으로 작은 부정정차수(안정구조가 되기 위해 필요한 것 보다 작은 수의 부재와 반력이 더 있는)를 가진 구조물을 해석하는데 편리하다. 또한 응력법은 변위법을 전개하는데 필요한 부재력 - 변형 관계식을 유도하는데 사용된다. 변위법은 15장부터 17장까지에서 다루기로 한다. 이 방법은 보다 체계적이고 컴퓨터에 쉽게 적용될 수 있으므로 고차의 부정정차수를 갖는 대형구조물의 해석에 적합하다.

요약

이 장에서는 부정정구조물이 정정구조물에 비해 최대 응력이 더 작고, 더 큰 강성과 부정정차수를 갖는 부정정구조물의 장점에 대해 살펴보았다. 지점침하, 온도변화, 조립오차 등은 부정정구조물에 큰 응력을 일으킬 수 있으므로 구조설계 시에 이를 고려해야 한다.

구조물의 해석에는 기본적으로 평형방정식, 적합조건식, 부재력 - 변형 관계식 등의 세 가지 관계식이 이용된다. 부정정구조물을 해석하는 경우는 평형방정식과 더불어 구조물의 기하학적 변형에 근거한 적합조건식을 함께 이용해야 한다. 평형방정식과 적합조건식은 구조물의 부재력 - 변형 관계식을 이용하여 연결할 수 있다.

부정정구조물을 해석하는 방법은 **응력(연성)법**과 **변위(강성)법**의 두 가지로 분류된다. 응력법은 일반적으로 부정정차수가 크지 않은 구조물의 해석에 편리하다. 변위법은 컴퓨터에서 쉽게 구현할 수 있으므로 부정정차수가 큰 구조물을 해석하는데 적합하다.

12 직사각형 건물 골조의 근사해석

St. Louis Gateway Arch and Old Courthouse
R. Gino Santa Maria/Shutterstock.com

앞장에서 소개한 응력법과 변위법을 이용한 부정정구조물의 해석은 구조물의 적합조건과 평형조건이 완전히 만족된다는 측면에서 정밀해석이라 할 수 있다. 그러나 이러한 정밀해석도 구조물의 해석모델이 실제 구조물을 모델링하는 정도까지만 실제 구조물의 거동을 표현할 수 있다. 대부분 구조물들의 사용하중상태의 거동은 정확한 해석모델에 응력법과 변위법을 적용하여 신뢰할만한 수준까지 예측할 수 있다고 실험결과들은 보여주고 있다.

부정정구조물의 정밀해석은 처짐 계산과 연립방정식을 해석해야 되므로 많은 시간이 소요된다. 또한 해석은 구조부재의 상대적인 크기(단면적과 관성모멘트)에 의존한다. 이러한 어려움 때문에 부정정구조물의 예비설계에서는 근사해석이 종종 사용된다. **근사해석**에서는 구조부재의 변형과 하중분배에 대해 몇 가지를 가정하여 부재내력을 추정하게 되므로 처짐을 계산할 필요가 없다.

근사해석은 프로젝트의 초기 계획단계에서 몇 가지 구조계획 대안에 대한 상대적인 경제성을 비교 평가하는데 매우 간편한 방법으로 사용될 수 있다. 근사해석에 의한 결과는 정밀해석을 하기 위하여 요구되는 구조부재의 크기를 추정하는데 사용될 수도 있다. 부재의 예비설계는 정밀해석의 결과를 반영하여 재설계되며 최종적으로 부재설계가 완료될 때까지 이러한 과정을 반복하게 된다. 이와 함께 근사해석은 복잡한 해석 과정으로 인한 정밀해석의 오차를 개략적으로 찾아내는 데에 이용되기도 한다. 한편, 최근에는 오래된 구조물을 재건축하거나 보수하는 사례가 증가하고 있다. 고층건물을 포함한 많은 구조물은 1960년 이전에 건설되었고 설계 시에 근사해석이 사용되었으므로, 재건축이나 보수보강의 설계과정에서는 최초의 설계 기반이 되었던 근사해석에 대한 이해가 필요하다.

다양한 하중을 받는 여러 형태의 구조물에는 일반적으로 정밀해석이 사용되지만 특수한 하중을 받는 일부 구조물의 해석에는 하중의 형태와 구조물에 적용될 수 있는 근사해석이 사용된다. 예를 들어 수평하중을 받는 골조의 해석과 수직하중을 받는 골조의 해석에서는 서로 다른 근사해석법이 사용된다. 지금까지 부정정구조물의 근사해석을 위해 여러 가지 방법이 개발되어 왔다. 이 장에서는 그 중에서 정형골조에 일반적으로 적용되는 근사해석 방법을 설명하고자 한다. 근사해석의 결과를 정밀해석과 비교하면 일반적으로 20% 이내 오차 범위의 정확성을 보여준다.

이 장의 목적은 골조의 근사해석에 대한 이해와 일반적인 구조물들의 근사해석에 사용되는 방법들을 이해하는 것이다. 또한 근사해석의 난순화 가정에 필요한 내용을 제시하고 수직(중력)하중을 받는 골조의 근사해석에 대하여 설명한다. 마지막으로 일반적으로 사용되는 수직하중을 받는 골조에 대한 두 가지 근사해석 방법을 제시한다.

12.1 근사해석을 위한 가정

3장에서 5장까지 설명한 것과 같이 부정정구조물은 정적 안정을 위해 필요한 것보다 많은 지점반력과 부재력을 가지고 있다. 따라서 부정정구조물의 모든 반력과 내력(모멘트를 포함해서)은 평형방정식만으로 구할 수 없다. 부정정구조물에서 이들 여분의 반력과 내력을 **잉여력**(redundants)이라 하며, 잉여력의 수(즉, 총 미지수와 평형방정식 수의 차이)를 구조물의 **부정정차수**(degree of indeterminacy)라고 한다. 부정정구조물의 반력과 내력을 구하기 위해서는 평형방정식 외에도 부정정차수만큼이 추가적인 방정식이 필요하다. 따라서 근사해석에서는 기술자의 판단을 통하여 구조물의 거동을 단순하게 가정하고, 이러한 가정들로부터 추가적인 방정식을 구성하게 된다. 가정의 수는 구조물의 부정정차수와 같아야 하며 이들 가정은 각각 미지의 반력과 내력 사이에서 독립성을 갖고 있어야 한다. 이러한 단순화 가정을 통해 얻어진 방정식을 구조물의 평형방정식과 함께 해석하여 구조물의 반력과 내력을 구하게 된다.

근사해석에서는 일반적으로 다음과 같은 2가지 가정을 이용한다.

변곡점 위치에 대한 가정

먼저 부정정구조물의 개략적인 처짐 형태를 고려하여 변곡점 —즉, 탄성 곡선의 곡률이 바뀌는 점— 의 위치를 가정한다. 변곡점에는 휨모멘트가 "0"이 되므로 가정된 각각의 변곡점에 내부 힌지를 삽입하면 부정정구조물이 정정구조물로 단순화된다. 따라서 각각의 내부 힌지에서 하나씩의 방정식을 얻을 수 있으므로 변곡점의 수는 구조물의 부정정차수와 같아야 한다. 또한 구조물이 정적으로, 그리고 기하학적으로 안정된 구조물이 되도록 변곡점의 위치를 가정하여야 한다. 이렇게 얻어진 단순화된 정정구조물을 해석하면 거동을 가정하기 전의 부정정구조물에 대한 근사적인 반력과 내력을 구할 수 있다.

예를 들어, 그림 12.1(a)와 같이 수평하중 P가 작용하는 골조를 생각해 보자. 골조가 4개의 반력에 의해 지지되지만 평형방정식은 3개이므로 1차 부정정이 된다. 따라서 골조의 거동에 관하여 하나의 가정을 만들 필요가 있다. 거동에 대한 가정을 하기 위해 그림 12.1(a)에서의 골조에 대한 개략적인 처짐 형태를 살펴보면, 보 CD의 중앙 부근에 변곡점이 존재하는 것을 알 수 있다. 변곡점의 정확한 위치는 두 기둥의 특성(아직은 미지수)에 따라 변하고, 정밀해석

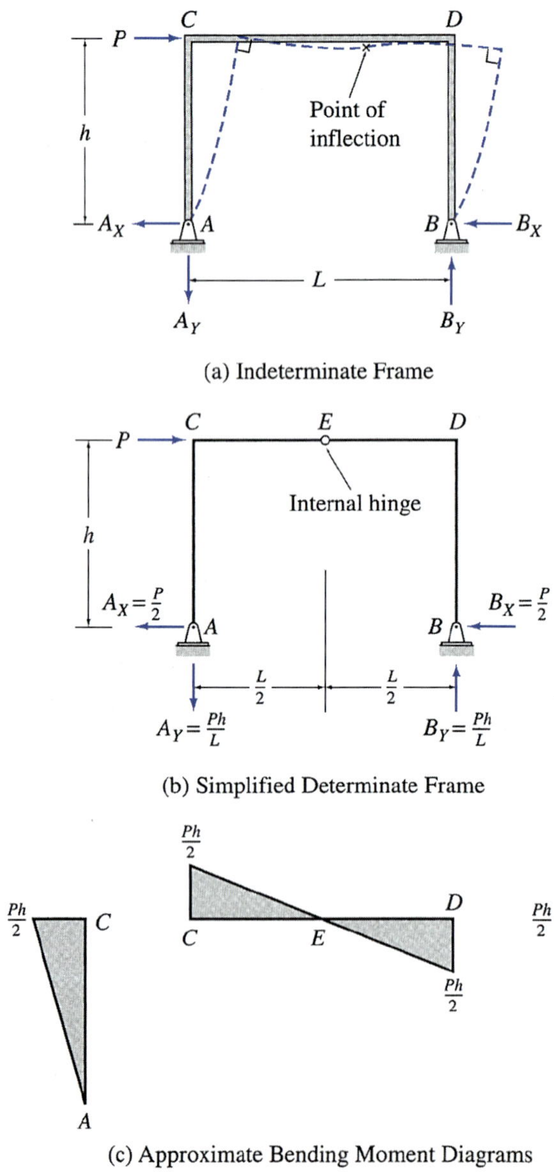

그림 12.1

을 통해서 결정할 수 있는 것이지만, 근사해석에서는 변곡점의 위치를 보 CD의 중앙으로 가정하여도 무방하다. 변곡점에서는 휨모멘트가 없으므로, 보 CD의 중앙 E에 내부 힌지를 삽입하여 그림 12.1(b)와 같은 정정구조물을 얻을 수 있다. 따라서 3개의 평형방정식($\sum F_X = 0$, $\sum F_Y = 0$, 그리고 $\sum M = 0$)과 1개의 지점의 조건식($\sum M_E^{AE} = 0$ 또는 $\sum M_E^{BE} = 0$)을 적용하여 골조의 반력 4개를 구함으로써 그림 12.1(b)의 골조를 해석할 수 있다.

$$+\circlearrowleft \sum M_B = 0 \qquad A_Y(L) - Ph = 0 \qquad A_Y = \frac{Ph}{L}\downarrow$$

$$+\uparrow \sum F_Y = 0 \qquad -\frac{Ph}{L} + B_Y = 0 \qquad B_Y = \frac{Ph}{L}\uparrow$$

$$+\circlearrowleft \sum M_E^{BE} = 0 \qquad \frac{Ph}{L}\left(\frac{L}{2}\right) - B_X(h) = 0 \qquad B_X = \frac{P}{2}\leftarrow$$

$$+\rightarrow \sum F_X = 0 \qquad P - A_X - \frac{P}{2} = 0 \qquad A_X = \frac{P}{2}\leftarrow$$

이들 근사적인 반력과 부재와 절점의 평형을 이용하여 골조의 근사적인 전단력, 휨모멘트, 축력의 다이어그램을 그릴 수 있다. 골조 부재들의 휨모멘트 다이어그램은 그림 12.1(c)와 같다.

부재와 반력 사이의 힘의 분배에 대한 가정

부정정구조물의 해석은 부재와 반력 사이의 힘의 분배에 관한 가정을 사용하여 근사해석을 하기도 한다. 구조물의 해석을 위해 필요한 가정의 수는 구조물의 부정정차수와 같고, 각각의 가정으로부터 미지의 부재력과 반력에 대한 독립적인 방정식을 구성하게 된다. 이들 방정식을 구조물의 평형방정식과 연계하여 풀면 구조물의 근사적인 반력과 내력을 구할 수 있게 된다. 예를 들어, 앞에서는 변곡점의 위치를 가정하는 방법으로 근사해석을 하였으나, 수평반력 A_X와 B_X가 같다는 가정(즉, $A_X = B_X$)으로부터 그림 12.1(a)의 문형 골조(포탈 골조, portal frame)를 해석할 수도 있다. 이러한 가정에서 유도한 방정식과 골조에서의 평형방정식 3개를 연립하여 풀면 보 CD의 중앙에 변곡점을 가정해서 구한 것과 같은 반력이 계산된다.

앞에서 설명한 두 가지 가정은 각각 개별적으로 사용하거나 두 가지를 복합적으로 사용할 수도 있으며, 또는 다른 유형의 가정들과 같이 사용하여 공학적인 판단에 의거하여 여러 가지 종류의 구조물에 대한 근사해석방법으로 발전시킬 수도 있다. 이번 장에서는 골조에 대한 근사해석에 중점을 두어 설명하기로 한다.

12.2 수직하중을 받는 골조의 해석

지점이 고정단으로 된 정형골조가 내부 힌지나 롤러를 가지고 있지 않다면 **보 개수의 3배**에 해당하는 부정정차수를 갖는다는 것을 5.5절에서 설명하였다. 따라서 강접골조를 근사해석하기 위하여 필요한 총 가정의 수는 골조에 있는 보 개수의 3배에 해당한다.

수직하중을 받는 정형건물을 근사해석하기 위에서는 먼저 각 보의 거동에 대하여 3가지를 가정해야 한다. 그림 12.2(a)와 같이 등분포하중 w를 받는 골조를 고려해 보자. 골조에서의 보 DE의 자유물체도는 전형적으로 그림 12.2(b)와 같다. 그림과 같이 개략적인 처짐 형태로부터 보의 양쪽 단부 근처에 변곡점이 있다는 것을 알 수 있다. 이렇게 변곡점이 생기는 이유는 거더 DE 양단에 연결되어 있는 기둥과 보의 D점과 E점에서 각각 부모멘트 M_{DE}와 M_{ED}가 발생하고, 이 모멘트는 회전에 대한 부분적인 구속이나 저항을 생기게 하기 때문이다. 변곡점의 정확한 위치는 골조 부재의 상대적인 강성에 의한 정밀해석으로 구할 수 있지만 근사해석에서는 그림 12.2(c)와 (d)와 같이 두 가지 극단적인 단부 회전 구속 조건을 설정하여 변곡점이 존재하는 개략적인 위치를 추정할 수 있다. 첫 번째 극단적인 가정으로 만약 보의 양단이 그림 12.2(c)와 같이 힌지라면 휨모멘트가 0인 점(변곡점)은 보의 양단에서 나타난다. 또 다른 한 가지 극단적인 가정으로 보의 양단이 고정단이라면 다음 장에서 설명되는 정밀해석에 의하여 그림 12.2(d)와 같이 보의 양단에서 $0.211L$ 거리만큼 떨어진 위치에 변곡점이 존재하게 된다. 따라서 그림 12.2(b)와 같이 보의 양단이 회전에만 부분적으로 제한된 경우에는 변곡점은 보의 양단으로부터 $0.211L$ 이내의 어딘가에서 발생해야 한다. 일반적으로 근사해석에서는 변곡점이 두 가지 극단적인 예에서 나타나는 위치들의 중간 —즉, 보의 양단에서 $0.1L$의 위치—에 존재한다고 가정한다. 이렇게 두 변곡점의 위치를 추정함으로써 보의 거동에 대한 두 가지 가정을 만들 수 있게 된다. 세 번째 가정은 수직하중만 받는 정형골조에 대한 정밀해석으로부터 얻어지는 것으로서 수직하중만 작용하는 정형골조에서의 보에 작용하는 축력은 일반적으로 매우 작다는 것이다. 따라서 수직하중을 받는 정형골조의 근사해석에서는 보에는 축력이 없다고 가정한다.

앞에서 설명한 내용들을 요약하면 수직하중을 받는 정형골조의 근사해석 과정에서는 다음과 같은 가정들이 골조의 각 보에 적용된다.

1. 변곡점은 보 양단에서 경간의 1/10인 점에 위치한다.
2. 보에는 축력이 작용하지 않는다.

이러한 단순화 가정을 통하여 그림 12.2(e)와 같이 경간의 0.8배 ($0.8L$)인 단순보가 경간의 1/10 ($0.1L$)에 해당하는 두 개의 캔틸레버 보의 양 끝부분에 단순지지된 것으로 볼 수 있다. 이러한 보는 모두 정정구조물이므로 각 보 단부에서의 부재력과 모멘트를 정역학적으로 간단히 구할 수 있다. 즉, 골조에서 각 보의 거동에 3가지 가정을 적용함으로써 전체 가정의 수를 골조의 부정정차수와 같게 하였고, 전체 골조를 그림 12.2(f)와 같이 정정구조물로 표현할 수

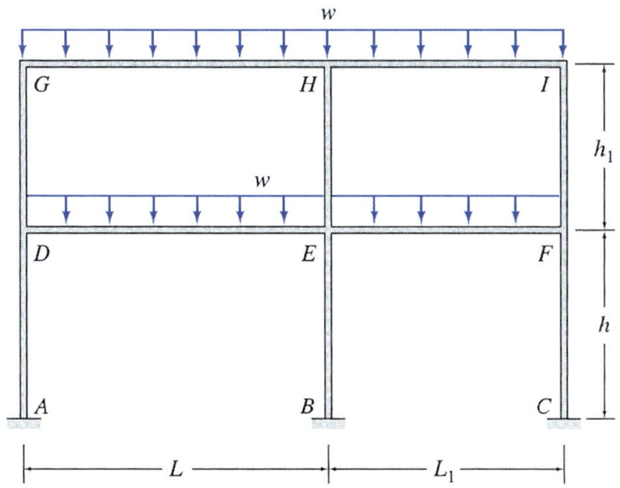

(a) Building Frame

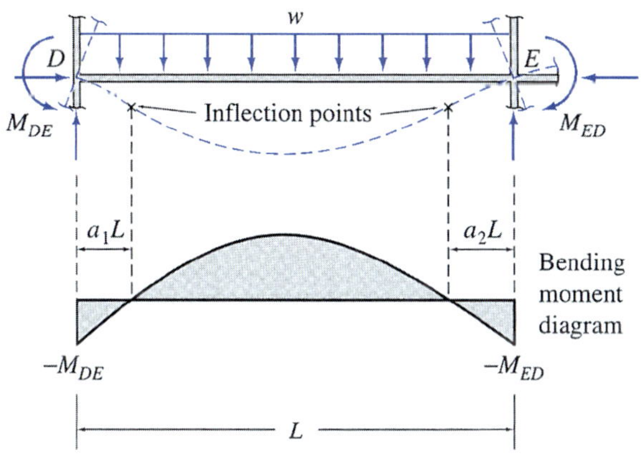

(b) Typical Girder

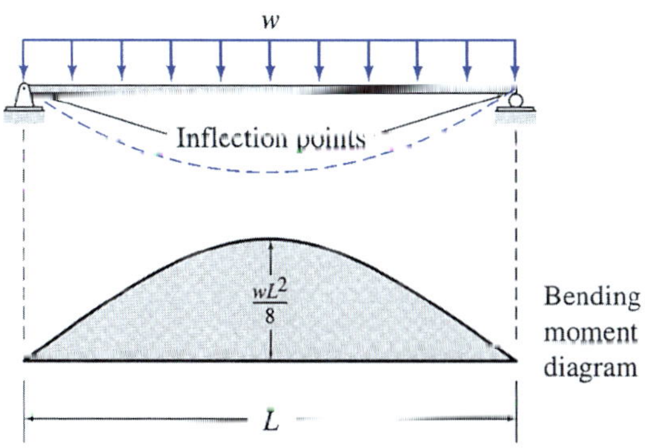

(c) Simply Supported Girder

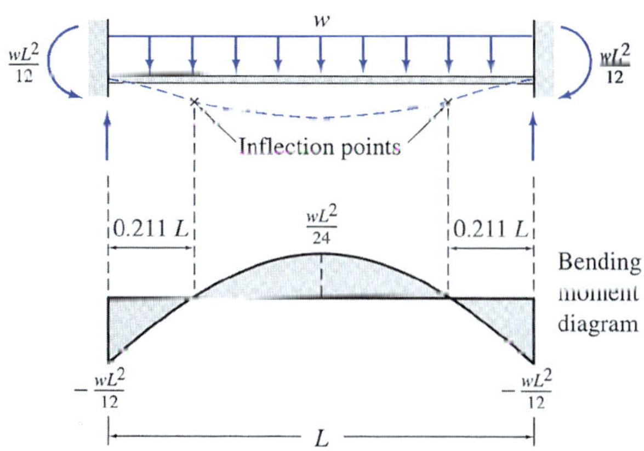

(d) Fixed Girder

그림 12.2

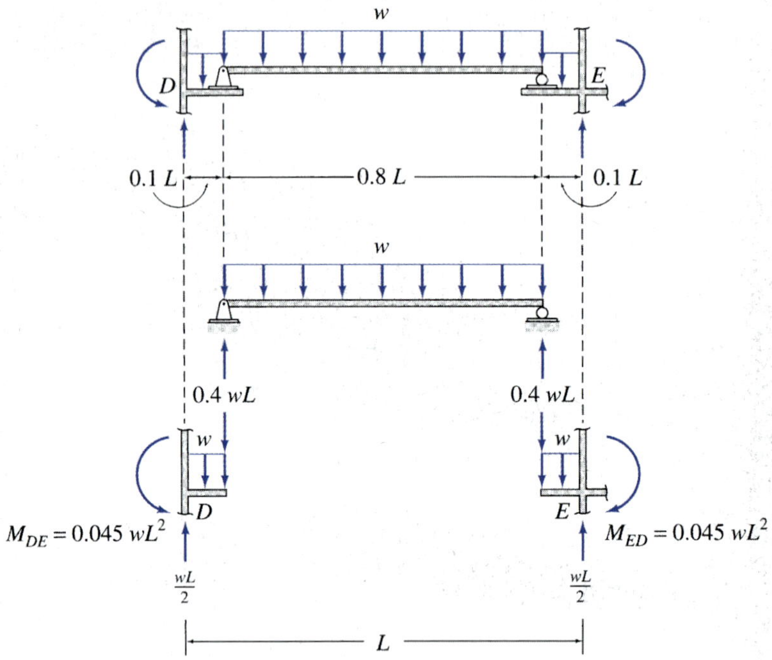

(e) Simplified Determinate Girder

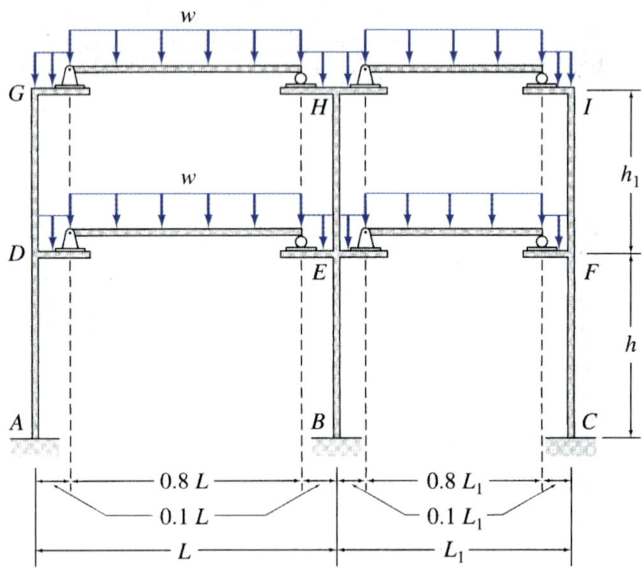

(f) Simplified Determinate Frame

그림 12.2 계속

있게 되었다. 보 단부에서의 부재력을 구할 수 있으므로 평형방정식을 이용하여 기둥 단부에서의 부재력과 지점반력 등도 구할 수 있다.

12.1
Example

그림 12.3(a)와 같은 골조에서 보에 대한 근사적인 전단력과 휨모멘트 다이어그램을 그려라.

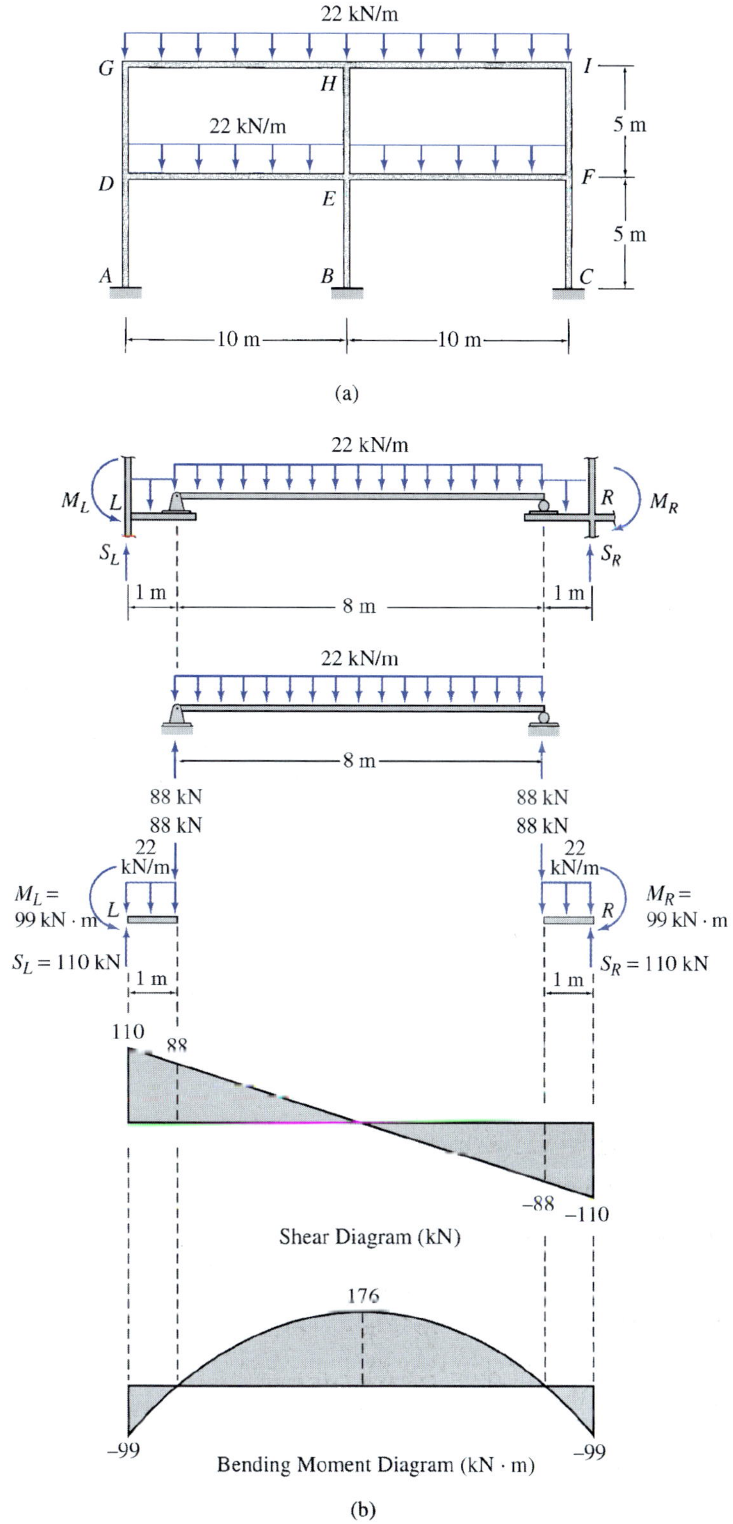

그림 12.3

풀이

그림 12.3(a)의 골조에서 각각의 보의 경간과 작용하는 하중이 같으므로 보에 대한 근사적인 전단력과 휨모멘트 다이어그램 또한 서로 같게 된다. 논의된 가정을 골조의 각 보에 적용하여 그림 12.3(b)와 같은 정정구조물을 구할 수 있다. 그림에서 나누어진 세 부분 중에서 중앙의 보 $(0.8L = 0.8(10) = 8\text{ m})$가 양쪽 캔틸레버 보 $(0.1L = 0.1(10) = 1\text{ m})$의 단부에 단순지지되어 있다는 것을 알 수 있다.

단순보 부분에 대한 평형방정식으로부터 이 부분의 단부에 작용하는 수직반력(22 (8/2) = 88 kN)을 구할 수 있다. 그림과 같이 이들 힘은 양쪽 캔틸레버 보 단부에서 반대 방향(뉴턴의 작용 - 반작용 법칙)의 힘으로 작용하게 된다. 또한, 캔틸레버 보에서의 수직력(전단력)과 모멘트는 가정된 캔틸레버 보의 평형조건으로부터 구할 수 있다. 좌측 캔틸레버 부분에 평형방정식을 적용하면 다음과 같다.

$$+\uparrow \sum F_Y = 0 \qquad S_L - 22(1) - 88 = 0 \qquad S_L = 110\text{ kN}\uparrow$$

$$+\circlearrowleft \sum M_L = 0 \qquad M_L - 22(1)\left(\frac{1}{2}\right) - 88(1) = 0 \qquad M_L = 99\text{ kN}\cdot\text{m}\circlearrowleft$$

같은 방법으로 우측 부분에 평형방정식을 적용하면 보 단부에서의 전단력과 휨모멘트를 다음과 같이 구할 수 있다.

$$S_R = 110\text{ kN}\uparrow \quad \text{그리고} \quad M_R = 99\text{ kN}\cdot\text{m}\circlearrowright$$

이렇게 보 단부에서의 부재력과 모멘트의 근사적인 값을 알게 되면 그림 12.3(b)와 같은 전단력과 휨모멘트 다이어그램을 그릴 수 있다.

12.3 수평하중을 받는 골조의 해석 – 포탈법

수평하중을 받는 정형골조의 거동은 수직하중을 받는 정형골조의 거동과 다르므로 근사해석에 적용되는 가정 또한 이전 절의 수직하중을 받는 골조에 적용한 가정과 다르다. 수평하중이 작용하는 정형골조의 근사해석에는 일반적으로 두 가지 방법, **포탈법과 캔틸레버법**이 사용된다. 이번 절에서는 포탈법을 설명하고 다음 절에서는 캔틸레버법을 설명하고자 한다.

포탈법은 1915년 A. Smith에 의해 처음 개발되었으며 비교적 저층 골조의 근사해석에 적합하다. 다층 다경간의 골조를 포탈법으로 해석하기 전에 그림 12.4(a)와 같이 수평하중을 받으며 지점이 고정단으로 되어 있는 골조의 거동을 생각해 보자. 이 골조의 부정정차수는 3차이므로 근사해석을 위해서는 3개의 가정이 필요하다. 그림 12.4(a)에서의 개략적인 처짐 형태로부터 골조 각 부재의 중앙 부근에 변곡점이 존재하는 것을 알 수 있다. 정밀해석을 해보면 변곡점은 일반적으로 부재 중앙에 존재하므로 근사해석에서 변곡점의 위치를 부재 중앙으로 잡는 것이 바람직하다. 변곡점에서 휨모멘트가 "0"이 되므로 내부 힌지를 각 부재의 중앙에 삽입하면 그림 12.4(b)와 같은 정정구조물을 얻을 수 있다. 6개의 반력을 구하기 위해 그림 12.4(b)과 같이 힌지 E와 G를 가로지르는 수평 단면 aa를 가정하고 골조의 3개 부분에 평형방정식(만약 있다면 지점의 조건식도)을 적용시킨다. 그림 12.4(c)의 $ECDG$ 부분에 3개의 평형방정식과 1개의 지점 조건식을 적용시켜서 내부 힌지 E와 G에 작용하는 힘을 계산하면 다음과 같다.

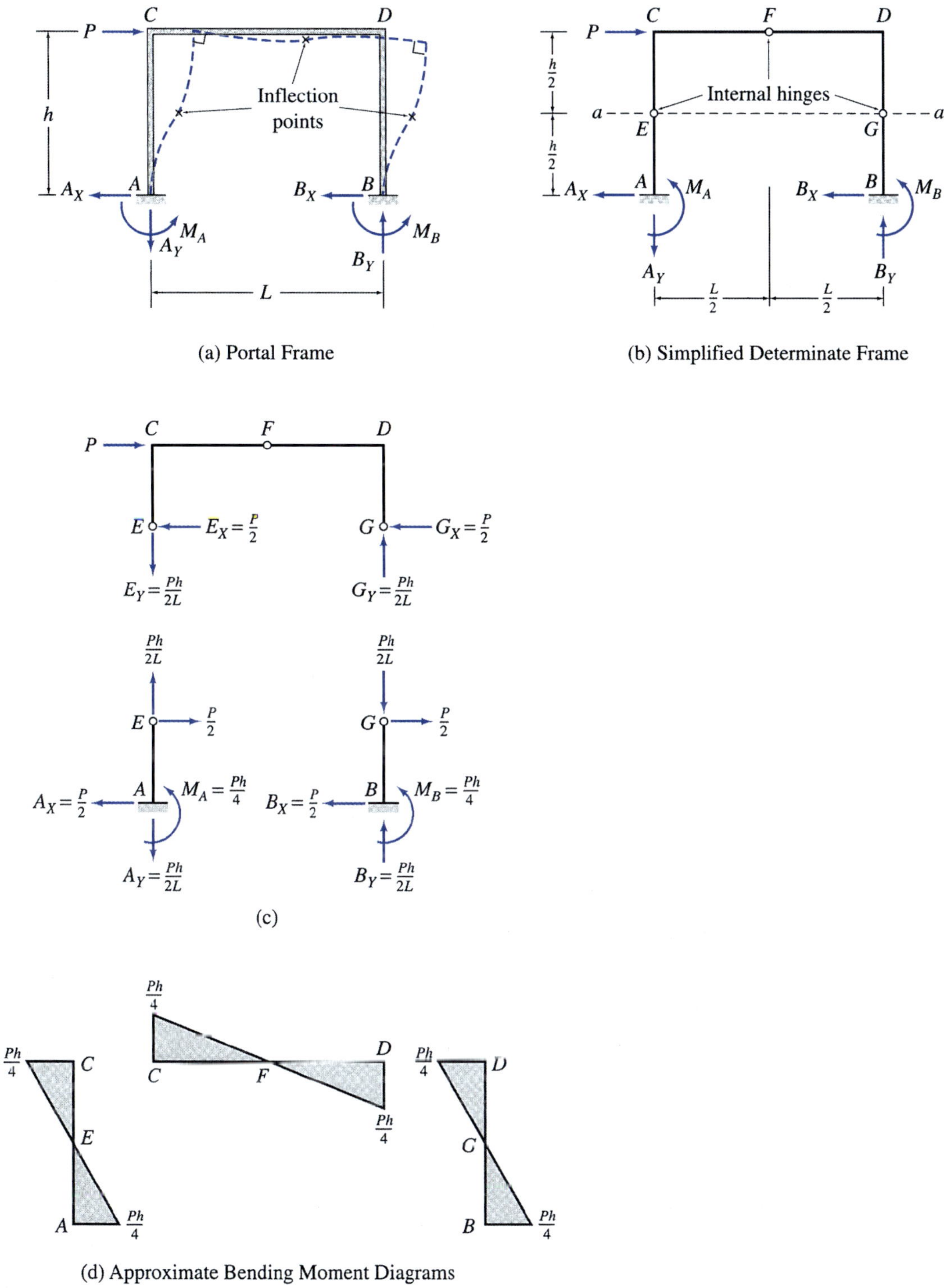
P
C
D
h
Inflection
points
A
B
L
(a) Portal Frame
F
Internal hinges
a
E
G
(b) Simplified Determinate Frame
(c)
(d) Approximate Bending Moment Diagrams

그림 12.4

$$+\circlearrowleft \sum M_G = 0 \qquad E_Y(L) - P\left(\frac{h}{2}\right) = 0 \qquad E_Y = \frac{Ph}{2L} \downarrow$$

$$+\uparrow \sum F_Y = 0 \qquad -\frac{Ph}{2L} + G_Y = 0 \qquad G_Y = \frac{Ph}{2L} \uparrow$$

$$+\circlearrowleft \sum M_F^{EF} = 0 \qquad \frac{Ph}{2L}\left(\frac{L}{2}\right) - E_X\left(\frac{h}{2}\right) = 0 \qquad E_X = \frac{P}{2} \leftarrow$$

$$+\rightarrow \sum F_X = 0 \qquad P - \frac{P}{2} - G_X = 0 \qquad G_X = \frac{P}{2} \leftarrow$$

지점 A와 B에서의 모든 반력은 AE 부분과 BG 부분 각각에 대한 평형방정식으로부터 구할 수 있다. 그림 12.4(c)의 AE 부분에서 다음을 계산한다.

$$+\rightarrow \sum F_X = 0 \qquad A_X = \frac{P}{2} \leftarrow$$

$$+\uparrow \sum F_Y = 0 \qquad A_Y = \frac{Ph}{2L} \downarrow$$

$$+\circlearrowleft \sum M_A = 0 \qquad -\frac{P}{2}\left(\frac{h}{2}\right) + M_A = 0 \qquad M_A = \frac{Ph}{4} \circlearrowleft$$

같은 방법으로 그림 12.4(c)의 BG 부분에서 다음을 계산한다.

$$+\rightarrow \sum F_X = 0 \qquad B_X = \frac{P}{2} \leftarrow$$

$$+\uparrow \sum F_Y = 0 \qquad B_Y = \frac{Ph}{2L} \uparrow$$

$$+\circlearrowleft \sum M_B = 0 \qquad -\frac{P}{2}\left(\frac{h}{2}\right) + M_B = 0 \qquad M_B = \frac{Ph}{4} \circlearrowleft$$

골조에서 지점 A와 B의 수평반력이 같다(즉, $A_X = B_X$)는 것을 고려하면 두 기둥의 전단력 또한 같다는 것을 알 수 있다. 이 골조에서 각 부재의 휨모멘트 다이어그램은 그림 12.4(d)와 같다.

보다 복잡한 골조에 대한 근사해석으로 포탈법을 확장시키기 위하여 그림 12.5(a)와 같은 2층 3경간 건물의 골조를 생각해 보자. 이 골조는 6개의 보를 가지고 있으므로 부정정차수는 18(즉, 3(6) = 18)이다. 그림 12.5(a)에서의 개략적인 처짐 형태에서 변곡점이 각 부재의 중앙 부근에 존재하므로 이 골조의 처짐 거동은 앞에서 설명한 골조(그림 12.4(a))의 거동과 유사하다. 포탈법에서는 변곡점이 부재의 중앙에 위치하는 것으로 가정하므로 내부 힌지를 각 부재의 중앙에 삽입하면 그림 12.5(b)와 같이 단순화된 골조가 된다. 이 골조는 부정정차수가 18개인 실제 골조에 단지 14개의 내부 힌지(14개 부재 각각에 내부 힌지 1개씩)를 삽입한 것이므로 정정구조물이 될 수 없다. 즉 그림 12.5(b)와 같이 단순화된 골조의 부정정차수는 4(18 − 14 = 4)가 되므로 단순하게 정역학적으로 골조를 해석하기 위해서는 4개의 가정이 더 필요하게 된다. 포탈법에서는 그림 12.5(c)와 같이 구조물이 일련의 포탈 골조들로 이루어졌다고 보는 것이므로 단위 포탈 골조의 기둥 두 개가 모여 원래 골조의 내부기둥 한 개를 이룬다고 본다. 그림 12.4에서 살펴보았듯이 부재 중앙에 내부 힌지를 가지는 포탈 골조가 수평하중을 받을 때 골조의 두 기둥에는 같은 전단력이 발생한다. 그리고 다경간 골조에서의 내부기둥 한 개는 단위 포탈 골조에서의 기둥 두 개가 모여 이루어진 것이고, 다경간 골조의 외부기둥은 단위 포탈 골조의 기둥 한 개로 이루어져 있으므로 다경간 골조에서 내부기둥의 전단력은 외부기둥

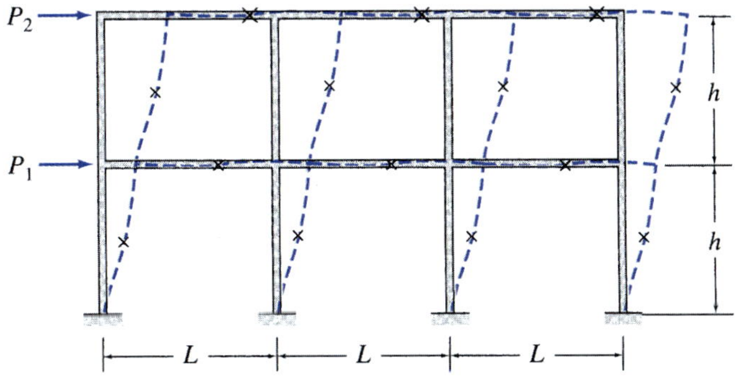

(a) Building Frame

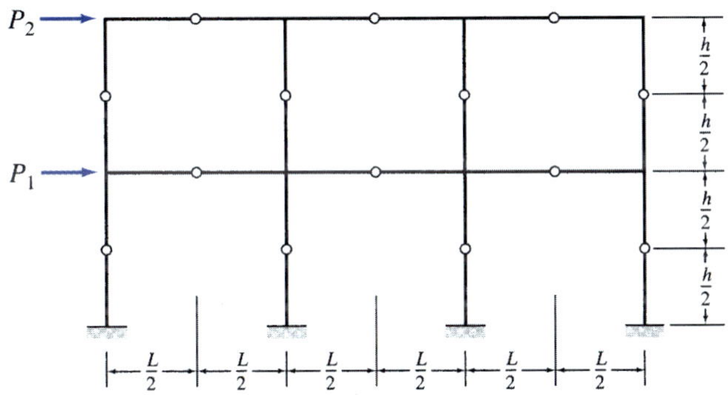

(b) Simplified Frame

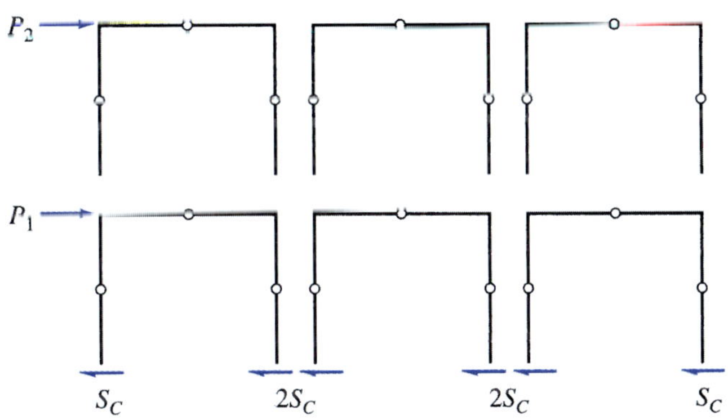

(c) Equivalent Series of Portal Frames

그림 12.5

전단력의 두 배가 된다는 것을 알 수 있다. 기둥에서의 전단력 분배에 대한 가정을 이용하여 다경간 골조의 근사해석에 필요한 것보다 각 층당 하나씩 더 많은 방정식을 만들 수 있다. 이런 식으로 전체 골조를 보면 근사해석을 위해 필요한 것보다 2개 더 많은 6개의 방정식이 만들어진다. 그러나 이렇게 남은 방정식은 다른 방정식들과 일치하므로 계산이 어렵지 않다.

앞에서 설명한 포탈법에 필요한 가정을 정리하면 다음과 같다.

1. 변곡점은 각 부재의 중앙에 위치한다.
2. 골조의 각 층에서 내부기둥은 외부기둥의 2배의 전단력을 받는다.

해석 순서

골조를 포탈법으로 근사해석하는 순서는 다음과 같다.

1. 주어진 골조에서 각 부재의 중앙에 내부 힌지를 삽입하여 골조를 단순화한다.
2. 골조 각 층의 기둥의 전단력을 구한다.
   a. 각 층의 모든 기둥을 가로지르도록 골조를 수평으로 두 부분으로 나눈다.
   b. 내부기둥의 전단력을 외부기둥의 2배로 가정하고 나누어진 골조의 상부에 대한 자유물체도에 평형방정식 $\sum F_X = 0$를 적용시켜 기둥의 전단력을 구한다.
3. 외력과 앞 단계에서 구한 기둥 단부에서의 전단력 등을 표시하는 자유물체도를 골조의 모든 부재와 절점에 대하여 그린다.
4. 기둥의 모멘트를 구한다. 기둥 중앙의 변곡점(내부 힌지)에서는 휨모멘트가 "0"이므로 지점의 조건식에서 각 기둥에 대한 단부 모멘트를 구한다. 그림 12.6(a)와 같은 높이 h인 기둥의 자유물체도에 지점 조건식 $\sum M_H^{BH} = 0$와 $\sum M_H^{TH} = 0$을 적용시키면 양쪽 단부 모멘트의 크기와 방향(즉, 양쪽 단부 모멘트가 모두 시계방향이거나 모두 반시계방향)이 동일함을 알 수 있다. 기둥 단부에서의 모멘트 M_C는 기둥 전단력 S_C에 기둥 높이의 절반을 곱한 것과 같은 크기를 가진다. 즉,

$$M_C = S_C\left(\frac{h}{2}\right) \tag{12.1}$$

   골조의 모든 기둥에 대하여 단부 모멘트를 구한다.
5. 최상층에서 바닥층으로 진행하면서 보에 대한 축력, 모멘트, 전단력을 구한다. 각 층에서 좌측 최외단 절점의 자유물체도에서 시작하여 우측으로 진행하면서 보 단부의 축력, 모멘트, 전단력을 구한다.
   a. 절점의 우측에 위치하는 보의 좌측(절점에 접하는) 단부에 대한 축력과 모멘트를 각각 계산하기 위하여 절점의 자유물체도에 평형방정식 $\sum F_X = 0$와 $\sum M = 0$를 적용시킨다.

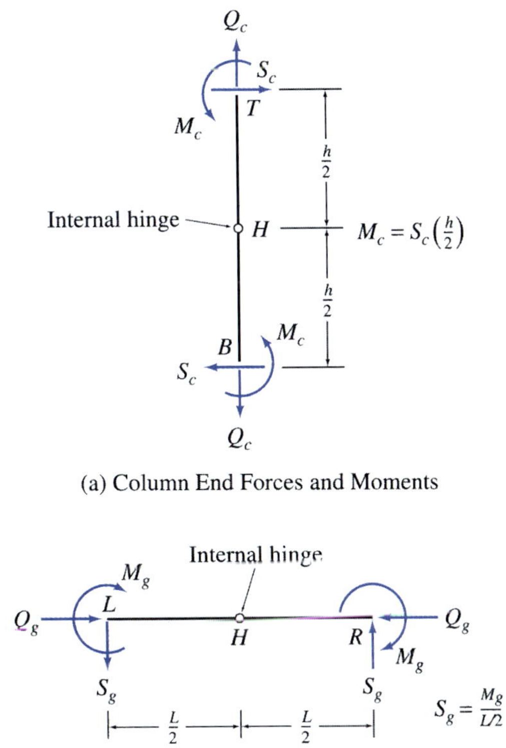

(a) Column End Forces and Moments

(b) Girder End Forces and Moments

그림 12.6

b. 그림 12.6(b)의 보에 대한 자유물체도를 고려하여 보 단부에서의 모멘트를 보 길이의 절반으로 나누어 보의 좌측 단부에 대한 전단력을 구한다. 즉,

$$S_g = \frac{M_g}{(L/2)} \tag{12.2}$$

식 (12.2)는 보의 중앙에서 휨모멘트가 "0"이다는 가정에 기초한다.

c. 평형방정식 $\sum F_X = 0$, $\sum F_Y = 0$, $\sum M = 0$을 보의 자유물체도에 적용하여 우측 단부에서의 축력, 전단력, 모멘트를 구한다. 그림 12.6(b)와 같이 보 양쪽 단부에서의 축력과 전단력은 각각 방향이 반대가 되지만, 양쪽 단부 모멘트의 크기와 방향은 서로 같다.

d. 각 층의 모든 보에 대한 축력, 모멘트, 전단력을 구할 때까지 5(a)단계에서 5(c)단계까지를 반복한다. 우측 최외단 절점에 대해서는 평형방정식 $\sum F_X = 0$과 $\sum M = 0$을 아직 적용하지 않았으므로 이들 방정식을 사용하여 계산한 결과를 확인한다.

e. 계산이 완료된 층의 아래층에 대해서 가장 좌측 절점에서 시작하여 5(a)단계에서 5(d)단계까지를 반복하여 보의 모든 축력, 모멘트, 전단력을 구한다.

6. 기둥의 축력을 구한다. 최상층에서 시작하여 평형방정식 $\sum F_Y = 0$을 각 절점의 자유물체도에 연속적으로 적용하여 그 층에 있는 기둥의 축력을 구한다. 최상층에서 바닥층까지 반복하여 골조의 모든 기둥의 축력을 구한다.
7. 바닥층 기둥에서 하단부의 부재력과 모멘트는 지점반력을 의미하므로 골조 전체에 3개의 평형방정식을 적용시켜 계산 결과를 확인한다. 만약 해석이 정확하다면 이들 평형방정식은 만족될 것이다.

만약 각 층의 우측에서 좌측으로 진행하면서 부재력을 계산하고자 한다면 앞에서 서술한 단계 중 5단계와 6단계에서 **'우측'**이라는 말과 **'좌측'**이라는 말을 서로 바꾸면 된다.

12.2 Example

그림 12.7(a)의 골조에서 모든 부재에 대한 근사적인 축력, 전단력, 휨모멘트를 포탈법으로 구하라.

풀이

단순화된 골조. 근사해석을 위해 대상 골조의 모든 부재의 중앙에 내부 힌지를 삽입하여 골조를 단순화한다. 단순화된 골조를 그림 12.7(b)에 나타내었다.

기둥의 전단력. 전단력골조의 기둥에 작용하는 전단력을 계산하기 위해 그림 12.7(b)와 같이 바닥의 바로 위에서 기둥을 통과하는 가상의 단면 aa를 가정한다. 단면 aa 상부의 골조 부분에 대한 자유물체도는 그림 12.7(c)와 같다. 내부기둥 BE에 작용하는 전단력은 외부기둥 AD와 CF에 각각 작용하는 전단력의 2배가 된다는 가정을 이용하여, 평형방정식 $\sum F_X = 0$을 적용하면 다음과 같은 결과를 얻을 수 있다(그림 12.7(c) 참조).

$$+ \rightarrow \sum F_X = 0 \qquad 60 - S - 2S - S = 0 \qquad S = 15 \text{ kN}$$

따라서 기둥의 하단부에서 전단력은 다음과 같다.

$$S_{AD} = S_{CF} = S = 15 \text{ kN} \leftarrow \qquad S_{BE} = 2S = 30 \text{ kN} \leftarrow$$

기둥의 상단부에 걸리는 전단력은 각 기둥의 자유물체도에 평형방정식 $\sum F_X = 0$을 적용하여 구할 수 있다. 예를 들어, 그림 12.7(d)의 기둥 AD의 자유물체도에서 평형방정식 $\sum F_X = 0$을 만족시키기 위해서는 상단부에서의 전단력 S_{DA}가 15 kN의 크기로 우측방향으로 작용하여, 좌측 방향으로 $S_{AD} = 15$ kN인 하단부에서의 전단력과 평형을 이루어야 한다. 즉, $S_{DA} = 15$ kN →. 나머지 기둥들의 상단부에서의 전단력 다이어그램 같은 방법으로 구하여 골조의 모든 부재와 절점의 자유물체도를 표현하면 그림 12.7(e)와 같다.

기둥의 모멘트. 기둥의 전단력을 알게 되면 이 값에 기둥 높이의 절반을 곱하여 기둥의 단부 모멘트를 계산할 수 있다. 예를 들어, 그림 12.7(d)의 기둥 AD의 높이가 8 m이고 단부 전단력이 15 kN이므로 단부 모멘트는 다음과 같다.

$$M_{AD} = M_{DA} = 15\left(\frac{8}{2}\right) = 60 \text{ kN} \cdot \text{m} \circlearrowleft$$

단부 모멘트 M_{AD}와 M_{DA}는 모두 반시계방향이다. 즉, 기둥 중앙의 내부 힌지에서 15 kN인 단부 전단력으로 생기는 시계방향의 모멘트에 대해 반대 방향이다. 골조의 나머지 기둥들에 대한 단부 모멘트도 같은 방법으로 구하면 그림 12.7(e)와 같다.

보의 축력, 모멘트, 전단력. 좌측 상부 절점 D에서 보의 단부에 작용하는 부재력들을 계산해 보자. 앞에서 계산한 기둥의 전단력 S_{DA}와 모멘트 M_{DA}를 뉴턴의 제3법칙에 따라 반대 방향으로 절점 D의 자유물체도에 작용시킨다(그림 12.7(d)). 평형방정식 $\sum F_X=0$을 적용하면 보의 축력, $Q_{DE}=45$ kN ←를 구할 수 있다. Q_{DE}는 보 DE의 절점 D에서 반대 방향 — 즉, 우측방향 — 으로 작용해야 한다는 것에 주의해야 한다. 그림 12.7(d)의 절점 D의 자유물체도로부터 모멘트 평형방정식 $\sum M=0$을 만족시키기 위해서는 보의 단부 모멘트 M_{DE}가 기둥의 단부 모멘트 60 kN · m와 크기가 같고 방향은 반대이어야 한다는 것을 알 수 있다. 따라서 $M_{DE}=60$ kN · m가 절점 D에서는 반시계방향으로 보 DE의 D단부에서는 시계방향이 된다.

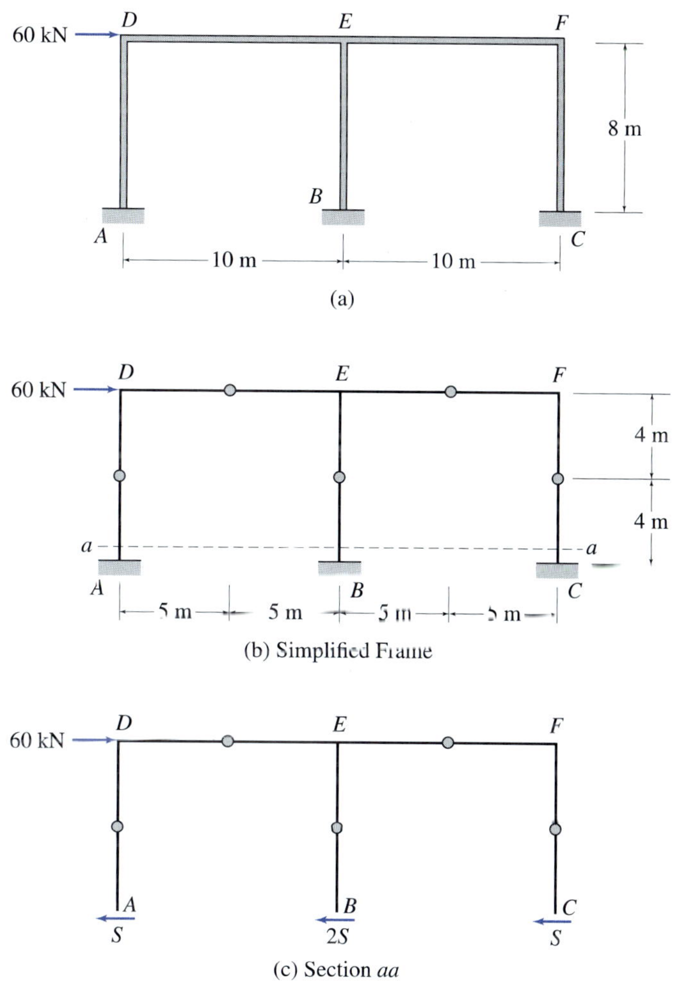

그림 12.7

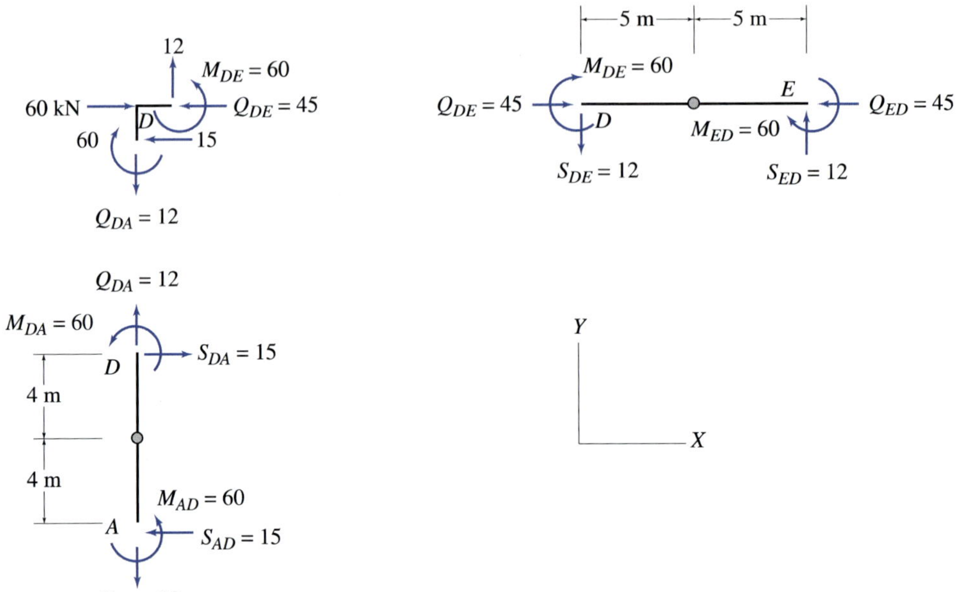

(d)

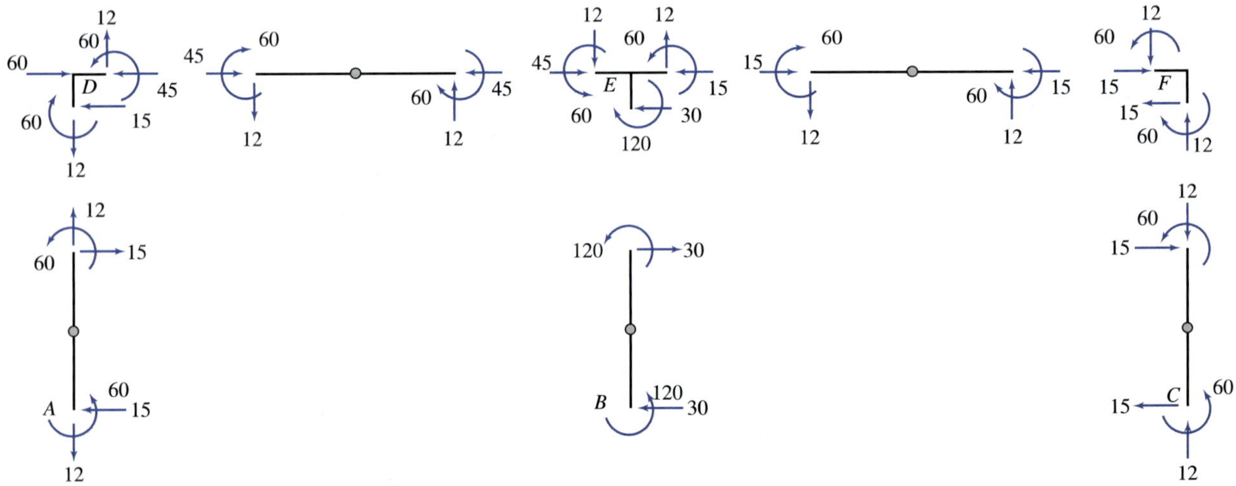

(e) Member End Forces and Moments

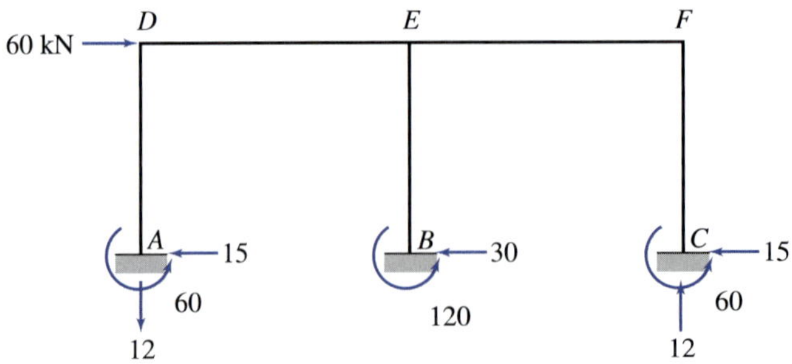

(f) Support Reactions

그림 12.7 계속

보 전단력 S_{DE}를 구하기 위해 보 DE의 좌측 절반에 모멘트 평형방정식을 적용해 보자. 그림 12.7(d)에서 보 DE의 자유물체도를 보면 전단력 S_{DE}는 아래쪽으로 $M_{DE}/(L/2)$의 크기로 작용하고, 전단력 S_{DE}에 의한 반시계방향의 모멘트 M_{DE}는 내부 힌지에서 시계방향의 단부 모멘트 M_{DE}와 평형을 이루게 된다.

$$S_{DE} = \frac{M_{DE}}{(L/2)} = \frac{60}{(10/2)} = 12\ \text{kN} \downarrow$$

보 DE의 우측 단부 E에 걸리는 축력, 모멘트, 전단력은 보 DE의 자유물체도(그림 12.7(d))에 3개의 평형방정식을 적용하여 구한다.

$$+\rightarrow \sum F_X = 0 \qquad 45 - Q_{ED} = 0 \qquad Q_{ED} = 45\ \text{kN} \leftarrow$$
$$+\uparrow \sum F_Y = 0 \qquad -12 + S_{ED} = 0 \qquad S_{ED} = 12\ \text{kN} \uparrow$$
$$+\circlearrowleft \sum M_D = 0 \qquad -60 - M_{ED} + 12(10) = 0 \qquad M_{ED} = 60\ \text{kN}\cdot\text{m} \circlearrowright$$

보의 단부 모멘트 M_{DE}와 M_{ED}가 같은 크기와 방향을 가진다는 것에 주의해야 한다.

다음으로 보 EF의 부재력들을 계산하자. 우선 평형방정식 $\sum F_X = 0$과 $\sum M = 0$을 절점 E의 자유물체도(그림 12.7(e))에 적용시키면 보의 좌측 단부 E에서 축력 $Q_{EF} = 15\ \text{kN} \rightarrow$와 모멘트 $M_{EF} = 60\ \text{kN}\cdot\text{m} \circlearrowright$를 구할 수 있다. 그 다음 모멘트 M_{EF}를 보 길이의 절반으로 나누어 전단력 $S_{EF} = 12\ \text{kN} \downarrow$를 구하고, 보의 자유물체도에 대한 3개의 평형방정식으로부터 보의 우측 단부 F에서의 $Q_{FE} = 15\ \text{kN} \leftarrow$, $S_{FE} = 12\ \text{kN} \uparrow$, 그리고 $M_{FE} = 60\ \text{kN}\cdot\text{m} \circlearrowright$를 구할 수 있다(그림 12.7(e)).

우측 상부의 절점 F에 작용하는 모든 모멘트와 수평하중을 구하였으므로 이 절점의 자유물체도에 평형방정식 $\sum F_X = 0$과 $\sum M = 0$을 적용시켜 계산을 확인할 수 있다. 그림 12.7(e)와 같이 절점 F의 자유물체도에서 이들 평형방정식을 만족한다는 것을 확인할 수 있다.

기둥의 축력. 좌측 상부 절점 D에서부터 축력을 구하기 시작한다. 그림 12.7(d)에서 이 절점에 대한 자유물체도에서 기둥 AD의 축력이 보 DE의 전단력과 크기가 같고 방향이 반대임을 알 수 있다. 따라서 기둥 AD의 상단부 D의 축력은 $Q_{DA} = 12\ \text{kN} \uparrow$이다. 그리고 기둥 AD의 자유물체도에 대한 평형방정식 $\sum F_Y = 0$으로부터 기둥의 하단부 A의 축력 $Q_{AD} = 12\ \text{kN} \downarrow$를 구한다. 즉, 기둥 AD는 12 kN의 축방향 인장력을 받는다. 나머지 기둥 BE와 CF에 대한 축력은 각각 절점 E와 F에 대한 평형방정식을 사용하여 같은 방법으로 구할 수 있다. 이렇게 하여 구한 축력은 그림 12.7(e)와 같다.

지점반력. 기둥 AD, BE, CF 하단부에서의 힘과 모멘트는 그림 12.7(f)와 같이 각각 고정단 A, B, C에 대한 반력을 의미한다.

계산 검토. 3개의 평형방정식을 전체 골조의 자유물체도에 적용하여 계산 결과를 확인한다(그림 12.7(f)).

$$+\rightarrow \sum F_X = 0 \qquad 60 - 15 - 30 - 15 = 0$$
$$+\uparrow \sum F_Y = 0 \qquad -12 + 12 = 0$$
$$+\circlearrowleft \sum M_C = 0 \qquad -60(8) + 12(20) + 60 + 120 + 60 = 0$$

12.3 Example

그림 12.8(a)의 골조에서 모든 부재에 대한 근사적인 축력, 전단력, 휨모멘트를 포탈법으로 구하라.

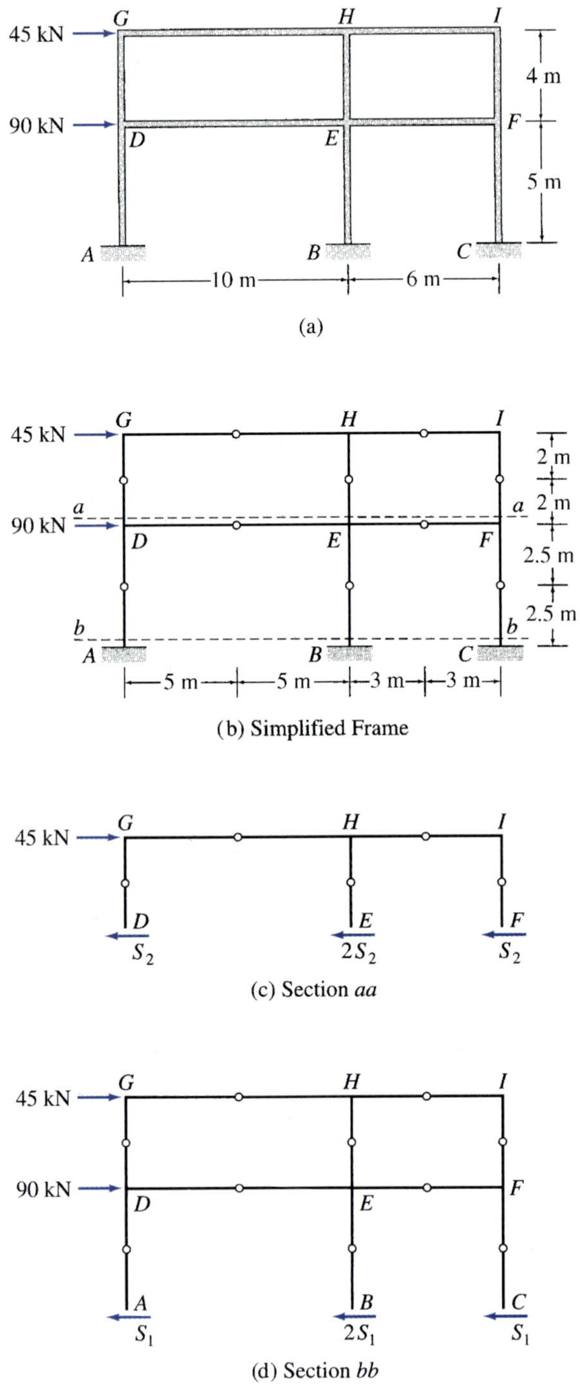

그림 12.8

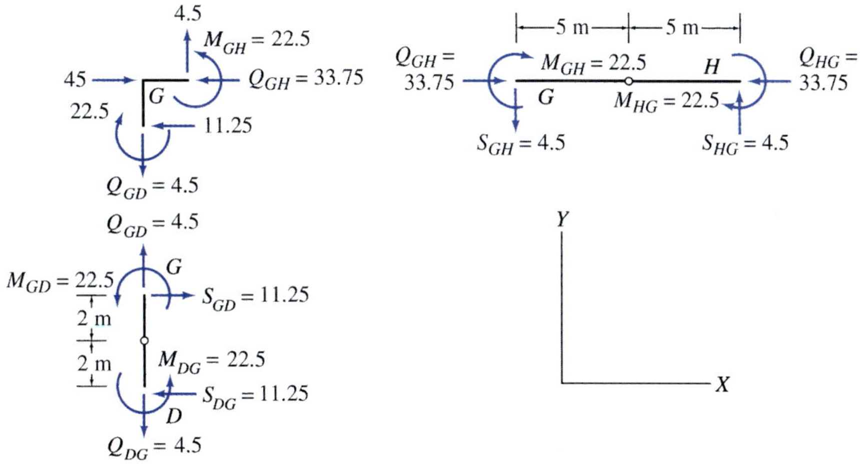

(e)

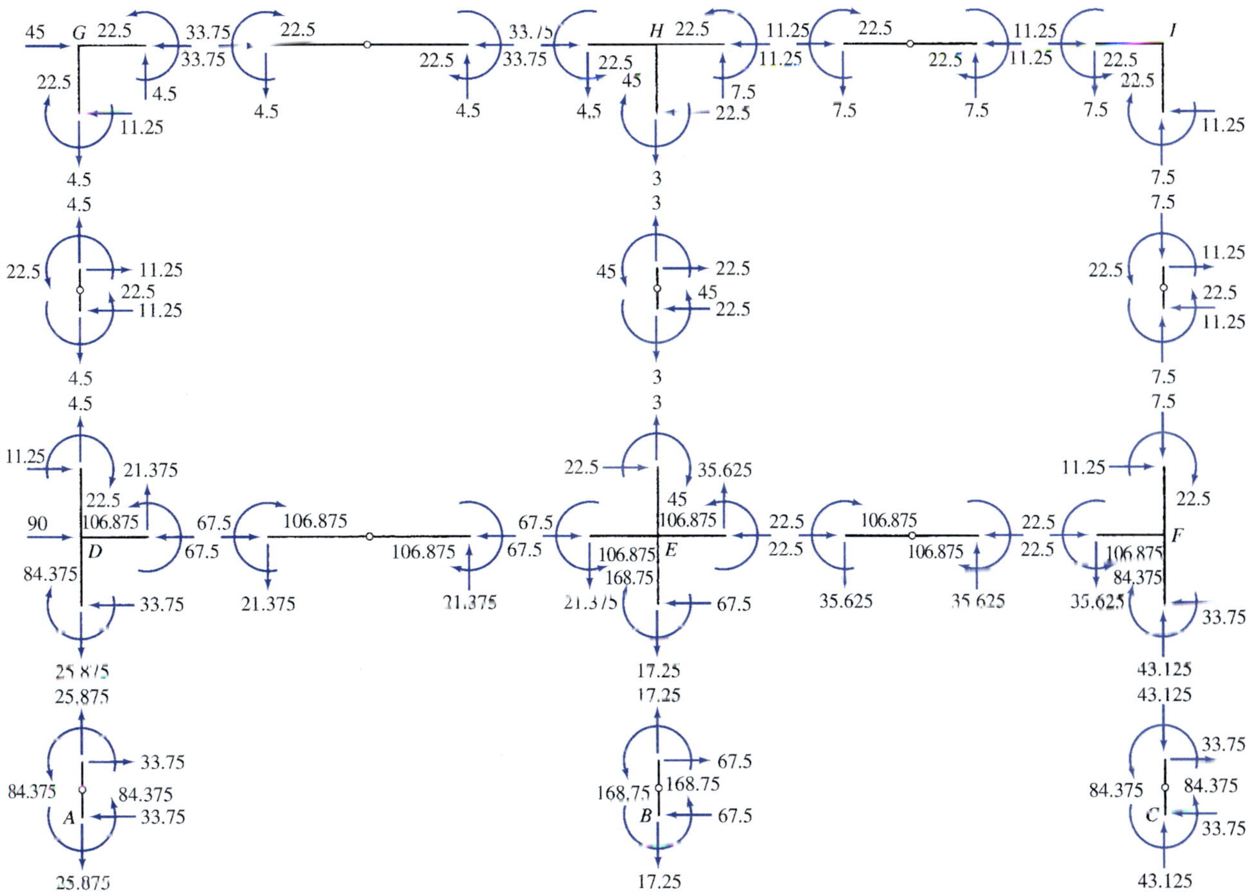

(f) Member End Forces and Moments

그림 12.8 계속

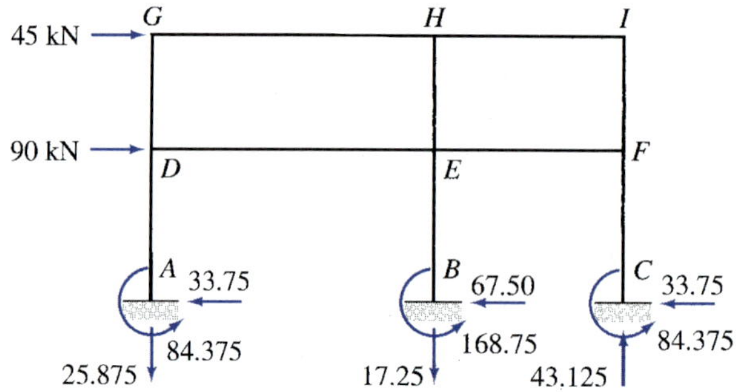

(g) Support Reactions

그림 12.8 계속

풀이

단순화된 골조. 근사해석을 위해 대상 골조의 모든 부재의 중앙에 내부 힌지를 삽입하여 골조를 단순화한다. 단순화된 골조를 그림 12.8(b)에 나타내었다.

기둥의 전단력. 골조의 2층에서 기둥에 작용하는 전단력을 계산하기 위해 그림 12.8(b)와 같이 바닥의 바로 위에서 기둥 *DG*, *EH*, *FI*를 통과하는 가상의 단면 *aa*를 가정한다. 단면 *aa* 상부의 골조 부분에 대한 자유물체도는 그림 12.8(c)와 같다. 내부기둥 *EH*에 작용하는 전단력은 외부기둥 *DG*와 *FI*에 각각 작용하는 전단력의 2배가 된다는 가정을 이용하여, 평형방정식 $\sum F_X = 0$을 적용하면 다음과 같은 결과를 얻을 수 있다(그림 12.8(c)).

$$+\rightarrow \sum F_X = 0 \qquad 45 - S_2 - 2S_2 - S_2 = 0 \qquad S_2 = 11.25 \text{ kN}$$

따라서 2층에서 기둥의 하단부에 걸리는 전단력은 다음과 같다.

$$S_{DG} = S_{FI} = S_2 = 11.25 \text{ kN} \leftarrow \qquad S_{EH} = 2S_2 = 22.5 \text{ kN} \leftarrow$$

같은 방법으로, 그림 12.8(b)의 단면 *bb*에 적용하여 바닥층의 기둥 *AD*, 기둥 *BE*, 기둥 *CF*의 하단부에 걸리는 전단력을 구할 수 있다(그림 12.8(d)).

$$S_{AD} = S_{CF} = S_1 = 33.75 \text{ kN} \leftarrow \qquad S_{BE} = 2S_1 = 67.5 \text{ kN} \leftarrow$$

기둥의 상단부에 걸리는 전단력은 각 기둥의 자유물체도에 평형방정식 $\sum F_X = 0$을 적용하여 구할 수 있다. 예를 들어, 그림 12.8(e)의 기둥 *DG*의 자유물체도에서 평형방정식 $\sum F_X = 0$을 만족시키기 위해서는 상단부에서의 전단력 S_{GD}가 11.25 kN의 크기로 우측방향으로 작용하여 좌측 방향으로 $S_{DG} = 11.25$ kN인 하단부에서의 전단력과 평형을 이루어야 한다. 즉, $S_{GD} = 11.25 \text{ kN} \rightarrow$. 나머지 기둥들의 상단부에서의 전단력 다이어그램 같은 방법으로 구하여 골조의 모든 부재와 절점의 자유물체도를 표현하면 그림 12.8(f)와 같다.

기둥의 모멘트. 기둥의 전단력을 알게 되면 이 값에 기둥 높이의 절반을 곱하여 기둥의 단부 모멘트를 계산할 수 있다. 예를 들어 그림 12.8(e)의 기둥 *DG*의 높이가 4 m이고 단부 전단력이 11.25 kN이므로 단부 모멘트는 다음과 같다.

$$M_{DG} = M_{GD} = 11.25\left(\frac{4}{2}\right) = 22.5 \text{ kN} \cdot \text{m} \circlearrowright$$

단부 모멘트 M_{DG}와 M_{GD}는 모두 반시계방향이다. 즉 기둥 중앙의 내부 힌지에서 11.25 kN의 단부 전단력으로 생기는 시계방향의 모멘트에 대해 반대 방향이다. 골조의 나머지 기둥들에 대한 단부 모멘트도 같은 방법으로 구하면 그림 12.8(f)와 같다.

보의 축력, 모멘트, 전단력. 좌측 최상부 절점 G에서 시작하여 보 단부에 작용하는 힘들을 계산해 보자. 앞에서 계산한 기둥의 전단력 S_{GD}와 모멘트 M_{GD}는 뉴턴의 제3법칙에 따라 작용 반대 방향으로 절점 G의 자유물체도에 적용된다(그림 12.8(e)). 수평방향의 힘을 합하면 절점 G에서 보의 축력 Q_{GH} = 33.75 kN ←를 구할 수 있다. Q_{GH}는 보 GH의 단부 G에서 반대 방향 —즉, 우측 방향— 으로 작용해야 한다. 그림 12.8(e)의 절점 G의 자유물체도로부터 모멘트 평형방정식 $\sum M = 0$을 만족시키기 위해서는 보의 단부 모멘트 M_{GH}가 기둥의 단부 모멘트 22.5 kN와 크기가 같고 방향이 반대이어야 한다는 것을 알 수 있다. 즉, 크기 22.5 kN의 모멘트 M_{GH}가 절점 G에서는 반시계방향이고, 보 GH의 단부 G에서는 시계방향이 된다.

보 전단력 S_{GH}를 구하기 위해서 보 GH의 좌측 절반에 모멘트 평형방정식을 적용해 보자. 그림 12.8(e)에서 보 GH의 자유물체도에서 전단력 S_{GH}는 아래쪽으로 $M_{GH}/(L/2)$의 크기로 작용하고, 전단력 S_{GH}에 의한 반시계방향의 모멘트 M_{GH}는 내부 힌지에서 시계방향의 단부 모멘트 M_{GH}와 평형을 이루게 된다.

$$S_{GH} = \frac{M_{GH}}{(L/2)} = \frac{22.5}{(10/2)} = 4.5\text{ kN} \downarrow$$

보 GH의 우측 단부 H에 걸리는 축력, 모멘트, 전단력은 보 GH의 자유물체도(그림 12.8(e))에 3개의 평형방정식을 적용하여 구한다. 평형방정식 $\sum F_X = 0$으로부터 Q_{HG} = 33.75 kN ←를 구하고, $\sum F_Y = 0$로부터 S_{HG} = 4.5 kN ↑를 구한다. 또한 다음과 같이 평형방정식을 이용하여 M_{HG}를 계산한다.

$$+\circlearrowleft \sum M_G = 0 \qquad -22.5 - M_{HG} + 4.5\,(10) = 0 \qquad M_{HG} = 22.5\text{ kN}\cdot\text{m} \circlearrowright$$

보의 단부 모멘트 M_{GH}와 M_{HG}가 같은 크기와 방향을 가진다.

다음으로 보 HI의 단부 부재력들을 계산하자. 우선 평형방정식 $\sum F_X = 0$과 $\sum M = 0$을 절점 H의 자유물체도(그림 12.8(f))에 적용시키면 보의 좌측 단부 H에서 축력 Q_{HI} = 11.25 kN →와 모멘트 M_{HI} = 22.5 kN · m ↻를 구할 수 있다. 다음으로 모멘트 M_{HI}를 보 길이의 절반으로 나누어 전단력 S_{HI} = 7.5 kN ↓를 구하고, 보의 자유물체도에 대한 3개의 평형방정식으로부터 보의 우측 단부 I에서이 Q_{IH} = 11.25 kN ←, S_{IH} = 7.5 kN ↑, M_{IH} = 22.5 kN · m ↻를 구할 수 있다(그림 12.8(f)).

우측 상부의 절점 I에 작용하는 모든 모멘트와 수평하중을 구하였으므로 이 절점의 자유물체도에 평형방정식 $\sum F_X = 0$과 $\sum M = 0$을 적용시켜 계산을 확인할 수 있다. 그림 12.8(f)와 같이 절점 I의 자유물체도에서 평형방정식을 만족한다는 것을 확인할 수 있다.

동일한 방법으로 바닥층의 보 DE와 보 EF에 대한 단부 부재력을 좌측 절점 D에서 시작하여 우측으로 진행하면서 계산한다. 보의 단부에 작용하는 부재력들을 구하면 그림 12.8(f)와 같다.

기둥의 축력. 좌측 최상부 절점 G에서부터 축력을 구하기 시작한다. 그림 12.8(e)에서 절점 G에 대한 자유물체도에서 기둥 DG의 축력이 보 GH의 전단력과 크기가 같고 방향이 반대임을 알 수 있다. 따라서 기둥 DG의 상측 G단부의 축력 Q_{GD} = 4.5 kN ↑를 구한다. 기둥 DG의 자유물체도에 대한 평형방정식 $\sum F_Y = 0$으로부터 기둥 하단부의 축력 Q_{DG} = 4.5 kN ↓를 구한다. 즉, 기둥 DG는 4.5 kN의 축방향 인장력을 받는다. 2층의 나머지 기둥 *EH*와 *FI*에 대한 축력은 각각 절점 *H*와 *I*에 대한 평형방정식을 사용하여 같은 방법으로 구할 수 있다. 동일한 방법으로 바닥층의 기둥 *AD, BE, CF*의 축력을 각각 절점 *D, E, F*에 대한 평형을 고려하여 구할 수 있다. 이렇게 하여 구한 축력은 그림 12.8(f)와 같다.

지점반력. 바닥층의 기둥 *AD, BE, CF* 하단부에서의 부재력과 모멘트는 그림 12.8(g)와 같이 각각 고정단 *A, B, C*에 대한 반력을 의미한다.

계산 검토. 3개의 평형방정식을 골조 전체의 자유물체도에 적용하여 계산 결과를 확인한다(그림 12.8(g)).

$$+\rightarrow \sum F_X = 0 \qquad 45 + 90 - 33.75 - 67.5 - 33.75 = 0$$

$$+\uparrow \sum F_Y = 0 \qquad -25.875 - 17.25 + 43.125 = 0$$

$$+\circlearrowleft \sum M_C = 0$$

$$-45(9) - 90(5) + 84.375 + 25.875(16) + 168.75 + 17.25(6) + 84.375 = 0$$

12.4 수평하중을 받는 골조의 해석 – 캔틸레버법

캔틸레버법은 1908년 A. C. Wilson에 의해 처음 개발되었고 비교적 고층건물의 근사해석에 적합한 것으로 알려져 있다. 캔틸레버법은 그림 12.9와 같이 수평하중을 받는 골조가 캔틸레버로 거동한다는 가정에 기초한 방법이다. 재료 역학에서 축방향에 직각으로 하중을 받는 캔틸레버 보에서 단면의 축방향 응력은 도심축(중립면)에서 떨어진 거리에 비례한다는 것을 공부하였다. 따라서 중립면의 오목한 부분은 압축을 받으며, 볼록한 부분은 인장을 받게 된다. 캔틸레버법에서는 골조의 기둥들에서 기둥의 중간에서 발생하는 축방향 응력의 분배는 캔틸레버 보에서 축방향 요소들에 일어나는 축응력의 분배와 유사한 것으로 가정한다. 즉, 각 기둥의 중앙 높이에서의 축방향 응력 분배는 그 층에 있는 모든 기둥들의 도심에서 기둥까지 거리에 비례한다고 가정한다. 나아가 만약 골조 각 층에 있는 모든 기둥의 단면적이 같다고 가정하면 각 기둥의 축력은 그 층에 있는 모든 기둥 단면의 도심으로부터 거리에 비례한다고 할 수 있다. 그림 12.9에서 볼 수 있는 것과 같이 골조의 우측으로 수평하중이 작용할 때, 도심축의 우측에 있는 기둥들은 압축을 받고 좌측에 있는 기둥들은 반대로 인장을 받게 된다.

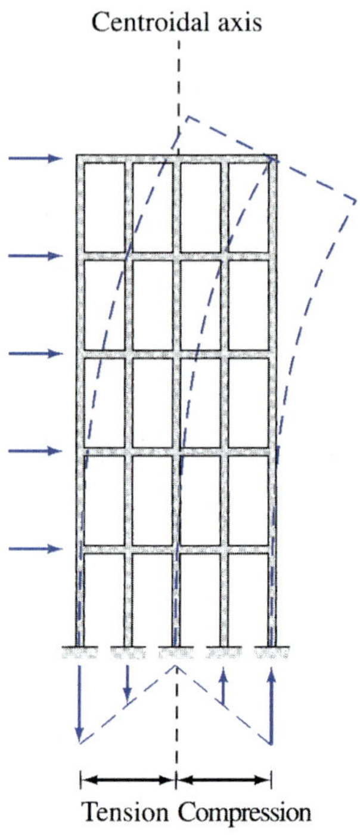

그림 12.9

앞에서 설명한 축력 분배에 관한 가정과 함께 캔틸레버법은 변곡점의 위치에 대하여 포탈법과 같은 가정을 한다. 따라서 캔틸레버법에서 적용되는 가정은 다음과 같다.

1. 골조에서의 변곡점은 각 부재의 중앙에 위치한다.

2. 골조의 각 층에서 기둥에 작용하는 축력은 그 층에 있는 모든 기둥의 단면적에 대한 도심으로부터의 거리에 비례한다.

해석 순서

건물 골조를 캔틸레버법으로 근사해석하는 순서는 다음과 같다.

1. 주어진 골조의 각 부재의 중앙에 내부 힌지를 삽입하여 단순화된 골조의 개략적인 그림을 그린다.

2. 골조의 각 층에 대하여 기둥의 축력을 구한다.

a. 기둥 중앙의 내부 힌지를 통과하는 횡단면을 가정하여 골조를 2부분으로 나눈다.

b. 횡단면 상부에 있는 골조의 자유물체도를 그린다. 횡단면이 기둥의 내부 힌지를 통과하고 있으므로 자유물체도의 잘린 부분에서는 내부 전단력과 축력만이(내부 모멘트는 없다) 작용한다.

c. 대상 층의 모든 기둥에 대하여 도심의 위치를 구한다.

d. 기둥의 축력이 도심으로부터의 거리에 비례한다고 가정하므로 모멘트 평형방정식 $\sum M = 0$을 잘려진 골조의 자유물체도에 적용하여 기둥의 축력을 계산한다. 평형방정식에서 미지의 기둥 전단력을 소거하기 위해서는 횡단면이 지나는 기둥 중앙의 내부 힌지 중에서 어느 하나에 대해 모멘트의 총합을 구해야 한다.

3. 골조의 모든 부재와 절점에 대한 자유물체도를 그려 앞 단계에서 구해진 기둥의 축력과 외력을 표시한다.

4. 보의 전단력과 모멘트를 구한다. 골조의 각층에 대하여 다음의 절차를 따라 좌측 최외각 절점에서 시작하여 우측으로 진행시키면서 보 단부의 전단력과 모멘트를 계산한다.

a. 평형방정식 $\sum F_Y = 0$을 대상 절점의 자유물체도에 적용하여 절점의 우측에 있는 보에 대해서 좌측 단부의 전단력을 계산한다

b. 보의 자유물체도에서 (a)에서 구한 진단력과 진단력에 보 길이의 질빈을 곱하여 보 좌측 단부의 모멘트를 구한다.

$$M_g = S_g \left(\frac{L}{2} \right) \tag{12.3}$$

식 (12.3)은 보의 중앙에 휨모멘트가 "0"이다는 조건에 근거한 것이다.

c. 보의 자유물체도에 평형방정식 $\sum F_Y = 0$과 $\sum M = 0$을 적용시켜 보의 우측 단부에 대한 전단력과 모멘트를 각각 구한다.

d. 앞에서 대상으로 한 보의 우측 절점을 택하여 그 층의 모든 보의 전단력과 모멘트가 구해질 때까지 4(a) 단계에서 4(c) 단계까지를 반복한다. 우측의 최외각 절점에 대해서는 평형방정식 $\sum F_Y = 0$이 아직 사용되지 않았으므로 이를 이용하면 계산 결과를 확인할 수 있다.

5. 기둥의 모멘트와 전단력을 구한다. 최상층에서 시작하여 평형방정식 $\sum M = 0$을 그 층 각 절점의 자유물체도에 적용시켜 절점 밑에 있는 기둥 상단부의 모멘트를 구한다. 다음으로, 그 층의 각 기둥에 대해 기둥의 모멘트를 기둥 높이의 절반으로 나누어 기둥 상단부의 전단력을 계산한다. 즉,

$$S_C = \frac{M_C}{(h/2)} \tag{12.4}$$

평형방정식 $\sum F_X = 0$과 $\sum M = 0$을 기둥의 자유물체도에 각각 적용시켜 기둥 하단부의 모멘트와 전단력을 구한다.

6. 보의 축력을 구한다. 골조의 각 층에 대하여 평형방정식 $\sum F_X = 0$을 좌측 최외각 절점에서 시작하여, 그 층 각 절점의 자유물체도에 연속적으로 적용시켜 보의 축력을 구한다.

7. 바닥층 기둥의 하단부 부재력과 모멘트는 지점반력에 해당하므로 3개의 평형방정식을 골조 전체에 적용시켜 계산 결과를 확인할 수 있다. 이들 3개의 평형방정식이 만족된다면 앞의 과정으로 수행한 해석 결과는 정확한 것이다.

12.4 Example

그림 12.10(a)의 골조에서 모든 부재에 대한 근사적인 축력, 전단력, 휨모멘트를 캔틸레버법으로 구하라.

풀이

이 골조는 예제 12.3에서 포탈법으로 해석된 바 있다.

단순화된 골조. 골조의 모든 부재의 중앙에 내부 힌지를 삽입하여 그림 12.10(b)와 같은 단순화된 골조를 구성한다.

기둥의 축력. 2층 기둥의 축력을 계산하기 위해서 그림 12.10(b)와 같이 기둥 *DG*, *EH*, *FI*의 중앙 내부 힌지를 통과하는 단면 aa를 가정한다. 단면 aa의 상부 골조에 대한 자유물체도를 그리면 그림 12.10(c)와 같다. 단면이 기둥의 내부 힌지를 통과하고 있으므로 기둥이 잘린 부분에서는 내부 전단력과 축력만이(내부 모멘트는 없다) 작용하게 된다. 기둥들의 단면적이 모두 같다고 가정하면 아래의 식에 의해 좌측 기둥 *DG*에서부터 세 기둥의 도심 위치를 구할 수 있다.

$$\bar{x} = \frac{\sum Ax}{\sum A} = \frac{A(0) + A(10) + A(16)}{3A} = 8.67 \text{ m}$$

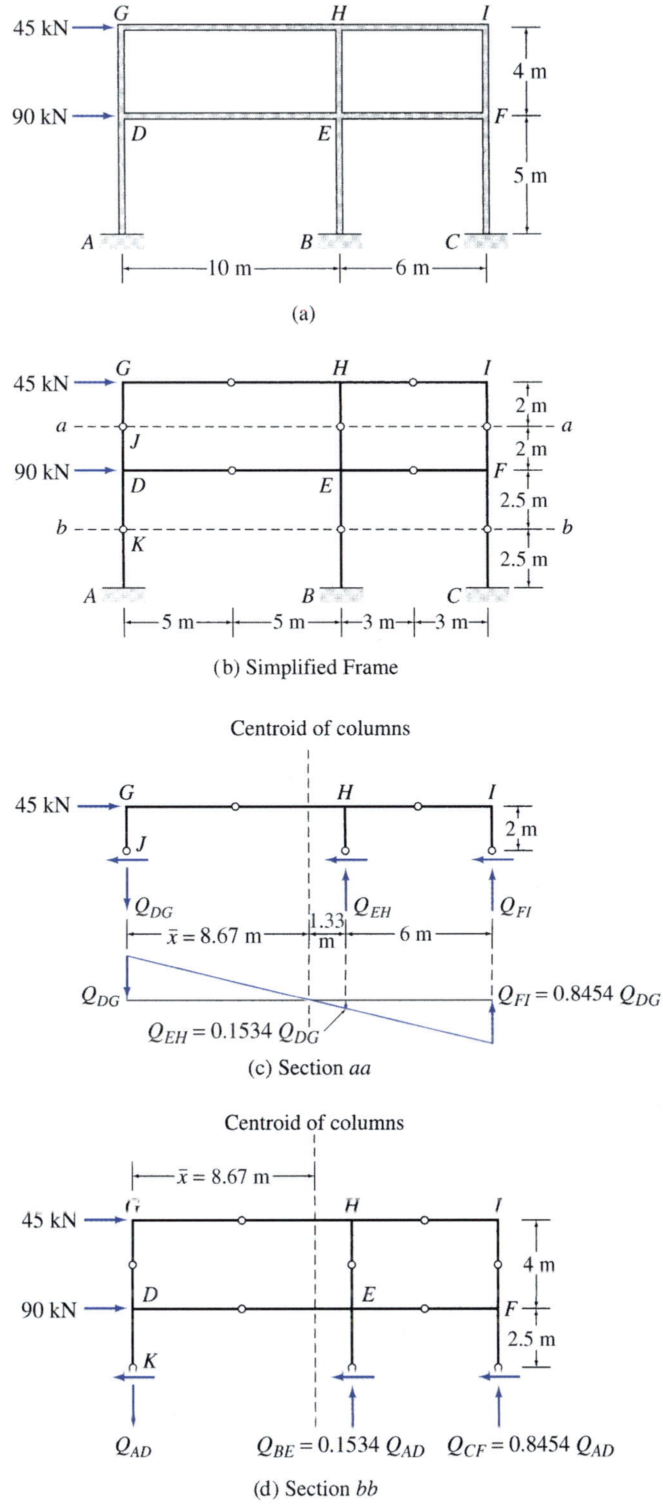
45 kN
90 kN
G
H
I
D
E
F
A
B
C
4 m
5 m
10 m
6 m
(a)
a
b
J
K
2 m
2.5 m
5 m
3 m
(b) Simplified Frame
Centroid of columns
Q_{DG}
Q_{EH}
Q_{FI}
$\bar{x} = 8.67$ m
1.33 m
6 m
$Q_{FI} = 0.8454\ Q_{DG}$
$Q_{EH} = 0.1534\ Q_{DG}$
(c) Section *aa*
Centroid of columns
$\bar{x} = 8.67$ m
Q_{AD}
$Q_{BE} = 0.1534\ Q_{AD}$
$Q_{CF} = 0.8454\ Q_{AD}$
(d) Section *bb*

그림 12.10

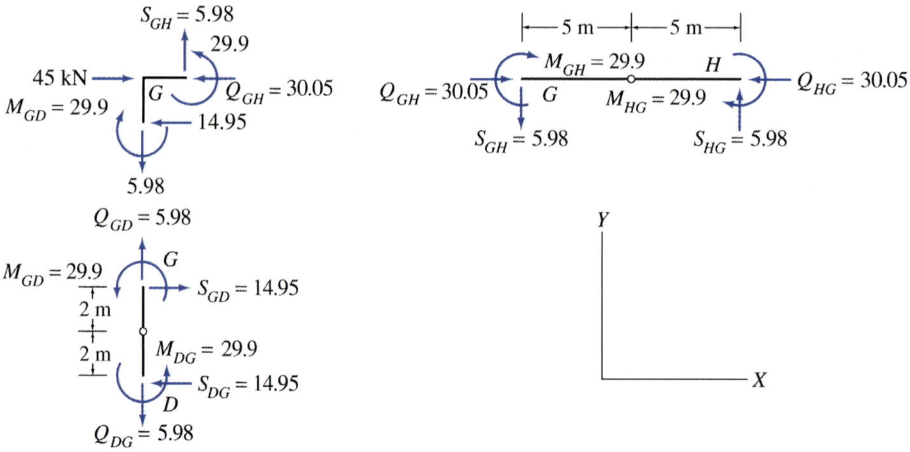

(e)

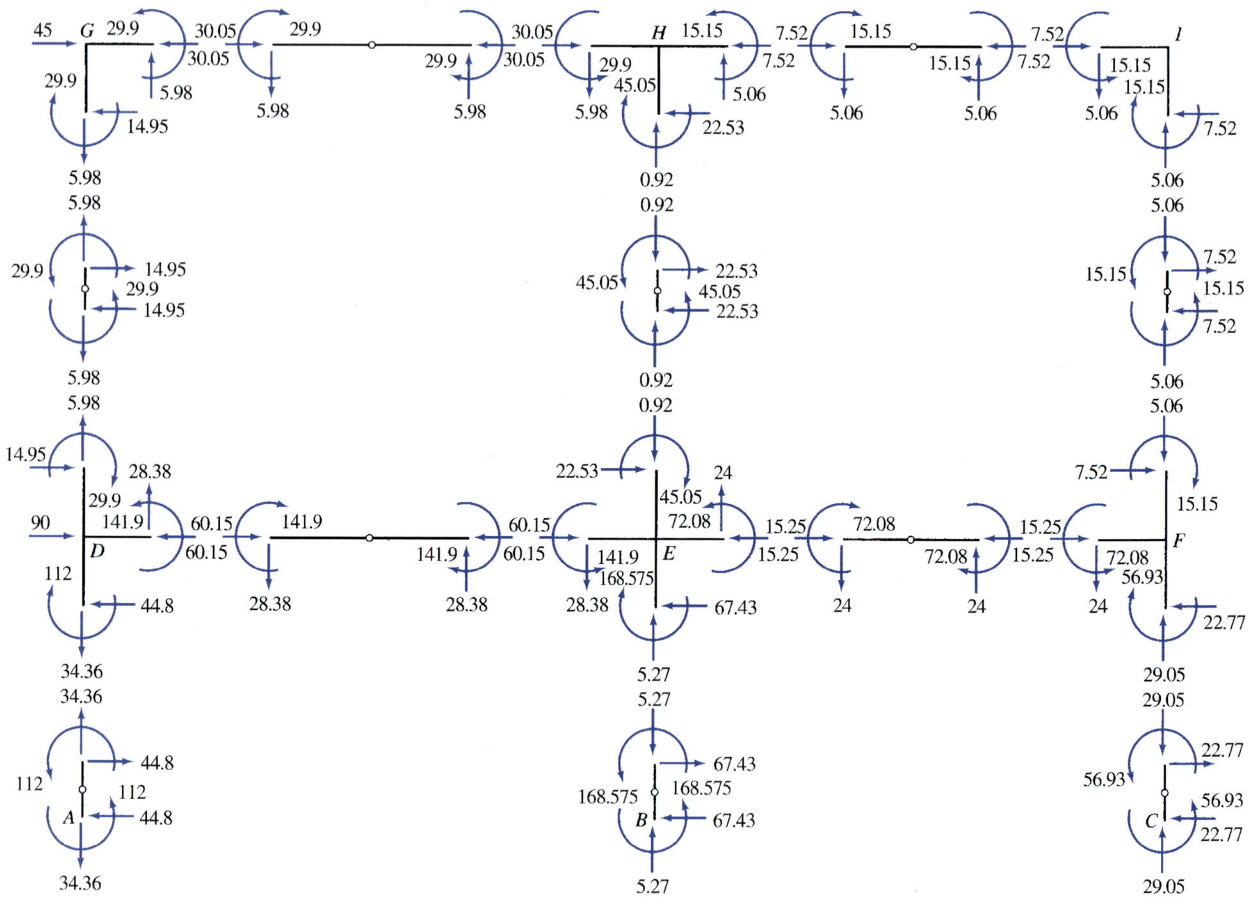

(f) Member End Forces and Moments

그림 12.10 계속

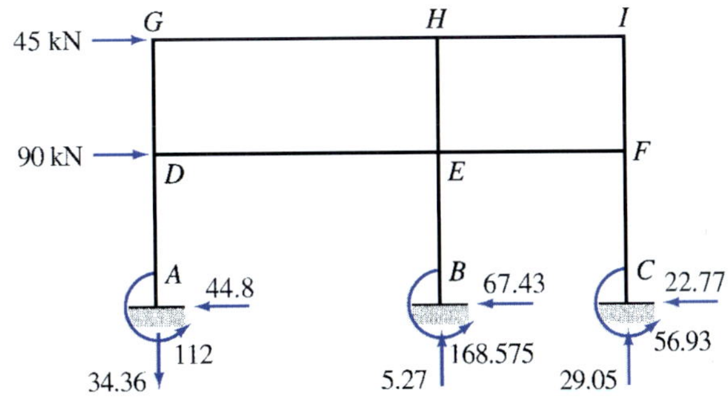

(g) Support Reactions

그림 12.10 계속

골조의 우측으로 수평하중이 작용하므로 그림 12.10(c)에서와 같이 도심의 좌측에 위치한 기둥 DG의 축력은 인장이 되고, 도심의 우측에 위치한 기둥 EH와 FI의 축력은 압축이 된다. 또한, 기둥의 축력이 도심으로부터의 거리에 비례한다고 가정하였으므로, 그림 12.10(c)의 삼각형의 닮은꼴을 이용하여 다음과 같은 관계식들을 만들 수 있다.

$$Q_{EH} = \frac{1.33}{8.67} Q_{DG} = 0.1534\, Q_{DG} \tag{1}$$

$$Q_{FI} = \frac{7.33}{8.67} Q_{DG} = 0.8454\, Q_{DG} \tag{2}$$

내부 힌지 J에 대하여 모멘트를 취하면 다음과 같다.

$$+\circlearrowleft \sum M_J = 0 \qquad -45(2) + Q_{EH}(10) + Q_{FI}(16) = 0$$

식 (1)과 (2)를 위의 식에 대입하여 Q_{DG}를 구하면 다음과 같다.

$$-90 + (0.1534\, Q_{DG})(10) + (0.8454\, Q_{DG})(16) = 0 \qquad Q_{DG} = 5.98\text{ kN}$$

그러므로 식 (1)과 (2)에서 다음과 같은 결과를 얻을 수 있다.

$$Q_{EH} = 0.1534(5.98) = 0.92\text{ kN}$$

$$Q_{FI} = 0.8454(5.98) = 5.06\text{ kN}$$

아래층 기둥의 축력은 앞에서와 같은 방법으로 그림 12.10(b)의 단면 bb를 설정하여 구할 수 있다. 단면 bb의 상부 골조에 대한 자유물체도를 그리면 그림 12.10(d)와 같다. 골조에서 두 층의 기둥 배열이 같으므로 도심의 위치와 축력간의 관계식도 같다.

$$Q_{BE} = 0.1534\, Q_{AD} \tag{3}$$

$$Q_{CF} = 0.8454\, Q_{AD} \tag{4}$$

내부 힌지 K에 대하여 모멘트를 취하면 다음과 같다.

$$+\circlearrowleft \sum M_K = 0 \qquad -45(6.5) - 90(2.5) + Q_{BE}(10) + Q_{CF}(16) = 0$$

식 (3)과 (4)를 위의 식에 대입하면 다음과 같다.

$$-517.5 + (0.1534\, Q_{AD})(10) + (0.8454\, Q_{AD})(16) = 0 \qquad Q_{AD} = 34.36\text{ kN}$$

따라서

$$Q_{BE} = 5.27 \text{ kN}$$

$$Q_{CF} = 29.05 \text{ kN}$$

기둥의 축력은 그림 12.10(f)와 같다. 그림 12.10(f)는 골조의 모든 부재와 절점에 대한 자유물체도이다.

보의 전단력과 모멘트. 기둥의 축력을 구하였으므로 절점에서의 수직방향에 대한 평형을 고려하면 기둥의 전단력을 계산할 수 있다. 좌측 최상부의 절점 G에서 시작하여 이 절점(그림 12.10(e))의 자유물체도에 평형방정식 $\sum F_Y = 0$을 적용시켜 보 GH의 좌측 단부에 대한 전단력 $S_{GH} = 5.98 \text{ kN} \downarrow$를 구한다. 이렇게 구한 전단력에 보 길이의 절반을 곱하여 좌측 단부의 모멘트도 구할 수 있다.

$$M_{GH} = 5.98(5) = 29.9 \text{ kN} \cdot \text{m} \curvearrowright$$

보 GH의 자유물체도(그림 12.10(e))에 평형방정식 $\sum F_Y = 0$과 $\sum M = 0$을 각각 적용하면 우측 단부 H의 전단력과 모멘트를 구할 수 있다. 즉, $S_{HG} = 5.98 \text{ kN} \uparrow$이고 $M_{HG} = 29.9 \text{ kN} \cdot \text{m} \curvearrowright$이다. 여기서, 보 단부 모멘트 M_{GH}와 M_{HG}는 크기와 방향이 같음을 알 수 있다.

절점 H와 보 HI(그림 12.10(f))에서의 평형방정식으로부터 보 HI의 단부에 대한 전단력과 모멘트를 구한다. 최종적으로 평형방정식 $\sum F_Y = 0$을 우측 최외각 절점 I의 자유물체도에 적용하여 계산된 결과의 정확성을 확인한다.

아래층의 보 DE와 EF에 대한 전단력과 모멘트는 앞에서와 같은 방법으로 좌측의 최외각 절점 D에서 시작하여 우측으로 진행하면서 값을 구한다. 이렇게 구한 보의 전단력과 모멘트는 그림 12.10(f)와 같다.

기둥의 모멘트와 전단력. 보의 모멘트를 구하였으므로 절점에서의 모멘트 평형방정식으로부터 기둥의 모멘트를 구할 수 있다. 2층에서 시작하여 평형방정식 $\sum M = 0$을 절점 G의 자유물체도(그림 12.10(e))에 적용시켜 기둥 DG의 상단부 모멘트를 구한다. 즉, $M_{GD} = 29.9 \text{ kN} \cdot \text{m} \circlearrowleft$. 다음으로 M_{GD}를 기둥 높이의 절반으로 나누어 기둥 DG의 상단부 전단력을 계산한다.

$$S_{GD} = \frac{29.9}{2} = 14.95 \text{ kN} \rightarrow$$

S_{GD}가 우측방향으로 작용하여 시계방향의 모멘트를 발생시킴으로써 반시계방향의 단부 모멘트 M_{GD}와 평형을 이룬다는 것을 알 수 있다. 다음으로 평형방정식 $\sum F_X = 0$과 $\sum M = 0$을 기둥 DG의 자유물체도(그림 12.10(e))에 적용시켜 하단부의 전단력과 모멘트를 구한다. 같은 방법으로 기둥 EH와 FI의 단부 모멘트와 전단력을 구하고, 이와 같은 과정을 아래층에 적용하면 기둥 AD, BE, CF의 전단력과 모멘트를 구할 수 있다(그림 12.10(f)).

보의 축력. 좌측 최상부의 절점 G에서 계산을 시작한다. 평형방정식 $\sum F_X = 0$을 절점 G의 자유물체도(그림 12.10(e))에 적용시키면 보 GH의 축력이 압축방향으로 30.05 kN임을 알 수 있다. 같은 방법으로 절점 H의 평형을 고려하여 보 HI의 축력을 구하고 평형방정식 $\sum F_X = 0$을 절점 I의 자유물체도에 적용시켜 계산을 확인한다. 아래층의 보 DE와 EF의 축력은 절점 D와 E에서의 평형방정식으로부터 순차적으로 계산될 수 있다. 이렇게 얻어진 축력은 그림 12.10(f)와 같다.

지점반력. 아래층의 기둥 AD, BE, CF에서 하단부의 부재력과 모멘트는 그림 12.10(g)와 같이 각각 고정단 A, B, C의 반력을 의미한다.

계산 검토. 3개의 평형방정식을 골조 전체의 자유물체도에 적용하여 계산 결과를 확인한다(그림 12.10(g)).

$$+\rightarrow \sum F_X = 0 \qquad 45 + 90 - 44.8 - 67.43 - 22.77 = 0$$

$$+\uparrow \sum F_Y = 0 \qquad -34.36 + 5.27 + 29.05 = -0.04 \approx 0$$

$$+\zeta \sum M_C = 0$$

$$-45(9) - 90(5) + 112 + 34.36(16) + 168.75 - 5.27(6) + 56.93 = 0.645 \approx 0$$

요약

이번 장에서는 부정정구조물의 근사해석 과정에서 단순화하기 위하여 일반적으로 두 가지 형태의 가정이 도입된다는 것을 설명하였다. (1) 변곡점의 위치에 대한 가정과 (2) 부재와 반력들에서의 힘의 분배에 대한 가정이다. 또한 필요한 가정의 총수는 구조물의 부정정차수와 일치한다.

수직하중을 받는 정형골조의 근사해석은 골조의 각 보에 대하여 다음의 가정을 기반으로 이루어진다. (1) 변곡점은 보의 단부에서 경간의 1/10 지점에 위치하고 (2) 보의 축력은 없다.

수평하중을 받는 정형골조의 근사해석에 일반적으로 사용되는 방법은 포탈법과 캔틸레버법이다.

포탈법의 중요한 가정은 변곡점이 각 부재의 중앙에 위치한다는 것과 각 층에서 내부기둥이 외부기둥의 2배에 해당하는 전단력을 부담한다는 것이다.

캔틸레버법의 중요한 가정은 변곡점이 각 부재의 중앙에 위치하고 각 층에서의 기둥 축력은 그 층에 있는 모든 기둥의 단면 도심에서의 거리에 비례한다는 것이다.

연습문제

12.1~12.5 그림 P12.1~P12.5의 골조에서 보에 대한 근사적인 전단력과 휨모멘트 다이어그램을 그려라.

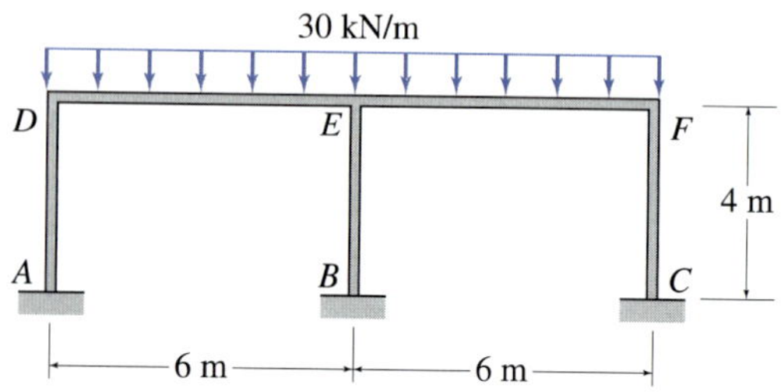

그림 P12.1

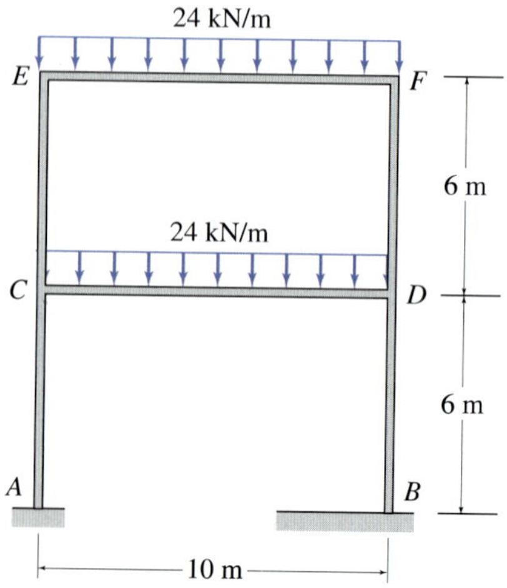

그림 P12.2

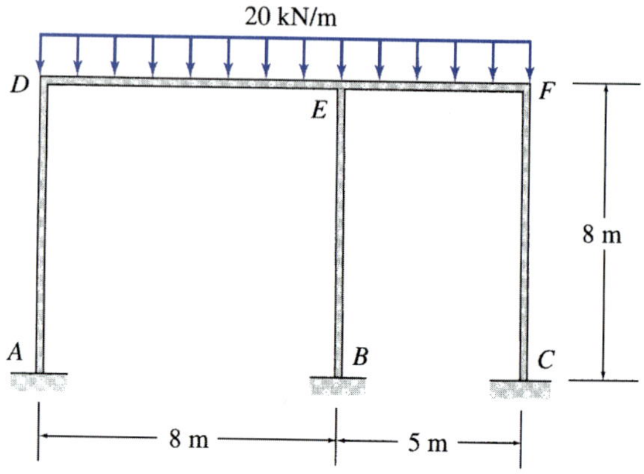

그림 P12.3

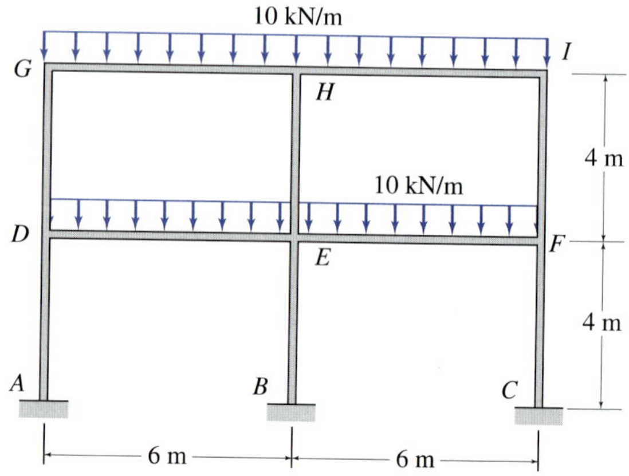

그림 P12.4

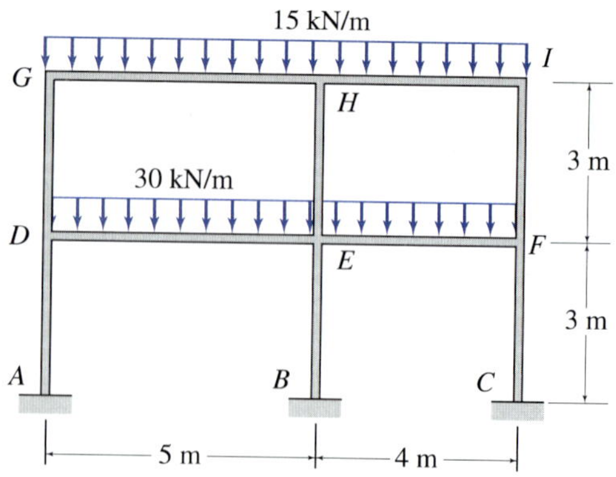

그림 P12.5

12.6~12.13 그림 P12.6~P12.13의 골조에서 모든 부재에 대한 근사적인 축력, 전단력, 휨모멘트 다이어그램을 포탈법으로 구하라.

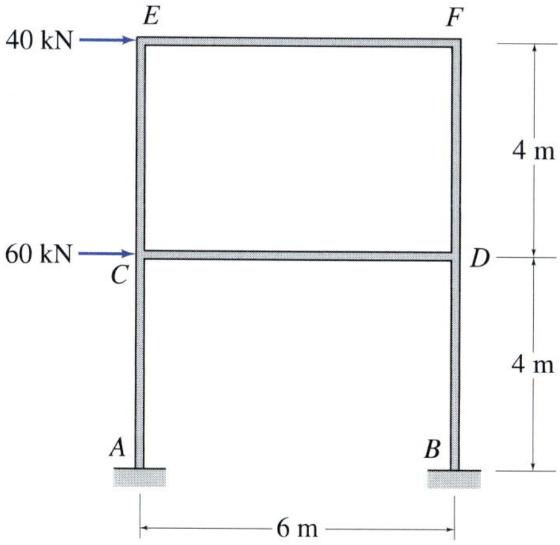

그림 P12.6, P12.14

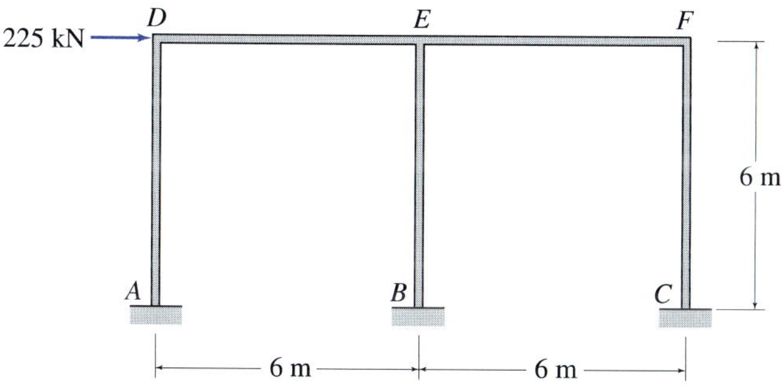

그림 P12.7, P12.15

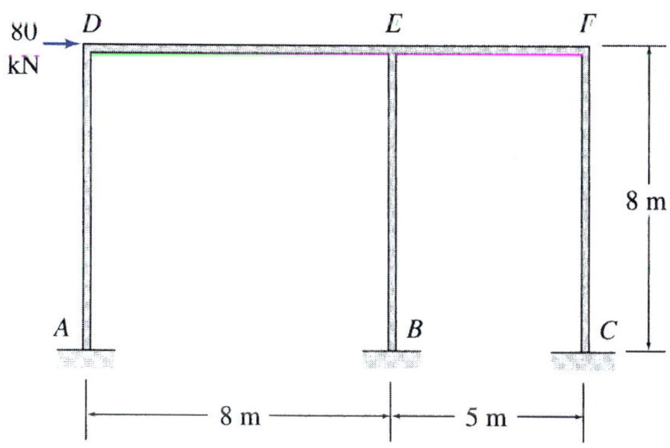

그림 P12.8, P12.16

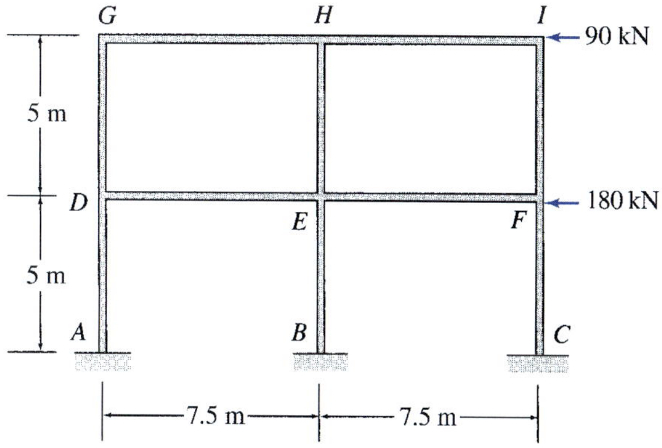

그림 P12.9, P12.17

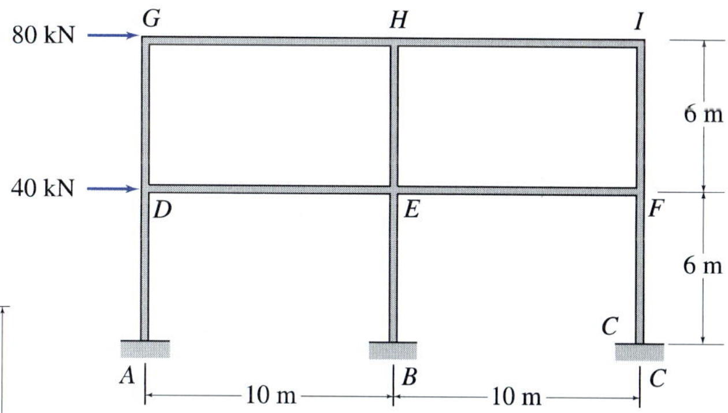

그림 P12.10, P12.18

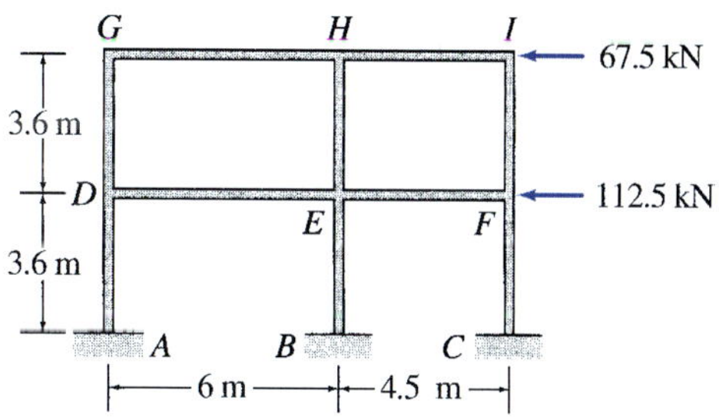

그림 P12.11, P12.19

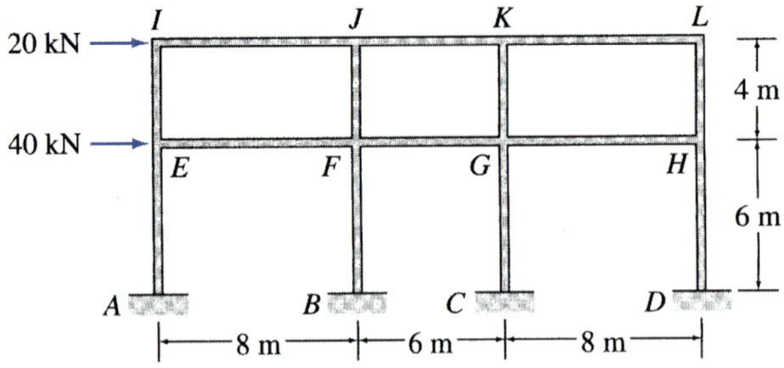

그림 P12.12, P12.20

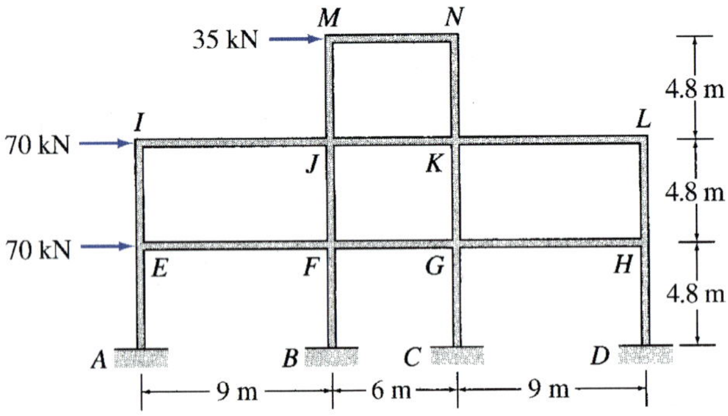

그림 P12.13, P12.21

12.14~12.21 그림 P12.6~P12.13의 골조에서 모든 부재에 대한 근사적인 축력, 전단력, 휨모멘트 다이어그램을 캔틸레버법으로 구하라.

13

변형일치법 - 응력법

Chesapeake Bay Bridge
JoMo333/Shutterstock.com

이 장에서는 부정정구조물의 해석에 사용되는 한 방법으로서 **변형일치법**이라고 하는 응력법(연성법)에 대하여 살펴보기로 한다. 이 방법은 1864년 James C. Maxwell에 의해 소개되었으며 그 핵심 내용은 부정정구조물에서 잉여의 구속요소를 제거하여 정정구조물로 변환시키는 과정이다. 이렇게 만들어진 정정구조물을 **주구조**(primary structure)라 하며 부정정구조물을 정정구조물로 변환하는 과정에서 제거된 잉여의 구속요소를 **잉여구속**(redundant restraints)이라 한다. 또한 잉여구속과 관련된 반력과 내력을 **잉여력**(redundants)이라 한다. 잉여력은 주구조에 미지의 하중으로 작용하며 이 값은 잉여력과 외력에 의한 주구조의 변형이 원래 부정정구조물의 변형과 같다는 변형일치의 적합방정식으로부터 구하게 된다.

변형일치법에서는 잉여력(또는 잉여모멘트)을 독립변수 또는 미지수로 하여 이 값을 먼저 구하고 이 값으로부터 변위를 구하므로 변형일치법을 **응력법**으로 분류하고 있다.

이 장에서는 응력법의 대안식인 **최소일법**(method of least work)도 다룬다. **최소일법**은 카스틸리아노의 제2정리(Castigliano's second theorem)에 기반하며 연속변형법과 유사하지만 최소일법의 적합방정식은 연속변형법으로서 구조물의 변형에너지를 최소화하여 작성되며, 이 때의 변형에너지는 처짐을 중첩하지 않고 미지의 잉여력에 의해 표시된다.

이 장에서는 먼저 변형일치법을 사용하여 1차 부정정보, 골조, 트러스를 해석하고 이어서 이 방법을 다차 부정정구조물에 적용한다. 다음으로 지점침하, 온도변화, 조립오차의 영향에 대하여 설명하고, 마지막으로 최소일의 방법을 설명한다.

13.1 1차 부정정구조물

변형일치법의 기본적인 개념을 설명하기 위해서 그림 13.1(a)와 같이 집중하중 P를 받고 있는 캔틸레버 보를 생각해보자. 4개의 반력(A_x, A_y, M_A, C_y)으로 지지되어 있으므로 3개의 평형방정식($\sum F_x = 0$, $\sum F_y = 0$과 $\sum M = 0$)으로 모든 반력을 구할 수는 없다. 따라서 이 보는 부정정구조물이며 부정정차수는 미지의 반력 수에서 평형방정식의 수를 뺀 수, 즉 $4-3=1$과 같다. 따라서 이 보는 정적 안정구조가 되기 위해 필요한 것보다 하나의 **반력**이 더 있다. 만약 보의 변형에 대한 기하학적 적합조건식을 사용하여 4개의 반력 중 하나를 구할 수 있다면 나머지 3개의 반력은 3개의 평형방정식으로부터 구할 수 있다.

적합방정식을 구하기 위해 보의 잉여반력 중 하나인 이동단 C에서의 수직반력 C_y를 잉여력으로 선택해 보자. 그림 13.1(a)에서 이동단 C를 제거하여도 고정단 A만으로 보의 회전이 구속되므로 이 보는 여전히 안정 상태에 있음을 알 수 있다. 따라서 이동단 C는 안정을 이루기 위해 꼭 필요한 것은 아니며, 그에 따른 반력 C_y는 잉여력이 될 수 있다. 보의 처짐곡선에서 C점에서의 처짐은 0(그림 13.1(a))이므로 이에 대한 적합방정식을 구할 수 있다.

$$\Delta_C = 0 \tag{13.1}$$

이 적합방정식을 이용하여 잉여력 C_y를 구하기 위해 그림 13.1(b)와 같이 부정정보에서 이동단 C를 제거하여 정정 캔틸레버 보로 변환시킨다. 이렇게 만들어진 정정보를 **주보**(primary beam)라 한다. 잉여력 C_y는 그림 13.1(b)와 같이 외력 $P = 160\,\text{kN}$와 함께 미지의 하중으로 주보에 작용된다. 부정정보에서 이동단 C의 반력 C_y와 주보(그림 13.1(b))에 작용하는 미지의 잉여력 C_y의 값이 같다면, 주보의 자유단 C에서 외력 P와 잉여력 C_y에 의해 발생하는 처짐은 부정정보(그림 13.1(a))의 지점 C에서의 처짐과 같으므로 이를 이용하여 잉여력 C_y를 구할 수 있다. 부정정보의 지점 C에서 처짐은 0(식 (13.1))이므로 정정보의 단부 C에서 외력 P와 잉여력 C_y에 의해 생기는 처짐 역시 0이어야 한다. 정정보의 단부 C에서 외력 P와 잉여력 C_y의 중첩에 의해서 생기는 처짐은 외력 P와 잉여력 C_y가 각각 보에 작용했을 때 일어나는 처짐의 합이며 다음과 같다.

$$\Delta_C = \Delta_{CO} + \Delta_{CC} \tag{13.2}$$

이 식에서 Δ_{CO}과 Δ_{CC}는 외력 P와 잉여력 C_y가 각각 단독으로 보에 작용했을 때 주보의 단부 C에서 생기는 처짐이다. 두 개의 아래첨자는 주보의 Δ_{CO}과 Δ_{CC} 처짐이다. 문자의 첫 번째 아래첨자 C는 처짐의 위치를 나타내고, 두 번째 첨자 O는 처짐이 외력에 의해 생긴 것임을 의미한다. 또한 두 번째 첨자 C는 처짐이 잉여력 C_y에 의해 생긴 것임을 의미한다. 이 때 그림 13.1(b)에서 볼 수 있듯이 처짐이 잉여력 C_y와 같은 방향으로 일어난다면 이러한 처짐은 모두 양수가 된다.

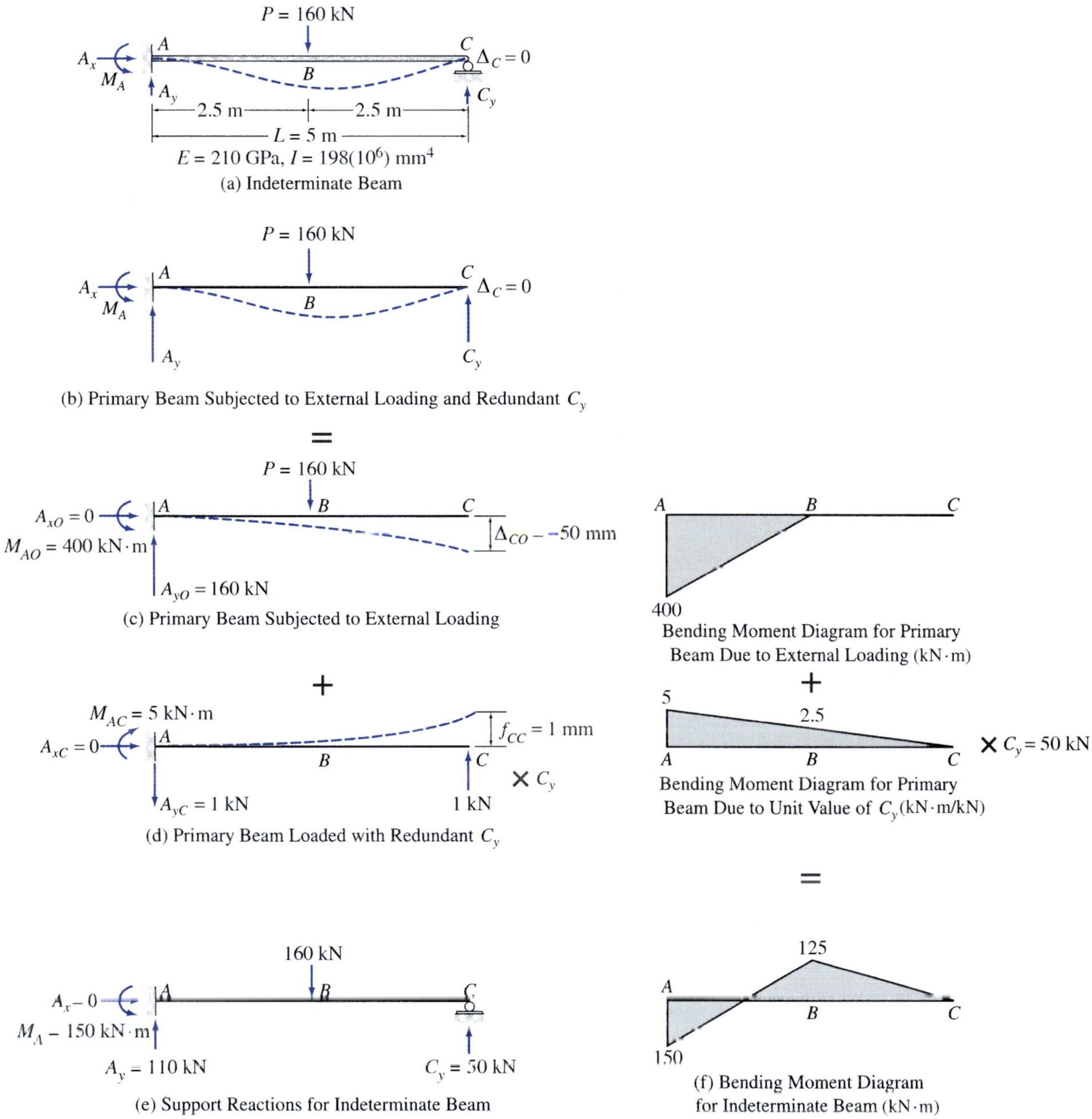

그림 13.1

잉여력 C_y를 알지 못하므로 그림 13.1(d)와 같이 C_y의 단위 잉여력에 의한 처짐 f_{CC}을 먼저 계산하고 미지의 잉여력 C_y에 처짐 f_{CC}을 곱하여 처짐 Δ_{CC}을 구하는 것이 편리하다.

$$\Delta_{CC} = f_{CC} C_y \tag{13.3}$$

f_{CC}는 잉여력 C_y의 단위하중에 의해 C점에서 생기는 처짐이다. 이 책의 7.8절에서 f_{CC}와 같이 단위하중에 대한 처짐을 **연성계수**라 하였다. 식 (13.1)과 식 (13.3)을 식 (13.2)에 대입하

여 다음과 같은 적합방정식을 구할 수 있다.

$$\Delta_C = \Delta_{CO} + f_{CC}C_y = 0 \tag{13.4}$$

이 식을 잉여력 C_y에 대해 정리하면 다음과 같다.

$$C_y = -\frac{\Delta_{CO}}{f_{CC}} \tag{13.5}$$

식 (13.4)와 (13.5)에서 잉여력 C_y를 변환된 주구조의 처짐곡선이 본래 부정정구조물의 처짐곡선과 같아지게 하는데 필요한 힘으로 간주할 수 있다. 그림 13.1(a)의 부정정구조물에서 지점 C를 제거하면 단부 C에서는 외력 P에 의하여 그림 13.1(c)와 같이 아래방향으로의 처짐이 발생한다. 실제 부정정보에서 C점의 처짐은 0이므로 잉여력 C_y는 주보의 단부 C에서 위쪽으로 처짐이 생기도록 하고, 그 크기가 Δ_{CO}를 단부 C의 원래 위치로 복원시키기에 충분해야 한다. 주보에서 C_y의 영향을 알아보기 위해 단위 잉여력에 의한 C점에서의 변형인 연성계수 f_{CC}를 계산해 보자(그림 13.1(d)). 중첩이 가능하므로 처짐은 하중에 비례한다. 즉, 단위하중이 f_{CC}의 변형을 일으키면 10배의 하중은 $10f_{CC}$를 일으킨다. 그러므로 위쪽 방향의 잉여력 C_y는 주보의 단부 C에서 위쪽 방향의 변형 $C_y f_{CC}$를 발생시킨다. 잉여력 C_y에 의한 위쪽 방향의 변형($C_y f_{CC}$)은 외력 P로 인한 아래쪽 방향의 처짐(Δ_{CO})과 같아야 하므로 다음을 구할 수 있다.

$$C_y f_{CC} = -\Delta_{CO} \tag{13.6}$$

변형 f_{CC}와 Δ_{CO}는 양의 값이며 위쪽 방향으로 발생한다고 가정한다. 식 (13.6)은 앞의 식 (13.4)와 (13.5)와 같다.

주보는 정정구조물이므로 f_{CC}와 Δ_{CO}는 6장과 7장에서 설명한 방법을 사용하거나, 이 책의 앞표지에 정리되어 있는 보의 처짐식을 사용하여 구할 수 있다. 보의 처짐식에서 외력 P (=160 kN)에 의해 주보에 발생된 C점에서의 처짐을 구하면 다음과 같다(그림 13.1(c)).

$$\Delta_{CO} = -\frac{5PL^3}{48EI} = -\frac{5(160)(5)^3}{48(210\times10^6)(198\times10^{-6})} = -0.05\ \text{m} = -50\ \text{mm}$$

이 식에서 계산한 값이 음수인 것은 Δ_{CO}의 처짐이 아래로 일어나는 것을 의미한다. 즉 잉여력 C_y의 방향과 반대 방향이다. 같은 방법으로 연성계수 f_{CC}를 계산하면 다음과 같다(그림 13.1(d)).

$$f_{CC} = \frac{L^3}{3EI} = \frac{(5)^3}{3(210\times10^6)(198\times10^{-6})} = 0.001\ \text{m/kN} = 1\ \text{mm/kN}$$

Δ_{CO}와 f_{CC}의 값을 식 (13.5)에 대입하여 잉여력 C_y를 구하면 다음과 같다.

$$C_y = -\left(-\frac{5PL^3}{48EI}\right)\left(\frac{3EI}{L^3}\right) = \frac{5}{16}P = 50\text{ kN}\uparrow$$

C_y의 값이 양수인 것은 처음에 가정했던 것과 같이 C_y가 위쪽 방향이라는 것을 의미한다.

이렇게 하여 반력 C_y를 구한 후에 나머지 3개의 반력은 부정정보의 자유물체도에 평형방정식을 적용하여 구할 수 있다(그림 13.1(e)).

$$+\rightarrow \sum F_x = 0 \qquad\qquad A_x = 0$$

$$+\uparrow \sum F_y = 0 \qquad A_y - 160 + 50 = 0 \qquad A_y = 110\text{ kN}\uparrow$$

$$+\circlearrowleft \sum M_A = 0 \qquad M_A - 160(2.5) + 50(5) = 0 \qquad M_A = 150\text{ kN}\cdot\text{m}\circlearrowleft$$

잉여력 C_y를 계산한 후에 보의 다른 반력과 거동 특성 등은 식 (13.4)와 비슷하게 중첩관계를 이용하여 구할 수 있다(그림 13.1(a), (c), (d)).

$$+\rightarrow A_x = A_{xO} + A_{xC}(C_y) = 0$$

$$+\uparrow A_y = A_{yO} + A_{yC}(C_y) = 160 - 1(50) = 110\text{ kN}\uparrow$$

$$+\circlearrowleft M_A = M_{AO} + M_{AC}(C_y) = 400 - 5(50) = 150\text{ kN}\cdot\text{m}\circlearrowleft$$

두 번째 아래첨자 O는 외력에 의한 반력을 의미하고, 두 번째 아래첨자 C는 C_y의 단위 잉여력에 의한 반력을 의미한다.

부정정보의 휨모멘트 다이어그램은 C_y에 의한 휨모멘트 다이어그램과 외력에 의한 휨모멘트 다이어그램을 중첩하여 구할 수 있다. 그림 13.1(f)는 이렇게 하여 작성한 부정정보의 휨모멘트 다이어그램이다.

잉여력으로서의 모멘트

앞에서는 그림 13.1(a)와 같이 단부가 지지된 캔틸레버의 해석과정에서 이동단 C의 수직반력을 잉여력으로 선택하였다. **변형일치법으로 구조물을 해석할 때 임의의 지점반력이나 내력(또는 모멘트)을 잉여력으로 선택할 수 있다. 이 때 잉여력에 해당하는 구속을 제거한 후에 그 구조물은 정정이며 여전히 안정된 구조물이어야 한다.**

그림 13.1(a)와 13.2(a)에서 지점 A에서의 수평반력 A_x를 제거하면 구조물이 불안정해진다. 따라서 A_x는 잉여력이 될 수 없으며 다른 2개의 반력은 잉여력이 될 수 있다.

모멘트 반력 M_A를 잉여력으로 사용하여 보를 해석해 보자. M_A의 방향은 알 수 없으므로 그림 13.2(a)와 같이 반시계방향이라고 가정하자. 주보를 구성하기 위해 단부 A를 그림 13.2(b)와 같이 고정단에서 회전단으로 변환하여 회전반력을 제거한다. 이렇게 만들어진 단순보는 정정이고 안정된 상태임을 알 수 있다. 잉여력 M_A는 주보에서 미지의 하중이 되며 그 크기는 지점 A에서 외력 P와 잉여력 M_A에 의한 처짐각의 합이 0이라는 적합방정식으로부터 구할 수 있다.

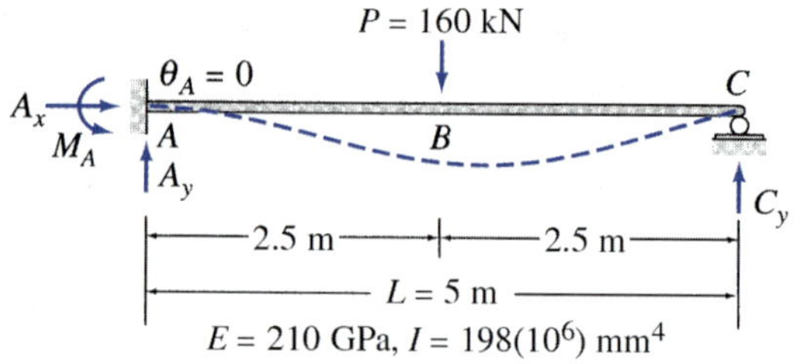

(a) Indeterminate Beam

=

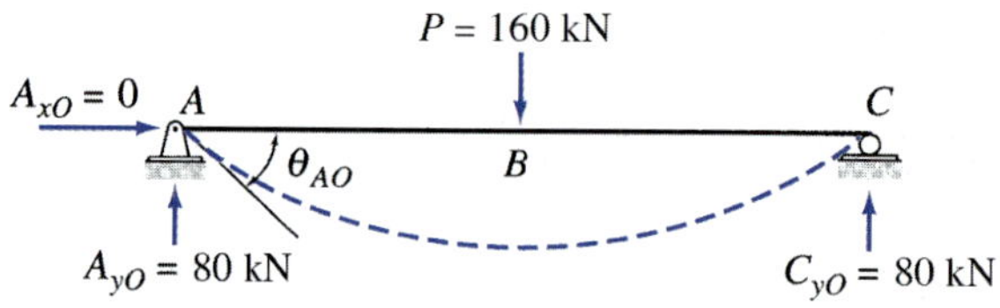

(b) Primary Beam Subjected to External Loading

+

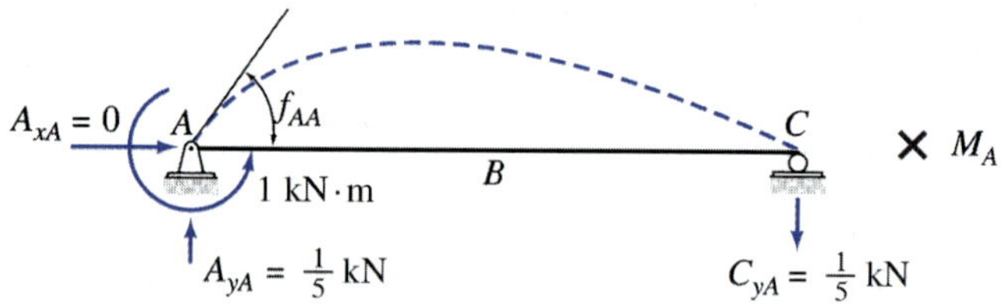

(c) Primary Beam Loaded with Redundant M_A

그림 13.2

그림 13.2(b)와 (c)와 같이, 주보에는 외력 $P=160$ kN와 미지의 모멘트 M_A의 단위 잉여력이 각각 작용하고 있다. 그림에서 θ_{AO}는 외력 P에 의해 지점 A에서 생기는 처짐각을 의미하고, f_{AA}는 연성계수, 즉 M_A의 단위 잉여력에 의해 지점 A에 발생하는 처짐각을 의미한다. 그러므로 M_A에 의한 A에서의 처짐각은 $\theta_{AA}=f_{AA}M_A$이 된다. 외력 P와 잉여력 M_A에 의해 A에서 발생하는 처짐각의 합은 0이어야 하므로 다음과 같은 적합방정식을 구할 수 있다.

$$\theta_{AO}+f_{AA}M_A=0 \tag{13.7}$$

θ_{AO}와 f_{AA}는 이 책의 표지에 있는 보의 처짐식을 사용하여 다음과 같이 구할 수 있다.

$$\theta_{AO}=-\frac{PL^2}{16EI}=-\frac{160(5)^2}{16(210\times10^6)(198\times10^{-6})}=-0.006\text{ rad}$$

$$f_{AA}=\frac{L}{3EI}=\frac{5}{3(210\times10^6)(198\times10^{-6})}=0.00004\text{ rad/kN}\cdot\text{m}$$

θ_{AO}이 음수이며 이는 잉여력 M_A를 반시계방향으로 가정하였지만, 실제의 처짐각은 그 반대 방향인 시계방향으로 발생함을 의미한다(그림 13.2(a)). θ_{AO}와 f_{AA}의 값을 식 (13.7)의 적합조건식에 대입하여 M_A를 다음과 같이 구할 수 있다.

$$-0.006+(0.00004)M_A=0$$

여기서

$$M_A=\frac{0.006}{0.00004}=150\ \text{kN}\cdot\text{m}↺$$

M_A가 양수이므로 모멘트의 회전방향은 처음에 가정한 반시계방향과 같다. 계산된 모멘트 반력 $M_A=150\ \text{kN}\cdot\text{m}$↺는 그림 13.1에서 수직반력 C_y를 잉여력으로 하여 구한 M_A와 같음을 알 수 있다. 일단 잉여력 M_A가 구해지면 나머지 반력들과 보의 다른 거동 특성 등은 앞서 언급한 것과 같이 평형방정식이나 중첩을 사용하여 구할 수 있다.

해석 순서

앞의 설명으로부터 1차 부정정구조물의 해석 순서를 정리하면 다음과 같다.

1. 주어진 구조물의 부정정차수를 구한다. 만약 부정정차수가 1차보다 많거나 내부 부정정구조인 경우는 이 장의 범위를 벗어나므로 이러한 구조물의 해석에 대해서는 다음 장에서 다룬다.

2. 지점반력 중의 하나를 잉여력으로 선택한다. 잉여력으로는 어떠한 반력도 선택할 수 있으므로 가장 해석하기 쉬운 반력을 선택하는 것아 좋다. 단, 주어진 부정정구조에서 잉여력에 해당하는 반력을 제거하여 만들어지는 주구조가 정정이며 안정이어야 한다. 잉여력의 방향은 아직 모르므로 임의로 가정한다. 적합방정식을 풀어서 잉여력의 부호가 양수이면 처음의 가정과 같은 방향임을 의미하고, 부호가 음수이면 처음의 가정과 반대 방향임을 의미한다.

3. 주구조를 구성하기 위해 주어진 부정정구조물로부터 잉여력에 상응하는 구속을 제거한다.

4. a. 외력만 작용하는 주구조를 그리고 여기에 주구조의 처짐곡선을 그린다. 잉여력이 작용하는 위치에서 잉여력이 작용하는 방향으로 처짐 또는 처짐각을 표시한다.

b. 구조물에 단위 잉여력만 작용하는 주구조를 그린다. 단위하중(또는 단위 모멘트)은 잉여력과 같은 방향으로 작용해야 한다. 잉여력이 작용하는 위치에서 잉여력이 작용하는 방향으로 처짐(또는 처짐각) 연성계수를 적당한 기호로 표시한다. 하중과 구조물의 변위가 잉여력의 곱으로 표현되기 위해서 주구조 옆에 곱의 기호(×)를 표시하고 잉여력을 기입한다. 즉, 미지의 잉여력에 의한 그 위치에서의 처짐(또는 처짐각)은 연성계수와 미지의 잉여력의 곱과 같다.

5. 외력과 잉여력에 의해 발생하는 주구조의 변형은 원래 부정정구조의 변형(또는 처짐각)과 같으므로 이에 대한 적합방정식을 구한다. 여기서 지점이 움직이지 않는 것으로 가정하였

으므로 외력과 잉여력이 발생시키는 처짐의 합은 0이 되는 적합방정식을 구할 수 있다 (지점이 움직이는 경우에 대해서는 다음 장에서 설명한다).

6. 잉여력이 작용하는 위치에서 외력과 단위 잉여력에 의한 주구조의 변형을 각각 계산한다. 가정된 잉여력의 방향이 같다면 처짐값은 양수가 된다. 처짐값은 6, 7장에서 설명한 방법이나 이 책의 앞표지에 정리되어 있는 처짐식을 사용하여 쉽게 구할 수 있다. 일정한 휨 강성 EI를 갖는 보의 경우에 이 책의 앞표지에 정리되어 있는 처짐식을 사용하는 것이 편리하다. 트러스나 골조의 변형은 가상일법을 사용하여 쉽게 구할 수 있다.
7. 6단계에서 구한 변형을 적합방정식에 대입하여 미지의 잉여력을 구한다.
8. 부정정구조물의 나머지 지점반력은 부정정구조물의 평형방정식을 적용하거나 또는 외력과 잉여력에 의한 각각의 주구조에 대한 반력을 중첩하여 구할 수 있다.
9. 일단 반력이 구해지면 부정정구조물의 다른 거동 특성(예를 들어 전단력, 모멘트, 부재력)은 평형방정식 또는 외력과 잉여력에 의한 각각의 주구조에 대한 응답을 중첩하여 구할 수 있다.

13.1 Example

변위일치법을 사용하여 반력을 구하고 그림 13.3(a)과 같은 보의 전단력과 휨모멘트 다이어그램을 그려라.

풀이

부정정차수. 보는 A_x, A_y, M_A, B_y의 4개 반력에 의해 지지된다(그림 13.3(a)). 즉 $r=4$. 평형방정식은 3개이므로 보의 부정정차수는 $r-3=1$이다.

주보. 이동단 B의 수직반력 B_y를 잉여력으로 선택한다. 그림 13.3(a)와 같이 B_y의 방향은 위쪽 방향으로 가정한다. 주어진 부정정보에서 이동단 B를 제거하여 그림 13.3(b)와 같은 주보를 구한다. 주보는 캔틸레버 보이며 정정이고 안정이다. 그림 13.3(b)와 13.3(c)와 같이 주보에는 외력 M과 B_y의 단위 잉여력이 각각 작용한다. 그림에서 Δ_{BO}는 외력 M에 의한 B점에서의 처짐을 의미하고 f_{BB}는 B_y의 단위 잉여력에 의한 B점에서의 처짐을 의미하는 연성계수이다. 따라서 미지의 잉여력 B_y에 의한 B점에서의 변형은 $f_{BB}B_y$이다.

적합방정식. 원래의 부정정보의 지점 B에서의 처짐은 0이다. 따라서 외력 M과 잉여력 B_y에 의한 주보의 B점에서 처짐의 합은 0이어야 한다. 따라서 적합방정식은 다음과 같이 쓸 수 있다.

$$\Delta_{BO}+f_{BB}B_y=0 \tag{1}$$

주보의 처짐. 보의 처짐식을 사용하여 다음과 같이 처짐 Δ_{BO}와 f_{BB}를 구한다.

$$\Delta_{BO}=-\frac{ML^2}{2EI} \qquad \text{그리고} \qquad f_{BB}=\frac{L^3}{3EI}$$

여기서, Δ_{BO}가 음수이며 이는 처짐이 아래 방향으로 발생함을 의미한다. 즉 잉여력 B_y를 위쪽 방향으로 가정한 것과 반대 방향으로 발생하였다.

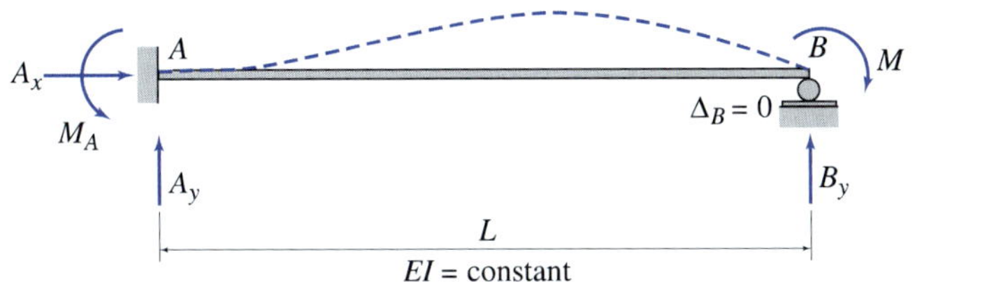

(a) Indeterminate Beam

=

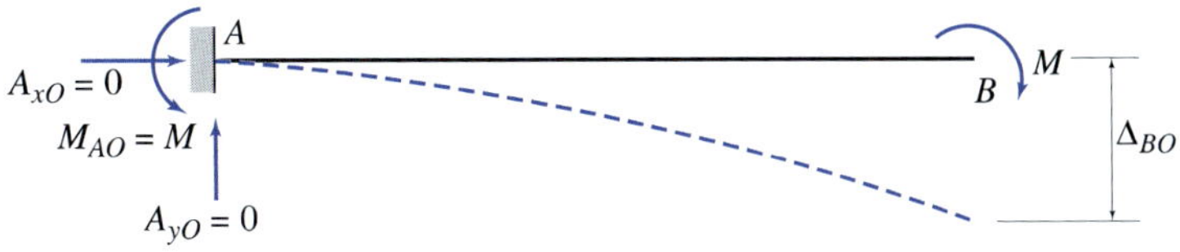

(b) Primary Beam Subjected to External Moment M

+

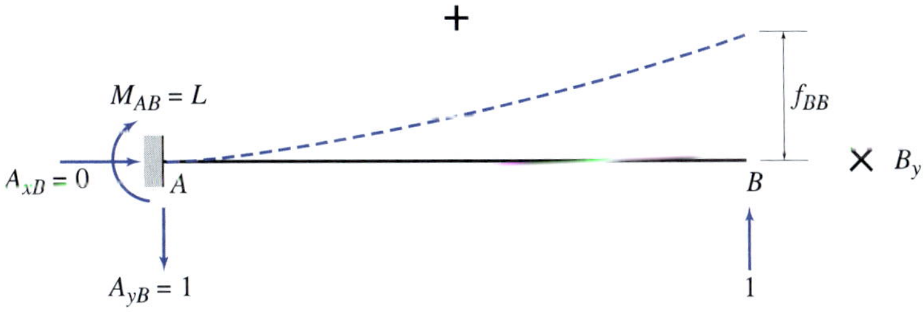

(c) Primary Beam Loaded with Redundant B_y

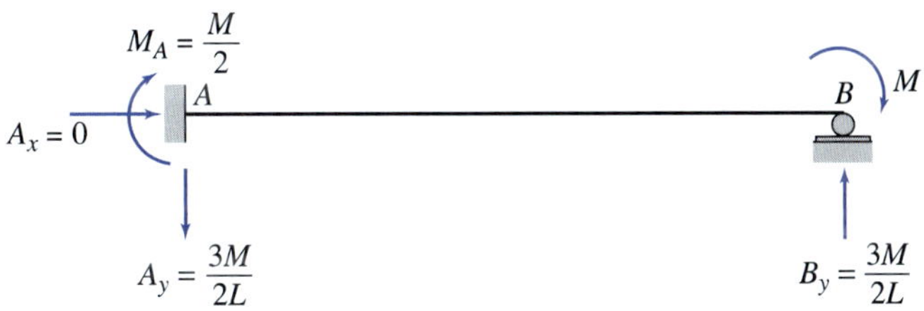

(d) Support Reactions for Indeterminate Beam

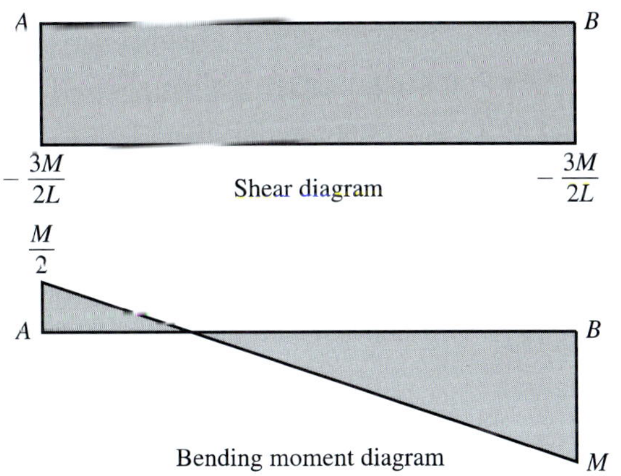

(e) Shear and Bending Moment Diagrams for Indeterminate Beam

그림 13.3

잉여력의 값. Δ_{BO}을 적합조건식(식 (1))에 대입하여 잉여력 B_y를 다음과 같이 구한다.

$$-\frac{ML^2}{2EI}+\left(\frac{L^3}{3EI}\right)B_y=0 \qquad B_y=\frac{3M}{2L}\uparrow$$

B_y가 양수이며 이는 잉여력을 위쪽 방향으로 가정한 것과 같은 방향임을 의미한다.

반력. 부정정구조물의 나머지 반력은 그림 13.3(b), (c)와 같이 잉여력 B_y와 외력 모멘트 M에 의한 각각의 반력을 중첩하여 다음과 같이 구한다.

$$+\rightarrow A_x=0 \qquad A_x=0$$

$$+\uparrow A_y=-1\left(\frac{3M}{2L}\right)=-\frac{3M}{2L} \qquad A_y=\frac{3M}{2L}\downarrow$$

$$+\circlearrowleft M_A=M-L\left(\frac{3M}{2L}\right)=-\frac{M}{2} \qquad M_A=\frac{M}{2}\circlearrowright$$

반력은 그림 13.3(d)와 같다.

전단력과 휨모멘트 다이어그램. 반력을 사용하여 전단력과 휨모멘트 다이어그램을 작성한다(그림 13.3(e)).

13.2 Example

그림 13.4(a)와 같은 보에서 반력, 전단력 다이어그램, 휨모멘트 다이어그램을 변형일치법으로 구하라. 잉여력으로 고정단의 모멘트 반력을 선택하여라.

풀이

부정정차수. 보는 4개의 반력으로 지지되므로(그림 13.4(a)) 부정정차수는 $4-3=1$이다.

주보. 고정단 A점에서의 모멘트 반력, M_A를 잉여력으로 선택한다. M_A는 그림 13.4(a)와 같이 반시계방향으로 가정한다. 주보는 그림 13.4(b)와 같이 단부 A에서의 회전구속을 제거하여 고정단을 회전단으로 치환한다. 단순지지된 주보는 외력과 잉여력 M_A의 단위하중을 받게 된다(그림 13.4(b), 13.4(c)). 이 그림과 같이 θ_{AO}는 외력에 의한 A점에서의 처짐각을 나타내고, f_{AA}는 잉여력 M_A의 단위하중에 의한 A점에서의 처짐각을 나타내는 연성계수를 의미한다.

적합방정식. 원래 부정정보에서 고정단 A점에서의 처짐각은 0이므로 주보에서 외력에 의한 처짐각과 잉여력에 의한 처짐각의 합은 0이 되어야 한다. 그러므로 적합방정식은 다음과 같다.

$$\theta_{AO}+f_{AA}M_A=0 \tag{1}$$

주보의 처짐각. 처짐식을 이용하여 다음을 구할 수 있다.

$$\theta_{AO}=-\frac{1000\text{ kN}\cdot\text{m}^2}{EI} \qquad \text{그리고} \qquad f_{AA}=\frac{3.33\text{ kN}\cdot\text{m}^2/\text{kN}\cdot\text{m}}{EI}$$

잉여력의 크기. θ_{AO}와 f_{AA}의 값을 적합방정식(식 (1))에 대입하여 구하면 다음과 같다.

$$-\frac{1000}{EI}+\left(\frac{3.33}{EI}\right)M_A=0 \qquad M_A=300\text{ kN}\cdot\text{m}\circlearrowleft$$

반력. 부정정보의 나머지 반력은 다음의 평형방정식으로 구한다(그림 13.4(d)).

$$+\rightarrow \sum F_x = 0 \qquad\qquad A_x = 0$$
$$+\circlearrowleft \sum M_B = 0 \qquad 300 - A_y(10) + 24(10)(5) = 0 \qquad A_y = 150 \text{ kN}\uparrow$$
$$+\uparrow \sum F_y = 0 \qquad 150 - 24(10) + B_y = 0 \qquad B_y = 90 \text{ kN}\uparrow$$

전단력과 휨모멘트 다이어그램. 그림 13.4(e) 참조.

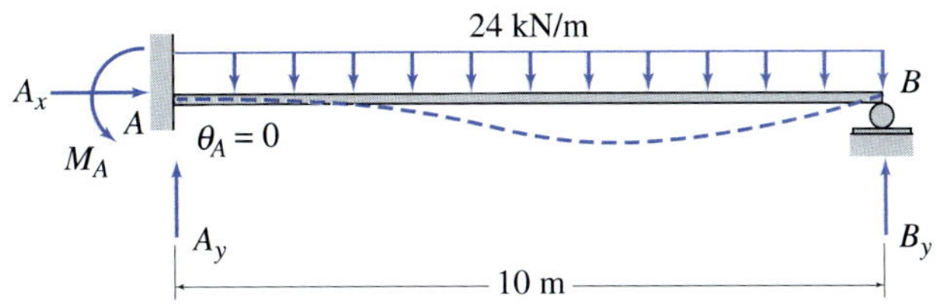

(a) Indeterminate Beam

=

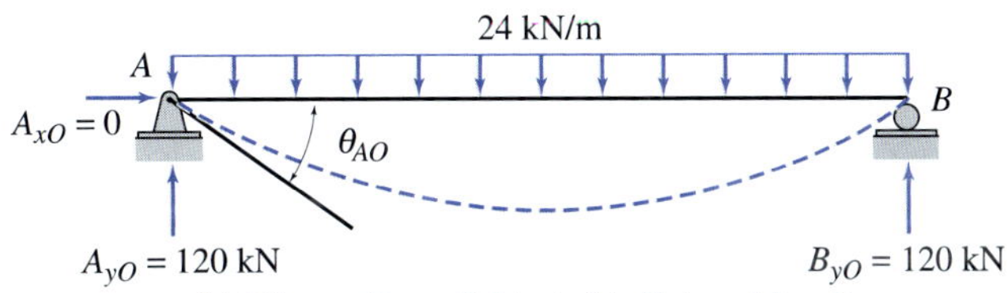

(b) Primary Beam Subjected to External Loading

+

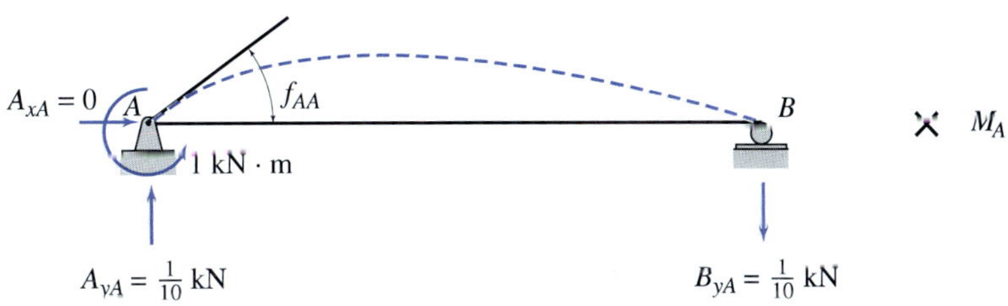

(c) Primary Beam Loaded with Redundant M_A

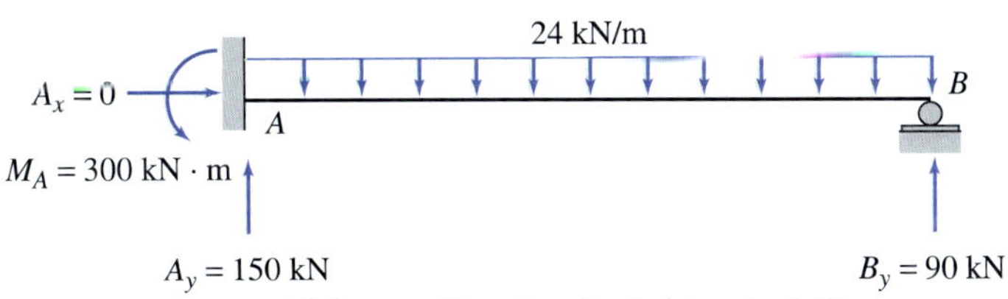

(d) Support Reactions for Indeterminate Beam

그림 13.4

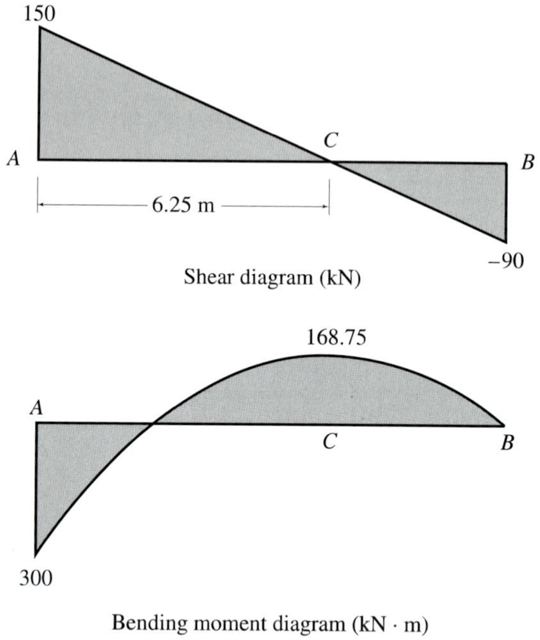

(e) Shear and Bending Moment Diagrams for Indeterminate Beam

그림 13.4 계속

13.3 Example

그림 13.5(a)와 같은 2경간 연속보의 반력, 전단력 다이어그램, 휨모멘트 다이어그램을 변형일치법으로 구하라.

풀이

부정정차수. 보가 4개의 반력으로 지지되므로, 부정정차수는 $4-3=1$이다.

주보지점. 지점 B에서의 수직반력 B_y를 잉여력으로 선택하고, 지점 B의 이동단을 제거하면 그림 13.5(b)와 같다. 다음으로 그림 13.5(b), (c)와 같이 주보에 각각 외력과 잉여력 B_y의 단위하중을 가하면 B점에서 외력에 의한 처짐 Δ_{BO}와 B_y의 단위 잉여력에 의한 처짐 f_{BB}를 알 수 있다.

적합방정식. 원래 부정정보에서 B점의 처짐은 0이므로 주보에서 외력에 의한 처짐과 잉여력에 의한 처짐의 합은 0이 되어야 한다. 그러므로 적합방정식은 다음과 같다.

$$\Delta_{BO}+f_{BB}B_y=0 \tag{1}$$

주보의 처짐. 주보의 휨강성 EI가 일정하지 않으므로(BD구간의 단면2차모멘트가 AB구간의 단면2차모멘트의 2배가 됨), 이 책의 앞표지에 정리되어 있는 처짐식을 사용할 수 없다. 그러므로 주보의 처짐을 구하기 위해서는 6장에서 설명한 공액보법을 사용해야 한다.

외력에 의한 처짐 Δ_{BO}을 구하기 위해 15 kN/m의 등분포하중과 60 kN의 집중하중을 받는 공액보를 그림 13.5(d), (e)와 같이 각각 그린다. 원래 보의 처짐은 그 지점에서 공액보의 모멘트와 같으므로 등분포하중과 집중하중에 의한 처짐 Δ_{BO}를 다음과 같이 구할 수 있다. 여기서, 음의 부호는 처짐이 아래

방향으로 발생함을 의미한다.

$$EI\Delta_{BO} = \left[-4{,}218.75(10) + \left(\frac{2}{3}\right)(10)(750)\left(\frac{30}{8}\right)\right] + \left[-718.75(10) + \left(\frac{1}{2}\right)(10)(150)\left(\frac{10}{3}\right)\right]$$

$$\Delta_{BO} = -\frac{28{,}125 \text{ kN} \cdot \text{m}^3}{EI}$$

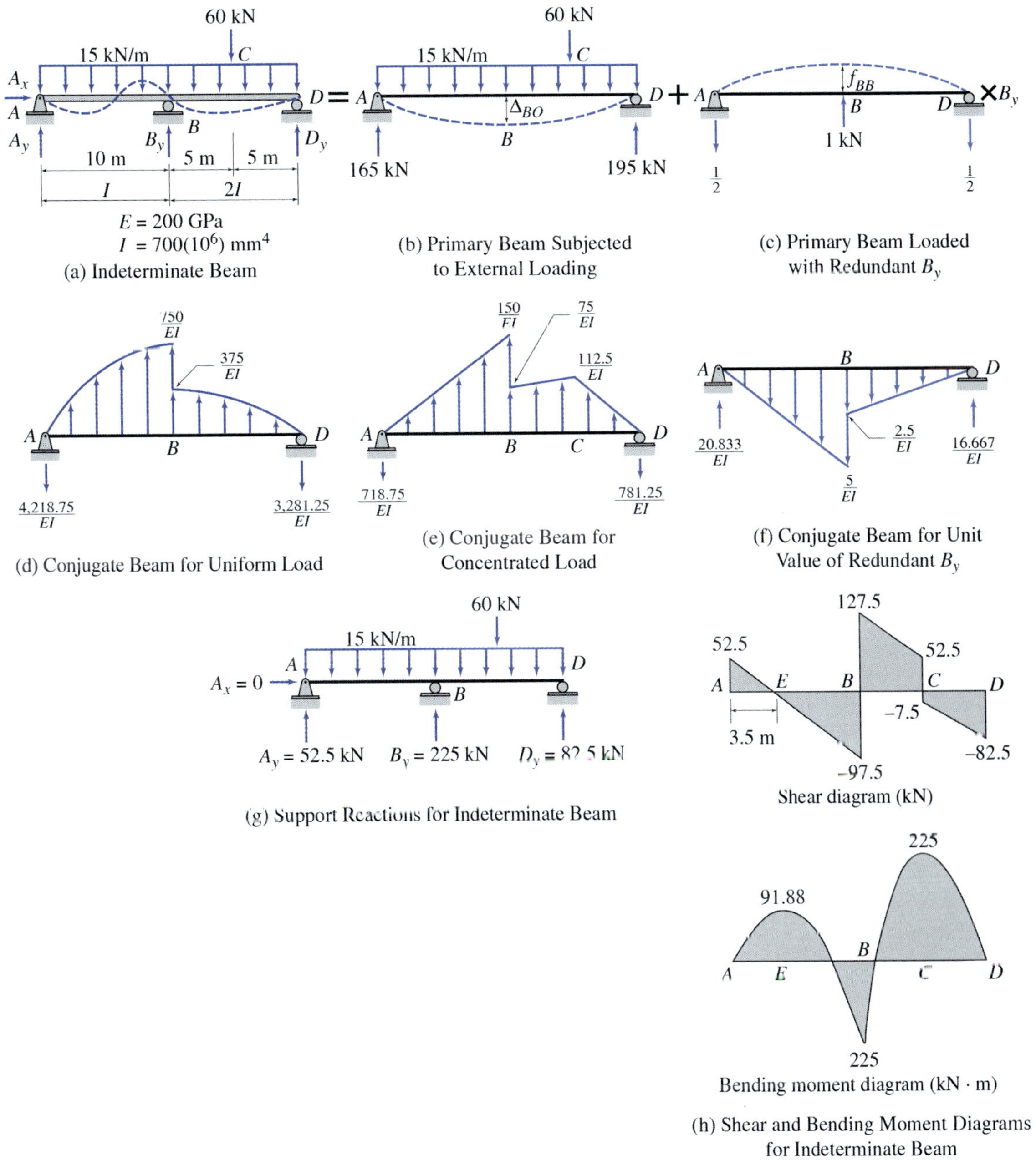

그림 13.5

E와 I의 값을 알아도 EI항을 그대로 두고 계산하는 것이 편리하다. 연성계수 f_{BB}는 그림 13.5(f)의 공액보를 사용하면 같은 방법으로 계산된다.

$$EIf_{BB} = 20.833(10) - \left(\frac{1}{2}\right)(10)(5)\left(\frac{10}{3}\right) = 125 \text{ kN} \cdot \text{m}^3/\text{kN}$$

$$f_{BB} = \frac{125 \text{ kN} \cdot \text{m}^3/\text{kN}}{EI}$$

잉여력의 크기. Δ_{BO}와 f_{BB}의 값을 적합방정식(식 (1))에 대입하여 다음과 같이 계산한다.

$$-\frac{28{,}125}{EI} + \left(\frac{125}{EI}\right)B_y = 0 \qquad B_y = 225 \text{ kN} \uparrow$$

반력. 부정정보의 나머지 반력은 다음의 평형방정식으로 구한다(그림 13.5(g)).

$$+\rightarrow \sum F_x = 0 \qquad\qquad A_x = 0$$

$$+\circlearrowleft \sum M_D = 0 \qquad -A_y(20) - 225(10) + 15(20)(10) + 60(5) = 0 \qquad A_y = 52.5 \text{ kN} \uparrow$$

$$+\uparrow \sum F_y = 0 \qquad 52.5 + 225 - 15(20) - 60 + D_y = 0 \qquad D_y = 82.5 \text{ kN} \uparrow$$

전단력과 휨모멘트 다이어그램. 그림 13.5(h) 참조.

13.4 Example

그림 13.6(a)의 트러스에서 반력과 부재력을 변형일치법으로 구하라.

풀이

부정정차수. 1차 부정정트러스

주트러스. 회전단 D에서의 수평반력 D_x를 잉여력으로 한다. D_x의 방향은 우측으로 가정한다(그림 13.6(a)). 주트러스는 그림 13.6(b), (c)와 같이 D점을 이동단으로 바꾸어 수평구속을 제거함으로써 얻을 수 있다. 주트러스에 각각 외력과 잉여력 D_x의 단위하중을 작용시킨다.

적합방정식. Δ_{DO}는 주트러스 D점에서의 외력에 의한 수평변위이고, f_{DD}는 연성계수로서 잉여력 D_x의 단위하중에 의한 수평변위이므로 적합방정식은 다음과 같다.

$$\Delta_{DO} + f_{DD}D_x = 0 \tag{1}$$

주트러스의 변위. Δ_{DO}와 f_{DD}는 가상일법을 이용하여 구할 수 있다. 7장에서 설명한 것과 같이 가상일법에 의한 트러스의 처짐식은 다음과 같다(식 (7.23)).

$$\Delta = \sum \frac{FF_vL}{AE} \tag{2}$$

여기서, F는 처짐 Δ를 발생시키는 실제 하중에 의해 트러스 부재에 발생하는 축력이며 F_v는 처짐을 알고자 하는 지점에 처짐의 방향으로 가상의 단위하중을 가했을 때 발생하는 트러스 부재의 축력이다.

그림 13.6(b)와 같은 외력을 받고 있는 주트러스의 처짐 Δ_{DO}를 계산한다. 외력에 의해 발생하는 부

재의 축력을 F_O로 표시하며 절점법으로 구할 수 있다(그림 13.6(b)). 처짐 Δ_{DO}을 구하기 위하여 가상 구조물을 잉여력 D_x와 같은 위치에 같은 방향으로 단위하중을 가한다(그림 13.6(c)). 단위 잉여력 D_x에 의한 부재의 축력을 u_D로 표시하며 절점법으로 구할 수 있다. 가상일에 의한 처짐 Δ_{DO}는 다음과 같다.

$$\Delta_{DO} = \sum \frac{F_O u_D L}{AE} \tag{3}$$

부재력 F_O와 u_D는 표 13.1에 정리한 바와 같으며 처짐 Δ_{DO}은 식 (3)을 이용하여 계산하여 표 13.1에 나타내었다.

$$\Delta_{DO} = \frac{840{,}000 \text{ kN/m}}{E}$$

Δ_{DO}의 양의 값은 처짐이 우측으로 발생함을 의미하며 이는 처음에 잉여력을 가정하였던 방향과 같은 방향이다.

연성계수 f_{DD}를 계산할 때 실제 구조물과 가상 구조물은 모두 그림 13.6(c)와 같이 주트러스에 적용된 단위 잉여력으로 구성된다(D_x는 곱하지 않음). 따라서 가상일에 의한 연성계수 f_{DD}는 다음과 같다.

$$f_{DD} = \sum \frac{u_D^2 L}{AE} \tag{4}$$

f_{DD}를 구하기 위해서 표 13.1에서의 값을 식 (4)에 대입하면 다음과 같다.

$$f_{DD} = \frac{4500(1/\text{m})}{E}$$

표 13.1

부재	L (m)	A (m^2)	F_O (kN)	u_D (kN/kN)	$\frac{F_O u_D L}{A}$ (kN/m)	$\frac{u_D^2 L}{A}$ (1/m)	$F = F_O + u_D D_x$ (kN)
AB	6	0.0040	213.33	1	320,000	1,500	26.67
BC	6	0.0040	173.33	1	260,000	1,500	13.33
CD	6	0.0040	173.33	1	260,000	1,500	−13.33
EF	6	0.0040	−93.33	0	0	0	−93.33
BE	4.5	0.0025	70	0	0	0	70
CF	4.5	0.0025	100	0	0	0	100
AE	7.5	0.0040	−116.67	0	0	0	−116.67
BF	7.5	0.0025	50	0	0	0	50
DF	7.5	0.0040	−216.67	0	0	0	−216.67
				Σ	840,000	4,500	

$$\Delta_{DO} = \frac{1}{E}\sum \frac{F_O u_D L}{A} = \frac{840{,}000 \text{ kN/m}}{E} \qquad f_{DD} = \frac{1}{E}\sum \frac{u_D^2 L}{A} = \frac{4{,}500(1/\text{m})}{E}$$

$$D_x = -\frac{\Delta_{DO}}{f_{DD}} = -186.67 \text{ kN}$$

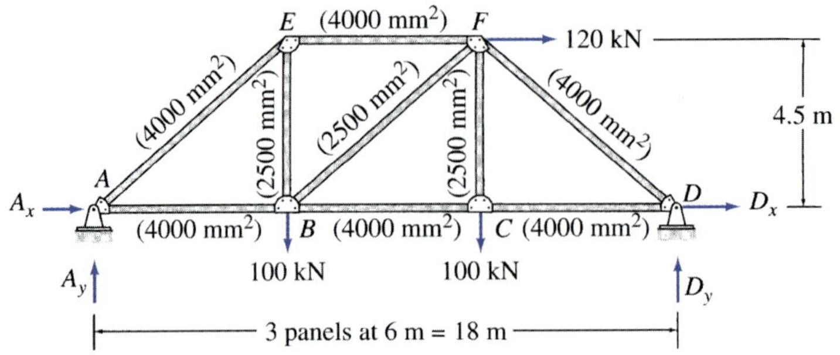

E = 200 GPa

(a) Indeterminate Truss

=

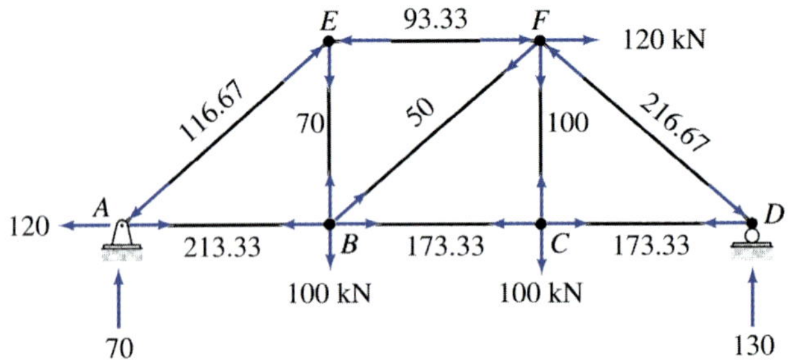

(b) Primary Truss Subjected to External Loads—F_O Forces

+

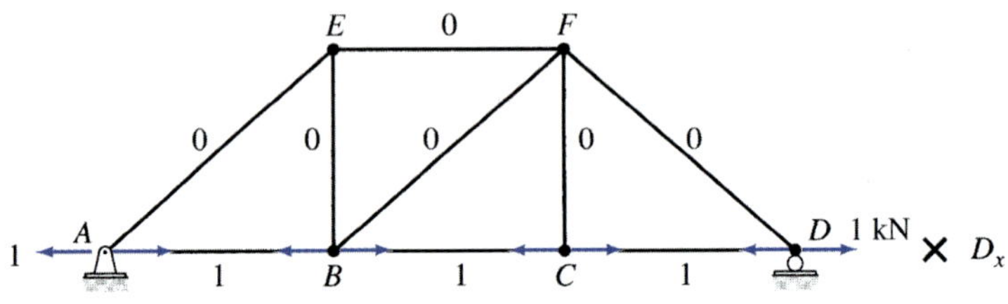

(c) Primary Truss Subjected to Unit Value of Redundant D_x— u_D Forces

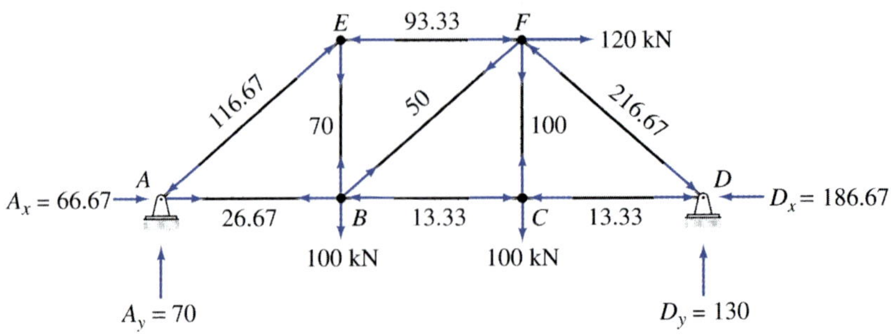

(d) Support Reactions and Member Forces for Indeterminate Truss

그림 13.6

잉여력의 크기. Δ_{DO}와 f_{DD}를 적합방정식(식 (1))에 대입하여 잉여력 D_x을 구하면 다음과 같다.

$$\frac{840{,}000}{E}+\left(\frac{4{,}500}{E}\right)D_x=0 \qquad D_x=-186.67\text{ kN}$$

D_x에서 음의 부호는 D_x가 우측으로 작용한다는 처음의 가정과는 다르게 실제로는 좌측으로 작용함을 나타낸다.

$$D_x=186.67\text{ kN}\leftarrow$$

반력. 부정정트러스의 나머지 반력은 외력(그림 13.6(b))과 잉여력 D_x(그림 13.6(c))에 대해 구한 주트러스의 반력을 중첩하여 구할 수 있다.

$$A_x=-120-1(-186.67)=66.67\text{ kN}\rightarrow$$
$$A_y=70\text{ kN}\uparrow$$
$$D_y=130\text{ kN}\uparrow$$

반력은 그림 13.6(d)와 같다.

부재력. 부정정트러스의 부재력은 외력과 잉여력 D_x에 대해 구한 주트러스의 부재력을 중첩하여 구할 수 있다

$$F=F_O+u_D D_x \tag{5}$$

최종 부재력을 표 13.1과 같이 표를 이용하면 편리하게 계산할 수 있다. 각 부재의 최종 부재력은 4번째 열(F_O)을 5번째 열(u_D)과 잉여력 $D_x=-186.67$ kN을 곱한 값에 더함으로써 구해진다. 이렇게 계산한 최종 부재력을 표 13.1과 같이 8번째 열에 표시하였다. 또한 계산된 부재력을 그림 13.6(d)에 표시하였다.

13.5 Example

그림 13.7(a)와 같은 골조에 대해서 반력, 전단력, 휨모멘트 다이어그램을 변형일치법으로 구하라.

풀이

부정정차수. 1차 부정정골조

주골조. A 점의 수평반력 A_X를 잉여력으로 한다. 주골조는 A 점을 회전단에서 이동단으로 변환시켜 수평 구속을 제거하여 구할 수 있다(그림 13.7(b)). 그림 13.7(b), (c)와 같이 주골조에 미지의 잉여력 A_X의 단위하중과 외력을 각각 작용시킨다.

적합방정식. 그림 13.7(a), (b), (c)로부터 식 (1)을 구할 수 있다.

$$\Delta_{AO}+f_{AA}A_X=0 \tag{1}$$

주골조의 처짐. 주골조의 처짐 Δ_{AO}와 f_{AA}는 7장에서 설명한 바 있는 가상일법으로 구한다. Δ_{AO}로 표시되는 가상일은 다음과 같다. Δ_{AO}는 외력에 의해 주골조의 A 점에서 생기는 수평변위이다.

$$\Delta_{AO}=\sum\int\frac{M_O m_A}{EI}dx \tag{2}$$

여기서, M_O는 실제 하중(외력)에 의한 휨모멘트(그림 13.7(b))이고, m_A는 잉여력과 같은 위치에 같은

방향으로 작용시킨 단위하중(가상하중)에 의한 모멘트(그림 13.7(c))이다. 주골조에서 부재 AB와 BC의 모멘트를 계산하기 위한 x좌표는 그림 13.7(b), (c)에 표시한 바와 같으며, M_O와 m_A의 모멘트식을 표 13.2에 정리하였다. 식 (2)에 표 13.2의 내용을 적용하여 정리하면 다음과 같다.

$$\Delta_{AO} = \frac{1}{EI}\int_0^9 \left(225x - \frac{50}{2}x^2\right)\left(-6 + \frac{2}{3}x\right)dx = -\frac{9112.5\ \mathrm{kN \cdot m^3}}{EI}$$

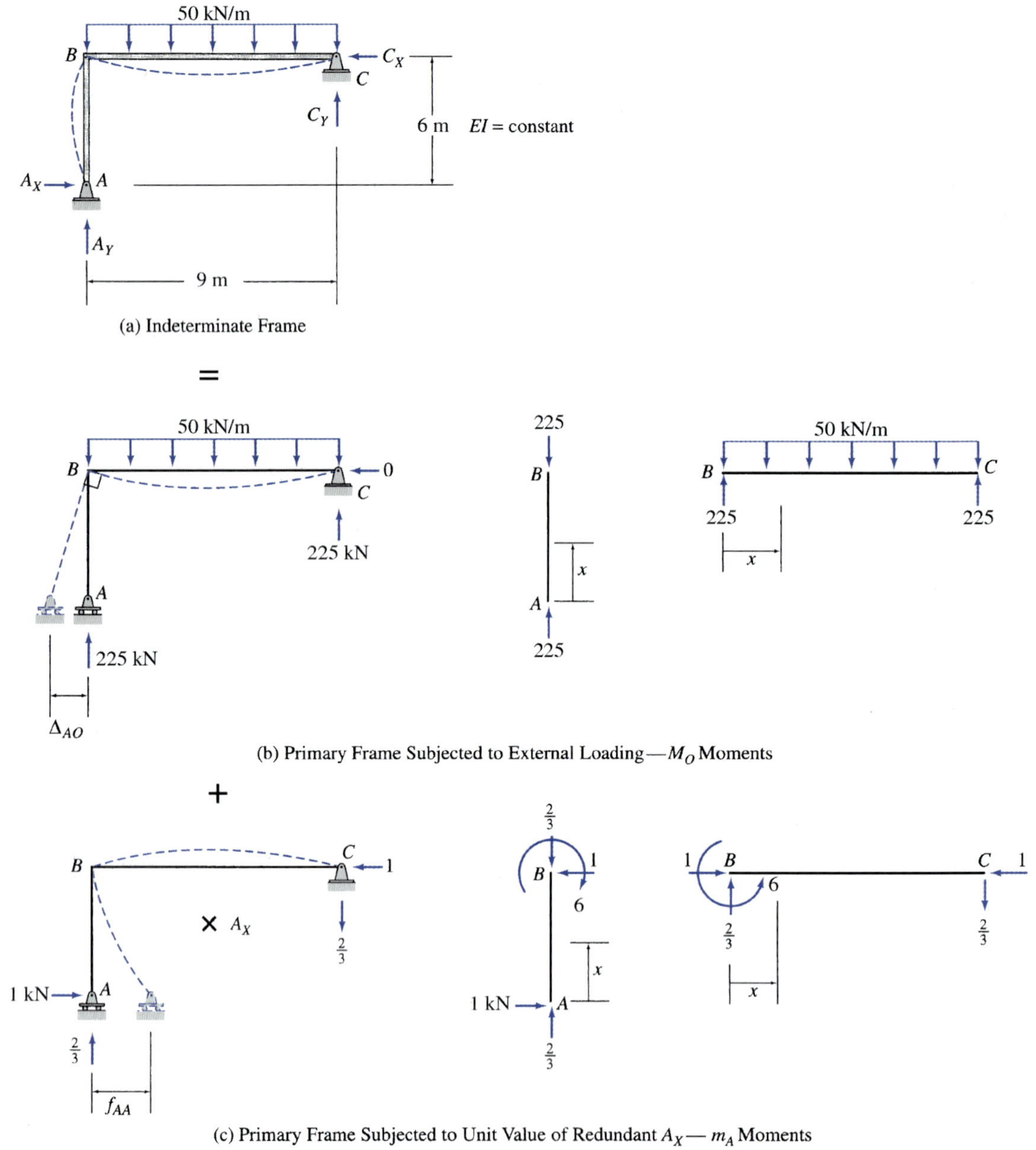

그림 13.7

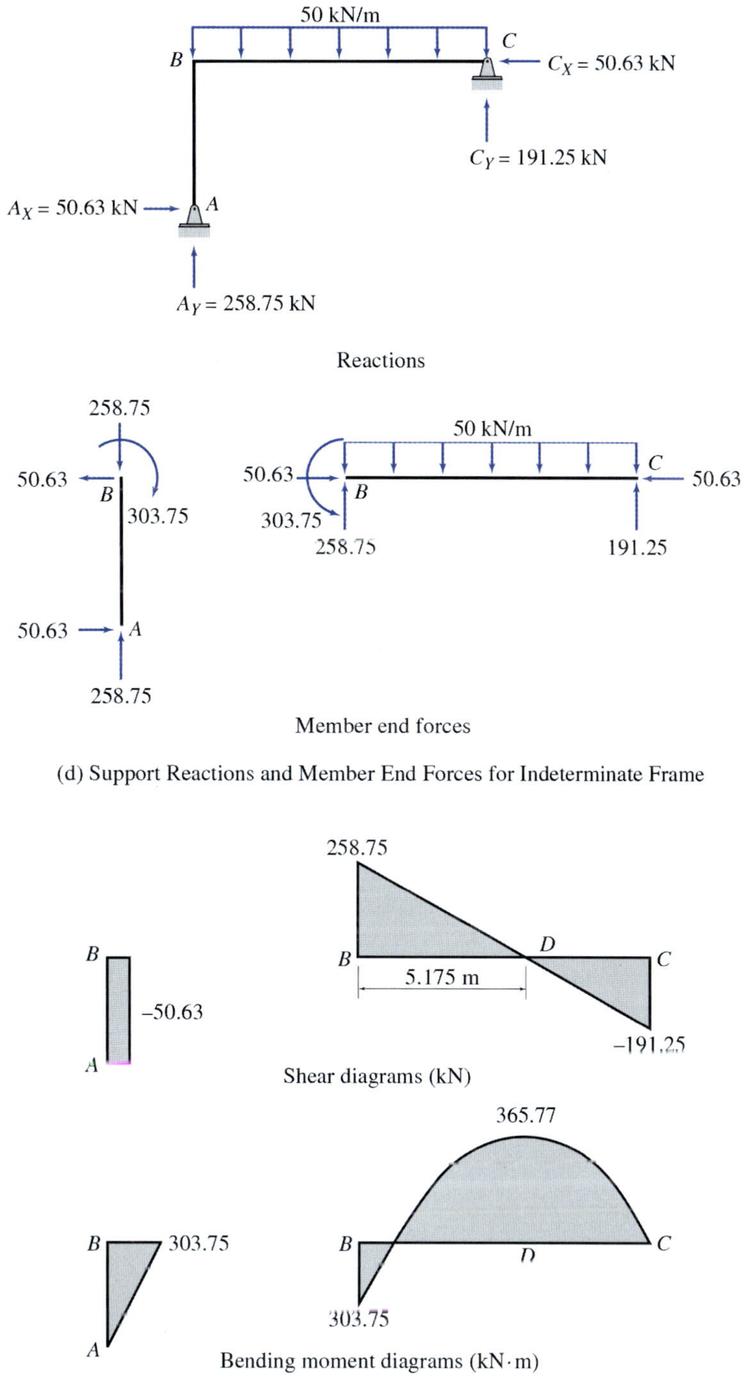

(d) Support Reactions and Member End Forces for Indeterminate Frame

(e) Shear and Bending Moment Diagrams for Indeterminate Frame

그림 13.7 계속

연성계수 f_{AA}를 계산하기 위해서는 그림 13.7(c)와 같이 실제 구조물과 가상 구조물 모두 주골조에 가해진 단위 잉여력으로 구성된다. 따라서 가상일법에 의한 가상일 f_{AA}는 다음과 같다.

$$f_{AA} = \sum \int \frac{m_A^2}{EI} dx \tag{3}$$

표 13.2에서의 m_A를 식 (3)에 대입하면 다음과 같다.

$$f_{AA} = \frac{1}{EI}\left[\int_0^6 (-x)^2 dx + \int_0^9 \left(-6 + \frac{2}{3}x\right)^2 dx\right] = \frac{180 \text{ m}^3}{EI}$$

잉여력의 크기. Δ_{AO}와 f_{AA}의 값을 적합방정식(식 (1))에 대입하여 잉여력 A_X를 다음과 같이 구한다.

$$-\frac{9112.5}{EI} + \left(\frac{180}{EI}\right)A_X = 0 \qquad A_X = 50.63 \text{ kN} \rightarrow$$

반력. 부정정골조의 나머지 반력과 부재력은 평형방정식으로부터 구해지며 그림 13.7(d)과 같다.

전단력과 휨모멘트 다이어그램. 그림 13.7(e) 참조.

표 13.2

부재	x 좌표		M_O (kN·m)	m_A (kN·m/kN)
	원점	범위(m)		
AB	A	0~6	0	$-1x$
BC	B	0~9	$225x - \frac{50}{2}x^2$	$-6 + \frac{2}{3}x$

13.2 잉여력으로서의 내력과 모멘트

지금까지는 1차 부정정구조물을 해석하면서 1개의 반력을 잉여력으로 선택하였지만 내력을 잉여력으로 선택하여 해석할 수도 있다. 이 때 내력에 대한 구속이 없어지면 부정정구조물은 정정이며 안정구조로 바뀐다.

그림 13.8(a)와 같은 1차 부정정인 2경간 연속보를 생각해보자. 앞 절에서 설명한 바와 같이 연속보는 수직반력 하나를 잉여력으로 선택하여 해석할 수 있다. 그러나 연속보, 특히 경간이 다른 연속보의 해석에서는 내부 지점의 모멘트를 잉여력으로 선택하면 더욱 편리하게 해석이 가능하다. 내부 지점 B에서의 모멘트 M_B를 잉여력으로 놓고 해석해 보자. 그림 13.8(a)의 부정정보의 탄성처짐곡선을 보면 B점에서의 처짐각이 연속임을 알 수 있다. 즉, 탄성처짐곡선에서 B점에 인접한 좌측과 우측에서의 접선의 기울기가 같다. 그림 13.8(b)와 같이 B점에 내부 힌지를 삽입하여 잉여력 M_B에 대한 구속을 제거하면 B점에서 탄성처짐곡선이 불연속이 된

다. 따라서 B점에 인접한 좌측과 우측에서 접선의 기울기에 차이가 생기게 된다. 이 때 외력에 의한 기울기(처짐각)의 차이를 $\theta_{BO\,\mathrm{rel.}}$라 하며 다음 식과 같다(그림 13.8(b) 참조).

$$\theta_{BO\,\mathrm{rel.}} = \theta_{BL} + \theta_{BR} \tag{13.8}$$

여기서, θ_{BL}과 θ_{BR}은 각각 외력에 의해 생기는 B점에 인접한 좌측과 우측의 처짐각을 나타낸다.

부정정모멘트 M_B는 실제 부정정보의 B점에서 탄성처짐곡선의 처짐각이 연속되게 하는 것이므로 불연속을 만드는 $\theta_{BO\,\mathrm{rel.}}$을 제거하기에 충분한 크기를 가져야 한다. 주보에 대한 M_B의 영향력을 알기 위해서는 연성계수 $f_{BB\,\mathrm{rel.}}$을 구해야 한다. 연성계수 $f_{BB\,\mathrm{rel.}}$은 그림 13.8(c)와 같이 M_B의 단위하중에 의해 B점의 좌측과 우측에서 생기는 탄성처짐곡선에서 접선의 기울기의 변화를 나타낸다. 따라서 내부 지점의 모멘트는 크기가 같고 방향이 반대인 **한 쌍**으로 정의된다. 연성계수를 구하기 위해서는 그림 13.8(c)와 같이 방향이 반대인 2개의 단위 모멘트가 주보에 적용되어야 한다. 보의 상부에서는 압축, 하부에서는 인장이 되므로 잉여력 M_B는 **보의 부호 규약**에 따라 양의 값으로 한다. 그림 13.8(c)로부터 연성계수는 다음 식과 같이 표현된다.

$$f_{BB\,\mathrm{rel.}} = f_{BBL} + f_{BBR} \tag{13.9}$$

여기서, f_{BBL}와 f_{BBR}는 각각 M_B의 단위 잉여력에 의해 생기는 B점에 인접한 좌측과 우측의 처짐각을 의미한다.

한편 실제 부정정보의 탄성처짐곡선에서 B점에서의 처짐각은 연속이라는 조건으로부터 적합방정식을 구할 수 있다. 좌측과 우측 경간에서 B점의 처짐각은 같으므로 B점에 근접한 좌측과 우측 경간에서 외력에 의한 접선의 기울기와 잉여력에 의한 접선의 기울기의 합은 0이 되어야 한다. 그러므로 처짐각 $\theta_{BO\,\mathrm{rel.}}$과 $\theta_{BB\,\mathrm{rel.}}$의 변화를 먼저 구하고 다음 식을 이용하여 내부 지점의 모멘트 M_B를 구한다.

$$\theta_{BO\,\mathrm{rel.}} + f_{BB\,\mathrm{rel.}} M_B = 0 \tag{13.10}$$

주보에서 각 경간의 보는 단순보이므로 B점의 좌측과 우측에서의 처짐각은 공액보법으로 쉽게 구할 수 있다. 외력에 대한 공액보는 그림 13.8(d)와 같다. 실제 보에서 임의의 위치에서의 처짐각은 공액보에서의 전단력과 같으므로 B점의 좌측과 우측에서의 처짐각 θ_{BL}과 θ_{BR}는 다음과 같이 된다.

$$\theta_{BL} = \frac{189\ \mathrm{kN \cdot m^2}}{EI} \qquad \text{그리고} \qquad \theta_{BR} = \frac{240\ \mathrm{kN \cdot m^2}}{EI}$$

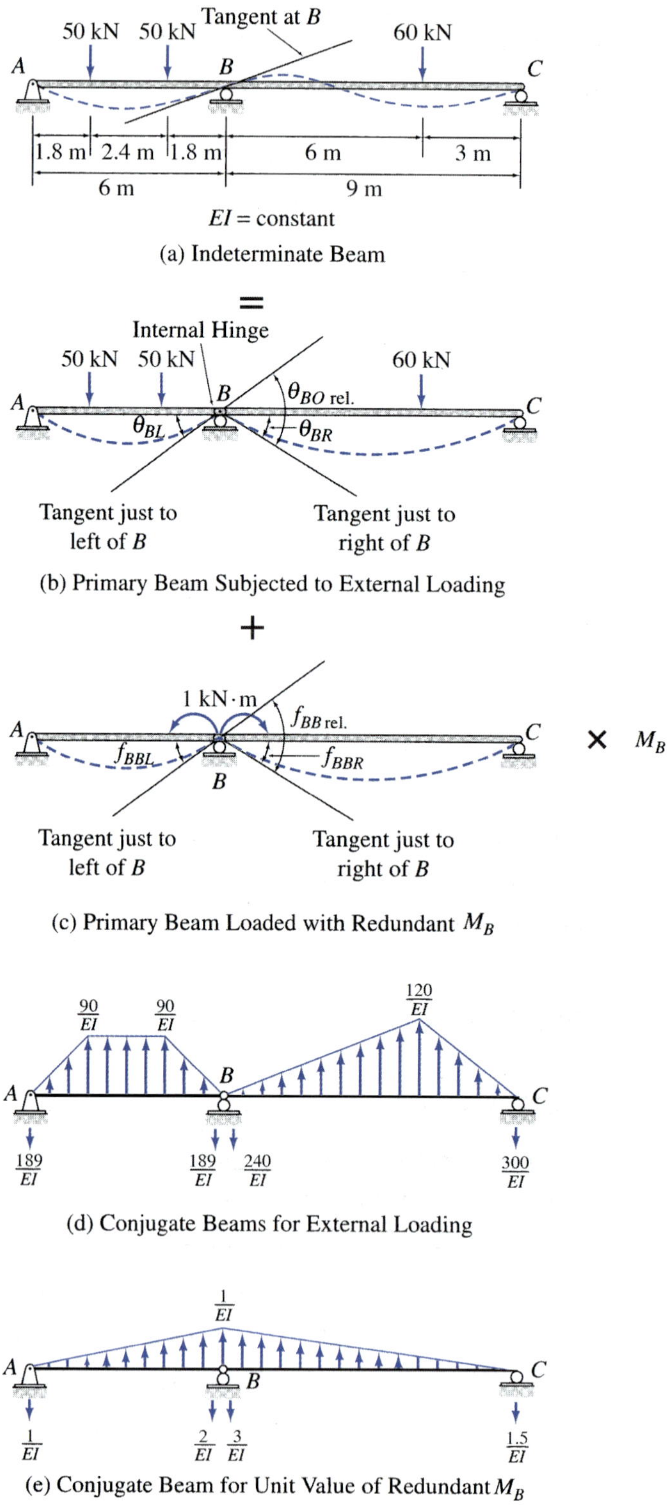
Tangent at B
50 kN 50 kN 60 kN
A B C
1.8 m 2.4 m 1.8 m 6 m 3 m
6 m 9 m
EI = constant
(a) Indeterminate Beam
=
Internal Hinge
50 kN 50 kN 60 kN
A B C
θBO rel.
θBL θBR
Tangent just to left of B
Tangent just to right of B
(b) Primary Beam Subjected to External Loading
+
1 kN·m
fBB rel.
A C
fBBL fBBR
B
Tangent just to left of B
Tangent just to right of B
× MB
(c) Primary Beam Loaded with Redundant MB
90/EI 90/EI 120/EI
A B C
189/EI 189/EI 240/EI 300/EI
(d) Conjugate Beams for External Loading
1/EI
A B C
1/EI 2/EI 3/EI 1.5/EI
(e) Conjugate Beam for Unit Value of Redundant MB

그림 13.8

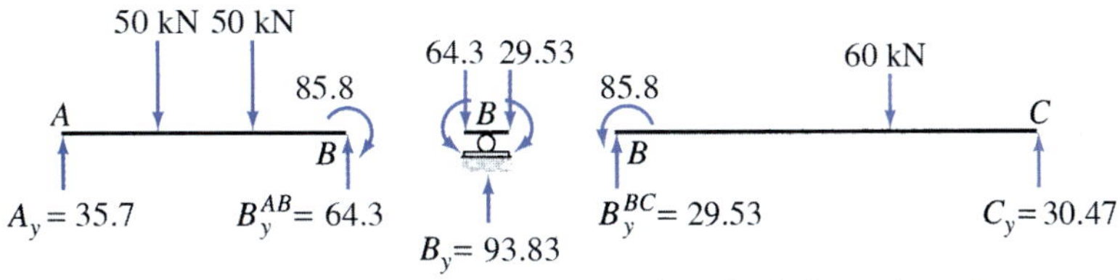

(f) Member End Forces and Support Reactions for Indeterminate Beam

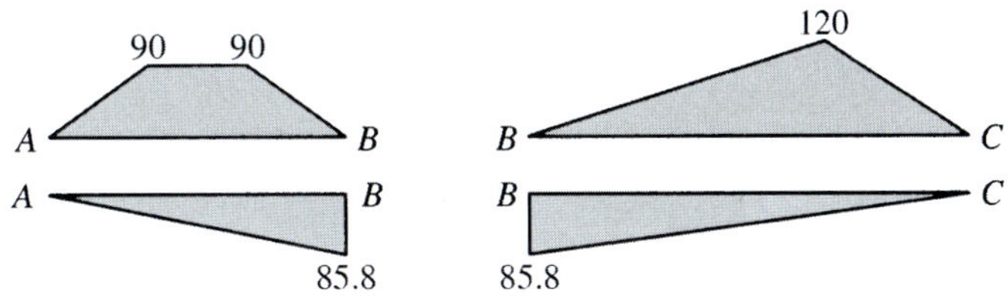

(g) Bending Moment Diagrams for Members *AB* and *BC* (kN·m)

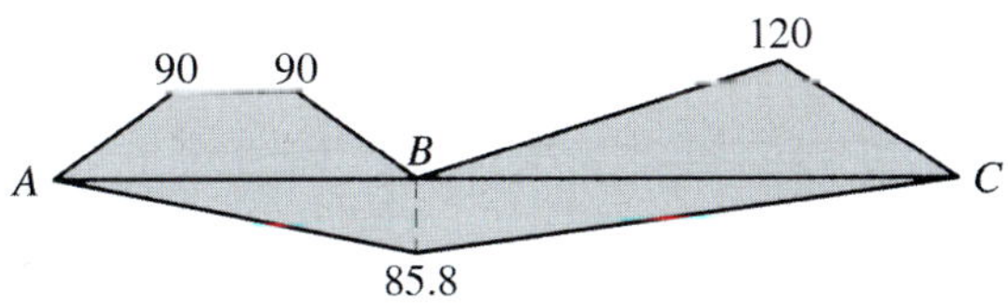

(h) Bending Moment Diagram for Continuous Beam (kN·m)

그림 13.8 계속

식 (13.8)에서

$$\theta_{BO\,\mathrm{rel.}} = \theta_{BL} + \theta_{BR} = \frac{189 + 240}{EI} = \frac{429\ \mathrm{kN \cdot m^2}}{EI}$$

연성계수 $f_{BB\,\mathrm{rel.}}$은 그림 13.8(e)와 같이 M_B이 단위 잉여력이 작용하는 공액보를 이용하여 같은 방법으로 다음을 구할 수 있다.

$$f_{BBL} = \frac{2\ \mathrm{kN \cdot m^2/kN \cdot m}}{EI} \qquad \text{그리고} \qquad f_{BBR} = \frac{3\ \mathrm{kN \cdot m^2/kN \cdot m}}{EI}$$

식 (13.9)에 대입하면 다음과 같다.

$$f_{BB\,\mathrm{rel.}} = f_{BBL} + f_{BBR} = \frac{2+3}{EI} = \frac{5\ \mathrm{kN \cdot m^2/kN \cdot m}}{EI}$$

$\theta_{BO\,\mathrm{rel.}}$와 $f_{BB\,\mathrm{rel.}}$를 적합방정식(식 13.10)에 대입하면 잉여력 M_B의 크기는 다음과 같이 구해진다.

$$\frac{429}{EI} + \left(\frac{5}{EI}\right) M_B = 0 \qquad M_B = -85.8\ \mathrm{kN \cdot m}$$

잉여력 M_B를 구했으므로 단부 부재력과 반력은 부재 AB, 부재 BC와 B점에서의 자유물체도(그림 13.8(f))에서 평형방정식을 고려하여 구할 수 있다. 음의 모멘트 M_B가 부재 AB, 부재 BC의 B점에 작용하면 부재의 상단에서는 인장력이 생기고 하단에서는 압축력이 생긴다.

연속보에서 부재 단부의 모멘트가 구해지면 휨모멘트 다이어그램은 각각 외력과 부재력에 의한 두 부분의 다이어그램으로 나누어 그리는 것이 편리하다. 연속보의 각 부재를 단순보로 간주하고 외력과 단부 모멘트를 받는 **단순보에서의 모멘트 다이어그램**을 합성하여 작성한다. 부재 AB, 부재 BC의 모멘트 다이어그램은 그림 13.8(g)와 같다. 전체 연속보의 휨모멘트 다이어그램은 그림 13.8(h)와 같이 부재의 휨모멘트 다이어그램을 같이 그려서 구한다.

내부 부정정구조물

앞에서 설명한 것과 같이 외부 1차 부정정구조물은 반력이나 내력 어느 것을 잉여력으로 선택하여도 해석이 가능하다. 그러나 외적으로 정정구조물이지만 내적으로 부정정인 구조물은 내력을 잉여력으로 선택해야만 한다. 왜냐하면 외부 반력을 제거하면 주구조가 불안정한 구조가 되기 때문이다.

예를 들어 그림 13.9(a)의 트러스를 살펴보자. 트러스는 6개의 부재, 4개의 절점, 3개의 반력으로 구성되어 있다. 그러므로 4.4절에서 언급한 것과 같이 부정정차수는 $(m+r)-2j=(6+3)-2(4)=1$이 된다. 3개의 반력은 3개의 평형방정식으로 구할 수 있으므로 트러스는 1차 내적 부정정이다. 이 트러스는 내적 안정을 위해 필요한 부재 수보다 1개 더 많은 부재를 가지고 있다.

이 트러스를 해석하기 위해서는 부재 축력 중 어느 하나를 잉여력으로 선택해야 한다. 대각부재 AD의 축력을 잉여력 F_{AD}로 가정하자. 그림 13.9(b)와 같이 부재 AD를 절단하고 F_{AD}에 대응하는 구속을 제거하여 주트러스를 구한다. 부재 AD는 더 이상 힘을 받을 수 없으므로 주트러스는 정정구조물이다. 그림 13.9(b)와 같이 주트러스가 외력 P를 받는다면 절단된 부재 AD의 두 부분은 Δ_{ADO}만큼 벌어지게 된다. 그러나 원래의 트러스에서는 이러한 일이 발생하지 않으므로 잉여력 F_{AD}는 절단된 AD 부재 사이의 간격을 없앨 만큼 충분한 크기의 힘을 가져야 한다. F_{AD}의 영향을 알기 위해서 그림 13.9(c)와 같이 절단된 2개의 AD 부재에 크기는 같고 방향이 반대인 축력을 작용시킨다. 잉여력 F_{AD}를 아직 알 수 없으므로 그림과 같이 AD 부재의 길이를 증가시키는 인장력으로 가정할 수 있다. F_{AD}의 단위하중은 그림 13.9(c)와 같이 주트러스를 변형시키고 부재 AD의 절단된 양쪽 단부를 $f_{AD,AD}$만큼 겹치게 한다. 따라서 부재 AD에서 축력 F_{AD}에 의해 겹쳐지는 부분은 $f_{AD,AD}\,F_{AD}$가 된다.

그러나 실제 부정정트러스의 부재 AD에서는 어떠한 중첩이나 분리도 발생하지 않으므로 다음과 같은 적합방정식을 구할 수 있다.

$$\Delta_{ADO}+f_{AD,AD}F_{AD}=0 \tag{13.11}$$

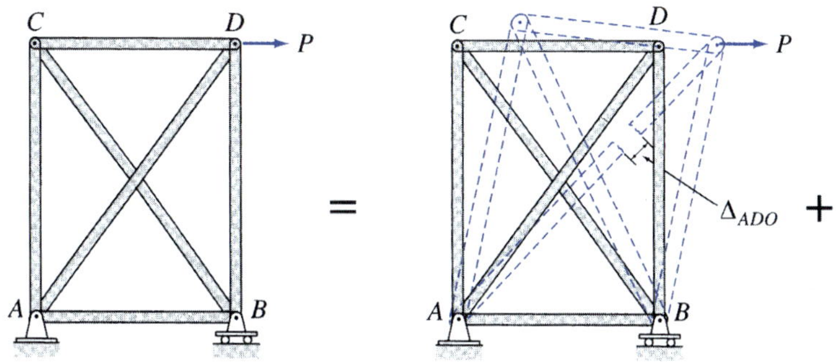

(a) Indeterminate Truss

(b) Primary Truss Subjected to External Loading —F_O Forces

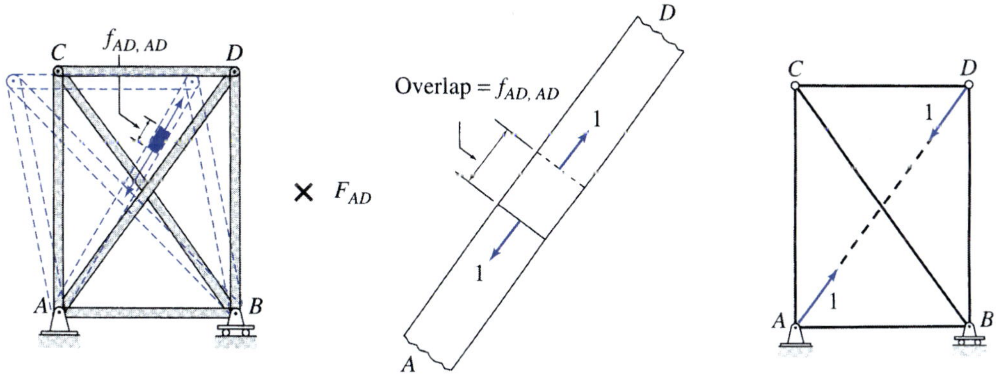

(c) Primary Truss Subjected to Unit Value of Redundant F_{AD} — u_{AD} Forces

(d) Virtual System

그림 13.9

Δ_{ADO}와 $f_{AD,AD}$가 구해지면 잉여력 F_{AD}는 식 (13.11)로 구할 수 있다.

Δ_{ADO}와 $f_{AD,AD}$는 주트러스의 A점과 D점의 상대변위이다. 이 변위들은 그림 13.9(d)와 같이 부재 AD의 A점과 D점에 방향이 반대인 단위하중을 적용한 가상 구조물을 이용한 가상일법으로 구할 수 있다. 그림 13.9(c)와 (d)를 비교하면 가상의 단위하중(그림 13.9(d))에 의한 주트러스 부재의 축력은 부재 AD의 단위 축력(그림 13.9(c))에 의한 힘 u_{AD}와 같다. 따라서 부재 AD에 단위 축력을 갖는 트러스는 상대변위를 구하기 위한 가상시스템으로 사용될 수 있다. 외력 P에 의한 부재 축력을 F_O로 나타내면(그림 13.9(b)), Δ_{ADO}에 대한 가상일을 다음과 같이 나타낼 수 있다.

$$\Delta_{ADO} = \sum \frac{F_O u_{AD} L}{AE} \tag{13.12}$$

연성계수 $f_{AD,AD}$를 계산하기 위해서는, 그림 13.9(c)와 같이 실제시스템과 가상시스템 모두 부재 AD에 단위 축력을 작용시켜야 한다. 그러므로 $f_{AD,AD}$을 위한 가상일은 다음과 같다.

$$f_{AD,AD} = \sum \frac{u_{AD}^2 L}{AE} \tag{13.13}$$

잉여부재 AD에서의 힘은 이 부재의 변형의 합계를 고려한 것으로 나타낸다.

상대변위 Δ_{ADO}와 $f_{AD,AD}$를 계산하고 이 값을 잉여력 F_{AD}를 구하기 위한 적합방정식(식 (13.11))에 대입한다. 잉여력 F_{AD}가 구해지면 부정정트러스의 부재력은 외력 P와 잉여력 F_{AD}에 의한 주트러스의 부재력을 중첩하여 다음과 같이 구할 수 있다.

$$F = F_O + u_{AD} F_{AD} \tag{13.14}$$

13.6 Example

변형일치법을 사용하여 그림 13.10(a)와 같은 2경간 연속보의 반력을 구하고 휨모멘트 다이어그램을 그려라. 또한, 잉여력이 되는 내부 지점 B에서의 휨모멘트를 구하라.

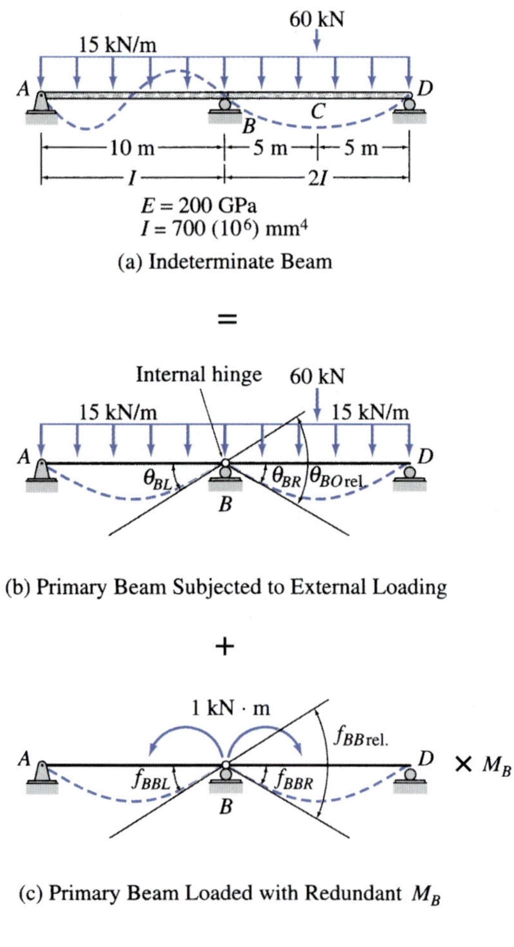

그림 13.10

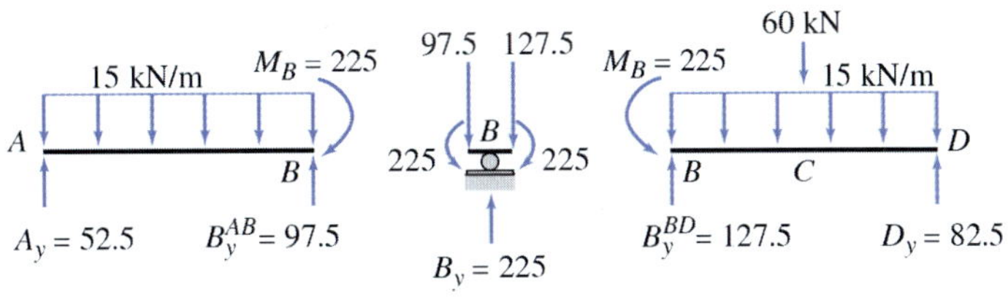

(d) Member End Forces and Support Reactions for Indeterminate Beam

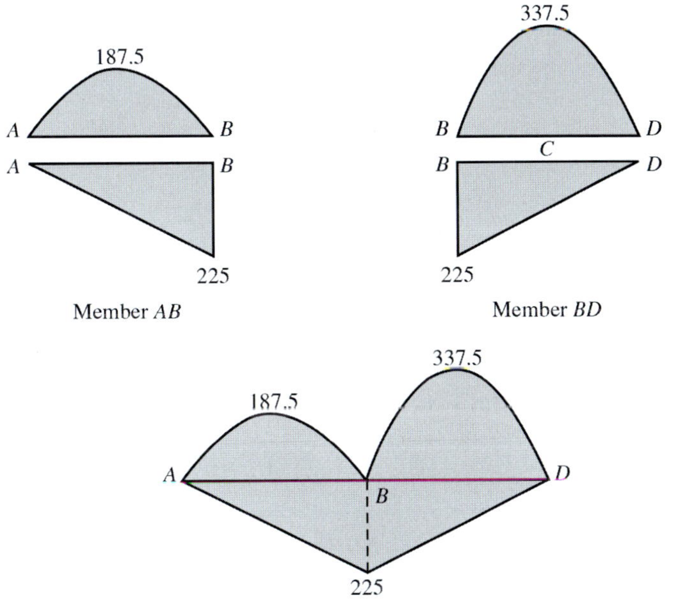

Continuous beam

(e) Bending Moment Diagrams (kN · m)

그림 13.10 계속

풀이

예제 13.3에서 잉여력을 B점의 수직반력으로 하여 해석하였다.

주보. 그림 13.10(b)와 같이 내부 지점 B에 내부 힌지를 삽입하여 잉여력 M_B에 대한 구속을 제거하여 주보를 만든다. 주보는 외력과 단위 모멘트 M_B를 받으며 그림 13.10(b), (c)와 같다.

적합방정식. 그림 13.10(b)와 (c)에서 다음 식을 구한다.

$$\theta_{BO\text{rel.}} + f_{BB\text{rel.}} M_B = 0 \tag{1}$$

주보의 처짐각. 주보의 각 경간은 일정한 휨강성 EI를 갖는 단순보이므로 이 책의 앞표지에 정리되어 있는 보의 처짐식을 사용하여 처짐각의 변화 $\theta_{BO\text{rel.}}$과 $f_{BB\text{rel.}}$를 구할 수 있다.

$$\theta_{BO\text{rel.}} = \theta_{BL} + \theta_{BR}$$

여기서, θ_{BL}과 θ_{BR}은 외력에 의해 생기는 B점의 좌측과 우측에서의 처짐각이다. 처짐식을 사용하여 처짐각을 구하면 다음과 같다.

$$\theta_{BL} = \frac{15(10)^3}{24EI} = \frac{625\ \text{kN}\cdot\text{m}^2}{EI}$$

$$\theta_{BR} = \frac{15(10)^3}{24E(2I)} + \frac{60(10)^2}{16E(2I)} = \frac{500\ \text{kN}\cdot\text{m}^2}{EI}$$

따라서

$$\theta_{BO\text{rel.}} = \frac{625}{EI} + \frac{500}{EI} = \frac{1{,}125\ \text{kN}\cdot\text{m}^2}{EI}$$

같은 방법으로 연성계수 $f_{BB\text{rel.}}$를 구하면 다음과 같다. 그림 13.10(c)에서

$$f_{BB\text{rel.}} = f_{BBL} + f_{BBR}$$

여기서

$$f_{BBL} = \frac{10}{3EI} = \frac{3.33\ \text{m}}{EI} \qquad \text{그리고} \qquad f_{BBR} = \frac{10}{3E(2I)} = \frac{1.67\ \text{m}}{EI}$$

따라서

$$f_{BB\text{rel.}} = \frac{3.33}{EI} + \frac{1.67}{EI} = \frac{5\ \text{m}}{EI}$$

잉여력의 크기. $\theta_{BO\text{rel.}}$ 그리고 $f_{BB\text{rel.}}$의 값을 적합방정식(식 (1))에 대입하면 다음과 같다.

$$\frac{1{,}125}{EI} + \left(\frac{5}{EI}\right)M_B = 0 \qquad M_B = -225\ \text{kN}\cdot\text{m}$$

반력. 연속보에서 부재 AB와 BD의 단부에서의 부재력은 그림 13.10(d)의 자유물체도에서 평형방정식을 적용함으로써 구할 수 있다. 부재 AB에 평형방정식을 적용하면 다음과 같다.

$$A_y = \left(\frac{1}{2}\right)(15)(10) - \left(\frac{225}{10}\right) = 52.5\ \text{kN}\uparrow$$

$$B_y^{AB} = \left(\frac{1}{2}\right)(15)(10) + \left(\frac{225}{10}\right) = 97.5\ \text{kN}\uparrow$$

같은 방법으로 부재 BD에 대해서는 다음과 같다.

$$B_y^{BD} = \left(\frac{1}{2}\right)(15)(10) + \left(\frac{60}{2}\right) + \left(\frac{225}{10}\right) = 127.5\ \text{kN}\uparrow$$

$$D_y = \left(\frac{1}{2}\right)(15)(10) + \left(\frac{60}{2}\right) - \left(\frac{225}{10}\right) = 82.5\ \text{kN}\uparrow$$

B점에서 수직방향의 평형방정식을 적용하면 다음과 같다.

$$B_y = B_y^{AB} + B_y^{BD} = 97.5 + 127.5 = 225\ \text{kN}\uparrow$$

휨모멘트 다이어그램. 단순보로 구성된 연속보 각 부분의 휨모멘트 다이어그램은 그림 13.10(e)와 같다. 외력과 부재의 단부 모멘트에 대한 두 부분의 다이어그램을 중첩하면 예제 13.3에서와 같은 연속보의 전체 모멘트를 구할 수 있다.

13.7
Example

변형일치법을 사용하여 그림 13.11(a)와 같은 트러스의 반력과 부재력을 구하라.

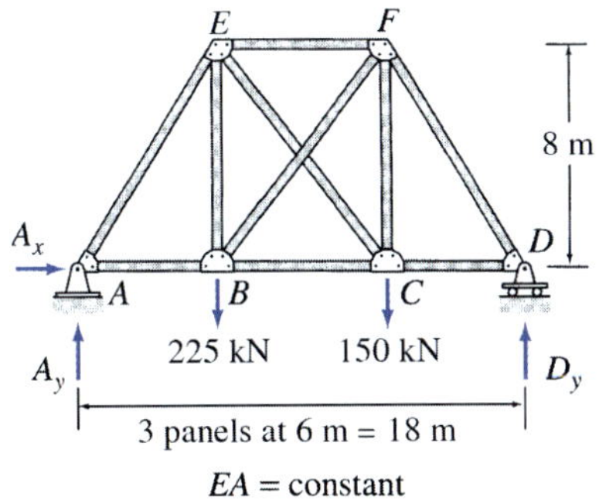

(a) Indeterminate Truss

=

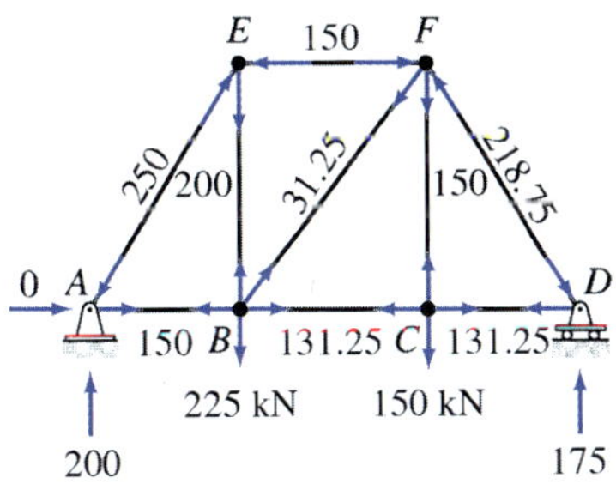

(b) Primary Truss Subjected to External Loads—F_O Forces

+

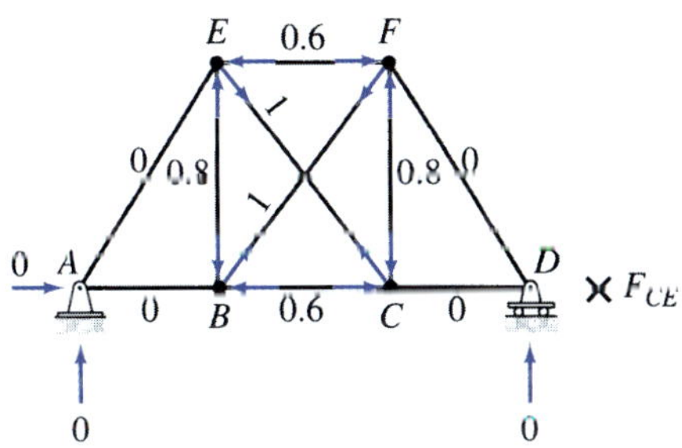

(c) Primary Truss Subjected to Unit Tensile Force in Member CE—u_{CE} Forces

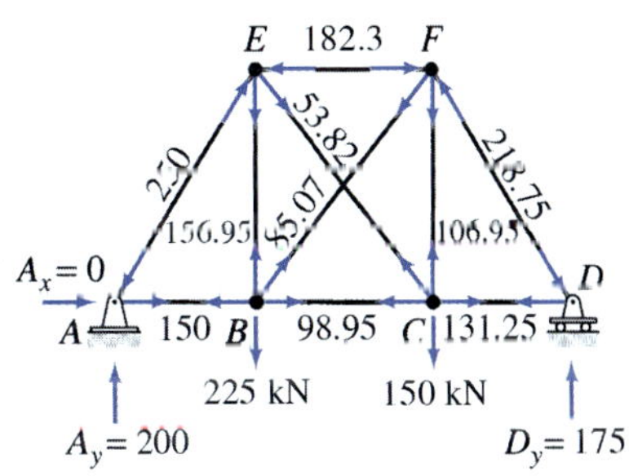

(d) Support Reactions and Member Forces for Indeterminate Truss

그림 13.11

풀이

부정정차수. 6개의 절점과 10개의 부재로 된 트러스는 3개의 반력으로 지지되어 있으므로 트러스의 부정정차수는 $(m+r)-2j=(10+3)-2(6)=1$이다. 3개의 평형방정식으로 반력을 모두 구할 수 있으므로 1차 내부 부정정이 된다.

주트러스. 경사부재 CE의 축력 F_{CE}를 잉여력으로 한다. F_{CE}의 값은 인장을 받는다고 가정한다. 그림 13.11(b)는 부재 CE를 제거하여 주트러스를 구성한다. 주트러스는 그림 13.11(b), (c)와 같이 각각 외력과 경사부재 CE에 단위 인장력을 받는다.

적합방정식. 적합방정식은 다음과 같다.

$$\Delta_{CEO}+f_{CE,CE}F_{CE}=0 \tag{1}$$

여기서, Δ_{CEO}는 주트러스의 C점과 E점 사이에서 외력에 의해 생긴 변위를 의미하고, 연성계수 $f_{CE,CE}$는 F_{CE}의 단위 잉여력에 의해 생긴 절점간의 변위를 의미한다.

주트러스의 변위. Δ_{CEO}에 대한 가상일은 다음과 같다.

$$\Delta_{CEO}=\sum\frac{F_O u_{CE} L}{AE} \tag{2}$$

여기서, F_O와 u_{CE}는 각각 외력에 의한 부재력과 부재 CE에서의 단위인장력을 의미한다. 절점법(그림 13.11(b)와 (c))으로 구한 이들 값은 표 13.3과 같다. 표 13.3으로부터 식 (2)는 다음과 같이 된다.

$$\Delta_{CEO}=-\frac{1860\text{ kN}\cdot\text{m}}{AE}$$

표 13.3

부재	L (m)	F_O (kN)	u_{CE} (kN/kN)	$F_O u_{CE} L$ (kN·m)	$u_{CE}^2 L$ (m)	$F=F_O+u_{CE}F_{CE}$ (kN)
AB	6	150	0	0	0	150
BC	6	131.25	−0.6	−472.5	2.16	98.95
CD	6	131.25	0	0	0	131.25
EF	6	−150	−0.6	540	2.16	−182.3
BE	8	200	−0.8	−1280	5.12	156.95
CF	8	150	−0.8	−960	5.12	106.95
AE	10	−250	0	0	0	−250
BF	10	31.25	1	312.5	10	85.07
CE	10	0	1	0	10	53.82
DF	10	−218.75	0	0	0	−218.75
			$\sum$	−1,860	34.56	

$$\Delta_{CEO}=\frac{1}{AE}\sum F_O u_{CE} L=-\frac{1860\text{ kN}\cdot\text{m}}{AE} \qquad f_{CE,CE}=\frac{1}{AE}\sum u_{CE}^2 L=\frac{34.56\text{ m}}{AE}$$

$$F_{CE}=-\frac{\Delta_{CEO}}{f_{CE,CE}}=53.82\text{ kN (T)}$$

가상일을 사용하여 구한 연성계수 $f_{CE,CE}$는 다음과 같다(표 13.3 참조).

$$f_{CE,CE} = \sum \frac{u_{CE}^2 L}{AE} = \frac{34.56\ \mathrm{m}}{AE}$$

잉여력의 크기. Δ_{CEO}와 $f_{CE,CE}$의 값을 적합조건(식 (1))에 대입하여 잉여력 F_{CE}를 구하면 다음과 같다.

$$-\frac{1860}{AE} + \left(\frac{34.56}{AE}\right)F_{CE} = 0 \qquad F_{CE} = 53.82\ \mathrm{kN\,(T)}$$

반력. 그림 13.11(d)와 같다. 그림 13.11(c)에서 잉여력 F_{CE}에 의한 반력은 0이다.

부재력. 부정정트러스의 미지의 다른 부재력은 중첩의 원리로 구한다.

$$F = F_O + u_{CE} F_{CE}$$

부재력을 표 13.3과 그림 13.11(d)에 표시하였다.

13.3 다차 부정정구조물

앞 절에서는 변형일치법으로 1차 부정정구조물을 해석하였으며 이를 다차 부정정구조물 해석까지 확장할 수 있다. 예를 들어 그림 13.12(a)와 같이 등분포하중 w을 받는 4경간연속보를 생각해보자. 6개의 반력으로 지지되어 있으므로 부정정차수는 6−3=3, 3차 부정정이다. 보를 해석하기 위해서는 3개의 지점반력을 잉여력으로 해야 한다. 내부 지점 B, C, D에서의 수직반력 B_y, C_y, D_y를 잉여력으로 가정한다. 그림 13.12(b)와 같이 주어진 부정정보에서 지점 B, C, D의 이동단을 제거하여 주보를 구성하고, 미지의 잉여력을 이동단을 제거한 위치에 작용시킨다. 외력 w과 미지의 잉여력 B_y, C_y, D_y에 의해 지점 B, C, D점에서 생기는 처짐의 합은 0이어야 하므로 이에 대한 적합방정식을 구할 수 있다. 왜냐하면 보의 지점 B, C, D에서의 처짐은 0이기 때문이다.

적합방정식을 구하기 위해 외력(그림 13.12(b))과 잉여력 B_y, C_y, D_y(그림 13.12(c), (d), (e))로 이루어진 주보를 구성한다. 그림 13.12(b)에서 외력 w에 의한 지점 B, C, D에서의 처짐을 각각 Δ_{BO}, Δ_{CO}, Δ_{DO}로 표시한다. 처짐 Δ의 첫 번째 첨자는 처짐의 위치를 나타내고, 두 번째 첨자 O는 외력에 의한 처짐이라는 것을 의미한다. 단위 잉여력에 의한 주보의 처짐을 나타내는 연성계수는 그림 13.12(c)~(e)와 같이 2개의 첨자로 나타낸다. 연성계수의 첫 번째 첨자는 처짐의 위치, 두 번째 첨자는 처짐을 유발하는 단위하중의 위치를 나타낸다. 예를 들어, 연성계수 f_{CB}는 지점 B에 단위하중이 작용했을 때 지점 C에서의 처짐을 나타내고(그림 13.12(c)), f_{BC}는 지점 C에 단위하중이 작용했을 때 지점 B에서의 처짐을 나타낸다(그림 13.12(d)). 한편, 연성계수 f_{ij}는 잉여 j의 단위 값으로 인한 잉여 i에 대응하는 변위로 해석

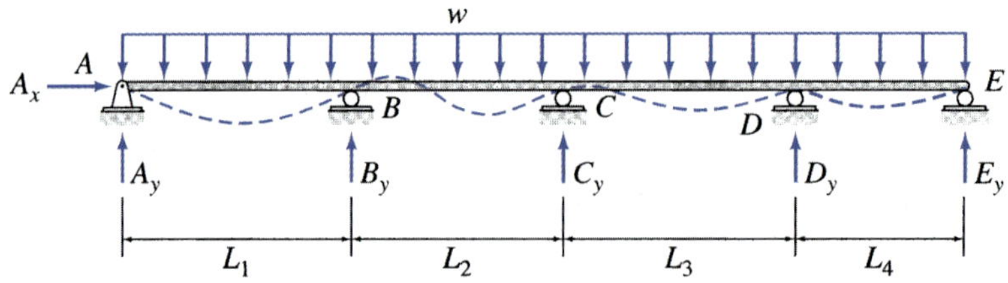

(a) Indeterminate Beam

=

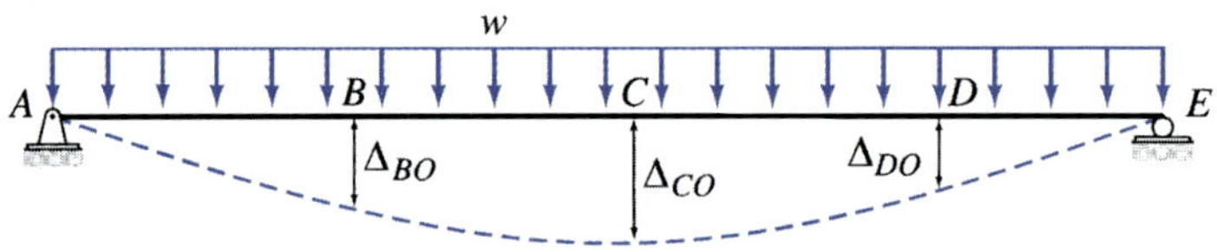

(b) Primary Beam Subjected to External Loading

+

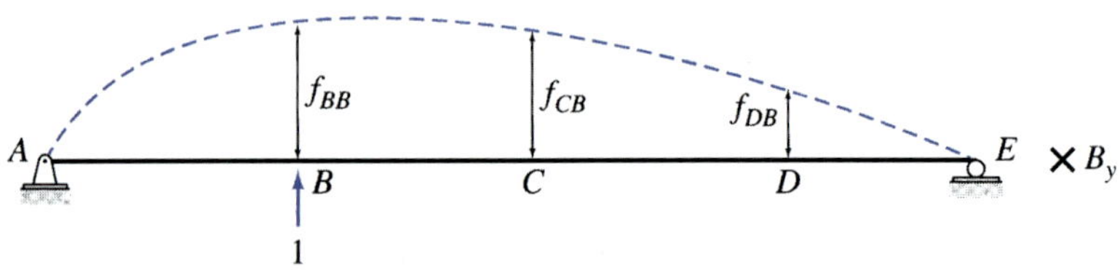

(c) Primary Beam Loaded with Redundant B_y

+

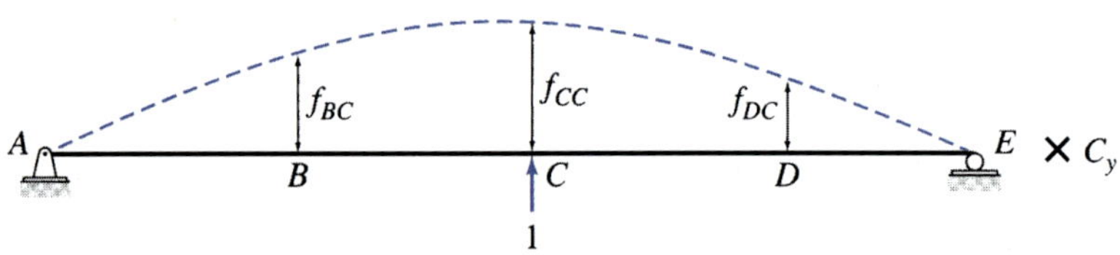

(d) Primary Beam Loaded with Redundant C_y

+

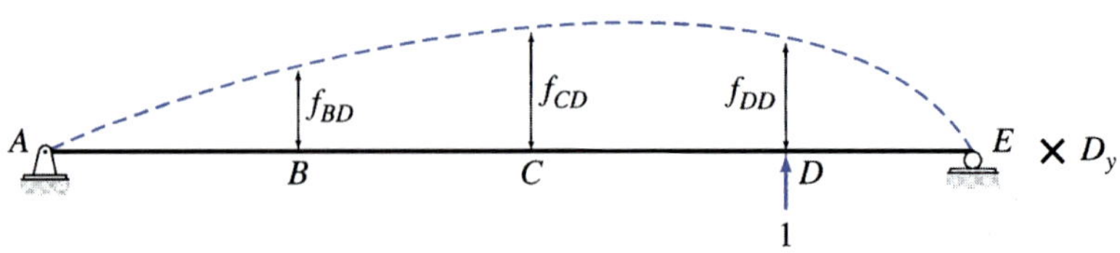

(e) Primary Beam Loaded with Redundant D_y

그림 13.12

할 수 있다. 예를 들어 f_{CB}는 단위의 잉여력 B_y에 의해 발생하는 잉여력 C_y에 대응하는 변위이다(그림 13.12(c)). 마찬가지로 f_{BC}는 단위의 잉여력 C_y에 의해 발생하는 잉여력 B_y에 대응하는 변위이다. 잉여력으로 가정한 방향과 동일하다면, 잉여력 위치에서의 처짐계수 혹은 연성계수는 양이다.

주보의 지점 B에서 외력에 의한 처짐은 Δ_{BO}(그림 13.12(b)), B_y에 의한 처짐은 $f_{BB}B_y$ (그림 13.12(c)), C_y에 의한 처짐은 $f_{BC}C_y$ (그림 13.12(d)), D_y에 의한 처짐은 $f_{BD}D_y$ (그림 13.12(e))이다. 따라서 외력과 모든 잉여력에 의한 지점 B에서의 처짐은 $\Delta_{BO}+f_{BB}B_y+f_{BC}C_y+F_{BD}D_y$이다. 실제 부정정보(그림 13.12(a))에서 지점 B에서의 처짐은 0으로 B점에서의 주보의 처짐의 합은 0이라는 적합방정식을 구성할 수 있다($\Delta_{BO}+f_{BB}B_y+f_{BC}C_y+F_{BD}D_y=0$). 같은 방법으로 주보의 지점 C와 지점 D에서 외력과 잉여력에 의한 처짐의 합을 0이라 놓으면 두 번째 적합방정식 $\Delta_{CO}+f_{CB}B_y+f_{CC}C_y+f_{CD}D_y=0$을 구할 수 있다. 유사한 방법으로 지점 D에 의한 1차 보의 처짐의 합을 0으로 설정함으로써 세 번째 적합방정식 $\Delta_{DO}+f_{DB}B_y+f_{DC}C_y+f_{DD}D_y=0$을 구할 수 있다. 이를 다시 쓰면 다음과 같다.

$$\Delta_{BO}+f_{BB}B_y+f_{BC}C_y+f_{BD}D_y=0 \tag{13.15}$$

$$\Delta_{CO}+f_{CB}B_y+f_{CC}C_y+f_{CD}D_y=0 \tag{13.16}$$

$$\Delta_{DO}+f_{DB}B_y+f_{DC}C_y+f_{DD}D_y=0 \tag{13.17}$$

적합방정식의 수가 미지 잉여력의 수와 같으므로 잉여력을 구할 수 있다. 식 (13.15)~(13.17)와 같이 다차 부정정구조물의 적합방정식은 일반적으로 방정식이 2개 이상의 미지 잉여력을 포함하고 있기 때문에 '상호연관(coupled, 커플)' 되어 있다고 한다. 이러한 관계는 잉여력들 위치에서의 처짐은 해당 위치의 잉여력에 의해서만 나타나는 것이 아니라 다른 잉여력들에 의해서도 발생하므로 상호연관관계가 되는 것이다. 이러한 상호연관관계 때문에 미지의 잉여력을 구하기 위해서는 적합방정식을 동시에 풀어야 한다.

주보는 정정구조이므로 외력과 연성계수에 의한 처짐은 앞에서 설명한 방법으로 구할 수 있다. 적합방정식에 있는 전체 처짐(연성계수를 포함한)의 수는 구조물의 부정정차수에 따라 달라진다. 식 (13.15)~(13.17)까지 3차 부정정보의 적합방정식은 총 12개의 처짐으로 구성되어 있다(즉, 외력에 의한 처짐 3개, 연성계수 9개). 그러나 **맥스웰의 상반처짐법칙**(7.8절)에 의하면 $f_{CB}=f_{BC}$, $f_{DB}=f_{BD}$, $f_{DC}=f_{CD}$이기 때문에 3개의 연성계수에 맥스웰의 원리를 적용하여 처짐의 수를 9개로 줄일 수 있다. 이와 같은 관계에서 i차 부정정구조물 해석에 필요한 처짐의 수는 $(i+i^2)$이 되고 $(3i+i^2)/2$개의 처짐은 계산으로 구해야 하고, 나머지 처짐은 맥스웰의 상반처짐법칙을 사용하여 구할 수 있다.

적합방정식으로 잉여력을 구한 후에 구조물의 다른 응답 특성은 평형방정식이나 중첩법을 사용하여 구한다.

해석 순서

변형일치법을 이용하여 구조물을 해석하는 과정을 정리하면 다음과 같다.

1. 구조물의 부정정차수를 구한다.
2. 잉여력과 잉여모멘트를 선택한다. 잉여력의 수는 구조물의 부정정차수와 같아야 한다. 잉여력은 주어진 구조물에서 잉여력에 해당하는 구속을 제거하였을 때 구조물이 여전히 정정이며 안정한 구조물이어야 한다. 잉여력의 값은 아직 알 수 없으므로 미지의 값으로 가정한다. 잉여력이 양의 값으로 계산된다면 이는 처음에 가정한 힘의 방향이 정확하다는 것을 의미한다.
3. 주어진 부정정구조물에서 잉여력에 해당하는 구속을 제거하여 주구조를 구성한다.
4. **a.** 외력만 작용하는 주구조와 이에 대한 구조물의 처짐곡선을 그린다. 각각의 잉여력에 대한 방향으로 작용점에서의 처짐을 적절한 표기법으로 표시한다.
   b. 각각의 잉여력에 대하여 단위 잉여력이 가해지는 주구조를 그리고, 단위하중(또는 모멘트)을 잉여력의 양의 방향으로 작용시킨다. 주구조의 처짐곡선을 그리고 모든 잉여력의 위치에 연성계수를 표기한다. 하중과 주구조의 응답은 잉여력과 곱해지므로 주구조의 옆에 잉여력이 곱해진다는 것을 표기한다. 잉여력이 있는 위치에서 잉여력에 의한 처짐은 연성계수에 미지의 잉여력을 곱한 값이다.
5. 각각의 잉여력과 외력에 의해 주구조에서 생기는 처짐(또는 처짐각)의 합은 원래의 부정정구조물에서 같은 위치에서의 변위(또는 처짐각)와 같으므로 이러한 관계로부터 각 잉여력의 작용점에 대한 적합방정식을 구성한다. 이렇게 만들어진 적합방정식의 수는 잉여력의 수와 같아야 한다.
6. 맥스웰의 상반처짐법칙과 이번 장에서 설명한 방법을 이용하여 적합방정식에서의 처짐(연성계수)을 계산한다. 가정된 잉여력과 같은 방향이라면 잉여력이 작용하는 점에서의 처짐(또는 연성계수)은 양의 값을 갖게 된다.
7. 6단계에서 처짐을 적합방정식에 대입하여 미지의 잉여력을 계산한다.
8. 잉여력이 구해지면 평형방정식 또는 중첩의 원리에 의해 부정정구조물의 나머지 반응(예를 들어, 반력, 전단력, 휨모멘트 다이어그램과 부재력)을 구할 수 있다.

13.8 Example

변형일치법을 사용하여 그림 13.13(a)와 같은 3경간 연속보의 지점반력을 구하고 전단력, 휨모멘트 다이어그램을 그려라.

풀이

부정정차수. $i = 2$.

주구조. 내부 지점 B와 C에서의 수직반력 B_y와 C_y를 잉여력으로 가정하고 이동단 B와 C를 제거하여 그림 13.13(b)와 같은 주구조를 구성한다. 이어서 그림 13.13(b), (c), (d)와 같이 잉여력 C_y와 B_y에 대한 단위하중과 30 kN/m의 외력을 주구조에 각각 작용시킨다.

적합방정식. 실제의 부정정보에서 지점 B와 C에는 처짐이 없으므로, 30 kN/m의 외력과 잉여력 C_y와 B_y을 받는 주구조의 지점 B와 C에서 처짐의 합이 각각 '0'이 되는 적합방정식을 구성한다.

$$\Delta_{BO}+f_{BB}B_y+f_{BC}C_y=0 \tag{1}$$

$$\Delta_{CO}+f_{CB}B_y+f_{CC}C_y=0 \tag{2}$$

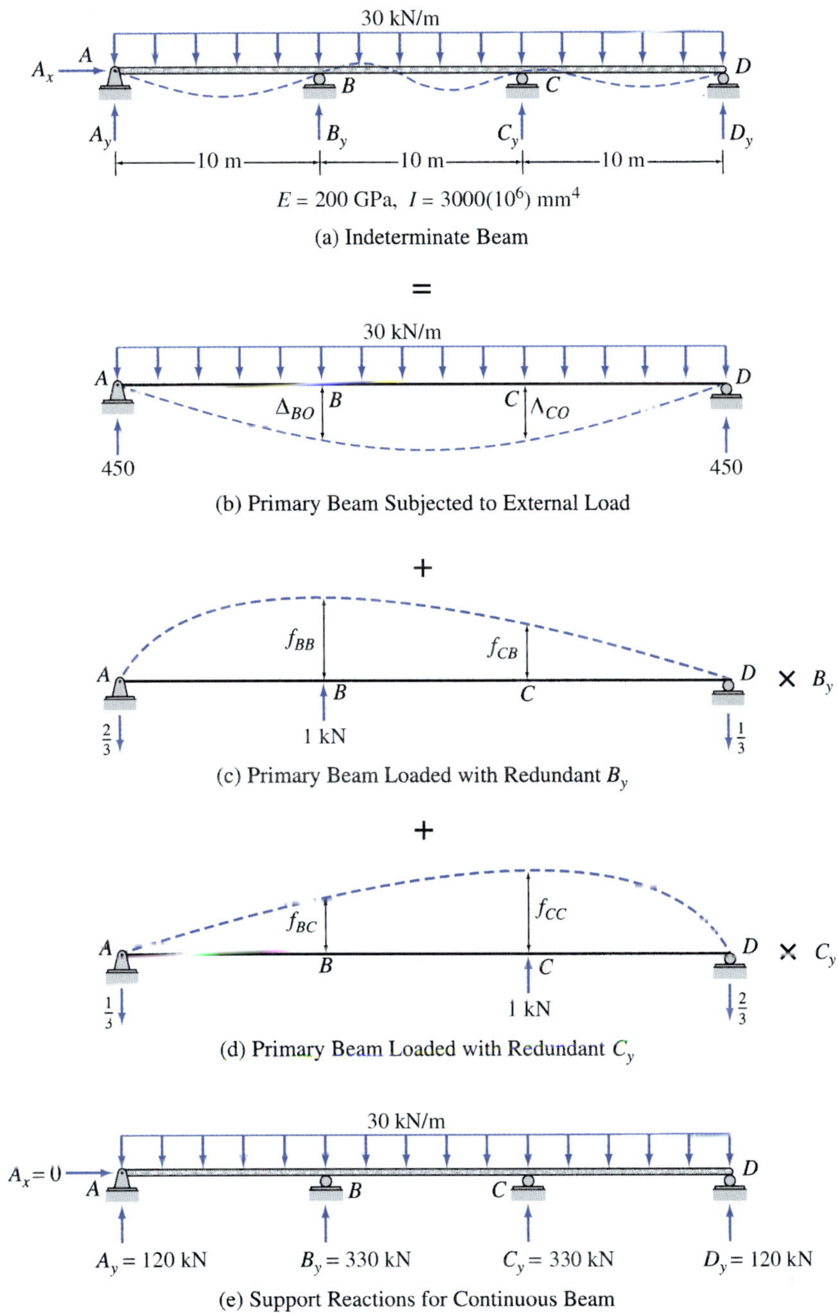

그림 13.13

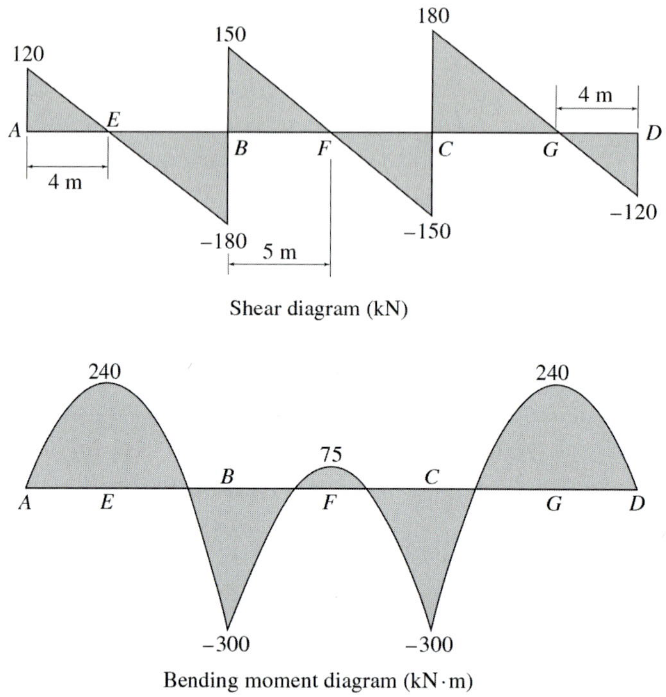

(f) Shear and Bending Moment Diagrams for Continuous Beam

그림 13.13 계속

주구조의 처짐. 보의 처짐식을 이용하여 다음을 구할 수 있다.

$$\Delta_{BO} = \Delta_{CO} = -\frac{275{,}000 \text{ kN} \cdot \text{m}^3}{EI}$$

$$f_{BB} = f_{CC} = \frac{444.444 \text{ m}^3}{EI}$$

$$f_{CB} = \frac{388.889 \text{ m}^3}{EI}$$

맥스웰의 상반처짐법칙을 적용하면 다음과 같다.

$$f_{BC} = \frac{388.889 \text{ m}^3}{EI}$$

잉여력의 크기. 주보의 처짐각과 연성계수 값을 적합방정식(식 (1), (2))에 대입하면 다음과 같다.

$$-275{,}000 + 444.444 B_y + 388.889 C_y = 0$$
$$-275{,}000 + 388.889 B_y + 444.444 C_y = 0$$

또는

$$444.444 B_y + 388.889 C_y = 275{,}000 \tag{1a}$$
$$388.889 B_y + 444.444 C_y = 275{,}000 \tag{2a}$$

식 (1a), (2a)를 B_y, C_y에 대하여 풀면 다음과 같다.

$$B_y = C_y = 330 \text{ kN} \uparrow$$

반력. 미지의 반력은 다음과 같이 연속보의 자유물체도에 3개의 평형방정식을 적용하여 구할 수 있다(그림 13.13(e)).

$$+\rightarrow \sum F_x = 0 \qquad\qquad A_x = 0$$

$$+\circlearrowleft \sum M_D = 0 \qquad -A_y(30) + 30(30)(15) - 330(20+10) = 0 \qquad A_y = 120\text{ kN}\uparrow$$

$$+\uparrow \sum F_y = 0 \qquad 120 - 30(30) + 330 + 330 + D_y = 0 \qquad D_y = 120\text{ kN}\uparrow$$

전단력과 휨모멘트 다이어그램. 보의 전단력과 휨모멘트 다이어그램은 그림 13.13(f)와 같다.

연속보의 전단력과 휨모멘트 다이어그램의 형상은 일반적으로 그림 13.13(f)와 같이 3경간 연속보와 유사하다. 그림과 같이 일반적으로 음의 휨모멘트는 연속보의 내부 지점에서 발생하고 양의 휨모멘트는 경간의 중간 부분에서 발생한다. 보의 회전단에서 휨모멘트는 0이고, 고정단에서는 일반적으로 음의 값을 갖는다. 또한 휨모멘트 다이어그램의 형상은 등분포하중이 작용하는 경우에는 일반적으로 포물선의 형상이며, 집중하중이 작용하는 경우에는 직선으로 구성된다.

13.9 Example

그림 13.14(a)와 같은 보의 반력을 구하고, 전단력 다이어그램과 휨모멘트 다이어그램을 변형일치법으로 계산하라.

풀이

부정정차수. $i=2$.

주보. 이동단 C와 E에서 각각 수직반력 C_y와 E_y를 잉여력으로 선택한다. 그림 13.14(b)와 같이 캔틸레버의 주보를 구성하기 위해 이들 지점의 구속을 제거한다. 그림 13.14(b), (c), (d)와 같이 주보는 외력과 잉여력 C_y와 E_y의 단위하중을 각각 받게 된다.

적합방정식. 그림 13.14(a)~(d) 참조

$$\Delta_{CO} + f_{CC}C_y + f_{CE}E_y = 0 \tag{1}$$

$$\Delta_{EO} + f_{EC}C_y + f_{EE}E_y = 0 \tag{2}$$

주보의 처짐. 처짐식을 이용하여 다음을 계산하다

$$\Delta_{CO} = -\frac{82{,}500\text{ kN}\cdot\text{m}^3}{EI} \qquad \Delta_{EO} = -\frac{230{,}000\text{ kN}\cdot\text{m}^3}{EI}$$

$$f_{CC} = \frac{333.333\text{ m}^3}{EI} \qquad f_{EC} = \frac{833.333\text{ m}^3}{EI} \qquad f_{EE} = \frac{2{,}666.667\text{ m}^3}{EI}$$

맥스웰의 상반처짐법칙을 적용하여 다음을 계산한다.

$$f_{CE} = \frac{833.333\text{ m}^3}{EI}$$

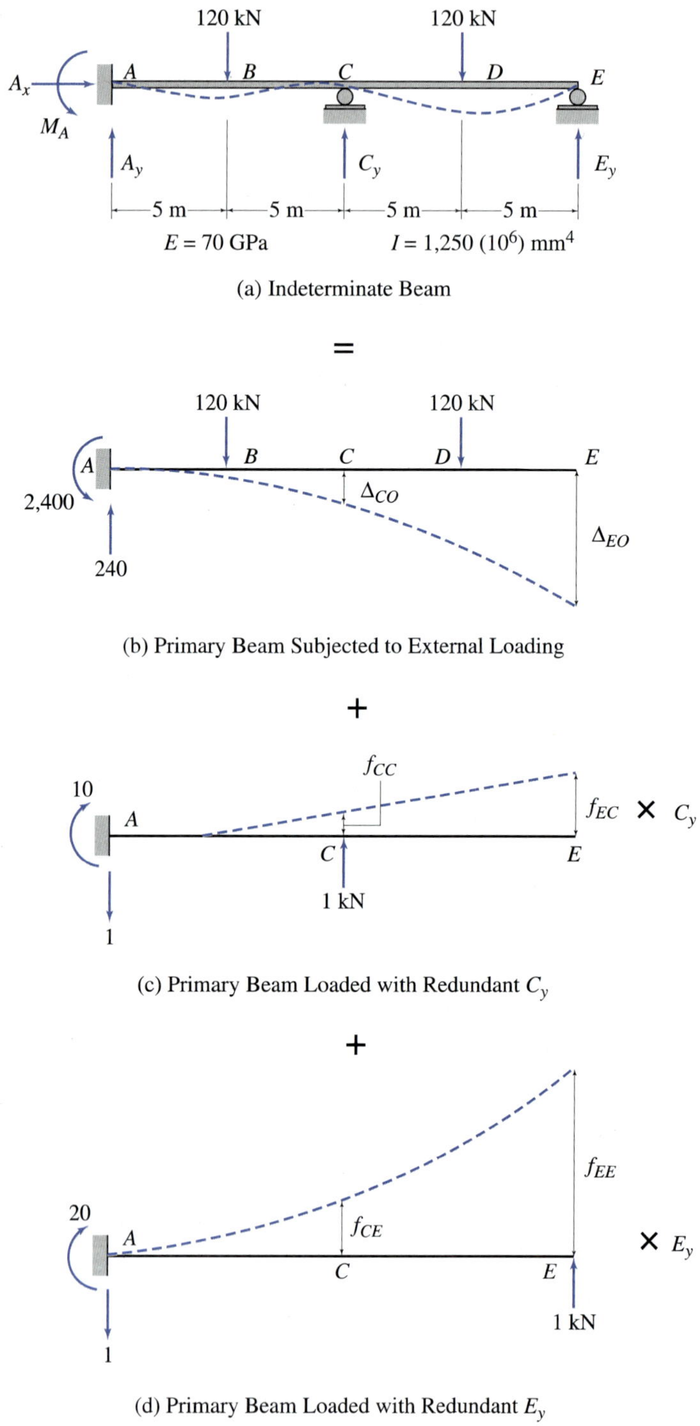
120 kN
120 kN
A_x
M_A
A
B
C
D
E
A_y
C_y
E_y
5 m
5 m
5 m
5 m
E = 70 GPa
I = 1,250 (10^6) mm^4
(a) Indeterminate Beam
=
120 kN
120 kN
A
B
C
D
E
2,400
240
Δ_{CO}
Δ_{EO}
(b) Primary Beam Subjected to External Loading
+
10
A
f_{CC}
f_{EC}
× C_y
C
E
1 kN
1
(c) Primary Beam Loaded with Redundant C_y
+
20
A
f_{CE}
f_{EE}
× E_y
C
E
1 kN
1
(d) Primary Beam Loaded with Redundant E_y

그림 13.14

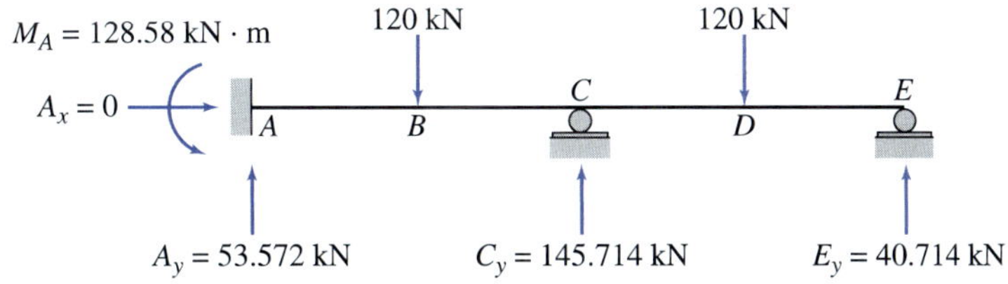

(e) Support Reactions for Indeterminate Beam

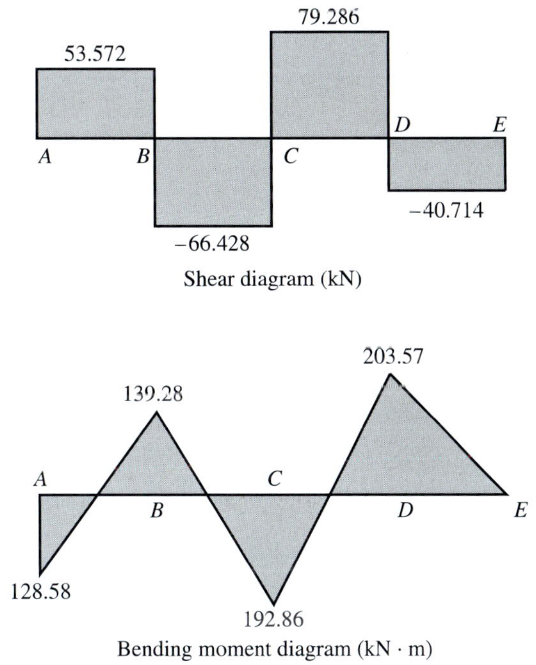

(f) Shear and Bending Moment Diagrams for Indeterminate Beam

그림 13.14 계속

잉여력의 크기. 적합방정식에 주보의 처짐을 대입하여 다음을 계산한다.

$$-82{,}500 + 333.333 C_y + 833.333 E_y = 0$$
$$-230{,}000 + 833.333 C_y + 2{,}666.667 E_y = 0$$

또는

$$333.333 C_y + 833.333 E_y = 82{,}500 \tag{1a}$$
$$833.333 C_y + 2{,}666.667 E_y = 230{,}000 \tag{2a}$$

C_y와 E_y에 관한 식 (1a)와 식 (2a)의 연립방정식을 푼다.

$$C_y = 145.714 \text{ kN} \uparrow \qquad E_y = 40.714 \text{ kN} \uparrow$$

반력. 나머지 반력은 부정정보의 자유물체도에서 3개의 평형방정식을 적용하여 구할 수 있다(그림 13.14(e)).

$$+\rightarrow \sum F_x = 0 \qquad\qquad A_x = 0$$

$$+\uparrow \sum F_y = 0 \qquad A_y - 120 + 145.714 - 120 + 40.714 = 0 \qquad A_y = 53.572 \text{ kN} \uparrow$$

$$+\circlearrowleft \sum M_D = 0 \qquad M_A - 120(5) + 145.714(10) - 120(15) + 40.714(20) = 0$$

$$M_A = 128.58 \text{ kN} \cdot \text{m} \circlearrowright$$

전단력과 휨모멘트 다이어그램. 그림 13.14(f) 참조.

13.10 Example

그림 13.15(a)와 같은 양단 고정보의 모멘트를 변형일치법으로 계산하라. 또한, 보의 휨모멘트 다이어그램을 그려라.

풀이

부정정차수. 보가 6개의 반력에 의해 지지되고 있으므로 부정정차수는 $i = 6 - 3 = 3$이다. 보에는 수직 하중만 작용하고 있으므로 수평반력 A_x와 C_x는 0이다. 따라서 보를 해석하기 위해서는 남아 있는 4개의 반력 중 2개만 잉여력으로 선택하면 된다.

주보. 고정단 A와 C에서의 모멘트 M_A와 M_C를 잉여력으로 선택한다. 보의 단부 A와 C에서의 회전에 대한 구속을 제거하여 그림 13.15(b)와 같은 단순지지의 주보를 만든 후 그림 13.15(b), (c), (d)와 같이 외력 P와 잉여력 M_A와 M_C의 단위하중을 받는 주보를 구성한다.

적합방정식. 실제의 부정정보에서 고정단 A와 C에서 처짐각이 0이므로 이에 대한 적합방정식을 구성하면 다음과 같다.

$$\theta_{AO} + f_{AA}M_A + f_{AC}M_C = 0 \tag{1}$$

$$\theta_{CO} + f_{CA}M_A + f_{CC}M_C = 0 \tag{2}$$

주보의 처짐각. 처짐식 또는 공액보법을 사용하여 주보의 지점 A와 C에 대하여 외력 P와 단위 잉여력에 의한 처짐을 구하면 다음과 같다.

$$\theta_{AO} = -\frac{Pb(L^2 - b^2)}{6EIL} \qquad \theta_{CO} = -\frac{Pa(L^2 - a^2)}{6EIL}$$

$$f_{AA} = f_{CC} = \frac{L}{3EI} \qquad f_{CA} = \frac{L}{6EI}$$

맥스웰의 상반처짐법칙을 적용하면 다음과 같다.

$$f_{AC} = \frac{L}{6EI}$$

잉여력의 크기. 적합방정식(식 (1)과 (2))에 처짐각식을 대입하면 다음과 같다.

$$-\frac{Pb(L^2 - b^2)}{6EIL} + \left(\frac{L}{3EI}\right)M_A + \left(\frac{L}{6EI}\right)M_C = 0 \tag{1a}$$

$$-\frac{Pa(L^2 - a^2)}{6EIL} + \left(\frac{L}{6EI}\right)M_A + \left(\frac{L}{3EI}\right)M_C = 0 \tag{2a}$$

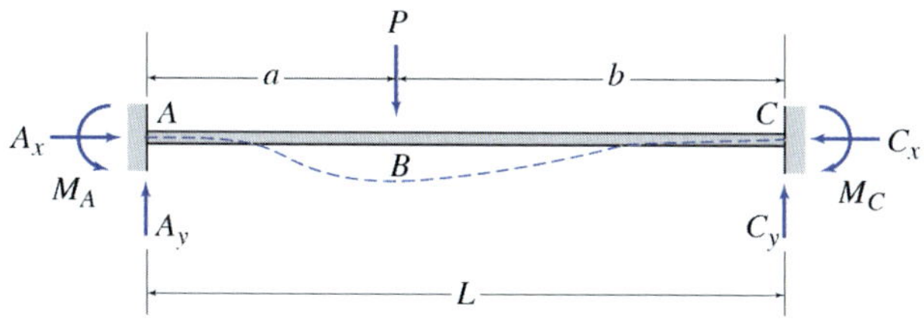

EI = constant
(a) Indeterminate Beam

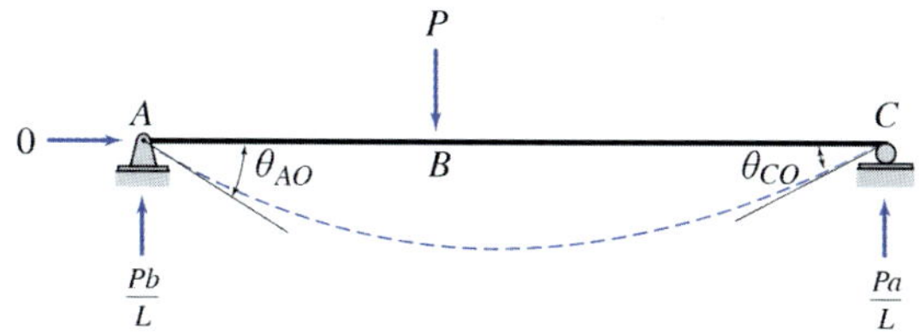

(b) Primary Beam Subjected to External Load

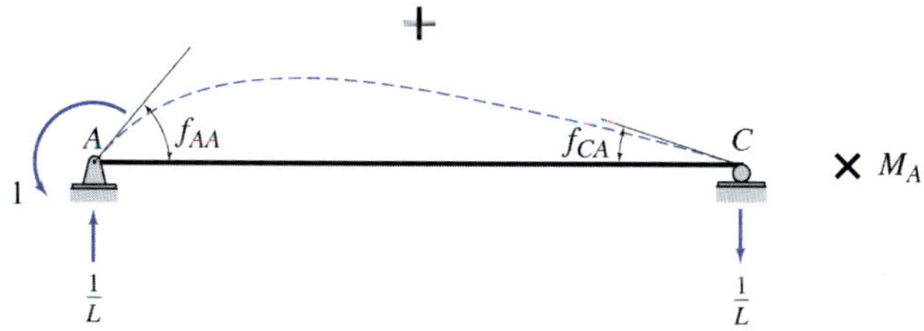

(c) Primary Beam Loaded with Redundant M_A

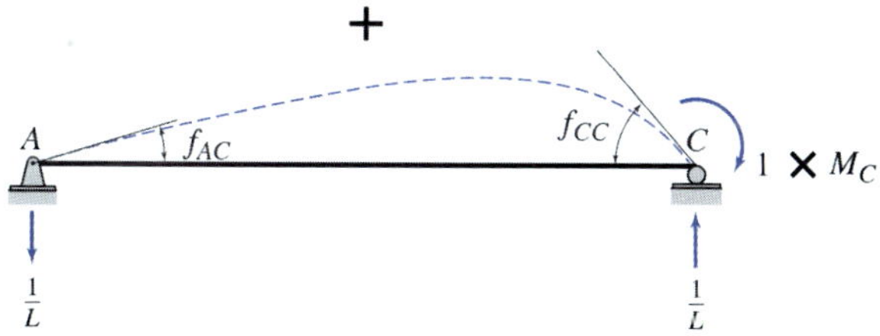

(d) Primary Beam Loaded with Redundant M_C

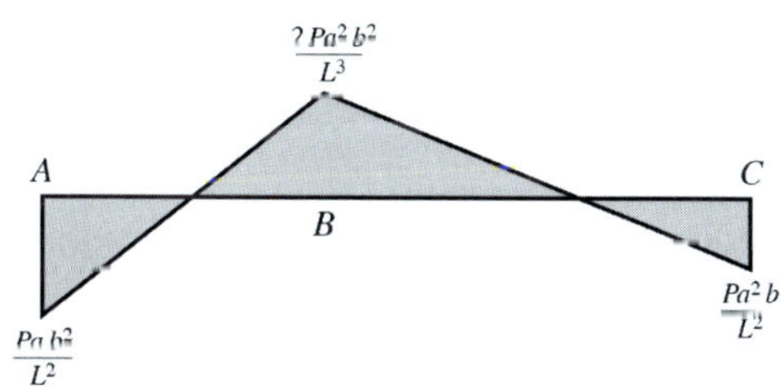

(e) Bending Moment Diagram for Fixed Beam

그림 13.15

이를 간단히 하면 다음과 같다.

$$2M_A + M_C = \frac{Pb(L^2 - b^2)}{L^2} \tag{1b}$$

$$M_A + 2M_C = \frac{Pa(L^2 - a^2)}{L^2} \tag{2b}$$

식 (1b)와 식 (2b)를 연립하여 M_A와 M_C를 구하면 다음과 같다.

$$\begin{aligned} M_A &= -\frac{P}{3L^2}[a(L^2 - a^2) - 2b(L^2 - b^2)] \\ &= -\frac{P}{3L^2}[a(L-a)(L+a) - 2b(L-b)(L+b)] \\ &= -\frac{Pab}{3L^2}[(L+a) - 2(L+b)] \\ &= \frac{Pab^2}{L^2} \end{aligned}$$

$$M_A = \frac{Pab^2}{L^2} \circlearrowleft$$

M_A를 식 (1b)또는 식 (2b)에 대입하여 M_C를 구하면 다음과 같다.

$$M_C = \frac{Pa^2b}{L^2} \circlearrowright$$

휨모멘트 다이어그램. 수직반력 A_y, C_y는 외력 P와 각각의 잉여력에 의한 주보의 반력을 중첩하여 다음과 같이 구한다(그림 13.15(b)~(d)).

$$A_y = \frac{Pb}{L} + \frac{1}{L}(M_A - M_C) = \frac{Pb^2}{L^3}(3a + b)$$

$$C_y = \frac{Pa}{L} - \frac{1}{L}(M_A - M_C) = \frac{Pa^2}{L^3}(a + 3b)$$

보의 휨모멘트 다이어그램을 그림 13.15(e)에 나타내었다.

양단 고정보에서의 단부 모멘트는 고정단모멘트라고 한다. 이 모멘트는 변위법으로 구조물을 해석하는데 중요한 역할을 한다. 이와 같이 다양한 하중에 의한 고정단모멘트는 변형일치법을 사용하여 유도할 수 있다. 몇 가지 하중 조건에 대한 고정단모멘트는 이 책의 뒤표지에 정리되어 있다.

13.11 Example

변형일치법을 사용하여 그림 13.16(a)의 연속보에 대하여 전단력과 모멘트 다이어그램을 그리고 지점반력을 구하라.

풀이

대칭성. 보의 형상과 하중이 지점 C(그림 13.16(a))를 통과하는 수직축 s에 대하여 대칭이므로 그림 13.16(b)와 같이 대칭경계조건을 가진 우측의 보에 대해서만 해석을 하도록 한다. 보의 좌측 부분에 대한 값은 우측 부분에 대한 값으로부터 구할 수 있다.

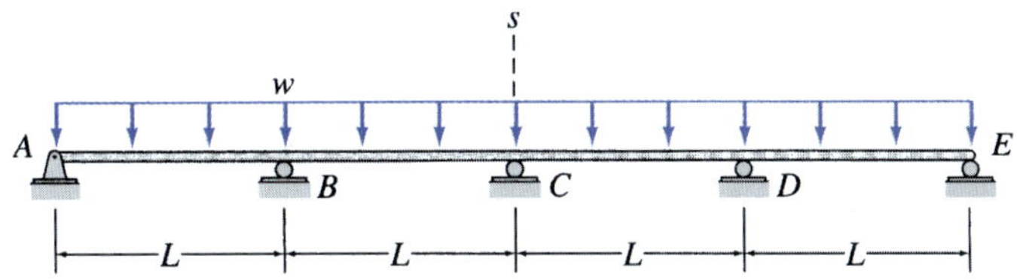

EI = constant

(a) Indeterminate Beam

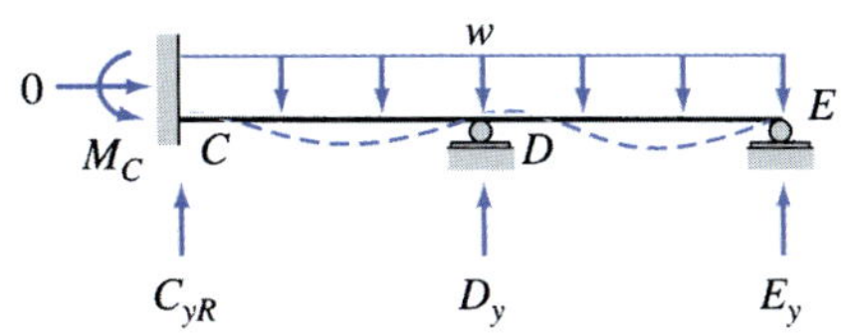

(b) Substructure for Analysis

=

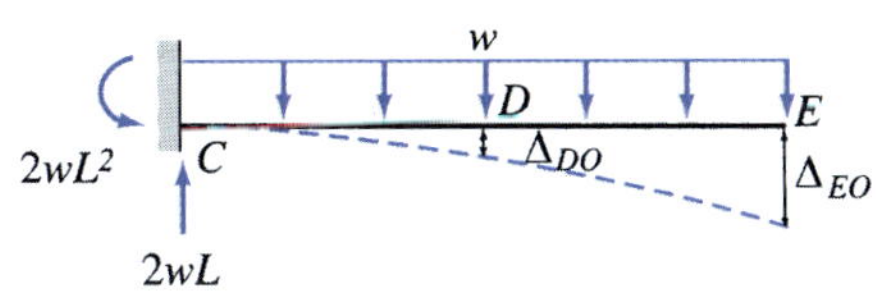

(c) Primary Beam Subjected to External Load

+

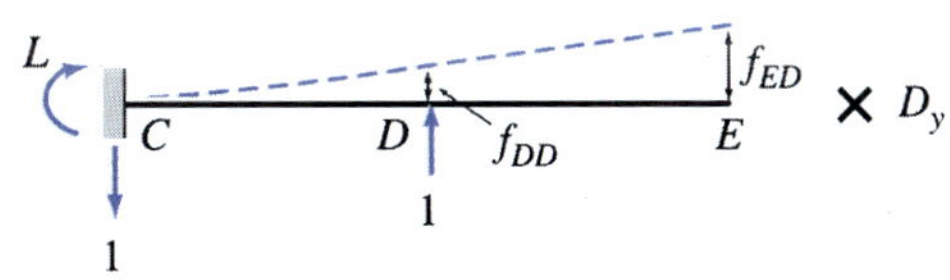

(d) Primary Beam Loaded with Redundant D_y

+

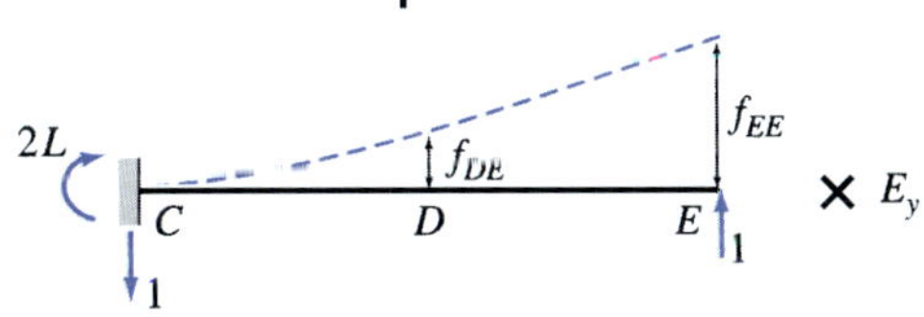

(e) Primary Beam Loaded with Redundant E_y

그림 13.16

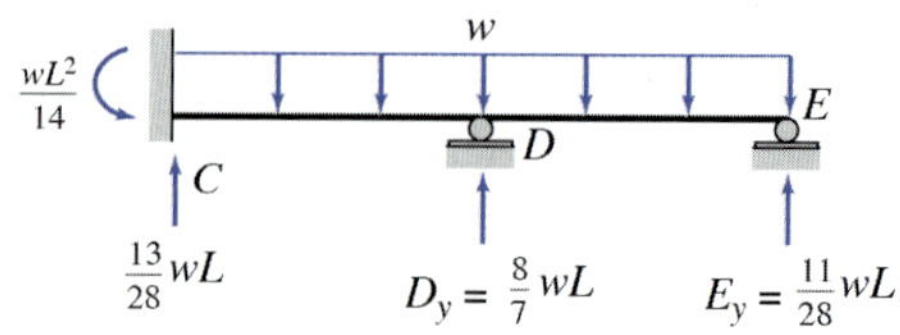

(f) Reactions for Substructure

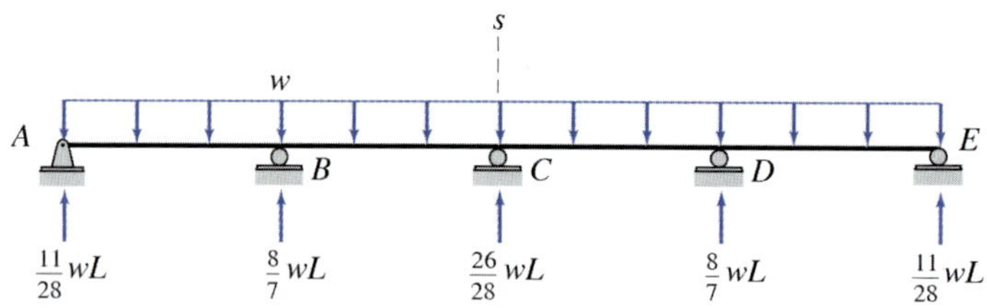

(g) Support Reactions for Continuous Beam

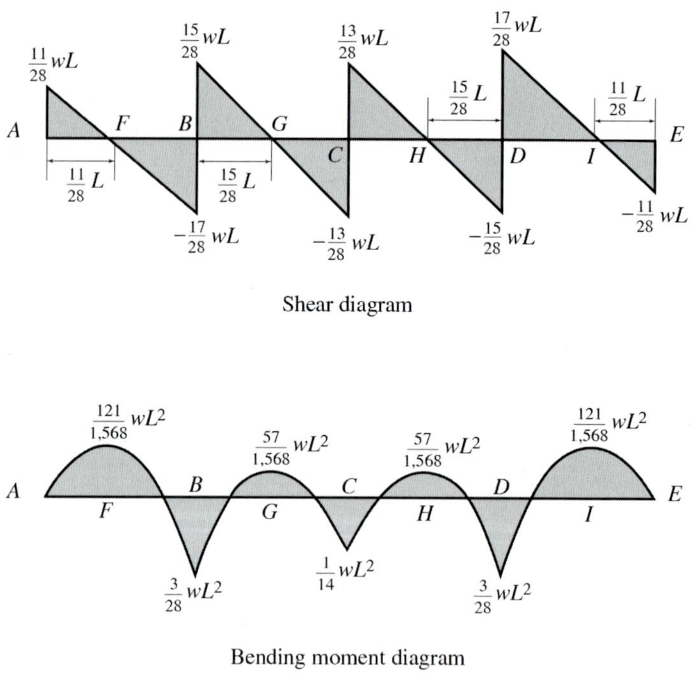

(h) Shear and Bending Moment Diagrams for Continuous Beam

그림 13.16 계속

부정정차수. 부구조의 부정정차수는 2차이다. 전체 연속보의 부정정차수는 3이었으므로 구조물의 대칭성을 이용하여 해석에 필요한 계산량을 줄일 수 있다.

정정보. 부구조의 지점 D, E에서의 수직반력 D_y와 E_y를 각각 잉여력으로 선택한다. D, E에서의 회전단을 제거하여 그림 13.16(c)와 같은 캔틸레버 정정보를 구성한다.

적합방정식. 그림 13.16(b)~(e)를 참고하면 다음 식과 같다.

$$\Delta_{DO}+f_{DD}D_y+f_{DE}E_y=0 \tag{1}$$
$$\Delta_{EO}+f_{ED}D_y+f_{EE}E_y=0 \tag{2}$$

주보의 처짐. 처짐식을 이용하여 다음을 구할 수 있다.

$$\Delta_{DO}=-\frac{17wL^4}{24EI} \qquad \Delta_{EO}=-\frac{2wL^4}{EI}$$
$$f_{DD}=\frac{L^3}{3EI} \qquad f_{ED}=\frac{5L^3}{6EI} \qquad f_{EE}=\frac{8L^3}{3EI}$$

맥스웰의 상반처짐법칙을 이용하여 다음을 구할 수 있다.

$$f_{DE}=\frac{5L^3}{6EI}$$

잉여력의 크기. 주보의 처짐을 적합방정식에 대입하여 다음 식을 구한다.

$$-\frac{17wL^4}{24EI}+\left(\frac{L^3}{3EI}\right)D_y+\left(\frac{5L^3}{6EI}\right)E_y=0 \tag{1a}$$
$$-\frac{2wL^4}{EI}+\left(\frac{5L^3}{6EI}\right)D_y+\left(\frac{8L^3}{3EI}\right)E_y=0 \tag{2a}$$

위의 식을 간단히 정리하면 다음과 같다.

$$8D_y+20E_y=17wL \tag{1b}$$
$$5D_y+16E_y=12wL \tag{2b}$$

식 (1b)와 (2b)를 D_y, E_y에 대한 연립방정식을 풀면 다음을 구할 수 있다.

$$D_y=\frac{8}{7}wL\uparrow \qquad E_y=\frac{11}{28}wL\uparrow$$

반력. 부구조의 나머지 반력은 평형방정식으로 구하며 그림 13.16(f)와 같다. s축의 좌측 부분의 반력은 대칭성을 이용하여 구하고 이는 그림 13.16(g)와 같다.

전단력과 모멘트 다이어그램. 연속보의 반력을 이용하여 그림 13.16(h)와 같이 전단력과 휨모멘트 다이어그램을 그릴 수 있다.

13.12 Example

그림 13.17(a)와 같은 트러스 각 부재의 힘과 반력을 변형일치법으로 구하라.

풀이

부정정차수. $i=(m+r)-2j=(14+4)-2(8)=2.$

주트러스. 지점 D에서의 수직반력 D_y와 경사부재 BG에서의 축력 F_{BG}를 잉여력으로 선택한다. 그림 13.17(a)에서 지점 D와 부재 BG를 제거하여 그림 13.17(b)와 같은 주트러스를 구성한다. 주트러스에는 각각 외력(그림 13.17(b)), 잉여력 D_y의 단위하중(그림 13.17(c)), 경사부재 BG에서는 단위인장력(그림 13.17(d))이 작용한다.

적합방정식. 적합방정식은 다음과 같다.

$$\Delta_{DO}+f_{DD}D_y+f_{D,BG}F_{BG}=0 \tag{1}$$

$$\Delta_{BGO}+f_{BG,D}D_y+f_{BG,BG}F_{BG}=0 \tag{2}$$

여기서, Δ_{DO} : 주트러스의 절점 D에서 외력에 의해 생기는 수직처짐

Δ_{BGO} : 외력에 의한 절점 B와 G 사이의 상대변위

f_{DD} : 절점 D에서의 단위하중에 의한 수직처짐

$f_{BG,D}$: 절점 D에서의 단위하중에 의한 절점 B와 G 사이의 상대변위

$f_{BG,BG}$: 부재 BG에서 단위인장력에 의한 절점 B와 G 사이의 상대변위

$f_{D,BG}$: 부재 BG에서 단위인장력에 의한 절점 D에서의 수직처짐

주트러스의 처짐. 처짐에 대한 가상일은 다음과 같다.

$$\Delta_{DO}=\sum\frac{F_O u_D L}{AE} \qquad \Delta_{BGO}=\sum\frac{F_O u_{BG} L}{AE}$$

$$f_{DD}=\sum\frac{u_D^2 L}{AE} \qquad f_{BG,BG}=\sum\frac{u_{BG}^2 L}{AE} \qquad f_{BG,D}=f_{D,BG}=\sum\frac{u_D u_{BG} L}{AE}$$

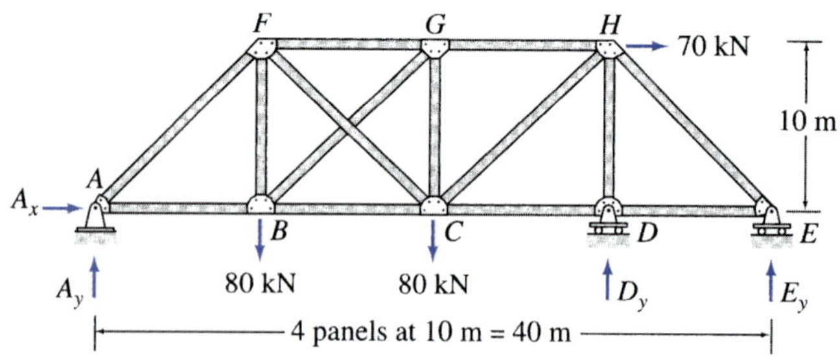

EA = constant
E = 200 GPa
A = 4,000 mm^2

(a) Indeterminate Truss

그림 13.17

=

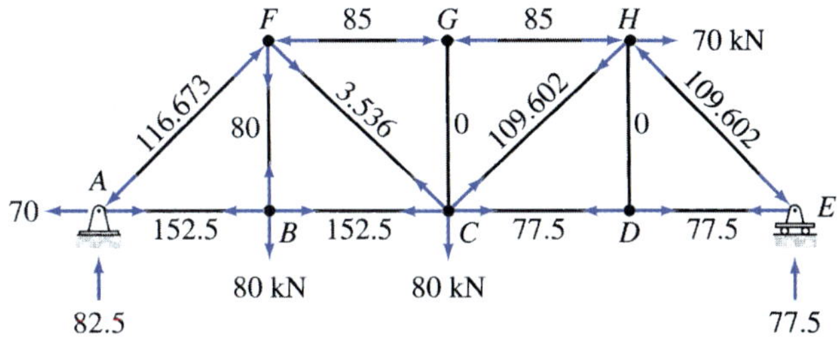

(b) Primary Truss Subjected to External Loads — F_O Forces

+

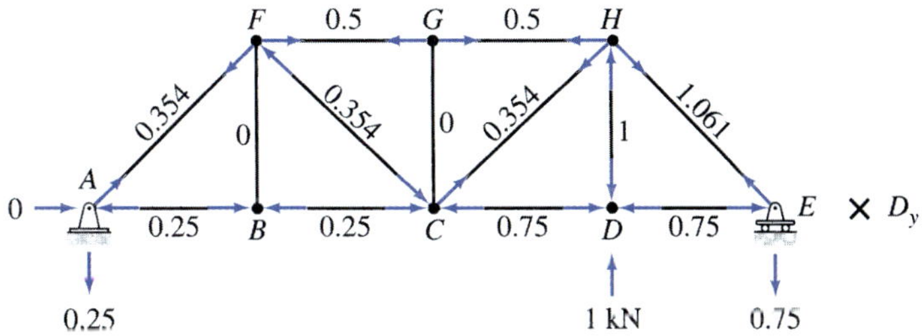

(c) Primary Truss Subjected to Unit Value of Redundant D_y— u_D Forces

+

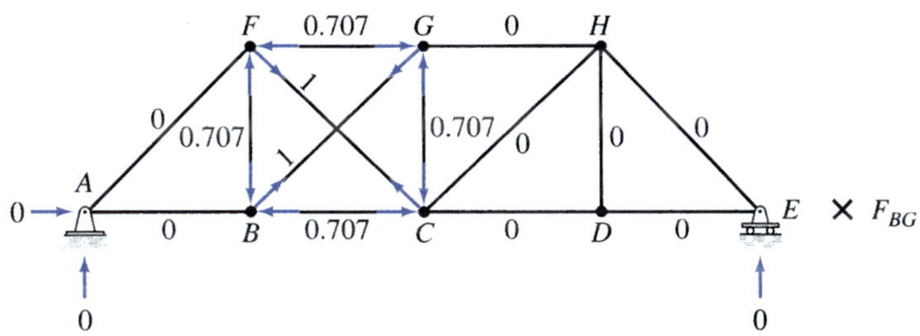

(d) Primary Truss Subjected to Unit Tensile Force in Member BG—u_{BG} Forces

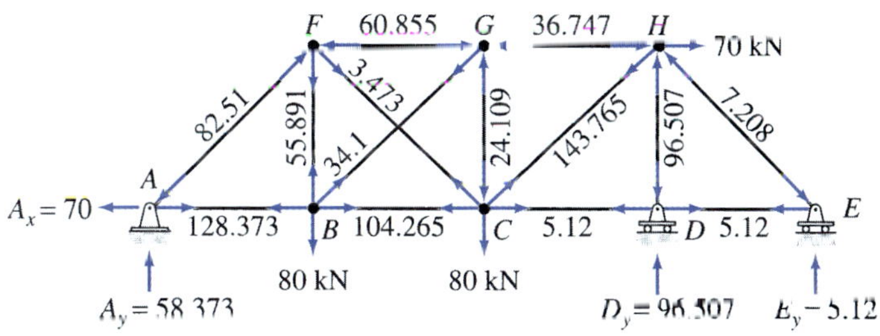

(e) Support Reactions and Member Forces for Indeterminate Truss

그림 13.17 계속

여기서, F_O, u_D, u_{BG}는 각각 외력, 절점 D에서의 단위하중, 부재 BG에서의 단위인장력을 의미한다. 표 13.4는 절점법(그림 13.17(b)~(d))에 의해 계산한 부재력이다. 축강성 EA는 모든 부재에 대해 같으므로 표 13.4에는 가상일식에서의 분자부분만 계산하였다. 가상일식을 다시 쓰면 다음과 같다.

$$\Delta_{DO} = -\frac{4{,}472.642\ \text{kN}\cdot\text{m}}{AE} \qquad \Delta_{BGO} = -\frac{992.819\ \text{kN}\cdot\text{m}}{AE}$$

$$f_{DD} = \frac{48.736\ \text{m}}{AE} \qquad f_{BG,BG} = \frac{48.284\ \text{m}}{AE} \qquad f_{BG,D} = f_{D,BG} = -\frac{6.773\ \text{m}}{AE}$$

잉여력의 크기. 앞에서 구한 처짐과 연성계수를 적합방정식(식 (1), (2))에 대입하면 다음과 같다.

$$-4{,}472.642 + 48.736 D_y - 6.773 F_{BG} = 0 \tag{1a}$$

$$-992.819 - 6.773 D_y + 48.284 F_{BG} = 0 \tag{2a}$$

식 (1a)와 (2a)를 D_y와 F_{BG}에 대한 연립방정식으로 풀면 다음과 같다.

$$D_y = 96.507\ \text{kN} \uparrow \qquad F_{BG} = 34.1\ \text{kN}\,(\text{T})$$

반력. 부정정트러스에서 D_y 이외의 반력은 외력과 각 잉여력에 의한 주트러스의 반력을 중첩하여 구한다. 이렇게 하여 구한 반력은 그림 13.17(e)와 같다.

부재의 축력. 부정정트러스에서 F_{BG} 이외의 부재력은 중첩관계를 이용하여 구한다.

$$F = F_O + u_D D_y + u_{BG} F_{BG}$$

이와 같이 구한 부재력을 표 13.4와 그림 13.17(e)에 표시하였다.

표 13.4

부재	L (m)	F_O (kN)	u_D (kN/kN)	u_{BG} (kN/kN)	$F_O u_D L$ (kN · m)	$F_O u_{BG} L$ (kN · m)	$u_D^2 L$ (m)	$u_{BG}^2 L$ (m)	$u_D u_{BG} L$ (m)	$F = F_O + u_D D_y + u_{BG} F_{BG}$ (kN)
AB	10	152.5	−0.25	0	−381.25	0	0.625	0	0	128.373
BC	10	152.5	−0.25	−0.707	−381.25	−1,078.175	0.625	5	1.768	104.265
CD	10	77.5	−0.75	0	−581.25	0	5.625	0	0	5.12
DE	10	77.5	−0.75	0	−581.25	0	5.625	0	0	5.12
FG	10	−85	0.5	−0.707	−425	600.95	2.5	5	−3.535	−60.855
GH	10	−85	0.5	0	−425	0	2.5	0	0	−36.747
BF	10	80	0	−0.707	0	−565.60	0	5	0	55.891
CG	10	0	0	−0.707	0	0	0	5	0	−24.109
DH	10	0	−1	0	0	0	10	0	0	−96.507
AF	14.142	−116.673	0.354	0	−584.096	0	1.772	0	0	−82.51
BG	14.142	0	0	1	0	0	0	14.142	0	34.1
CF	14.142	3.536	−0.354	1	−17.702	50.006	1.772	14.142	−5.006	3.473
CH	14.142	109.602	0.354	0	548.697	0	1.772	0	0	143.765
EH	14.142	−109.602	1.061	0	−1644.541	0	15.92	0	0	−7.208
				$\sum$	−4472.642	−992.819	48.736	48.284	−6.773	

13.13
Example

그림 13.18(a)와 같은 골조에 대한 전단력과 모멘트 다이어그램을 변형일치법을 이용하여 그려라.

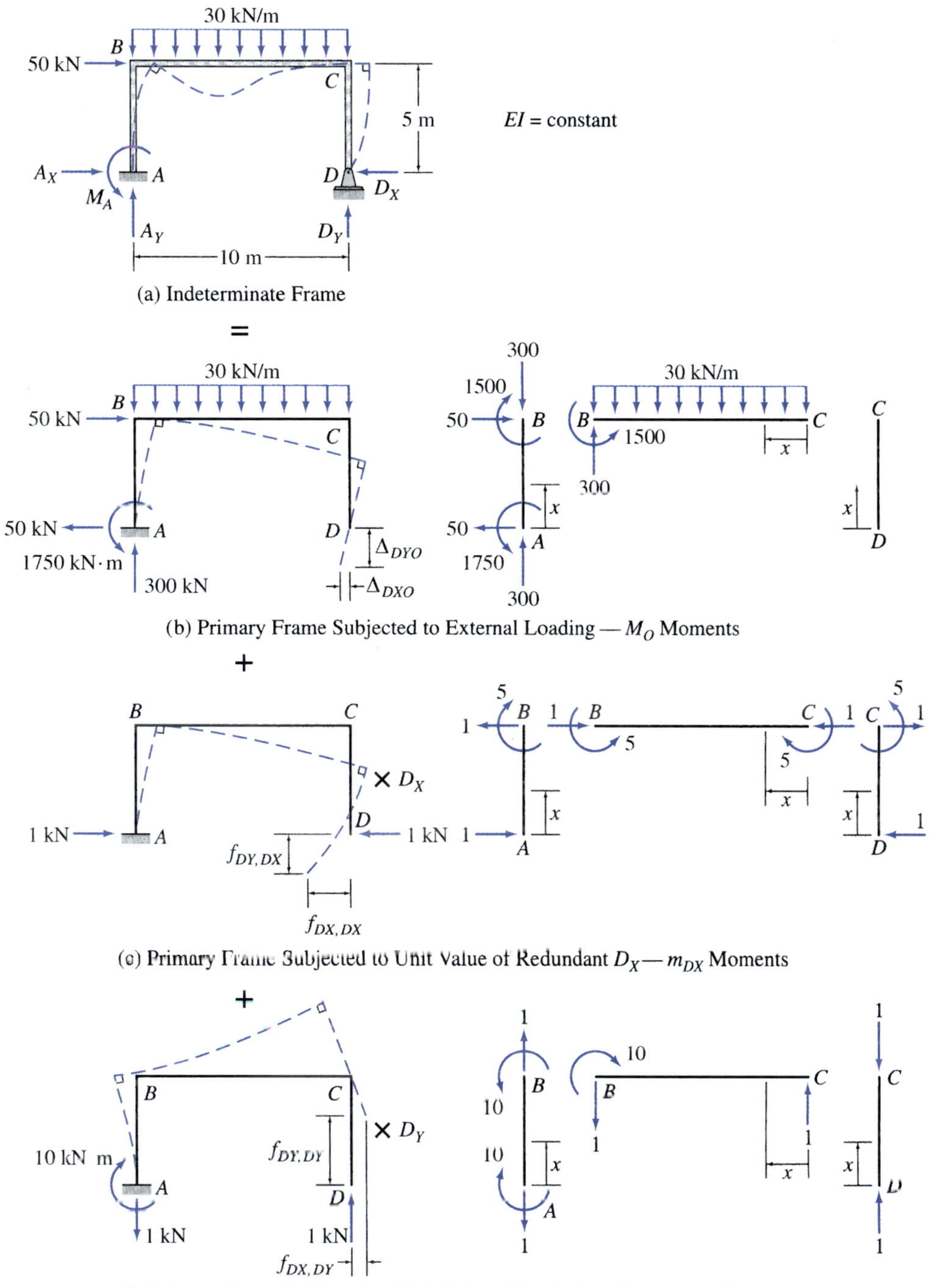

(a) Indeterminate Frame

(b) Primary Frame Subjected to External Loading — M_O Moments

(c) Primary Frame Subjected to Unit Value of Redundant D_X — m_{DX} Moments

(d) Primary Frame Subjected to Unit Value of Redundant D_Y — m_{DY} Moments

그림 13.18

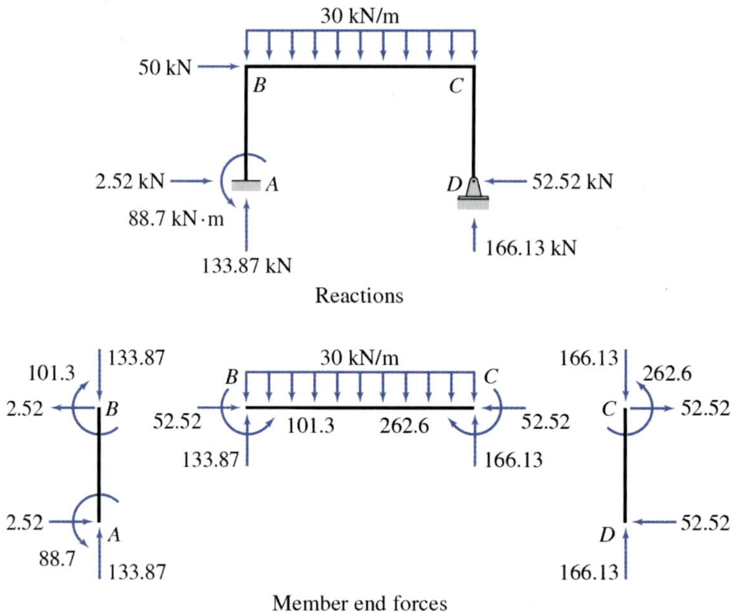

(e) Support Reactions and Member End Forces for Indeterminate Frame

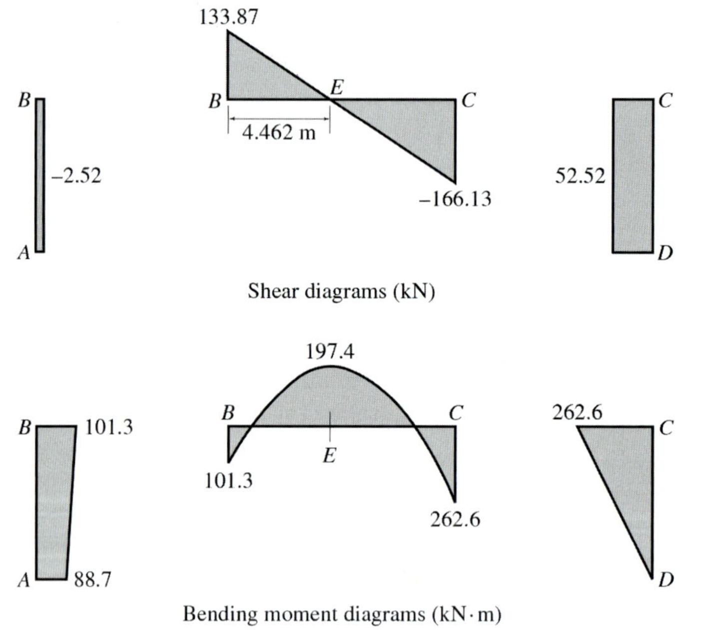

(f) Shear and Bending Moment Diagrams for Indeterminate Frame

그림 13.18 계속

풀이

부정정차수. $i = 2$.

주골조. 지점 D에서의 반력 D_X, D_Y를 잉여력으로 선택한다. 지점 D를 제거하여 그림 13.18(b)와 같은 주골조를 구성한다. 이 때 주골조에는 각각 그림 13.18(b), (c), (d)와 같이 외력, 잉여력 D_X, D_Y의 단위하중이 작용한다.

적합방정식. 실제 부정정골조에서 지점 D에는 수평과 수직처짐이 0이므로 다음의 적합방정식을 구성할 수 있다.

$$\Delta_{DXO}+f_{DX,DX}D_X+f_{DX,DY}D_Y=0 \tag{1}$$

$$\Delta_{DYO}+f_{DY,DX}D_X+f_{DY,DY}D_Y=0 \tag{2}$$

주골조의 처짐. 외력과 단위 잉여력에 의한 부재의 휨모멘트 식은 표 13.5와 같다. 가상일법을 적용하여 다음을 계산한다.

$$\Delta_{DXO}=\sum\int\frac{M_O m_{DX}}{EI}dx=\frac{44791.7\text{ kN}\cdot\text{m}^3}{EI}$$

$$\Delta_{DYO}=\sum\int\frac{M_O m_{DY}}{EI}dx=-\frac{118{,}750\text{ kN}\cdot\text{m}^3}{EI}$$

$$f_{DX,DX}=\sum\int\frac{m_{DX}^2}{EI}dx=\frac{333.33\text{ m}^3}{EI}$$

$$f_{DY,DY}=\sum\int\frac{m_{DY}^2}{EI}dx=\frac{833.33\text{ m}^3}{EI}$$

$$f_{DX,DY}=f_{DY,DX}=\sum\int\frac{m_{DX}m_{DY}}{EI}dx=-\frac{375\text{ m}^3}{EI}$$

잉여력의 크기. 위의 처짐값과 연성계수를 적합방정식에 대입하면 다음과 같다.

$$44791.7+333.33D_X-375D_Y=0 \tag{1a}$$

$$-118{,}750-375D_X+833.33D_Y=0 \tag{2a}$$

식 (1a)와 (2a)를 D_X와 D_Y에 대한 연립방정식으로 풀면 잉여력 D_X와 D_Y는 다음과 같다.

$$D_X=52.52\text{ kN}\leftarrow \qquad D_Y=166.13\text{ kN}\uparrow$$

반력 부정정골조의 나머지 반력과 부재력은 평형방정식으로 구한다.

반력과 단부 부재력. 그림 13.18(e)과 같다.

전단력과 휨모멘트 다이어그램. 그림 13.18(f) 참조

표 13.5

부재	x 좌표		M_O (kN·m)	m_{DX} (kN·m/kN)	m_{DY} (kN·m/kN)
	원점	범위(m)			
AB	A	0~5	$-1{,}750+50x$	$-x$	10
CB	C	0~10	$-15x^2$	-5	x
DC	D	0~5	0	x	0

13.4 지점침하, 온도변화, 조립오차

지점침하

지금까지는 지점이 침하하지 않는 구조물의 해석에 대해서만 검토하였다. 11장에서 설명한 것과 같이 약한 기초에 지점침하가 발생할 경우에 지점침하는 외부 부정정구조물에 상당한 응력을 유발하므로 설계 시에 반영되어야 한다. 그러나 지점침하는 내부로는 부정정이지만 외부로는 정정인 구조물의 응력에는 큰 영향을 미치지 않는다. 그 이유는 구조물의 형상이 변화하지 않고 강체로서 이동하거나 회전하기 때문이다. 앞에서 다룬 변형일치법을 조금 수정하여 지점침하의 영향에 대한 해석을 수행할 수 있다.

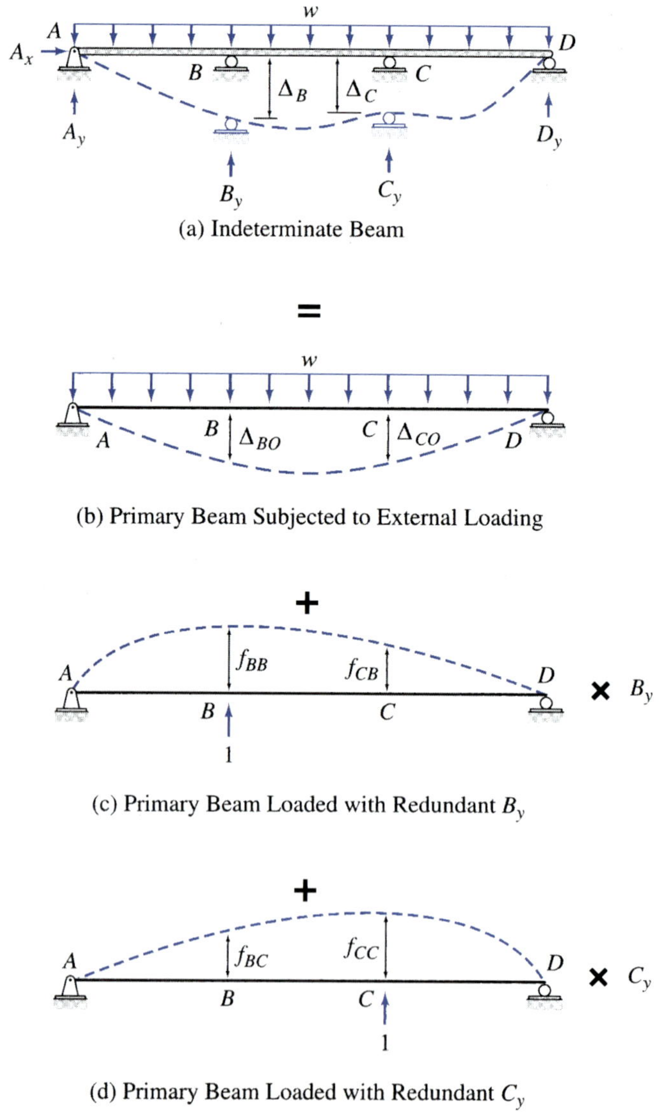

(a) Indeterminate Beam

=

(b) Primary Beam Subjected to External Loading

+

(c) Primary Beam Loaded with Redundant B_y

+

(d) Primary Beam Loaded with Redundant C_y

그림 13.19

예를 들어 그림 13.19(a)와 같이 등분포하중 w를 받는 2경간 연속보를 생각해 보자. 보의 지점 B, C에 Δ_B, Δ_C 만큼의 아주 작은 침하가 발생하였다고 가정한다. 이 보를 해석하기 위해 잉여력으로 B_y, C_y의 수직반력을 선택한다. 또한 부정정보에서 지점 B와 지점 C를 제거하여 주보를 구성한다. 이 때 주보에는 그림 13.19(b), (c), (d)와 같이 각각 외력 w, 단위 잉여력 B_y와 C_y의 단위하중이 작용한다. 원래의 부정정보에서 지점 B와 지점 C의 처짐은 각각 처짐 Δ_B, Δ_C와 같다는 사실로부터 이에 대한 적합방정식을 구하면 다음과 같다.

$$\Delta_{BO} + f_{BB}B_y + f_{BC}C_y = \Delta_B \tag{13.18}$$

$$\Delta_{CO} + f_{CB}B_y + f_{CC}C_y = \Delta_C \tag{13.19}$$

이 식으로부터 잉여력 B_y와 C_y를 구한다. 적합방정식(식 (13.18)과 식 (13.19))의 우항은 0이 아니고 지점 B와 지점 C에서 알고 있는 침하량과 같다는 사실에 주의해야 한다. 일단 적합방정식으로부터 잉여력이 결정되면 나머지 값들은 평형방정식이나 중첩의 원리를 이용하여 구할 수 있다.

한편 시점침하가 부정정구조물이 변형되지 않은 상태를 기준으로 하여 주어지더라도 적합방정식에서 사용되는 침하의 크기는 주구조의 변형된 위치에서 주구조의 양단 지점을 연결한 중심선과의 상대적인 침하량으로 해야 한다. 어떤 지점의 변위가 잉여력에 대하여 가정한 방향과 같다면 이를 양의 값으로 간주한다. 그림 13.19(a)와 같은 보의 지점 A와 D에는 어떠한 침하도 발생하지 않았으므로 주보의 중심선 AD는 부정정보가 변형되기 전의 원래 상태와 같다. 따라서 이 경우에 중심선에 대한 지점 B, C의 상대적인 침하가 각각 침하량 Δ_B, Δ_C와 같다.

다른 한 예로 그림 13.20과 같은 지점침하가 발생한 연속보를 생각해 보자. 반력 B_y, C_y를 잉여력으로 선택했을 때 적합방정식에는 Δ_B, Δ_C 대신에 주보의 중심선에 대한 지점 B와 C의 상대변위 Δ_{BR}, Δ_{CR}을 사용하여야 한다. 이것은 부재의 중심선에 대한 상대적인 변위만이 보에 응력을 유발할 수 있기 때문이다. 다시 말해서 보의 지점이 같은 양으로 침하되어 구조물의 지점에 상대적인 변화가 없다면 보에는 지점침하에 의한 휨이 작용하지 않아서 본래의 형상을 유지할 것이고 또한 어떠한 응력도 발생하지 않는다.

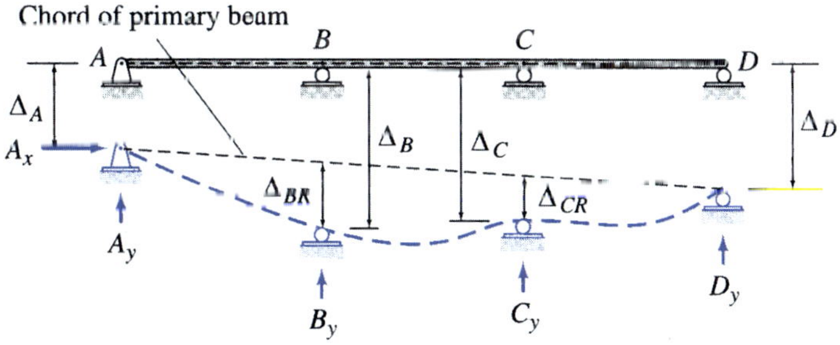

Compatibility equations:

$$f_{BB}\,B_y + f_{BC}\,C_y = \Delta_{BR}$$

$$f_{CB}\,B_y + f_{CC}\,C_y = \Delta_{CR}$$

그림 13.20

13.14 Example

그림 13.21(a)와 같이 등분포하중이 작용하고 지점 B에서 15 mm, 지점 C에서 37 mm, 지점 D에서 18 mm의 지점침하가 발생한 연속보에 대하여 지점반력을 구하고, 전단력 다이어그램, 휨모멘트 다이어그램을 그려라.

풀이

이 보에 대하여 예제 13.8에서 내부 지점 B와 C의 수직반력을 잉여력으로 선택하여 이미 해석하였다. 여기에서도 앞에서의 문제와 같은 주보를 사용한다.

상대침하. 그림 13.21(b)에 발생한 침하를 다소 과장하여 표시하였다. 그림과 같이 주보의 중심선(지점 A와 D의 변형된 위치를 연결하는 선)에서 지점 B와 지점 C의 상대처짐은 다음과 같다.

$$\Delta_{BR} = -9\ \mathrm{mm} \qquad \text{그리고} \qquad \Delta_{CR} = -25\ \mathrm{mm}$$

여기서, Δ_{BR}과 Δ_{CR}의 음의 부호는 이 처짐이 아래쪽 방향으로 일어난다는 것을 의미한다. 즉, 위쪽 방향으로 가정한 잉여력 B_y와 C_y의 방향에 대하여 반대 방향이다.

적합방정식. 보에 대한 적합방정식은 방정식의 우항이 처짐 Δ_{BR}과 Δ_{CR}이라는 것을 제외하고는 예제 13.8과 같다. 따라서 다음과 같다.

$$\Delta_{BO} + f_{BB}B_y + f_{BC}C_y = \Delta_{BR} \tag{1}$$

$$\Delta_{CO} + f_{CB}B_y + f_{CC}C_y = \Delta_{CR} \tag{2}$$

주보의 처짐. 예제 13.8에서는 보의 처짐과 연성계수가 EI의 함수로 표현되어 있고 적합방정식의 우변이 0이므로 EI는 간단히 소거할 수 있었다. 그러나 이 예제에서는 적합방정식의 우변에 있는 지점침하가 0이 아니므로 EI를 소거할 수 없다. 그러므로 처짐과 연성계수의 실제 값을 다음과 같이 계산한다.

$$\Delta_{BO} = \Delta_{CO} = -\frac{275{,}000\ \mathrm{kN\cdot m^3}}{EI} = -\frac{275{,}000}{200(10^6)3{,}000(10^{-6})} = -0.4583\ \mathrm{m}$$

$$f_{BB} = f_{CC} = \frac{444.444\ \mathrm{m^3}}{EI} = \frac{444.444}{200(10^6)3{,}000(10^{-6})} = 0.000741\ \mathrm{m/kN}$$

$$f_{CB} = f_{BC} = \frac{388.889\ \mathrm{m^3}}{EI} = \frac{388.889}{200(10^6)3{,}000(10^{-6})} = 0.000648\ \mathrm{m/kN}$$

잉여력의 크기. 위의 값을 적합방정식에 대입하여 다음 식을 구한다.

$$-0.4583 + 0.000741B_y + 0.000648C_y = -0.009 \tag{1a}$$

$$-0.4583 + 0.000648B_y + 0.000741C_y = -0.025 \tag{2a}$$

식 (1a)와 (2a)를 B_y와 C_y에 대한 연립방정식으로 풀면 다음과 같다.

$$B_y = 403.73\ \mathrm{kN}\uparrow \qquad \text{그리고} \qquad C_y = 231.69\ \mathrm{kN}\uparrow$$

반력, 전단력 다이어그램, 휨모멘트 다이어그램. 연속보의 나머지 반력은 평형방정식으로부터 구할 수 있다. 보의 반력, 전단력 다이어그램, 휨모멘트 다이어그램은 그림 13.21(c)와 같다. 본 예제와 예제 13.8(처짐이 없는 경우)을 비교해 보면 아주 작은 지점침하라도 부정정구조물의 반력, 전단력, 휨모멘트에 큰 영향을 미친다는 것을 알 수 있다.

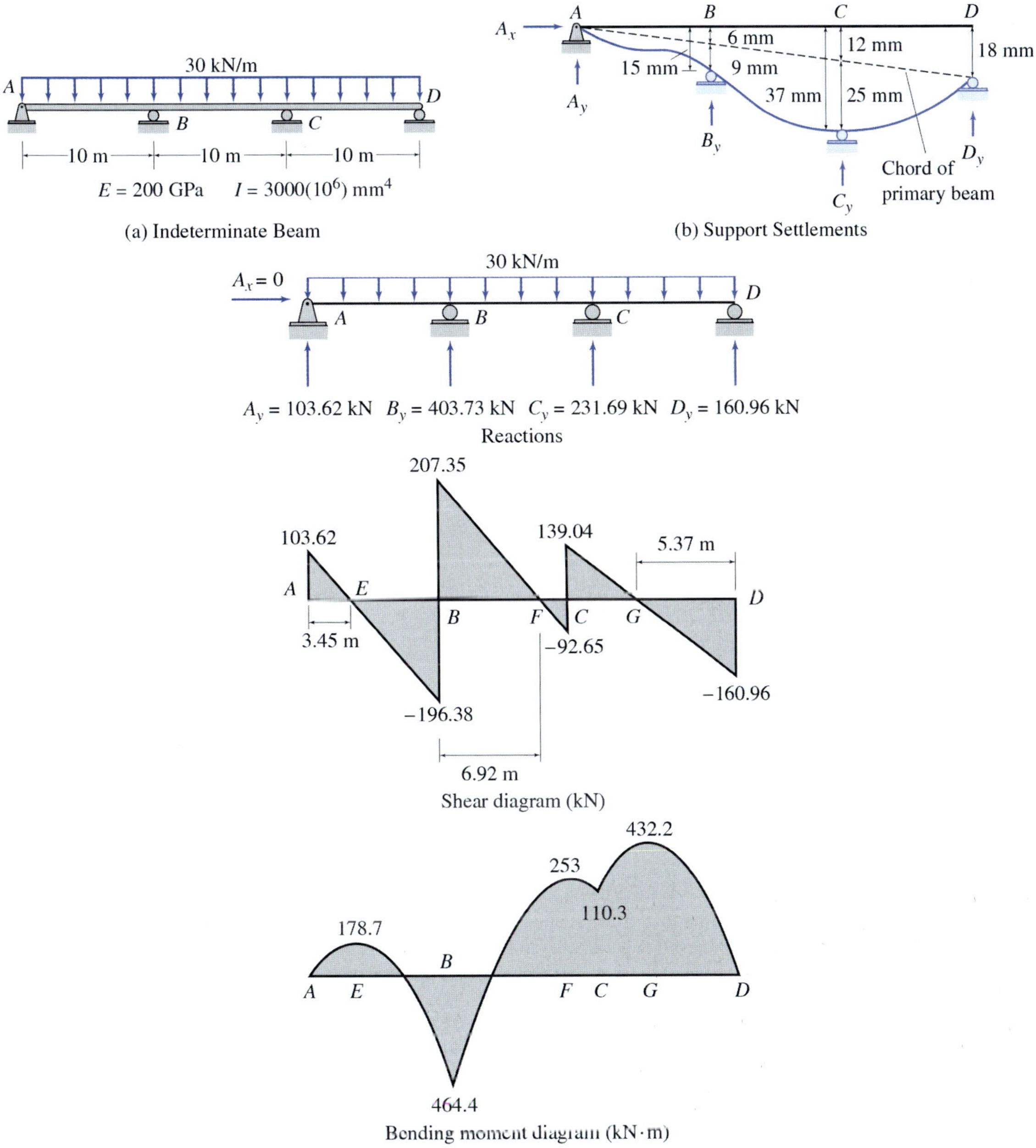

(c) Support Reactions and Shear and Bending Moment Diagrams for Continuous Beam

그림 13.21

13.15
Example

그림 13.22(a)와 같이 하중이 작용하고 지점 C에서 40 mm, 지점 E에서 25 mm의 지점침하가 발생한 보에 대하여 지점반력을 구하고, 전단력 다이어그램, 휨모멘트 다이어그램을 그려라.

풀이

이 보에 대해서는 예제 13.9에서 이동단 C와 E의 수직반력을 잉여력으로 하여 이미 해석하였다. 여기에서도 앞의 문제와 같은 주보를 사용한다.

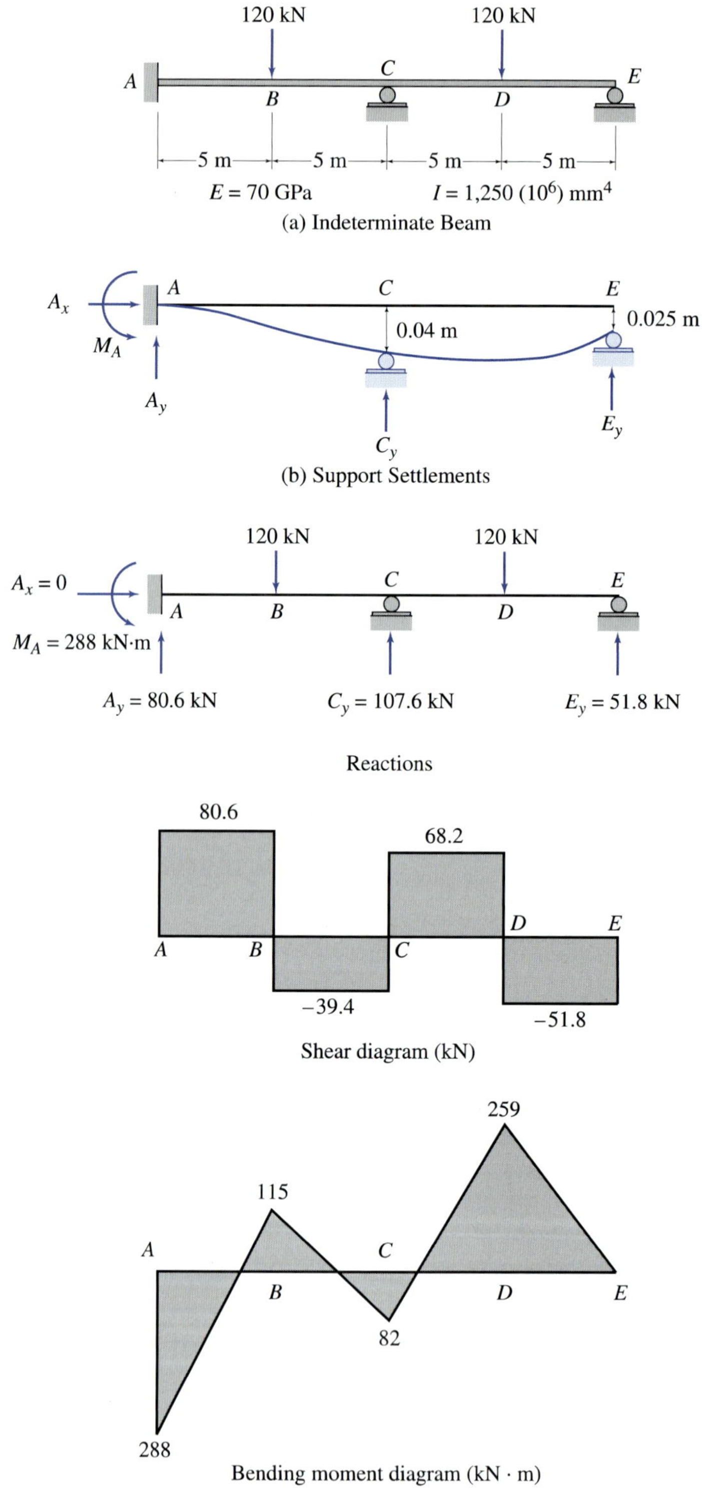

(c) Support Reactions and Shear and Bending Moment Diagrams for Indeterminate Beam

그림 13.22

지점침하. 그림 13.22(b)에 침하를 표시하였다. 그림과 같이 주보의 중심선 AE은 부정정보의 원래 위치와 같다. 따라서 주보의 중심선 AE에 대한 지점 C와 E의 상대침하는 문제에서 주어진 값과 같다. 즉,

$$\Delta_{CR} = \Delta_C = -0.04 \text{ m} \qquad \text{그리고} \qquad \Delta_{ER} = \Delta_E = -0.025 \text{ m}$$

적합방정식.

$$\Delta_{CO} + f_{CC}C_y + f_{CE}E_y = \Delta_{CR} \tag{1}$$

$$\Delta_{EO} + f_{EC}C_y + f_{EE}E_y = \Delta_{ER} \tag{2}$$

주보의 처짐. 예제 13.9에서 다음을 구하였다.

$$\Delta_{CO} = -\frac{82{,}500 \text{ kN}\cdot\text{m}^3}{EI} = -\frac{82{,}500}{70(10^6)1{,}250(10^{-6})} = -0.943 \text{ m}$$

$$\Delta_{EO} = -\frac{230{,}000 \text{ kN}\cdot\text{m}^3}{EI} = -\frac{230{,}000}{70(10^6)1{,}250(10^{-6})} = -2.629 \text{ m}$$

$$f_{CC} = \frac{333.333 \text{ m}^3}{EI} = \frac{333.333}{70(10^6)1{,}250(10^{-6})} = 0.00381 \text{ m/kN}$$

$$f_{EC} = f_{CE} = \frac{833.333 \text{ m}^3}{EI} = \frac{833.333}{70(10^6)1{,}250(10^{-6})} = 0.00952 \text{ m/kN}$$

$$f_{EE} = \frac{2{,}666.667 \text{ m}^3}{EI} = \frac{2{,}666.667}{70(10^6)1{,}250(10^{-6})} = 0.0305 \text{ m/kN}$$

잉여력의 크기. 적합방정식에 대입하여 다음을 계산한다.

$$-0.943 + 0.00381C_y + 0.00952E_y = -0.04 \tag{1a}$$

$$-2.629 + 0.00952C_y + 0.0305E_y = -0.025 \tag{2a}$$

식 (1a)와 (2a)를 C_y와 E_y에 대한 연립방정식으로 풀면 다음과 같다.

$$C_y = 107.6 \text{ kN} \uparrow \qquad \text{그리고} \qquad E_y = 51.8 \text{ kN} \uparrow$$

반력, 전단력 및 휨모멘트 다이어그램. 부정정보의 나머지 반력은 평형방정식으로 구할 수 있다. 보의 반력, 전단력 다이어그램, 휨모멘트 다이어그램은 그림 13.22(c)와 같다.

온도변화와 조립오차

지점침하는 단지 외부 부정정구조물에만 영향을 미치는데 반해 온도변화와 조립상의 오차는 외부 및 내부 부정정구조물의 응력조건에 모두 영향을 미친다. 온도변화와 조립오차 등의 하중조건을 받고 있는 구조물의 해석 순서는 앞에서 다룬 외력의 경우와 같다. 유일한 차이는 잉여력이 있는 위치에서의 처짐을 계산하는 과정에서 주구조가 외력 대신에 온도변화 또는 조립오차가 있다는 것이다. 잉여력과 온도변화, 조립오차 등에 의한 주구조물의 처짐은 실제 부정정구조물의 해당하는 위치에서의 처짐과 같다는 일반적인 적합방정식을 적용하여 잉여력을 구하게 된다. 해석을 위한 과정은 다음의 예제를 통하여 살펴보도록 하자.

13.16 Example

그림 13.23(a)와 같은 트러스에서 부재 AB에는 45℃의 온도증가가, 부재 CD에는 20℃의 온도감소가 있었다. 트러스의 반력과 각 부재의 부재력을 변형일치법으로 구하라.

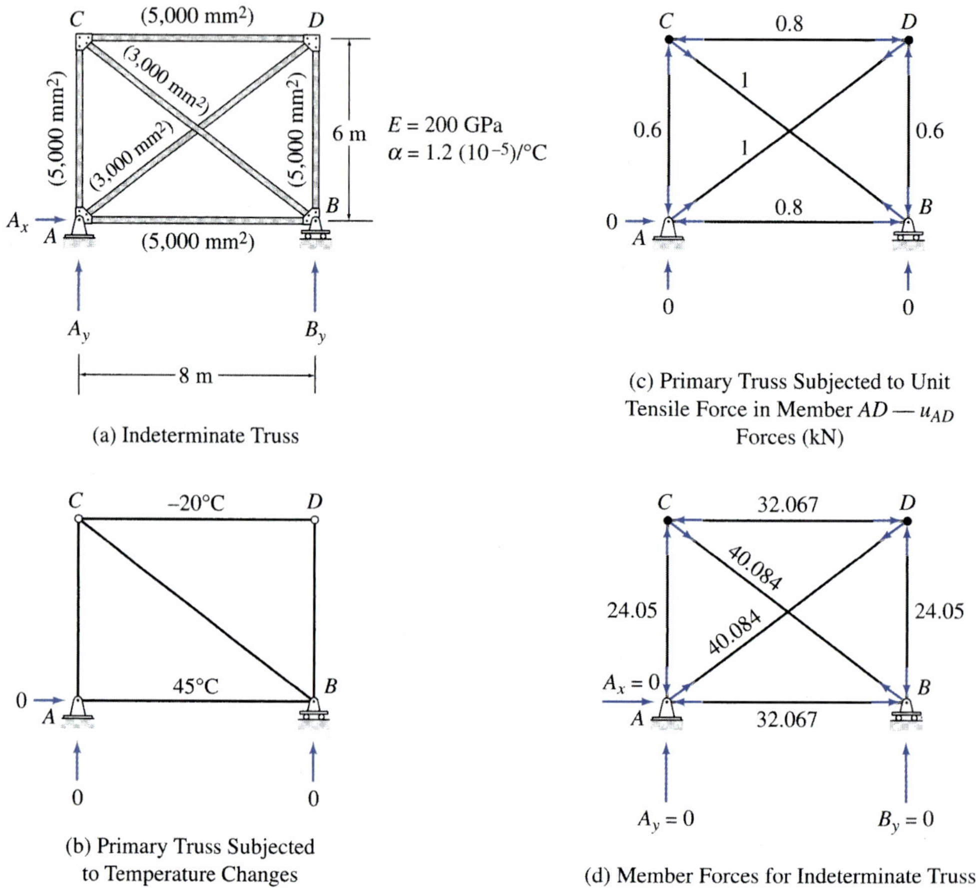

(a) Indeterminate Truss

(b) Primary Truss Subjected to Temperature Changes

(c) Primary Truss Subjected to Unit Tensile Force in Member AD — u_{AD} Forces (kN)

(d) Member Forces for Indeterminate Truss

그림 13.23

풀이

부정정차수. $i=(m+r)-2j=(6+3)-2(4)=1$. 트러스는 1차 내부 부정정구조이다.

주트러스. 경사부재 AD에서의 축력 F_{AD}를 잉여력으로 선택한다. 본래의 부정정트러스에서 부재 AD를 제거하여 구한 주트러스는 그림 13.23(b)와 같다. 그림 13.23(b), (c)와 같이 주트러스는 각각 온도변화와 잉여 부재 AD에서의 단위인장력 1 kN을 받고 있다.

적합방정식. 적합방정식은 다음과 같다.

$$\Delta_{ADO}+f_{AD,AD}F_{AD}=0 \tag{1}$$

여기서, Δ_{ADO}는 절점 A와 절점 D 사이의 상대변위를 의미하며, 연성계수 $f_{AD,AD}$는 잉여력 F_{AD}의 단위하중에 의한 절점 A와 절점 D 사이의 상대변위를 의미한다.

주트러스의 처짐. 7.3절에서와 같이 Δ_{ADO}에 대한 가상일식은 다음과 같다.

$$\Delta_{ADO} = \sum \alpha(\Delta T) L u_{AD}$$

여기서, $\alpha(\Delta T)L$은 온도변화 ΔT에 의한 주트러스의 부재에 생기는 축방향 변위와 같다. u_{AD}는 부재 AD에서의 1 kN 인장력에 의해 해당 부재에 생기는 축력을 의미한다. 이들 값은 표 13.6과 같고 여기서 Δ_{ADO}는 다음과 같이 구해진다.

$$\Delta_{ADO} = -1.92 \text{ mm}$$

연성계수 $f_{AD,AD}$는 가상일법으로 계산된다(표 13.6 참조).

$$f_{AD,AD} = \sum \frac{u_{AD}^2 L}{AE} = 0.0479 \text{ mm}$$

잉여력의 크기. Δ_{ADO}와 $f_{AD,AD}$의 값을 적합방정식(식 (1))에 대입하여 다음과 같이 구한다.

$$-1.92 + (0.0479) F_{AD} = 0$$
$$F_{AD} = 40.084 \text{ kN (T)}$$

반력. 트러스는 외부 안정구조이므로 온도변화에 의한 반력은 0이다.

부재력. 온도변화에 의한 주트러스의 부재력은 0이므로 부정정트러스의 부재력은 다음과 같다.

$$F = u_{AD} F_{AD}$$

이렇게 구한 부재력을 표 13.6과 그림 13.23(d)에 표시하였다.

표 13.6

부재	L (m)	A (m^2)	ΔT (℃)	u_{AD} (kN/kN)	$(\Delta T) L u_{AD}$ (℃ · m)	$u_{AD}^2 L/A$ (l/m)	$F = u_{AD} F_{AD}$ (kN)
AB	8	0.005	45	−0.8	−288	1024	−32.067
CD	8	0.005	−20	−0.8	128	1024	−32.067
AC	6	0.005	0	−0.6	0	432	−24.05
BD	6	0.005	0	−0.6	0	432	−24.05
AD	10	0.003	0	1.0	0	3333.333	40.084
BC	10	0.003	0	1.0	0	3333.333	40.084
				$\sum$	−160	9578.667	

$$\Delta_{ADO} = \alpha \sum (\Delta T) L u_{AD} = 1.2(10^{-5})(-160) = -0.00192 \text{ m} = -1.92 \text{ mm}$$

$$f_{AD,AD} = \frac{1}{E} \sum \frac{u_{AD}^2 L}{A} = \frac{9{,}578.667}{200(10^6)} = 47.893(10^{-6}) \text{ m/kN} = 0.0479 \text{ mm/kN}$$

$$F_{AD} = -\frac{\Delta_{ADO}}{f_{AD,AD}} = 40.084 \text{ kN (T)}$$

13.5 최소일법

이 절에서는 응력법의 다른 형태인 **최소일법**(method of least work)에 대해 설명하고자 한다. 최소일법에서는 이전 절에서 설명한 변형일치법에서 서용된 변위중첩법을 이용하지 않고 **카스틸리아노의 제2정리**(Castigliano's second theorem)를 이용하여 적합방정식을 구성한다. 이것을 제외하고 두 가지 방법은 비슷하며 계산의 난이도도 유사하다. 최소일법은 일반적으로 축력을 받는 부재와 휨모멘트를 받는 부재로 이루어진 복합 구조물(예 : 케이블에 의해 지지되는 보)에 대한 해석에서 더 편리하게 사용된다. 하지만 이 방법은 지점침하, 온도변화, 조립오차에 대한 해석에 이용할 수 없어 변형일치법만큼 일반적인 방법은 아니다.

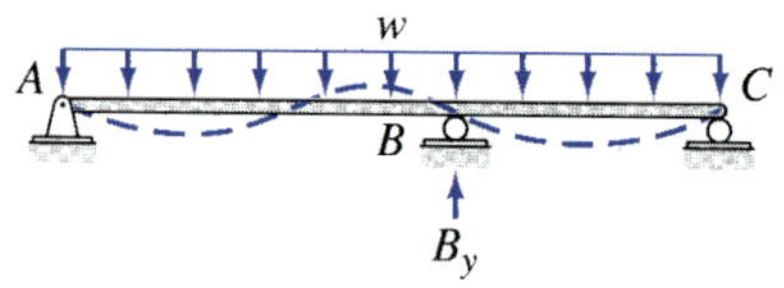

그림 13.24

최소일법에 대해 이해하기 위해 그림 13.24와 같이 외력 w가 작용하는 보를 생각해보자. 이 보에는 지점 침하가 발생하지 않았다. 해석에서는 지점 B에서의 수직반력 B_y를 잉여력으로 한다. 변형에너지에 대한 식은 보에 작용하는 기지수(旣知數) 하중 w와 미지수(未知數) 잉여력 B_y에 의해 다음과 같이 표현할 수 있다.

$$U = f(w,\ B_y) \tag{13.20}$$

식 (13.20)에서 변형에너지에 대한 식은 알려진 하중 w와 알려지지 않은 잉여력 B_y에 대한 함수로 표현됨을 알 수 있다.

카스틸리아노의 제2정리에 의하면(7.7절) 변형에너지를 힘으로 편미분한 값은 힘이 작용하는 위치의 처짐과 같다. 잉여력 B_y가 작용하는 지점에서의 처짐은 0이기 때문에 카스틸리아노의 제2정리에 의하면 다음과 같다.

$$\frac{\partial U}{\partial B_y} = 0 \tag{13.21}$$

식 (13.21)은 잉여력 B_y 방향에 대한 적합방정식이며, 이 식을 이용해서 잉여력을 계산할 수 있다.

식 (13.21)과 같이 변형에너지를 잉여력으로 1차 편미분한 값은 0이 되어야 한다. 즉 잉여력이 평형방정식과 적합방적식을 만족시킬 때 구조물의 변형에너지는 최소 또는 최대가 된다는 것이다. 선형탄성구조의 경우 잉여력이 증가할 경우에 변형에너지의 값도 무한히 증가하여 변형에너지의 최댓값은 존재하지 않는다. 따라서 위 식을 만족시키는 잉여력에 대해 변형에너지는 최소가 된다. 다음은 **최소일의 원리**(principle of least work)에 대한 정의이다.

부정정구조의 잉여력의 크기는 구조물에 저장된 변형에너지가 최소가 되도록 하여야 한다. (즉, 내적 일이 가장 작아야 한다.)

이러한 최소일법은 다차 부정정구조에 대한 해석에도 쉽게 적용할 수 있다. 만약 어느 구조물이 n차 부정정이면 n개의 잉여력을 선택하고, 구조에 대한 변형에너지는 주어진 외력과 n개의 미지의 잉여력에 대한 함수로 다음과 같이 나타낼 수 있다.

$$U = f(w,\ R_1,\ R_2,\ \cdots,\ R_n) \tag{13.22}$$

w는 모든 기지(旣知)의 외력이며, R_1, R_2, $\cdots$, R_n은 n개의 미지(未知)의 잉여력이다. 각각의 잉여력에 대해 최소일법을 적용하여 변형에너지(식 (13.22))를 각각의 잉여력으로 편미분하고 이 값을 0으로 하여 구할 수 있다. 즉,

$$\begin{aligned} \frac{\partial U}{\partial R_1} &= 0 \\ \frac{\partial U}{\partial R_2} &= 0 \\ &\vdots \\ \frac{\partial U}{\partial R_n} &= 0 \end{aligned} \tag{13.23}$$

즉, n개의 잉여력에 대해 n개의 연립방정식을 구성하여 잉여력을 구할 수 있다.

최소일법을 이용하여 부정정구조물을 해석하는 과정에 대해서는 다음 예제로 설명할 수 있다.

13.17 Example

최소일법으로 그림 13.25과 같은 보의 반력을 구하라.

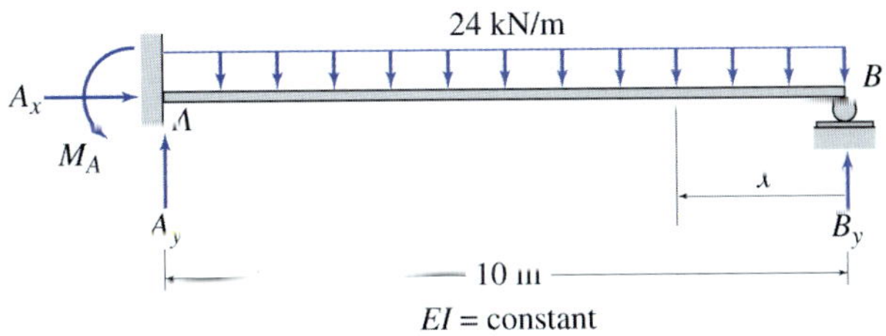

그림 13.25

풀이

이 보에 대해서는 예제 13.2에서 변형일치법을 이용하여 해석하였다.

보가 4개의 반력으로 지지되어 있으므로 부정정차수는 1이다. 지점 B에서의 수직반력 B_y를 잉여력으로 설정한다. B_y에 대한 보의 변형에너지를 최소화함으로써 잉여력의 크기를 구할 수 있다.

7.6절과 같이 휨만을 받는 보의 변형에너지는 다음과 같다.

$$U = \int_0^L \frac{M^2}{2EI} dx \tag{1}$$

최소일법에 의하면 B_y에 대한 변형에너지의 편미분값은 0이 되어야 한다. 즉,

$$\frac{\partial U}{\partial B_y} = \int_0^L \left(\frac{\partial M}{\partial B_y}\right) \frac{M}{EI} dx = 0 \tag{2}$$

그림 13.25와 같이 x 좌표를 이용하여 휨모멘트 M에 대한 방정식을 B_y로 나타내면 다음과 같다.

$$M = B_y(x) - 12x^2$$

M의 식을 B_y로 편미분하면 다음과 같다.

$$\frac{\partial M}{\partial B_y} = x$$

M과 $\partial M/\partial B_y$를 식(2)에 대입하여 풀면 다음과 같다.

$$\frac{1}{EI}\left[\int_0^{10} x(B_y x - 12x^2)dx\right] = 0$$

적분하면 다음을 얻을 수 있다.

$$333.33B_y - 30{,}000 = 0$$

따라서

$$B_y = 90 \text{ kN} \uparrow$$

평형방정식을 이용하여 부정정보의 남은 반력을 계산한다.

$+\rightarrow \sum F_x = 0$		$A_x = 0$
$+\uparrow \sum F_y = 0$	$A_y - 24(10) + 90 = 0$	$A_y = 150 \text{ kN} \uparrow$
$+\circlearrowleft \sum M_A = 0$	$M_A - 24(10)(5) + 90(10) = 0$	$M_A = 300 \text{ kN} \cdot \text{m} \circlearrowright$

13.18 Example

최소일법을 이용하여 그림 13.26과 같은 2경간 연속보의 반력을 구하라.

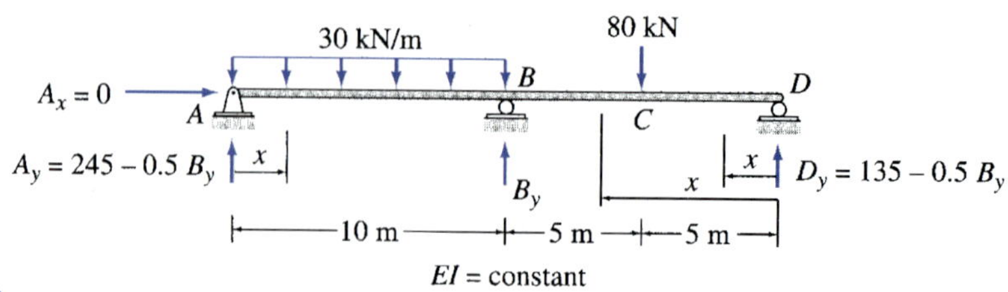

그림 13.26

풀이

4개의 반력 A_x, A_y, B_y, D_y으로 지지되어 있으며, 평형방정식은 3개뿐이므로 이 보의 부정정차수는

1이다. 반력 B_y를 잉여력으로 한다. B_y에 대한 보의 변형에너지를 최소화하여 잉여력을 구할 수 있다.

휨만을 받는 보의 변형에너지는 다음과 같다.

$$U=\int_0^L \frac{M^2}{2EI}dx \tag{1}$$

최소일법의 원리에 의하여 다음을 구한다.

$$\frac{\partial U}{\partial B_y}=\int_0^L\left(\frac{\partial M}{\partial B_y}\right)\frac{M}{EI}dx=0 \tag{2}$$

휨모멘트 M에 대한 방정식을 구하기 전에 지점 A와 D에서의 반력을 잉여력 B_y로 나타내야 한다. 3개의 평형방정식을 이용하면 다음과 같다.

$$+\rightarrow\sum F_x=0 \qquad A_x=0$$

$$+\circlearrowleft\sum M_D=0 \qquad -A_y(20)+30(10)(15)-B_y(10)+80(5)=0 \qquad A_y=245-0.5B_y \tag{3}$$

$$+\uparrow\sum F_y=0 \qquad (245-0.5B_y)-30(10)+B_y-80+D_y=0 \qquad D_y=135-0.5B_y \tag{4}$$

휨모멘트 M에 대한 식을 구하기 위해 보를 AB, BC, CD 세부분으로 나눈다. 식을 구하기 위한 x 좌표를 그림 13.26에 나타냈고, D_y에 대한 함수로 휨모멘트 M에 대한 식을 표현하였다(표 13.7). 휨모멘트를 B_y에 대해 미분하여 표 13.7의 마지막 열에 표시하였다.

표 13.7

부재	x 좌표		M	$\partial M/\partial B_y$
	원점	범위(m)		
AB	A	0~10	$(245-0.5B_y)x-15x^2$	$-0.5x$
DC	D	0~ 5	$(135-0.5B_y)x$	$-0.5x$
CB	D	5~10	$(135-0.5B_y)x-80(x-5)$	$-0.5x$

M과 $\partial M/\partial B_y$를 식 (2)에 대입하여 풀면 다음과 같다.

$$\frac{1}{EI}\left[\int_0^{10}(-0.5x)(245x-0.5B_yx-15x^2)dx+\int_0^5(-0.5x)(135x-0.5B_yx)dx\right.$$
$$\left.+\int_5^{10}(-0.5x)(55x-0.5B_yx+400)dx\right]=0$$

적분하면 다음을 얻을 수 있다.

$$-40{,}416.667+166.667B_y=0$$

따라서

$$B_y=242.5\ \text{kN}\uparrow$$

B_y값을 식 (3), (4)에 대입하여 풀면 지점 A와 D에서의 수직반력을 구할 수 있다.

$$A_y=123.75\ \text{kN}\uparrow \qquad D_y=13.75\ \text{kN}\uparrow$$

13.19 Example

최소일법을 이용하여 그림 13.27(a)와 같은 트러스의 부재력을 구하라.

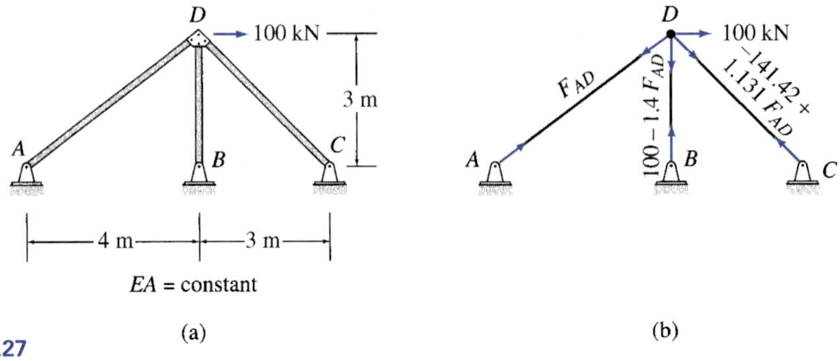

그림 13.27

풀이

이 트러스는 내적 안정에 필요한 것보다 하나 더 많은 부재를 가지고 있으므로 부정정차수는 1이다. AD부재의 부재력 F_{AD}를 잉여력으로 한다. F_{AD}의 함수인 보의 변형에너지를 최소화하여 잉여력을 구할 수 있다. 7.6절에서 설명한 것과 같이 트러스에 대한 변형에너지 식은 다음과 같다.

$$U = \sum \frac{F^2 L}{2AE} \tag{1}$$

최소일법의 원리에 따르면, F_{AD}에 대한 변형에너지의 편미분값은 0이 되어야 한다. 즉,

$$\frac{\partial U}{\partial F_{AD}} = \sum \left(\frac{\partial F}{\partial F_{AD}} \right) \frac{FL}{AE} = 0 \tag{2}$$

절점 D(그림 13.27(b))의 평형에서 부재 BD와 CD의 축력을 잉여력 F_{AD}의 함수로 나타낼 수 있다. 표 13.8에 F_{AD}에 대해 편미분한 부재력 F의 값을 표시하였다. 식 (2)를 적용하기 위해 $(\partial F/\partial F_{AD})FL$은 각 부재에 대해 계산되었고 이를 표 13.8에 표시하였다. EA의 값은 일정하므로 합계에 포함하지 않았다. 표 13.8과 같이 식 (2)를 풀어 잉여력을 계산하였다.

$$F_{AD} = 67.36 \text{ kN (T)}$$

부재 BD와 CD의 부재력은 F_{AD}의 값을 표 13.8의 3번째 열에 대입하여 계산할 수 있다.

$$F_{BD} = 5.7 \text{ kN (T)} \qquad F_{CD} = 65.24 \text{ kN (C)}$$

표 13.8

부재	L (m)	F	$\frac{\partial F}{\partial F_{AD}}$	$\left(\frac{\partial F}{\partial F_{AD}}\right)FL$	F (kN)
AD	5	F_{AD}	1	$5F_{AD}$	67.36
BD	3	$100 - 1.4F_{AD}$	−1.4	$-420 + 5.88F_{AD}$	5.7
CD	4.243	$-141.42 + 1.131F_{AD}$	1.131	$-678.65 + 5.427F_{AD}$	−65.24
			$\sum$	$-1{,}098.65 + 16.31F_{AD}$	

$$\frac{1}{AE}\sum\left(\frac{\partial F}{\partial F_{AD}}\right)FL = 0 \qquad -1{,}098.65 + 16.31F_{AD} = 0 \qquad F_{AD} = 67.36 \text{ kN (T)}$$

13.20 Example

그림 13.28(a)와 같이 고정단 A와 케이블 BD로 지지되는 보가 있다. 최소일법으로 케이블의 인장을 구하라.

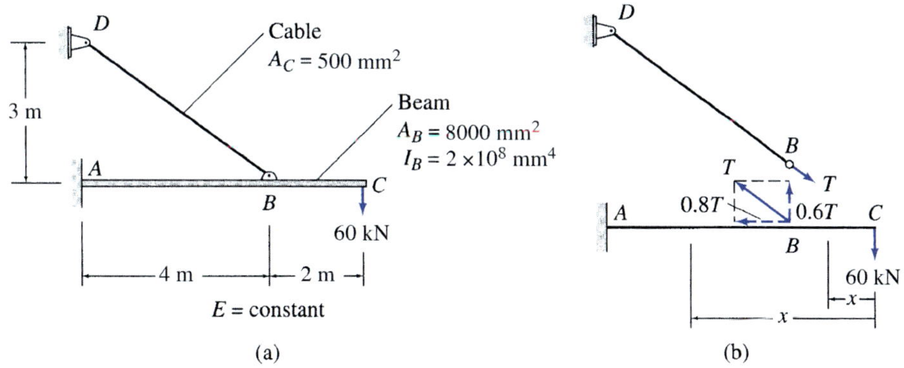

그림 13.28

풀이

케이블 BD의 인장력 T를 잉여력으로 하여 해석한다. T의 함수인 구조물의 변형에너지를 최소화하여 잉여력을 계산할 수 있다.

이 구조는 축하중을 받는 부재와 휨을 받는 부재로 구성되어 있으므로 전체 변형에너지는 축방향과 휨에 의한 변형에너지의 합으로 표현된다. 즉,

$$U = \sum \frac{F^2 L}{2AE} + \sum \int \frac{M^2}{2EI} dx \tag{1}$$

최소일법의 원리에 의하여 다음을 구한다.

$$\frac{\partial U}{\partial T} = \sum \left(\frac{\partial F}{\partial T} \right) \frac{FL}{AE} + \sum \int \left(\frac{\partial M}{\partial T} \right) \frac{M}{EI} dx = 0 \tag{2}$$

잉여력 T의 함수로 된 휨모멘트 M과 축력 F, T에 대한 미분값을 표 13.9에 나타냈다. 이 값들을 식 (2)에 대입하여 풀면 다음과 같다.

$$\frac{1}{E}\left[\frac{(-0.8)(-0.8T)(4)}{8 \times 10^{-3}} + \frac{1(T)(5)}{5 \times 10^{-4}} + \frac{1}{2 \times 10^{-4}} \int_2^6 0.6(x-2)(-60x + 0.6Tx - 1.2T)dx \right] = 0$$

$$(-6.72 \times 10^6) + 48{,}720T = 0$$

$$T = 137.93 \text{ kN}$$

표 13.9

부재	x 좌표		M	F	$\frac{\partial M}{\partial T}$	$\frac{\partial F}{\partial T}$
	원점	범위(m)				
CB	C	0~2	$-60x$	0	0	0
BA	C	2~6	$-60x + 0.6T(x-2)$	$-0.8T$	$0.6(x-2)$	-0.8
BD	–	–	0	T	0	1

요약

이번 장에서는 부정정구조물을 해석하기 위한 2가지 응력(연성)법인 변형일치법과 최소일의 방법에 대해 설명하였다.

변형일치법은 부정정구조물을 정정구조물로 만들기 위해 구속조건을 제거한다. 이때의 정정구조물을 주구조라 하고 부정정구조물에서 제거된 잉여의 구속조건과 관련된 반력 또는 내력을 잉여력이라 한다. 잉여력은 주구조에 미지의 하중으로 작용하여 이에 대한 적합방정식으로부터 그 값을 구한다. 여기서 적합방정식은 주구조에서 잉여력이 작용하는 위치에서의 처짐이 원래 부정정구조물에서의 처짐과 같다는 것으로 구성한다. 잉여력이 구해지면 부정정구조물의 다른 반응도 평형조건 또는 외력으로 인한 주구조의 변위와 잉여력으로 인한 변위를 중첩시키는 방법으로 구할 수 있다.

최소일법은 '**부정정구조의 잉여력의 크기는 구조물에 저장된 변형에너지가 최소가 되도록 하여야 한다.**' 라는 것이었다. 최소일법으로 부정정구조물을 해석하기 위해서 구조물의 변형에너지를 잉여력의 함수로 표현하였다. 각각의 잉여력에 대한 변형에너지의 편미분식을 만들고 이들 식이 0이 되는 연립방정식을 풀어 잉여력을 계산한다. 최소일법은 지점침하, 온도변화, 조립오차에 대한 해석에서는 사용할 수 없다.

연습문제

13.1～13.4 변형일치법을 사용하여 그림 P13.1～P13.4와 같은 보의 반력을 구하고 전단력과 휨모멘트 다이어그램을 그려라. 단, 이동단에서의 반력을 잉여력으로 한다.

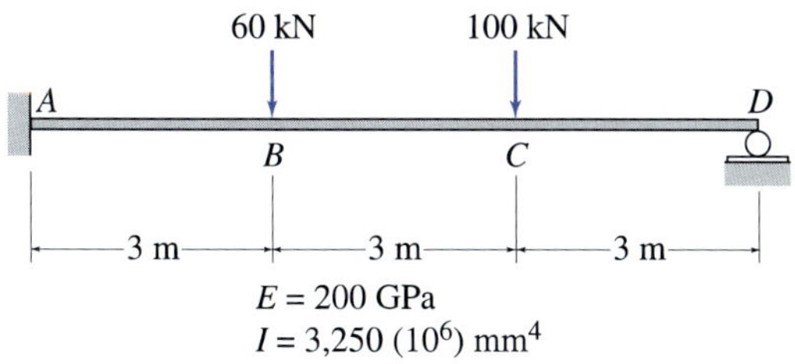

그림 P13.1, P13.5, P13.49

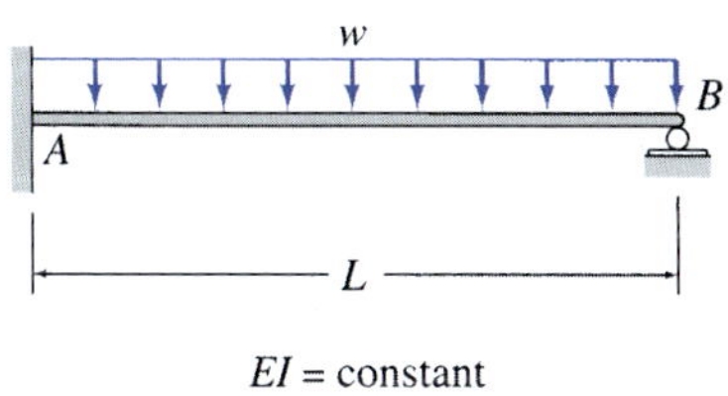

그림 P13.2, P13.6

13.5～13.8 변형일치법을 사용하여 그림 P13.1～P13.4와 같은 보의 반력을 구하고 전단력과 휨모멘트 다이어그램을 그려라. 단, 고정단의 모멘트를 잉여력으로 한다.

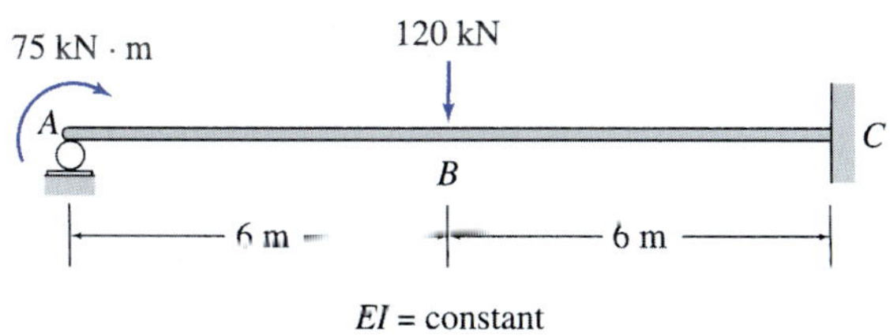

그림 P13.3, P13.7

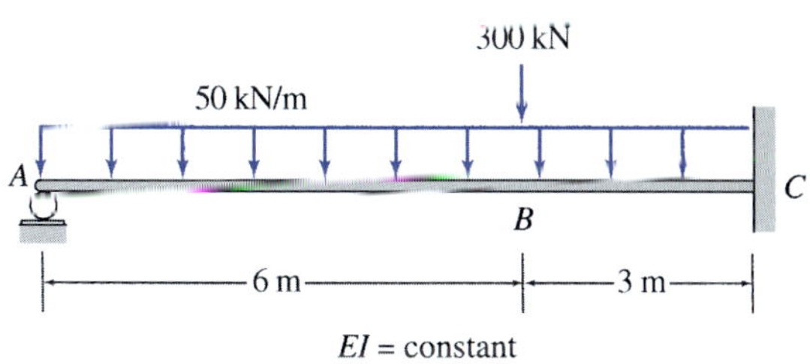

그림 P13.4, P13.8

13.9～13.12 변형일치법을 사용하여 그림 P13.9～P13.12와 같은 보의 반력을 구하고 전단력과 휨모멘트 다이어그램을 그려라. 단, 내부 지점의 반력을 잉여력으로 한다.

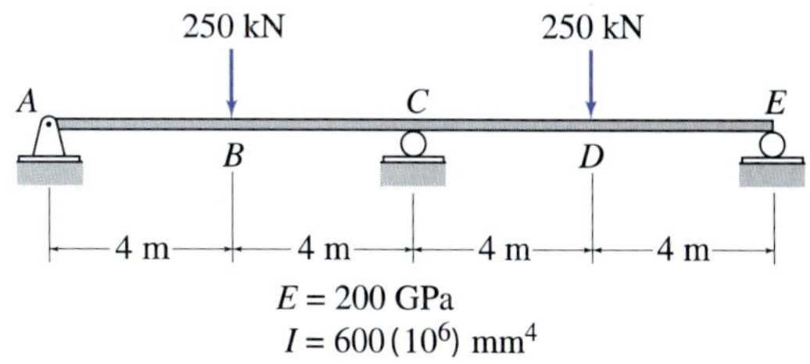

그림 P13.9, P13.30, P13.50

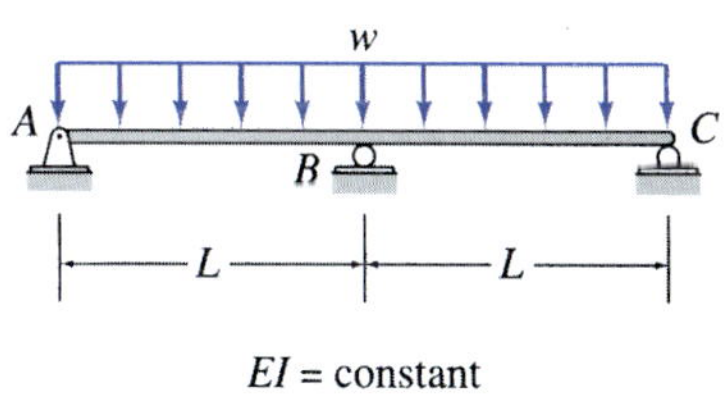

그림 P13.10, P13.31

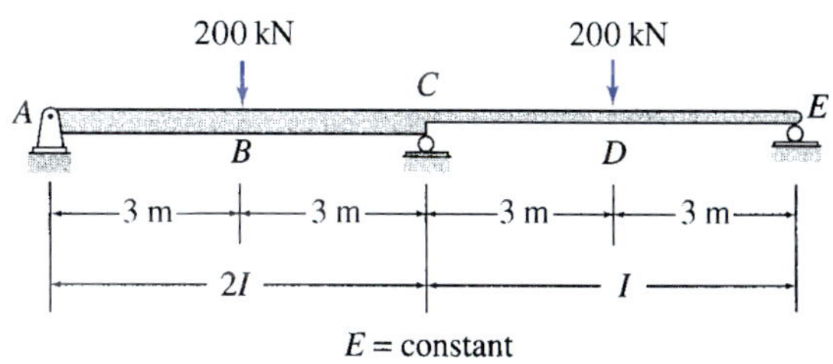

그림 P13.11, P13.32

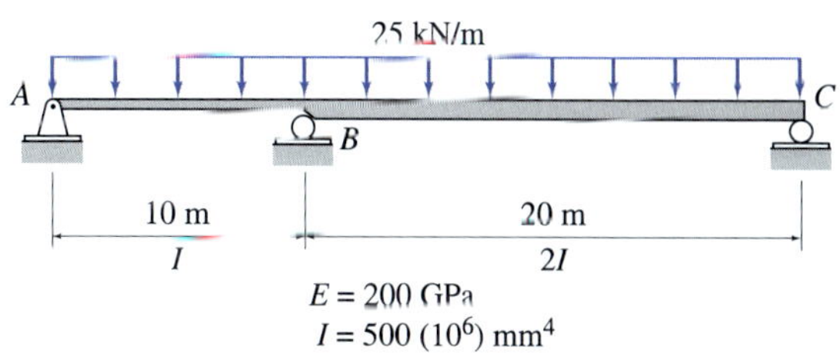

그림 P13.12, P13.33, P13.51

13.13～13.25 변형일치법을 사용하여 그림 P13.13～P13.25와 같은 보의 반력을 구하고 전단력과 휨모멘트 다이어그램을 그려라.

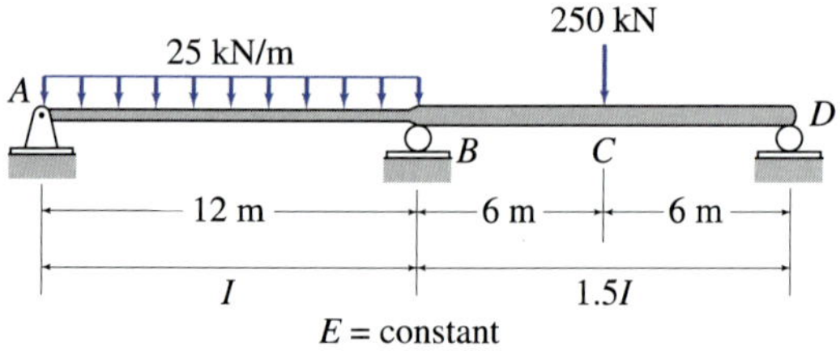

그림 P13.13

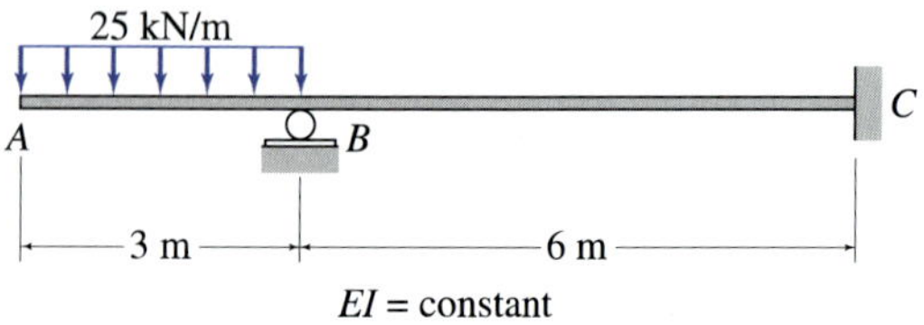

그림 P13.14

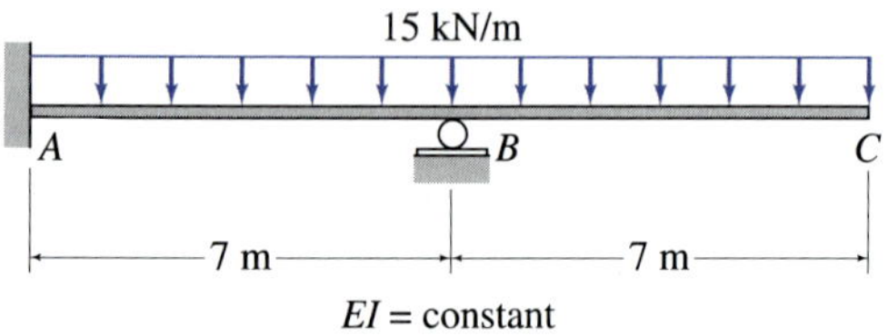

그림 P13.15, P13.58

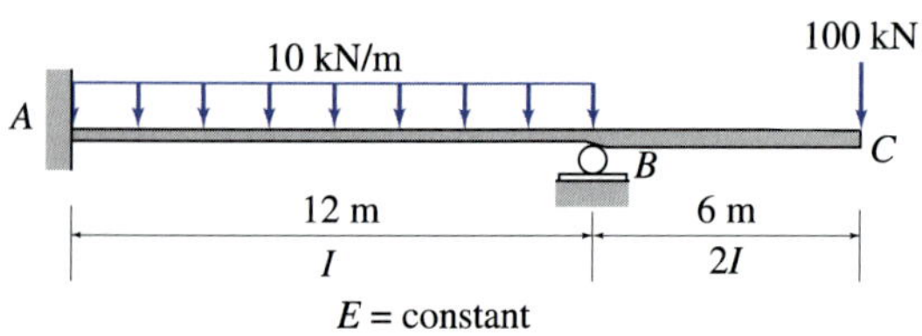

그림 P13.16, P13.59

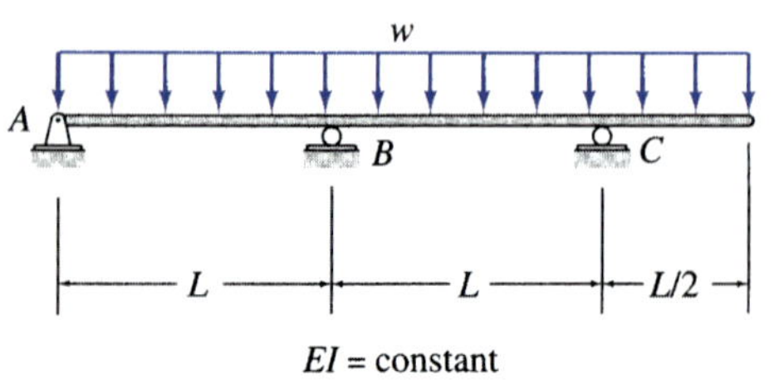

그림 P13.17

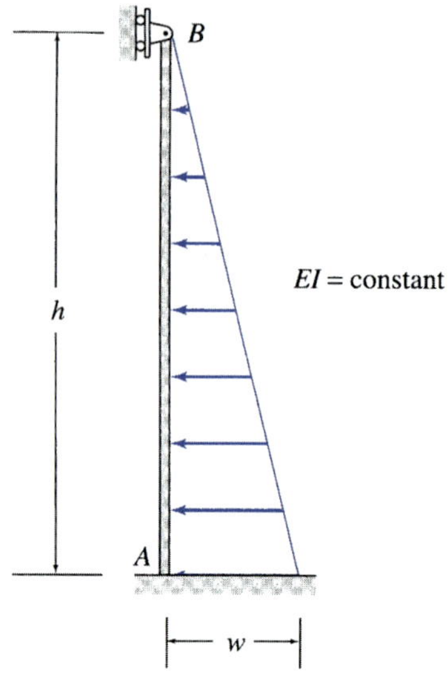

그림 P13.18

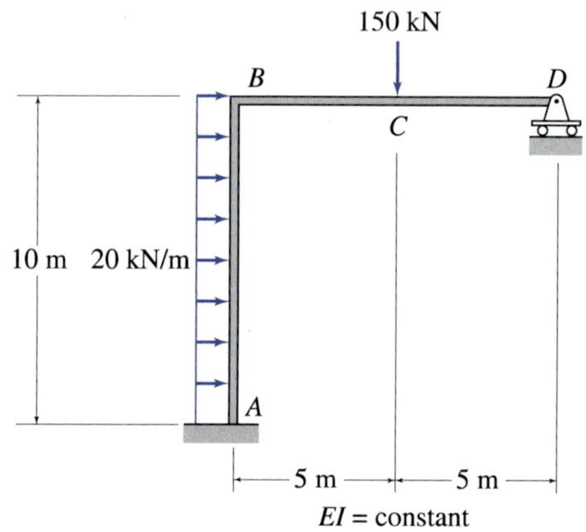

그림 P13.19

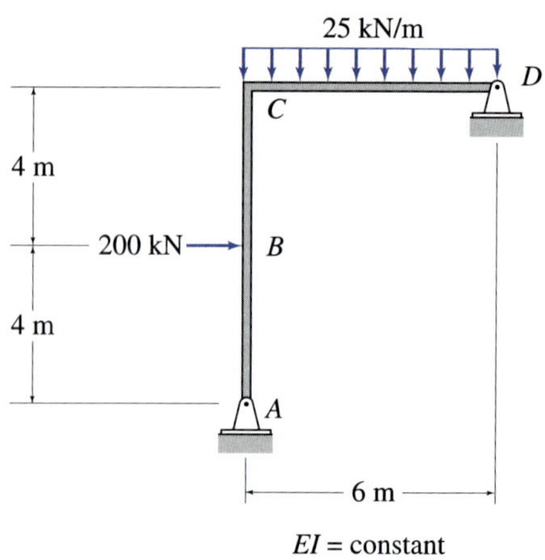

그림 P13.20

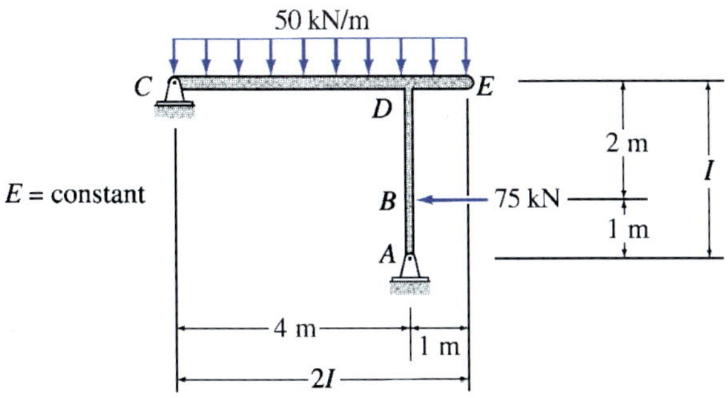

그림 P13.21

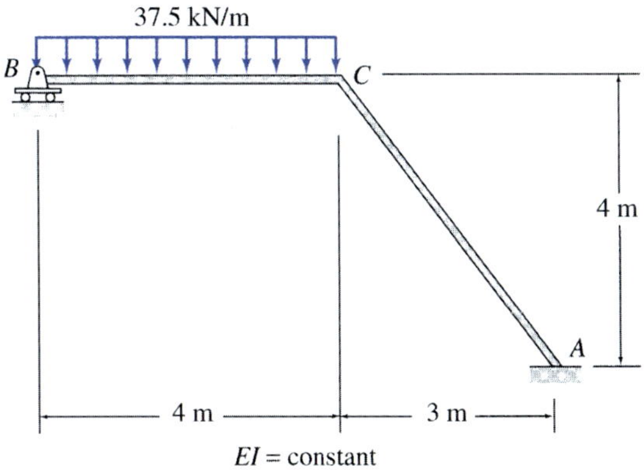

그림 P13.24

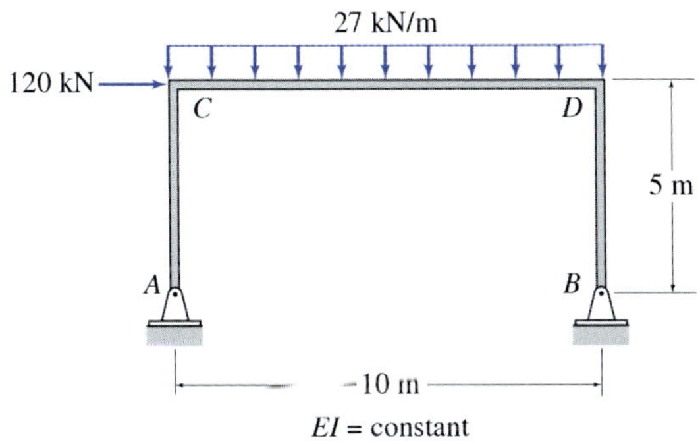

그림 P13.22

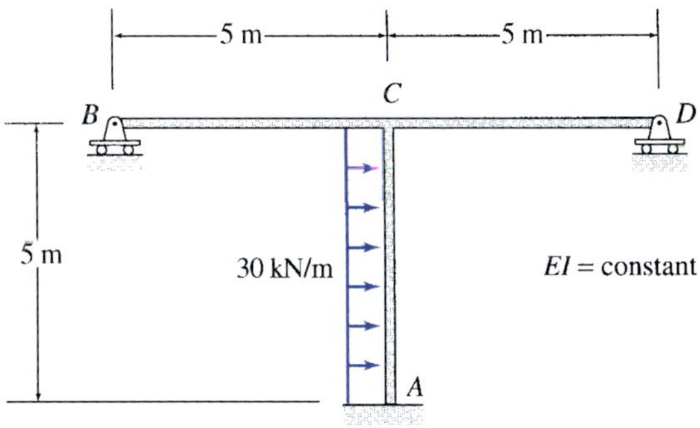

그림 P13.25

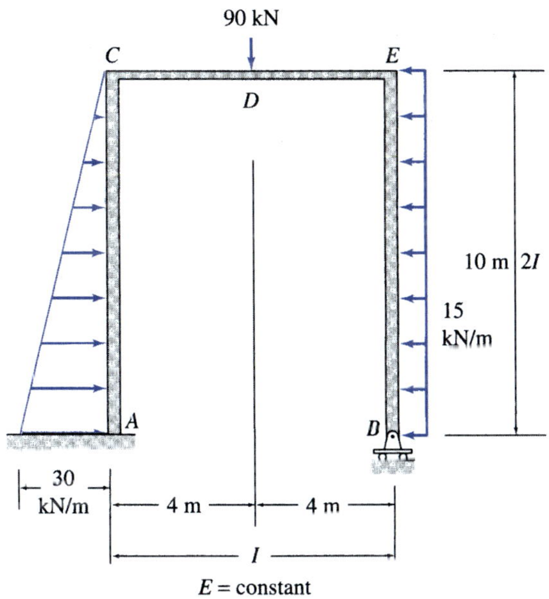

그림 P13.23

13.26~**13.29** 변형일치법을 사용하여 그림 P13.26~P13.29와 같은 트러스의 반력과 부재력을 구하라.

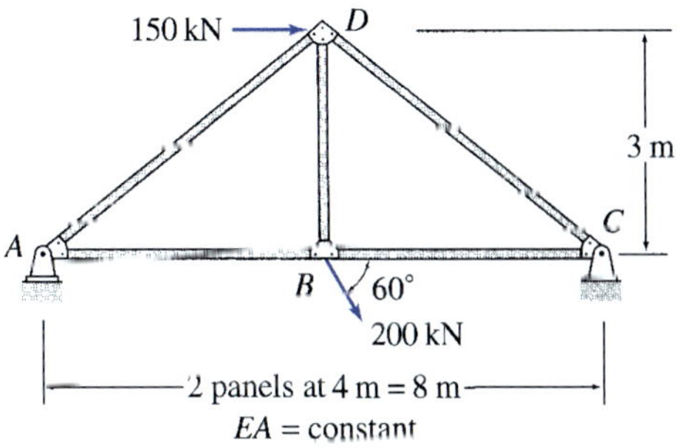

그림 P13.26

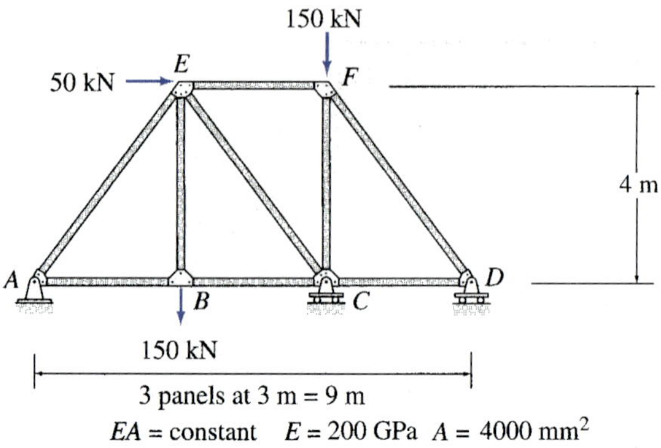

그림 P13.27, P13.52

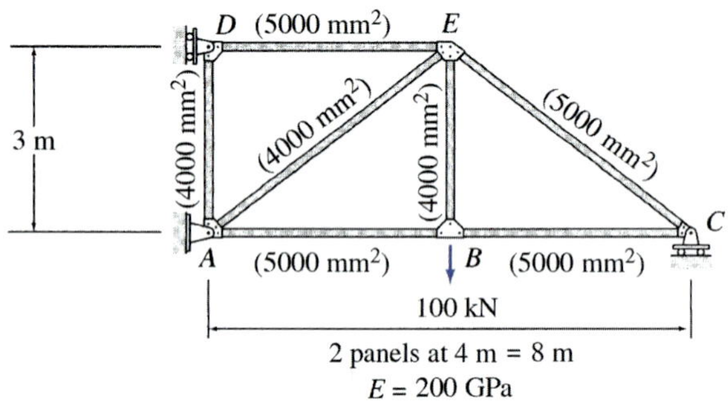

그림 P13.28

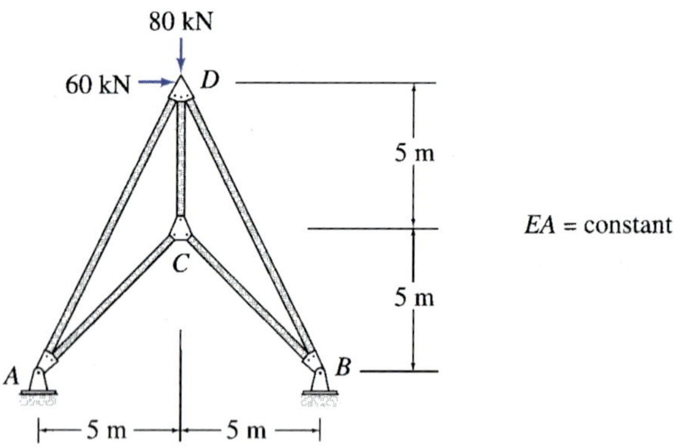

그림 P13.29

13.30~13.33 문제 13.9~13.12에서 내부 지점에서의 휨모멘트를 잉여력으로 하여 구하라. 그림 P13.9~P13.12 참조

13.34~13.36 변형일치법을 사용하여 그림 P13.34~P13.36에 있는 트러스의 반력과 부재력을 구하라.

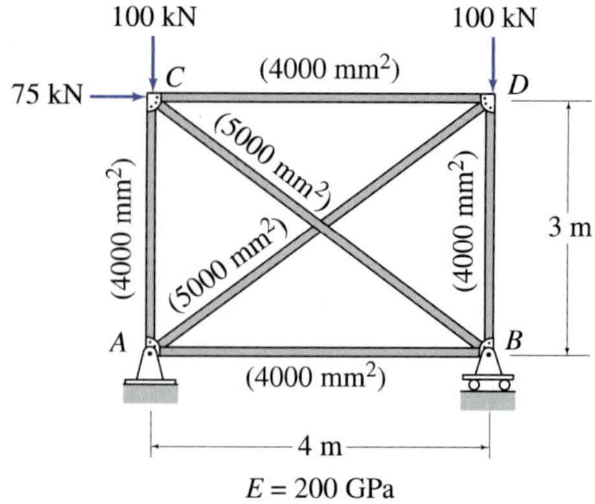

그림 P13.34

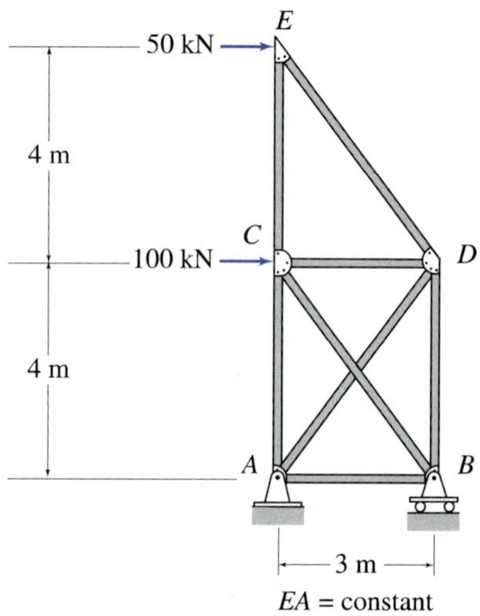

그림 P13.35, P13.60

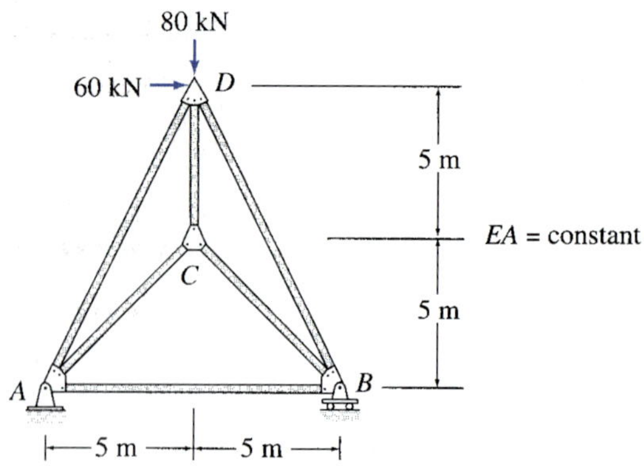

그림 P13.36

13.37~13.45 변형일치법을 사용하여 그림 P13.37~P13.45와 같은 구조물의 반력을 구하고 전단력과 휨모멘트 다이어그램을 그려라.

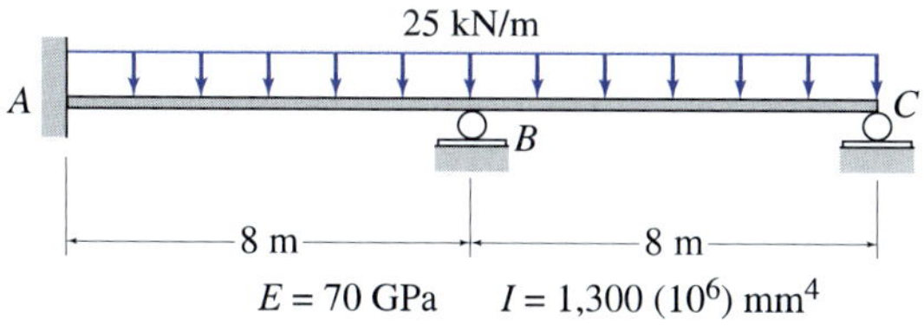

그림 P13.37, P13.53

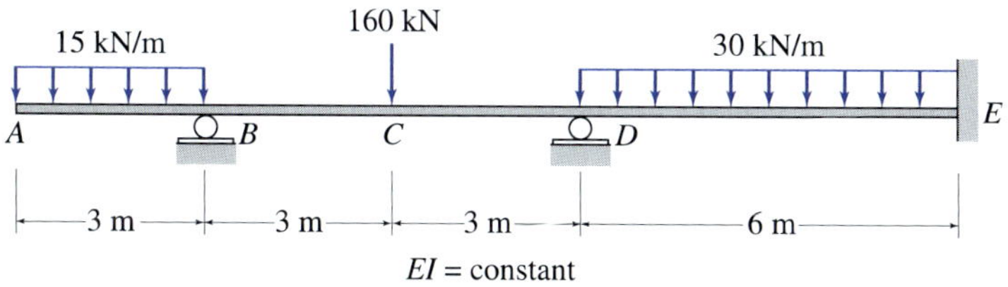

그림 P13.38

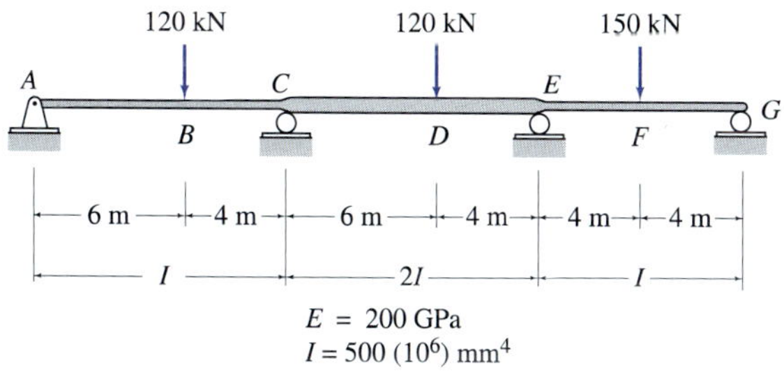

그림 P13.39, P13.54

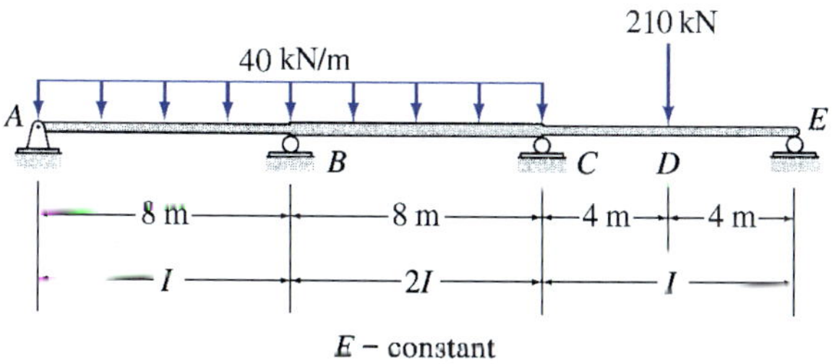

그림 P13.40

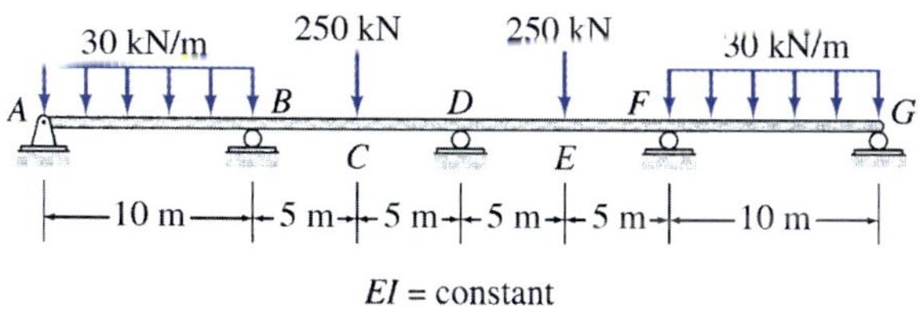

그림 P13.41

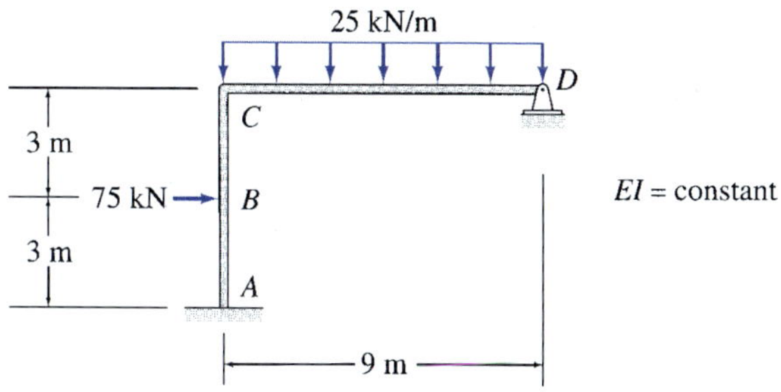

그림 P13.42

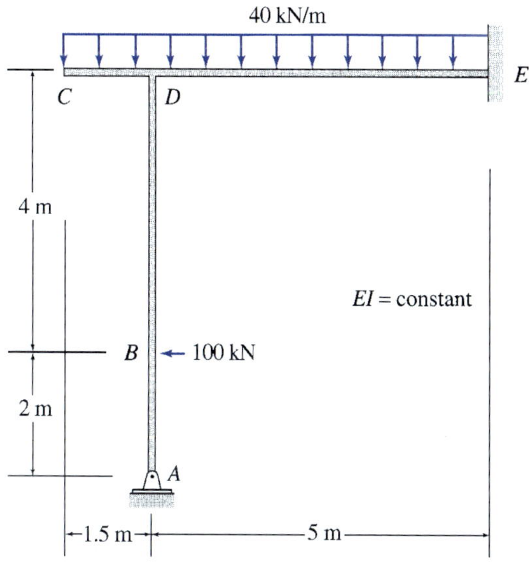

그림 P13.43

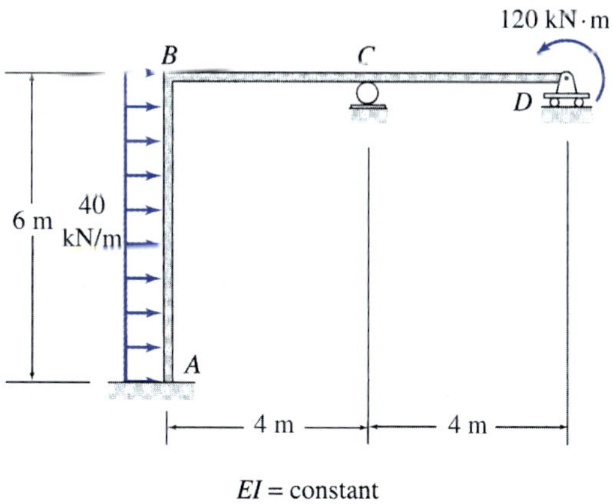

그림 P13.44

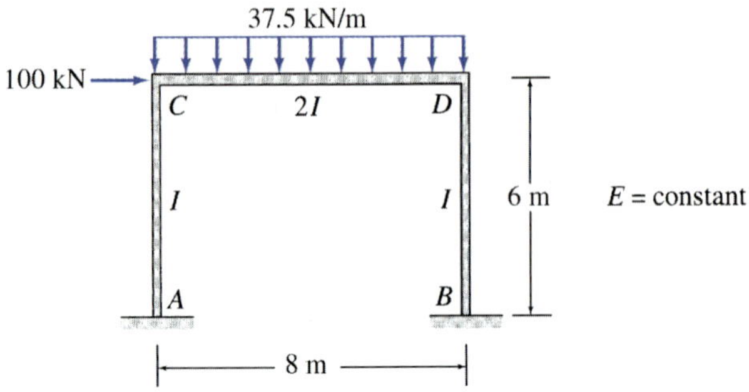

그림 P13.45

13.46~13.47 변형일치법을 사용하여 그림 P13.46~P13.47과 같은 트러스의 반력과 부재력을 구하라.

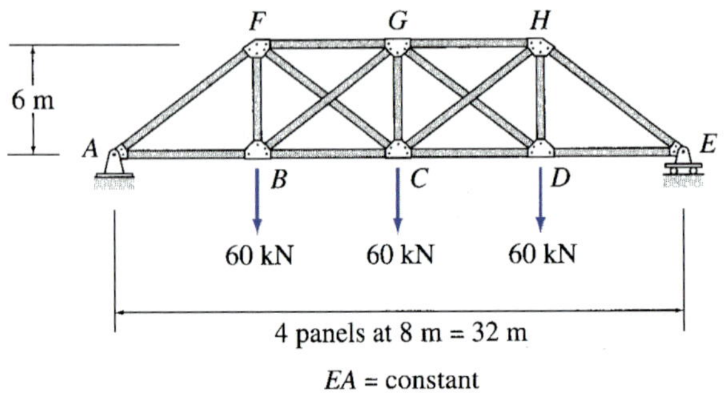

그림 P13.46

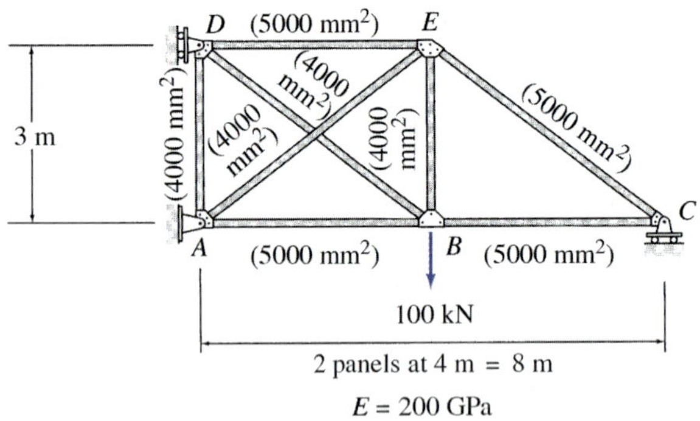

그림 P13.47

13.48 그림 P13.48에서 이동단 C에서의 처짐 Δ로 인한 반력을 구하라.

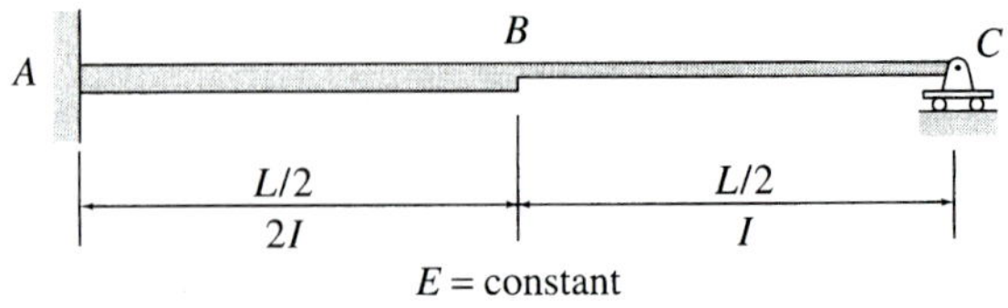

그림 P13.48

13.49 그림 P13.1에서 D점에 30 mm의 지점침하가 추가로 발생하였을 때 문제 13.1을 다시 구하라.

13.50 그림 P13.9에서 C점에 30 mm의 지점침하가 추가로 발생하였을 때 문제 13.9를 다시 구하라.

13.51 그림 P13.12에서 A점에 10 mm, B점에 65 mm, C점에 40 mm의 지점침하가 추가로 발생하였을 때 문제 13.12를 다시 구하라.

13.52 그림 P13.27에서 A점에 25 mm, C점에 50 mm, D점에 40 mm의 지점침하가 추가로 발생하였을 때 문제 13.27을 다시 구하라.

13.53 그림 P13.37에서 B점에 50 mm, C점에 25 mm의 지점침하가 추가로 발생하였을 때 문제 13.37을 다시 구하라.

13.54 그림 P13.39에서 A점에 10 mm, C점에 65 mm, E점에 40 mm, G점에 25 mm의 지점침하가 추가로 발생하였을 때 문제 13.39를 다시 구하라.

13.55 변형일치법을 사용하여 그림 P13.55에 있는 트러스의 반력과 부재력을 구하라. 단 부재 AB, BC, CD는 25℃의 온도 감소가 발생하였고, EF부재에는 60℃의 온도 상승이 발생하였다.

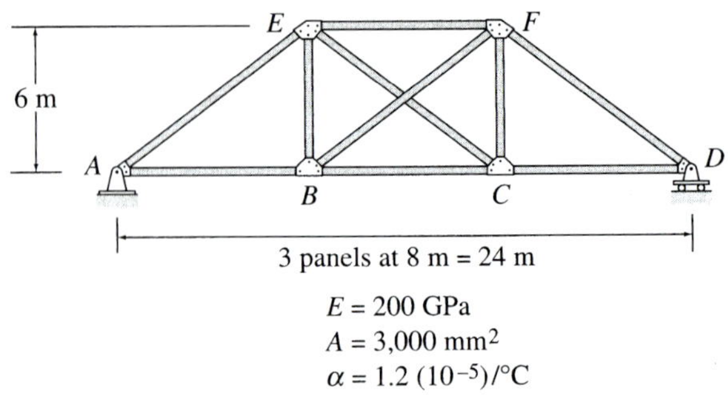

그림 P13.55, P13.56

13.56 EF부재가 30 mm 짧게 제작되었을 때 그림 P13.55에서 트러스의 반력과 부재력을 변형일치법으로 구하라.

13.57 그림 P13.57에서 AB부재에 40℃의 온도 증가가 발생하였을 때 트러스의 반력과 부재력을 변형일치법으로 구하라.

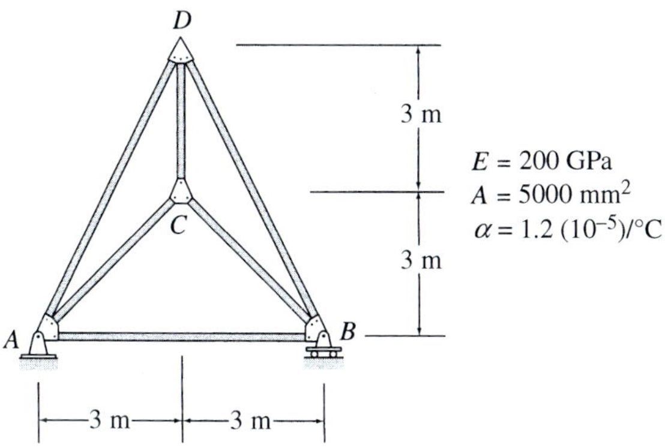

그림 P13.57

13.58 문제 13.15를 최소일법으로 풀어라(그림 P13.15 참조).

13.59 문제 13.16를 최소일법으로 풀어라(그림 P13.16 참조).

13.60 문제 13.35를 최소일법으로 풀어라(그림 P13.35 참조).

13.61 그림 P13.61과 같은 고정단 B와 케이블 AC로 지지되고 있는 보가 있다. 최소일법으로 케이블의 인장을 구하라.

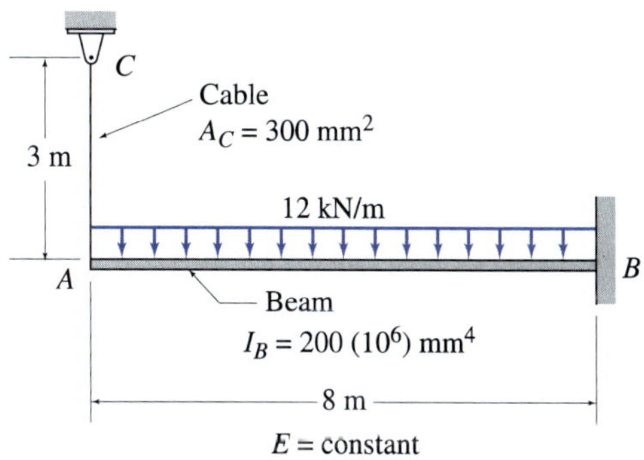

그림 P13.61

The Golden Gate Bridge, San Francisco
Acoi/Shutterstock.com

14 부정정구조물의 영향선

이 장에서는 부정정구조물의 영향선을 작성하는 방법을 다루고자 한다. 8장에서 **"구조물에 단위하중을 이동시킬 때 구조물이 반응하는 반응함수의 그래프를 영향선이라 한다."** 라고 정의한 바 있다.

부정정구조물의 영향선을 작성하는 기본 과정은 8장에서 다루었던 정정구조물에서의 과정과 같다. 이 과정은 기본적으로 단위하중을 구조물의 여러 점으로 이동하여 각 지점에서 대상 반응함수를 산출하고 그 값을 가로좌표가 단위하중의 위치로 하고 있는 그래프의 세로좌표로 나타내는 것이다. 정정구조물에서 하중과 모멘트에 대한 영향선은 꺾은선 형태로 나타나므로 8장에서 단위하중을 몇 개의 위치에서만 배치시켜 해당 반응함수의 값을 계산하고 각 점을 직선으로 연결하여 영향선을 구할 수 있었다. 그러나 부정정구조물의 영향선은 일반적으로 곡선 형태로 되어 있다. 바닥틀이 있는 부정정보나 트러스와 같이 이동하중이 간접적으로 전달되는 부정정구조물의 경우 영향선은 주로 여러 호로 구성된 곡선으로 되어 있다. 따라서 부정정구조물의 영향선을 구하기 위해서는 정정구조물보다 더 많은 점에 대해 반응함수를 계산해야 한다.

부정정구조물의 영향선에 대한 좌표를 계산하는 방법으로는 3부에서 다루었던 어느 방법을 사용하여도 무관하나, 여기서는 13장에서 소개했던 변형일치법을 사용하기로 한다. 부정정구조물의 영향선이 작성되면 9장에서의 정정구조물에서와 같은 방법으로 이를 적용할 수 있다. 이 장에서는 부정정보와 트러스의 영향선을 작성하는 과정과 뮐러 - 브레슬로(Müller–Breslau)의 원리를 적용하여 부정정보와 부정정골조의 정성적 영향선(qualitative influence line)을 작성하는 방법에 대해 설명하기로 한다.

14.1 보와 트러스의 영향선

그림 14.1(a)의 연속보에서 중간지점 B의 수직 반력에 대한 영향선을 작성하고자 한다. 이 보에는 아래 방향으로 단위 집중하중이 이동하며 작용한다. 그림과 같이 단위하중의 위치를 좌측 단부인 점 A로부터의 거리 x로 나타낸다.

수직반력 B_y에 대한 영향선을 구하기 위해서는 B_y를 단위하중의 위치 x의 함수로 나타내야 한다. 그림 14.1(a)의 보가 1차 부정정이므로 반력 B_y를 잉여력(redundant force)으로 지정한다. 따라서 원래의 부정정보에서 이동단 B를 제거하여 그림 14.1(b)에 나타낸 정정 주보(statically determinate primary beam)를 만든다. 다음으로 그림 14.1(b)와 같이 주보의 좌측 단부에서 거리 x의 위치에 있는 임의의 점 X에 단위하중을 작용시키고 그림 14.1(c)와 같이 주보의 같은 위치에 잉여력 B_y를 작용시킨다. 점 B에서의 적합조건에 따라 단위하중에 의한 점 B의 처짐과 미지의 잉여력 B_y에 의한 점 B의 처짐의 합은 0이어야 한다. 이를 수식화 하면 다음과 같이 나타낼 수 있다.

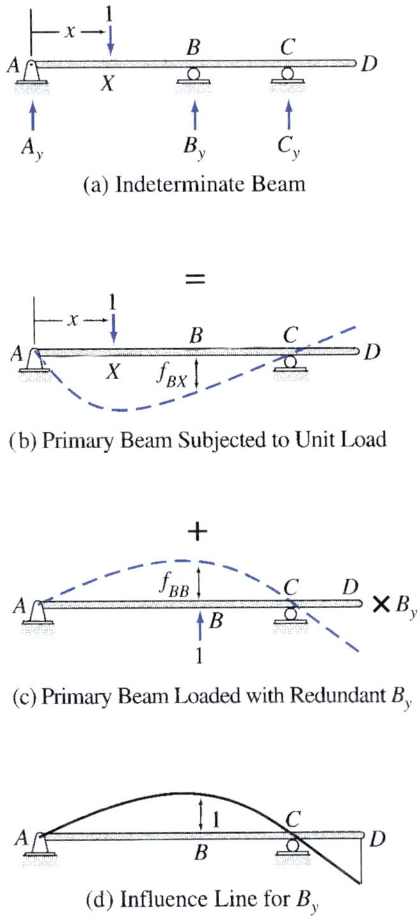

그림 14.1

$$f_{BX} + f_{BB} B_y = 0$$

이 식으로부터 다음을 구할 수 있다.

$$B_y = -\frac{f_{BX}}{f_{BB}} \tag{14.1}$$

여기서, f_{BX}는 연성계수이며 점 X에 위치하는 단위하중이 작용할 때 주보의 점 B에서의 처짐을 나타낸다(그림 14.1(b)). 반면 연성계수 f_{BB}는 단위 잉여력 B_y에 의한 주보의 B점에서의 처짐을 나타낸다(그림 14.1(c)).

식 (14.1)을 이용하여 B_y에 의한 영향선을 다음과 같이 작성할 수 있다. 단위하중을 보의 여러 점 X에 위치시키면서 각 점에서의 f_{BX}를 계산하고, 이에 따른 $-f_{BX}/f_{BB}$의 값을 그리면 B_y에 의한 영향선을 작성할 수 있다. 그러나 **맥스웰의 상반처짐법칙**(7.8절 참조)을 사용하면 보다 효과적으로 영향선을 구할 수 있다. 이 원리를 따르면 X의 위치에서 단위하중에 의해

B점에 발생하는 처짐은 B점에 작용하는 단위하중에 의해 X점에 발생하는 처짐과 같아야만 한다. 즉, $f_{BX} = f_{XB}$이며 식 (14.1)은 다음과 같이 다시 쓸 수 있다.

$$B_y = -\frac{f_{XB}}{f_{BB}} \tag{14.2}$$

식 (14.2)는 B_y에 대한 영향선의 방정식을 나타낸다. 여기서, 처짐 f_{XB}와 f_{BB}는 13장의 변형일치법에 적용한 부호 규약에 따라 위쪽의 방향(즉, 잉여력 B_y의 양의 방향)을 양의 값으로 정의한다.

영향선을 작성하는데 있어 식 (14.2)는 식 (14.1)보다 더 편리하게 적용된다. 이는 식 (14.2)에 의해 주보의 점 B에만 단위하중을 작용시키고 수많은 점 X에서의 처짐값 f_{XB}를 계산할 수 있기 때문이다. 이 값으로부터 점 X위치에 해당하는 거리 x에서의 $-f_{XB}/f_{BB}$를 구하여 영향선을 작성할 수 있다.

식 (14.2)를 이용하여 영향선을 표현할 때 방정식은 부정정구조물에 **뮐러-브레슬로의 원리**의 적용성을 보여준다. B_y에 의한 영향선을 표현하는 식 (14.2)에서 f_{BB}는 일정하므로 단위하중을 점 B에 가할 때 임의의 점 X에서 발생하는 처짐 f_{XB}의 값으로 나타낼 수 있음을 알 수 있다. 또한 이 식으로부터, 점 B에 단위하중을 가하였을 때 주보에 발생하는 처짐곡선에 상수 $-1/f_{BB}$를 곱하여 B_y에 대한 영향선도 구할 수 있음을 알 수 있다. 여기서 처짐곡선에 상수 $-1/f_{BB}$를 곱할 때 점 B에 단위 변위를 주어 그림 14.1(d)에 나타낸 주보의 처짐곡선을 얻게 되므로 부정정구조물에 뮐러-브레슬로의 원리의 적용성을 보여준다. 8.2절에서 설명한 뮐러-브레슬로의 원리에 의하면, B_y에 대한 영향선은 지점 B를 제거하고 그 점에 B_y의 방향으로 단위 변위를 주어서 구할 수 있다. 또한, 그림 14.1(d)을 살펴보면 부정정보에서는 8장에서 다룬 정정구조물과 달리 지점 B를 제거하여도 불안정구조가 되지 않음을 알 수 있다. 따라서 반력 B_y에 대한 영향선은 곡선이 된다. 잉여력 B_y에 의한 영향선이 결정되면 보의 나머지 반력에 대한 영향선 및 보의 전단력과 휨모멘트는 평형조건으로부터 구할 수 있다.

다차 부정정구조물의 영향선

다차 부정정구조물의 영향선을 구하는 과정은 1차 부정정구조물의 영향선을 구하는 방법과 유사하다. 예를 들어 그림 14.2(a)의 3경간 연속보를 살펴보자. 이 보는 2차 부정정이므로 반력 B_y와 C_y를 잉여력으로 선택한다. 잉여력에 대한 영향선을 구하고 나면, 보를 따라 여러 점 X에 단위하중을 위치하여 각 위치에서 B_y와 C_y에 대한 영향선의 세로축의 값을 식 (14.3)과 (14.4)에 나타낸 적합방정식으로부터 구할 수 있다(그림 14.2(a)~(d)).

$$f_{BX} + f_{BB}B_y + f_{BC}C_y = 0 \tag{14.3}$$

$$f_{CX} + f_{CB}B_y + f_{CC}C_y = 0 \tag{14.4}$$

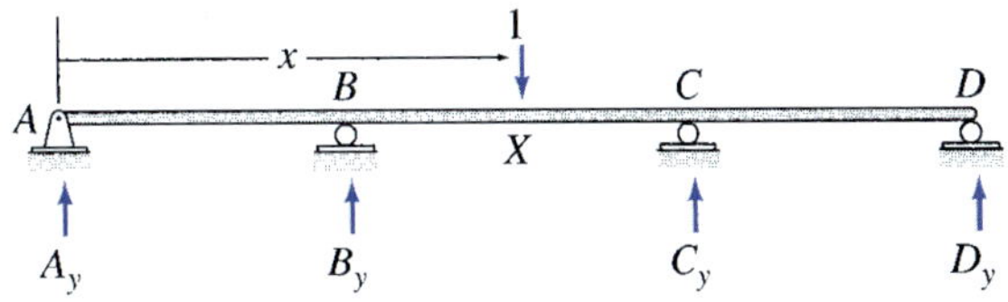

(a) Indeterminate Beam

=

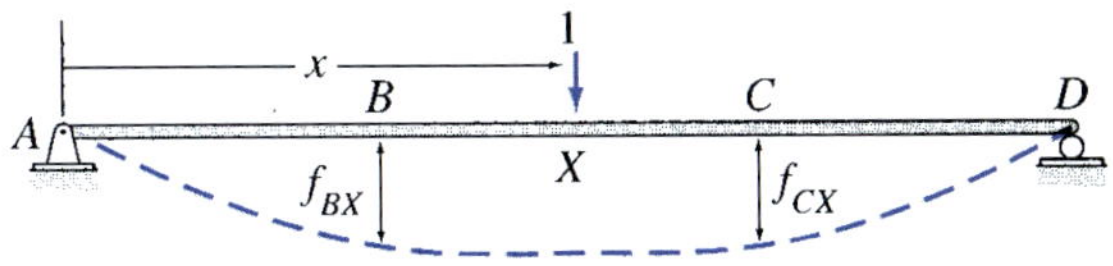

(b) Primary Beam Subjected to Unit Load

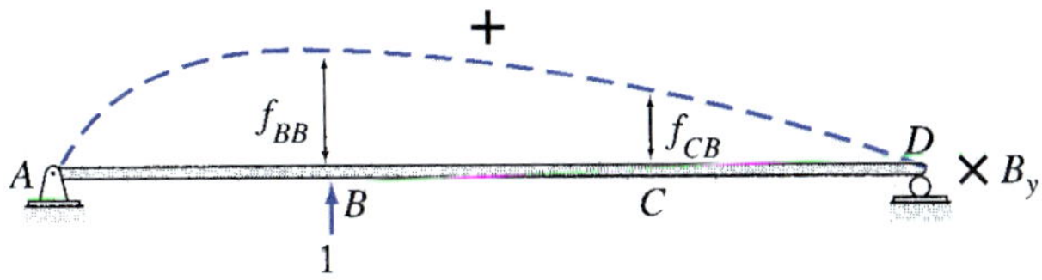

(c) Primary Beam Loaded with Redundant B_y

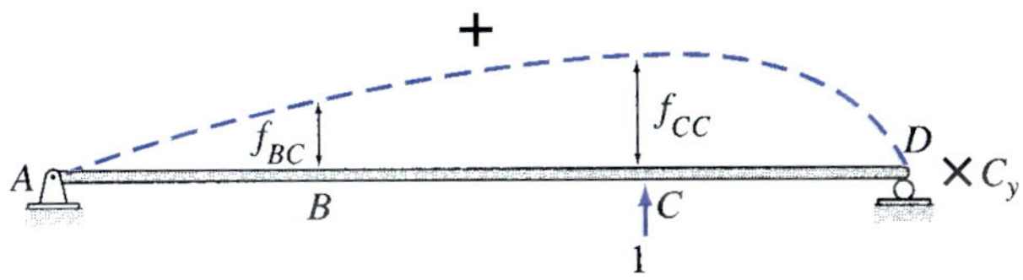

(d) Primary Beam Loaded with Redundant C_y

그림 14.2

잉여력에 의한 영향선이 구해지면 나머지 반력에 대한 영향선과 보의 전단력, 휨모멘트 등은 정역학적인 방법으로 구할 수 있다.

앞서 설명한 바와 같이 **맥스웰의 상반처짐법칙**에 의해 $f_{BX}=f_{XB}$와 $f_{CX}=f_{XC}$를 적용하면 해석이 상당히 수월해진다. 따라서 보 위의 여러 점 X에 단위하중을 작용시키면서 지점 B와 지점 C의 처짐인 f_{BX}와 f_{CX}를 구하는 대신에 지점 B와 지점 C에 단위하중을 주었을 때 여러 점 X에서 발생하는 처짐 f_{XB}와 f_{XC}를 계산하면 더 편리하다.

해석 순서

변형일치법에 의해 부정정구조물의 영향선을 구하는 과정을 정리하면 다음과 같다.

1. 부정정차수를 구하고 잉여력을 선택한다.
2. 구조물 전체 길이에서 계산하고자 하는 영향선의 여러 위치를 선택한다.

3. 2단계에서 선택된 위치에 대해 순차적으로 단위하중을 작용시킨다. 그리고 단위하중이 주어진 각각의 위치에 대해서 변형일치법으로부터 잉여력의 크기를 계산한다. 단위하중이 작용하는 위치에서의 세로축 값에 해당하는 잉여력의 값을 연속적으로 그려서 잉여력에 대한 영향선을 작성한다(적합방정식에 의한 처짐을 계산하는 것은 예제 14.1부터 14.3에서와 같이 **맥스웰의 상반처짐법칙**을 적용하여 간편하게 구할 수 있다).
4. 잉여력에 대한 영향선이 결정되면 나머지 힘이나 모멘트 등에 대한 영향선은 평형조건으로부터 구한다.

14.1 Example

그림 14.3(a)와 같은 보에서 지점 B에서의 수직반력과 점 C에서의 휨모멘트에 대한 영향선을 그려라.

풀이

주어진 보는 1차 부정정이므로 이동단 B에서의 수직반력 B_y를 잉여력으로 선택한다. 영향선의 세로좌표를 그림 14.3(a)에서와 같이 점 A에서 점 E까지 3 m의 간격으로 계산하여 표현하기로 한다.

잉여력 B_y에 대한 영향선. 단위하중을 임의의 점 X에 적용시켰을 때, 이에 대한 잉여력 B_y는 다음과 같은 적합방정식을 계산하여 구할 수 있다(그림 14.3(b)와 (c)).

$$f_{BX}+\overline{f_{BB}}B_y=0$$

여기서

$$B_y=-\frac{f_{BX}}{\overline{f_{BB}}} \tag{1}$$

맥스웰의 상반처짐법칙에 의해 $f_{BX}=f_{XB}$이므로 그림 14.3(d)와 같이 주보의 점 B에 단위하중을 적용시키고 점 A부터 점 E까지의 처짐값을 이 책의 앞표지에 나타낸 보의 처짐식을 이용하여 구하면 다음과 같다. 따라서

$$f_{BA}=f_{AB}=-\frac{364.5\ \mathrm{kN\cdot m^3/kN}}{EI}$$

$$f_{BB}=-\frac{243\ \mathrm{kN\cdot m^3/kN}}{EI}$$

$$f_{BC}=f_{CB}=-\frac{126\ \mathrm{kN\cdot m^3/kN}}{EI}$$

$$f_{BD}=f_{DB}=-\frac{36\ \mathrm{kN\cdot m^3/kN}}{EI}$$

$$f_{BE}=f_{EB}=0.$$

여기서, 음인 것은 처짐이 아래쪽 방향으로 발생하다는 의미를 가진다. 식 (1)의 연성계수 $\overline{f_{BB}}$는 단위 잉여력 B_y가 작용할 때 주보의 점 B에서 발생하는 위쪽 방향의 처짐을 나타내고(그림 14.3(c)), 처짐 f_{BB}는 점 B에 작용하는 단위하중에 의해 점 B에서 발생하는 아래쪽 방향의 처짐을 나타낸다(그림 14.3(d)). 따라서

$$\overline{f_{BB}} = -f_{BB} = +\frac{243\ \text{kN} \cdot \text{m}^3/\text{kN}}{EI}$$

이제 단위하중이 작용하는 각각의 위치에 대해 순차적으로 식 (1)을 적용하면 B_y에 대한 영향선의 세로좌표의 값을 구할 수 있다. 예를 들어 단위하중이 점 A에 작용할 때, B_y의 값은 다음과 같다.

$$B_y = -\frac{f_{BA}}{\overline{f_{BB}}} = \frac{364.5}{243} = 1.5\ \text{kN/kN}$$

B_y에 대한 영향선의 나머지 값은 같은 방법으로 구한다. 이들 값은 표 14.1에 정리하였으며 B_y에 대한 영향선은 그림 14.3(e)와 같다.

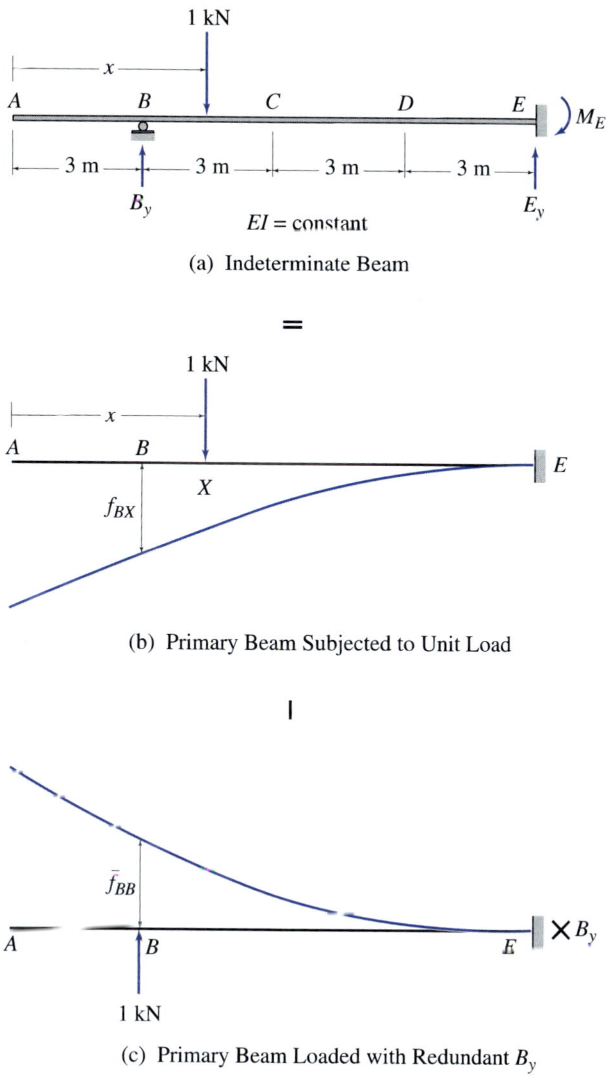

(a) Indeterminate Beam

(b) Primary Beam Subjected to Unit Load

(c) Primary Beam Loaded with Redundant B_y

그림 14.3

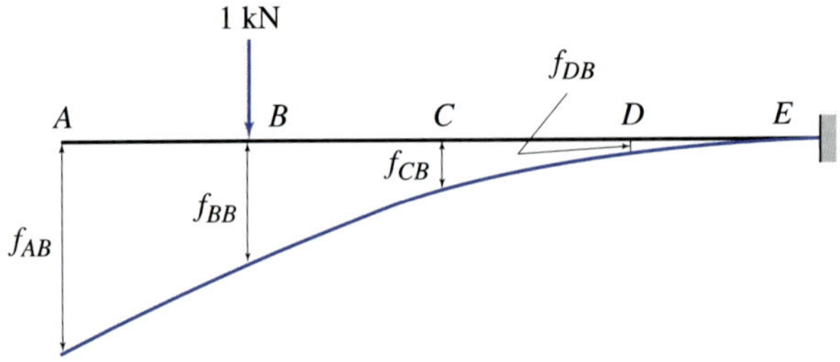

(d) Primary Beam Subjected to Unit Load at B

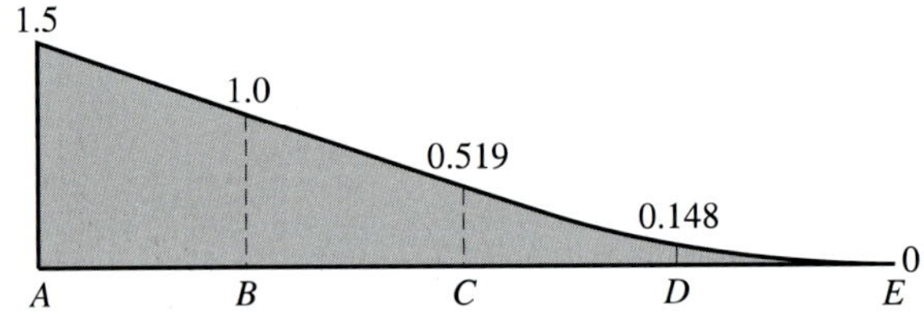

(e) Influence Line for B_y (kN/kN)

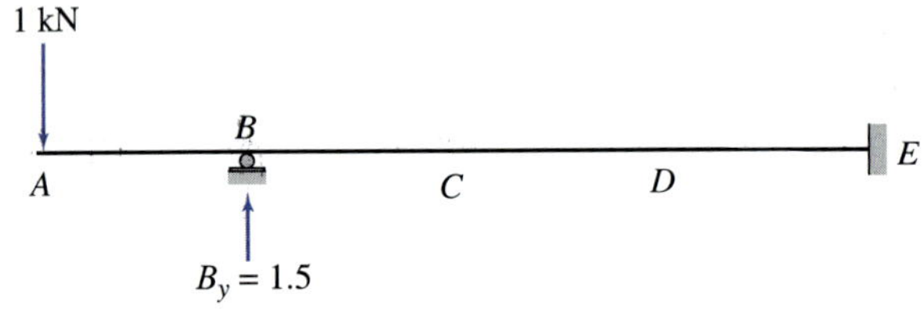

(f)

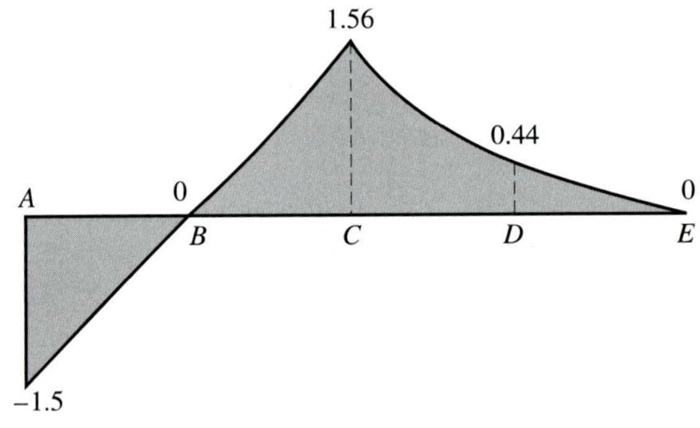

(g) Influence Line for M_C (kN · m/kN)

그림 14.3 계속

M_C에 대한 영향선. B_y에 대한 영향선을 구하였으므로 단위하중을 부정정보의 점 A부터 점 E까지 순차적으로 배치시키고 앞서 해당 점에 계산한 B_y의 값을 이용하여 점 C에서의 휨모멘트에 대한 영향선의 세로좌표를 계산할 수 있다. 예를 들어, 그림 14.3(f)와 같이 점 A에 단위하중을 가하면 반력 B_y는 1.5 kN/kN임은 앞에서 구하였다. 점 C 좌측 부분의 자유물체도 대상으로 평형방정식을 적용하면, M_C의 값을 다음과 같이 구할 수 있다.

$$M_C = -1(6) + 1.5(3) = -1.5 \text{ kN} \cdot \text{m/kN}$$

영향선의 나머지 세로축의 값들은 같은 방법으로 구한다. 이들 값을 표 14.1에 정리하였으며 점 C에서의 휨모멘트에 대한 영향선은 각각 그림 14.3(g)와 같다.

표 14.1

단위하중의 위치	영향선의 세로좌표	
	B_y (kN/kN)	M_C (kN·m/kN)
A	1.5	−1.5
B	1.0	0
C	0.519	1.56
D	0.148	0.44
E	0	0

14.2 Example

그림 14.4(a)에 나타낸 2경간 연속보의 수직반력과 점 C에서의 전단력과 휨모멘트에 대한 영향선을 그려라.

풀이

주어진 보는 1차 부정정이므로 내부지점인 D에서의 수직반력 B_y를 잉여력으로 선택한다. 영향선의 세로좌표를 그림 14.4(a)에서와 같이 점 A에서 점 F까지 2 m의 간격으로 계산하여 표현하기로 한다.

잉여력 D_y에 대한 영향선. 임의의 점 X에 단위하중을 작용시켰을 때, 잉여력 D_y에 대한 잉여력은 다음과 같은 적합방정식으로 구할 수 있다(그림 14.4(b)와 (c)).

$$f_{DX}+\overline{f_{DD}}D_y=0$$

여기서

$$D_y=-\frac{f_{DX}}{f_{DD}} \tag{1}$$

맥스웰의 상반처짐법칙에 의해 $f_{DX}=f_{XD}$이므로 그림 14.4(d)와 같이 수보의 점 D에 단위하중을 적용시키고 점 A부터 점 F까지의 처짐값을 공액보법으로 계산한다. 공액보는 그림 14.4(e)와 같으며 여기에서 다음을 얻을 수 있다.

$$f_{DA}=f_{AD}=0$$

$$f_{DB}=f_{BD}=-\frac{1}{EI}\left[3.44(2)-\frac{1}{2}(2)(0.4)\left(\frac{2}{3}\right)\right]=-\frac{6.613\text{ kN}\cdot\text{m}^3/\text{kN}}{EI}$$

$$f_{DC}=f_{CD}=-\frac{1}{EI}\left[3.44(4)-\frac{1}{2}(4)(0.8)\left(\frac{4}{3}\right)\right]=-\frac{11.627\text{ kN}\cdot\text{m}^3/\text{kN}}{EI}$$

$$f_{DD}=-\frac{1}{EI}\left[3.44(6)-\frac{1}{2}(6)(1.2)\left(\frac{6}{3}\right)\right]=-\frac{13.44\text{ kN}\cdot\text{m}^3/\text{kN}}{EI}$$

$$f_{DE}=f_{ED}=-\frac{1}{EI}\left[4.96(2)-\frac{1}{2}(2)(1.2)\left(\frac{2}{3}\right)\right]=-\frac{9.12\text{ kN}\cdot\text{m}^3/\text{kN}}{EI}$$

$$f_{DF}=f_{FD}=0.$$

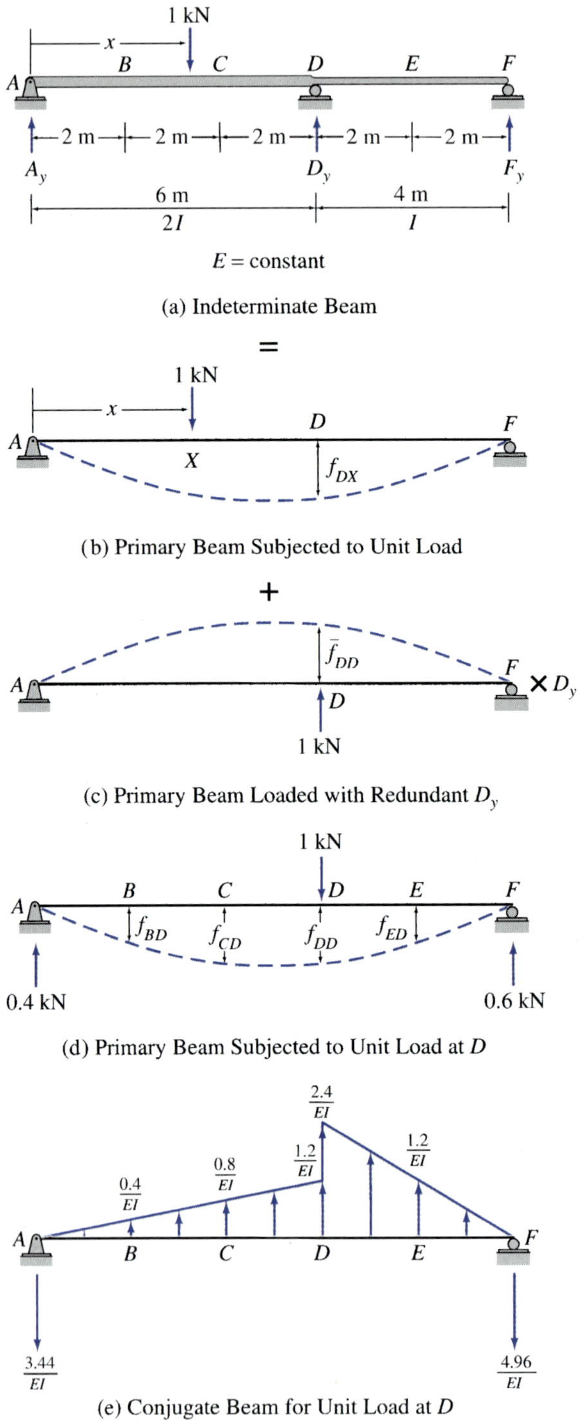
1 kN
x
A B C D E F
2 m 2 m 2 m 2 m 2 m
A_y D_y F_y
6 m 4 m
2I I
E = constant
(a) Indeterminate Beam
=
1 kN
x
A X D F
f_{DX}
(b) Primary Beam Subjected to Unit Load
+
A D F
$\bar{f}_{DD}$
$\times D_y$
1 kN
(c) Primary Beam Loaded with Redundant D_y
1 kN
A B C D E F
f_{BD} f_{CD} f_{DD} f_{ED}
0.4 kN 0.6 kN
(d) Primary Beam Subjected to Unit Load at D
$\frac{2.4}{EI}$
$\frac{0.4}{EI}$ $\frac{0.8}{EI}$ $\frac{1.2}{EI}$ $\frac{1.2}{EI}$
A B C D E F
$\frac{3.44}{EI}$ $\frac{4.96}{EI}$
(e) Conjugate Beam for Unit Load at D

그림 14.4

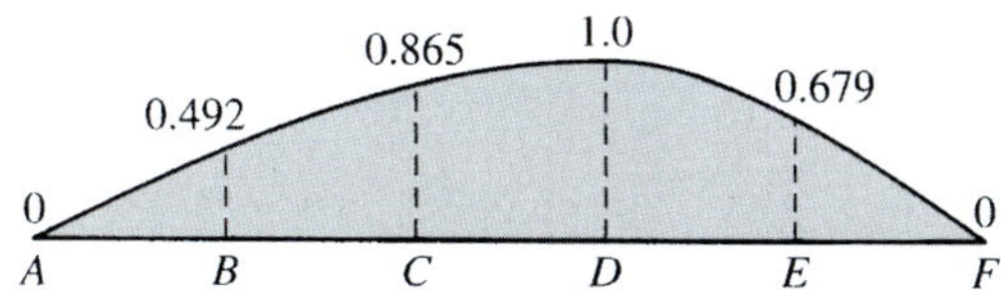

(f) Influence Line for D_y (kN/kN)

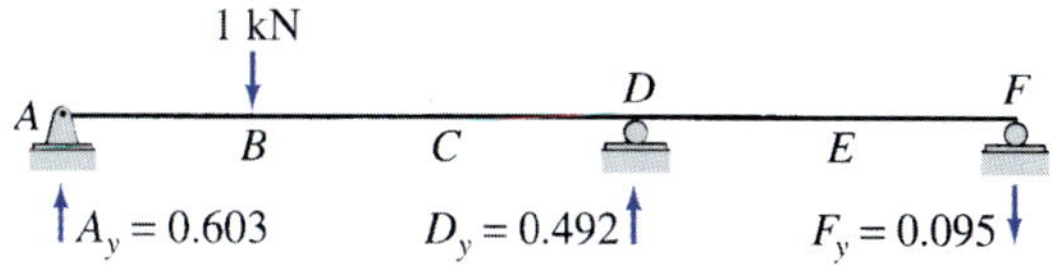

(g)

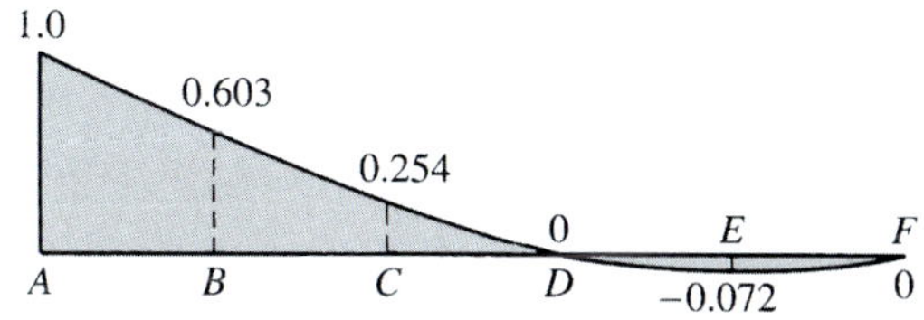

(h) Influence Line for A_y (kN/kN)

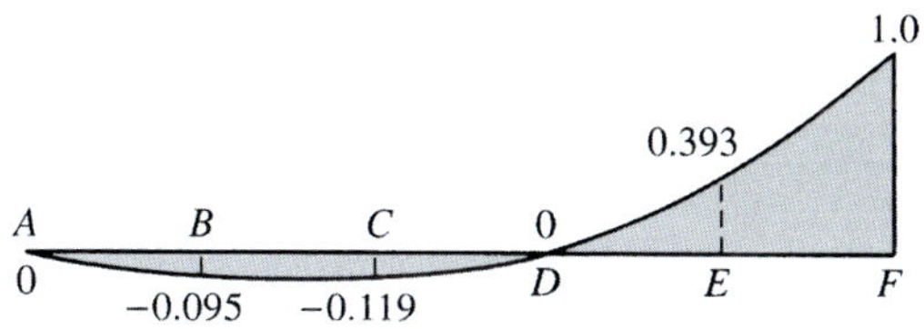

(i) Influence Line for F_y (kN/kN)

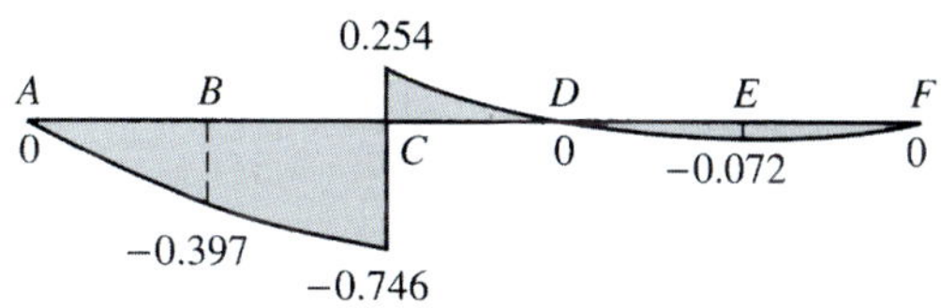

(j) Influence Line for S_C (kN/kN)

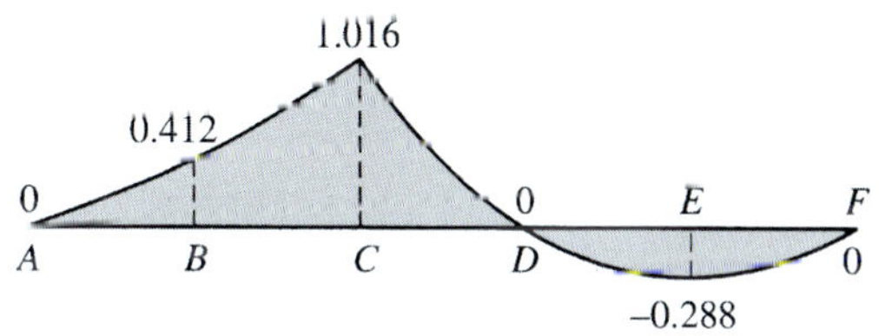

(k) Influence Line for M_C (kN · m/kN)

그림 14.4 계속

계산값이 음인 것은 처짐이 아래쪽 방향으로 발생하다는 것이다. 식 (1)의 연성계수 $\overline{f_{DD}}$는 단위 잉여력 D_y이 작용할 때 주보의 점 D에서 발생하는 위쪽 방향의 처짐을 나타내고(그림 14.4(c)), 처짐 f_{DD}는 점 D에 작용하는 단위하중에 의해 점 D에서의 아래쪽 방향의 처짐을 나타낸다(그림 14.4(d)). 따라서

$$\overline{f_{DD}} = -f_{DD} = +\frac{13.44 \text{ kN} \cdot \text{m}^3/\text{kN}}{EI}$$

이제 단위하중이 작용하는 각각의 위치에 대해 순차적으로 식 (1)을 적용하고 이를 계산하여 D_y에 대한 영향선의 세로좌표의 값을 구할 수 있다. 예를 들어 단위하중이 점 B에 작용할 때, D_y의 값은 다음과 같다.

$$D_y = -\frac{f_{DB}}{\overline{f_{DD}}} = \frac{6.613}{13.44} = 0.492 \text{ kN/kN}$$

D_y에 대한 영향선의 나머지 값은 같은 방법으로 구한다. 이들 값은 표 14.2에 정리하였으며 D_y에 대한 영향선은 그림 14.4(f)와 같다.

표 14.2

단위하중의 위치	영향선의 세로좌표				
	D_y (kN/kN)	A_y (kN/kN)	F_y (kN/kN)	S_C (kN/kN)	M_C (kN·m/kN)
A	0	1.0	0	0	0
B	0.492	0.603	−0.095	−0.397	0.412
C	0.865	0.254	−0.119	−0.746(좌) 0.254(우)	1.016
D	1.0	0	0	0	0
E	0.679	−0.072	0.393	−0.072	−0.288
F	0	0	1.0	0	0

A_y와 F_y에 대한 영향선. D_y에 대한 영향선을 구하였으므로 나머지 반력에 대한 영향선은 평형방정식으로 구할 수 있다. 예를 들어 그림 14.4(g)와 같이 점 B에 단위하중을 배치시키면 반력 D_y는 0.492 kN/kN임을 앞에서 구하였다. 평형방정식을 적용하면, 반력 A_y와 F_y의 값은 다음과 같이 구할 수 있다.

$$+\circlearrowleft \sum M_F = 0 \qquad -A_y(10) + 1(8) - 0.492(4) = 0$$

$$A_y = 0.603 \text{ kN/kN} \uparrow$$

$$+\uparrow \sum F_y = 0 \qquad 0.603 - 1 + 0.492 + F_y = 0$$

$$F_y = -0.095 \text{ kN/kN} = 0.095 \text{ kN/kN} \downarrow$$

앞에서 적용한 같은 방법으로 A_y와 F_y에 대한 영향선의 세로좌표의 값을 구한다. 이들 값을 표 14.2에 정리하였으며 A_y와 F_y에 대한 영향선은 각각 그림 14.4(h)와 (i)에 나타내었다.

S_C와 M_C에 의한 영향선. 점 C에서의 전단력과 휨모멘트에 대한 영향선의 세로좌표는 부정정보의 점 A에서 점 F까지 순차적으로 단위하중을 배치시키고 앞에서 계산된 반력들의 값을 적용하여 구할 수 있다. 예를 들어, 그림 14.4(g)에서 보는 바와 같이 단위하중이 점 B에 작용할 때 반력은 $A_y = 0.603$ kN/kN; $D_y = 0.492$ kN/kN; $F_y = -0.095$ kN/kN 이다. 점 C 좌측 부분의 자유물체도 대상으로 평형방정식을 적용하면 다음을 얻을 수 있다.

$$S_C = 0.603 - 1 = -0.397 \text{ kN/kN}$$

$$M_C = 0.603(4) - 1(2) = 0.412 \text{ kN} \cdot \text{m/kN}$$

영향선의 나머지 세로좌표의 값들은 같은 방법으로 구한다. 이들 값을 표 14.2에 정리하였으며 점 C에서의 전단력과 휨모멘트에 대한 영향선은 각각 그림 14.4(j)와 (k)에 나타내었다.

14.3 Example

그림 14.5(a)에 주어진 보의 지점반력에 대한 영향선을 그려라.

풀이

주어진 보는 2차 부정정이다. 따라서 지점 D와 G에서의 수직반력 D_y와 G_y를 잉여력으로 선택한다. 영향선의 세로좌표를 그림 14.5(a)에서와 같이 점 A에서 점 G까지 5 m의 간격으로 계산한다.

잉여력 D_y와 G_y에 대한 영향선. 임의의 점 X에 단위하중을 작용시켰을 때, 이에 대한 잉여력 D_y와 G_y는 다음과 같은 적합방정식으로 구할 수 있다(그림 14.5(b), (c), (d)).

$$f_{DX}+\overline{f_{DD}}D_y+\overline{f_{DG}}G_y=0 \tag{1}$$

$$f_{GX}+\overline{f_{GD}}D_y+\overline{f_{GG}}G_y=0 \tag{2}$$

맥스웰의 상반처짐법칙에 의해 $f_{DX}=f_{XD}$이다. 따라서 이 책의 앞표지에 나타낸 보의 처짐식을 참조하여 주보(그림 14.5(e))의 점 D에 단위하중을 작용시켰을 때 점 A부터 점 G까지의 처짐은 다음과 같다.

$$f_{DA}=f_{AD}=0$$

$$f_{DB}=f_{BD}=-\frac{166.667\,\text{kN}\cdot\text{m}^3/\text{kN}}{EI}$$

$$f_{DC}=f_{CD}=-\frac{583.333\,\text{kN}\cdot\text{m}^3/\text{kN}}{EI}$$

$$f_{DD}=-\frac{1{,}125\,\text{kN}\cdot\text{m}^3/\text{kN}}{EI}$$

$$f_{DE}=f_{ED}=-\frac{1{,}687.5\,\text{kN}\cdot\text{m}^3/\text{kN}}{EI}$$

$$f_{DF}=f_{FD}=-\frac{2{,}250\,\text{kN}\cdot\text{m}^3/\text{kN}}{EI}$$

$$f_{DG}=f_{GD}=-\frac{2{,}812.5\,\text{kN}\cdot\text{m}^3/\text{kN}}{EI}.$$

같은 방법으로 점 G에 단위하중을 가하여 처짐 $f_{GX}=f_{XG}$를 계산한다(그림 14.5(f)).

$$f_{GA}=f_{AG}=0$$

$$f_{GB}=f_{BG}=-\frac{354.167\,\text{kN}\cdot\text{m}^3/\text{kN}}{EI}$$

$$f_{GC}=f_{CG}=-\frac{1{,}333.333\,\text{kN}\cdot\text{m}^3/\text{kN}}{EI}$$

$$f_{GE}=f_{EG}=-\frac{4{,}666.667\,\text{kN}\cdot\text{m}^3/\text{kN}}{EI}$$

$$f_{GF}=f_{FG}=-\frac{6{,}770.833\,\text{kN}\cdot\text{m}^3/\text{kN}}{EI}$$

$$f_{GG}=-\frac{9{,}000\,\text{kN}\cdot\text{m}^3/\text{kN}}{EI}$$

위의 식에서 음의 기호는 처짐이 아래를 향해 발생한다는 것을 의미한다.

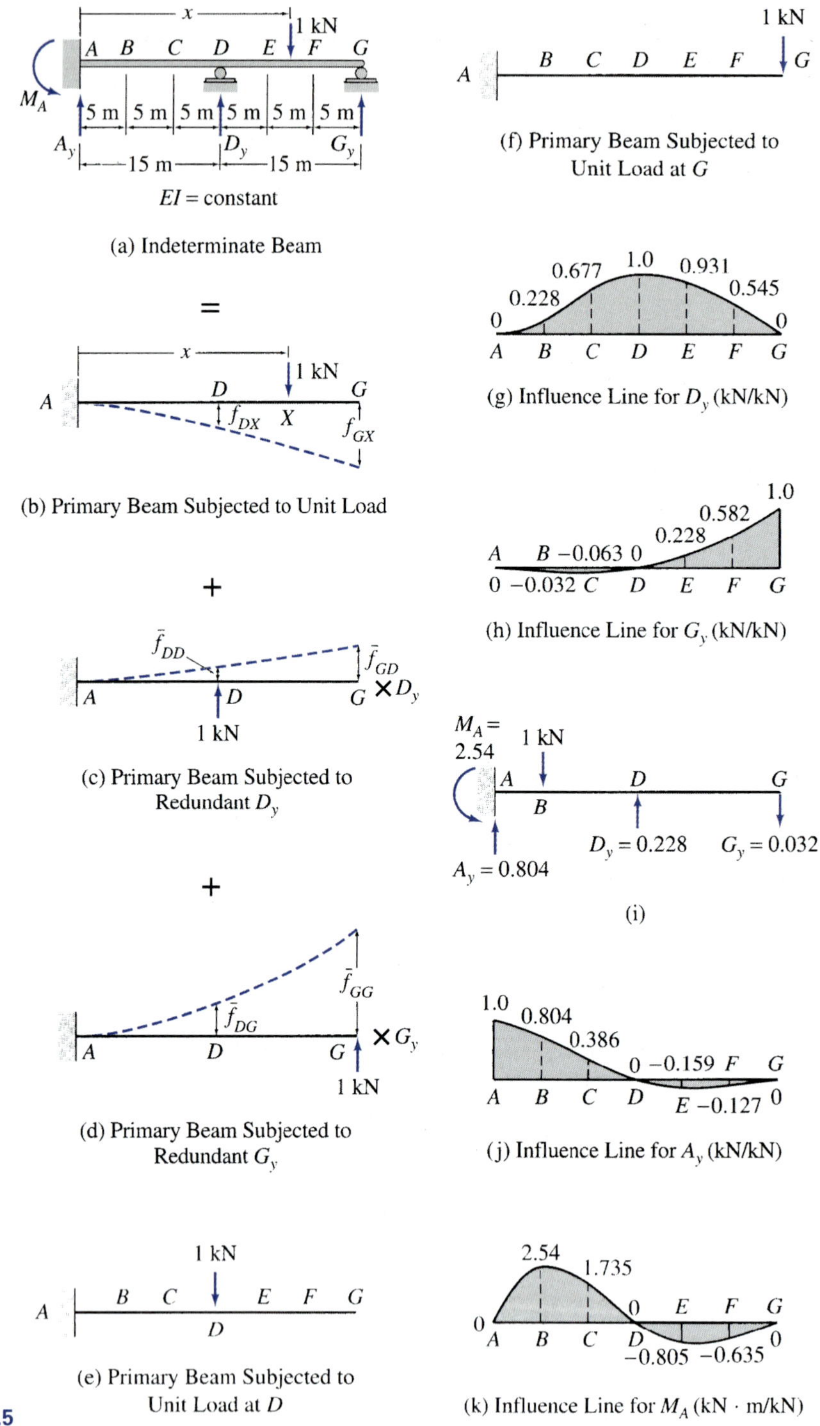

그림 14.5

잉여력의 단위 값에 의해 발생하는 위쪽 방향의 처짐은 다음과 같다(그림 14.5(c), (d)).

$$\overline{f_{DD}} = +\frac{1{,}125\,\text{kN}\cdot\text{m}^3/\text{kN}}{EI}$$

$$\overline{f_{DG}} = \overline{f_{GD}} = +\frac{2{,}812.5\,\text{kN}\cdot\text{m}^3/\text{kN}}{EI}$$

$$\overline{f_{GG}} = +\frac{9{,}000\,\text{kN}\cdot\text{m}^3/\text{kN}}{EI}$$

이들 연성계수의 값을 적합방정식(식 (1)과 (2))에 대입하면 다음과 같이 D_y와 G_y를 구한다.

$$D_y = \frac{EI}{1{,}968.75}(-8f_{DX} + 2.5f_{GX}) \tag{3}$$

$$G_y = \frac{EI}{1{,}968.75}(2.5f_{DX} - f_{GX}) \tag{4}$$

단위하중을 각 위치에 배치시킴에 따라 잉여력 D_y와 G_y는 각 점에 대응하는 처짐값인 f_{DX}와 f_{GX}를 식 (3)과 (4)에 대입하여 계산할 수 있다. 예를 들어 단위하중을 점 B에 작용할 때 D_y와 G_y에 대한 영향선의 세로좌표는 $f_{DX} = f_{DB} = -166.667/EI$와 $f_{GX} = f_{GB} = -354.167/EI$를 식 (3)과 (4)에 대입하여 산정할 수 있다.

$$D_y = \frac{EI}{1{,}968.75}\left[-8\left(-\frac{166.667}{EI}\right) + 2.5\left(-\frac{354.167}{EI}\right)\right] = 0.228\ \text{kN/kN}\uparrow$$

$$G_y = \frac{EI}{1{,}968.75}\left[2.5\left(-\frac{166.667}{EI}\right) + \frac{354.167}{EI}\right] = -0.032\ \text{kN/kN} = 0.032\ \text{kN/kN}\downarrow$$

잉여력에 대한 영향선의 나머지 세로좌표는 같은 방법으로 구한다. 이들 값을 표 14.3에 정리하였으며, D_y와 G_y에 대한 영향선은 그림 14.5(g)와 (h)에 나타내었다.

A_y와 M_A에 대한 영향선. 나머지 반력에 대한 영향선의 세로좌표는 단위하중을 부정정보의 점 A에서 점 G까지 순차적으로 배치하여 평형방정식으로부터 구할 수 있다. 예를 들어 단위하중을 점 B에 작용시킬 때(그림 14.5(i)), 반력 D_y와 G_y의 값은 각각 0.228 kN/kN과 −0.032 kN/kN임은 앞에서 구하였다. 다음과 같이 보의 평형방정식을 유도하면 A_y와 M_A의 값을 산출한다.

$$+\uparrow\sum F_y = 0 \qquad A_y - 1 + 0.228 - 0.032 = 0 \qquad A_y = 0.804\ \text{kN/kN}\uparrow$$

$$+\circlearrowleft\sum M_A = 0 \qquad M_A - 1(5) + 0.228(15) - 0.032(30) = 0 \qquad M_A = 2.54\ \text{kN}\cdot\text{m/kN}\circlearrowleft$$

영향선의 나머지 값은 같은 방법으로 구한다. 이들 값을 표 14.3에 정리하였으며 A_y와 M_A에 대한 영향선은 각각 그림 14.5(j)와 (k)에 나타내었다.

표 14.3

단위하중의 위치	영향선의 세로좌표			
	D_y (kN/kN)	G_y (kN/kN)	A_y (kN/kN)	M_A (kN·m/kN)
A	0	0	1.0	0
B	0.228	0.032	0.804	2.540
C	0.677	−0.063	0.386	1.735
D	1.0	0	0	0
E	0.931	0.228	−0.159	−0.805
F	0.545	0.582	−0.127	−0.635
G	0	1.0	0	0

14.4 Example

그림 14.6(a)에 나타낸 트러스의 부재 BC, BE, CE에서의 부재력에 대한 영향선을 그려라. 활하중은 트러스의 상현재에 전달된다.

풀이

주어진 트러스는 1차 부정정구조물이므로 대각선부재 CE의 부재력 F_{CE}를 잉여력으로 선택한다.

F_{CE}에 대한 영향선. F_{CE}에 대한 영향선을 계산하기 위해 단위하중을 절점 B와 절점 C에 순차적으로 배치시킨다. 단위하중의 각 위치별 F_{CE}의 값을 계산하기 위해 변형일치법을 적용한다. 부재 CE를 제거하여 만들어진 주트러스에서는 그림 14.6(b)와 (c)에서와 같이 단위하중을 각각 점 B와 점 C에 작용하고, 그림 14.6(d)에서와 같이 단위인장력을 잉여부재 CE에 작용한다.
단위하중이 점 B에 작용할 때 적합방정식은 다음과 같다.

$$f_{CE,B}+f_{CE,CE}F_{CE}=0$$

여기서, $f_{CE,B}$는 점 B에 작용하는 단위하중에 의해 주트러스의 점 C와 점 E 사이에 발생하는 상대변위를 나타내고, $f_{CE,CE}$는 단위 잉여력 f_{CE}가 작용할 때 점 C와 점 E 사이에 발생하는 상대변위를 나타낸다. 가상일법을 적용하여(그림 14.6(b)와 (d) 및 표 14.4 참조) 이들 값을 다음과 같이 구한다.

$$f_{CE,B}=\frac{1}{E}\sum\frac{u_B u_{CE}L}{A}=-\frac{1004.49}{E}$$

$$f_{CE,CE}=\frac{1}{E}\sum\frac{u_{CE}^2 L}{A}=\frac{6211.36}{E}$$

이 값을 적합방정식에 대입하면 F_{CE}에 대한 영향선의 점 B에서의 세로좌표를 다음과 같이 구한다.

$$F_{CE}=0.162\ \mathrm{kN/kN\,(T)}$$

같은 방법으로 단위하중을 점 C에 배치할 때 적합방정식은 다음과 같다.

$$f_{CE,C}+f_{CE,CE}F_{CE}=0$$

여기서 $f_{CE,C}$는 다음과 같다(그림 14.6(c)와 (d) 및 표 14.4 참조).

$$f_{CE,C}=\frac{1}{E}\sum\frac{u_C u_{CE}L}{A}=\frac{2444.53}{E}$$

$f_{CE,C}$와 $f_{CE,CE}$의 값을 적합방정식에 대입하면 F_{CE}에 대한 영향선의 점 C에서의 세로좌표를 구한다.

$$F_{CE}=-0.393\ \mathrm{kN/kN}=0.393\ \mathrm{kN/kN\,(C)}$$

그림 14.6(e)는 F_{CE}에 대한 영향선을 나타낸다.

F_{BC}와 F_{BE}에 대한 영향선. 중첩관계를 적용하면 트러스의 모든 부재 대상으로 부재력에 대한 영향선의 점 B에서의 세로좌표를 구할 수 있다(그림 14.6(b)와 (d) 및 표 14.4 참조).

$$F=u_B+u_{CE}F_{CE}$$

여기서, F_{CE}는 잉여부재력 F_{CE}에 대한 영향선의 값을 나타낸다. 그러므로 F_{BC}와 F_{BE}에 대한 영향선의 점 B에서의 값은 다음과 같다.

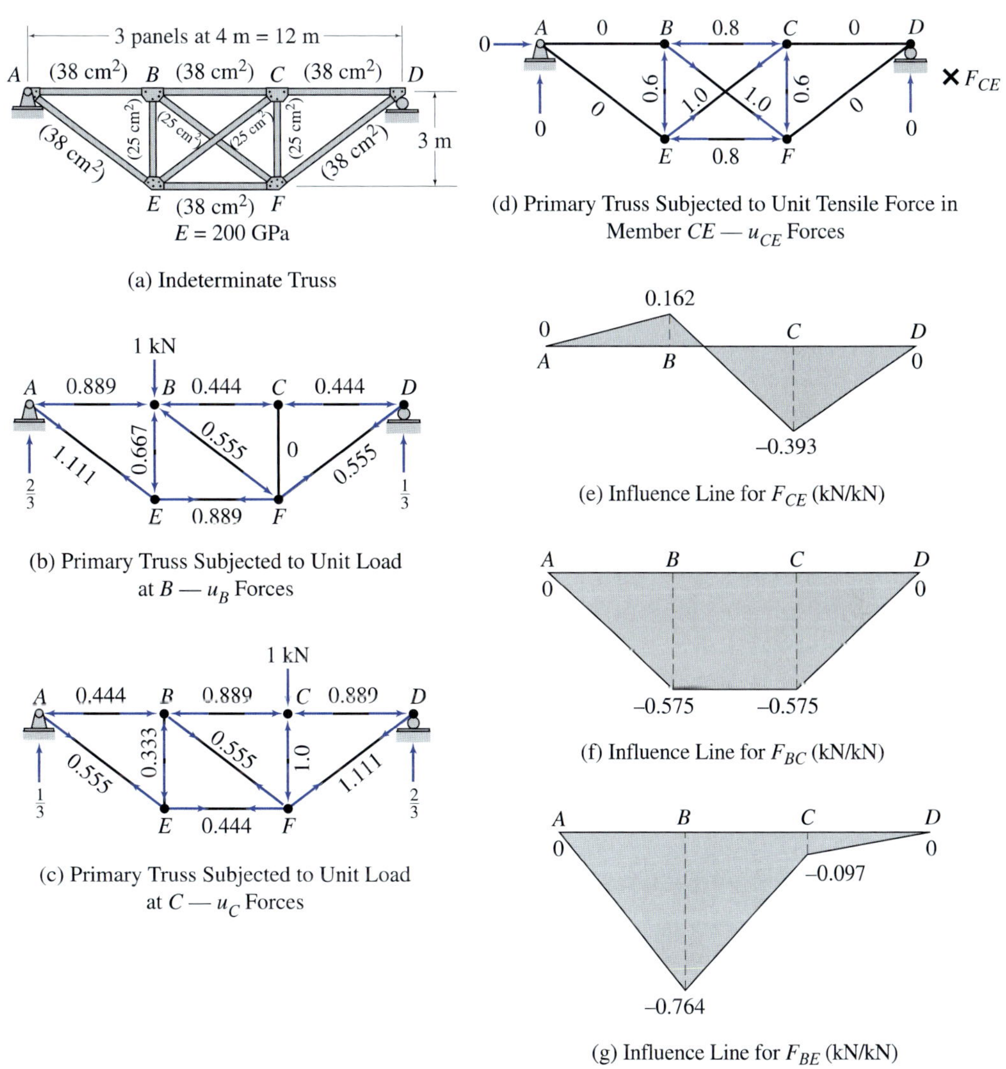

그림 14.6

$$F_{BC} = -0.444 + (-0.8)(0.162) = -0.575 \text{ kN/kN} = 0.575 \text{ kN/kN (C)}$$
$$F_{BE} = -0.667 + (-0.6)(0.162) = -0.764 \text{ kN/kN} = 0.764 \text{ kN/kN (C)}$$

같은 방법으로 F_{BC}와 F_{BE}에 대한 영향선의 섬 C에서의 값은 중첩의 관계로 구한다(그림 14.6(c), (d)와 표 14.4 참조).

$$F = u_C + u_{CE}F_{CE}$$

여기서, F_{CE}는 잉여부재력 F_{CE}에 대한 영향선의 점 C에서의 값을 나타낸다. 그러므로

$$F_{BC} = -0.889 + (-0.8)(-0.393) = -0.575 \text{ kN/kN} = 0.575 \text{ kN/kN (C)}$$
$$F_{BE} = -0.333 + (-0.6)(-0.393) = -0.097 \text{ kN/kN} = 0.097 \text{ kN/kN (C)}$$

F_{BC}와 F_{BE}에 대한 영향선은 각각 그림 14.6(f)와 (g)와 같다.

표 14.4

부재	L (m)	A (m^2)	u_B (kN/kN)	u_C (kN/kN)	u_{CE} (kN/kN)	$\frac{u_B u_{CE} L}{A}$	$\frac{u_C u_{CE} L}{A}$	$\frac{u_{CE}^2 L}{A}$
AB	4	0.0038	−0.889	−0.444	0	0	0	0
BC	4	0.0038	−0.444	−0.889	−0.8	373.9	748.63	673.68
CD	4	0.0038	−0.444	−0.889	0	0	0	0
EF	4	0.0038	0.889	0.444	−0.8	−748.63	−373.9	673.68
BE	3	0.0025	−0.667	−0.333	−0.6	420.24	239.8	432.0
CF	3	0.0025	0	−1.0	−0.6	0	720.0	432.0
AE	5	0.0038	1.111	0.555	0	0	0	0
BF	5	0.0025	−0.555	0.555	1.0	−1110	1110	2000
CE	5	0.0025	0	0	1.0	0	0	2000
DF	5	0.0038	0.555	1.111	0	0	0	0
					$\sum$	−1004.49	2444.53	6211.36

14.2 뮐러 – 브레슬로의 원리에 의한 정성적 영향선

등분포 활하중을 받는 연속보나 골조를 설계하는 과정에서 반응함수가 최대가 되는 활하중의 위치를 결정하기 위해서는 영향선의 형태를 그리는 것만으로도 충분하다. 이 영향선의 스케치를 정석적 영향선이라 한다. 부정정구조물에 대해서도 정정구조물(8.2절)에서와 마찬가지로 **뮐러 - 브레슬로의 원리**를 이용하여 정성적 영향선을 구할 수 있다.

8.2절에서 뮐러 - 브레슬로의 원리를 다음과 같이 기술한 바 있다.

하중(또는 모멘트)반응함수의 영향선은 원래의 구조물에서 반응함수에 해당하는 구속을 제거한 다음 그 위치에 반응함수의 방향으로 단위변위(또는 회전)를 작용시키고, 이 때 구속을 푼 구조물의 처짐 형상으로 구한다. 따라서 이 과정에서 외력이 한 일은 단지 반응함수와 단위하중이 한 일이 된다.

부정정구조물의 정성적 영향선을 구하는 과정은 8.2절에서 기술한 정정구조물에서의 방법과 같다. 그 과정은 다음의 기본 절차를 따른다. (1) 주어진 구조물에서 반응함수에 해당하는 구속을 제거하여 구속을 푼 구조물을 구성한다. (2) 구속을 제거한 위치에서 반응함수의 양의 방향으로 미소변위(또는 회전)를 작용시킨다. (3) 구속을 푼 구조물의 지점조건과 연속조건에 적합한 처짐 형상을 그린다. 일반적으로 부정정구조물의 영향선의 형태는 곡선형태이다.

반응함수에 대한 정성적 영향선이 구해지면, 이를 사용하여 반응함수의 값이 최대가 되는 위치를 결정할 수 있다. 9.2절에서 논의한 바와 같이, 반응함수에 대한 영향선의 세로축의 값이 양(또는 음)인 부분에 하중이 작용하면 등분포 활하중에 의한 반응함수는 최대 양(또는 음)의 값을 가진다. 영향선의 세로좌표는 반응함수를 작용시키는 지점과의 거리가 멀어지면 빠르게 감소하는 경향이 있기 때문에 반응함수의 위치로부터 경간의 3배 이상 떨어진 곳에 작용하는 활하중은 일반적으로 반응함수의 값에 거의 영향을 주지 않는다. 활하중의 패턴이 알려져 있으면 부정정구조물의 해석을 통해 반응함수의 최댓값을 구할 수 있다.

14.5 Example

그림 14.7(a)에 주어진 4경간 연속보에서 지점 A와 지점 B의 수직반력, 지점 B의 휨모멘트, 지점 C의 전단력 및 휨모멘트에 대한 정성적 영향선을 그려라. 또한 지점 A와 지점 B에서 반력이 양의 최댓값, 지점 B에서 음의 최대휨모멘트, 지점 C에서 음의 최대전단력과 양의 최대휨모멘트를 가지도록 아래 방향으로 작용하는 등분포 활하중 w_ℓ의 배치를 결정하라.

풀이

A_y에 대한 영향선. 지점 A에서 수직반력 A_y에 대한 정성적 영향선을 결정하기 위해 우선 주어진 보에서 지점 A의 수직방향의 구속을 제거한 다음 A_y의 양의 방향으로 아주 작은 처짐을 가한다. 구한 구속을 푼 구조물의 변형 형상(그림 14.7(b))은 A_y에 대한 영향선의 전반적 형태(정성적 영향선)를 나타낸다. 여기서 변형 형상은 구속을 푼 구조물의 지점조건과 부응하다는 사실에 주목하기 바란다. 즉, 구속을 제거한 보의 점 B, D, E, F는 이동단(롤러)에 구속되어 있어서 변위가 발생하지 않는다.

그림 14.7(b)와 같이 활하중 w_ℓ을 A_y에 대한 영향선의 세로좌표가 양인 경간 AB와 DE에 걸쳐 작용시키면 A_y의 양의 최댓값은 구할 수 있다.

B_y에 대한 영향선. 그림 14.7(c)와 같이 B_y에 대한 정성적 영향선과 B_y가 양의 최댓값을 갖는 활하중의 배치를 위와 같은 방법으로 구한다.

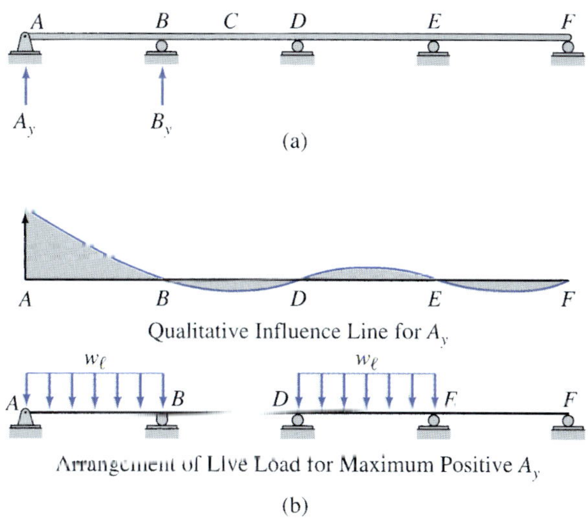

그림 14.7

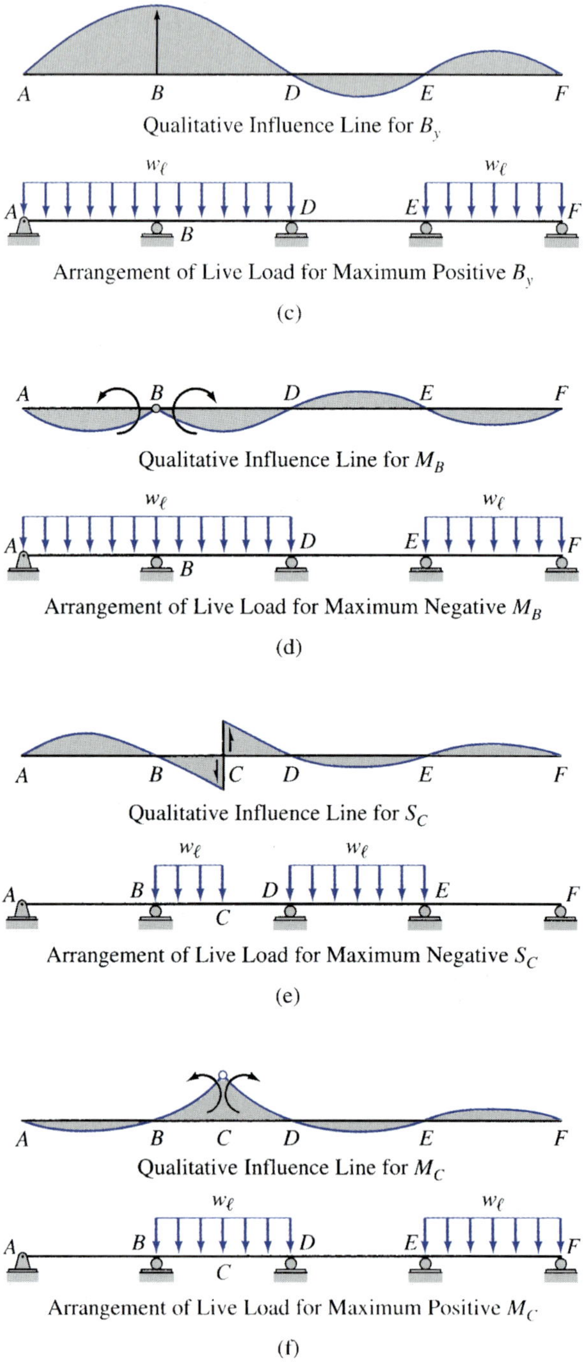
A B D E F
Qualitative Influence Line for B_y
w_ℓ w_ℓ
A D E F B
Arrangement of Live Load for Maximum Positive B_y
(c)
A B D E F
Qualitative Influence Line for M_B
w_ℓ w_ℓ
A D E F B
Arrangement of Live Load for Maximum Negative M_B
(d)
A B C D E F
Qualitative Influence Line for S_C
w_ℓ w_ℓ
A B D E F C
Arrangement of Live Load for Maximum Negative S_C
(e)
A B C D E F
Qualitative Influence Line for M_C
w_ℓ w_ℓ
A B D E F C
Arrangement of Live Load for Maximum Positive M_C
(f)

그림 **14.7** 계속

M_B에 대한 영향선. 점 B의 휨모멘트에 대한 정성적 영향선을 결정하기 위해 그림 14.7(d)와 같이 원래의 보에서 점 B에 힌지를 두어, 구속을 푼 구조물을 만들고 점 B의 좌측과 우측에 각각 반시계방향과 시계방향의 회전변위를 가하면 M_B와 같은 방향으로 아주 작은 회전을 작용시킨다. 이렇게 하여 얻어진 구속을 푼 구조물의 변형 형상은 M_B에 대한 정성적 영향선을 나타낸다.

점 B에서 음의 최대휨모멘트를 유도하기 위해 그림 14.7(d)와 같이 M_B에 대한 영향선의 세로좌표가 음인 경간 AB, BD 및 EF에 활하중 w_ℓ을 배치한다.

S_C에 대한 영향선. S_C에 대한 정성적 영향선은 그림 14.7(e)와 같이 주어진 보를 점 C에 절단하여 구속을 푼 구조물을 만들고, 점 C의 좌측 부분은 아래쪽 방향으로, 우측 부분은 위쪽 방향으로 변위를 주는 방법으로 변위를 가하여 구한다.

점 C에서 음의 최대전단력을 구하기 위해서는 그림 14.7(e)처럼 S_C에 대한 영향선의 세로좌표가 음인 경간 BD의 BC 구간과 경간 DE에 활하중을 배치한다.

M_C에 대한 영향선. 점 C에서 휨모멘트에 대한 정성적 영향선과 M_C가 양의 최댓값을 얻기 위한 활하중의 배치는 그림 14.7(f)와 같다.

14.6 Example

그림 14.8(a)와 같은 골조의 점 A에서 휨모멘트와 전단력에 대한 정성적 영향선을 그려라. 또한 점 A에서 양의 최대휨모멘트, 음의 최대전단력을 발생시키는 등분포 활하중 w_ℓ의 배치를 결정하라.

풀이

M_A에 대한 영향선. 점 A의 휨모멘트에 대한 정성적 영향선은 그림 14.8(b)와 같다. 골조의 부재가 강절점으로 연결되어 있으므로 절점에서 연결되는 부재 사이의 처짐각은 골조가 변형된 후에도 그대로 유지된다는 것에 주의해야 한다. 점 A에서 양의 최대모멘트를 구하기 위해서는 그림 14.8(b)와 같이 M_A에 대한 영향선의 세로좌표가 양인 경간에 활하중 w_ℓ을 놓는다. 이러한 활하중 유형은 체커판(또는 바둑판) - 하중 패턴(checker-board load pattern)이라고 부른다.

S_A에 대한 영향선. 점 A에서의 전단력에 대한 정성적 영향선과 S_A가 음의 최댓값을 갖기 위한 활하중의 배치는 그림 14.8(c)와 같다.

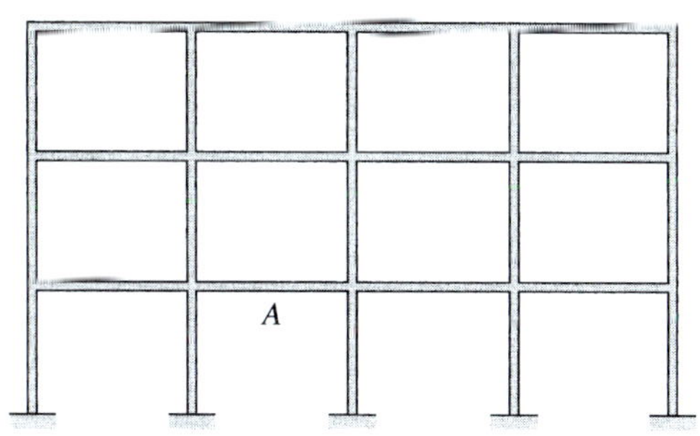

(a)

그림 14.8

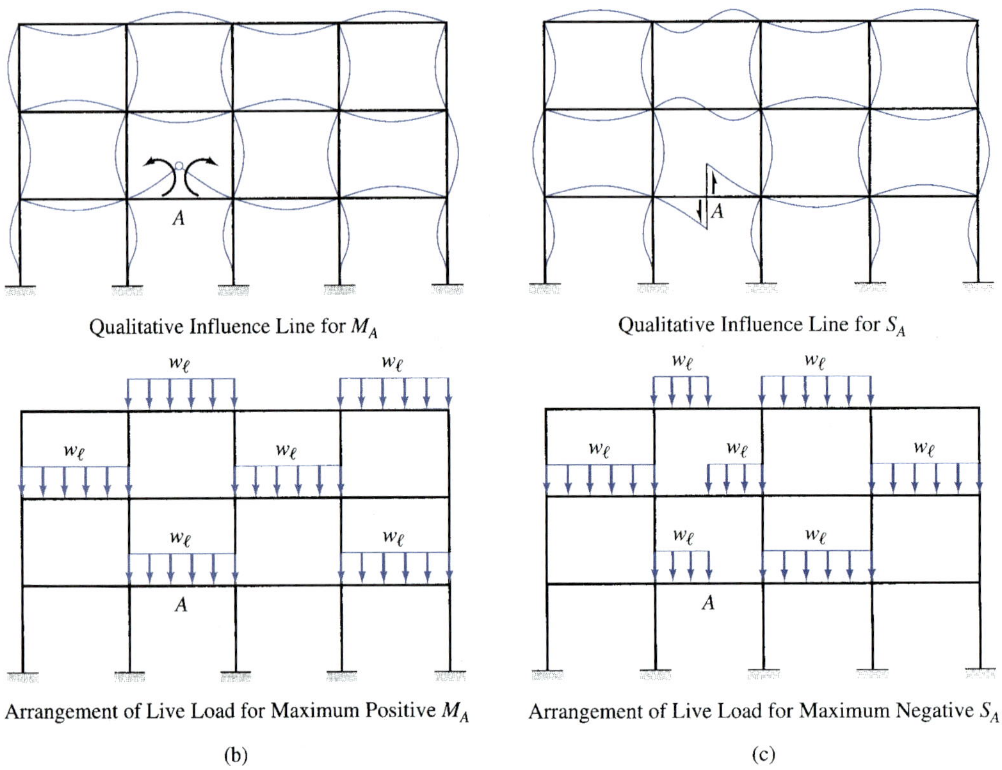

그림 14.8 계속

요약

이 장에서 부정정구조물의 영향선에 대하여 살펴보았다. 변형일치법으로 영향선을 구하는 과정은 다음과 같다. (1) 구조물의 길이방향으로 여러 위치에 순차적으로 단위하중을 가하여 잉여력에 대한 영향선을 구한다. 단위하중이 작용하는 각각의 위치에 대해서 변형일치법을 적용하여 잉여력을 계산한다. (2) 잉여력에 대한 영향선과 평형방정식을 적용하면 구조물에서 다른 반응함수에 대한 영향선을 구할 수 있다.

변형일치법에 필요한 처짐은 맥스웰의 상반처짐법칙 적용을 통해 상당히 수월해진다. 14.2절에서는 뮐러-브레슬로의 원리로 부정정구조물의 정성적 영향선을 구하는 과정을 기술하였다.

연습문제

14.1 그림 P14.1에 나타낸 보의 지점반력과 점 B에서의 전단력과 휨모멘트에 대한 영향선을 그려라. 여기서 영향선의 세로좌표를 2 m의 간격으로 구하라. 잉여력은 지점 C의 반력으로 하여라.

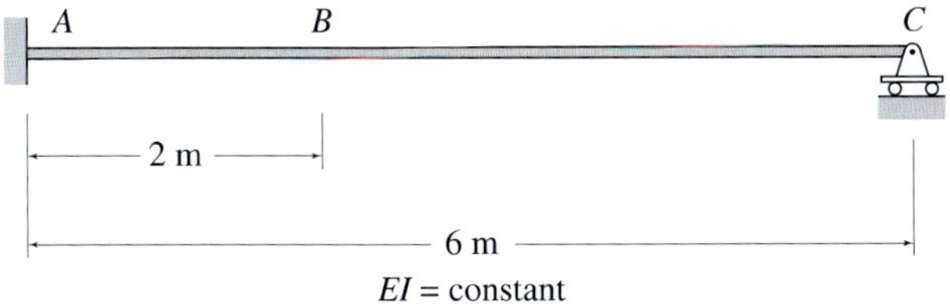

그림 P14.1, P14.2

14.2 연습문제 14.1의 보를 대상으로 지점 A의 모멘트를 잉여력으로 하고 각 지점에서의 반력에 대한 영향선을 작성하라. 그림 P14.1 참조.

14.3 그림 P14.3에 나타낸 보의 지점 B의 반력과 점 C의 전단력과 휨모멘트에 대한 영향선을 그려라. 여기서 영향선의 세로좌표를 3 m의 간격으로 구하라.

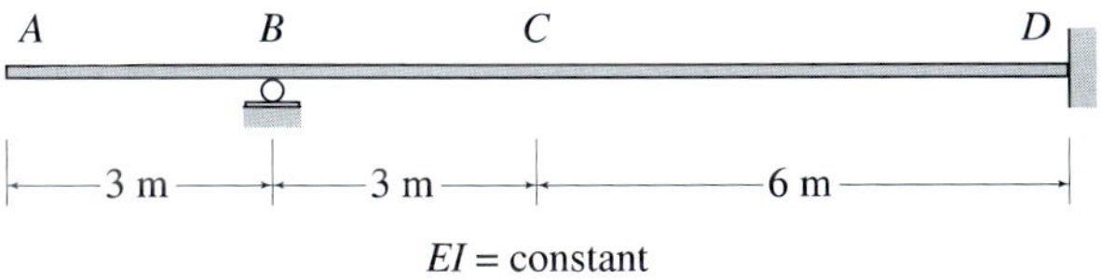

그림 P14.3

14.4 그림 P14.4에 나타낸 보의 지점반력과 점 C의 전단력과 휨모멘트에 대한 영향선을 작성하라. 여기서 영향선의 세로좌표를 2 m의 간격으로 구하라.

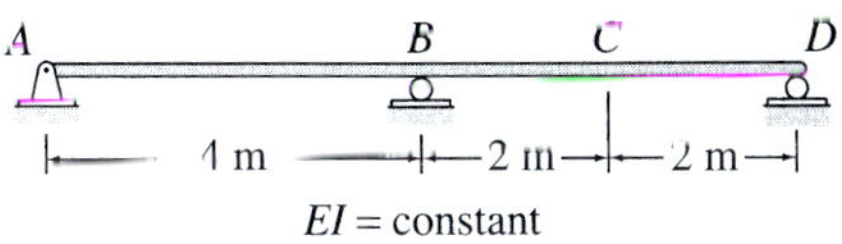

그림 P14.4

14.5 그림 P14.5에 나타낸 보의 각 지점에서의 반력 그리고 점 C에서의 전단력과 휨모멘트에 대한 영향선을 작성하라. 이 때 영향선의 세로좌표를 5 m의 간격으로 구하라.

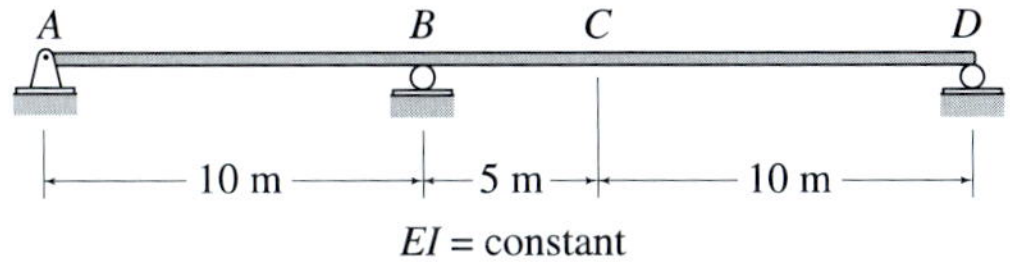

그림 P14.5

14.6 그림 P14.6에 나타낸 보의 각 지점에서의 반력 그리고 점 C에서의 전단력과 휨모멘트에 대한 영향선을 작성하라. 이때 영향선의 세로좌표를 4 m의 간격으로 구하라.

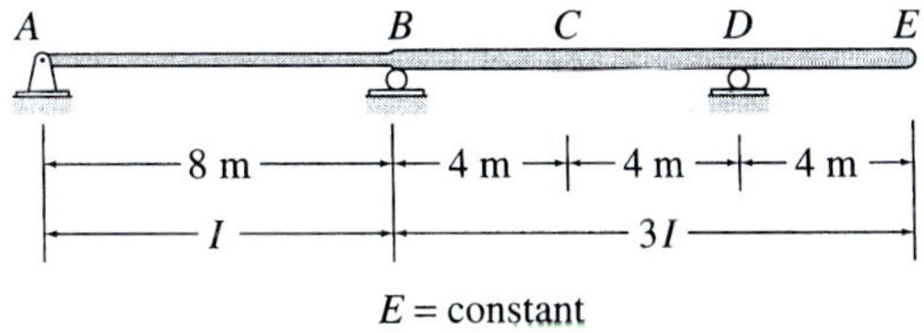

그림 P14.6

14.7 그림 P14.7에 나타낸 트러스의 각 지점에서의 반력과 부재 BC, CE, EF의 부재력에 대한 영향선을 작성하라. 여기서 활하중은 트러스의 하현재로 전달된다.

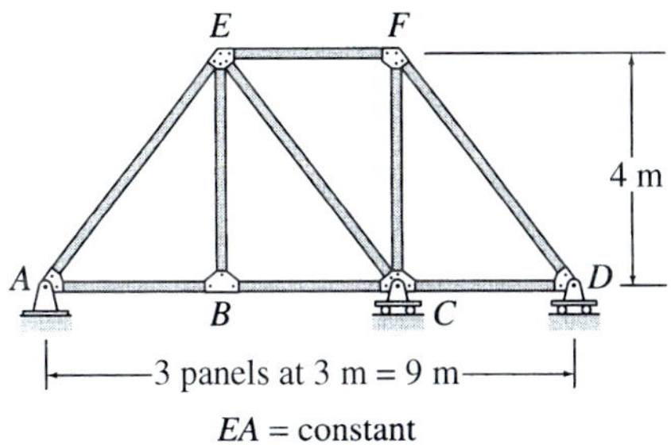

그림 P14.7

14.8 그림 P14.8에 나타낸 트러스의 각 지점에서의 반력과 부재 CD, CH, GH의 부재력에 대한 영향선을 작성하라. 여기서 활하중은 트러스의 하현재로 전달된다.

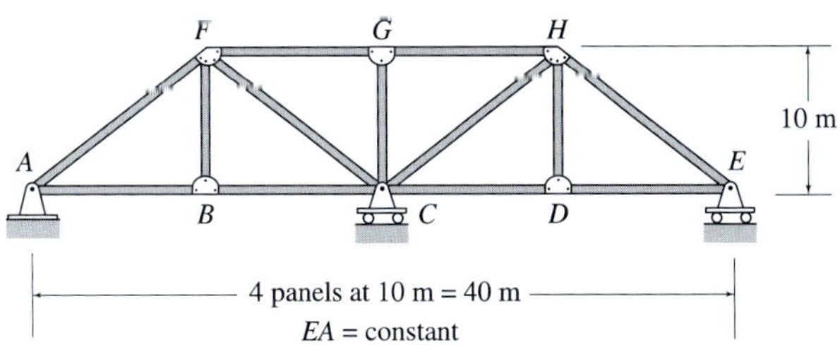

그림 P14.8

14.9 그림 P14.9에 나타낸 트러스의 부재 BC, CD의 부재력에 대한 영향선을 작성하라. 여기서 활하중은 트러스의 상현재로 전달된다.

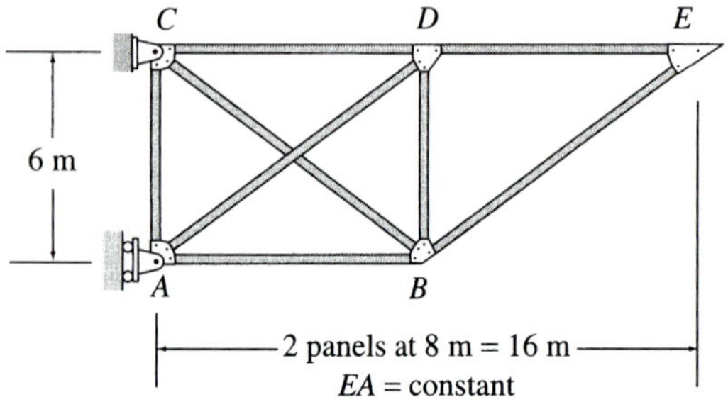

그림 P14.9

14.10 그림 P14.10에 나타낸 트러스의 부재 BC, BF, CF의 부재력에 대한 영향선을 작성하라. 여기서 활하중은 트러스의 하현재로 전달된다.

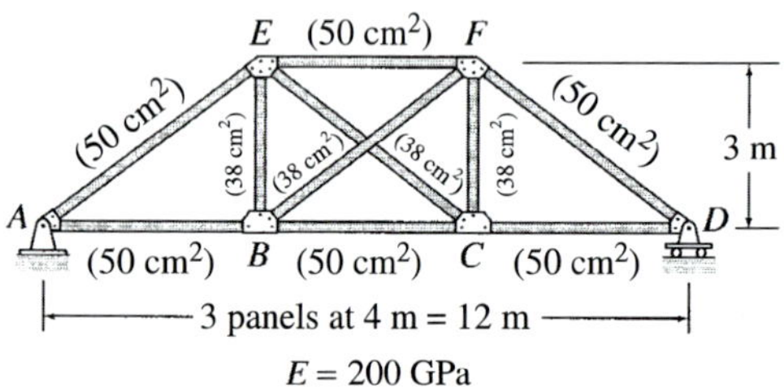

그림 P14.10

14.11 그림 P14.11에 나타낸 보의 지점 B와 지점 D에서의 반력 그리고 점 C의 전단력과 휨모멘트에 대한 영향선을 작성하라. 이 때 영향선의 세로좌표를 1 m의 간격으로 구하라.

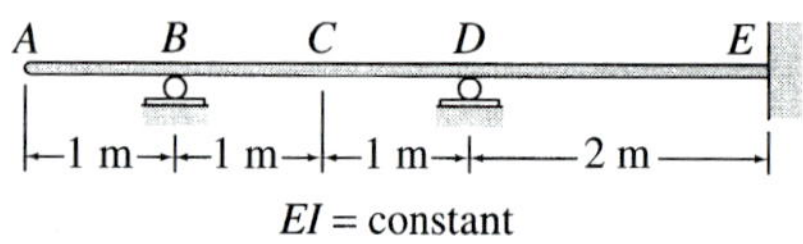

그림 P14.11

14.12 그림 P14.12에 나타낸 보의 각 지점에서의 반력에 대한 영향선을 작성하라. 이 때 영향선의 세로좌표를 3 m의 간격으로 구하라.

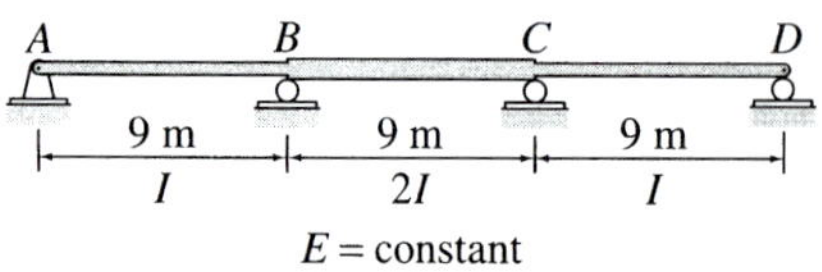

그림 P14.12

14.13 그림 P14.13에 나타낸 트러스의 지점 C에서의 반력과 부재 BC, CE, EF의 부재력에 대한 영향선을 작성하라. 여기서 활하중은 트러스의 하현재로 전달된다.

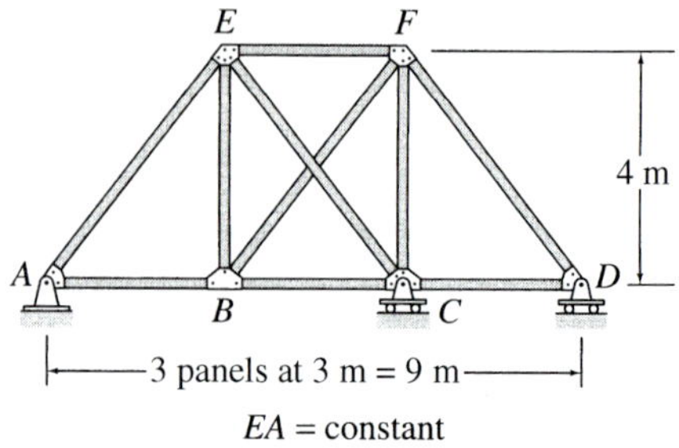

그림 P14.13

14.14 그림 P14.14에 나타낸 트러스의 부재 BG, CD, DG의 부재력에 대한 영향선을 작성하라. 이때 활하중은 트러스의 하현재로 전달된다.

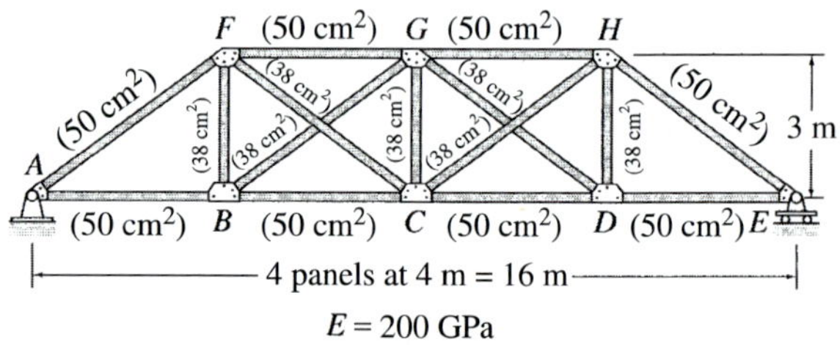

그림 P14.14

14.15~14.18 그림 P14.15~P14.18에 나타낸 보의 지점 A, B의 수직반력, 점 B에서의 휨모멘트 그리고 점 C에서의 휨모멘트와 전단력에 대한 정성적 영향선을 작성하라. 또한 지점 A, B에서 위쪽 방향으로 최대 반력, 점 B에서 음의 최대휨모멘트, 그리고 점 C에서 음의 최대전단력 및 양의 최대휨모멘트가 발생하도록 아래쪽 방향으로 작용하는 등분포 활하중 w_ℓ을 배치하라.

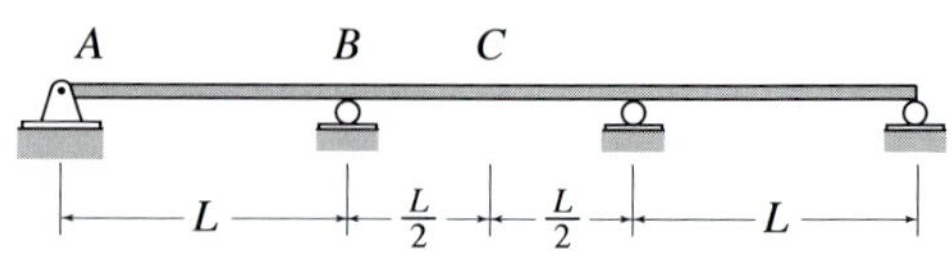

그림 P14.15

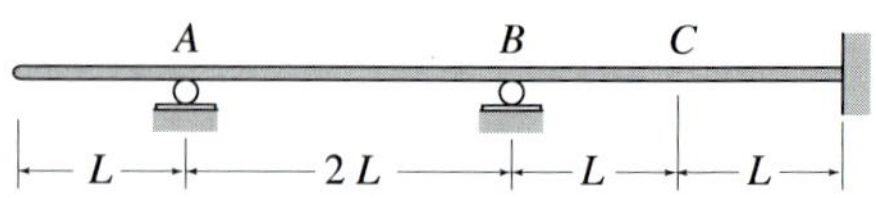

그림 P14.16

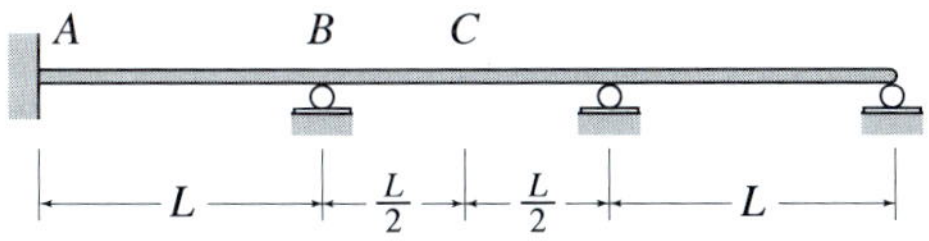

그림 P14.17

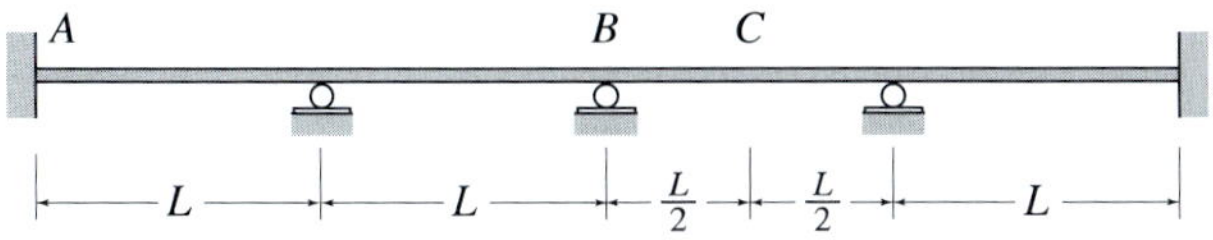

그림 P14.18

14.19 그림 P14.19에 나타낸 건물골조의 점 A에서의 전단력과 휨모멘트에 대한 정성적 영향선을 작성하라. 그리고 점 A에서 음의 최대전단력과 양의 최대휨모멘트가 발생하도록 아래쪽 방향으로 작용하는 등분포 활하중 w_ℓ을 배치하라.

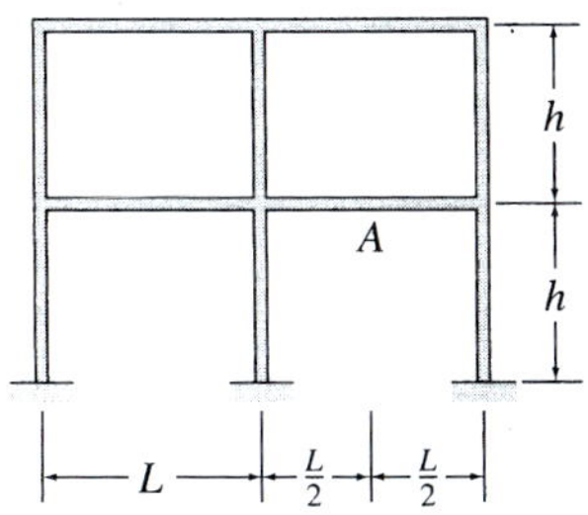

그림 P14.19

14.20 그림 P14.20에 나타낸 건물골조의 점 A에서 음의 최대휨모멘트와 점 B에서 양의 최대휨모멘트가 발생하도록 아래쪽 방향으로 작용하는 등분포 활하중 w_ℓ을 배치하라.

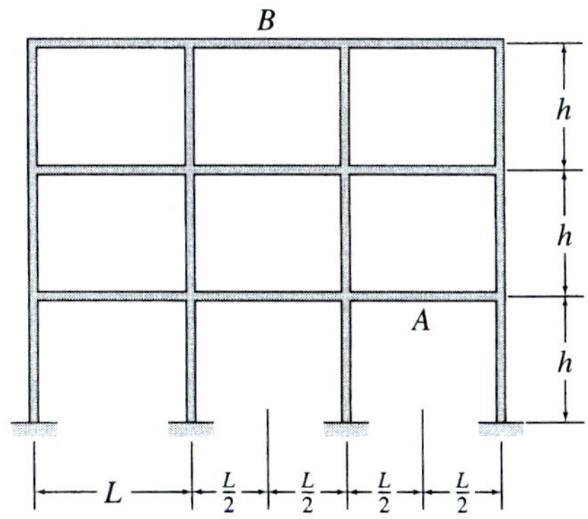

그림 P14.20

Petronas Towers, Kuala Lumpur, Malaysia
Andrea Seemann/Shutterstock.com

15 처짐각법

13장에서는 부정정구조물의 응력법(연성법)을 기술하였다. 응력법에서는 먼저 구조물의 적합방정식을 이용하여 미지의 **잉여력**을 결정한 후, 평형방정식 또는 중첩의 원리를 이용하여 나머지 미지수들을 결정하였다. 부정정구조물 해석에 사용될 수 있는 또 다른 방법으로는 **변위법(강성법)**이 있다. 변위법은 먼저 구조물의 평형방정식으로부터 미지의 **변위**를 결정하고, 나머지 미지수들은 적합조건과 부재력-변위 관계에 의해서 결정한다.

이 장에서는 변위법의 전형적인 방법인 **처짐각법**(slope-deflection method)을 살펴본다. 변위법의 또 다른 방법인 **모멘트 분배법**은 다음 장에서 기술하고, 17장에서는 **매트릭스 구조해석**을 소개한다.

처짐각법은 부정정보와 골조의 해석을 위해 1915년 George A. Maney에 의해 소개되었다. 이 방법에서는 단지 구조물의 휨변형만을 고려한다. 처짐각법은 그 자체로 부정정보와 골조 해석에 유용한 도구로 알려져 있지만 이 방법의 원리를 이해하면 17장에 소개될 매트릭스 구조해석의 이해를 돕는데 유용하다. 매트릭스 구조해석은 현재 구조해석에 사용된 다수의 프로그램의 기본원리이기도 하다.

이 장에서는 먼저 처짐각법을 적용하는데 필요한 기본적인 관계식을 유도한 후 처짐각법의 기본개념을 설명할 것이다. 이 방법을 연속보 해석에 적용하고, 골조 해석에 대해서는 절점의 이동이 구속된 상태와 절점의 이동이 가능한 상태로 나누어 설명하기로 한다.

15.1 처짐각식

외력을 받는 연속보 또는 골조에서는 내부 모멘트는 일반적으로 각 부재의 양쪽 단부에서 발생한다.

처짐각식은 부재에 작용하는 외력과 부재단부에서의 회전각과 변위에 대한 내부 모멘트와의 관계식이다.

처짐각식을 유도하기 위해 그림 15.1(a)에 나타낸 연속보에서 임의의 부재 AB를 살펴보자. 보에 외력과 지점침하가 작용하면 부재 AB는 그림과 같이 변형하고 단부에는 내부 모멘트가 발생한다. 그림 15.1(b)는 부재 AB의 자유물체도와 탄성처짐곡선을 보여주고 있다. 그림에서 부재 단부 모멘트를 표기할 때 2개의 아래첨자가 사용된다. 여기서, 첫 번째 아래첨자는 모멘트가 작용하는 부재단부를 의미하고, 두 번째 아래첨자는 부재의 다른 쪽 단부를 의미한다. 따라서 M_{AB}는 부재 AB의 단부 A에서의 모멘트를 그리고 M_{BA}는 부재 AB의 단부 B에서의 모멘트를 의미한다. 또한, 그림 15.1(b)에서 θ_A와 θ_B는 변형 전 부재의 축을 기준으로 부재의 양쪽 단부인 A와 B에서의 회전각을 나타낸다. Δ는 변형 전 부재의 축에 수직한 방향으로 부재단부에서의 상대변위를 의미한다. 각도 ψ는 상대변위 Δ에 의해 생기는 부재 중심선(부재 단부의 변형된 위치를 연결하는 직선)의 회전각을 나타낸다. 변형이 매우 작다는 가정 하에 부재 중심선의 회전각은 다음과 같이 표현된다.

$$\psi = \frac{\Delta}{L} \tag{15.1}$$

이 장에서 사용되는 부호 규약은 다음과 같다.

부재단부의 모멘트, 부재단부의 회전각 그리고 부재 중심선의 회전각은 반시계방향일 때 양으로 한다.

그림 15.1(b)에서 나타낸 모든 모멘트와 회전각은 양의 방향으로 표기되었다.

처짐각식은 단면2차모멘트의 정리에 의해 부재단부의 회전각(θ_A와 θ_B)과 부재 중심선의 회전각(ψ)에 대한 부재의 단부 모멘트로부터 유도될 수 있다(6.4절 참조). 그림 15.1(b)로부터

$$\theta_A = \frac{\Delta_{BA} + \Delta}{L} \qquad \theta_B = \frac{\Delta_{AB} + \Delta}{L} \tag{15.2}$$

$\Delta / L = \psi$을 식 (15.2)에 대입하면 다음과 같다.

$$\theta_A - \psi = \frac{\Delta_{BA}}{L} \qquad \theta_B - \psi = \frac{\Delta_{AB}}{L} \tag{15.3}$$

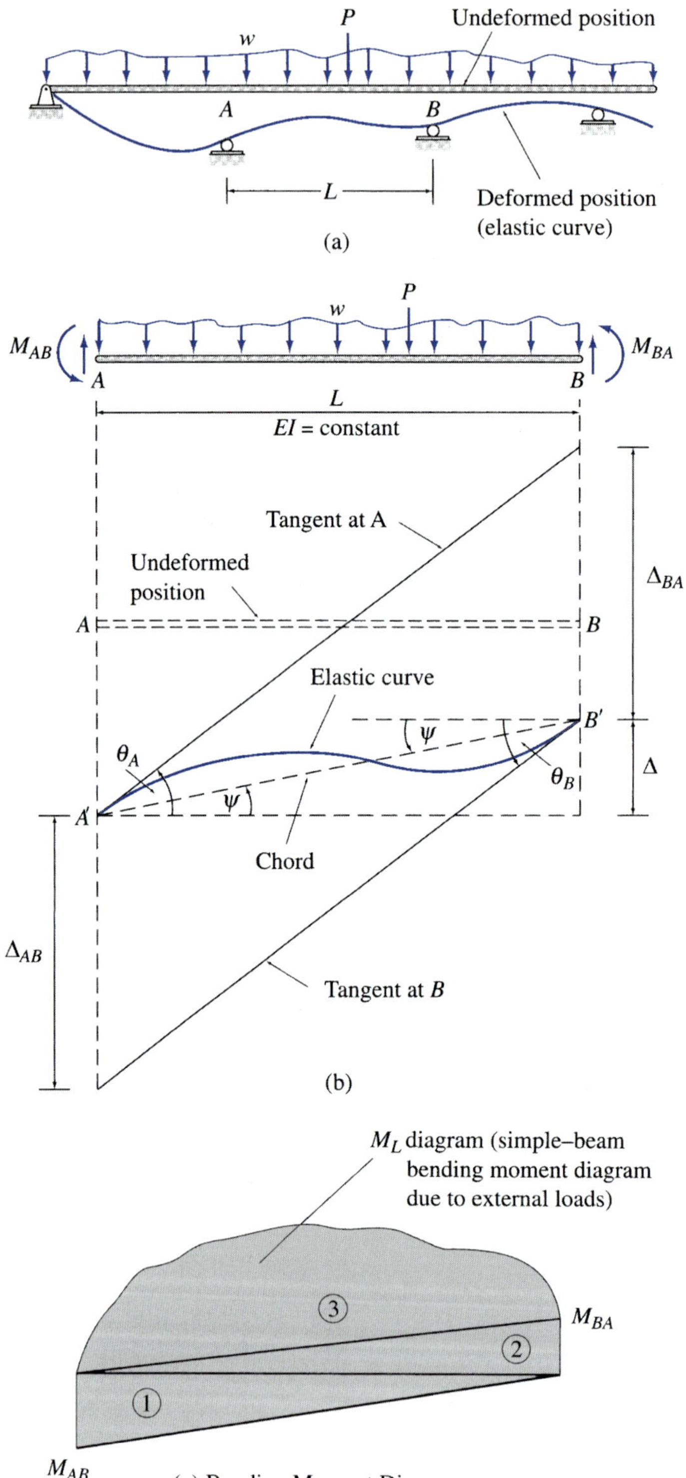

(c) Bending Moment Diagram

그림 15.1

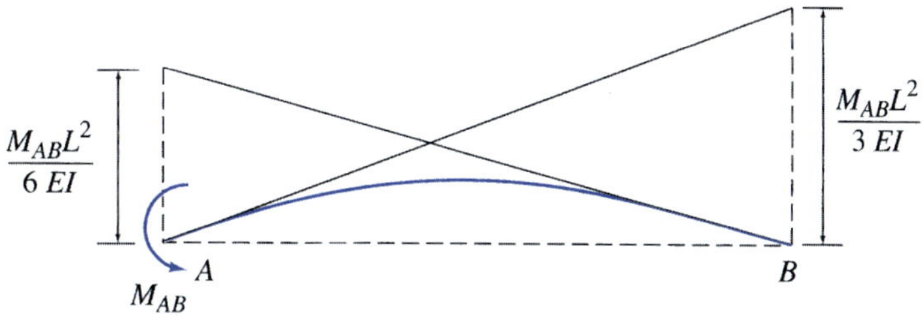

Tangential Deviations Due to M_{AB}

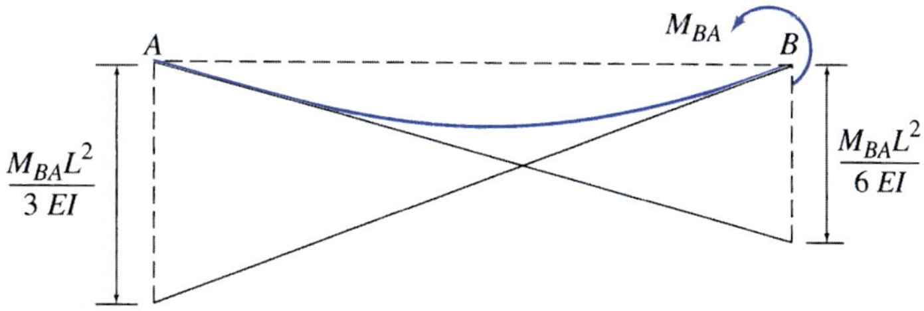

Tangential Deviations Due to M_{BA}

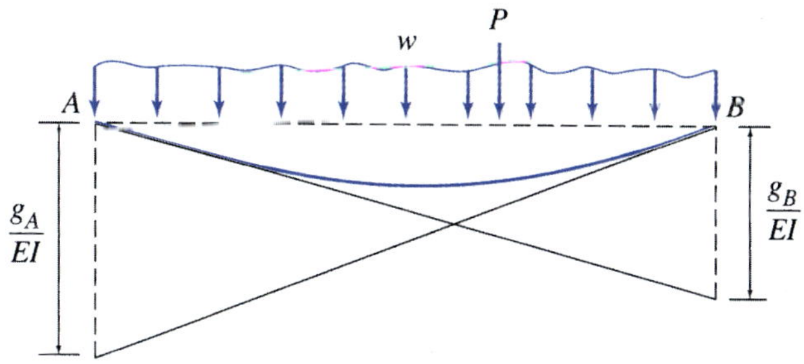

Tangential Deviations Due to External Loading

(d)

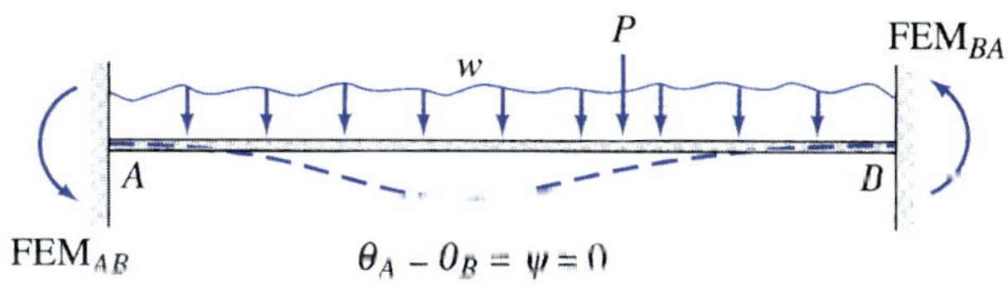

(e) Fixed-End Moments

그림 15.1 계속

여기서 그림 15.1(b)에서 볼 수 있듯이 Δ_{BA}와 Δ_{AB}는 각각 단부 A에서 탄성처짐곡선의 접선으로부터 단부 B까지의 수직거리와 단부 B에서 탄성처짐곡선의 접선으로부터 단부 A까지의 수직거리이다. 단면2차모멘트의 정리에 의해 Δ_{BA}와 Δ_{AB}는 각각 단부 A와 단부 B에 대한 양단 사이의 M/EI 다이어그램 아래의 면적의 모멘트를 더하여 구할 수 있다.

부재의 휨모멘트 다이어그램은 M_{AB}와 M_{BA} 그리고 외력을 개별적으로 단순지지된 부재에 가하고 이로부터 얻어진 각각의 휨모멘트 다이어그램을 중첩하여 작성된다. 이와 같이 구한 3개의 **단순지지 보의 휨모멘트 다이어그램**은 그림 15.1(c)에 나타냈다. 등단면 부재를 가정하면—즉, 부재의 길이를 따라 EI가 일정하다— 각각 단부 A와 B에 대해서 M/EI 다이어그램 아래의 면적의 모멘트를 더하여 다음과 같이 Δ_{BA}와 Δ_{AB}를 구한다.

$$\Delta_{BA} = \frac{1}{EI}\left[\left(\frac{M_{AB}L}{2}\right)\left(\frac{2L}{3}\right) - \left(\frac{M_{BA}L}{2}\right)\left(\frac{L}{3}\right) - g_B\right]$$

또는

$$\Delta_{BA} = \frac{M_{AB}L^2}{3EI} - \frac{M_{BA}L^2}{6EI} - \frac{g_B}{EI} \tag{15.4a}$$

그리고

$$\Delta_{AB} = \frac{1}{EI}\left[-\left(\frac{M_{AB}L}{2}\right)\left(\frac{L}{3}\right) + \left(\frac{M_{BA}L}{2}\right)\left(\frac{2L}{3}\right) + g_A\right]$$

또는

$$\Delta_{AB} = -\frac{M_{AB}L^2}{6EI} + \frac{M_{BA}L^2}{3EI} + \frac{g_A}{EI} \tag{15.4b}$$

여기서, g_B와 g_A는 각각 단부 B과 A에 대해 외력에 의해 단순지지 보에 발생하는 휨모멘트 다이어그램 아래의 면적의 모멘트이다(그림 15.1(c)에서 M_L 다이어그램). 식 (15.4a)와 식 (15.4b) 우변의 3개 항은 각각 M_{AB}, M_{BA}, 외력이 부재에 개별적으로 작용하였을 때 접선으로부터 수직거리(그림 15.1(d) 참조)를 나타낸다. 식 (15.4a)와 식 (15.4b)에서 음수인 것은 해당 수직거리가 그림 15.1(b)에 나타낸 부재의 탄성처짐곡선에서 표기된 방향과 반대인 것을 의미한다.

Δ_{BA}와 Δ_{AB}에 대한 식 (15.4)를 식 (15.3)에 대입하면 다음과 같다.

$$\theta_A - \psi = \frac{M_{AB}L}{3EI} - \frac{M_{BA}L}{6EI} - \frac{g_B}{EIL} \tag{15.5a}$$

$$\theta_B - \psi = -\frac{M_{AB}L}{6EI} + \frac{M_{BA}L}{3EI} + \frac{g_A}{EIL} \tag{15.5b}$$

식 (15.5a)와 (15.5b)를 M_{AB}와 M_{BA}에 관한 연립방정식으로 풀면 부재의 단부 모멘트를 단부의 회전각, 부재 중심선의 회전각, 그리고 외력의 함수로 나타낼 수 있다. 식 (15.5a)를 다시 쓰면 다음과 같다.

$$\frac{M_{BA}L}{3EI} = \frac{2M_{AB}L}{3EI} - \frac{2g_B}{EIL} - 2(\theta_A - \psi)$$

이 식을 식 (15.5b)에 대입하고 M_{AB}에 대해 정리하여 다음 식을 구한다.

$$M_{AB} = \frac{2EI}{L}(2\theta_A + \theta_B - 3\psi) + \frac{2}{L^2}(2g_B - g_A) \tag{15.6a}$$

마찬가지로 식 (15.6a)를 식 (15.5a) 또는 식 (15.5b)에 대입하여 M_{BA}에 대한 다음 식을 얻는다.

$$M_{BA} = \frac{2EI}{L}(\theta_A + 2\theta_B - 3\psi) + \frac{2}{L^2}(g_B - 2g_A) \tag{15.6b}$$

식 (15.6)에서 볼 수 있듯이 부재단부에서 발생하는 모멘트는 부재단부의 회전각과 변위뿐만 아니라 양쪽 단부 사이에 작용하는 외력의 영향을 받고 있다.

해석 대상 부재가 전체 구조물에서의 한 부분이 아니고 그림 15.1(e)와 같이 단부의 회전각과 변위가 완전히 구속된 독립적인 보라고 가정하자. 이러한 양단 **고정보**의 단부에서 발생하는 모멘트를 **고정단모멘트**(fixed-end moment)라 하고, 이들 값은 식 (15.6)에서 $\theta_A = \theta_B = \psi = 0$로 하여 다음과 같이 구할 수 있다.

$$\text{FEM}_{AB} = \frac{2}{L^2}(2g_B - g_A) \tag{15.7a}$$

$$\text{FEM}_{BA} = \frac{2}{L^2}(g_B - 2g_A) \tag{15.7b}$$

여기서, FEM_{AB}와 FEM_{BA}는 외력으로 인해 발생하는 고정보 AB의 양단 A와 B에서의 고정단모멘트를 의미한다(그림 15.1(e)).

식 (15.6)과 (15.7)를 비교해 보면, 식 (15.6)의 우변에 있는 두 번째 항은 부재의 양단부가 회전과 변위에 대해서 완전히 고정되었을 때의 고정단모멘트와 같음을 알 수 있다. 따라서 식 (15.7)을 식 (15.6)에 대입하면 다음과 같다.

$$M_{AB} = \frac{2EI}{L}(2\theta_A + \theta_B - 3\psi) + \text{FEM}_{\text{AB}} \tag{15.8a}$$

$$M_{BA} = \frac{2EI}{L}(\theta_A + 2\theta_B - 3\psi) + \text{FEM}_{\text{BA}} \tag{15.8b}$$

식 (15.8)은 부재에 특정한 외력이 작용할 때, 부재의 단부 모멘트를 부재단부의 회전각과 변위로 표현하는 식이며 이를 **처짐각식**이라 한다. 이 식은 변형이 매우 작고 선형탄성재료로 구성된 등단면 부재에만 적용된다. 또한 처짐각식에는 부재의 휨변형이 고려되지만 축력과 전단력에 의한 변형은 무시된다.

식 (15.8)에서 2개의 처짐각식은 첨자 A, B만 교환하면 서로 같은 식이 되므로, 다음과 같이 하나의 일반적 처짐각식으로 표현한다.

$$M_{nf} = \frac{2EI}{L}(2\theta_n + \theta_f - 3\psi) + \text{FEM}_{nf} \tag{15.9}$$

여기서, 첨자 n은 부재에서 모멘트 M_{nf}가 **작용하는 쪽**의 단부를 나타내고, 첨자 f는 부재의 **반대쪽** 단부를 나타낸다.

고정단모멘트

13장에서 논의된 바와 같이 어떠한 하중조건에 대해서도 고정단모멘트의 식을 변형일치법에 의해 유도할 수 있다(예제 13.10 참조). 그러나 일반적으로 식 (15.7)을 이용하여 단순보의 휨모멘트 다이어그램의 면적의 모멘트만을 계산하면 고정단모멘트에 대한 식을 구하는 것이 더욱 편리하다.

그림 15.2(a)와 같이 집중하중 P를 받는 양단 고정보에 대해서 식 (15.7)을 적용하도록 하자. 예제 13.10에서 이 고정보에 대해 이미 고정단모멘트는 변형일치법에 의해 구한 바가 있다. 식 (15.7)을 적용하기 위해 양단 고정보를 단순보로 수정하고 그림 15.2(b)에 나타낸 휨모멘트 다이어그램을 작성한다. 단순보의 양단 A와 B에 대한 모멘트 다이어그램 면적의 모멘트는 다음과 같다.

$$g_A = \frac{1}{2}a\left(\frac{Pab}{L}\right)\left(\frac{2a}{3}\right) + \frac{1}{2}b\left(\frac{Pab}{L}\right)\left(a + \frac{b}{3}\right)$$

$$g_B = \frac{1}{2}a\left(\frac{Pab}{L}\right)\left(\frac{a}{3} + b\right) + \frac{1}{2}b\left(\frac{Pab}{L}\right)\left(\frac{2b}{3}\right)$$

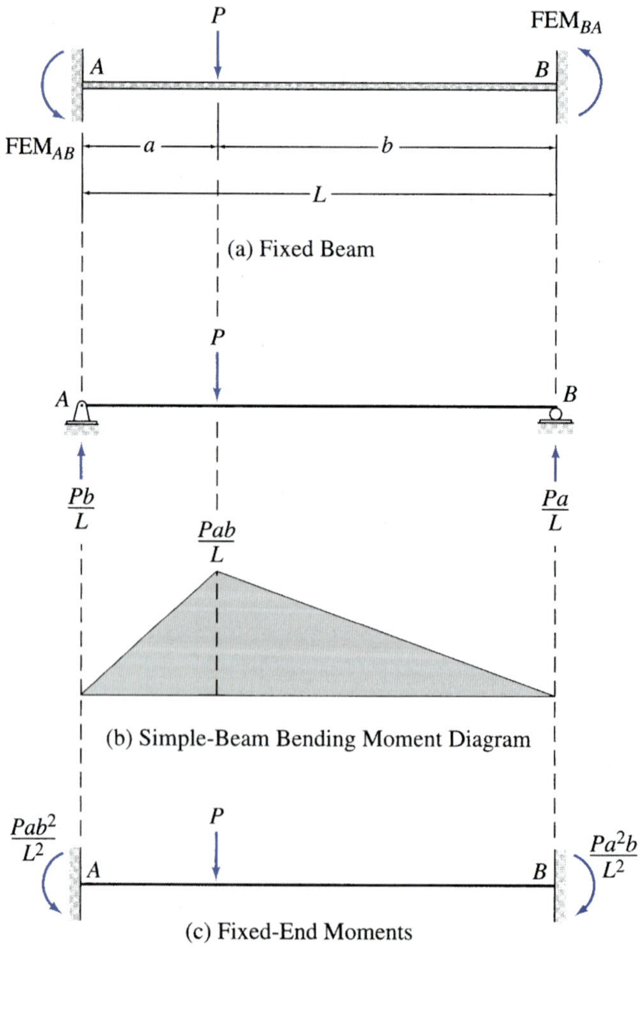

그림 15.2

이 식에 $L = a + b$를 대입하고 정리하여 다음을 구한다.

$$g_A = \frac{Pab}{6}(2a+b) \qquad g_B = \frac{Pab}{6}(a+2b)$$

이들 g_A와 g_B를 식 (15.7)에 대입하면 고정단모멘트는 다음과 같다.

$$\mathrm{FEM}_{AB} = \frac{2}{L^2}\left[\frac{2Pab}{6}(a+2b) - \frac{Pab}{6}(2a+b)\right] = \frac{Pab^2}{L^2} \circlearrowleft$$

$$\mathrm{FEM}_{BA} = \frac{2}{L^2}\left[\frac{Pab}{6}(a+2b) - \frac{2Pab}{6}(2a+b)\right] = -\frac{Pa^2b}{L^2}$$

앞에서 기술된 부호 규약에 따라 식 (15.7)에는 반시계방향의 단부 모멘트를 양으로 한다. FEM_{BA}이 음수인 것은 시계방향임을 의미한다. 즉, 그림 15.2(c)에서 나타내듯이

$$\mathrm{FEM}_{BA} = \frac{Pa^2b}{L^2} \circlearrowright$$

대표적인 하중조건에 대한 고정단모멘트에 대한 식은 이 책의 뒤표지 안쪽에 정리하여 나타내었다.

한쪽 단이 회전단인 부재

앞에서 유도된 처짐각식(식 (15.8) 또는 (15.9))은 부재의 양단이 인접부재와 완전히 강접되어 있다는 가정에 기본을 두고 있으므로 부재단부의 회전각 θ_A와 θ_B는 인접 절점에서의 회전각과 같다. 그러나 부재의 단부 중 한쪽이 회전단이라면, 그 점에서의 모멘트는 0이 되어야 한다. 이러한 조건을 반영하기 위해 처짐각식을 간단히 수정할 수 있다. 그림 15.1(b)에서 부재 AB의 단부 B가 회전단이라면, 단부 B에서의 모멘트는 0이어야 한다. 따라서 식 (15.8)에 $M_{BA} = 0$를 대입하면 다음과 같다.

$$M_{AB} = \frac{2EI}{L}(2\theta_A + \theta_B - 3\psi) + \mathrm{FEM}_{AB} \tag{15.10a}$$

$$M_{BA} = 0 = \frac{2EI}{L}(\theta_A + 2\theta_B - 3\psi) + \mathrm{FEM}_{BA} \tag{15.10b}$$

식 (15.10b)을 θ_B에 대해 풀면 다음을 구할 수 있다.

$$\theta_B = -\frac{\theta_A}{2} + \frac{3}{2}\psi - \frac{L}{4EI}(\mathrm{FEM}_{BA}) \tag{15.11}$$

식 (15.11)를 식 (15.10a)에 대입하여 처짐각식에서 θ_B를 소거하면 회전단 B가 있는 부재 AB에 대한 **수정처짐각식**을 얻을 수 있다.

$$M_{AB} = \frac{3EI}{L}(\theta_A - \psi) + \left(\mathrm{FEM}_{AB} - \frac{\mathrm{FEM}_{BA}}{2}\right) \tag{15.12a}$$

$$M_{BA} = 0 \tag{15.12b}$$

이와 같은 방법으로 단부 A에 회전단이 있는 부재 AB에서 회전단 A에서의 회전각은 다음과 같다.

$$\theta_A = -\frac{\theta_B}{2} + \frac{3}{2}\psi - \frac{L}{4EI}(\text{FEM}_{AB}) \tag{15.13}$$

이에 따른 수정처짐각식은 다음과 같다.

$$M_{BA} = \frac{3EI}{L}(\theta_B - \psi) + \left(\text{FEM}_{BA} - \frac{\text{FEM}_{AB}}{2}\right) \tag{15.14a}$$

$$M_{AB} = 0 \tag{15.14b}$$

수정처짐각식 (15.12)와 (15.14)가 유사한 형태를 보이므로 이들을 다음과 같이 요약하여 표시할 수 있다.

$$M_{rh} = \frac{3EI}{L}(\theta_r - \psi) + \left(\text{FEM}_{rh} - \frac{\text{FEM}_{hr}}{2}\right) \tag{15.15a}$$

$$M_{hr} = 0 \tag{15.15b}$$

여기서, 첨자 r은 부재가 **강접되어** 모멘트 M_{rh}가 작용하는 고정단을 나타내고, h는 부재의 **다른 쪽 단부**인 회전단을 나타낸다. 회전단에서의 회전각은 다음과 같다.

$$\theta_h = -\frac{\theta_r}{2} + \frac{3}{2}\psi - \frac{L}{4EI}(\text{FEM}_{hr}) \tag{15.16}$$

15.2 처짐각법의 기본개념

처짐각법의 기본개념을 설명하기 위해 그림 15.3(a)와 같은 3경간 연속보를 살펴보자. 여기서 보는 고정단 A와 D 사이에 단일 연속보이지만 해석의 목적으로 3개의 부재 AB, BC, CD가 구조물의 지점 A, B, C, D에서 강접되어 있다고 가정한다.

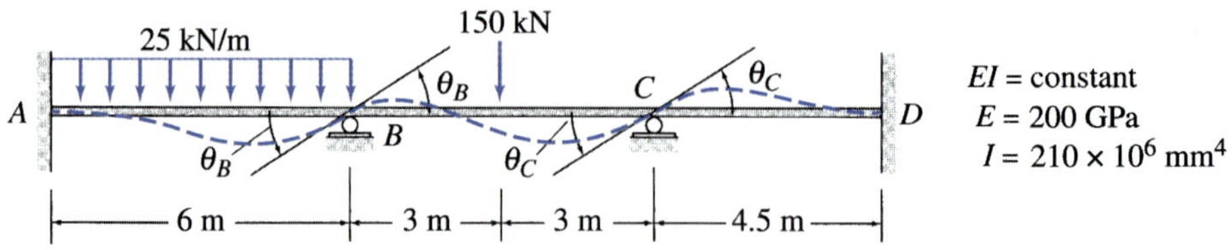

(a) Continuous Beam

그림 15.3

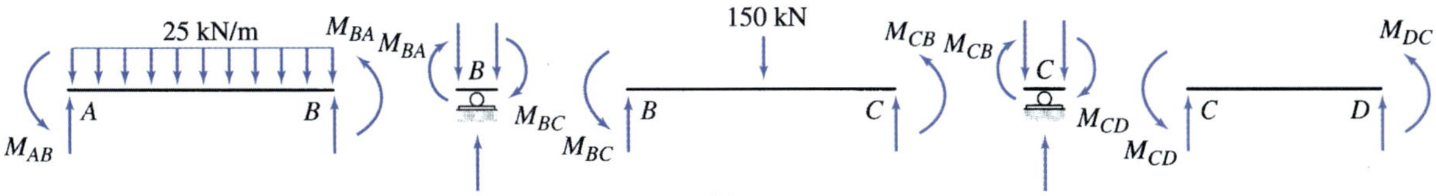

(b)

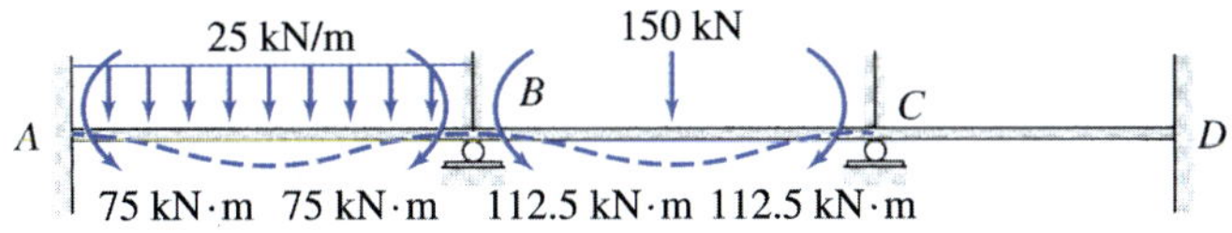

(c) Fixed-End Moments

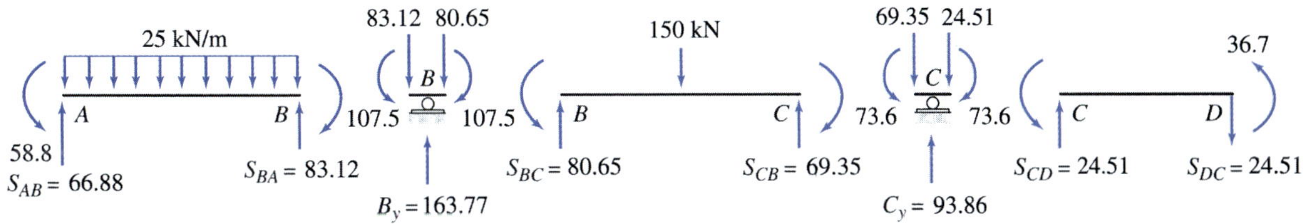

(d) Member End Moments and Shears

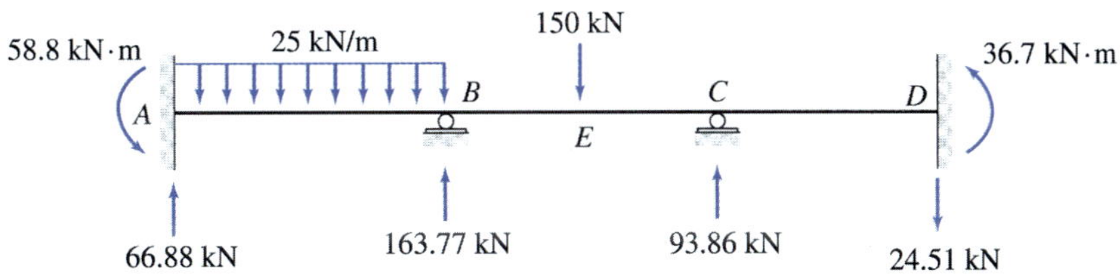

(e) Support Reactions

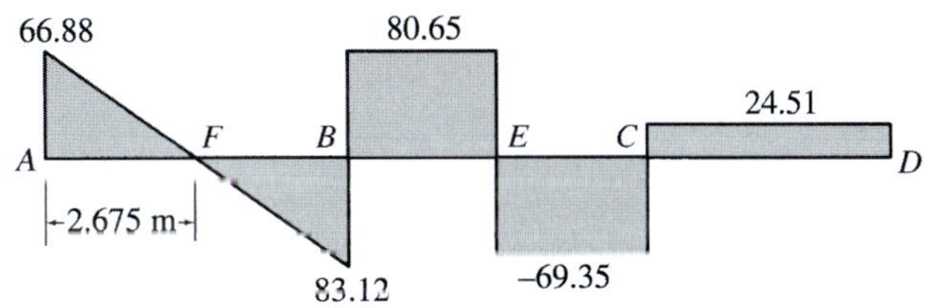

(f) Shear Diagram (kN)

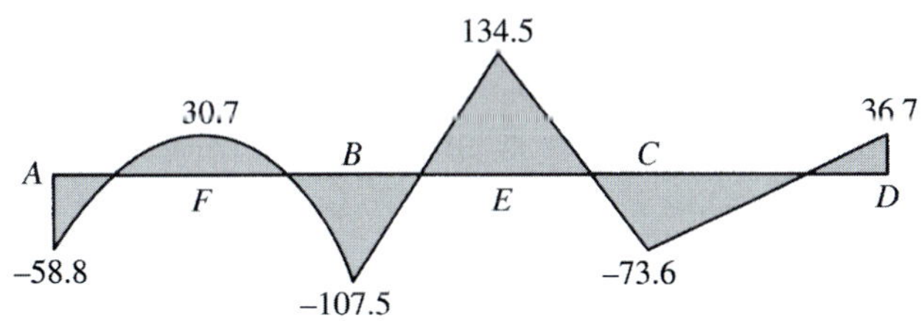

(g) Bending Moment Diagram (kN·m)

그림 15.3 계속

이 연속보는 3개의 부재와 절점으로 분할되어 있으므로 미지의 반력은 절점에만 작용하는 것에 유의하라.

자유도

절점의 위치가 정해진 상태에서 절점의 독립된 미지의 변위(수직변위와 회전변위)를 식별할 수 있다. 이들 미지의 절점 변위는 구조물의 **자유도**라 한다. 그림 15.3(a)에 나타낸 연속보의 처짐곡선을 살펴보면 모든 절점의 이동은 구속되어 있다. 또한 고정단 A와 D는 회전할 수 없는 반면 점 B와 C는 회전할 수 있다. 따라서 연속보는 절점 B와 C에서 미지의 회전각 θ_B와 θ_C로 2개의 자유도를 가진다.

이러한 자유도의 수는 구조물의 **동적 부정정차수**라고 하기도 한다. 그림 15.3(a)의 보가 2개의 자유도를 가지므로, 보는 2차 동적 부정정구조물이다. 자유도가 전혀 없는 구조물은 **동적 정정구조물**이라 한다. 즉, 구조물의 모든 절점의 변위가 0이거나 알고 있는 경우, 구조물은 동적 정정구조물이다.

평형방정식

절점에서의 미지의 회전각은 회전이 구속되지 않은 절점에서의 평형방정식으로부터 구할 수 있다. 그림 15.3(b)는 연속보에서의 각 부재 그리고 절점 B와 C에 대한 자유물체도를 나타낸다. 각각의 부재는 외력과 더불어 부재단부에서 내부 모멘트가 작용한다. 부재의 단부 모멘트의 방향을 아직 모르고 있으므로, 모든 부재의 양단에서의 모멘트는 앞 절에서 기술된 부호 규약에 따라 반시계방향인 양의 값으로 가정한다. 절점의 자유물체도는 뉴턴의 제3법칙에 부합하여 부재의 단부 모멘트를 반대 방향인 시계방향으로 표시하고 있다는 점을 유의하라.

구조물 전체가 평형 상태에 있으므로, 각각의 부재와 절점도 평형 상태에 있어야 한다. 점 B와 C의 자유물체도에 대해 모멘트 평형방정식 $\sum M_B = 0$와 $\sum M_C = 0$을 적용하면 다음의 평형방정식을 구성한다.

$$M_{BA} + M_{BC} = 0 \tag{15.17a}$$

$$M_{CB} + M_{CD} = 0 \tag{15.17b}$$

처짐각식

평형방정식 (15.17)은 부재의 단부 모멘트와 절점의 회전각에 관한 처짐각식을 사용하여 미지의 회전각 θ_B와 θ_C 항으로 표현할 수 있다. 그러나 처짐각식을 사용하기 전에 연속보에 외력이 작용하여 발생하는 고정단모멘트를 먼저 산정해야 한다.

고정단모멘트를 계산하기 위해 그림 15.3(c)와 같이 절점 B와 C에 회전이 생기지 않도록 가상의 고정구속을 취해야 한다. 이와 같이 완전히 구속되거나 동적 정정구조물의 고정단모멘트는 식 (15.7) 또는 이 책의 뒤표지에 표시된 고정단모멘트에 대한 식을 이용하여 쉽게 구할 수 있다. 고정단모멘트에 대한 식을 이용하여 고정단모멘트를 계산하면 다음과 같다.

부재 AB에 대해서

$$\mathrm{FEM}_{AB} = \frac{wL^2}{12} = \frac{25(6)^2}{12} = 75\ \mathrm{kN \cdot m} \circlearrowleft \text{ 또는 } +75\ \mathrm{kN \cdot m}$$

$$\mathrm{FEM}_{BA} = 75\ \mathrm{kN \cdot m} \circlearrowright \text{ 또는 } -75\ \mathrm{kN \cdot m}$$

부재 BC에 대해서

$$\mathrm{FEM}_{BC} = \frac{PL}{8} = \frac{150(6)}{8} = 112.5\ \mathrm{kN \cdot m} \circlearrowleft \text{ 또는 } +112.5\ \mathrm{kN \cdot m}$$

$$\mathrm{FEM}_{CB} = 112.5\ \mathrm{kN \cdot m} \circlearrowright \text{ 또는 } -112.5\ \mathrm{kN \cdot m}$$

회전각의 부호 규약에 따라 반시계방향의 고정단모멘트를 양의 값으로 한다. 부재 CD에는 외력이 전혀 작용하지 않으므로, 부재 CD의 고정단모멘트는 0이다.

$$\mathrm{FEM}_{CD} = \mathrm{FEM}_{DC} = 0$$

고정단모멘트는 그림 15.3(c)의 구속된 구조물에서 보여준 바와 같다.

이제 식 (15.9)를 사용하여 연속보의 3개의 부재에 대한 처짐각식을 구할 수 있다. 연속보에서는 모든 지점이 병진이동하지 않으므로, 3개의 부재의 중심선 회전각은 모두 0이다(즉, $\psi_{AB} = \psi_{BC} = \psi_{CD} = 0$). 또한, 지점 A와 D는 고정단이므로, 회전각 $\theta_A = \theta_D = 0$이다. 부재 AB에서 모멘트가 작용하는 쪽의 단부를 A, 반대쪽 단부를 B로 하여 식 (15.9)를 적용하면 처짐각식은 다음과 같다.

$$M_{AB} = \frac{2EI}{6}(0 + \theta_B - 0) + 75 = 0.333EI\theta_B + 75 \tag{15.18a}$$

반면 모멘트가 작용하는 쪽의 단부를 B, 반대쪽 단부를 A로 하면 다음과 같다.

$$M_{BA} = \frac{2EI}{6}(2\theta_B + 0 - 0) - 75 = 0.667EI\theta_B - 75 \tag{15.18b}$$

같은 방법으로 부재 BC에 대해서 식 (15.9)를 적용하면 다음과 같다.

$$M_{BC} = \frac{2EI}{6}(2\theta_B + \theta_C) + 112.5 = 0.667EI\theta_B + 0.333EI\theta_C + 112.5 \tag{15.18c}$$

$$M_{CB} = \frac{2EI}{6}(2\theta_C + \theta_B) - 112.5 = 0.667EI\theta_C + 0.333EI\theta_B - 112.5 \tag{15.18d}$$

그리고 부재 CD에 대해서는 다음과 같다.

$$M_{CD} = \frac{2EI}{4.5}(2\theta_C) = 0.889EI\theta_C \tag{15.18e}$$

$$M_{DC} = \frac{2EI}{4.5}(\theta_C) = 0.444EI\theta_C \tag{15.18f}$$

이러한 처짐각식은 구조물의 적합조건을 자동적으로 만족한다. 부재의 단부가 인접 절점에 강접되어 있으므로, 부재의 단부회전각은 인접한 절점의 회전각과 같다. 따라서 처짐각식(식 (15.18))에서의 θ 항들은 절점의 회전각뿐만 아니라 부재의 단부회전각을 나타낸다.

절점의 회전각

미지의 절점 회전각 θ_B와 θ_C를 구하기 위해 처짐각식(식 (15.18))을 절점의 평형방정식(식 (15.17))에 대입하고 θ_B와 θ_C에 대한 연립방정식을 푼다. 즉, 식 (15.18b)과 식 (15.18c)를 식 (15.17a)에 대입하면 다음을 구할 수 있다.

$$(0.667\,EI\theta_B - 75) + (0.667\,EI\theta_B + 0.333\,EI\theta_C + 112.5) = 0$$

또는

$$1.333\,EI\theta_B + 0.333\,EI\theta_C = -37.5 \tag{15.19a}$$

그리고 식 (15.18d)와 식 (15.18e)를 식 (15.17b)에 대입하면,

$$(0.667\,EI\theta_C + 0.333\,EI\theta_B - 112.5) + 0.889\,EI\theta_C = 0$$

또는

$$0.333\,EI\theta_B + 1.556\,EI\theta_C = 112.5 \tag{15.19b}$$

식 (15.19a)와 식 (15.19b)를 $EI\theta_B$와 $EI\theta_C$에 대한 연립방정식으로 풀면 다음과 같다.

$$EI\theta_B = -48.8\ \text{kN}\cdot\text{m}^2$$

$$EI\theta_C = 82.75\ \text{kN}\cdot\text{m}^2$$

$E = 200\ \text{GPa}$와 $I = 210 \times 10^6\ \text{mm}^4$를 대입하면 절점 B와 C의 회전각은 다음과 같다.

$$\theta_B = -0.0012\ \text{rad}\ \text{또는}\ 0.0012\ \text{rad}\ \curvearrowright$$

$$\theta_C = 0.002\ \text{rad}\ \circlearrowleft$$

부재의 단부 모멘트

연속보의 3 부재에 대한 단부 모멘트는 $EI\theta_B$와 $EI\theta_C$의 값을 처짐각식(식 (15.18))에 대입하여 구할 수 있다. 따라서

$$M_{AB} = 0.333(-48.8) + 75 = 58.8\ \text{kN}\cdot\text{m}\ \circlearrowleft$$

$$M_{BA} = 0.667(-48.8) - 75 = -107.5\ \text{kN}\cdot\text{m}\ \text{또는}\ 107.5\ \text{kN}\cdot\text{m}\ \curvearrowright$$

$$M_{BC} = 0.667(-48.8) + 0.333(82.75) + 112.5 = 107.5\ \text{kN}\cdot\text{m} \circlearrowleft$$

$$M_{CB} = 0.667(82.75) + 0.333(-48.8) - 112.5$$

$$= -73.6\ \text{kN}\cdot\text{m}\ \text{또는}\ 73.6\ \text{kN}\cdot\text{m} \circlearrowright$$

$$M_{CD} = 0.889(82.75) = 73.6\ \text{kN}\cdot\text{m} \circlearrowleft$$

$$M_{DC} = 0.444(82.75) = 36.7\ \text{kN}\cdot\text{m} \circlearrowleft$$

부재의 단부 모멘트가 양수인 것은 반시계방향을 의미하고, 음수인 것은 시계방향을 의미한다.

연립방정식(식 (15.19))의 해가 정확히 계산되었는지를 검토하기 위해서는 부재의 단부 모멘트의 값을 절점의 평형방정식(식 (15.17))에 대입하면 된다. 평형방정식이 만족되면 연립방정식의 해는 정확하게 계산된 것이다.

$$M_{BA} + M_{BC} = -107.5 + 107.5 = 0$$

$$M_{CB} + M_{CD} = -73.6 + 73.6 = 0$$

부재의 단부 전단력

이렇게 구한 부재의 단부 모멘트를 그림 15.3(d)의 부재와 절점에 대한 자유물체도에 나타내었다. 이제 부재단부에서의 전단력은 부재의 자유물체도에 평형방정식을 적용하여 구할 수 있다. 부재 AB에 대한 평형방정식은 다음과 같다.

$$+\circlearrowleft \sum M_B = 0 \qquad 58.8 - S_{AB}(6) + 25(6)(3) - 107.5 = 0$$

$$S_{AB} = 66.88\ \text{kN} \uparrow$$

$$+\uparrow \sum F_y = 0 \qquad 66.88 - 25(6) + S_{BA} = 0$$

$$S_{BA} = 83.12\ \text{kN} \uparrow$$

같은 방법으로 부재 BC에 대해서는

$$+\circlearrowleft \sum M_C = 0 \qquad 107.5 - S_{BC}(6) + 150(3) - 73.6 = 0$$

$$S_{BC} = 80.65\ \text{kN} \uparrow$$

$$+\uparrow \sum F_y = 0 \qquad 80.65 - 150 + S_{CB} = 0$$

$$S_{CB} = 69.35\ \text{kN} \uparrow.$$

그리고 부재 CD에 대해서는

$$+\circlearrowleft \sum M_D = 0 \qquad 73.6 - S_{CD}(4.5) + 36.7 = 0 \qquad S_{CD} = 24.51\ \text{kN} \uparrow$$

$$+\uparrow \sum F_y = 0 \qquad S_{DC} = 24.51\ \text{kN} \downarrow.$$

앞에서 구한 부재의 단부 전단력은 외력에 의해 발생하는 단부 전단력과 각각의 부재 단부 모멘트에 의해 생기는 단부 전단력을 중첩시켜 구할 수도 있다. 예를 들어, 부재 AB의 단부A

에서의 전단력은 다음과 같다.

$$S_{AB} = \frac{25(6)}{2} + \frac{58.8}{6} - \frac{107.5}{6} = 66.88\ \text{kN}\ \uparrow$$

여기서, 첫 항은 25 kN/m의 등분포하중에 의한 전단력이고 두 번째와 세 번째 항은 부재의 단부 A와 B에 각각 58.8 kN · m와 107.5 kN · m의 모멘트가 작용하여 발생하는 전단력이다.

지점반력

그림 15.3(d)에 나타낸 절점 B에 대한 자유물체도에서 이동단 B에서의 수직반력은 부재 AB와 부재 BC의 단부 B점에서의 전단력을 합한 것과 같다.

$$B_y = S_{BA} + S_{BC} = 83.12 + 80.65 = 163.77\ \text{kN}\ \uparrow$$

같은 방법으로 이동단 C에서의 수직반력은 부재 BC와 부재 CD의 단부 C에서의 전단력을 더한 값이다.

$$C_y = S_{CB} + S_{CD} = 69.35 + 24.51 = 93.86\ \text{kN}\ \uparrow$$

고정단 A에서의 반력은 부재 AB의 단부 A에서의 전단력과 모멘트가 된다.

$$A_y = S_{AB} = 66.88\ \text{kN}\ \uparrow$$
$$M_A = M_{AB} = 58.8\ \text{kN} \cdot \text{m}\ ⤻$$

같은 방법으로 고정단 D에서의 반력은 부재 CD의 단부 D에서의 전단력과 모멘트가 된다.

$$D_y = S_{DC} = 24.51\ \text{kN}\ \downarrow$$
$$M_D = M_{DC} = 36.7\ \text{kN} \cdot \text{m}\ ⤻$$

그림 15.3(e)는 지점반력을 나타낸다.

평형조건 검토

앞에서 계산된 부재의 단부 전단력과 지점반력을 검토하기 위해 구조물 전체의 자유물체도에 대해 평형방정식을 적용한다. 따라서(그림 15.3(e))

$$+\uparrow \sum F_y = 0 \qquad 66.88 - 25(6) + 163.77 - 150 + 93.86 - 24.51 = 0$$

$$+\circlearrowleft \sum M_D = 0 \qquad 58.8 - 66.88(16.5) + 25(6)(13.50) - 163.77(10.5) + 150(7.5) - 93.86(4.5) + 36.7 = 0.025 \approx 0$$

앞에서 연립방정식의 해를 검토한 것과 평형조건의 검토를 통하여 처짐각식의 적용에서 발생할 수 있었던 계산오류를 감지할 수 없다. 따라서 처짐각식은 매우 신중하게 작성하여야 하고, 해석에 앞서 항상 검토 과정을 거쳐야 한다.

전단력과 휨모멘트 다이어그램

지점반력을 계산하였으므로 전단력과 휨모멘트 다이어그램은 5.1절에서 소개된 **보의 부호 규약**을 이용하여 작성할 수 있다. 이렇게 하여 구한 전단력과 휨모멘트 다이어그램은 각각 그림 15.3(f)와 (g)에 나타내었다.

15.3 연속보의 해석

앞 절에서 논의한 내용을 바탕으로 연속보를 처짐각법으로 해석하는 과정을 요약하면 다음과 같다.

1. 구조물의 자유도를 식별한다. 연속보의 경우 자유도는 미지의 절점 회전각으로 한다.
2. 고정단모멘트를 산정한다. 이 책의 뒤표지에 표시된 식을 사용하여 구조물의 각 부재에 대하여 외력에 의한 고정단모멘트를 계산한다. 반시계방향의 고정단모멘트를 양으로 한다.
3. 지점침하의 경우 부재 중심선의 회전각($\psi = \Delta / L$)은 부재 양단에서의 상대변위를 부재의 길이로 나눈 값으로 한다. 부재단부의 회전각은 반시계방향을 양으로 하고 변형 전의 부재 기준으로 계산된다.
4. 처짐각식을 구성한다. 각 부재에 대해 식 (15.9)를 적용하여 미지의 절점 회전각과 부재 단부의 모멘트에 관한 2개의 처짐각식을 작성한다.
5. 평형방정식을 세운다. 회전이 구속되지 않은 모든 절점에 대해서 각 절점에 연결되는 부재의 단부 모멘트의 평형방정식 $\sum M = 0$이다. 평형방정식의 전체 개수는 구조물의 자유도의 수와 같아야 한다.
6. 미지의 절점 회전각을 구한다. 처짐각식을 평형방정식에 대입하고 미지의 절점 회전각에 대해 연립방정식을 푼다.
7. 6단계에서 구한 절점 회전각의 값을 처짐각식에 대입하여 부재의 단부 모멘트를 계산한다. 부재의 단부 모멘트가 양인 것은 반시계방향을 의미하고, 음인 것은 시계방향을 의미한다.
8. 6단계에서 연립방정식의 해를 검토하기 위하여 5단계에서 구성된 절점에서의 평형방정식에 부재의 단부 모멘트 값을 대입한다. 계산결과가 정확하다면 평형방정식이 만족되었다는 의미이다.
9. 부재의 단부 전단력을 계산한다. 각 부재에 대하여 (a) 외력과 단부 모멘트가 포함된 자유물체도를 작성한 다음, (b) 각 부재의 평형방정식을 적용하여 부재단부의 전단력을 계산한다.
10. 구조물의 절점에서의 평형방정식으로부터 지점반력을 구한다.
11. 부재의 단부 전단력과 지점반력의 계산을 검토하기 위해 구조물 전체의 자유물체도에 대한 평형방정식을 적용한다. 계산결과가 정확하다면 평형방정식은 만족된다.
12. **보의 부호 규약**을 이용하여 구조물의 전단력과 모멘트 다이어그램을 그린다.

양단이 단순지지된 보

앞에서의 과정은 양단 또는 한쪽 단이 단순지지인 연속보를 해석하는 데에도 사용할 수 있지만 단순지점에 인접한 경간에 수정처짐각식(식 (15.15))을 적용하여 크게 단순화할 수 있다. 즉, 수정처짐각식의 적용에 따라 단순지점의 회전을 해석에서 배제할 수 있다(예제 15.3 참조). 그러나 이러한 방법은 외부모멘트가 작용하지 않은 단순지점의 경우에만 사용할 수 있다. 이것은 한쪽 단이 회전단인 부재에 대한 수정처짐각식(식 (15.15))이 회전단인 단부에서의 모멘트가 0이라는 조건에서 유도되었기 때문이다.

내민보를 가진 구조물

그림 15.4(a)와 같이 내민보를 가지는 연속보를 살펴보자. 보의 내민 CD 부분에 대하여 단부 C에서의 전단력과 모멘트를 평형방정식으로 구할 수 있으므로 내민 CD 부분은 정정이다(그림 15.4(b)). 따라서 이 부분은 해석에 포함시킬 필요가 없다. 따라서 내민보 부분에 의해 나머지 부분에 발생하는 모멘트와 하중이 해석에 포함된다면 내민보 CD를 해석에서 배제할 수 있다. 해석이 필요한 구조물의 부정정 부분 AB는 그림 15.4(c)와 같다.

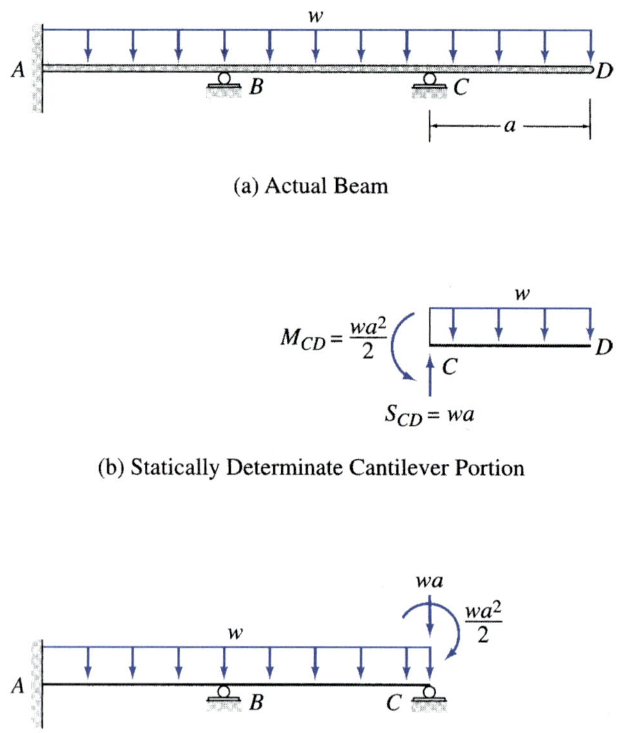

(a) Actual Beam

(b) Statically Determinate Cantilever Portion

(c) Statically Indeterminate Part to be Analyzed

그림 15.4

15.1 Example 처짐각법을 이용하여 그림 15.5(a)의 2경간 연속보에 대한 반력을 구하고 전단력 및 휨모멘트 다이어그램을 그려라.

풀이

자유도. 그림 15.5(a)를 보면 절점 B에서만 회전이 가능하다. 따라서 이 구조물은 미지의 절점 회전각 θ_B에 대하여 단 하나의 자유도를 갖는다.

고정단모멘트. 이 책의 뒤표지에 표시된 고정단모멘트에 대한 식을 이용하여 외력에 대한 각 부재의 고정단모멘트를 계산한다.

$$\text{FEM}_{AB}=\frac{Pab^2}{L^2}=\frac{90(2)(3)^2}{(5)^2}=64.8\text{ kN}\cdot\text{m}\ \circlearrowleft \text{ 또는 } +64.8\text{ kN}\cdot\text{m}$$

$$\text{FEM}_{BA}=\frac{Pa^2b}{L^2}=\frac{90(2)^2(3)}{(5)^2}=43.2\text{ kN}\cdot\text{m}\ \circlearrowright \text{ 또는 } -43.2\text{ kN}\cdot\text{m}$$

$$\text{FEM}_{BC}=\frac{wL^2}{12}=\frac{50(6)^2}{12}=150\text{ kN}\cdot\text{m}\ \circlearrowleft \text{ 또는 } +150\text{ kN}\cdot\text{m}$$

$$\text{FEM}_{CB}=150\text{ kN}\cdot\text{m}\ \circlearrowright \text{ 또는 } -150\text{ kN}\cdot\text{m}$$

처짐각법의 부호 규약에 따라 반시계방향의 고정단모멘트를 양으로 하고, 시계방향의 고정단모멘트를 음으로 한다.

부재 중심선의 회전각. 지점침하가 없으므로, 두 부재 중심선의 회전각은 0이다. 즉 $\psi_{AB}=\psi_{BC}=0$이다.

처짐각식. 부재의 단부 모멘트와 미지의 절점 회전각 θ_B에 대해 식 (15.9)를 적용하면 두 부재에 대한 처짐각식을 구성할 수 있다. 지점 A와 C는 고정단이므로 회전각 $\theta_A=\theta_C=0$이다. 따라서 부재 AB에 대한 처짐각식은 다음과 같다.

$$M_{AB}=\frac{2EI}{5}(\theta_B)+64.8=0.4\,EI\theta_B+64.8 \tag{1}$$

$$M_{BA}=\frac{2EI}{5}(2\theta_B)-43.2=0.8\,EI\theta_B-43.2 \tag{2}$$

같은 방법으로 부재 BC에 대해서도 식 (15.9)를 적용하여 다음과 같은 처짐각식을 구성한다.

$$M_{BC}=\frac{2EI}{6}(2\theta_B)+150=0.667\,EI\theta_B+150 \tag{3}$$

$$M_{CB}=\frac{2EI}{6}(\theta_B)-150=0.333\,EI\theta_B-150 \tag{4}$$

평형방정식. 절점 B의 자유물체도는 그림 15.5(b)와 같다. 부재의 단부에서 반시계방향으로 가정한 단부 모멘트는 뉴턴의 제3법칙에 의해 절점의 자유물체도에서 시계방향으로 작용한다. 절점 B의 자유물체도에 대해 모멘트 평형방정식 $\sum M_B=0$을 적용하면 다음과 같은 평형방정식을 얻는다.

$$M_{BA}+M_{BC}=0 \tag{5}$$

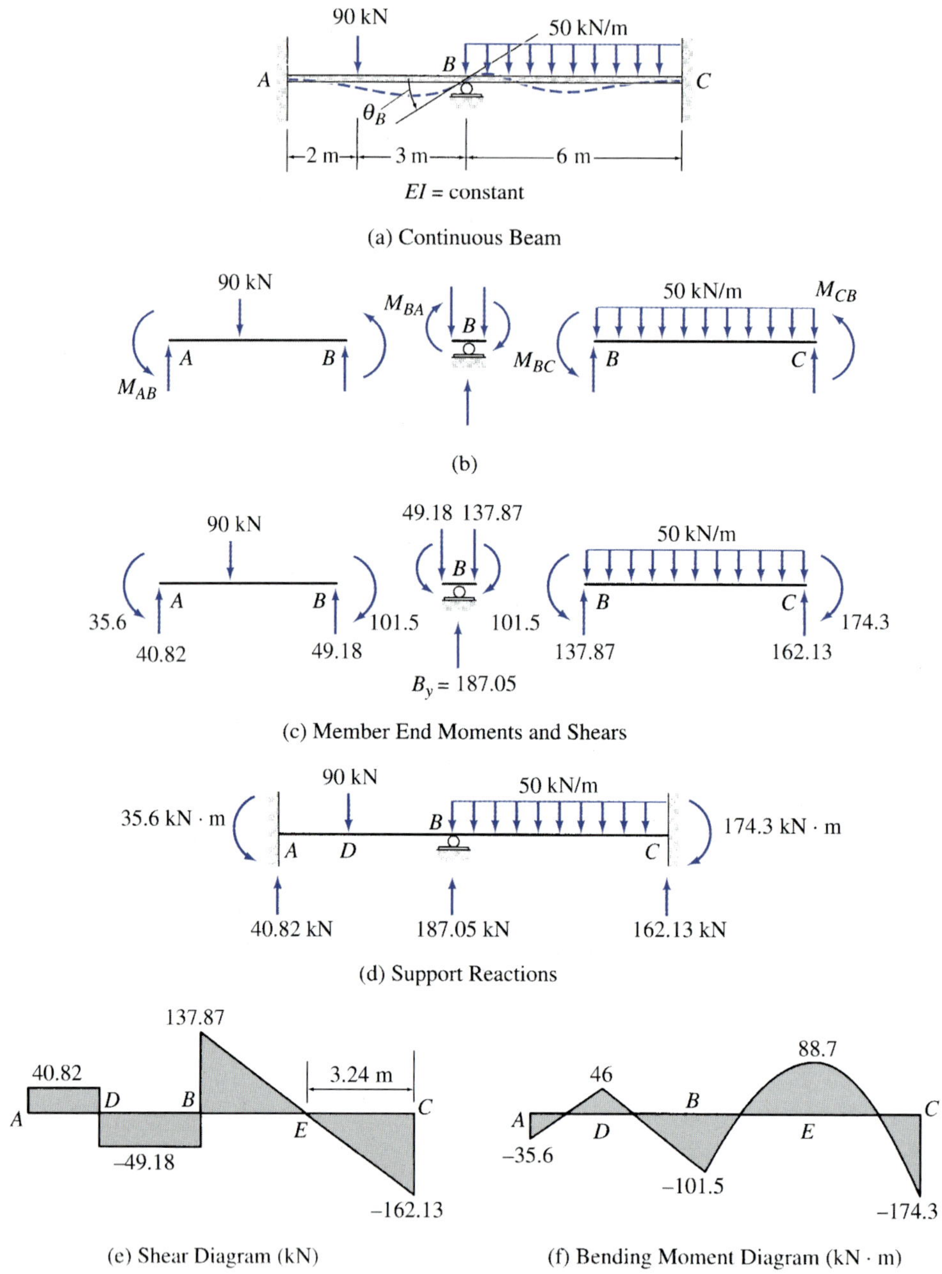

그림 15.5

절점의 회전각. 미지의 절점 회전각 θ_B를 결정하기 위해서 처짐각식 (2)와 (3)을 평형방정식 (5)에 대입하여 다음 식을 구한다.

$$(0.8\,EI\theta_B - 43.2) + (0.667\,EI\theta_B + 150) = 0$$

또는

$$1.467\,EI\theta_B = -106.8$$

따라서

$$EI\theta_B = -72.82\ \mathrm{kN \cdot m^2}$$

부재의 단부 모멘트. 부재의 단부 모멘트는 $EI\theta_B$의 값을 다시 처짐각식(식 (1)~(4))에 대입하여 다음과 같이 구한다.

$$M_{AB} = 0.4(-72.82) + 64.8 = 35.6\ \mathrm{kN \cdot m} \circlearrowleft$$
$$M_{BA} = 0.8(-72.82) - 43.2 = -101.5\ \mathrm{kN \cdot m}\ \text{또는}\ 101.5\ \mathrm{kN \cdot m} \circlearrowright$$
$$M_{BC} = 0.667(-72.82) + 150 = 101.5\ \mathrm{kN \cdot m} \circlearrowleft$$
$$M_{CB} = 0.333(-72.82) - 150 = -174.3\ \mathrm{kN \cdot m}\ \text{또는}\ 174.3\ \mathrm{kN \cdot m} \circlearrowright$$

단부 모멘트가 양의 값인 것은 반시계방향이라는 것을 의미하며, 음의 값은 단부 모멘트가 시계방향임을 의미한다. 단부 모멘트 M_{BA}와 M_{BC}는 크기는 같으나 방향이 반대이므로 평형방정식, $M_{BA} + M_{BC} = 0$을 만족한다.

부재의 단부 전단력. 부재의 단부 전단력은 각 부재의 평형방정식으로 구하고 그 결과는 그림 15.5(c)와 같다.

지점반력. 고정단 A와 C에서의 반력은 이들 절점에 연결된 부재 단부에서의 힘과 모멘트와 같다. 이동단 B에서의 반력은 절점 B의 자유물체도(그림 15.5(c))에서 수직방향의 평형방정식으로 구한다.

$$B_y = S_{BA} + S_{BC} = 49.18 + 137.87 = 187.05\ \mathrm{kN} \uparrow$$

지점반력은 그림 15.5(d)와 같다.

평형조건의 검토. 전체 구조물의 자유물체도에 평형방정식을 적용하여 부재의 단부 전단력과 지점반력에 대한 계산결과를 검토한다. 따라서

$$+\uparrow \sum F_y = 0 \qquad 40.82 - 90 + 187.05 - 50 \times 6 + 162.13 = 0$$
$$+\circlearrowleft \sum M_C = 0 \qquad 35.6 - 40.82(11) + 90(9) - 187.05(6) + 50(6)(3) - 174.3 = -0.02 \approx 0$$

전단력 및 휨모멘트 다이어그램. 전단력 및 휨모멘트 다이어그램은 5.1절에 기술된 보의 부호 규약을 이용하여 작성할 수 있으며 그림 15.5(e)와 (f)와 같다.

15.2 Example

처짐각법을 이용하여 그림 15.6(a)의 3경간 연속보에 대한 반력을 구하고 전단력 및 휨모멘트 다이어그램을 그려라.

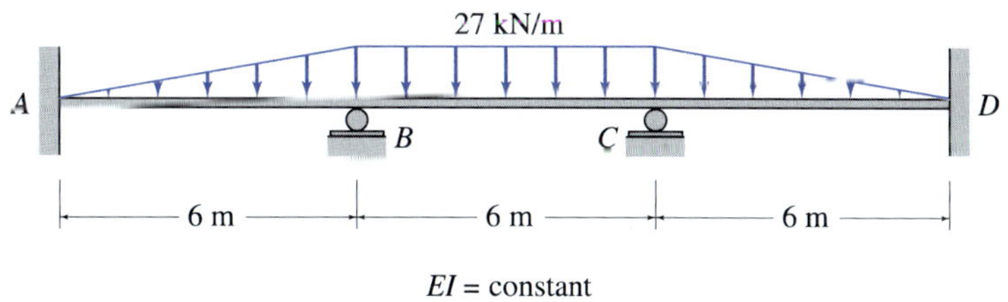

(a) Continuous Beam

그림 15.6

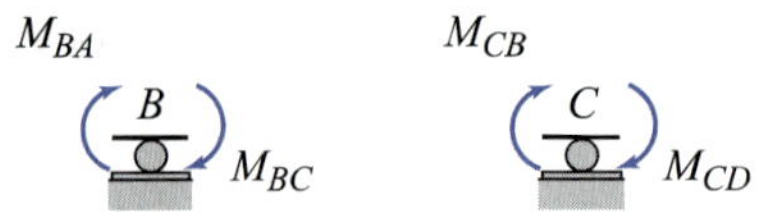

(b) Free-Body Diagrams of Joints B and C

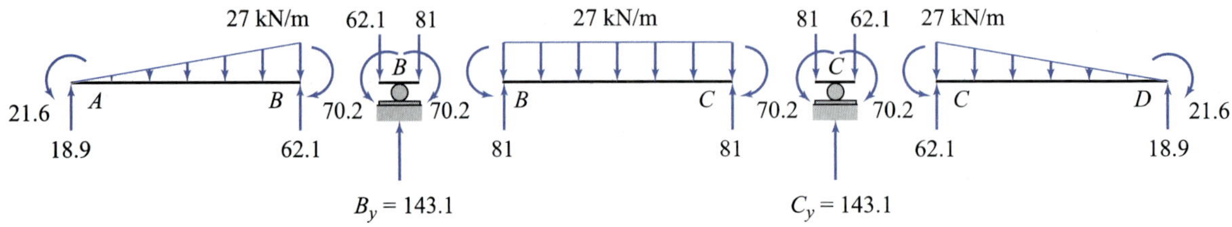

(c) Member End Moments and Shears

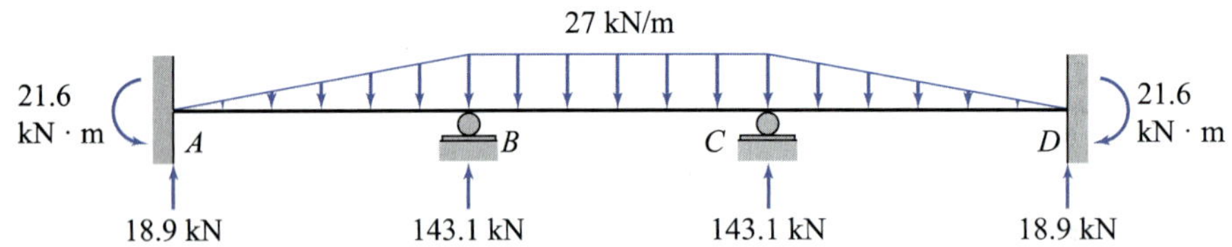

(d) Support Reactions

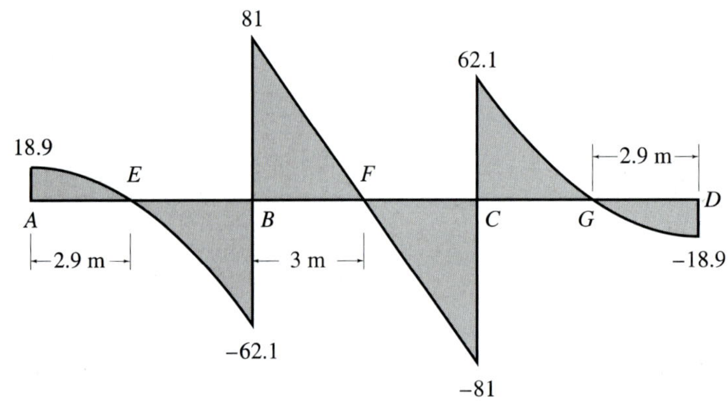

(e) Shear Diagram (kN)

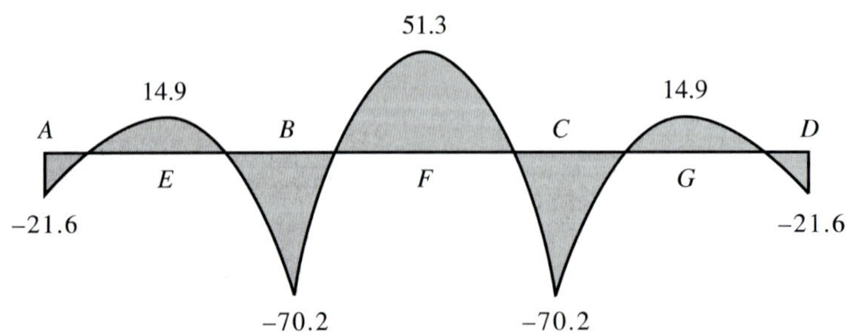

(f) Bending Moment Diagram (kN · m)

그림 15.6 계속

풀이

자유도. θ_B와 θ_C

고정단모멘트.

$$\mathrm{FEM}_{AB}=\frac{27(6)^2}{30}=32.4\ \mathrm{kN\cdot m}\ \circlearrowleft\ \text{또는}\ +32.4\ \mathrm{kN\cdot m}$$

$$\mathrm{FEM}_{BA}=\frac{27(6)^2}{20}=48.6\ \mathrm{kN\cdot m}\ \circlearrowright\ \text{또는}\ -48.6\ \mathrm{kN\cdot m}$$

$$\mathrm{FEM}_{BC}=\frac{27(6)^2}{12}=81\ \mathrm{kN\cdot m}\ \circlearrowleft\ \text{또는}\ +81\ \mathrm{kN\cdot m}$$

$$\mathrm{FEM}_{CB}=81\ \mathrm{kN\cdot m}\ \circlearrowright\ \text{또는}\ -81\ \mathrm{kN\cdot m}$$

$$\mathrm{FEM}_{CD}=\frac{27(6)^2}{20}=48.6\ \mathrm{kN\cdot m}\ \circlearrowleft\ \text{또는}\ +48.6\ \mathrm{kN\cdot m}$$

$$\mathrm{FEM}_{DC}=\frac{27(6)^2}{30}=32.4\ \mathrm{kN\cdot m}\ \circlearrowright\ \text{또는}\ -32.4\ \mathrm{kN\cdot m}$$

처짐각식. 부재 AB, BC와 CD에 대해 식 (15.9)를 적용하면,

$$M_{AB}=\frac{2EI}{6}(\theta_B)+32.4=0.333\,EI\theta_B+32.4 \tag{1}$$

$$M_{BA}=\frac{2EI}{6}(2\theta_B)-48.6=0.667\,EI\theta_B-48.6 \tag{2}$$

$$M_{BC}=\frac{2EI}{6}(2\theta_B+\theta_C)+81=0.667\,EI\theta_B+0.333\,EI\theta_C+81 \tag{3}$$

$$M_{CB}=\frac{2EI}{6}(\theta_B+2\theta_C)-81=0.333\,EI\theta_B+0.667\,EI\theta_C-81 \tag{4}$$

$$M_{CD}=\frac{2EI}{6}(2\theta_C)+48.6=0.667\,EI\theta_C+48.6 \tag{5}$$

$$M_{DC}=\frac{2EI}{6}(\theta_C)-32.4=0.333\,EI\theta_C-32.4 \tag{6}$$

평형방정식. 그림 15.6(b) 참조.

$$M_{BA}+M_{BC}=0 \tag{7}$$

$$M_{CB}+M_{CD}=0 \tag{8}$$

절점의 회전각. 처짐각식(식 (1)~(6))을 평형방정식(식 (7)~(8))에 대입하면

$$1.334\,EI\theta_B+0.333\,EI\theta_C=-32.4 \tag{9}$$

$$0.333\,EI\theta_B+1.334\,EI\theta_C=32.4 \tag{10}$$

식 (9)와 식 (10)을 연립하여 풀면, $EI\theta_B$와 $EI\theta_C$의 값을 구할 수 있다.

$$EI\theta_B=-32.4\ \mathrm{kN\cdot m^2}$$

$$EI\theta_C=32.4\ \mathrm{kN\cdot m^2}$$

부재의 단부 모멘트. $EI\theta_B$와 $EI\theta_C$의 값을 다시 처짐각식(식 (1)~(6))에 대입하여 부재의 단부 모멘

트를 다음과 같이 구한다.

$$M_{AB} = 0.333(-32.4) + 32.4 = 21.6 \text{ kN}\cdot\text{m} \circlearrowleft$$
$$M_{BA} = 0.667(-32.4) - 48.6 = -70.2 \text{ kN}\cdot\text{m} \text{ 또는 } 70.2 \text{ kN}\cdot\text{m} \circlearrowright$$
$$M_{BC} = 0.667(-32.4) + 0.333(32.4) + 81 = 70.2 \text{ kN}\cdot\text{m} \circlearrowleft$$
$$M_{CB} = 0.333(-32.4) + 0.667(32.4) - 81 = -70.2 \text{ kN}\cdot\text{m} \text{ 또는 } 70.2 \text{ kN}\cdot\text{m} \circlearrowright$$
$$M_{CD} = 0.667(32.4) + 48.6 = 70.2 \text{ kN}\cdot\text{m} \circlearrowleft$$
$$M_{DC} = 0.333(32.4) - 32.4 = -21.6 \text{ kN}\cdot\text{m} \text{ 또는 } 21.6 \text{ kN}\cdot\text{m} \circlearrowright$$

M_{BA}, M_{BC}, M_{CB}와 M_{CD}의 값은 평형방정식(식 (7)과 (8))을 만족한다.

부재의 단부 전단력과 지점반력. 그림 15.6(c)와 (d) 참조.

평형조건의 검토. 평형방정식을 만족한다.

전단력 및 휨모멘트 다이어그램. 그림 15.6(e)와 (f) 참조.

15.3 Example

처짐각법을 이용하여 그림 15.7(a)의 연속보에 대한 부재의 단부 모멘트와 반력을 구하라.

풀이

이 보는 예제 13.6에서 변형일치법으로 이미 해석된 바 있다.

그림 15.7(a)를 보면, 이 연속보는 3개의 지점 모두에서 회전이 가능하다. 따라서 이 보는 3개의 자유도 θ_A, θ_B, θ_D를 가진다고 볼 수 있고 양단 고정보에 대한 처짐각식 (15.9)를 이용하여 풀 수 있다. 그러나 이 방법에서는 3개의 연립방정식을 풀며 3개의 미지의 절점 회전각을 구해야 함으로 계산시간이 많이 소요된다.

보의 지점 A와 D는 외부모멘트가 작용하지 않고 단순지점이므로, 부재 AB의 단부 A와 부재 BD의 단부 D에서는 모멘트가 0이 되어야 한다. (이를 손쉽게 확인하기 위해 그림 15.7(b)에 나타낸 절점 A와 절점 D의 자유물체도에 대한 모멘트의 평형을 고려하면 된다.) 따라서 부재 AB의 단부 A와 부재 BD의 단부 D는 회전단으로 고려될 수 있고, 이 때 두 부재에 수정처짐각식 (15.15)를 사용할 수 있다. 또한 수정처짐각식이 회전단의 회전각을 포함하지 않으므로, 단순지점의 회전각 θ_A와 θ_D는 해석에서 제거할 수 있고 미지의 절점 회전각 θ_B만의 식으로 구성할 수 있다. θ_B가 계산되면 필요시 θ_A와 θ_D의 값을 식 (15.16)을 이용하여 구할 수 있다. 다음의 연속보 해석에서는 이 방법을 적용한다.

자유도. θ_B

고정단모멘트.

$$\text{FEM}_{AB} = \frac{15(10)^2}{12} = 125 \text{ kN}\cdot\text{m} \circlearrowleft \text{ 또는 } +125 \text{ kN}\cdot\text{m}$$
$$\text{FEM}_{BA} = 125 \text{ kN}\cdot\text{m} \circlearrowright \text{ 또는 } -125 \text{ kN}\cdot\text{m}$$
$$\text{FEM}_{BD} = \frac{60(10)}{8} + \frac{15(10)^2}{12} = 200 \text{ kN}\cdot\text{m} \circlearrowleft \text{ 또는 } +200 \text{ kN}\cdot\text{m}$$
$$\text{FEM}_{DB} = 200 \text{ kN}\cdot\text{m} \circlearrowright \text{ 또는 } -200 \text{ kN}\cdot\text{m}$$

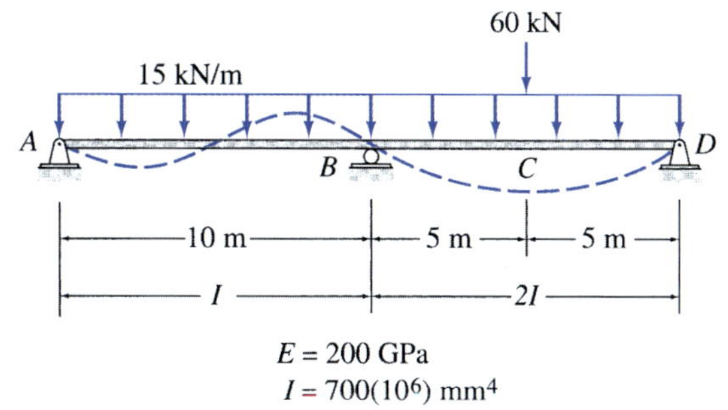

(a) Continuous Beam

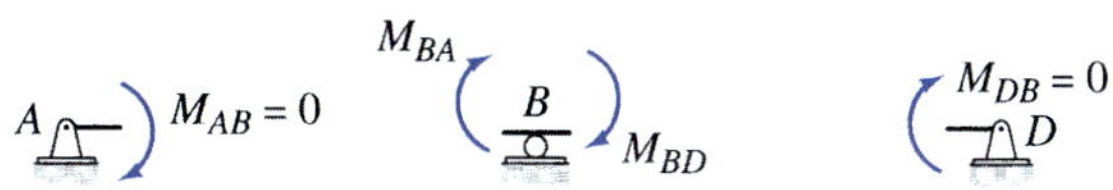

(b) Free-Body Diagrams of Joints

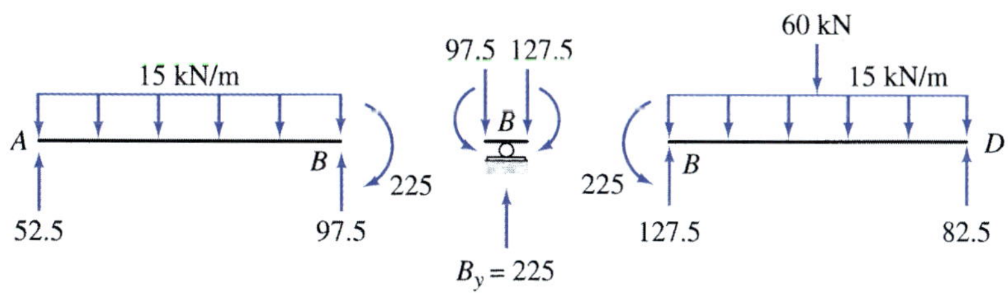

(c) Member End Moments and Shears

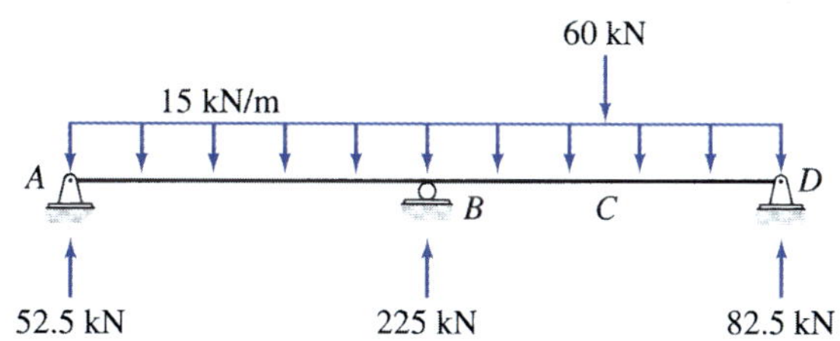

(d) Support Reactions

그림 15.7

처짐각식. 보의 두 부재가 모두 한쪽 단이 회전단이므로, 식 (15.15)를 이용하여 다음과 같이 두 부재에 대한 처짐각식을 작성한다.

$$M_{AB} = 0$$

$$M_{BA} = \frac{3EI}{10}(\theta_B) + \left(-125 - \frac{125}{2}\right) = 0.3\,EI\theta_B - 187.5 \tag{1}$$

$$M_{BD} = \frac{3E(2I)}{10}(\theta_B) + \left(200 + \frac{200}{2}\right) = 0.6\,EI\theta_B + 300 \tag{2}$$

$$M_{DB} = 0$$

평형방정식. 절점 B의 자유물체도(그림 15.7(b))에 대해 모멘트의 평형을 고려하면 다음과 같다.

$$M_{BA} + M_{BD} = 0 \tag{3}$$

절점의 회전각. 미지의 회전각 θ_B를 계산하기 위해 처짐각식 (1)과 (2)를 평형방정식 (3)에 대입하면 다음과 같다.

$$(0.3\,EI\theta_B - 187.5) + (0.6\,EI\theta_B + 300) = 0$$

또는

$$0.9\,EI\theta_B = -112.5$$

따라서

$$EI\theta_B = -125 \text{ kN} \cdot \text{m}^2$$

부재의 단부 모멘트. $EI\theta_B$의 값을 처짐각식 (1)과 (2)에 대입하면 다음과 같이 부재의 단부 모멘트를 구한다.

$$M_{BA} = 0.3(-125) - 187.5 = -225 \text{ kN} \cdot \text{m} \text{ 또는 } 225 \text{ kN} \cdot \text{m} \circlearrowright$$
$$M_{BD} = 0.6(-125) + 300 = 225 \text{ kN} \cdot \text{m} \circlearrowleft$$

부재의 단부 전단력과 지점반력. 그림 15.7(c)와 (d) 참조.

평형조건 검토. 그림 15.7(d) 참조.

$$+\uparrow \sum F_y = 0 \qquad 52.5 - 15(20) + 225 - 60 + 82.5 = 0$$
$$+\circlearrowleft \sum M_D = 0 \qquad -52.5(20) + 15(20)(10) - 225(10) + 60(5) = 0$$

15.4 Example

처짐각법을 이용하여 그림 15.8(a)의 연속보에 대한 부재의 단부 모멘트와 반력을 구하라.

풀이

내민보 부분 CD의 단부 C에서의 모멘트와 전단력은 평형방정식(그림 15.8(b))을 이용하여 직접 산정할 수 있으므로 내민보 부분을 해석에 포함하지 않아도 된다. 따라서 그림 15.8(c)에 나타낸 보의 부정정 부분 AC에 대해서만 해석해야 한다. 그림에서 보여주듯이 내민보 CD에 의해 절점 C에 발생하는 120 kN·m의 모멘트와 30 kN의 전단력은 해석에 포함되어야 한다.

자유도. 그림 15.8(c)를 살펴보면 절점 B와 C에서는 회전이 가능하다. 따라서 해석대상 구조물은 미지의 절점 회전각 θ_B와 θ_C와 같은 2개의 자유도를 갖는다.

고정단모멘트.

$$\text{FEM}_{AB} = \text{FEM}_{BA} = 0$$
$$\text{FEM}_{BC} = \frac{10(9)^2}{12} = 67.5 \text{ kN} \cdot \text{m} \circlearrowleft \text{ 또는 } +67.5 \text{ kN} \cdot \text{m}$$
$$\text{FEM}_{CB} = 67.5 \text{ kN} \cdot \text{m} \circlearrowright \text{ 또는 } -67.5 \text{ kN} \cdot \text{m}$$

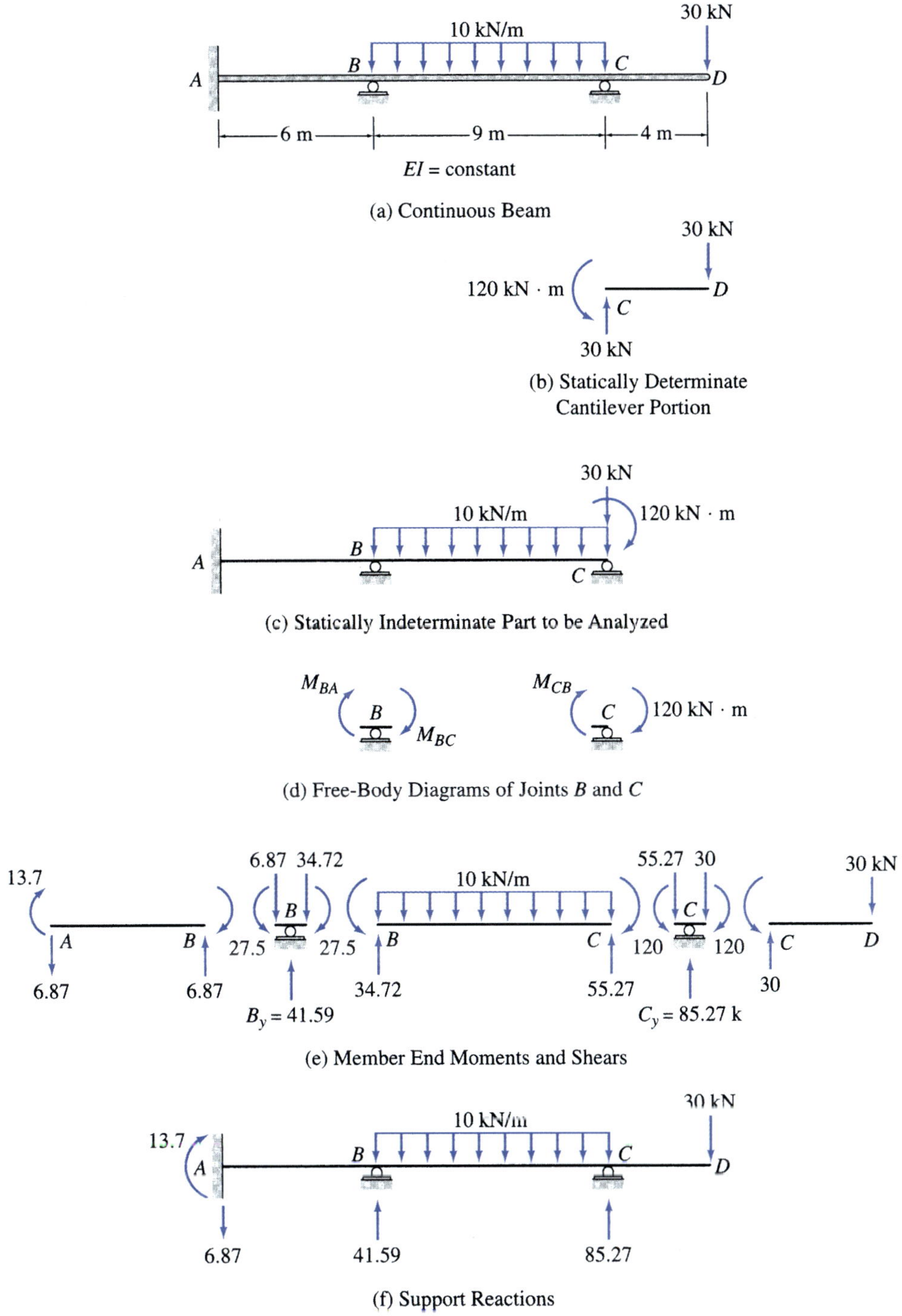

그림 15.8

처짐각식. 부재 AB와 부재 BC에 대해 식 (15.9)를 적용하여 처짐각식을 다음과 같이 구한다.

$$M_{AB} = \frac{2EI}{6}(\theta_B) = 0.333\,EI\theta_B \tag{1}$$

$$M_{BA}=\frac{2EI}{6}(2\theta_B)=0.667\,EI\theta_B \tag{2}$$

$$M_{BC}=\frac{2EI}{9}(2\theta_B+\theta_C)+67.5=0.444\,EI\theta_B+0.222\,EI\theta_C+67.5 \tag{3}$$

$$M_{CB}=\frac{2EI}{9}(2\theta_C+\theta_B)-67.5=0.222\,EI\theta_B+0.444\,EI\theta_C-67.5 \tag{4}$$

평형방정식. 절점 B와 C(그림 15.8(d))의 자유물체도에서 모멘트의 평형조건으로부터 평형방정식을 구성한다.

$$M_{BA}+M_{BC}=0 \tag{5}$$

$$M_{CB}+120=0 \tag{6}$$

절점의 회전각. 처짐각식 (2)~(4)를 평형방정식 (5)와 (6)에 대입하여 정리하면 다음과 같다.

$$1.111\,EI\theta_B+0.222\,EI\theta_C=-67.5 \tag{7}$$

$$0.222\,EI\theta_B+0.444\,EI\theta_C=-52.5 \tag{8}$$

식 (7)와 식 (8)을 연립하여 풀면, $EI\theta_B$와 $EI\theta_C$의 값을 구할 수 있다.

$$EI\theta_B=-41.25\text{ kN}\cdot\text{m}^2$$

$$EI\theta_C=-97.62\text{ kN}\cdot\text{m}^2$$

부재의 단부 모멘트. $EI\theta_B$와 $EI\theta_C$의 값을 처짐각식 (1)~(4)에 대입하여 부재의 단부 모멘트를 구한다.

$$M_{AB}=0.333(-41.25)=-13.7\text{ kN}\cdot\text{m} \quad \text{또는 } 13.7\text{ kN}\cdot\text{m} \circlearrowright$$

$$M_{BA}=0.667(-41.25)=-27.5\text{ kN}\cdot\text{m} \quad \text{또는 } 27.5\text{ kN}\cdot\text{m} \circlearrowright$$

$$M_{BC}=0.444(-41.25)+0.222(-97.62)+67.5=27.5\text{ kN}\cdot\text{m} \circlearrowleft$$

$$M_{CB}=0.222(-41.25)+0.444(-97.62)-67.5=-120\text{ kN}\cdot\text{m} \quad \text{또는 } 120\text{ kN}\cdot\text{m} \circlearrowright$$

이렇게 산정된 M_{BA}, M_{BC}, M_{CB}의 값은 평형방정식(식 (5)와 (6))을 만족한다.

부재의 단부 전단력과 지점반력. 그림 15.8(e)와 (f) 참조.

평형조건 검토. 평형방정식을 검토한다.

15.5 Example

그림 15.9(a)에 나타낸 연속보에 대해 지점 B에서 20 mm의 침하가 생길 때 지점반력을 구하고, 전단력 다이어그램과 휨모멘트 다이어그램을 그려라. 처짐각법을 이용하라.

풀이

자유도. θ_B와 θ_C

고정단모멘트. 보에 어떠한 외력이 작용하지 않으므로 고정단모멘트는 0이다.

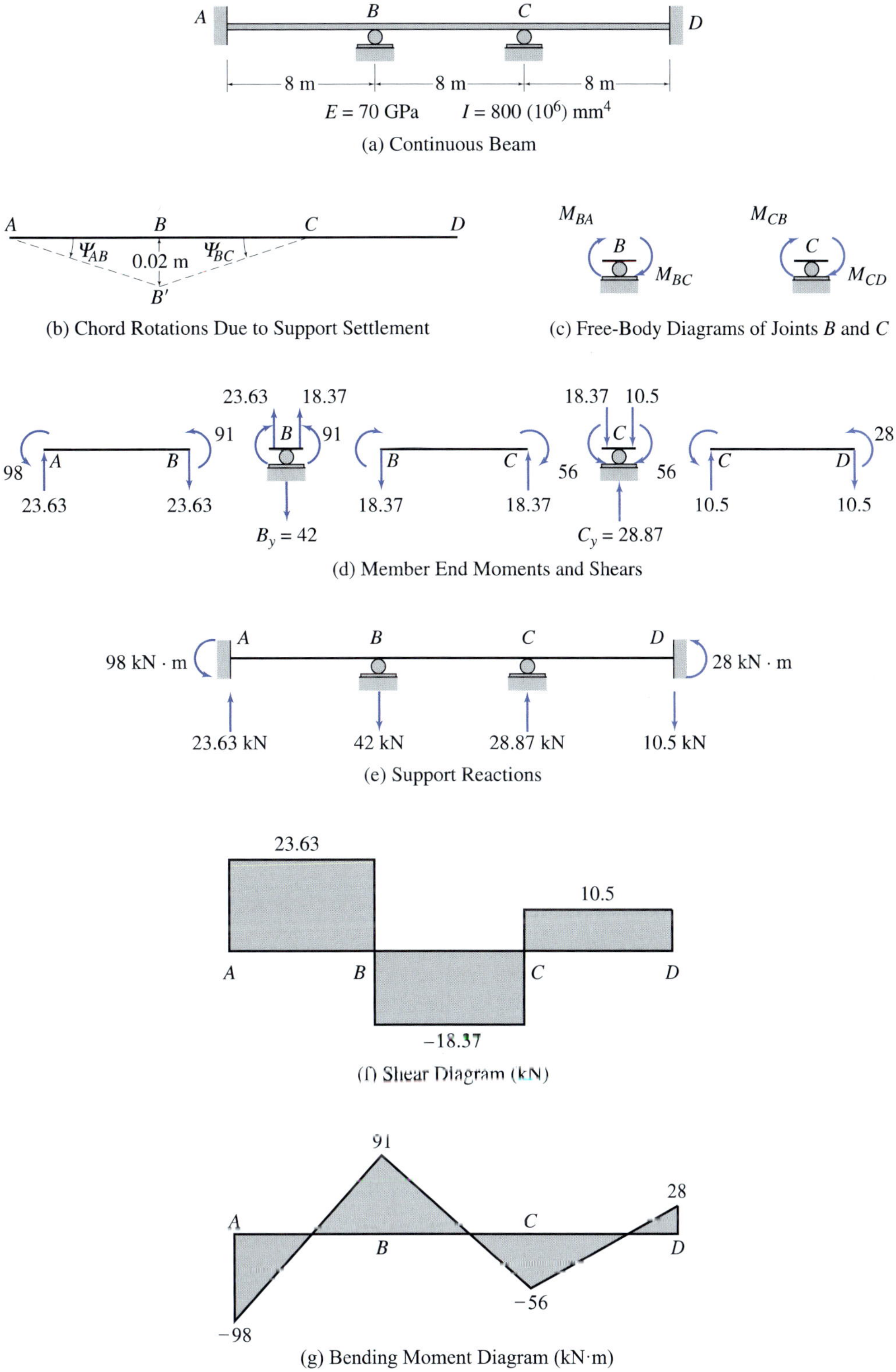
A B C D
8 m 8 m 8 m
E = 70 GPa I = 800 (10⁶) mm⁴
(a) Continuous Beam
A B C D
Ψ_AB 0.02 m Ψ_BC
B′
(b) Chord Rotations Due to Support Settlement
M_BA M_CB
B C
M_BC M_CD
(c) Free-Body Diagrams of Joints B and C
23.63 18.37 18.37 10.5
98 A B 91 B 91 B C 56 C 56 C D 28
23.63 23.63 18.37 18.37 10.5 10.5
B_y = 42 C_y = 28.87
(d) Member End Moments and Shears
98 kN · m A B C D 28 kN · m
23.63 kN 42 kN 28.87 kN 10.5 kN
(e) Support Reactions
23.63
10.5
A B C D
−18.37
(f) Shear Diagram (kN)
91
28
A C
B D
−56
−98
(g) Bending Moment Diagram (kN·m)

그림 15.9

부재 중심선 회전각. 주어진 지점침하는 그림 15.9(b)에 과장된 크기로 나타내었다. 그림에서 점선은 변형 후 부재의 중심선(탄성곡선이 아닌)을 나타낸다. 부재 AB의 길이가 8 m이기 때문에 중심선의 회전각은 다음과 같다.

$$\psi_{AB}=-\frac{0.02}{8}=-0.0025$$

여기서, ψ_{AB}의 값에서 음의 부호는 그림 15.9(b)에서 보는 바와 같이 시계방향을 의미한다. 이와 유사하게 부재 BC의 경우 중심선의 회전각은 다음과 같다.

$$\psi_{BC}=\frac{0.02}{8}=0.0025$$

그림 15.9(b)로부터 부재 CD의 경우 중심선의 회전각은 다음과 같다.

$$\psi_{CD}=0$$

처짐각식. 부재 AB, BC와 CD에 대해 식 (15.9)를 적용하면 다음과 같다.

$$M_{AB}=\frac{2EI}{8}(\theta_B+0.0075) \tag{1}$$

$$M_{BA}=\frac{2EI}{8}(2\theta_B+0.0075) \tag{2}$$

$$M_{BC}=\frac{2EI}{8}(2\theta_B+\theta_C-0.0075) \tag{3}$$

$$M_{CB}=\frac{2EI}{8}(\theta_B+2\theta_C-0.0075) \tag{4}$$

$$M_{CD}=\frac{2EI}{8}(2\theta_C) \tag{5}$$

$$M_{DC}=\frac{2EI}{8}(\theta_C) \tag{6}$$

평형방정식. 그림 15.9(c) 참조.

$$M_{BA}+M_{BC}=0 \tag{7}$$

$$M_{CB}+M_{CD}=0 \tag{8}$$

절점의 회전각. 처짐식(식 (1)~(6))을 평형방정식(식 (7)~(8))에 대입하면 다음과 같다.

$$4\theta_B+\theta_C=0 \tag{9}$$

$$\theta_B+4\theta_C=0.0075 \tag{10}$$

식 (9)와 식 (10)을 연립하여 풀면, θ_B와 θ_C를 구할 수 있다.

$$\theta_B=-0.0005 \text{ rad}$$

$$\theta_C=0.002 \text{ rad}$$

부재의 단부 모멘트. 부재의 단부 모멘트를 계산하기 위하여 θ_B와 θ_C, $EI=(70)(800)=56{,}000$ kN·m^{2}을 처짐각식(식 (1)~(6))의 우변에 대입한다.

$$M_{AB}=98 \text{ kN}\cdot\text{m} \circlearrowleft$$

$$M_{BA} = 91 \text{ kN} \cdot \text{m} \circlearrowleft$$
$$M_{BC} = -91 \text{ kN} \cdot \text{m} \text{ 또는 } 91 \text{ kN} \cdot \text{m} \circlearrowright$$
$$M_{CB} = -56 \text{ kN} \cdot \text{m} \text{ 또는 } 56 \text{ kN} \cdot \text{m} \circlearrowright$$
$$M_{CD} = 56 \text{ kN} \cdot \text{m} \circlearrowleft$$
$$M_{DC} = 28 \text{ kN} \cdot \text{m} \circlearrowleft$$

부재의 단부 전단력과 지점반력. 그림 15.9(d)와 (e) 참조.

평형 검토. 그림 15.9(e) 참조.

$$+\uparrow \sum F_y = 0 \qquad 23.63 - 42 + 28.87 - 10.5 = 0$$
$$+\circlearrowleft \sum M_A = 0 \qquad 98 - 42(8) + 28.87(16) - 10.5(24) + 28 = -0.08 \approx 0$$

전단력과 휨모멘트 다이어그램. 그림 15.9(f)와 (g) 참조.

15.6 Example

그림 15.10(a)와 같이 3경간 연속보가 등분포하중을 받고 지점 B에서 15 mm, 지점 C에서 37 mm, 지점 D에서 18 mm의 지점침하가 발생했을 때 부재의 단부 모멘트와 반력을 처짐각법으로 구하라.

풀이

자유도. 연속보의 4개의 절점에서 모두 회전이 가능하므로 부재 AB와 부재 CD에 대해서 각각 수정 처짐각법을 적용하여 지점 A와 지점 D의 단순지점에서의 회전각을 제거할 수 있다. 따라서 해석에서는 2개의 미지의 회전각 θ_B와 θ_C만을 고려하게 된다.

고정단모멘트.

$$\text{FEM}_{AB} = \text{FEM}_{BC} = \text{FEM}_{CD} = \frac{30(10)^2}{12} = 250 \text{ kN} \cdot \text{m} \circlearrowleft \text{ 또는 } +250 \text{ kN} \cdot \text{m}$$
$$\text{FEM}_{BA} = \text{FEM}_{CB} = \text{FEM}_{DC} = 250 \text{ kN} \cdot \text{m} \circlearrowright \text{ 또는 } -250 \text{ kN} \cdot \text{m}$$

부재 중심선의 회전각. 그림 15.10(b)는 주어진 지점침하를 나타낸다. 그림에서 점선은 변형 후 부재의 중심선(탄성곡선이 아닌)을 나타낸다. 지점 A는 이동하지 않고 지점 B만이 15 mm만큼 침하하므로 부재 AB에서 두 지점의 상대침하는 15 mm = 0.015 m이다. 부재 AB의 길이가 10 m이므로, 부재 AB 중심선의 회전각은 다음과 같다.

$$\psi_{AB} = -\frac{0.015}{10} = -0.0015$$

여기서, ψ_{AB}의 값에서 음의 부호는 그림 15.10(b)에서 보는 바와 같이 시계방향을 의미한다. 부재 BC 중심선의 회전각은 지점 B와 지점 C의 지점침하를 고려하여 유사한 방법으로 계산한다. 그림 15.10(b)로부터 부재 BC 양단의 상대침하는 37 mm − 15 mm = 22 mm = 0.022 m이므로 부재 BC 중심선의 회전각은 다음과 같다.

$$\psi_{BC} = -\frac{0.022}{10} = -0.0022$$

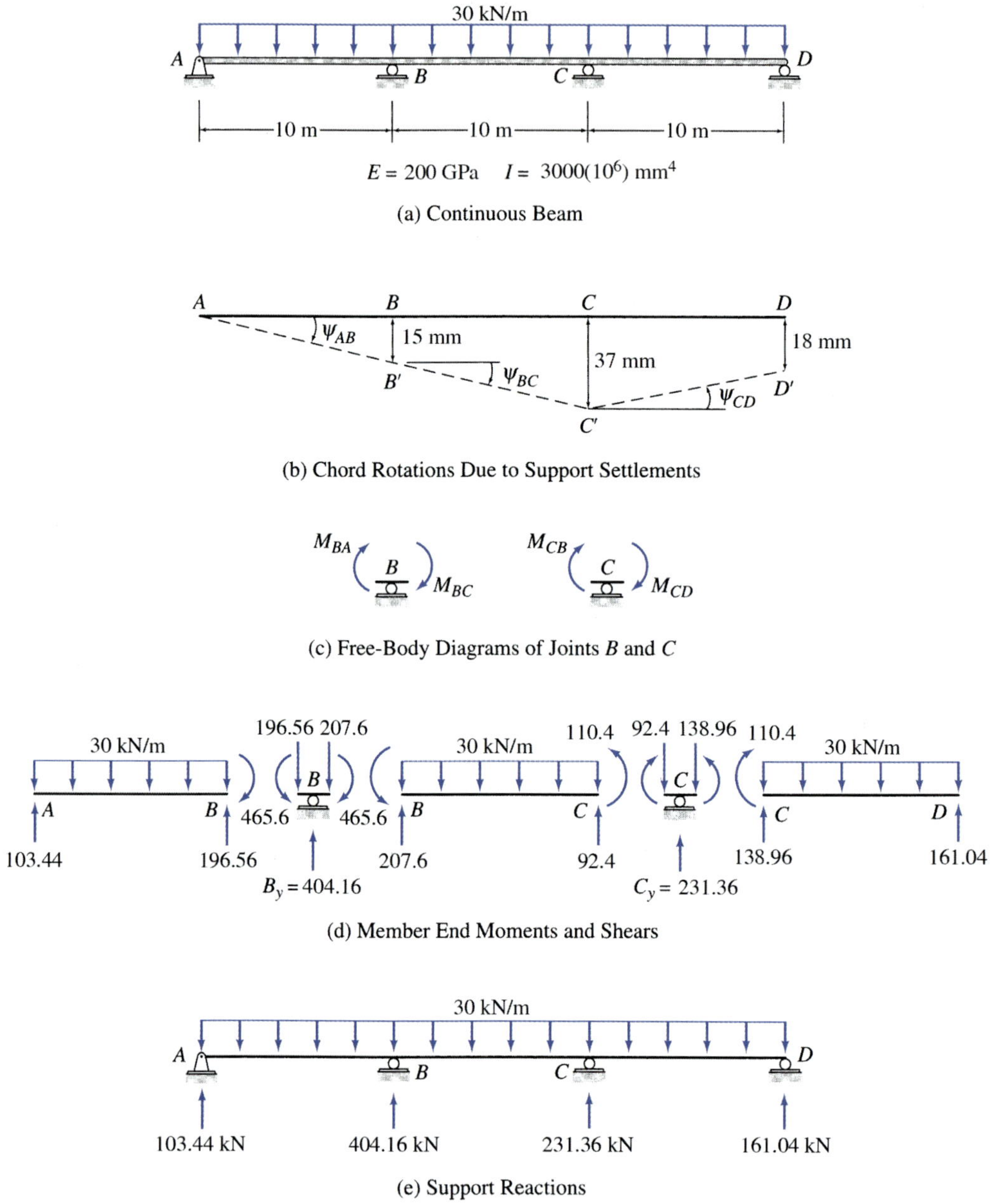

그림 15.10

같은 방법으로 부재 CD 중심선의 회전각을 구하면 다음과 같다.

$$\psi_{CD} = \frac{0.037 - 0.018}{10} = 0.0019$$

처짐각식.

$$M_{AB} = 0$$

$$M_{BA}=\frac{3EI}{10}(\theta_B+0.0015)-375=0.3EI\theta_B+0.00045EI-375 \quad (1)$$

$$\begin{aligned}M_{BC}&=\frac{2EI}{10}[2\theta_B+\theta_C-3(-0.0022)]+250 \quad (2)\\&=0.4EI\theta_B+0.2EI\theta_C+0.00132EI+250\end{aligned}$$

$$\begin{aligned}M_{CB}&=\frac{2EI}{10}[2\theta_C+\theta_B-3(-0.0022)]-250 \quad (3)\\&=0.2EI\theta_B+0.4EI\theta_C+0.00132EI-250\end{aligned}$$

$$M_{CD}=\frac{3EI}{10}(\theta_C-0.0019)+375=0.3EI\theta_C-0.00057EI+375 \quad (4)$$

$$M_{DC}=0$$

평형방정식. 그림 15.10(c) 참조.

$$M_{BA}+M_{BC}=0 \quad (5)$$

$$M_{CB}+M_{CD}=0 \quad (6)$$

절점의 회전각. 처짐각식 (1)~(4)를 평형방정식 (5)와 (6)에 대입하여 다음과 같은 식을 구한다.

$$0.7\,EI\theta_B+0.2\,EI\theta_C=-0.00177EI+125$$

$$0.2\,EI\theta_B+0.7\,EI\theta_C=-0.00075EI-125$$

$EI=600{,}000\ \text{kN}\cdot\text{m}^2$를 위 식의 우항에 대입하고 정리하면,

$$0.7\,EI\theta_B+0.2\,EI\theta_C=-937 \quad (7)$$

$$0.2\,EI\theta_B+0.7\,EI\theta_C=-575 \quad (8)$$

식 (7)과 (8)의 연립방정식을 풀어서 $EI\theta_B$와 $EI\theta_C$의 값을 구한다.

$$EI\theta_B=-1{,}202\ \text{kN}\cdot\text{m}^2$$

$$EI\theta_C=-478\ \text{kN}\cdot\text{m}^2$$

부재의 단부 모멘트. 부재의 단부 모멘트를 계산하기 위하여 $EI\theta_B$와 $EI\theta_C$의 값을 다시 처짐각식 (1)~(4)에 대입한다.

$$M_{BA}=-465.6\ \text{kN}\cdot\text{m} \text{ 또는 } 465.6\ \text{kN}\cdot\text{m} \curvearrowright$$

$$M_{BC}=465.6\ \text{kN}\cdot\text{m} \circlearrowleft$$

$$M_{CB}=110.4\ \text{kN}\cdot\text{m} \circlearrowleft$$

$$M_{CD}=-110.4\ \text{kN}\cdot\text{m} \text{ 또는 } 110.4\ \text{kN}\cdot\text{m} \curvearrowright$$

부재의 단부 전단력과 지점반력. 그림 15.10(d)와 (e) 참조.

평형 검토. 평형방정식을 검토한다.

이론적으로 처짐각법과 변형일치법은 주어진 구조물에 대해서 해석결과가 항상 같아야 한다.

15.7
Example

그림 15.11(a)와 같은 4경간 연속보의 지점반력을 구하고 전단력 및 모멘트 다이어그램을 그려라.

풀이

그림 15.11(a)를 보면 연속보와 하중이 이동단 C를 통과하는 수직축 s에 대해 대칭이므로, 그림 15.11(b)와 같이 대칭경계조건을 가지는 보의 좌측 부분 AC만을 해석해도 전체 보의 응답을 구할 수 있다. 또한 그림 15.11(b)에서 대칭경계조건을 가지는 보의 좌측 부분 AC는 이동단 B를 통과하는 수직축 s'에 대해서도 대칭이다. 결과적으로 그림 15.11(c)에 나타낸 보의 1/4(즉, 대칭경계조건을 가지는 AB 부분)만을 해석하여도 된다.

그림 15.11(c)와 같이 부구조가 양단 고정보 AB로 구성되어 있으므로, 부재의 단부 모멘트는 이 책의 뒤표지에 표시된 고정단모멘트에 대한 식을 이용하면 다음과 같이 구할 수 있다.

$$M_{AB} = \text{FEM}_{AB} = \frac{wL^2}{12} \circlearrowleft$$

$$M_{BA} = \text{FEM}_{BA} = \frac{wL^2}{12} \circlearrowright$$

부재 AB의 단부에서의 전단력은 부재의 평형조건을 이용하여 구한다.

부재 BC 단부의 모멘트와 전단력은 부재 AB의 해당응답을 축 s'의 우측에 반영하여 구할 수 있다. 또한 보의 우측 부분의 단부 모멘트와 전단력은 축 s의 좌측 부분의 해당응답을 축 s의 반대편 부분에 반영하여 구할 수 있다. 이렇게 구한 단부 모멘트와 전단력은 그림 15.11(d)와 같고, 지점반력은 그림 15.11(e)와 같다.

그림 15.11(f)와 (g)는 각각 보의 전단력과 휨모멘트 다이어그램이다.

이 예제에서 보여주듯이 구조적 대칭성을 이용하면 해석에 필요한 계산 과정을 상당히 단축할 수 있다. 이 예제의 보는 (그림 15.11(a)) 3개의 자유도 θ_B, θ_C와 θ_D를 가지고 있지만 구조적 대칭성을 이용하여 해석과정에서 모든 자유도를 제거할 수 있었다.

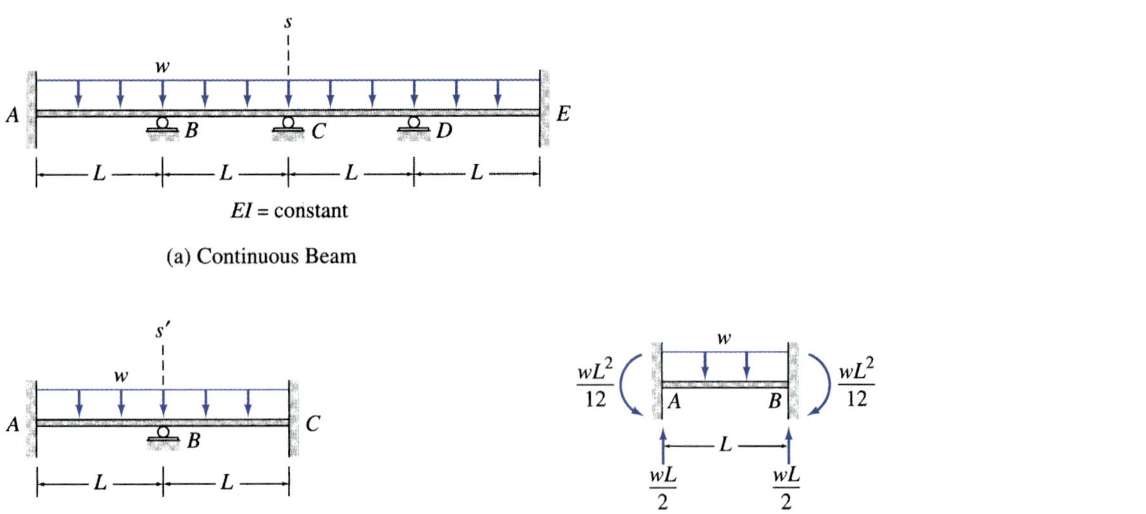

(a) Continuous Beam

(b) One-Half Beam with Symmetric Boundary Conditions

(c) One-Fourth Beam with Symmetric Boundary Conditions

그림 15.11

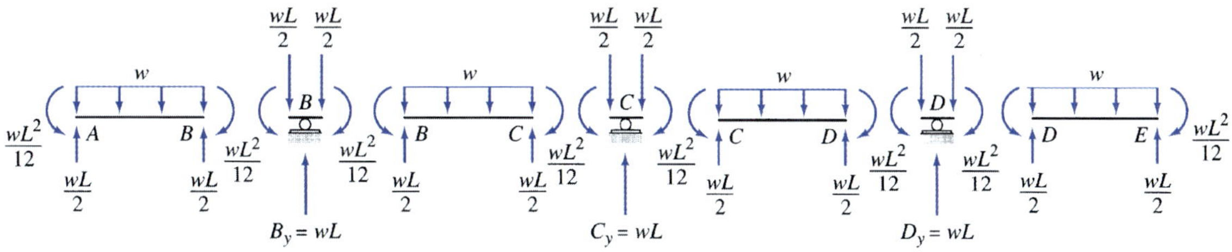

(d) Member End Moments and Shears

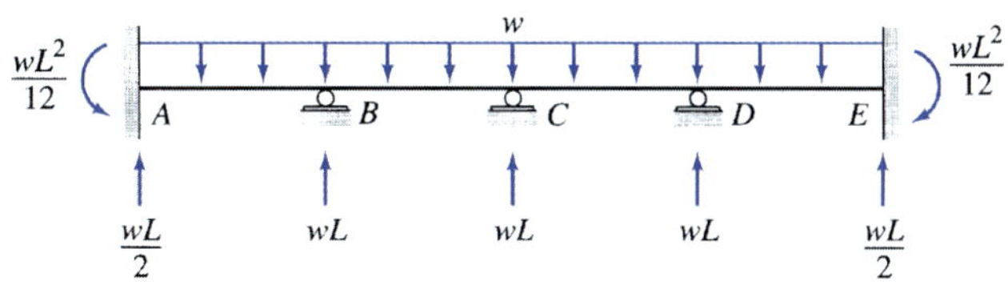

(e) Support Reactions

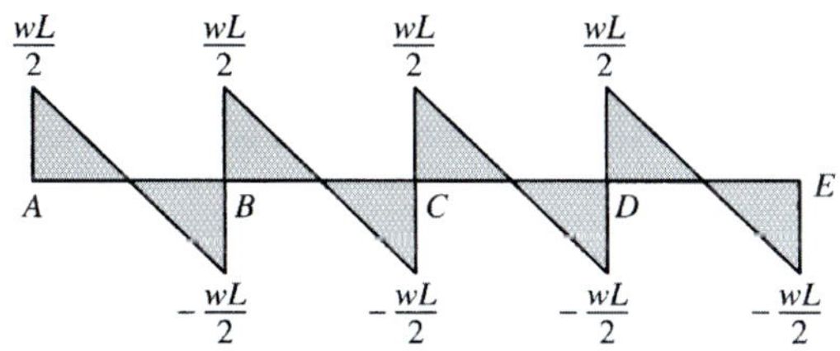

(f) Shear Diagram

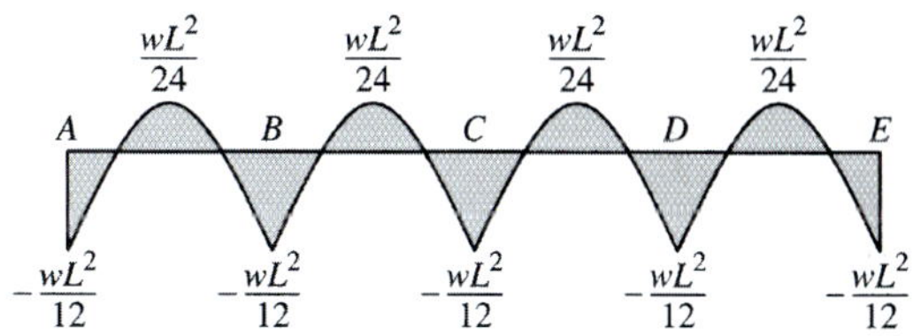

(g) Bending Moment Diagram

그림 15.11 계속

15.4 횡변위가 없는 골조의 해석

처짐각법은 골조의 해석에도 이용될 수 있다. 일반적인 공학재료로 구성된 골조에서 부재의 축방향 변형은 주로 휨에 의한 변형보다 매우 작기 때문에 해석에서 부재의 축방향 변형을 무시하고 부재는 **비연장성**(길이가 불변하는 특성)으로 가정한다.

그림 15.12(a)의 골조를 살펴보자. 또한 그림 15.12(a)는 임의의 하중 P에 의한 골조의 탄성곡선을 보여주고 있다. 고정된 절점 A와 B는 회전과 이동이 불가한 반면 회전단인 절점 C는 회전이 가능하지만 병진이동이 불가능하다. 절점 D는 회전이 가능하지만 비연장성 부재 AD와 부재 CD에 의해 구속되어 있어서 모든 방향으로 병진이동이 일어나지 않는다. 마찬가지로 절점 E는 회전이 자유로우나 부재 BE와 부재 DE가 축방향 변형이 불가능하고, 절점 B와 D가 이동할 수 없으므로 절점 E도 이동할 수 없다. 따라서 골조의 어떤 절점도 이동할 수 없다.

그림 15.12(a)에서 부재 CD를 제거한 그림 15.12(b)의 골조를 살펴보자. 기둥 AD와 기둥 BE의 축방향 변형이 무시되므로 절점 D와 E는 수직방향으로 이동할 수 없다. 그러나 이들 절점에서 회전과 수평방향 변형에는 어떠한 구속도 없다. 보 DE를 비연장성 부재로 가정되므로 절점 D와 E의 수평변위는 같아야 한다.

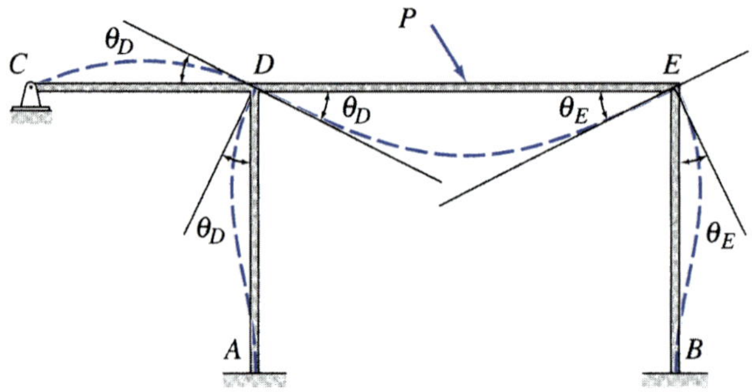

(a) Frame without Sidesway

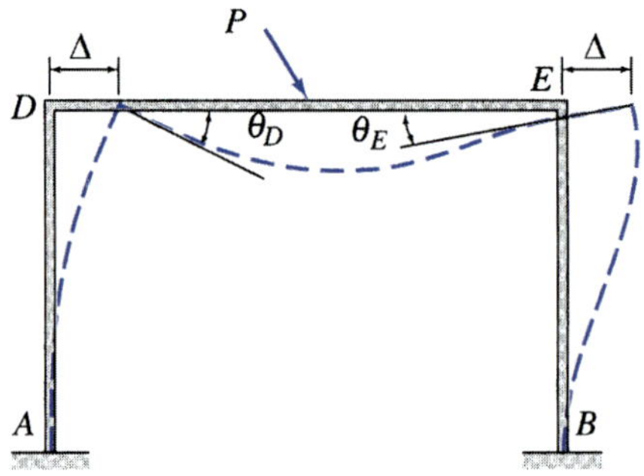

(b) Frame with Sidesway

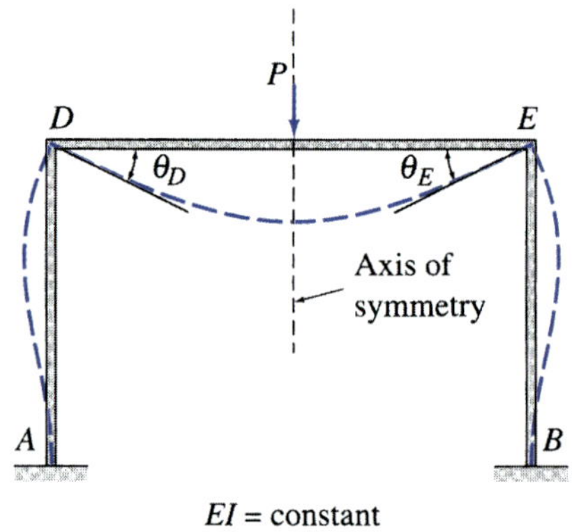

(c) Symmetric Frame Subjected to Symmetric Loading — No Sidesway

그림 15.12

그림 15.12(b)와 같은 골조의 수평변위는 주로 **횡변위**(sidesway)라 하고, 절점의 병진이동이 있는 골조를 **횡변위가 있는 골조**라 한다. 반면 절점의 이동이 없는 골조를 **횡변위가 없는 골조**라 한다. 처짐각법 적용에 있어 골조의 횡변위 유무를 구분하는 것이 일반적으로 편리하다. 하중이 작용하는 임의의 평면골조에서 독립적인 절점 이동의 개수는 — 일반적으로 **횡변위의 자유도** ss — 다음 식으로 표현할 수 있다.

$$ss = 2j - [2(f+h)+r+m] \tag{15.20}$$

여기서, j = 절점의 수; f = 고정단의 수; h = 회전단의 수; r = 이동단의 수; m = 비연장성 부재의 수. 식 (15.20)은 다음과 같은 과정을 통하여 구해진 결과이다. 평면골조 내에서 이동이 가능한 각 절점의 변위를 정의하는데 수평과 수직방향으로 2개의 병진이동이 필요하다. 각 고정단과 회전단은 2개의 이동을 구속시키고 이동단은 그 절점에 대해 하나의 방향으로 이동을 구속한다. 그리고 2개의 절점을 연결하는 각 비연장성 부재는 그 부재의 축방향으로 하나의 절점 변위를 구속한다. 따라서 독립적인 절점 변위의 수인 ss는 변위가 가능한 j개의 절점의 이동의 수($2j$)에서 골조의 지점과 부재에 의해 변위가 구속되는 수를 빼서 구한다. 그림

15.12(a)와 (b)에서 식 (15.20)을 적용하면 이를 확인할 수 있다. 그림 15.12(a)의 골조는 5개의 절점($j=5$)과 4개의 부재($m=4$), 2개의 고정단($f=2$), 그리고 1개의 회전단($h=1$)을 가지므로 식 (15.20)을 적용하면 $ss=2(5)-[2(2+1)+4\ ]=0$이 되고, 이로써 그림 15.12(a)의 골조가 횡변위가 없는 골조에 해당되는 것임을 확인할 수 있다. 그림 15.12(b)의 골조에서는 $j=4$, $m=3$, $f=2$이므로 횡변위의 자유도는 $ss=2(4)-[2(2)+3]=1$로서 골조에 한 개의 독립적인 절점 변위가 있음을 확인할 수 있다. 그림 15.12(b)에서는 독립적인 절점 변위를 절점 D와 E의 수평변위 Δ로 표시한다.

한편 골조에 이동이 자유로운 절점들을 포함되어 있어도, 골조에 하중이 작용하였을 때 절점의 이동이 일어나지 않는다면 이러한 골조는 해석에서 횡변위가 없는 골조로 여길 수 있다. 그림 15.12(c)의 골조는 이러한 예이다. 대칭골조의 절점 D와 E는 수평이동이 자유롭지만, 구조물의 대칭축에 대해 하중이 대칭으로 작용하면 절점들은 이동하지 않는다. 따라서 이 골조는 대칭 하중이 작용할 때 횡변위가 없는 골조로 해석될 수 있다. 이 절에서는 횡변위가 없는 골조를 처짐각법을 이용하여 해석하고자 한다. 횡변위가 있는 골조에 대해서는 다음 절에서 다룬다.

횡변위가 없는 골조의 해석과정은 앞 절에서 기술한 연속보의 해석과정과 유사하다. 이는 횡변위가 없는 골조의 자유도계가 연속보에서와 같이 미지의 절점 회진각으로만 구성되고, 나머지 절점 변위는 모두 0이거나 이미 알고 있는(예, 지점침하) 값이기 때문이다. 그러나 골조와 연속보의 차이점은 골조에서는 2개 이상의 부재가 절점에 연결될 수 있으므로 이러한 절점의 평형방정식에는 적어도 2개 이상의 단부 모멘트가 포함된다는 점이다. 다음은 횡변위가 없는 골조에 대한 해석 예제이다.

15.8 Example

처짐각법을 이용하여 그림 15.13(a)의 골조에 대하여 단부 모멘트와 반력을 구하라.

풀이

자유도. 골조의 절점 C, D, E는 회전이 가능하다. 부재 DE에 대해서 수정 처짐각법을 적용하여 단순지점 E에서의 회전각을 자유도에서 제거한다. 따라서 이 해석에서는 2개의 미지의 절점 회전각 θ_C와 θ_D만을 포함한다.

고정단모멘트 이 책의 뒤 표지에 표시된 처짐각식을 이용하여 다음을 구한다.

$$FEM_{AC}=\frac{200(4)}{8}=100\ \text{kN}\cdot\text{m} \circlearrowright \text{ 또는 } +100\ \text{kN}\cdot\text{m}$$

$$FEM_{CA}=100\ \text{kN}\cdot\text{m} \circlearrowleft \text{ 또는 } -100\ \text{kN}\cdot\text{m}$$

$$FEM_{BD}=FEM_{DB}=0$$

$$FEM_{CD}=FEM_{DE}=\frac{50(6)^2}{12}=150\ \text{kN}\cdot\text{m} \circlearrowright \text{ 또는 } +150\ \text{kN}\cdot\text{m}$$

$$FEM_{DC}=FEM_{ED}=150\ \text{kN}\cdot\text{m} \circlearrowleft \text{ 또는 } -150\ \text{kN}\cdot\text{m}$$

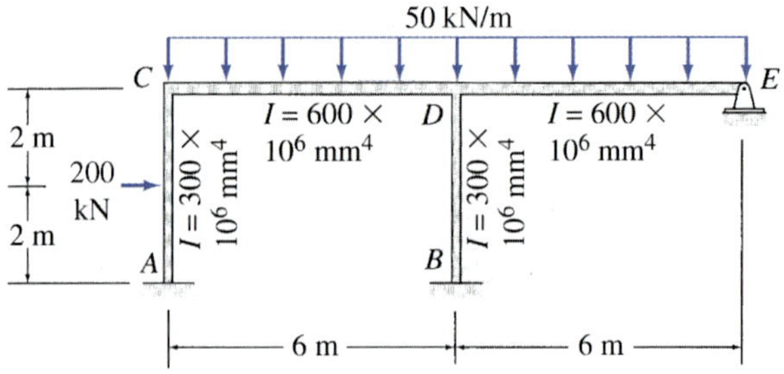

$E = 200$ GPa

(a) Frame

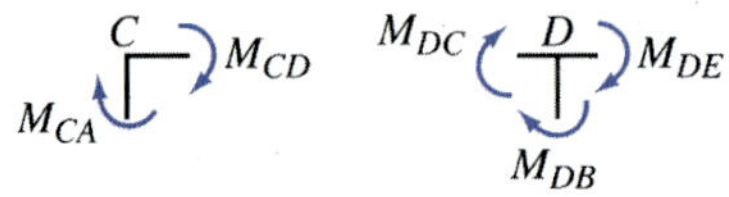

(b) Free-Body Diagrams of Joints C and D

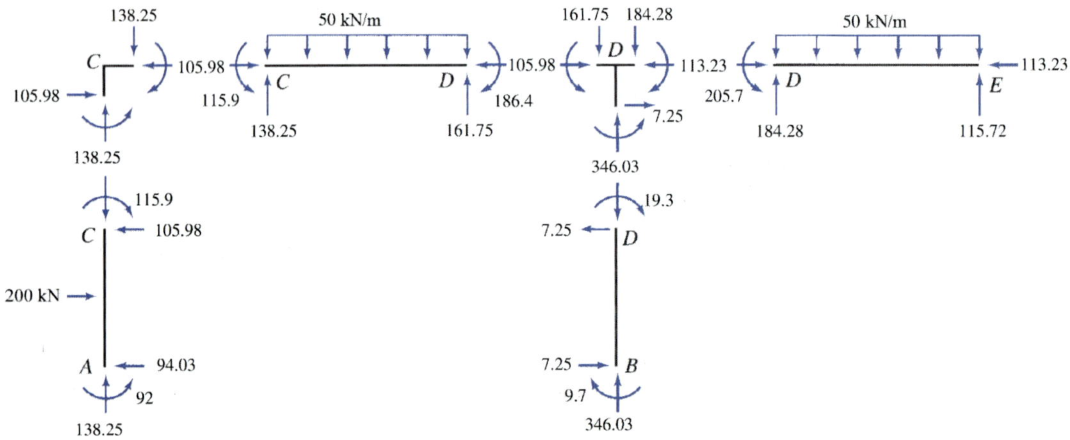

(c) Member End Moments, Shears and Axial Forces

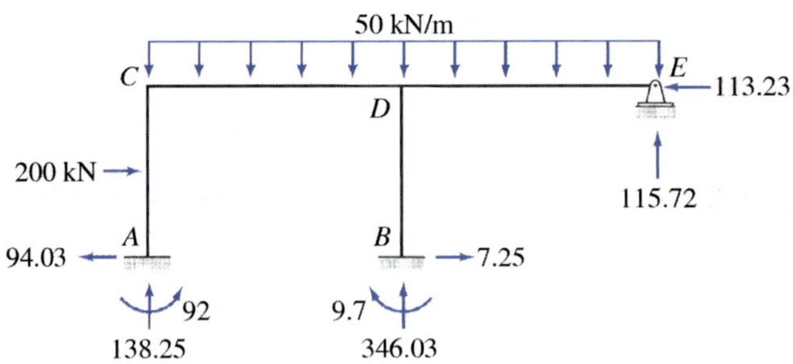

(d) Support Reactions

그림 15.13

처짐각식. 그림 15.13(a)와 같이 기둥과 보의 단면2차모멘트는 각각 300×10^6 mm^{4}과 600×10^6 mm^{4}이다. 기준 단면2차모멘트로 $I = I_{\text{column}} = 300 \times 10^6$ mm^{4}을 이용하면 I_{girder}를 다음과 같이 표현할 수 있다.

$$I_{\text{girder}} = 600 \times 10^6 = 2(300 \times 10^6) = 2I$$

부재 AC, BD, CD에 대해 식 (15.9)를 적용하고 부재 DE에 대해 식 (15.15)를 적용하면 처짐각식은 다음과 같다.

$$M_{AC} = \frac{2EI}{4}(\theta_C) + 100 = 0.5EI\theta_C + 100 \tag{1}$$

$$M_{CA} = \frac{2EI}{4}(2\theta_C) - 100 = EI\theta_C - 100 \tag{2}$$

$$M_{BD} = \frac{2EI}{4}(\theta_D) = 0.5EI\theta_D \tag{3}$$

$$M_{DB} = \frac{2EI}{4}(2\theta_D) = EI\theta_D \tag{4}$$

$$M_{CD} = \frac{2E(2I)}{6}(2\theta_C + \theta_D) + 150 = 1.333EI\theta_C + 0.667EI\theta_D + 150 \tag{5}$$

$$M_{DC} = \frac{2E(2I)}{6}(2\theta_D + \theta_C) - 150 = 0.667EI\theta_C + 1.333EI\theta_D - 150 \tag{6}$$

$$M_{DE} = \frac{3E(2I)}{6}(\theta_D) + \left(150 + \frac{150}{2}\right) = EI\theta_D + 225 \tag{7}$$

$$M_{ED} = 0$$

평형방정식. 그림 15.13(b)의 절점 C와 D의 자유물체도에 대해 모멘트 평형방정식 $\sum M = 0$을 적용하면 다음과 같다.

$$M_{CA} + M_{CD} = 0 \tag{8}$$

$$M_{DB} + M_{DC} + M_{DE} = 0 \tag{9}$$

절점의 회전각. 처짐각식을 평형방정식에 대입하면 다음과 같다.

$$2.333EI\theta_C + 0.667EI\theta_D = -50 \tag{10}$$

$$0.667EI\theta_C + 3.333EI\theta_D = -75 \tag{11}$$

식 (10)과 식 (11)을 연립하여 풀면 다음과 같은 $EI\theta_C$와 $EI\theta_D$의 값을 구할 수 있다.

$$EI\theta_C = -15.91 \text{ kN} \cdot \text{m}^2$$

$$EI\theta_D = -19.32 \text{ kN} \cdot \text{m}^2$$

부재의 단부 모멘트. 위에서 계산한 $EI\theta_C$와 $EI\theta_D$의 값을 처짐각식(식 (1)~(7))에 대입하여 부재의 단부 모멘트를 구한다.

$M_{AC} = 92$ kN · m ↺

$M_{CA} = -115.9$ kN · m 또는 115.9 kN · m ↻

$M_{BD} = -9.7$ kN · m 또는 9.7 kN · m ↻

$$M_{DB} = -19.3\text{ kN}\cdot\text{m} \text{ 또는 } 19.3\text{ kN}\cdot\text{m} \curvearrowright$$
$$M_{CD} = 115.9\text{ kN}\cdot\text{m} \circlearrowleft$$
$$M_{DC} = -186.4\text{ kN}\cdot\text{m} \text{ 또는 } 186.4\text{ kN}\cdot\text{m} \curvearrowright$$
$$M_{DE} = 205.7\text{ kN}\cdot\text{m} \circlearrowleft$$

식 (10)과 (11)로 구성된 연립방정식의 해를 검토하기 위해 위에서 구한 부재의 단부 모멘트를 식 (8)과 (9)에 다시 대입하여 평형방정식이 만족되는지를 확인한다.

$$M_{CA} + M_{CD} = -115.9 + 115.9 = 0$$
$$M_{DB} + M_{DC} + M_{DE} = -19.3 - 186.4 + 205.7 = 0$$

부재의 단부 전단력. 부재의 단부 전단력은 각 부재의 평형방정식을 고려하여 구하고, 그 결과는 그림 15.13(c)와 같다.

부재의 축력. 단부 전단력을 구했으므로 절점 C와 D의 평형에 의해 축력을 계산할 수 있다. 이에 따른 축력은 그림 15.13(c)와 같다.

지점반력. 그림 15.13(d) 참조.

평형 검토. 평형방정식을 검토한다.

15.9 Example

예제 15.8의 골조에 대하여 지점 B가 18 mm만큼 침하되었을 때 골조의 단부 모멘트와 반력을 처짐각법으로 구하라.

풀이

골조를 그림 15.14(a)에 나타내었다.

자유도. 자유도는 θ_C와 θ_D이다.

부재 중심선의 회전각. 부재 BD의 축변형이 무시되므로, 그림 15.14(b)와 같이 지점 B에서 18 mm의 침하가 발생하면 절점 D도 같은 크기로 하향 침하된다. 그림에서 점선은 변형 후 부재 CD와 DE의 중심선을 나타낸다. 부재 CD의 중심선 회전각은 다음과 같다.

$$\psi_{CD} = -\frac{0.018}{6} = -0.003$$

여기서, 음의 값은 부재의 중심선 회전각 ψ_{CD}가 시계방향임을 의미한다. 이와 같은 방법으로 부재 DE에 대해서는 다음과 같다.

$$\psi_{DE} = 0.003$$

처짐각식. $I = 300(10^6)\text{ mm}^4$

$$M_{AC} = 0.5EI\theta_C \quad (1)$$
$$M_{CA} = EI\theta_C \quad (2)$$
$$M_{BD} = 0.5EI\theta_D \quad (3)$$
$$M_{DB} = EI\theta_D \quad (4)$$

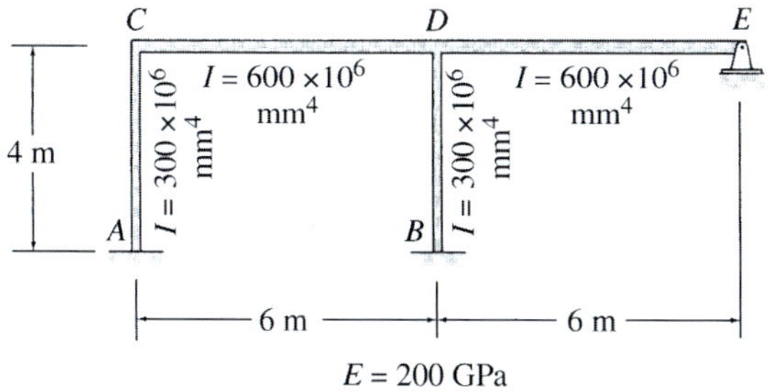

(a) Frame

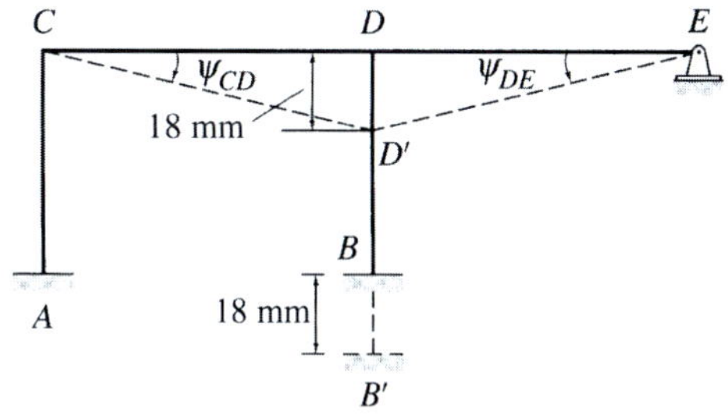

(b) Chord Rotations Due to Support Settlements

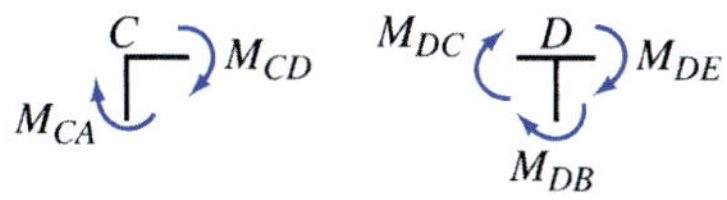

(c) Free-Body Diagrams of Joints C and D

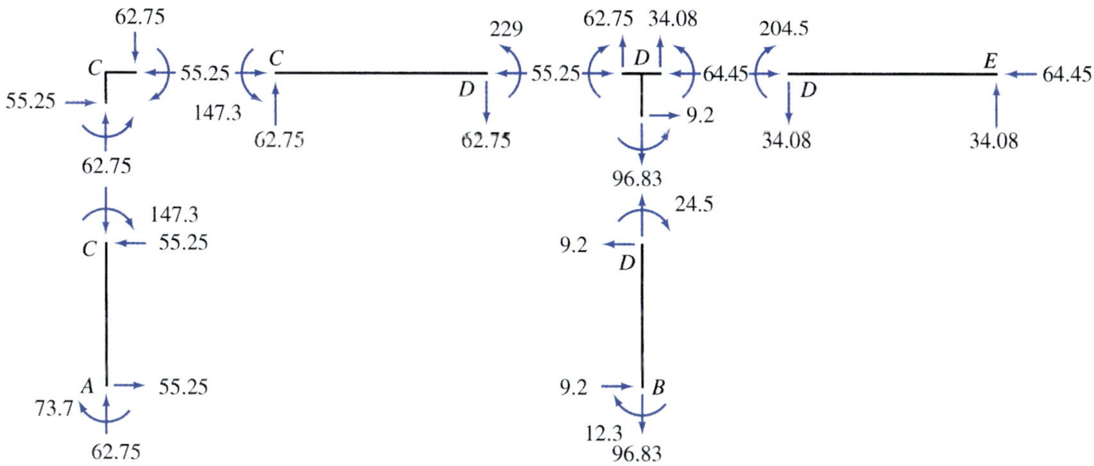

(d) Member End Moments, Shears, and Axial Forces

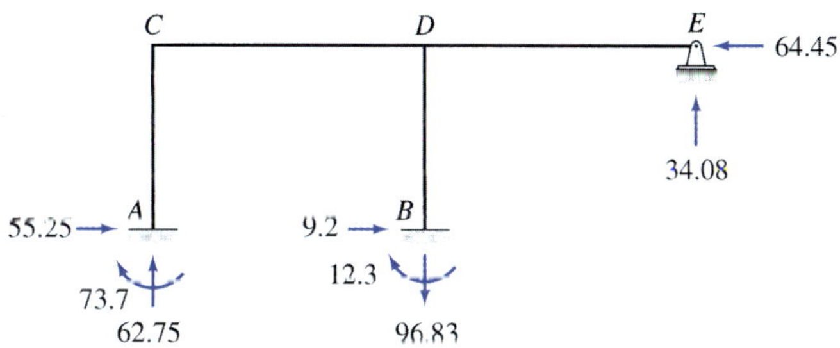

(e) Support Reactions

그림 15.14

$$M_{CD} = \frac{2E(2I)}{6}[2\theta_C + \theta_D - 3(-0.003)] \tag{5}$$
$$= 1.333EI\theta_C + 0.667EI\theta_D + 0.006EI$$

$$M_{DC} = \frac{2E(2I)}{6}[2\theta_D + \theta_C - 3(-0.003)] \tag{6}$$
$$= 0.667EI\theta_C + 1.333EI\theta_D + 0.006EI$$

$$M_{DE} = \frac{3E(2I)}{6}(\theta_D - 0.003) = EI\theta_D - 0.003EI \tag{7}$$

$$M_{ED} = 0$$

평형방정식. 그림 15.14(c) 참조.

$$M_{CA} + M_{CD} = 0 \tag{8}$$
$$M_{DB} + M_{DC} + M_{DE} = 0 \tag{9}$$

절점의 회전각. 처짐각식을 평형방정식에 대입하면 다음과 같다.

$$2.333EI\theta_C + 0.667EI\theta_D = -0.006EI$$
$$0.667EI\theta_C + 3.333EI\theta_D = -0.003EI$$

앞 식의 우항에 $EI = 6 \times 10^4\ \text{kN} \cdot \text{m}^2$을 대입하면 다음과 같다.

$$2.333EI\theta_C + 0.667EI\theta_D = -360 \tag{10}$$
$$0.667EI\theta_C + 3.333EI\theta_D = -180 \tag{11}$$

식 (10)과 (11)을 연립방정식으로 풀면 다음과 같다.

$$EI\theta_C = -147.3\ \text{kN} \cdot \text{m}^2$$
$$EI\theta_D = -24.53\ \text{kN} \cdot \text{m}^2$$

부재의 단부 모멘트. $EI\theta_C$와 $EI\theta_D$의 값을 처짐각식에 대입하여 다음과 같이 부재의 단부 모멘트를 구한다.

$$M_{AC} = -73.7\ \text{kN} \cdot \text{m} \quad \text{또는} \quad 73.7\ \text{kN} \cdot \text{m} \curvearrowright$$
$$M_{CA} = -147.3\ \text{kN} \cdot \text{m} \quad \text{또는} \quad 147.3\ \text{kN} \cdot \text{m} \curvearrowright$$
$$M_{BD} = -12.3\ \text{kN} \cdot \text{m} \quad \text{또는} \quad 12.3\ \text{kN} \cdot \text{m} \curvearrowright$$
$$M_{DB} = -24.5\ \text{kN} \cdot \text{m} \quad \text{또는} \quad 24.5\ \text{kN} \cdot \text{m} \curvearrowright$$
$$M_{CD} = 147.3\ \text{kN} \cdot \text{m} \curvearrowleft$$
$$M_{DC} = 229\ \text{kN} \cdot \text{m} \curvearrowleft$$
$$M_{DE} = -204.5\ \text{kN} \cdot \text{m} \quad \text{또는} \quad 204.5\ \text{kN} \cdot \text{m} \curvearrowright$$

위에서 구한 부재의 단부 모멘트를 식 (8)과 (9)에 다시 대입하여 평형방정식이 만족되는지를 확인한다.

$$M_{CA} + M_{CD} = -147.3 + 147.3 = 0$$
$$M_{DB} + M_{DC} + M_{DE} = -24.5 + 229 - 204.5 = 0$$

부재의 단부 전단력과 축력. 그림 15.14(d) 참조.

지점반력. 그림 15.14(e) 참조.

평형검토. 평형방정식을 검토한다.

15.5 횡변위가 있는 골조의 해석

대칭 골조에 대칭 하중이 작용하는 경우를 제외하고 절점이 구속되어 있지 않은 골조에서는 일반적으로 횡변위가 발생한다. 횡변위가 있는 골조의 해석을 이해하기 위해 그림 15.15(a)의 사각골조를 살펴보도록 하자. 그림에서 임의의 하중이 작용하는 골조의 탄성처짐곡선을 과장해서 그렸다. 골조의 고정단 A와 B는 이동과 회전이 모두 완전히 구속되어 있는 반면 절점 C와 D는 회전과 이동이 모두 자유롭다. 그러나 기둥 AC와 BD를 비연장성 부재로 그리고 골조의 변형이 매우 작다고 가정하면, 절점 C와 D는 오로지 기둥 AC와 BD의 수직방향인 수평방향으로만 이동할 수 있다. 또한 보 CD도 비연장성 부재로 가정되므로, 절점 C와 D의 수평변위는 같아야 한다. 따라서 이 골조에는 절점 C와 D의 회전각 θ_C, θ_D와 동일한 수평변위 Δ의 3개의 자유도가 있다.

그림 15.15(a)에서 절점 C와 D의 변위 Δ에 의해 기둥 AC와 BD의 중심선은 회전하게 된다. 이 때 중심선의 회전각은 미지의 변위 Δ의 항으로 다음과 같이 표현할 수 있다.

$$\psi_{AC} = \psi_{BD} = -\frac{\Delta}{h} \tag{15.21}$$

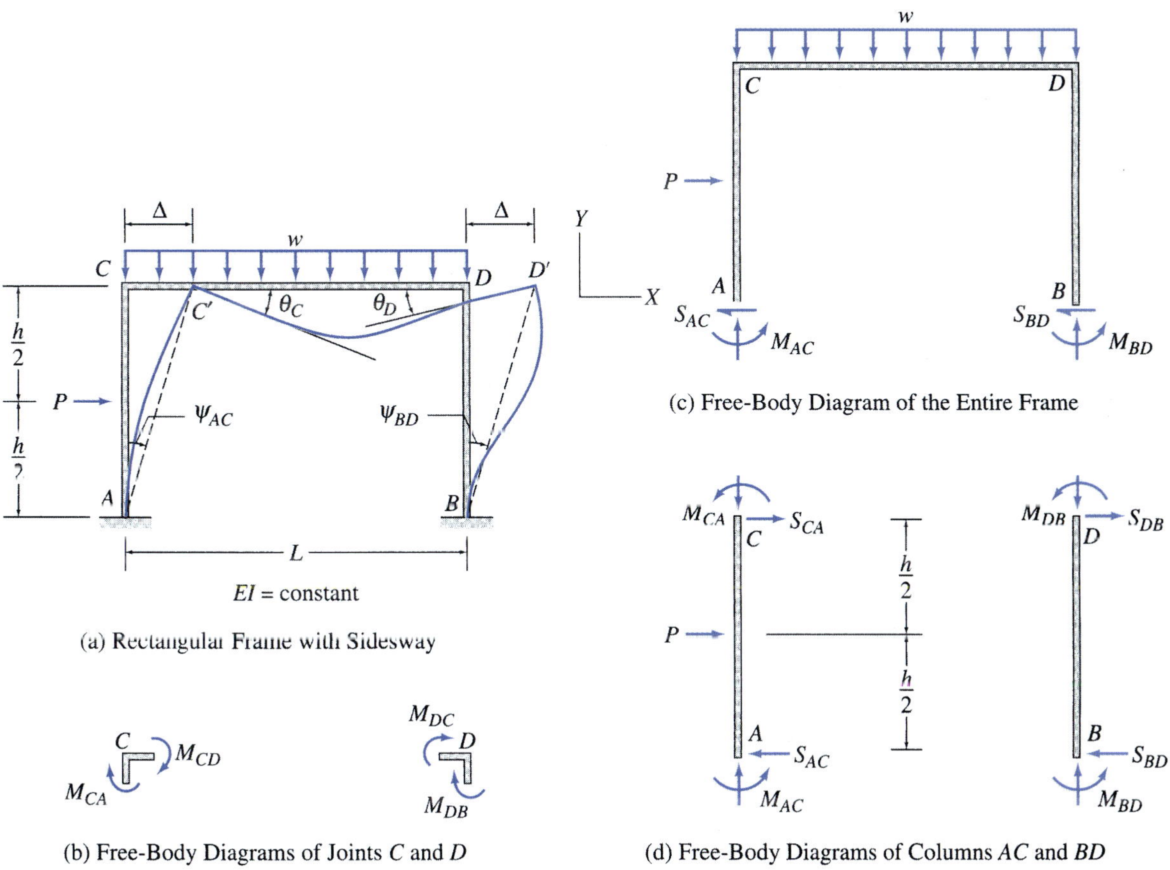

(a) Rectangular Frame with Sidesway

(b) Free-Body Diagrams of Joints C and D

(c) Free-Body Diagram of the Entire Frame

(d) Free-Body Diagrams of Columns AC and BD

그림 15.15

여기서, 음의 부호는 부재 중심선의 회전각이 시계방향향임을 나타낸다. 절점 C와 D가 수직으로 이동하지 못하므로, 보 CD의 중심선 회전각 ψ_{CD}는 0이다.

미지의 절점 변위 θ_C, θ_D, Δ와 부재의 단부 모멘트와의 관계를 표현하기 위해 이 골조의 3개 부재에 대해 다음과 같이 처짐각식을 적용한다.

$$M_{AC} = \frac{2EI}{h}\left(\theta_C + \frac{3\Delta}{h}\right) + \text{FEM}_{AC} \tag{15.22a}$$

$$M_{CA} = \frac{2EI}{h}\left(2\theta_C + \frac{3\Delta}{h}\right) + \text{FEM}_{CA} \tag{15.22b}$$

$$M_{BD} = \frac{2EI}{h}\left(\theta_D + \frac{3\Delta}{h}\right) \tag{15.22c}$$

$$M_{DB} = \frac{2EI}{h}\left(2\theta_D + \frac{3\Delta}{h}\right) \tag{15.22d}$$

$$M_{CD} = \frac{2EI}{L}(2\theta_C + \theta_D) + \text{FEM}_{CD} \tag{15.22e}$$

$$M_{DC} = \frac{2EI}{L}(2\theta_D + \theta_C) + \text{FEM}_{DC} \tag{15.22f}$$

위의 처짐각식에는 미지의 θ_C, θ_D, Δ 3개가 포함되어 있다. 이들 변위의 값은 부재의 단부 모멘트를 계산하기 전에 3개의 독립적인 평형방정식으로부터 구해야 한다. 미지의 절점 변위를 구하기 위해 필요한 3개의 평형방정식 중 2개는 절점 C와 D의 모멘트 평형방정식으로부터 구할 수 있다(그림 15.15(b)).

$$M_{CA} + M_{CD} = 0 \tag{15.23a}$$

$$M_{DB} + M_{DC} = 0 \tag{15.23b}$$

3번째 평형방정식은 전체 골조의 자유물체도에 작용하는 수평력의 합은 0이 되어야 하는 **전단력의 평형식**에 근거한다. 지점 바로 위의 가상단면에 대한 골조의 자유물체도는 그림 15.15(c)와 같다. 평형방정식 $\sum F_X = 0$을 적용하면 다음과 같다.

$$P - S_{AC} - S_{BD} = 0 \tag{15.23c}$$

여기서, S_{AC}와 S_{BD}는 그림 15.15(c)에서 기둥 AC와 BD의 하부에서의 전단력이다. 3번째 평형방정식(식 (15.23c))은 그림 15.15(d)에 나타낸 기둥 AC와 BD의 자유물체도에 대한 평형방정식으로부터 기둥의 단부 모멘트에 의해 표현한다. 각 기둥의 상부에 대한 모멘트를 더하면 다음과 같다.

$$+\circlearrowleft \sum M_C^{AC} = 0 \qquad M_{AC} - S_{AC}(h) + P\left(\frac{h}{2}\right) + M_{CA} = 0$$

$$S_{AC} = \frac{M_{AC} + M_{CA}}{h} + \frac{P}{2} \tag{15.24a}$$

$$+\circlearrowleft \sum M_D^{BD} = 0 \qquad M_{BD} + M_{DB} - S_{BD}(h) = 0$$

$$S_{BD} = \frac{M_{BD} + M_{DB}}{h} \tag{15.24b}$$

식 (15.24a)와 식 (15.24b)를 식 (15.23c)에 대입하여 다음과 같이 3번째 평형방정식을 부재의 단부 모멘트의 함수로 나타낼 수 있다.

$$P - \left(\frac{M_{AC} + M_{CA}}{h} + \frac{P}{2}\right) - \left(\frac{M_{BD} + M_{DB}}{h}\right) = 0$$

이를 정리하면 다음과 같다.

$$M_{AC} + M_{CA} + M_{BD} + M_{DB} - \frac{Ph}{2} = 0 \tag{15.25}$$

이렇게 구성된 3개의 평형방정식(식 (15.23a), (15.23b), (15.25))을 연립하여 다음과 같은 일반적인 해석과정을 수행한다. 처짐각식(식 (15.22))을 평형방정식에 대입하여 미지의 절점 변위 θ_C, θ_D, Δ를 구한다. 앞에서 설명한 바와 같이 절점 변위를 다시 처짐각식에 대입하여 부재의 단부 모멘트를 구한 다음 이를 이용하여 단부 전단력, 축력과 지점반력을 구한다.

경사기둥을 가진 골조

경사기둥을 가진 골조의 해석은 앞에서 설명한 사각골조의 해석과 유사하다. 단, 경사부재를 가진 골조에 횡변위가 있을 경우 수평부재에서도 중심선이 회전하게 되므로 해석에 포함시켜야 한다. 앞에서의 논의한 바와 같이 사각골조에서 횡변위가 작용하더라도 수평부재 중심선의 회전각은 0이다.

그림 15.16(a)의 경사기둥을 가진 골조를 살펴보자. 처짐각법으로 해석하기 위해서는 세 부재의 중심선 회전을 독립적인 절점의 변위 또는 이들이 서로 관계하는 함수로 나타내야 한다. 이를 위해 골조의 절점 C에 임의의 수평변위 Δ를 가하고, 골조의 처짐곡선을 그린다. 이 때 처짐곡선은 각 부재를 비연장성 부재로 가정하고 지점조건과 부합해야 한다. 그림 15.16(b)에 나타낸 처짐곡선을 그리기 위하여 먼저 부재 BD와 부재 CD가 절점 D에서 분리되어 있다고 가정한다. 부재 AC가 비연장성 부재이므로 절점 C는 절점 A를 중심으로 한 원호 위에 이동할 수밖에 없다. 또한 절점 C의 변위가 매우 작다고 가정하였으므로 절점 C가 이동한 원호는 부재 AC에 수직한 직선으로 생각할 수 있다.

따라서 절점 C를 거리 Δ만큼 수평으로 이동시키기 위해서는, 절점 C를 부재 AC의 수직방향으로 거리 CC'만큼 이동시켜서 CC'의 수평거리가 Δ와 같게 해야 한다. 절점 C는 회전이 자유롭지만, 현 해석단계에서는 무시되고, 부재 AC의 탄성변형곡선 AC'은 부재가 변형하기 전의 방향과 평행하게 C'에서 접선방향으로 그려진다. 그림에서 보는 바와 같이 부재 CD는 수평인 채로 $C'D_1$으로 강체 이동하고, 이때의 변위 DD_1은 CC'과 같다. 수평부재 CD가 비연장성 부재이고 절점 D의 이동은 매우 작다고 가정되므로, 부재 CD의 단부 D는 변형위치 D_1에서 수직방향으로만 움직일 수 있다. 같은 방법으로, 부재 BD도 비연장성 부재이므로, 부재 BD의 단부 D는 부재에 수직방향으로만 움직일 수 있다. 따라서 절점 D의 변형된 위치를 구하기 위해서는 부재 CD의 단부 D를 변형위치 D_1에서 수직방향으로 이동시키고, 부재 BD의 단부 D를 부재 BD에 수직방향으로 이동시켜서 두 단부를 D'에서 만나게 한다. 이 때 두 단부를 다시 결합시켜 절점 D의 변형된 위치 D'을 구하게 된다. 절점 D는 회전하지 않는다는 가정 하에 부재 CD와 BD의 탄성변형곡선 $C'D'$와 BD'를 각각 그려서 골조 전체의 변형곡선을 그릴 수 있다.

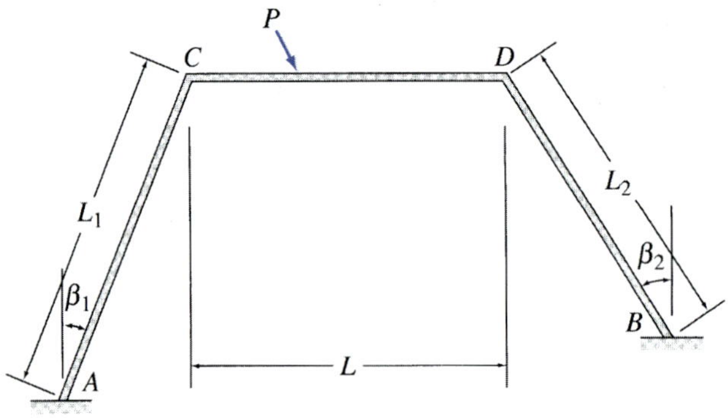

(a) Frame with Inclined Legs

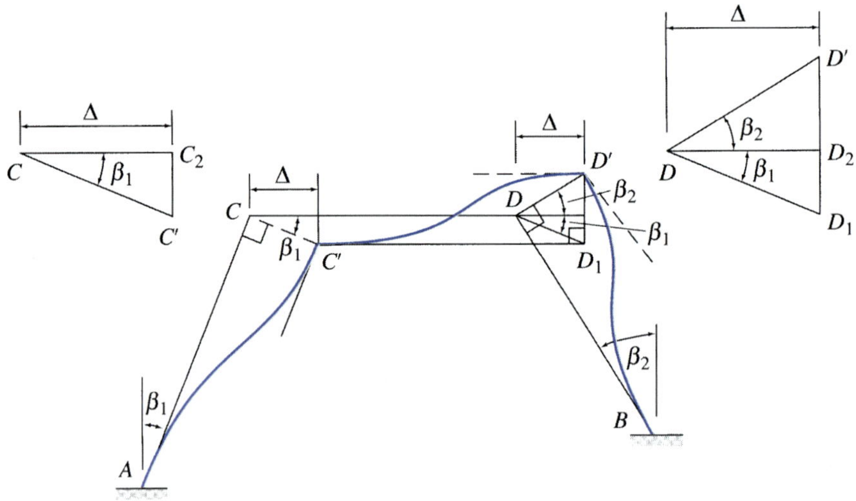

(b) Deflected Shape of the Frame Due to Sidesway

그림 15.16

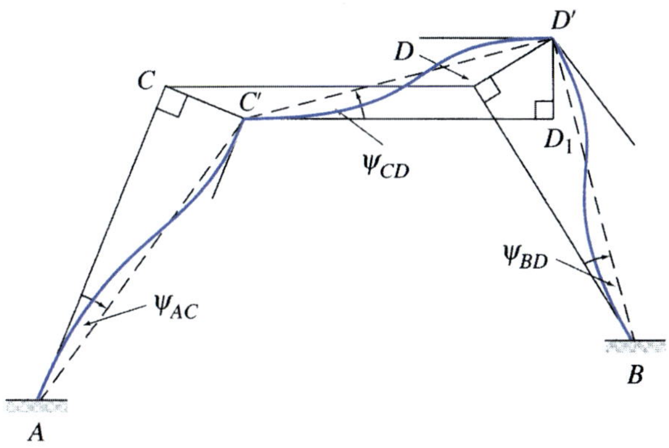

(c) Chord Rotations Due to Sidesway

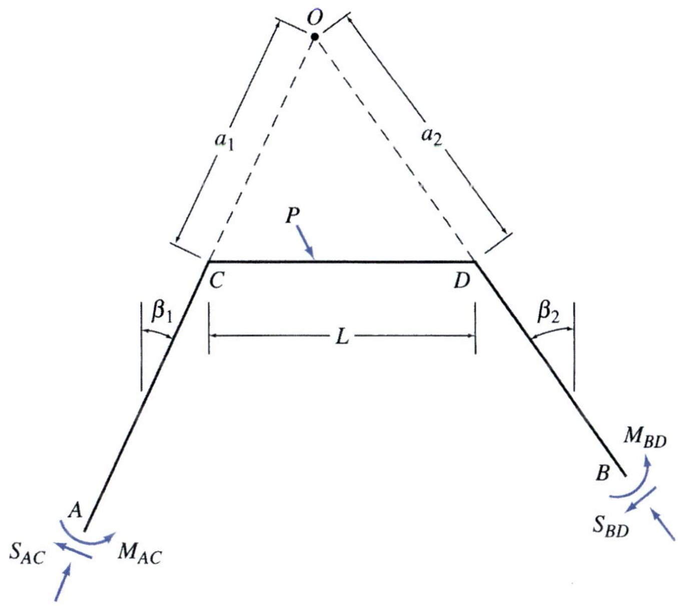

(d)

그림 15.16 계속

부재 중심선의 회전각은 부재 양단의 수직방향에 대한 상대변위를 부재의 길이로 나누어 계산할 수 있다. 따라서 그림 15.16(b)에서 골조의 세 부재의 중심선 회전각은 다음과 같다.

$$\psi_{AC} = -\frac{CC'}{L_1} \qquad \psi_{BD} = -\frac{DD'}{L_2} \qquad \psi_{CD} = \frac{D_1D'}{L} \tag{15.26}$$

여기서, 부재 CD와 BD의 중심선 회전각은 시계방향이므로 음수로 고려된다(그림 15.16(c)). 세 부재의 중심선 회전각은 절점 C와 D의 변위를 고려하여 절점 변위 Δ의 함수로 표시될 수 있다(그림 15.16(b) 참조). CC'가 AC에 직각이고 AC가 β_1의 각도로 수직선에 기울어져 있으므로, CC'은 수평선에 대해 동일한 β_1의 각도로 기울어져야 한다. 따라서 절점 C의 변위(삼각형 $CC'C_2$)로부터 다음 식을 구할 수 있다.

$$CC' = \frac{\Delta}{\cos\beta_1} \tag{15.27}$$

이어서, 절점 D(삼각 DD_1D')의 변위를 고려해보자. 앞에서 설명한 바와 같이 DD_1는 CC'에 평행하고 크기도 같다. 따라서

$$DD_2 = DD_1\cos\beta_1 = \Delta$$

DD'는 부재 BD에 수직하므로 수평선에 대하여 β_2의 각을 이룬다. 따라서 절점 D의 변위로부터 다음 식을 구할 수 있다.

$$DD' = \frac{DD_2}{\cos\beta_2} = \frac{\Delta}{\cos\beta_2} \tag{15.28}$$

그리고

$$D_1D' = DD_1\sin\beta_1 + DD'\sin\beta_2 = \frac{\Delta}{\cos\beta_1}\sin\beta_1 + \frac{\Delta}{\cos\beta_2}\sin\beta_2$$

또는

$$D_1D' = \Delta(\tan\beta_1 + \tan\beta_2) \tag{15.29}$$

식 (15.27)~(15.29)를 식 (15.26)에 대입하면 세 부재 중심선의 회전각을 다음과 같이 Δ의 함수로 표시된다.

$$\psi_{AC} = -\frac{\Delta}{L_1\cos\beta_1} \tag{15.30a}$$

$$\psi_{BD} = -\frac{\Delta}{L_2\cos\beta_2} \tag{15.30b}$$

$$\psi_{CD} = \frac{\Delta}{L}(\tan\beta_1 + \tan\beta_2) \tag{15.30c}$$

위에서 구한 부재 중심선의 회전각은 처짐각식을 성립하는데 사용된다. 이 때 단부 모멘트는 세 개의 미지의 θ_C, θ_D, Δ에 대한 관계식으로 표시된다. 앞에서 고려된 사각골조의 경우와 같이, 미지의 절점 변위를 구하기 위한 3개의 평형방정식은 절점 C와 D에 작용하는 모멘트의 합과 전체 골조에 작용하는 수평력의 합으로 구할 수 있다. 그러나 경사기둥을 가진 골조의 경우에는 그림 15.16(d)에서와 같이 두 개의 경사기둥의 축선이 만나는 점 O에 대하여 전체 골조에 작용하는 모든 힘들의 모멘트를 계산하여 3번째의 평형방정식을 구성하는 것이 보다 편리하다. 모멘트의 중심 O의 위치는 아래의 조건식을 이용해서 구할 수 있다(그림 15.16(d) 참조).

$$a_1\cos\beta_1 = a_2\cos\beta_2 \tag{15.31a}$$

$$a_1\sin\beta_1 + a_2\sin\beta_2 = L \tag{15.31b}$$

식 (15.31a)와 (15.31b)를 연립하여 풀면 a_1과 a_2는 다음과 같다.

$$a_1 = \frac{L}{\cos\beta_1(\tan\beta_1 + \tan\beta_2)} \tag{15.32a}$$

$$a_2 = \frac{L}{\cos\beta_2(\tan\beta_1 + \tan\beta_2)} \tag{15.32b}$$

평형방정식이 구성되었으므로 해석은 앞에서 설명한 방법으로 수행할 수 있다.

다층 골조

앞에서 설명한 방법은 예제 15.12에서 나타낸 바와 같이 횡변위가 있는 다층 골조의 해석에도 이용될 수 있다. 그러나 이 방법은 지나치게 많은 연산시간이 소요되므로 오늘날 이러한 구조물의 해석은 17장에 소개되는 변위법의 일종인 매트릭스 구조해석을 응용한 구조해석 프로그램을 수행한다.

15.10 Example

처짐각법에 의하여 그림 15.17(a)의 골조에 대하여 단부 모멘트와 지점반력을 구하라.

풀이

자유도. 자유도는 θ_C, θ_D, Δ이다(그림 15.17(b) 참조).

고정단모멘트. 이 책의 뒤표지에 표시된 고정단모멘트에 대한 식을 사용하면 다음과 같다.

$$\text{FEM}_{CD} = \frac{40(3)(4)^2}{(7)^2} = 39.2\ \text{kN}\cdot\text{m} \circlearrowleft \text{ 또는 } +39.2\ \text{kN}\cdot\text{m}$$

$$\text{FEM}_{DC} = \frac{40(3)^2(4)}{(7)^2} = 29.4\ \text{kN}\cdot\text{m} \circlearrowright \text{ 또는 } -29.4\ \text{kN}\cdot\text{m}$$

$$\text{FEM}_{AC} = \text{FEM}_{CA} = \text{FEM}_{BD} = \text{FEM}_{DB} = 0$$

부재 중심선의 회전각. 그림 15.17(b)를 참조하면 다음과 같다.

$$\psi_{AC} = -\frac{\Delta}{7} \qquad \psi_{BD} = -\frac{\Delta}{5} \qquad \psi_{CD} = 0$$

처짐각식.

$$M_{AC} = \frac{2EI}{7}\left[\theta_C - 3\left(-\frac{\Delta}{7}\right)\right] = 0.286EI\theta_C + 0.122EI\Delta \tag{1}$$

$$M_{CA} = \frac{2EI}{7}\left[2\theta_C - 3\left(-\frac{\Delta}{7}\right)\right] = 0.571EI\theta_C + 0.122EI\Delta \tag{2}$$

$$M_{BD} = \frac{2EI}{5}\left[\theta_D - 3\left(-\frac{\Delta}{5}\right)\right] = 0.4EI\theta_D + 0.24EI\Delta \tag{3}$$

$$M_{DB} = \frac{2EI}{5}\left[2\theta_D - 3\left(-\frac{\Delta}{5}\right)\right] = 0.8EI\theta_D + 0.24EI\Delta \tag{4}$$

$$M_{CD} = \frac{2EI}{7}(2\theta_C + \theta_D) + 39.2 = 0.571EI\theta_C + 0.286EI\theta_D + 39.2 \tag{5}$$

$$M_{DC} = \frac{2EI}{7}(\theta_C + 2\theta_D) - 29.4 = 0.286EI\theta_C + 0.571EI\theta_D - 29.4 \tag{6}$$

평형방정식. 절점 C와 D에서의 모멘트 평형에 의해 다음과 같은 평형방정식을 구할 수 있다.

$$M_{CA} + M_{CD} = 0 \tag{7}$$

$$M_{DB} + M_{DC} = 0 \tag{8}$$

세 번째의 평형방정식을 구성하기 위해 전체 골조의 자유물체도(그림 15.17(c))에 대해 힘의 평형방정식 $\sum F_X = 0$을 적용한다.

$$S_{AC} + S_{BD} = 0$$

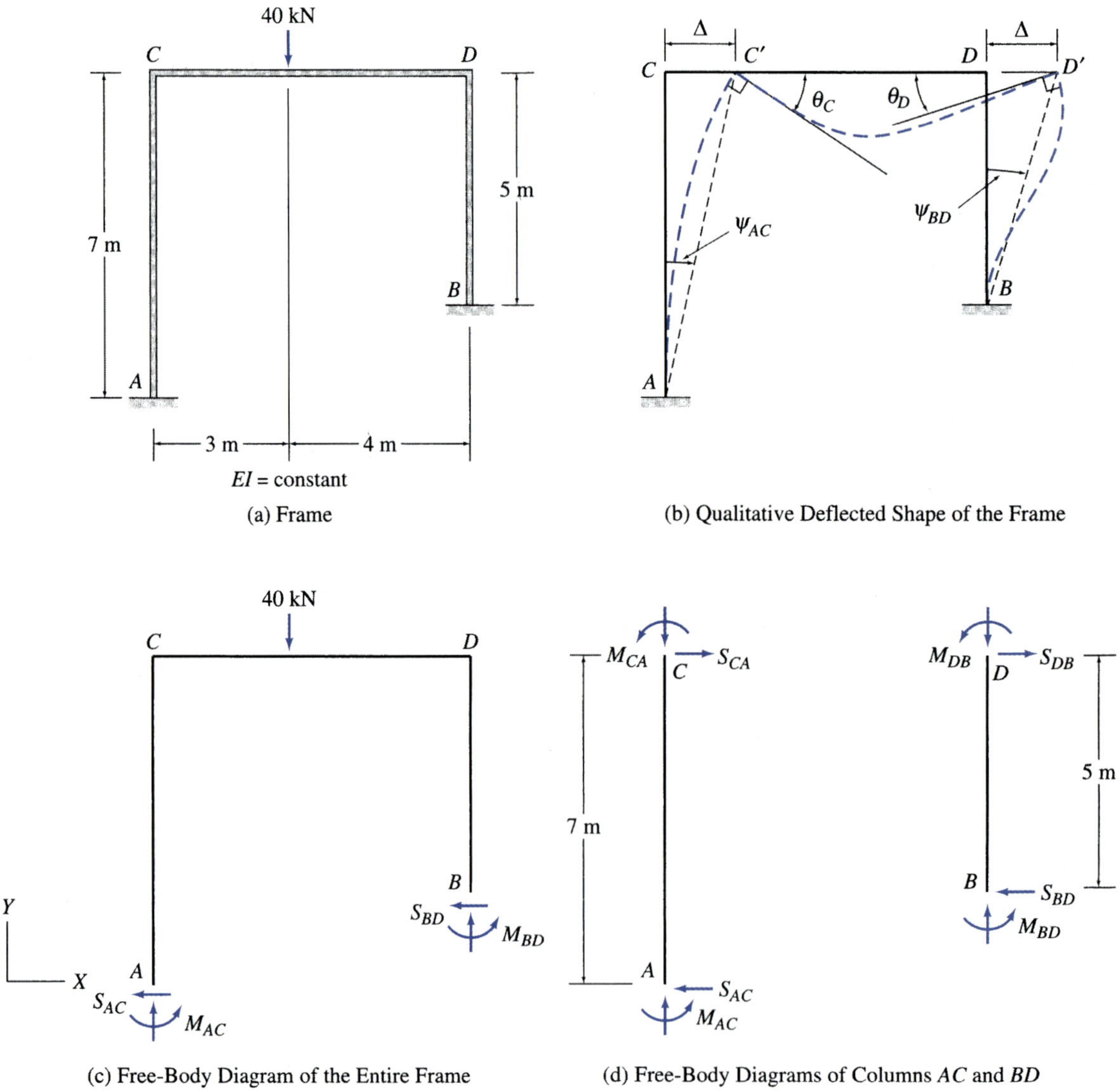

(a) Frame

(b) Qualitative Deflected Shape of the Frame

(c) Free-Body Diagram of the Entire Frame

(d) Free-Body Diagrams of Columns AC and BD

그림 15.17

여기서, S_{AC}와 S_{BD}는 그림 15.17(c)와 같이 각각 기둥 AC와 BD 하단부에서의 전단력이다. 기둥의 단부 전단력을 단부 모멘트로 표현하기 위해 두 기둥의 자유물체도(그림 15.17(d))를 그린 다음 각 기둥 최상부에 대한 모멘트의 합을 구한다.

$$S_{AC} = \frac{M_{AC} + M_{CA}}{7} \qquad \text{및} \qquad S_{BD} = \frac{M_{BD} + M_{DB}}{5}$$

이 식을 세 번째 평형방정식에 대입하여 다음을 구한다.

$$\frac{M_{AC} + M_{CA}}{7} + \frac{M_{BD} + M_{DB}}{5} = 0$$

이를 다시 정리하면 다음과 같다.

$$5(M_{AC} + M_{CA}) + 7(M_{BD} + M_{DB}) = 0 \tag{9}$$

절점 변위. 미지의 절점 변위 θ_C, θ_D, Δ를 구하기 위하여 처짐각식(식 (1)~(6))을 평형방정식(식 (7)~(9))에 대입한다.

$$1.142EI\theta_C + 0.286EI\theta_D + 0.122EI\Delta = -39.2 \tag{10}$$

$$0.286EI\theta_C + 1.371EI\theta_D + 0.24EI\Delta = 29.4 \tag{11}$$

$$4.285EI\theta_C + 8.4EI\theta_D + 4.58EI\Delta = 0 \tag{12}$$

식 (10)~(12)을 연립하여 풀면 다음과 같다.

$$EI\theta_C = -40.211 \text{ kN} \cdot \text{m}^2$$

$$EI\theta_D = 34.24 \text{ kN} \cdot \text{m}^2$$

$$EI\Delta = -25.177 \text{ kN} \cdot \text{m}^3$$

부재의 단부 모멘트. $EI\theta_C$, $EI\theta_D$, $EI\Delta$의 값을 처짐각식(식 (1)~(6))에 대입하면 다음과 같다.

$$M_{AC} = -14.6 \text{ kN} \cdot \text{m} \text{ 또는 } 14.6 \text{ kN} \cdot \text{m} \circlearrowright$$

$$M_{CA} = -26 \text{ kN} \cdot \text{m} \text{ 또는 } 26 \text{ kN} \cdot \text{m} \circlearrowright$$

$$M_{BD} = 7.7 \text{ kN} \cdot \text{m} \circlearrowleft$$

$$M_{DB} = 21.3 \text{ kN} \cdot \text{m} \circlearrowleft$$

$$M_{CD} = 26 \text{ kN} \cdot \text{m} \circlearrowleft$$

$$M_{DC} = -21.3 \text{ kN} \cdot \text{m} \text{ 또는 } 21.3 \text{ kN} \cdot \text{m} \circlearrowright$$

연립방정식(식 (10)~(12))의 해가 바르게 구해졌는지, 부재의 단부 모멘트의 값을 평형방정식(식 (7)~(9))에 다시 대입하여 검토한다.

$$M_{CA} + M_{CD} = -26 + 26 = 0$$

$$M_{DB} + M_{DC} = 21.3 - 21.3 = 0$$

$$5(M_{AC} + M_{CA}) + 7(M_{BD} + M_{DB}) = 5(-14.6 - 26) + 7(7.7 + 21.3) = 0$$

부재의 단부 전단력. 각 부재의 평형조건으로 구한 단부 전단력은 그림 15.17(e)와 같다.

부재의 축력. 위에서 구한 부재의 단부 전단력과 절점 C와 D의 평형조건으로부터 부재의 축력을 구한다. 이렇게 구한 축력은 그림 15.17(e)와 같다.

지점반력. 그림 15.17(f) 참조.

평형 검토. 평형방정식을 검토한다.

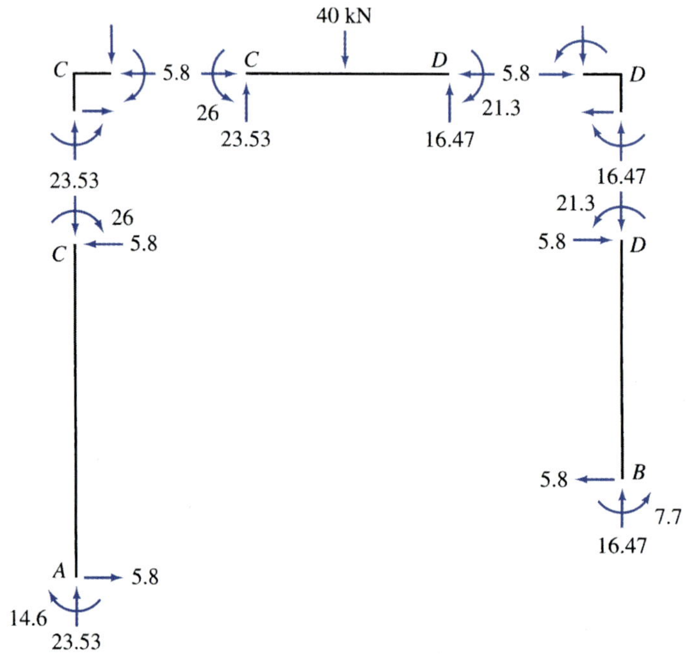

(e) Member End Moments, Shears, and Axial Forces

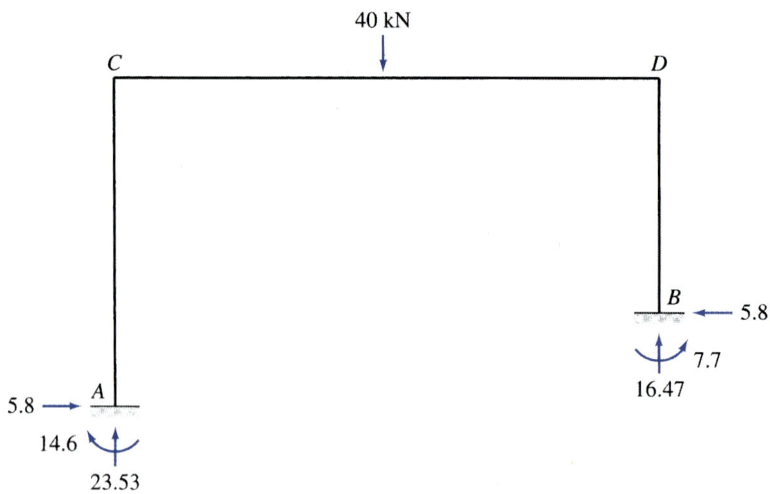

(f) Support Reactions

그림 15.17 계속

15.11
Example

처짐각법을 사용하여 그림 15.18(a)의 골조에 대하여 부재의 단부 모멘트와 지점반력을 구하라.

풀이

자유도. 자유도는 θ_C, θ_D, Δ이다.

고정단모멘트. 부재에 외력이 작용하지 않으므로 고정단모멘트는 0이다.

부재 중심선의 회전각. 그림 15.18(b)를 살펴보면 다음을 구할 수 있다.

$$\psi_{AC} = -\frac{CC'}{5} = -\frac{\left(\frac{5}{4}\right)\Delta}{5} = -0.25\Delta$$

$$\psi_{BD} = -\frac{DD'}{4} = -\frac{\Delta}{4} = -0.25\Delta$$

$$\psi_{CD} = \frac{C'C_1}{5} = \frac{\left(\frac{3}{4}\right)\Delta}{5} = 0.15\Delta$$

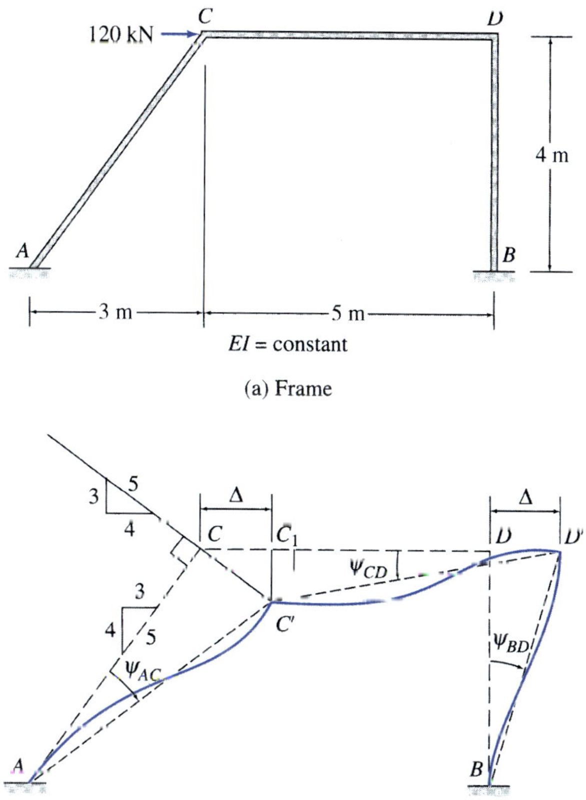

(a) Frame

(b) Chord Rotations Due to Sidesway

그림 15.18

처짐각식.

$$M_{AC}=\frac{2EI}{5}[\theta_C-3(-0.25\Delta)]=0.4EI\theta_C+0.3EI\Delta \tag{1}$$

$$M_{CA}=\frac{2EI}{5}[2\theta_C-3(-0.25\Delta)]=0.8EI\theta_C+0.3EI\Delta \tag{2}$$

$$M_{BD}=\frac{2EI}{4}[\theta_D-3(-0.25\Delta)]=0.5EI\theta_D+0.375EI\Delta \tag{3}$$

$$M_{DB}=\frac{2EI}{4}[2\theta_D-3(-0.25\Delta)]=EI\theta_D+0.375EI\Delta \tag{4}$$

$$M_{CD}=\frac{2EI}{5}[2\theta_C+\theta_D-3(0.15\Delta)]=0.8EI\theta_C+0.4EI\theta_D-0.18EI\Delta \tag{5}$$

$$M_{DC}=\frac{2EI}{5}[2\theta_D+\theta_C-3(0.15\Delta)]=0.8EI\theta_D+0.4EI\theta_C-0.18EI\Delta \tag{6}$$

평형방정식. 절점 C와 D에서의 모멘트 평형조건으로부터 다음과 같은 평형방정식을 구할 수 있다.

$$M_{CA}+M_{CD}=0 \tag{7}$$

$$M_{DB}+M_{DC}=0 \tag{8}$$

세 번째의 평형방정식은 전체 골조의 자유물체도에서 점 O에 대한 모든 힘의 모멘트와 우력 모멘트를 합하여 구성할 수 있다. 그림 15.18(c)와 같이 점 O는 두 기둥의 축이 교차하는 점이다. 따라서

$$+\circlearrowleft\sum M_O=0 \qquad M_{AC}-S_{AC}(13.33)+M_{BD}-S_{BD}(10.67)+120(6.67)=0$$

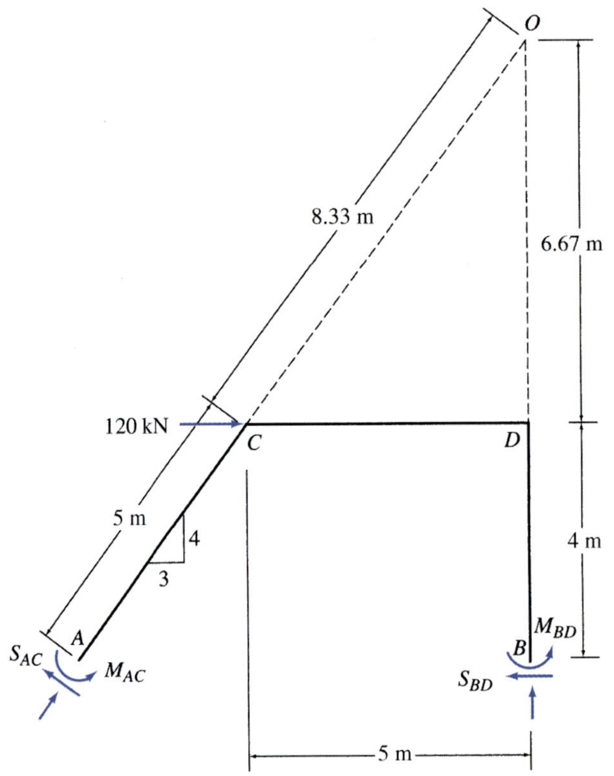

(c) Free-Body Diagram of the Entire Frame

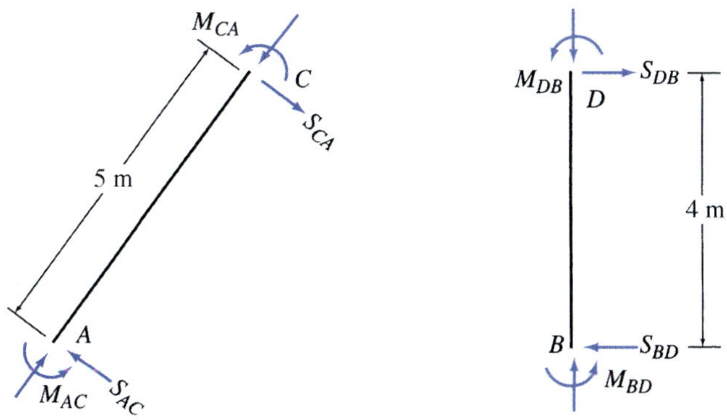

(d) Free-Body Diagrams of Columns *AC* and *BD*

여기서 기둥 하단부의 전단력은 기둥의 단부 모멘트 항으로 나타낼 수 있다(그림 15.18(d) 참조).

$$S_{AC}=\frac{M_{AC}+M_{CA}}{5} \qquad 및 \qquad S_{BD}=\frac{M_{BD}+M_{DB}}{4}$$

이 식을 세 번째 평형방정식에 대입하면 다음과 같다.

$$1.67M_{AC}+2.67M_{CA}+1.67M_{BD}+2.67M_{DB}=800 \tag{9}$$

절점 변위. 평형방정식(식 (7)~(9))에 처짐각식(식 (1)~(6))을 대입하면 다음과 같다.

$$1.6EI\theta_C+0.4EI\theta_D+0.12EI\Delta=0 \tag{10}$$

$$0.4EI\theta_C+1.8EI\theta_D+0.195EI\Delta=0 \tag{11}$$

$$2.804EI\theta_C+3.505EI\theta_D+2.93EI\Delta=800 \tag{12}$$

식 (10)~(12)를 연립하여 풀면 다음과 같다.

$$EI\theta_C=-16.59\text{ kN}\cdot\text{m}^2$$

$$EI\theta_D=-31.73\text{ kN}\cdot\text{m}^2$$

$$EI\Delta=326.96\text{ kN}\cdot\text{m}^3$$

부재의 단부 모멘트. $EI\theta_C$, $EI\theta_D$, $EI\Delta$의 값을 처짐각식(식 (1)~(6))에 대입하면 다음과 같다.

$$M_{AC}=91.7\text{ kN}\cdot\text{m}$$

$$M_{CA}=85.1\text{ kN}\cdot\text{m}$$

$$M_{BD}=106.7\text{ kN}\cdot\text{m}$$

$$M_{DB}=91\text{ kN}\cdot\text{m}$$

$$M_{CD}=-85.1\text{ kN}\cdot\text{m} \quad 또는 \quad 85.1\text{ kN}\cdot\text{m}$$

$$M_{DC}=-91\text{ kN}\cdot\text{m} \quad 또는 \quad 91\text{ kN}\cdot\text{m}$$

평형방정식에 이들 값을 다시 대입하면 다음과 같다.

$$M_{CA}+M_{CD}=85.1-85.1=0$$

$$M_{DB}+M_{DC}=91-91=0$$

$$1.67M_{AC}+2.67M_{CA}+1.67M_{BD}+2.67M_{DB}=1.67(91.7)+2.67(85.1)+1.67(106.7)+2.67(91)$$
$$=801.5\approx 800$$

부재의 단부 전단력과 축력. 그림 15.18(e) 참조.

지점반력. 그림 15.18(f) 참조.

평형검토. 평형방정식을 검토한다.

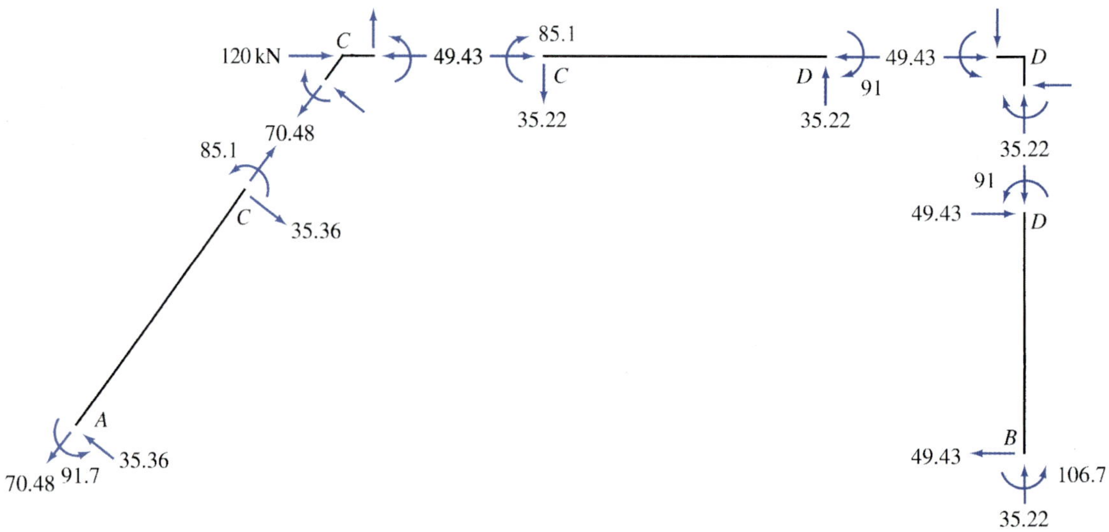

(e) Member End Moments, Shears, and Axial Forces

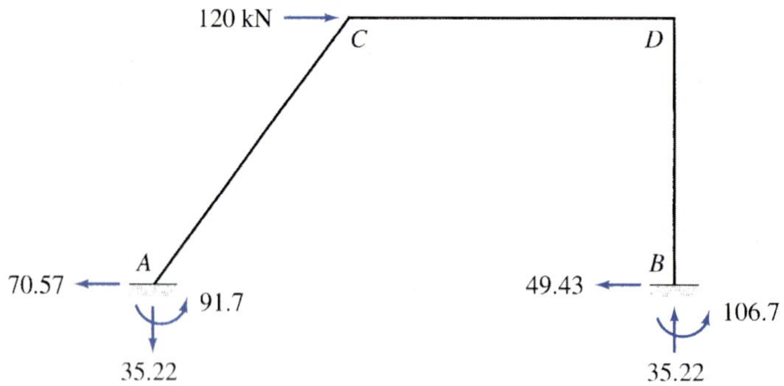

(f) Support Reactions

그림 15.18 계속

15.12 Example

처짐각법을 이용하여 그림 15.19(a)의 2층 골조에 대하여 단부 모멘트와 지점반력 그리고 절점 F 의 수평변위를 구하라.

풀이

자유도. 그림 15.19(a)를 보면 골조의 절점 C, D, E, F에서는 수평방향 이동과 회전이 자유롭다. 그림 15.19(b)와 같이 1층의 절점 C와 D의 수평변위를 Δ_1으로, 2층의 절점 E와 F의 수평변위를 $\Delta_1+\Delta_2$으로 표기한다. 여기서, Δ_2는 1층의 절점 기준으로 2층의 절점의 상대변위이다. 따라서 골조는 6개의 자유도 θ_C, θ_D, θ_E, θ_F, Δ_1, Δ_2를 갖는다.

고정단모멘트. 0이 아닌 고정단모멘트는 다음과 같다.

$$\text{FEM}_{CD}=\text{FEM}_{EF}=200\text{ kN}\cdot\text{m}$$
$$\text{FEM}_{DC}=\text{FEM}_{FE}=-200\text{ kN}\cdot\text{m}$$

부재 중심선의 회전각. 그림 15.19(b) 참조.

$$\psi_{AC}=\psi_{BD}=-\frac{\Delta_1}{5}$$
$$\psi_{CE}=\psi_{DF}=-\frac{\Delta_2}{5}$$
$$\psi_{CD}=\psi_{EF}=0$$

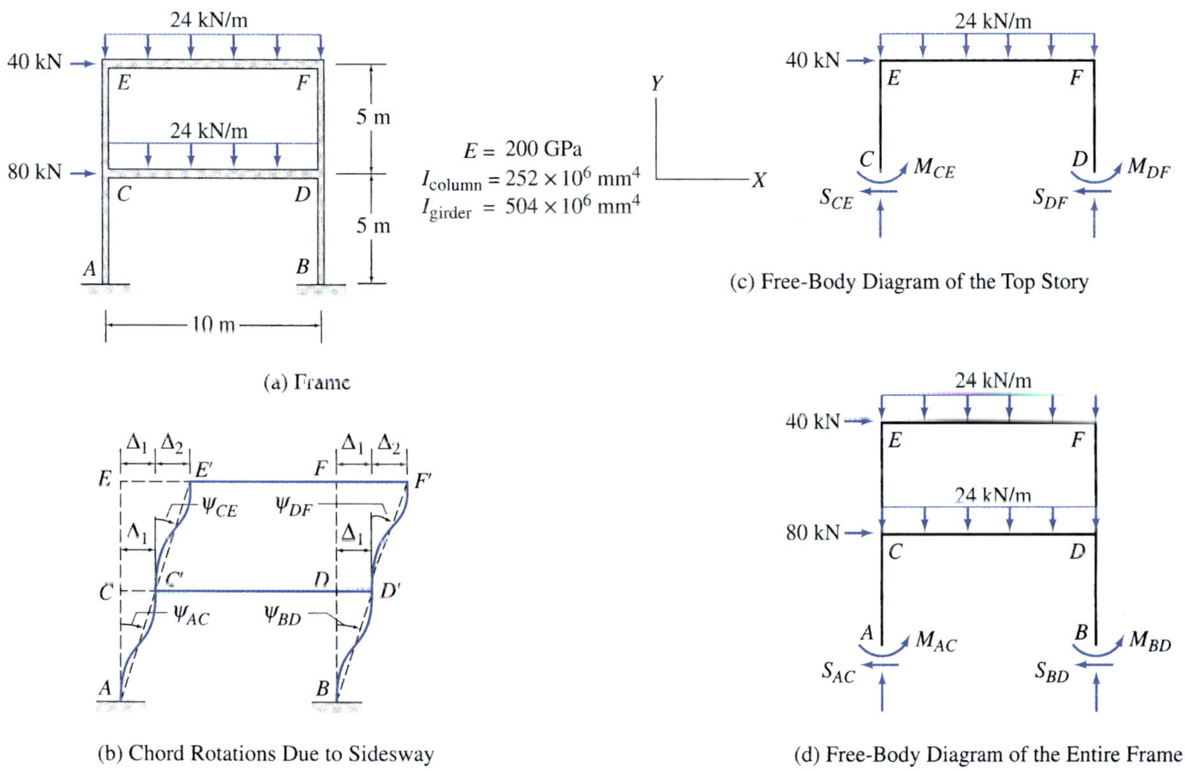

그림 15.19

처짐각식. $I_{column} = I$와 $I_{girder} = 2I$를 이용하여 다음의 처짐각식을 구한다.

$$M_{AC} = 0.4EI\theta_C + 0.24EI\Delta_1 \quad (1)$$
$$M_{CA} = 0.8EI\theta_C + 0.24EI\Delta_1 \quad (2)$$
$$M_{BD} = 0.4EI\theta_D + 0.24EI\Delta_1 \quad (3)$$
$$M_{DB} = 0.8EI\theta_D + 0.24EI\Delta_1 \quad (4)$$
$$M_{CE} = 0.8EI\theta_C + 0.4EI\theta_E + 0.24EI\Delta_2 \quad (5)$$
$$M_{EC} = 0.8EI\theta_E + 0.4EI\theta_C + 0.24EI\Delta_2 \quad (6)$$
$$M_{DF} = 0.8EI\theta_D + 0.4EI\theta_F + 0.24EI\Delta_2 \quad (7)$$
$$M_{FD} = 0.8EI\theta_F + 0.4EI\theta_D + 0.24EI\Delta_2 \quad (8)$$
$$M_{CD} = 0.8EI\theta_C + 0.4EI\theta_D + 200 \quad (9)$$
$$M_{DC} = 0.8EI\theta_D + 0.4EI\theta_C - 200 \quad (10)$$
$$M_{EF} = 0.8EI\theta_E + 0.4EI\theta_F + 200 \quad (11)$$
$$M_{FE} = 0.8EI\theta_F + 0.4EI\theta_E - 200 \quad (12)$$

평형방정식. 절점 C, D, E, F에서의 모멘트 평형조건에 의해 다음 식을 구한다.

$$M_{CA} + M_{CD} + M_{CE} = 0 \quad (13)$$
$$M_{DB} + M_{DC} + M_{DF} = 0 \quad (14)$$
$$M_{EC} + M_{EF} = 0 \quad (15)$$
$$M_{FD} + M_{FE} = 0 \quad (16)$$

나머지 2개의 평형방정식을 세우기 위하여 골조의 각층 기둥 하단부 바로 위에 횡단면을 통과시키고 횡단면 상부에 있는 부분의 자유물체도에 대하여 평형방정식($\sum F_X = 0$)을 적용한다. 이렇게 구해진 자유물체도를 그림 15.19(c)와 (d)에 나타내었다. 골조의 최상층 자유물체도(그림 15.19(c))에 대하여 평형방정식 $\sum F_X = 0$를 적용하면 다음과 같다.

$$S_{CE} + S_{DF} = 40$$

같은 방법으로 전체골조(그림 15.19(d))에 $\sum F_X = 0$을 적용하면 다음과 같다.

$$S_{AC} + S_{BD} = 120$$

기둥의 단부 모멘트 항으로 단부 전단력을 표현하면 다음과 같다.

$$S_{AC} = \frac{M_{AC} + M_{CA}}{5} \qquad S_{BD} = \frac{M_{BD} + M_{DB}}{5}$$
$$S_{CE} = \frac{M_{CE} + M_{EC}}{5} \qquad S_{DF} = \frac{M_{DF} + M_{FD}}{5}$$

이 식을 평형방정식에 대입하면 다음과 같다.

$$M_{CE} + M_{EC} + M_{DF} + M_{FD} = 200 \quad (17)$$
$$M_{AC} + M_{CA} + M_{BD} + M_{DB} = 600 \quad (18)$$

절점 변위. 평형방정식(식 (13)~(18))에 처짐각식(식 (1)~(12))을 대입하면 다음과 같다.

$$2.4EI\theta_C + 0.4EI\theta_D + 0.4EI\theta_E + 0.24EI\Delta_1 + 0.24EI\Delta_2 = -200 \tag{19}$$
$$0.4EI\theta_C + 2.4EI\theta_D + 0.4EI\theta_F + 0.24EI\Delta_1 + 0.24EI\Delta_2 = 200 \tag{20}$$
$$0.4EI\theta_C + 1.6EI\theta_E + 0.4EI\theta_F + 0.24EI\Delta_2 = -200 \tag{21}$$
$$0.4EI\theta_D + 0.4EI\theta_E + 1.6EI\theta_F + 0.24EI\Delta_2 = 200 \tag{22}$$
$$1.2EI\theta_C + 1.2EI\theta_D + 1.2EI\theta_E + 1.2EI\theta_F + 0.96EI\Delta_2 = 200 \tag{23}$$
$$0.4EI\theta_C + 0.4EI\theta_D + 0.32EI\Delta_1 = 200 \tag{24}$$

가우스 - 조단 소거법(부록 B)으로 식 (19)~(24)를 풀면, 다음을 구할 수 있다.

$$EI\theta_C = -203.25 \text{ kN} \cdot \text{m}^2$$
$$EI\theta_D = -60.389 \text{ kN} \cdot \text{m}^2$$
$$EI\theta_E = -197.4 \text{ kN} \cdot \text{m}^2$$
$$EI\theta_F = 88.31 \text{ kN} \cdot \text{m}^2$$
$$EI\Delta_1 = 954.55 \text{ kN} \cdot \text{m}^3 \text{ 또는 } \Delta_1 = 18.95 \text{ mm} \rightarrow$$
$$EI\Delta_2 = 674.24 \text{ kN} \cdot \text{m}^3 \text{ 또는 } \Delta_2 = 13.4 \text{ mm} \rightarrow$$

따라서 골조의 정점 F의 수평변위는 다음과 같다.

$$\Delta_F = \Delta_1 + \Delta_2 = 18.95 + 13.4 = 32.35 \text{ mm} \rightarrow$$

부재의 단부 모멘트. 처짐각식(식 (1)~(12))에 절점 변위 값을 대입하면, 다음을 구할 수 있다.

$$M_{AC} = 147.8 \text{ kN} \cdot \text{m} \circlearrowleft$$
$$M_{CA} = 66.5 \text{ kN} \cdot \text{m} \circlearrowleft$$
$$M_{BD} = 204.9 \text{ kN} \cdot \text{m} \circlearrowleft$$
$$M_{DB} = 180.8 \text{ kN} \cdot \text{m} \circlearrowleft$$
$$M_{CE} = -79.7 \text{ kN} \cdot \text{m} \text{ 또는 } 79.7 \text{ kN} \cdot \text{m} \circlearrowright$$
$$M_{EC} = -77.4 \text{ kN} \cdot \text{m} \text{ 또는 } 77.4 \text{ kN} \cdot \text{m} \circlearrowright$$
$$M_{DF} = 148.8 \text{ kN} \cdot \text{m} \circlearrowleft$$
$$M_{FD} = 208.3 \text{ kN} \cdot \text{m} \circlearrowleft$$
$$M_{CD} = 13.2 \text{ kN} \cdot \text{m} \circlearrowleft$$
$$M_{DC} = -329.6 \text{ kN} \cdot \text{m} \text{ 또는 } 329.6 \text{ kN} \cdot \text{m} \circlearrowright$$
$$M_{EF} = 77.4 \text{ kN} \cdot \text{m} \circlearrowleft$$
$$M_{FE} = -208.3 \text{ kN} \cdot \text{m} \text{ 또는 } 208.3 \text{ kN} \cdot \text{m} \circlearrowright$$

이 값을 평형방정식에 다시 대입하여 평형조건이 만족여부를 확인하면 다음과 같다.

$$M_{CA} + M_{CD} + M_{CE} = 66.5 + 13.2 - 79.7 = 0$$
$$M_{DB} + M_{DC} + M_{DF} = 180.8 - 329.6 + 148.8 = 0$$
$$M_{EC} + M_{EF} = -77.4 + 77.4 = 0$$
$$M_{FD} + M_{FE} = 208.3 - 208.3 = 0$$
$$M_{CE} + M_{EC} + M_{DF} + M_{FD} = -79.7 - 77.4 + 148.8 + 208.3 = 200$$
$$M_{AC} + M_{CA} + M_{BD} + M_{DB} = 147.8 + 66.5 + 204.9 + 180.8 = 600$$

부재의 단부 전단력과 축력. 그림 15.19(e) 참조.

지점반력. 그림 15.19(f) 참조.

평형검토. 평형방정식을 검토한다.

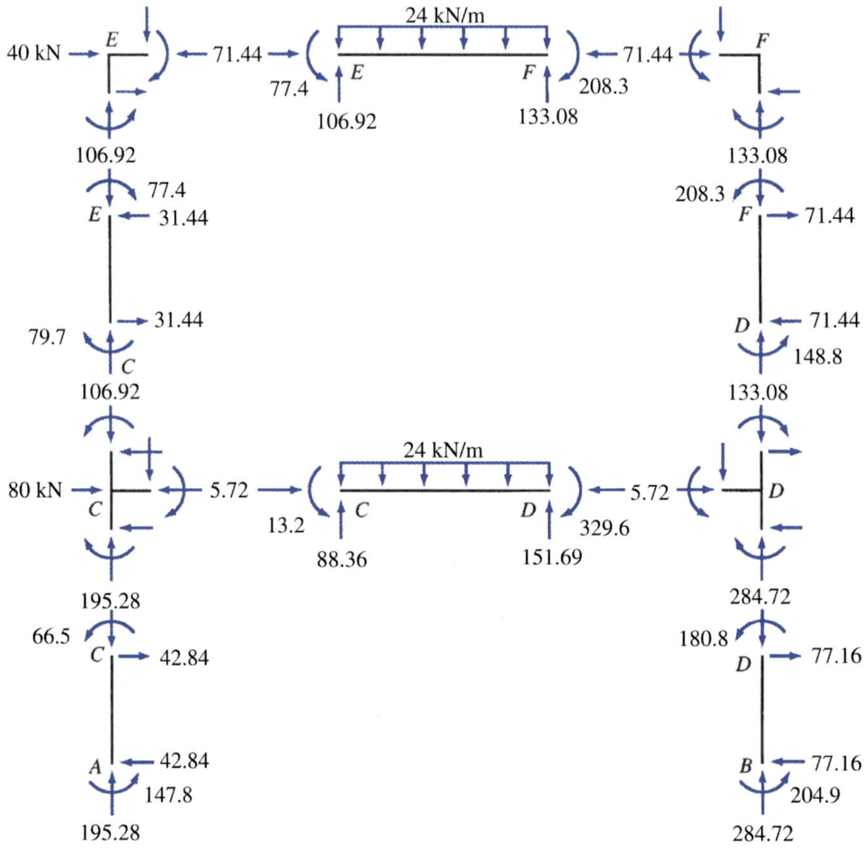

(e) Member End Moments, Shears, and Axial Forces

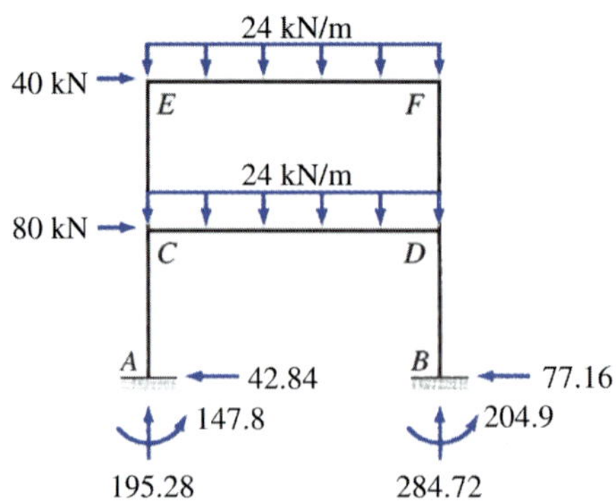

(f) Support Reactions

그림 15.19 계속

요약

이 장에서는 보와 골조의 해석에 사용되는 변위법(강성법) 중에 일반적인 방법인 처짐각법을 설명하였다. 이 방법은 다음과 같은 처짐각식에 기본을 두고 있다.

$$M_{nf} = \frac{2EI}{L}(2\theta_n + \theta_f - 3\psi) + \mathrm{FEM}_{nf} \tag{15.9}$$

이 식은 부재의 단부 모멘트를 부재에 가해진 외력과 부재 단부에서의 회전각과 변위에 대한 함수로 표현한다.

해석 과정은 다음과 같다. (1) 구조물에서 미지의 절점 변위(자유도)를 식별한다, (2) 각 부재에 대해 부재의 단부 모멘트를 미지의 절점 변위 함수로 표시하는 처짐각식을 작성한다, (3) 구조물의 평형방정식을 부재의 단부 모멘트의 함수로 표현한다, (4) 평형방성식에 처짐각식을 대입하여 얻어진 연립방정식을 풀어 미지의 절점 변위를 구한다, (5) 절점 변위값을 처짐각식에 다시 대입하여 부재의 단부 모멘트를 구한다. 부재의 단부 모멘트가 구해지면, 단부 전단력과 축력, 지점반력은 평형조건으로부터 구할 수 있다.

연습문제

15.1~15.5 처짐각법을 이용하여 그림 P15.1~P15.5에 나타낸 보의 반력을 구하고 전단력과 휨모멘트 다이어그램을 그려라.

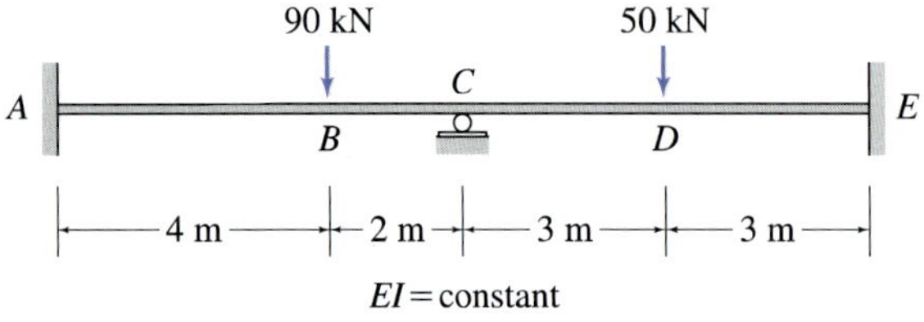

그림 P15.1

15.6 그림 P15.2에서 지점 B에 13 mm의 지점침하가 있을 때 문제 15.2를 풀어라.

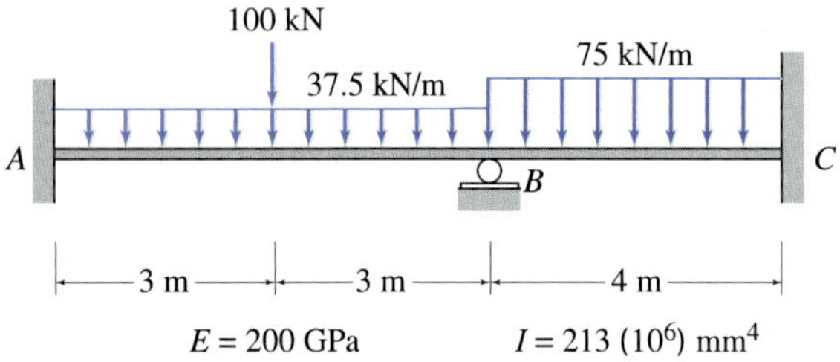

그림 P15.2, P15.6

15.7 그림 P15.4에서 지점 B에 30 mm, 지점 C에 7.5 mm의 지점침하가 있을 때 문제 15.4를 풀어라.

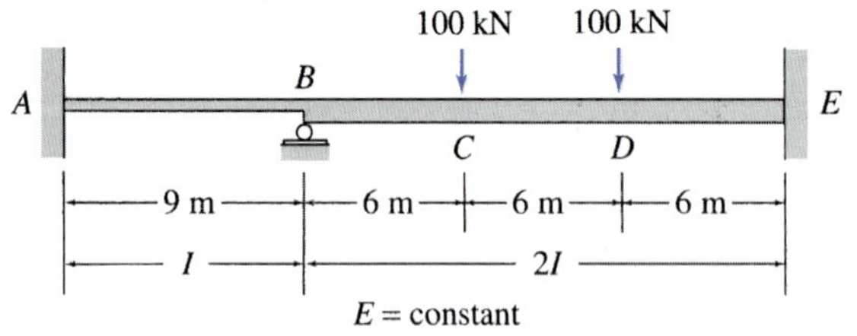

그림 P15.3

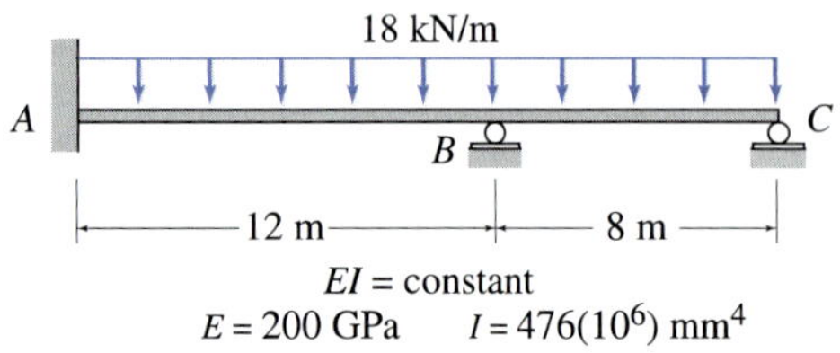

그림 P15.4, P15.7

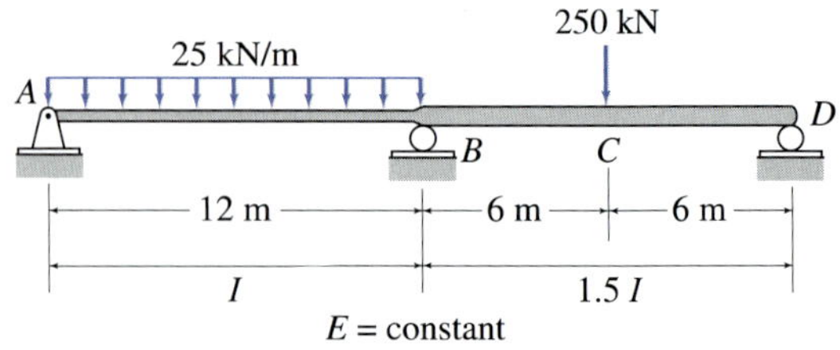

그림 P15.5

15.8~15.14 처짐각법을 이용하여 그림 P15.8~P15.14에 나타낸 보의 반력을 구하고 전단력과 휨모멘트 다이어그램을 그려라.

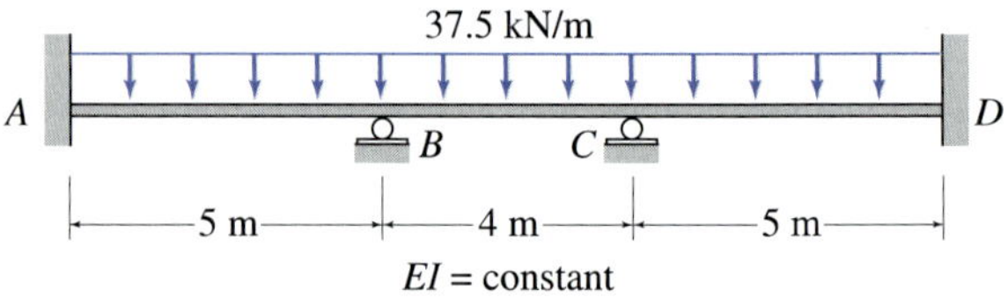

그림 P15.8

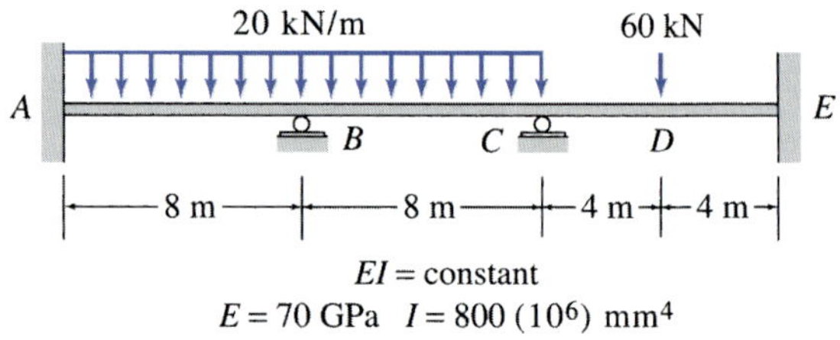

그림 P15.9, P15.15

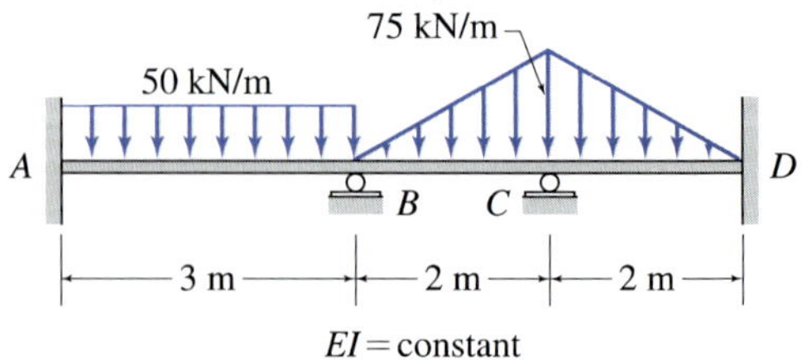

그림 P15.10

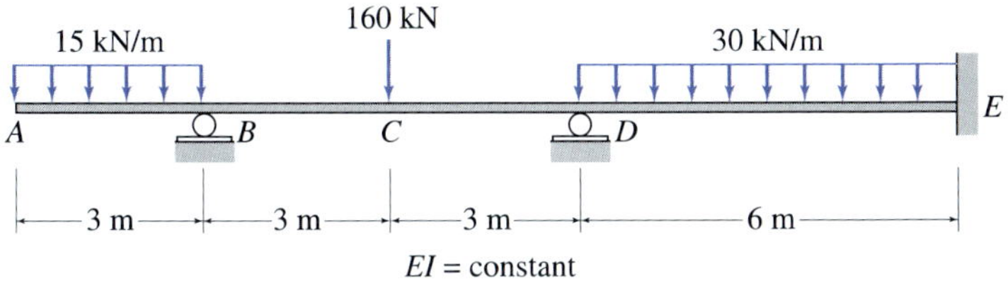

그림 P15.11

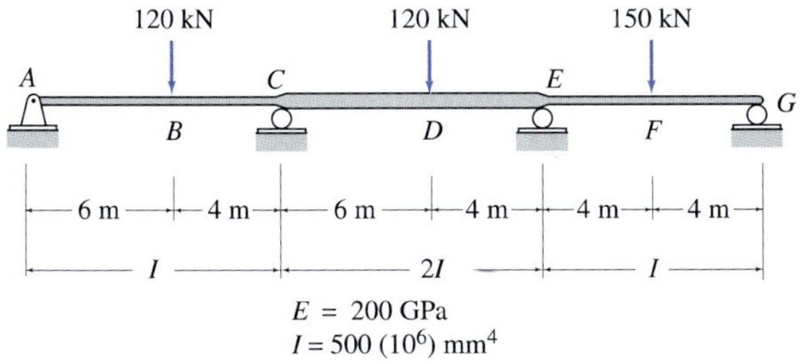

그림 P15.12, P15.16

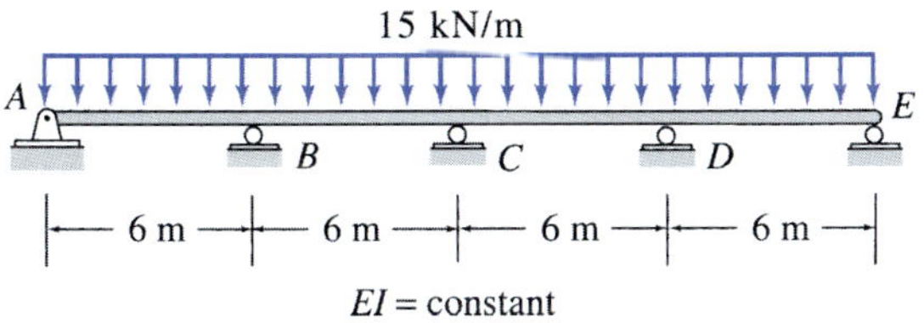

그림 P15.13

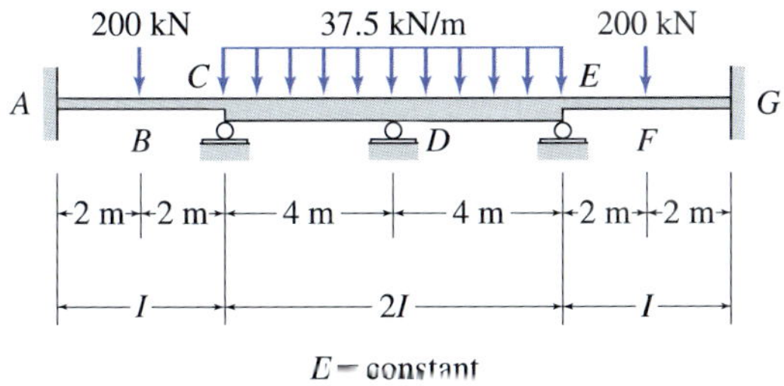

그림 P15.14

15.15 그림 P15.9에서 지점 C에 25 mm의 지점침하가 있을 때 문제 15.9를 풀어라.

15.16 그림 P15.12에서 지점 A에 10 mm, 지점 C에 65 mm, 지점 E에 40 mm 그리고 지점 G에 25 mm의 지점침하가 있을 때 문제 15.12를 풀어라.

15.17~15.20 처짐각법을 이용하여 그림 P15.17~P15.20에 나타낸 골조에 대하여 부재의 단부 모멘트와 반력을 구하라.

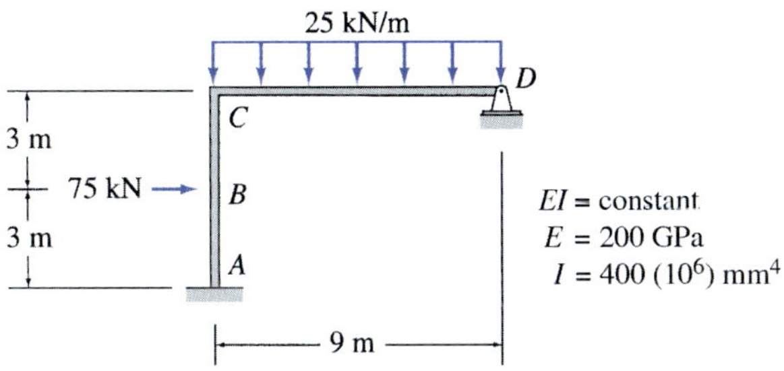

그림 P15.17, P15.21

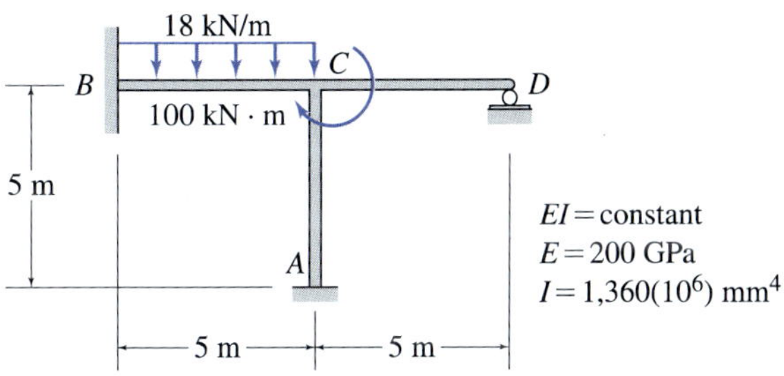

그림 P15.18, P15.22

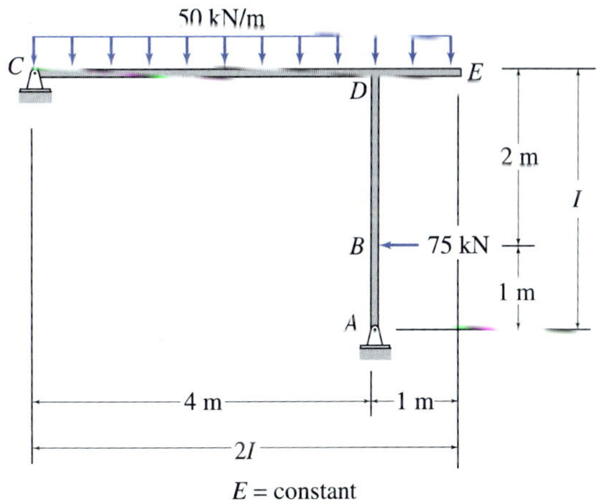

그림 P15.19

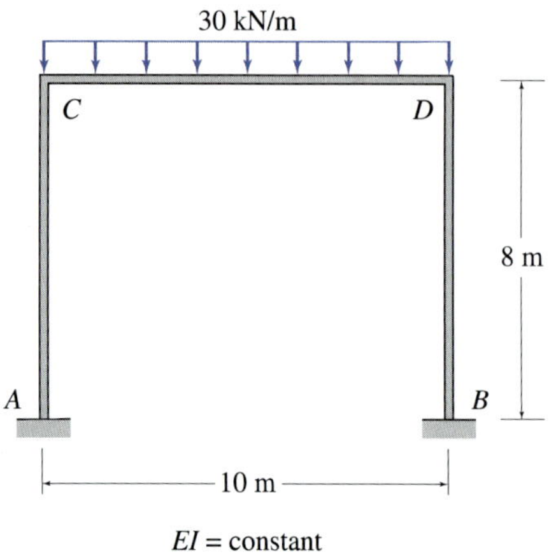

그림 **P15.20**

15.21 그림 P15.17에서 지점 D에 50 mm의 지점침하가 있을 때 문제 15.17을 풀어라.

15.22 그림 P15.18에서 지점 A에 6 mm의 지점침하가 있을 때 문제 15.8을 풀어라.

15.23 그림 P15.23에 나타낸 골조와 하중에 대하여 지점 A에 10 mm 그리고 지점 D에 15 mm의 지점침하가 있을 때 부재의 단부 모멘트와 반력을 처짐각법으로 구하라.

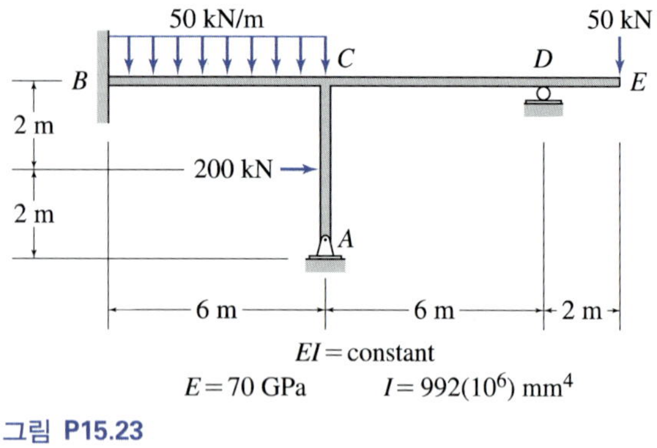

그림 **P15.23**

15.24~15.31 그림 P15.24~P15.31에서의 골조에 대하여 부재의 단부 모멘트와 반력을 처짐각법으로 구하라.

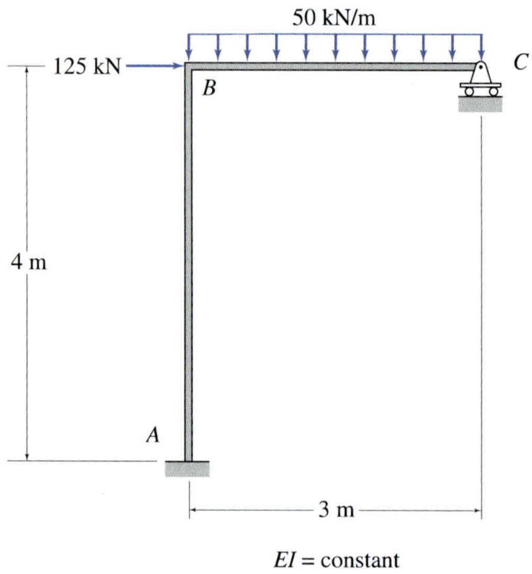

그림 **P15.24**

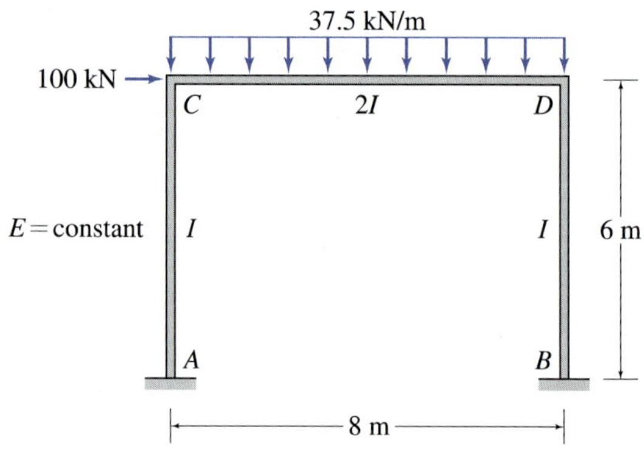

그림 **P15.25**

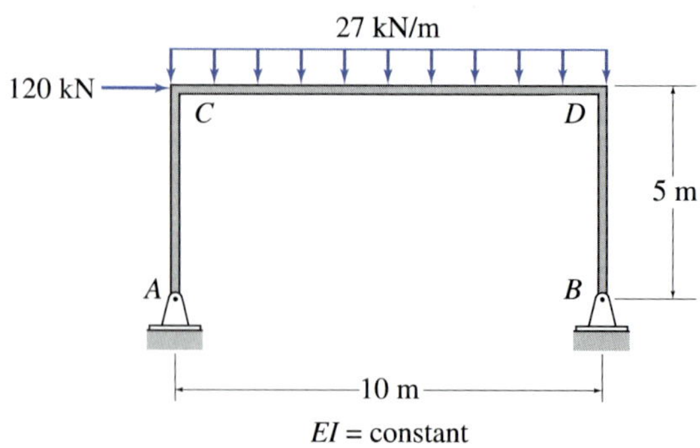

그림 **P15.26**

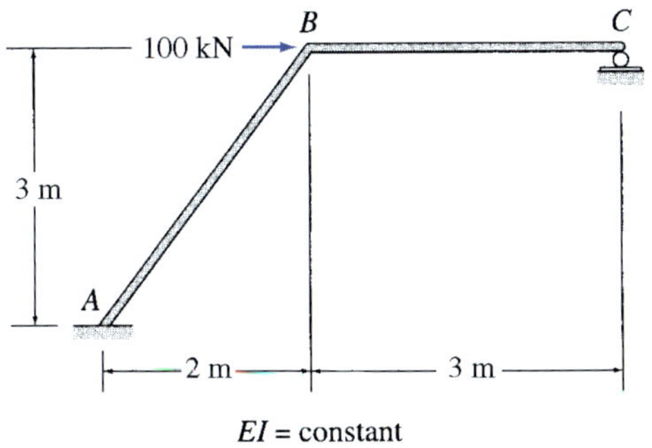

그림 P15.27

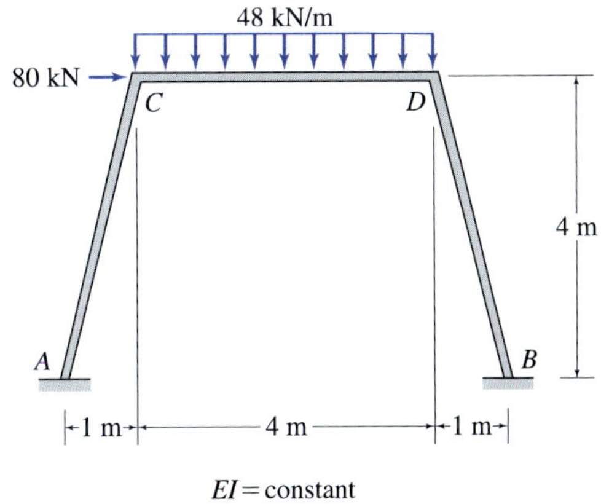

그림 P15.30

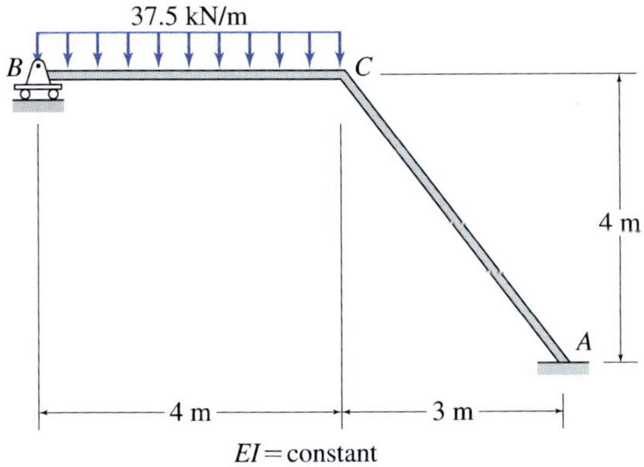

그림 P15.28

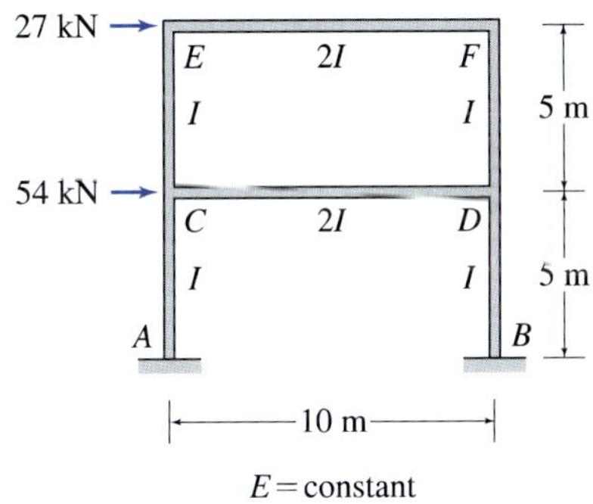

그림 P15.31

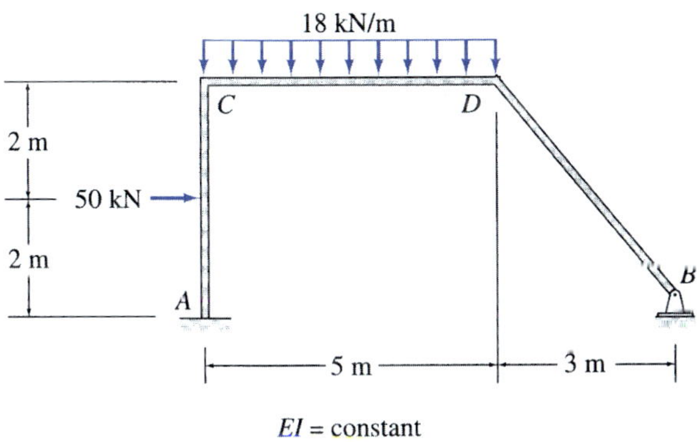

그림 P15.29

The Empire State Building, New York
Keith Levit/Shutterstock.com

16 모멘트 분배법

이 장에서는 고전적인 변위법의 다른 형태인 **모멘트 분배법**을 다룬다. 처짐각법과 같이 모멘트 분배법은 휨 변형만 발생한 연속보와 골조의 해석에만 사용될 수 있다. 이 방법은 1924년 Hardy Cross에 의해 최초로 개발된 후 1930년 처음으로 발표된 이후부터 1960년대까지 구조물 해석에 가장 광범위하게 사용되었다. 1970년 초부터 컴퓨터의 활용이 늘어나면서 모멘트 분배법의 사용은 줄어들었으며, 대신 컴퓨터에 기반한 매트릭스 구조해석법이 사용되었다. 그렇지만 모멘트 분배법은 구조물의 거동에 대한 통찰력을 제공하기 때문에 여전히 간단한 구조물을 해석하기 위해 사용된다. 또한 이 방법은 컴퓨터에 의한 해석결과를 검토하고 초기설계에 사용될 수 있다.

컴퓨터가 사용되기 이전에 모멘트 분배법이 널리 사용된 것은 다른 고전적인 방법에서 요구하는 많은 연립방정식의 해를 구할 필요가 없기 때문이다. 가로흔들림이 없는 연속보나 골조를 모멘트 분배법으로 해석할 경우에 연립방정식의 해를 구할 필요 없다. 반면에 가로흔들림이 있는 골조를 해석할 경우에는 연립방정식의 수가 독립 절점변위의 수와 동일하다.

모멘트 분배법은 변위법에 속하고 이론적인 측면에서 처짐각법과 매우 유사하다. 그러나 구조물의 평형방정식을 동시에 모두 만족시켜야 하는 처짐각법과 달리 모멘트 분배법은 한 번에 하나의 절점에서 모멘트 평형이 만족하고 나머지 절점에서는 변위에 대해 구속된 것으로 가정하여 반복적으로 절점의 모멘트 평형을 계산한다.

이 장에서는 모멘트 분배법을 적용하기 위한 기본적인 관계식을 유도하고 기본 개념을 다룬다. 그 후에 연속보나 가로흔들림이 없는 골조를 모멘트 분배법으로 해석하는 방법을 설명하고, 최종적으로 가로흔들림이 있는 골조를 모멘트 분배법으로 해석하는 방법에 대하여 설명한다.

16.1 용어 정의

모멘트 분배법을 이해하기 전에 해석에 사용되는 부호 규약과 다양한 용어를 정의해야 한다.

부호 규약

모멘트 분배법을 적용할 때 처짐각법에서 이미 사용한 것과 동일한 부호 규약을 사용한다.

반시계방향 부재 단부 모멘트는 양수이다.

부재의 끝단에 반시계방향 모멘트가 작용하면 인접한 연결점에서는 시계방향으로 모멘트가 작용하기 때문에 부호 규약에서는 **연결점의 시계방향 모멘트를 정모멘트로 간주한다.**

부재강성

그림 16.1(a)와 같이 A점은 회전단이고 B점은 고정단이며 단면이 일정한 보(prismatic beam) AB를 생각해 보자. A점에서 모멘트 M이 작용할 경우에 그림에 나타낸 것처럼 회전단 A에서 각도 θ만큼 보가 회전하고 고정단 B에서 모멘트 M_{BA}가 발생한다. 작용모멘트 M과 회전각 θ의 관계는 15.1절에서 유도한 처짐각법 방정식에 의해 구할 수 있다. 처짐각법 방정식 (15.9)에 $M_{nf}=M$, $\theta_n=\theta$, $\theta_f=\psi=\mathrm{FEM}_{nf}=0$을 대입하여 다음 식을 구할 수 있다.

$$M=\left(\frac{4EI}{L}\right)\theta \tag{16.1}$$

부재의 휨강성(bending stiffness) $\overline{K}$**는 부재 단부에 단위 회전각을 발생시키기 위해 필요한 모멘트라고 정의할 수 있다.** 따라서 식 (16.1)에서 $\theta=1$ rad으로 하면 그림 16.1(a)의 보 휨강성을 다음과 같이 구할 수 있다.

$$\overline{K}=\frac{4EI}{L} \tag{16.2}$$

구조물의 모든 부재의 탄성계수가 동일하다면(즉, $E=$일정), **상대 휨강성**(relative bending stiffness)을 사용하여 해석하는 것이 편리하다. **부재의 상대 휨강성 K는 휨강성 $\overline{K}$를 $4E$로 나누어서 구한다.** 따라서 그림 16.1(a)의 보의 상대 휨강성은 다음과 같다.

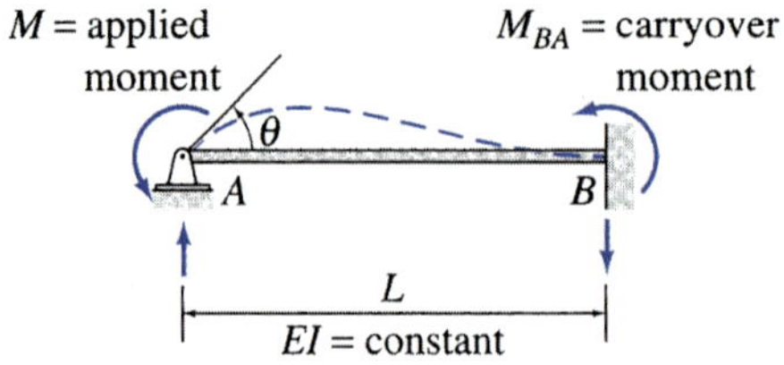

(a) Beam with Far End Fixed

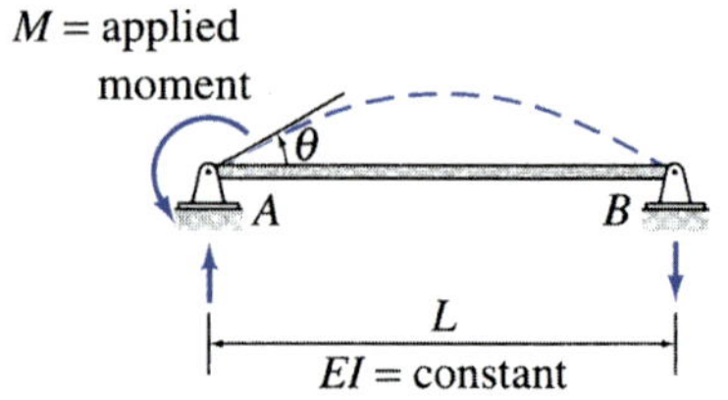

(b) Beam with Far End Hinged

그림 16.1

$$K = \frac{\overline{K}}{4E} = \frac{I}{L} \tag{16.3}$$

그림 16.1(a)의 보의 맨 끝단 B가 그림 16.1(b)처럼 회전단이라고 하자. 작용모멘트 M과 보의 끝단 A에서의 회전각 θ의 관계는 15.1절에서 유도된 처짐각 방정식을 수정하여 구할 수 있다. $M_{rh} = M$, $\theta_r = \theta$, $\psi = \text{FEM}_{rh} = \text{FEM}_{hr} = 0$을 식 (15.15a)에 대입하여 다음을 구할 수 있다.

$$M = \left(\frac{3EI}{L}\right)\theta \tag{16.4}$$

$\theta = 1$로 설정하면 그림 16.1(b)의 보의 휨강성을 다음과 같이 구할 수 있다.

$$\overline{K} = \frac{3EI}{L} \tag{16.5}$$

식 (16.2)와 (16.5)를 비교해 보면 B의 고정단이 회전단으로 바뀔 경우에 보의 휨강성은 25% 감소함을 알 수 있다. 보의 상대 휨강성은 휨강성을 $4E$로 나누어 구할 수 있다.

$$K = \frac{3}{4}\left(\frac{I}{L}\right) \tag{16.6}$$

식 (16.1)과 (16.4)로부터 작용 단부 모멘트 M과 부재의 단부 회전각 θ의 관계를 다음과 같이 요약할 수 있다:

$$M = \begin{cases} \left(\dfrac{4EI}{L}\right)\theta & \text{부재의 다른 끝단이 고정인 경우} \\ \left(\dfrac{3EI}{L}\right)\theta & \text{부재의 다른 끝단이 힌지인 경우} \end{cases} \tag{16.7}$$

유사하게 식 (16.2)와 (16.5)로부터 부재의 휨강성은 다음과 같이 구해진다.

$$\overline{K} = \begin{cases} \dfrac{4EI}{L} & \text{부재의 다른 끝단이 고정인 경우} \\ \dfrac{3EI}{L} & \text{부재의 다른 끝단이 힌지인 경우} \end{cases} \tag{16.8}$$

부재의 상대 휨강성은 다음과 같이 구해진다(식 (16.3)과 (16.6) 참조).

$$K = \begin{cases} \dfrac{I}{L} & \text{부재의 다른 끝단이 고정인 경우} \\ \dfrac{3}{4}\left(\dfrac{I}{L}\right) & \text{부재의 다른 끝단이 힌지인 경우} \end{cases} \tag{16.9}$$

전달모멘트

그림 16.1(a)의 회전단과 고정단으로 지지되는 보를 다시 생각해 보자. 보의 회전단 A에서 모멘트 M이 작용할 때 그림과 같이 고정단 B에 모멘트 M_{BA}가 발생한다. 이 모멘트 M_{BA}를 **전달모멘트**라고 한다. 작용모멘트 M과 전달모멘트 M_{BA}의 관계를 알기 위해 $M_{nf} = M_{BA}$, $\theta_f = \theta$, $\theta_n = \psi = \text{FEM}_{nf} = 0$을 식 (15.9)에 대입한다:

$$M_{BA} = \left(\frac{2EI}{L}\right)\theta \tag{16.10}$$

식 (16.1)로부터 $\theta = ML/(4EI)$를 식 (16.10)에 대입하면 다음을 구한다.

$$M_{BA} = \frac{M}{2} \tag{16.11}$$

식 (16.11)은 보의 회전단에서 크기 M인 모멘트가 작용할 때 다른 끝단이 고정단이면 작용모멘트의 절반이 이 끝단으로 **전달된다**는 것을 의미한다. 이때 전달모멘트 M_{BA}의 방향은 작용모멘트 M의 방향과 동일하다.

그림 16.1(b)와 같이 보의 맨 끝단이 회전단일 때는 전달모멘트 M_{BA}는 0이다. 따라서 다음과 같이 전달모멘트를 정의할 수 있다.

$$M_{BA} = \begin{cases} \dfrac{M}{2} & \text{부재의 다른 끝단이 고정인 경우} \\ 0 & \text{부재의 다른 끝단이 힌지인 경우} \end{cases} \tag{16.12}$$

작용모멘트에 대한 전달모멘트의 비(M_{BA}/M)를 부재의 **전달계수**(carryover factor)라 한다. 전달계수는 작용모멘트 M이 부재의 맨 끝단으로 **전달되는** 모멘트의 비율을 의미한다. 식 (16.12)를 M으로 나누면 전달계수(COF)를 다음과 같이 표현할 수 있다.

$$\text{COF} = \begin{cases} \dfrac{1}{2} & \text{부재의 다른 끝단이 고정인 경우} \\ 0 & \text{부재의 다른 끝단이 힌지인 경우} \end{cases} \tag{16.13}$$

모멘트 면적법에 의해 부재강성과 전달모멘트 산정

앞에서 설명한 부재 휨강성과 전달모멘트를 6장에서 설명한 모멘트 면적법을 적용하여 유도할 수 있다.

그림 16.1(a)의 회전단과 고정단으로 지지되고 있는 보를 그림 16.2(a)와 같이 다시 그릴 수 있으며 M/EI 다이어그램을 그림에 함께 표시하였다. 보의 오른쪽 끝단 B가 고정단이므로 B에서의 탄성곡선의 접선은 수평이고 왼쪽 끝단 A를 지나게 된다. 따라서 끝단 B에서 그린 접선이 A점에 이루는 접선방향 편차(tangential deviation)는 0이다(즉, $\Delta_{AB}=0$). 모멘트 면적법 제2정리에 의하면 이 접선방향 편차는 A에 대한 A와 B 사이의 M/EI 다이어그램의 모멘트와 일치한다. 이를 다시 표현하면 다음과 같다.

$$\Delta_{AB}=\frac{1}{2}\left(\frac{M}{EI}\right)L\left(\frac{L}{3}\right)-\frac{1}{2}\left(\frac{M_{BA}}{EI}\right)L\left(\frac{2L}{3}\right)=0$$

방정식을 풀면 다음을 구한다.

$$M_{BA}=\frac{M}{2}$$

앞에서 설명한 전달모멘트에 대한 식과 처짐각 방정식을 이용해서 유도한 식 (16.11)은 동일하다.

B에서의 접선이 수평이면 A에서의 각 θ는 A와 B 사이의 경사 θ_{BA}와 동일하다. 모멘트 면적법 제1정리에 의하면 θ_{BA}는 A와 B 사이의 M/EI 다이어그램의 면적과 동일하기 때문에 다음과 같이 표현할 수 있다.

$$\theta=\frac{1}{2}\left(\frac{M}{EI}\right)L-\frac{1}{2}\left(\frac{M_{BA}}{EI}\right)L$$

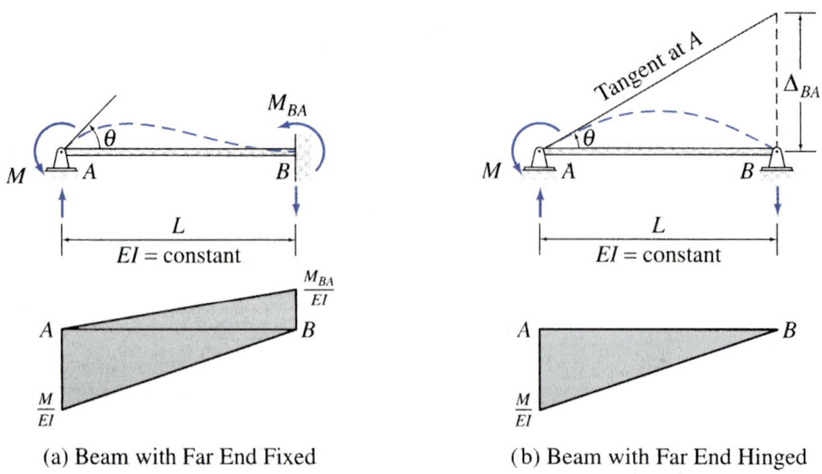

그림 16.2

$M_{BA} = M/2$를 대입하면 다음과 같다.

$$\theta = \left(\frac{L}{4EI}\right)M$$

이를 다시 정리하면 다음 식을 구할 수 있다.

$$M = \left(\frac{4EI}{L}\right)\theta$$

이 식은 앞에서 유도한 식 (16.1)과 동일하다.

맨 끝단 B가 회전단일 때 보의 탄성곡선과 M/EI 다이어그램을 그림 16.2(b)에 나타내었다. 탄성곡선으로부터 다음을 알 수 있다.

$$\theta = \frac{\Delta_{BA}}{L}$$

여기서, 모멘트 면적법 제2정리에 의하면 다음과 같다.

$$\theta_{BA} = B\text{에 대해 } A\text{와 } B \text{ 사이의 } M/EI \text{ 다이어그램의 모멘트}$$
$$= \frac{1}{2}\left(\frac{M}{EI}\right)L\left(\frac{2L}{3}\right) = \left(\frac{L^2}{3EI}\right)M$$

따라서

$$\theta = \frac{\Delta_{BA}}{L} = \left(\frac{L}{3EI}\right)M$$

다시 정리하면

$$M = \left(\frac{3EI}{L}\right)\theta$$

이 식은 처짐각 방정식을 이용하여 앞에서 유도한 식 (16.4)와 동일하다.

분배계수

모멘트 분배법으로 구조물을 해석할 때 중요한 의문점 중의 하나는 절점에 작용하는 모멘트를 이 절점에 연결된 다양한 부재들에 어떻게 분배할 것인가 하는 것이다. 그림 16.3(a)와 같이 3개의 부재로 이루어진 골조의 절점 B에 모멘트 M이 작용할 경우에 그림과 같이 회전각 θ가 발생한다. 작용하는 모멘트 M의 얼마만큼이 이 절점에 연결된 세 개의 부재에 분담되는지를 구하기 위해서 그림 16.3(b)와 같이 절점 B에서의 자유물체도와 세 개의 부재 AB, BC, BD를 그려보자. 절점 B에서의 자유물체도에 대한 모멘트 평형조건($\sum M_B = 0$)은 다음과 같다.

$$M + M_{BA} + M_{BC} + M_{BD} = 0$$

이를 다시 정리하면 다음과 같다.

$$M = -(M_{BA} + M_{BC} + M_{BD}) \tag{16.14}$$

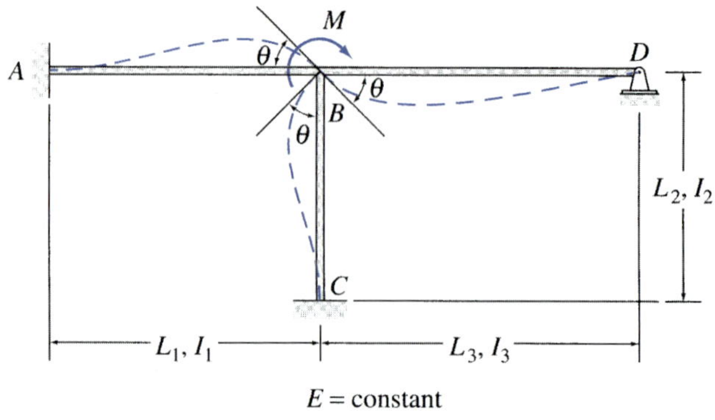

(a)

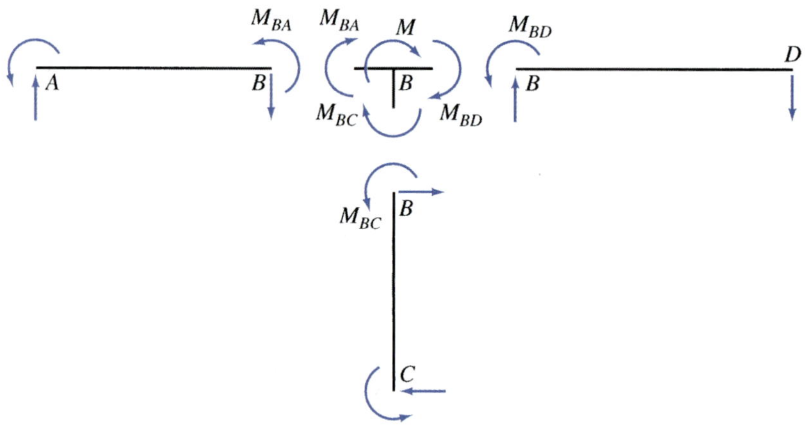

(b)

그림 16.3

부재 AB, BC, BD는 절점 B에 강접합되었기 때문에 이 부재들의 끝단 B에서의 회전각은 절점에서의 회전각과 동일하다. 부재의 끝단 B에서 모멘트는 식 (16.7)을 이용해서 절점의 회전각 θ로 표현할 수 있다. 부재 AB, BC의 맨 끝단 A와 C는 각각 고정단이고 부재 BD의 맨 끝단 D는 회전단이다. 각 부재에 식 (16.7)에서 (16.9)를 적용하여 다음을 구할 수 있다.

$$M_{BA} = \left(\frac{4EI_1}{L_1}\right)\theta = \overline{K}_{BA}\theta = 4EK_{BA}\theta \tag{16.15}$$

$$M_{BC} = \left(\frac{4EI_2}{L_2}\right)\theta = \overline{K}_{BC}\theta = 4EK_{BC}\theta \tag{16.16}$$

$$M_{BD} = \left(\frac{3EI_3}{L_3}\right)\theta = \overline{K}_{BD}\theta = 3EK_{BD}\theta \tag{16.17}$$

식 (16.15)에서 (16.17)까지를 평형방정식 (16.14)에 대입하여 다음을 구한다.

$$
\begin{aligned}
M &= -\left(\frac{4EI_1}{L_1} + \frac{4EI_2}{L_2} + \frac{3EI_3}{L_3}\right)\theta \\
&= -(\overline{K}_{BA} + \overline{K}_{BC} + \overline{K}_{BD})\theta = -(\sum \overline{K}_B)\theta
\end{aligned} \tag{16.18}
$$

여기서, $\sum \overline{K}_B$는 절점 B에 연결되는 모든 부재의 휨강성의 합을 의미한다.

절점의 회전강성(rotational stiffness)**은 절점에서 단위 크기의 회전을 일으키는데 필요한 모멘트라고 정의할 수 있다.** 식 (16.18)에서 절점의 회전강성은 그 절점에 강접합으로 연결되는 모든 부재의 휨강성의 합과 동일하다는 것을 알 수 있다. 식 (16.18)의 음의 부호는 여기서 정의한 모멘트의 부호 규약에 따른 것으로 부재 끝단 모멘트가 반시계방향으로 작용하면 양의 값이고, 절점에 작용하는 모멘트가 시계방향이면 양의 값이다.

부재의 단부 모멘트를 작용모멘트 M으로 표현하기 위해서는 식 (16.18)을 부재의 상대 휨강성으로 다시 표현해야 한다.

$$
M = -4E(K_{BA} + K_{BC} + K_{BD})\theta = -4E(\sum K_B)\theta
$$

다시 작성하면

$$
\theta = -\frac{M}{4E\sum K_B} \tag{16.19}
$$

식 (16.19)를 식 (16.15)에서 (16.17)에 대입하여 다음을 구할 수 있다.

$$
M_{BA} = -\left(\frac{K_{BA}}{\sum K_B}\right)M \tag{16.20}
$$

$$
M_{BC} = -\left(\frac{K_{BC}}{\sum K_B}\right)M \tag{16.21}
$$

$$
M_{BD} = -\left(\frac{K_{BD}}{\sum K_B}\right)M \tag{16.22}
$$

식 (16.20)에서 (16.22)로부터 작용하는 모멘트 M은 상대 휨강성의 비율에 따라 세 부재로 분배되는 것을 알 수 있다. 부재의 강성비 $K/\sum K_B$는 끝단 B에서 부재의 **분배계수**(distribution factor)로 정의되고 이는 작용모멘트 M이 부재의 끝단 B로 분배되는 비율을 나타낸다. 따라서 식 (16.20)에서 (16.22)는 다음과 같이 표시할 수 있다.

$$
M_{BA} = -\mathrm{DF}_{BA} M \tag{16.23}
$$

$$
M_{BC} = -\mathrm{DF}_{BC} M \tag{16.24}
$$

$$
M_{BD} = -\mathrm{DF}_{BD} M \tag{16.25}
$$

여기서, $\mathrm{DF}_{BA} = K_{BA}/\sum K_B$, $\mathrm{DF}_{BC} = K_{BC}/\sum K_B$, $\mathrm{DF}_{BD} = K_{BD}/\sum K_B$는 각각 부재들 AB, BC, BD의 끝단 B에서의 분배계수이다.

예를 들면, 그림 16.3(a)의 골조 구조물의 절점 B가 시계방향 모멘트 200 kN·m의 모멘트를 받고(즉, $M=200$ kN·m), $L_1 = L_2 = 10$ m, $L_3 = 15$ m이고 $I_1 = I_2 = I_3 = I$라고 하면

$$K_{BA} = K_{BC} = \frac{I}{10} = 0.1I$$

$$K_{BD} = \frac{3}{4}\left(\frac{I}{15}\right) = 0.05I$$

부재 AB, BC, BD의 끝단 B에서의 분배계수는 다음과 같이 구해진다.

$$\mathrm{DF}_{BA} = \frac{K_{BA}}{K_{BA}+K_{BC}+K_{BD}} = \frac{0.1I}{(0.1+0.1+0.05)I} = 0.40$$

$$\mathrm{DF}_{BC} = \frac{K_{BC}}{K_{BA}+K_{BC}+K_{BD}} = \frac{0.1I}{0.25I} = 0.40$$

$$\mathrm{DF}_{BD} = \frac{K_{BD}}{K_{BA}+K_{BC}+K_{BD}} = \frac{0.05I}{0.25I} = 0.20$$

이 분배계수들은 절점 B에 작용한 200 kN·m의 모멘트의 40%가 부재 AB의 끝단 B로 작용하고 부재 BC의 끝단 B에 40%, 나머지 20%는 부재 BD의 끝단 B에 작용한다는 것을 의미한다. 따라서 세 부재의 끝단 B에서의 모멘트는 각각 다음과 같다.

$$M_{BA} = -\mathrm{DF}_{BA}M = -0.4(200) = -80\ \mathrm{kN\cdot m}\ \text{또는}\ 80\ \mathrm{kN\cdot m}\ ↻$$

$$M_{BC} = -\mathrm{DF}_{BC}M = -0.4(200) = -80\ \mathrm{kN\cdot m}\ \text{또는}\ 80\ \mathrm{kN\cdot m}\ ↻$$

$$M_{BD} = -\mathrm{DF}_{BD}M = -0.2(200) = -40\ \mathrm{kN\cdot m}\ \text{또는}\ 40\ \mathrm{kN\cdot m}\ ↻$$

앞에서 설명한 것에 비추어 보면 일반적으로 인접한 절점에 강접합으로 연결된 부재 끝단에서의 분배계수(DF)는 이 절점에 연결된 모든 부재들의 상대 휨강성의 합에 대한 해당 부재의 상대 휨강성의 비와 동일하다는 것을 알 수 있다. 즉,

$$\mathrm{DF} = \frac{K}{\sum K} \tag{16.26}$$

또한 부재에 강접합으로 연결된 끝단에 분배되는 모멘트는 (혹은 이로 인해 지지되는) 절점에 작용하는 모멘트의 반대 부호에 분배계수를 곱한 것과 동일하다는 것을 알 수 있다.

고정단모멘트

많이 사용되고 있는 형태의 하중 조건에 대한 고정단모멘트와 부재 단부의 상대변위는 이 책의 뒷면에 표시된 내용을 참고할 수 있다. 모멘트 분배법에서는 지점침하와 가로흔들림으로 인하여 절점에 발생한 변위의 영향을 고정단모멘트로 고려할 수 있다.

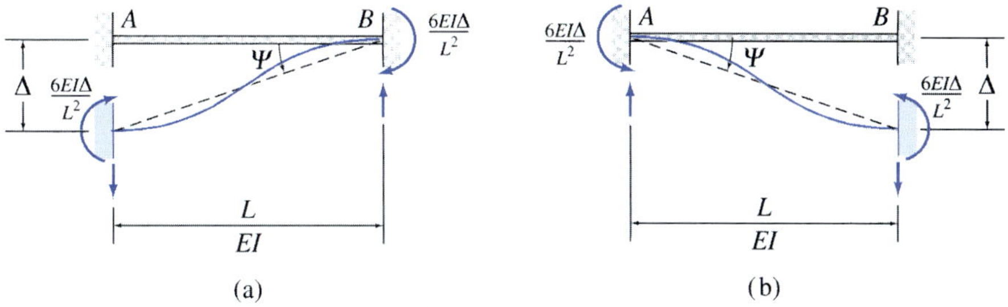

그림 16.4

그림 16.4(a)와 같은 고정단 보를 생각해보자. 그림과 같이 오른쪽 끝단 B에 대한 왼쪽 끝단 A의 작은 침하 Δ로 인하여 보가 반시계방향으로 $\psi = \Delta / L$의 각만큼 회전하게 한다. $\psi = \Delta / L$인 두 개의 단부 모멘트에 대한 처짐각 방정식(식 (15.9))을 이용하고 θ_A, θ_B는 0, 외부하중에 의한 고정단모멘트 FEM_{AB}와 FEM_{BA}는 0으로 설정하면 다음을 구할 수 있다.

$$\mathrm{FEM}_{AB} = \mathrm{FEM}_{BA} = -\frac{6EI\Delta}{L^2}$$

여기서, FEM_{AB}와 FEM_{BA}는 보의 두 끝단 사이의 상대적인 이동 Δ에 의한 고정단모멘트이다. 두 고정단모멘트의 크기와 방향은 동일하다. 그림 16.4(a)로부터 상대변위는 반시계방향으로 회전을 일으키는 것을 알 수 있고 보의 두 끝단에서 처짐각이 0이 되도록 하기 위해서 두 개의 고정단모멘트는 시계방향(음의 방향)으로 작용한다는 것을 알 수 있다. 반대로 그림 16.4(b)와 같이 상대변위에 의한 회전이 시계방향이면 보의 끝단이 회전되는 것을 막기 위해서 고정단모멘트는 모두 반시계방향(양의 방향)으로 작용한다.

16.2 모멘트 분배법의 기본 개념

모멘트 분배법은 반복하여 계산하는 방법이며 처음에는 회전이 자유로운 구조물의 모든 절점들에 가상의 고정장치를 설치하여 일시적으로 회전이 구속된다고 가정한다. 외부하중과 절점 이동이 가정된 고정 구조물에 작용할 때 부재의 끝단에서의 고정단모멘트를 계산한다. 이렇게 계산된 고정단모멘트는 실제로는 회전이 자유로운 구조물 절점에서의 평형을 만족시키지 못한다. 절점에서의 평형 조건은 한 번에 하나의 절점의 구속을 풀어주면서 다른 절점들은 구속한 상태라고 가정하며 반복적으로 만족시키게 된다. 모멘트 평형이 되지 않는 절점에서의 불균등모멘트(unbalanced moment)를 계산한다. 다음에 이 절점의 고정을 풀어서 평형 상태에 도달할 때까지 불균등모멘트 상태에서 회전을 허용하게 된다. 절점이 회전할 경우에 여기에 연결된 부재의 끝단에서 모멘트를 발생시킨다. 이러한 부재 끝단 모멘트를 **분배모멘트**(distributed moment)라고 하고 그 값은 이 절점에 연결된 부재 끝단의 분배계수를 불균등모멘트의 반대 부호에 곱해서 계산한다. 분배모멘트에 의해 발생하는 부재의 휨은 부재의 맨 끝단에서 전달모멘트(carryover moment)를 발생시키고 이는 부재 전달계수를 이용해서 쉽게 구할 수 있다. 평형 상태에 도달한 절점은 고정한다. 다음으로 불균등모멘트가 발생한 다른 절점을 선택하여 고정을 풀고 평형을 맞추고 다시 평형에 도달하면 고정하는 방식을 반복한다. 이 과정은 구조물의 모든 절점에서 불균등모멘트가 무시할 만큼 작아질 때까지 반복된다. 부재의 최종 단부 모멘트는 각 부재의 끝단에서 고정단모멘트와 모든 분배모멘트와 전달모멘트를 더해서 구하게 된다. 이렇게 부재의 단부 모멘트를 각 절점에서 불균등모멘트를 연속적으로 분배해서 구하는 것을 **모멘트 분배 과정**(moment-distribution process)이라고 한다.

부재의 모멘트를 알게 되면 15장에서 설명한 것처럼 부재 단부 전단력, 축력, 지점반력을 평형조건들로부터 구할 수 있다.

모멘트 분배법을 그림 16.5(a)와 같은 3경간 연속보를 이용하여 설명하고자 한다. 이 구조물에 대해서는 15.2절에서 처짐각법으로 해석하였다. 일반적으로 모멘트 분배법에 의한 해석은 그림 16.5(a)와 같이 표 형식으로 하는 것이 편리하다. **모멘트 분배표**라고 불리는 표는 6개의 열로 구성되며 각 부재의 단부에 열이 하나씩 있다. 특정 부재의 단부 모멘트에 대한 모든 계산이 그 부재 끝단의 열에 기록되어 있다.

분배계수

해석의 첫 번째 단계는 회전이 자유로운 구조물의 절점들에서 분배계수를 계산하는 것이다.

16.1절의 식 (16.26)에서 설명한 것처럼 부재의 단부에서의 분배계수는 부재의 상대 휨강성을 이 절점에 연결된 모든 부재의 상대 휨강성의 합으로 나누어 구한다. 그림 16.5(a)로부터 연속보의 절점 B와 C만이 회전에 자유롭다는 것을 알 수 있다. 절점 B에서 분배계수는 다음과 같다.

$$\mathrm{DF}_{BA} = \frac{K_{BA}}{K_{BA}+K_{BC}} = \frac{I/6}{2I/6} = 0.5$$

$$\mathrm{DF}_{BC} = \frac{K_{BC}}{K_{BA}+K_{BC}} = \frac{I/6}{2I/6} = 0.5$$

유사한 방법으로 절점 C에서의 분배계수를 다음과 같이 구한다.

$$\mathrm{DF}_{CB} = \frac{K_{CB}}{K_{CB}+K_{CD}} = \frac{I/6}{(I/6)+(I/4.5)} = 0.429$$

$$\mathrm{DF}_{CD} = \frac{K_{CD}}{K_{CB}+K_{CD}} = \frac{I/4.5}{(I/6)+(I/4.5)} = 0.571$$

각 절점에서 분배계수의 합은 언제나 1이 되어야 한다. 분배계수는 그림 16.5(a)에 나타낸 것처럼 모멘트 분배표의 상단인 부재의 끝단 바로 아래의 사각형에 기록된다.

고정단모멘트

다음은 절점 B와 C가 가상의 고정장치에 의해 회전에 대해 구속되었다고 가정하여(그림 16.5(b)) 각 부재의 단부에서 발생하는 고정단모멘트를 계산한다. 이 책의 뒷장에 있는 고정단모멘트 평가식을 이용하여 다음을 구할 수 있다.

$$\mathrm{FEM}_{AB}=\frac{25(6)^2}{12}=75\ \mathrm{kN\cdot m}\ \circlearrowleft \qquad \text{또는} \qquad +75\ \mathrm{kN\cdot m}$$

$$\mathrm{FEM}_{BA}=75\ \mathrm{kN\cdot m}\ \circlearrowright \qquad \text{또는} \qquad -75\ \mathrm{kN\cdot m}$$

$$\mathrm{FEM}_{BC}=\frac{150(6)^2}{8}=112.5\ \mathrm{kN\cdot m}\ \circlearrowleft \qquad \text{또는} \qquad +112.5\ \mathrm{kN\cdot m}$$

$$\mathrm{FEM}_{CB}=112.5\ \mathrm{kN\cdot m}\ \circlearrowright \qquad \text{또는} \qquad -112.5\ \mathrm{kN\cdot m}$$

$$\mathrm{FEM}_{CD}=\mathrm{FEM}_{DC}=0$$

모멘트 분배법의 부호 규약에 따르면 반시계방향 고정단모멘트가 양이 된다. 그림 16.5(a)와 같이 **모멘트 분배표**의 첫 번째 줄에 고정단모멘트가 기록된다.

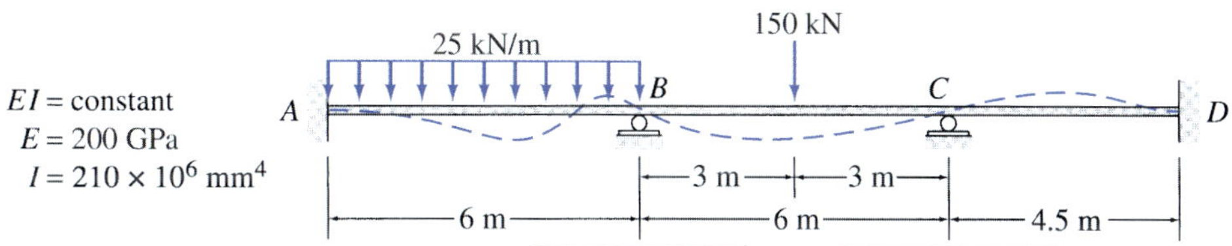

	AB	BA	BC	CB	CD	DC
Distribution Factors		0.5	0.5	0.429	0.571	
1. Fixed-end moments	+75	−75	+112.5	−112.5		
2. Balance joint C and carryover			+24.2	+48.3	+64.2	+32.1
3. Balance joint B and carryover	−15.4	−30.8	−30.8	−15.4		
4. Balance joint C and carryover			+3.3	+6.6	+8.8	+4.4
5. Balance joint B and carryover	−0.8	−1.7	−1.7	−0.8		
6. Balance joint C and carryover			+0.2	+0.3	+0.5	+0.2
7. Balance joint D		−0.1	−0.1			
8. Final moments	+58.8	−107.6	+107.6	−73.5	+73.5	+36.7

(a) Continuous Beam and Moment-Distribution Table

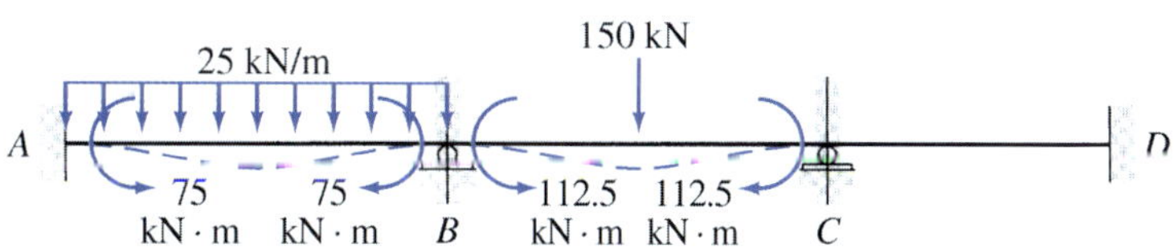

(b) Fixed-End Moments

그림 16.5

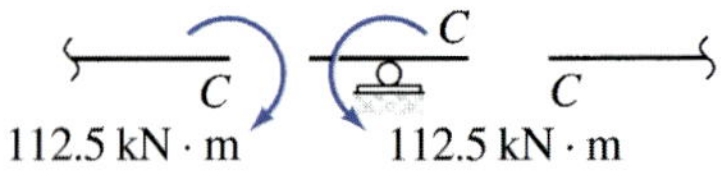

(c) Unbalanced Moment at Joint C

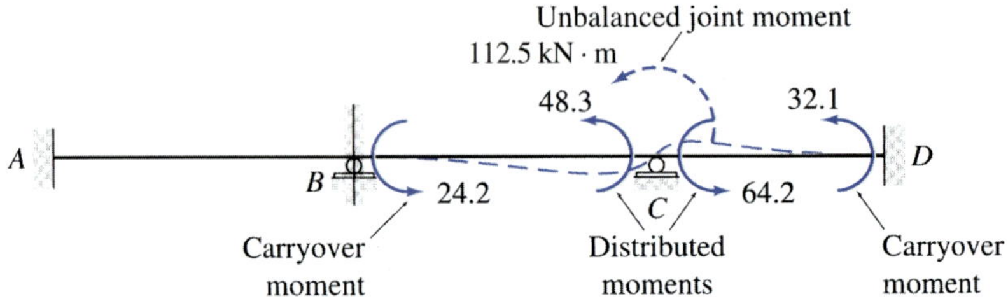

(d) Balancing Joint C

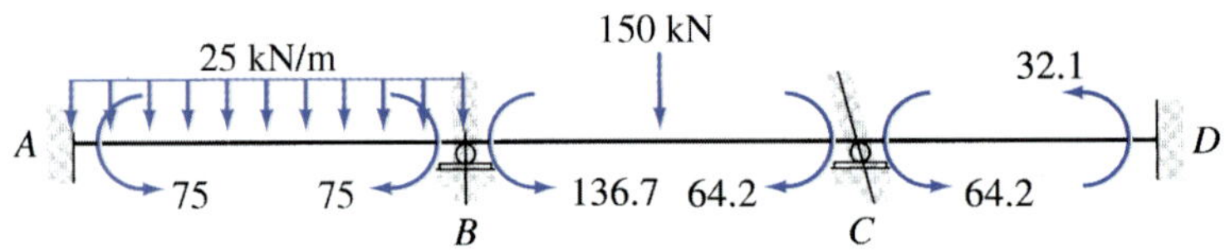

(e) Member End Moments with Joint C Balanced

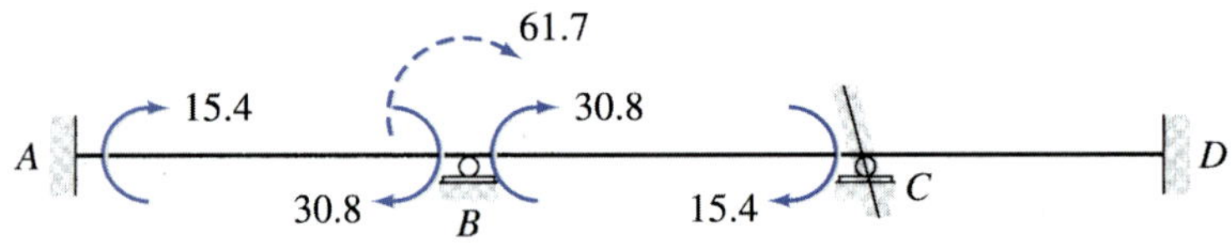

(f) Balancing Joint B

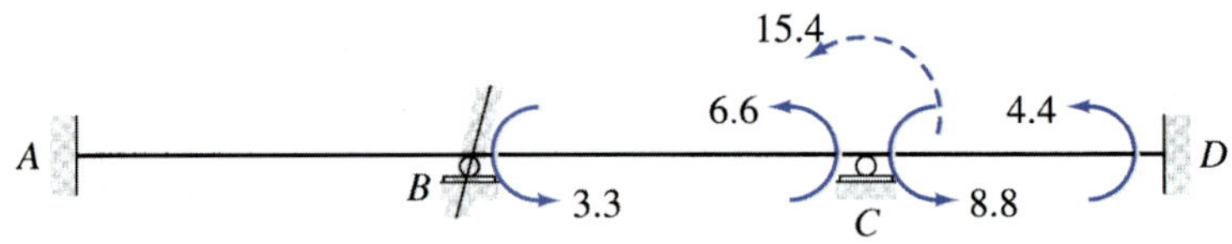

(g) Balancing Joint C

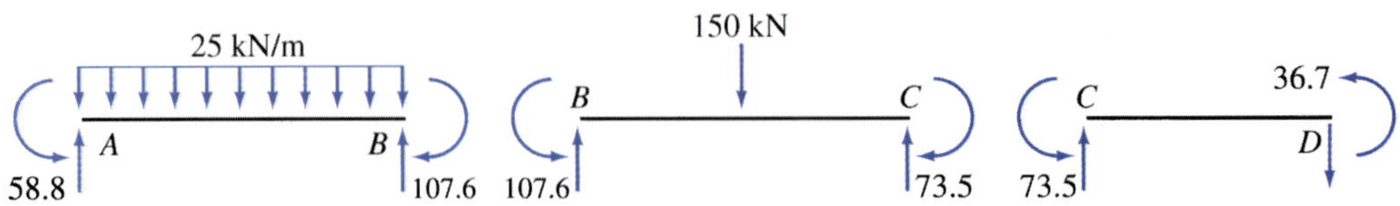

(h) Final Member End Moments (kN · m)

그림 16.5 계속

Member Ends	AB	BA	BC	CB	CD	DC
Distribution Factors		0.5	0.5	0.429	0.571	
1. Fixed-end moments	+75	−75	+112.5	−112.5		
2. Balance joints		−18.8	− 18.8	+ 48.3	+ 64.2	
3. Carryover	− 9.4		+ 24.2	− 9.4		+ 32.1
4. Balance joints		−12.1	− 12.1	+ 4	+ 5.4	
5. Carryover	− 6		+ 2	− 6		+ 2.7
6. Balance joints		− 1	− 1	+ 2.6	+ 3.4	
7. Carryover	− 0.5		+ 1.3	− 0.5		+ 1.7
8. Balance joints		− 0.7	− 0.7	+ 0.2	+ 0.3	
9. Carryover	− 0.3		+ 0.1	− 0.3		+ 0.2
10. Balance joints		− 0.05	− 0.05	+ 0.1	+ 0.2	
11. Final moments	+58.8	−107.6	+107.6	− 73.5	+ 73.5	+ 36.7

(i)

그림 16.5 계속

절점 *C*에서 평형 만들기

절점 B와 C는 실제로는 고정되어 있지 않기 때문에 한 번에 하나씩 고정을 풀어 준다. 절점 B 또는 절점 C 중 어느 것을 풀어도 무관하므로 여기서는 절점 C를 먼저 풀어주기로 한다. 그림 16.5(b)에서 부재 BC의 단부 C에서 고정단모멘트는 -112.5 kN·m(시계방향)이지만 부재 CD의 단부 C에서는 모멘트가 없다. 가상의 고정장치에 의해 절점 C가 회전에 대해 구속되어 있으면 -112.5 kN·m의 불균등모멘트는 고정장치에 의해 지지될 수 있다. 그러나 이 가상의 고정장치가 제거되면 불균등모멘트 -112.5 kN·m는 그 절점에 그림 16.5(c)처럼 작용하게 되고 평형 상태에 도달할 때까지 반시계방향으로 회전을 일으키게 된다(그림 16.5(d)). 절점 C의 회전에 의하여 부재 BC와 CD의 단부 C에서 분배모멘트 DM_{CB}와 DM_{CD}가 발생하며, 분배모멘트는 불균등모멘트의 반대 부호에(즉, $+112.5$ kN·m) 각각 분배계수 DF_{CB}와 DF_{CD}를 곱해서 구할 수 있다. 따라서

$$\mathrm{DM}_{CB} = 0.429(+112.5) = +48.3 \text{ kN} \cdot \text{m}$$

$$\mathrm{DM}_{CD} = 0.571(+112.5) = +64.2 \text{ kN} \cdot \text{m}$$

계산한 분배모멘트를 모멘트 분배표의 두 번째 행에 기록하였다(그림 16.5(a)). 이 값들 아래에 선을 긋는 것은 절점 C가 이제 평형에 있다는 것을 의미한다. 절점 C에서 이 선 위의 세 개의 모멘트의 합은 0이다(즉, $-112.5+48.3+64.2=0$).

부재 BC의 단부 C에서의 분배모멘트는 다른 끝단 B에 전달모멘트를 유발한다(그림 16.5(d)). 전달모멘트는 분배모멘트에 부재의 전달계수를 곱해서 구할 수 있다. 절점 B는 여전히 고정되어 있기 때문에 부재 BC의 전달계수는 1/2이다(식 (16.13)). 따라서 부재 BC의 단부 B에서의 전달모멘트는 다음과 같다.

$$\mathrm{COM}_{BC} = \mathrm{COF}_{CB}(\mathrm{DM}_{CB}) = 0.5(+48.3) = +24.2 \text{ kN} \cdot \text{m}$$

유사한 방법으로 부재 CD의 단부 D에서의 전달모멘트를 다음과 같이 계산할 수 있다.

$$\mathrm{COM}_{DC} = \mathrm{COF}_{CD}(\mathrm{DM}_{CD}) = 0.5(+64.2) = +32.1 \text{ kN} \cdot \text{m}$$

이 전달모멘트를 모멘트 분배표에서 분배모멘트와 같은 행에 기록하였으며, 그림 16.5(a)와 같이 각 분배모멘트의 전달모멘트를 수평방향 화살표를 표시하였다.

해석에서 이 점에서의 전체 부재 단부 모멘트를 그림 16.5(e)에 표시하였다. 그림에서 절점 C에는 크기가 같고 방향이 반대인 두 개의 모멘트가 작용하여 평형 상태에 있음을 알 수 있다. 그러나 절점 B는 아직 평형 상태에 있지 않기 때문에 B점을 평형 상태로 만들 필요가 있다. 절점 B의 구속을 풀기 전에 그림 16.5(e)와 같이 절점 C를 고정한다.

절점 B에서 평형 만들기

절점 B의 구속을 푼다. 이 절점에서의 불균등모멘트는 절점 B에 강절점으로 연결된 부재 AB와 BC의 단부 B에 작용하는 모든 모멘트를 더해서 구할 수 있다. 모멘트 분배표에서 (행 1과 행 2) 부재 AB의 단부 B에 고정단모멘트 -75 kN·m가 작용하는 반면에 부재 BC의 단부 B에는 $+112.5$ kN·m의 고정단모멘트와 $+24.2$ kN·m의 전달모멘트가 있음을 알 수 있다. 따라서 절점 B에서의 불균등모멘트는 다음과 같다.

$$\mathrm{UM}_{B} = -75 + 112.5 + 24.2 = +61.7 \text{ kN} \cdot \text{m}$$

이 불균등모멘트는 절점 B를 그림 16.5(f)와 같이 회전하게 하고 부재 AB와 BC의 단부 B에서 분배모멘트를 유발한다. 앞에서 설명한 것처럼 분배모멘트는 불균등모멘트의 반대 부호에 분배계수를 곱해서 구할 수 있다.

$$\mathrm{DM}_{BA} = 0.5(-61.7) = -30.8 \text{ kN} \cdot \text{m}$$

$$\mathrm{DM}_{BC} = 0.5(-61.7) = -30.8 \text{ kN} \cdot \text{m}$$

이 분배모멘트는 모멘트 분배표의 세 번째 행에 기록되고 절점 B가 이제 평형 상태에 있다는 의미로 아래에 선을 긋는다. 표에서 세 번째 행에 수평선이 표시된 것처럼 분배모멘트의 절반이 각각 다른 끝단 A와 C로 전달된다. 절점 B을 회전에 대해 다시 구속한다.

절점 C 평형 만들기

절점 B가 평형이 되면 모멘트 분배표(3번째 행)에서 전달 효과로 인해서 절점 C에 불균등모멘트 -15.4 kN·m가 생긴다. 앞에서 절점 C에서 모멘트들은 이미 평형을 이루었다. 절점 C의 구속을 풀고 그림 16.5(g)와 같이 부재 BC와 CD의 단부 C에서 불균등모멘트를 분배한다.

$$\mathrm{DM}_{CB} = 0.429(+15.4) = +6.6 \text{ kN} \cdot \text{m}$$

$$\mathrm{DM}_{CD} = 0.571(+15.4) = +8.8 \text{ kN} \cdot \text{m}$$

분배모멘트는 모멘트 분배표의 4번째 행에 기록되고 이 모멘트들의 절반이 표에 표시된 것처럼 각각 부재 BC와 CD의 단부 B와 D로 전달된다. 절점 C를 다시 고정한다.

절점 B에서 평형 만들기

절점 B에서 불균등모멘트 +3.3 kN·m를 (모멘트 분배표의 4번째 행) 유사한 방법으로 평형을 만든다. 분배모멘트와 전달모멘트는 표의 5번째 행에 나타낸 것처럼 계산된다. 절점 B는 다시 고정된다.

모멘트 분배표의 5번째 행에서 절점 C에서의 불균등모멘트는 −0.80 kN·m로 감소했음을 알 수 있다. 절점 C에서 평형 만들기를 한 번 더 하면 모멘트 분배표의 6번째 행과 같이 절점 B에서 불균등모멘트가 +0.2 kN·m로 더 줄어든다. 이 불균등모멘트로 인한 분배모멘트의 크기가 무시할 만큼 작기 때문에 모멘트 분배 절차는 끝낸다. 부재 최종 단부 모멘트는 모멘트 분배표의 각 열에 있는 모든 값들을 더해서 구한다. 이렇게 구한 최종 모멘트를 표의 8번째 행에 기록하고 그림 16.5(h)의 자유물체도에 나타내었다. 최종 모멘트 값들이 절점 B와 C에서 모멘트 평형방정식을 만족한다는 것을 알 수 있다.

부재 단부 모멘트를 구하게 되면 15.2절에서 다룬 것처럼 연속보의 설섬들과 부재의 자유물체도에서 평형조건을 고려하여 부재 단부 전단력과 지점반력을 구할 수 있다. 전단력과 모멘트도는 일반적인 방법인 **보의 부호 규약**에 따라 그릴 수 있다(그림 15.3 참조).

모멘트 분배 절차의 실제 적용

앞에서 설명한 것처럼 부재의 단부 모멘트를 한 번에 하나의 구조물 절점에 대하여 연속적으로 평형을 만들어서 계산하였다. 이 방법이 모멘트 분배 절차의 기본 개념이지만 실무적인 관점에서는 회전이 자유로운 구조물의 모든 절점에 대하여 동시에 같은 단계에서 평형을 만드는 것이 좀 더 편리하다. 부재의 다른 쪽 끝단에서 발생되는 모든 전달모멘트는 다음 단계에서 동시에 계산되고, 절점에서 불균등모멘트가 무시할 만큼 작아질 때까지 평형을 만들고 모멘트를 전달하는 절차를 반복한다.

이 방법을 설명하기 위해서 다시 그림 16.5(a)의 3경간 연속보를 고려해보자. 계산을 위해 사용되는 모멘트 분배표를 그림 16.5(i)에 나타내었다. 그림에서 보는 것처럼 앞에서 계산된 분배계수와 고정단모멘트들은 표에서 첫 번째 행의 상단에 기록되었다. 절점 B와 C를 평형을 만들어 모멘트 분배 절차를 시작한다. 모멘트 분배표의 첫 번째 행에서 (그림 16.5(i)) 절점 B의 불균등모멘트는 다음과 같다.

$$\mathrm{UM}_B = -75 + 112.5 = +37.5\ \mathrm{kN \cdot m}$$

앞에서 설명한 것처럼 절점 B의 평형은 부재 AB와 BC의 단부 B에서 분배모멘트를 유발한다. 분배모멘트는 불균등모멘트의 반대 부호에 분배계수를 곱해서 구할 수 있다.

$$\mathrm{DM}_{BA} = 0.5(-37.5) = -18.8\ \mathrm{kN \cdot m}$$

$$\mathrm{DM}_{BC} = 0.5(-37.5) = -18.8\ \mathrm{kN \cdot m}$$

절점 C가 유사한 방법으로 평형이 된다. 모멘트 분배표의 첫 번째 행으로부터 절점 C에서 불균등모멘트는 다음과 같다.

$$\mathrm{UM}_{C} = -112.5\ \mathrm{kN \cdot m}$$

따라서 절점 C의 평형은 부재 BC와 CD의 단부 C에 다음의 분배모멘트를 유발한다.

$$\mathrm{DM}_{CB} = 0.429(+112.5) = +48.3\ \mathrm{kN \cdot m}$$

$$\mathrm{DM}_{CD} = 0.571(+112.5) = +64.2\ \mathrm{kN \cdot m}$$

4개의 분배모멘트는 모멘트 분배표의 두 번째 행에 기록되고 모든 절점이 평형함을 표시하기 위해서 그 아래에 선을 그린다.

다음 단계 해석에서 부재의 다른 끝단에서 발생하는 전달모멘트를 분배모멘트에 전달계수를 곱해서 계산한다.

$$\mathrm{COM}_{AB} = \frac{1}{2}(\mathrm{DM}_{BA}) = 0.5(-18.8) = -9.4\ \mathrm{kN \cdot m}$$

$$\mathrm{COM}_{CB} = \frac{1}{2}(\mathrm{DM}_{BC}) = 0.5(-18.8) = -9.4\ \mathrm{kN \cdot m}$$

$$\mathrm{COM}_{BC} = \frac{1}{2}(\mathrm{DM}_{CB}) = 0.5(+48.3) = +24.2\ \mathrm{kN \cdot m}$$

$$\mathrm{COM}_{DC} = \frac{1}{2}(\mathrm{DM}_{CD}) = 0.5(+64.2) = +32.1\ \mathrm{kN \cdot m}$$

전달모멘트를 모멘트 분배표의 다음 행(3번째 행)에 표시한다. 그림 16.5(i)에 표시한 것처럼 경사 화살표를 분배모멘트에서 해당하는 전달모멘트에 표시한다. 전달 효과로 인해 모멘트 분배표의 세 번째 행으로부터 절점 B와 C에서 각각 불균등모멘트 +24.2 kN·m와 −9.4 kN·m가 발생한다. 따라서 이 절점들은 다시 평형하고 구해진 분배모멘트를 모멘트 분배표의 4번째 행에 기록한다. 분배모멘트의 절반이 부재의 다른 끝단으로 전달된다(5번째 행). 이 과정을 불균등모멘트가 무시할 만큼 작아질 때까지 계속한다. 부재의 최종 단부 모멘트는 모멘트 분배표의 각 열을 수치적으로 합해서 구하게 되며 표의 11번째 행에 기록되었다(그림 16.5(i)). 최종 모멘트는 처짐각법을 이용하여 계산한 15.2절의 그림 16.5(a)와 일치한다. 두 방법에 의해 계산한 결과의 작은 차이는 반올림 오차이다.

16.3 연속보의 해석

앞에서 설명한 것에 근거해서 모멘트 분배법에 의한 연속보의 해석 절차를 다음과 같이 요약할 수 있다.

1. 분배계수를 계산한다. 회전이 자유로운 각 절점에서 이 절점에 강접합으로 연결된 부재들의 분배계수를 계산한다. 부재 단부의 분배계수는 부재의 상대 휨강성(I/L)을 이 절점에 강접합으로 연결되는 모든 부재의 상대 휨강성의 합으로 나누어 구한다. 한 절점에서 모든 분배계수의 합은 1이어야 한다.
2. 고정단모멘트를 계산한다. 모든 자유 절점이 회전에 대해 구속되었다고 가정하고 이 책의 뒷장에 표시된 고정단모멘트 식들을 이용해서 외부하중과 지점침하로 인해 발생하는 고정단모멘트를 구한다. 반시계방향 고정단모멘트를 양수로 한다.
3. 다음과 같은 모멘트 분배 절차에 따라서 회전에 자유로운 모든 절점에서 모멘트의 평형을 구한다.
   a. 각 절점에서 불균등모멘트를 구하고, 절점에 연결된 부재에 불균등모멘트를 분배한다. 절점에 강접합으로 연결된 각 부재 끝단에서의 분배모멘트는 불균등모멘트의 반대 부호를 부재 단부의 분배계수로 곱해서 구한다.
   b. 각 분배모멘트의 절반을 부재의 다른 쪽 단부로 전달한다.
   c. 단계 3(a)와 (b)를 모든 절점이 평형에 도달하거나 절점에서 불균등모멘트가 무시할 만큼 작아질 때까지 반복한다.
4. 부재 최종 단부 모멘트는 각 부재 끝단에서의 고정단모멘트, 모든 분배모멘트, 전달모멘트를 합산해서 구한다. 만일 모멘트 분배가 정확하게 이루어졌으면 최종 모멘트는 회전이 자유로운 구조물의 모든 절점에서 모멘트 평형방정식을 만족해야 한다.
5. 구조물의 부재의 평형 조건을 이용해서 부재 단부 전단력을 계산한다.
6. 구조물의 절점의 평형 조건을 이용해서 지점반력을 계산한다.
7. **보의 부호 규약**을 이용해서 전단력 다이어그램과 휨모멘트 다이어그램을 작성한다.

단부가 단순지점인 보

앞에서 설명한 절차는 한쪽 혹은 양단이 단순지지인 연속보의 해석에 사용될 수 있다. 그러나 식 (16.9)와 같이 단순지점에 인접한 부재에 감소된 상대 휨강성($K = 3I/(4L)$)을 사용하여 간략화 할 수 있다. 감소된 강성을 사용하면 단순지지된 단부 절점들을 한 번에 평형을 맞출 수 있다. 이는 절점의 구속이 풀렸을 때 구조물의 내부 절점들이 평형이 되어 어떠한 모멘트도 단순지점에 전달되지 않기 때문이다(예제 16.3 참조).

캔틸레버 내민보 구조

그림 16.6(a)에 나타낸 캔틸레버 내민보가 있는 연속보를 생각해보자. 캔틸레버 부분인 CD는 절점 C의 회전강성에 영향을 주지 못하기 때문에 단부 C에서 분배계수는 0이다($\mathrm{DF}_{CD}=0$). 따라서 해석에서 절점 C를 단순지점으로 취급할 수 있다. 그러나 캔틸레버의 단부 C에서 모멘트는 절점 C에서의 불균등모멘트에 영향을 미치므로 다른 고정단모멘트에 포함되어야 한다(그림 16.6(b)). 캔틸레버 부분인 CD는 정정구조이므로 단부 C의 모멘트는 모멘트 평형방정식을 이용하여 쉽게 구할 수 있다(그림 16.6(c)).

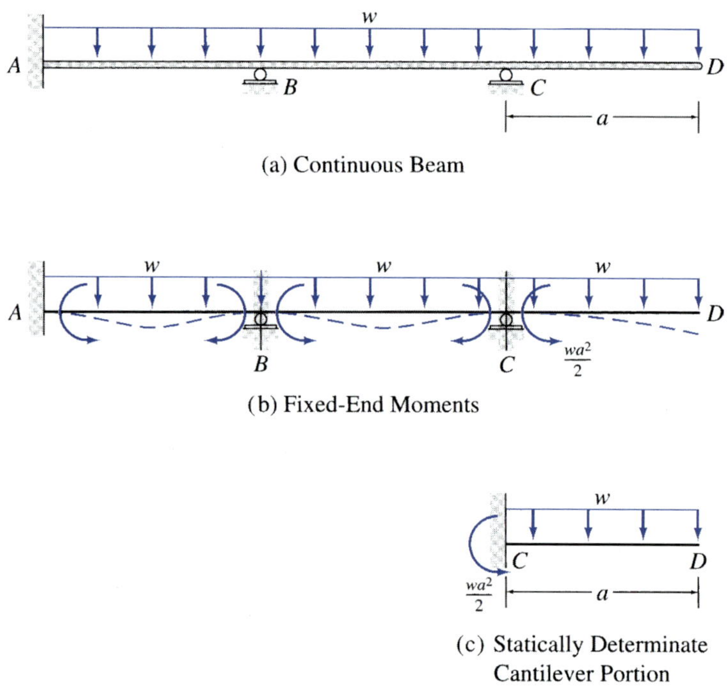

그림 16.6

16.1 Example

모멘트 분배법을 이용하여 그림 16.7(a)에 나타낸 2경간 연속보의 부재 단부 모멘트를 구하라.

풀이

이 보에 대해서는 예제 15.1에서 처짐각법으로 해석하였다.

분배계수. 절점 B만이 회전에 대해 구속되어 있지 않다. 이 절점에서 분배계수는 다음과 같다.

$$\mathrm{DF}_{BA}=\frac{K_{BA}}{K_{BA}+K_{BC}}=\frac{I/5}{(I/5)+(I/6)}=0.545$$

$$\mathrm{DF}_{BC}=\frac{K_{BC}}{K_{BA}+K_{BC}}=\frac{I/6}{(I/5)+(I/6)}=0.455$$

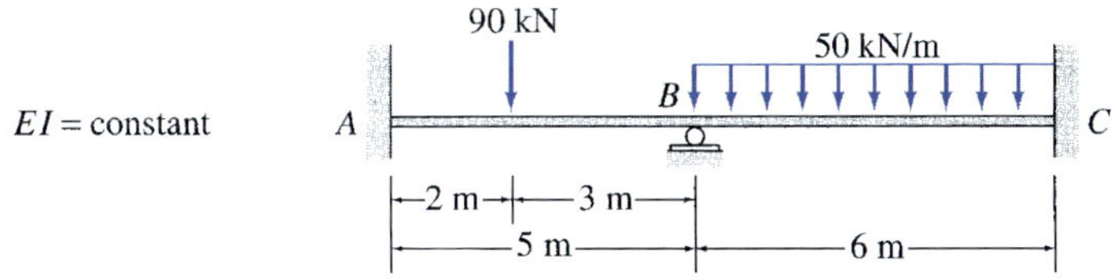

Distribution Factors		0.545	0.455	
1. Fixed-end moments	+64.8	−43.2	+150	−150
2. Balance joint *B*		−58.2	− 48.6	
3. Carryover	−29.1			− 24.3
4. Final moments	+35.7	−101.4	+101.4	−174.3

(a) Continuous Beam and Moment-Distribution Table

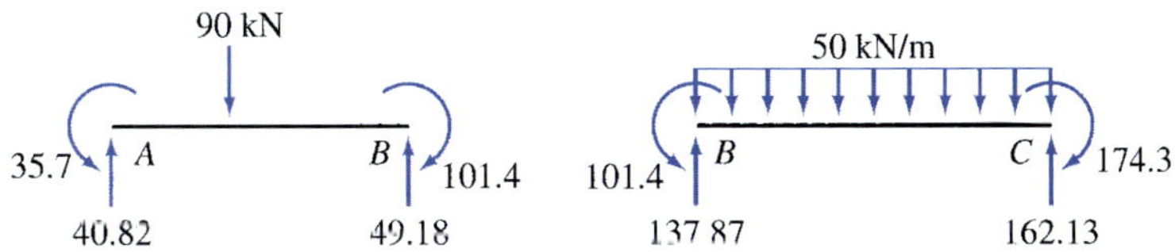

(b) Final Member End Moments (kN · m)

그림 16.7

절점 B에서 분배계수의 합은 1이 되어야 한다.

$$\mathrm{DF}_{BA}+\mathrm{DF}_{BC}=0.545+0.455=1$$

그림 16.7(a)에 표시한 것처럼 분배계수는 모멘트 분배표의 상단의 부재 끝단 아래의 사각형 안에 표시되었다.

고정단모멘트. 절점 B가 회전에 구속되어 있다고 가정하면 이 책의 뒷면에 표시된 고정단모멘트 수식들을 이용해서 외부하중에 의한 고정단모멘트를 계산할 수 있다.

$$\mathrm{FEM}_{AB}=\frac{90(2)(3)^2}{(5)^2}=64.8\ \mathrm{kN\cdot m}\ \circlearrowleft \qquad \text{또는} \qquad +64.8\ \mathrm{kN\cdot m}$$

$$\mathrm{FEM}_{BA}=\frac{90(2)^2(3)}{(5)^2}=43.2\ \mathrm{kN\cdot m}\ \circlearrowright \qquad \text{또는} \qquad -43.2\ \mathrm{kN\cdot m}$$

$$\mathrm{FEM}_{BC}=\frac{50(6)^2}{12}=150\ \mathrm{kN\cdot m}\ \circlearrowleft \qquad \text{또는} \qquad +150\ \mathrm{kN\cdot m}$$

$$\mathrm{FEM}_{CB}=150\ \mathrm{kN\cdot m}\ \circlearrowright \qquad \text{또는} \qquad -150\ \mathrm{kN\cdot m}$$

고정단모멘트를 그림 16.7(a)와 같이 모멘트 분배표의 첫 번째 행에 표시하였다.

모멘트 분배. 절점 B는 실제로는 구속되어 있지 않기 때문에 절점을 풀고 부재 AB와 BC의 단부 B에서의 모멘트의 합을 구해서 절점에 작용하는 불균등모멘트를 구한다.

$$\mathrm{UM}_B=-43.2+150=+106.8\ \mathrm{kN\cdot m}$$

절점 B에서의 불균등모멘트는 부재 AB와 BC의 단부 B에서 분배모멘트를 유발하는데 이 값은 불균등모멘트의 반대 부호에 분배계수를 곱해서 구한다.

$$\mathrm{DM}_{BA}=\mathrm{DF}_{BA}(-\mathrm{UM}_B)=0.545(-106.8)=-58.2\ \mathrm{kN\cdot m}$$
$$\mathrm{DM}_{BC}=\mathrm{DF}_{BC}(-\mathrm{UM}_B)=0.455(-106.8)=-48.6\ \mathrm{kN\cdot m}$$

분배모멘트를 모멘트 분배표의 두 번째 행에 표시하였으며 절점 B가 평형임을 나타내기 위해 아래에 선을 그렸다. 부재 AB와 BC의 다른 끝단 A와 C의 전달모멘트를 각각 다음과 같이 계산할 수 있다.

$$\mathrm{COM}_{AB}=\frac{1}{2}(\mathrm{DM}_{BA})=\frac{1}{2}(-58.2)=-29.1\ \mathrm{kN\cdot m}$$
$$\mathrm{COM}_{CB}=\frac{1}{2}(\mathrm{DM}_{BC})=\frac{1}{2}(-48.6)=-24.3\ \mathrm{kN\cdot m}$$

전달모멘트는 모멘트 분배표의 다음 행(세 번째 행)에 표시하였으며 그림 16.7(a)에 나타낸 것처럼 각 분배모멘트에서 전달모멘트로 향하는 경사진 화살표로 표시하였다.

절점 B는 회전에 자유로운 유일한 절점이고 평형을 만족시켰기 때문에 모멘트 분배 절차를 종료한다.

최종 모멘트. 부재 최종 단부 모멘트는 모멘트 분배표의 각 열에 있는 모든 모멘트를 단순하게 합해서 구할 수 있다. 따라서 이 최종 모멘트는 그림 16.7(a)의 표에 최종 행에 기록된다. 최종 모멘트 값은 절점 B에서의 모멘트 평형방정식을 만족한다. 단부 모멘트가 양의 값이면 반시계방향을 의미하고 반면에 단부 모멘트가 음의 값이면 시계방향을 의미한다. 부재 최종 단부 모멘트를 그림 16.7(b)에 표시하였다.

부재 단부 전단력과 지점반력들은 예제 15.1에서와 같이 부재와 연속보의 절점들에서의 평형 조건을 고려해서 구할 수 있다. 보의 전단력 다이어그램과 휨모멘트 다이어그램은 예제 15.1에 작성되었다.

16.2 Example

모멘트 분배법에 의해 그림 16.8(a)에 나타낸 3경간 연속보의 부재 단부 모멘트를 구하라.

풀이

이 보에 대해서는 예제 15.2에서 처짐각법으로 해석하였다.

분배계수. 그림 16.8(a)로부터 보의 절점 B와 C가 회전에 자유롭다는 것을 알 수 있다. 절점 B에서의 분배계수는 다음과 같다.

$$\mathrm{DF}_{BA}=\frac{K_{BA}}{K_{BA}+K_{BC}}=\frac{I/6}{(I/6)+(I/6)}=0.5$$
$$\mathrm{DF}_{BC}=\frac{K_{BC}}{K_{BA}+K_{BC}}=\frac{I/6}{(I/6)+(I/6)}=0.5$$

절점 C에서도 유사하게 구할 수 있다.

$$\mathrm{DF}_{CB}=\frac{K_{CB}}{K_{CB}+K_{CD}}=\frac{I/6}{(I/6)+(I/6)}=0.5$$
$$\mathrm{DF}_{CD}=\frac{K_{CD}}{K_{CB}+K_{CD}}=\frac{I/6}{(I/6)+(I/6)}=0.5$$

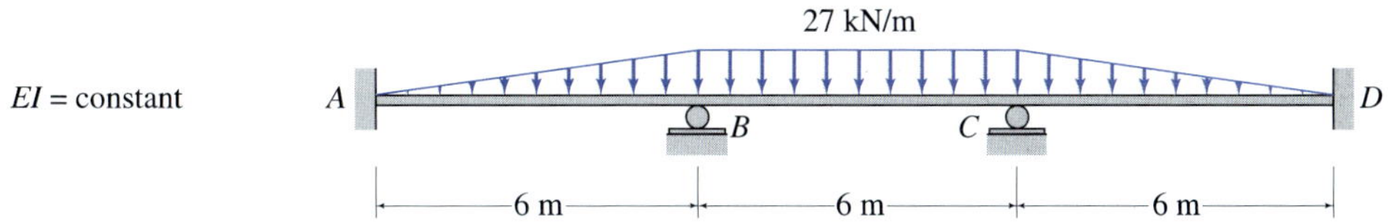

Distribution Factors		0.5	0.5	0.5	0.5	
1. Fixed-end moments	+32.4	−48.6	+81	−81	+48.6	−32.4
2. Balance joints B and C		−16.2	−16.2	+16.2	+16.2	
3. Carryover	− 8.1		+ 8.1	− 8.1		+ 8.1
4. Balance joints B and C		− 4.1	− 4.1	+ 4.1	+ 4.1	
5. Carryover	− 2.0		+ 2.0	− 2.0		+ 2.0
6. Balance joints B and C		− 1.0	− 1.0	+ 1.0	+ 1.0	
7. Carryover	− 0.5		+ 0.5	− 0.5		+ 0.5
8. Balance joints B and C		− 0.2	− 0.2	+ 0.2	+ 0.2	
9. Carryover	− 0.1		+ 0.1	− 0.1		+ 0.1
10. Balance joints B and C		− 0.05	− 0.05	+ 0.05	+ 0.05	
11. Final moments	+21.7	−70.2	+70.2	−70.2	+70.2	−21.7

(a) Continuous-Beam and Moment-Distribution Table

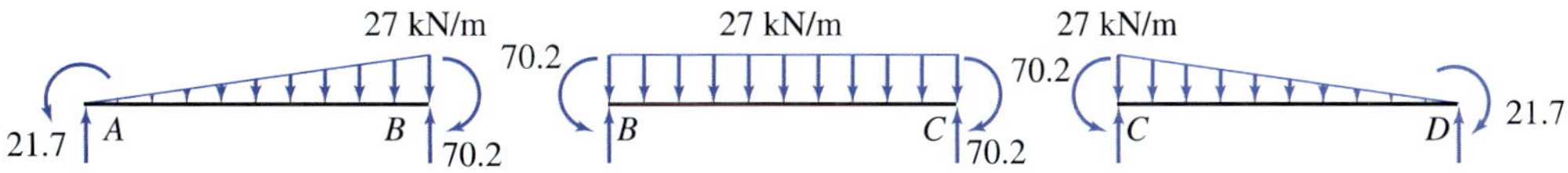

(b) Final Member End Moments (kN · m)

그림 16.8

고정단모멘트.

$$\text{FEM}_{AB} = +\frac{27(6)^2}{30} = +32.4\ \text{kN}\cdot\text{m} \qquad \text{FEM}_{BA} = -\frac{27(6)^2}{20} = -48.6\ \text{kN}\cdot\text{m}$$

$$\text{FEM}_{BC} = +\frac{27(6)^2}{12} = +81\ \text{kN}\cdot\text{m} \qquad \text{FEM}_{CB} = -81\ \text{kN}\cdot\text{m}$$

$$\text{FEM}_{CD} = +\frac{27(6)^2}{20} = +48.6\ \text{kN}\cdot\text{m} \qquad \text{FEM}_{DC} = -\frac{27(6)^2}{30} = -32.4\ \text{kN}\cdot\text{m}$$

모멘트 분배. 그림 16.8(a)의 모멘트 분배표에 분배계수와 고정단모멘트를 기록한 후 절점 B와 C에서 평형을 만들어가는 모멘트 분배 절차를 시작한다. 절점 B에서 불균등모멘트는 $-48.6+81=+32.4$ kN·m이다. 따라서 부재 AB와 BC의 단부 B에서 분배모멘트는 다음과 같다.

$$\text{DM}_{BA} = \text{DF}_{BA}(-\text{UM}_B) = 0.5(-32.4) = -16.2\ \text{kN}\cdot\text{m}$$
$$\text{DM}_{BC} = \text{DF}_{BC}(-\text{UM}_B) = 0.5(-32.4) = -16.2\ \text{kN}\cdot\text{m}$$

유사하게 절점 C에서의 불균등모멘트는 $-81+48.6=-32.4$ kN·m이고 부재 BC와 CD의 단부 C에서 분배모멘트를 구하면 다음과 같다.

$$\text{DM}_{CB} = \text{DF}_{CB}(-\text{UM}_C) = 0.5(+32.4) = +16.2\ \text{kN}\cdot\text{m}$$
$$\text{DM}_{CD} = \text{DF}_{CD}(-\text{UM}_C) = 0.5(+32.4) = +16.2\ \text{kN}\cdot\text{m}$$

그림 16.8(a)의 모멘트 분배표의 세 번째 행에 표시한 것처럼 분배모멘트의 절반은 부재들의 다른 끝단

으로 전달된다. 그림에 나타낸 것처럼 이 과정은 불균등모멘트가 무시할 만큼 작아질 때까지 반복된다.

최종 모멘트. 부재 최종 단부 모멘트는 모멘트 분배표의 각 열에 있는 모든 모멘트를 단순하게 합해서 구할 수 있고 그림 16.8(a)의 표의 마지막 행에 기록된다. 부재 최종 단부 모멘트를 그림 16.8(b)에 표시하였다.

부재 단부 전단력, 지점반력, 보의 전단력 다이어그램과 휨모멘트 다이어그램은 예제 15.2에서 이미 구했다.

16.3 Example

모멘트 분배법에 의해 그림 16.9(a)에 나타낸 2경간 연속보의 반력을 구하고 전단력 다이어그램과 휨모멘트 다이어그램을 작성하라.

풀이

분배계수. 그림 16.9(a)로부터 연속보의 절점 B와 C가 회전에 자유롭다는 것을 알 수 있다. 절점 B에서의 분배계수는 다음과 같다.

$$\mathrm{DF}_{BA}=\frac{K_{BA}}{K_{BA}+K_{BC}}=\frac{1.5I/10}{(1.5I/10)+(I/10)}=0.6$$

$$\mathrm{DF}_{BC}=\frac{K_{BC}}{K_{BA}+K_{BC}}=\frac{I/10}{(1.5I/10)+(I/10)}=0.4$$

유사하게 절점 C에서도 구할 수 있다.

$$\mathrm{DF}_{CB}=\frac{K_{CB}}{K_{CB}}=\frac{0.1I}{0.1I}=1$$

고정단모멘트.

$$\mathrm{FEM}_{AB}=+\frac{80(10)}{8}=+100\ \mathrm{kN\cdot m} \qquad \mathrm{FEM}_{BA}=-100\ \mathrm{kN\cdot m}$$

$$\mathrm{FEM}_{BC}=+\frac{40(10)}{8}=+50\ \mathrm{kN\cdot m} \qquad \mathrm{FEM}_{CB}=-50\ \mathrm{kN\cdot m}$$

모멘트 분배. 그림 16.9(b)의 모멘트 분배표에서 분배계수와 고정단모멘트를 기록한 후에 절점 B와 C에서 평형을 만들어가는 모멘트 분배 절차를 시작한다. 절점 B에서 불균등모멘트는 $-100+50=-50\ \mathrm{kN\cdot m}$이다. 따라서 부재 AB와 BC의 단부 B에서 분배모멘트는 다음과 같다.

$$\mathrm{DM}_{BA}=\mathrm{DF}_{BA}(-\mathrm{UM}_B)=0.6(+50)=+30\ \mathrm{kN\cdot m}$$

$$\mathrm{DM}_{BC}=\mathrm{DF}_{BC}(-\mathrm{UM}_B)=0.4(+50)=+20\ \mathrm{kN\cdot m}$$

동일하게 절점 C에서의 불균등모멘트는 $-50\ \mathrm{kN\cdot m}$이고 부재 BC의 단부 C에서 분배모멘트는 다음과 같다.

$$\mathrm{DM}_{CB}=\mathrm{DF}_{CB}(-\mathrm{UM}_C)=1(+50)=+50\ \mathrm{kN\cdot m}$$

그림 16.9(b)의 모멘트 분배표의 세 번째 행에 표시한 것처럼 이 분배모멘트의 절반은 부재들의 다른 끝단으로 전달된다. 그림에 나타낸 것처럼 이 과정은 불균등모멘트가 무시할 만큼 작아질 때까지 반복된다.

최종 모멘트. 부재 최종 단부 모멘트는 모멘트 분배표의 각 열에 있는 모멘트들을 더해서 구하고 그림 16.9(b)에 있는 표의 마지막 행에 기록된다.

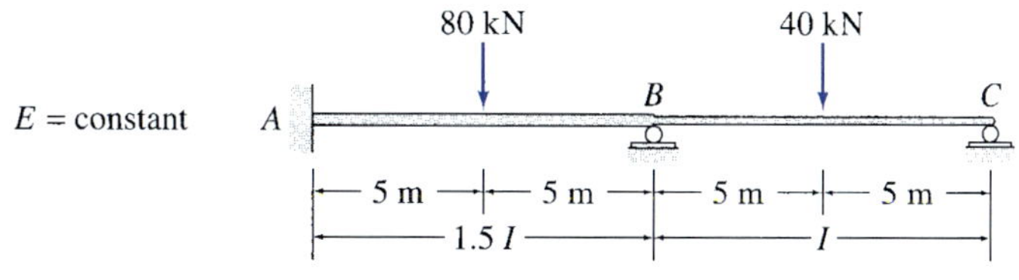

(a) Continuous Beam

Distribution Factors		0.6	0.4	1.0
1. Fixed-end moments	+100	−100	+50	−50
2. Balance joints B and C		+ 30	+20	+50
3. Carryover	+ 15		+25	+10
4. Balance joints B and C		− 15	−10	−10
5. Carryover	− 7.5		− 5	− 5
6. Balance joints B and C		+ 3	+ 2	+ 5
7. Carryover	+ 1.5		+ 2.5	+ 1
8. Balance joints B and C		− 1.5	− 1	− 1
9. Carryover	− 0.8		− 0.5	− 0.5
10. Balance joints B and C		+ 0.3	+ 0.2	+ 0.5
11. Carryover	+ 0.2		+ 0.3	+ 0.1
12. Balance joints B and C		− 0.2	− 0.1	− 0.1
13. Final moments	+108.4	− 83.4	+83.4	0

(b) Moment-Distribution Table: $K_{BC} = \frac{I}{10}$

Distribution Factors		$\frac{2}{3}$	$\frac{1}{3}$	1
1. Fixed-end moments	+100	−100	+50	−50
2. Balance joints B and C		+ 33.3	+16.7	+50
3. Carryover	+ 16.7		+25	
4. Balance joint B		− 16.7	− 8.3	
5. Carryover	− 8.3			
6. Final moments	+108.4	− 83.4	+83.4	0

(c) Moment-Distribution Table: $K_{BC} = \frac{3}{4}\left(\frac{I}{10}\right)$

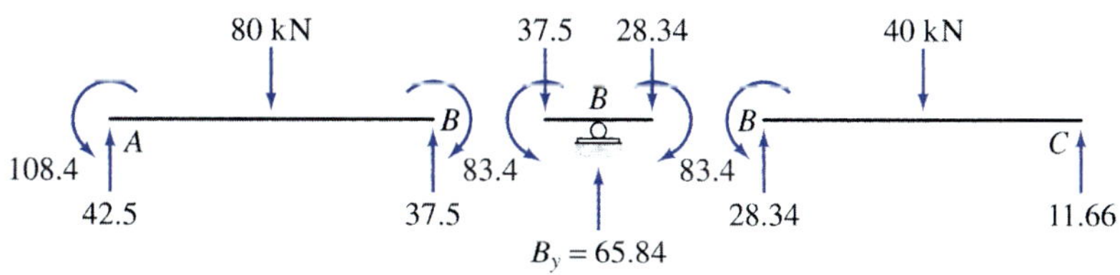

(d) Member End Moments and Shears

그림 16.9

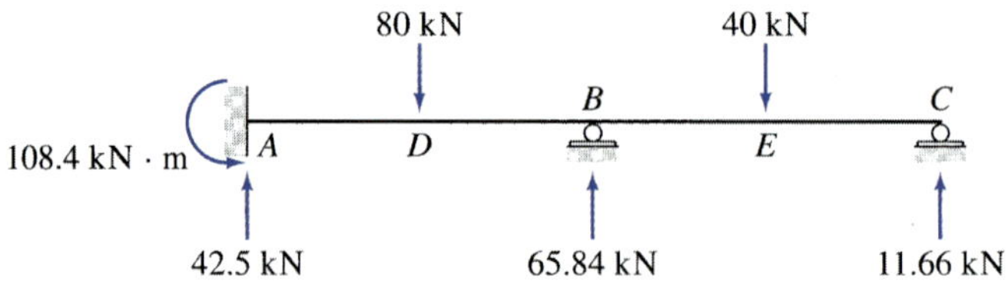

(e) Support Reactions

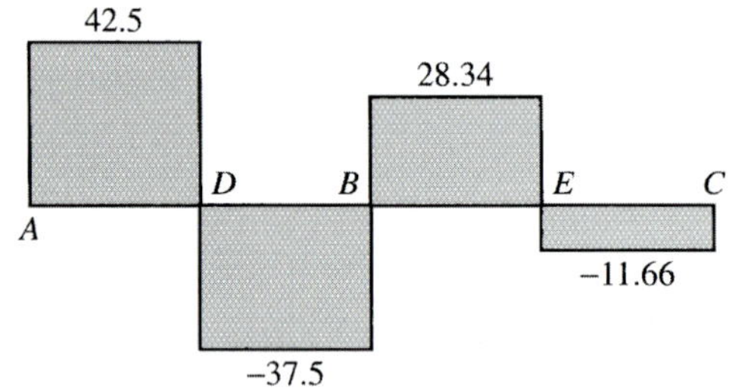

(f) Shear Diagram (kN)

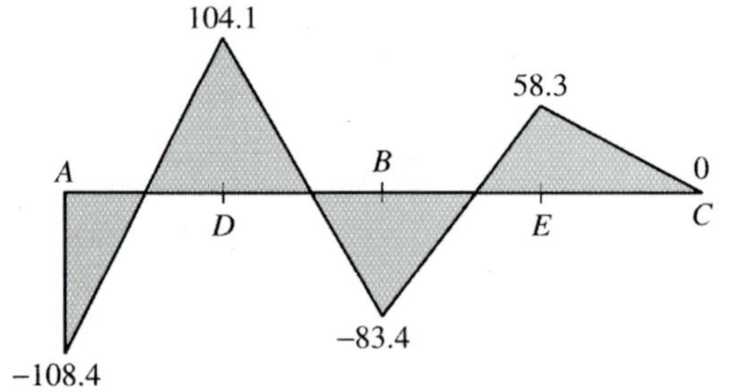

(g) Bending Moment Diagram (kN · m)

그림 16.9 계속

대안. 연속보의 단부지점 C가 단순지지이기 때문에 이 해석은 단순지점 C와 인접한 부재 BC의 감소된 휨강성을 이용해서 단순화될 수 있다:

$$K_{BC}=\frac{3}{4}\left(\frac{I}{10}\right)$$

부재 AB의 감소된 휨강성은 이전과 동일하다. 절점 B에서의 분배계수는 다음과 같이 주어진다.

$$\mathrm{DF}_{BA}=\frac{K_{BA}}{K_{BA}+K_{BC}}=\frac{1.5I/10}{(1.5I/10)+(3I/40)}=\frac{2}{3}$$

$$\mathrm{DF}_{BC}=\frac{K_{BC}}{K_{BA}+K_{BC}}=\frac{3I/40}{(1.5I/10)+(3I/40)}=\frac{1}{3}$$

절점 C에서 $\mathrm{DF}_{CB}=K_{CB}/K_{CB}=1$이다. 이 분배계수와 이전과 동일하게 유지되는 고정단모멘트는 그림 16.9(c)에 나타낸 모멘트 분배표에 기록된다.

부재 BC에 대해서 감소된 상대 휨강성을 사용하기 때문에 절점 C는 모멘트 분배 절차에서 한번만 평형을 맞출 필요가 있다. 그래서 절점 B와 C는 평형을 이루게 되고 모멘트 분배표에서(그림 16.9(c)) 두 번째 행에 나타낸 것처럼 분배모멘트가 일반적인 방법으로 계산된다. 그러나 그림 16.9(c)의 세 번째 행에서 표시한 것처럼 부재 BC의 단부 C로는 모멘트가 전달되지 않는다. 절점 B가 한 번 더 평형을 이루고 모멘트는 부재 AB의 단부 A로 전달된다(네 번째와 다섯 번째 행). 절점 B와 C가 모두 평형을 이루었기 때문에 모멘트 분배 절차를 끝내고 모멘트 분배표의 각 열의 모든 모멘트를 더해서 최종 모멘트를 구할 수 있다.

부재 단부 전단력. 부재의 끝단에서 전단력은 각 부재의 평형조건으로부터 구할 수 있고 그림 16.9(d)에 나타내었다.

지점반력. 그림 16.9(e)에 나타내었다.

전단력과 휨모멘트 다이어그램. 그림 16.9(f)와 (g)에 나타내었다.

16.4 Example

모멘트 분배법을 이용해서 그림 16.10(a)에 나타낸 연속보의 부재 단부 모멘트를 구하라.

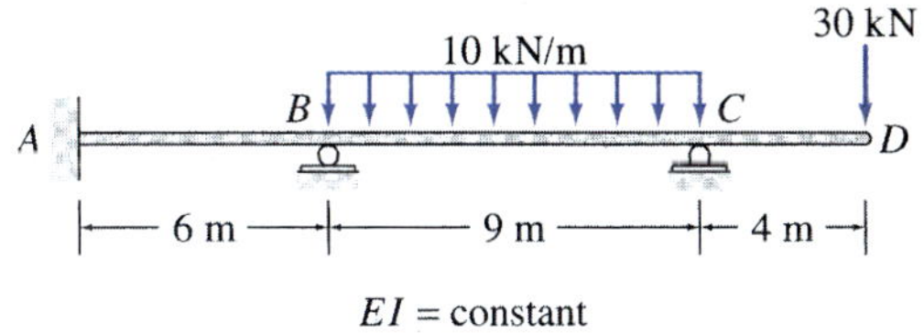

(a) Continuous Beam

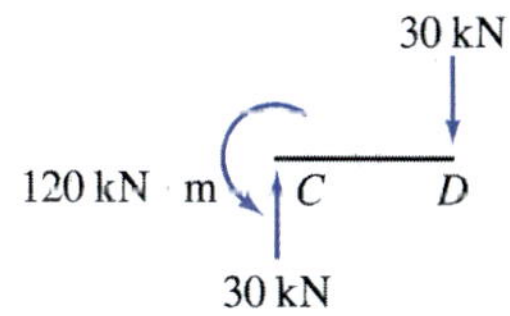

(b) Statically Determinate Cantilever Portion

AB	BA	BC	CB	CD
	2/3	1/3	1	
		+67.5	−67.5	+120
	−45	−22.5	−52.5	
−22.5		−26.3		
	+17.5	+8.8		
+8.8				
−13.7	−27.5	+27.5	−120	+120

(c) Moment-Distribution Table

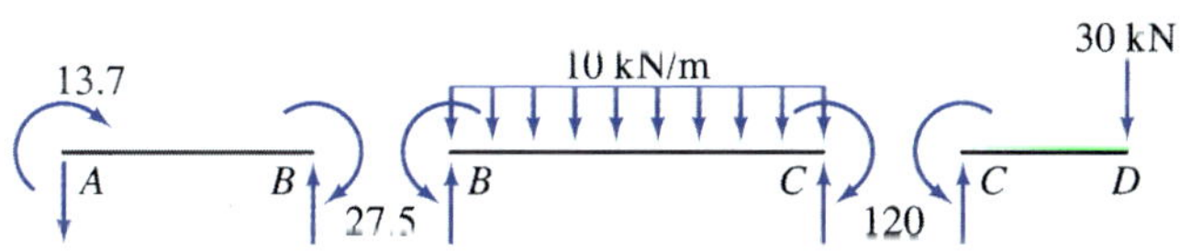

(d) Final Member End Moments (kN · m)

그림 16.10

풀이

이 보에 대해서는 예제 15.4에서 처짐각법으로 해석하였다.

분배계수. 캔틸레버 부분인 CD는 절점 C의 휨강성에 영향을 주지 못하기 때문에 절점 C를 단순지점으로 고려할 수 있고 해석에서는 부재 BC의 감소된 휨강성을 사용한다.

$$K_{BA}=\frac{I}{6},\qquad K_{BC}=\frac{3}{4}\left(\frac{I}{9}\right)=\frac{I}{12}$$

절점 B에서는

$$\mathrm{DF}_{BA}=\frac{I/6}{(I/6)+(I/12)}=\frac{2}{3}$$

$$\mathrm{DF}_{BC}=\frac{I/12}{(I/6)+(I/12)}=\frac{1}{3}$$

절점 C에서는

$$\mathrm{DF}_{CB}=1$$

고정단모멘트. 그림 16.10(b)와 고정단모멘트 식을 이용하면 다음을 구할 수 있다.

$$\mathrm{FEM}_{AB}=\mathrm{FEM}_{BA}=0$$
$$\mathrm{FEM}_{BC}=+67.5\ \mathrm{kN\cdot m}$$
$$\mathrm{FEM}_{CB}=-67.5\ \mathrm{kN\cdot m}$$
$$\mathrm{FEM}_{CD}=+30(4)=+120\ \mathrm{kN\cdot m}$$

모멘트 분배. 모멘트 분배는 그림 16.10(c)에 나타낸 모멘트 분배표에서와 같이 진행된다.

최종 모멘트. 그림 16.10(d)와 모멘트 분배표를 보면 알 수 있다.

16.5 Example

그림 16.11(a)에 나타낸 연속보에 대해서 지점 B에서 침하가 20 mm 발생하는 경우에 부재의 단부 모멘트를 구하라. 모멘트 분배법을 사용하라.

풀이

이 보에 대해서는 예제 15.5에서 처짐각법으로 해석하였다.

분배계수. 절점 B에서

$$\mathrm{DF}_{BA}=\frac{I/8}{(I/8)+(I/8)}=0.5$$

$$\mathrm{DF}_{BC}=\frac{I/8}{(I/8)+(I/8)}=0.5$$

절점 C에서

$$\mathrm{DF}_{CB}=\frac{I/8}{(I/8)+(I/8)}=0.5$$

$$\mathrm{DF}_{CD}=\frac{I/8}{(I/8)+(I/8)}=0.5$$

고정단모멘트. 모든 절점이 회전에 대해서 구속되고 주어진 지점침하를 받는 연속보의 처짐 형상을 그림 16.11(b)에 표시하였다. 이 그림에서 세 부재에 대한 상대적인 침하는 $\Delta_{AB}=\Delta_{BC}=0.02\ \mathrm{m}$, $\Delta_{CD}=0$이다.

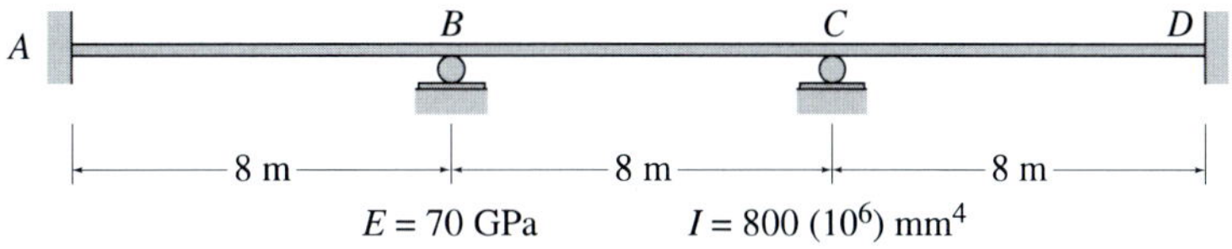

(a) Continuous Beam

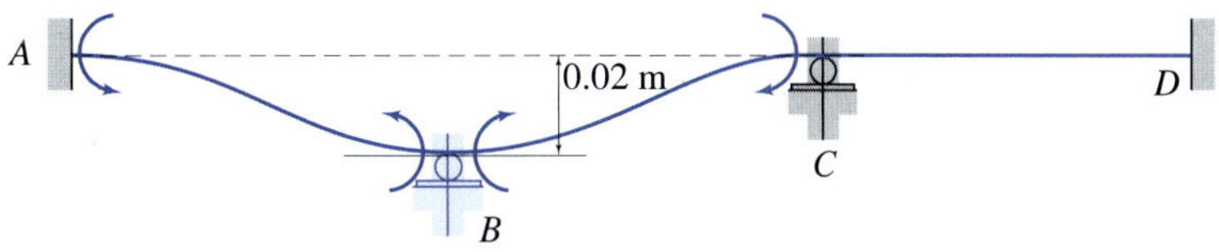

(b) Fixed-End Moments Due to Support Settlement

AB	BA	BC	CB	CD	DC
	0.5	0.5	0.5	0.5	
+105	+105	−105	−105		
			+52.5	+52.5	
		+26.3			+26.3
	−13.1	−13.1			
−6.6			−6.6		
			+3.3	+3.3	
		+1.6			+1.6
	−0.8	−0.8			
−0.4			−0.4		
			+0.2	+0.2	
		+0.1			+0.1
	−0.05	−0.05			
+98	+91.1	−91	−56	+56	+28

(c) Moment-Distribution Table

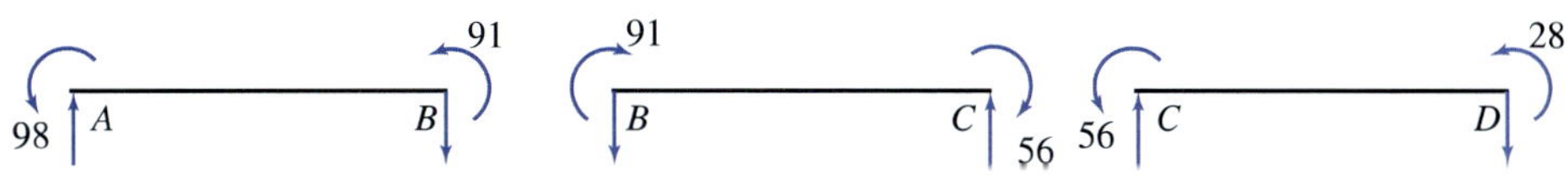

(d) Final Member End Moments (kN · m)

그림 16.11

고정단모멘트 식을 이용하여 지점침하로 인한 고정단모멘트를 다음과 같이 구할 수 있다.

$$\mathrm{FEM}_{AB} = \mathrm{FEM}_{BA} = +\frac{6EI\Delta}{L^2} = +\frac{6(70)(800)(0.02)}{(8)^2} = +105\ \mathrm{kN\cdot m}$$

$$\mathrm{FEM}_{BC} = \mathrm{FEM}_{CB} = -\frac{6EI\Delta}{L^2} = -\frac{6(70)(800)(0.02)}{(8)^2} = -105\ \mathrm{kN\cdot m}$$

$$\mathrm{FEM}_{CD} = \mathrm{FEM}_{DC} = 0$$

모멘트 분배. 모멘트 분배는 그림 16.11(c)에 있는 모멘트 분배표에 나타낸 것처럼 일반적인 방법으로 진행한다.

최종 모멘트. 모멘트 분배표와 그림 16.11(d)를 보면 알 수 있다.

16.6 Example

그림 16.12(a)에 나타낸 3경간 연속보가 등분포하중을 받으며, B에서 15 mm, C에서 37 mm, D에서 18 mm의 지점침하가 발생할 때 부재 단부 모멘트를 구하라. 모멘트 분배법을 사용하라.

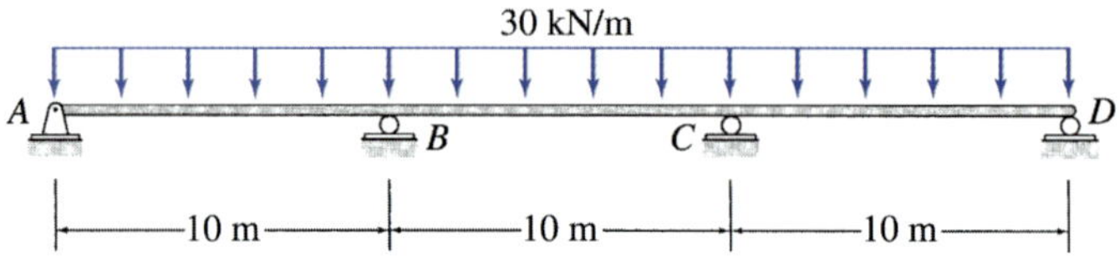

$E = 200$ GPa $I = 3000(10^6)$ mm^4

(a) Continuous Beam

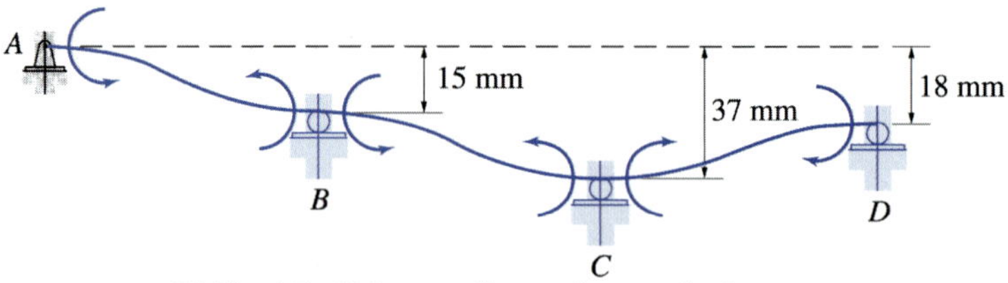

(b) Fixed-End Moments Due to Support Settlements

AB	*BA*	*BC*	*CB*	*CD*	*DC*
1	0.429	0.571	0.571	0.429	1
+790	+290	+1042	+542	−434	−934
−790	−571.4	− 760.6	− 61.7	− 46.3	+934
	−395	− 30.9	−380.3	+467	
	+182.7	+ 243.2	− 49.5	− 37.2	
		− 24.8	+121.6		
	+ 10.6	+ 14.2	− 69.4	− 52.2	
		− 34.7	+ 7.1		
	+ 14.9	+ 19.8	− 4.1	− 3	
		− 2	+ 9.9		
	+ 0.9	+ 1.1	− 5.7	− 4.2	
		− 2.8	+ 0.6		
	+ 1.2	+ 1.6	− 0.3	− 0.3	
		− 0.2	+ 0.8		
	+ 0.1	+ 0.1	− 0.5	− 0.3	
		− 0.2			
	+ 0.1	+ 0.1			
0	−465.9	+465.9	+110.5	−110.5	0

(c) Moment-Distribution Table

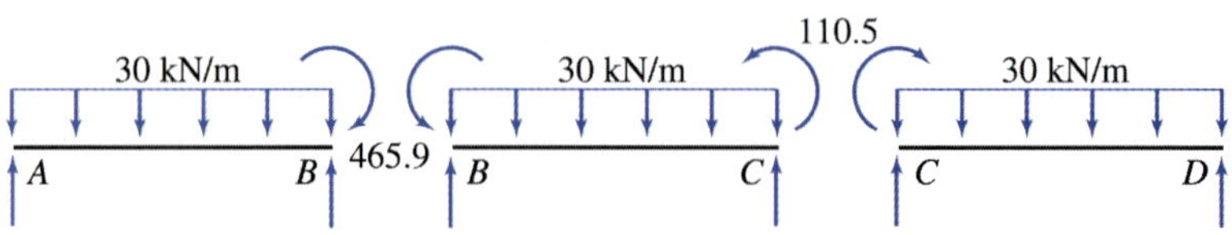

(d) Final Member End Moments (kN · m)

그림 16.12

풀이

이 보에 대해서는 예제 15.6에서 처짐각법으로 해석하였다.

분배계수. 절점 A 에서는

$$\text{DF}_{AB} = 1$$

절점 B 에서는

$$\text{DF}_{BA} = \frac{3I/40}{(3I/40)+(I/10)} = 0.429$$

$$\text{DF}_{BC} = \frac{I/10}{(3I/40)+(I/10)} = 0.571$$

절점 C 에서는

$$\text{DF}_{CB} = \frac{I/10}{(3I/40)+(I/10)} = 0.571$$

$$\text{DF}_{CD} = \frac{3I/40}{(3I/40)+(I/10)} = 0.429$$

절점 D 에서는

$$\text{DF}_{DC} = 1$$

고정단모멘트. 모든 절점이 회전에 대해서 구속되고 주어진 지점침하를 받는 연속보의 처짐 형상을 그림 16.12(b)에 표시하였다. 그림으로부터 세 부재의 상대적인 침하는 $\Delta_{AB} = 15\text{ mm}$, $\Delta_{BC} = 37 - 15 = 22\text{ mm}$, $\Delta_{CD} = 37 - 18 = 19\text{ mm}$ 이다. 고정단모멘트 식을 이용해서 지점침하로 인한 고정단모멘트를 다음과 같이 구할 수 있다.

$$\text{FEM}_{AB} = \text{FEM}_{BA} = +\frac{6EI\Delta}{L^2} = +\frac{6(200\times10^6)3{,}000(10^{-6})(0.015)}{(10)^2} = +540\text{ kN}\cdot\text{m}$$

$$\text{FEM}_{BC} = \text{FEM}_{CB} = +\frac{6(200\times10^6)3{,}000(10^{-6})(0.022)}{(10)^2} = +792\text{ kN}\cdot\text{m}$$

$$\text{FEM}_{CD} = \text{FEM}_{DC} = -\frac{6(200\times10^6)3{,}000(10^{-6})(0.019)}{(10)^2} = -684\text{ kN}\cdot\text{m}$$

외부 분포하중 30 kN/m에 의한 고정단모멘트는 다음과 같다.

$$\text{FEM}_{AB} = \text{FEM}_{BC} = \text{FEM}_{CD} = +\frac{30(10)^2}{12} = +250\text{ kN}\cdot\text{m}$$

$$\text{FEM}_{BA} = \text{FEM}_{CB} = \text{FEM}_{DC} = -250\text{ kN}\cdot\text{m}$$

따라서 외부하중과 지점침하로 인한 중첩된 효과로 전체 고정단모멘트는 다음과 같다.

$$\text{FEM}_{AB} = +790\text{ kN}\cdot\text{m} \qquad \text{FEM}_{BA} = +290\text{ kN}\cdot\text{m}$$

$$\text{FEM}_{BC} = +1{,}042\text{ kN}\cdot\text{m} \qquad \text{FEM}_{CB} = +542\text{ kN}\cdot\text{m}$$

$$\text{FEM}_{CD} = -434\text{ kN}\cdot\text{m} \qquad \text{FEM}_{DC} = -934\text{ kN}\cdot\text{m}$$

모멘트 분배. 모멘트 분배는 그림 16.12(c)에 있는 모멘트 분배표에 나타낸 것처럼 일반적인 방법으로 수행한다. 단순지지인 절점 A 와 D 는 한번만 평형을 맞추어 주면 되고 이 절점으로 모멘트는 전달되지 않는다.

최종 모멘트. 모멘트 분배표와 그림 16.12(d)를 보면 알 수 있다.

16.4 가로흔들림이 없는 골조 해석

가로흔들림이 없는 골조에 대한 해석 순서는 앞서 설명한 연속보 해석과 유사하다. 그러나 연속보와 다르게 2개 이상의 부재가 골조의 절점에 연결될 수 있다. 이 경우에는 계산에 실수하지 않도록 주의해야 한다. 기술자에 따라서 모멘트 분배 계산을 바로 골조에 쓰는 것을 선호하거나 표 형태로 표시하는 것을 선호하기도 한다. 여기서는 다음 예제와 같이 계산에서 표 형태를 사용하고자 한다.

16.7 Example

그림 16.13(a)에 나타낸 골조의 부재 단부 모멘트를 모멘트 분배법으로 구하라.

풀이

이 골조에 대해서는 예제 15.8에서 처짐각법으로 해석하였다.

분배계수. 절점 C에서

$$\mathrm{DF}_{CA}=\frac{\left(\frac{300}{4}\right)}{\left(\frac{300}{4}\right)+\left(\frac{600}{6}\right)}=0.429 \qquad \mathrm{DF}_{CD}=\frac{\left(\frac{600}{6}\right)}{\left(\frac{300}{4}\right)+\left(\frac{600}{6}\right)}=0.571$$

$$\mathrm{DF}_{CA}+\mathrm{DF}_{CD}=0.429+0.571=1$$

절점 D에서

$$\mathrm{DF}_{DB}=\frac{\left(\frac{300}{4}\right)}{\left(\frac{300}{4}\right)+\left(\frac{600}{6}\right)+\left(\frac{3}{4}\right)\left(\frac{600}{6}\right)}=0.3 \qquad \mathrm{DF}_{DC}=\frac{\left(\frac{600}{6}\right)}{\left(\frac{300}{4}\right)+\left(\frac{600}{6}\right)+\left(\frac{3}{4}\right)\left(\frac{600}{6}\right)}=0.4$$

$$\mathrm{DF}_{DE}=\frac{\left(\frac{3}{4}\right)\left(\frac{600}{6}\right)}{\left(\frac{300}{4}\right)+\left(\frac{600}{6}\right)+\left(\frac{3}{4}\right)\left(\frac{600}{6}\right)}=0.3$$

$$\mathrm{DF}_{DB}+\mathrm{DF}_{DE}+\mathrm{DF}_{DC}=2(0.3)+0.4=1$$

절점 E에서

$$\mathrm{DF}_{ED}=1$$

고정단모멘트. 고정단모멘트 식을 이용하면 다음을 구할 수 있다.

$$\mathrm{FEM}_{AC}=+100\ \mathrm{kN\cdot m} \qquad \mathrm{FEM}_{CA}=-100\ \mathrm{kN\cdot m}$$

$$\mathrm{FEM}_{BD}=\mathrm{FEM}_{DB}=0$$

$$\mathrm{FEM}_{CD}=\mathrm{FEM}_{DE}=+150\ \mathrm{kN\cdot m} \qquad \mathrm{FEM}_{DC}=\mathrm{FEM}_{ED}=-150\ \mathrm{kN\cdot m}$$

모멘트 분배. 그림 16.13(b)에 나타낸 것처럼 모멘트 분배 절차를 표 형태로 표시한다. 연속보 해석에서 사용한 것과 유사하게 이 표에는 구조물의 각 부재 단부에 하나의 열이 있다. 동일한 절점에 연결되는 모든 부재 단부에 대한 열은 함께 그룹을 만들고 그 절점에 발생하는 어떤 불균등모멘트도 쉽게 연결되어 있는 부재들 사이에 분배되도록 할 수 있다. 또한, 부재의 2개의 끝단에 있는 열이 서로 인접할 수 없을 때 부재 단부의 열들을 연결하는 화살표를 두어 부재의 한 단부에서 다른 곳으로 모멘트가 전달되는 것을 알 수 있도록 한다. 그림 16.13(b)에서 이러한 화살표가 부재 BD의 단부의 열 사이에 사용되었다. 이 화살표는 부재 BD의 단부 D에서의 분배모멘트가 다른 끝단 B에 전달모멘트를 유발함을 나타낸다. 그러나 절점 B는 고정단이기 때문에 부재 BD의 단부 B에서 단부 D로는 모멘트가 전달되지 않는다. 이는 모멘트 분배 과정에서 고정단인 B점의 회전에 대한 구속을 풀지 않기 때문이다.

모멘트의 분배 과정은 이전에 연속보에서 설명한 것과 동일한 방법으로 이루어진다. 절점 D에서의 불균등모멘트는 분배계수에 따라서 여기로 연결되는 세 개의 부재의 단부 D로 분배되어야 한다.

최종 모멘트. 부재 최종 단부 모멘트는 모멘트 분배표의 각 열에 있는 모든 모멘트를 합해서 구할 수 있다. 모멘트 분배표의 마지막 행에 표시된 최종 모멘트를 그림 16.13(c)에 표시하였다. 이 값들은 골조의 절점 C와 D에서 모멘트 평형방정식을 만족한다.

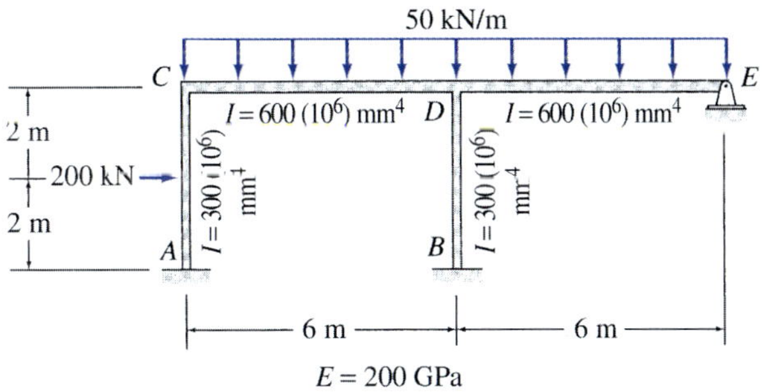

(a) Frame

Carryover (DB → BD)

Member Ends	AC	CA	CD	DC	DB	DE	ED	BD
Distribution Factors		0.429	0.571	0.4	0.3	0.3	1	
1. Fixed end moments	+100	−100	+150	−150		+150	−150	
2. Balance joints		− 21.4	− 28.6				+150	
3. Carryover	− 10.7			14.3		+ 75		
4. Balance joints				24.3	− 18.2	− 18.2		
5. Carryover			− 12.2					− 9.1
6. Balance joints		+ 5.2	+ 7					
7. Carryover	+ 2.6			+ 3.5				
8. Balance joints				− 1.4	− 1.1	− 1.1		
9. Carryover			− 0.7					− 0.6
10. Balance joints		+ 0.3	+ 0.4					
11. Carryover	+ 0.2			+ 0.2				
12. Balance joints				− 0.1	− 0.1	− 0.1		
13. Final moments	+ 92.1	−115.9	+115.9	−186.4	− 19.4	+205.6	0	− 9.7

(b) Moment-Distribution Table

그림 16.13

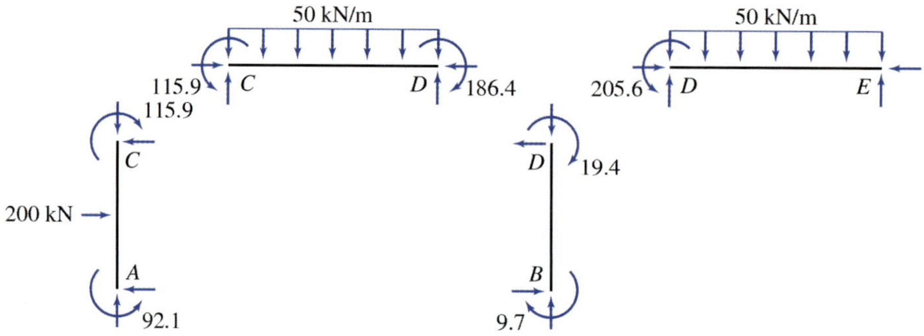

(c) Final Member End Moments (kN · m)

그림 16.13 계속

16.5 가로흔들림이 있는 골조 해석

지금까지 절점에서의 이동 변위가 0이거나 지점침하와 같이 절점의 이동 변위를 미리 알고 있는 상태에서 구조물을 해석하는 방법에 대해 설명하였다. 이 절에서는 절점에 정해지지 않은 회전과 이동이 발생할 수 있는 골조의 해석에 모멘트 분배법을 적용하는 방법에 대해 설명하고자 한다. 15.4절에서 설명한 것처럼 이러한 골조를 가로흔들림이 있는 골조라 한다.

예를 들어 그림 16.14(a)의 사각형 모양의 골조를 생각해보자. 임의의 하중에 의해 발생하는 골조의 변형 형상을 그림에 나타냈다. 고정단 A와 B는 회전과 이동 변위에 대해 완전히 구속되어 있고 절점 C와 D는 회전과 이동 변위에 대해 자유롭다. 그러나 골조의 부재는 늘어날 수 없고 변형이 매우 작다고 가정하기 때문에 그림과 같이 절점 C와 D는 수평방향으로 같은 크기 Δ만큼 움직인다.

이러한 가로흔들림이 있는 골조의 모멘트 분배 해석은 두 부분으로 나누어 진행한다. 첫 번째는 그림 16.14(b)에서처럼 가상의 롤러를 구조물에 추가하여 가로흔들림을 방지하는 것이다. 그 다음으로 외부하중을 골조에 작용시키고 부재 단부 모멘트를 모멘트 분배 과정을 적용하여 구한다. 부재 단부 모멘트를 알고 나면 가상의 지점에 발생하는 구속력(반력) R은 평형방정식을 적용하여 구할 수 있다.

해석의 두 번째 부분은 그림 16.14(c)와 같이 반대 방향으로 작용하는 힘 R을 받는 골조를 해석하는 것이다. 실제 골조(그림 16.14(a))의 부재 단부 모멘트를 구하기 위해서는 부재 단부 모멘트를 계산하고 이 값에 첫 번째 부분에서(그림 16.14(b)) 계산한 모멘트를 중첩해서 구할 수 있다. M, M_O, M_R이 각각 실제 골조 구조물, 가로흔들림이 방지된 골조 구조물, R을 받는 골조 구조물에서의 부재 단부 모멘트라면 다음과 같이 계산할 수 있다(그림 16.14(a), (b), (c) 참조).

$$M = M_O + M_R \tag{16.27}$$

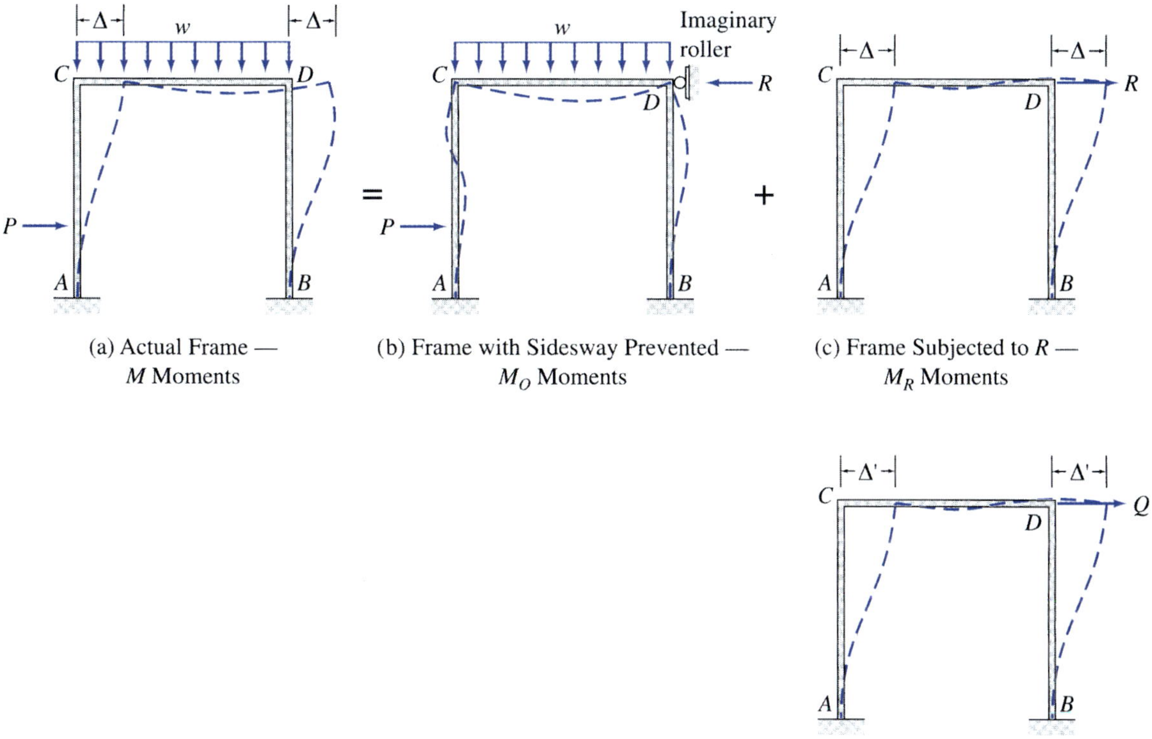

(a) Actual Frame — M Moments

(b) Frame with Sidesway Prevented — M_O Moments

(c) Frame Subjected to R — M_R Moments

(d) Frame Subjected to an Arbitrary Translation Δ' — M_Q Moments

그림 16.14

해석의 두 번째 부분에서 중요한 것은 골조에 R이 작용하여 가로흔들림이 발생할 때(그림 16.14(c)) 부재 단부 모멘트 M_R을 어떻게 구하는가 하는 것이다. 모멘트 분배법은 알고 있는 횡하중 R로 인해 발생하는 모멘트를 계산하는데 직접 사용될 수 없다. 따라서 그림 16.14(d)와 같이 임의의 알고 있는 절점 변위 Δ'에 의해 발생하는 R 방향과 작용 위치에서의 미지의 힘 Q를 계산하는 간접적인 접근법을 사용한다. 알고 있는 절점 변위 Δ'로부터 각 부재의 단부사이의 상대적인 변위를 결정하고 지점침하에 대해 계산한 것과 같은 방법으로 부재 고정단 모멘트를 구한다. 구해진 고정단모멘트는 모멘트 분배 절차에 따라 분배되는데 이는 아직 알려지지 않은 하중 Q에 의해 발생하는 부재 단부 모멘트 M_Q를 구하기 위해서이다. 일단 부재 단부 모멘트 M_Q가 구해지면 Q의 크기는 평형방정식을 적용하여 구할 수 있다.

하중 Q와 이에 따른 모멘트 M_Q를 알면 횡하중 R에 의한 모멘트 M_R을 M_Q를 R/Q의 비로 곱해서 쉽게 구할 수 있다. 즉,

$$M_R = \left(\frac{R}{Q}\right) M_Q \tag{16.28}$$

식 (16.28)을 식 (16.27)에 대입하여 실제 골조(그림 16.14(a))의 부재 단부 모멘트를 구할 수 있다.

$$M = M_O + \left(\frac{R}{Q}\right) M_Q \tag{16.29}$$

이 방법에 대해 다음 예제를 이용해서 설명하고자 한다.

16.8
Example

그림 16.15(a)와 같은 골조의 부재 단부 모멘트를 모멘트 분배법으로 구하라.

풀이

이 골조에 대해서는 예제 15.10에서 처짐각법으로 해석하였다.

분배계수. 절점 C에서

$$\text{DF}_{CA} = \text{DF}_{CD} = \frac{I/7}{2(I/7)} = 0.5$$

절점 D에서

$$\text{DF}_{DC} = \frac{I/7}{(I/7)+(I/5)} = 0.417$$

$$\text{DF}_{DB} = \frac{I/5}{(I/7)+(I/5)} = 0.583$$

$$\text{DF}_{DC} + \text{DF}_{DB} = 0.417 + 0.583 = 1$$

Part I : 가로흔들림이 방지된 상태. 해석의 첫 부분에서 그림 16.15(b)와 같이 가상의 롤러를 설치해서 골조의 가로흔들림을 억제시킨다. 골조의 절점 C와 D는 회전에 대해서 구속되었다고 가정하고 외부 하중에 대한 고정단모멘트를 다음과 같이 계산한다.

$$\text{FEM}_{CD} = +39.2 \text{ kN} \cdot \text{m}$$

$$\text{FEM}_{DC} = -29.4 \text{ kN} \cdot \text{m}$$

$$\text{FEM}_{AC} = \text{FEM}_{CA} = \text{FEM}_{BD} = \text{FEM}_{DB} = 0$$

그림 16.15(c)에 있는 모멘트 분포표와 같이 가로흔들림을 방지한 골조 구조물의 부재 단부 모멘트 M_O를 구하기 위해 고정단모멘트의 모멘트 분포를 계산한다.

가상의 롤러지점에서 발생하는 구속력 R을 계산하기 위해서 그림 16.15(d)에 제시된 기둥의 자유물체도에서 모멘트 평형조건을 고려하여 기둥 부재 AC와 BD의 하단에서의 전단력을 먼저 계산한다. 전체 골조(그림 16.15(e))에 작용하는 수평하중의 평형조건을 고려해서 구속력 R을 다음과 같이 계산한다.

$$+\rightarrow \sum F_X = 0 \qquad R + 5.14 - 7.2 = 0$$

$$R = 2.06 \text{ kN} \rightarrow$$

오른쪽으로 작용하는 구속력은 만일 롤러가 없으면 골조가 왼쪽으로 횡이동하는 것을 의미한다.

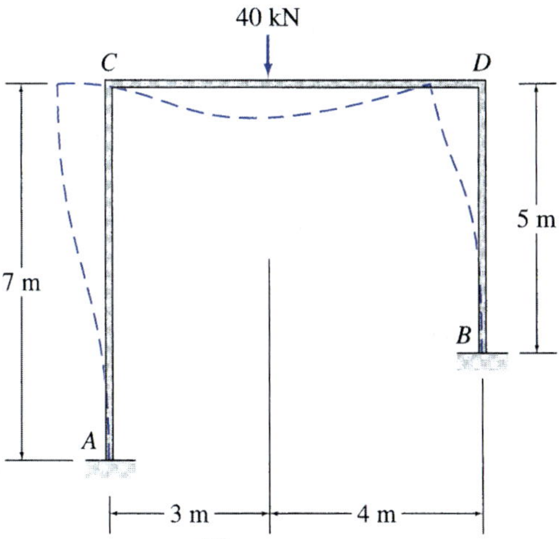

EI = constant
(a) Frame

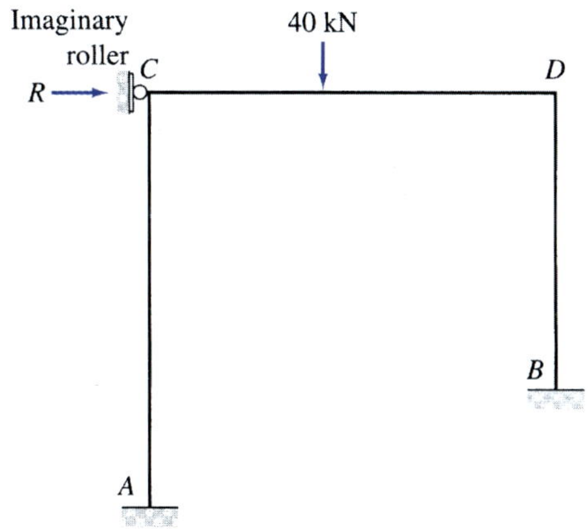

(b) Frame with Sidesway Prevented

AC	*CA*	*CD*	*DC*	*DB*	*BD*
	0.5	0.5	0.417	0.583	
		+39.2	−29.4		
	−19.6	−19.6	+12.3	+17.1	
− 9.8		+ 6.2	− 9.8		+ 8.6
	− 3.1	− 3.1	+ 4.1	+ 5.7	
− 1.6		+ 2.1	− 1.6		+ 2.9
	− 1.1	− 1.1	+ 0.7	+ 0.9	
− 0.6		+ 0.4	− 0.6		+ 0.5
	− 0.2	− 0.2	+ 0.3	+ 0.3	
−12	−24	+23.9	−24	+24	+12

(c) Member End Moments for Frame with Sidesway Prevented — M_O Moments

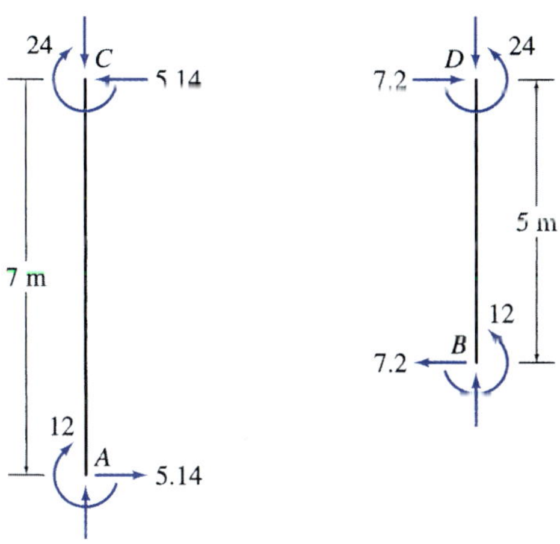

(d)

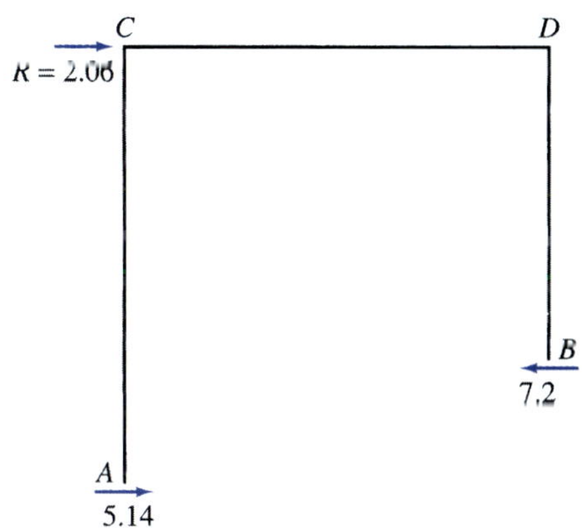

(e)

그림 16.15

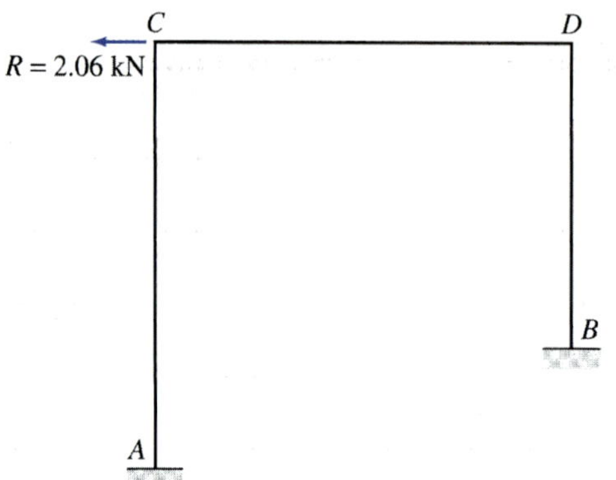

(f) Frame Subjected to $R = 2.06$ kN — M_R Moments

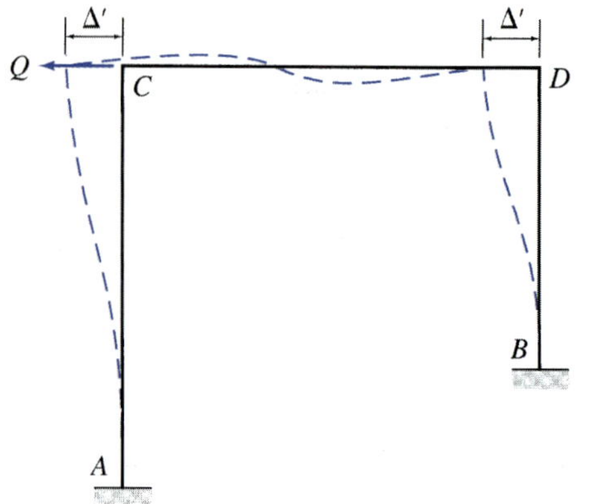

(g) Frame Subjected to an Arbitrary Translation Δ' — M_Q Moments

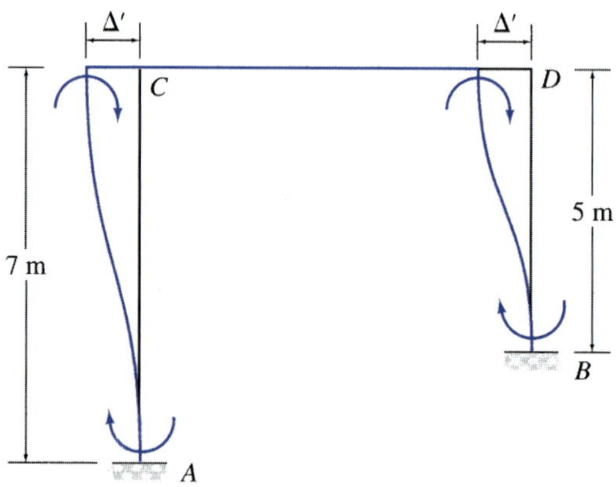

(h) Fixed-End Moments Due to Known Translation Δ'

AC	CA	CD	DC	DB	BD
	0.5	0.5	0.417	0.583	
−50	−50			−98	−98
	+25	+25	+40.9	+57.1	
+12.5		+20.5	+12.5		+28.6
	−10.3	−10.3	− 5.2	− 7.3	
− 5.2		− 2.6	− 5.2		− 3.7
	+ 1.3	+ 1.3	+ 2.2	+ 3	
+ 0.7		+ 1.1	+ 0.7		+ 1.5
	− 0.6	− 0.6	− 0.3	− 0.4	
− 0.3		− 0.2	− 0.3		− 0.2
	+ 0.1	+ 0.1	+ 0.1	+ 0.2	
−42.3	−34.5	+34.3	+45.4	−45.4	−71.8

(i) Member End Moments Due to Known Translation Δ' — M_Q Moments

그림 16.15 계속

Part II : 횡이동이 허용될 때. 실제 골조는 절점 C에서 롤러에 의해 지지되지 않기 때문에 그림 16.15(f)에 나타낸 것처럼 골조에 횡하중 $R=2.06$ kN을 반대 방향으로 재하해서 구속력의 효과를 상쇄시킨다. 앞에서 설명한 것처럼 모멘트 분배법은 횡하중 $R=2.06$ kN에 의한 부재 단부 모멘트를 직접 계산하는데 사용될 수 없다. 따라서 그림 16.15(g)와 같이 R의 위치와 방향으로 미지의 하중 Q를 작용시키고 이로 인하여 임의의 이미 계산된 절점 변위 Δ'가 골조에 발생한다고 가정하는 간접적인 방법을 사용한다. 그림 16.15(h)와 같이 골조의 절점 C와 D가 회전에 대해 구속되어 있다고 가정하면 횡변위 Δ'로 인한 고정단모멘트는 다음과 같다.

$$\mathrm{FEM}_{AC} = \mathrm{FEM}_{CA} = -\frac{6EI\Delta'}{(7)^2} = -\frac{6EI\Delta'}{49}$$

$$\mathrm{FEM}_{BD} = \mathrm{FEM}_{DB} = -\frac{6EI\Delta'}{(5)^2} = -\frac{6EI\Delta'}{25}$$

$$\mathrm{FEM}_{CD} = \mathrm{FEM}_{DC} = 0$$

여기서, 음의 부호는 그림 16.15(h)와 같이 기둥의 고정단모멘트가 시계방향이기 때문이다.

고정단모멘트를 계산하기 위해 Δ'의 수치적인 값을 임의로 가정하는 대신에 고정단모멘트의 하나를 수치적인 값으로 가정하고 이 고정단모멘트의 식으로부터 Δ'를 계산하고 Δ'의 값으로 남아 있는 고정단모멘트를 계산하는 것이 편리하다. 따라서 고정단모멘트 FEM_{AC}를 임의로 -50 kN·m로 가정한다. 즉,

$$\mathrm{FEM}_{AC} = \mathrm{FEM}_{CA} = -\frac{6EI\Delta'}{49} = -50\ \mathrm{kN\cdot m}$$

Δ'에 대해서 풀면 다음을 얻을 수 있다.

$$\Delta' = \frac{408.33}{EI}$$

구해진 Δ'의 값을 FEM_{BD}와 FEM_{DB}에 대입하면 이 모멘트의 값을 구할 수 있다.

$$\mathrm{FEM}_{BD} = \mathrm{FEM}_{DB} = -\frac{6(408.33)}{25} = -98\ \mathrm{kN\cdot m}$$

앞서 설명한 고정단모멘트는 그림 16.15(i)와 같이 아직 미지수인 하중 Q에 의해 발생하는 부재 단부 모멘트 M_Q를 구하기 위해 모멘트 분배 과정을 통해 분배할 수 있다.

부재 단부 모멘트에 해당하는 Q의 크기를 계산하기 위해서 모멘트 평형조건을 고려한(그림 16.15(j)) 기둥의 하단에서 전단력을 계산한다. 다음으로 전체 골조 구조물에 수평방향으로의 평형조건을 적용한다.

$$+\rightarrow \sum F_X = 0 \qquad -Q + 10.97 + 23.44 = 0 \qquad Q = 34.41\ \mathrm{kN} \leftarrow$$

이 값은 그림 16.15(i)에서 계산된 모멘트 M_Q가 수평하중 $Q = 34.41$ kN에 의해 발생한다는 것을 의미한다. 모멘트는 하중에 선형적으로 비례하기 때문에 횡하중 $R = 2.06$ kN에 의한 모멘트는 모멘트 M_Q에 $R/Q = 2.06/34.41$의 비율을 곱해서 구한 것과 동일해야 한다.

실제 부재의 단부 모멘트. 이제 실제 부재의 단부 모멘트 M은 그림 16.15(c)에서 계산된 부재 단부 모멘트 M_O와 그림 16.15(i)에서 계산된 부재 단부 모멘트 M_Q에 2.06/34.41을 곱한 값을 더해서 구할 수 있다. 따라서 다음 값을 구할 수 있다.

$$M_{AC} = -12 + \left(\frac{2.06}{34.41}\right)(-42.3) = -14.5\ \mathrm{kN\cdot m}$$

$$M_{CA} = -24 + \left(\frac{2.06}{34.41}\right)(-34.5) = -26.1\ \mathrm{kN\cdot m}$$

$$M_{CD} = 23.9 + \left(\frac{2.06}{34.41}\right)(34.3) = 26 \text{ kN} \cdot \text{m}$$

$$M_{DC} = -24 + \left(\frac{2.06}{34.41}\right)(45.4) = -21.3 \text{ kN} \cdot \text{m}$$

$$M_{DB} = 24 + \left(\frac{2.06}{34.41}\right)(-45.4) = 21.3 \text{ kN} \cdot \text{m}$$

$$M_{BD} = 12 + \left(\frac{2.06}{34.41}\right)(-71.8) = 7.7 \text{ kN} \cdot \text{m}$$

이 모멘트들을 그림 16.15(k)에 표시하였다.

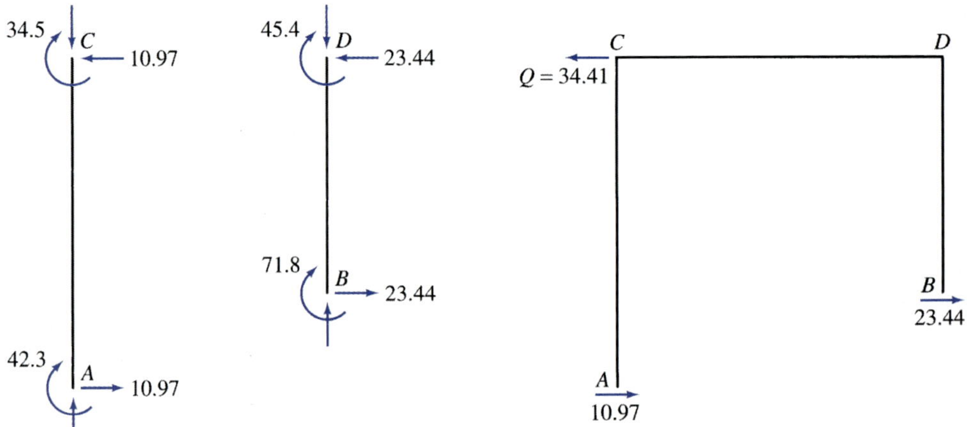

(j) Evaluation of Q

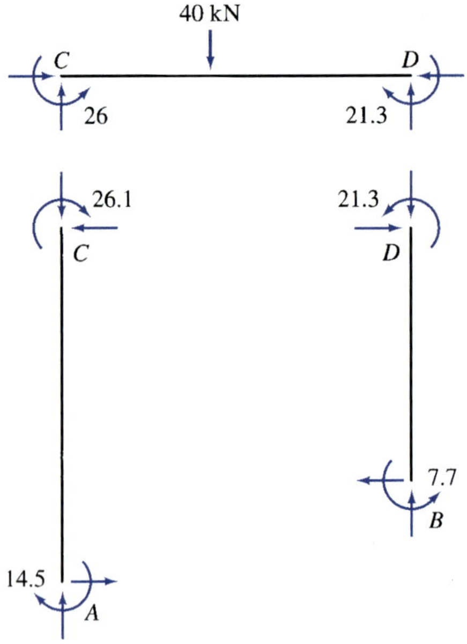

(k) Actual Member End Moments (kN · m)

그림 16.15 계속

16.9 Example

그림 16.16(a)에 나타낸 단면이 변하는 보의 반력을 모멘트 분배법으로 계산하라.

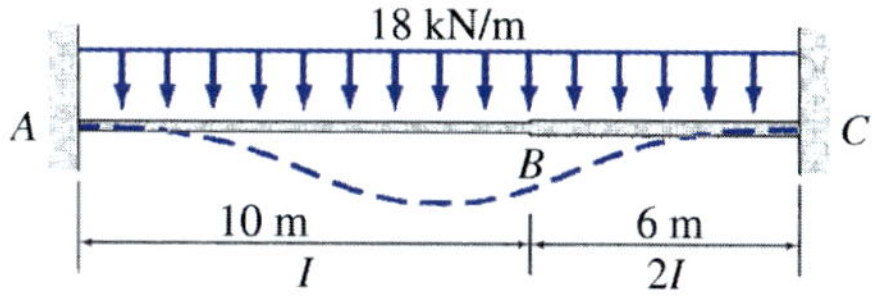

E = constant

(a) Beam

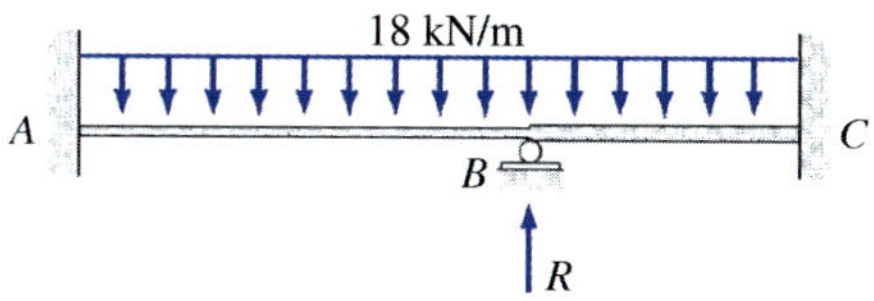

	0.231	0.769	
+150	−150	+ 54	− 54
	+ 22.2	+ 73.8	
+ 11.1			+ 36.9
+161.1	−127.8	+127.8	− 17.1

(b) Beam with Joint Translation Prevented - M_O Moments

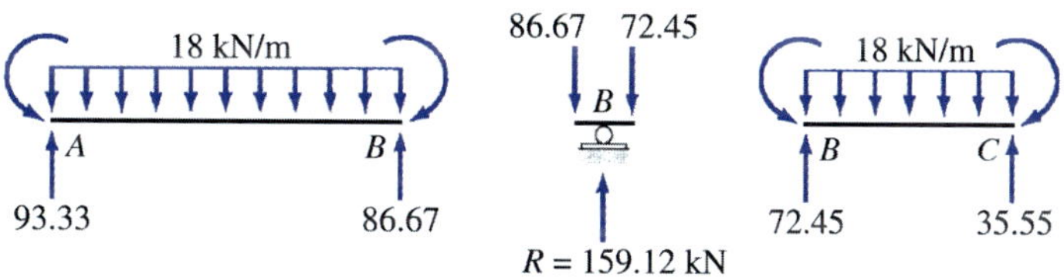

(c) Evaluation of Restraining Force R

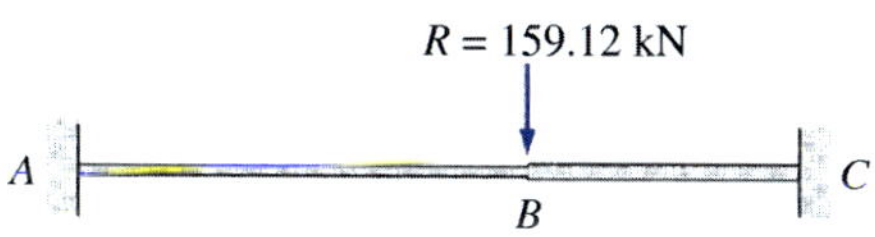

(d) Beam Subjected to R = 159.12 kN — M_R Moments

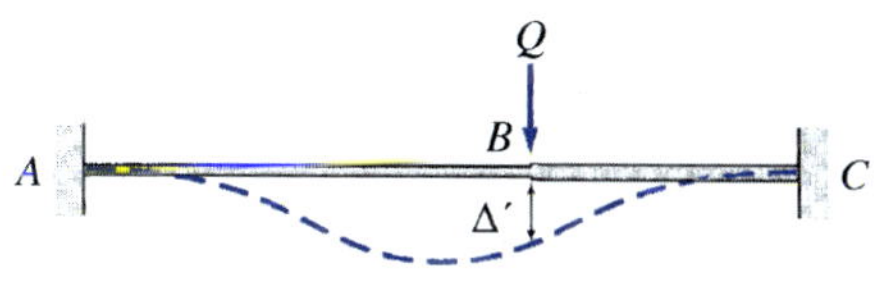

(e) Beam Subjected to an Arbitrary Translation Δ′ — M_Q Moments

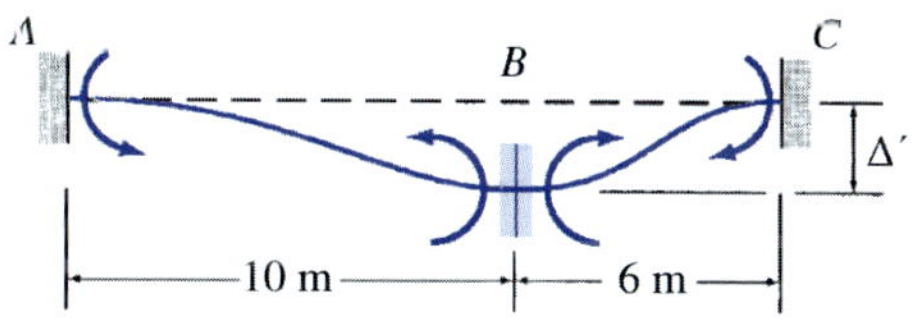

(f) Fixed-End Moments Due to Know Translation Δ′

그림 16.16

	0.231	0.769	
+18	+18	−100	−100
	+18.9	+ 63.1	
+ 9.5			+ 31.5
+27.5	+36.9	− 36.9	− 68.5

(g) Member End Moments Due to Known Translation $\Delta' - M_Q$ Moments

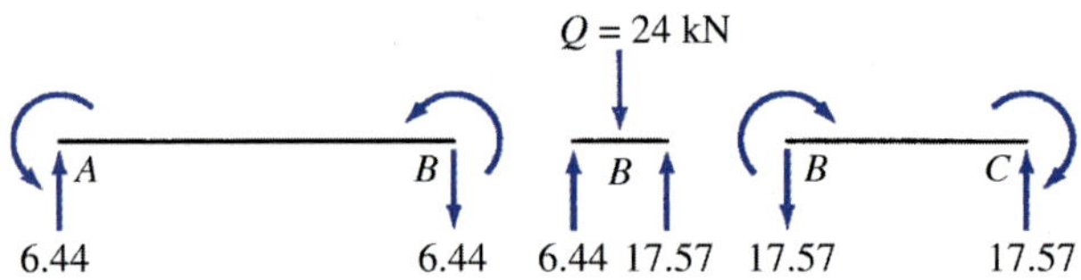

(h) Evaluation of Q

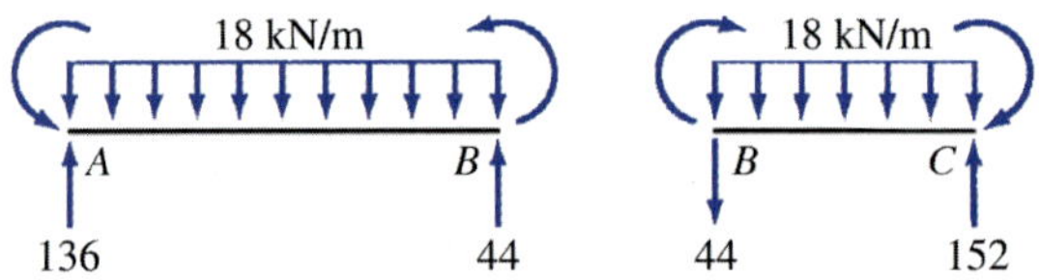

(i) Actual Member End Moments (kN · m)

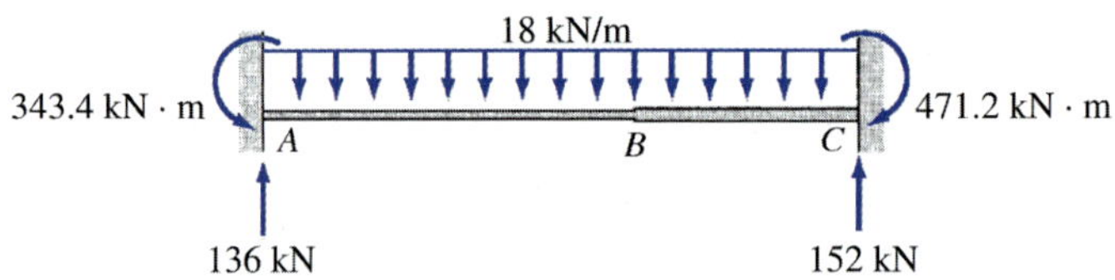

(j) Support Reactions

그림 16.16 계속

풀이

16.1절에서 유도된 강성과 전달 관계 및 이 책의 뒷면에 주어진 고정단모멘트의 수식들은 균일한 단면을 갖는 부재에만 적용이 가능하다. 따라서 단면이 변하는 부재에 대해서는 절점 B에서 마치 두 개의 균일한 단면을 갖는 부재 AB와 BC가 강절점으로 연결된 것으로 하여 계산한다. 절점 B는 그림 16.16(a)와 같이 회전과 수직방향 이동 변위가 자유롭다.

분배계수. 절점 B에서의 분배계수는 다음과 같다.

$$DF_{BA} = \frac{I/10}{(I/10) + (2I/6)} = 0.231$$

$$DF_{BC} = \frac{2I/6}{(I/10) + (2I/6)} = 0.769$$

Part I : 절점 이동이 구속된 상태. 절점 B의 수평이동이 그림 16.16(b)와 같이 가상의 롤러로 구속되었다. 외부하중에 의한 고정단모멘트는 다음과 같다.

$$\text{FEM}_{AB} = +150\ \text{kN}\cdot\text{m} \qquad \text{FEM}_{BA} = -150\ \text{kN}\cdot\text{m}$$
$$\text{FEM}_{BC} = +54\ \text{kN}\cdot\text{m} \qquad \text{FEM}_{CB} = -54\ \text{kN}\cdot\text{m}$$

부재 단부 모멘트 M_O를 구하기 위해 그림 16.16(b)와 같이 고정단모멘트에 대해 모멘트 분배를 수행한다. 그림 16.16(c)와 같이 절점 B와 부재 AB, BC에서의 평형관계를 고려해서 가상의 롤리지점에서 구속력 R을 계산한다. 구해진 구속력은 다음과 같다.

$$R = 159.12\ \text{kN}\cdot\text{m}\uparrow$$

Part II : 절점 이동이 허용된 상태. 실제 보는 절점 B에서 롤러에 의해 지지되어 있지 않기 때문에 그림 16.16(d)와 같이 보에 아래 방향의 하중 $R=159.12$ kN을 작용시켜서 구속력을 상쇄시킨다. R에 의한 부재 단부 모멘트 M_R을 구하기 위해 그림 16.16(e)와 같이 임의의 기지 변위 Δ'를 가한다. Δ'으로 인해 발생하는 고정단모멘트는 그림 16.16(f)에 의해 다음과 같다.

$$\text{FEM}_{AB} = \text{FEM}_{BA} = \frac{6EI\Delta'}{(10)^2} = \frac{3EI\Delta'}{50}$$
$$\text{FEM}_{BC} = \text{FEM}_{CB} = \frac{6E(2I)\Delta'}{(6)^2} = -\frac{EI\Delta'}{3}$$

만일 임의로 다음과 같이 가정하면

$$\text{FEM}_{BC} = \text{FEM}_{CB} = -\frac{EI\Delta'}{3} = -100\ \text{kN}\cdot\text{m}$$

결과로 계산된 값은

$$EI\Delta' = 300$$

그러므로 최종적으로 다음 값을 구할 수 있다.

$$\text{FEM}_{AB} = \text{FEM}_{BA} = \frac{3(300)}{50} = 18\ \text{kN}\cdot\text{m}$$

이 고정단모멘트는 부재 단부 모멘트 M_Q를 구하기 위해 그림 16.16(g)와 같이 모멘트 분배과정을 따라 분배된다. 이 모멘트에 해당하는 R의 위치와 방향으로 작용하는 하중 Q는 그림 16.16(h)와 같이 부재 AB, BC와 절점 B에서의 평형조건을 고려하여 계산한다. 이렇게 계산한 Q의 값은 다음과 같다.

$$Q = 24\ \text{kN}\downarrow$$

따라서 수직하중 $R=159.12$ kN(그림 16.16(d))으로 인한 모멘트 M_R은 모멘트 M_Q에 $R/Q=159.12/24=6.63$의 비율을 곱한 것과 동일해야 한다.

실제 부재 단부 모멘트. 실제 부재의 단부 모멘트 M은 그림 16.16(b)에서 계산된 부재 단부 모멘트 M_O에 그림 16.16(g)에서 계산된 부재 단부 모멘트 M_Q의 6.63배를 한 값을 산술적으로 더해서 구할 수 있다.

$$M_{AB} = 161.1 + 6.63(27.5) = 343.4\ \text{kN}\cdot\text{m}$$
$$M_{BA} = -127.8 + 6.63(36.9) = 116.8\ \text{kN}\cdot\text{m}$$
$$M_{BC} = 127.8 + 6.63(-36.9) = -116.8\ \text{kN}\cdot\text{m}$$

$$M_{CB} = -17.1 + 6.63(-68.5) = -471.2\text{ kN}\cdot\text{m}$$

평형방정식을 이용해서 구한 부재 단부 전단력을 그림 16.16(i)에 나타내었다.

지점반력. 그림 16.16(j)를 참고하라.

평형조건 검증. 평형방정식을 검토하라.

16.10
Example

그림 16.17(a)에 나타낸 골조의 부재 단부 모멘트와 반력을 모멘트 분배법을 이용하여 구하라.

풀이

분배계수. 절점 C에서

$$\text{DF}_{CA} = \text{DF}_{CD} = \frac{I/5}{2(I/5)} = 0.5$$

절점 D에서

$$\text{DF}_{DC} = \frac{I/5}{(I/5) + (3/4)(I/3.605)} = 0.49$$

$$\text{DF}_{DB} = \frac{(3/4)(I/3.605)}{(I/5) + (3/4)(I/3.605)} = 0.51$$

임의의 가로흔들림 Δ'에 의한 부재 단부 모멘트. 골조의 부재에 외부하중이 작용하지 않기 때문에 가로흔들림에 대한 골조 구조물의 구속과 관련한 부재 단부 모멘트 M_0는 0이다. 횡하중 120 kN에 의한 부재 단부 모멘트 M을 구하기 위해 절점 C에 임의로 이미 알고 있는 수평방향 변위 Δ'를 가한다. 그림 16.17(b)에 모든 절점들이 회전에 대해 구속되고 절점 C에서 수평방향 변위 Δ'를 받는 골조 구조물의 변형 형상을 나타내었다. 이 변형 형상을 결정하는 과정에 대해서는 15.5절에서 이미 설명하였다. 골조 부재들은 늘어나지 않고 변형도 매우 작다고 가정하기 때문에 부재의 단부는 부재에 수직한 방향으로만 이동할 수 있다. 그림으로부터 부재 AC의 단부 사이에서 발생하는 부재 수직방향의 상대 변위 Δ_{AC}는 절점 이동 Δ'의 식으로 표현할 수 있다.

$$\Delta_{AC} = CC' = \frac{5}{4}\Delta' = 1.25\Delta'$$

부재 CD와 BD의 상대적 이동도 비슷하게 구할 수 있다.

$$\Delta_{CD} = D_1D' = \frac{2}{3}\Delta' + \frac{3}{4}\Delta' = 1.417\Delta'$$

$$\Delta_{BD} = DD' = \frac{\sqrt{13}}{3}\Delta' = 1.202\Delta'$$

상대적 이동으로 인한 고정단모멘트는 다음과 같다.

$$\text{FEM}_{AC} = \text{FEM}_{CA} = \frac{6EI(1.25\Delta')}{(5)^2}$$

$$\text{FEM}_{CD} = \text{FEM}_{DC} = -\frac{6EI(1.417\Delta')}{(5)^2}$$

$$\text{FEM}_{BD}=\text{FEM}_{DB}=\frac{6EI(1.202\Delta')}{(3.605)^2}$$

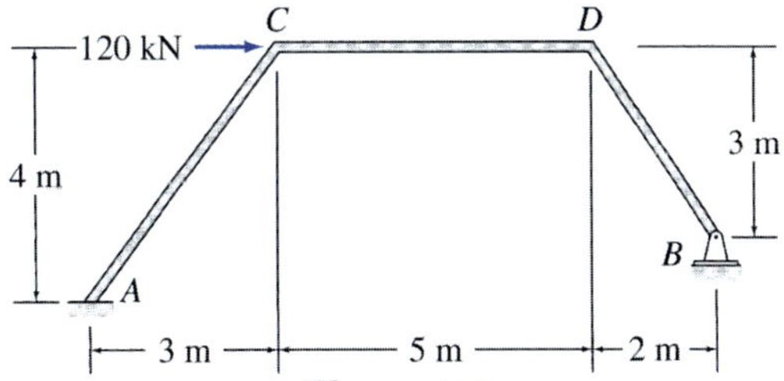

EI = constant

(a) Frame

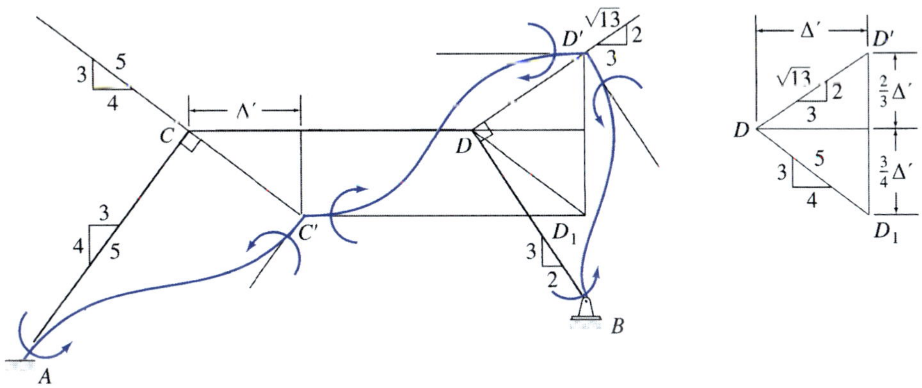

(b) Fixed-End Moments Due to an Arbitrary Translation Δ′

AC	*CA*	*CD*	*DC*	*DB*	*BD*
	0.5	0.5	0.49	0.51	1
+54.1	+54.1	−61.3	−61.3	+100	+100
	+ 3.6	+ 3.6	−19	− 19.7	−100
+ 1.8		− 9.5	+ 1.8	− 50	
	+ 4.8	+ 4.8	+23.6	+ 24.6	
+ 2.4		+11.8	+ 2.4		
	− 5.9	− 5.9	− 1.2	− 1.2	
− 3		− 0.6	− 3		
	+ 0.3	+ 0.3	+ 1.5	+ 1.5	
+ 0.2		+ 0.8	+ 0.2		
	− 0.4	− 0.4	− 0.1	− 0.1	
0.2			− 0.2		
			+ 0.1	+ 0.1	
+55.3	+56.5	−56.4	−55.2	+ 55.2	0

(c) Member End Moments Due to Known Translation $\Delta' - M_Q$ Moments

그림 16.17

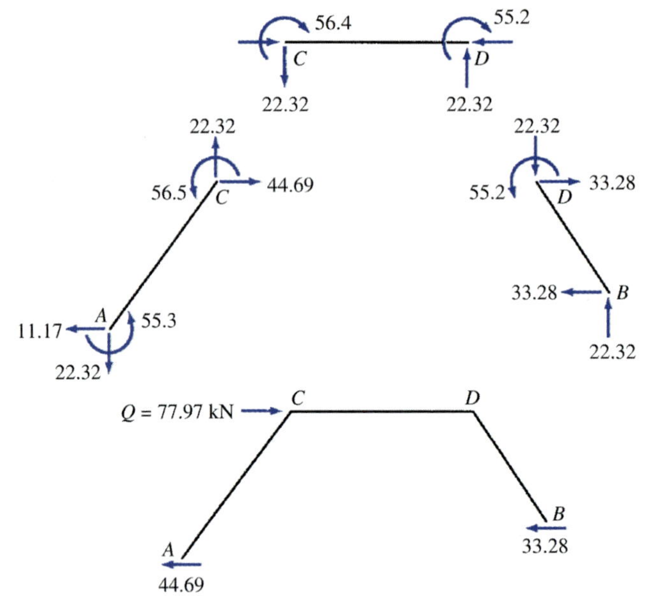

(d) Evaluation of Q

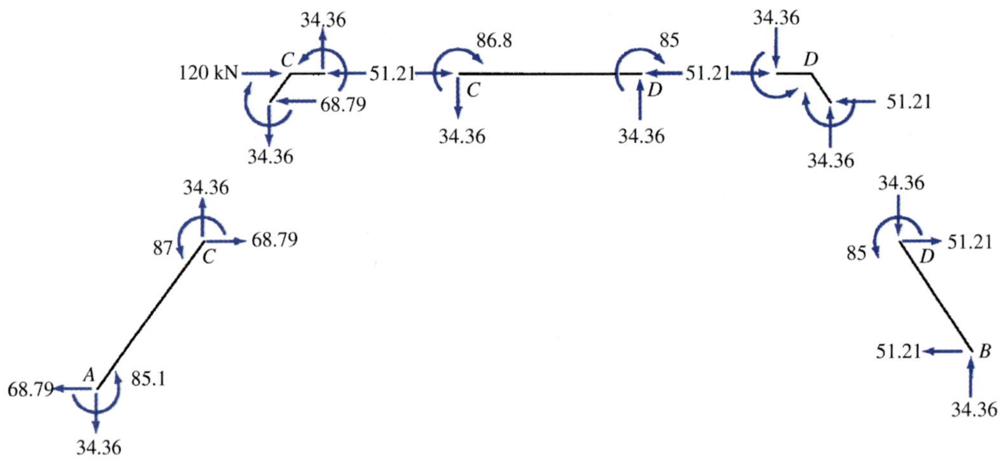

(e) Member End Moments and Forces

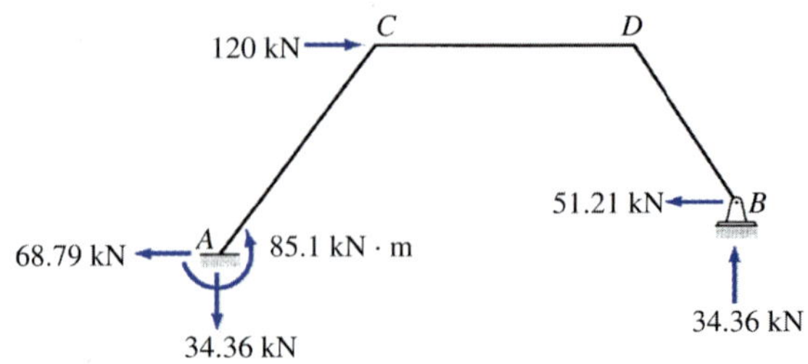

(f) Support Reactions

그림 16.17 계속

여기서, 그림 16.17(b)와 같이 부재 AC와 BD의 고정단모멘트는 반시계방향(양의 방향)이고 부재 CD에 대해서는 시계방향(음의 방향)이다. 만일 임의로 다음과 같이 가정하면

$$\text{FEM}_{BD} = \text{FEM}_{DB} = \frac{6EI(1.202\Delta')}{(3.605)^2} = 100 \text{ kN} \cdot \text{m}$$

간략하게 다음을 구할 수 있다.

$$EI\Delta' = 180.2$$

그리고 고정단모멘트를 다음과 같이 구하게 된다.

$$\text{FEM}_{AC} = \text{FEM}_{CA} = 54.1 \text{ kN} \cdot \text{m}$$
$$\text{FEM}_{CD} = \text{FEM}_{DC} = -61.3 \text{ kN} \cdot \text{m}$$

이 고정단모멘트는 부재 단부 모멘트 M_Q를 구하기 위해 그림 16.17(c)와 같이 모멘트 분배 과정에 의해 분배된다.

그림 16.17(c)에서 계산된 부재 단부 모멘트에 해당하는 하중 Q의 크기를 구하기 위해서 그림 16.17(d)에 있는 거더의 자유물체도의 모멘트 평형을 고려하여 거더 CD의 단부에서의 전단력을 먼저 계산한다. 구해진 거더 전단력(22.32 kN)은 그림에 나타낸 경사 부재 AC와 BD의 자유물체도에 적용된다. 모멘트 평형방정식을 이 부재의 하단에서 수평방향 하중을 계산하기 위해 부재 AC와 BD에 적용한다. Q는 전체 골조(그림 16.17(d))에 작용하는 수평방향 힘들의 평형 조건을 고려해서 계산한다.

$$+\rightarrow \sum F_X = 0 \qquad Q - 44.69 - 33.28 = 0 \qquad Q = 77.97 \text{ kN} \rightarrow$$

실제 부재 단부 모멘트. 횡하중 120 kN에 의한 실제 부재의 단부 모멘트는 그림 16.17(c)에서 계산된 M_Q에 $120/Q = 120/77.97$의 비를 곱해서 구할 수 있다.

$$M_{AC} = \frac{120}{77.97}(55.3) = 85.1 \text{ kN} \cdot \text{m} \qquad M_{CA} = \frac{120}{77.97}(56.5) = 87 \text{ kN} \cdot \text{m}$$
$$M_{CD} = \frac{120}{77.97}(-56.4) = -86.8 \text{ kN} \cdot \text{m} \qquad M_{DC} = \frac{120}{77.97}(-55.2) = -85 \text{ kN} \cdot \text{m}$$
$$M_{DB} = \frac{120}{77.97}(55.2) = 85 \text{ kN} \cdot \text{m} \qquad M_{BD} = 0$$

부재 단부 힘들. 그림 16.17(e)를 참고하라.

지점반력. 그림 16.17(f)를 참고하라.

평형조건 검증. 평형방정식을 검토한다.

다층 골조 구조물의 해석

지금까지 설명한 절차를 횡이동 자유도를 여러 개 갖는 구조물의 해석으로 확장할 수 있다. 그림 16.18(a)에 나타낸 2층 사각형 골조 구조물을 생각해 보자. 이 골조 구조물의 모멘트 분배 해석은 세 부분에서 수행된다. 첫 번째 부분은 그림 16.18(b)와 같이 두 개 층에서의 가로 흔들림을 각 층에 가상의 롤러를 설치하여 방지하는 것이다. 외부 하중이 이 골조에 발생시키는 부재 단부 모멘트 M_O를 모멘트 분배 과정을 통해서 계산하고 가상의 지점에서의 구속력

R_1과 R_2는 평형방정식을 이용하여 구한다. 해석의 두 번째 부분에서는 그림 16.18(c)와 같이 골조의 아래층에서 이미 알고 있는 Δ_1'로 횡이동시키고 상부 층은 구속하는 것이다. 이 변위에 의한 고정단모멘트를 계산하고 부재 단부 모멘트 M_{Q1}을 구하기 위해서 분배한다. 부재 단부 모멘트를 알면 롤러지점에서의 힘 Q_{11}과 Q_{21}는 평형방정식으로부터 계산할 수 있다. 유사한 방법으로 해석의 세 번째 부분에서는 그림 16.18(d)와 같이 골조의 위층에 기지의 값 Δ_2'의 횡변위를 허용하는 것이다. 이에 해당하는 부재 단부 모멘트 M_{Q2}와 힘 Q_{12}과 Q_{22}를 계산한다. 실제 골조(그림 16.18(a))의 부재 단부 모멘트 M은 세 부분에서 계산된 모멘트를 합해서 구한다.

$$M = M_O + c_1 M_{Q1} + c_2 M_{Q2} \tag{16.30}$$

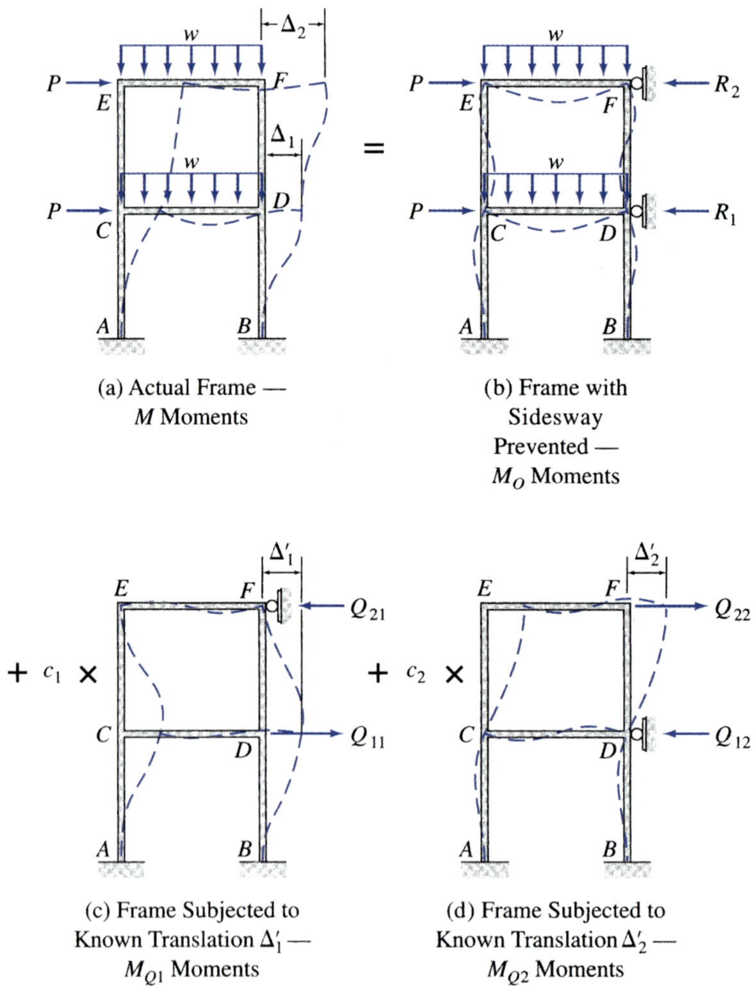

그림 16.18

여기서, c_1과 c_2는 가상의 지점에서 수평방향 힘들의 중첩 방정식을 풀어서 구한 상수이다. 각각 절점 D와 F에서 그림 16.18(a)에서 (d)까지 나타낸 수평방향 힘의 중첩을 통해 다음을 구할 수 있다.

$$-R_1 + c_1 Q_{11} - c_2 Q_{12} = 0$$
$$-R_2 - c_1 Q_{21} + c_2 Q_{22} = 0$$

이 방정식들을 연립으로 풀면 상수 c_1과 c_2를 구하게 되고 이는 원하는 부재 단부 모멘트 M을 구하기 위해 식 (16.30)에 사용된다.

앞에서 설명한 것과 같이 다층 골조를 모멘트 분배법으로 해석할 경우에 상당히 시간이 소요될 수 있다. 따라서 요즘은 이러한 구조에 대한 해석은 대부분 17장에서 설명하는 변위법에 의한 매트릭스 해석법을 이용하여 컴퓨터로 수행한다.

요약

이 장에서는 보와 골조의 해석 중에서 모멘트 분배법이라 불리는 변위법(강성법)의 고전적인 방법에 대해서 설명하였다.

가로흔들림이 없는 연속보와 골조의 해석에서는 회전이 자유로운 구조물의 모든 절점들의 회전을 구속시키고 외부하중에 의해 유발되는 고정단모멘트를 계산한다. 그 다음으로 모멘트 분배과정을 통해 구속되지 않은 절점에서 모멘트의 평형을 맞추게 된다. 모멘트 분배 과정에서는 각 구속되지 않은 절점에서의 불균등모멘트를 계산하고 이 값을 연결된 부재의 끝단으로 분배한다. 부재의 다른 끝단에 유발되는 전달모멘트를 계산하고 불균등모멘트가 무시될 정도로 작아질 때까지 절점에서 평형을 맞추며 모멘트를 전달하는 과정을 반복한다. 최종적인 부재 단부 모멘트는 각 부재 단부의 고정단모멘트, 분배모멘트, 전달모멘트를 모두 합산해 계산한다.

가로흔들림이 있는 단자유도계 골조 구조물의 해석은 두 부분으로 나누어 진행된다. 첫 번째 부분에서는 구조물에 가상의 롤러를 설치하여 가로흔들림을 구속시키는 것이다. 구속된 골조에서 외부 하중으로 인해 발생하는 부재 단부 모멘트가 모멘트 분배 과정을 통해 구해진다. 가상의 롤러에서의 구속력 R은 평형조건을 활용해서 계산할 수 있다. 해석의 두 번째 부분에서는 힘 R을 반대 방향으로 작용시켜 부재 모멘트를 계산하기 위해 구조물이 임의로 가정된 **기지**의 값으로 이동하도록 한다. 부재 모멘트와 R 위치에서의 힘 Q에 대해서는 이전과 같은 방법으로 계산한다. 실제 부재 단부 모멘트는 첫 번째 부분에서 계산한 모멘트와 두 번째 부분에서 계산한 모멘트에 R/Q의 비율을 곱한 모멘트를 더해서 계산한다.

부재 단부 모멘트가 구해지면 부재 단부 전단력, 부재 축력, 지점반력은 평형조건을 이용해서 계산한다.

연습문제

16.1～16.5 그림 P16.1～P16.5에 나타낸 보의 반력과 전단력 다이어그램과 휨모멘트 다이어그램을 모멘트 분배법을 이용해서 구하라.

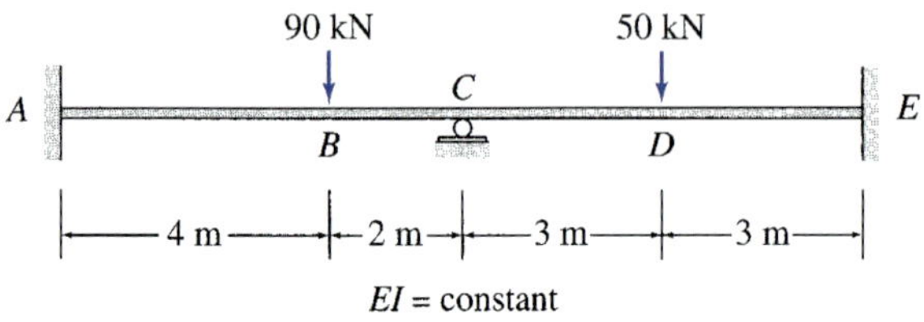

그림 P16.1

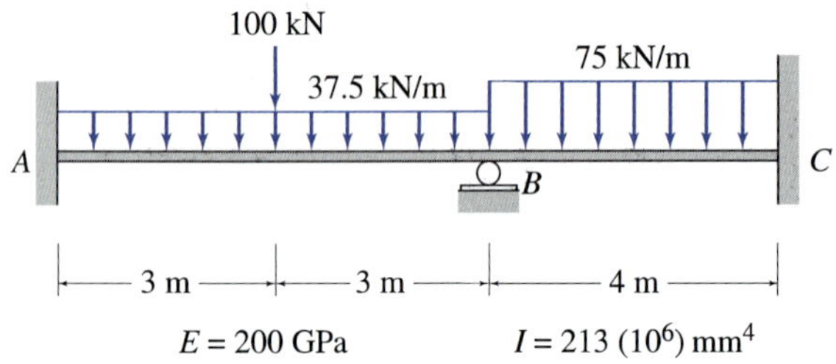

그림 P16.2, P16.6

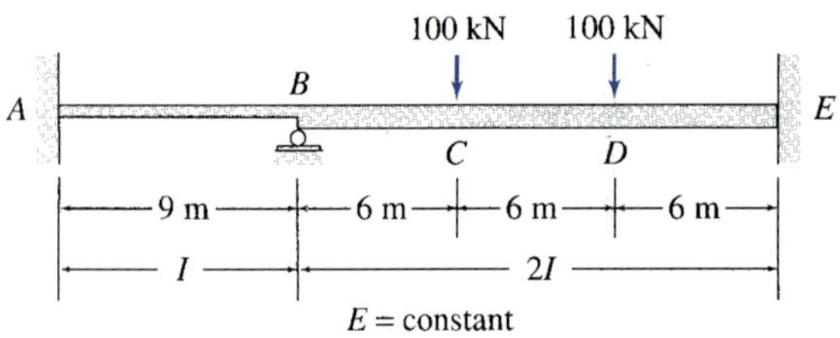

그림 P16.3

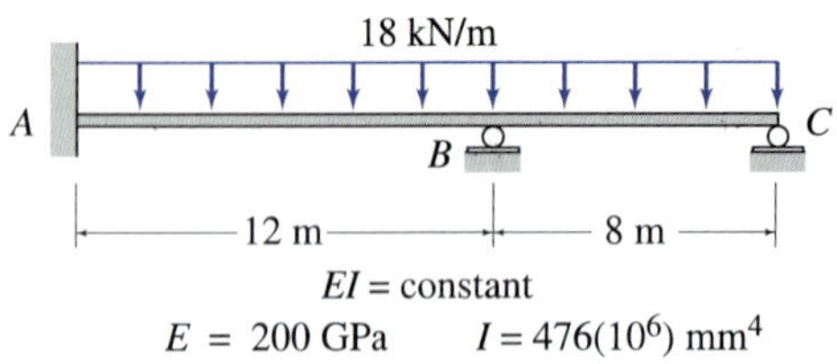

그림 P16.4, P16.7

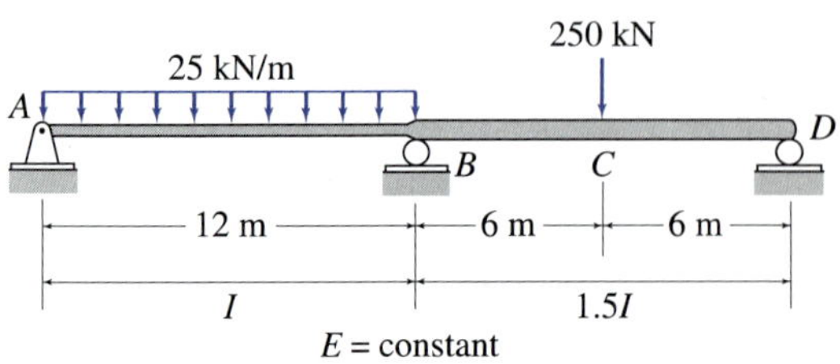

그림 P16.5

16.6 문제 16.2를 그림 P16.2의 하중과 지점 B에서 침하가 13 mm 발생하는 경우에 대해서 풀어라.

16.7 문제 16.4를 그림 P16.4의 하중과 지점 B에서 침하가 30 mm, C에서 7.5 mm 발생하는 경우에 대해서 풀어라.

16.8～16.14 그림 P16.8～P16.14에 있는 보의 반력을 구하고 전단력 다이어그램과 휨모멘트 다이어그램을 모멘트 분배법을 이용하여 구하라.

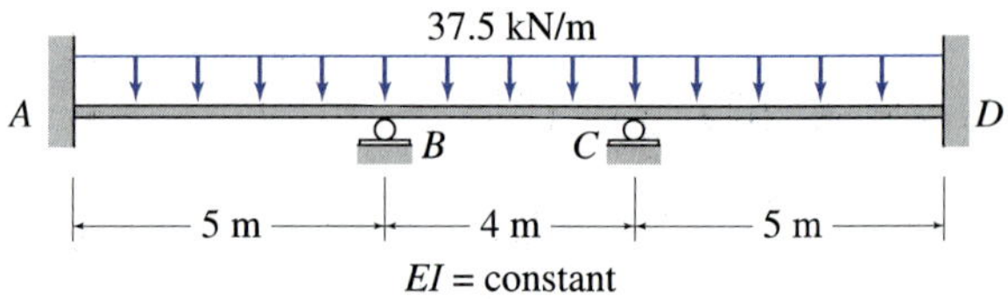

그림 P16.8

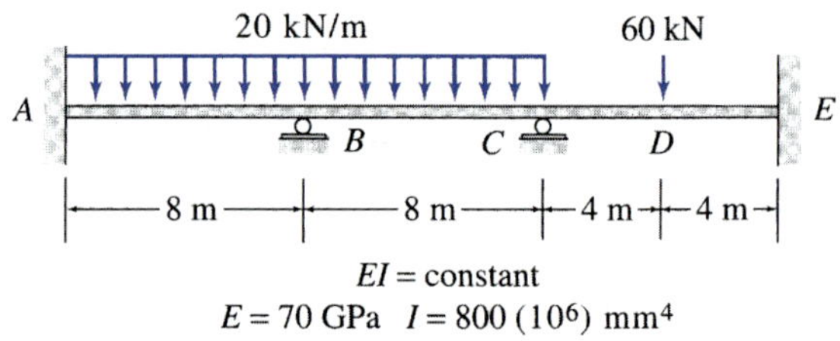

그림 P16.9, P16.15

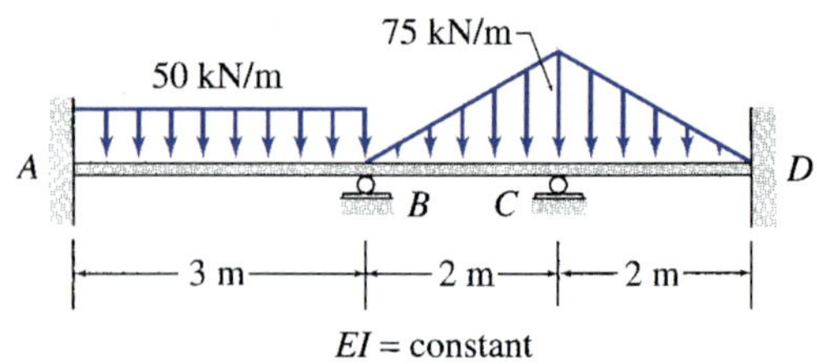

그림 P16.10

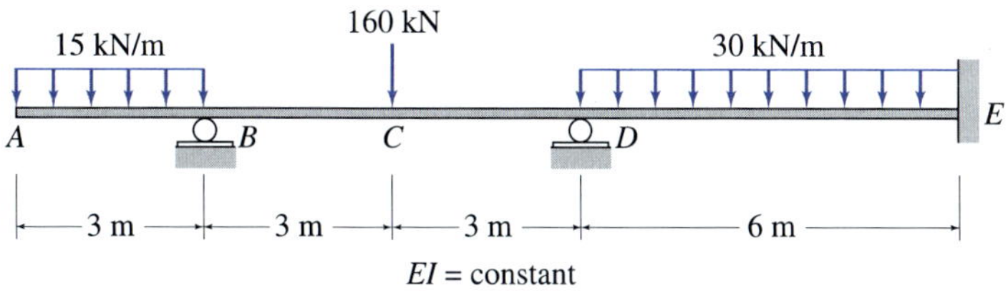

그림 P16.11

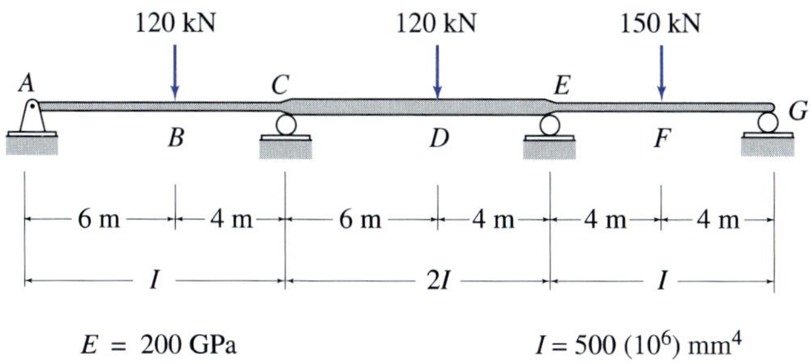

그림 P16.12, P16.16

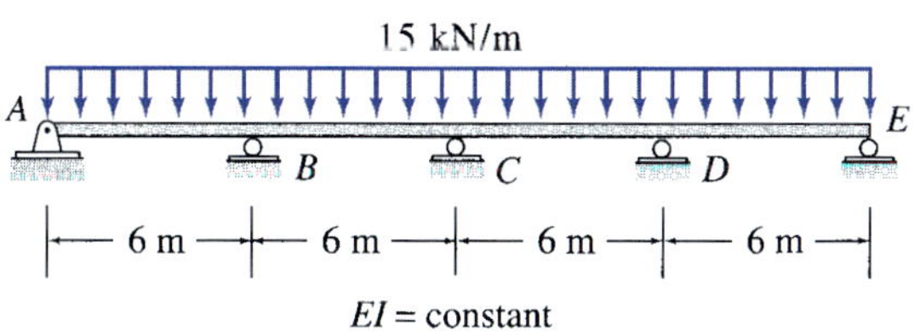

그림 P16.13

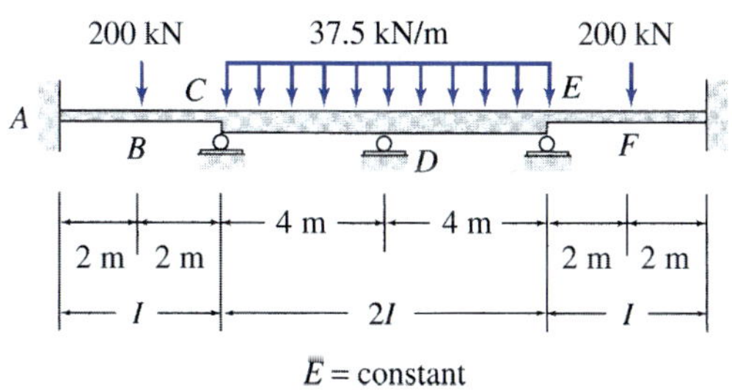

그림 P16.14

16.15 문제 16.9를 그림 P16.9의 하중과 지점 C에서 침하가 25 mm 발생하는 경우에 대해서 풀어라.

16.16 문제 16.12를 그림 P16.12의 하중과 지점 A에서 침하가 10 mm, C에서 65 mm, E에서 40 mm, G에서 25 mm 발생하는 경우에 대해서 풀어라.

16.17~16.20 그림 P16.17~P16.20에 있는 골조의 부재 단부 모멘트와 반력을 모멘트 분배법을 이용하여 구하라.

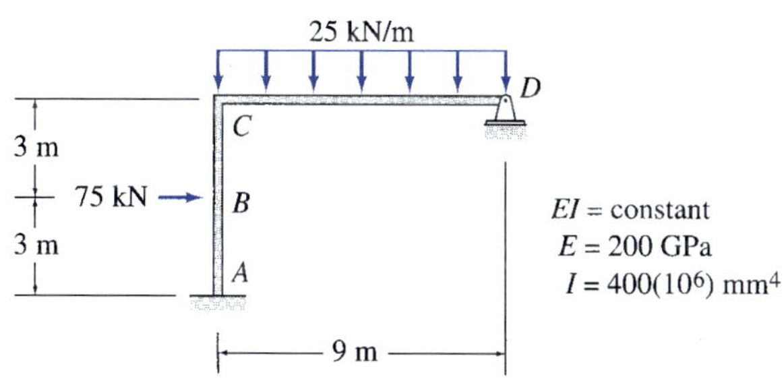

그림 P16.17, P16.21

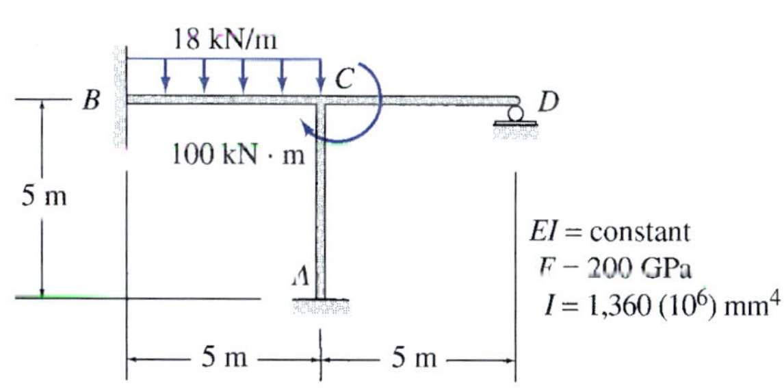

그림 P16.18, P16.22

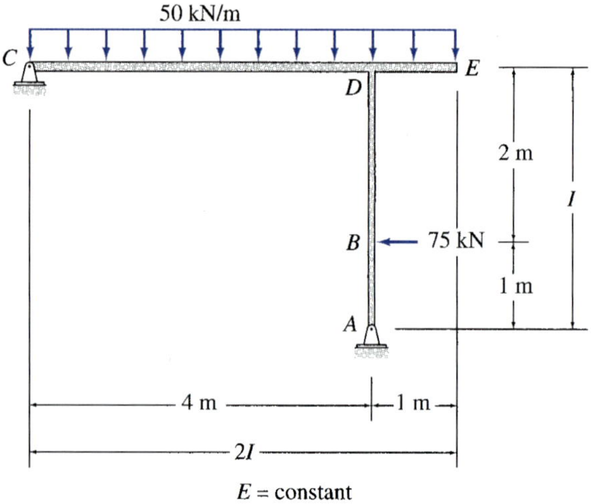

그림 P16.19

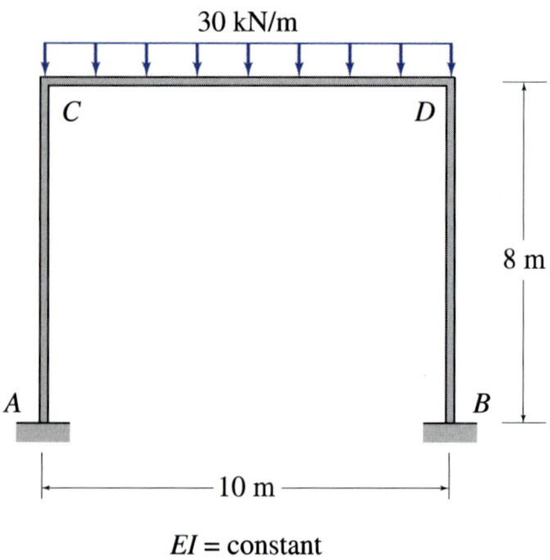

그림 P16.20

16.21 문제 16.17을 그림 P16.17의 하중과 지점 D에서 침하가 50 mm 발생하는 경우에 대해서 풀어라.

16.22 문제 16.18을 그림 P16.18의 하중과 지점 A에서 침하가 6 mm 발생하는 경우에 대해서 풀어라.

16.23 그림 P16.23에 나타낸 골조의 부재 단부 모멘트와 반력을 그림에 나타낸 하중과 지점 A에서 침하가 10 mm, D에서 15 mm 발생하는 경우에 대해서 구하라. 모멘트 분배법을 이용하라.

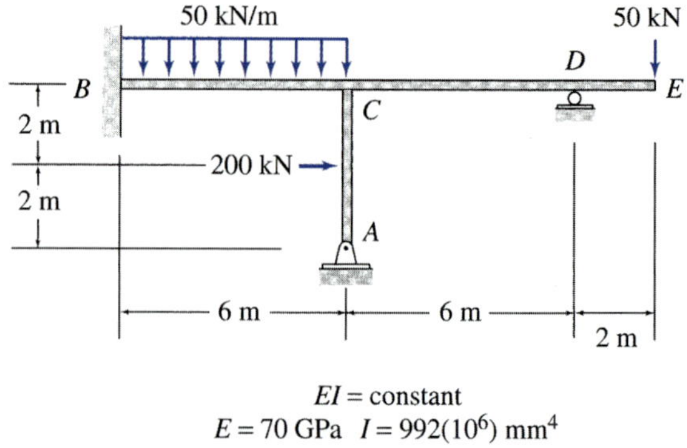

그림 P16.23

16.24~16.31 그림 P16.24~P16.31에 있는 골조의 부재 단부 모멘트와 반력을 모멘트 분배법을 이용하여 구하라.

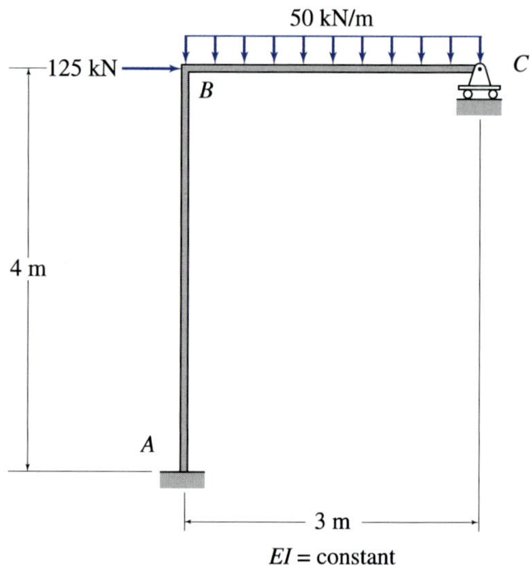

그림 P16.24

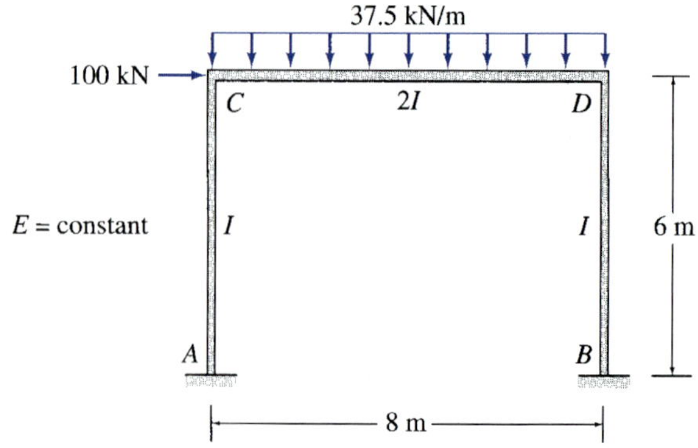

그림 P16.25

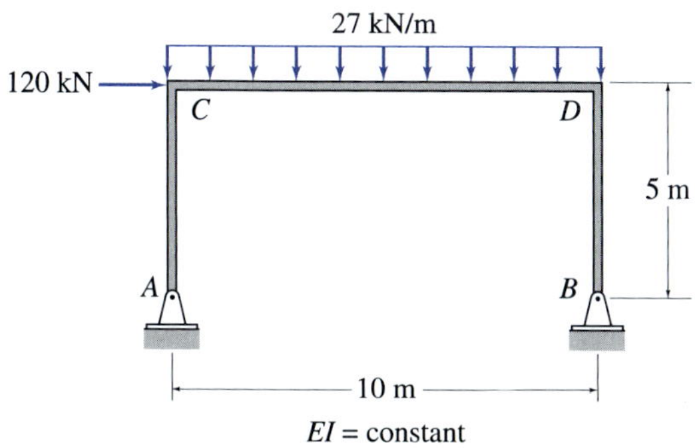

그림 P16.26

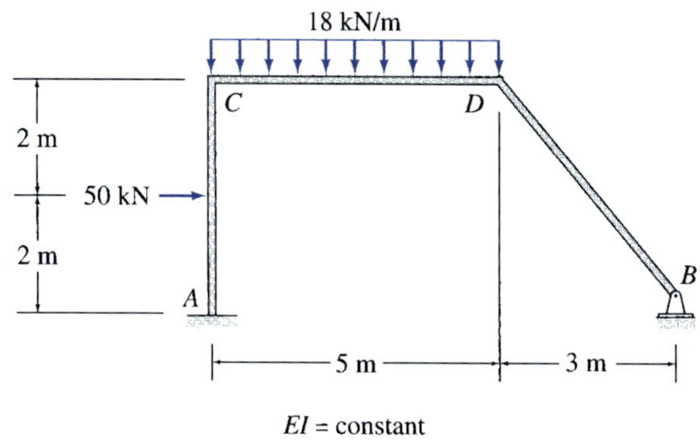

그림 P16.29

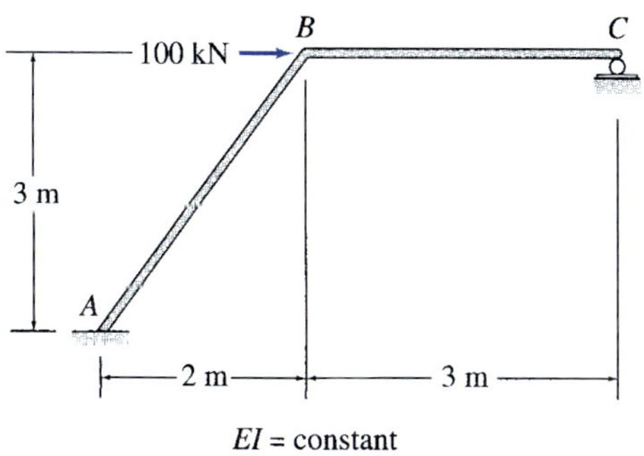

그림 P16.27

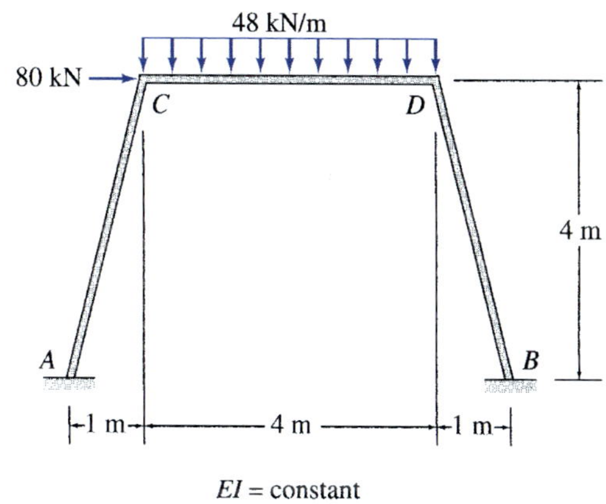

그림 P16.30

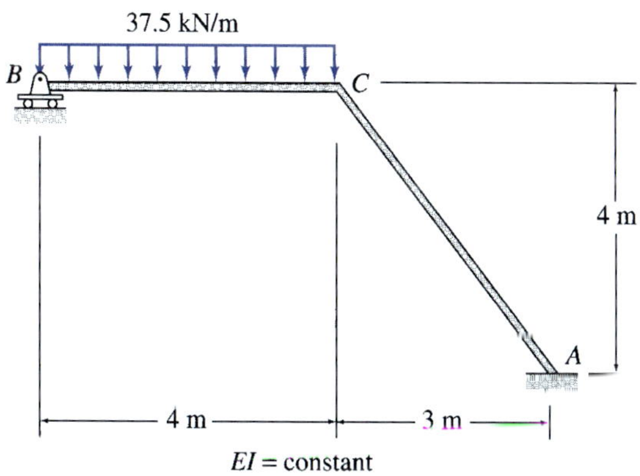

그림 P16.28

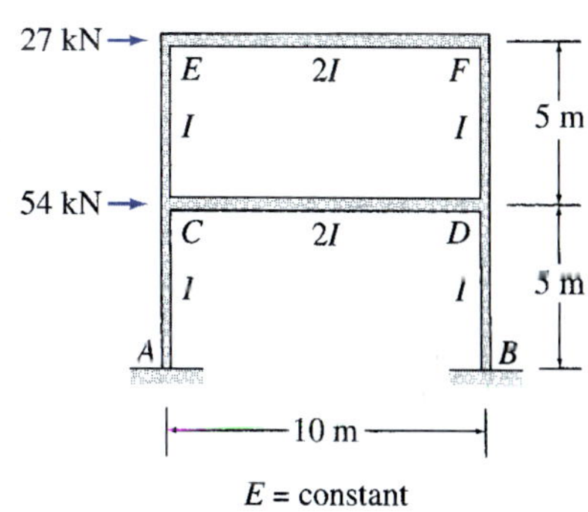

그림 P16.31

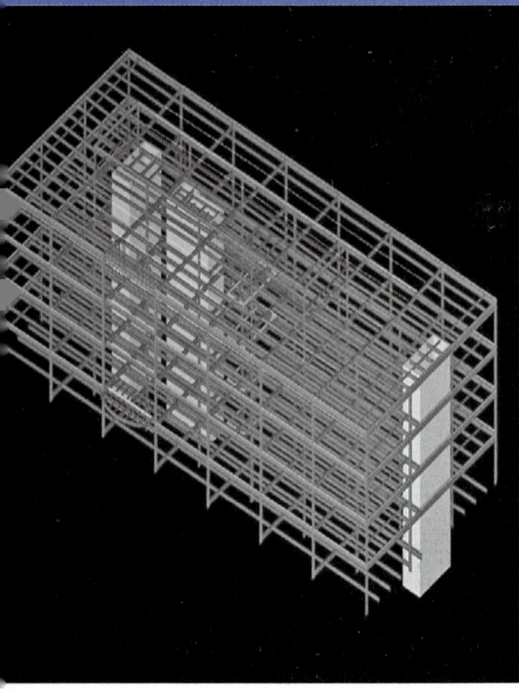

17

매트릭스 구조해석

Computer Model of Steel Frame Building
Copyright ⓒ American Institute of Steel Construction.
Reprinted with permission. All rights reserved

이 책에서는 구조해석의 고전적인 방법에 대해 주로 다루고 있다. 고전적인 방법은 구조물의 거동과 구조해석의 원리를 이해하고 개발하기 위하여 반드시 필요한 방법이지만 큰 규모의 구조물을 해석하기 위하여 이와 같이 수계산을 이용할 경우에 많은 시간이 소요된다. 오늘날에는 저렴하고 성능 좋은 컴퓨터를 사용할 수 있기 때문에 대부분의 설계사무실에서는 매트릭스 방법에 기반한 소프트웨어를 활용하여 구조해석을 수행하고 있다.

이 장에서는 재미있고 지금도 계속해서 발전하고 있는 매트릭스 구조해석에 대해 소개하고자 한다. 다만 여기서는 매트릭스 해석의 기초적인 개념만을 다루기 때문에 더 심화된 공부를 원한다면 매트릭스 구조해석만을 다루는 많은 다른 교재들을 참고하기 바란다.

매트릭스 구조해석에는 새로운 기본 원리를 포함하고 있지는 않지만 평형, 적합조건, 부재력-변위 관계가 매트릭스 형태로 표현되어 컴퓨터에서 수치적인 계산을 효율적으로 수행할 수 있게 한다. 그러므로 매트릭스 구조해석을 이해하기 위해서는 행렬연산에 대한 수학적인 이해가 필요하다. 구조해석에서 매트릭스 방법을 유도하기 위해 필요한 행렬연산의 기본적인 내용을 부록 B에 정리하였다.

연성법(응력법)과 강성법(변위법)을 매트릭스 형태로 표현할 수 있지만 강성법이 더 체계적이며 컴퓨터에 적용하기 쉽다. 따라서 구조해석을 수행하는 대부분의 컴퓨터 프로그램은 강성법에 기반을 두고 있다. 이 장에서는 구조해석의 강성법(변위법)에 대해서만 다루게 될 것이다. 이 방법을 이용하여 정정구조뿐 아니라 부정정구조도 해석할 수 있다.

골조해석에서 강성법은 휨과 축력의 영향을 모두 고려하는 반면에 13장에서 16장까지 다룬 방법들은 휨 변형만을 고려하여 부재의 축방향 변형을 무시한다. 이러한 차이로 인해서 전통적인 방법에 따른 골조 해석의 결과는 매트릭스 구조해석에서 구한 값과 차이가 어느 정도 발생할 수 있다. 특히, 골조 부재의 축방향 변형이 클 경우에 그렇다. 그러나, 공학적으로 구조용 강재 혹은 철근콘크리트 골조가 주로 사용되어 부재의 축방향 변형이 휨 변형에 비해 매우 작기 때문에 설계를 위한 해석에서는 전통적인 해석이 가능한 것으로 여겨진다.

이 장에서는 먼저 구조물의 해석 모델을 준비하는 과정을 논의하고자 한다. 전체좌표계와 부재좌표계를 정의하고 자유도(degree of freedom; DOF)의 개념을 설명한다. 다음으로 부재좌표계에서 부재력 - 변위 관계식을 유도한다. 부재좌표계와 전체좌표계에서 단부 부재력과 변위의 좌표 변환을 알아보고, 전체좌표계에서 부재 강성관계식을 유도한다. 부재의 강성행렬을 합쳐서 전체 구조계의 강성관계식을 도출한다. 최종적으로 트러스, 보, 골조의 해석을 매트릭스 강성법에 의해 단계적으로 수행한다.

17.1 해석 모델

매트릭스 강성 해석법에서 구조물은 부재들의 끝에서의 절점에 연결된 직선 부재들의 집합체로 간주된다. **부재는 부재력 - 변위 관계가 해석에서 유효한 구조물의 일부로 정의된다.** 즉, 부재 단부에서 변위가 주어지면 부재력 - 변위 관계를 이용해서 부재 단부에서 부재력과 모멘트를 결정할 수 있어야 한다. 단면의 크기가 일정한 부재에 대한 이러한 관계는 다음 절에서 다뤄지게 될 것이다. **절점은 부재의 끝단이 연결되는 무한히 작은 크기의 구조 부분으로 정의된다.** 구조물의 부재들과 절점은 각각 "**요소**(elements)"와 "**절점**(nodes)"으로 불린다.

해석을 진행하기 전에 구조물의 해석 모델이 준비되어야 한다. 모델에서는 구조물을 선으로 표현하며 모든 부재와 절점들은 숫자로 표현된다. 그림 17.1(a)와 같은 골조를 예로 들어보자. 그림 17.1(b)와 같이 이 골조의 해석 모델에서는 절점 번호를 원 안에 번호로 표시했고, 부재 번호는 사각형 안에 번호로 표현되었다. 그림에서 보듯이 해석을 위해서 골조는 4개의 부재와 5개의 절점으로 구성되었다. 부재력 - 변위 관계가 해석에서는 동일한 크기의 단면을 갖는 부재에 대해서만 유효하기 때문에 골조의 수직 기둥은 2개의 부재로 구분되고 각각은 전체 길이에 걸쳐 단면 성질(I와 A)이 동일하다.

전체좌표계와 부재좌표계

강성법에서는 구조물의 형상과 거동이 직교좌표계 혹은 사각형의 **전체좌표계**로 표현된다. 이 장에서 사용되는 전체좌표계는 오른손법칙에 따른 XYZ 좌표계이고 그림 17.1(b)와 같이 평면 구조물은 XY 평면에 놓이게 된다.

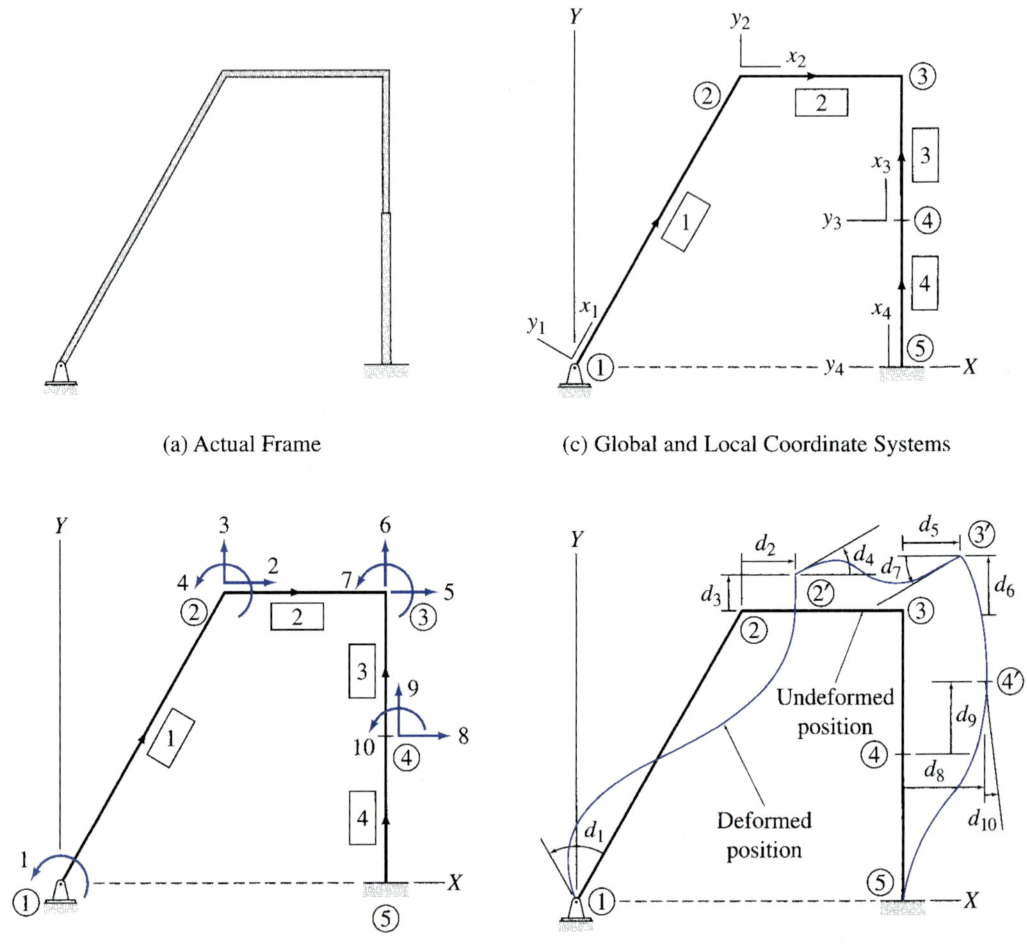

(a) Actual Frame

(c) Global and Local Coordinate Systems

(b) Analytical Model

(d) Degrees of Freedom

그림 17.1

일반적으로 기본적인 부재력-변위 관계는 부재축 방향과 그 수직방향에 대하여 부재력과 변위로 표현하는 것이 편리하기 때문에 구조물의 각 부재에 대해서 **부재좌표계**(혹은 국부좌표계, local coordinate system)를 정의한다. 부재 하나의 xyz 부재좌표계의 원점은 임의로 부재의 한 끝에 위치할 수 있고 부재 중심축을 따라 x 축이 정의된다. y 축의 양의 방향은 좌표계의 오른손법칙에 따르는데 부재좌표계 z 축이 전체좌표계 Z 축의 양의 방향을 향하도록 하면 된다. 그림 17.1(b)에서 각 부재의 x 축 양의 방향은 구조물의 선으로 표현된 각 부재를 따라 화살표로 표시되어 있다. 예를 들어 그림의 부재 1의 부재좌표계의 원점은 절점 1에 연결되는 끝에 위치하고, x_1 축은 절점 1에서 절점 2로 향한다. 부재좌표계의 원점이 되는 부재 절점은 부재의 **시작 절점**이 되고, 부재의 반대쪽 끝에 있는 절점은 **끝 절점**(end joint)이 된다. 예를 들어 그림 17.1(b)에서 부재 1은 절점 1에서 시작하고 절점 2에서 끝난다. 이에 반해 부재 2는 절점 2에서 시작하고 절점 3에서 끝난다. 부재좌표계의 x 축이 정의되면 y 축은 오른손법칙에 따라 정해진다. 따라서 부재좌표계의 이렇게 구한 골조의 모든 부재들에 대한 y 축을 그림 17.1(c)에 표시하였다. 각 부재들에 대해서 x축 방향에서 y축 방향으로 오른손의 손가락들을 구부리면 엄지손가락이 이 페이지 면의 바깥쪽 방향을 향하게 되는데 이것이 전체좌표계에서 Z축의 양의 방향이 된다.

자유도

구조물의 자유도(Degrees of Freedom)**는 임의의 하중을 받는 구조물의 변형된 형상을 표현하기 위해서 필요한 독립적인 절점 변위(이동과 회전)를 말한다.** 그림 17.1(a)의 평면골조를 이용하여 자유도를 설명해 보자. 임의의 하중을 받는 골조의 변형 형상을 그림 17.1(d)와 같이 나타냈다. 앞에서 설명한 고전적인 구조해석 방법에서는 부재의 축방향 변위를 무시했지만 매트릭스 강성법을 이용하여 골조를 해석할 때는 부재의 축방향 변위까지 고려한다. 그림 17.1(d)에서 회전단에 위치한 절점 1은 회전을 할 수 있지만 이동은 할 수 없다. 따라서 절점 1은 하나의 자유도만을 가지게 되고 그림에서 d_1으로 표시되었다. 골조의 절점 2는 지점에 위치하지 않기 때문에 변형된 위치 2′를 표현하기 위해 X, Y방향의 이동인 d_2, d_3와 Z축에 대한 회전인 d_4의 3개의 변위가 필요하다. 따라서 절점 2에는 3개의 자유도가 있다. 동일한 방법으로 구속되어 있지 않은 절점 3과 절점 4의 자유도 개수는 각각 3개이다. 마지막으로 절점 5는 고정단에 연결되어 있어서 이동이나 회전이 없기 때문에 자유도가 없다. 따라서 전체 골조의 자유도 개수는 10개이다. 그림 17.1(d)와 같이 절점 변위들은 전체좌표계를 기준으로 나타내며 절점 이동이 X, Y축의 양의 방향을 향할 때 양의 값이 되며, 시계반대 방향으로 회전할 때 양이 된다. 그림 17.1(d)의 모든 절점 변위는 양의 값으로 표시한 것이다. 골조의 절점 변위들을 매트릭스 형태로 표시하면 다음과 같다. 여기서, **d**는 구조물의 **절점 변위 벡터**이다.

$$\mathbf{d} = \begin{bmatrix} d_1 \\ d_2 \\ \cdot \\ \cdot \\ \cdot \\ d_9 \\ d_{10} \end{bmatrix}$$

강성법을 적용할 때는 자유도를 표시하기 위해 그림 17.1(d)와 같이 구조물의 변형 형상을 그릴 필요는 없다. 대신에 그림 17.1(b)와 같이 절점에 화살표를 그려서 자유도를 구조물의 선에 표시한다. 그림과 같이 자유도는 가장 작은 절점 번호에서 시작하여 가장 큰 절점 번호로 순차적으로 정해진다. 절점에 하나 이상의 자유도가 있을 경우에 X방향 이동이 첫 번째 번호가 되고 Y방향 이동, 회전의 순서로 번호가 정해진다.

횡방향 하중을 받은 연속보에는 부재의 축방향 변형이 없다. 따라서 해석에서 보의 도심축 방향으로의 절점 변위는 고려할 필요가 없다. 평면 연속보 절점은 수직 방향 이동과 회전의 2개의 자유도를 갖는다. 예를 들어 그림 17.2(a)와 같은 연속보에는 그림 17.2(b)와 같이 4개의 자유도가 있다.

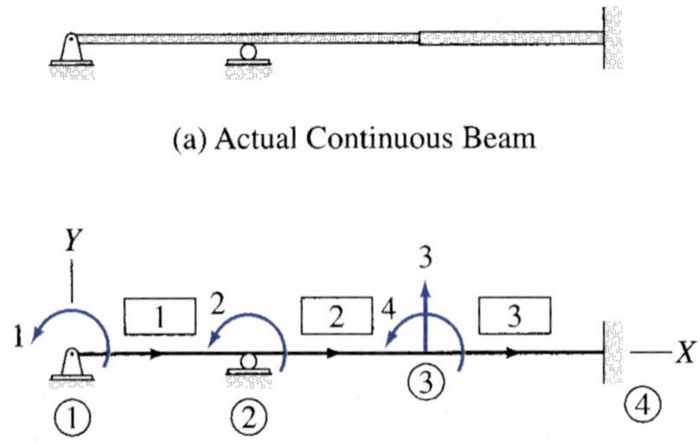

(a) Actual Continuous Beam

(b) Analytical Model and Degrees of Freedom

그림 17.2

트러스의 절점이 마찰이 없는 힌지라고 가정할 경우에 트러스 절점에는 모멘트가 발생하지 않고 회전이 0이 된다. 따라서 평면트러스를 해석할 때에는 각 절점에 전체좌표계의 X, Y방향의 이동의 2개의 자유도만 고려하면 된다. 예를 들어 그림 17.3(a)의 트러스는 그림 17.3(b)와 같이 3개의 자유도를 갖고 있다.

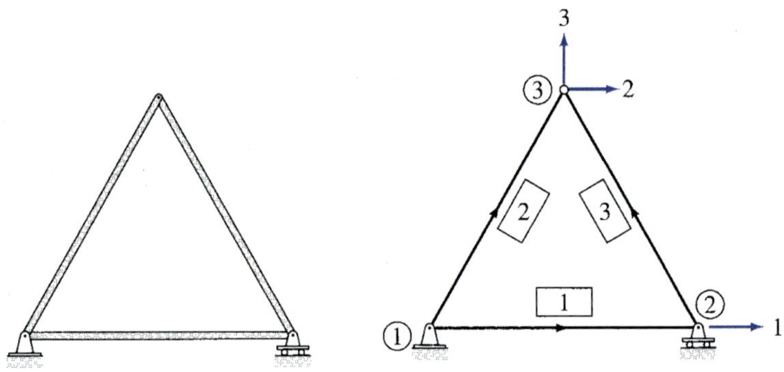

(a) Actual Truss

(b) Analytical Model and Degrees of Freedom

그림 17.3

17.2 부재좌표계에서 부재 강성관계식

매트릭스 강성법 해석에서는 구조물의 절점 변위를 식 (17.1)의 연립방정식을 풀어서 구하게 된다.

$$\overline{\mathbf{P}} = \mathbf{S}\mathbf{d} \tag{17.1}$$

여기서, $\mathbf{d}$는 앞에서 설명한 절점 변위 벡터, $\overline{\mathbf{P}}$는 구조물 절점에서의 외력에 의한 영향, $\mathbf{S}$는 **구조 강성매트릭스**를 의미한다. 17.5절에서 설명하겠지만 전체 구조물의 강성매트릭스 $\mathbf{S}$는 구조물의 각 개별 부재의 강성매트릭스를 조합하여 구한다. **부재 강성매트릭스는 부재 단부의 부재력들을 부재 단부의 변위의 함수로 표현한 것이다.** 여기에 사용되는 **부재력**과 **변위**에는 일반적으로 모멘트와 회전이 포함된다. 이 절에서는 부재의 부재좌표계에서의 평면골조, 연속보, 평면트러스에 대한 부재 강성매트릭스를 유도할 것이다.

골조의 부재

평면골조의 부재에 대한 강성매트릭스를 유도하기 위해서 그림 17.4(a)와 같은 골조의 단면이 변하지 않는 임의의 부재 m을 생각해 보자. 골조가 외부 하중을 받으면 부재 m은 변형을 일으키고 부재 단부에서 내력이 발생한다. 그림 17.4(b)에 변형 전과 변형 후의 부재 위치가 표시되어 있다. 그림과 같이 각 단부의 변형된 위치를 표현하기 위해 x, y 방향의 이동과 z 축에 대한 회전을 포함하여 3개의 변위가 필요하다. 따라서 각 부재는 전체적으로 6개의 단부 변위 혹은 자유도를 갖게 된다. 그림 17.4(b)와 같이 부재 끝의 변위를 u_1에서 u_6로 표시하고 이에 해당하는 부재 단부의 부재력들은 Q_1에서 Q_6로 표시한다. 부재에 대하여 이러한 변위와 부재력은 부재좌표계에서 상대적으로 표시되는데 부재좌표계에서 부재력과 변위는 x, y 방향의 양의 방향과 회전과 모멘트는 반시계방향이 양의 방향이 된다. 그림 17.4(b)와 같이 단부 변위와 부재력은 부재좌표계의 원점에 있는 부재 끝 b에서부터 번호를 부여한다. 이때 x 방향의 변위와 부재력의 번호를 먼저 정하고 y 방향 변위와 부재력, 그리고 회전과 모멘트의 순서로 번호를 부여한다. 부재의 다른 단부 e에서의 변위와 부재력도 동일한 방식으로 번호를 부여한다.

여기서 필요한 것은 부재의 단부 부재력과 변위를 부재에 작용하는 외력에 대한 관계로 구하는 것이다. 이러한 관계는 각 부재에 대해서 각각 6개의 변위와 외력을 가한 후에 총 단부 부재력을 외력에 의해 발생하는 개별적인 단부 변위를 발생시키는데 필요한 부재력과 외력에 의해 유발되는 부재력을 더해서 쉽게 구할 수 있다. 따라서 그림 17.4(b)에서 (i)로부터 다음을 얻을 수 있다.

$$Q_1 = k_{11}u_1 + k_{12}u_2 + k_{13}u_3 + k_{14}u_4 + k_{15}u_5 + k_{16}u_6 + Q_{f1} \quad (17.2a)$$

$$Q_2 = k_{21}u_1 + k_{22}u_2 + k_{23}u_3 + k_{24}u_4 + k_{25}u_5 + k_{26}u_6 + Q_{f2} \quad (17.2b)$$

$$Q_3 = k_{31}u_1 + k_{32}u_2 + k_{33}u_3 + k_{34}u_4 + k_{35}u_5 + k_{36}u_6 + Q_{f3} \quad (17.2c)$$

$$Q_4 = k_{41}u_1 + k_{42}u_2 + k_{43}u_3 + k_{44}u_4 + k_{45}u_5 + k_{46}u_6 + Q_{f4} \quad (17.2d)$$

$$Q_5 = k_{51}u_1 + k_{52}u_2 + k_{53}u_3 + k_{54}u_4 + k_{55}u_5 + k_{56}u_6 + Q_{f5} \quad (17.2e)$$

$$Q_6 = k_{61}u_1 + k_{62}u_2 + k_{63}u_3 + k_{64}u_4 + k_{65}u_5 + k_{66}u_6 + Q_{f6} \quad (17.2f)$$

여기서, k_{ij}는 **다른 모든 단부 변위가 0일 때** 단위 변위 u_j를 유발하기 위하여 Q_i**의 위치와 방향으로 요구되는 부재력**을 나타낸다. 단위 변위에 대한 부재력을 **강성계수**(stiffness coefficients)라 한다. 강성계수에 있는 두 개의 아래첨자 중에서 첫 번째 첨자는 부재력을 나타내고 두 번째 첨자는 변위를 나타낸다. 식 (17.2) 우변의 마지막 항은 외력(그림 17.4(i))에 의한 고정단

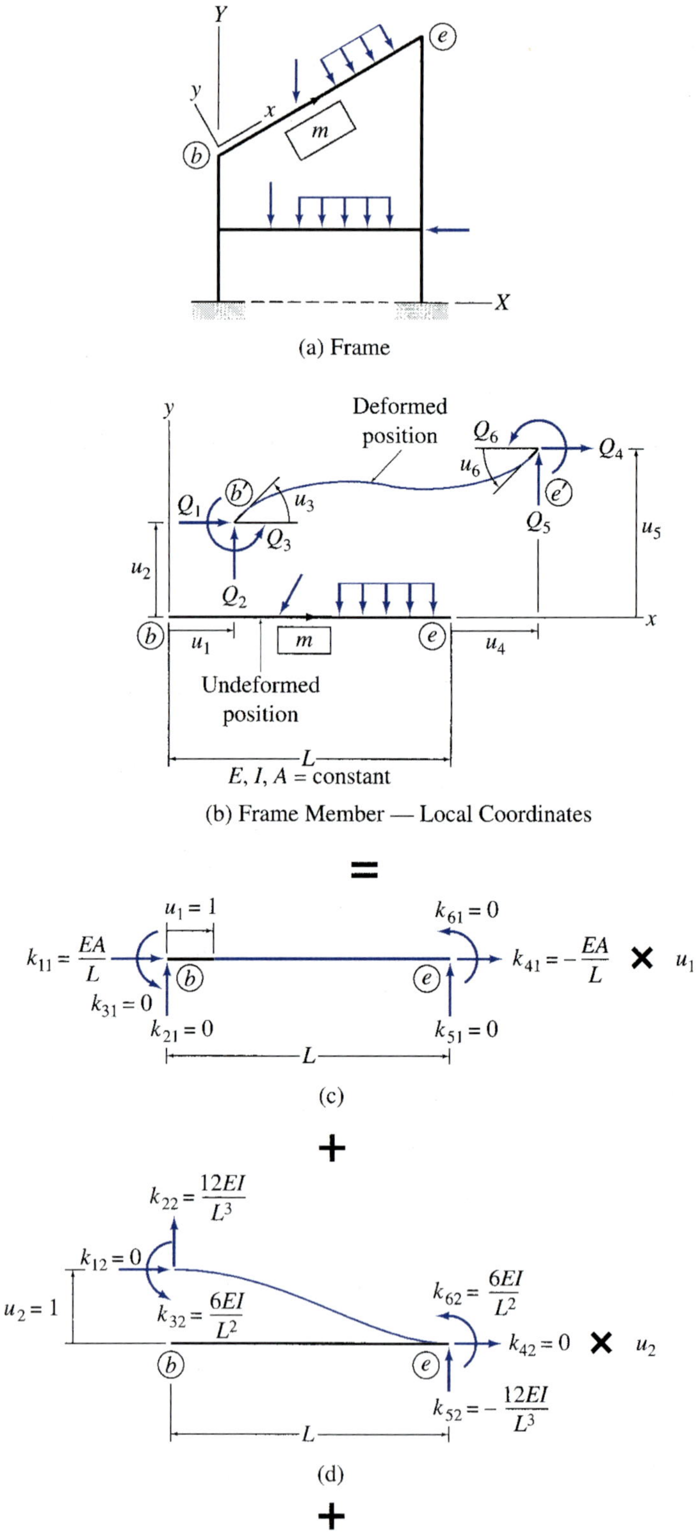

(a) Frame

(b) Frame Member — Local Coordinates

(c)

(d)

그림 17.4

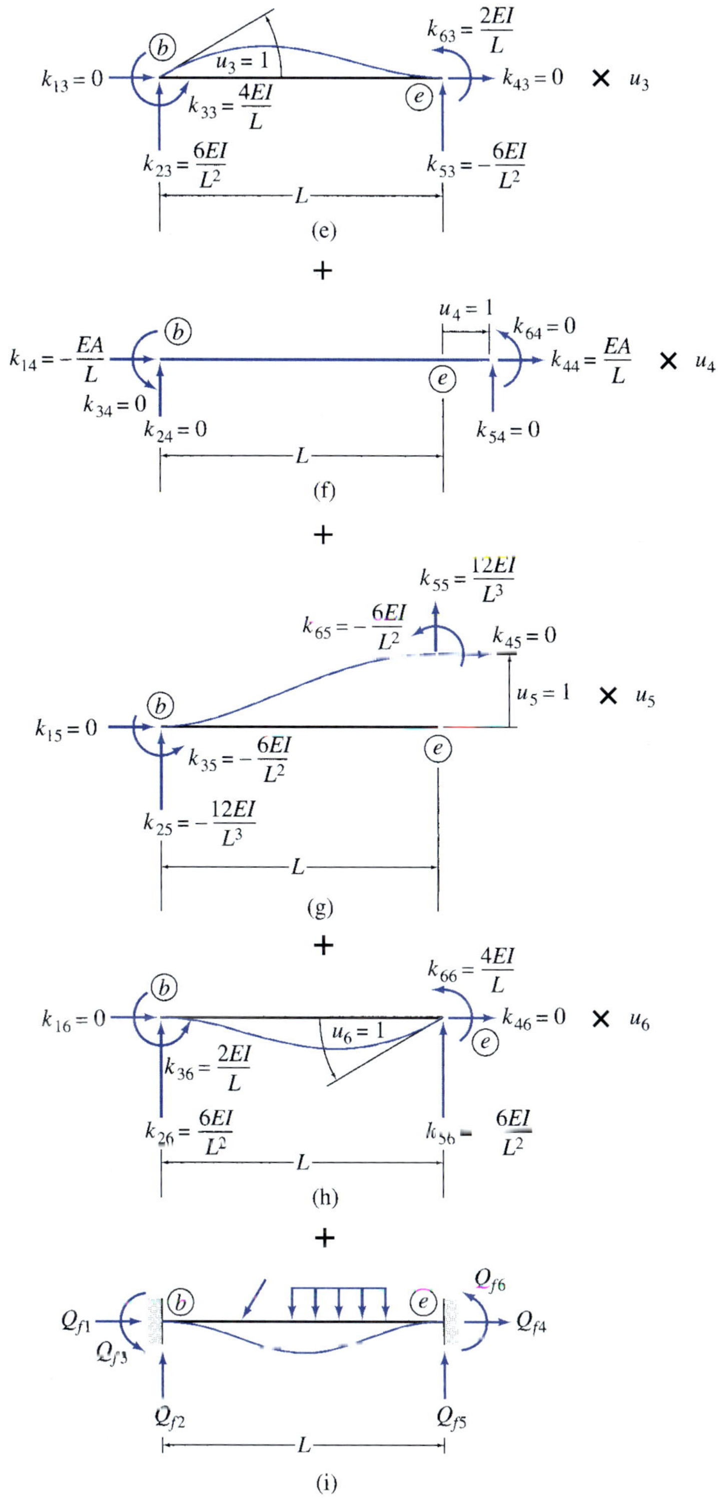

k13 = 0
u3 = 1
k33 = 4EI/L
k23 = 6EI/L²
k63 = 2EI/L
k43 = 0
k53 = −6EI/L²
× u3
L
(e)
+
k14 = −EA/L
k34 = 0
k24 = 0
u4 = 1
k64 = 0
k44 = EA/L
k54 = 0
× u4
L
(f)
+
k55 = 12EI/L³
k65 = −6EI/L²
k45 = 0
u5 = 1
× u5
k15 = 0
k35 = −6EI/L²
k25 = −12EI/L³
L
(g)
+
k66 = 4EI/L
k16 = 0
k46 = 0
× u6
u6 = 1
k36 = 2EI/L
k26 = 6EI/L²
k56 = 6EI/L²
L
(h)
+
Qf6
Qf1
Qf4
Qf3
Qf2
Qf5
L
(i)

그림 17.4 계속

하중을 나타낸다. 이 값은 이 책의 뒷면에 있는 고정단모멘트를 구하는 식과 평형방정식을 이용하여 구할 수 있다.

매트릭스 곱에 대한 정의를 사용하여 식 (17.2)를 다음과 같은 매트릭스 형태로 표현할 수 있다.

$$\begin{bmatrix} Q_1 \\ Q_2 \\ Q_3 \\ Q_4 \\ Q_5 \\ Q_6 \end{bmatrix} = \begin{bmatrix} k_{11} & k_{12} & k_{13} & k_{14} & k_{15} & k_{16} \\ k_{21} & k_{22} & k_{23} & k_{24} & k_{25} & k_{26} \\ k_{31} & k_{32} & k_{33} & k_{34} & k_{35} & k_{36} \\ k_{41} & k_{42} & k_{43} & k_{44} & k_{45} & k_{46} \\ k_{51} & k_{52} & k_{53} & k_{54} & k_{55} & k_{56} \\ k_{61} & k_{62} & k_{63} & k_{64} & k_{65} & k_{66} \end{bmatrix} \begin{bmatrix} u_1 \\ u_2 \\ u_3 \\ u_4 \\ u_5 \\ u_6 \end{bmatrix} + \begin{bmatrix} Q_{f1} \\ Q_{f2} \\ Q_{f3} \\ Q_{f4} \\ Q_{f5} \\ Q_{f6} \end{bmatrix} \tag{17.3}$$

또는 기호로 표현하면 다음과 같다.

$$\mathbf{Q} = \mathbf{ku} + \mathbf{Q}_f \tag{17.4}$$

여기서, $\mathbf{Q}$와 $\mathbf{u}$는 각각 부재좌표계에서의 부재 단부 부재력과 부재 단부 변위, $\mathbf{k}$는 **부재좌표계에서 부재 강성매트릭스**, $\mathbf{Q}_f$는 **부재좌표계에서 부재 단부 부재력 벡터**를 나타낸다.

강성계수 k_{ij}는 부재에 개별적으로 6개의 단부 변위에 대한 단위량을 작용시켜서 구할 수 있다. 개별적인 단위 변위량을 일으키는데 필요한 부재 단부 부재력들은 재료역학의 원리와 처짐각 방정식(15장 참조), 평형방정식을 사용해 구할 수 있다. 구해진 부재 단부 부재력은 부재 강성계수를 의미한다.

그림 17.4(c)에 나타낸 부재의 단부 b에서의 단위 변위 u_1에 해당하는 강성계수를 구해보도록 하자. 부재의 다른 모든 변위들은 0으로 한다. **재료역학의 원리**에서 축력 Q_1에 의한 부재 축방향 변형 u_1는 $u_1 = Q_1 L/EA$ 이므로 변위 $u_1 = 1$을 일으키는 부재 단부 b(그림 17.4(c))에 작용해야 하는 부재력 k_{11}을 구하면 다음과 같다.

$$k_{11} = \frac{EA}{L}$$

부재의 다른 쪽 단부 e에서 축력 k_{41}은 평형방정식을 이용하여 구할 수 있다.

$$+ \rightarrow \sum F_x = 0 \qquad k_{11} + k_{41} = 0$$

$$k_{41} = -k_{11} = -\frac{EA}{L}$$

여기서, 음의 부호는 x축의 음의 방향으로 이 부재력이 작용한다는 것을 의미한다. 단부 변위 $u_1 = 1$은 부재에 휨을 발생시키지 않기 때문에 부재 단부의 y방향으로는 어떠한 부재력이나 모멘트가 발생하지 않는다. 그러므로 아래와 같은 결과를 얻을 수 있다.

$$k_{21} = k_{31} = k_{51} = k_{61} = 0$$

동일한 방법으로 부재의 단부 e에서 $u_4 = 1$의 축방향 변위를 일으키는 단부 부재력들은 그림 17.4(f)와 같이 다음의 값들로 구해진다.

$$k_{14} = -\frac{EA}{L} \qquad k_{44} = \frac{EA}{L} \qquad k_{24} = k_{34} = k_{54} = k_{64} = 0$$

다른 모든 변위가 0인 상태에서 단위 변위 u_2가 유발하는 보의 변형 형상은 그림 17.4(d)와 같다. 이렇게 변형된 형상을 일으키는 단부 모멘트(y 방향 단부 부재력과 함께)는 15.1절에서 유도한 처짐각 방정식을 이용해서 구할 수 있다. 식 (15.8)에 $M_{AB} = k_{32}$, $M_{BA} = k_{62}$, $\theta_A = \theta_B = 0$, $\psi = -1/L$, $\text{FEM}_{AB} = \text{FEM}_{BA} = 0$을 대입하면 다음을 구할 수 있다.

$$k_{32} = k_{62} = \frac{6EI}{L^2}$$

y축 방향의 단부 부재력은 다음의 평형방정식을 이용하여 구할 수 있다.

$$+\circlearrowleft \sum M_e = 0 \qquad 2\left(\frac{6EI}{L^2}\right) - k_{22}(L) = 0$$

$$k_{22} = \frac{12EI}{L^3}$$

$$+\uparrow \sum F_y = 0 \qquad \frac{12EI}{L^3} + k_{52} = 0$$

$$k_{52} = -\frac{12EI}{L^3}$$

부재에 축방향 변형이 없기 때문에 부재 단부의 축력성분은 0이 된다. 즉,

$$k_{12} = k_{42} = 0$$

변위 $u_5 = 1$(그림 17.4(g))을 일으키기 위한 부재 단부 부재력도 동일한 방법으로 구할 수 있다.

$$k_{15} = k_{45} = 0 \qquad k_{25} = -\frac{12EI}{L^3} \qquad k_{35} = k_{65} = -\frac{6EI}{L^2} \qquad k_{55} = \frac{12EI}{L^3}$$

$u_1 = u_2 = u_4 = u_5 = u_6 = 0$이며 회전 $u_3 = 1$인 부재의 변형 형상을 그림 17.4(e)에 나타내었다. $M_{AB} = k_{33}$, $M_{BA} = k_{63}$, $\theta_A = 1$과 $\theta_B = \psi = \text{FEM}_{AB} = \text{FEM}_{BA} = 0$을 처짐각 방정식(식 (15.8))에 대입하여 부재 단부 모멘트를 다음과 같이 구하였다.

$$k_{33} = \frac{4EI}{L} \qquad k_{63} = \frac{2EI}{L}$$

평형방정식을 이용하면 다음을 구할 수 있다.

$$k_{23} = \frac{6EI}{L^2} \qquad k_{53} = -\frac{6EI}{L^2}$$

같은 방식으로 단위 변위 $u_6 = 1$에 대한 강성계수를 계산한다(그림 17.4(h)).

$$k_{16} = k_{46} = 0 \qquad k_{26} = -k_{56} = \frac{6EI}{L^2} \qquad k_{36} = \frac{2EI}{L} \qquad k_{66} = \frac{4EI}{L}$$

앞의 강성계수값들을 식 (17.3)에 대입하여 부재좌표계에서 평면골조의 부재에 대한 강성매트릭스를 구할 수 있다.

$$\mathbf{k} = \frac{EI}{L^3}\begin{bmatrix} \frac{AL^2}{I} & 0 & 0 & -\frac{AL^2}{I} & 0 & 0 \\ 0 & 12 & 6L & 0 & -12 & 6L \\ 0 & 6L & 4L^2 & 0 & -6L & 2L^2 \\ -\frac{AL^2}{I} & 0 & 0^2 & \frac{AL^2}{I} & 0 & 0 \\ 0 & -12 & -6L & 0 & 12 & -6L \\ 0 & 6L & 2L^2 & 0 & -6L & 4L^2 \end{bmatrix} \tag{17.5}$$

부재 강성매트릭스의 i번째 열은 다른 모든 변위가 0인 상태에서 단위 변위 u_i를 발생시키는데 필요한 단부 부재력으로 구성되어 있다. 예를 들면 **k**의 두 번째 열은 그림 17.4(d)에 나타낸 변위 $u_2 = 1$을 일으키는데 필요한 6개의 단부 부재력들로 구성된다. 식 (17.5)에서 강성매트릭스 **k**는 대칭임을 알 수 있다. 즉 $k_{ij} = k_{ji}$이다. 베티의 법칙(7.8절 참조)에서 선형 탄성 구조의 강성매트릭스는 언제나 대칭인 것을 알 수 있다.

연속보 부재

횡하중을 받는 연속보 부재의 축방향 변형은 0이기 때문에 해석에서 부재의 중심축 방향의 자유도를 고려할 필요가 없다. 따라서 평면 연속보 부재에 대해서는 4개의 자유도만 고려하면 된다. 연속보 부재의 자유도와 이에 해당하는 단부 부재력을 그림 17.5에 나타내었다.

식 (17.4)의 기호 또는 매트릭스 형태로 표현된 강성관계식을 연속보 부재에 대해서도 적용할 수 있다. 그러나 $\mathbf{Q}$, $\mathbf{u}$, $\mathbf{Q}_f$는 이제 4×1 벡터이고 부재좌표계에서 부재 강성매트릭스 **k**는 다음과 같다.

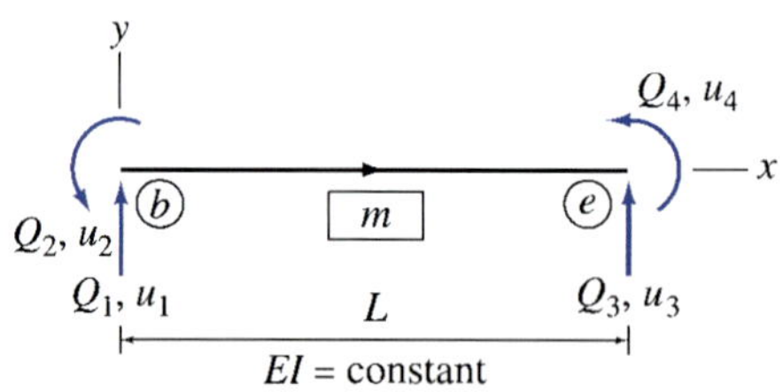

Continuous beam member – local coordinates

그림 17.5

$$\mathbf{k} = \frac{EI}{L^3}\begin{bmatrix} 12 & 6L & -12 & 6L \\ 6L & 4L^2 & -6L & 2L^2 \\ -12 & -6L & 12 & -6L \\ 6L & 2L^2 & -6L & 4L^2 \end{bmatrix} \tag{17.6}$$

앞에서 유도한 식 (17.5)의 골조 부재에 대한 매트릭스에서 첫 번째와 네 번째 열과 행을 삭제하고 4×4 $\mathbf{k}$ 매트릭스를 구할 수 있다.

트러스 부재

트러스 부재에는 축력만 작용하며 이 축력은 부재의 중심축 방향에서 부재 단부의 변위를 이용하여 구할 수 있다. 따라서 평면트러스 부재에서는 2개의 자유도만 고려하면 된다. 그림 17.6에 트러스 부재의 자유도와 이에 해당하는 단부 부재력을 나타내었다.

부재좌표계에서 트러스 부재의 강성관계식은 다음과 같이 표현된다.

$$\mathbf{Q} = \mathbf{ku} \tag{17.7}$$

식 (17.7)은 식 (17.4)에서 $\mathbf{Q}_f = \mathbf{0}$을 대입하여 구할 수 있다. 이는 트러스 부재가 어떤 외력도 받지 않으며 결과적으로 부재 고정단 하중이 0이기 때문이다. 식 (17.7)에서 $\mathbf{Q}$와 $\mathbf{u}$는 부재 단부 부재력과 변위로 구성된 2×1 벡터이다(그림 17.6); $\mathbf{k}$는 다음과 같이 부재좌표계에서 부재 강성매트릭스이다.

$$\mathbf{k} = \frac{EA}{L}\begin{bmatrix} 1 & -1 \\ -1 & 1 \end{bmatrix} \tag{17.8}$$

트러스 부재의 강성매트릭스는 앞에서 설명한 과정을 이용하여 직접 유도하거나(그림 17.4(c)와 (f) 참조), 골조 부재(식 (17.5))의 강성매트릭스에서 열 2, 3, 5, 6과 행 2, 3, 5, 6을 삭제해서 구할 수 있다.

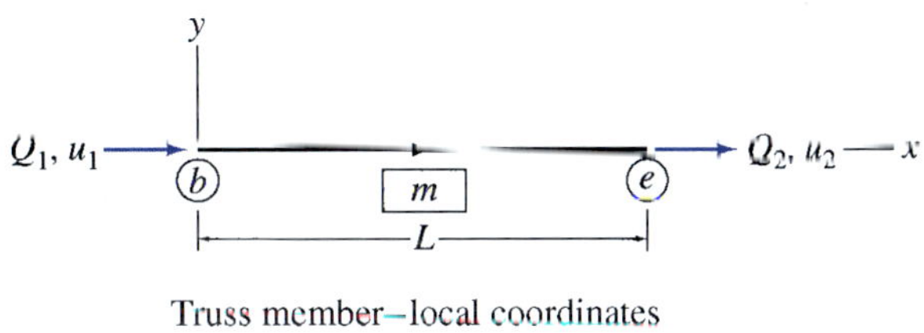

그림 17.6

17.3 좌표 변환

구조물을 구성하는 부재가 서로 다른 방향일 때 각 부재의 강성관계식을 부재좌표계에서 일반적인 전체좌표계로 변환해야 한다. 따라서 전체좌표계에서 부재 강성관계식을 구하고 이들을 조합하여 전체 구조에 대한 강성관계식을 구한다. 이 절에서는 평면골조, 연속보, 평면트러스 부재에 대해서 단부 부재력과 변위를 부재좌표계에서 전체좌표계로 변환하거나 그 반대의 경우에 대해서 설명하고자 한다. 강성관계식의 좌표계 변환에 대해서는 다음 절에서 논의한다.

골조 부재

그림 17.7(a)와 같은 골조의 임의의 부재 m에 대해 생각해 보자. 전체 XY좌표계에 대한 부재의 방향은 그림과 같이 전체좌표계 X좌표의 양의 방향에서 부재좌표계 x축 양의 방향으로 반시계방향으로 이동한 각 θ이다. 앞에서 유도한 강성관계는 그림 17.7(b)와 같이 부재좌표계 xy좌표계에 대한 부재 단부 부재력 $\mathbf{Q}$와 단부 변위 $\mathbf{u}$에 대해서만 적용할 수 있다.

부재 단부 부재력과 단부 변위를 전체 XY좌표계(그림 17.7(c))로 나타내려면 부재 xy좌표계에서 부재에 동일한 영향을 미치는 단부 부재력과 변위에 대한 등가 시스템을 구해야 한다. 그림 17.7(c)와 같이 전체좌표계에서 부재 단부 부재력은 F_1에서 F_6으로 표시하고 부재 단부 변위는 v_1에서 v_6로 표시한다. 전체좌표계에서 부재 단부 부재력과 변위에 대한 번호는 부재좌표계의 원점인 부재 단부 b에서부터 시작한다. 번호는 X방향의 부재력과 변위를 먼저 붙이고 Y방향의 부재력과 변위, 그리고 모멘트와 회전 순으로 붙인다. 다음으로 부재의 반대쪽 단부인 e에서 부재력과 변위에 대한 번호를 동일한 순서로 붙인다.

그림 17.7(b)와 (c)에 대한 비교에서 알 수 있듯이 부재좌표계의 부재 단부 b에서의 부재력 Q_1은 전체좌표계에서의 부재력 F_1과 F_2의 부재좌표계의 x축 방향에 대한 분력의 합과 일치해야 한다. 즉,

$$Q_1 = F_1 \cos\theta + F_2 \sin\theta \tag{17.9a}$$

같은 방법으로 부재좌표계에서의 부재력 Q_2는 부재력 F_1과 F_2의 부재좌표계의 y축 방향에 대한 분력의 합과 일치해야 한다. 즉,

$$Q_2 = -F_1 \sin\theta + F_2 \cos\theta \tag{17.9b}$$

부재좌표계의 z축과 전체좌표계의 Z축은 같은 방향이므로(즉, 지면의 바깥쪽 방향을 향하기 때문에) − 부재좌표계의 단부 모멘트 Q_3는 전체좌표계의 단부 모멘트 F_3과 동일하다. 따라서

$$Q_3 = F_3 \tag{17.9c}$$

부재 단부 e에서도 동일한 과정으로 부재좌표계에서의 부재력들을 전체좌표계에서의 부재력들로 다음과 같이 표현할 수 있다.

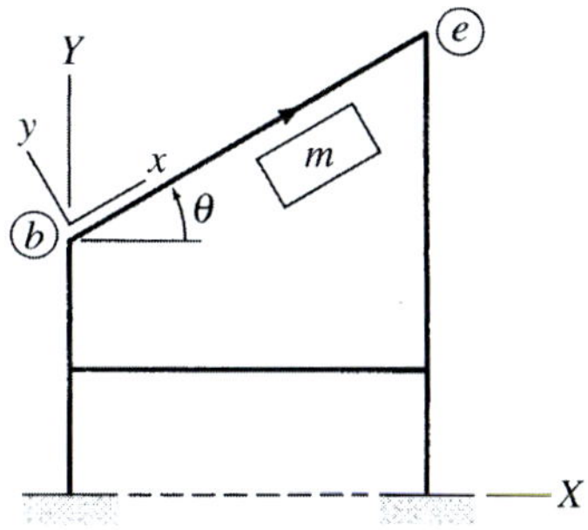

(a) Frame

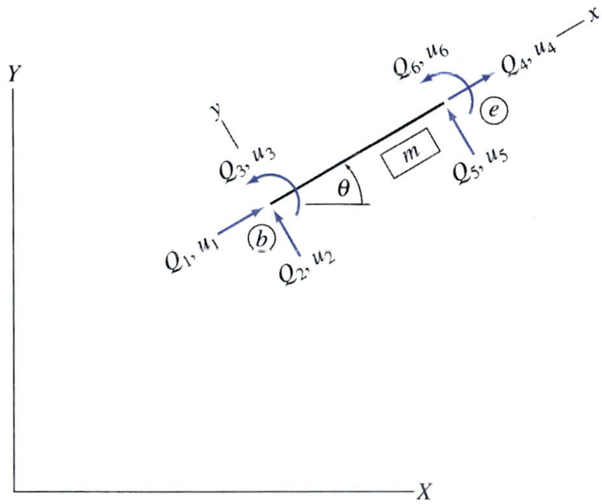

(b) Member End Forces and End Displacements in Local Coordinates

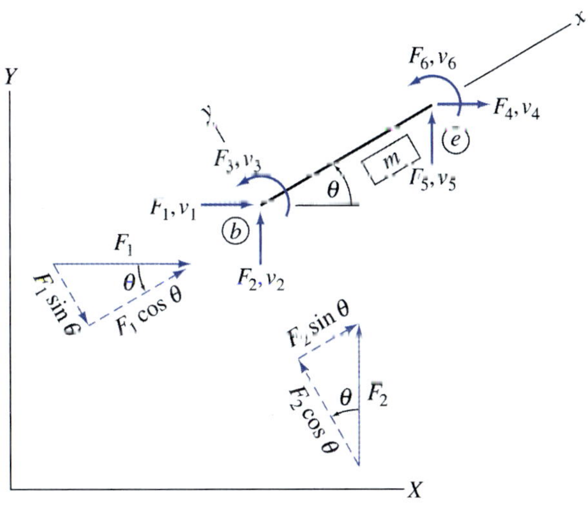

(c) Member End Forces and End Displacements in Global Coordinates

그림 17.7

$$Q_4 = F_4 \cos\theta + F_5 \sin\theta \tag{17.9d}$$

$$Q_5 = -F_4 \sin\theta + F_5 \cos\theta \tag{17.9e}$$

$$Q_6 = F_6 \tag{17.9f}$$

식 (17.9a)에서 (17.9f)까지의 식들을 매트릭스 형태로 표현할 수 있다.

$$\begin{bmatrix} Q_1 \\ Q_2 \\ Q_3 \\ Q_4 \\ Q_5 \\ Q_6 \end{bmatrix} = \begin{bmatrix} \cos\theta & \sin\theta & 0 & 0 & 0 & 0 \\ -\sin\theta & \cos\theta & 0 & 0 & 0 & 0 \\ 0 & 0 & 1 & 0 & 0 & 0 \\ 0 & 0 & 0 & \cos\theta & \sin\theta & 0 \\ 0 & 0 & 0 & -\sin\theta & \cos\theta & 0 \\ 0 & 0 & 0 & 0 & 0 & 1 \end{bmatrix} \begin{bmatrix} F_1 \\ F_2 \\ F_3 \\ F_4 \\ F_5 \\ F_6 \end{bmatrix} \tag{17.10}$$

기호로 표현하면 다음과 같다.

$$\mathbf{Q} = \mathbf{TF} \tag{17.11}$$

여기서, $\mathbf{T}$를 **변환 매트릭스**(transformation matrix)라 한다.

$$\mathbf{T} = \begin{bmatrix} \cos\theta & \sin\theta & 0 & 0 & 0 & 0 \\ -\sin\theta & \cos\theta & 0 & 0 & 0 & 0 \\ 0 & 0 & 1 & 0 & 0 & 0 \\ 0 & 0 & 0 & \cos\theta & \sin\theta & 0 \\ 0 & 0 & 0 & -\sin\theta & \cos\theta & 0 \\ 0 & 0 & 0 & 0 & 0 & 1 \end{bmatrix} \tag{17.12}$$

$\mathbf{T}$를 구하기 위해서 필요한 부재의 방향 코사인은 다음 식을 이용해서 쉽게 구할 수 있다.

$$\cos\theta = \frac{X_e - X_b}{L} = \frac{X_e - X_b}{\sqrt{(X_e - X_b)^2 + (Y_e - Y_b)^2}} \tag{17.13a}$$

$$\sin\theta = \frac{Y_e - Y_b}{L} = \frac{Y_e - Y_b}{\sqrt{(X_e - X_b)^2 + (Y_e - Y_b)^2}} \tag{17.13b}$$

여기서, X_b와 Y_b는 부재의 시작 절점 b에서의 전체좌표계, X_e와 Y_e는 끝 절점 e에서의 전체좌표계, L은 부재 길이를 의미한다.

부재 단부의 변위도 해당되는 부재 단부의 부재력과 같은 방향으로 정의되는 벡터이다. 그러므로 단부 부재력에 대해서 유도한 변환 매트릭스 $\mathbf{T}$(식 (17.12))를 전체좌표계에서 부재좌표계로 부재 단부 변위를 변환할 때도 사용할 수 있다.

$$\mathbf{u} = \mathbf{Tv} \tag{17.14}$$

다음으로 부재 단부 부재력과 단부 변위를 부재좌표계에서 전체좌표계로 변환해야 한다. 그림 17.7(b)와 (c)로부터 부재 단부 b에서 전체좌표계의 부재력 F_1은 부재좌표계에서의 부재력 Q_1과 Q_2의 전체좌표계 X축 방향에 대한 분력의 합과 동일해야 한다.

$$F_1 = Q_1 \cos\theta - Q_2 \sin\theta \tag{17.15a}$$

같은 방법으로 전체좌표계에서 부재력 F_2는 부재력 Q_1과 Q_2의 전체좌표계 Y축 방향에 대한 분력의 합과 동일해야 한다. 즉,

$$F_2 = Q_1 \sin\theta + Q_2 \cos\theta \tag{17.15b}$$

앞에서 설명한 것과 같이

$$F_3 = Q_3 \tag{17.15c}$$

같은 방법으로 부재 단부 e 에서

$$F_4 = Q_4 \cos\theta - Q_5 \sin\theta \tag{17.15d}$$

$$F_5 = Q_4 \sin\theta + Q_5 \cos\theta \tag{17.15e}$$

$$F_6 = Q_6 \tag{17.15f}$$

식 (17.15a)에서 (17.15f)까지를 매트릭스 형태로 표현하면 다음과 같다.

$$\begin{bmatrix} F_1 \\ F_2 \\ F_3 \\ F_4 \\ F_5 \\ F_6 \end{bmatrix} = \begin{bmatrix} \cos\theta & -\sin\theta & 0 & 0 & 0 & 0 \\ \sin\theta & \cos\theta & 0 & 0 & 0 & 0 \\ 0 & 0 & 1 & 0 & 0 & 0 \\ 0 & 0 & 0 & \cos\theta & -\sin\theta & 0 \\ 0 & 0 & 0 & \sin\theta & \cos\theta & 0 \\ 0 & 0 & 0 & 0 & 0 & 1 \end{bmatrix} \begin{bmatrix} Q_1 \\ Q_2 \\ Q_3 \\ Q_4 \\ Q_5 \\ Q_6 \end{bmatrix} \tag{17.16}$$

식 (17.10)과 (17.16)의 비교에서 식 (17.16)의 부재좌표계에서 전체좌표계로 변환하는 변환 매트릭스는 식 (17.10)의 변환 매트릭스 $\mathbf{T}$의 전치행렬임을 알 수 있다. 따라서 식 (17.16)을 다음과 같이 표현할 수 있다.

$$\mathbf{F} = \mathbf{T}^T \mathbf{Q} \tag{17.17}$$

매트릭스 $\mathbf{T}^T$는 부재 단부의 변위를 부재좌표계에서 전체좌표계로 변환하는 것을 나타낸다. 즉,

$$\mathbf{v} = \mathbf{T}^T \mathbf{u} \tag{17.18}$$

연속보 부재

연속보 해석에서는 부재좌표계의 x, y축의 양의 방향이 전체좌표계의 X, Y축의 양의 방향과 동일하도록 한다(그림 17.8). 따라서 부재의 단부 부재력과 단부 변위가 전체좌표계와 부재좌표계에서 동일하기 때문에 좌표 변환이 필요 없다.

$$\mathbf{F} = \mathbf{Q} \qquad \mathbf{v} = \mathbf{u} \tag{17.19}$$

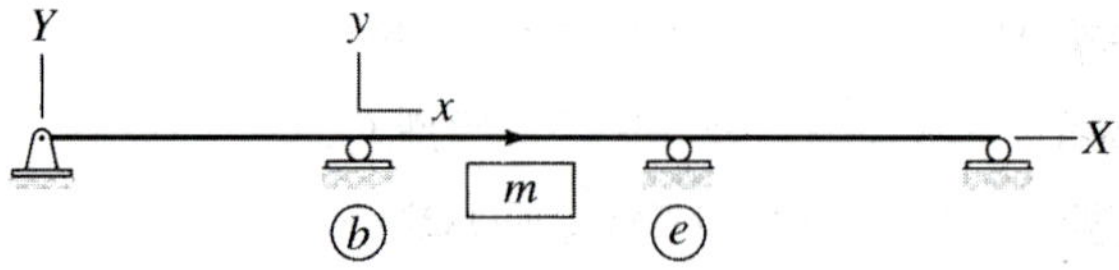

(a) Continuous Beam

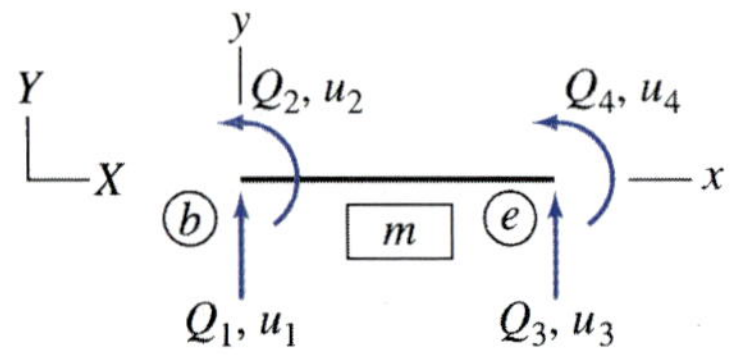

(b) Member End Forces and End Displacements in Local Coordinates

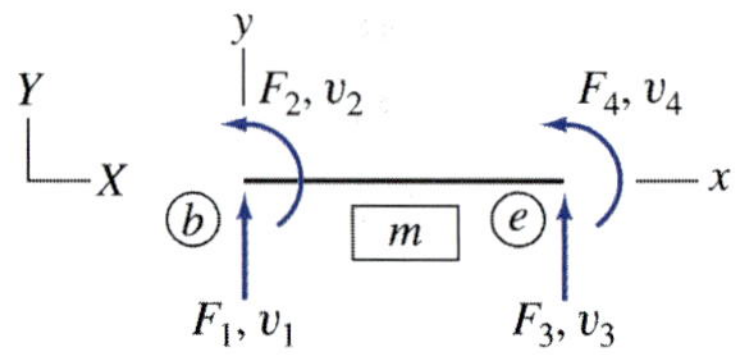

(c) Member End Forces and End Displacements in Global Coordinates

그림 17.8

트러스 부재

그림 17.9(a)와 같은 트러스의 임의의 부재 m을 생각해보자. 그림 17.9(b)와 (c)에 부재의 단부 부재력과 단부 변위를 부재좌표계와 전체좌표계에서 각각 나타내었다. 각 부재 단부에서의 2개의 자유도와 2개의 단부 부재력이 전체좌표계에서의 부재 축방향 변위와 축력을 표현하기 위해 필요하다. 따라서 전체좌표계에서 트러스 부재는 그림 17.9(c)와 같이 모두 $v_1 \sim v_4$의 4개의 자유도를 갖고 $F_1 \sim F_4$의 4개의 단부 부재력을 갖는다.

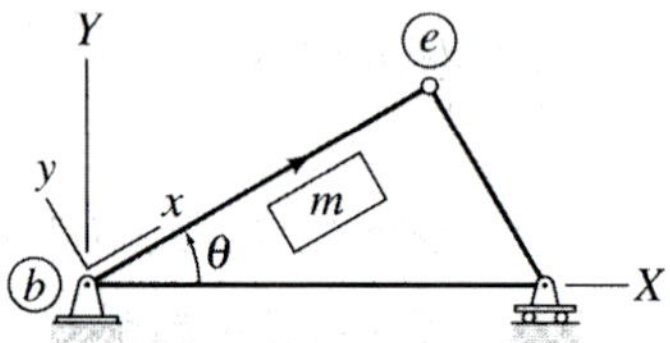

(a) Truss

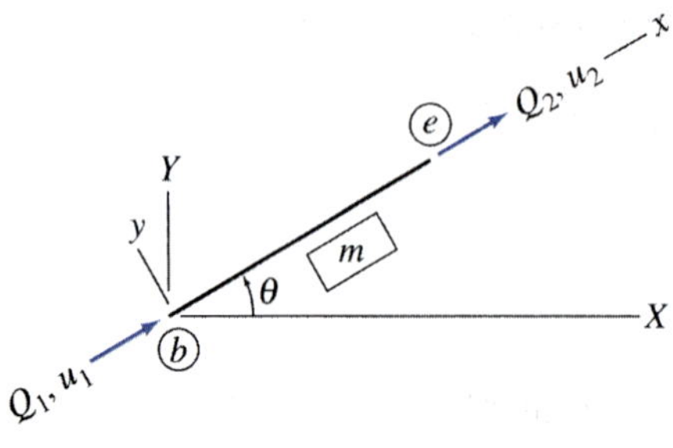

(b) Member End Forces and End Displacements in Local Coordinates

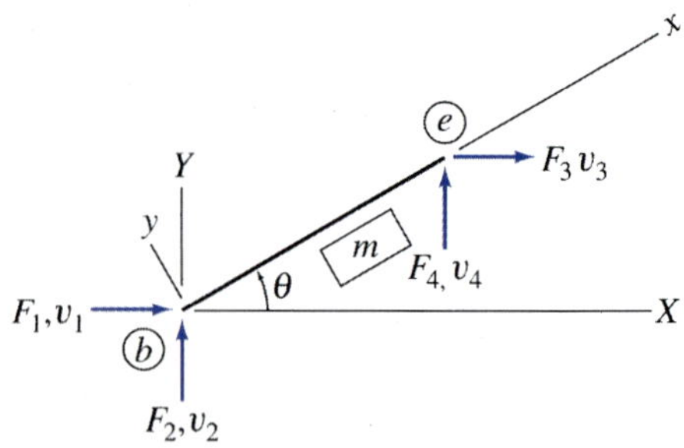

(c) Member End Forces and End Displacements in Global Coordinates

그림 17.9

트러스 부재의 변환 매트릭스 **T**는 부재좌표계에서의 단부 부재력 **Q**를 전체좌표계에서 단부 부재력 **F**로 표현하여 구할 수 있다(그림 17.9(b)와 (c)).

$$Q_1 = F_1\cos\theta + F_2\sin\theta \tag{17.20a}$$

$$Q_2 = F_3\cos\theta + F_4\sin\theta \tag{17.20b}$$

매트릭스 형태로 표현하면

$$\begin{bmatrix} Q_1 \\ Q_2 \end{bmatrix} = \begin{bmatrix} \cos\theta & \sin\theta & 0 & 0 \\ 0 & 0 & \cos\theta & \sin\theta \end{bmatrix} \begin{bmatrix} F_1 \\ F_2 \\ F_3 \\ F_4 \end{bmatrix} \tag{17.21}$$

여기서 변환 매트릭스를 다음과 같이 구할 수 있다.

$$\mathbf{T} = \begin{bmatrix} \cos\theta & \sin\theta & 0 & 0 \\ 0 & 0 & \cos\theta & \sin\theta \end{bmatrix} \tag{17.22}$$

식 (17.11), (17.14), (17.17), (17.18)의 기호 또는 간단한 매트릭스 형대로 표현된 변환 관계는 트러스 부재에 대해서도 적용할 수 있다. 그림 17.9(b), (c)와 같이 **Q**, **F**, **u**, **v**는 트러스 부재의 단부 부재력과 단부 변위고 매트릭스 **T**는 식 (17.22)에서 정의한 변환 매트릭스이다.

17.4 전체좌표계에서 부재 강성관계식

부재좌표계에서의 부재 강성관계식(17.2절 참조)과 변환관계식(17.3절 참조)을 이용하여 전체좌표계에서의 부재 강성관계식을 구할 수 있다.

골조 부재

전체좌표계에서 부재 강성관계식을 세우기 위해서 부재좌표계에서의 강성관계식 $\mathbf{Q} = \mathbf{ku} + \mathbf{Q}_f$(식 (17.4))을 하중 변환관계식 $\mathbf{F} = \mathbf{T}^T\mathbf{Q}$(식 (17.17))에 대입하여 다음을 구할 수 있다.

$$\mathbf{F} = \mathbf{T}^T\mathbf{Q} = \mathbf{T}^T(\mathbf{ku} + \mathbf{Q}_f) = \mathbf{T}^T\mathbf{ku} + \mathbf{T}^T\mathbf{Q}_f \tag{17.23}$$

변위 변환관계식 $\mathbf{u} = \mathbf{Tv}$(식 (17.14))을 식 (17.23)에 대입하여 부재 단부력 **F**와 단부 변위 **v**의 관계를 구할 수 있다.

$$\mathbf{F} = \mathbf{T}^T\mathbf{kTv} + \mathbf{T}^T\mathbf{Q}_f \tag{17.24}$$

식 (17.24)를 다음과 같이 간략하게 표현할 수 있다.

$$\mathbf{F} = \mathbf{K}\mathbf{v} + \mathbf{F}_f \tag{17.25}$$

여기서,

$$\mathbf{K} = \mathbf{T}^T\mathbf{k}\mathbf{T} \tag{17.26}$$

$$\mathbf{F}_f = \mathbf{T}^T\mathbf{Q}_f \tag{17.27}$$

매트릭스 $\mathbf{K}$는 **전체좌표계에서의 부재 강성매트릭스**라 하고 $\mathbf{F}_f$는 **전체좌표계에서의 부재 고정단 하중벡터**라 한다.

연속보 부재

앞에서 설명한 것과 같이 연속보 부재의 부재좌표계의 x, y축의 양의 방향은 전체좌표계의 X, Y축의 양의 방향과 일치한다. 따라서 좌표계의 변환이 필요 없고 부재좌표계와 전체좌표계에서의 부재 강성관계식도 동일하다.

트러스 부재

전체좌표계에서 트러스 부재의 강성관계식은 다음과 같다.

$$\mathbf{F} = \mathbf{K}\mathbf{v} \tag{17.28}$$

식 (17.28)은 고정단 하중벡터 $\mathbf{F}_f$를 0으로 하여 식 (17.25)로부터 구한 것이다.

트러스를 해석할 때 부재 강성매트릭스 $\mathbf{K}$의 외연적 형태를 사용하는 것이 일반적으로 편리하다. 식 (17.8)과 (17.22)를 식 (17.26)에 대입하면 다음을 구할 수 있다.

$$\mathbf{K} = \begin{bmatrix} \cos\theta & 0 \\ \sin\theta & 0 \\ 0 & \cos\theta \\ 0 & \sin\theta \end{bmatrix} \frac{EA}{L} \begin{bmatrix} 1 & -1 \\ -1 & 1 \end{bmatrix} \begin{bmatrix} \cos\theta & \sin\theta & 0 & 0 \\ 0 & 0 & \cos\theta & \sin\theta \end{bmatrix}$$

각 매트릭스를 곱하면 다음과 같다.

$$\mathbf{K} = \frac{EA}{L} \begin{bmatrix} \cos^2\theta & \cos\theta\sin\theta & -\cos^2\theta & -\cos\theta\sin\theta \\ \cos\theta\sin\theta & \sin^2\theta & -\cos\theta\sin\theta & -\sin^2\theta \\ -\cos^2\theta & -\cos\theta\sin\theta & \cos^2\theta & \cos\theta\sin\theta \\ -\cos\theta\sin\theta & -\sin^2\theta & \cos\theta\sin\theta & \sin^2\theta \end{bmatrix} \tag{17.29}$$

식 (17.29)의 매트릭스 $\mathbf{K}$는 전체좌표계에서의 경사진 부재의 4개의 단부에 각각 단위 변위를 주어 전체좌표계에서 각각의 단위 변위를 발생시키는 단부 부재력을 개별적으로 계산하는 방법으로도 구할 수 있다. 다른 모든 변위가 0이고 단위 변위 v_i를 발생시키는데 필요한 단부 부재력은 전체좌표계에서 부재 강성매트릭스 $\mathbf{K}$의 i번째 열이다.

17.5 구조 강성관계식

전체좌표계에서 부재 강성관계식이 구해지면 구조물 절점의 평형방정식을 수립하고 강절점으로 연결된 부재 단부의 변위와 절점 변위가 동일해야 한다는 적합조건들을 이용하여 전체 구조의 강성관계식을 구할 수 있다.

이 과정을 설명하기 위해 그림 17.10(a)와 같이 2개의 부재로 이루어진 골조를 생각해 보자. 그림 17.10(b)에 골조의 해석 모델을 나타냈으며 이 구조물에는 3개의 자유도 d_1, d_2, d_3가 있음을 알 수 있다. 이 자유도에 작용하는 절점 하중을 P_1, P_2, P_3로 나타내었다. 2개 부재의 전체좌표계에서의 단부 부재력 $\mathbf{F}^{(i)}$와 단부 변위 $\mathbf{v}^{(i)}$를 그림 17.10(c)에 표시하였으며 위첨자 (i)는 부재 번호를 의미한다. 이제 절점 하중 $\mathbf{P}$를 절점 변위 $\mathbf{d}$의 함수로 표현해 보자.

평형방정식

그림 17.10(c)와 같이 절점 2의 자유물체도에 3개의 평형방정식 $\sum F_X = 0$, $\sum F_Y = 0$, $\sum M = 0$을 적용하여 다음 평형방정식을 구할 수 있다.

$$P_1 = F_4^{(1)} + F_1^{(2)} \tag{17.30a}$$

$$P_2 = F_5^{(1)} + F_2^{(2)} \tag{17.30b}$$

$$P_3 = F_6^{(1)} + F_3^{(2)} \tag{17.30c}$$

부재 강성관계식

절점 하중 $\mathbf{P}$를 절점 변위 $\mathbf{d}$의 함수로 표현하기 위해서 앞에서 유도한 전체좌표계에서의 부재 강성관계식을 이용하여 부재 단부 부재력 $\mathbf{F}^{(i)}$와 단부 변위 $\mathbf{v}^{(i)}$의 관계를 설정한다. 식 (17.25)를 부재 1에 대해서 표현하면 다음과 같다.

$$\begin{bmatrix} F_1^{(1)} \\ F_2^{(1)} \\ F_3^{(1)} \\ F_4^{(1)} \\ F_5^{(1)} \\ F_6^{(1)} \end{bmatrix} = \begin{bmatrix} K_{11}^{(1)} & K_{12}^{(1)} & K_{13}^{(1)} & K_{14}^{(1)} & K_{15}^{(1)} & K_{16}^{(1)} \\ K_{21}^{(1)} & K_{22}^{(1)} & K_{23}^{(1)} & K_{24}^{(1)} & K_{25}^{(1)} & K_{26}^{(1)} \\ K_{31}^{(1)} & K_{32}^{(1)} & K_{33}^{(1)} & K_{34}^{(1)} & K_{35}^{(1)} & K_{36}^{(1)} \\ K_{41}^{(1)} & K_{42}^{(1)} & K_{43}^{(1)} & K_{44}^{(1)} & K_{45}^{(1)} & K_{46}^{(1)} \\ K_{51}^{(1)} & K_{52}^{(1)} & K_{53}^{(1)} & K_{54}^{(1)} & K_{55}^{(1)} & K_{56}^{(1)} \\ K_{61}^{(1)} & K_{62}^{(1)} & K_{63}^{(1)} & K_{64}^{(1)} & K_{65}^{(1)} & K_{66}^{(1)} \end{bmatrix} \begin{bmatrix} v_1^{(1)} \\ v_2^{(1)} \\ v_3^{(1)} \\ v_4^{(1)} \\ v_5^{(1)} \\ v_6^{(1)} \end{bmatrix} + \begin{bmatrix} F_{f1}^{(1)} \\ F_{f2}^{(1)} \\ F_{f3}^{(1)} \\ F_{f4}^{(1)} \\ F_{f5}^{(1)} \\ F_{f6}^{(1)} \end{bmatrix} \tag{17.31}$$

부재 단부 2에서의 부재력에 대한 식을 다음과 같이 구할 수 있다.

$$F_4^{(1)} = K_{41}^{(1)} v_1^{(1)} + K_{42}^{(1)} v_2^{(1)} + K_{43}^{(1)} v_3^{(1)} + K_{44}^{(1)} v_4^{(1)} + K_{45}^{(1)} v_5^{(1)} + K_{46}^{(1)} v_6^{(1)} + F_{f4}^{(1)} \tag{17.32a}$$

$$F_5^{(1)} = K_{51}^{(1)} v_1^{(1)} + K_{52}^{(1)} v_2^{(1)} + K_{53}^{(1)} v_3^{(1)} + K_{54}^{(1)} v_4^{(1)} + K_{55}^{(1)} v_5^{(1)} + K_{56}^{(1)} v_6^{(1)} + F_{f5}^{(1)} \tag{17.32b}$$

$$F_6^{(1)} = K_{61}^{(1)}v_1^{(1)} + K_{62}^{(1)}v_2^{(1)} + K_{63}^{(1)}v_3^{(1)} + K_{64}^{(1)}v_4^{(1)} + K_{65}^{(1)}v_5^{(1)} + K_{66}^{(1)}v_6^{(1)} + F_{f6}^{(1)} \tag{17.32c}$$

같은 방법으로 부재 2에 대해서 식 (17.25)를 정리하면 다음과 같다.

$$\begin{bmatrix} F_1^{(2)} \\ F_2^{(2)} \\ F_3^{(2)} \\ F_4^{(2)} \\ F_5^{(2)} \\ F_6^{(2)} \end{bmatrix} = \begin{bmatrix} K_{11}^{(2)} & K_{12}^{(2)} & K_{13}^{(2)} & K_{14}^{(2)} & K_{15}^{(2)} & K_{16}^{(2)} \\ K_{21}^{(2)} & K_{22}^{(2)} & K_{23}^{(2)} & K_{24}^{(2)} & K_{25}^{(2)} & K_{26}^{(2)} \\ K_{31}^{(2)} & K_{32}^{(2)} & K_{33}^{(2)} & K_{34}^{(2)} & K_{35}^{(2)} & K_{36}^{(2)} \\ K_{41}^{(2)} & K_{42}^{(2)} & K_{43}^{(2)} & K_{44}^{(2)} & K_{45}^{(2)} & K_{46}^{(2)} \\ K_{51}^{(2)} & K_{52}^{(2)} & K_{53}^{(2)} & K_{54}^{(2)} & K_{55}^{(2)} & K_{56}^{(2)} \\ K_{61}^{(2)} & K_{62}^{(2)} & K_{63}^{(2)} & K_{64}^{(2)} & K_{65}^{(2)} & K_{66}^{(2)} \end{bmatrix} \begin{bmatrix} v_1^{(2)} \\ v_2^{(2)} \\ v_3^{(2)} \\ v_4^{(2)} \\ v_5^{(2)} \\ v_6^{(2)} \end{bmatrix} + \begin{bmatrix} F_{f1}^{(2)} \\ F_{f2}^{(2)} \\ F_{f3}^{(2)} \\ F_{f4}^{(2)} \\ F_{f5}^{(2)} \\ F_{f6}^{(2)} \end{bmatrix} \tag{17.33}$$

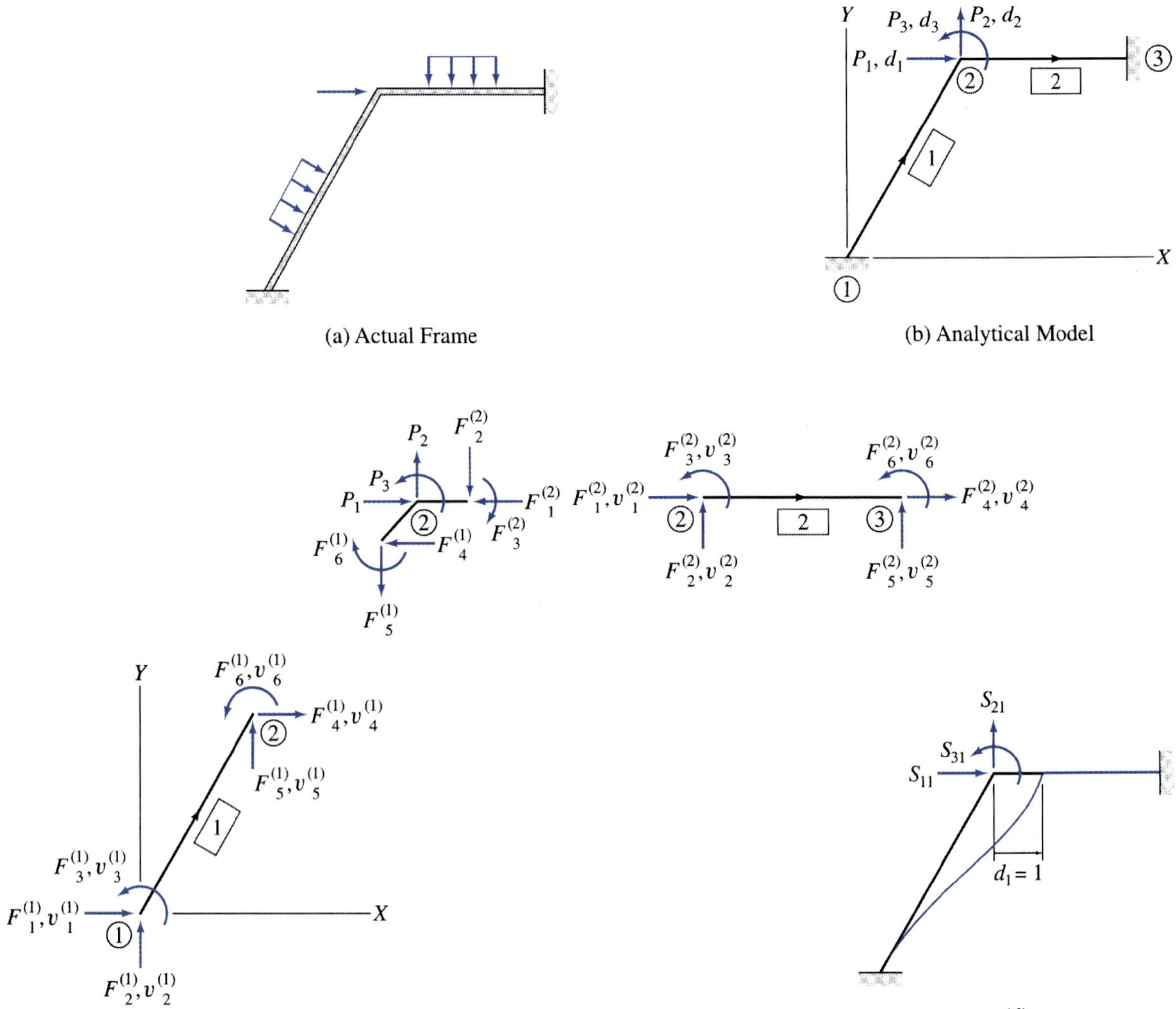

(a) Actual Frame

(b) Analytical Model

(c)

(d)

그림 17.10

부재의 단부 2에서의 부재력을 다음과 같이 구할 수 있다.

$$F_1^{(2)} = K_{11}^{(2)}v_1^{(2)} + K_{12}^{(2)}v_2^{(2)} + K_{13}^{(2)}v_3^{(2)} + K_{14}^{(2)}v_4^{(2)} + K_{15}^{(2)}v_5^{(2)} + K_{16}^{(2)}v_6^{(2)} + F_{f1}^{(2)} \tag{17.34a}$$

$$F_2^{(2)} = K_{21}^{(2)}v_1^{(2)} + K_{22}^{(2)}v_2^{(2)} + K_{23}^{(2)}v_3^{(2)} + K_{24}^{(2)}v_4^{(2)} + K_{25}^{(2)}v_5^{(2)} + K_{26}^{(2)}v_6^{(2)} + F_{f2}^{(2)} \tag{17.34b}$$

$$F_3^{(2)} = K_{31}^{(2)}v_1^{(2)} + K_{32}^{(2)}v_2^{(2)} + K_{33}^{(2)}v_3^{(2)} + K_{34}^{(2)}v_4^{(2)} + K_{35}^{(2)}v_5^{(2)} + K_{36}^{(2)}v_6^{(2)} + F_{f3}^{(2)} \tag{17.34c}$$

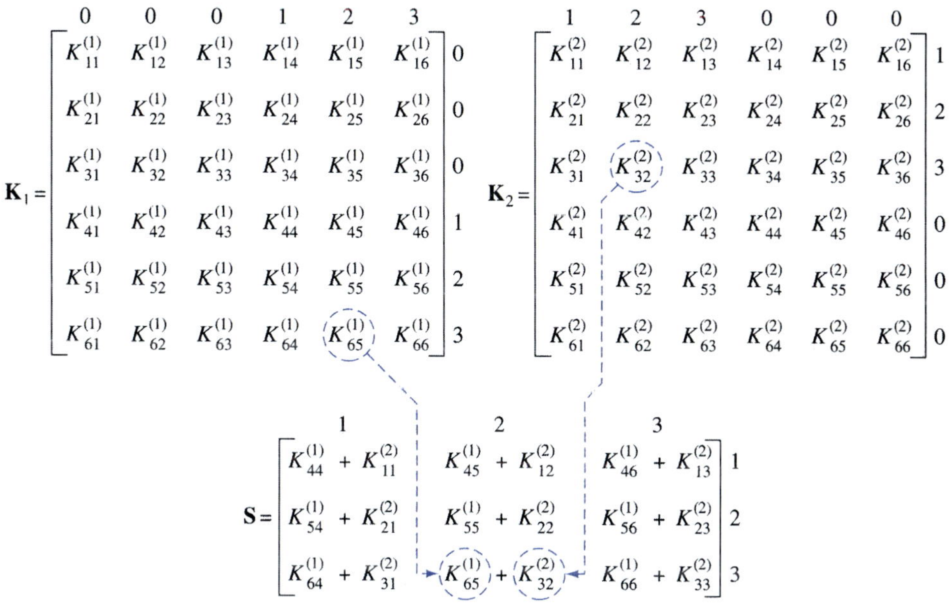

(e)

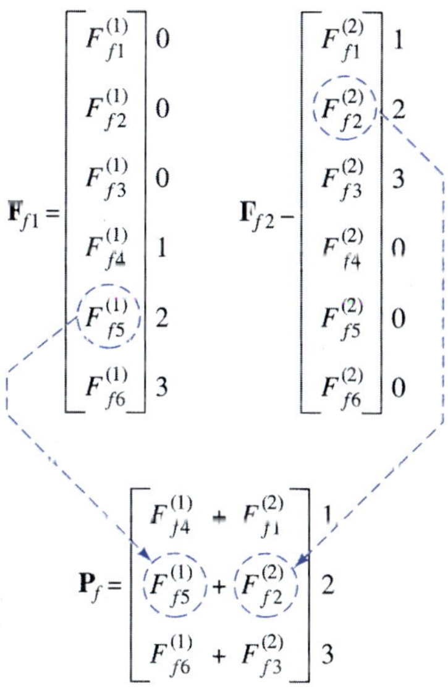

(f)

그림 17.10 계속

적합방정식

그림 17.10(b)와 (c)를 비교해 보면 부재 1의 아래쪽 단부 1이 고정단 1에 강절점으로 연결되어 있으므로 이동변위나 회전이 없다. 따라서 부재 단부 1의 3개 변위는 모두 0이 되어야 한다. 유사하게 이 부재의 단부 2도 절점 2에 강절점으로 연결되어 있으므로 단부 2의 변위는 절점 2의 변위와 일치해야 한다. 따라서 부재 1의 적합방정식은 다음과 같다.

$$v_1^{(1)} = v_2^{(1)} = v_3^{(1)} = 0 \qquad v_4^{(1)} = d_1 \qquad v_5^{(1)} = d_2 \qquad v_6^{(1)} = d_3 \tag{17.35}$$

비슷한 방법으로 부재 2의 적합방정식을 다음과 같이 구한다.

$$v_1^{(2)} = d_1 \qquad v_2^{(2)} = d_2 \qquad v_3^{(2)} = d_3 \qquad v_4^{(2)} = v_5^{(2)} = v_6^{(2)} = 0 \tag{17.36}$$

부재 1의 적합방정식(식 (17.35))을 식 (17.32)의 부재의 하중-변위 관계식에 대입하여 부재의 단부 부재력 $\mathbf{F}^{(1)}$을 절점 변위 $\mathbf{d}$에 대해서 표현할 수 있다.

$$F_4^{(1)} = K_{44}^{(1)} d_1 + K_{45}^{(1)} d_2 + K_{46}^{(1)} d_3 + F_{f4}^{(1)} \tag{17.37a}$$

$$F_5^{(1)} = K_{54}^{(1)} d_1 + K_{55}^{(1)} d_2 + K_{56}^{(1)} d_3 + F_{f5}^{(1)} \tag{17.37b}$$

$$F_6^{(1)} = K_{64}^{(1)} d_1 + K_{65}^{(1)} d_2 + K_{66}^{(1)} d_3 + F_{f6}^{(1)} \tag{17.37c}$$

같은 방법으로 부재 2에 대해서도 식 (17.36)을 식 (17.34)에 대입하여 다음을 구할 수 있다.

$$F_1^{(2)} = K_{11}^{(2)} d_1 + K_{12}^{(2)} d_2 + K_{13}^{(2)} d_3 + F_{f1}^{(2)} \tag{17.38a}$$

$$F_2^{(2)} = K_{21}^{(2)} d_1 + K_{22}^{(2)} d_2 + K_{23}^{(2)} d_3 + F_{f2}^{(2)} \tag{17.38b}$$

$$F_3^{(2)} = K_{31}^{(2)} d_1 + K_{32}^{(2)} d_2 + K_{33}^{(2)} d_3 + F_{f3}^{(2)} \tag{17.38c}$$

구조 강성관계식

마지막으로 식 (17.37)과 (17.38)을 절점 평형방정식(식 (17.30))에 대입하여 구하고자 하는 골조의 절점 하중 $\mathbf{P}$와 절점 변위 $\mathbf{d}$의 관계를 다음과 같이 구할 수 있다.

$$P_1 = (K_{44}^{(1)} + K_{11}^{(2)})d_1 + (K_{45}^{(1)} + K_{12}^{(2)})d_2 + (K_{46}^{(1)} + K_{13}^{(2)})d_3 + (F_{f4}^{(1)} + F_{f1}^{(2)}) \tag{17.39a}$$

$$P_2 = (K_{54}^{(1)} + K_{21}^{(2)})d_1 + (K_{55}^{(1)} + K_{22}^{(2)})d_2 + (K_{56}^{(1)} + K_{23}^{(2)})d_3 + (F_{f5}^{(1)} + F_{f2}^{(2)}) \tag{17.39b}$$

$$P_3 = (K_{64}^{(1)} + K_{31}^{(2)})d_1 + (K_{65}^{(1)} + K_{32}^{(2)})d_2 + (K_{66}^{(1)} + K_{33}^{(2)})d_3 + (F_{f6}^{(1)} + F_{f3}^{(2)}) \tag{17.39c}$$

식 (17.39)를 간단한 매트릭스 형태로 표현할 수 있다.

$$\mathbf{P} = \mathbf{S}\mathbf{d} + \mathbf{P}_f \tag{17.40}$$

또는

$$\mathbf{P} - \mathbf{P}_f = \mathbf{S}\mathbf{d} \tag{17.41}$$

여기서,

$$\mathbf{S} = \begin{bmatrix} K_{44}^{(1)} + K_{11}^{(2)} & K_{45}^{(1)} + K_{12}^{(2)} & K_{46}^{(1)} + K_{13}^{(2)} \\ K_{54}^{(1)} + K_{21}^{(2)} & K_{55}^{(1)} + K_{22}^{(2)} & K_{56}^{(1)} + K_{23}^{(2)} \\ K_{64}^{(1)} + K_{31}^{(2)} & K_{65}^{(1)} + K_{32}^{(2)} & K_{66}^{(1)} + K_{33}^{(2)} \end{bmatrix} \tag{17.42}$$

이 매트릭스를 **구조물의 강성매트릭스**(structure stiffness matrix)라 한다.

$$\mathbf{P}_f = \begin{bmatrix} F_{f4}^{(1)} + F_{f1}^{(2)} \\ F_{f5}^{(1)} + F_{f2}^{(2)} \\ F_{f6}^{(1)} + F_{f3}^{(2)} \end{bmatrix} \tag{17.43}$$

이 매트릭스를 **구조물의 고정단 하중벡터**(structure fixed-joint force vector)라 한다. 지금까지 설명한 구조물의 강성관계식과 부재 강성관계식을 조합해서 구조물의 강성관계식을 구하는 절차를 **직접강성법**(direct stiffness method)이라 한다[39].

구조 강성매트릭스 **S**를 부재 강성매트릭스와 유사하게 생각할 수 있다. 즉, **구조 강성계수** S_{ij}는 **다른 모든 변위가 0일 때 단위 변위** d_j**를 발생시키기 위해 필요한** P_i**의 방향과 위치에서의 하중**을 의미한다. 따라서 매트릭스 **S**의 j열은 다른 모든 변위들이 0이고 단위 변위 d_j를 일으키기 위해 필요한 절점 하중들로 구성된다. 예를 들면 **S**의 첫 번째 열은 그림 17.10(d)와 같이 변위 $d_1 = 1$을 일으키는데 필요한 3개의 절점 하중들로 구성된다.

구조 강성매트릭스 **S**는 개별적인 절점에 작용하는 단위 변위를 발생시키는데 필요한 절점 하중을 계산해서 구할 수 있다. 그러나 이러한 과정은 컴퓨터 프로그래밍하기가 쉽지 않기 때문에 실무에서도 활용되는 경우가 드물다. 따라서 이 방법에 대해서는 여기서 다루지 않는다.

부재 코드 번호를 이용한 S와 P_f의 결합

지금까지 부재 적합방정식들을 전체좌표계에서의 부재 강성관계식들에 대입하고 유도된 관계식들을 절점 평형방정식들에 대입해서 구조 강성매트릭스 **S**(식 (17.42))와 구조 고정단 절점의 하중벡터 $\mathbf{P}_f$(식 (17.43))를 구했다. 그러나 대형 구조물 해석에서 3종류의 방정식을 작성하고 이들을 대입하는 과정은 상당히 지루하고 많은 시간이 요구된다.

식 (17.42)에서 어느 절점에서 한 방향에 대한 강성은 절점에서 만나는 부재들의 그 방향에 대한 강성의 합과 일치한다는 것은 알 수 있다. 이를 통하여 방정식을 별도로 구하지 않고 부재 강성매트릭스의 요소들을 구조 매트릭스의 적절한 위치에 더하여 구조 강성매트릭스 **S**를 바로 구할 수 있다. 전체 구조 강성매트릭스의 요소들을 조합해서 구조 강성매트릭스를 바로 구하는 방법은 1963년 S. S. Tezcan에 의해 소개되었으며[38] 이러한 방법은 종종 **코드 번호 기술**(code number technique)이라고 불린다.

이 기법을 설명하기 위해 그림 17.10의 2개의 부재를 갖는 골조를 다시 생각해 보도록 하자. 골조의 부재 1과 2에 대한 전체좌표계에서의 강성매트릭스를 각각 $\mathbf{K}_1$과 $\mathbf{K}_2$로 나타내었다(그림 17.10(e)). 여기서 $\mathbf{K}_1$과 $\mathbf{K}_2$의 요소들을 조합해서 구조 강성매트릭스 $\mathbf{S}$를 구하고자 한다. 구조 강성매트릭스 $\mathbf{S}$에서 부재 매트릭스 $\mathbf{K}$의 각 성분의 위치를 구하기 전에 전체좌표계에서 각 부재의 자유도의 번호를 정해야 한다. 만일 부재 자유도에 해당하는 구조 자유도가 정의되지 않으면(즉 해당되는 절점 변위가 0이면) 구조 자유도 번호는 0이 사용된다. 따라서 그림 17.10(c)의 부재 1의 전체 자유도와 그림 17.10(b)의 구조 자유도를 비교하여 부재의 구조 자유도 번호를 0, 0, 0, 1, 2, 3으로 정했다. 이 번호는 부재 자유도와 동일한 순서이다. 예를 들면 네 번째 번호 1은 부재의 4번째 자유도 $v_4^{(1)}$에 해당한다. 다르게 말하면 처음의 3개의 번호는 순서대로 X방향 변위, Y방향 변위, 그리고 부재 시작 절점의 회전을 의미한다. 이에 반해 마지막 3개의 번호는 단부 절점의 X방향 변위, Y방향 변위, 그리고 회전을 의미한다. 동일한 방법으로 부재 2에 대한 구조 자유도 번호를 1, 2, 3, 0, 0, 0으로 정한다.

부재에 대한 구조 자유도 번호는 부재의 적합방정식을 정의하기 위해 사용될 수 있다. 예를 들면 구조 자유도 번호 0, 0, 0, 1, 2, 3은 다음과 같이 부재 1의 적합방정식을 의미한다.

$$v_1^{(1)} = v_2^{(1)} = v_3^{(1)} = 0 \qquad v_4^{(1)} = d_1 \qquad v_5^{(1)} = d_2 \qquad v_6^{(1)} = d_3$$

이 식은 식 (17.35)과 동일하다.

구조 강성매트릭스 $\mathbf{S}$에서 부재 강성매트릭스 $\mathbf{K}_1$의 각 성분의 위치는 그림 17.10(e)와 같이 $\mathbf{K}_1$의 오른쪽 및 위쪽 위치에 부재의 구조 자유도 번호(0, 0, 0, 1, 2, 3)를 적어서 구할 수 있다. $\mathbf{K}_1$의 오른쪽 위치에 있는 번호는 $\mathbf{S}$ 매트릭스의 행 번호를 나타내고 위쪽에 있는 번호는 $\mathbf{S}$ 매트릭스의 열 번호를 나타낸다. 예를 들면 $\mathbf{K}_1$의 $K_{65}^{(1)}$ 요소는 그림 17.10(e)와 같이 $\mathbf{S}$ 매트릭스의 3번째 행과 2번째 열에 위치해야 한다. 이 방법을 사용해서 $\mathbf{K}_1$의 나머지 성분들도 $\mathbf{S}$의 0번째 행과 열을 제외하고 구조 강성매트릭스 $\mathbf{S}$의 적절한 위치에 채워진다.

부재 2에 대해서도 같은 과정을 반복한다. $\mathbf{S}$의 동일한 위치에 두 개 또는 그 이상의 부재 강성계수가 위치하게 되면 그 계수들을 더해야 한다. 완성된 구조 강성매트릭스 $\mathbf{S}$를 그림 17.10(e)에 나타내었다. 이 매트릭스는 부재 적합방정식과 강성관계식을 절점 평형방정식에 대입한 식 (17.42)와 동일하다.

지금까지 설명한 과정은 부재 강성계수를 조합해서 구조 강성매트릭스를 직접 만드는 것이기 때문에 컴퓨터에 쉽게 적용할 수 있다. 컴퓨터 저장 공간을 줄이기 위해 한 번에 하나의 부재 강성매트릭스를 생성하고 이를 구조 강성매트릭스에 저장한다. 이 공간은 다음 부재의 강성매트릭스를 생성하는데 재사용된다.

구조물의 고정단 - 절점 하중벡터 $\mathbf{P}_f$는 구조 강성매트릭스를 만드는 방법과 유사한 과정으로 조합될 수 있다. 지금 해석하고 있는 골조의 $\mathbf{P}_f$ 벡터를 계산하기 위해서 그림 17.10(f)와 같이 부재 1의 구조 자유도를 부재의 고정단 하중벡터 $\mathbf{F}_{f1}$의 오른쪽에 적는다. 이 번호들은 해당하는 부재력이 위치하는 $\mathbf{P}_f$의 행 번호를 의미한다. 예를 들면 $F_{f5}^{(1)}$ 성분은 그림과 같이 $\mathbf{P}_f$의 2번째 행에 위치해야 한다. 같은 방법으로 $\mathbf{P}_f$의 0행 번호에 해당하는 성분을 제외하고 $\mathbf{F}_{f1}$의 나머지 요소들이 $\mathbf{P}_f$의 적절한 위치에 놓이게 된다. 부재 2에 대해서도 같은 과정을 반복한다. 구조물의 고정단-절점 하중벡터 $\mathbf{P}_f$는 그림 17.10(f)에 나타내었다. 이 벡터는 식 (17.43)과 동일하다.

일단 $\mathbf{S}$와 $\mathbf{P}_f$가 계산되면 선형 대수 연립방정식으로 표현되는 구조 강성관계식(식 (17.41))을 풀어 미지의 절점 변위 $\mathbf{d}$를 구할 수 있다. 절점 변위 $\mathbf{d}$를 구하면 각 부재의 단부 변위를 구조 자유도 번호에 의해 정의된 적합방정식에 의해 구할 수 있고 부재 강성관계식을 이용해서 해당되는 단부 부재력을 구할 수 있다.

지금까지 골조에 대한 구조 강성매트릭스 $\mathbf{S}$와 고정단-절점 하중벡터 $\mathbf{P}_f$를 계산하는 과정을 설명하였다. 이러한 과정은 $\mathbf{P}_f = \mathbf{0}$인 트러스의 경우를 제외하고 연속보와 트러스에도 적용할 수 있다.

17.6 해석 순서

지금까지 설명한 매트릭스 강성법을 이용하여 구조물을 해석하는 단계별 과정을 다음과 같이 나타내었다.

1. 다음과 같이 구조물의 해석 모델을 준비한다.

a. 구조물을 선 다이어그램으로 그리고 각 절점과 부재에 번호를 붙인다.

b. X축을 수평축(오른쪽 방향이 양수)으로 하고 Y축을 수직축(위쪽 방향을 양수)으로 하는 전체좌표계 XY좌표계를 선택한다. 이 좌표계에서 원점은 구조물의 왼쪽 아래가 되기 때문에 대부분의 절점이 X축과 Y축에 대해 양수가 되므로 편리하다.

c. 각 부재에 대해서 시작 절점과 끝 절점을 선택해서 부재좌표계 xy를 정한다. 구조물의 선 다이어그램에서 부재좌표계 x축의 양의 방향은 부재 축을 따라 끝 절점을 향하는 화살표로 표시한다. 수평 부재에 대해서는 부재의 왼쪽 끝 절점을 시작 절점으로 하여 좌표계 변환을 하지 않을 수 있다.

d. 구조물의 자유도, 즉 미지의 절점 변위 $\mathbf{d}$를 정한다. 구조물의 선 다이어그램에서 자유도는 절점에서 화살표로 나타내며 가장 작은 절점 번호부터 가장 큰 절점 번호까지 순차적으로 번호를 붙인다. 절점에 하나 이상의 자유도가 있는 경우에는 X방향 변위, Y방향 변위, 회전의 순서로 번호를 붙인다. 평면골조의 절점에는 3개의 자유도(2개의 이동과 하나의 회전), 연속보의 절점에는 2개의 자유도(보의 중심축에 연직한 방향의 변위와 회전), 평면트러스의 절점에는 2개의 자유도(2개의 이동)가 있다. 여기서, 절점이 X축과 Y축의 양의 방향으로 이동할 때 변위를 양수로 하고 절점이 반시계방향으로 회전할 때 회전을 양수로 한다.

2. 구조 강성매트릭스 **S**와 고정 절점 하중벡터 $\mathbf{P}_f$를 계산한다. 구조물의 각 부재에 대해서 다음과 같은 과정으로 해석한다.
   a. 트러스에 대해서는 단계 2(d)로 바로 간다. 다른 구조물에 대해서는 부재좌표계에서 부재 강성매트릭스 **k**를 계산한다. 골조와 연속보 부재에 대한 **k**는 각각 식 (17.5)와 (17.6)에 의해 계산한다.
   b. 부재가 외부하중을 받고 있으면 이 책의 뒷면에 있는 고정단모멘트식과 평형방정식을 이용하여 부재좌표계의 고정단 하중벡터 $\mathbf{Q}_f$를 계산한다(예제 17.2와 17.3 참조).
   c. 부재좌표계 x 축이 오른쪽으로 양의 방향(즉, 전제좌표계 X 축과 동일한 방향)인 수평부재의 부재좌표계와 전체좌표계의 부재 강성관계식은 동일하다(즉, $\mathbf{K}=\mathbf{k}$, $\mathbf{F}_f = \mathbf{Q}_f$); 단계 2(e)로 간다. 그렇지 않은 경우에는 식 (17.12)를 이용한 부재 변환 매트릭스 **T**를 계산한다.
   d. 전체좌표계에서 부재 강성매트릭스 $\mathbf{K}=\mathbf{T}^T\mathbf{kT}$(식 (17.26))와 이에 상응하는 고정단 하중벡터 $\mathbf{F}_f = \mathbf{T}^T\mathbf{Q}_f$(식 (17.27))를 계산한다. 매트릭스 **K**는 대칭이어야 한다. 트러스에 대해서는 일반적으로 식 (17.29)의 **K**에 대한 식을 사용하는 것이 편리하다. 또한 트러스에 대해서는 $\mathbf{F}_f = \mathbf{0}$이다.
   e. 부재의 구조 자유도 번호를 이용해서 **K**와 $\mathbf{F}_f$의 해당 성분을 구조 강성매트릭스 **S**와 고정 절점 하중벡터 $\mathbf{P}_f$의 적절한 위치에 17.5절에 설명한 절차를 이용해서 채운다. 구조물의 모든 부재의 강성계수를 조합하여 구해진 완성된 구조 강성매트릭스 **S**는 대칭이어야 한다.
3. 절점 하중벡터 **P**를 구한다.
4. 미지수인 절점 변위를 계산한다. **P**, $\mathbf{P}_f$, **S**를 구조 강성관계식 $\mathbf{P}-\mathbf{P}_f = \mathbf{Sd}$(식 (17.41))에 대입하고, 연립방정식을 풀어 미지수인 절점 변위 **d**를 계산한다.
5. 부재 단부 변위와 단부 부재력을 구한다. 각 부재에 대해서 다음 과정을 수행한다.
   a. 부재의 구조 자유도 번호를 이용해서 절점 변위 **d**로부터 전체좌표계에서의 부재 단부 변위 **v**를 구한다.
   b. 관계식 $\mathbf{u}=\mathbf{Tv}$(식 (17.14))를 이용해서 부재좌표계에서 부재 단부 변위를 계산한다. 부재좌표계 x 축의 오른쪽 방향이 양수인 수평부재에 대해서는 $\mathbf{u}=\mathbf{v}$.
   c. 관계식 $\mathbf{Q}=\mathbf{ku}+\mathbf{Q}_f$ (식 (17.4))을 이용해서 부재좌표계에서 부재 단부 부재력을 계산한다. 트러스에서는 $\mathbf{Q}_f = \mathbf{0}$이다.
   d. 변환 관계식 $\mathbf{F}=\mathbf{T}^T\mathbf{Q}$(식 (17.17))를 이용해서 전체좌표계에서 부재 단부 부재력을 계산한다. 국부좌표계 x 축의 오른쪽 방향이 양수인 수평부재에 대해서는 $\mathbf{F}=\mathbf{Q}$이다.
6. 구조물의 지점에 위치한 절점의 평형을 고려해서 지점반력을 계산한다.

컴퓨터 프로그램

강성법을 이용하여 평면골조를 해석하는 컴퓨터 프로그램을 출판사의 웹사이트 https://login.cengage.com과 https://www.cengage.com/engineering/kassimali/software에 제시하였으므로 독자들은 이를 이용할 수 있다. 프로그램에 대한 간단한 설명과 프로그램 사용에 대한 정보를 예제와 함께 부록 C에 제시하였다.

17.1 Example

그림 17.11(a)과 같은 트러스의 각 부재를 매트릭스 강성법에 의해 반력과 부재력을 구하라.

풀이

자유도. 그림 17.11(b)의 트러스 해석 모델로부터 절점 3만이 이동이 자유롭다는 것을 알 수 있다. 따라서 이 트러스는 절점 3에서 X, Y방향으로 2개의 미지수 변위가 존재하여 2개의 자유도 d_1과 d_2를 갖는다.

구조 강성매트릭스.

부재 1 그림 17.11(b)와 같이 부재 1에 대하여 절점 1을 시작 절점으로 하고 절점 3을 끝 절점으로 하였다. 식 (17.13)을 적용하여 다음을 구할 수 있다.

$$L = \sqrt{(X_3 - X_1)^2 + (Y_3 - Y_1)^2} = \sqrt{(6-0)^2 + (8-0)^2} = 10 \text{ m}$$

$$\cos\theta = \frac{X_3 - X_1}{L} = \frac{6}{10} = 0.6$$

$$\sin\theta = \frac{Y_3 - Y_1}{L} = \frac{8}{10} = 0.8$$

전체좌표계에 대한 부재 강성매트릭스는 식 (17.29)를 이용해서 구한다.

$$\mathbf{K}_1 = \frac{(200\times10^6)(5.8\times10^{-3})}{10}\begin{bmatrix} 0.36 & 0.48 & -0.36 & -0.48 \\ 0.48 & 0.64 & -0.48 & -0.64 \\ -0.36 & -0.48 & 0.36 & 0.48 \\ -0.48 & -0.64 & 0.48 & 0.64 \end{bmatrix}$$

또는

$$\mathbf{K}_1 = \begin{array}{c} \begin{array}{cccc} 0 & 0 & 1 & 2 \end{array} \\ \left[\begin{array}{cc|cc} 41{,}760 & 55{,}680 & -41{,}760 & -55{,}680 \\ 55{,}680 & 74{,}240 & -55{,}680 & -74{,}240 \\ \hline -41{,}760 & -55{,}680 & 41{,}760 & 55{,}680 \\ -55{,}680 & -74{,}240 & 55{,}680 & 74{,}240 \end{array}\right] \end{array} \begin{array}{c} 0 \\ 0 \\ 1 \\ 2 \end{array} \tag{1}$$

그림 17.11(b)로부터 부재의 시작 절점 1의 변위는 0이며 단부 절점 3의 변위는 d_1과 d_2임을 알 수 있다. 따라서 이 부재의 구조 자유도 번호는 0, 0, 1, 2이다. 이 번호를 구조 강성매트릭스 **S**의 행과 열을 나타내는 $\mathbf{K}_1$(식 (1))의 오른쪽과 위에 표시하였다. 구조 자유도 번호 0에 해당하는 $\mathbf{K}_1$의 요소는 단순화를 위해 무시한다. 따라서 $\mathbf{K}_1$의 3번째 행과 3번째 열에 있는 요소는 그림 17.11(c)와 같이 S의 첫 번째 행과 열에 위치한다. $\mathbf{K}_1$의 나머지 요소들도 동일한 방법으로 **S**에 채워진다(그림 17.11(c)).

부재 2 그림 17.11(b)에서 부재 2의 절점 2는 시작 절점이고 절점 3은 끝 절점이다. 식 (17.13)을 이용하여 다음을 구한다.

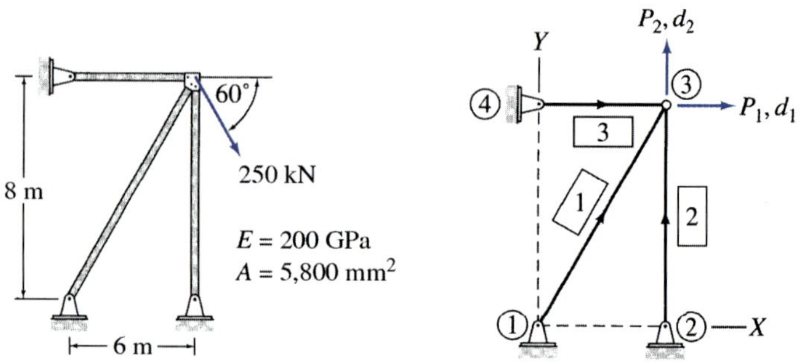

(a) Truss (b) Analytical Model

$$\mathbf{S} = \begin{bmatrix} (41{,}760 + 0 + 193{,}333) & (55{,}680 + 0 + 0) \\ (55{,}680 + 0 + 0) & (74{,}240 + 145{,}000 + 0) \end{bmatrix} = \begin{bmatrix} 235{,}093 & 55{,}680 \\ 55{,}680 & 219{,}240 \end{bmatrix}$$

(c) Structure Stiffness Matrix

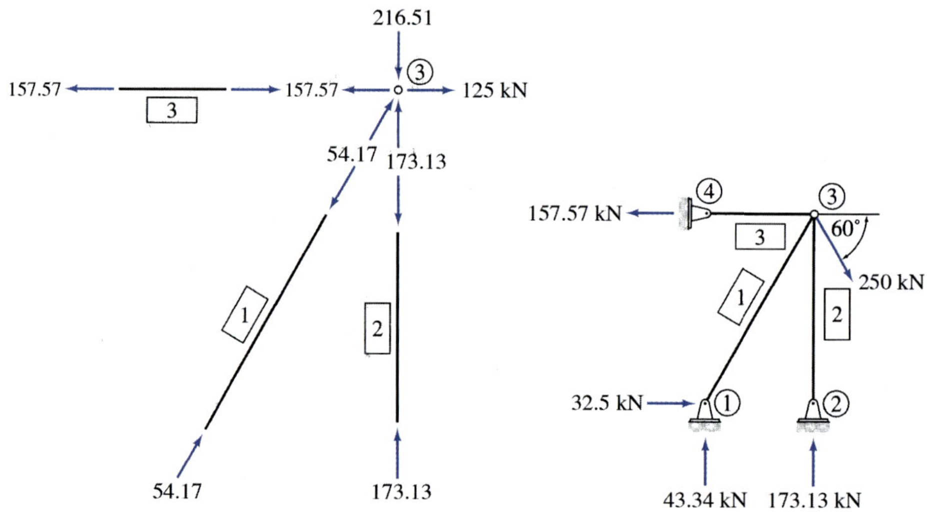

(d) Member Axial Forces (e) Support Reactions

그림 17.11

$$\cos\theta = \frac{X_3 - X_2}{L} = \frac{6-6}{8} = 0$$

$$\sin\theta = \frac{Y_3 - Y_2}{L} = \frac{8-0}{8} = 1$$

따라서 식 (17.29)를 이용하면 다음과 같다.

$$\mathbf{K}_2 = \frac{(200 \times 10^6)(5.8 \times 10^{-3})}{8} \begin{bmatrix} 0 & 0 & 0 & 0 \\ 0 & 1 & 0 & -1 \\ 0 & 0 & 0 & 0 \\ 0 & -1 & 0 & 1 \end{bmatrix}$$

$$\begin{array}{c} \\ \mathbf{K}_2 = \end{array} \begin{array}{c} \begin{array}{cccc} 0 & 0 & 1 & 2 \end{array} \\ \left[\begin{array}{cc|cc} 0 & 0 & 0 & 0 \\ 0 & 145{,}000 & 0 & -145{,}000 \\ \hline 0 & 0 & 0 & 0 \\ 0 & -145{,}000 & 0 & 145{,}000 \end{array}\right] \end{array} \begin{array}{c} \\ 0 \\ 0 \\ 1 \\ 2 \end{array}$$

그림 17.11(b)로부터 이 부재의 구조 자유도 번호는 0, 0, 1, 2이다. 이 번호는 $\mathbf{K}_2$의 적절한 성분을 구조 강성매트릭스 $\mathbf{S}$의 적절한 위치에 그림 17.11(c)와 같이 채워 넣는데 사용된다.

부재 3 $\cos\theta = 1 \qquad \sin\theta = 0$

식 (17.29)를 이용하여 다음을 구한다.

$$\mathbf{K}_3 = \frac{(200\times 10^6)(5.8\times 10^{-3})}{6}\begin{bmatrix} 1 & 0 & -1 & 0 \\ 0 & 0 & 0 & 0 \\ -1 & 0 & 1 & 0 \\ 0 & 0 & 0 & 0 \end{bmatrix}$$

$$\begin{array}{c} \\ \mathbf{K}_3 = \end{array} \begin{array}{c} \begin{array}{cccc} 0 & 0 & 1 & 2 \end{array} \\ \left[\begin{array}{cc|cc} 193{,}333 & 0 & -193{,}333 & 0 \\ 0 & 0 & 0 & 0 \\ \hline -193{,}333 & 0 & 193{,}333 & 0 \\ 0 & 0 & 0 & 0 \end{array}\right] \end{array} \begin{array}{c} \\ 0 \\ 0 \\ 1 \\ 2 \end{array}$$

이 부재의 구조 자유도 번호는 0, 0, 1, 2이다. 이 번호를 이용하여 $\mathbf{K}_3$의 성분들을 그림 17.11(c)와 같이 $\mathbf{S}$에 넣는다.

이 세 개의 부재의 강성매트릭스를 조합해서 구해진 구조 강성매트릭스 $\mathbf{S}$(그림 17.11(c))는 대칭이다.

절점 하중벡터. 그림 17.11(a)와 (b)를 비교하면 다음을 알 수 있다.

$$P_1 = 250\cos 60° = 125\ \text{kN} \qquad P_2 = -250\sin 60° = -216.51\ \text{kN}$$

따라서 절점 하중벡터는 다음과 같다.

$$\mathbf{P} = \begin{bmatrix} 125 \\ -216.51 \end{bmatrix}\ \text{kN} \tag{2}$$

절점 변위. 전체 트러스에 대한 강성관계식는 식 (17.41)과 같이 표현할 수 있고 $\mathbf{P}_f = 0$이다.

$$\mathbf{P} = \mathbf{S}\mathbf{d} \tag{3}$$

식 (2)로부터 $\mathbf{P}$, 그림 17.11(c)로부터 $\mathbf{S}$를 가지고 식 (3)을 다음과 같은 확장된 형태로 표시할 수 있다.

$$\begin{bmatrix} 125 \\ -216.51 \end{bmatrix} = \begin{bmatrix} 235{,}093 & 55{,}680 \\ 55{,}680 & 219{,}240 \end{bmatrix} = \begin{bmatrix} d_1 \\ d_2 \end{bmatrix}$$

이 방정식들을 풀어서 절점 변위를 구할 수 있다.

$$d_1 = 0.000815\ \text{m} = 0.815\ \text{mm}$$

$$d_2 = -0.001194\ \text{m} = -1.194\ \text{mm}$$

$$\begin{bmatrix} d_1 \\ d_2 \end{bmatrix} = \begin{bmatrix} 0.000815 \\ -0.001194 \end{bmatrix}\ \text{m} = \begin{bmatrix} 0.815 \\ -1.194 \end{bmatrix}\ \text{mm}$$

부재 단부 변위와 단부 부재력.

부재 1 전체좌표계에서 부재 단부 변위 $\mathbf{v}$는 간단하게 부재의 전체 자유도 번호와 부재의 구조 자유도 번호를 비교해서 다음과 같이 구할 수 있다.

$$\mathbf{v}_1 = \begin{bmatrix} v_1 \\ v_2 \\ v_3 \\ v_4 \end{bmatrix} \begin{matrix} 0 \\ 0 \\ 1 \\ 2 \end{matrix} = \begin{bmatrix} 0 \\ 0 \\ d_1 \\ d_2 \end{bmatrix} = \begin{bmatrix} 0 \\ 0 \\ 0.000815 \\ -0.001194 \end{bmatrix} \text{m} \tag{4}$$

부재의 구조 자유도 번호(0, 0, 1, 2)는 식 (4)에 표시한 것처럼 $\mathbf{v}$의 오른쪽에 표시한다. v_1과 v_2에 해당하는 구조 자유도 번호가 0이기 때문에 $v_1 = v_2 = 0$이다. 유사하게 v_3와 v_4에 각각 해당하는 번호 1과 2는 $v_3 = d_1$과 $v_4 = d_2$를 의미한다. 이 적합방정식은 단지 구조의 선 다이어그램(그림 17.11(b))을 관찰해도 구할 수 있다는 것을 알아야 한다. 그러나 구조 자유도 번호를 사용하면 이 과정을 컴퓨터로 프로그래밍하는데 편리하다.

부재좌표계에서 부재 단부 변위는 이제 관계식 $\mathbf{u} = \mathbf{T}\mathbf{v}$를 이용해서 구할 수 있다. 여기서, $\mathbf{T}$는 식 (17.22)에 정의되어 있다.

$$\mathbf{u}_1 = \begin{bmatrix} u_1 \\ u_2 \end{bmatrix} = \begin{bmatrix} 0.6 & 0.8 & 0 & 0 \\ 0 & 0 & 0.6 & 0.8 \end{bmatrix} \begin{bmatrix} 0 \\ 0 \\ 0.000815 \\ -0.001194 \end{bmatrix} = \begin{bmatrix} 0 \\ -0.000467 \end{bmatrix} \text{m}$$

식 (17.7)을 이용하면 부재좌표계에서 부재 단부 부재력들을 구할 수 있다.

$$\mathbf{Q} = \mathbf{k}\mathbf{u}$$

$$\mathbf{Q}_1 = \begin{bmatrix} Q_1 \\ Q_2 \end{bmatrix} = 116{,}000 \begin{bmatrix} 1 & -1 \\ -1 & 1 \end{bmatrix} \begin{bmatrix} 0 \\ -0.000467 \end{bmatrix} = \begin{bmatrix} 54.17 \\ -54.17 \end{bmatrix} \text{kN}$$

따라서 그림 17.11(d)에서와 같이 부재 1의 축력은 다음과 같다.

54.17 kN (C)

식 (17.17)을 이용하여 전체좌표계에서 부재 단부 부재력을 구할 수 있다.

$$\mathbf{F} = \mathbf{T}^T\mathbf{Q}$$

$$\mathbf{F}_1 = \begin{bmatrix} F_1 \\ F_2 \\ F_3 \\ F_4 \end{bmatrix} = \begin{bmatrix} 0.6 & 0 \\ 0.8 & 0 \\ 0 & 0.6 \\ 0 & 0.8 \end{bmatrix} \begin{bmatrix} 54.17 \\ -54.17 \end{bmatrix} = \begin{bmatrix} 32.5 \\ 43.34 \\ -32.5 \\ -43.34 \end{bmatrix} \text{kN}$$

부재 2 전체좌표계에서 부재 단부 변위들은 다음과 같이 주어진다.

$$\mathbf{v}_2 = \begin{bmatrix} v_1 \\ v_2 \\ v_3 \\ v_4 \end{bmatrix} \begin{matrix} 0 \\ 0 \\ 1 \\ 2 \end{matrix} = \begin{bmatrix} 0 \\ 0 \\ d_1 \\ d_2 \end{bmatrix} = \begin{bmatrix} 0 \\ 0 \\ 0.000815 \\ -0.001194 \end{bmatrix} \text{m}$$

관계식 $\mathbf{u} = \mathbf{T}\mathbf{v}$를 이용해서 부재좌표계에서 부재 단부 변위를 계산한다.

$$\mathbf{u}_2 = \begin{bmatrix} u_1 \\ u_2 \end{bmatrix} = \begin{bmatrix} 0 & 1 & 0 & 0 \\ 0 & 0 & 0 & 1 \end{bmatrix} \begin{bmatrix} 0 \\ 0 \\ 0.000815 \\ -0.001194 \end{bmatrix} = \begin{bmatrix} 0 \\ -0.001194 \end{bmatrix} \text{m}$$

부재좌표계에서 부재 단부 부재력을 관계식 $\mathbf{Q}=\mathbf{ku}$에 의해 계산한다.

$$\mathbf{Q}=\begin{bmatrix} Q_1 \\ Q_2 \end{bmatrix}=145{,}000\begin{bmatrix} 1 & -1 \\ -1 & 1 \end{bmatrix}\begin{bmatrix} 0 \\ -0.001194 \end{bmatrix}=\begin{bmatrix} 173.13 \\ -173.13 \end{bmatrix}\text{ kN}$$

따라서 그림 17.11(d)에서와 같이 부재 2의 축력은 다음과 같다.

$$173.13\text{ kN (C)}$$

관계식 $\mathbf{F}=\mathbf{T}^T\mathbf{Q}$를 이용하여 전체좌표계에서 부재 단부 부재력을 계산한다.

$$\mathbf{F}_2=\begin{bmatrix} F_1 \\ F_2 \\ F_3 \\ F_4 \end{bmatrix}=\begin{bmatrix} 0 & 0 \\ 1 & 0 \\ 0 & 0 \\ 0 & 1 \end{bmatrix}\begin{bmatrix} 173.13 \\ -173.13 \end{bmatrix}=\begin{bmatrix} 0 \\ 173.13 \\ 0 \\ -173.13 \end{bmatrix}\text{ kN}$$

부재 3

$$\mathbf{v}_3=\begin{bmatrix} v_1 \\ v_2 \\ v_3 \\ v_4 \end{bmatrix}\begin{matrix} 0 \\ 0 \\ 1 \\ 2 \end{matrix}=\begin{bmatrix} 0 \\ 0 \\ d_1 \\ d_2 \end{bmatrix}=\begin{bmatrix} 0 \\ 0 \\ 0.000815 \\ -0.001194 \end{bmatrix}\text{ m}$$

$$\mathbf{u}=\mathbf{Tv}$$

$$\mathbf{u}_3=\begin{bmatrix} u_1 \\ u_2 \end{bmatrix}=\begin{bmatrix} 1 & 0 & 0 & 0 \\ 0 & 0 & 1 & 0 \end{bmatrix}\begin{bmatrix} 0 \\ 0 \\ 0.000815 \\ -0.001194 \end{bmatrix}=\begin{bmatrix} 0 \\ 0.000815 \end{bmatrix}\text{ m}$$

$$\mathbf{Q}=\mathbf{ku}$$

$$\mathbf{Q}=\begin{bmatrix} Q_1 \\ Q_2 \end{bmatrix}=193{,}333\begin{bmatrix} 1 & -1 \\ -1 & 1 \end{bmatrix}\begin{bmatrix} 0 \\ 0.000815 \end{bmatrix}=\begin{bmatrix} -157.57 \\ 157.57 \end{bmatrix}\text{ kN}$$

부재 3의 축력은 (그림 17.11(d)) 다음과 같다.

$$157.57\text{ kN (T)}$$

$$\mathbf{F}=\mathbf{T}^T\mathbf{Q}$$

$$\mathbf{F}_3=\begin{bmatrix} F_1 \\ F_2 \\ F_3 \\ F_4 \end{bmatrix}=\begin{bmatrix} 1 & 0 \\ 0 & 0 \\ 0 & 1 \\ 0 & 0 \end{bmatrix}\begin{bmatrix} -157.57 \\ 157.57 \end{bmatrix}=\begin{bmatrix} -157.57 \\ 0.0 \\ 157.57 \\ 0 \end{bmatrix}\text{ kN}$$

지점반력. 그림 17.11(e)와 같이 지점 절점 1, 2, 4에서의 반력은 이 절점에 연결된 부재의 단부에서 전체좌표계에서의 부재력과 동일하다.

평형조건 검토. 전체 구조계의 자유물체도(그림 17.11(e))에 평형방정식을 적용하여 다음을 검증할 수 있다.

$$+\rightarrow\sum F_X=0 \qquad 32.5-157.57+250\cos 60°=-0.07\approx 0$$

$$+\uparrow\sum F_Y=0 \qquad 43.34+173.13-250\sin 60°=0.04\approx 0$$

$$+\circlearrowleft\sum M_{①}=0 \qquad 173.13(6)+157.57(8)-250\cos 60°(8)-250\sin 60°(6)=0.3\approx 0$$

17.2 Example

매트릭스 강성법을 이용해서 그림 17.12(a)에 표시한 3경간 연속보의 반력과 부재 단부 부재력을 구하라.

풀이

자유도. 그림 17.12(b)에 나타낸 해석 모델로부터 이 구조물은 미지수인 절점 2와 3에서의 2개의 회전 자유도 d_1과 d_2를 갖는다는 것을 알 수 있다. 부재좌표계와 전체좌표계의 양의 방향이 일치하도록 부재좌표계를 설정한다. 결과적으로 좌표계 변환은 필요 없으며 부재좌표계와 전체좌표계에서 부재 강성관계식은 동일하다.

구조 강성매트릭스.

부재 1 $L = 10\text{ m}$를 식 (17.6)에 대입하면

$$\mathbf{K}_1 = \mathbf{k}_1 = EI \begin{bmatrix} 0.012 & 0.06 & -0.012 & 0.06 \\ 0.06 & 0.4 & -0.06 & 0.2 \\ -0.012 & -0.06 & 0.012 & -0.06 \\ 0.06 & 0.2 & -0.06 & 0.4 \end{bmatrix} \begin{matrix} 0 \\ 0 \\ 0 \\ 1 \end{matrix} \quad (\text{열 번호: } 0 \; 0 \; 0 \; 1)$$

이 책의 뒷장에 표시된 고정단모멘트식을 이용해서 80 kN 하중에 의한 고정단모멘트를 구한다.

$$Q_{f2} = \frac{80(6)(4)^2}{10^2} = 76.8\text{ kN}\cdot\text{m}$$

$$Q_{f4} = \frac{80(6)^2(4)}{10^2} = -115.2\text{ kN}\cdot\text{m}$$

고정단 전단력 Q_{f1}과 Q_{f3}는 그림 17.12(c)에 나타낸 부재 1의 자유물체도의 평형조건을 이용하여 구할 수 있다:

$$+\circlearrowleft \sum M_{②} = 0 \qquad 76.8 - Q_{f1}(10) + 80(4) - 115.2 = 0 \qquad Q_{f1} = 28.16\text{ kN}$$

$$+\uparrow \sum F_y = 0 \qquad 28.16 - 80 + Q_{f3} = 0 \qquad Q_{f3} = 51.84\text{ kN}$$

따라서 부재 1의 고정단 하중벡터는 다음과 같다.

$$\mathbf{F}_{f1} = \mathbf{Q}_{f1} = \begin{bmatrix} 28.16 \\ 76.8 \\ 51.84 \\ -115.2 \end{bmatrix} \begin{matrix} 0 \\ 0 \\ 0 \\ 1 \end{matrix}$$

그림 17.12(b)로부터 이 부재에 대한 구조 자유도 번호는 0, 0, 0, 1임을 알 수 있다. 이 번호를 이용하면 $\mathbf{K}_1$과 $\mathbf{F}_{f1}$의 해당 성분이 그림 17.12(d)에서 나타낸 것처럼 구조 강성매트릭스 $\mathbf{S}$와 고정 절점 하중벡터 $\mathbf{P}_f$의 해당 위치에 놓이게 된다.

부재 2 식 (17.6)에 $L = 10\text{ m}$을 대입하면 다음과 같다.

$$\mathbf{K}_2 = \mathbf{k}_2 = EI \begin{bmatrix} 0.012 & 0.06 & -0.012 & 0.06 \\ 0.06 & 0.4 & -0.06 & 0.2 \\ -0.012 & -0.06 & 0.012 & -0.06 \\ 0.06 & 0.2 & -0.06 & 0.4 \end{bmatrix} \begin{matrix} 0 \\ 1 \\ 0 \\ 2 \end{matrix} \quad (\text{열 번호: } 0 \; 1 \; 0 \; 2)$$

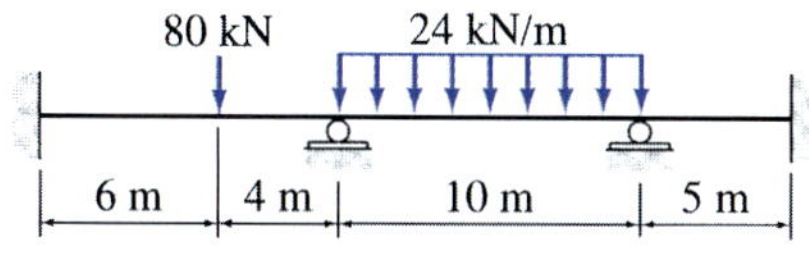

EI = constant

(a) Continuous Beam

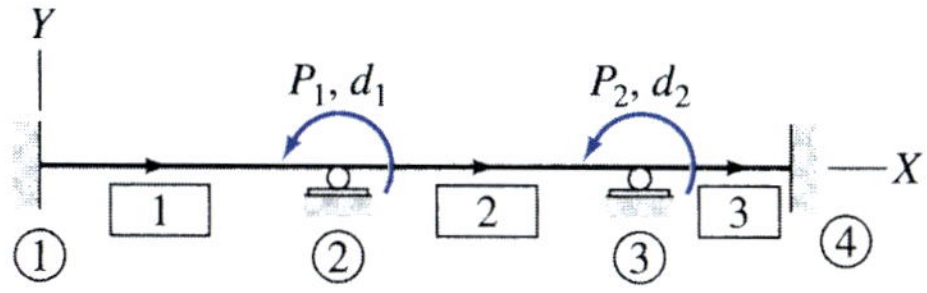

(b) Analytical Model

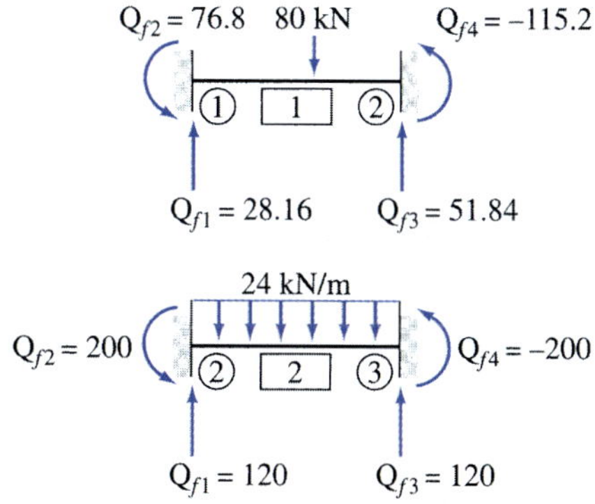

(c) Member Fixed-End Forces

$$\mathbf{S} = EI \begin{bmatrix} (0.4+0.4) & 0.2 \\ 0.2 & (0.4+0.8) \end{bmatrix} = EI \begin{bmatrix} 0.8 & 0.2 \\ 0.2 & 1.2 \end{bmatrix}$$

$$\mathbf{P}_f = \begin{bmatrix} (-115.2+200) \\ -200 \end{bmatrix} = \begin{bmatrix} 84.8 \\ -200 \end{bmatrix}$$

(d) Structure Stiffness Matrix and Fixed-Joint Force Vector

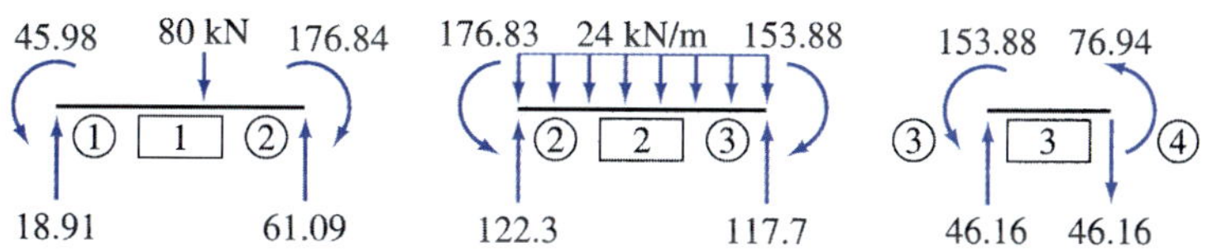

(e) Member End Forces

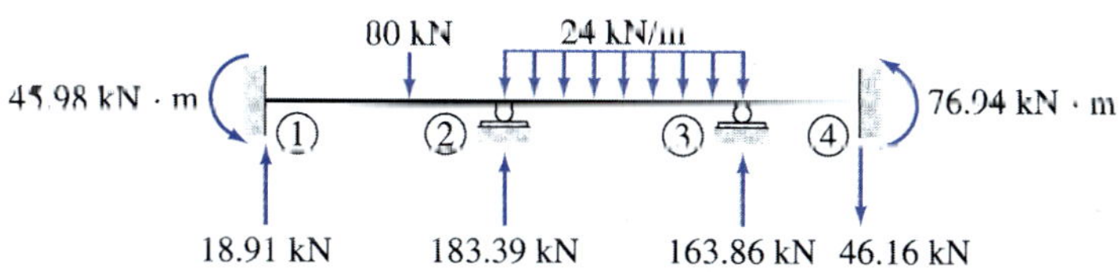

(f) Support Reactions

그림 17.12

24 kN/m 하중에 의한 고정단모멘트는 다음과 같다.

$$Q_{f2} = -Q_{f4} = \frac{24(10)^2}{12} = 200 \text{ kN} \cdot \text{m}$$

부재 2의 자유물체도에 평형방정식을 적용하면 다음 값을 구할 수 있다(그림 17.12(c)).

$$Q_{f1}=Q_{f3}=120\ \text{kN}$$

따라서

$$\mathbf{F}_{f2}=\mathbf{Q}_{f2}=\begin{bmatrix}120\\200\\120\\-200\end{bmatrix}\begin{matrix}0\\1\\0\\2\end{matrix}$$

이 부재에 대해서 구조 자유도 번호 0, 1, 0, 2를 이용하면 $\mathbf{K}_2$와 $\mathbf{F}_{f2}$의 관련된 요소들이 그림 17.12(d)와 같이 각각 $\mathbf{S}$와 $\mathbf{P}_f$에 위치하게 된다.

부재 3 $L=5$ m

$$\mathbf{K}_3=\mathbf{k}_3=EI\begin{matrix}0 & 2 & 0 & 0\\ \end{matrix}\begin{bmatrix}0.096 & 0.24 & -0.096 & 0.24\\0.24 & 0.8 & -0.24 & 0.4\\-0.096 & -0.24 & 0.096 & -0.24\\0.24 & 0.4 & -0.24 & 0.8\end{bmatrix}\begin{matrix}0\\2\\0\\0\end{matrix}$$

$\mathbf{K}_3$의 성분은 구조 자유도 번호 0, 2, 0, 0을 이용해서 $\mathbf{S}$에 채운다. 번호 3은 외부하중을 받지 않기 때문에

$$\mathbf{F}_{f3}=\mathbf{Q}_{f3}=\mathbf{0}$$

절점 하중벡터. 절점 2와 3에서는 보에 아무런 외부 하중이 작용하지 않기 때문에 절점 하중벡터는 0이다. 즉,

$$\mathbf{P}=\mathbf{0}$$

절점 변위. 전체 연속보의 강성관계식 $\mathbf{P}-\mathbf{P}_f=\mathbf{Sd}$는 다음과 같이 표현될 수 있다.

$$\begin{bmatrix}-84.8\\200\end{bmatrix}=EI\begin{bmatrix}0.8 & 0.2\\0.2 & 1.2\end{bmatrix}\begin{bmatrix}d_1\\d_2\end{bmatrix}$$

이 방정식을 동시에 풀어 절점 변위를 다음과 같이 구할 수 있다.

$$EId_1=-154.09\ \text{kN}\cdot\text{m}^2 \qquad EId_2=192.35\ \text{kN}\cdot\text{m}^2$$

다르게 표현하면

$$\mathbf{d}=\frac{1}{EI}\begin{bmatrix}-154.09\\192.35\end{bmatrix}\text{kN}\cdot\text{m}^2$$

부재 단부 변위와 단부 부재력.

부재 1 부재의 구조 자유도 번호를 이용하면 부재 단부 변위를 다음과 같이 구할 수 있다.

$$\mathbf{u}_1=\mathbf{v}_1=\begin{bmatrix}v_1\\v_2\\v_3\\v_4\end{bmatrix}\begin{matrix}0\\0\\0\\1\end{matrix}=\begin{bmatrix}0\\0\\0\\d_1\end{bmatrix}=\frac{1}{EI}\begin{bmatrix}0\\0\\0\\-154.09\end{bmatrix}$$

부재 강성관계식 $\mathbf{Q}=\mathbf{ku}+\mathbf{Q}_f$(식 (17.4))를 이용하면 부재 단부 부재력을 구할 수 있다.

$$\mathbf{F}_1=\mathbf{Q}_1=EI\begin{bmatrix}0.012 & 0.06 & -0.012 & 0.06\\0.06 & 0.4 & -0.06 & 0.2\\-0.012 & -0.06 & 0.012 & -0.06\\0.06 & 0.2 & -0.06 & 0.4\end{bmatrix}\frac{1}{EI}\begin{bmatrix}0\\0\\0\\-154.09\end{bmatrix}+\begin{bmatrix}28.16\\76.8\\51.84\\-115.2\end{bmatrix}=\begin{bmatrix}18.91\ \text{kN}\\45.98\ \text{kN}\cdot\text{m}\\61.09\ \text{kN}\\-176.84\ \text{kN}\cdot\text{m}\end{bmatrix}$$

부재 2

$$\mathbf{u}_2=\mathbf{v}_2=\begin{bmatrix}v_1\\v_2\\v_3\\v_4\end{bmatrix}\begin{matrix}0\\1\\0\\2\end{matrix}=\begin{bmatrix}0\\d_1\\0\\d_2\end{bmatrix}=\frac{1}{EI}\begin{bmatrix}0\\-154.09\\0\\192.35\end{bmatrix}$$

$$\mathbf{Q}=\mathbf{ku}+\mathbf{Q}_f$$

$$\mathbf{F}_2=\mathbf{Q}_2=\begin{bmatrix}0.012 & 0.06 & -0.012 & 0.06\\0.06 & 0.4 & -0.06 & 0.2\\-0.012 & -0.06 & 0.012 & -0.06\\0.06 & 0.2 & -0.06 & 0.4\end{bmatrix}\begin{bmatrix}0\\-154.09\\0\\192.35\end{bmatrix}+\begin{bmatrix}120\\200\\120\\-200\end{bmatrix}=\begin{bmatrix}122.3\text{ kN}\\176.83\text{ kN}\cdot\text{m}\\117.7\text{ kN}\\-153.88\text{ kN}\cdot\text{m}\end{bmatrix}$$

부재 3

$$\mathbf{u}_3=\mathbf{v}_3=\begin{bmatrix}v_1\\v_2\\v_3\\v_4\end{bmatrix}\begin{matrix}0\\2\\0\\0\end{matrix}=\begin{bmatrix}0\\d_2\\0\\0\end{bmatrix}=\frac{1}{EI}\begin{bmatrix}0\\192.35\\0\\0\end{bmatrix}$$

$$\mathbf{Q}=\mathbf{ku}+\mathbf{Q}_f$$

$$\mathbf{F}_3=\mathbf{Q}_3=\begin{bmatrix}0.096 & 0.24 & -0.096 & 0.24\\0.24 & 0.8 & -0.24 & 0.4\\-0.096 & -0.24 & 0.096 & -0.24\\0.24 & 0.4 & -0.24 & 0.8\end{bmatrix}\begin{bmatrix}0\\192.35\\0\\0\end{bmatrix}=\begin{bmatrix}46.16\text{ kN}\\153.88\text{ kN}\cdot\text{m}\\-46.16\text{ kN}\\76.94\text{ kN}\cdot\text{m}\end{bmatrix}$$

연속보의 세 개 부재에 대한 단부 부재력을 그림 17.12(e)에 나타내었다.

지점반력. 지점 절점 1이 부재 1의 시작 절점이기 때문에 평형조건은 절점 1에서의 반력 $\mathbf{R}_{①}$이 $\mathbf{F}_1$의 위쪽 절반(부재 1의 끝단 1에서의 부재력)과 동일해야 한다.

$$\mathbf{R}_{①}=\begin{bmatrix}18.91\text{ kN}\\45.98\text{ kN}\cdot\text{m}\end{bmatrix}$$

여기서, 그림 17.12(f)에 나타낸 것처럼 $\mathbf{R}_{①}$의 첫 번째 요소는 수직방향 부재력을 의미하고 두 번째 요소는 모멘트를 의미한다. 동일한 방법으로 지점 절점 2는 부재 1의 끝 절점이지만 부재 2의 시작 절점이기 때문에 절점 2에서의 반력 벡터 $\mathbf{R}_{②}$는 $\mathbf{F}_1$의 하부 절반과 $\mathbf{F}_2$의 상부 절반의 합과 동일해야 한다.

$$\mathbf{R}_{②}=\begin{bmatrix}61.09\\-176.84\end{bmatrix}+\begin{bmatrix}122.3\\176.83\end{bmatrix}=\begin{bmatrix}183.39\text{ kN}\\-0.01\approx 0\end{bmatrix}$$

유사하게 지점 절점 3에서 $\mathbf{R}_{③}$는 $\mathbf{F}_2$의 하부 절반과 $\mathbf{F}_3$의 상부 절반의 합으로 구할 수 있다.

$$\mathbf{R}_{③}=\begin{bmatrix}117.7\\-153.88\end{bmatrix}+\begin{bmatrix}46.16\\153.88\end{bmatrix}=\begin{bmatrix}163.86\text{ kN}\\0\end{bmatrix}$$

마지막으로 절점 4에서 반력 벡터는 $\mathbf{F}_3$의 하부 절반과 동일해야 한다.

$$\mathbf{R}_{④}=\begin{bmatrix}46.16\text{ kN}\\76.94\text{ kN}\cdot\text{m}\end{bmatrix}$$

그림 17.12(f)에 지점반력을 나타내었다.

평형조건 검증. 전체 구조(그림 17.12(f))에 평형방정식을 적용하면 다음을 구할 수 있다.

$$+\uparrow\sum F_Y=0 \qquad 18.91-80+183.39-24(10)+163.86-46.16=0$$

$$+\circlearrowleft\sum M_{④}=0$$

$$45.98-18.91(25)+80(19)-183.39(15)+24(10)(10)-163.86(5)+76.94=0.02\approx 0$$

17.3 Example

그림 17.13(a)에 나타낸 골조의 반력과 부재 단부 부재력을 매트릭스 강성법을 이용해서 구하라.

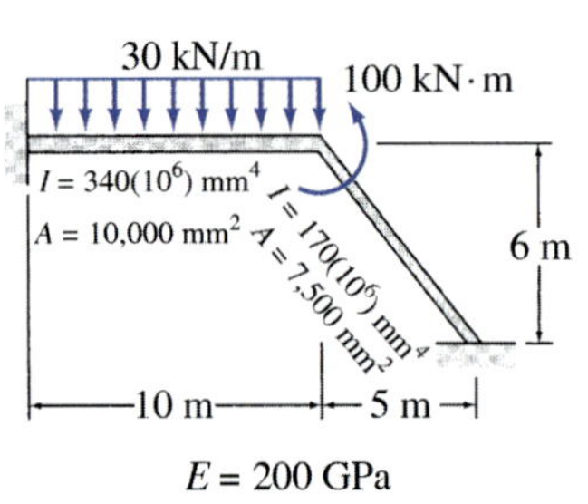

(a) Frame

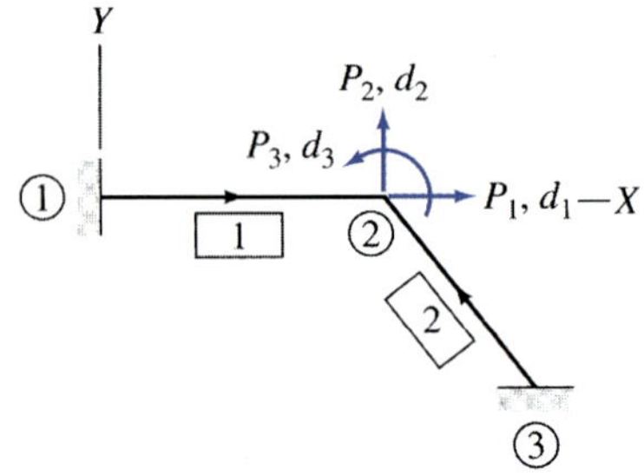

(b) Analytical Model

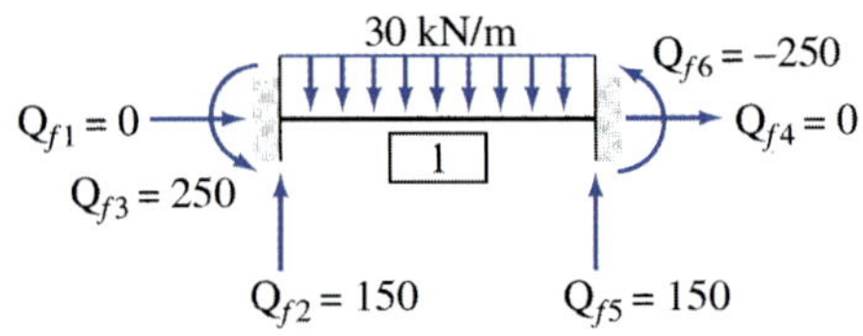

(c) Member Fixed-End Forces

$$\mathbf{S} = \begin{bmatrix} (200{,}000 + 79{,}224) & -94{,}041.3 & 2{,}569.4 \\ -94{,}041.3 & (816 + 113{,}706) & (-4{,}080 + 2{,}141.1) \\ 2{,}569.4 & (-4{,}080 + 2{,}141.1) & (27{,}200 + 17{,}414.7) \end{bmatrix}$$

$$= \begin{bmatrix} 279{,}224 & -94{,}041.3 & 2{,}569.4 \\ -94{,}041.3 & 114{,}522 & -1{,}938.9 \\ 2{,}569.4 & -1{,}938.9 & 44{,}614.7 \end{bmatrix}$$

$$\mathbf{P}_f = \begin{bmatrix} 0 \\ 150 \\ -250 \end{bmatrix}$$

(d) Structure Stiffness Matrix and Fixed-Joint Force Vector

그림 17.13

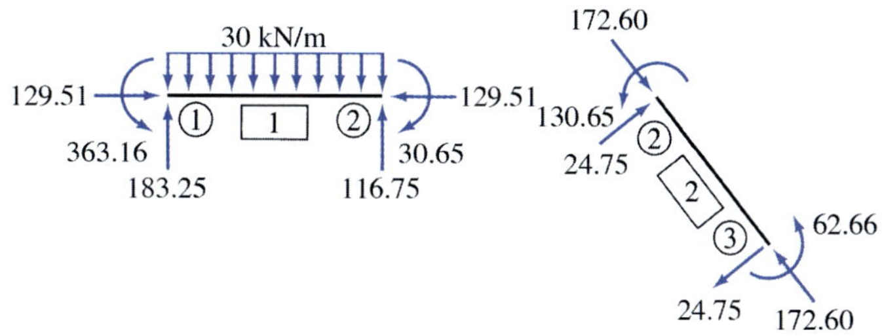

(e) Member End Forces in Local Coordinates

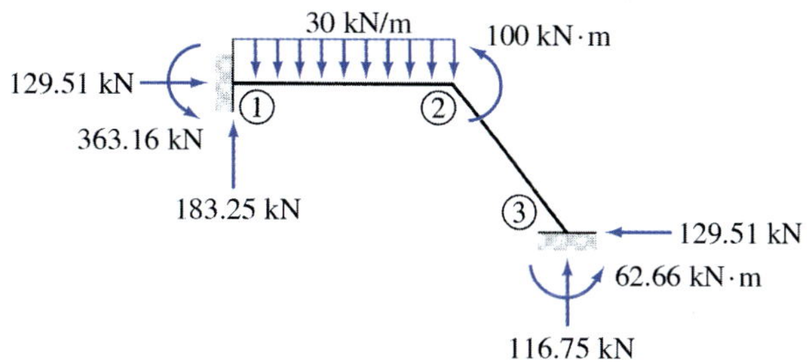

(f) Support Reactions

그림 17.13 계속

풀이

자유도. 그림 17.13(b)에 나타낸 골조의 해석 모델로부터 구조물의 절점 1과 3은 이동이나 회전을 못하지만 절점 2는 이동과 회전을 할 수 있음을 알 수 있다. 따라서 골조는 3개의 자유도를 갖는다: X축과 Y축 방향으로 이동 변위 d_1과 d_2, 그리고 절점 2에서의 회전 d_3.

구조 강성매트릭스.

부재 1 이 부재에 대한 부재좌표계 xy는 전체좌표계 XY와 일치하기 때문에 좌표 변환은 필요 없다. 즉, 부재좌표계와 전체좌표계에서 부재 강성관계식은 동일하다. $E = 200(10^6)\ \text{kN/m}^2$, $I = 340(10^{-6})\ \text{m}^4$, $A = 0.01\ \text{m}^2$, $L = 10\ \text{m}$를 식 (17.5)에 대입하여 다음을 구할 수 있다.

$$\mathbf{K}_1 = \mathbf{k}_1 = \begin{array}{c} \begin{matrix} 0 & \quad 0 & \quad 0 & \quad 1 & \quad 2 & \quad 3 \end{matrix} \\ \left[\begin{array}{ccc:ccc} 200{,}000 & 0 & 0 & -200{,}000 & 0 & 0 \\ 0 & 816 & 4{,}080 & 0 & -816 & 4{,}080 \\ 0 & 4{,}080 & 27{,}200 & 0 & -4{,}080 & 13{,}600 \\ \hdashline -200{,}000 & 0 & 0 & 200{,}000 & 0 & 0 \\ 0 & -816 & -4{,}080 & 0 & 816 & -4{,}080 \\ 0 & 4{,}080 & 13{,}600 & 0 & -4{,}080 & 27{,}200 \end{array}\right] \begin{matrix} 0 \\ 0 \\ 0 \\ 1 \\ 2 \\ 3 \end{matrix} \end{array} \tag{1}$$

이 책의 뒷장에 표시된 고정단모멘트식을 이용해서 30 kN/m 하중에 의한 고정단모멘트를 다음과 같이 구할 수 있다.

$$Q_{f3} = -Q_{f6} = \frac{30(10)^2}{12} = 250\ \text{kN}\cdot\text{m}$$

부재의 자유물체도에 대한 평형방정식을 적용하여 다음을 구할 수 있다(그림 17.13(c)).

$$Q_{f2} = Q_{f5} = 150\ \text{kN}$$

따라서

$$\mathbf{F}_{f1} = \mathbf{Q}_{f1} = \begin{bmatrix} 0 \\ 150 \\ 250 \\ \hdashline 0 \\ 150 \\ -250 \end{bmatrix} \begin{matrix} 0 \\ 0 \\ 0 \\ 1 \\ 2 \\ 3 \end{matrix} \tag{2}$$

이 부재에 대한 구조 자유도 번호 0, 0, 0, 1, 2, 3을 이용해서 $\mathbf{K}_1$과 $\mathbf{F}_{f1}$의 해당 성분을 그림 17.13(d)와 같이 구조 강성매트릭스 $\mathbf{S}$와 고정 절점 하중벡터 $\mathbf{P}_f$의 해당 위치에 놓을 수 있다.

부재 2 $E=200(10^6)\ \text{kN/m}^2$, $I=170(10^{-6})\ \text{m}^4$, $A=0.0075\ \text{m}^2$, $L=7.81\ \text{m}$를 식 (17.5)에 대입하면 다음을 구할 수 있다.

$$\mathbf{k}_2 = \begin{matrix} 0 & 0 & 0 & 1 & 2 & 3 \\ \end{matrix}$$
$$\mathbf{k}_2 = \begin{bmatrix} 192{,}074 & 0 & 0 & -192{,}074 & 0 & 0 \\ 0 & 856.5 & 3{,}344.6 & 0 & -856.5 & 3{,}344.6 \\ 0 & 3{,}344.6 & 17{,}414.7 & 0 & -3{,}344.6 & 8{,}707.3 \\ -192{,}074 & 0 & 0 & 192{,}074 & 0 & 0 \\ 0 & -856.5 & -3{,}344.6 & 0 & 856.5 & -3{,}344.6 \\ 0 & 3{,}344.6 & 8{,}707.3 & 0 & -3{,}344.6 & 17{,}414.7 \end{bmatrix} \begin{matrix} 0 \\ 0 \\ 0 \\ 1 \\ 2 \\ 3 \end{matrix} \tag{3}$$

부재 2가 외부 하중을 받지 않기 때문에

$$\mathbf{Q}_{f2} = \mathbf{0} \tag{4}$$

시작 절점 3과 끝 절점 2의 전체좌표계를 이용하여 부재 2의 방향 코사인을 구할 수 있다(식 (17.13)).

$$\cos\theta = \frac{X_2 - X_3}{L} = \frac{10-15}{7.81} = -0.640$$

$$\sin\theta = \frac{Y_2 - Y_3}{L} = \frac{0-(-6)}{7.81} = 0.768$$

이 값을 식 (17.12)에 대입하여 부재의 다음 변환 매트릭스를 구할 수 있다.

$$\mathbf{T}_2 = \begin{bmatrix} -0.640 & 0.768 & 0 & 0 & 0 & 0 \\ -0.768 & -0.640 & 0 & 0 & 0 & 0 \\ 0 & 0 & 1 & 0 & 0 & 0 \\ 0 & 0 & 0 & -0.640 & 0.768 & 0 \\ 0 & 0 & 0 & -0.768 & -0.640 & 0 \\ 0 & 0 & 0 & 0 & 0 & 1 \end{bmatrix} \tag{5}$$

전체좌표계에서의 부재 강성매트릭스 $\mathbf{K}_2$를 구하기 위해 매트릭스 $\mathbf{k}_2$와 $\mathbf{T}_2$를 관계식 $\mathbf{K}=\mathbf{T}^T\mathbf{kT}$ (식 (17.26))에 대입하고 매트릭스를 곱하여 다음을 계산할 수 있다.

$$\begin{matrix} 0 & 0 & 0 & 1 & 2 & 3 \end{matrix}$$
$$\mathbf{K}_2 = \begin{bmatrix} 79{,}224 & -94{,}041.3 & -2{,}569.4 & -79{,}224 & 94{,}041.3 & -2{,}569.4 \\ -94{,}041.3 & 113{,}706 & -2{,}141.1 & 94{,}041.3 & -113{,}706 & -2{,}141.1 \\ -2{,}569.4 & -2{,}141.1 & 17{,}414.7 & 2{,}569.4 & 2{,}141.1 & 8{,}707.3 \\ -79{,}224 & 94{,}041.3 & 2{,}569.4 & 79{,}224 & -94{,}041.3 & 2{,}569.4 \\ 94{,}041.3 & -113{,}706 & 2{,}141.1 & -94{,}041.3 & 113{,}706 & 2{,}141.1 \\ -2{,}569.4 & -2{,}141.1 & 8{,}707.3 & 2{,}569.4 & 2{,}141.1 & 17{,}414.7 \end{bmatrix} \begin{matrix} 0 \\ 0 \\ 0 \\ 1 \\ 2 \\ 3 \end{matrix} \tag{6}$$

$\mathbf{K}_2$는 대칭이다. 부재 2의 구조 자유도 번호 0, 0, 0, 1, 2, 3을 이용하여 그림 17.13(d)에 나타낸 것처럼 $\mathbf{K}_2$의 해당 성분을 $\mathbf{S}$ 매트릭스의 해당 위치에 넣을 수 있다. 여기서, $\mathbf{F}_{f2}=\mathbf{0}$이다.

절점 하중벡터. 그림 17.13(a)와 (b)를 비교하여 다음을 구할 수 있다.

$$\mathbf{P}=\begin{bmatrix}0\\0\\100\end{bmatrix}$$

절점 변위. 전체 골조의 강성관계식 $\mathbf{P}-\mathbf{P}_f=\mathbf{Sd}$를 다음과 같이 표현할 수 있다.

$$\begin{bmatrix}0\\0\\100\end{bmatrix}-\begin{bmatrix}0\\150\\-250\end{bmatrix}=\begin{bmatrix}279{,}224.2 & -94{,}041.3 & 2{,}569.4\\-94{,}041.3 & 114{,}522.0 & -1{,}938.9\\2{,}569.4 & -1{,}938.9 & 44{,}614.7\end{bmatrix}\begin{bmatrix}d_1\\d_2\\d_3\end{bmatrix}$$

정리하면

$$\begin{bmatrix}0\\-150\\350\end{bmatrix}=\begin{bmatrix}279{,}224.2 & -94{,}041.3 & 2{,}569.4\\-94{,}041.3 & 114{,}522.0 & -1{,}938.9\\2{,}569.4 & -1{,}938.9 & 44{,}614.7\end{bmatrix}\begin{bmatrix}d_1\\d_2\\d_3\end{bmatrix}$$

방정식을 연립으로 풀어 절점 변위를 구할 수 있다.

$$\mathbf{d}=\begin{bmatrix}-0.000648\text{ m}\\-0.001709\text{ m}\\0.00781\text{ rad}\end{bmatrix}$$

부재 단부 변위와 단부 부재력.

부재 1

$$\mathbf{u}_1=\mathbf{v}_1=\begin{bmatrix}v_1\\v_2\\v_3\\v_4\\v_5\\v_6\end{bmatrix}\begin{matrix}0\\0\\0\\1\\2\\3\end{matrix}=\begin{bmatrix}0\\0\\0\\d_1\\d_2\\d_3\end{bmatrix}=\begin{bmatrix}0\\0\\0\\-0.000648\text{ m}\\-0.001709\text{ m}\\0.00781\text{ rad}\end{bmatrix}$$

$\mathbf{k}_1$, $\mathbf{Q}_{f1}$, $\mathbf{u}_1$를 부재 강성관계식 $\mathbf{Q}=\mathbf{ku}+\mathbf{Q}_f$(식 (17.4))에 대입하여 부재 단부 부재력을 다음과 같이 구할 수 있다.

$$\mathbf{F}_1=\mathbf{Q}_1=\begin{bmatrix}129.51\text{ kN}\\183.25\text{ kN}\\363.16\text{ kN}\cdot\text{m}\\-129.51\text{ kN}\\116.75\text{ kN}\\-30.65\text{ kN}\cdot\text{m}\end{bmatrix}$$

부재 2

$$\mathbf{v}_2=\begin{bmatrix}v_1\\v_2\\v_3\\v_4\\v_5\\v_6\end{bmatrix}\begin{matrix}0\\0\\0\\1\\2\\3\end{matrix}=\begin{bmatrix}0\\0\\0\\d_1\\d_2\\d_3\end{bmatrix}=\begin{bmatrix}0\\0\\0\\-0.000648\text{ m}\\-0.001709\text{ m}\\0.00781\text{ rad}\end{bmatrix}$$

$\mathbf{K}_2$, $\mathbf{v}_2$와 $\mathbf{F}_{f2}=\mathbf{0}$을 전체좌표계에서 부재 강성관계식인 $\mathbf{F}=\mathbf{Kv}+\mathbf{F}_f$(식 (17.25))에 대입하여 전체좌표계에서 부재의 단부 부재력을 구할 수 있다.

$$\mathbf{F}_2=\begin{bmatrix} -129.51\text{ kN} \\ 116.75\text{ kN} \\ 62.66\text{ kN}\cdot\text{m} \\ 129.51\text{ kN} \\ -116.75\text{ kN} \\ 130.65\text{ kN}\cdot\text{m} \end{bmatrix}$$

$\mathbf{F}_2$와 $\mathbf{T}_2$를 관계식 $\mathbf{Q}=\mathbf{TF}$ (식 (17.11))에 대입하여 부재좌표계에서의 부재 단부 부재력을 다음과 같이 구할 수 있다.

$$\mathbf{Q}_2=\begin{bmatrix} 172.60\text{ kN} \\ 24.75\text{ kN} \\ 62.66\text{ kN}\cdot\text{m} \\ -172.60\text{ kN} \\ -24.75\text{ kN} \\ 130.65\text{ kN}\cdot\text{m} \end{bmatrix}$$

부재좌표계에서의 단부 부재력을 그림 17.13(e)에 나타내었다.

지점반력. 지점 절점 1과 3은 각각 부재 1과 2의 시작 절점이기 때문에 반력 벡터 $\mathbf{R}_{①}$과 $\mathbf{R}_{③}$는 각각 $\mathbf{F}_1$과 $\mathbf{F}_2$의 상부 절반과 동일해야 한다.

$$\mathbf{R}_{①}=\begin{bmatrix} 129.51\text{ kN} \\ 183.25\text{ kN} \\ 363.16\text{ kN}\cdot\text{m} \end{bmatrix}, \qquad \mathbf{R}_{③}=\begin{bmatrix} -129.51\text{ kN} \\ 116.75\text{ kN} \\ 62.66\text{ kN}\cdot\text{m} \end{bmatrix}$$

지점반력을 그림 17.13(f)에 나타내었다.

평형조건 검증. 전체 골조(그림 17.13(f))에 대해 평형방정식을 적용하여 다음을 검증할 수 있다.

$$+\rightarrow\sum F_X=0 \qquad 129.51-129.51=0$$

$$+\uparrow\sum F_Y=0 \qquad 183.25-30(10)+116.75=0$$

$$+\circlearrowleft\sum M_{①}=0 \qquad 363.16-30(10)(5)+100-129.51(6)+116.75(15)+62.66=0.01\approx 0$$

요약

이 장에서는 평면골조의 해석을 위해 매트릭스 강성법의 기본적인 개념을 다뤘다. 해석에서의 다양한 절차들을 요약하는 다이어그램을 그림 17.14에 제시하였다.

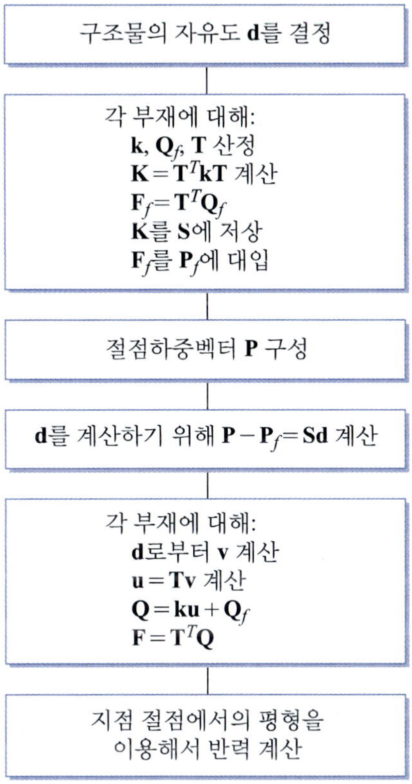

그림 17.14

연습문제

17.1~17.3 매트릭스 강성법을 이용하여 그림 P17.1~P17.3에 나타낸 트러스의 각 부재의 부재력과 반력을 구하라.

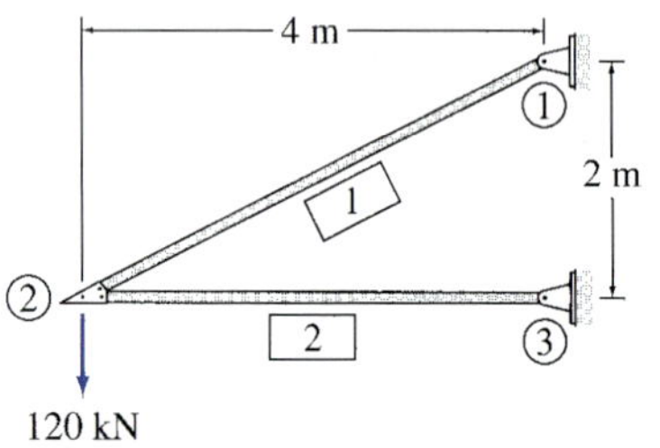

그림 P17.1 EA = constant

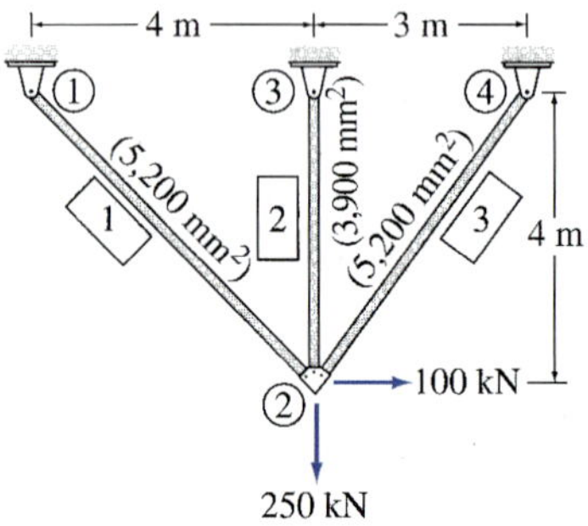

그림 P17.2 E = 70 GPa

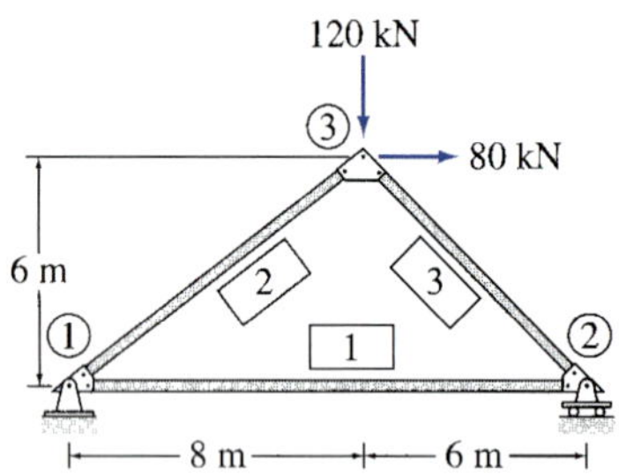

그림 P17.3 EA = constant

17.4~17.6 매트릭스 강성법을 이용하여 그림 P17.4~P17.6에 나타낸 보의 부재 단부 부재력과 반력을 구하라.

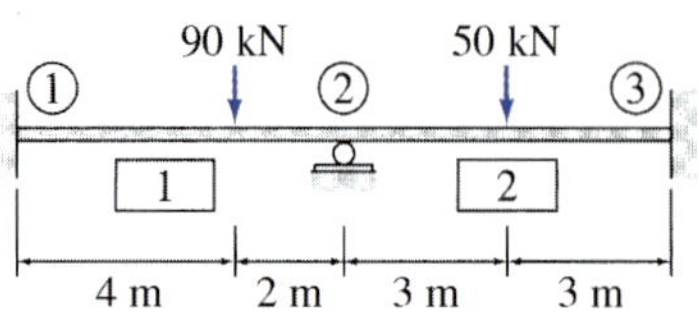

그림 P17.4 EI = constant

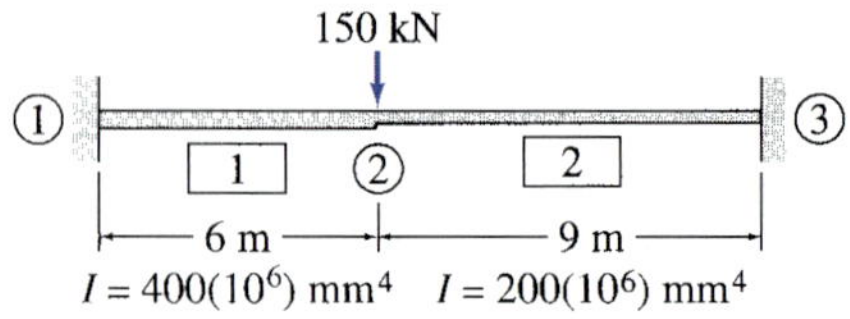

그림 P17.5 E = 200 GPa

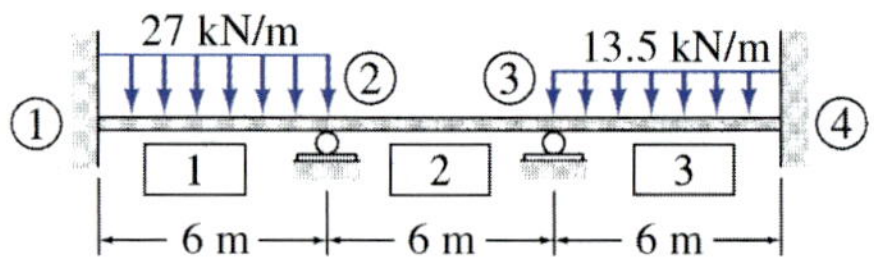

그림 P17.6 EI = constant

17.7~17.9 매트릭스 강성법을 이용하여 그림 P17.7~P17.9에 나타낸 골조의 부재좌표계에서 부재 단부 부재력과 반력을 구하라.

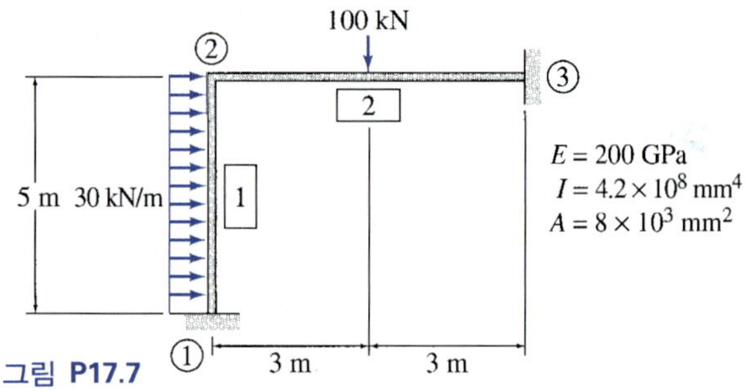

그림 P17.7

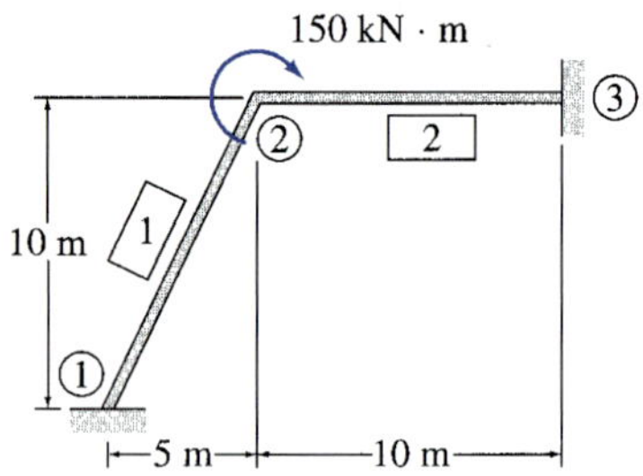

E = 200 GPa
I = 400 (10^6) mm^4
A = 4,000 mm^2

그림 P17.8

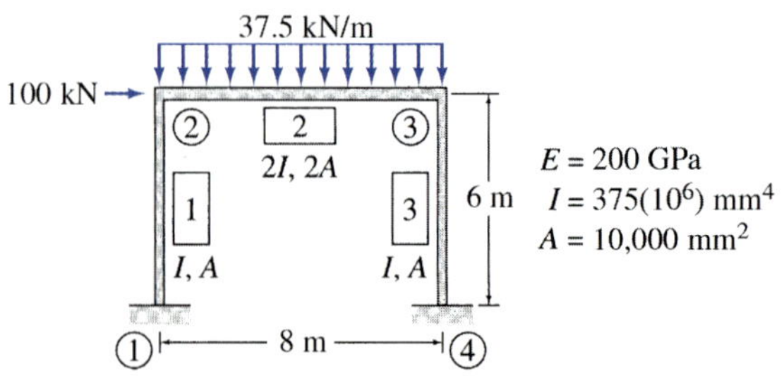

그림 P17.9

부 록

A

Areas and Centroids of Geometric Shapes

Shape	Area	Centroid
Right-angled triangle 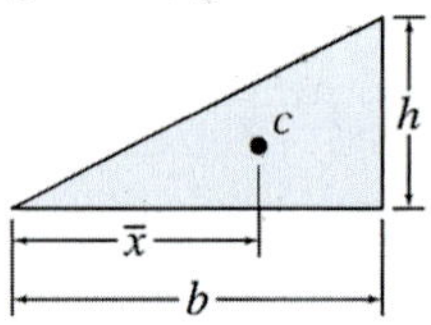	$A=\frac{bh}{2}$	$\bar{x}=\frac{2b}{3}$
Triangle 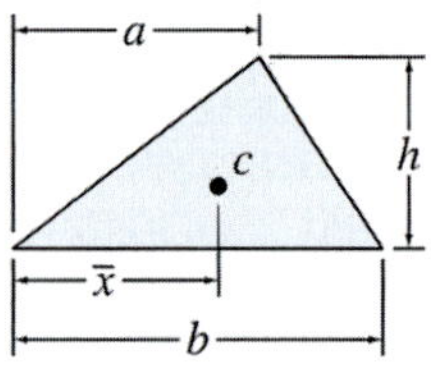	$A=\frac{bh}{2}$	$\bar{x}=\frac{a+b}{3}$
Trapezoid 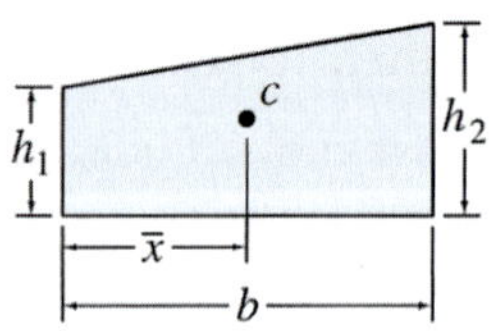	$A=\frac{b(h_1+h_2)}{2}$	$\bar{x}=\frac{b(h_1+2h_2)}{3(h_1+h_2)}$
Semi-parabola 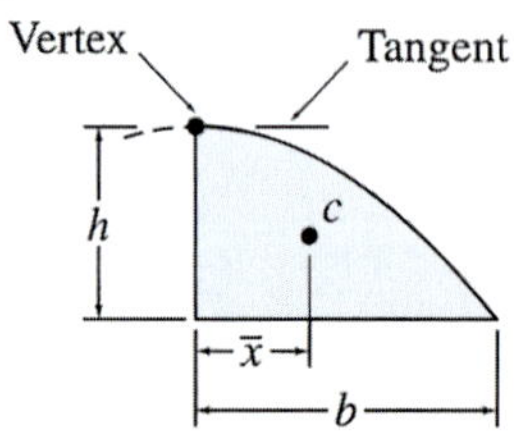	$A=\frac{2bh}{3}$	$\bar{x}=\frac{3b}{8}$

<table>
<tr><th>Shape</th><th>Area</th><th>Centroid</th></tr>
<tr><td>Parabolic spandrel
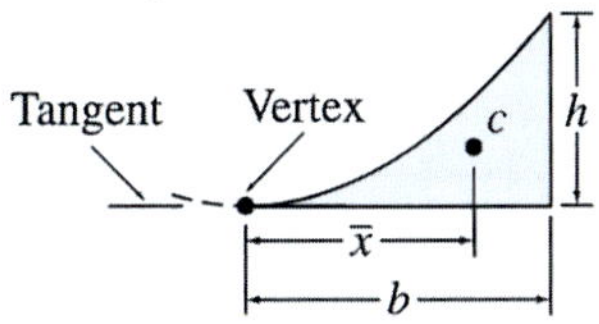</td><td>$A = \frac{bh}{3}$</td><td>$\bar{x} = \frac{3b}{4}$</td></tr>
<tr><td rowspan="2">Parabolic segment
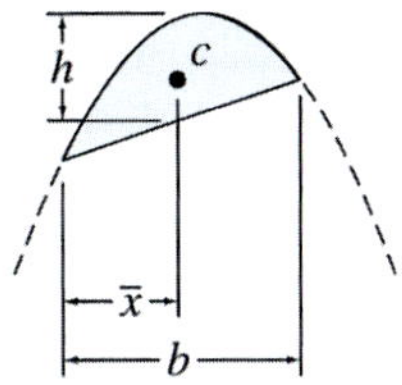</td><td>$A = \frac{2bh}{3}$</td><td>$\bar{x} = \frac{b}{2}$</td></tr>
<tr><td colspan="2">Note: When the segment represents a part of the bending moment diagram of a member subjected to uniformly distributed load w, then $h = wb^2/8$.</td></tr>
<tr><td>Cubic
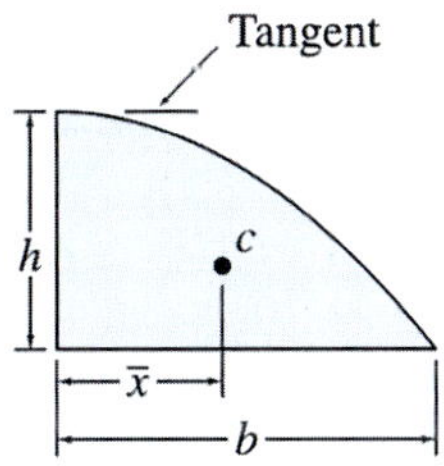</td><td>$A = \frac{3bh}{4}$</td><td>$\bar{x} = \frac{2b}{5}$</td></tr>
<tr><td>Cubic spandrel
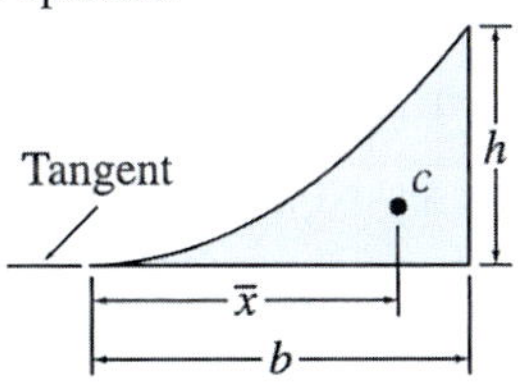</td><td>$A = \frac{bh}{4}$</td><td>$\bar{x} = \frac{4b}{5}$</td></tr>
<tr><td>nth-degree curve
$y = ax^n,\ n \geq 1$
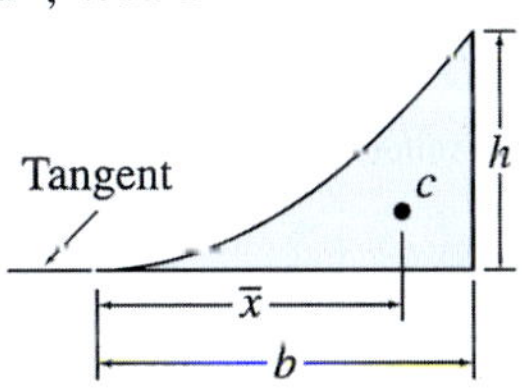</td><td>$A = \frac{bh}{n+1}$</td><td>$\bar{x} = \frac{(n+1)b}{(n+2)}$</td></tr>
</table>

B

Review of Matrix Algebra

In this appendix, some basic concepts of matrix algebra necessary for formulating the computerized analysis of structures are briefly reviewed. A more comprehensive and mathematilcally rigorous treatment of these concepts can be found in any textbook on matrix algebra, such as [12] and [29].

B.1 Definition of a Matrix

A matrix is a rectangular array of quantities arranged in rows and columns. A matrix containing m rows and n columns can be expressed as:

$$\mathbf{A} = [A] = \underbrace{\begin{bmatrix} A_{11} & A_{12} & \cdots & & \cdots & A_{1n} \\ A_{21} & A_{22} & \cdots & & \cdots & A_{2n} \\ \cdots & & \cdots & A_{ij} & \cdots & \\ A_{m1} & A_{m2} & \cdots & | & \cdots & A_{mn} \end{bmatrix}}_{m \times n} \begin{matrix} \\ \\ i\text{th row} \\ \\ \end{matrix} \quad j\text{th column} \tag{B.1}$$

As Eq. (B.1) indicates, matrices are usually denoted either by **boldface letters** (e.g., $\mathbf{A}$) or by **italic letters** enclosed within brackets (e.g., $[A]$). The quantities that form a matrix are referred to as the **elements** of the matrix, and each element is represented by a double-subscripted letter, with the first subscript identifying the row and the second subscript identifying the column in which the element is located. Thus in Eq. (B.1), A_{12} represents the element located in the first row and the second column of the matrix $\mathbf{A}$, and A_{21} represents the element in the second row and the first column of $\mathbf{A}$. In general, an element located in the ith row and the jth column of matrix $\mathbf{A}$ is designated as A_{ij}. It is common practice to enclose the entire array of elements between brackets, as shown in Eq. (B.1).

The **size** of a matrix is measured by its **order**, which refers to the number of rows and columns of the matrix. Thus the matrix **A** in Eq. (B.1), which consists of m rows and n columns, is considered to be of order $m \times n$(m by n). As an example, consider a matrix **B** given by

$$\mathbf{B} = \begin{bmatrix} 5 & 21 & 3 & -7 \\ 40 & -6 & 19 & 23 \\ -8 & 12 & 50 & 22 \end{bmatrix}$$

The order of this matrix is 3×4, and its elements can be symbolically represented by B_{ij}, with $i=1$ to 3 and $j=1$ to 4; for example, $B_{23}=19$, $B_{31}=-8$, $B_{34}=22$, etc.

B.2 Types of a Matrices

Row Matrix

If all the elements of a matrix are arranged in a single row (i.e., $m=1$), then the matrix is called a **row matrix**. An example of a row matrix is

$$\mathbf{C} = [50 \quad -3 \quad -27 \quad 35]$$

Column Matrix

A matrix with only one column of elements (i.e., $n=1$) is called a **column matrix**. For example,

$$\mathbf{D} = \{D\} = \begin{bmatrix} -10 \\ 33 \\ -6 \\ 15 \end{bmatrix}$$

Column matrices are also referred to as **vectors** and are sometimes denoted by **italic** letters enclosed within braces (e.g., $\{D\}$).

Square Matrix

A matrix with the same number of rows and columns ($m=n$) is called a **square matrix**. An example of a 3×3 square matrix is

$$\mathbf{A} = \begin{bmatrix} 5 & 21 & 3 \\ 40 & -6 & 19 \\ -8 & 12 & 50 \end{bmatrix} \tag{B.2}$$

Main diagonal

The elements with the same subscripts—that is, A_{11}, A_{22}, $\cdots$, A_{nn}—form the **main diagonal** of the square matrix $\mathbf{A}$. These elements are referred to as the **diagonal elements.** As shown in Eq. (B.2), the main diagonal extends from the upper left corner to the lower right corner of the square matrix. The remaining elements of the matrix (i.e., A_{ij} with $i \neq j$) that are not along the main diagonal are termed the **off-diagonal elements.**

Symmetric Matrix

If the elements of a square matrix are symmetric about its main diagonal (i.e., $A_{ij} = A_{ji}$), the matrix is called a **symmetric matrix.** An example of a 4×4 symmetric matrix is

$$\mathbf{A} = \begin{bmatrix} -12 & -6 & 13 & 5 \\ -6 & 7 & -28 & 31 \\ 13 & -28 & 10 & -9 \\ 5 & 31 & -9 & -2 \end{bmatrix}$$

Diagonal Matrix

If all the off-diagonal elements of a square matrix are zero (i.e., $A_{ij} = 0$ for $i \neq j$), the matrix is referred to as a **diagonal matrix.** For example,

$$\mathbf{A} = \begin{bmatrix} 3 & 0 & 0 \\ 0 & -8 & 0 \\ 0 & 0 & 14 \end{bmatrix}$$

Unit or Identity Matrix

A diagonal matrix with all its diagonal elements equal to 1 (i.e., $I_{ii} = 1$ and $I_{ij} = 0$ for $i \neq j$) is called a **unit,** or **identity, matrix.** Unit matrices usually are denoted by $\mathbf{I}$ or $[I]$. An example of a 4×4 unit matrix is

$$\mathbf{I} = \begin{bmatrix} 1 & 0 & 0 & 0 \\ 0 & 1 & 0 & 0 \\ 0 & 0 & 1 & 0 \\ 0 & 0 & 0 & 1 \end{bmatrix}$$

Null Matrix

When all the elements of a matrix are zero (i.e., $O_{ij}=0$), the matrix is called a **null matrix**. Null matrices are commonly denoted by **O** or $[O]$. For example,

$$\mathbf{O} = \begin{bmatrix} 0 & 0 & 0 & 0 \\ 0 & 0 & 0 & 0 \\ 0 & 0 & 0 & 0 \end{bmatrix}$$

B.3 Matrix Operations

Equality

Two matrices **A** and **B** are equal if they are of the same order and if their corresponding elements are identical (i.e., $A_{ij}=B_{ij}$). Consider, for example, the matrices

$$\mathbf{A} = \begin{bmatrix} -3 & 5 & 6 \\ 4 & 7 & 9 \\ 12 & 0 & 1 \end{bmatrix} \quad \text{and} \quad \mathbf{B} = \begin{bmatrix} -3 & 5 & 6 \\ 4 & 7 & 9 \\ 12 & 0 & 1 \end{bmatrix}$$

Since both **A** and **B** are of order 3×3 and since each element of **A** is equal to the corresponding element of **B**, the matrices are considered to be equal to each other; that is, $\mathbf{A}=\mathbf{B}$.

Addition and Subtraction

The addition (or subtraction) of two matrices **A** and **B**, which must be of the same order, is carried out by adding (or subtracting) the corresponding elements of the two matrices. Thus if $\mathbf{A}+\mathbf{B}=\mathbf{C}$, then $C_{ij}=A_{ij}+B_{ij}$; and if $\mathbf{A}-\mathbf{B}=\mathbf{D}$, then $D_{ij}=A_{ij}-B_{ij}$. For example, if

$$\mathbf{A} = \begin{bmatrix} 2 & 5 \\ 3 & 0 \\ 8 & 1 \end{bmatrix} \quad \text{and} \quad \mathbf{B} = \begin{bmatrix} 10 & 4 \\ 6 & 7 \\ 9 & 2 \end{bmatrix}$$

then

$$\mathbf{A}+\mathbf{B} = \mathbf{C} = \begin{bmatrix} 12 & 9 \\ 9 & 7 \\ 17 & 3 \end{bmatrix}$$

and

$$\mathbf{A}-\mathbf{B} = \mathbf{D} = \begin{bmatrix} -8 & 1 \\ -3 & -7 \\ -1 & -1 \end{bmatrix}$$

Note that matrices $\mathbf{C}$ and $\mathbf{D}$ have the same order as matrices $\mathbf{A}$ and $\mathbf{B}$.

Multiplication by a Scalar

To obtain the product of a scalar and a matrix, each element of the matrix must be multiplied by the scalar. Thus, if

$$\mathbf{B} = \begin{bmatrix} 7 & 3 \\ -1 & 4 \end{bmatrix} \qquad \text{and} \qquad c = -3$$

then

$$c\mathbf{B} = \begin{bmatrix} -21 & -9 \\ 3 & -12 \end{bmatrix}$$

Multiplication of Matrices

The multiplication of two matrices can be carried out only if the number of columns of the first matrix equals the number of rows of the second matrix. Such matrices are referred to as being **conformable** for multiplication. Consider, for example, the matrices

$$\mathbf{A} = \begin{bmatrix} -1 & 5 \\ 7 & -3 \end{bmatrix} \qquad \text{and} \qquad \mathbf{B} = \begin{bmatrix} 2 & 3 & -6 \\ 4 & -8 & 9 \end{bmatrix} \tag{B.3}$$

in which $\mathbf{A}$ is of order 2×2 and $\mathbf{B}$ is of order 2×3. Note that the product $\mathbf{AB}$ of these matrices is defined, because the first matrix, $\mathbf{A}$, of the sequence $\mathbf{AB}$ has two columns and the second matrix, $\mathbf{B}$, has two rows. However, if the sequence of the matrices is reversed, the product $\mathbf{BA}$ does not exist, because now the first matrix, $\mathbf{B}$, has three columns and the second matrix, $\mathbf{A}$, has two rows. The product $\mathbf{AB}$ is usually referred to either as $\mathbf{A}$ **postmultiplied** by $\mathbf{B}$ or as $\mathbf{B}$ **premultiplied** by $\mathbf{A}$. Conversely, the product $\mathbf{BA}$ is referred to either as $\mathbf{B}$ postmultiplied by $\mathbf{A}$ or as $\mathbf{A}$ premultiplied by $\mathbf{B}$.

When two conformable matrices are multiplied, the product matrix thus obtained will have the number of rows of the first matrix and the number of columns of the second matrix. Thus, if a matrix $\mathbf{A}$ of order $m \times n$ is postmultiplied by a matrix $\mathbf{B}$ of order $n \times s$, then the product matrix $\mathbf{C}$ will be of order $m \times s$; that is,

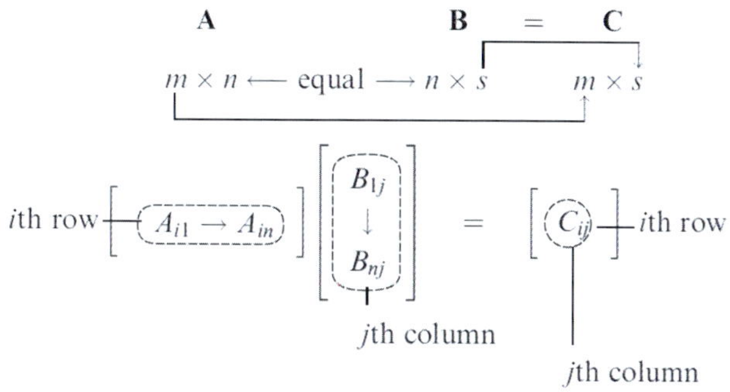

(B.4)

As illustrated in Eq. (B.4), any element C_{ij} of the product matrix **C** can be evaluated by multiplying each element of the ith row of **A** by the corresponding element of the jth column of **B** and by algebraically summing the resulting products; that is,

$$C_{ij} = A_{i1}B_{1j} + A_{i2}B_{2j} + \cdots + A_{in}B_{nj} \tag{B.5}$$

Equation (B.5) can be conveniently expressed as

$$C_{ij} = \sum_{k=1}^{n} A_{ik}B_{kj} \tag{B.6}$$

in which n represents the number of columns of the matrix **A** and the number of rows of the matrix **B**. Note that Eq. (B.6) can be used to determine any element of the product matrix **C** = **AB**.

To illustrate the procedure of matrix multiplication, we compute the product **C** = **AB** of the matrices **A** and **B** given in Eq. (B.3) as

$$\mathbf{C} = \mathbf{AB} = \underset{2\times 2}{\begin{bmatrix} -1 & 5 \\ 7 & -3 \end{bmatrix}} \underset{2\times 3}{\begin{bmatrix} 2 & 3 & -6 \\ 4 & -8 & 9 \end{bmatrix}} = \underset{2\times 3}{\begin{bmatrix} 18 & -43 & 51 \\ 2 & 45 & -69 \end{bmatrix}}$$

in which the element C_{11} of the product matrix **C** is obtained by multiplying each element of the first row of **A** by the corresponding element of the first column of **B** and summing the resulting products; that is,

$$C_{11} = -1(2) + 5(4) = 18$$

Similarly, the element C_{21} is determined by multiplying the elements of the second row of **A** by the corresponding elements of the first column of **B** and adding the resulting products; that is,

$$C_{21} = 7(2) - 3(4) = 2$$

The remaining elements of **C** are determined in a similar manner:

$$C_{12} = -1(3) + 5(-8) = -43$$
$$C_{22} = 7(3) - 3(-8) = 45$$
$$C_{13} = -1(-6) + 5(9) = 51$$
$$C_{23} = 7(-6) - 3(9) = -69$$

Note that the order of the product matrix **C** is 2×3, which equals the number of rows of **A** and the number of columns of **B**.

A common application of matrix multiplication is to express simultaneous equations in compact matrix form. Consider the system of simultaneous linear equations:

$$\begin{aligned} A_{11}x_1 + A_{12}x_2 + A_{13}x_3 &= P_1 \\ A_{21}x_1 + A_{22}x_2 + A_{23}x_3 &= P_2 \\ A_{31}x_1 + A_{32}x_2 + A_{33}x_3 &= P_3 \end{aligned} \tag{B.7}$$

in which x_1, x_2, and x_3 are the unknowns and A's and P's represent the coefficients and constants, respectively. By using the definition of matrix multiplication, this system of simultaneous equations can be written in matrix form as

$$\begin{bmatrix} A_{11} & A_{12} & A_{13} \\ A_{21} & A_{22} & A_{23} \\ A_{31} & A_{32} & A_{33} \end{bmatrix} \begin{bmatrix} x_1 \\ x_2 \\ x_3 \end{bmatrix} = \begin{bmatrix} P_1 \\ P_2 \\ P_3 \end{bmatrix} \tag{B.8}$$

or, symbolically, as

$$\mathbf{Ax} = \mathbf{P} \tag{B.9}$$

Even when two matrices **A** and **B** are of such orders that both products **AB** and **BA** can be determined, the two products are generally not equal; that is,

$$\mathbf{AB} \neq \mathbf{BA} \tag{B.10}$$

It is, therefore, necessary to maintain the proper sequential order of matrices when computing matrix products. Although matrix multiplication is generally not commutative, as indicated by Eq. (B.10), it is associative and distributive, provided that the sequential order in which the matrices are to be multiplied is maintained. Thus

$$\mathbf{ABC} = (\mathbf{AB})\mathbf{C} = \mathbf{A}(\mathbf{BC}) \tag{B.11}$$

and

$$\mathbf{A}(\mathbf{B} + \mathbf{C}) = \mathbf{AB} + \mathbf{AC} \tag{B.12}$$

Multiplication of any matrix **A** by a conformable null matrix **O** yields a null matrix; that is,

$$\mathbf{OA} = \mathbf{O} \qquad \text{and} \qquad \mathbf{AO} = \mathbf{O} \tag{B.13}$$

For example,

$$\begin{bmatrix} 0 & 0 \\ 0 & 0 \end{bmatrix}\begin{bmatrix} 5 & -7 \\ 9 & 2 \end{bmatrix} = \begin{bmatrix} 0 & 0 \\ 0 & 0 \end{bmatrix}$$

Multiplication of any matrix **A** by a conformable unit matrix **I** yields the same matrix **A**, that is,

$$\mathbf{IA} = \mathbf{A} \qquad \text{and} \qquad \mathbf{AI} = \mathbf{A} \tag{B.14}$$

For example,

$$\begin{bmatrix} 1 & 0 \\ 0 & 1 \end{bmatrix}\begin{bmatrix} 5 & -7 \\ 9 & 2 \end{bmatrix} = \begin{bmatrix} 5 & -7 \\ 9 & 2 \end{bmatrix}$$

and

$$\begin{bmatrix} 5 & -7 \\ 9 & 2 \end{bmatrix}\begin{bmatrix} 1 & 0 \\ 0 & 1 \end{bmatrix} = \begin{bmatrix} 5 & -7 \\ 9 & 2 \end{bmatrix}$$

As Eqs. (B.13) and (B.14) indicate, the null and unit matrices serve the purposes in matrix algebra that are analogous to those of the numbers 0 and 1, respectively, in scalar algebra.

Inverse of a Square Matrix

The inverse of a square matrix **A** is defined as a matrix $\mathbf{A}^{-1}$ with elements of such magnitudes that the multiplication of the original matrix **A** by its inverse $\mathbf{A}^{-1}$ yields a unit matrix **I**; that is,

$$\mathbf{A}^{-1}\mathbf{A} = \mathbf{A}\mathbf{A}^{-1} = \mathbf{I} \tag{B.15}$$

Consider, for example, the square matrix

$$\mathbf{A} = \begin{bmatrix} 1 & -2 \\ 3 & -4 \end{bmatrix}$$

The inverse of **A** is given by

$$\mathbf{A}^{-1} = \begin{bmatrix} -2 & 1 \\ -1.5 & 0.5 \end{bmatrix}$$

so that the products $\mathbf{A}^{-1}\mathbf{A}$ and $\mathbf{A}\mathbf{A}^{-1}$ satisfy Eq. (B.15):

$$\mathbf{A}^{-1}\mathbf{A} = \begin{bmatrix} -2 & 1 \\ -1.5 & 0.5 \end{bmatrix}\begin{bmatrix} 1 & -2 \\ 3 & -4 \end{bmatrix} = \begin{bmatrix} (-2+3) & (4-4) \\ (-1.5+1.5) & (3-2) \end{bmatrix} = \begin{bmatrix} 1 & 0 \\ 0 & 1 \end{bmatrix} = \mathbf{I}$$

and

$$\mathbf{A}\mathbf{A}^{-1} = \begin{bmatrix} 1 & -2 \\ 3 & -4 \end{bmatrix}\begin{bmatrix} -2 & 1 \\ -1.5 & 0.5 \end{bmatrix} = \begin{bmatrix} (-2+3) & (1-1) \\ (-6+6) & (3-2) \end{bmatrix} = \begin{bmatrix} 1 & 0 \\ 0 & 1 \end{bmatrix} = \mathbf{I}$$

The operation of inversion is defined only for square matrices. The inverse of such a matrix is also a square matrix of the same order as the original matrix. A procedure for determining inverses of matrices is presented in the following section. The operation of matrix inversion serves the same purpose as the operation of division in scalar algebra. Consider a system of simultaneous equations expressed in the matrix form as

$$\mathbf{A}\mathbf{x} = \mathbf{P}$$

in which $\mathbf{A}$ represents the square matrix of known coefficients; $\mathbf{x}$ represents the vector of the unknowns; and $\mathbf{P}$ represents the vector of the constants. Since the operation of division is not defined in matrix algebra, we cannot solve the foregoing matrix equation for $\mathbf{x}$ by dividing $\mathbf{P}$ by $\mathbf{A}$ (i.e., $\mathbf{x} = \mathbf{P}/\mathbf{A}$). Instead, to determine the unknowns $\mathbf{x}$, we premultiply both sides of the equation by $\mathbf{A}^{-1}$ to obtain

$$\mathbf{A}^{-1}\mathbf{A}\mathbf{x} = \mathbf{A}^{-1}\mathbf{P}$$

Since $\mathbf{A}^{-1}\mathbf{A} = \mathbf{I}$ and $\mathbf{I}\mathbf{x} = \mathbf{x}$, we can write

$$\mathbf{x} = \mathbf{A}^{-1}\mathbf{P}$$

which indicates that a system of simultaneous equations can be solved by premultiplying the vector of the constants by the inverse of the coefficient matrix.

An important property of matrix inversion is that **the inverse of a symmetric matrix is always a symmetric matrix.**

Transpose of a Matrix

The **transpose** of a matrix is obtained by interchanging its corresponding rows and columns. The transposed matrix is usually identified by the superscript T placed on the symbol of the original matrix. Consider, for example, the 2×3 matrix

$$\mathbf{A} = \begin{bmatrix} 6 & -2 & 4 \\ 1 & 8 & -3 \end{bmatrix}$$

The transpose of $\mathbf{A}$ is given by

$$\mathbf{A}^T = \begin{bmatrix} 6 & 1 \\ -2 & 8 \\ 4 & -3 \end{bmatrix}$$

Note that the first column of $\mathbf{A}$ becomes the first row of $\mathbf{A}^T$. Similarly, the second and third columns of $\mathbf{A}$ become, respectively, the second and third rows of $\mathbf{A}^T$. The order of $\mathbf{A}^T$ thus obtained is 3×2.

As another example, consider the 3×3 matrix

$$\mathbf{B} = \begin{bmatrix} 9 & 7 & -5 \\ 7 & -3 & 2 \\ -5 & 2 & 6 \end{bmatrix}$$

Since the elements of $\mathbf{B}$ are symmetric about the main diagonal (i.e., $B_{ij} = B_{ji}$), interchanging the rows and the columns of this matrix produces a matrix $\mathbf{B}^T$ that is identical to the matrix $\mathbf{B}$ itself; that is,

$$\mathbf{B}^T = \mathbf{B}$$

Thus, **the transpose of a symmetric matrix yields the same matrix.**

Another useful property of matrix transposition is that **the transpose of a product of matrices equals the product of the transposes in reverse order**; that is,

$$(\mathbf{AB})^T = \mathbf{B}^T\mathbf{A}^T \tag{B.16}$$

Similarly,

$$(\mathbf{ABC})^T = \mathbf{C}^T\mathbf{B}^T\mathbf{A}^T \tag{B.17}$$

Partitioning of Matrices

Partitioning is a process by which a matrix is subdivided into a number of smaller matrices called **submatrices**. For example, a 3×4 matrix $\mathbf{A}$ is partitioned into four submatrices by drawing horizontal and vertical dashed partition lines:

$$\mathbf{A} = \left[\begin{array}{ccc|c} 3 & 5 & -1 & 2 \\ -2 & 4 & 7 & 9 \\ \hline 6 & 1 & 3 & 4 \end{array}\right] = \begin{bmatrix} \mathbf{A}_{11} & \mathbf{A}_{12} \\ \mathbf{A}_{21} & \mathbf{A}_{22} \end{bmatrix} \tag{B.18}$$

in which the submatrices are

$$\mathbf{A}_{11} = \begin{bmatrix} 3 & 5 & -1 \\ -2 & 4 & 7 \end{bmatrix} \qquad \mathbf{A}_{12} = \begin{bmatrix} 2 \\ 9 \end{bmatrix}$$

$$\mathbf{A}_{21} = \begin{bmatrix} 6 & 1 & 3 \end{bmatrix} \qquad \mathbf{A}_{22} = \begin{bmatrix} 4 \end{bmatrix}$$

Matrix operations such as addition, subtraction, and multiplication can be preformed on partitioned matrices in the same manner as described previously by treating the submatrices as elements, provided that the matrices are partitioned in such a way that their corresponding submatrices are conformable for the particular operation. For example, suppose that we wish to postmultiply the 3×4 matrix $\mathbf{A}$ of Eq. (B.18) by a 4×2 matrix $\mathbf{B}$, which is partitioned into two submatrices as

$$\mathbf{B}=\begin{bmatrix} 1 & 8 \\ -5 & 2 \\ -3 & 6 \\ \hline 7 & -1 \end{bmatrix}=\begin{bmatrix} \mathbf{B}_{11} \\ \mathbf{B}_{21} \end{bmatrix} \tag{B.19}$$

The product $\mathbf{AB}$ is expressed in terms of the submatrices as

$$\mathbf{AB}=\begin{bmatrix} \mathbf{A}_{11} & \mathbf{A}_{12} \\ \mathbf{A}_{21} & \mathbf{A}_{22} \end{bmatrix}\begin{bmatrix} \mathbf{B}_{11} \\ \mathbf{B}_{21} \end{bmatrix}=\begin{bmatrix} \mathbf{A}_{11}\mathbf{B}_{11}+\mathbf{A}_{12}\mathbf{B}_{21} \\ \mathbf{A}_{21}\mathbf{B}_{11}+\mathbf{A}_{22}\mathbf{B}_{21} \end{bmatrix} \tag{B.20}$$

Note that the matrices $\mathbf{A}$ and $\mathbf{B}$ have been partitioned in such a way that their corresponding submatrices are conformable for multiplication; that is, the orders of the submatrices are such that the products $\mathbf{A}_{11}\mathbf{B}_{11}$, $\mathbf{A}_{12}\mathbf{B}_{21}$, $\mathbf{A}_{21}\mathbf{B}_{11}$, and $\mathbf{A}_{22}\mathbf{B}_{21}$ are defined. As shown in Eqs. (B.18) and (B.19), this is achieved by partitioning the rows of the second matrix $\mathbf{B}$ of the product $\mathbf{AB}$ in the same way that the columns of the first matrix $\mathbf{A}$ are partitioned. The products of the submatrices are given by

$$\mathbf{A}_{11}\mathbf{B}_{11}=\begin{bmatrix} 3 & 5 & -1 \\ -2 & 4 & 7 \end{bmatrix}\begin{bmatrix} 1 & 8 \\ -5 & 2 \\ -3 & 6 \end{bmatrix}=\begin{bmatrix} -19 & 28 \\ -43 & 34 \end{bmatrix}$$

$$\mathbf{A}_{12}\mathbf{B}_{21}=\begin{bmatrix} 2 \\ 9 \end{bmatrix}\begin{bmatrix} 7 & -1 \end{bmatrix}=\begin{bmatrix} 14 & -2 \\ 63 & -9 \end{bmatrix}$$

$$\mathbf{A}_{21}\mathbf{B}_{11}=\begin{bmatrix} 6 & 1 & 3 \end{bmatrix}\begin{bmatrix} 1 & 8 \\ -5 & 2 \\ -3 & 6 \end{bmatrix}=\begin{bmatrix} -8 & 68 \end{bmatrix}$$

$$\mathbf{A}_{22}\mathbf{B}_{21}=\begin{bmatrix} 4 \end{bmatrix}\begin{bmatrix} 7 & -1 \end{bmatrix}=\begin{bmatrix} 28 & -4 \end{bmatrix}$$

Substitution into Eq. (B.20) yields

$$\mathbf{AB}=\begin{bmatrix} \begin{bmatrix} -19 & 28 \\ -43 & 34 \end{bmatrix}+\begin{bmatrix} 14 & -2 \\ 63 & -9 \end{bmatrix} \\ \begin{bmatrix} -8 & 68 \end{bmatrix}+\begin{bmatrix} 28 & -4 \end{bmatrix} \end{bmatrix}=\begin{bmatrix} -5 & 26 \\ 20 & 25 \\ 20 & 64 \end{bmatrix}$$

B.4 Solution of Simultaneous Equations by the Gauss–Jordan Method

The **Gauss-Jordan elimination method** is one of the most commonly used procedures for solving simultaneous linear algebraic equations. To illustrate the method, consider the following system of three simultaneous equations:

$$\begin{aligned} 2x_1 - 5x_2 + 4x_3 &= 44 \\ 3x_1 + x_2 - 8x_3 &= -35 \\ 4x_1 - 7x_2 - x_3 &= 28 \end{aligned} \tag{B.21a}$$

To solve for the unknowns x_1, x_2, and x_3, we begin by dividing the first equation by the coefficient of its x_1 term:

$$\begin{aligned} x_1 - 2.5x_2 + 2x_3 &= 22 \\ 3x_1 + x_2 - 8x_3 &= -35 \\ 4x_1 - 7x_2 - x_3 &= 28 \end{aligned} \tag{B.21b}$$

Next, the unknown x_1 is eliminated from the remaining equations by successively subtracting from each remaining equation the product of the coefficient of its x_1 term and the first equation. Thus, to eliminate x_1 from the second equation, we multiply the first equation by 3 and subtract it from the second equation. Similarly, we eliminate x_1 from the third equation by multiplying the first equation by 4 and subtracting it from the third equation. The system of equations thus obtained is

$$\begin{aligned} x_1 - 2.5x_2 + 2x_3 &= 22 \\ 8.5x_2 - 14x_3 &= -101 \\ 3x_2 - 9x_3 &= -60 \end{aligned} \tag{B.21c}$$

With x_1 eliminated from all but the first equation, we now divide the second equation by the coefficient of its x_2 term:

$$\begin{aligned} x_1 - 2.5x_2 + 2x_3 &= 22 \\ x_2 - 1.647x_3 &= -11.882 \\ 3x_2 - 9x_3 &= -60 \end{aligned} \tag{B.21d}$$

Next, we eliminate x_2 from the first and the third equations, successively, by multiplying the second equation by -2.5 and subtracting it from the first equation, and then by multiplying the second equation by 3 and subtracting it from the third equation. This yields

$$\begin{aligned} x_1 - 2.118x_3 &= -7.705 \\ x_2 - 1.647x_3 &= -11.882 \\ -4.059x_3 &= -24.354 \end{aligned} \tag{B.21e}$$

By dividing the third equation by the coefficient of its x_3 term, we obtain

$$\begin{aligned} x_1 - 2.118x_3 &= -7.705 \\ x_2 - 1.647x_3 &= -11.882 \\ x_3 &= 6 \end{aligned} \tag{B.21f}$$

Finally, by multiplying the third equation by -2.118 and subtracting it from the first equation, and by multiplying the third equation by -1.647 and subtracting it from the second equation, we determine the solution of the given system of equations (Eq. (B.21a)) to be

$$x_1 = 5, \qquad x_2 = -2, \qquad x_3 = 6 \tag{B.21g}$$

That is, $x_1=5$, $x_2=-2$, and $x_3=6$. To check that the solution is carried out correctly, we substitute the numerical values of x_1, x_2, and x_3 back into the original equations (Eq. (B.21a)):

$$\begin{aligned} &2(5) - 5(-2) + 4(6) = 44 \\ &3(5) - 2 - 8(6) = -35 \\ &4(5) - 7(-2) - 6 = 28 \end{aligned}$$

As the foregoing example illustrates, the Gauss-Jordan method essentially involves successively eliminating each unknown from all but one of the equations of the system by performing the following operations: (1) dividing an equation by a scalar; and (2) multiplying an equation by a scalar and subtracting the resulting equation from another equation. These operations, which do not change the solution of the original system of equations, are applied repeatedly until a system with each equation containing only one unknown is obtained.

The solution of simultaneous equations is usually carried out in matrix form by operating on the rows of the coefficient matrix and the vector containing the constant terms of the equations. The foregoing operations are then referred to as **elementary row operations**. These opera tions are applied to both the coefficient matrix and the vector of the constants simultaneously, until the coefficient matrix is reduced to a unit matrix.

The elements of the vector, which initially contained the constant terms of the original equations, now represent the solution of the original simultaneous equations. To illustrate this procedure, consider again the system of three simultaneous equations given in Eq. (B.21a). The system can be expressed in matrix form as

$$\mathbf{Ax} = \mathbf{P}$$

$$\begin{bmatrix} 2 & -5 & 4 \\ 3 & 1 & -8 \\ 4 & -7 & -1 \end{bmatrix} \begin{bmatrix} x_1 \\ x_2 \\ x_3 \end{bmatrix} = \begin{bmatrix} 44 \\ -35 \\ 28 \end{bmatrix} \tag{B.22}$$

When applying the Gauss-Jordan method, it is usually convenient to write the coefficient matrix **A** and the vector of constants **P** as submatrices of a partitioned **augmented matrix**:

$$\left[\begin{array}{ccc|c} 2 & -5 & 4 & 44 \\ 3 & 1 & -8 & -35 \\ 4 & -7 & -1 & 28 \end{array}\right] \tag{B.23a}$$

To determine the solution, we begin by dividing row 1 of the augmented matrix by $A_{11} = 2$:

$$\left[\begin{array}{ccc|c} 1 & -2.5 & 2 & 22 \\ 3 & 1 & -8 & -35 \\ 4 & -7 & -1 & 28 \end{array}\right] \tag{B.23b}$$

Next, we multiply row 1 by $A_{21} = 3$ and subtract it from row 2 and then multiply row 1 by $A_{31} = 4$ and subtract it from row 3. This yields

$$\left[\begin{array}{ccc|c} 1 & -2.5 & 2 & 22 \\ 0 & 8.5 & -14 & -101 \\ 0 & 3 & -9 & -60 \end{array}\right] \tag{B.23c}$$

Divide row 2 by $A_{22} = 8.5$, obtaining

$$\left[\begin{array}{ccc|c} 1 & -2.5 & 2 & 22 \\ 0 & 1 & -1.647 & -11.882 \\ 0 & 3 & -9 & -60 \end{array}\right] \tag{B.23d}$$

Multiply row 2 by $A_{12} = -2.5$ and subtract it from row 1; then multiply row 2 by $A_{32} = 3$ and subtract it from row 3. This yields

$$\left[\begin{array}{ccc|c} 1 & 0 & -2.118 & -7.705 \\ 0 & 1 & -1.647 & -11.882 \\ 0 & 0 & -4.059 & -24.354 \end{array}\right] \tag{B.23e}$$

Divide row 3 by $A_{33} = -4.059$:

$$\left[\begin{array}{ccc|c} 1 & 0 & -2.118 & -7.705 \\ 0 & 1 & -1.647 & -11.882 \\ 0 & 0 & 1 & 6 \end{array}\right] \tag{B.23f}$$

Multiply row 3 by $A_{13} = -2.118$ and subtract it from row 1; then multiply row 3 by $A_{23} = -1.647$ and subtract it from row 2. This yields

$$\left[\begin{array}{ccc|c} 1 & 0 & 0 & 5 \\ 0 & 1 & 0 & -2 \\ 0 & 0 & 1 & 6 \end{array}\right] \tag{B.23g}$$

Thus $x_1 = 5$, $x_2 = 2$, and $x_3 = 6$.

Matrix Inversion

The Gauss-Jordan elimination method can also be used to determine the inverses of square matrices. The procedure is similar to that described previously for solving simultaneous equations, except that in the augmented matrix, the coefficient matrix is now replaced by the matrix $\mathbf{A}$ that is to be inverted and the vector of constants $\mathbf{P}$ is replaced by a unit matrix $\mathbf{I}$ of the same order as the matrix $\mathbf{A}$. Elementary row operations are then performed on the augmented matrix to reduce the matrix $\mathbf{A}$ to a unit matrix. The matrix $\mathbf{I}$, which was initially the unit matrix, now represents the inverse of the original matrix $\mathbf{A}$.

To illustrate the foregoing procedure, let us compute the inverse of the 2×2 matrix

$$\mathbf{A} = \begin{bmatrix} 1 & -2 \\ 3 & -4 \end{bmatrix} \tag{B.24}$$

The augmented matrix is given by

$$\left[\begin{array}{cc|cc} 1 & -2 & 1 & 0 \\ 3 & -4 & 0 & 1 \end{array}\right] \tag{B.25a}$$

By multiplying row 1 by $A_{21} = 3$ and subtracting it from row 2, we obtain

$$\left[\begin{array}{cc|cc} 1 & -2 & 1 & 0 \\ 0 & 2 & -3 & 1 \end{array}\right] \tag{B.25b}$$

Next, by dividing row 2 by $A_{22} = 2$, we obtain

$$\left[\begin{array}{cc|cc} 1 & -2 & 1 & 0 \\ 0 & 1 & -1.5 & 0.5 \end{array}\right] \tag{B.25c}$$

Finally, by multiplying row 2 by -2 and subtracting it from row 1, we obtain

$$\left[\begin{array}{cc|cc} 1 & 0 & -2 & 1 \\ 0 & 1 & -1.5 & 0.5 \end{array}\right] \tag{B.25d}$$

Thus,

$$\mathbf{A}^{-1} = \begin{bmatrix} -2 & 1 \\ -1.5 & 0.5 \end{bmatrix}$$

The computations can be checked by using the relationship $\mathbf{A}^{-1}\mathbf{A} = \mathbf{I}$. We showed in Section B.3 that the matrix $\mathbf{A}^{-1}$, as computed here, does indeed satisfy this relationship.

연습문제

B.1 Determine the matrix $\mathbf{C} = \mathbf{A} + 3\mathbf{B}$ if

$$\mathbf{A} = \begin{bmatrix} 12 & -8 & 15 \\ -8 & 7 & 10 \\ 15 & 10 & -5 \end{bmatrix} \qquad \mathbf{B} = \begin{bmatrix} 2 & -1 & 1 \\ -1 & 4 & 6 \\ 1 & 6 & 3 \end{bmatrix}$$

B.2 Determine the matrix $\mathbf{C} = 2\mathbf{B} - \mathbf{A}$ if

$$\mathbf{A} = \begin{bmatrix} 3 & 7 \\ 8 & 4 \\ 2 & -2 \end{bmatrix} \qquad \mathbf{B} = \begin{bmatrix} -1 & 6 \\ 5 & 1 \\ 3 & -4 \end{bmatrix}$$

B.3 Determine the products $\mathbf{C} = \mathbf{AB}$ and $\mathbf{D} = \mathbf{BA}$ if

$$\mathbf{A} = \begin{bmatrix} 6 \\ -4 \\ 2 \end{bmatrix} \qquad \mathbf{B} = \begin{bmatrix} -3 & 1 & -5 \end{bmatrix}$$

B.4 Determine the products $\mathbf{C} = \mathbf{AB}$ and $\mathbf{D} = \mathbf{BA}$ if

$$\mathbf{A} = \begin{bmatrix} -3 & 2 \\ 2 & 5 \end{bmatrix} \qquad \mathbf{B} = \begin{bmatrix} 6 & -4 \\ -4 & 1 \end{bmatrix}$$

B.5 Show that $(\mathbf{AB})^T = \mathbf{B}^T\mathbf{A}^T$ by using the matrices **A** and **B** given here.

$$\mathbf{A} = \begin{bmatrix} 8 & -2 & 5 \\ 1 & -4 & 3 \\ 2 & 0 & 6 \end{bmatrix} \qquad \mathbf{B} = \begin{bmatrix} 1 & -5 \\ 7 & 0 \\ 0 & -3 \end{bmatrix}$$

B.6 Solve the following system of simultaneous equations by the Gauss-Jordan method.

$$2x_1 + 5x_2 - x_3 = 15$$
$$5x_1 - x_2 + 3x_3 = 27$$
$$-x_1 + 3x_2 + 4x_3 = 14$$

B.7 Solve the following system of simultaneous equations by the Gauss-Jordan method.

$$-12x_1 - 3x_2 + 6x_3 = 45$$
$$5x_1 + 2x_2 - 4x_3 = -9$$
$$10x_1 + x_2 - 7x_3 = -32$$

B.8 Solve the following system of simultaneous equations by the Gauss-Jordan method.

$$5x_1 - 2x_2 + 6x_3 = 0$$
$$-2x_1 + 4x_2 + x_3 + 3x_4 = 18$$
$$6x_1 + x_2 + 6x_3 + 8x_4 = -29$$
$$3x_2 + 8x_3 + 7x_4 = 11$$

B.9 Determine the inverse of the matrix shown using the Gauss-Jordan method.

$$\mathbf{A} = \begin{bmatrix} 4 & -3 & -1 \\ -2 & 5 & 1 \\ 6 & -4 & -5 \end{bmatrix}$$

B.10 Determine the inverse of the matrix shown using the Gauss-Jordan method.

$$\mathbf{A} = \begin{bmatrix} 4 & 2 & 0 & -3 \\ 2 & 3 & -4 & 0 \\ 0 & -4 & 2 & -1 \\ -3 & 0 & -1 & 5 \end{bmatrix}$$

C

Computer Software

A computer program for analyzing plane-framed structures is available on the publisher's website at both https://login.cengage.com and www.cengage.com/engineering/kassimali/software. The software, which can be used to analyze plane trusses, continuous beams, and plane frames, is based on the matrix stiffness (displacement) method described in Chapter 17. The software is designed for use on personal computers with Microsoft Windows® Operating Systems, and it provides an option for saving input data into files for subsequent modification and/or execution.

C.1 Starting the Computer Software

To start the computer software, click on the program's icon, **Structural Analysis 6.0 by A. Kassimali**. The software's title screen will appear as shown in Fig. C.1.

C.2 Inputting Data

The computer software is interactive in the sense that the user inputs information about the structure by responding to questions and prompts on the screen. The software is

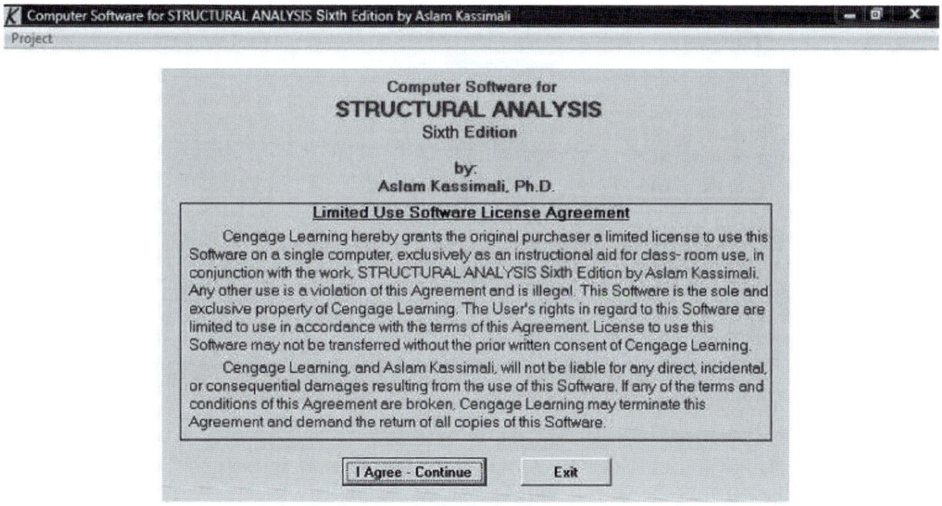

그림 **C.1** Title Screen

designed so that any **consistent** set of units may be used. Thus all the data must be converted into a consistent set of units before being entered into the software. For example, if we wish to use the units of kips and feet, then the joint coordinates must be defined in feet, the moduli of elasticity in kN/m^2, the areas of cross section in m^2, the moments of inertia in m^4, the joint forces and moments in kips and kN · m, respectively, and the uniformly distributed member loads in kN/m.

To start inputting data for a structure, click the menu title **Project**; and then click the menu item **New Project** (Fig. C.2). The input data necessary for the analysis of a structure consist of the following:

1. General Structural Data Input (a) the project title, and (b) the structure type, as shown in Fig. C.3.
2. Joint Coordinates and Supports Input the X and Y coordinates of each joint, and restraints for each support joint, as shown in Fig. C.4. A plot of the joint coordinates and supports will appear on the screen, which can be used to verify that the joint coordinates and restraints have been entered correctly (Fig. C.5).
3. Material Properties Enter the modulus of elasticity (E) for each material (Fig. C.6).
4. Cross-Sectional Properties Enter the cross-sectional area (A) and moment of inertia (I) for each cross-sectional property set (Fig. C.7). For beams, the cross-sectional areas are not needed; whereas for trusses, the moments of inertia are not needed.

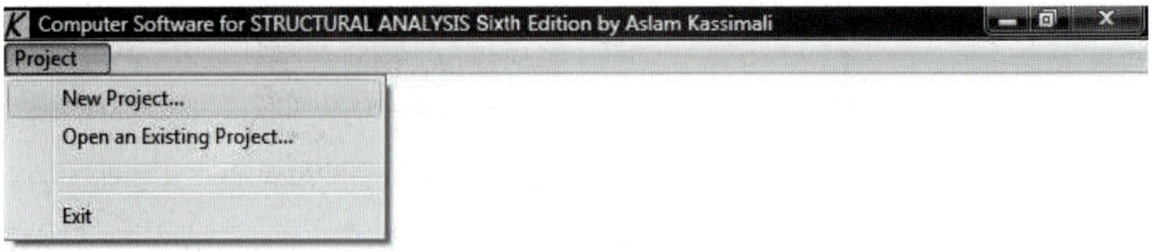

그림 C.2 Project Menu

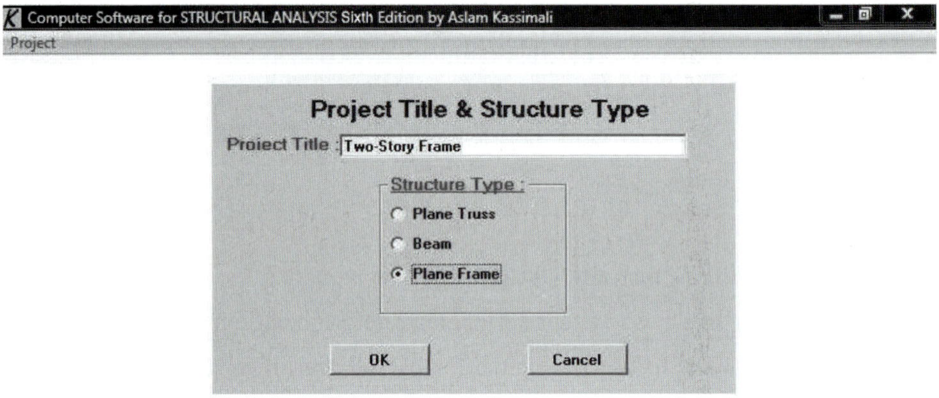

그림 C.3 General Structural Data Screen

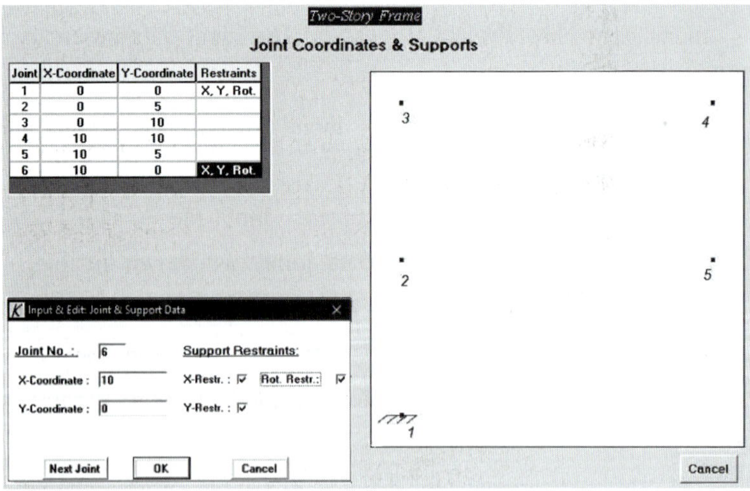

그림 C.4 Joint Coordinates and Supports Screen

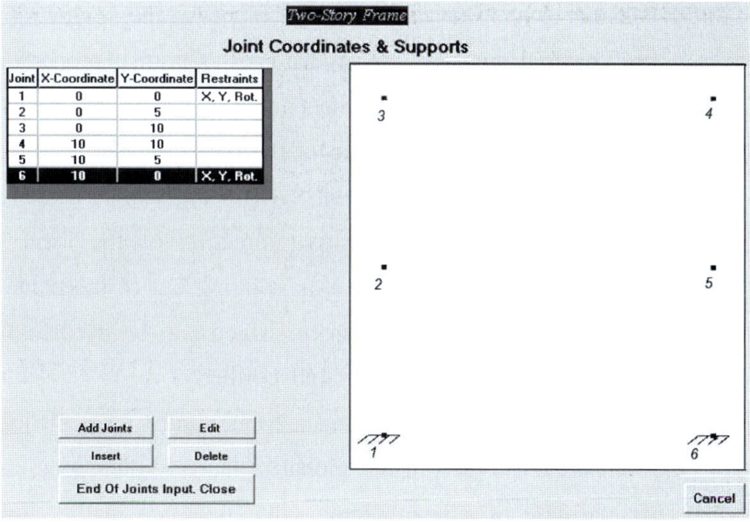

그림 C.5 A Graphics Display of Joints

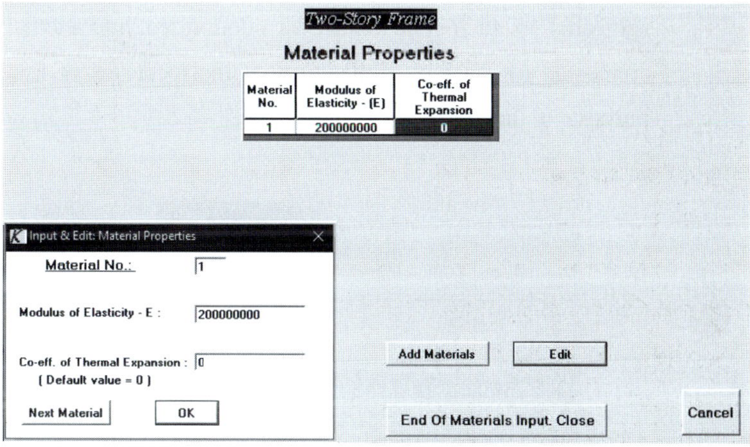

그림 C.6 Material Properties Screen

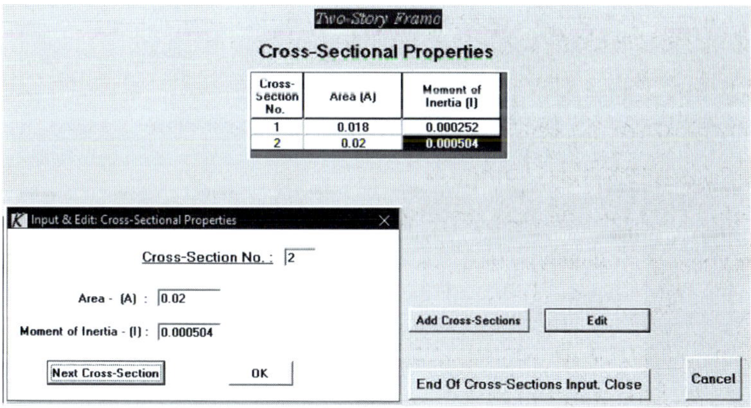

그림 C.7 Cross-Sectional Properties Screen

5. Member Data For each member, input (a) the beginning joint, (b) the end joint, (c) the material number, and (d) the cross-sectional property set number (Fig. C.8). For frames and beams, the member releases option can be used to define any hinges at the member ends. The origin of the local coordinate system for a member is located at the beginning of the member, with the x axis directed from the beginning joint to the end joint. The positive direction of the local y axis is defined by the right-hand rule, with the z axis pointing out of the plane of the page. A plot of the structure appears on the screen, which can be used to verify that the geometry of the structure have been entered correctly.

6. Joint Loads When analyzing a frame, enter for each joint that is loaded, the joint number, the forces in the global X and Y directions, and the moment (Fig. C.9). In the case of a beam, input only the force in the Y direction and the moment; whereas, for a truss, input only the forces in the X and Y directions. Since the software does not consider member concentrated loads, frame and beam members subjected to such loads must be subdivided into elements (i.e., smaller members) connected together by rigid joints at the locations of the concentrated loads, for the purpose of analysis.

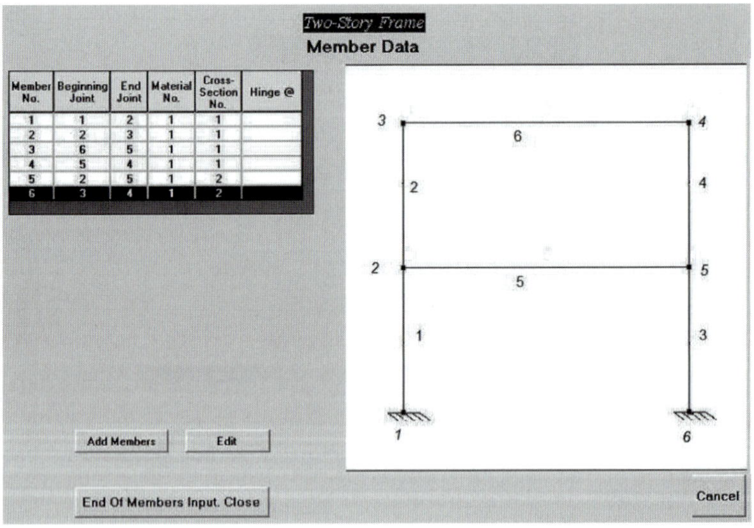

그림 C.8 Member Data Screen

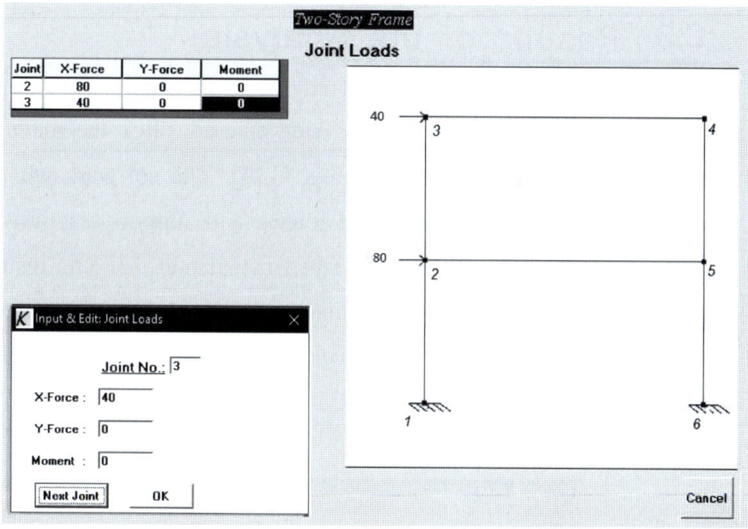

그림 C.9 Joint Loads Screen

7. Uniformly Distributed Loads on Frame and Beam Members For each member subjected to uniformly distributed loading, enter the member number and the load intensity (w), as shown in Fig. C.10. Note that the uniformly distributed load, w, is considered to be positive if it acts in the direction **opposite** to the member local y axis.

8. Support Settlements, Temperature Changes and Fabrication Errors These effects can be input in a manner similar to that for the joint and member loads.

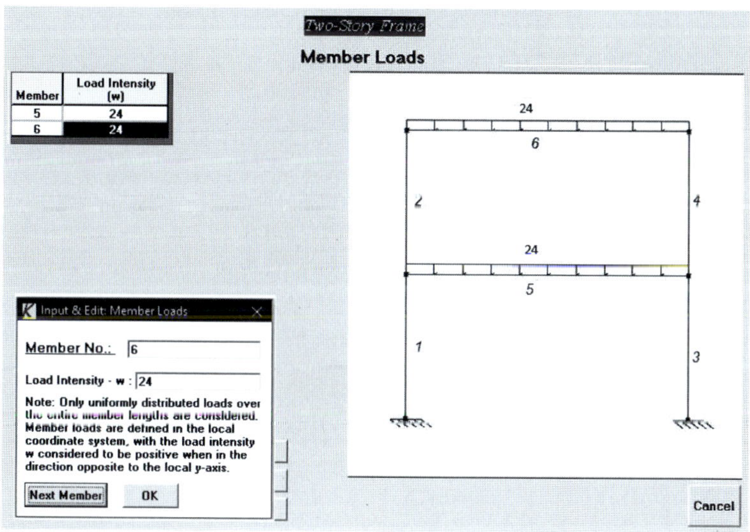

그림 C.10 Member Loads Screen

C.3 Results of the Analysis

Once all the necessary data have been entered, click the menu title **Analysis** of the main screen to analyze the structure (Fig. C.11). The software will automatically compute the joint displacements, member end forces, and support reactions by using the matrix stiffness (displacement) method described in Chapter 17. The results of the analysis are displayed on the screen. The input data as well as the results of the analysis can be printed by clicking on the menu title **Project** and then clicking on the menu item **Print**, of the main screen, as shown in Fig. C.12.

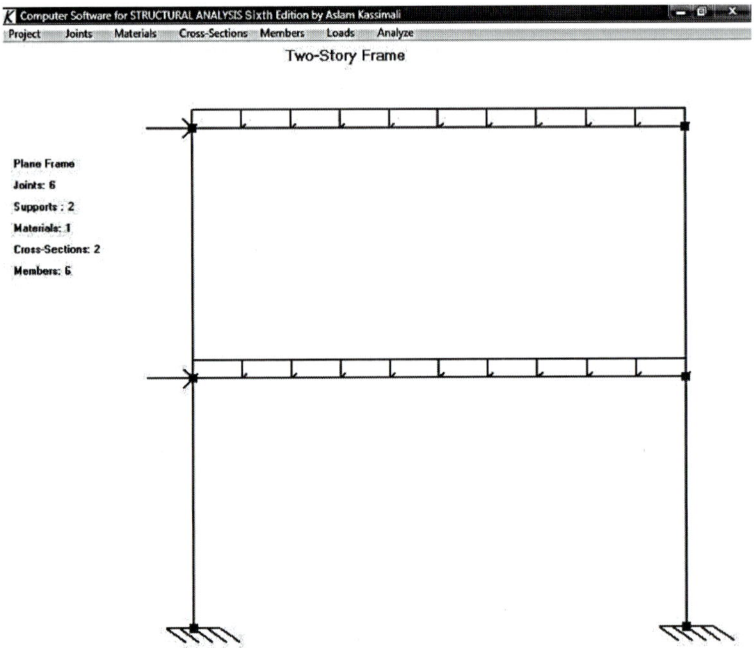

그림 **C.11** Main Screen

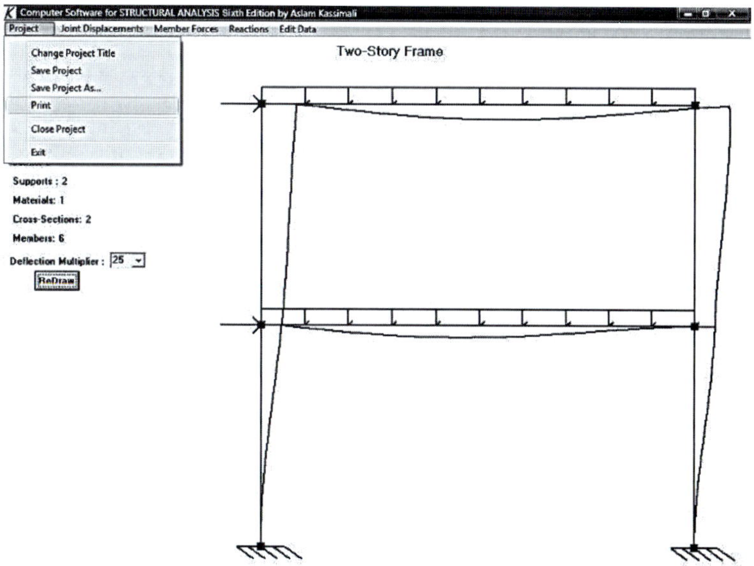

그림 **C.12** Results of the Analysis

C.1
Example

Analyze the two-story frame shown in Fig. C.13(a) using the computer software.

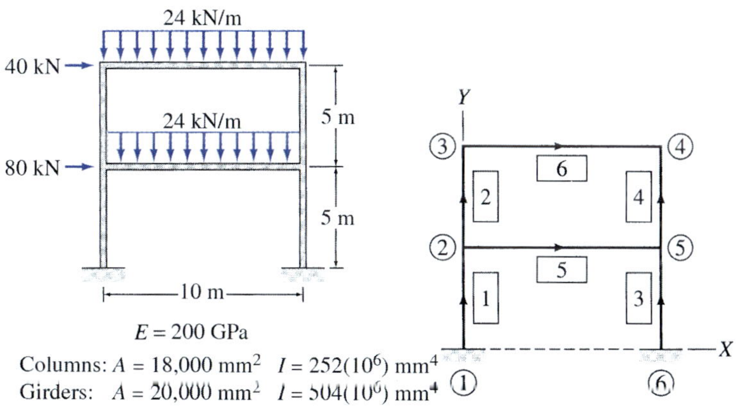

(a) Frame (b) Analytical Model

Two-Story Frame

그림 **C.13** Two-Story Frame

풀이

This frame was previously analyzed in Example 15.12 by the slope-deflection method, which takes into account only the bending deformations of structures.

The analytical model of the frame is shown in Fig. C.13(b), and the input data are shown on the screen displays given in Figs. C.3 through C.12. The computer printout, which contains the input data and the results of the analysis, is shown in Fig. C.14. Note that the results of the computerized analysis are in agreement with those determined previously by the slope-deflection method.

```
*****************************
*    Computer Software      *
*          for              *
*   STRUCTURAL ANALYSIS     *
*      Sixth Edition        *
*          by               *
*     Aslam Kassimali       *
*****************************
```

```
=======================
General Structural Data
=======================

Project Title : Two-Story Frame
Structure Type : Plane Frame
Number of Joints : 6
Number of Members : 6
Number of Material Property Sets (E) : 1
Number of Cross-Sectional Property Sets : 2
```

```
=================
Joint Coordinates
=================

 Joint No.     X Coordinate     Y Coordinate
 ---------     ------------     ------------
     1          0.0000E+00       0.0000E+00
     2          0.0000E+00       5.0000E+00
     3          0.0000E+00       1.0000E+01
     4          1.0000E+01       1.0000E+01
     5          1.0000E+01       5.0000E+00
     6          1.0000E+01       0.0000E+00
```

```
========
Supports
========

Joint No.   X Restraint   Y Restraint   Rotational Restraint
---------   -----------   -----------   --------------------
   1            Yes           Yes            Yes
   6            Yes           Yes            Yes
```

```
===================
Material Properties
===================

 Material      Modulus of        Co-efficient of
   No.       Elasticity (E)    Thermal Expansion
 --------    --------------    -----------------
    1          2.0000E+08         0.0000E+00
```

그림 C.14 Computer Printout for Two-Story Frame

Cross-Sectional Properties

Property No.	Area (A)	Moment of Inertia (I)
1	1.8000E-02	2.5200E-04
2	2.0000E-02	5.0400E-04

Member Data

Member No.	Beginning Joint	End Joint	Material No.	Cross-Sectional Property No.
1	1	2	1	1
2	2	3	1	1
3	6	5	1	1
4	5	4	1	1
5	2	5	1	2
6	3	4	1	2

Joint Loads

Joint No.	X Force	Y Force	Moment
2	8.0000E+01	0.0000E+00	0.0000E+00
3	4.0000E+01	0.0000E+00	0.0000E+00

Member Loads

Member No.	Load Type	Load Intensity (w)
5	Uniform	2.400E+1
6	Uniform	2.400E+1

************** End of Input Data **************

그림 C.14 계속

```
***********************************************************
*                  Results of Analysis                    *
***********************************************************

                   ===================
                   Joint Displacements
                   ===================

  Joint No.   X Translation   Y Translation   Rotation (Rad)
  ---------   -------------   -------------   --------------
      1        0.0000E+00      0.0000E+00      0.0000E+00
      2        1.8975E-02     -2.7124E-04     -4.0518E-03
      3        3.2501E-02     -4.1974E-04     -3.9458E-03
      4        3.2322E-02     -5.8026E-04      1.7506E-03
      5        1.8960E-02     -3.9542E-04     -1.2015E-03
      6        0.0000E+00      0.0000E+00      0.0000E+00

          ======================================
          Member End Forces in Local Coordinates
          ======================================

  Member   Joint   Axial Force   Shear Force    Moment
  ------   -----   -----------   -----------   -----------
     1       1      1.9530E+02    4.2796E+01    1.4783E+02
             2     -1.9530E+02   -4.2796E+01    6.6148E+01

     2       2      1.0692E+02   -3.1295E+01   -7.9307E+01
             3     -1.0692E+02    3.1295E+01   -7.7169E+01

     3       6      2.8470E+02    7.7203E+01    2.0512E+02
             5     -2.8470E+02   -7.7203E+01    1.8090E+02

     4       5      1.3308E+02    7.1295E+01    1.4848E+02
             4     -1.3308E+02   -7.1295E+01    2.0799E+02

     5       2      5.9083E+00    8.8378E+01    1.3159E+01
             5     -5.9083E+00    1.5162E+02   -3.2938E+02

     6       3      7.1293E+01    1.0692E+02    7.7169E+01
             4     -7.1293E+01    1.3308E+02   -2.0799E+02

                    =================
                    Support Reactions
                    =================

     Joint No.     X Force       Y Force       Moment
     ---------   -----------   -----------   -----------
         1       -4.2796E+01    1.9530E+02    1.4783E+02
         6       -7.7203E+01    2.8470E+02    2.0512E+02

     *************** End of Analysis ***************
```

그림 C.14 계속

연습문제

C.1~C.2 Using the computer software, determine the smallest cross-sectional area A for the members of the trusses shown in parts (a) through (c) of Figs. PC.1 and PC.2, so that the maximum vertical deflection does not exceed the limit of 1/360 of the span length (i.e., $\Delta_{max} \leq L/360$).

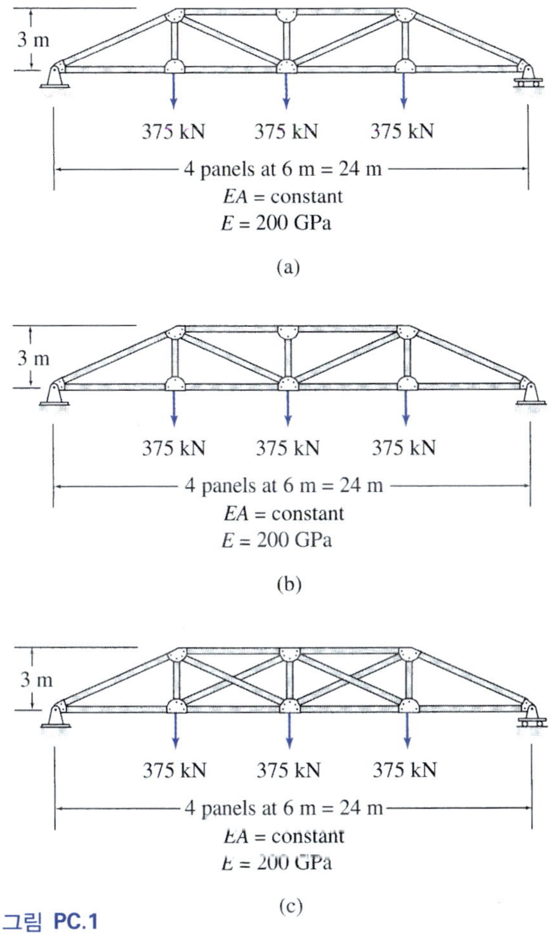

그림 PC.1

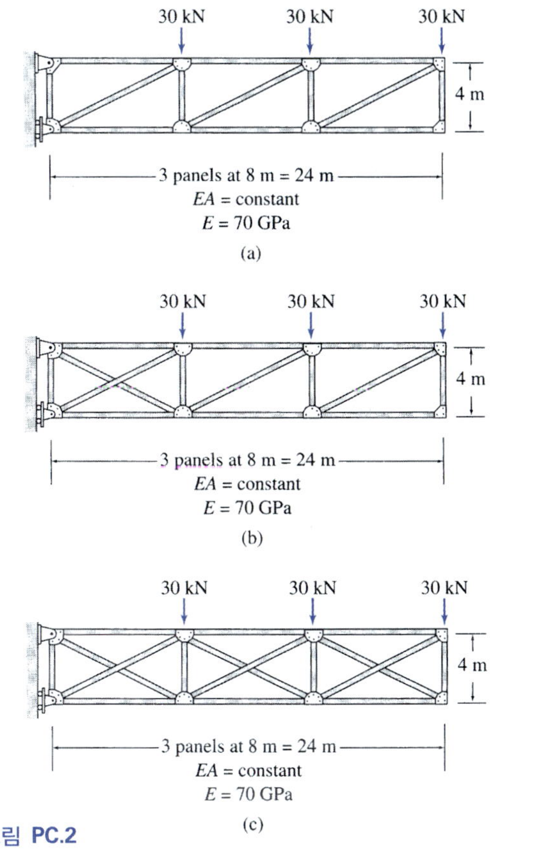

그림 PC.2

C.3 Using the computer software, determine the smallest moment of inertia I required for the frame shown, so that the horizontal deflection of its top right joint does not exceed 34 mm.

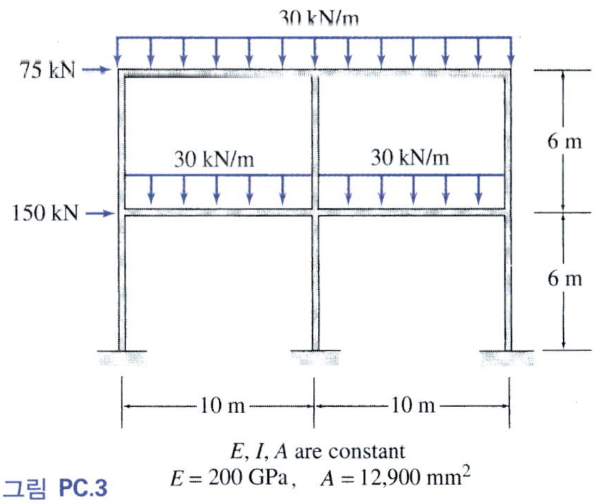

그림 PC.3

D Three-Moment Equation

In Chapter 13, we studied two formulations of the force (flexibility) method of analysis of statically indeterminate structures, namely, the method of consistent deformations and the method of least work. In this appendix, we consider a third formulation of the force method, called the **three-moment equation**.

The three-moment equation, which was initially presented by Clapeyron in 1857, provides a convenient tool for analyzing continuous beams. The three-moment equation represents, in a general form, the compatibility condition that the slope of the elastic curve be continuous at an interior support of the continuous beam. Since the equation involves three moments—the bending moments at the support under consideration and at the two adjacent supports—it commonly is referred to as the **three-moment equation**. When using this method, the bending moments at the interior (and any fixed) supports of the continuous beam are treated as the redundants. The three-moment equation is then applied at the location of each redundant to obtain a set of compatibility equations which can be solved for the unknown redundant moments.

We begin this appendix with the derivation of the three-moment equation for beams with prismatic spans and subjected to external loads and support settlements. Next, we present a procedure for the application of this equation for the analysis of continuous beams.

D.1 Derivation of Three-Moment Equation

Consider an arbitrary continuous beam subjected to external loads and support settlements as shown in Fig. D.1(a). As discussed previously in chapter 13, this beam can be

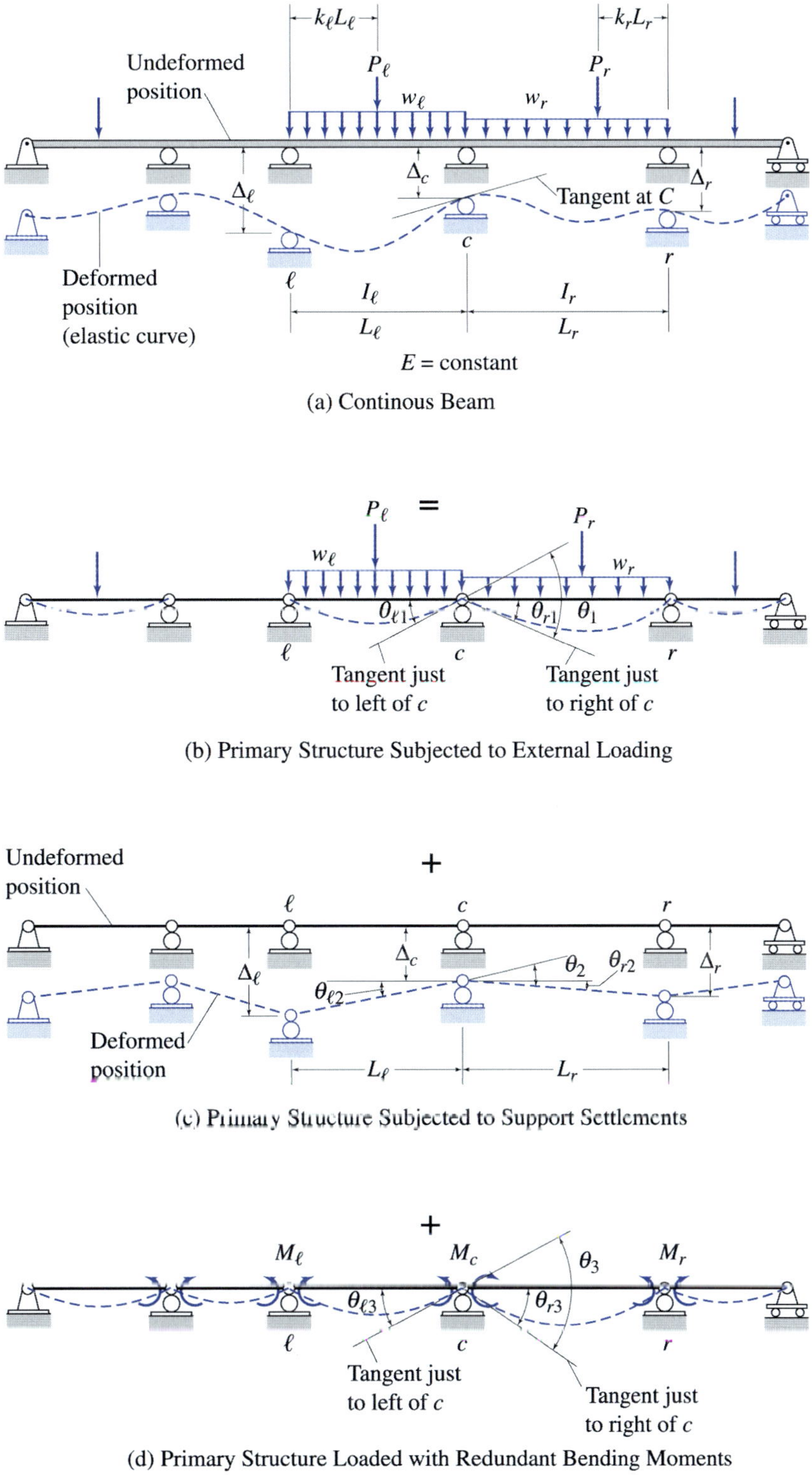

$k_\ell L_\ell$
$k_r L_r$
Undeformed position
P_ℓ
P_r
w_ℓ
w_r
Δ_ℓ
Δ_c
Δ_r
Tangent at C
Deformed position (elastic curve)
ℓ
c
r
I_ℓ
I_r
L_ℓ
L_r
E = constant
(a) Continous Beam
=
$\theta_{\ell 1}$
θ_{r1}
θ_1
Tangent just to left of c
Tangent just to right of c
(b) Primary Structure Subjected to External Loading
+
Undeformed position
$\theta_{\ell 2}$
θ_2
θ_{r2}
Deformed position
(c) Primary Structure Subjected to Support Settlements
+
M_ℓ
M_c
M_r
θ_3
$\theta_{\ell 3}$
θ_{r3}
Tangent just to left of c
Tangent just to right of c
(d) Primary Structure Loaded with Redundant Bending Moments

그림 D.1

analyzed by the method of consistent deformations by treating the bending moments at the interior supports to be the redundants. From Fig. D.1(a), we can see that the slope of the elastic curve of the indeterminate beam is continuous at the interior supports. When the restraints corresponding to the redundant bending moments are removed by inserting internal hinges at the interior support points, the primary structure thus obtained consists of a series of simply supported beams. As shown in Figs. D.1(b) and (c), respectively, when this primary structure is subjected to the known external loading and support settlements, discontinuities develop in the slope of the elastic curve at the locations of the interior supports. Since the redundant bending moments provide continuity of the slope of the elastic curve, these unknown moments are applied as loads on the primary structure as shown in Fig. D.1(d), and their magnitudes are determined by solving the compatibility equations based on the condition that, at each interior support of the primary structure, the slope of the elastic curve, due to the combined effect of the external loading, support settlements, and unknown redundants, must be continuous.

The three-moment equation uses the foregoing compatibility condition of slope continuity at an interior support to provide a general relationship between the unknown bending moments at the support where compatibility is being considered and at the adjacent supports to the left and to the right, in terms of the loads on the intermediate spans and any settlements of the three supports.

To derive the three-moment equation, we focus our attention on the compatibility equation at an interior support c of the continuous beam, with prismatic spans and a constant modulus of elasticity, shown in Fig. D.1(a). As indicated in this figure, the adjacent supports to the left and to the right of c are identified as ℓ and r, respectively; the subscripts ℓ and r are used to refer to the loads and properties of the left span, ℓc, and the right span, cr, respectively; and the settlements of supports ℓ, c, and r are denoted by Δ_ℓ, Δ_c, and Δ_r, respectively. The support settlements are considered positive when in the downward direction, as shown in the figure.

From Fig. D.1(a), we can see that the slope of the elastic curve of the indeterminate beam is continuous at c. In other words, there is no change of slope of the tangents to the elastic curve at just to the left of c and just to the right of c; that is, the angle between the tangents is zero. However, when the primary structure, obtained by inserting internal hinges at the interior support points, is subjected to external loads, as shown in Fig. D.1(b), a discontinuity develops in the slope of the elastic curve at c, in the sense that the tangent to the elastic curve at just to the left of c rotates relative to the tangent at just to the right of c. The change of slope (or the angle) between the two tangents due to external loads is denoted by θ_1 and can be expressed as (see Fig. D.1(b))

$$\theta_1 = \theta_{\ell 1} + \theta_{r1} \tag{D.1}$$

in which $\theta_{\ell 1}$ and θ_{r1} denote, respectively, the slopes at the ends c of the spans to the left and to the right of the support c, due to external loads. Similarly, the slope discontinuity at c in the primary structure, due to support settlements (Fig. D.1(c)), can be written as

$$\theta_2 = \theta_{\ell 2} + \theta_{r2} \tag{D.2}$$

in which $\theta_{\ell 2}$ and θ_{r2} represent, respectively, the slopes of the spans to the left and to the right of c, due to support settlements. Finally, when the primary structure is loaded with the redundant support bending moments, as shown in Fig. D.1(d), the slope discontinuity at c can be expressed as

$$\theta_3 = \theta_{\ell 3} + \theta_{r3} \tag{D.3}$$

in which $\theta_{\ell 3}$ and θ_{r3} denote, respectively, the slopes at end c of the spans to the left and to the right of the support c, due to unknown redundant moments.

The compatibility equation is based on the requirement that the slope of the elastic curve of the actual indeterminate beam is continuous at c; that is, there is no change of slope from just to the left of c to just to the right of c. Therefore, the algebraic sum of the angles between the tangents at just to the left and at just to the right of c due to the external loading, support settlements and the redundant bending moments must be zero. Thus,

$$\theta_1 + \theta_2 + \theta_3 = 0 \tag{D.4}$$

By substituting Eqs. (D.1) through (D.3) into Eq. (D.4), we obtain

$$(\theta_{\ell 1} + \theta_{r1}) + (\theta_{\ell 2} + \theta_{r2}) + (\theta_{\ell 3} + \theta_{r3}) = 0 \tag{D.5}$$

Since each span of the primary structure can be treated as a simply supported beam, the slopes at the ends c of the left and the right spans, due to the external loads (Fig. D.1(b)), can be conveniently determined either by the conjugate-beam method or by using the beam-deflection formulas given inside the front cover of the book. By using the deflection formulas, we obtain

$$\theta_{\ell 1} = \sum \frac{P_\ell L_\ell^2 k_\ell (1 - k_\ell^2)}{6EI_\ell} + \frac{w_\ell L_\ell^3}{24EI_\ell} \tag{D.6a}$$

$$\theta_{r1} = \sum \frac{P_r L_r^2 k_r (1 - k_r^2)}{6EI_r} + \frac{w_r L_r^3}{24EI_r} \tag{D.6b}$$

in which the summation signs have been added to the first terms on the right sides of these equations, so that multiple concentrated loads can be applied to each span (instead of a single concentrated load as shown in Figs. D.1(a) and (b) for simplicity). As continuous beams usually are loaded with uniformly distributed loads over entire spans and concentrated loads, the effects of only these two types of loadings generally are considered in the three-moment equation. However, the effects of other types of loads can be included simply by adding the expressions of slopes due to these loads to the right sides of Eqs. (D.6a) and (D.6b).

The slopes $\theta_{\ell 2}$ and θ_{r2}, of the left and the right spans, respectively, due to support settlements, can be obtained directly from the deformed positions of the spans depicted in Fig. D.1(c). Since the settlements are assumed to be small, the slopes can be expressed as

$$\theta_{\ell 2} = \frac{\Delta_\ell - \Delta_c}{L_\ell} \qquad \theta_{r2} = \frac{\Delta_r - \Delta_c}{L_r} \tag{D.7}$$

The slopes at ends c of the left and the right spans, due to redundant support bending moments, (Fig. D.1(d)), can be determined conveniently by using the beam-deflection formulas. Thus,

$$\theta_{\ell 3} = \frac{M_\ell L_\ell}{6EI_\ell} + \frac{M_c L_\ell}{3EI_\ell} \tag{D.8a}$$

$$\theta_{r3} = \frac{M_c L_r}{3EI_r} + \frac{M_r L_r}{6EI_r} \tag{D.8b}$$

in which M_ℓ, M_c, and M_r denote the bending moments at supports ℓ, c, and r, respectively. As shown in Fig. D.1(d), these redundant bending moments are considered to be positive in accordance with the **beam convention**—that is, when causing compression in the upper fibers and tension in the lower fibers of the beam.

By substituting Eqs. (D.6) through (D.8) into Eq. (D.5), we write the compatibility equation as

$$\sum \frac{P_\ell L_\ell^2 k_\ell (1 - k_\ell^2)}{6EI_\ell} + \frac{w_\ell L_\ell^3}{24EI_\ell} + \sum \frac{P_r L_r^2 k_r (1 - k_r^2)}{6EI_r} + \frac{w_r L_r^3}{24EI_r}$$

$$+ \frac{\Delta_\ell - \Delta_c}{L_\ell} + \frac{\Delta_r - \Delta_c}{L_r} + \frac{M_\ell L_\ell}{6EI_\ell} + \frac{M_c L_\ell}{3EI_\ell} + \frac{M_c L_r}{3EI_r} + \frac{M_r L_r}{6EI_r} = 0$$

By simplifying the foregoing equation and rearranging it to separate the terms containing redundant moments from those involving loads and support settlements, we obtain the general form of the **three-moment equation**:

$$\frac{M_\ell L_\ell}{I_\ell} + 2M_c\left(\frac{L_\ell}{I_\ell} + \frac{L_r}{I_r}\right) + \frac{M_r L_r}{I_r}$$
$$= -\sum\frac{P_\ell L_\ell^2 k_\ell}{I_\ell}(1-k_\ell^2) - \sum\frac{P_r L_r^2 k_r}{I_r}(1-k_r^2) - \frac{w_\ell L_\ell^3}{4I_\ell} - \frac{w_r L_r^3}{4I_r} \tag{D.9}$$
$$-6E\left(\frac{\Delta_\ell - \Delta_c}{L_\ell} + \frac{\Delta_r - \Delta_c}{L_r}\right)$$

in which M_c=bending moment at support c where the compatibility is being considered; M_ℓ, M_r=bending moments at the adjacent supports to the left and to the right of c, respectively; E=modulus of elasticity; L_ℓ, L_r=lengths of the spans to the left and to the right of c, respectively; I_ℓ, I_r=moments of inertia of the spans to the left and to the right of c, respectively; P_ℓ, P_r=concentrated loads acting on the left and the right spans, respectively; k_ℓ (or k_r)=ratio of the distance of P_ℓ (or P_r) from the left (or right) support to the span length; w_ℓ, w_r=uniformly distributed loads applied to the left and the right spans, respectively; Δ_c=settlement of the support c under consideration; and Δ_ℓ, Δ_r=settlements of the adjacent supports to the left and to the right of c, respectively. As noted before, the support bending moments are considered to be positive in accordance with the **beam convention**−that is, when causing compression in the upper fibers and tension in the lower fibers of the beam. Furthermore, the external loads and support settlements are considered positive when in the downward direction, as shown in Fig. D.1(a).

If the moments of inertia of two adjacent spans of a continuous beam are equal (i.e., $I_\ell = I_r = I$), then the three-moment equation simplifies to

$$M_\ell L_\ell + 2M_c(L_\ell + L_r) + M_r L_r$$
$$= -\sum P_\ell L_\ell^2 k_\ell(1-k_\ell^2) - \sum P_r L_r^2 k_r(1-k_r^2) - \frac{1}{4}(w_\ell L_\ell^3 + w_r L_r^3) \tag{D.10}$$
$$-6EI\left(\frac{\Delta_\ell - \Delta_c}{L_\ell} + \frac{\Delta_r - \Delta_c}{L_r}\right)$$

If both the moments of inertia and the lengths of two adjacent spans are equal (i.e.,

$I_\ell = I_r = I$ and $L_\ell = L_r = L$), then the three-moment equation becomes

$$M_\ell + 4M_c + M_r$$
$$= -\sum P_\ell L k_\ell (1-k_\ell^2) - \sum P_r L k_r (1-k_r^2) - \frac{L^2}{4}(w_\ell + w_r) \tag{D.11}$$
$$-\frac{6EI}{L^2}(\Delta_\ell - 2\Delta_c + \Delta_r)$$

The foregoing three-moment equations are applicable to any three consecutive supports, ℓ, c and r, of a continuous beam, provided that there are no discontinuities, such as internal hinges, in the beam between the left support ℓ and the right support r.

D.2 Application of Three-Moment Equation

The following step-by-step procedure can be used for analyzing continuous beams by the three-moment equation.

1. Select the unknown bending moments at all interior supports of the beam as the redundants.
2. By treating each interior support successively as the intermediate support c, write a three-moment equation. When writing these equations, it should be realized that bending moments at the simple end supports are known. For such a support with a cantilever overhang, the bending moment equals that due to the external loads acting on the cantilever portion about the end support. The total number of three-moment equations thus obtained must be equal to the number of redundant support bending moments, which must be the only unknowns in these equations.
3. Solve the system of three-moment equations for the unknown support bending moments.
4. Compute the span end shears. For each span of the beam, (a) draw a free-body diagram showing the external loads and end moments and (b) apply the equations of equilibrium to calculate the shear forces at the ends of the span.
5. Determine support reactions by considering the equilibrium of the support joints of the beam.
6. If so desired, draw shear and bending moment diagrams of the beam by using the **beam sign convention**.

Fixed Supports

The three-moment equations, as given by Eqs. (D.9) through (D.11), were derived to satisfy the compatibility condition of slope continuity at the interior supports of continuous beams. These equations can, however, be used to satisfy the compatibility condition of zero slope at the fixed end supports of beams. This can be achieved by replacing the fixed support by an imaginary interior roller support with an adjoining end span of zero length simply supported at its outer end, as shown in Fig. D.2. The reaction moment at the actual fixed support is now treated as the redundant bending moment at the imaginary interior support, and the three-moment equation when applied to this imaginary support satisfies the compatibility condition of zero slope of the elastic curve at the actual fixed support. When analyzing a beam for support settlements, both imaginary supports—that is, the interior roller support and the outer simple end support—are considered to undergo the same settlement as the actual fixed support.

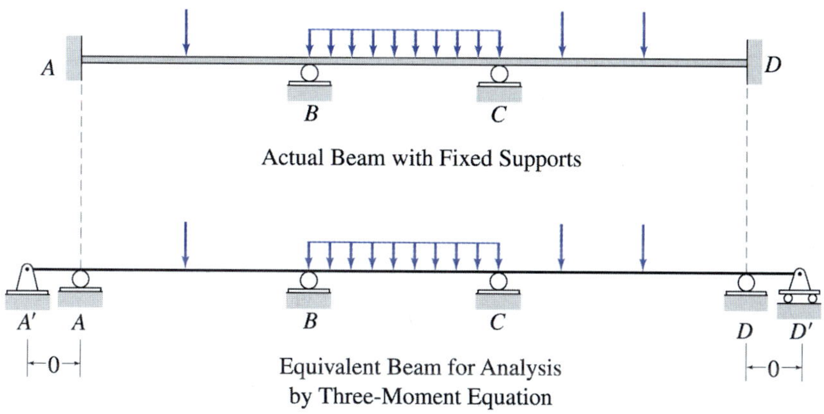

그림 D.2

D.1 Example

Determine the reactions and draw the shear and bending moment diagrams for the beam shown in Fig. D.3(a) by using the three-moment equation.

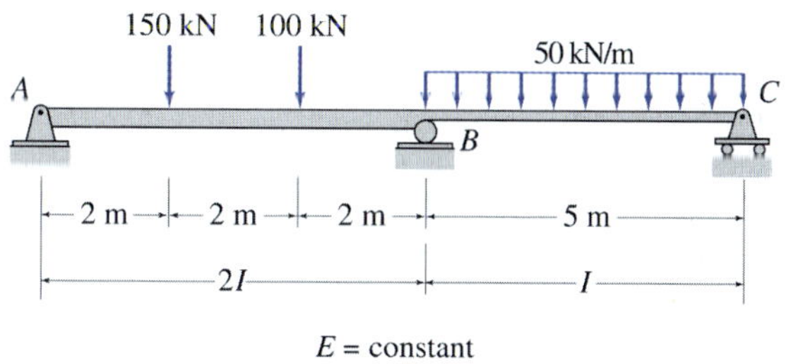

(a) Indeterminate Beam

그림 D.3

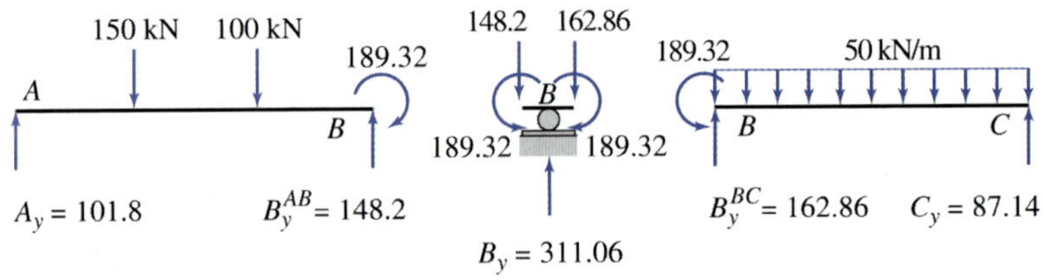

(b) Span End Moments and Shears

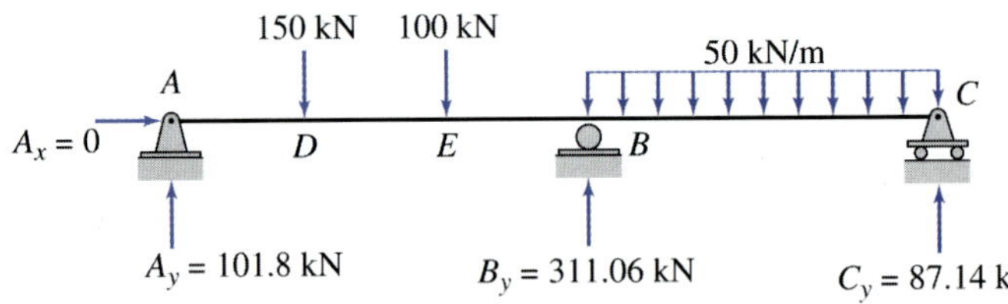

(c) Support Reactions

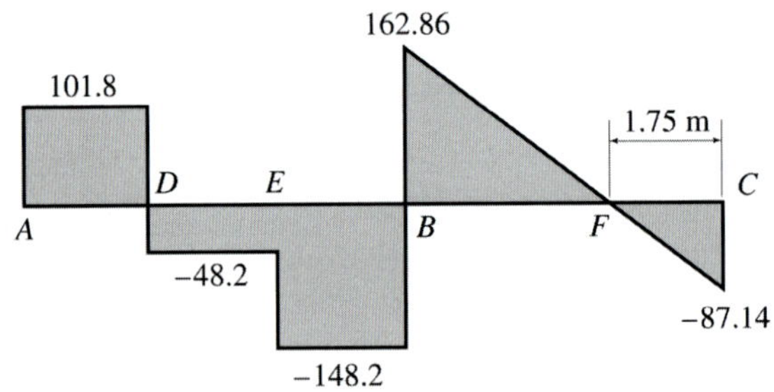

Shear diagram (kN)

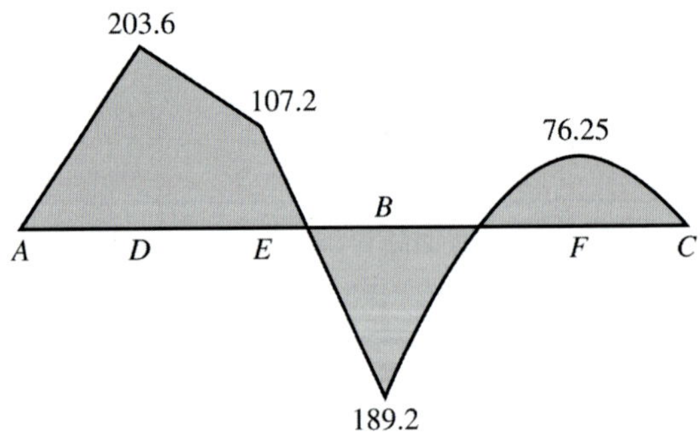

Bending moment diagram (kN · m)

(d) Shear and Bending Moment Diagrams

그림 D.3 계속

풀이

Redundant. The beam has one degree of indeterminacy. The bending moment M_B, at the interior support B, is the redundant.

Three-Moment Equation at Joint B. Considering the supports, A, B, and C as ℓ, c, and r, respectively, and substituting $L_\ell=6$ m, $L_r=5$ m, $I_\ell=2I$, $I_r=I$, $P_{\ell 1}=150$ kN, $k_{\ell 1}=1/3$, $P_{\ell 2}=100$ kN, $k_{\ell 2}=2/3$, $w_r=50$ kN/m, and $P_r=w_\ell=\Delta_\ell=\Delta_c=\Delta_r=0$, into Eq. (D.9), we obtain

$$\frac{M_A(6)}{2I}+2M_B\left(\frac{6}{2I}+\frac{5}{I}\right)+\frac{M_C(5)}{I}=-\frac{150(6)^2(1/3)}{2I}[1-(1/3)^2]$$
$$-\frac{100(6)^2(2/3)}{2I}[1-(2/3)^2]-\frac{50(5)^3}{4I}$$

Since A and C are simple end supports, we have by inspection

$$M_A=M_C=0$$

Thus, the three-moment equation becomes

$$16M_B=-3{,}029.17$$

from which we obtain the redundant bending moment to be

$$M_B=-189.32\ \text{kN}\cdot\text{m}$$

Span End Shears and Reactions. The shears at the ends of the spans AB and BC of the continuous beam can now be determined by applying the equations of equilibrium to the free bodies of the spans shown in Fig. D.3(b). Note that the negative bending moment M_B is applied at the ends B of spans AB and BC so that it causes tension in the upper fibers and compression in the lower fibers of the beam. By considering the equilibrium of span AB, we obtain

$$+\circlearrowleft\sum M_B=0 \qquad -A_y(6)+150(4)+100(2)-189.32=0 \qquad A_y=101.8\ \text{kN}\uparrow$$
$$+\uparrow\sum F_y=0 \qquad 101.8-150-100+B_y^{AB}=0 \qquad B_y^{AB}=148.2\ \text{kN}\uparrow$$

Similarly, for span BC,

$$+\circlearrowleft\sum M_C=0 \qquad -B_y^{BC}(5)+189.32+50(5)(2.5)=0 \qquad B_y^{BC}=162.86\ \text{kN}\uparrow$$
$$+\uparrow\sum F_y=0 \qquad 162.86-50(5)+C_y=0 \qquad C_y=87.14\ \text{kN}\uparrow$$

By considering the equilibrium of joint B in the vertical direction, we obtain

$$B_y=B_y^{AB}+B_y^{BC}=148.2+162.86=311.06\ \text{kN}\uparrow$$

The reactions are shown in Fig. D.3(c).

Shear and Bending Moment Diagrams. See Fig. D.3(d).

D.2 Example

Determine the reactions for the continuous beam shown in Fig. D.4(a) due to the uniformly distributed load and due to the support settlements of 10 mm at A, 50 mm at B, 20 mm at C, and 40 mm at D. Use the three-moment equation.

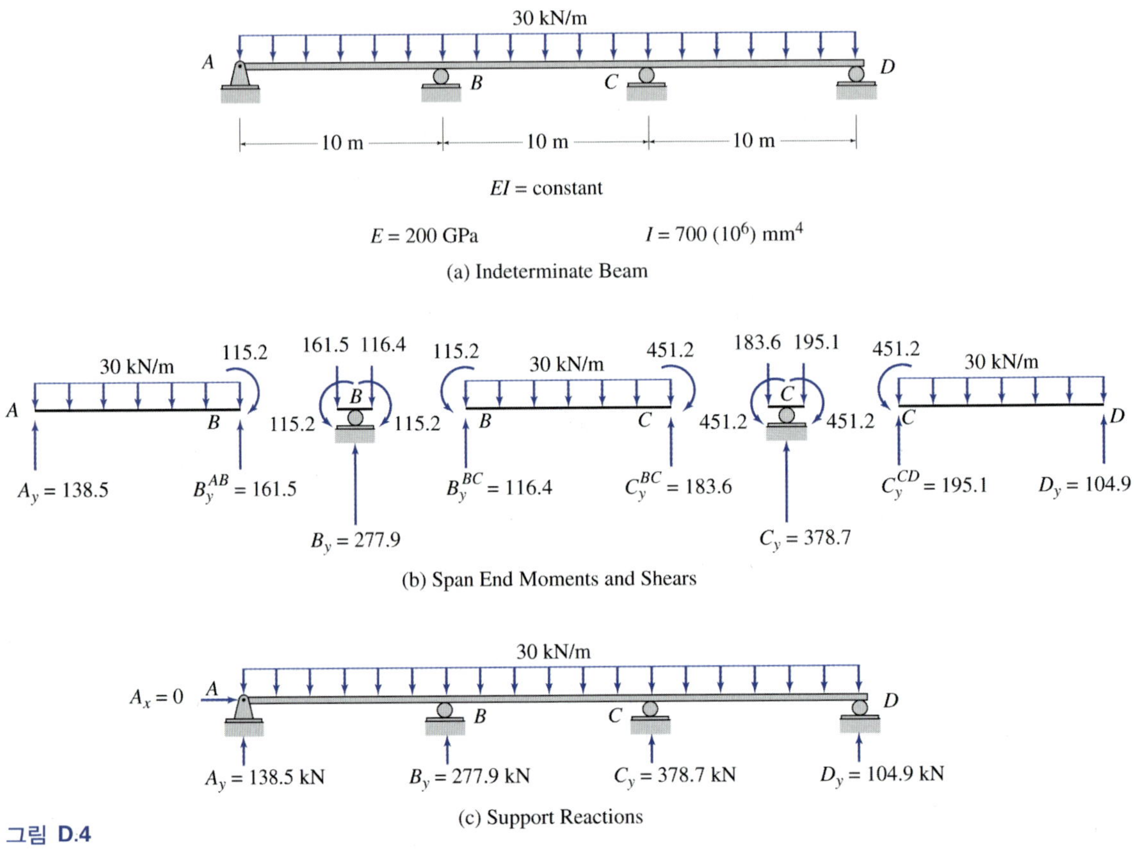

그림 D.4

풀이

Redundants. The bending moments M_B and M_C, at the interior supports B and C, respectively, are the redundants.

Three-Moment Equation at Joint B. By considering the supports A, B, and C as ℓ, c, and r, respectively, and substituting $L=10$ m, $E=200$ GPa $=200(10^6)$ kN/m^2, $I=700(10^6)$ mm^4 $=700(10^{-6})$ m^4, $w_\ell = w_r = 30$ kN/m, $\Delta_\ell = \Delta_A = 10$ mm $=0.01$ m, $\Delta_c = \Delta_B = 50$ mm $=0.05$ m, $\Delta_r = \Delta_C = 20$ mm $=0.02$ m and $P_\ell = P_r = 0$, into Eq. (D.11), we write

$$M_A + 4M_B + M_C = -\frac{(10)^2}{4}(30+30) - \frac{6(200)(700)}{(10)^2}[0.01 - 2(0.05) + 0.02]$$

Since A is a simple end support, $M_A = 0$. The foregoing equation thus simplifies to

$$4M_B + M_C = -912 \tag{1}$$

Three-Moment Equation at Joint C. Similarly, by considering the supports B, C, and D as ℓ, c, and r, respectively, and by substituting the appropriate numerical values in Eq. (D.11), we obtain

$$M_B + 4M_C + M_D = -\frac{(10)^2}{4}(30+30) - \frac{6(200)(700)}{(10)^2}[0.05 - 2(0.02) + 0.04]$$

Since D is a simple end support, $M_D = 0$. Thus, the foregoing equation becomes

$$M_B + 4M_C = -1{,}920 \tag{2}$$

Support Bending Moments. Solving Eqs. (1) and (2) simultaneously for M_B and M_C, we obtain

$$M_B = -115.2 \text{ kN} \cdot \text{m} \qquad M_C = -451.2 \text{ kN} \cdot \text{m}$$

Span End Shears and Reactions. With the redundants M_B and M_C known, the span end shears and the support reactions can be determined by considering the equilibrium of the free bodies of the spans AB, BC, and CD, and joints B and C, as shown in Fig. D.4(b). The reactions are shown in Fig. D.4(c).

D.3 Example

Determine the reactions for the continuous beam shown in Fig. D.5(a) by the three-moment equation.

풀이

Since support A of the beam is fixed, we replace it with an imaginary interior roller support with an adjoining end span of zero length, as shown in Fig. D.5(b).

Redundants. From Fig. D.5(b), we can see that the bending moments M_A and M_B at the supports A and B, respectively, are the redundants.

Three-Moment Equation at Joint A. By using Eq. (D.10) for supports A', A, and B, we obtain

$$2M_A(0+6) + M_B(6) = -225(6)^2(1/2)[1-(1/2)^2]$$

or

$$2M_A + M_B = -506.25 \tag{1}$$

Three-Moment Equation at Joint B. Similarly, applying Eq. (D.10) for supports A, B, and C, we write

$$M_A(6) + 2M_B(6+9) + M_C(9) = -225(6)^2(1/2)[1-(1/2)^2] - (1/4)(30)(9)^3$$

The bending moment at end C of the cantilever overhang CD is computed as

$$M_C = -30(3)(1.5) = -135 \text{ kN} \cdot \text{m}$$

By substituting $M_C = -135$ kN·m into the foregoing three-moment equation and simplifying, we obtain

$$M_A + 5M_B = -1{,}215 \tag{2}$$

Support Bending Moments. Solving Eqs. (1) and (2), we obtain

$$M_A = -146.25 \text{ kN} \cdot \text{m}$$
$$M_B = -213.75 \text{ kN} \cdot \text{m}$$

Span End Shears and Reactions. See Figs. D.5(c) and (d).

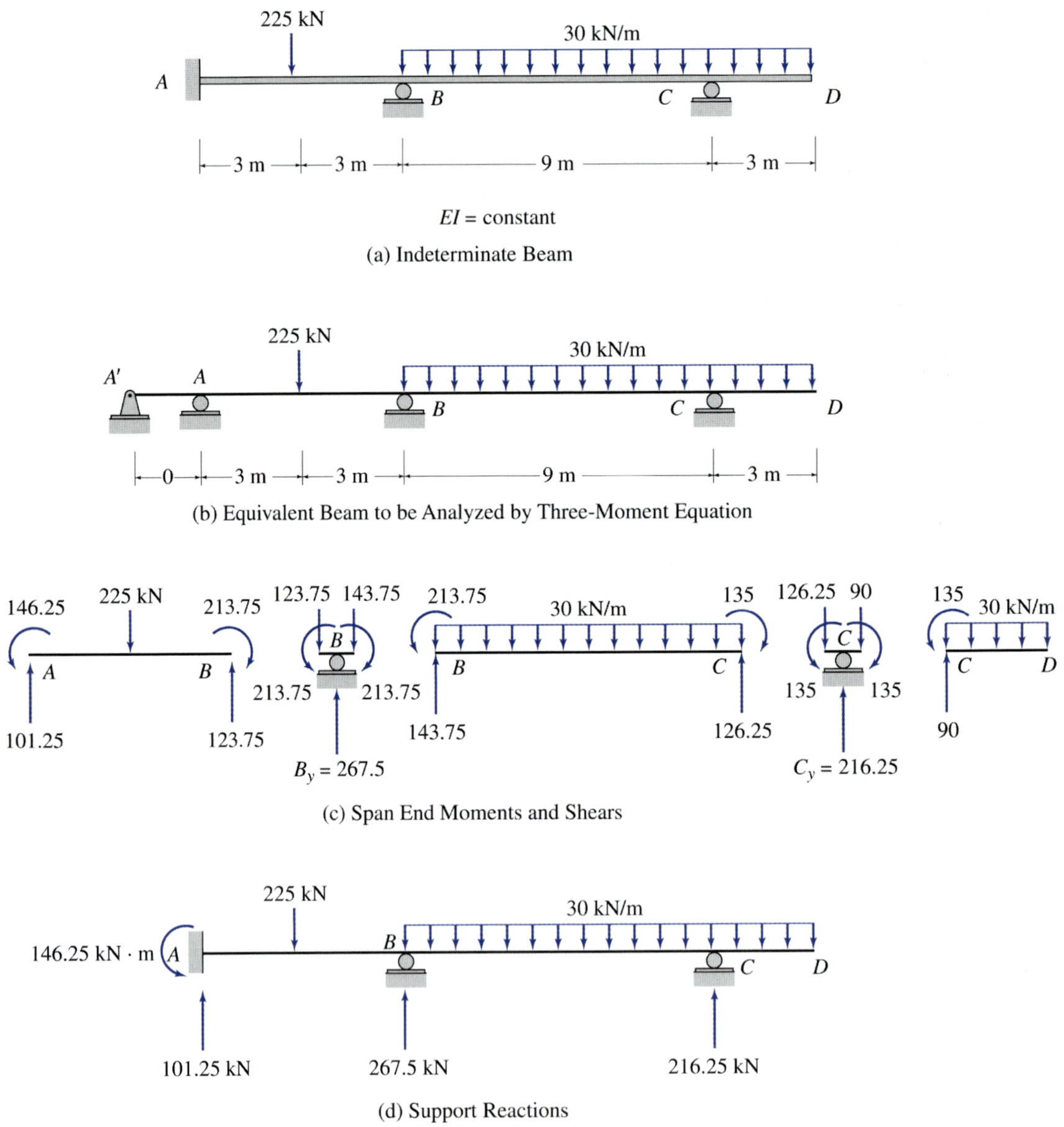

그림 D.5

요약

In this appendix, we have considered a formulation of the force (flexibility) method of analysis of statically indeterminate structures, called the three-moment equation.

The three-moment equation represents, in a general form, the compatibility condition that the slope of the elastic curve be continuous at an interior support of the continuous beam. This method, which can be used for analyzing continuous beams subjected to external loads and support settlements, involves treating the bending moments at the interior (and any fixed) supports of the beam as the redundants. The three-moment equation is then applied at the location of each redundant to obtain a set of compatibility equations which can then be solved for the redundant bending moments.

연습문제

D.1~D.8 Determine the reactions and draw the shear and bending moment diagrams for the beams shown in Figs. PD.1 through PD.8 using the three-moment equation.

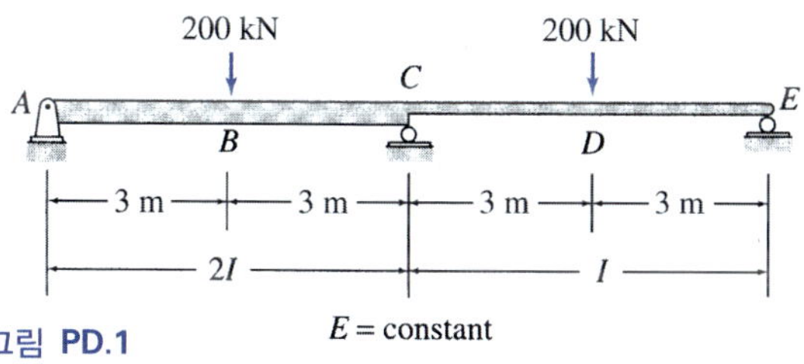

그림 PD.1

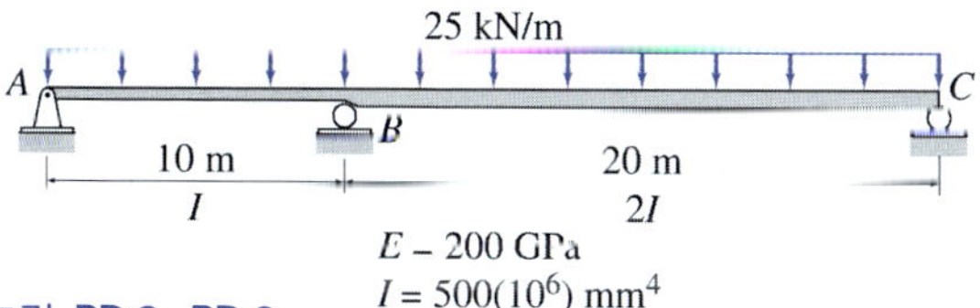

그림 PD.2, PD.9

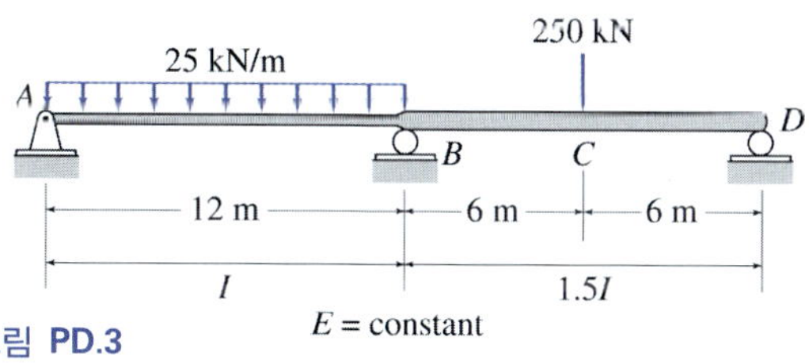

그림 PD.3

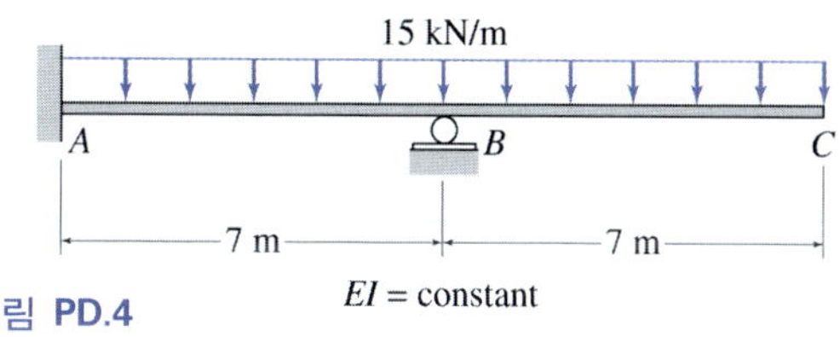

그림 PD.4

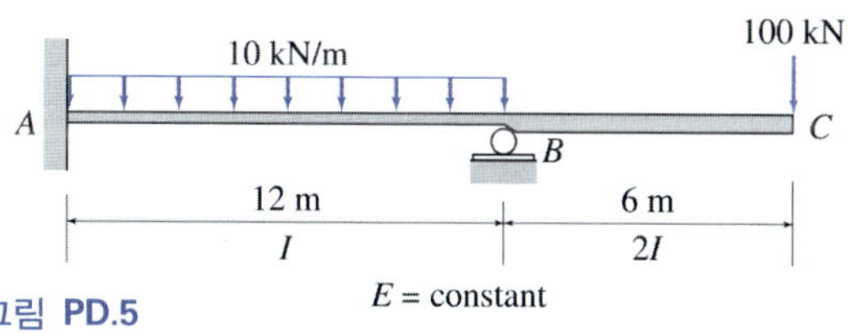

그림 PD.5

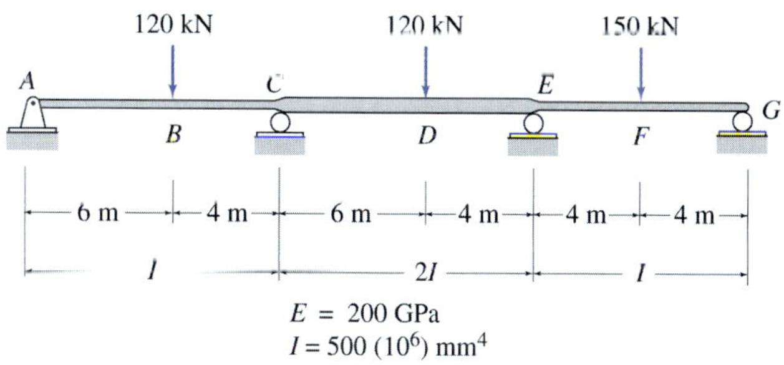

그림 PD.6, PD.10

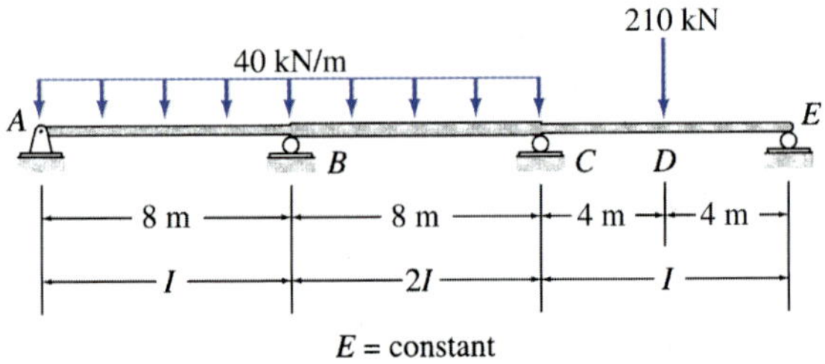

그림 PD.7

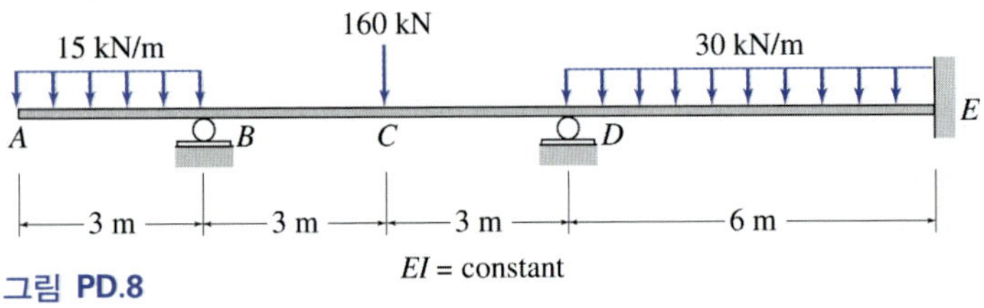

그림 PD.8

D.9 Solve Problem D.2 for the loading shown in Fig. PD.2 and the support settlements of 10 mm at A, 65 mm at B, and 40 mm at C.

D.10 Solve Problem D.6 for the loading shown in Fig. PD.6 and the support settlements of 10 mm at A, 65 mm at C, 40 mm at E, and 25 mm at G.

E

Bibliography

1. *AASHTO LRFD Bridge Design Specifications*, 4th ed. (2007) American Association of State Highway and Transportation Officials, Washington, D.C.
2. *ASCE Standard Minimum Design Loads and Associated Criteria for Buildings and Other Structures*. (2017) ASCE/SEI 7-16, American Society of Civil Engineers, Virginia.
3. Arbabi, F. (1991) *Structural Analysis and Behavior*. McGraw-Hill, New York.
4. Bathe, K.J., and Wilson, E.L. (1976) *Numerical Methods in Finite Element Analysis*. Prentice Hall, Englewood Cliffs, N.J.
5. Beer, F.P., and Johnston, E.R., Jr. (1981) *Mechanics of Materials*. McGraw-Hill, New York.
6. Betti, E. (1872) *Il Nuovo Cimento*. Series 2, Vols. 7 and 8.
7. Boggs, R.G. (1984) *Elementary Structural Analysis*, Holt, Rinehart & Winston, New York.
8. Chajes, A. (1990) *Structural Analysis*, 2nd ed. Prentice Hall, Englewood Cliffs, N.J.
9. *Colloquim on History of Structures*. (1982) Proceedings, International Association for Bridge and Structural Engineering, Cambridge, England.
10. Cross, H. (1930) "Analysis of Continuous Frames by Distributing Fixed-End Moments." *Proceedings of the American Society of Civil Engineers* 56, 919-928.
11. Elias, Z.M. (1986) *Theory and Methods of Structural Analysis*. Wiley, New York.
12. Gere, J.M., and Weaver, W., Jr. (1965) *Matrix Algebra for Engineers*. Van Nostrand Reinhold, New York.
13. Glockner, P.G. (1973) "Symmetry in Structural Mechanics." *Journal of the Structural Division*, ASCE 99, 71-89.
14. Hibbler, R.C. (1990) *Structural Analysis*, 2nd ed. Macmillan, New York.
15. Holzer, S.M. (1985) *Computer Analysis of Structures*. Elsevier Science, New York.
16. *International Building Code*. (2012) International Code Council, Chicago, Illinois.
17. Kassimali, A. (2011) *Matrix Analysis of Structures*, 2nd ed. Cengage Learning, Stamford, CT, USA.
18. Kennedy, J.B., and Madugula, M.K.S. (1990) *Elastic Analysis of Structures: Classical and Matrix Methods*. Harper & Row, New York.
19. Laible, J.P. (1985) *Structural Analysis*. Holt, Rinehart & Winston, New York.

20. Langhaar, H.L. (1962) *Energy Methods in Applied Mechanics*. Wiley, New York.
21. Laursen, H.A. (1988) *Structural Analysis*, 3rd ed. McGraw-Hill, New York.
22. Leet, K.M. (1988) *Fundamentals of Structural Analysis*. Macmillan, New York.
23. McCormac, J. (1984) *Structural Analysis*, 4th ed. Harper & Row, New York.
24. McCormac, J., and Elling, R.E. (1988) *Structural Analysis: A Classical and Matrix Approach*. Harper & Row, New York.
25. McGuire, W., and Gallagher, R.H. (1979) *Matrix Structural Analysis*. Wiley, New York.
26. Maney, G.A. (1915) *Studies in Engineering*, Bulletin 1. University of Minnesota, Minneapolis.
27. *Manual for Railway Engineering*. (2011) American Railway Engineering and Maintenance of Way Association, Maryland.
28. Maxwell, J.C. (1864) "On the Calculations of the Equilibrium and Stiffness of Frames." *Philosophical Magazine* 27, 294-299.
29. Noble, B. (1969) *Applied Linear Algebra*. Prentice Hall, Englewood Cliffs, N.J.
30. Norris, C.H., Wilbur, J.B., and Utku, S. (1976) *Elementary Structural Analysis*, 3rd ed. McGraw-Hill, New York.
31. Parcel, J.H., and Moorman, R.B.B. (1955) *Analysis of Statically Indeterminate Structures*. Wiley, New York.
32. Petroski, H. (1985) *To Engineer Is Human—The Role of Failure in Successful Design*. St. Martin's Press, New York.
33. Popov, E.P. (1968) *Introduction to Mechanics of Solids*. Prentice Hall, Englewood Cliffs, N.J.
34. Sack, R.L. (1989) *Matrix Structural Analysis*. PWSKENT, Boston.
35. Smith, J.C. (1988) *Structural Analysis*. Harper & Row, New York.
36. Spillers, W.R. (1985) *Introduction to Structures*. Ellis Horwood, West Sussex, England.
37. Tartaglione, L.C. (1991) *Structural Analysis*. McGraw-Hill, New York.
38. Tezcan, S.S. (1963) Discussion of "Simplified Formulation of Stiffness Matrices." by P.M. Wright. *Journal of the Structural Division*, ASCE 89(6), 445-449.
39. Turner, J.J.; Clough, R.W.; Martin, H.C.; and Topp, L.J. (1956) "Stiffness and Deflection Analysis of Complex Structures." *Journal of Aeronautical Sciences* 23(9), 805-823.
40. Wang, C.K. (1983) *Intermediate Structural Analysis*. McGraw-Hill, New York.
41. West, H.H. (1989) *Analysis of Structures: An Integration of Classical and Modern Methods*, 2nd ed. Wiley, New York.

F

Answers to Selected Problems

CHAPTER 2

2.1 Beam BE: $w = 3.84$ kN/m; Girder AC: $P_A = P_C = 5.76$ kN; $P_B = 11.52$ kN

2.3 Beam AF: $w = 8.25$ kN/m; Beams BG and CH: $w = 16.5$ kN/m; Girder AC: $P_A = P_C = 49.5$ kN; $P_B = 99$ kN; Girder FH: $P_F = P_H = 99$ kN; $P_G = 198$ kN

2.5 Beam CD: $w = 9.4$ kN/m; Girder AE: $w = 1.62$ kN/m; $P_C = 35.25$ kN; $P_A = P_E = 19.34$ kN

2.7 Beam BF: $w = 16.04$ kN/m; Girder AD: $w = 1.97$ kN/m; $P_B = P_C = 80.2$ kN; $P_A = P_D = 41.85$ kN

2.9 Beam CD: $w = 6.91$ kN/m; Girder AE: $P_C = 25.1$ kN; $P_A = P_E = 12.96$ kN

2.11 Beam EF: $w = 3$ kN/m; Girder AG: $P_C = P_E = 9$ kN; $P_A = P_G = 4.5$ kN; Column A: $P = 13.5$ kN

2.13 Windward side: -92.2 N/m^2 and 230.4 N/m^2; Leeward side: -552.9 N/m^2

2.15 Windward wall: 878.2 N/m^2 for $0 \le z \le 4.6$ m; 1033.2 N/m^2 for $z = 10$ m; Leeward wall: -598.6 N/m^2

2.17 0.7 kN/m^2

CHAPTER 3

3.1 (a) Unstable; (b) Determinate; (c) Indeterminate, $i_e = 2$; (d) Indeterminate, $i_e = 1$

3.3 (a) Unstable; (b) Determinate; (c) Indeterminate, $i_e = 3$; (d) Indeterminate, $i_e = 1$

3.5 $A_x = 0$; $A_y = 209$ kN ↑; $B_y = 161$ kN ↑

3.7 $A_x = 100$ kN →; $A_y = 0$; $M_A = 333.3$ kN·m ↻

3.9 $A_x = 0$; $A_y = 220$ kN ↑; $M_A = 650$ kN·m ↺

3.11 $A_y = 146$ kN ↑; $B_x = 0$; $B_y = 272.2$ kN ↑

3.13 $A_x = 37.5$ kN →; $A_y = 100$ kN ↑; $R_B = 62.5$ kN ↖

3.15 For $0 \le x \le 20$ m: $A_y = 45 - 2x$ kN ↑; $B_y = 5 + 2x$ kN ↑
For 20 m $\le x \le 25$ m: $A_y = (25 - x)^2/5$ kN ↑; $B_y = (625 - x^2)/5$ kN ↑

3.17 $A_x = 0$; $A_y = 85$ kN ↑; $B_y = 280$ kN ↑

3.19 $A_x = 200$ kN ←; $A_y = 125$ kN ↓; $B_y = 475$ kN ↑

3.21 $A_x = 100$ kN ←; $A_y = 216.11$ kN ↑; $B_y = 183.89$ kN ↑

3.23 $A_y = 244.07$ kN ↑; $B_x = 240$ kN ←; $B_y = 85.93$ kN ↑

3.25 $A_x = 0$; $A_y = 225$ kN ↑; $B_y = 1050$ kN ↑; $C_y = 225$ kN ↓

3.27 $A_x = 168$ kN →; $A_y = 187.5$ kN ↑; $B_x = 102$ kN →; $B_y = 15$ kN ↑

3.29 $A_x = 0$; $A_y = D_y = 25$ kN ↑; $B_y = C_y = 650$ kN ↑

3.31 $A_x = 170$ kN →; $A_y = 310$ kN ↑; $B_x = 170$ kN ←; $B_y = 370$ kN ↑

3.33 $A_x = 55$ kN ←; $A_y = 216.11$ kN ↑; $B_x = 45$ kN ←; $B_y = 183.89$ kN ↑

3.35 $A_x = 35.76$ kN ←; $A_y = 79.45$ kN ↑; $B_x = 53.24$ kN ←; $B_y = 168.46$ kN ↑

3.37 $A_x = 0$; $A_y = 560.62$ kN ↑; $M_A = 1{,}462.4$ kN·m ↺; $B_y = 585$ kN ↑; $C_y = 24.38$ kN ↑

3.39 $A_y = 50$ kN ↓; $B_y = 475$ kN ↑; $C_x = 0$; $C_y = 225$ kN ↑; $M_C = 900$ kN·m ↻

3.41 $A_x = 62.5$ kN ←; $A_y = 62.5$ kN ↓; $M_A = 187.5$ kN·m ↺; $B_x = 62.5$ kN ←; $B_y = 62.5$ kN ↑; $M_B = 187.5$ kN·m ↺

CHAPTER 4

4.1 (a) Unstable; (b) Determinate; (c) Determinate; (d) Unstable

4.3 (a) Unstable; (b) Determinate; (c) Determinate; (d) Indeterminate, $i_e = 1$

4.5 (a) Determinate; (b) Unstable; (c) Determinate; (d) Determinate

4.7 $F_{AB} = F_{BC} = 77.31$ kN (C); $F_{AD} = 168.75$ kN (T); $F_{BD} = 37.5$ kN (C); $F_{CD} = 93.75$ kN (T)

4.9 $F_{AD} = 197.46$ kN (C); $F_{AC} = 153.21$ kN (T); $F_{CD} = 117.85$ kN (T); $F_{DE} = 191.67$ kN (C)

4.11 $F_{AB} = 20$ kN (C); $F_{BC} = 0$; $F_{CD} = 20$ kN (T); $F_{AE} = 25$ kN (T); $F_{BE} = 30$ kN (T); $F_{BF} = 36.06$ kN (C); $F_{CF} = 36.06$ kN (T); $F_{CG} = 30$ kN (C); $F_{EF} = 25$ kN (T)

4.13 $F_{BC} = 120$ kN (C); $F_{BD} = 357.5$ kN (T); $F_{BE} = 97.5$ kN (C); $F_{DE} = 180$ kN (T)

4.15 $F_{CD} = F_{DE} = 120$ kN (T); $F_{CJ} = F_{EJ} = 56.57$ kN (C); $F_{CI} = F_{EK} = 120$ kN (T); $F_{IJ} = F_{JK} = 80$ kN (C); $F_{DJ} = 80$ kN (T)

4.17 $F_{BC} = 120$ kN (T); $F_{BF} = 60$ kN (C); $F_{BG} = 63.25$ kN (T); $F_{FG} = 189.74$ kN (C)

4.19 $F_{CD} = 71.4$ kN (T); $F_{DI} = 18.84$ kN (C); $F_{DJ} = 102.76$ kN (T); $F_{IJ} = 164.84$ kN (C)

4.21 $F_{AC} = F_{BE} = 62.5$ kN (C); $F_{AD} = 0$; $F_{CD} = 32.5$ kN (C)

4.23 $F_{AC} = F_{CE} = 4.51$ kN (C); $F_{AD} = 5.59$ kN (C); $F_{BC} = F_{CD} = 9.01$ kN (C)

4.25 $F_{GH} = 27$ kN (C); $F_{GM} = 18$ kN (C); $F_{GN} = 33.33$ kN (T); $F_{HN} = 44.67$ kN (C); $F_{MN} = 7$ kN (T)

4.27 $F_{AD} = F_{BE} = F_{DG} = F_{EG} = 20.67$ kN (T); $F_{CD} = F_{EF} = 14.14$ kN (C); $F_{CG} = 33.57$ kN (C)

4.29 $F_{BC} = F_{CD} = 210$ kN (C); $F_{CG} = F_{CH} = 42.4$ kN (C); $F_{GH} = 240$ kN (T)

4.31 $F_{AB} = F_{BC} = 150$ kN (T); $F_{BD} = F_{BE} = 62.5$ kN (C); $F_{BF} = 75$ kN (T)

4.33 $F_{DE} = 320$ kN (T); $F_{DK} = 56.57$ kN (T); $F_{JK} = 360$ kN (C)

4.35 $F_{AC} = 38.65$ kN (T); $F_{CD} = 157.5$ kN (C); $F_{DF} = 54.11$ kN (C)

4.37 $F_{BC} = 53.33$ kN (T); $F_{CI} = 0$; $F_{IJ} = 66.67$ kN (C)

4.39 $F_{CD} = 117.74$ kN (T); $F_{CI} = 18.02$ kN (T); $F_{HI} = 18.48$ kN (T)

4.41 $F_{DE} = 83.2$ kN (T); $F_{DJ} = 76$ kN (T); $F_{DK} = 110.12$ kN (T)

4.43 $F_{CF} = 21.08$ kN (T); $F_{CG} = 27.04$ kN (T); $F_{EG} = 27.04$ kN (C)

4.45 $F_{CD} = 160$ kN (C); $F_{DI} = 223.6$ kN (C); $F_{IN} = 223.6$ kN (T)

4.47 $F_{BC} = 45$ kN (C); $F_{BF} = 215$ kN (C); $F_{EF} = 30$ kN (T); $F_{EI} = 161$ kN (T)

4.49 $F_{EF} = 220$ kN (T); $F_{EL} = 56.56$ kN (T); $F_{LP} = 99$ kN (T); $F_{OP} = 260$ kN (C)

4.51 $F_{AD} = 2.24$ kN (T); $F_{BD} = 15.12$ kN (C); $F_{CD} = 17.08$ kN (C)

4.53 $F_{AB} = 4.36$ kN (C); $F_{AC} = 12.48$ kN (C); $F_{AD} = 33.26$ kN (T); $F_{BC} = 17.22$ kN (T)

4.55 $F_{AB} = 58.34$ kN (T); $F_{CD} = 31.66$ kN (C); $F_{AE} = 8.24$ kN (T); $F_{EF} = 56.66$ kN (T)

CHAPTER 5

5.1 $Q_A = 50$ kN; $S_A = 91.7$ kN; $M_A = 1{,}333.6$ kN·m; $Q_B = 0$; $S_B = -194.9$ kN; $M_B = 584.7$ kN·m

5.3 $Q_A = S_A = Q_B = 0$; $M_A = -75$ kN·m; $S_B = -100$ kN; $M_B = -375$ kN·m

5.5 $Q_A = 44.72$ kN; $S_A = 27.6$ kN; $M_A = 855.3$ kN·m; $Q_B = 44.72$ kN; $S_B = -89.44$ kN; $M_B = 268.3$ kN·m

5.7 $Q_A = Q_B = 0$; $S_A = -50$ kN; $M_A = 50$ kN·m; $S_B = -62.5$ kN; $M_B = -150$ kN·m

5.9 $Q_A = Q_B = S_B = 0$; $S_A = 120$ kN; $M_A = -360$ kN·m; $M_B = 120$ kN·m

5.11 $Q_A = -40.5$ kN; $S_A = 54$ kN; $M_A = M_B = 324$ kN·m; $Q_B = 40.5$ kN; $S_B = -54$ kN

5.13 For $0 < x < (L/3)$: $S = 2P/3$; $M = 2Px/3$
For $(L/3) < x < L$: $S = -P/3$; $M = P(L - x)/3$

5.15 $S = w(L - 2x)/2$; $M = wx(L - x)/2$

5.17 $S = M/L$
For $0 \le x < (L/2)$: Bending Moment $= Mx/L$
For $(L/2) < x \le L$: Bending Moment $= M(x - L)/L$

5.19 $S = w(L^2 - 3x^2)/(6L)$; $M = wx(L^2 - x^2)/(6L)$

5.21 For $0 < x < 7$ m: $S = -30$ kN; $M = -30x$ kN·m
For 7 m $< x <$ 14 m: $S = -45$ kN; $M = -45x + 105$ kN·m

5.23 For $0 < x < 4$ m: $S = -75$ kN; $M = -75x$ kN·m
For 4 m $< x <$ 8 m: $S = -75$ kN; $M = -75x + 100$ kN·m

5.25 For $0 < x \le 6$ m (from A to B): $S = 90 - (15x^2/4)$; $M = 90x - (5x^3/4)$
For $0 < x_1 \le 3$ m (from C to B): $S = -112.5 + (15x_1^2/2)$; $M = 112.5x_1 - (5x_1^3/2)$

5.27 For $0 \le x < 2$ m: $S = -25x + 0.75x^2$; $M = -12.5x^2 + 0.25x^3$
For 2 m $< x <$ 7 m: $S = 95 - 25x + 0.75x^2$; $M = -190 + 95x - 12.5x^2 + 0.25x^3$
For 7 m $< x \le$ 10 m: $S = 175 - 25x + 0.75x^2$; $M = -750 + 175x - 12.5x^2 + 0.25x^3$

5.29 $S_{A,R} = S_{B,L} = 128$ kN; $S_{B,R} = S_{C,L} = 28$ kN; $S_{C,R} = S_{D,L} = -122$ kN; $M_B = 320$ kN·m; $M_C = 488$ kN·m

5.31 $S_{A,R} = S_{B,L} = -45$ kN; $S_{B,R} = S_{C,L} = 105$ kN; $S_{C,R} = S_{D,L} = 15$ kN; $S_{D,R} = S_{E,L} = -75$ kN; $M_B = -112.5$ kN·m; $M_C = 150$ kN·m; $M_D = 187.5$ kN·m

5.33 $S_{A,R} = S_{B,L} = -55$ kN; $S_{B,R} = S_{C,L} = 110$ kN; $S_{C,R} = S_{D,L} = 0$; $S_{D,R} = S_{E,L} = -110$ kN; $S_{E,R} = S_{F,L} = 55$ kN; $M_B = M_E = -165$ kN·m; $M_C = M_D = 165$ kN·m

5.35 $S_{A,R} = S_{B,L} = 122.68$ kN; $S_{B,R} = S_C = -12.32$ kN; $S_{D,L} = -117.32$ kN; $M_A = M_D = 0$; $M_B = 245.36$ kN·m; $M_C = 226.88$ kN·m

5.37 $S_{A,R} = S_{B,L} = 225$ kN; $S_{B,R} = S_C = 150$ kN; $S_D = 0$; $M_A = -2{,}700$ kN·m; $M_B = -1{,}350$ kN·m; $M_C = -450$ kN·m; $M_D = 0$

5.39 $S_{B,L} = -75$ kN; $S_{B,R} = 89.1$ kN; $S_{C,L} = -110.9$ kN; $S_{C,R} = 100$ kN; $M_B = -112.5$ kN·m; $M_C = -200$ kN·m; $+M_{\max} = 46.2$ kN·m, at 6.56 m from A

5.41 $S_{A,R} = -45$ kN; $S_{B,L} = -112.5$ kN; $S_{B,R} = 135$ kN; $S_{C,L} = -135$ kN, $S_{C,R} = 112.5$ kN; $S_{D,L} = 45$ kN; $M_B = M_C = -118.125$ kN·m; $+M_{\max} = 84.375$ kN·m, at 4.5 m from A

5.43 $S_{A,R} = S_{B,L} = -35$ kN; $S_{B,R} = 104.56$ kN; $S_{C,L} = -93.44$ kN; $S_{C,R} = S_D = 0$, $M_B = -105$ kN·m; $M_C = M_D = -55$ kN·m; $+M_{\max} = 143.33$ kN·m, at 7.75 m from A

5.45 $S_{A,R} = 180$ kN; $S_B = S_{C,L} = -180$ kN; $S_{C,R} = S_{D,L} = -300$ kN; $M_C = -900$ kN·m; $M_D = -2{,}400$ kN·m; $+M_{\max} = 675$ kN·m, at 7.5 m from A

5.47 $S_{A,R} = 50.83$ kN; $S_{B,L} = -84.17$ kN; $S_{B,R} = 72.5$ kN; $S_C = S_{D,L} = 27.5$ kN; $S_{D,R} = S_{E,L} = -27.5$ kN; $M_B = -150$ kN·m; $M_D = 82.5$ kN·m; $+M_{\max} = 86.16$ kN·m, at 3.39 m from A

5.49 $S_{A,R} = 90$ kN; $S_{C,L} = -180$ kN; $S_{C,R} = 157.5$ kN; $S_{E,L} = -112.5$ kN; $S_{E,R} = 157.5$ kN; $S_{F,L} = -112.5$ kN; $M_C = -675$ kN·m; $M_E = -337.5$ kN·m; $+M_{\max} = 351.6$ kN·m, at 6.25 m to the left of F

5.51 $S_{A,R} = 125$ kN; $S_{C,L} = -250$ kN; $S_{C,R} = 187.5$ kN; $S_{D,L} = -187.5$ kN; $S_{D,R} = 250$ kN; $S_{F,L} = -125$ kN; $M_C = M_D = -937.5$ kN·m; $+M_{\max} = 312.5$ kN·m, at 5 m from A and F

5.53 (a) $a = 3$ m; (b) $S_{A,R} = S_{B,L} = 50$ kN; $S_{B,R} = S_{C,L} = -100$ kN; $S_{C,R} = S_{D,L} = 150$ kN; $M_B = 450$ kN·m; $M_C = -450$ kN·m

5.55 (a) Determinate; (b) Determinate; (c) Indeterminate, $i = 4$; (d) Indeterminate, $i = 9$

5.57 Member AB: $S_{\max} = 74.33$ kN; $M_{\max} = 334.5$ kN·m; $Q = 0$
Member BC: $S_{\max} = -55$ kN; $M_{\max} = 165$ kN·m; $Q = -37.67$ kN

5.59 Member AB: $S_{\max} = 48$ kN; $M_{\max} = 120$ kN·m; $Q_{\max} = -104$ kN
Member BC: $S_{\max} = -48$ kN; $M_{\max} = 96$ kN·m; $Q = -24$ kN

5.61 Member AB: $S_{\max} = 95$ kN; $M_{\max} = 285$ kN·m; $Q = -180$ kN
Member BC: $S_{\max} = -113.71$ kN; $M_{\max} = 161.61$ kN·m; $Q = -170.57$ kN

5.63 Member AB: $S = 246.4$ kN; $M_{\max} = 2{,}263.8$ kN·m; $Q = -123.2$ kN
Member BC: $S_{\max} = 154$ kN; $M_{\max} = 539$ kN·m; $Q = 0$

5.65 Member AC: $S_{\max} = 108$ kN; $M_{\max} = 486$ kN·m; $Q = -7.65$ kN
Member BD: $S = M = 0$; $Q = -217.35$ kN
Member CE: $S_{\max} = -142.35$ kN; $M_{\max} = 487.95$ kN·m; $Q = 0$

5.67 Member AB: $S = 43$ kN; $M_{\max} = 279.5$ kN·m; $Q = -49.5$ kN
Member BC: $S_{\max} = -140.63$ kN; $M_{\max} = 335$ kN·m; $Q_{\max} = -79.59$ kN
Member CD: $S_{\max} = 67$ kN; $M_{\max} = 335$ kN·m; $Q = -125.5$ kN

5.69 Member AB: $S_{\max} = -110$ kN; $M_{\max} = 680$ kN·m; $Q = -135$ kN
Member BC: $S_{\max} = 135$ kN; $M_{\max} = 680$ kN·m; $Q = -110$ kN
Member CD: $S_{\max} = 110$ kN; $M_{\max} = 275$ kN·m; $Q = 0$

5.71 Member AC: $S = 5$ kN; $M_{\max} = 25$ kN·m; $Q = -50$ kN
Member CE: $S_{\max} = -170$ kN; $M_{\max} = 575$ kN·m; $Q = -115$ kN
Member EG: $S = 115$ kN; $M_{\max} = 575$ kN·m; $Q = -170$ kN

CHAPTER 6

6.1 $\theta = -\dfrac{M}{6EIL}(3x^2 - 6Lx + 2L^2)$;

$y = -\dfrac{M}{6EIL}(x^3 - 3Lx^2 + 2L^2x)$

6.3 For $0 \le x \le a$: $\theta = \dfrac{wx}{2EI}\left[a^2 - L^2 + (L-a)x\right]$;

$y = \dfrac{wx^2}{2EI}\left[\dfrac{a^2 - L^2}{2} + \dfrac{(L-a)x}{3}\right]$

For $a \le x \le L$: $\theta = \dfrac{w}{2EI}\left[xL(x-L) - \dfrac{x^3}{3} + \dfrac{a^3}{3}\right]$;

$y = \dfrac{w}{2EI}\left[x^2L\left(\dfrac{x}{3} - \dfrac{L}{2}\right) - \dfrac{x^4}{12} - \dfrac{a^4}{12} + \dfrac{a^3x}{3}\right]$

6.5 $\theta = \dfrac{wx}{24EIL}(-x^3 + 6L^2x - 8L^3)$;

$y = \dfrac{wx^2}{120EIL}(-x^3 + 10L^2x - 20L^3)$

6.7 $\theta = 0.0174$ rad $\curvearrowright$; $y = 34.8$ mm ↓

6.9 and 6.35 $\theta_B = 0.00703$ rad $\curvearrowright$; $\Delta_B = 23.4$ mm ↓

6.11 and 6.37 $\theta_B = Pa^2/2EI$ $\curvearrowright$; $\Delta_B = Pa^2(3L - a)/6EI$ ↓

6.13 and 6.39 $\theta_A = wL^3/8EI$ $\curvearrowleft$; $\Delta_A = 11wL^4/120EI$ ↓

6.15 and 6.41 $\theta_B = 0.0514$ rad $\curvearrowright$; $\Delta_B = 180$ mm ↓
$\theta_C = 0.0771$ rad $\curvearrowright$; $\Delta_C = 373$ mm ↓

6.17 and 6.43 $\theta_B = 0.00165$ rad $\curvearrowright$; $\Delta_B = 6.2$ mm ↓;
$\theta_C = 0.000414$ rad $\curvearrowleft$; $\Delta_C = 7.6$ mm ↓

6.19 and 6.45 $227.8(10^6)\ \text{mm}^4$

6.21 and 6.47 $9{,}585(10^6)\ \text{mm}^4$

6.23 and 6.49 $\Delta_{max} = 114.1\ \text{mm} \downarrow$, at 5.29 m from A

6.25 and 6.51 $\Delta_{max} = 146\ \text{mm} \downarrow$, at 10.95 m from A

6.27 and 6.53 $\Delta_{max} = 47\ \text{mm} \downarrow$, at 4.63 m from A

6.29 and 6.55 $5.21\ \text{mm} \downarrow$

6.31 and 6.57 $\theta_D = 0.0136$ rad $\circlearrowleft$; $\Delta_D = 68.13\ \text{mm} \uparrow$

6.33 and 6.59 $\theta_B = 0.0117$ rad $\circlearrowright$; $\Delta_B = 28\ \text{mm} \downarrow$
$\theta_D = 0.0099$ rad $\circlearrowleft$; $\Delta_D = 47\ \text{mm} \downarrow$

CHAPTER 7

7.1 and 7.51 $\Delta_{BH} = 10.6\ \text{mm} \leftarrow$; $\Delta_{BV} = 2.35\ \text{mm} \uparrow$

7.3 and 7.53 $\Delta_{BH} = 2.99\ \text{mm} \rightarrow$; $\Delta_{BV} = 4.79\ \text{mm} \downarrow$

7.5 and 7.55 $\Delta_{BH} = 9.64\ \text{mm} \leftarrow$; $\Delta_{BV} = 50.69\ \text{mm} \downarrow$

7.7 $9.1\ \text{mm} \downarrow$

7.9 $23\ \text{mm} \rightarrow$

7.11 $3{,}050\ \text{mm}^2$

7.13 $9{,}627\ \text{mm}^2$

7.15 $8{,}945\ \text{mm}^2$

7.17 $4.96\ \text{mm} \uparrow$

7.19 $15\ \text{mm} \downarrow$

7.21 and 7.58 $\theta_B = 0.0174$ rad $\circlearrowright$; $\Delta_B = 34.8\ \text{mm} \downarrow$

7.23 $34.8\ \text{mm} \downarrow$

7.25, 7.29, and 7.60 $373\ \text{mm} \uparrow$

7.27 and 7.62 $1.8\ \text{mm} \uparrow$

7.31 $11{,}340(10^6)\ \text{mm}^4$

7.33 $3{,}374(10^6)\ \text{mm}^4$

7.35 and 7.64 $\theta_D = 0.0073$ rad $\circlearrowright$; $\Delta_D = 16.6\ \text{mm} \downarrow$

7.37 $91.5\ \text{mm} \downarrow$

7.39 0.00048 rad $\circlearrowright$

7.41 0.0011 rad $\circlearrowright$

7.43 and 7.67 0.0393 rad $\circlearrowleft$

7.45 and 7.68 $182\ \text{mm} \rightarrow$

7.47 $1{,}080(10^6)\ \text{mm}^4$

7.49 0.00386 rad $\circlearrowright$

CHAPTER 8

8.1 A_y: 1 at A; 0 at C
C_y: 0 at A; 1 at C
S_B: 0 at A and C; -0.5 at B_L; 0.5 at B_R
M_B: 0 at A and C; 2.5 at B

8.3 A_y: 1 at A; 0 at C
C_y: 0 at A; 1 at C
S_B: 0 at A and C; -0.667 at B_L; 0.333 at B_R
M_B: 0 at A and C; 3.33 at B

8.5 A_y: 1 at A and C
$M_A(+\circlearrowleft)$: 0 at A; 9 at C
S_B: 0 at A and B_L; 1 at B_R and C
M_B: 0 at A and B; -3 at C

8.7 B_y: 1.25 at A; 0 at D
D_y: -0.25 at A; 0 at B; 1 at D
S_C: 0.25 at A; 0 at B and D; -0.5 at C_L; 0.5 at C_R
M_C: -1 at A; 0 at B and D; 2 at C

8.9 A_y: 1 at A; 0 at C
C_y: 0 at A; 1 at C
$S_{A,R}$: 1 at A; 0 at C
M_B: 0 at A and C; 0.75 at B

8.11 S_E: 0 at B, D, and E_L; 1 at E_R and F
M_E: 0 at B, D, and E; -3 at F

8.13 A_y: 1 at A; 0 at C and E
E_y: 0 at A; 1 at C and E
$M_E(+\circlearrowright)$: 0 at A and E; 6 at C

8.15 S_D: 0 at A, D_R, and E; -1 at C and D_L
M_D: 0 at A, D, and E; -3 at C

8.17 A_y: 1 at C; 0 at E; -0.5 at F
B_y: 0 at C; 1.5 at F
S_D: 0 at C and E; -0.5 at D_L and F; 0.5 at D_R
M_D: 0 at C and E; 1 at D; -1 at F

8.19 A_y: 0 at B and E; 2 at D
B_y: 1 at B; 0 at C and E; -1 at D
E_y: 0 at B, C, and D; 1 at E
S_D: 0 at B, C, D_L, and E; 1 at D_R

8.21 S_B: 0 at A, C, D, F, and G; -0.5 at B_L; 0.5 at B_R
M_B: 0 at A, C, D, F, and G; 3 at B
S_C: 0 at A, C_R, D, F, and G; -1 at C_L

8.23 A_y: 1 at A; 0 at B, C, E, F, and G
C_y: 0 at A, E, and G; 1.333 at B; -0.25 at F

E_y: 0 at A, C, and G; −0.333 at B; 1.25 at F
G_y: 0 at A, B, C, E, and F; 1 at G

8.25 S_D: 0 at A, C, E, and G; 0.333 at B; −0.5 at D_L; 0.5 at D_R; −0.25 at F
M_D: 0 at A, C, E and G; −5 at B; 7.5 at D; −3.75 at F

8.27 M_A(↺+): 0 at A, D, and F; 6 at B; −4 at E; 3 at G
A_y: 1 at A_R and B; 0 at D and F; −0.667 at E; 0.5 at G
D_y: 0 at A, B, and F; 1 at D; 1.667 at E; −1.25 at G
F_y: 0 at A, B, D, and E; 1 at F; 1.75 at G

8.29 A_y: 1 at A and B; 0 at D, E, and G
E_y: 0 at A, B, and G; 1.667 at D
G_y: 0 at A, B, and E; −0.667 at D; 1 at G
M_A(+↺): 0 at A, D, E, and G; 4 at B

8.31 A_y: 1 at A and C; 0 at D and F
F_y: 0 at A and C; 1 at D and F
M_A(+↺): 0 at A, D, and F; 10 at C
M_F(+↺): 0 at A, C, and F; −6 at D

8.33 A_y: 1 at A; 0 at B, E, G, and H; −0.75 at C
B_y: 0 at A, E, G, and H; 1.75 at C

8.35 A_x: 0 at C and E; 0.5 at D
A_y: 1 at C; 0 at E
B_x: 0 at C and E; −0.5 at D
B_y: 0 at C; 1 at E

8.37 A_y: 1 at B, C, and D; 0 at F
M_A(+↺): −5 at B; 0 at C and F; 5 at D
F_y: 0 at B, C, and D; 1 at F
S_E: 0 at B, C, D, and F; −0.5 at E_L; 0.5 at E_R
M_E: 0 at B, C, D, and F; 2.5 at E

8.39 A_y: 1 at D; 0 at F and H; −0.75 at G
B_y: 0 at D and H; 1 at F; 1.75 at G
C_y: 0 at D, F, and G; 1 at H
S_E: 0 at D, F, and H; −0.5 at E_L; 0.5 at E_R; −0.75 at G
M_E: 0 at D, F, and H; 2 at E; −3 at G

8.41 S_{DE}: 0.667 at A; 0 at C and F; −0.333 at D; 0.333 at E; 0.667 at H
M_E: −4 at A; 0 at C and F; 4 at E; −8 at H

8.43 S_{BC}: 1 at A and B; 0 at C, D, and E
M_C: −10 at A; 0 at C, D, and E

8.45 F_{AB}: 0 at A and C; 0.5 at B
F_{AD}: 0 at A and C; −0.707 at B
F_{BD}: 0 at A and C, 1 at B

8.47 F_{DH}: 0 at A, B, C, and E; 1 at D
F_{CD}: 0 at A and E; 1 at D
F_{GH}: 0 at A and E; −1.333 at C
F_{CH}: 0 at A and E; 0.833 at C; −0.417 at D

8.49 F_{DE}: 0 at A, B, C, and D; −0.667 at E
F_{CG}: 0 at A and D; −0.401 at B and E; 0.401 at C
F_{GH}: 0 at A and D; −0.889 at C; 0.889 at E
F_{BC}: 0 at A and D; 0.667 at B and C; −0.667 at E

8.51 F_{CD}: −1.6 at A; 0 at C, D, E, F, and G
F_{CI}: −1.8 at A; 0 at C and E; −0.5 at D; 1 at G
F_{DI}: 1.494 at A; 0 at C and E; 0.534 at D; −1.067 at G
F_{DJ}: −0.333 at A and G; 0 at C and E; 0.167 at D

8.53 F_{AB}: 0 at A and G; −1.11 at B
F_{DI}: 0 at A and G; 0.556 at C; −0.833 at D
F_{IJ}: 0 at A and G; 2 at D
F_{CI}: 0 at A and G; −0.333 at C; 0.5 at D

8.55 F_{BC}: 0 at E, F, and G; −4.123 at D
F_{BF}: 0 at E, F, and D; 0.5 at G
F_{BG}: 0 at E, F, and D; −2.236 at G
F_{FG}: 0 at E and F; 2 at G; 4 at D

8.57 F_{AD}: 0 at C and E; −1 at D; 1 at F
F_{BD}: 0 at C, D, and E; −1.67 at F
F_{CD}: 1.33 at C; 0 at D, E, and F

8.59 Δ_B: 0 at A and C; −20.833/(EI) at B
8.61 Δ_D: 0 at A and C; −96/(EI) at D

CHAPTER 9

9.1 −150 kN·m

9.3 −81.25 kN

9.5 Maximum A_y = 442 kN ↑;
Maximum M_A = 2,439 kN·m ↺

9.7 Maximum Positive S_D = 377.92 kN;
Maximum Negative S_D = −275.83 kN
Maximum Positive M_n = 6,106.25 kN·m;
Maximum Negative M_D = −3,400 kN·m

9.9 608.01 kN (C)

9.11 Maximum Tensile F_{DI} = 800.9 kN (T);
Maximum Compressive F_{DI} = 302.1 kN (C)

9.13 S_B = 61.67 kN; M_B = 733.33 kN·m

9.15 720.2 kN·m

9.17 88.56 kN (T)

9.19 170 kN

9.21 575 kN·m

9.23 481.65 kN·m

CHAPTER 10

10.17 $F_{AC}=118.59$ kN (C); $F_{BC}=166.02$ kN (T)

10.19 $F_{CD}=280$ kN (C); $F_{CI}=15$ kN (T); $F_{DI}=25$ kN (C); $F_{IJ}=300$ kN (T)

10.21 $A_X^{AD}=20$ kN →; $A_Y^{AD}=197.33$ kN ↑; $D_X^{AD}=20$ kN ←; $D_Y^{AD}=197.33$ kN ↓; $M_D^{AD}=240$ kN·m ↻

10.23 $B_X^{BG}=110$ kN ←; $B_Y^{BG}=165$ kN ↑; $M_B^{BG}=550$ kN·m ↺; $G_X^{BG}=110$ kN →; $G_Y^{BG}=165$ kN ↓; $M_G^{BG}=550$ kN·m ↻

CHAPTER 12

12.1 $S_L=S_R=90$ kN ↑; $M_L=48.6$ kN·m ↺; $M_R=48.6$ kN·m ↻

12.3 Girder DE: $S_L=S_R=80$ kN; $M_L=57.6$ kN·m ↺; $M_R=57.6$ kN·m ↻

Girder EF: $S_L=S_R=50$ kN; $M_L=22.5$ kN·m ↺; $M_R=22.5$ kN·m ↻

12.5 Girder DE: $S_L=S_R=75$ kN; $M_L=33.75$ kN·m ↺; $M_R=33.75$ kN·m ↻

Girder HI: $S_L=S_R=30$ kN; $M_L=10.8$ kN·m ↺; $M_R=10.8$ kN·m ↻

12.7 Member AD: $Q=56.25$ kN (T); $S=56.25$ kN; $M=168.75$ kN·m

Member BE: $Q=0$; $S=112.5$ kN; $M=337.5$ kN·m

Member EF: $Q=56.25$ kN (C); $S=56.25$ kN; $M=168.75$ kN·m

12.9 Member AD: $Q=75$ kN (C); $S=67.5$ kN; $M=168.75$ kN·m

Member CF: $Q=75$ kN (T); $S=67.5$ kN; $M=168.75$ kN·m

Member DE: $Q=45$ kN (C); $S=60$ kN; $M=225$ kN·m

Member HI: $Q=67.5$ kN (C); $S=15$ kN; $M=56.25$ kN·m

12.11 Member AD: $Q=47.25$ kN (C); $S=45$ kN; $M=81$ kN·m

Member CF: $Q=63$ kN (T); $S=45$ kN; $M=81$ kN·m

Member DE: $Q=28.125$ kN (C); $S=37.125$ kN; $M=111.375$ kN·m

Member HI: $Q=50.625$ kN (C); $S=13.5$ kN; $M=30.375$ kN·m

12.13 Member AE: $Q=34.22$ kN (T); $S=29.17$ kN; $M=70$ kN·m

Member CG: $Q=45.11$ kN (C); $S=58.34$ kN; $M=140$ kN·m

Member EF: $Q=58.33$ kN (C); $S=24.89$ kN; $M=112$ kN·m

Member JK: $Q=35$ kN (C); $S=28$ kN; $M=84$ kN·m

12.15 Member AD: $Q=56.25$ kN (T); $S=56.25$ kN; $M=168.75$ kN·m

Member BE: $Q=0$; $S=112.5$ kN; $M=337.5$ kN·m

Member EF: $Q=56.25$ kN (C); $S=56.25$ kN; $M=168.75$ kN·m

12.17 Member AD: $Q=75$ kN (C); $S=67.5$ kN; $M=168.75$ kN·m

Member CF: $Q=75$ kN (T); $S=67.5$ kN; $M=168.75$ kN·m

Member DE: $Q=45$ kN (C); $S=60$ kN; $M=225$ kN·m

Member HI: $Q=67.5$ kN (C); $S=15$ kN; $M=56.25$ kN·m

12.19 Member AD: $Q=56.19$ kN (C); $S=53.51$ kN; $M=96.33$ kN·m

Member CF: $Q=51.08$ kN (T); $S=36.48$ kN; $M=65.67$ kN·m

Member DE: $Q=33.44$ kN (C); $S=44.15$ kN; $M=132.45$ kN·m

Member HI: $Q=53.81$ kN (C); $S=10.94$ kN; $M=24.62$ kN·m

12.21 Member AE: $Q=42.82$ kN (T); $S=18.52$ kN; $M=44.46$ kN·m

Member CG: $Q=10.71$ kN (C); $S=68.96$ kN; $M=165.51$ kN·m

Member EF: $Q=82.36$ kN (C); $S=26.35$ kN; $M=118.58$ kN·m

Member JK: $Q=35$ kN (C); $S=6.59$ kN; $M=19.77$ kN·m

CHAPTER 13

13.1 and 13.5 $A_y=99.26$ kN ↑; $M_A=233.3$ kN·m ↺; $D_y=60.74$ kN ↑

13.3 and 13.7 $A_y=28.13$ kN ↑; $C_y=91.87$ kN ↑; $M_C=307.4$ kN·m ↻

13.9 and 13.30 $A_y=E_y=78.13$ kN ↑; $C_y=343.75$ kN ↑

13.11 and 13.32 $A_y=E_y=62.5$ kN ↑; $C_y=275$ kN ↑

13.13 $A_y=108.75$ kN ↑; $B_y=357.5$ kN ↑; $D_y=83.75$ kN ↑

13.15 and 13.58 $A_y=13.125$ kN ↓; $M_A=91.875$ kN·m ↻; $B_y=223.125$ kN ↑

13.17 $A_y=(13wL)/32$ ↑; $B_y=(17wL)/16$ ↑; $C_y=(33wL)/32$ ↑

13.19 $A_X=200$ kN ←; $A_Y=57.03$ kN ↑; $M_A=820.3$ kN·m ↺; $D_Y=92.97$ kN ↑

13.21 $A_X=33.33$ kN →; $A_Y=168.75$ kN ↑; $C_X=41.67$ kN →; $C_Y=81.25$ kN ↑

13.23 $A_X=0$; $A_Y=8.23$ kN ↓; $M_A=675.8$ kN·m ↻; $B_Y=98.23$ kN ↑

13.25 $A_X = 150$ kN ←; $A_Y = 0$; $M_A = 267.9$ kN · m ↺; $B_Y = 10.71$ kN ↓; $D_Y = 10.71$ kN ↑

13.27 $A_x = 50$ kN ←; $A_y = 58.5$ kN ↑; $C_y = 207.4$ kN ↑; $D_y = 34$ kN ↑

13.29 $A_x = 2.7$ kN ←; $A_y = 20$ kN ↓; $B_x = 57.3$ kN ←; $B_y = 100$ kN ↑

13.35 and 13.60 $F_{BC} = 119.8$ kN (C); $F_{AD} = 130.2$ kN (T); $F_{AC} = 162.5$ kN (T); $F_{BD} = 170.8$ kN (C)

13.37 $A_y = 92.8$ kN ↑; $M_A = 114.3$ kN · m ↺; $B_y = 228.6$ kN ↑; $C_y = 78.6$ kN ↑

13.39 $A_y = 29.1$ kN ↑; $C_y = 138.7$ kN ↑; $E_y = 171$ kN ↑; $G_y = 51.2$ kN ↑

13.41 $A_y = G_y = 115$ kN ↑; $B_y = F_y = 315$ kN ↑; $D_y = 240$ kN ↑

13.43 $A_X = 60$ kN →; $A_Y = 136.5$ kN ↑; $E_X = 40$ kN →; $E_Y = 123.5$ kN ↑; $M_E = 122.4$ kN · m ↻

13.45 $A_X = 21.45$ kN ←; $A_Y = 116.25$ kN ↑; $M_A = 107.9$ kN · m ↺; $B_X = 78.55$ kN ←; $B_Y = 183.75$ kN ↑; $M_B = 222.1$ kN · m ↺

13.47 $A_x = 51.87$ kN →; $A_y = 69.45$ kN ↑; $C_y = 30.55$ kN ↑; $D_x = 51.87$ kN ←; $F_{BD} = 61.23$ kN (T)

13.49 $A_y = 179.5$ kN ↑; $M_A = 955.5$ kN · m ↺; $D_y = 19.5$ kN ↓

13.51 $A_y = 56.7$ kN ↑; $B_y = 477.4$ kN ↑; $C_y = 215.9$ kN ↑

13.53 $A_y = 165.2$ kN ↑; $M_A = 449.4$ kN · m ↺; $B_y = 125.8$ kN ↑; $C_y = 109$ kN ↑

13.55 $F_{BC} = F_{EF} = 37.34$ kN (C); $F_{BF} = F_{CE} = 46.67$ kN (T)

13.57 $F_{AB} = 15.25$ kN (C); $F_{AC} = F_{BC} = 43.13$ kN (T); $F_{CD} = 61$ kN (T)

CHAPTER 14

14.1 and 14.2 A_y: 1 at A; 0.852 at B; 0 at C
M_A: 0 at A and C; 1.111 at B
C_y: 0 at A; 0.148 at B; 1 at C
S_B: 0 at A and C; −0.148 at B_L; 0.852 at B_R
M_B: 0 at A and C; 0.592 at B

14.3 B_y: 1.5 at A; 1 at B; 0.519 at C; 0 at D
S_C: 0.5 at A; 0 at B and D; −0.481 at C_L; 0.519 at C_R
M_C: −1.5 at A; 0 at B and D; 1.56 at C

14.5 A_y: 1 at A; 0 at B and D; −0.167 at C
B_y: 0 at A and D; 1 at B; 0.944 at C
D_y: 0 at A and B; 0.222 at C; 1 at D
S_C: 0 at A, B, and D; −0.222 at C_L; 0.778 at C_R
M_C: 0 at A, B, and D; 2.222 at C

14.7 A_y: 1 at A; 0.479 at B; 0 at C and D
C_y: 0 at A and D; 0.563 at B; 1 at C
D_y: 0 at A and C; −0.042 at B; 1 at D
F_{BC}: 0 at A, C and D; 0.359 at B
F_{CE}: 0 at A, C and D; −0.652 at B
F_{EF}: 0 at A, C and D; 0.032 at B

14.9 F_{BC}: 0 at C; 0.833 at D; 0.938 at E
F_{CD}: 0 at C; 0.667 at D; 1.917 at E

14.11 B_y: 1.643 at A; 1 at B; 0.393 at C; 0 at D and E; −0.054 at $x = 4$ m
D_y: −0.857 at A; 0 at B and E; 0.767 at C; 1 at D; 0.447 at $x = 4$ m
S_C: 0.643 at A; 0 at B, D, and E; −0.607 at C_L; 0.393 at C_R; −0.054 at $x = 4$ m
M_C: −0.357 at A; 0 at B, D, and E; 0.393 at C; −0.054 at $x = 4$ m

14.13 C_y: 0 at A and D; 0.582 at B; 1 at C
F_{BC}: 0 at A, C, and D; 0.11 at B
F_{CE}: 0 at A, C, and D; −0.252 at B
F_{EF}: 0 at A, C, and D; −0.203 at B

CHAPTERS 15 AND 16

15.1 and 16.1 $M_{AC} = 50.6$ kN · m ↺; $M_{CA} = 58.8$ kN · m ↻; $M_{CE} = 58.8$ kN · m ↺; $M_{EC} = 26.9$ kN · m ↻

15.3 and 16.3 $M_{AB} = 100$ kN · m ↻; $M_{BA} = 200$ kN · m ↻; $M_{BE} = 200$ kN · m ↺; $M_{EB} = 500$ kN · m ↻

15.5 and 16.5 $M_{AB} = M_{DB} = 0$; $M_{BA} = 495$ kN · m ↻; $M_{BD} = 495$ kN · m ↺

15.7 and 16.7 $M_{AB} = 347.5$ kN · m ↺; $M_{BA} = 72$ kN · m ↻; $M_{BC} = 72$ kN · m ↺; $M_{CB} = 0$

15.9 and 16.9 $M_{AB} = 103.5$ kN · m ↺; $M_{BA} = 113$ kN · m ↻; $M_{BC} = 113$ kN · m ↺; $M_{CB} = 85$ kN · m ↻; $M_{CE} = 85$ kN · m ↺; $M_{EC} = 47.5$ kN · m ↻

15.11 and 16.11 $M_{BA} = 67.5$ kN · m ↻; $M_{BD} = 67.5$ kN · m ↺; $M_{DB} = 122.1$ kN · m ↻; $M_{DE} = 122.1$ kN · m ↺; $M_{ED} = 74$ kN · m ↻

15.13 and 16.13 $M_{AB} = M_{ED} = 0$; $M_{BA} = M_{DC} = 57.9$ kN · m ↻; $M_{BC} = M_{DE} = 57.9$ kN · m ↺; $M_{CD} = 38.6$ kN · m ↻; $M_{CD} = 38.6$ kN · m ↺

15.15 and 16.15 $M_{AB} = 68.6$ kN · m ↺; $M_{BA} = 183$ kN · m ↻; $M_{BC} = 183$ kN · m ↺; $M_{CB} = 29$ kN · m ↺; $M_{CE} = 29$ kN · m ↻; $M_{EC} = 170.2$ kN · m ↻

15.17 and 16.17 $M_{AC} = 9.4$ kN · m ↻; $M_{CA} = 187.5$ kN · m ↻; $M_{CD} = 187.5$ kN · m ↺; $M_{DC} = 0$

15.19 and 16.19 $M_{AD} = M_{CD} = M_{ED} = 0$; $M_{DA} = 50.1$ kN · m ↺; $M_{DC} = 75.1$ kN · m ↻; $M_{DE} = 25$ kN · m ↺

15.21 and 16.21 $M_{AC} = 58.6$ kN·m ↻; $M_{CA} = 286$ kN·m ↻; $M_{CD} = 286$ kN·m ↺; $M_{DC} = 0$

15.23 and 16.23 $M_{AC} = 0$; $M_{DE} = 100$ kN·m ↺; $M_{CA} = 69.6$ kN·m ↻; $M_{BC} = 301.4$ kN·m ↺; $M_{CB} = 37.2$ kN·m ↺; $M_{CD} = 32.5$ kN·m ↺; $M_{DC} = 100$ kN·m ↻

15.25 and 16.25 $M_{AC} = 107.8$ kN·m ↺; $M_{CA} = 20.8$ kN·m ↺; $M_{BD} = 222$ kN·m ↺; $M_{DB} = 249.2$ kN·m ↺; $M_{CD} = 20.8$ kN·m ↻; $M_{DC} = 249.2$ kN·m ↻

15.27 and 16.27 $M_{AB} = 127$ kN·m ↺; $M_{BA} = 103.4$ kN·m ↺; $M_{BC} = 103.4$ kN·m ↻; $M_{CB} = 0$

15.29 and 16.29 $M_{AC} = 11.7$ kN·m ↺; $M_{CA} = 43.9$ kN·m ↻; $M_{CD} = 43.9$ kN·m ↺; $M_{DC} = 14.7$ kN·m ↻; $M_{DB} = 14.7$ kN·m ↺; $M_{BD} = 0$

15.31 and 16.31 $M_{AC} = M_{BD} = 119$ kN·m ↺; $M_{CA} = M_{DB} = 83.5$ kN·m ↺; $M_{CE} = M_{DF} = 23.3$ kN·m ↺; $M_{EC} = M_{FD} = 44.2$ kN·m ↺; $M_{CD} = M_{DC} = 106.8$ kN·m ↻; $M_{EF} = M_{FE} = 44.2$ kN·m ↻

CHAPTER 17

17.1 $Q_1 = 268.33$ kN (T); $Q_2 = 240$ kN (C)

17.3 $Q_1 = 102.8$ kN (T); $Q_2 = 28.6$ kN (C); $Q_3 = 145.4$ kN (C)

17.5 $\mathbf{Q}_1 = \begin{bmatrix} 104.4\text{ kN} \\ 394\text{ kN}\cdot\text{m} \\ -104.4\text{ kN} \\ 232\text{ kN}\cdot\text{m} \end{bmatrix}$ $\mathbf{Q}_2 = \begin{bmatrix} -45.6\text{ kN} \\ -232\text{ kN}\cdot\text{m} \\ 45.6\text{ kN} \\ -178\text{ kN}\cdot\text{m} \end{bmatrix}$

17.7 $\mathbf{Q}_1 = \begin{bmatrix} 47.47\text{ kN} \\ 74.64\text{ kN} \\ 63.8\text{ kN}\cdot\text{m} \\ -47.47\text{ kN} \\ 75.36\text{ kN} \\ -65.59\text{ kN}\cdot\text{m} \end{bmatrix}$ $\mathbf{Q}_2 = \begin{bmatrix} 75.36\text{ kN} \\ 47.47\text{ kN} \\ 65.59\text{ kN}\cdot\text{m} \\ -75.36\text{ kN} \\ 52.53\text{ kN} \\ -80.74\text{ kN}\cdot\text{m} \end{bmatrix}$

17.9 $\mathbf{Q}_1 = \begin{bmatrix} 116.3\text{ kN} \\ 21.5\text{ kN} \\ 108\text{ kN}\cdot\text{m} \\ -116.3\text{ kN} \\ -21.5\text{ kN} \\ 21\text{ kN}\cdot\text{m} \end{bmatrix}$ $\mathbf{Q}_2 = \begin{bmatrix} 78.5\text{ kN} \\ 116.3\text{ kN} \\ -21\text{ kN}\cdot\text{m} \\ -78.5\text{ kN} \\ 183.7\text{ kN} \\ -249\text{ kN}\cdot\text{m} \end{bmatrix}$ $\mathbf{Q}_3 = \begin{bmatrix} 183.7\text{ kN} \\ 78.5\text{ kN} \\ 222\text{ kN}\cdot\text{m} \\ -183.7\text{ kN} \\ -78.5\text{ kN} \\ 249\text{ kN}\cdot\text{m} \end{bmatrix}$

APPENDIX B

B.1 $\mathbf{C} = \begin{bmatrix} 18 & -11 & 18 \\ -11 & 19 & 28 \\ 18 & 28 & 4 \end{bmatrix}$

B.3 $\mathbf{C} = \begin{bmatrix} -18 & 6 & -30 \\ 12 & -4 & 20 \\ -6 & 2 & -10 \end{bmatrix}$; $\mathbf{D} = -32$

B.5 $(\mathbf{AB})^T = \mathbf{B}^T\mathbf{A}^T = \begin{bmatrix} -6 & -27 & 2 \\ -55 & -14 & -28 \end{bmatrix}$

B.7 $x_1 = -7$; $x_2 = 3$; $x_3 = -5$

B.9 $\mathbf{A}^{-1} = \begin{bmatrix} 0.42 & 0.22 & -0.04 \\ 0.08 & 0.28 & 0.04 \\ 0.44 & 0.04 & -0.28 \end{bmatrix}$

APPENDIX C

C.1 (a) 3,975 mm^2; (b) 2,836 mm^4; (c) 3,800 mm^2

C.3 $528(10^6)$ mm^4

APPENDIX D

D.1 $A_y = E_y = 62.5$ kN ↑; $C_y = 275$ kN ↑

D.3 $A_y = 108.75$ kN ↑; $B_y = 357.5$ kN ↑; $D_y = 83.75$ kN ↑

D.5 $A_y = 0$; $M_A = 120$ kN·m ↻; $B_y = 220$ kN ↑

D.7 $A_y = 125.6$ kN ↑; $B_y = 354.9$ kN ↑; $C_y = 298.4$ kN ↑; $E_y = 71.1$ kN ↑

D.9 $A_y = 57$ kN ↑; $B_y = 477$ kN ↑; $C_y = 216$ kN ↑

찾아보기

Index

이 정 윤 성균관대학교 건설환경공학부
이 종 한 인하대학교 사회인프라공학과
양 인 환 군산대학교 토목공학과
황 의 승 경희대학교 사회기반시스템공학과
김 승 훈 한밭대학교 건축공학과
하 동 호 건국대학교 사회환경공학부
추 진 교 건국대학교 미래에너지공학과
심 창 수 중앙대학교 사회기반시스템공학부

구조해석
Structural Analysis

정가 35,000원

발 행 2021년 3월 1일 2판 1쇄
저 자 ASLAM KASSIMALI
역 자 이정윤 · 이종한 · 양인환 · 황의승
김승훈 · 하동호 · 추진교 · 심창수
발행인 정우용
발행처 도서출판 동화기술
경기도 파주시 광인사길 201(문발동, 파주출판도시)
Tel (031)955-4211~6 donghwapub@nate.com
Fax (031)955-4217 www.donghwapub.co.kr
(등록) 1977년 12월 19일/9-16호

Translation Copyright © 2021 by Dong Hwa Technology Publishing Co.
Printed in Korea
ISBN 978-89-425-9313-2

불법복사는 지적재산을 훔치는 범죄행위입니다.
저자권자와 출판사의 허락 없이 내용의 일부를 발췌하거나 복사하는 것을 금합니다.

FIXED-END MOMENTS

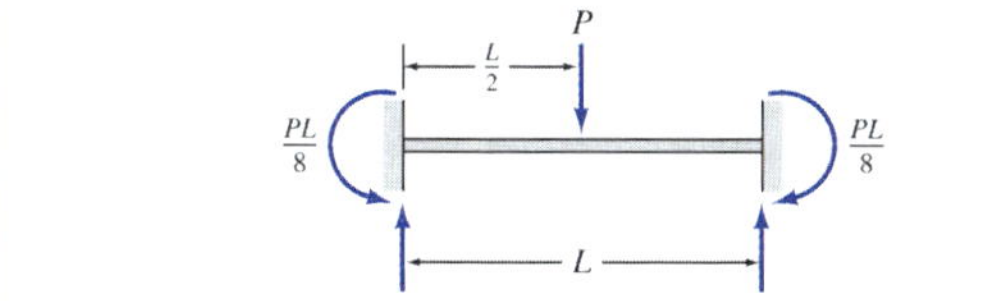

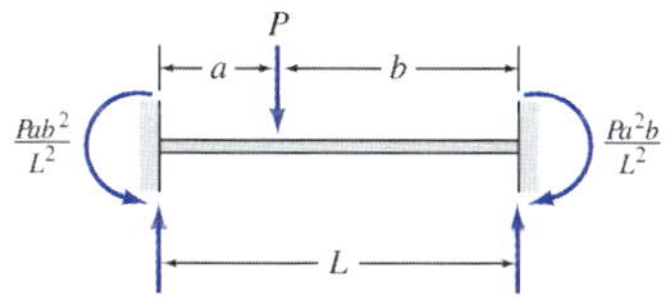

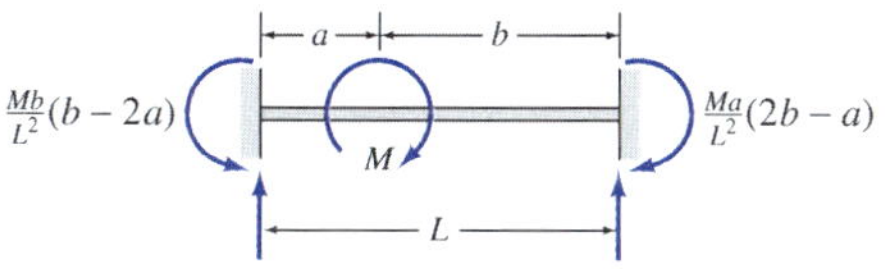

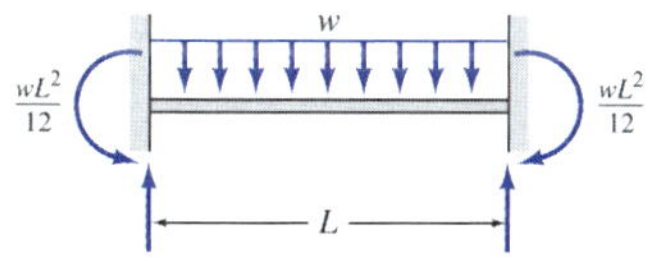

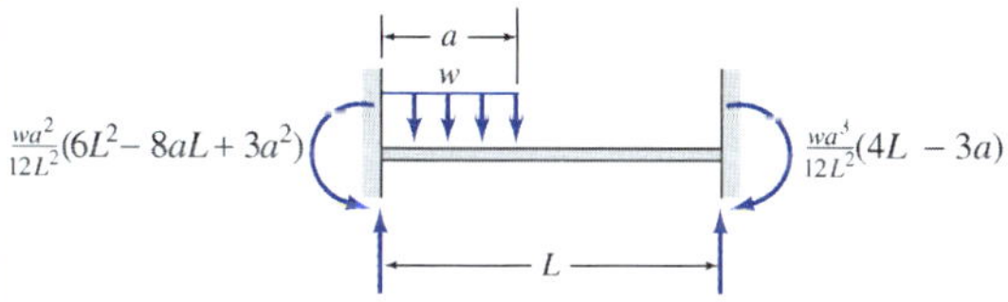

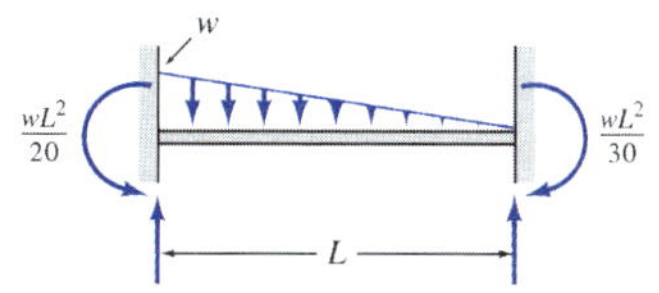

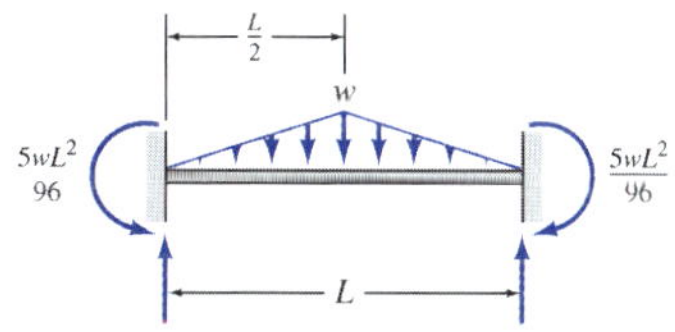

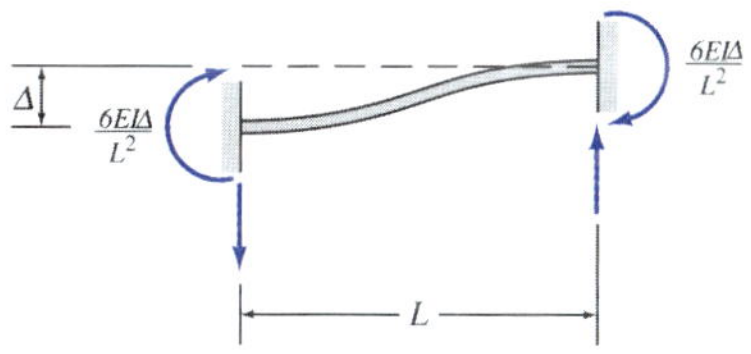

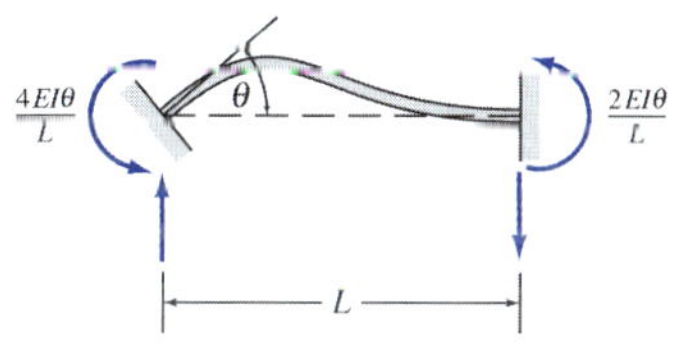